U0201473

危险化学品信息速查手册

危险化学品目录的GHS及TDG分类鉴别

李政军　郑建国　主编

化学工业出版社

·北京·

内 容 提 要

本书针对《危险化学品安全管理条例》（国务院令第591号）对《危险化学品目录（2015版）》中化学品管理的要求，依据《全球化学品统一分类和标签制度》（GHS）和《关于危险货物运输的建议书 规章范本》（TDG）对危险化学品分类信息和运输信息进行归类，包括化学品的名称、别名、象形图、信号词、危险性类别、联合国编号、正确运输名称和包装类别等内容，是危险化学品安全管理和技术人员必须重点掌握的信息。

本书数据资料全面、准确、可靠、方便查阅，适合从事化学品生产、使用、包装、经营、仓储运输、科研和管理人员参考阅读。

图书在版编目（CIP）数据

危险化学品信息速查手册：危险化学品目录的 GHS 及
TDG 分类鉴别/李政军，郑建国主编. —北京：化学工
业出版社，2017.12
　ISBN 978-7-122-31048-4

　Ⅰ.①危… Ⅱ.①李…②郑… Ⅲ.①化工产品-危险
物品管理-信息管理-手册 Ⅳ.①TQ086.5-62

中国版本图书馆 CIP 数据核字（2017）第 288734 号

责任编辑：成荣霞　　　　　　　　　　文字编辑：孙凤英
责任校对：王素芹　　　　　　　　　　装帧设计：王晓宇

出版发行：化学工业出版社（北京市东城区青年湖南街13号　邮政编码100011）
印　　装：北京虎彩文化传播有限公司
787mm×1092mm　1/16　印张53　彩插2　字数1397千字　2018年2月北京第1版第1次印刷

购书咨询：010-64518888　　　　　　售后服务：010-64518899
网　　址：http://www.cip.com.cn
凡购买本书，如有缺损质量问题，本社销售中心负责调换。

定　　价：298.00元　　　　　　　　　　　　　版权所有　违者必究
京化广临字 2017——10

《危险化学品信息速查手册》编委会

主　任　李政军　郑建国
副主任　黄　宏　刘能盛　余银浩
委　员　(排名不分先后)

李政军	郑建国	黄　宏	刘能盛	余银浩	钟帮奇
张震坤	肖　前	谢　力	钟怀宁	萧达辉	许志钦
刘健斌	岳大磊	钟志光	关丽军	谭　艳	管海君
李　丹	赵　泉	方永康	杨　蓓	李　涵	李波平
蔡清平	吴锦昌	云　国	陈　强	凌菊青	吴志勇
刘建平	甘力文	龙赛琼	陈志丹	冯智劼	车礼东
吴景武	汤礼军	刘君峰	王红松	李宁涛	张少岩
谭爱喜	肖焕新	吴劲松	耿惠宙	羊　军	贺虹晨
陶希三	温劲松	田延河	唐树田	曹国庆	卞学东
陈丹超	蒋　伟	刘劲彪	高　翔	李　胄	张　凌
张　泓					

前 言

　　国内化工产品种类繁多、规模各异，各企业安全管理水平参差不齐，近年来化学品安全事故也呈增长趋势，特别是天津港"8·12"瑞海危险品爆炸事故让世界震惊，为我国危险品公共安全管理敲响了警钟。为了体现国家严格监督管理危险化学品的决心，加强对危险化学品的安全管理，保障人民生命、财产安全，保护环境，2011年2月16日国务院第144次常务会议修订通过《危险化学品安全管理条例》(国务院令第591号)，并于2011年12月1日起施行。

　　新《危险化学品安全管理条例》所管理的危险化学品是指列入我国《危险化学品目录》(以下简称《目录》)的产品，该目录是由国家安全生产监督管理总局会同工信、公安、环保、质检、交通运输、民航等部门根据化学品危险特性的鉴别和分类标准确定的。《目录》是落实《危险化学品安全管理条例》的重要基础性文件，是企业落实危险化学品安全管理主体责任，以及相关部门实施监督管理的重要依据。

　　《危险化学品目录 (2015版)》(国家安全生产监督管理总局等10部门公告2015年第5号)，于2015年5月1日起实施，该名录危险化学品的品种依据化学品分类和标签国家标准［等同于《全球化学品统一分类和标签制度》(GHS)］，对危险和危害特性类别进行确定，包括物理危害、健康危害和环境危害，危险化学品名共2828种。

　　危险化学品在运输过程中，若属于危险货物，为了保障危险货物运输安全，并使各国和国际上对各种运输方式的管理规定能够统一发展，联合国经济和社会理事会危险货物运输专家委员会，制定适用于所有运输形式的危险货物运输最低要求的《关于危险货物运输的建议书 规章范本》(TDG)，《危险化学品目录》中有2680种同时受《关于危险货物运输的建议书 规章范本》的约束，即要求符合危险货物包装要求。TDG中《危险货物一览表》划定危险货物范围、联合国编号、正确运输名称、运输限制等。

　　本书是在与现行管理相衔接、与国际接轨的原则下，针对《危险化学品目录 (2015版)》《全球化学品统一分类和标签制度》(GHS)和《关于危险货物运输的建议书 规章范本》(TDG)的要求，对危险化学品名录2828种品名化学品分类信息和运输信息进行整理。该书方便查询化学品的名称、别名、象形图、信号词、危险性类别、联合国编号、正确运输名称和包装类别等信息，可作为从事化学品生产、使用、包装、经营、仓储运输、科研和管理人员的参考书目。

　　在本书编写过程中，编者查阅和参阅了大量的文献资料，数据大部分来源国内外公开数据库，但编者水平有限，书中难免有疏漏之处，诚请读者和同行多多批评和指教。

编　者
2017 年 8 月于广州

| 目录 |

一、
危险化学品有关安全管理规定

1.《危险化学品安全管理条例》

为了加强危险化学品的安全管理，预防和减少危险化学品事故，保障人民群众生命财产安全，保护环境，2011 年 3 月 2 日，国务院颁布新修订的《危险化学品安全管理条例》（国务院令 2011 年第 591 号），对危险化学品生产、储存、使用、经营和运输等环节的安全管理进行了规范：

第六条 对危险化学品的生产、储存、使用、经营、运输实施安全监督管理的有关部门（以下统称负有危险化学品安全监督管理职责的部门），依照下列规定履行职责：

（一）安全生产监督管理部门负责危险化学品安全监督管理综合工作，组织确定、公布、调整危险化学品目录，对新建、改建、扩建生产、储存危险化学品（包括使用长输管道输送危险化学品，下同）的建设项目进行安全条件审查，核发危险化学品安全生产许可证、危险化学品安全使用许可证和危险化学品经营许可证，并负责危险化学品登记工作。

（二）质量监督检验检疫部门负责核发危险化学品及其包装物、容器（不包括储存危险化学品的固定式大型储罐）生产企业的工业产品生产许可证，并依法对其产品质量实施监督，负责对进出口危险化学品及其包装实施检验。

第十五条 危险化学品生产企业应当提供与其生产的危险化学品相符的化学品安全技术说明书，并在危险化学品包装（包括外包装件）上粘贴或者拴挂与包装内危险化学品相符的化学品安全标签。化学品安全技术说明书和化学品安全标签所载明的内容应当符合国家标准的要求。

危险化学品生产企业发现其生产的危险化学品有新的危险特性的，应当立即公告，并及时修订其化学品安全技术说明书和化学品安全标签。

2.《全球化学品统一分类和标签制度》

1992 年，联合国环境和发展会议将建立"全球化学品统一分类及标签制度"（以下简称"全球统一制度"）列入议事日程。经过多年努力，2002 年 12 月"全球化学品统一分类和标签制度问题专家小组委员会"提出了一套可在世界范围内使用并得到全面采用的统一制度，并于 2003 年初正式出版了第一版《全球化学品统一分类和标签制度》（Globally Harmonized System of Classification and Labelling of Chemicals），由于其封面为紫色，又称"紫皮书"。紫皮书的发布在全球范围内以全面综合的方式建立了控制化学品暴露和保护人类与环境的基础。"全球统一制度"是一套标准化的统一协调的化学品分类标签制度，它明确定义了化学品的物理危险、健康危害和环境危害，创造性地提出了对照化学品危险性分类标准，利用可提供的数据进行分类的程序方法。

"全球统一制度"的实施，目的在于：

（1）通过提供一种都能理解的国际系统来补充化学品的危害，提高对人类和环境的保护；

（2）为没有相关系统的国家提供一种公认的系统框架；

（3）减少对化学品测试和评定的需要；

（4）方便危险性已适当评定和以国际基础识别过的化学品的国际贸易。

3. 联合国《关于危险货物运输的建议书 规章范本》（UN RTDG）

为了保障危险货物运输安全，并使各国和国际上对各种运输方式的管理规定能够统一发展，联合国经济和社会理事会危险货物运输专家委员会，组织编写了适用于所有运输形式的危险货物运输最低要求的《关于危险货物运输的建议书》（以下简称《建议书》），于1956年正式出版。由于其书面颜色为橘色，又称为"橘皮书"，它是向各国政府和关心危险货物运输安全的各国际组织提出的。为适应技术发展和使用者不断变化的需要，《建议书》由危险货物运输专家委员会在各届会议定期修订和增补，每两年出版一次新的版本。

1996年12月，委员会通过了《危险货物运输规章范本》（以下简称《规章范本》）第一版。为方便《规章范本》直接纳入所有运输方式的国家和国际规章，以便有助于协调统一，便利所有有关法律文书的定期修订，从而使各成员国政府、联合国、各专门机构和其他国际组织都能够节省大量资源，委员会将《规章范本》作为《建议书》第十修订版的附件。随后出版了《试验和标准手册》，作为《建议书》和《规章范本》的补充。《规章范本》包括分类原则和各类别的定义、主要危险货物的列表、一般包装要求、试验程序、标记、标签式揭示牌、运输单据等，此外，还有与特定类别货物有关的特殊要求。《规章范本》从结构上共分7个部分和2个附录。

第1部分：一般规定、定义、培训和安全；

第2部分：分类；

第3部分：危险货物一览表、特殊规定和例外；

第4部分：包装规定和罐体规定；

第5部分：托运程序；

第6部分：容器、中型散货集装箱（中型散货箱）、大型容器、便携式罐体、多元气体容器和散装货箱的制造和试验要求；

第7部分：有关运输作业的规定。

4.《国际海运危险货物规则》（IMDG Code）

《国际海运危险货物规则》（International Maritime Dangerous Goods，以下简称《国际海运危规》），于1965年9月由国际海事组织通过并出版，它是由"国际海事组织"与"联合国危险货物运输专家委员会"合作，针对危险货物包装运输制定的统一的国际海运危险货物规则。2000年5月，《国际海运危规》第30套修正案，按照联合国《规章范本》重新排版。《国际海运危规》和其他运输形式的国际危规与联合国《规章范本》在格式上的一致性，使多模式联运提高了效率，进一步发挥了国际规章协调一致的优势。

《国际海运危规》主要包括：危险货物的分类，危险货物明细表，包装和罐柜的规定，托运程序，容器、中型散装容器、大型容器、可移动罐柜和公路槽车的构造和试验，运输作业等七大部分。

5.《关于危险货物运输的建议书 试验和标准手册》

《关于危险货物运输的建议书 试验和标准手册》（以下简称《试验和标准手册》，又称"小橘皮书"），是对《规章范本》和《全球化学品统一分类和标签制度》的补充。《试验和标准手册》中所列的各项标准、试验方法和程序，适用于根据《规章范本》第二和第三部分的规定对危险货物进行分类，以及根据《全球化学品同统一分类和标签制度》对危险化学品进行分类。1984 年，《试验和标准手册》由联合国经济及社会理事会危险货物运输专家委员会通过并出版了第一版，之后每两年定期更新和修订一次。《试验和标准手册》所载的分类程序、试验方法和标准分为三个部分：

第一部分：关于第 1 类爆炸品的分类程序、试验方法和标准；

第二部分：关于 4.1 项自反应物质和 5.2 项有机过氧化物的程序、试验方法和标准；

第三部分：关于第 3 类、第 4 类、5.1 项和第 9 类的分类程序、试验方法和标准。

第 2 类、第 6 类、第 7 类和第 8 类的分类程序、试验方法和标准有待补充。

二、
术语和定义

1. 危险化学品

具有毒害、腐蚀、爆炸、燃烧、助燃等性质，对人体、设施、环境具有危害的剧毒化学品和其他化学品。

2. 危险化学品的确定原则

危险化学品的品种依据化学品分类和标签国家标准，从下列危险和危害特性类别中确定：

（1）物理危险

爆炸物：不稳定爆炸物、1.1、1.2、1.3、1.4。

易燃气体：类别1、类别2、化学不稳定性气体类别A、化学不稳定性气体类别B。

气溶胶（又称气雾剂）：类别1。

氧化性气体：类别1。

加压气体：压缩气体、液化气体、冷冻液化气体、溶解气体。

易燃液体：类别1、类别2、类别3。

易燃固体：类别1、类别2。

自反应物质和混合物：A型、B型、C型、D型、E型。

自燃液体：类别1。

自燃固体：类别1。

自热物质和混合物：类别1、类别2。

遇水放出易燃气体的物质和混合物：类别1、类别2、类别3。

氧化性液体：类别1、类别2、类别3。

氧化性固体：类别1、类别2、类别3。

有机过氧化物：A型、B型、C型、D型、E型、F型。

金属腐蚀物：类别1。

（2）健康危害

急性毒性：类别1、类别2、类别3。

皮肤腐蚀/刺激：类别1A、类别1B、类别1C、类别2。

严重眼损伤/眼刺激：类别1、类别2A、类别2B。

呼吸道或皮肤致敏：呼吸道致敏物1A、呼吸道致敏物1B、皮肤致敏物1A、皮肤致敏物1B。

生殖细胞致突变性：类别1A、类别1B、类别2。

致癌性：类别1A、类别1B、类别2。

生殖毒性：类别1A、类别1B、类别2、附加类别。

特异性靶器官毒性-一次接触：类别1、类别2、类别3。

特异性靶器官毒性-反复接触：类别1、类别2。

吸入危害：类别1。

（3）环境危害

危害水生环境-急性危害：类别1、类别2。

危害水生环境-长期危害：类别1、类别2、类别3。

危害臭氧层：类别1。

3. 信号词

信号词指标签上用来表明危险的相对严重程度和提醒读者注意潜在危险的单词。"全球统一制度"使用的信号词是"危险"和"警告"。"危险"主要用于较为严重的危险类别（即主要用于第1和第2类危险），而"警告"主要用于较轻的类别。

4. 符号

下列危险符号（见表1）是"全球统一制度"中应当使用的标准符号。除了将用于某些健康危险的新符号，以及感叹号之外，这些符号都是《规章范本》使用的一套标准符号的组成部分。

表1 "全球统一制度"中使用的危险符号

火焰	圆圈上方火焰	爆炸弹
🔥	⚪🔥	💥
腐蚀	高压气瓶	骷髅和交叉骨
⚗️	⬤	☠️
感叹号	环境	健康危险
!	🌿	☗

5. 象形图

象形图指一种图形构成，可包括一个符号加上其他图形要素，如边线、背景图样或颜色，意在传达具体信息。"全球统一制度"使用的所有危险象形图都应是设定在某一点的方块形状。"全球统一制度"规定的象形图，应当使用黑色符号加白色背景，红框要足够宽，以便醒目。不过，如果此种象形图用在不出口的包件的标签上，管理部门也可给予供应商或雇主酌处权，让其自行决定是否使用黑边。

6. 危险货物

危险货物是指具有爆炸、易燃、毒害、感染、腐蚀、放射性等危险特性，在运输、储存、生产、经营、使用和处置中，容易造成人身伤亡、财产损毁或环境污染而需要特别防护的物质和物品。

7. 联合国《规章范本》规定的危险货物的类别和项别

在联合国《规章范本》中，根据危险货物具有的危险性和主要危险性将其划入九个类别中的一类，有些类别再分成项别。这些类别和项别如下：

第 1 类：爆炸品

1.1 项：有整体爆炸危险的物质和物品。

1.2 项：有进射危险但无整体爆炸危险的物质和物品。

1.3 项：有燃烧危险并有局部爆炸或局部进射危险或这两种危险都有、但无整体爆炸危险的物质和物品。

1.4 项：不呈现重大危险的物质和物品。

1.5 项：有整体爆炸危险的非常不敏感物质。

1.6 项：无整体爆炸危险的极端不敏感物质。

第 2 类：气体

2.1 项：易燃气体。

2.2 项：非易燃无毒气体。

2.3 项：毒性气体。

第 3 类：易燃液体

第 4 类：易燃固体；易于自燃的物质；遇水放出易燃气体的物质

4.1 项：易燃固体、自反应物质和固态退敏爆炸品。

4.2 项：易于自燃的物质。

4.3 项：遇水放出易燃气体的物质。

第 5 类：氧化性物质和有机过氧化物

5.1 项：氧化性物质。

5.2 项：有机过氧化物。

第 6 类：毒性物质和感染性物质

6.1 项：毒性物质。

6.2 项：感染性物质。

第 7 类：放射性物质

第 8 类：腐蚀性物质

第 9 类：杂项危险物质和物品

8. 联合国编号（UN No.）

联合国编号是根据联合国分类制度给危险物品或危险物质划定的系列号码，详见联合国《规章范本》危险货物一览表，例如马来酸酐的联合国编号（UN No.）为2215。

9. 正式运输名称

正式运输名称是指危险货物在危险货物一览表中的名称，通常运输的危险货物，列在联合国《规章范本》危险货物一览表中。具体列出名称的物品或物质，在运输中必须以危险货物一览表中的正式运输名称作标志。

10. 联合国《规章范本》规定危险包装类别

联合国《规章范本》规定危险包装的类别，出于包装的目的，除第1类、第2类、第7类、5.2项和6.2项物质以及4.1项自反应物质以外的物质，按照它们具有的危险程度划分为三个包装类别：

Ⅰ类包装：显示高度危险性的物质；

Ⅱ类包装：显示中等危险性的物质；

Ⅲ类包装：显示轻度危险性的物质。

三、

分类信息表

正文中分类信息示例

（1）498　1,3-二氯-2-丙醇

（2）别名：1,3-二氯异丙醇；1,3-二氯代甘油

（3）英文名：1,3-dichloro-2-propanol；1,3-dichloroisopropylalcohol；1,3-dichloroglycerol

（4）CAS 号：96-23-1

（5）GHS 标签信号词及象形图：危险

（6）危险性类别：急性毒性-经口，类别 3 ＊

（7）主要危险性及次要危险性：第 6.1 项危险物——毒性物质

（8）联合国编号（UN No.）：2750

（9）正式运输名称：1,3-二氯-2-丙醇

（10）包装类别：Ⅱ

（1）分别指"序号"和"品名"。"序号"是指《危险化学品目录》中化学品的顺序号；"品名"是指根据《化学命名原则》（1980）确定的名称。

（2）"别名"是指除"品名"以外的其他名称，包括通用名、俗名等。

（3）"英文名"是指化学品的常用英文名。

（4）"CAS 号"是指美国化学文摘社对化学品的唯一登记号。

（5）"GHS 标签信号词及象形图"是指"全球统一制度"的信号词和象形图。

（6）"危险性类别"是指"全球统一制度"的物理危害、健康危害和环境危害。

（7）"主要危险性及次要危险性"是指联合国《规章范本》中规定的九个危险货物的类别和项别。

（8）"联合国编号（UN No.）"是指联合国《规章范本》危险货物一览表中给物品或物质划定的系列号码。

（9）"正式运输名称"是指联合国《规章范本》危险货物一览表中的名称。

（10）"包装类别"是指联合国《规章范本》在危险货物一览表中的名称的分类信息表备注：

① 本表是根据《危险化学品目录（2015 版）》（国家安全监管总局等 10 部门公告 2015 年第 5 号）、《危险化学品目录（2015 版）实施指南（试行）》安监总厅管三〔2015〕80 号、联合国《全球化学品统一分类和标签制度》（GHS）（第 6 修订版）、联合国《关于危险货物运输的建议书 试验和标准手册》（第 6 修订版）和联合国《关于危险货物运输的建议书 规章范本》（第 19

修订版）和现有数据，对化学品进行物理危险、健康危害和环境危害分类，限于目前掌握的数据资源，难以包括该化学品所有危险和危害特性类别，企业可以根据实际掌握的数据补充化学品的其他危险性类别。

② 化学品的危险性分类限定在《目录》危险化学品确定原则规定的危险和危害特性类别内，化学品还可能具有确定原则之外的危险和危害特性类别。

③ 分类信息表中标记"＊"的类别，是指在有充分依据的条件下，该化学品可以采用更严格的类别。例如，序号498"1,3-二氯-2-丙醇"，分类为"急性毒性-经口，类别3＊"，如果有充分依据，可分类为更严格的"急性毒性-经口，类别2"。

④ 分类信息表中标记"△"的类别是需要进一步按照联合国《关于危险货物运输的建议书 试验和标准手册》进行试验确定联合国编号（UN No.）、主要危险性及次要危险性、正式运输名称等信息；健康危害和环境危害需根据组分和联合国《全球化学品统一分类和标签制度》进行判断。

⑤ 部分化学品有多个联合国编号（UN No.），不同的联合国编号（UN No.）部分还相对应不同的主、次要危险性，例如，序号1724"全氯五环癸烷"，UN No. 3077，对应正式运输名称为对环境有害的固态物质，未另作规定的，对应主要危险性为第9类危险物——杂项危险物质和物品，UN No. 2811对应正式运输名称为有机毒性固体，未另作规定的，对应主要危险性为第6.1项危险物——毒性物质，对此化学品需要进一步按照联合国《关于危险货物运输的建议书 试验和标准手册》进行试验确定联合国编号；序号95"苯乙炔"，UN No. 3295，对应正式运输名称为液态烃类，未另作规定的，对应主要危险性为第3类危险物——易燃液体，UN No. 1993，对应正式运输名称为易燃液体，未另作规定的，对应主要危险性为第3类危险物——易燃液体，对此化学品优先选用第一个联合国编号。

⑥ 具有联合国编号（UN No.）的危险货物，如其化学或物理性质在试验时不符合联合国《关于危险货物运输的建议书 规章范本》第3.2章危险货物一览表第3栏所确定的类或项，或任何其他类或项的定义标准，可不受联合国《关于危险货物运输的建议书 规章范本》的限制。

⑦ 对于危险性类别为"加压气体"的危险化学品，根据充装方式选择液化气体、压缩气体、冷冻液化气体或溶解气体。

⑧ 化学品只要满足《目录》中序号第2828项闪点判定标准即属于第2828项危险化学品。为方便查阅，危险化学品分类信息表中列举部分品名。其列举的涂料、油漆产品以成膜物为基础确定。例如，条目"酚醛树脂漆（涂料）"，是指以酚醛树脂、改性酚醛树脂等为成膜物的各种油漆涂料。各油漆涂料对应的成膜物详见国家标准《涂料产品分类和命名》（GB/T 2705—2003）。胶黏剂以黏料为基础确定。例如，条目"酚醛树脂类胶黏剂"，是指以酚醛树脂、间苯二酚甲醛树脂等为黏料的各种胶黏剂。各胶黏剂对应的黏料详见国家标准《胶粘剂分类》（GB/T 13553—1996）。但分类需联合国《关于危险货物运输的建议书 试验和标准手册》进行实验：a. 闪点<23℃和初沸点≤35℃，易燃液体，类别1；b. 闪点<23℃和初沸点>35℃，易燃液体，类别2；c. 23℃≤闪点≤60℃，易燃液体，类别3。健康危害和环境危害需根据组分和联合国《全球化学品统一分类和标签制度》进行判断。

1 阿片

别名：鸦片
英文名：opium
CAS 号：8008-60-4
GHS 标签信号词及象形图：警告

危险性类别：特异性靶器官毒性-反复接触，
　　类别 2
主要危险性及次要危险性：—
联合国编号（UN No.）：非危
正式运输名称：—
包装类别：—

2 氨

别名：液氨；氨气
英文名：ammonia；liquid ammonia
CAS 号：7664-41-7
GHS 标签信号词及象形图：危险

危险性类别：易燃气体，类别 2
　　加压气体
　　急性毒性-吸入，类别 3 *
　　皮肤腐蚀/刺激，类别 1B
　　严重眼损伤/眼刺激，类别 1

危害水生环境-急性危害，类别 1
主要危险性及次要危险性：第 2.3 类危险
　　物——毒性气体；第 8 类危险物——腐蚀
　　性物质
联合国编号（UN No.）：1005
正式运输名称：无水氨
包装类别：不适用

3 5-氨基-1,3,3-三甲基环己甲胺

别名：异佛尔酮二胺；3,3,5-三甲基-4,6-二
　　氨基-2-烯环己酮；1-氨基-3-氨基甲基-3,5,
　　5-三甲基环己烷
英文名：5-amino-1,3,3-trimethyl-cyclohexan-
　　emethanamine；isophorone diamine；3-ami-
　　nomethyl-3,5,5-trimethylcyclohexylamine；3,
　　3,5-trimethyl-4,6-diamino-2-enecyclohexan-
　　one；4,6-diamino-3,5,5-trimethyl-2-cyclo-he-
　　xen-1-one
CAS 号：2855-13-2
GHS 标签信号词及象形图：危险

危险性类别：皮肤腐蚀/刺激，类别 1B
　　严重眼损伤/眼刺激，类别 1
　　皮肤致敏物，类别 1
　　危害水生环境-长期危害，类别 3
主要危险性及次要危险性：第 8 类危险物——
　　腐蚀性物质
联合国编号（UN No.）：2289
正式运输名称：异佛尔酮二胺
包装类别：Ⅲ

4　5-氨基-3-苯基-1-[双(N,N-二甲基氨基氧膦基)]-1,2,4-三唑(含量>20%)

别名：威菌磷

英文名：5-amino-3-phenyl-1,2,4-triazol-1-yl-N,N,N′,N′-tetramethylphosphonic diamide (more than 20%)；triamiphos；wepsyn

CAS号：1031-47-6

GHS标签信号词及象形图：危险

危险性类别：急性毒性-经口，类别2*
急性毒性-经皮，类别1

主要危险性及次要危险性：第6.1项危险物——毒性物质

联合国编号（UN No.）：2811

正式运输名称：有机毒性固体，未另作规定的

包装类别：Ⅰ

5　4-[3-氨基-5-(1-甲基胍基)戊酰氨基]-1-[4-氨基-2-氧代-1(2H)-嘧啶基]-1,2,3,4-四脱氧-β,D-赤己-2-烯吡喃糖醛酸

别名：灰瘟素

英文名：3-(3-amino-5-(1-methylguanidino)-1-oxopentylamino)-6-(4-amino-2-oxo-2,3-dihydro-pyrimidin-1-yl)-2,3-dihydro-(6H)-pyran-2-carboxylic acid；blasticidins；blas；blaes

CAS号：2079-00-7

GHS标签信号词及象形图：危险

危险性类别：急性毒性-经口，类别2*

主要危险性及次要危险性：第6.1项危险物——毒性物质

联合国编号（UN No.）：2811

正式运输名称：有机毒性固体，未另作规定的

包装类别：Ⅱ

6　4-氨基-N,N-二甲基苯胺

别名：N,N-二甲基对苯二胺；对氨基-N,N-二甲基苯胺

英文名：4-amino-N,N-dimethylaniline；N,N-dimethyl-p-phenylenediamine；p-amino-N,N-dimethylaniline

CAS号：99-98-9

GHS标签信号词及象形图：危险

危险性类别：急性毒性-经口，类别3*
急性毒性-经皮，类别3*
急性毒性-吸入，类别3*

主要危险性及次要危险性：第6.1项危险物——毒性物质

联合国编号（UN No.）：2811

正式运输名称：有机毒性固体，未另作规定的

包装类别：Ⅲ

7　2-氨基苯酚

别名：邻氨基苯酚

英文名：2-aminophenol；o-aminophenol

CAS号：95-55-6

GHS标签信号词及象形图：警告

危险性类别：生殖细胞致突变性，类别2

主要危险性及次要危险性：第6.1项危险物——毒性物质

联合国编号（UN No.）：2512

正式运输名称：氨基苯酚（邻）

包装类别：Ⅲ

8　3-氨基苯酚

别名：间氨基苯酚

英文名：3-aminophenol；m-aminophenol

CAS号：591-27-5

GHS 标签信号词及象形图：无

危险性类别：危害水生环境-急性危害，类别 2
　　危害水生环境-长期危害，类别 2

主要危险性及次要危险性：第 6.1 项危险物——毒性物质

联合国编号（UN No.）：2512

正式运输名称：氨基苯酚（间）

包装类别：Ⅲ

9　4-氨基苯酚

别名：对氨基苯酚

英文名：4-aminophenol；p-aminophenol

CAS 号：123-30-8

GHS 标签信号词及象形图：警告

危险性类别：生殖细胞致突变性，类别 2
　　危害水生环境-急性危害，类别 1
　　危害水生环境-长期危害，类别 1

主要危险性及次要危险性：第 6.1 项危险物——毒性物质

联合国编号（UN No.）：2512

正式运输名称：氨基苯酚（对）

包装类别：Ⅲ

10　3-氨基苯甲腈

别名：间氨基苯甲腈；氰化氨基苯

英文名：3-aminobenzonitrile；m-aminobenzonitrile；3-cyanoaniline

CAS 号：2237-30-1

GHS 标签信号词及象形图：警告

危险性类别：皮肤致敏物，类别 1

主要危险性及次要危险性：—

联合国编号（UN No.）：非危

正式运输名称：—

包装类别：—

11　2-氨基苯胂酸

别名：邻氨基苯胂酸

英文名：2-arsanilic acid；o-aminobenzene arsonic acid

CAS 号：2045-00-3

GHS 标签信号词及象形图：危险

危险性类别：急性毒性-经口，类别 3＊
　　急性毒性-吸入，类别 3＊
　　危害水生环境-急性危害，类别 1
　　危害水生环境-长期危害，类别 1

主要危险性及次要危险性：第 6.1 项危险物——毒性物质

联合国编号（UN No.）：2811

正式运输名称：有机毒性固体，未另作规定的

包装类别：Ⅲ

12　3-氨基苯胂酸

别名：间氨基苯胂酸

英文名：3-arsanilic acid；m-arsanilic acid；m-aminobenzene arsonic acid

CAS 号：2038-72-4

GHS 标签信号词及象形图：危险

危险性类别：急性毒性-经口，类别 3＊
　　急性毒性-吸入，类别 3＊
　　危害水生环境-急性危害，类别 1
　　危害水生环境-长期危害，类别 1

主要危险性及次要危险性：第 6.1 项危险物——毒性物质

联合国编号（UN No.）：2811

正式运输名称：有机毒性固体，未另作规

定的

包装类别：Ⅲ

13 4-氨基苯胂酸

别名：对氨基苯胂酸

英文名：4-arsanilic acid；p-aminobenzene arsonic acid

CAS 号：98-50-0

GHS 标签信号词及象形图：危险

危险性类别：急性毒性-经口，类别 3*

急性毒性-吸入，类别 3*

危害水生环境-急性危害，类别 1

危害水生环境-长期危害，类别 1

主要危险性及次要危险性：第 6.1 项危险物——毒性物质

联合国编号（UN No.）：2811

正式运输名称：有机毒性固体，未另作规定的

包装类别：Ⅲ

14 4-氨基苯胂酸钠

别名：对氨基苯胂酸钠

英文名：4-aminobenzene arsonic acid sodium salt；p-aminobenzene arsonic acid sodium salt；sodium salt sodium arsanilate

CAS 号：127-85-5

GHS 标签信号词及象形图：危险

危险性类别：急性毒性-经口，类别 3*

急性毒性-吸入，类别 3*

危害水生环境-急性危害，类别 1

危害水生环境-长期危害，类别 1

主要危险性及次要危险性：第 6.1 项危险物——毒性物质

联合国编号（UN No.）：2473

正式运输名称：对氨苯基胂酸钠

包装类别：Ⅲ

15 2-氨基吡啶

别名：邻氨基吡啶

英文名：2-aminopyridine；o-aminopyridine

CAS 号：504-29-0

GHS 标签信号词及象形图：危险

危险性类别：急性毒性-经口，类别 3

急性毒性-经皮，类别 3

严重眼损伤/眼刺激，类别 2B

特异性靶器官毒性-一次接触，类别 1

危害水生环境-急性危害，类别 2

危害水生环境-长期危害，类别 2

主要危险性及次要危险性：第 6.1 项危险物——毒性物质

联合国编号（UN No.）：2671

正式运输名称：氨基吡啶（邻）

包装类别：Ⅱ

16 3-氨基吡啶

别名：间氨基吡啶

英文名：3-aminopyridine；m-aminopyridine

CAS 号：462-08-8

GHS 标签信号词及象形图：危险

危险性类别：急性毒性-经口，类别 2

危害水生环境-急性危害，类别 2

危害水生环境-长期危害，类别 2

主要危险性及次要危险性：第 6.1 项危险物——毒性物质

联合国编号（UN No.）：2671

正式运输名称：氨基吡啶（间）

包装类别：Ⅱ

17 4-氨基吡啶

别名：对氨基吡啶；4-氨基氮杂苯；对氨基氮

苯；γ-吡啶胺

英文名：4-aminopyridine；p-aminopyridine；γ-pyridylamine；avitrol

CAS 号：504-24-5

GHS 标签信号词及象形图：危险

危险性类别：急性毒性-经口，类别 2
危害水生环境-急性危害，类别 2
危害水生环境-长期危害，类别 2

主要危险性及次要危险性：第 6.1 项危险物——毒性物质

联合国编号（UN No.）：2671

正式运输名称：氨基吡啶（对）

包装类别：Ⅱ

18　1-氨基丙烷

别名：正丙胺

英文名：1-aminopropane；n-propylamine

CAS 号：107-10-8

GHS 标签信号词及象形图：危险

危险性类别：易燃液体，类别 2
急性毒性-经皮，类别 3
急性毒性-吸入，类别 3
皮肤腐蚀/刺激，类别 1
严重眼损伤/眼刺激，类别 1

主要危险性及次要危险性：第 3 类危险物——易燃液体；第 8 类危险物——腐蚀性物质

联合国编号（UN No.）：1277

正式运输名称：丙胺

包装类别：Ⅱ

19　2-氨基丙烷

别名：异丙胺

英文名：2-aminopropane；isopropylamine

CAS 号：75-31-0

GHS 标签信号词及象形图：危险

危险性类别：易燃液体，类别 1
皮肤腐蚀/刺激，类别 2
严重眼损伤/眼刺激，类别 2
特异性靶器官毒性-一次接触，类别 3（呼吸道刺激）

主要危险性及次要危险性：第 3 类危险物——易燃液体；第 8 类危险物——腐蚀性物质

联合国编号（UN No.）：1221

正式运输名称：异丙胺

包装类别：Ⅰ

20　3-氨基丙烯

别名：烯丙胺

英文名：3-aminopropene；allylamine

CAS 号：107-11-9

GHS 标签信号词及象形图：危险

危险性类别：易燃液体，类别 2
急性毒性-经口，类别 3*
急性毒性-经皮，类别 1
急性毒性-吸入，类别 3*
危害水生环境-急性危害，类别 2
危害水生环境-长期危害，类别 2

主要危险性及次要危险性：第 6.1 项危险物——毒性物质；第 3 类危险物——易燃液体

联合国编号（UN No.）：2334

正式运输名称：烯丙胺

包装类别：Ⅰ

21　4-氨基二苯胺

别名：对氨基二苯胺

英文名：4-aminodiphenylamine；p-aminodiphenylamine

CAS 号：101-54-2

GHS 标签信号词及象形图：警告

危险性类别：严重眼损伤/眼刺激，类别2
　皮肤致敏物，类别1
　危害水生环境-急性危害，类别1
　危害水生环境-长期危害，类别1
主要危险性及次要危险性：第9类危险物——
　杂项危险物质和物品
联合国编号（UN No.）：3077
正式运输名称：对环境有害的固态物质，未
　另作规定的
包装类别：Ⅲ

22　氨基胍重碳酸盐

别名：—
英文名：aminoguanidine bicarbonate
CAS号：2582-30-1
GHS标签信号词及象形图：危险

危险性类别：易燃固体，类别2
　呼吸道致敏物，类别1
　危害水生环境-长期危害，类别3
主要危险性及次要危险性：第4.1项危险
　物——易燃固体
联合国编号（UN No.）：1325
正式运输名称：有机易燃固体，未另作规定的
包装类别：Ⅲ

23　氨基化钙

别名：氨基钙
英文名：calcium amide
CAS号：23321-74-6
GHS标签信号词及象形图：危险

危险性类别：遇水放出易燃气体的物质和混
　合物，类别2

主要危险性及次要危险性：第4.3项危险
　物——遇水放出易燃气体的物质
联合国编号（UN No.）：1390
正式运输名称：氨基碱金属
包装类别：Ⅱ

24　氨基化锂

别名：氨基锂
英文名：lithium amide
CAS号：7782-89-0
GHS标签信号词及象形图：危险

危险性类别：遇水放出易燃气体的物质和混
　合物，类别2
主要危险性及次要危险性：第4.3项危险
　物——遇水放出易燃气体的物质
联合国编号（UN No.）：1390
正式运输名称：氨基碱金属
包装类别：Ⅱ

25　氨基磺酸

别名：—
英文名：amido-sulfonic acid；sulphamidic acid；
　sulphamic acid；sulfamic acid
CAS号：5329-14-6
GHS标签信号词及象形图：警告

危险性类别：皮肤腐蚀/刺激，类别2
　严重眼损伤/眼刺激，类别2
　危害水生环境-长期危害，类别3
主要危险性及次要危险性：第8类危险物——
　腐蚀性物质
联合国编号（UN No.）：2967
正式运输名称：氨基磺酸
包装类别：Ⅲ

26　5-(氨基甲基)-3-异噁唑醇

别名：3-羟基-5-氨基甲基异噁唑；蝇蕈醇

英文名：5-aminomethyl-3-isoxazolol；muscimol；3-hydroxy-5-aminomethylisoxazole

CAS 号：2763-96-4

GHS 标签信号词及象形图：危险

危险性类别：急性毒性-经口，类别 2

主要危险性及次要危险性：第 6.1 项 危 险物——毒性物质

联合国编号（UN No.）：2811

正式运输名称：有机毒性固体，未另作规定的

包装类别：Ⅱ

27   氨基甲酸胺

别名：—

英文名：ammonium carbamate

CAS 号：1111-78-0

GHS 标签信号词及象形图：危险

危险性类别：皮肤腐蚀/刺激，类别 2
　　严重眼损伤/眼刺激，类别 1

主要危险性及次要危险性：—

联合国编号（UN No.）：非危

正式运输名称：—

包装类别：—

28　（2-氨基甲酰氧乙基）三甲基氯化铵

别名：氯化氨甲酰胆碱；卡巴考

英文名：（2-carbamoyloxyethyl）trimethylammonium chloride；carbachol chloride；carbacholin

CAS 号：51-83-2

GHS 标签信号词及象形图：危险

危险性类别：急性毒性-经口，类别 2

主要危险性及次要危险性：第 6.1 项危险物——毒性物质

联合国编号（UN No.）：2811

正式运输名称：有机毒性固体，未另作规定的

包装类别：Ⅱ

29   3-氨基喹啉

别名：—

英文名：3-amino quinoline

CAS 号：580-17-6

GHS 标签信号词及象形图：警告

危险性类别：皮肤腐蚀/刺激，类别 2
　　严重眼损伤/眼刺激，类别 2

主要危险性及次要危险性：—

联合国编号（UN No.）：非危

正式运输名称：—

包装类别：—

30   2-氨基联苯

别名：邻氨基联苯；邻苯基苯胺

英文名：2-aminodiphenyl；o-aminodiphenyl；o-phenylaniline；biphenyl-2-ylamine

CAS 号：90-41-5

GHS 标签信号词及象形图：无

危险性类别：危害水生环境-长期危害，类别 3

主要危险性及次要危险性：—

联合国编号（UN No.）：非危

正式运输名称：—

包装类别：—

31   4-氨基联苯

别名：对氨基联苯；对苯基苯胺

英文名：4-aminodiphenyl；p-aminodiphenyl；p-phenylaniline；biphenyl-4-ylamine；xenylamine；4-aminobiphenyl

CAS 号：92-67-1

GHS 标签信号词及象形图：危险

危险性类别：致癌性，类别 1A

主要危险性及次要危险性：—

联合国编号（UN No.）：非危

正式运输名称：—

包装类别：—

32　1-氨基乙醇

别名：乙醛合氨

英文名：1-aminoethanol；acetaldehyde ammonia

CAS 号：75-39-8

GHS 标签信号词及象形图：警告

危险性类别：皮肤腐蚀/刺激，类别 2

严重眼损伤/眼刺激，类别 2

主要危险性及次要危险性：第 9 类危险物——杂项危险物质和物品

联合国编号（UN No.）：1841

正式运输名称：乙醛合氨

包装类别：Ⅲ

33　2-氨基乙醇

别名：乙醇胺；2-羟基乙胺

英文名：2-aminoethanol；ethanolamine；2-hydroxy ethyl amine

CAS 号：141-43-5

GHS 标签信号词及象形图：危险

危险性类别：皮肤腐蚀/刺激，类别 1B

严重眼损伤/眼刺激，类别 1

特异性靶器官毒性-一次接触，类别 3（呼吸道刺激）

危害水生环境-急性危害，类别 2

主要危险性及次要危险性：第 8 类危险物——腐蚀性物质

联合国编号（UN No.）：2491

正式运输名称：乙醇胺

包装类别：Ⅲ

34　2-(2-氨基乙氧基)乙醇

别名：—

英文名：2-(2-aminoethoxy)ethanol

CAS 号：929-06-6

GHS 标签信号词及象形图：危险

危险性类别：皮肤腐蚀/刺激，类别 1

严重眼损伤/眼刺激，类别 1

主要危险性及次要危险性：第 8 类危险物——腐蚀性物质

联合国编号（UN No.）：3055

正式运输名称：2-(2-氨基乙氧基)乙醇

包装类别：Ⅲ

35　氨溶液（含氨＞10%）

别名：氨水

英文名：ammonia solution（more than 10％）

CAS 号：1336-21-6

GHS 标签信号词及象形图：危险

危险性类别：皮肤腐蚀/刺激，类别 1B

严重眼损伤/眼刺激，类别 1

特异性靶器官毒性-一次接触，类别 3（呼吸道刺激）

危害水生环境-急性危害，类别 1

主要危险性及次要危险性：第 8 类危险物——腐蚀性物质

联合国编号（UN No.）：2672

正式运输名称：氨溶液，水溶液在 15℃时的相对密度为 0.880～0.975，含氨量 10％～35％

包装类别：Ⅲ

36　N-氨基乙基哌嗪

别名：1-哌嗪乙胺；N-(2-氨基乙基)哌嗪；2-(1-哌嗪基)乙胺

英文名：N-aminoethylpiperazine；1-piperazine-ethylamine；N-(2-aminoethyl) piperazine；2-piperazin-1-ylethylamine

CAS 号：140-31-8

GHS 标签信号词及象形图：危险

危险性类别：皮肤腐蚀/刺激，类别 1B
严重眼损伤/眼刺激，类别 1
皮肤致敏物，类别 1
危害水生环境-长期危害，类别 3

主要危险性及次要危险性：第 8 类危险物——腐蚀性物质

联合国编号（UN No.）：2815

正式运输名称：N-氨乙基哌嗪

包装类别：Ⅲ

37　八氟-2-丁烯

别名：全氟-2-丁烯

英文名：octafluorobut-2-ene；perfluorobutene-2

CAS 号：360-89-4

GHS 标签信号词及象形图：警告

危险性类别：加压气体

主要危险性及次要危险性：第 2.2 类危险物——非易燃无毒气体

联合国编号（UN No.）：2422

正式运输名称：八氟-2-丁烯

包装类别：不适用

38　八氟丙烷

别名：全氟丙烷

英文名：octafluoropropane；perfluoropropane

CAS 号：76-19-7

GHS 标签信号词及象形图：警告

危险性类别：加压气体

主要危险性及次要危险性：第 2.2 类危险物——非易燃无毒气体

联合国编号（UN No.）：2424

正式运输名称：八氟丙烷

包装类别：不适用

39　八氟环丁烷

别名：RC318

英文名：octafluorocyclobutane；freon C318

CAS 号：115-25-3

GHS 标签信号词及象形图：警告

危险性类别：加压气体

主要危险性及次要危险性：第 2.2 类危险物——非易燃无毒气体

联合国编号（UN No.）：1976

正式运输名称：八氟环丁烷

包装类别：不适用

40　八氟异丁烯

别名：全氟异丁烯；1,1,3,3,3-五氟-2-(三氟甲基)-1-丙烯

英文名：octafluoroisobutylene；perfluoroisobutylene；1,1,3,3,3-pentafluoro-2-(trifluoromethyl)-1-propene

CAS 号：382-21-8

GHS 标签信号词及象形图：危险

危险性类别：加压气体
急性毒性-吸入，类别 1
特异性靶器官毒性--一次接触，类别 1

特异性靶器官毒性-反复接触，类别 1

主要危险性及次要危险性：第 2.3 类 危 险 物——毒性气体

联合国编号（UN No.）：3162/1955△

正式运输名称：液化气体，毒性，未另作规定的/压缩气体，毒性，未另作规定的△

包装类别：不适用

41 八甲基焦磷酰胺

别名：八甲磷

英文名：schradan；octamethylpyrophosphora-mide；octamethyl

CAS 号：152-16-9

GHS 标签信号词及象形图：危险

危险性类别：急性毒性-经口，类别 2＊
  急性毒性-经皮，类别 1
  危害水生环境-长期危害，类别 3

主要危险性及次要危险性：第 6.1 项 危 险 物——毒性物质

联合国编号（UN No.）：3018/2810△

正式运输名称：液态有机磷农药，毒性/有机毒性液体，未另作规定的△

包装类别：Ⅰ

42 1,3,4,5,6,7,8,8-八氯-1,3,3a,4,7,7a-六氢-4,7-亚甲基异苯并呋喃(含量＞1%)

别名：八氯六氢亚甲基苯并呋喃；碳氯灵

英文名：1,3,4,5,6,7,8,8-octachloro-1,3,3a,4,7,7a-hexahydro-4,7-methanoisobenzo-furan(more than 1%)；isobenzan；telodrin

CAS 号：297-78-9

GHS 标签信号词及象形图：危险

危险性类别：急性毒性-经口，类别 2＊
  急性毒性-经皮，类别 1

危害水生环境-急性危害，类别 1
  危害水生环境-长期危害，类别 1

主要危险性及次要危险性：第 6.1 项 危 险 物——毒性物质

联合国编号（UN No.）：2761/2811△

正式运输名称：固态有机氯农药，毒性/有机毒性固体，未另作规定的△

包装类别：Ⅰ

43 1,2,4,5,6,7,8,8-八氯-2,3,3a,4,7,7a-六氢-4,7-亚甲基茚

别名：氯丹

英文名：chlordane；1,2,4,5,6,7,8,8-octa-chloro-3a,4,7,7a-tetrahydro-4,7-methanoindan；M-410

CAS 号：57-74-9

GHS 标签信号词及象形图：危险

危险性类别：急性毒性-经皮，类别 3
  致癌性，类别 2
  危害水生环境-急性危害，类别 1
  危害水生环境-长期危害，类别 1

主要危险性及次要危险性：第 6.1 项 危 险 物——毒性物质

联合国编号（UN No.）：2996/2810△

正式运输名称：液态有机氯农药，毒性/有机毒性液体，未另作规定的△

包装类别：Ⅲ

44 八氯莰烯

别名：毒杀芬

英文名：toxaphene；camphechlor

CAS 号：8001-35-2

GHS 标签信号词及象形图：危险

危险性类别：急性毒性-经口，类别 3＊
  皮肤腐蚀/刺激，类别 2

致癌性，类别 2

特异性靶器官毒性-一次接触，类别 3（呼吸道刺激）

危害水生环境-急性危害，类别 1

危害水生环境-长期危害，类别 1

主要危险性及次要危险性： 第 6.1 项危险物——毒性物质

联合国编号（UN No.）： 2761/2811△

正式运输名称： 固态有机氯农药，毒性/有机毒性固体，未另作规定的△

包装类别： Ⅲ

45　八溴联苯

别名： —

英文名： octabromobiphenyl

CAS 号： 27858-07-7

GHS 标签信号词及象形图： 危险

危险性类别： 皮肤腐蚀/刺激，类别 2

致癌性，类别 1B

生殖毒性，类别 2

主要危险性及次要危险性： —

联合国编号（UN No.）： 非危

正式运输名称： —

包装类别： —

46　白磷

别名： 黄磷

英文名： phosphorus white；phosphorus yellow

CAS 号： 12185-10-3

GHS 标签信号词及象形图： 危险

危险性类别： 自燃固体，类别 1

急性毒性-经口，类别 2*

急性毒性-吸入，类别 2*

皮肤腐蚀/刺激，类别 1A

严重眼损伤/眼刺激，类别 1

危害水生环境-急性危害，类别 1

主要危险性及次要危险性： 第 4.2 项危险物——易于自燃的物质；第 6.1 项危险物——毒性物质

联合国编号（UN No.）： 1381

正式运输名称： 白磷，干的

包装类别： Ⅰ

47　钡

别名： 金属钡

英文名： barium

CAS 号： 7440-39-3

GHS 标签信号词及象形图： 危险

危险性类别： 遇水放出易燃气体的物质和混合物，类别 2

皮肤腐蚀/刺激，类别 2

严重眼损伤/眼刺激，类别 2

危害水生环境-长期危害，类别 3

主要危险性及次要危险性： 第 4.3 项危险物——遇水放出易燃气体的物质

联合国编号（UN No.）： 1400

正式运输名称： 钡

包装类别： Ⅱ

48　钡合金

别名： —

英文名： barium alloy

CAS 号： —

GHS 标签信号词及象形图： 危险

危险性类别：（1）非自燃的，遇水放出易燃气体的物质和混合物，类别 2

主要危险性及次要危险性： 第 4.3 项危险物——遇水放出易燃气体的物质

联合国编号（UN No.）： 1393

正式运输名称： 碱土金属合金，未另作规

定的

包装类别：Ⅱ

钡合金

别名：—

英文名：barium alloy

CAS 号：—

GHS 标签信号词及象形图：危险

危险性类别：（2）自燃的，自燃固体，类别1

遇水放出易燃气体的物质和混合物，类别2

主要危险性及次要危险性：第 4.2 项 危 险物——易于自燃的物质

联合国编号（UN No.）：1854

正式运输名称：发火钡合金

包装类别：Ⅰ

49 苯

别名：纯苯

英文名：benzene；benzol

CAS 号：71-43-2

GHS 标签信号词及象形图：危险

危险性类别：易燃液体，类别2

皮肤腐蚀/刺激，类别2

严重眼损伤/眼刺激，类别2

生殖细胞致突变性，类别1B

致癌性，类别1A

特异性靶器官毒性-反复接触，类别1

吸入危害，类别1

危害水生环境-急性危害，类别2

危害水生环境-长期危害，类别3

主要危险性及次要危险性：第3类危险物——易燃液体

联合国编号（UN No.）：1114

正式运输名称：苯

包装类别：Ⅱ

50 苯-1,3-二磺酰肼
（糊状，浓度52%）

别名：—

英文名：benzene-1,3-disulphonyl hydrazide，as a paste

CAS 号：4547-70-0

GHS 标签信号词及象形图：危险

危险性类别：自反应物质和混合物，D 型

主要危险性及次要危险性：第 4.1 项 危 险物——自反应物质

联合国编号（UN No.）：3236

正式运输名称：D 型自反应固体，控制温度的

包装类别：满足Ⅱ类包装要求

51 苯胺

别名：氨基苯

英文名：aniline；aminobenzene

CAS 号：62-53-3

GHS 标签信号词及象形图：危险

危险性类别：急性毒性-经口，类别3*

急性毒性-经皮，类别3*

急性毒性-吸入，类别3*

严重眼损伤/眼刺激，类别1

皮肤致敏物，类别1

生殖细胞致突变性，类别2

特异性靶器官毒性-反复接触，类别1

危害水生环境-急性危害，类别1

危害水生环境-长期危害，类别2

主要危险性及次要危险性：第 6.1 项 危 险物——毒性物质

联合国编号（UN No.）：1547

正式运输名称：苯胺

包装类别：Ⅱ

52　苯并呋喃

别名：氧茚；香豆酮；古马隆

英文名：benzofuran；coumarone；2,3-benzo-furan

CAS 号：271-89-6

GHS 标签信号词及象形图：警告

危险性类别：易燃液体，类别 3

致癌性，类别 2

特异性靶器官毒性-反复接触，类别 2

危害水生环境-长期危害，类别 3

主要危险性及次要危险性：第 3 类危险物——易燃液体

联合国编号（UN No.）：1993

正式运输名称：易燃液体，未另作规定的

包装类别：Ⅲ

53　1,2-苯二胺

别名：邻苯二胺；1,2-二氨基苯

英文名：1,2-phenylene diamine；o-phenylenedi-amine；1,2-diaminobenzene

CAS 号：95-54-5

GHS 标签信号词及象形图：危险

危险性类别：急性毒性-经口，类别 3＊

严重眼损伤/眼刺激，类别 2

皮肤致敏物，类别 1

生殖细胞致突变性，类别 2

危害水生环境-急性危害，类别 1

危害水生环境-长期危害，类别 1

主要危险性及次要危险性：第 6.1 项危险物——毒性物质

联合国编号（UN No.）：1673

正式运输名称：苯二胺（邻）

包装类别：Ⅲ

54　1,3-苯二胺

别名：间苯二胺；1,3-二氨基苯

英文名：1,3-phenylene diamine；m-phenylene-diamine；1,3-diaminobenzene

CAS 号：108-45-2

GHS 标签信号词及象形图：危险

危险性类别：急性毒性-经口，类别 3＊

急性毒性-经皮，类别 3＊

急性毒性-吸入，类别 3＊

严重眼损伤/眼刺激，类别 2

皮肤致敏物，类别 1

生殖细胞致突变性，类别 2

危害水生环境-急性危害，类别 1

危害水生环境-长期危害，类别 1

主要危险性及次要危险性：第 6.1 项危险物——毒性物质

联合国编号（UN No.）：1673

正式运输名称：苯二胺（间）

包装类别：Ⅲ

55　1,4-苯二胺

别名：对苯二胺；1,4-二氨基苯；乌尔丝 D

英文名：1,4-phenylene diamine；p-phenylene-diamine；1,4-diaminobenzene；ursold

CAS 号：106-50-3

GHS 标签信号词及象形图：危险

危险性类别：急性毒性-经口，类别 3＊

急性毒性-经皮，类别 3＊

急性毒性-吸入，类别 3＊

严重眼损伤/眼刺激，类别 2

皮肤致敏物，类别 1

危害水生环境-急性危害，类别 1

危害水生环境-长期危害，类别 1

主要危险性及次要危险性：第 6.1 项危险

物——毒性物质

联合国编号（UN No.）：1673

正式运输名称：苯二胺（对）

包装类别：Ⅲ

56   1,2-苯二酚

别名：邻苯二酚

英文名：1,2-benzenediol；*o*-benzenediol；catechol；1,2-dihydroxybenzene；pyrocatechol

CAS 号：120-80-9

GHS 标签信号词及象形图：警告

危险性类别：皮肤腐蚀/刺激，类别2

严重眼损伤/眼刺激，类别2

致癌性，类别2

危害水生环境-急性危害，类别2

主要危险性及次要危险性：第 6.1 项危险物——毒性物质

联合国编号（UN No.）：2811

正式运输名称：有机毒性固体，未另作规定的

包装类别：Ⅲ

57   1,3-苯二酚

别名：间苯二酚；雷琐酚

英文名：1,3-benzenediol；*m*-benzenediol；resorcinol

CAS 号：108-46-3

GHS 标签信号词及象形图：警告

危险性类别：皮肤腐蚀/刺激，类别2

严重眼损伤/眼刺激，类别2

危害水生环境-急性危害，类别1

主要危险性及次要危险性：第 6.1 项危险物——毒性物质

联合国编号（UN No.）：2876

正式运输名称：间苯二酚

包装类别：Ⅲ

58   1,4-苯二酚

别名：对苯二酚；氢醌

英文名：1,4-dihydroxybenzene；quinol；hydroquinone；hydroquinone

CAS 号：123-31-9

GHS 标签信号词及象形图：危险

危险性类别：严重眼损伤/眼刺激，类别1

皮肤致敏物，类别1

生殖细胞致突变性，类别2

危害水生环境-急性危害，类别1

危害水生环境-长期危害，类别1

主要危险性及次要危险性：第 9 类危险物——杂项危险物质和物品

联合国编号（UN No.）：3077

正式运输名称：对环境有害的固态物质，未另作规定的

包装类别：Ⅲ

59   1,3-苯二磺酸溶液

别名：—

英文名：benzene-1,3-disulfonic acid，solution

CAS 号：98-48-6

GHS 标签信号词及象形图：危险

危险性类别：皮肤腐蚀/刺激，类别1

严重眼损伤/眼刺激，类别1

主要危险性及次要危险性：第 8 类危险物——腐蚀性物质

联合国编号（UN No.）：3265

正式运输名称：有机酸性腐蚀性液体，未另作规定的

包装类别：Ⅲ

60   苯酚

别名：酚；石炭酸

英文名：phenol；carbolic acid；hydroxybenzene；
　　phenylalcohol

CAS号：108-95-2

GHS标签信号词及象形图：危险

危险性类别：急性毒性-经口，类别3*
　　急性毒性-经皮，类别3*
　　急性毒性-吸入，类别3*
　　皮肤腐蚀/刺激，类别1B
　　严重眼损伤/眼刺激，类别1
　　生殖细胞致突变性，类别2
　　特异性靶器官毒性-反复接触，类别2*
　　危害水生环境-急性危害，类别2
　　危害水生环境-长期危害，类别2

主要危险性及次要危险性：第6.1项危险
　　物——毒性物质

联合国编号（UN No.）：1671/2312△

正式运输名称：固态苯酚/熔融苯酚△

包装类别：Ⅱ

苯酚溶液

别名：—

英文名：phenol solution

CAS号：108-95-2

GHS标签信号词及象形图：警告

危险性类别：皮肤腐蚀/刺激，类别2*
　　严重眼损伤/眼刺激，类别2*
　　生殖细胞致突变性，类别2
　　特异性靶器官毒性-反复接触，类别2
　　危害水生环境-长期危害，类别3

主要危险性及次要危险性：第6.1项危险
　　物——毒性物质

联合国编号（UN No.）：2821

正式运输名称：苯酚溶液

包装类别：Ⅲ

61　苯酚二磺酸硫酸溶液

别名：—

英文名：phenol disulfonic acid in sulfuric
　　acid solution

CAS号：—

GHS标签信号词及象形图：危险

危险性类别：皮肤腐蚀/刺激，类别1B
　　严重眼损伤/眼刺激，类别1

主要危险性及次要危险性：第8类危险物——
　　腐蚀性物质

联合国编号（UN No.）：3265

正式运输名称：有机酸性腐蚀性液体，未另
　　作规定的

包装类别：Ⅱ

62　苯酚磺酸

别名：—

英文名：phenol sulphonic acid

CAS号：1333-39-7

GHS标签信号词及象形图：危险

危险性类别：皮肤腐蚀/刺激，类别1
　　严重眼损伤/眼刺激，类别1

主要危险性及次要危险性：第8类危险物——
　　腐蚀性物质

联合国编号（UN No.）：1803

正式运输名称：液态苯酚磺酸

包装类别：Ⅱ

63　苯酚钠

别名：苯氧基钠

英文名：sodium phenolate；sodium phenoxide

CAS号：139-02-6

GHS标签信号词及象形图：危险

危险性类别：皮肤腐蚀/刺激，类别 1
严重眼损伤/眼刺激，类别 1

主要危险性及次要危险性：第 8 类危险物——
腐蚀性物质

联合国编号（UN No.）：1759

正式运输名称：腐蚀性固体，未另作规定的

包装类别：Ⅲ

64　苯磺酰肼

别名：发泡剂 BSH

英文名：benzene sulphohydrazide；foaming a-
gent BSH

CAS 号：80-17-1

GHS 标签信号词及象形图：危险

危险性类别：自反应物质和混合物，D 型

主要危险性及次要危险性：第 4.1 项危险
物——自反应物质

联合国编号（UN No.）：3226

正式运输名称：D 型自反应固体

包装类别：满足Ⅱ类包装要求

65　苯磺酰氯

别名：氯化苯磺酰

英文名：benzenesulfonyl chloride；benzene-
sulfonic chloride

CAS 号：98-09-9

GHS 标签信号词及象形图：危险

危险性类别：皮肤腐蚀/刺激，类别 1A
严重眼损伤/眼刺激，类别 1
危害水生环境-急性危害，类别 2

主要危险性及次要危险性：第 8 类危险物——
腐蚀性物质

联合国编号（UN No.）：2225

正式运输名称：苯磺酰氯

包装类别：Ⅲ

66　4-苯基-1-丁烯

别名：—

英文名：4-phenylbut-1-ene

CAS 号：768-56-9

GHS 标签信号词及象形图：警告

危险性类别：皮肤腐蚀/刺激，类别 2
危害水生环境-急性危害，类别 2
危害水生环境-长期危害，类别 2

主要危险性及次要危险性：第 3 类危险物——
易燃液体/第 9 类危险物——杂项危险物质
和物品△

联合国编号（UN No.）：3295/3082△

正式运输名称：液态烃类，未另作规定的/对
环境有害的液态物质，未另作规定的△

包装类别：Ⅲ

67　N-苯基-2-萘胺

别名：防老剂 D

英文名：N-phenyl-2-naphthylamine；nezone D；
N-2-naphthylaniline

CAS 号：135-88-6

GHS 标签信号词及象形图：警告

危险性类别：皮肤腐蚀/刺激，类别 2
严重眼损伤/眼刺激，类别 2
皮肤致敏物，类别 1
危害水生环境-急性危害，类别 2
危害水生环境-长期危害，类别 2

主要危险性及次要危险性：第 9 类危险物——
杂项危险物质和物品

联合国编号（UN No.）：3077

正式运输名称：对环境有害的固态物质，未

另作规定的

包装类别：Ⅲ

68 2-苯基丙烯

别名：异丙烯基苯；α-甲基苯乙烯

英文名：2-phenylpropene；isopropenylbenzene；
α-methylstyrene

CAS 号：98-83-9

GHS 标签信号词及象形图：警告

危险性类别：易燃液体，类别3

严重眼损伤/眼刺激，类别2

特异性靶器官毒性-一次接触，类别3（呼吸道刺激）

危害水生环境-急性危害，类别2

危害水生环境-长期危害，类别2

主要危险性及次要危险性：第3类危险物——
易燃液体

联合国编号（UN No.）：2303

正式运输名称：异丙烯基苯

包装类别：Ⅲ

69 2-苯基苯酚

别名：邻苯基苯酚

英文名：2-phenylphenol；o-phenylphenol；biphenyl-2-ol；2-hydroxybiphenyl

CAS 号：90-43-7

GHS 标签信号词及象形图：警告

危险性类别：皮肤腐蚀/刺激，类别2

严重眼损伤/眼刺激，类别2

特异性靶器官毒性-一次接触，类别3（呼吸道刺激）

危害水生环境-急性危害，类别1

主要危险性及次要危险性：第9类危险物——
杂项危险物质和物品

联合国编号（UN No.）：3077

正式运输名称：对环境有害的固态物质，未
另作规定的

包装类别：Ⅲ

70 苯基二氯硅烷

别名：二氯苯基硅烷

英文名：phenyl dichloro silane；dichlorophenylsilane

CAS 号：1631-84-1

GHS 标签信号词及象形图：危险

危险性类别：易燃液体，类别3

皮肤腐蚀/刺激，类别1

严重眼损伤/眼刺激，类别1

主要危险性及次要危险性：第8类危险物——
腐蚀性物质；第3类危险物——易燃液体

联合国编号（UN No.）：2986

正式运输名称：氯硅烷，腐蚀性，易燃，未
另作规定的

包装类别：Ⅲ

71 苯基硫醇

别名：苯硫酚；巯基苯；硫代苯酚

英文名：phenyl mercaptan；benzenethiol；mercaptobenzene；thiophenol

CAS 号：108-98-5

GHS 标签信号词及象形图：危险

危险性类别：易燃液体，类别3

急性毒性-经口，类别2

急性毒性-经皮，类别2

急性毒性-吸入，类别1

皮肤腐蚀/刺激，类别2

严重眼损伤/眼刺激，类别2A

生殖毒性，类别2

特异性靶器官毒性-一次接触，类别2

特异性靶器官毒性-一次接触，类别3（呼

吸道刺激）

特异性靶器官毒性-反复接触，类别 1

危害水生环境-急性危害，类别 1

危害水生环境-长期危害，类别 1

主要危险性及次要危险性：第 6.1 项危险物——毒性物质；第 3 类危险物——易燃液体

联合国编号（UN No.）：2337

正式运输名称：苯硫酚

包装类别：I

72　苯基氢氧化汞

别名：氢氧化苯汞

英文名：phenylmercury hydroxide；phenylmercuric hydroxide

CAS 号：100-57-2

GHS 标签信号词及象形图：危险

危险性类别：急性毒性-经口，类别 3 *

皮肤腐蚀/刺激，类别 1B

严重眼损伤/眼刺激，类别 1

特异性靶器官毒性-反复接触，类别 1

危害水生环境-急性危害，类别 1

危害水生环境-长期危害，类别 1

主要危险性及次要危险性：第 6.1 项危险物——毒性物质

联合国编号（UN No.）：1894

正式运输名称：氢氧化苯汞

包装类别：II

73　苯基三氯硅烷

别名：苯代三氯硅烷

英文名：phenyltrichlorosilane；trichlorophenyl silane

CAS 号：98-13-5

GHS 标签信号词及象形图：危险

危险性类别：皮肤腐蚀/刺激，类别 1A

严重眼损伤/眼刺激，类别 1

主要危险性及次要危险性：第 8 类危险物——腐蚀性物质

联合国编号（UN No.）：1804

正式运输名称：苯基三氯硅烷

包装类别：II

74　苯基溴化镁（浸在乙醚中的）

别名：—

英文名：phenyl magnesium bromide（in ethyl ether）

CAS 号：100-58-3

GHS 标签信号词及象形图：危险

危险性类别：遇水放出易燃气体的物质和混合物，类别 1

主要危险性及次要危险性：第 4.3 项危险物——遇水放出易燃气体的物质

联合国编号（UN No.）：2813

正式运输名称：遇水反应固体，未另作规定的

包装类别：I

75　苯基氧氯化膦

别名：苯磷酰二氯

英文名：benzene phosphorus oxychloride；phenyl dichlorphosphine oxide

CAS 号：824-72-6

GHS 标签信号词及象形图：危险

危险性类别：皮肤腐蚀/刺激，类别 1B

严重眼损伤/眼刺激，类别 1

主要危险性及次要危险性：第 8 类危险物——腐蚀性物质

联合国编号（UN No.）：3265

正式运输名称：有机酸性腐蚀性液体，未另

作规定的

包装类别：Ⅱ

76　N-苯基乙酰胺

别名：乙酰苯胺；退热冰

英文名：N-phenylacetamide；acetanilide；antifebrine

CAS 号：103-84-4

GHS 标签信号词及象形图：警告

危险性类别：皮肤腐蚀/刺激，类别 2

严重眼损伤/眼刺激，类别 2

主要危险性及次要危险性：—

联合国编号（UN No.）：非危

正式运输名称：—

包装类别：—

77　N-苯甲基-N-(3,4-二氯基苯)-DL-丙氨酸乙酯

别名：新燕灵

英文名：ethyl N-benzoyl-N-(3,4-dichlorophenyl)-DL-alaninate；benzoylpro p-ethyl

CAS 号：22212-55-1

GHS 标签信号词及象形图：警告

危险性类别：危害水生环境-急性危害，类别 1

危害水生环境-长期危害，类别 1

主要危险性及次要危险性：第 9 类危险物——杂项危险物质和物品

联合国编号（UN No.）：3077

正式运输名称：对环境有害的固态物质，未另作规定的

包装类别：Ⅲ

78　苯甲腈

别名：氰化苯；苯基氰；氰基苯；苄腈

英文名：benzonitrile；phenyl cyanide

CAS 号：100-47-0

GHS 标签信号词及象形图：危险

危险性类别：急性毒性-吸入，类别 3

主要危险性及次要危险性：第 6.1 项危险物——毒性物质

联合国编号（UN No.）：2224

正式运输名称：苯甲腈

包装类别：Ⅱ

79　苯甲醚

别名：茴香醚；甲氧基苯

英文名：phenylmethylether；anisole；methoxybenzene

CAS 号：100-66-3

GHS 标签信号词及象形图：警告

危险性类别：易燃液体，类别 3

主要危险性及次要危险性：第 3 类危险物——易燃液体

联合国编号（UN No.）：2222

正式运输名称：茴香醚

包装类别：Ⅲ

80　苯甲酸汞

别名：安息香酸汞

英文名：mercury benzoate；mercuric benzoate

CAS 号：583-15-3

GHS 标签信号词及象形图：危险

危险性类别：急性毒性-经口，类别 2＊

急性毒性-经皮，类别 1

急性毒性-吸入，类别 2＊

特异性靶器官毒性-反复接触，类别 2＊

危害水生环境-急性危害，类别1

危害水生环境-长期危害，类别1

主要危险性及次要危险性：第 6.1 项危险物——毒性物质

联合国编号（UN No.）：1631

正式运输名称：苯甲酸汞

包装类别：Ⅱ

81　苯甲酸甲酯

别名：尼哦油

英文名：methyl benzoate；oil of niobe

CAS 号：93-58-3

GHS 标签信号词及象形图：警告

危险性类别：严重眼损伤/眼刺激，类别2

主要危险性及次要危险性：—

联合国编号（UN No.）：非危

正式运输名称：—

包装类别：—

82　苯甲酰氯

别名：氯化苯甲酰

英文名：benzoyl chloride；benzene carbonyl chloride

CAS 号：98-88-4

GHS 标签信号词及象形图：危险

危险性类别：皮肤腐蚀/刺激，类别1B

严重眼损伤/眼刺激，类别1

皮肤致敏物，类别1

危害水生环境-急性危害，类别1

主要危险性及次要危险性：第 8 类危险物——腐蚀性物质

联合国编号（UN No.）：1736

正式运输名称：苯酰氯

包装类别：Ⅱ

83　苯甲氧基磺酰氯

别名：—

英文名：phenoxy sulfonyl chloride

CAS 号：—

GHS 标签信号词及象形图：危险

危险性类别：皮肤腐蚀/刺激，类别1

严重眼损伤/眼刺激，类别1

主要危险性及次要危险性：第 8 类危险物——腐蚀性物质

联合国编号（UN No.）：3261

正式运输名称：有机酸性腐蚀性固体，未另作规定的

包装类别：Ⅲ

84　苯肼

别名：苯基联胺

英文名：phenylhydrazine；hydrazinobenzene

CAS 号：100-63-0

GHS 标签信号词及象形图：危险

危险性类别：急性毒性-经口，类别 3 *

急性毒性-经皮，类别 3 *

急性毒性-吸入，类别 3 *

皮肤腐蚀/刺激，类别 2

严重眼损伤/眼刺激，类别 2

皮肤致敏物，类别 1

生殖细胞致突变性，类别 2

特异性靶器官毒性-反复接触，类别 1

危害水生环境-急性危害，类别 1

主要危险性及次要危险性：第 6.1 项危险物——毒性物质

联合国编号（UN No.）：2572

正式运输名称：苯肼

包装类别：Ⅱ

85　苯胩化二氯

别名：苯胩化氯；二氯化苯胩

英文名：phenyl carbylaminedichloride；phenylcarbylamine chloride

CAS号：622-44-6

GHS标签信号词及象形图：危险

危险性类别：急性毒性-吸入，类别2

皮肤腐蚀/刺激，类别2

严重眼损伤/眼刺激，类别2

主要危险性及次要危险性：第 6.1 项危险物——毒性物质

联合国编号（UN No.）：1672

正式运输名称：二氯化苯胩

包装类别：Ⅰ

86　苯醌

别名：—

英文名：benzoquinone

CAS号：106-51-4

GHS标签信号词及象形图：危险

危险性类别：急性毒性-经口，类别3＊

急性毒性-吸入，类别3＊

皮肤腐蚀/刺激，类别2

严重眼损伤/眼刺激，类别2

特异性靶器官毒性-一次接触，类别3（呼吸道刺激）

危害水生环境-急性危害，类别1

主要危险性及次要危险性：第 6.1 项危险物——毒性物质

联合国编号（UN No.）：2587

正式运输名称：苯醌

包装类别：Ⅲ

87　苯硫代二氯化膦

别名：苯硫代磷酰二氯；硫代二氯化膦苯

英文名：phenylphosphorus thiodichloride；phenyl dichlorophosphine sulfide

CAS号：3497-00-5

GHS标签信号词及象形图：危险

危险性类别：皮肤腐蚀/刺激，类别1

严重眼损伤/眼刺激，类别1

主要危险性及次要危险性：第 8 类危险物——腐蚀性物质

联合国编号（UN No.）：2799

正式运输名称：苯基硫代磷酰二氯

包装类别：Ⅱ

88　苯胂化二氯

别名：二氯化苯胂；二氯苯胂

英文名：phenyl dichloroarsine；dichlorophenylarsine；FDA

CAS号：696-28-6

GHS标签信号词及象形图：危险

危险性类别：急性毒性-经皮，类别1

危害水生环境-急性危害，类别1

危害水生环境-长期危害，类别1

主要危险性及次要危险性：第 6.1 项危险物——毒性物质

联合国编号（UN No.）：1556/2810△

正式运输名称：液态砷化合物，未另作规定的/有机毒性液体，未另作规定的△

包装类别：Ⅰ

89　苯胂酸

别名：—

英文名：phenyl arsonic acidbenzene arsonic acid；phenylarsonic acid

CAS号：98-05-5

GHS标签信号词及象形图：危险

危险性类别：急性毒性-经口，类别 3 *

急性毒性-吸入，类别 3 *

危害水生环境-急性危害，类别 1

危害水生环境-长期危害，类别 1

主要危险性及次要危险性：第 6.1 项 危 险 物——毒性物质

联合国编号（UN No.）：3465/2811△

正式运输名称：固态有机砷化合物，未另作规定的/有机毒性固体，未另作规定的△

包装类别：Ⅲ

90 苯四甲酸酐

别名：均苯四甲酸酐

英文名：pyromellitic dianhydride；benzene-1，2，4，5-tetracarboxylic dianhydride

CAS 号：89-32-7

GHS 标签信号词及象形图：危险

危险性类别：严重眼损伤/眼刺激，类别 1

呼吸道致敏物，类别 1

皮肤致敏物，类别 1

主要危险性及次要危险性：—

联合国编号（UN No.）：非危

正式运输名称：—

包装类别：—

91 苯乙醇腈

别名：苯甲氰醇；扁桃腈

英文名：mandelonitrile；benzaldehyde cyano-hydrin；benzal cyanohydrin

CAS 号：532-28-5

GHS 标签信号词及象形图：危险

危险性类别：急性毒性-经口，类别 3

急性毒性-经皮，类别 3

急性毒性-吸入，类别 3

主要危险性及次要危险性：第 6.1 项 危 险 物——毒性物质

联合国编号（UN No.）：3276/2810△

正式运输名称：腈类，毒性，液态，未另作规定的/有机毒性液体，未另作规定的△

包装类别：Ⅲ

92 N-(苯乙基-4-哌啶基) 丙酰胺柠檬酸盐

别名：枸橼酸芬太尼

英文名：N-(phenylethyl-4-piperidinyl) propan-amidecitrate；fentanyl citrate；phentanyl cit-rate

CAS 号：990-73-8

GHS 标签信号词及象形图：危险

危险性类别：急性毒性-经口，类别 2

主要危险性及次要危险性：第 6.1 项 危 险 物——毒性物质

联合国编号（UN No.）：2811

正式运输名称：有机毒性固体，未另作规定的

包装类别：Ⅱ

93 2-苯乙基异氰酸酯

别名：—

英文名：2-phenylethylisocyanate

CAS 号：1943-82-4

GHS 标签信号词及象形图：危险

危险性类别：急性毒性-吸入，类别 3 *

皮肤腐蚀/刺激，类别 1A

严重眼损伤/眼刺激，类别 1

呼吸道致敏物，类别 1

皮肤致敏物，类别 1

危害水生环境-急性危害，类别 2

危害水生环境-长期危害，类别 2

主要危险性及次要危险性：第 8 类危险物——腐蚀性物质；第 6.1 项危险物——毒性物质

联合国编号（UN No.）：2922

正式运输名称：腐蚀性液体，毒性，未另作规定的

包装类别：Ⅰ

94 苯乙腈

别名：氰化苄；苄基氰

英文名：phenylacetonitrile；benzyl cyanide；benzene acetonitrile

CAS 号：140-29-4

GHS 标签信号词及象形图：危险

危险性类别：急性毒性-经口，类别 3

急性毒性-经皮，类别 3

急性毒性-吸入，类别 1

严重眼损伤/眼刺激，类别 2

特异性靶器官毒性-反复接触，类别 1

主要危险性及次要危险性：第 6.1 项危险物——毒性物质

联合国编号（UN No.）：2470

正式运输名称：液态苯基乙腈

包装类别：Ⅲ

95 苯乙炔

别名：乙炔苯

英文名：phenyl acetylene；acetylene benzene

CAS 号：536-74-3

GHS 标签信号词及象形图：警告

危险性类别：易燃液体，类别 3

主要危险性及次要危险性：第 3 类危险物——易燃液体

联合国编号（UN No.）：3295/1993△

正式运输名称：液态烃类，未另作规定的/易燃液体，未另作规定的△

包装类别：Ⅲ

96 苯乙烯（稳定的）

别名：乙烯苯

英文名：styrene，stabilized；vinyl benzene

CAS 号：100-42-5

GHS 标签信号词及象形图：危险

危险性类别：易燃液体，类别 3

皮肤腐蚀/刺激，类别 2

严重眼损伤/眼刺激，类别 2

致癌性，类别 2

生殖毒性，类别 2

特异性靶器官毒性-反复接触，类别 1

危害水生环境-急性危害，类别 2

主要危险性及次要危险性：第 3 类危险物——易燃液体

联合国编号（UN No.）：2055

正式运输名称：单体苯乙烯，稳定的

包装类别：Ⅲ

97 苯乙酰氯

别名：—

英文名：phenylacetyl chloride

CAS 号：103-80-0

GHS 标签信号词及象形图：危险

危险性类别：皮肤腐蚀/刺激，类别 1

严重眼损伤/眼刺激，类别 1

主要危险性及次要危险性：第 8 类危险物——腐蚀性物质

联合国编号（UN No.）：2577

正式运输名称：苯乙酰氯

包装类别：Ⅱ

98   吡啶

别名：氮杂苯

英文名：pyridine

CAS号：110-86-1

GHS标签信号词及象形图：危险

危险性类别：易燃液体，类别2

主要危险性及次要危险性：第3类危险物——
易燃液体

联合国编号（UN No.）：1282

正式运输名称：吡啶

包装类别：Ⅱ

99   1-(3-吡啶甲基)-3-
(4-硝基苯基)脲

别名：1-(4-硝基苯基)-3-(3-吡啶基甲基)脲；
灭鼠优

英文名：1-(4-nitrophenyl)-3-(3-pyridyl methyl)
urea

CAS号：53558-25-1

GHS标签信号词及象形图：危险

危险性类别：急性毒性-经口，类别1
特异性靶器官毒性-一次接触，类别2

主要危险性及次要危险性：第 6.1 项危险
物——毒性物质

联合国编号（UN No.）：2588/2811△

正式运输名称：固态农药，毒性，未另作规
定的/有机毒性固体，未另作规定的△

包装类别：Ⅰ

100   吡咯

别名：一氮二烯五环；氮杂茂

英文名：pyrrol；azole；divinylimine

CAS号：109-97-7

GHS标签信号词及象形图：警告

危险性类别：易燃液体，类别3

主要危险性及次要危险性：第3类危险物——
易燃液体

联合国编号（UN No.）：1993

正式运输名称：易燃液体，未另作规定的

包装类别：Ⅲ

101   2-吡咯酮

别名：—

英文名：2-pyrrolidone

CAS号：616-45-5

GHS标签信号词及象形图：警告

危险性类别：严重眼损伤/眼刺激，类别2

主要危险性及次要危险性：—

联合国编号（UN No.）：非危

正式运输名称：—

包装类别：—

102   4-[苄基(乙基)氨基]-
3-乙氧基苯重氮氯化锌盐

别名：—

英文名：4-[benzyl（ethyl）amino]-3-ethoxy
benzene diazonium zinc chloride

CAS号：—

GHS标签信号词及象形图：危险

危险性类别：自反应物质和混合物，D型

主要危险性及次要危险性：第 4.1 项危险
物——自反应物质

联合国编号（UN No.）：3226

正式运输名称：D型自反应固体

包装类别：满足Ⅱ类包装要求

103　N-苄基-N-乙基苯胺

别名：N-乙基-N-苄基苯胺；苄乙基苯胺

英文名：N-ethyl-N-benzylaniline；N-benzyl-N-ethylaniline；benzylethylaniline

CAS 号：92-59-1

GHS 标签信号词及象形图：危险

危险性类别：急性毒性-经口，类别 3
　　危害水生环境-长期危害，类别 3

主要危险性及次要危险性：第 6.1 项危险物——毒性物质

联合国编号（UN No.）：2274

正式运输名称：N-乙基-N-苄基苯胺

包装类别：Ⅲ

104　2-苄基吡啶

别名：2-苯甲基吡啶

英文名：2-benzylpyridine；2-phenylmethyl pyridine

CAS 号：101-82-6

GHS 标签信号词及象形图：警告

危险性类别：严重眼损伤/眼刺激，类别 2

主要危险性及次要危险性：—

联合国编号（UN No.）：非危

正式运输名称：—

包装类别：—

105　4-苄基吡啶

别名：4-苯甲基吡啶

英文名：4-benzylpyridine；4-phenylmethyl pyridine

CAS 号：2116-65-6

GHS 标签信号词及象形图：警告

危险性类别：皮肤腐蚀/刺激，类别 2
　　严重眼损伤/眼刺激，类别 2
　　特异性靶器官毒性--次接触，类别 3（呼吸道刺激）

主要危险性及次要危险性：—

联合国编号（UN No.）：非危

正式运输名称：—

包装类别：—

106　苄硫醇

别名：α-甲苯硫醇

英文名：benzyl mercaptan；α-toluenethiol

CAS 号：100-53-8

GHS 标签信号词及象形图：警告

危险性类别：严重眼损伤/眼刺激，类别 2
　　危害水生环境-急性危害，类别 1

主要危险性及次要危险性：第 6.1 项危险物——毒性物质/第 9 类危险物——杂项危险物质和物品△

联合国编号（UN No.）：2810/3082△

正式运输名称：有机毒性液体，未另作规定的/对环境有害的液态物质，未另作规定的△

包装类别：Ⅱ/Ⅲ△

107　变性乙醇

别名：变性酒精

英文名：denatured alcohol；methylated alcohol

CAS 号：—

GHS 标签信号词及象形图：危险

危险性类别：易燃液体，类别 2

主要危险性及次要危险性：第 3 类危险物——易燃液体

联合国编号（UN No.）：1993

正式运输名称：易燃液体，未另作规定的

包装类别：Ⅱ

108　（1R，2R，4R）-冰片-2-硫氰基醋酸酯

别名：敌稻瘟

英文名：1，7，7-trimethylbicyclo（2，2，1）hept-2-yl thiocyanatoacetate；thanite

CAS 号：115-31-1

GHS 标签信号词及象形图：警告

危险性类别：危害水生环境-急性危害，类别 1

危害水生环境-长期危害，类别 1

主要危险性及次要危险性：第 9 类危险物——杂项危险物质和物品

联合国编号（UN No.）：3082

正式运输名称：对环境有害的液态物质，未另作规定的

包装类别：Ⅲ

109　丙胺氟磷

别名：N，N'-氟磷酰二异丙胺；双（二异丙氨基）磷酰氟

英文名：mipafox；N，N'-di-isopropylphosph-orodiamidic fluoride

CAS 号：371-86-8

GHS 标签信号词及象形图：危险

危险性类别：特异性靶器官毒性--一次接触，类别 1

主要危险性及次要危险性：—

联合国编号（UN No.）：非危

正式运输名称：—

包装类别：—

110　1-丙醇

别名：正丙醇

英文名：1-propanol；n-propanol

CAS 号：71-23-8

GHS 标签信号词及象形图：危险

危险性类别：易燃液体，类别 2

严重眼损伤/眼刺激，类别 1

特异性靶器官毒性--一次接触，类别 3（麻醉效应）

主要危险性及次要危险性：第 3 类危险物——易燃液体

联合国编号（UN No.）：1274

正式运输名称：正丙醇

包装类别：Ⅱ / Ⅲ△

111　2-丙醇

别名：异丙醇

英文名：2-propanol；isopropanol；isopropyl alcohol

CAS 号：67-63-0

GHS 标签信号词及象形图：危险

危险性类别：易燃液体，类别 2

严重眼损伤/眼刺激，类别 2

特异性靶器官毒性--一次接触，类别 3（麻醉效应）

主要危险性及次要危险性：第 3 类危险物——易燃液体

联合国编号（UN No.）：1219

正式运输名称：异丙醇

包装类别：Ⅱ

112　1,2-丙二胺

别名：1,2-二氨基丙烷；丙邻二胺

英文名：1，2-diaminopropane；1，2-propylene-diamine；propylenediamine

CAS 号：78-90-0

GHS 标签信号词及象形图：危险

危险性类别：易燃液体，类别 3
皮肤腐蚀/刺激，类别 1A
严重眼损伤/眼刺激，类别 1
主要危险性及次要危险性：第 8 类危险物——腐蚀性物质；第 3 类危险物——易燃液体
联合国编号（UN No.）：2258
正式运输名称：丙邻二胺（1,2-二氨基丙烷）
包装类别：Ⅱ

113　1,3-丙二胺

别名：1,3-二氨基丙烷
英文名：1,3-propylene diamine；1,3-diamin-opropane
CAS 号：109-76-2
GHS 标签信号词及象形图：危险

危险性类别：易燃液体，类别 3
急性毒性-经口，类别 3
急性毒性-经皮，类别 2
皮肤腐蚀/刺激，类别 1
严重眼损伤/眼刺激，类别 1
主要危险性及次要危险性：第 8 类危险物——腐蚀性物质；第 6.1 项危险物——毒性物质；第 3 类危险物——易燃液体△
联合国编号（UN No.）：2922/2734△
正式运输名称：腐蚀性液体，毒性，未另作规定的/液态胺，腐蚀性，易燃，未另作规定的△
包装类别：Ⅱ

114　丙二醇乙醚

别名：1-乙氧基-2-丙醇
英文名：propylene glycol ethyl ether；1-ethoxy-2-propanol
CAS 号：1569-02-4
GHS 标签信号词及象形图：警告

危险性类别：易燃液体，类别 3
特异性靶器官毒性-一次接触，类别 3（麻醉效应）
主要危险性及次要危险性：第 3 类危险物——易燃液体
联合国编号（UN No.）：1993
正式运输名称：易燃液体，未另作规定的
包装类别：Ⅲ

115　丙二腈

别名：二氰甲烷；氰化亚甲基；缩苹果腈
英文名：malononitrile；dicyanomethane；methylene cyanide
CAS 号：109-77-3
GHS 标签信号词及象形图：危险

危险性类别：急性毒性-经口，类别 3 *
急性毒性-经皮，类别 3 *
急性毒性-吸入，类别 3 *
危害水生环境-急性危害，类别 1
危害水生环境-长期危害，类别 1
主要危险性及次要危险性：第 6.1 项危险物——毒性物质
联合国编号（UN No.）：2647
正式运输名称：丙二腈
包装类别：Ⅱ

116　丙二酸铊

别名：丙二酸亚铊
英文名：thallium（Ⅰ）malonate；thallous malonate
CAS 号：2757-18-8
GHS 标签信号词及象形图：危险

危险性类别：急性毒性-经口，类别2

急性毒性-吸入，类别2

特异性靶器官毒性-反复接触，类别2＊

危害水生环境-急性危害，类别2

危害水生环境-长期危害，类别2

主要危险性及次要危险性： 第 6.1 项 危 险物——毒性物质

联合国编号（UN No.）： 1707/2811△

正式运输名称： 铊化合物，未另作规定的/有机毒性固体，未另作规定的△

包装类别： Ⅱ

117　丙二烯（稳定的）

别名： —

英文名： propadiene，stabilized

CAS号： 463-49-0

GHS 标签信号词及象形图： 危险

危险性类别： 易燃气体，类别1

加压气体

特异性靶器官毒性-一次接触，类别3（麻醉效应）

主要危险性及次要危险性： 第 2.1 类 危 险物——易燃气体

联合国编号（UN No.）： 2200

正式运输名称： 丙二烯，稳定的

包装类别： 不适用

118　丙二酰氯

别名： 缩苹果酰氯

英文名： malonyl chloride；malonyl dichloride

CAS号： 1663-67-8

GHS 标签信号词及象形图： 危险

危险性类别： 易燃液体，类别3

皮肤腐蚀/刺激，类别1

严重眼损伤/眼刺激，类别1

主要危险性及次要危险性： 第 8 类危险物——腐蚀性物质；第 3 类危险物——易燃液体

联合国编号（UN No.）： 2920

正式运输名称： 腐蚀性液体，易燃，未另作规定的

包装类别： Ⅱ

119　丙基三氯硅烷

别名： —

英文名： propyltrichlorosilane

CAS号： 141-57-1

GHS 标签信号词及象形图： 危险

危险性类别： 易燃液体，类别2

急性毒性-吸入，类别3

皮肤腐蚀/刺激，类别1A

严重眼损伤/眼刺激，类别1

主要危险性及次要危险性： 第 8 类危险物——腐蚀性物质；第 3 类危险物——易燃液体

联合国编号（UN No.）： 1816

正式运输名称： 丙基三氯硅烷

包装类别： Ⅱ

120　丙基胂酸

别名： 丙胂酸

英文名： propyl arsonic acid

CAS号： 107-34-6

GHS 标签信号词及象形图： 危险

危险性类别： 急性毒性-经口，类别3＊

急性毒性-吸入，类别3＊

危害水生环境-急性危害，类别1

危害水生环境-长期危害，类别1

主要危险性及次要危险性： 第 6.1 项 危 险物——毒性物质

联合国编号（UN No.）： 2811

正式运输名称： 有机毒性固体，未另作规

定的

包装类别：Ⅲ

121　丙腈

别名：乙基氰

英文名：propionitrile；ethyl cyanide

CAS 号：107-12-0

GHS 标签信号词及象形图：危险

危险性类别：易燃液体，类别 2

急性毒性-经口，类别 2

急性毒性-经皮，类别 1

急性毒性-吸入，类别 2

严重眼损伤/眼刺激，类别 2A

主要危险性及次要危险性：第 3 类危险物——易燃液体；第 6.1 项危险物——毒性物质

联合国编号（UN No.）：2404

正式运输名称：丙腈

包装类别：Ⅱ

122　丙醛

别名：—

英文名：propanal；propionaldehyde

CAS 号：123-38-6

GHS 标签信号词及象形图：危险

危险性类别：易燃液体，类别 2

皮肤腐蚀/刺激，类别 2

严重眼损伤/眼刺激，类别 2

特异性靶器官毒性-一次接触，类别 3（呼吸道刺激）

主要危险性及次要危险性：第 3 类危险物——易燃液体

联合国编号（UN No.）：1275

正式运输名称：丙醛

包装类别：Ⅱ

123　2-丙炔-1-醇

别名：丙炔醇；炔丙醇

英文名：prop-2-yn-1-ol；propargyl alcohol；acetylene carbinol

CAS 号：107-19-7

GHS 标签信号词及象形图：危险

危险性类别：易燃液体，类别 3

急性毒性-经口，类别 2

急性毒性-经皮，类别 1

急性毒性-吸入，类别 2

皮肤腐蚀/刺激，类别 1B

严重眼损伤/眼刺激，类别 1

危害水生环境-急性危害，类别 2

危害水生环境-长期危害，类别 2

主要危险性及次要危险性：第 6.1 项危险物——毒性物质；第 3 类危险物——易燃液体

联合国编号（UN No.）：2929

正式运输名称：有机毒性液体，易燃，未另作规定的

包装类别：Ⅰ

124　丙炔和丙二烯混合物（稳定的）

别名：甲基乙炔和丙二烯混合物

英文名：propyne and allene mixtures，stabilized；methylacetylene and propadiene mixture

CAS 号：59355-75-8

GHS 标签信号词及象形图：危险

危险性类别：易燃气体，类别 1

加压气体

特异性靶器官毒性-一次接触，类别 3（麻醉效应）

主要危险性及次要危险性：第 2.1 类危险

物——易燃气体

联合国编号（UN No.）： 1060

正式运输名称： 甲基乙炔和丙二烯混合物，稳定的

包装类别： 不适用

125 丙炔酸

别名： —

英文名： propynoic acid

CAS号： 471-25-0

GHS标签信号词及象形图： 危险

危险性类别： 易燃液体，类别3
急性毒性-经口，类别3
急性毒性-经皮，类别2
皮肤腐蚀/刺激，类别1
严重眼损伤/眼刺激，类别1

主要危险性及次要危险性： 第8类危险物——腐蚀性物质；第3类危险物——易燃液体/第6.1项危险物——毒性物质；第8类危险物——腐蚀性物质△

联合国编号（UN No.）： 2920/2927△

正式运输名称： 腐蚀性液体，易燃，未另作规定的/有机毒性液体，腐蚀性，未另作规定的△

包装类别： Ⅱ

126 丙酸

别名： —

英文名： propionic acid

CAS号： 79-09-4

GHS标签信号词及象形图： 危险

危险性类别： 皮肤腐蚀/刺激，类别1B
严重眼损伤/眼刺激，类别1
特异性靶器官毒性-一次接触，类别3（呼吸道刺激）

主要危险性及次要危险性： 第8类危险物——腐蚀性物质；第3类危险物——易燃液体/第8类危险物——腐蚀性物质△

联合国编号（UN No.）： 3463/1848△

正式运输名称： 丙酸，按质量含酸不小于90%/丙酸，按质量含酸10%～90%△

包装类别： Ⅱ/Ⅲ△

127 丙酸酐

别名： 丙酐

英文名： propionic anhydride

CAS号： 123-62-6

GHS标签信号词及象形图： 危险

危险性类别： 皮肤腐蚀/刺激，类别1B
严重眼损伤/眼刺激，类别1

主要危险性及次要危险性： 第8类危险物——腐蚀性物质

联合国编号（UN No.）： 2496

正式运输名称： 丙酸酐

包装类别： Ⅲ

128 丙酸甲酯

别名： —

英文名： methyl propionate

CAS号： 554-12-1

GHS标签信号词及象形图： 危险

危险性类别： 易燃液体，类别2

主要危险性及次要危险性： 第3类危险物——易燃液体

联合国编号（UN No.）： 1248

正式运输名称： 丙酸甲酯

包装类别： Ⅱ

129 丙酸烯丙酯

别名： —

英文名：allyl propionate
CAS 号：2408-20-0
GHS 标签信号词及象形图：危险

危险性类别：易燃液体，类别 2
主要危险性及次要危险性：第 3 类危险物——
　　易燃液体
联合国编号（UN No.）：3272
正式运输名称：酯类，未另作规定的
包装类别：Ⅱ

130　丙酸乙酯

别名：—
英文名：ethyl propionate
CAS 号：105-37-3
GHS 标签信号词及象形图：危险

危险性类别：易燃液体，类别 2
主要危险性及次要危险性：第 3 类危险物——
　　易燃液体
联合国编号（UN No.）：1195
正式运输名称：丙酸乙酯
包装类别：Ⅱ

131　丙酸异丙酯

别名：丙酸-1-甲基乙基酯
英文名：isopropyl propionate
CAS 号：637-78-5
GHS 标签信号词及象形图：危险

危险性类别：易燃液体，类别 2
主要危险性及次要危险性：第 3 类危险物——
　　易燃液体
联合国编号（UN No.）：2409
正式运输名称：丙酸异丙酯

包装类别：Ⅱ

132　丙酸异丁酯

别名：丙酸-2-甲基丙酯
英文名：isobutyl propionate
CAS 号：540-42-1
GHS 标签信号词及象形图：警告

危险性类别：易燃液体，类别 3
主要危险性及次要危险性：第 3 类危险物——
　　易燃液体
联合国编号（UN No.）：2394
正式运输名称：丙酸异丁酯
包装类别：Ⅲ

133　丙酸异戊酯

别名：—
英文名：isopentyl propionate
CAS 号：105-68-0
GHS 标签信号词及象形图：警告

危险性类别：易燃液体，类别 3
主要危险性及次要危险性：第 3 类危险物——
　　易燃液体
联合国编号（UN No.）：3272/1993△
正式运输名称：酯类，未另作规定的/易燃液
　　体，未另作规定的△
包装类别：Ⅲ

134　丙酸正丁酯

别名：—
英文名：n-butyl propionate
CAS 号：590-01-2
GHS 标签信号词及象形图：警告

危险性类别：易燃液体，类别 3

主要危险性及次要危险性：第 3 类危险物——
易燃液体

联合国编号（UN No.）：1914

正式运输名称：丙酸丁酯

包装类别：Ⅲ

135　丙酸正戊酯

别名：—

英文名：pentyl propionate

CAS 号：624-54-4

GHS 标签信号词及象形图：警告

危险性类别：易燃液体，类别 3

主要危险性及次要危险性：第 3 类危险物——
易燃液体

联合国编号（UN No.）：3272/1993△

正式运输名称：酯类，未另作规定的/易燃液
体，未另作规定的△

包装类别：Ⅲ

136　丙酸仲丁酯

别名：—

英文名：sec-butyl propionate

CAS 号：591-34-4

GHS 标签信号词及象形图：警告

危险性类别：易燃液体，类别 3

主要危险性及次要危险性：第 3 类危险物——
易燃液体

联合国编号（UN No.）：1993

正式运输名称：易燃液体，未另作规定的

包装类别：Ⅲ

137　丙酮

别名：二甲基酮

英文名：acetone；propanone；dimethyl ketone

CAS 号：67-64-1

GHS 标签信号词及象形图：危险

危险性类别：易燃液体，类别 2

严重眼损伤/眼刺激，类别 2

特异性靶器官毒性-一次接触，类别 3（麻
醉效应）

主要危险性及次要危险性：第 3 类危险物——
易燃液体

联合国编号（UN No.）：1090

正式运输名称：丙酮

包装类别：Ⅱ

138　丙酮氰醇

别名：丙酮合氰化氢；2-羟基异丁腈；氰丙醇

英文名：acetone cyanohydrin；2-hydroxy-2-meth-
ylpropionitrile；2-cyanopropan-2-ol；acetone cy-
anohydrin；2-hydroxyisobutyronitrile；2-meth-
yllactonitrile

CAS 号：75-86-5

GHS 标签信号词及象形图：危险

危险性类别：急性毒性-经口，类别 2 *

急性毒性-经皮，类别 1

急性毒性-吸入，类别 2 *

危害水生环境-急性危害，类别 1

危害水生环境-长期危害，类别 1

主要危险性及次要危险性：第 6.1 项 危险
物——毒性物质

联合国编号（UN No.）：1541

正式运输名称：丙酮合氰化氢，稳定的

包装类别：Ⅰ

139　丙烷

别名：—

英文名：propane

CAS 号：74-98-6

GHS 标签信号词及象形图：危险

危险性类别： 易燃气体，类别 1

加压气体

主要危险性及次要危险性： 第 2.1 类危险物——易燃气体

联合国编号（UN No.）： 1978

正式运输名称： 丙烷

包装类别： 不适用

140　丙烯

别名： —

英文名： propene；propylene

CAS 号： 115-07-1

GHS 标签信号词及象形图：危险

危险性类别： 易燃气体，类别 1

加压气体

主要危险性及次要危险性： 第 2.1 类危险物——易燃气体

联合国编号（UN No.）： 1077

正式运输名称： 丙烯

包装类别： 不适用

141　2-丙烯-1-醇

别名： 烯丙醇；蒜醇；乙烯甲醇

英文名： 2-propen-1-ol；allyl alcohol；vinyl-carbinol

CAS 号： 107-18-6

GHS 标签信号词及象形图：危险

危险性类别： 易燃液体，类别 2

急性毒性-经口，类别 3

急性毒性-经皮，类别 1

急性毒性-吸入，类别 2

皮肤腐蚀/刺激，类别 2

严重眼损伤/眼刺激，类别 2

特异性靶器官毒性-一次接触，类别 3（呼吸道刺激）

危害水生环境-急性危害，类别 1

主要危险性及次要危险性： 第 6.1 项危险物——毒性物质；第 3 类危险物——易燃液体

联合国编号（UN No.）： 1098

正式运输名称： 烯丙醇

包装类别： Ⅰ

142　2-丙烯-1-硫醇

别名： 烯丙基硫醇

英文名： 2-propene-1-thiol；allyl mercaptan

CAS 号： 870-23-5

GHS 标签信号词及象形图：危险

危险性类别： 易燃液体，类别 2

皮肤腐蚀/刺激，类别 2

严重眼损伤/眼刺激，类别 2A

特异性靶器官毒性-一次接触，类别 3（麻醉效应）

主要危险性及次要危险性： 第 3 类危险物——易燃液体

联合国编号（UN No.）： 1993

正式运输名称： 易燃液体，未另作规定的

包装类别： Ⅱ

143　2-丙烯腈（稳定的）

别名： 丙烯腈；乙烯基氰；氰基乙烯

英文名： 2-acrylonitrile，stabilized；acrylonitrile；cyanoethylene

CAS 号： 107-13-1

GHS 标签信号词及象形图：危险

危险性类别：易燃液体，类别2

急性毒性-经口，类别3＊

急性毒性-经皮，类别3

急性毒性-吸入，类别3

皮肤腐蚀/刺激，类别2

严重眼损伤/眼刺激，类别1

皮肤致敏物，类别1

致癌性，类别2

特异性靶器官毒性-一次接触，类别3（呼吸道刺激）

危害水生环境-急性危害，类别2

危害水生环境-长期危害，类别2

主要危险性及次要危险性：第3类危险物——易燃液体；第6.1项危险物——毒性物质

联合国编号（UN No.）：1093

正式运输名称：丙烯腈，稳定的

包装类别：Ⅰ

144　丙烯醛（稳定的）

别名：烯丙醛；败脂醛

英文名：propenal；stabilized；acrylaldehyde；acrolein

CAS号：107-02-8

GHS标签信号词及象形图：危险

危险性类别：易燃液体，类别2

急性毒性-经口，类别2

急性毒性-经皮，类别3

急性毒性-吸入，类别1

皮肤腐蚀/刺激，类别1B

严重眼损伤/眼刺激，类别1

危害水生环境-急性危害，类别1

危害水生环境-长期危害，类别1

主要危险性及次要危险性：第6.1项危险物——毒性物质；第3类危险物——易燃液体

联合国编号（UN No.）：1092

正式运输名称：丙烯醛，稳定的

包装类别：Ⅰ

145　丙烯酸（稳定的）

别名：—

英文名：acrylic acid, stabilized；prop-2-enoic acid

CAS号：79-10-7

GHS标签信号词及象形图：危险

危险性类别：易燃液体，类别3

急性毒性-经皮，类别3

急性毒性-吸入，类别3

皮肤腐蚀/刺激，类别1A

严重眼损伤/眼刺激，类别1

特异性靶器官毒性-一次接触，类别3（呼吸道刺激）

危害水生环境-急性危害，类别1

主要危险性及次要危险性：第8类危险物——腐蚀性物质；第3类危险物——易燃液体

联合国编号（UN No.）：2218

正式运输名称：丙烯酸，稳定的

包装类别：Ⅱ

146　丙烯酸-2-硝基丁酯

别名：—

英文名：2-nitrobutyl acrylate

CAS号：5390-54-5

GHS标签信号词及象形图：警告

危险性类别：易燃液体，类别3

主要危险性及次要危险性：第3类危险物——易燃液体

联合国编号（UN No.）：1993

正式运输名称：易燃液体，未另作规定的

包装类别：Ⅲ

147　丙烯酸甲酯（稳定的）

别名：—

英文名：methyl acrylate, stabilized；methyl propenoate

CAS号：96-33-3

GHS标签信号词及象形图：危险

危险性类别：易燃液体，类别2
皮肤腐蚀/刺激，类别2
严重眼损伤/眼刺激，类别2
皮肤致敏物，类别1
特异性靶器官毒性-一次接触，类别3（呼吸道刺激）
危害水生环境-急性危害，类别2
危害水生环境-长期危害，类别3

主要危险性及次要危险性：第3类危险物——易燃液体

联合国编号（UN No.）：1919

正式运输名称：丙烯酸甲酯，稳定的

包装类别：Ⅱ

148   丙烯酸羟丙酯

别名：—

英文名：hydroxypropylacrylate；2-hydroxy-1-methylethylacrylate

CAS号：2918-23-2

GHS标签信号词及象形图：危险

危险性类别：急性毒性-经口，类别3*
急性毒性-经皮，类别3*
急性毒性-吸入，类别3*
皮肤腐蚀/刺激，类别1B
严重眼损伤/眼刺激，类别1
皮肤致敏物，类别1

主要危险性及次要危险性：第8类危险物——腐蚀性物质；第6.1项危险物——毒性物质

联合国编号（UN No.）：2922

正式运输名称：腐蚀性液体，毒性，未另作规定的

包装类别：Ⅱ

149   2-丙烯酸-1,1-二甲基乙基酯

别名：丙烯酸叔丁酯

英文名：tert-butyl acrylate

CAS号：1663-39-4

GHS标签信号词及象形图：危险

危险性类别：易燃液体，类别2
皮肤腐蚀/刺激，类别2
皮肤致敏物，类别1
特异性靶器官毒性-一次接触，类别3（呼吸道刺激）
危害水生环境-急性危害，类别2
危害水生环境-长期危害，类别2

主要危险性及次要危险性：第3类危险物——易燃液体

联合国编号（UN No.）：1993

正式运输名称：易燃液体，未另作规定的

包装类别：Ⅱ

150   丙烯酸乙酯（稳定的）

别名：—

英文名：ethyl acrylate, stabilized

CAS号：140-88-5

GHS标签信号词及象形图：危险

危险性类别：易燃液体，类别2
皮肤腐蚀/刺激，类别2
严重眼损伤/眼刺激，类别2
皮肤致敏物，类别1
致癌性，类别2
特异性靶器官毒性-一次接触，类别3（呼吸道刺激）
危害水生环境-急性危害，类别2
危害水生环境-长期危害，类别3

主要危险性及次要危险性：第 3 类危险物——
易燃液体

联合国编号（UN No.）：1917

正式运输名称：丙烯酸乙酯，稳定的

包装类别：Ⅱ

151　丙烯酸异丁酯（稳定的）

别名：—

英文名：isobutyl acrylate，stabilized

CAS 号：106-63-8

GHS 标签信号词及象形图：警告

危险性类别：易燃液体，类别 3
皮肤腐蚀/刺激，类别 2
皮肤致敏物，类别 1
危害水生环境-急性危害，类别 2
危害水生环境-长期危害，类别 3

主要危险性及次要危险性：第 3 类危险物——
易燃液体

联合国编号（UN No.）：2527

正式运输名称：丙烯酸异丁酯，稳定的

包装类别：Ⅲ

152　2-丙烯酸异辛酯

别名：—

英文名：2-isooctyl acrylate

CAS 号：29590-42-9

GHS 标签信号词及象形图：警告

危险性类别：皮肤腐蚀/刺激，类别 2
严重眼损伤/眼刺激，类别 2
特异性靶器官毒性-一次接触，类别 3（呼
吸道刺激）
危害水生环境-急性危害，类别 1
危害水生环境-长期危害，类别 1

主要危险性及次要危险性：第 9 类危险物——
杂项危险物质和物品

联合国编号（UN No.）：3082

正式运输名称：对环境有害的液态物质，未
另作规定的

包装类别：Ⅲ

153　丙烯酸正丁酯（稳定的）

别名：—

英文名：*n*-butyl acrylate，stabilized

CAS 号：141-32-2

GHS 标签信号词及象形图：警告

危险性类别：易燃液体，类别 3
皮肤腐蚀/刺激，类别 2
严重眼损伤/眼刺激，类别 2
皮肤致敏物，类别 1
特异性靶器官毒性-一次接触，类别 3（呼
吸道刺激）
危害水生环境-急性危害，类别 2
危害水生环境-长期危害，类别 3

主要危险性及次要危险性：第 3 类危险物——
易燃液体

联合国编号（UN No.）：2348

正式运输名称：丙烯酸丁酯，稳定的

包装类别：Ⅲ

154　丙烯酰胺

别名：—

英文名：acrylamide

CAS 号：79-06-1

GHS 标签信号词及象形图：危险

危险性类别：急性毒性-经口，类别 3＊
皮肤腐蚀/刺激，类别 2
严重眼损伤/眼刺激，类别 2
皮肤致敏物，类别 1
生殖细胞致突变性，类别 1B
致癌性，类别 1B

生殖毒性，类别 2

特异性靶器官毒性-反复接触，类别 1

主要危险性及次要危险性：第 6.1 项危险物——毒性物质

联合国编号（UN No.）：2074

正式运输名称：丙烯酰胺，固态

包装类别：Ⅲ

155　丙烯亚胺

别名：2-甲基氮丙啶；2-甲基亚乙基亚胺；亚丙基亚胺

英文名：propyleneimine；2-methylaziridine

CAS 号：75-55-8

GHS 标签信号词及象形图：危险

危险性类别：易燃液体，类别 2

急性毒性-经口，类别 2*

急性毒性-经皮，类别 1

急性毒性-吸入，类别 2*

严重眼损伤/眼刺激，类别 1

致癌性，类别 2

危害水生环境-急性危害，类别 2

危害水生环境-长期危害，类别 2

主要危险性及次要危险性：第 3 类危险物——易燃液体；第 6.1 项危险物——毒性物质

联合国编号（UN No.）：1921

正式运输名称：丙烯亚胺，稳定的

包装类别：Ⅰ

156　丙酰氯

别名：氯化丙酰

英文名：propanoyl chloride；propionyl chloride

CAS 号：79-03-8

GHS 标签信号词及象形图：危险

危险性类别：易燃液体，类别 2

皮肤腐蚀/刺激，类别 1B

严重眼损伤/眼刺激，类别 1

主要危险性及次要危险性：第 3 类危险物——易燃液体；第 8 类危险物——腐蚀性物质

联合国编号（UN No.）：1815

正式运输名称：丙酰氯

包装类别：Ⅱ

157　草酸-4-氨基-N, N-二甲基苯胺

别名：N, N-二甲基对苯二胺草酸；对氨基-N, N-二甲基苯胺草酸

英文名：4-amino-N, N-dimethylaniline oxalate；N, N-dimethyl-p-phenylene diamine oxalate；p-amino-N, N-dimethylaniline oxalate

CAS 号：24631-29-6

GHS 标签信号词及象形图：危险

危险性类别：急性毒性-经口，类别 3*

急性毒性-经皮，类别 3*

急性毒性-吸入，类别 3*

特异性靶器官毒性-反复接触，类别 2

危害水生环境-急性危害，类别 2

危害水生环境-长期危害，类别 2

主要危险性及次要危险性：第 6.1 项危险物——毒性物质

联合国编号（UN No.）：2811

正式运输名称：有机毒性固体，未另作规定的

包装类别：Ⅲ

158　草酸汞

别名：—

英文名：mercuric oxalate

CAS 号：3444-13-1

GHS 标签信号词及象形图：危险

危险性类别：急性毒性-经口，类别2＊
急性毒性-经皮，类别1
急性毒性-吸入，类别2＊
特异性靶器官毒性-反复接触，类别2＊
危害水生环境-急性危害，类别1
危害水生环境-长期危害，类别1
主要危险性及次要危险性：第 6.1 项危险物——毒性物质
联合国编号（UN No.）：2811
正式运输名称：有机毒性固体，未另作规定的
包装类别：Ⅰ

159　超氧化钾

别名：—
英文名：potassium superoxide；potassium dioxide
CAS 号：12030-88-5
GHS 标签信号词及象形图：危险

危险性类别：氧化性固体，类别1
主要危险性及次要危险性：第 5.1 项危险物——氧化性物质
联合国编号（UN No.）：2466
正式运输名称：过氧化钾
包装类别：Ⅰ

160　超氧化钠

别名：—
英文名：sodium superoxide；potassium dioxide
CAS 号：12034-12-7
GHS 标签信号词及象形图：危险

危险性类别：氧化性固体，类别1
主要危险性及次要危险性：第 5.1 项危险物——氧化性物质
联合国编号（UN No.）：2547
正式运输名称：过氧化钠
包装类别：Ⅰ

161　次磷酸

别名：—
英文名：hypophosphorous acid
CAS 号：6303-21-5
GHS 标签信号词及象形图：危险

危险性类别：皮肤腐蚀/刺激，类别1
严重眼损伤/眼刺激，类别1
主要危险性及次要危险性：第 8 类危险物——腐蚀性物质
联合国编号（UN No.）：3264
正式运输名称：无机酸性腐蚀性液体，未另作规定的
包装类别：Ⅱ

162　次氯酸钡（含有效氯＞22%）

别名：—
英文名：barium hypochlorite，containing more than 22% available chlorine
CAS 号：13477-10-6
GHS 标签信号词及象形图：危险

危险性类别：氧化性固体，类别2
皮肤腐蚀/刺激，类别1B
严重眼损伤/眼刺激，类别1
危害水生环境-急性危害，类别1
危害水生环境-长期危害，类别1
主要危险性及次要危险性：第 5.1 项危险物——氧化性物质；第6.1项危险物——毒性物质

联合国编号（UN No.）：2741

正式运输名称：次氯酸钡，含有效氯大于22%

包装类别：Ⅱ

163　次氯酸钙

别名：—

英文名：calcium hypochlorite

CAS号：7778-54-3

GHS标签信号词及象形图：危险

危险性类别：氧化性固体，类别2

　　皮肤腐蚀/刺激，类别1B

　　严重眼损伤/眼刺激，类别1

　　特异性靶器官毒性-一次接触，类别3（呼吸道刺激）

　　危害水生环境-急性危害，类别1

　　危害水生环境-长期危害，类别1

主要危险性及次要危险性：第 5.1 项危险物——氧化性物质

联合国编号（UN No.）：1748

正式运输名称：次氯酸钙，干的

包装类别：Ⅱ/Ⅲ△

164　次氯酸钾溶液（含有效氯＞5%）

别名：—

英文名：potassium hypochlorite solution, containing more than 5% available chlorine

CAS号：7778-66-7

GHS标签信号词及象形图：危险

危险性类别：皮肤腐蚀/刺激，类别1B

　　严重眼损伤/眼刺激，类别1

　　危害水生环境-急性危害，类别1

　　危害水生环境-长期危害，类别1

主要危险性及次要危险性：第8类危险物——腐蚀性物质

联合国编号（UN No.）：1791/3264

正式运输名称：次氯酸盐溶液/无机酸性腐蚀性液体，未另作规定的

包装类别：Ⅱ/Ⅲ

165　次氯酸锂

别名：—

英文名：lithium hypochlorite

CAS号：13840-33-0

GHS标签信号词及象形图：危险

危险性类别：氧化性固体，类别2

　　生殖毒性，类别2

　　危害水生环境-急性危害，类别1

　　危害水生环境-长期危害，类别1

主要危险性及次要危险性：第 5.1 项危险物——氧化性物质

联合国编号（UN No.）：1471

正式运输名称：次氯酸锂，干的

包装类别：Ⅱ

166　次氯酸钠溶液（含有效氯＞5%）

别名：—

英文名：sodium hypochlorite solution, containing more than 5% available chlorine

CAS号：7681-52-9

GHS标签信号词及象形图：危险

危险性类别：皮肤腐蚀/刺激，类别1B

　　严重眼损伤/眼刺激，类别1

　　危害水生环境-急性危害，类别1

　　危害水生环境-长期危害，类别1

主要危险性及次要危险性：第8类危险物——腐蚀性物质

联合国编号（UN No.）：1791/3264△

正式运输名称：次氯酸盐溶液/无机酸性腐蚀性液体，未另作规定的△

包装类别：Ⅱ/Ⅲ△

167　粗苯

别名： 动力苯；混合苯
英文名： crude benzene
CAS号： —
GHS标签信号词及象形图： 危险

危险性类别： 易燃液体，类别2
　　皮肤腐蚀/刺激，类别2
　　严重眼损伤/眼刺激，类别2
　　生殖细胞致突变性，类别1B
　　致癌性，类别1A
　　特异性靶器官毒性-反复接触，类别1
　　吸入危害，类别1
　　危害水生环境-急性危害，类别2
　　危害水生环境-长期危害，类别3
主要危险性及次要危险性： 第3类危险物——
　　易燃液体
联合国编号（UN No.）： 1993
正式运输名称： 易燃液体，未另作规定的
包装类别： Ⅱ

168　粗蒽

别名： —
英文名： crude anthracene
CAS号： —
GHS标签信号词及象形图： 警告

危险性类别： 严重眼损伤/眼刺激，类别2
　　皮肤致敏物，类别1
　　特异性靶器官毒性-一次接触，类别3（呼
　　吸道刺激）
　　危害水生环境-急性危害，类别1
　　危害水生环境-长期危害，类别1
主要危险性及次要危险性： 第9类危险物——
　　杂项危险物质和物品

联合国编号（UN No.）： 3082
正式运输名称： 对环境有害的液态物质，未
　　另作规定的
包装类别： Ⅲ

169　醋酸三丁基锡

别名： —
英文名： tributyltin acetate
CAS号： 56-36-0
GHS标签信号词及象形图： 危险

危险性类别： 急性毒性-经口，类别3
　　严重眼损伤/眼刺激，类别2
　　生殖毒性，类别2
　　特异性靶器官毒性-一次接触，类别1
　　特异性靶器官毒性-一次接触，类别3（呼
　　吸道刺激）
　　特异性靶器官毒性-反复接触，类别1
　　危害水生环境-急性危害，类别1
　　危害水生环境-长期危害，类别1
主要危险性及次要危险性： 第6.1项危险
　　物——毒性物质
联合国编号（UN No.）： 3146/2811△
正式运输名称： 固态有机锡化合物，未另作
　　规定的/有机毒性固体，未另作规定的△
包装类别： Ⅲ

170　代森锰

别名： —
英文名： maneb
CAS号： 12427-38-2
GHS标签信号词及象形图： 危险

危险性类别： 自热物质和混合物，类别2
　　遇水放出易燃气体的物质和混合物，类别3
　　严重眼损伤/眼刺激，类别2
　　皮肤致敏物，类别1

生殖毒性，类别 2

危害水生环境-急性危害，类别 1

危害水生环境-长期危害，类别 1

主要危险性及次要危险性： 第 4.2 项危险物——易于自燃的物质；第 4.3 项危险物——遇水放出易燃气体的物质

联合国编号（UN No.）： 2210

正式运输名称： 代森锰，代森锰含量不低于 60%

包装类别： Ⅲ

171　单过氧马来酸叔丁酯
（含量＞52%）

别名： —

英文名： *tert*-butyl monoperoxymaleate（more than 52%）

CAS 号： 1931-62-0

GHS 标签信号词及象形图： 危险

危险性类别： 有机过氧化物，B 型

主要危险性及次要危险性： 第 5.2 项危险物——有机过氧化物

联合国编号（UN No.）： 3102

正式运输名称： 固态 B 型有机过氧化物

包装类别： 满足Ⅱ类包装要求

单过氧马来酸叔丁酯
（含量≤52%，惰性固体含量≥48%）

别名： —

英文名： *tert*-butyl monoperoxymaleate（not more than 52%, and inert solid not less than 48%）

CAS 号： 1931-62-0

GHS 标签信号词及象形图： 警告

危险性类别： 有机过氧化物，E 型

主要危险性及次要危险性： 第 5.2 项危险

物——有机过氧化物

联合国编号（UN No.）： 3108

正式运输名称： 固态 E 型有机过氧化物

包装类别： 满足Ⅱ类包装要求

单过氧马来酸叔丁酯
（含量≤52%，含 A 型稀释剂≥48%）

别名： —

英文名： *tert*-butyl monoperoxymaleate（not more than 52%, and diluent type A not less than 48%）

CAS 号： 1931-62-0

GHS 标签信号词及象形图： 危险

危险性类别： 有机过氧化物，C 型

主要危险性及次要危险性： 第 5.2 项危险物——有机过氧化物

联合国编号（UN No.）： 3103

正式运输名称： 液态 C 型有机过氧化物

包装类别： 满足Ⅱ类包装要求

单过氧马来酸叔丁酯
（含量≤52%，糊状物）

别名： —

英文名： *tert*-butyl monoperoxymaleate（not more than 52% as a paste）

CAS 号： 1931-62-0

GHS 标签信号词及象形图： 警告

危险性类别： 有机过氧化物，E 型

主要危险性及次要危险性： 第 5.2 项危险物——有机过氧化物

联合国编号（UN No.）： 3108

正式运输名称： 固态 E 型有机过氧化物

包装类别： 满足Ⅱ类包装要求

172　氮（压缩的或液化的）

别名： —

英文名：nitrogen，compressed or liquid

CAS 号：7727-37-9

GHS 标签信号词及象形图：警告

危险性类别：加压气体

主要危险性及次要危险性：第 2.2 类 危 险
物——非易燃无毒气体

联合国编号（UN No.）：1066

正式运输名称：压缩氮

包装类别：不适用

173　氮化锂

别名：—

英文名：lithium nitride

CAS 号：26134-62-3

GHS 标签信号词及象形图：危险

危险性类别：遇水放出易燃气体的物质和混
合物，类别 1

主要危险性及次要危险性：第 4.3 项 危 险
物——遇水放出易燃气体的物质

联合国编号（UN No.）：2806

正式运输名称：氮化锂

包装类别：Ⅰ

174　氮化镁

别名：—

英文名：magnesium nitride

CAS 号：12057-71-5

GHS 标签信号词及象形图：危险

危险性类别：易燃固体，类别 1

皮肤腐蚀/刺激，类别 2

严重眼损伤/眼刺激，类别 2

特异性靶器官毒性--一次接触，类别 3（呼

吸道刺激）

主要危险性及次要危险性：第 4.1 项 危 险
物——易燃固体

联合国编号（UN No.）：3178

正式运输名称：无机易燃固体，未另作规定的

包装类别：Ⅱ

175　10-氮杂蒽

别名：吖啶

英文名：10-azaanthracene；acridine

CAS 号：260-94-6

GHS 标签信号词及象形图：警告

危险性类别：危害水生环境-急性危害，类
别 1

危害水生环境-长期危害，类别 1

主要危险性及次要危险性：第 6.1 项 危 险
物——毒性物质

联合国编号（UN No.）：2713

正式运输名称：吖啶

包装类别：Ⅲ

176　氘

别名：重氢

英文名：deuterium；heavy hydrogen

CAS 号：7782-39-0

GHS 标签信号词及象形图：危险

危险性类别：易燃气体，类别 1

加压气体

主要危险性及次要危险性：第 2.1 类 危 险
物——易燃气体

联合国编号（UN No.）：1957

正式运输名称：压缩氘（重氢）

包装类别：不适用

177　地高辛

别名：地戈辛；毛地黄叶毒苷

英文名：digoxin；lanoxin；rougoxin

CAS 号：20830-75-5

GHS 标签信号词及象形图：危险

危险性类别：急性毒性-经口，类别 2

主要危险性及次要危险性：第 6.1 项 危 险
物——毒性物质

联合国编号（UN No.）：3249

正式运输名称：固态医药，毒性，未另作规
定的

包装类别：Ⅱ

178   碲化镉

别名：—

英文名：cadmium telluride

CAS 号：1306-25-8

GHS 标签信号词及象形图：危险

危险性类别：致癌性，类别 1A

危害水生环境-急性危害，类别 1

危害水生环境-长期危害，类别 1

主要危险性及次要危险性：第 9 类危险物——
杂项危险物质和物品

联合国编号（UN No.）：3077

正式运输名称：对环境有害的固态物质，未
另作规定的

包装类别：Ⅲ

179   3-碘-1-丙烯

别名：3-碘丙烯；烯丙基碘；碘代烯丙基

英文名：3-iodo-1-propene；3-iodpropene；allyl i-
odide

CAS 号：556-56-9

GHS 标签信号词及象形图：危险

危险性类别：易燃液体，类别 2

皮肤腐蚀/刺激，类别 1B

严重眼损伤/眼刺激，类别 1

主要危险性及次要危险性：第 3 类危险物——
易燃液体；第 8 类危险物——腐蚀性物质

联合国编号（UN No.）：1723

正式运输名称：烯丙基碘

包装类别：Ⅱ

180   1-碘-2-甲基丙烷

别名：异丁基碘；碘代异丁烷

英文名：1-iodo-2-methylpropane；isobutylio-
dide；iodo-*iso*-butane

CAS 号：513-38-2

GHS 标签信号词及象形图：危险

危险性类别：易燃液体，类别 2

急性毒性-吸入，类别 3

主要危险性及次要危险性：第 3 类危险物——
易燃液体

联合国编号（UN No.）：2391

正式运输名称：碘甲基丙烷

包装类别：Ⅱ

181   2-碘-2-甲基丙烷

别名：叔丁基碘；碘代叔丁烷

英文名：2-iodo-2-methylpropane；*tert*-butyl i-
odide；iodo-*tert*-butane

CAS 号：558-17-8

GHS 标签信号词及象形图：危险

危险性类别：易燃液体，类别 2

主要危险性及次要危险性：第 3 类危险物——
易燃液体

联合国编号（UN No.）：2391

正式运输名称：碘甲基丙烷

包装类别：Ⅱ

182　1-碘-3-甲基丁烷

别名：异戊基碘；碘代异戊烷

英文名：1-iodo-3-methylbutane；isoamyl iodide；
iodo-isopentane

CAS 号：541-28-6

GHS 标签信号词及象形图：危险

危险性类别：易燃液体，类别 2
　　危害水生环境-急性危害，类别 2
　　危害水生环境-长期危害，类别 2

主要危险性及次要危险性：第 3 类危险物——
　　易燃液体

联合国编号（UN No.）：1993

正式运输名称：易燃液体，未另作规定的

包装类别：Ⅱ

183　4-碘苯酚

别名：4-碘酚；对碘苯酚

英文名：4-iodophenol；*p*-iodophenol

CAS 号：540-38-5

GHS 标签信号词及象形图：无

危险性类别：危害水生环境-急性危害，类
　　别 2
　　危害水生环境-长期危害，类别 2

主要危险性及次要危险性：第 9 类危险物——
　　杂项危险物质和物品

联合国编号（UN No.）：3077

正式运输名称：对环境有害的固态物质，未
　　另作规定的

包装类别：Ⅲ

184　1-碘丙烷

别名：正丙基碘；碘代正丙烷

英文名：1-iodopropane；*n*-propyl iodide；
iodo-*n*-propane

CAS 号：107-08-4

GHS 标签信号词及象形图：警告

危险性类别：易燃液体，类别 3

主要危险性及次要危险性：第 3 类危险物——
　　易燃液体

联合国编号（UN No.）：2392

正式运输名称：碘丙烷

包装类别：Ⅲ

185　2-碘丙烷

别名：异丙基碘；碘代异丙烷

英文名：2-iodopropane；isopropyl iodide；iodo-
　　iso-propane

CAS 号：75-30-9

GHS 标签信号词及象形图：警告

危险性类别：易燃液体，类别 3

主要危险性及次要危险性：第 3 类危险物——
　　易燃液体

联合国编号（UN No.）：2392

正式运输名称：碘丙烷

包装类别：Ⅲ

186　1-碘丁烷

别名：正丁基碘；碘代正丁烷

英文名：1-iodobutane；*n*-butyl iodide；iodo-
　　n-butane

CAS 号：542-69-8

GHS 标签信号词及象形图：危险

危险性类别：易燃液体，类别 3
　　急性毒性-吸入，类别 3

主要危险性及次要危险性：第 3 类危险物——
　　易燃液体；第 6.1 项危险物——毒性物质

联合国编号（UN No.）：1992

正式运输名称：易燃液体，毒性，未另作规定的

包装类别：Ⅲ

187　2-碘丁烷

别名：仲丁基碘；碘代仲丁烷

英文名：2-iodobutane；*sec*-butyl iodide；iodo-*sec*-butane

CAS 号：513-48-4

GHS 标签信号词及象形图：危险

危险性类别：易燃液体，类别 2

主要危险性及次要危险性：第 3 类危险物——易燃液体

联合国编号（UN No.）：2390

正式运输名称：2-碘丁烷

包装类别：Ⅱ

188　碘化钾汞

别名：碘化汞钾

英文名：mercurate(2-)，tetraiodo-，dipotassium，（T-4）-；mercury potassium iodide；potassium mercuric iodide

CAS 号：7783-33-7

GHS 标签信号词及象形图：危险

危险性类别：急性毒性-经口，类别 2*

　　急性毒性-经皮，类别 1

　　急性毒性-吸入，类别 2*

　　特异性靶器官毒性-反复接触，类别 2*

　　危害水生环境-急性危害，类别 1

　　危害水生环境-长期危害，类别 1

主要危险性及次要危险性：第 6.1 项危险物——毒性物质

联合国编号（UN No.）：1643

正式运输名称：碘化汞钾

包装类别：Ⅱ

189　碘化氢（无水）

别名：—

英文名：hydrogen iodide；anhydrous

CAS 号：10034-85-2

GHS 标签信号词及象形图：危险

危险性类别：加压气体

　　皮肤腐蚀/刺激，类别 1A

　　严重眼损伤/眼刺激，类别 1

　　特异性靶器官毒性-一次接触，类别 3（呼吸道刺激）

主要危险性及次要危险性：第 2.3 类危险物——毒性气体；第 8 类危险物——腐蚀性物质

联合国编号（UN No.）：2197

正式运输名称：无水碘化氢

包装类别：不适用

190　碘化亚汞

别名：一碘化汞

英文名：mercurous iodide；mercurous mono-iodide

CAS 号：15385-57-6

GHS 标签信号词及象形图：危险

危险性类别：急性毒性-经口，类别 2*

　　急性毒性-经皮，类别 1

　　急性毒性-吸入，类别 2*

　　特异性靶器官毒性-反复接触，类别 2*

　　危害水生环境-急性危害，类别 1

　　危害水生环境-长期危害，类别 1

主要危险性及次要危险性：第 6.1 项危险物——毒性物质

联合国编号（UN No.）：1638

正式运输名称：碘化汞

包装类别：Ⅱ

191　碘化亚铊

别名：一碘化铊

英文名：thallous iodide；thallium（Ⅰ）iodide

CAS 号：7790-30-9

GHS 标签信号词及象形图：危险

危险性类别：急性毒性-经口，类别 2

　　急性毒性-吸入，类别 2 *

　　特异性靶器官毒性-反复接触，类别 2 *

　　危害水生环境-急性危害，类别 2

　　危害水生环境-长期危害，类别 2

主要危险性及次要危险性：第 6.1 项危险物——毒性物质

联合国编号（UN No.）：1707/3288 △

正式运输名称：铊化合物，未另作规定的/无机毒性固体，未另作规定的△

包装类别：Ⅱ

192　碘化乙酰

别名：碘乙酰；乙酰碘

英文名：ethanoyl iodide；acetyl iodide

CAS 号：507-02-8

GHS 标签信号词及象形图：危险

危险性类别：皮肤腐蚀/刺激，类别 1

　　严重眼损伤/眼刺激，类别 1

主要危险性及次要危险性：第 8 类危险物——腐蚀性物质

联合国编号（UN No.）：1898

正式运输名称：乙酰碘

包装类别：Ⅱ

193　碘甲烷

别名：甲基碘

英文名：methyl iodide；iodomethane

CAS 号：74-88-4

GHS 标签信号词及象形图：危险

危险性类别：急性毒性-经口，类别 3

　　急性毒性-经皮，类别 3

　　急性毒性-吸入，类别 2

　　皮肤腐蚀/刺激，类别 2

　　特异性靶器官毒性-一次接触，类别 3（呼吸道刺激）

　　危害水生环境-急性危害，类别 2

　　危害水生环境-长期危害，类别 3

主要危险性及次要危险性：第 6.1 项危险物——毒性物质

联合国编号（UN No.）：2644

正式运输名称：甲基碘

包装类别：Ⅰ

194　碘酸

别名：—

英文名：iodic acid

CAS 号：7782-68-5

GHS 标签信号词及象形图：危险

危险性类别：氧化性固体，类别 2

　　皮肤腐蚀/刺激，类别 1

　　严重眼损伤/眼刺激，类别 1

主要危险性及次要危险性：第 5.1 项危险物——氧化性物质；第 8 类危险物——腐蚀性物质

联合国编号（UN No.）：3085

正式运输名称：氧化性固体，腐蚀性，未另作规定的

包装类别：Ⅱ

195　碘酸铵

别名：—

英文名：ammonium iodate

CAS 号：13446-09-8

GHS 标签信号词及象形图：危险

危险性类别：氧化性固体，类别 2

主要危险性及次要危险性：第 5.1 项 危 险
物——氧化性物质

联合国编号（UN No.）：1479

正式运输名称：氧化性固体，未另作规定的

包装类别：Ⅱ

196　碘酸钡

别名：—

英文名：barium iodate

CAS 号：10567-69-8

GHS 标签信号词及象形图：危险

危险性类别：氧化性固体，类别 2

主要危险性及次要危险性：第 5.1 项 危 险
物——氧化性物质

联合国编号（UN No.）：1479

正式运输名称：氧化性固体，未另作规定的

包装类别：Ⅱ

197　碘酸钙

别名：碘钙石

英文名：calcium iodate；lautarite

CAS 号：7789-80-2

GHS 标签信号词及象形图：危险

危险性类别：氧化性固体，类别 2

主要危险性及次要危险性：第 5.1 项 危 险
物——氧化性物质

联合国编号（UN No.）：1479

正式运输名称：氧化性固体，未另作规定的

包装类别：Ⅱ

198　碘酸镉

别名：—

英文名：cadium iodate

CAS 号：7790-81-0

GHS 标签信号词及象形图：危险

危险性类别：氧化性固体，类别 2

致癌性，类别 1A

危害水生环境-急性危害，类别 1

危害水生环境-长期危害，类别 1

主要危险性及次要危险性：第 5.1 项 危 险
物——氧化性物质

联合国编号（UN No.）：1479

正式运输名称：氧化性固体，未另作规定的

包装类别：Ⅱ

199　碘酸钾

别名：—

英文名：potassium iodate

CAS 号：7758-05-6

GHS 标签信号词及象形图：危险

危险性类别：氧化性固体，类别 2

主要危险性及次要危险性：第 5.1 项 危 险
物——氧化性物质

联合国编号（UN No.）：1479

正式运输名称：氧化性固体，未另作规定的

包装类别：Ⅱ

200　碘酸钾合一碘酸

别名：碘酸氢钾；重碘酸钾

英文名：potassium diiodate；potassium acid i-
odate

CAS 号：13455-24-8

GHS 标签信号词及象形图：危险

危险性类别：氧化性固体，类别 2

皮肤腐蚀/刺激，类别 2

主要危险性及次要危险性：第 5.1 项危险物——氧化性物质

联合国编号（UN No.）：1479

正式运输名称：氧化性固体，未另作规定的

包装类别：Ⅱ

201　碘酸钾合二碘酸

别名：—

英文名：potassium iodate acid；potassium dihydrogen iodate

CAS 号：—

GHS 标签信号词及象形图：危险

危险性类别：氧化性固体，类别 2

皮肤腐蚀/刺激，类别 2

主要危险性及次要危险性：第 5.1 项危险物——氧化性物质

联合国编号（UN No.）：1479

正式运输名称：氧化性固体，未另作规定的

包装类别：Ⅱ

202　碘酸锂

别名：—

英文名：lithium iodate

CAS 号：13765-03-2

GHS 标签信号词及象形图：危险

危险性类别：氧化性固体，类别 2

主要危险性及次要危险性：第 5.1 项危险物——氧化性物质

联合国编号（UN No.）：1479

正式运输名称：氧化性固体，未另作规定的

包装类别：Ⅱ

203　碘酸锰

别名：—

英文名：manganese iodate

CAS 号：25659-29-4

GHS 标签信号词及象形图：危险

危险性类别：氧化性固体，类别 2

主要危险性及次要危险性：第 5.1 项危险物——氧化性物质

联合国编号（UN No.）：1479

正式运输名称：氧化性固体，未另作规定的

包装类别：Ⅱ

204　碘酸钠

别名：—

英文名：sodium iodate

CAS 号：7681-55-2

GHS 标签信号词及象形图：危险

危险性类别：氧化性固体，类别 2

主要危险性及次要危险性：第 5.1 项危险物——氧化性物质

联合国编号（UN No.）：1479

正式运输名称：氧化性固体，未另作规定的

包装类别：Ⅱ

205　碘酸铅

别名：—

英文名：lead iodate

CAS 号：25659-31-8

GHS 标签信号词及象形图：危险

危险性类别：氧化性固体，类别 2

致癌性，类别 1B

生殖毒性，类别 1A

特异性靶器官毒性-反复接触，类别 2＊

危害水生环境-急性危害，类别 1

危害水生环境-长期危害，类别 1

主要危险性及次要危险性： 第 5.1 项危险物——氧化性物质

联合国编号（UN No.）： 1479

正式运输名称： 氧化性固体，未另作规定的

包装类别： Ⅱ

206　碘酸锶

别名： —

英文名： strontium iodate

CAS 号： 13470-01-4

GHS 标签信号词及象形图： 危险

危险性类别： 氧化性固体，类别 2

主要危险性及次要危险性： 第 5.1 项危险物——氧化性物质

联合国编号（UN No.）： 1479

正式运输名称： 氧化性固体，未另作规定的

包装类别： Ⅱ

207　碘酸铁

别名： —

英文名： ferric iodate

CAS 号： 29515-61-5

GHS 标签信号词及象形图： 危险

危险性类别： 氧化性固体，类别 2

主要危险性及次要危险性： 第 5.1 项危险物——氧化性物质

联合国编号（UN No.）： 1479

正式运输名称： 氧化性固体，未另作规定的

包装类别： Ⅱ

208　碘酸锌

别名： —

英文名： zinc iodate

CAS 号： 7790-37-6

GHS 标签信号词及象形图： 危险

危险性类别： 氧化性固体，类别 2

危害水生环境-急性危害，类别 1

危害水生环境-长期危害，类别 1

主要危险性及次要危险性： 第 5.1 项危险物——氧化性物质

联合国编号（UN No.）： 1479

正式运输名称： 氧化性固体，未另作规定的

包装类别： Ⅱ

209　碘酸银

别名： —

英文名： silver iodate

CAS 号： 7783-97-3

GHS 标签信号词及象形图： 危险

危险性类别： 氧化性固体，类别 2

主要危险性及次要危险性： 第 5.1 项危险物——氧化性物质

联合国编号（UN No.）： 1479

正式运输名称： 氧化性固体，未另作规定的

包装类别： Ⅱ

210　1-碘戊烷

别名： 正戊基碘；碘代正戊烷

英文名： 1-iodopentane；*n*-pentyl iodide；iodo-*n*-pentane

CAS 号： 628-17-1

GHS 标签信号词及象形图： 警告

危险性类别： 易燃液体，类别 3

主要危险性及次要危险性：第 3 类危险物——
易燃液体

联合国编号（UN No.）：1993

正式运输名称：易燃液体，未另作规定的

包装类别：Ⅲ

211 碘乙酸

别名：碘醋酸

英文名：iodoacetic acid；iodoethanoic acid

CAS 号：64-69-7

GHS 标签信号词及象形图：危险

危险性类别：急性毒性-经口，类别 3 *
皮肤腐蚀/刺激，类别 1A
严重眼损伤/眼刺激，类别 1

主要危险性及次要危险性：第 8 类危险物——
腐蚀性物质；第 6.1 项危险物——毒性
物质

联合国编号（UN No.）：2923

正式运输名称：腐蚀性固体，毒性，未另作
规定的

包装类别：Ⅰ

212 碘乙酸乙酯

别名：—

英文名：ethyl iodoacetate；iodoaceticacid，ethyl
ester

CAS 号：623-48-3

GHS 标签信号词及象形图：危险

危险性类别：急性毒性-经口，类别 2

主要危险性及次要危险性：第 8 类危险物——
腐蚀性物质；第 6.1 项危险物——毒性物
质/第 6.1 项危险物——毒性物质△

联合国编号（UN No.）：2922/2810△

正式运输名称：腐蚀性液体，毒性，未另作
规定的/有机毒性液体，未另作规定的△

包装类别：Ⅱ

213 碘乙烷

别名：乙基碘

英文名：iodoethane；ethyl iodide

CAS 号：75-03-6

GHS 标签信号词及象形图：警告

危险性类别：易燃液体，类别 3
皮肤腐蚀/刺激，类别 2
严重眼损伤/眼刺激，类别 2

主要危险性及次要危险性：第 3 类危险物——
易燃液体

联合国编号（UN No.）：1993

正式运输名称：易燃液体，未另作规定的

包装类别：Ⅲ

214 电池液（酸性的）

别名：—

英文名：battery fluid，acid

CAS 号：—

GHS 标签信号词及象形图：危险

危险性类别：皮肤腐蚀/刺激，类别 1
严重眼损伤/眼刺激，类别 1

主要危险性及次要危险性：第 8 类危险物——
腐蚀性物质

联合国编号（UN No.）：2796

正式运输名称：酸性电池液

包装类别：Ⅱ

215 电池液（碱性的）

别名：—

英文名：battery fluid，alkali

CAS 号：—

GHS 标签信号词及象形图：危险

危险性类别：皮肤腐蚀/刺激，类别 1B
严重眼损伤/眼刺激，类别 1
主要危险性及次要危险性：第 8 类危险物——
腐蚀性物质
联合国编号（UN No.）：2797
正式运输名称：碱性电池液
包装类别：Ⅱ

216   叠氮化钡

别名：叠氮钡
英文名：barium azide
CAS 号：18810-58-7
GHS 标签信号词及象形图：危险

危险性类别：爆炸物，1.1 项
主要危险性及次要危险性：第 1.1 项危险
物——有整体爆炸危险的物质和物品；第
6.1 项危险物——毒性物质
联合国编号（UN No.）：0224
正式运输名称：叠氮化钡，干的
包装类别：满足Ⅱ类包装

217   叠氮化钠

别名：三氮化钠
英文名：sodium azide
CAS 号：26628-22-8
GHS 标签信号词及象形图：危险

危险性类别：急性毒性-经口，类别 2*
危害水生环境-急性危害，类别 1
危害水生环境-长期危害，类别 1
主要危险性及次要危险性：第 6.1 项危险
物——毒性物质
联合国编号（UN No.）：1687

正式运输名称：叠氮化钠
包装类别：Ⅱ

218   叠氮化铅（含水或水加乙醇≥20%）

别名：—
英文名：lead azide，wetted with not less than 20% water，or mixture of alcohol and water，by mass
CAS 号：13424-46-9
GHS 标签信号词及象形图：危险

危险性类别：爆炸物，1.1 项
生殖毒性，类别 1A
特异性靶器官毒性-反复接触，类别 2*
危害水生环境-急性危害，类别 1
危害水生环境-长期危害，类别 1
主要危险性及次要危险性：第 1.1 项危险
物——有整体爆炸危险的物质和物品
联合国编号（UN No.）：0129
正式运输名称：叠氮化铅，湿的，按质量含
酒精和水的混合物不低于 20%
包装类别：满足Ⅱ类包装要求

219   2-丁醇

别名：仲丁醇
英文名：butan-2-ol；*sec*-butyl alcohol
CAS 号：78-92-2
GHS 标签信号词及象形图：警告

危险性类别：易燃液体，类别 3
严重眼损伤/眼刺激，类别 2
特异性靶器官毒性-一次接触，类别 3（呼
吸道刺激、麻醉效应）
主要危险性及次要危险性：第 3 类危险物——
易燃液体
联合国编号（UN No.）：1120

正式运输名称：丁醇

包装类别：Ⅲ

220　丁醇钠

别名：丁氧基钠

英文名：sodium butylate

CAS 号：2372-45-4

GHS 标签信号词及象形图：危险

危险性类别：皮肤腐蚀/刺激，类别 1

严重眼损伤/眼刺激，类别 1

主要危险性及次要危险性：第 8 类危险物——腐蚀性物质

联合国编号（UN No.）：1760

正式运输名称：腐蚀性液体，未另作规定的

包装类别：Ⅲ

221　1,4-丁二胺

别名：1,4-二氨基丁烷；四亚甲基二胺；腐肉碱

英文名：1,4-butanediamine；1,4-diaminobu-tane；tetramethylene diamine；putrescine

CAS 号：110-60-1

GHS 标签信号词及象形图：危险

危险性类别：急性毒性-经皮，类别 3

急性毒性-吸入，类别 2

皮肤腐蚀/刺激，类别 1B

严重眼损伤/眼刺激，类别 1

主要危险性及次要危险性：第 6.1 项危险物——毒性物质；第 8 类危险物——腐蚀性物质

联合国编号（UN No.）：2927

正式运输名称：有机毒性液体，腐蚀性，未另作规定的

包装类别：Ⅱ

222　丁二腈

别名：1,2-二氰基乙烷；琥珀腈

英文名：butanedinitrile；1,2-dicyanoethane；succinonitrile

CAS 号：110-61-2

GHS 标签信号词及象形图：警告

危险性类别：皮肤腐蚀/刺激，类别 2

严重眼损伤/眼刺激，类别 2A

特异性靶器官毒性-一次接触，类别 3（呼吸道刺激）

主要危险性及次要危险性：—

联合国编号（UN No.）：非危

正式运输名称：—

包装类别：—

223　1,3-丁二烯（稳定的）

别名：联乙烯

英文名：1,3-butadiene，stabilized；buta-1,3-diene；biethylene

CAS 号：106-99-0

GHS 标签信号词及象形图：危险

危险性类别：易燃气体，类别 1

加压气体

生殖细胞致突变性，类别 1B

致癌性，类别 1A

主要危险性及次要危险性：第 2.1 类危险物——易燃气体

联合国编号（UN No.）：1010

正式运输名称：丁二烯，稳定的

包装类别：不适用

224　丁二酰氯

别名：氯化丁二酰；琥珀酰氯

英文名：butanedioylchloride；succinyl chloride；

succinic acid dichloride

CAS 号：543-20-4

GHS 标签信号词及象形图：危险

危险性类别：皮肤腐蚀/刺激，类别 1
严重眼损伤/眼刺激，类别 1

主要危险性及次要危险性：第 8 类危险物——
腐蚀性物质

联合国编号（UN No.）：3265/1760△

正式运输名称：有机酸性腐蚀性液体，未另
作规定的/腐蚀性液体，未另作规定的△

包装类别：Ⅱ

225　丁基甲苯

别名：—

英文名：butyltoluenes

CAS 号：—

GHS 标签信号词及象形图：警告

危险性类别：易燃液体，类别 3

主要危险性及次要危险性：第 6.1 项危险
物——毒性物质

联合国编号（UN No.）：2667

正式运输名称：丁基甲苯

包装类别：Ⅲ

226　丁基磷酸

别名：酸式磷酸丁酯

英文名：butyl acid phosphate; acid butyl
phosphate

CAS 号：12788-93-1

GHS 标签信号词及象形图：危险

危险性类别：皮肤腐蚀/刺激，类别 1
严重眼损伤/眼刺激，类别 1

主要危险性及次要危险性：第 8 类危险物——
腐蚀性物质

联合国编号（UN No.）：1718

正式运输名称：磷酸二氢丁酯

包装类别：Ⅲ

227　2-丁基硫醇

别名：仲丁硫醇

英文名：2-butyl mercaptan; *sec*-butylmercap-
tan

CAS 号：513-53-1

GHS 标签信号词及象形图：危险

危险性类别：易燃液体，类别 2
严重眼损伤/眼刺激，类别 2
皮肤致敏物，类别 1
特异性靶器官毒性-一次接触，类别 3（呼
吸道刺激）
危害水生环境-急性危害，类别 2
危害水生环境-长期危害，类别 2

主要危险性及次要危险性：第 3 类危险物——
易燃液体

联合国编号（UN No.）：1993

正式运输名称：易燃液体，未另作规定的

包装类别：Ⅱ

228　丁基三氯硅烷

别名：—

英文名：butyltrichlorosilane

CAS 号：7521-80-4

GHS 标签信号词及象形图：危险

危险性类别：易燃液体，类别 3
皮肤腐蚀/刺激，类别 1
严重眼损伤/眼刺激，类别 1

主要危险性及次要危险性：第 3 类危险物——
易燃液体；第 8 类危险物——腐蚀性物质

联合国编号（**UN No.**）：1747
正式运输名称：丁基三氯硅烷
包装类别：Ⅱ

229　丁醛肟

别名：—
英文名：butyraldehyde oxime
CAS 号：110-69-0
GHS 标签信号词及象形图：危险

危险性类别：易燃液体，类别 3
　　急性毒性-经皮，类别 3 *
　　严重眼损伤/眼刺激，类别 2
主要危险性及次要危险性：第 3 类危险物——
　　易燃液体
联合国编号（**UN No.**）：2840
正式运输名称：丁醛肟
包装类别：Ⅲ

230　1-丁炔（稳定的）

别名：乙基乙炔
英文名：1-butyne，stabilized；ethylacetylene
CAS 号：107-00-6
GHS 标签信号词及象形图：危险

危险性类别：易燃气体，类别 1
　　加压气体
主要危险性及次要危险性：第 2.1 类危险
　　物——易燃气体
联合国编号（**UN No.**）：2452
正式运输名称：乙基乙炔，稳定的
包装类别：不适用

231　2-丁炔

别名：巴豆炔；二甲基乙炔
英文名：2-butyne；crotonylene；dimethylac-
　　etylene

CAS 号：503-17-3
GHS 标签信号词及象形图：危险

危险性类别：易燃液体，类别 1
主要危险性及次要危险性：第 3 类危险物——
　　易燃液体
联合国编号（**UN No.**）：1144
正式运输名称：巴豆炔
包装类别：Ⅰ

232　1-丁炔-3-醇

别名：—
英文名：1-butyn-3-ol
CAS 号：2028-63-9
GHS 标签信号词及象形图：危险

危险性类别：易燃液体，类别 3
　　急性毒性-经口，类别 3 *
主要危险性及次要危险性：第 6.1 项危险
　　物——毒性物质；第 3 类危险物——易燃
　　液体
联合国编号（**UN No.**）：2929
正式运输名称：有机毒性液体，易燃，未另
　　作规定的
包装类别：Ⅱ

233　丁酸丙烯酯

别名：丁酸烯丙酯；丁酸-2-丙烯酯
英文名：propenyl butyrate；allyl butyrate；
　　butanoic acid，2-propenyl ester
CAS 号：2051-78-7
GHS 标签信号词及象形图：危险

危险性类别：易燃液体，类别 3
　　急性毒性-经口，类别 3

急性毒性-经皮，类别 3

主要危险性及次要危险性： 第 3 类危险物——易燃液体；第 6.1 项危险物——毒性物质

联合国编号（UN No.）： 1992

正式运输名称： 易燃液体，毒性，未另作规定的

包装类别： Ⅲ

234　丁酸酐

别名： —

英文名： butyric anhydride

CAS 号： 106-31-0

GHS 标签信号词及象形图： 危险

危险性类别： 皮肤腐蚀/刺激，类别 1B
　　严重眼损伤/眼刺激，类别 1

主要危险性及次要危险性： 第 8 类危险物——腐蚀性物质

联合国编号（UN No.）： 2739

正式运输名称： 丁酸酐

包装类别： Ⅲ

235　丁酸正戊酯

别名： 丁酸戊酯

英文名： amyl butyrate

CAS 号： 540-18-1

GHS 标签信号词及象形图： 警告

危险性类别： 易燃液体，类别 3

主要危险性及次要危险性： 第 3 类危险物——易燃液体

联合国编号（UN No.）： 2620

正式运输名称： 丁酸戊酯

包装类别： Ⅲ

236　2-丁酮

别名： 丁酮；乙基甲基酮；甲乙酮

英文名： 2-butanone；ethyl methyl ketone；methylethyl ketone

CAS 号： 78-93-3

GHS 标签信号词及象形图： 危险

危险性类别： 易燃液体，类别 2
　　严重眼损伤/眼刺激，类别 2
　　特异性靶器官毒性--一次接触，类别 3（麻醉效应）

主要危险性及次要危险性： 第 3 类危险物——易燃液体

联合国编号（UN No.）： 1193

正式运输名称： 乙基·甲基酮（甲乙酮）

包装类别： Ⅱ

237　2-丁酮肟

别名： —

英文名： 2-butanone oxime；ethyl methyl ketoxime；ethyl methyl ketone oxime

CAS 号： 96-29-7

GHS 标签信号词及象形图： 危险

危险性类别： 严重眼损伤/眼刺激，类别 1
　　皮肤致敏物，类别 1

主要危险性及次要危险性： —

联合国编号（UN No.）： 非危

正式运输名称： —

包装类别： —

238　1-丁烯

别名： —

英文名： 1-butylene

CAS 号： 106-98-9

GHS 标签信号词及象形图： 危险

危险性类别：易燃气体，类别1
　加压气体
主要危险性及次要危险性：第 2.1 类 危 险
　物——易燃气体
联合国编号（UN No.）：1012
正式运输名称：丁烯
包装类别：不适用

239　2-丁烯

别名：—
英文名：2-butylene
CAS 号：107-01-7
GHS 标签信号词及象形图：危险

危险性类别：易燃气体，类别1
　加压气体
主要危险性及次要危险性：第 2.1 类 危 险
　物——易燃气体
联合国编号（UN No.）：1012
正式运输名称：丁烯
包装类别：不适用

240　2-丁烯-1-醇

别名：巴豆醇；丁烯醇
英文名：2-buten-1-ol；crotonylalcohol；crotyl
　alcohol；propenyl carbinol
CAS 号：6117-91-5
GHS 标签信号词及象形图：警告

危险性类别：易燃液体，类别3
主要危险性及次要危险性：第3类危险物——
　易燃液体
联合国编号（UN No.）：1987/1993
正式运输名称：醇类，未另作规定的/易燃液
　体，未另作规定的
包装类别：Ⅲ

241　3-丁烯-2-酮

别名：甲基乙烯基酮；丁烯酮
英文名：3-buten-2-one；methyl vinyl ketone
CAS 号：78-94-4
GHS 标签信号词及象形图：危险

危险性类别：易燃液体，类别1
　急性毒性-经口，类别2
　急性毒性-经皮，类别1
　急性毒性-吸入，类别1
　皮肤腐蚀/刺激，类别1A
　严重眼损伤/眼刺激，类别1
　皮肤致敏物，类别1
　特异性靶器官毒性-一次接触，类别1
　特异性靶器官毒性-一次接触，类别3（麻
　醉效应）
　特异性靶器官毒性-反复接触，类别1
　危害水生环境-急性危害，类别1
　危害水生环境-长期危害，类别1
主要危险性及次要危险性：第 6.1 项 危 险
　物——毒性物质；第 3 类危险物——易燃
　液体；第 8 类危险物——腐蚀性物质
联合国编号（UN No.）：1251
正式运输名称：甲基·乙烯基酮，稳定的
包装类别：Ⅰ

242　丁烯二酰氯（反式）

别名：富马酰氯
英文名：fumaryl chloride；*trans*-butenedioyl
　chloride
CAS 号：627-63-4
GHS 标签信号词及象形图：危险

危险性类别：皮肤腐蚀/刺激，类别 1

严重眼损伤/眼刺激，类别 1

主要危险性及次要危险性：第 8 类危险物——腐蚀性物质

联合国编号（UN No.）：1780

正式运输名称：反丁烯二酰氯（富马酰氯）

包装类别：Ⅱ

243   3-丁烯腈

别名：烯丙基氰

英文名：3-butenenitrile；allyl cyanide

CAS 号：109-75-1

GHS 标签信号词及象形图：危险

危险性类别：易燃液体，类别 3

急性毒性-经口，类别 3

急性毒性-吸入，类别 2

严重眼损伤/眼刺激，类别 1

生殖毒性，类别 1B

特异性靶器官毒性-反复接触，类别 2

主要危险性及次要危险性：第 6.1 项危险物——毒性物质；第 3 类危险物——易燃液体

联合国编号（UN No.）：2929

正式运输名称：有机毒性液体，易燃，未另作规定的

包装类别：Ⅱ

244   2-丁烯腈（反式）

别名：巴豆腈；丙烯基氰

英文名：2-butenenitrile；crotonitrile；propenyl cyanide

CAS 号：4786-20-3

GHS 标签信号词及象形图：危险

危险性类别：易燃液体，类别 2

主要危险性及次要危险性：第 3 类危险物——

易燃液体

联合国编号（UN No.）：1993

正式运输名称：易燃液体，未另作规定的

包装类别：Ⅱ

245   2-丁烯醛

别名：巴豆醛；β-甲基丙烯醛

英文名：2-butenal；crotonaldehyde；crotonic aldehyde；β-methyl acrolein

CAS 号：4170-30-3

GHS 标签信号词及象形图：危险

危险性类别：易燃液体，类别 2

急性毒性-经口，类别 3 *

急性毒性-经皮，类别 3 *

急性毒性-吸入，类别 2 *

皮肤腐蚀/刺激，类别 2

严重眼损伤/眼刺激，类别 1

生殖细胞致突变性，类别 2

特异性靶器官毒性-一次接触，类别 3（呼吸道刺激）

特异性靶器官毒性-反复接触，类别 2 *

危害水生环境-急性危害，类别 1

危害水生环境-长期危害，类别 1

主要危险性及次要危险性：第 6.1 项危险物——毒性物质；第 3 类危险物——易燃液体

联合国编号（UN No.）：1143

正式运输名称：丁烯醛，稳定的

包装类别：Ⅰ

246   2-丁烯酸

别名：巴豆酸

英文名：2-butenoic acid；crotonic acid

CAS 号：3724-65-0

GHS 标签信号词及象形图：危险

危险性类别：急性毒性-经皮，类别 3
皮肤腐蚀/刺激，类别 1
严重眼损伤/眼刺激，类别 1
主要危险性及次要危险性：第 8 类危险物——
腐蚀性物质
联合国编号（UN No.）：2823
正式运输名称：丁烯酸，固态
包装类别：Ⅲ

247 丁烯酸甲酯

别名：巴豆酸甲酯
英文名：butonoic acid methyl ester; methyl
crotonate
CAS 号：623-43-8
GHS 标签信号词及象形图：危险

危险性类别：易燃液体，类别 2
皮肤腐蚀/刺激，类别 2
主要危险性及次要危险性：第 3 类危险物——
易燃液体
联合国编号（UN No.）：3272/1993 △
正式运输名称：酯类，未另作规定的/易燃液
体，未另作规定的 △
包装类别：Ⅱ

248 丁烯酸乙酯

别名：巴豆酸乙酯
英文名：2-butenoic acid ethyl ester; ethyl cro-
tonate
CAS 号：623-70-1
GHS 标签信号词及象形图：危险

危险性类别：易燃液体，类别 2
皮肤腐蚀/刺激，类别 2

严重眼损伤/眼刺激，类别 1
主要危险性及次要危险性：第 3 类危险物——
易燃液体
联合国编号（UN No.）：1862
正式运输名称：丁烯酸乙酯
包装类别：Ⅱ

249 2-丁氧基乙醇

别名：乙二醇丁醚；丁基溶纤剂
英文名：2-butoxyethanol; ethylene glycol
monobutyl ether; butyl cellosolve
CAS 号：111-76-2
GHS 标签信号词及象形图：危险

危险性类别：急性毒性-经皮，类别 3
急性毒性-吸入，类别 2
皮肤腐蚀/刺激，类别 2
严重眼损伤/眼刺激，类别 2
主要危险性及次要危险性：第 6.1 项危险
物——毒性物质
联合国编号（UN No.）：2810
正式运输名称：有机毒性液体，未另作规
定的
包装类别：Ⅱ

250 毒毛旋花苷 G

别名：羊角拗质
英文名：ouabain; diveasidum
CAS 号：630-60-4
GHS 标签信号词及象形图：危险

危险性类别：急性毒性-经口，类别 3*
急性毒性-吸入，类别 3*
特异性靶器官毒性-反复接触，类别 2*
主要危险性及次要危险性：第 6.1 项危险
物——毒性物质
联合国编号（UN No.）：3249

正式运输名称：固态医药，毒性，未另作规定的

包装类别：Ⅲ

251　毒毛旋花苷 K

别名：—

英文名：strophantin-K

CAS 号：11005-63-3

GHS 标签信号词及象形图：危险

危险性类别：急性毒性-经口，类别 3 ＊
　　急性毒性-吸入，类别 3 ＊
　　特异性靶器官毒性-反复接触，类别 2 ＊

主要危险性及次要危险性：第 6.1 项危险物——毒性物质

联合国编号（UN No.）：3249

正式运输名称：固态医药，毒性，未另作规定的

包装类别：Ⅲ

252　杜廷

别名：羟基马桑毒内酯；马桑苷

英文名：tutin；toot poison；tutu

CAS 号：2571-22-4

GHS 标签信号词及象形图：危险

危险性类别：急性毒性-经口，类别 2

主要危险性及次要危险性：第 6.1 项危险物——毒性物质

联合国编号（UN No.）：2811

正式运输名称：有机毒性固体，未另作规定的

包装类别：Ⅱ

253　短链氯化石蜡（$C_{10} \sim C_{13}$）

别名：$C_{10} \sim C_{13}$ 氯代烃

英文名：alkanes，$C_{10} \sim C_{13}$，chloro；chlorinated

paraffin（$C_{10} \sim C_{13}$）

CAS 号：85535-84-8

GHS 标签信号词及象形图：警告

危险性类别：致癌性，类别 2
　　危害水生环境-急性危害，类别 1
　　危害水生环境-长期危害，类别 1

主要危险性及次要危险性：第 9 类危险物——杂项危险物质和物品

联合国编号（UN No.）：3082

正式运输名称：对环境有害的液态物质，未另作规定的

包装类别：Ⅲ

254　对氨基苯磺酸

别名：4-氨基苯磺酸

英文名：sulphanilic acid；4-aminobenzenesul-phonic acid

CAS 号：121-57-3

GHS 标签信号词及象形图：警告

危险性类别：皮肤腐蚀/刺激，类别 2
　　严重眼损伤/眼刺激，类别 2
　　皮肤致敏物，类别 1
　　危害水生环境-长期危害，类别 3

主要危险性及次要危险性：—

联合国编号（UN No.）：非危

正式运输名称：—

包装类别：—

255　对苯二甲酰氯

别名：—

英文名：p-phthaloyl chloride

CAS 号：100-20-9

GHS 标签信号词及象形图：危险

危险性类别：急性毒性-吸入，类别 3

　　皮肤腐蚀/刺激，类别 1A

　　严重眼损伤/眼刺激，类别 1

主要危险性及次要危险性：第 8 类危险物——腐蚀性物质；第 6.1 项危险物——毒性物质

联合国编号（UN No.）：2923

正式运输名称：腐蚀性固体，毒性，未另作规定的

包装类别：Ⅰ

256　对甲苯磺酰氯

别名：—

英文名：*p*-toluene sulfonyl chloride

CAS 号：98-59-9

GHS 标签信号词及象形图：危险

危险性类别：皮肤腐蚀/刺激，类别 1C

　　严重眼损伤/眼刺激，类别 1

主要危险性及次要危险性：第 8 类危险物——腐蚀性物质

联合国编号（UN No.）：1759

正式运输名称：腐蚀性固体，未另作规定的

包装类别：Ⅲ

257　对硫氰酸苯胺

别名：对硫氰基苯胺；硫氰酸对氨基苯酯

英文名：*p*-thiocyanatoaniline；*p*-aminophenylthiocyanate；aniline-*p*-thiocyanate

CAS 号：15191-25-0

GHS 标签信号词及象形图：危险

危险性类别：急性毒性-经口，类别 3

主要危险性及次要危险性：第 8 类危险物——腐蚀性物质/第 6.1 项危险物——毒性物质△

联合国编号（UN No.）：3261/2811△

正式运输名称：有机酸性腐蚀性固体，未另作规定的/有机毒性固体，未另作规定的△

包装类别：Ⅲ

258　1-(对氯苯基)-2,8,9-三氧-5-氮-1-硅双环(3,3,3)十二烷

别名：毒鼠硅；氯硅宁；硅灭鼠

英文名：2,8,9-trioxa-5-aza-1-silabicyclo[3,3,3]undecane,1-(4-chlorophenyl)-；silatrane

CAS 号：29025-67-0

GHS 标签信号词及象形图：危险

危险性类别：急性毒性-经口，类别 1

主要危险性及次要危险性：第 6.1 项危险物——毒性物质

联合国编号（UN No.）：2811

正式运输名称：有机毒性固体，未另作规定的

包装类别：Ⅰ

259　对氯苯硫醇

别名：4-氯硫酚；对氯硫酚

英文名：*p*-chlorobenzenethiol；4-chlorothiophenol；*p*-chlorothiophenol

CAS 号：106-54-7

GHS 标签信号词及象形图：危险

危险性类别：皮肤腐蚀/刺激，类别 1

　　严重眼损伤/眼刺激，类别 1

主要危险性及次要危险性：第 8 类危险物——腐蚀性物质

联合国编号（UN No.）：3261

正式运输名称：有机酸性腐蚀性固体，未另作规定的

包装类别：Ⅲ

260　对蓋基化过氧氢
（72%＜含量≤100%）

别名：对蓋基过氧化氢

英文名：*p*-menthyl hydroperoxide（more than 72%）

CAS 号：39811-34-2

GHS 标签信号词及象形图：危险

危险性类别：有机过氧化物，D 型

　　皮肤腐蚀/刺激，类别 1

　　严重眼损伤/眼刺激，类别 1

主要危险性及次要危险性：第 5.2 项危险物——有机过氧化物

联合国编号（UN No.）：3106

正式运输名称：固态 D 型有机过氧化物

包装类别：满足 Ⅱ 类包装要求

对蓋基化过氧氢（含量≤72%，含 A 型稀释剂≥28%）

别名：对蓋基过氧化氢

英文名：*p*-menthyl hydroperoxide（not more than 72%，and diluent type A not less than 28%）

CAS 号：39811-34-2

GHS 标签信号词及象形图：危险

危险性类别：有机过氧化物，F 型

　　皮肤腐蚀/刺激，类别 1

　　严重眼损伤/眼刺激，类别 1

主要危险性及次要危险性：第 5.2 项危险物——有机过氧化物

联合国编号（UN No.）：3109

正式运输名称：液态 F 型有机过氧化物，控制温度的

包装类别：满足 Ⅱ 类包装要求

261　对壬基酚

别名：—

英文名：*p*-nonylphenol

CAS 号：104-40-5

GHS 标签信号词及象形图：危险

危险性类别：皮肤腐蚀/刺激，类别 1B

　　严重眼损伤/眼刺激，类别 1

　　生殖毒性，类别 1B

　　特异性靶器官毒性-反复接触，类别 2

　　危害水生环境-急性危害，类别 1

　　危害水生环境-长期危害，类别 1

主要危险性及次要危险性：第 8 类危险物——腐蚀性物质

联合国编号（UN No.）：3145

正式运输名称：液态烷基苯酚，未另作规定的（包括 $C_2\sim C_{12}$ 的同系物）

包装类别：Ⅱ

262　对硝基苯酚钾

别名：对硝基酚钾

英文名：potassium *p*-nitrophenolate

CAS 号：1124-31-8

GHS 标签信号词及象形图：警告

危险性类别：特异性靶器官毒性-一次接触，类别 2

　　特异性靶器官毒性-反复接触，类别 2

主要危险性及次要危险性：—

联合国编号（UN No.）：非危

正式运输名称：—

包装类别：—

263　对硝基苯酚钠

别名：对硝基酚钠

英文名：sodium *p*-nitrophenolate

CAS号：824-78-2

GHS标签信号词及象形图：警告

危险性类别：特异性靶器官毒性--一次接触，
　　类别2
　　特异性靶器官毒性-反复接触，类别2
主要危险性及次要危险性：—
联合国编号（UN No.）：非危
正式运输名称：—
包装类别：—

264　对硝基苯磺酸

别名：—
英文名：p-nitrobenzenesulphonic acid
CAS号：138-42-1
GHS标签信号词及象形图：危险

危险性类别：皮肤腐蚀/刺激，类别1B
　　严重眼损伤/眼刺激，类别1
主要危险性及次要危险性：第8类危险物——
　　腐蚀性物质
联合国编号（UN No.）：2305
正式运输名称：硝基苯磺酸
包装类别：Ⅱ

265　对硝基苯甲酰肼

别名：—
英文名：p-nitrobenzoyl hydrazine
CAS号：636-97-5
GHS标签信号词及象形图：警告

危险性类别：皮肤腐蚀/刺激，类别2
　　严重眼损伤/眼刺激，类别2
　　特异性靶器官毒性--一次接触，类别3（呼
　　吸道刺激）

主要危险性及次要危险性：—
联合国编号（UN No.）：非危
正式运输名称：—
包装类别：—

266　对硝基乙苯

别名：—
英文名：p-nitroethylbenzene
CAS号：100-12-9
GHS标签信号词及象形图：警告

危险性类别：皮肤腐蚀/刺激，类别2
　　严重眼损伤/眼刺激，类别2
　　特异性靶器官毒性--一次接触，类别3（呼
　　吸道刺激）
主要危险性及次要危险性：—
联合国编号（UN No.）：非危
正式运输名称：—
包装类别：—

267　对异丙基苯酚

别名：对异丙基酚
英文名：p-isopropylphenol
CAS号：99-89-8
GHS标签信号词及象形图：危险

危险性类别：皮肤腐蚀/刺激，类别1
　　严重眼损伤/眼刺激，类别1
主要危险性及次要危险性：第8类危险物——
　　腐蚀性物质
联合国编号（UN No.）：2430
正式运输名称：固态烷基苯酚，未另作规
　　定的
包装类别：Ⅲ

268　多钒酸铵

别名：聚钒酸铵

英文名：ammonium polyvanadate

CAS 号：12207-63-5

GHS 标签信号词及象形图：危险

危险性类别：急性毒性-经口，类别 3

　　急性毒性-吸入，类别 3

　　严重眼损伤/眼刺激，类别 1

主要危险性及次要危险性：第 6.1 项危险物——毒性物质

联合国编号（UN No.）：2861

正式运输名称：多钒酸铵

包装类别：Ⅱ

269　多聚甲醛

别名：聚蚁醛；聚合甲醛

英文名：polymerized formaldehyde；paraform

CAS 号：30525-89-4

GHS 标签信号词及象形图：危险

危险性类别：易燃固体，类别 2

　　皮肤腐蚀/刺激，类别 2

　　严重眼损伤/眼刺激，类别 2A

　　特异性靶器官毒性-一次接触，类别 1

　　特异性靶器官毒性-一次接触，类别 3（呼吸道刺激）

　　危害水生环境-长期危害，类别 3

主要危险性及次要危险性：第 4.1 项危险物——易燃固体

联合国编号（UN No.）：2213

正式运输名称：仲甲醛

包装类别：Ⅲ

270　多聚磷酸

别名：四磷酸

英文名：polyphosphoric acid；tetraphosphoric acid

CAS 号：8017-16-1

GHS 标签信号词及象形图：危险

危险性类别：皮肤腐蚀/刺激，类别 1

　　严重眼损伤/眼刺激，类别 1

主要危险性及次要危险性：第 8 类危险物——腐蚀性物质

联合国编号（UN No.）：3264

正式运输名称：无机酸性腐蚀性液体，未另作规定的

包装类别：Ⅲ

271　多硫化铵溶液

别名：—

英文名：ammonium polysulphides solution

CAS 号：9080-17-5

GHS 标签信号词及象形图：危险

危险性类别：皮肤腐蚀/刺激，类别 1B

　　严重眼损伤/眼刺激，类别 1

　　危害水生环境-急性危害，类别 1

主要危险性及次要危险性：第 8 类危险物——腐蚀性物质；第 6.1 项危险物——毒性物质

联合国编号（UN No.）：2818

正式运输名称：多硫化铵溶液

包装类别：Ⅱ

272　多氯二苯并对二噁英

别名：PCDDs

英文名：polychlorinated dibenzo-p-dioxins

CAS 号：—

GHS 标签信号词及象形图：危险

危险性类别：急性毒性-经口，类别 1

　　急性毒性-经皮，类别 1

皮肤腐蚀/刺激，类别 2

严重眼损伤/眼刺激，类别 2A

生殖细胞致突变性，类别 2

致癌性，类别 1A

生殖毒性，类别 1B

特异性靶器官毒性-一次接触，类别 1

特异性靶器官毒性-反复接触，类别 1

危害水生环境-急性危害，类别 1

危害水生环境-长期危害，类别 1

主要危险性及次要危险性：第 6.1 项危险物——毒性物质

联合国编号（UN No.）：2811

正式运输名称：有机毒性固体，未另作规定的

包装类别：Ⅰ

273　多氯二苯并呋喃

别名：PCDFs

英文名：polychlorinated dibenzofurans

CAS 号：—

GHS 标签信号词及象形图：危险

危险性类别：急性毒性-经口，类别 1

急性毒性-经皮，类别 1

皮肤腐蚀/刺激，类别 2

严重眼损伤/眼刺激，类别 2A

生殖细胞致突变性，类别 2

致癌性，类别 1A

生殖毒性，类别 1B

特异性靶器官毒性-一次接触，类别 1

特异性靶器官毒性-反复接触，类别 1

危害水生环境-急性危害，类别 1

危害水生环境-长期危害，类别 1

主要危险性及次要危险性：第 6.1 项危险物——毒性物质

联合国编号（UN No.）：2811

正式运输名称：有机毒性固体，未另作规定的

包装类别：Ⅰ

274　多氯联苯

别名：PCBs

英文名：polychlorobiphenyls；PCBs

CAS 号：—

GHS 标签信号词及象形图：危险

危险性类别：致癌性，类别 1B

特异性靶器官毒性-反复接触，类别 2 *

危害水生环境-急性危害，类别 1

危害水生环境-长期危害，类别 1

主要危险性及次要危险性：第 9 类危险物——杂项危险物质和物品

联合国编号（UN No.）：2315

正式运输名称：多氯联苯，液态

包装类别：Ⅱ

275　多氯三联苯

别名：—

英文名：polychlorinated terphenyls

CAS 号：61788-33-8

GHS 标签信号词及象形图：警告

危险性类别：特异性靶器官毒性-反复接触，类别 2

危害水生环境-急性危害，类别 1

危害水生环境-长期危害，类别 1

主要危险性及次要危险性：第 9 类危险物——杂项危险物质和物品

联合国编号（UN No.）：3152

正式运输名称：固态多卤三联苯

包装类别：Ⅱ

276　多溴二苯醚混合物

别名：—

英文名：polybrominateddiphenylethers；PB-DEs

CAS 号：—

GHS 标签信号词及象形图：危险

危险性类别：生殖毒性，类别 1B

　　特异性靶器官毒性-反复接触，类别 2

　　危害水生环境-急性危害，类别 1

　　危害水生环境-长期危害，类别 1

主要危险性及次要危险性：第 9 类危险物——杂项危险物质和物品

联合国编号（UN No.）：3077

正式运输名称：对环境有害的固态物质，未另作规定的

包装类别：Ⅲ

277　苊

别名：萘乙环

英文名：acenaphthylene；1,2-dihydroacenaphthylene

CAS 号：83-32-9

GHS 标签信号词及象形图：警告

危险性类别：易燃固体，类别 2

　　危害水生环境-急性危害，类别 1

　　危害水生环境-长期危害，类别 1

主要危险性及次要危险性：第 4.1 项危险物——易燃固体

联合国编号（UN No.）：1325

正式运输名称：有机易燃固体，未另作规定的

包装类别：Ⅲ

278　蒽醌-1-胂酸

别名：蒽醌-α-胂酸

英文名：anthraquinone-1-arsonic acid；anthraquinone-α-arsonic acid

CAS 号：—

GHS 标签信号词及象形图：危险

危险性类别：急性毒性-经口，类别 3＊

　　急性毒性-吸入，类别 3＊

　　危害水生环境-急性危害，类别 1

　　危害水生环境-长期危害，类别 1

主要危险性及次要危险性：第 6.1 项危险物——毒性物质

联合国编号（UN No.）：2811

正式运输名称：有机毒性固体，未另作规定的

包装类别：Ⅲ

279　蒽油乳膏

别名：—

英文名：anthracene oil emulsifiable paste

CAS 号：—

GHS 标签信号词及象形图：危险

危险性类别：致癌性，类别 1B

主要危险性及次要危险性：—

联合国编号（UN No.）：非危

正式运输名称：—

包装类别：—

蒽油乳剂

别名：—

英文名：anthracene oil emulsion

CAS 号：—

GHS 标签信号词及象形图：危险

危险性类别：致癌性，类别 1B

主要危险性及次要危险性：—

联合国编号（UN No.）：非危

正式运输名称：—

包装类别：—

280　二(1-羟基环己基) 过氧化物（含量≤100%）

别名：—

英文名：di(1-hydroxycyclohexyl)peroxede
（not more than 100%）

CAS 号：2407-94-5

GHS 标签信号词及象形图：危险

危险性类别：有机过氧化物，D 型
皮肤腐蚀/刺激，类别 1
严重眼损伤/眼刺激，类别 1
特异性靶器官毒性--次接触，类别 3（呼吸道刺激）

主要危险性及次要危险性：第 5.2 项危险物——有机过氧化物

联合国编号（UN No.）：3106

正式运输名称：固态 D 型有机过氧化物

包装类别：满足 Ⅱ 类包装要求

281　二(2-苯氧乙基)过氧重碳酸酯 （85%＜含量≤100%）

别名：—

英文名：di(2-phenoxyethyl)peroxydicarbonate
（more than 85%）

CAS 号：41935-39-1

GHS 标签信号词及象形图：危险

危险性类别：有机过氧化物，B 型

主要危险性及次要危险性：第 5.2 项危险物——有机过氧化物

联合国编号（UN No.）：3102

正式运输名称：固态 B 型有机过氧化物

包装类别：满足 Ⅱ 类包装要求

二(2-苯氧乙基)过氧重碳酸酯 （含量≤85%，含水≥15%）

别名：—

英文名：di(2-phenoxyethyl)peroxydicarbonate
（not more than 85%，and water not less 15%）

CAS 号：41935-39-1

GHS 标签信号词及象形图：危险

危险性类别：有机过氧化物，D 型

主要危险性及次要危险性：第 5.2 项危险物——有机过氧化物

联合国编号（UN No.）：3106

正式运输名称：固态 D 型有机过氧化物

包装类别：满足 Ⅱ 类包装要求

282　二(2-环氧丙基)醚

别名：二缩水甘油醚；双环氧稀释剂；2,2′-[氧双（亚甲基）]双环氧乙烷；二环氧甘油醚

英文名：bis(2,3-epoxpropyl)ether

CAS 号：2238-07-5

GHS 标签信号词及象形图：危险

危险性类别：急性毒性-经皮，类别 3
急性毒性-吸入，类别 1
皮肤腐蚀/刺激，类别 2
严重眼损伤/眼刺激，类别 2A
特异性靶器官毒性--次接触，类别 1
特异性靶器官毒性-反复接触，类别 1

主要危险性及次要危险性：第 6.1 项危险物——毒性物质

联合国编号（UN No.）：2810

正式运输名称：有机毒性液体，未另作规定的

包装类别：Ⅰ

283　二(2-甲基苯甲酰) 过氧化物（含量≤87%）

别名：过氧化二(2-甲基苯甲酰)

英文名：di(2-methylbenzoyl)peroxide（not more than 87%）；di(*o*-methylbenzoyl)per-oxide；peroxide，bis(2-methylbenzoyl)

CAS 号：3034-79-5

GHS 标签信号词及象形图：危险

危险性类别：有机过氧化物，B 型

主要危险性及次要危险性：第 5.2 项危险物——有机过氧化物

联合国编号（UN No.）：3112

正式运输名称：固态 B 型有机过氧化物，控制温度的

包装类别：满足 II 类包装要求

284　二(2-羟基-3,5,6-三氯苯基)甲烷

别名：2,2′-亚甲基-双(3,4,6-三氯苯酚)；毒菌酚

英文名：2,2′-methylenebis-(3,4,6-trichloro-phenol)；hexachlorophene

CAS 号：70-30-4

GHS 标签信号词及象形图：危险

危险性类别：急性毒性-经口，类别 3＊
　　急性毒性-经皮，类别 3＊
　　危害水生环境-急性危害，类别 1
　　危害水生环境-长期危害，类别 1

主要危险性及次要危险性：第 6.1 项危险物——毒性物质

联合国编号（UN No.）：2875

正式运输名称：六氯苯

包装类别：III

285　二(2-新癸酰过氧异丙基)苯（含量≤52%，含 A 型稀释剂≥48%）

别名：—

英文名：di(2-neodecanoylperoxyisopropyl)be-nzene（not more than 52%，and diluent type A not less than 48%）

CAS 号：—

GHS 标签信号词及象形图：危险

危险性类别：有机过氧化物，D 型

主要危险性及次要危险性：第 5.2 项危险物——有机过氧化物

联合国编号（UN No.）：3115

正式运输名称：液态 D 型有机过氧化物，控制温度的

包装类别：满足 II 类包装要求

286　二(2-乙基己基)磷酸酯

别名：2-乙基己基-2′-乙基己基磷酸酯

英文名：bis(2-ethylhexyl)hydrogen phosphate；di(2-ethylhexyl)phosphate

CAS 号：298-07-7

GHS 标签信号词及象形图：无

危险性类别：危害水生环境-长期危害，类别 3

主要危险性及次要危险性：第 8 类危险物——腐蚀性物质

联合国编号（UN No.）：1902

正式运输名称：酸式磷酸二异辛酯

包装类别：III

287　二(3,5,5-三甲基己酰)过氧化物（52%＜含量≤82%，含 A 型稀释剂≥18%）

别名：—

英文名：di(3,5,5-trimethylhexanoyl) peroxide（more than 52% but not more than 82%，and diluent type A not less than 18%）

CAS 号：3851-87-4

GHS 标签信号词及象形图：危险

危险性类别：有机过氧化物，D 型

主要危险性及次要危险性：第 5.2 项危险

物——有机过氧化物

联合国编号（UN No.）： 3115

正式运输名称： 液态 D 型有机过氧化物，控制温度的

包装类别： 满足 Ⅱ 类包装要求

二(3,5,5-三甲基己酰)过氧化物（含量≤38%，含 A 型稀释剂≥62%）

别名： —

英文名： di（3,5,5-trimethylhexanoyl）peroxide（not more than 38%, and diluent type A not less than 62%）

CAS 号： 3851-87-4

GHS 标签信号词及象形图： 警告

危险性类别： 有机过氧化物，F 型

主要危险性及次要危险性： 第 5.2 项危险物——有机过氧化物

联合国编号（UN No.）： 3119

正式运输名称： 液态 F 型有机过氧化物，控制温度的

包装类别： 满足 Ⅱ 类包装要求

二(3,5,5-三甲基己酰)过氧化物（38%＜含量≤52%，含 A 型稀释剂≥48%）

别名： —

英文名： di（3,5,5-trimethylhexanoyl）peroxide（more than 38% but not more than 52%, and diluent type A not less than 48%）

CAS 号： 3851-87-4

GHS 标签信号词及象形图： 警告

危险性类别： 有机过氧化物，F 型

主要危险性及次要危险性： 第 5.2 项危险物——有机过氧化物

联合国编号（UN No.）： 3119

正式运输名称： 液态 F 型有机过氧化物，控制温度的

包装类别： 满足 Ⅱ 类包装要求

二(3,5,5-三甲基己酰)过氧化物（含量≤52%，在水中稳定弥散）

别名： —

英文名： di（3,5,5-trimethylhexanoyl）peroxide（not more than 52% as a stable dispersion in water）

CAS 号： 3851-87-4

GHS 标签信号词及象形图： 警告

危险性类别： 有机过氧化物，F 型

主要危险性及次要危险性： 第 5.2 项危险物——有机过氧化物

联合国编号（UN No.）： 3119

正式运输名称： 液态 F 型有机过氧化物，控制温度的

包装类别： 满足 Ⅱ 类包装要求

288 2,2-二[4,4-二(叔丁基过氧)环己基]丙烷（含量≤22%，含 B 型稀释剂≥78%）

别名： —

英文名： 2,2-di（4,4-di（*tert*-butylperoxy）cyclohexyl）propane（not more than 22%, and diluent type B not less than 78%）

CAS 号： 1705-60-8

GHS 标签信号词及象形图： 警告

危险性类别： 有机过氧化物，E 型

主要危险性及次要危险性： 第 5.2 项危险物——有机过氧化物

联合国编号（UN No.）： 3107

正式运输名称： 液态 E 型有机过氧化物

包装类别： 满足 Ⅱ 类包装要求

2,2-二[4,4-二(叔丁基过氧)环己基]丙烷（含量≤42%，含惰性固体≥58%）

别名：—
英文名：2,2-di（4,4-di（*tert*-butylperoxy）cyclohexyl）propane（not more than 42%，and inert solid not less than 58%）
CAS号：1705-60-8
GHS标签信号词及象形图：危险

危险性类别：有机过氧化物，D型
主要危险性及次要危险性：第 5.2 项危险物——有机过氧化物
联合国编号（UN No.）：3106
正式运输名称：固态D型有机过氧化物
包装类别：满足Ⅱ类包装要求

289 二(4-甲基苯甲酰)过氧化物（硅油糊状物，含量≤52%）

别名：—
英文名：di（4-methylbenzoyl）peroxide（not more than 52% as a paste with silicon oil）
CAS号：895-85-2
GHS标签信号词及象形图：危险

危险性类别：有机过氧化物，D型
危害水生环境-急性危害，类别1
危害水生环境-长期危害，类别1
主要危险性及次要危险性：第 5.2 项危险物——有机过氧化物
联合国编号（UN No.）：3106
正式运输名称：固态D型有机过氧化物
包装类别：满足Ⅱ类包装要求

290 二(4-叔丁基环己基)过氧重碳酸酯（含量≤100%）

别名：过氧化二碳酸二(4-叔丁基环己基)酯
英文名：di（4-*tert*-butylcyclohexyl）peroxydicarbonate（not more than 100%）；bis（4-*tert*-butylcyclohexyl）peroxydicarbonate
CAS号：15520-11-3
GHS标签信号词及象形图：危险

危险性类别：有机过氧化物，C型
主要危险性及次要危险性：第 5.2 项危险物——有机过氧化物
联合国编号（UN No.）：3104
正式运输名称：固态C型有机过氧化物
包装类别：满足Ⅱ类包装要求

二(4-叔丁基环己基)过氧重碳酸酯（含量≤42%，在水中稳定弥散）

别名：过氧化二碳酸二(4-叔丁基环己基)酯
英文名：di（4-*tert*-butylcyclohexyl）peroxydicarbonate（not more than 42% as a stable dispersion in water）
CAS号：15520-11-3
GHS标签信号词及象形图：警告

危险性类别：有机过氧化物，F型
主要危险性及次要危险性：第 5.2 项危险物——有机过氧化物
联合国编号（UN No.）：3119
正式运输名称：液态F型有机过氧化物，控制温度的
包装类别：满足Ⅱ类包装要求

291 二(苯磺酰肼)醚

别名：4,4′-氧代双苯磺酰肼
英文名：bis（benzenesulfonyl hydrazide）ether；diphenyloxide-4,4′-disulphohydrazide
CAS号：80-51-3
GHS标签信号词及象形图：危险

危险性类别：自反应物质和混合物，D 型
严重眼损伤/眼刺激，类别 2B
特异性靶器官毒性-一次接触，类别 2
特异性靶器官毒性-反复接触，类别 1
危害水生环境-急性危害，类别 2
危害水生环境-长期危害，类别 2
主要危险性及次要危险性：第 4.1 项危险物——自反应物质
联合国编号（UN No.）：3226
正式运输名称：D 型自反应固体
包装类别：满足 Ⅱ 类包装要求

292　1,6-二(过氧化叔丁基羰基氧)己烷（含量≤72%，含 A 型稀释剂≥28%）

别名：—
英文名：1,6-di(*tert*-butylperoxycarbonyloxy) hexane（not more than 72%, and diluent type A not less than 28%）；1,6-bis(*tert*-butylperoxycarbonyloxy)hexane
CAS 号：36536-42-2
GHS 标签信号词及象形图：危险

危险性类别：有机过氧化物，C 型
主要危险性及次要危险性：第 5.2 项危险物——有机过氧化物
联合国编号（UN No.）：3103
正式运输名称：液态 C 型有机过氧化物，控制温度的
包装类别：满足 Ⅱ 类包装要求

293　二(氯甲基)醚

别名：二氯二甲醚；对称二氯二甲醚；氧代二氯甲烷
英文名：bis（chloromethyl）ether；dichlorodimethyl ether, symmetrical；oxybis（chloromethane）
CAS 号：542-88-1
GHS 标签信号词及象形图：危险

危险性类别：易燃液体，类别 2
急性毒性-经皮，类别 3 *
急性毒性-吸入，类别 2 *
致癌性，类别 1A
主要危险性及次要危险性：第 3 类危险物——易燃液体；第 6.1 项危险物——毒性物质
联合国编号（UN No.）：2249
正式运输名称：对称二氯二甲醚
包装类别：Ⅰ

294　二(三氯甲基)碳酸酯

别名：三光气
英文名：bis（trichloromethyl）carbonate；triphosgene
CAS 号：32315-10-9
GHS 标签信号词及象形图：危险

危险性类别：急性毒性-经口，类别 3
急性毒性-经皮，类别 3
急性毒性-吸入，类别 2
皮肤腐蚀/刺激，类别 1
严重眼损伤/眼刺激，类别 1
主要危险性及次要危险性：第 6.1 项危险物——毒性物质；第 8 类危险物——腐蚀性物质
联合国编号（UN No.）：2928
正式运输名称：有机毒性固体，腐蚀性，未另作规定的
包装类别：Ⅱ

295　1,1-二(叔丁基过氧)-3,3,5-三甲基环己烷（90%＜含量≤100%）

别名：—

英文名：1,1-di(*tert*-butylperoxy)-3,3,5-trim-ethylcyclohexane（more than 90%）

CAS 号：6731-36-8

GHS 标签信号词及象形图：危险

危险性类别：有机过氧化物，B 型
　特异性靶器官毒性-反复接触，类别 2

主要危险性及次要危险性：第 5.2 项危险物——有机过氧化物

联合国编号（UN No.）：3102

正式运输名称：固态 B 型有机过氧化物

包装类别：满足Ⅱ类包装要求

1,1-二(叔丁基过氧)-3,3,5-三甲基环己烷（57%＜含量≤90%，含 A 型稀释剂≥10%）

别名：—

英文名：1,1-di(*tert*-butylperoxy)-3,3,5-trim-ethylcyclohexane（more than 57% but not more than 90%, and diluent type A not less than 10%）

CAS 号：6731-36-8

GHS 标签信号词及象形图：危险

危险性类别：有机过氧化物，C 型
　特异性靶器官毒性-反复接触，类别 2

主要危险性及次要危险性：第 5.2 项危险物——有机过氧化物

联合国编号（UN No.）：3103

正式运输名称：液态 C 型有机过氧化物

包装类别：满足Ⅱ类包装要求

1,1-二(叔丁基过氧)-3,3,5-三甲基环己烷（含量≤32%，含 A 型稀释剂≥26%，含 B 型稀释剂≥42%）

别名：—

英文名：1,1-di(*tert*-butylperoxy)-3,3,5-trim-

ethylcyclohexane（not more than 32%, and diluent type A not less than 26%, and diluent type B not less than 42%）

CAS 号：6731-36-8

GHS 标签信号词及象形图：警告

危险性类别：有机过氧化物，E 型
　特异性靶器官毒性-反复接触，类别 2

主要危险性及次要危险性：第 5.2 项危险物——有机过氧化物

联合国编号（UN No.）：3107

正式运输名称：液态 E 型有机过氧化物

包装类别：满足Ⅱ类包装要求

1,1-二(叔丁基过氧)-3,3,5-三甲基环己烷（含量≤57%，含 A 型稀释剂≥43%）

别名：

英文名：1,1-di(*tert*-butylperoxy)-3,3,5-trim-ethylcyclohexane（not more than 57%, and diluent type A not less than 43%）

CAS 号：6731-36-8

GHS 标签信号词及象形图：警告

危险性类别：有机过氧化物，E 型
　特异性靶器官毒性-反复接触，类别 2

主要危险性及次要危险性：第 5.2 项危险物——有机过氧化物

联合国编号（UN No.）：3107

正式运输名称：液态 E 型有机过氧化物

包装类别：满足Ⅱ类包装要求

1,1-二(叔丁基过氧)-3,3,5-三甲基环己烷（含量≤57%，含惰性固体≥43%）

别名：

英文名：1,1-di(*tert*-butylperoxy)-3,3,5-trim-ethylcyclohexane（not more than 57％，and inert solid not less than 43％）

CAS 号：6731-36-8

GHS 标签信号词及象形图：警告

危险性类别：有机过氧化物，F 型
　特异性靶器官毒性-反复接触，类别 2

主要危险性及次要危险性：第 5.2 项危险物——有机过氧化物

联合国编号（UN No.）：3110

正式运输名称：固态 F 型有机过氧化物

包装类别：满足 Ⅱ 类包装要求

1,1-二(叔丁基过氧)-3,3,5-三甲基环己烷（含量≤77％，含 B 型稀释剂≥23％）

别名：—

英文名：1,1-di(*tert*-butylperoxy)-3,3,5-trimethylcyclohexane（not more than 77％，and diluent type B not less than 23％）

CAS 号：6731-36-8

GHS 标签信号词及象形图：危险

危险性类别：有机过氧化物，C 型
　特异性靶器官毒性-反复接触，类别 2

主要危险性及次要危险性：第 5.2 项危险物——有机过氧化物

联合国编号（UN No.）：3103

正式运输名称：液态 C 型有机过氧化物

包装类别：满足 Ⅱ 类包装要求

1,1-二(叔丁基过氧)-3,3,5-三甲基环己烷（含量≤90％，含 A 型稀释剂≥10％）

别名：—

英文名：1,1-di(*tert*-butylperoxy)-3,3,5-trimethylcyclohexane（not more than 90％，and

diluent type A not less than 10％）

CAS 号：6731-36-8

GHS 标签信号词及象形图：危险

危险性类别：有机过氧化物，C 型
　特异性靶器官毒性-反复接触，类别 2

主要危险性及次要危险性：第 5.2 项危险物——有机过氧化物

联合国编号（UN No.）：3103

正式运输名称：液态 C 型有机过氧化物

包装类别：满足 Ⅱ 类包装要求

296　2,2-二(叔丁基过氧)丙烷（含量≤42％，含 A 型稀释剂≥13％，惰性固体含量≥45％）

别名：—

英文名：2,2-di(*tert*-butylperoxy)propane（not more than 42％，and diluent type A not less than 13％，and inert solid not less than 45％）；2,2-bis(*tert*-butylperoxy)propane

CAS 号：4262-61-7

GHS 标签信号词及象形图：危险

危险性类别：有机过氧化物，D 型

主要危险性及次要危险性：第 5.2 项危险物——有机过氧化物

联合国编号（UN No.）：3106

正式运输名称：固态 D 型有机过氧化物

包装类别：满足 Ⅱ 类包装要求

2,2-二(叔丁基过氧)丙烷（含量≤52％，含 A 型稀释剂≥48％）

别名：—

英文名：2,2-di(*tert*-butylperoxy)propane；2,2-bis(*tert*-butylperoxy)propane（not more than 52％，and diluent type A not less than 48％）

CAS 号：4262-61-7

GHS 标签信号词及象形图：危险

危险性类别：有机过氧化物，D 型

主要危险性及次要危险性：第 5.2 项危险物——有机过氧化物

联合国编号（UN No.）：3105

正式运输名称：液态 D 型有机过氧化物

包装类别：满足 Ⅱ 类包装要求

297 3,3-二(叔丁基过氧)丁酸乙酯（77%＜含量≤100%）

别名：3,3-双(过氧化叔丁基)丁酸乙酯

英文名：ethyl 3,3-di(*tert*-butylperoxy) butyrate(more than 77%)；3,3-bis(*tert*-butylperoxy) butyrate

CAS 号：55794-20-2

GHS 标签信号词及象形图：危险

危险性类别：有机过氧化物，C 型

主要危险性及次要危险性：第 5.2 项危险物——有机过氧化物

联合国编号（UN No.）：3104

正式运输名称：固态 C 型有机过氧化物

包装类别：满足 Ⅱ 类包装要求

3,3-二(叔丁基过氧)丁酸乙酯（含量≤52%）

别名：3,3-双(过氧化叔丁基)丁酸乙酯

英文名：ethyl 3,3-di(*tert*-butylperoxy) butyrate (not more than 52%)

CAS 号：55794-20-2

GHS 标签信号词及象形图：危险

危险性类别：有机过氧化物，D 型

主要危险性及次要危险性：第 5.2 项危险物——有机过氧化物

联合国编号（UN No.）：3106

正式运输名称：固态 D 型有机过氧化物

包装类别：满足 Ⅱ 类包装要求

3,3-二(叔丁基过氧)丁酸乙酯（含量≤77%，含 A 型稀释剂≥23%）

别名：3,3-双(过氧化叔丁基)丁酸乙酯

英文名：ethyl 3,3-di(*tert*-butylperoxy) butyrate (not more than 77%, and diluent type A not less than 23%)

CAS 号：55794-20-2

GHS 标签信号词及象形图：危险

危险性类别：有机过氧化物，D 型

主要危险性及次要危险性：第 5.2 项危险物——有机过氧化物

联合国编号（UN No.）：3105

正式运输名称：液态 D 型有机过氧化物

包装类别：满足 Ⅱ 类包装要求

298 2,2-二(叔丁基过氧)丁烷（含量≤52%，含 A 型稀释剂≥48%）

别名：—

英文名：2,2-di(*tert*-butylperoxy)butane (not more than 52%, and diluent type A not less than 48%)

CAS 号：2167-23-9

GHS 标签信号词及象形图：危险

危险性类别：有机过氧化物，C 型

主要危险性及次要危险性：第 5.2 项危险物——有机过氧化物

联合国编号（UN No.）：3103

正式运输名称：液态 C 型有机过氧化物

包装类别：满足 Ⅱ 类包装要求

299　1,1-二(叔丁基过氧)环己烷（80%＜含量≤100%）

别名：1,1-双(过氧化叔丁基)环己烷

英文名：1,1-di(*tert*-butylperoxy)cyclohexane（more than 80%）

CAS号：3006-86-8

GHS标签信号词及象形图：危险

危险性类别：有机过氧化物，B型

主要危险性及次要危险性：第 5.2 项危险物——有机过氧化物

联合国编号（UN No.）：3101

正式运输名称：液态B型有机过氧化物

包装类别：满足Ⅱ类包装要求

1,1-二(叔丁基过氧)环己烷（52%＜含量≤80%，含A型稀释剂≥20%）

别名：1,1-双(过氧化叔丁基)环己烷

英文名：1,1-di(*tert*-butylperoxy)cyclohexane（more than 52% but not more than 80%, and diluent type A not less than 20%）

CAS号：3006-86-8

GHS标签信号词及象形图：危险

危险性类别：有机过氧化物，C型

主要危险性及次要危险性：第 5.2 项危险物——有机过氧化物

联合国编号（UN No.）：3103

正式运输名称：液态C型有机过氧化物

包装类别：满足Ⅱ类包装要求

1,1-二(叔丁基过氧)环己烷（42%＜含量≤52%，含A型稀释剂≥48%）

别名：1,1-双(过氧化叔丁基)环己烷

英文名：1,1-di(*tert*-butylperoxy)cyclohexane（more than 42% but not more than 52%, and diluent type A not less than 48%）

CAS号：3006-86-8

GHS标签信号词及象形图：危险

危险性类别：有机过氧化物，D型

主要危险性及次要危险性：第 5.2 项危险物——有机过氧化物

联合国编号（UN No.）：3105

正式运输名称：液态D型有机过氧化物

包装类别：满足Ⅱ类包装要求

1,1-二(叔丁基过氧)环己烷（含量≤13%，含A型稀释剂≥13%，含B型稀释剂≥74%）

别名：1,1-双(过氧化叔丁基)环己烷

英文名：1,1-di(*tert*-butylperoxy)cyclohexane（not more than 13%, and diluent type A not less than 13%, and diluent type B not less than 74%）

CAS号：3006-86-8

GHS标签信号词及象形图：警告

危险性类别：有机过氧化物，F型

主要危险性及次要危险性：第 5.2 项危险物——有机过氧化物

联合国编号（UN No.）：3109

正式运输名称：液态F型有机过氧化物

包装类别：满足Ⅱ类包装要求

1,1-二(叔丁基过氧)环己烷（含量≤27%，含A型稀释剂≥25%）

别名：1,1-双(过氧化叔丁基)环己烷

英文名：1,1-di(*tert*-butylperoxy)cyclohexane（not more than 27%, and diluent type A not less than 25%）

CAS号：3006-86-8

GHS 标签信号词及象形图：警告

危险性类别：有机过氧化物，E 型
主要危险性及次要危险性：第 5.2 项危险
物——有机过氧化物
联合国编号（UN No.）：3107
正式运输名称：液态 E 型有机过氧化物
包装类别：满足 Ⅱ 类包装要求

1,1-二(叔丁基过氧)环己烷
（含量≤42%，含 A 型稀释剂≥13%，
惰性固体含量≥45%）

别名：1,1-双(过氧化叔丁基)环己烷
英文名：1,1-di(*tert*-butylperoxy)cyclohexane
（not more than 42%，and diluent type A not
less than 13%，and inert solid not less than
45%）
CAS 号：3006-86-8
GHS 标签信号词及象形图：危险

危险性类别：有机过氧化物，D 型
主要危险性及次要危险性：第 5.2 项危险
物——有机过氧化物
联合国编号（UN No.）：3106
正式运输名称：液态 D 型有机过氧化物
包装类别：满足 Ⅱ 类包装要求

1,1-二(叔丁基过氧)环己烷
（含量≤42%，含 A 型稀释剂≥58%）

别名：1,1-双(过氧化叔丁基)环己烷
英文名：1,1-di(*tert*-butylperox)cyclohexane
（not more than 42%，and diluent type A not
less than 58%）
CAS 号：3006-86-8
GHS 标签信号词及象形图：警告

危险性类别：有机过氧化物，F 型
主要危险性及次要危险性：第 5.2 项危险
物——有机过氧化物
联合国编号（UN No.）：3109
正式运输名称：液态 F 型有机过氧化物
包装类别：满足 Ⅱ 类包装要求

1,1-二(叔丁基过氧)环己烷
（含量≤72%，含 B 型稀释剂≥28%）

别名：1,1-双(过氧化叔丁基)环己烷
英文名：1,1-di(*tert*-butylperoxy)cyclohexane
（not more than 72%，and diluent type B not
less than 28%）
CAS 号：3006-86-8
GHS 标签信号词及象形图：危险

危险性类别：有机过氧化物，C 型
主要危险性及次要危险性：第 5.2 项危险
物——有机过氧化物
联合国编号（UN No.）：3103
正式运输名称：液态 C 型有机过氧化物
包装类别：满足 Ⅱ 类包装要求

300　1,1-二(叔丁基过氧)环己烷和
过氧化(2-乙基己酸)叔丁酯的混合物
[1,1-二(叔丁基过氧)环己烷含量
≤43%，过氧化(2-乙基己酸)叔丁酯含量
≤16%，含 A 型稀释剂≥41%]

别名：—
英文名：1,1-di(*tert*-butylperoxy)cyclohexane ＋
tert-butyl peroxy-2-ethylhexanoate with not
more than 43% 1,1-di(*tert*-butylperoxy)cy-
clohexane，and not more than 16% *tert*-bu-
tylperoxy-2-ethylhexanoate，and not less than
41% diluent type A
CAS 号：—
GHS 标签信号词及象形图：危险

危险性类别：有机过氧化物，D型

主要危险性及次要危险性：第 5.2 项危险物——有机过氧化物

联合国编号（UN No.）：3105

正式运输名称：液态 D 型有机过氧化物

包装类别：满足 II 类包装要求

301 二(叔丁基过氧)邻苯二甲酸酯 （糊状，含量≤52%）

别名：—

英文名：di（*tert* -butylperoxy）phthalate（not more than 52% as a paste）

CAS 号：—

GHS 标签信号词及象形图：危险

危险性类别：有机过氧化物，D型

主要危险性及次要危险性：第 5.2 项危险物——有机过氧化物

联合国编号（UN No.）：3106

正式运输名称：固态 D 型有机过氧化物

包装类别：满足 II 类包装要求

二(叔丁基过氧)邻苯二甲酸酯 （42%＜含量≤52%， 含 A 型稀释剂≥48%）

别名：—

英文名：di（*tert* -butylperoxy）phthalate（more than 42% but not more than 52%, and diluent type A not less than 48%）

CAS 号：—

GHS 标签信号词及象形图：危险

危险性类别：有机过氧化物，D型

主要危险性及次要危险性：第 5.2 项危险物——有机过氧化物

联合国编号（UN No.）：3105

正式运输名称：液态 D 型有机过氧化物

包装类别：满足 II 类包装要求

二(叔丁基过氧)邻苯二甲酸酯 （含量≤42%，含 A 型稀释剂≥58%）

别名：—

英文名：di（*tert* -butylperoxy）phthalate（not more than 42%, and diluent type A not less than 58%）

CAS 号：—

GHS 标签信号词及象形图：警告

危险性类别：有机过氧化物，E 型

主要危险性及次要危险性：第 5.2 项危险物——有机过氧化物

联合国编号（UN No.）：3107

正式运输名称：液态 E 型有机过氧化物

包装类别：满足 II 类包装要求

302 3,3-二(叔戊基过氧)丁酸乙酯 （含量≤67%，含 A 型稀释剂≥33%）

别名：—

英文名：ethyl 3,3-di（*tert* -amylperoxy）butyrate（not more than 67%, and diluent type A not less than 33%）；ethyl 3,3-bis（*tert* -pentylperoxy）butyrate

CAS 号：67567-23-1

GHS 标签信号词及象形图：危险

危险性类别：有机过氧化物，D型

易燃液体，类别 3

危害水生环境-急性危害，类别 2

危害水生环境-长期危害，类别 2

主要危险性及次要危险性：第 5.2 项危险物——有机过氧化物

联合国编号（UN No.）：3105

正式运输名称：液态 D 型有机过氧化物

包装类别：满足 II 类包装要求

303　2,2-二(叔戊基过氧)丁烷
（含量≤57%，含 A 型稀释剂≥43%）

别名：—

英文名：2,2-di(*tert*-amylperoxy)butane（not more than 57%, and diluent type A not less than 43%）

CAS 号：13653-62-8

GHS 标签信号词及象形图：危险

危险性类别：有机过氧化物，D 型

主要危险性及次要危险性：第 5.2 项 危 险 物——有机过氧化物

联合国编号（UN No.）：3105

正式运输名称：液态 D 型有机过氧化物

包装类别：满足 Ⅱ 类包装要求

304　4,4′-二氨基-3,3′-二氯二苯基甲烷

别名：—

英文名：4,4′-diamino-3,3′-dichloro-methane；4,4′-methylene bis(2-chloroaniline)2,2′-dichloro-4,4′-methylenedianiline

CAS 号：101-14-4

GHS 标签信号词及象形图：危险

危险性类别：致癌性，类别 1A
　　危害水生环境-急性危害，类别 1
　　危害水生环境-长期危害，类别 1

主要危险性及次要危险性：第 9 类危险物——杂项危险物质和物品

联合国编号（UN No.）：3077

正式运输名称：对环境有害的固态物质，未另作规定的

包装类别：Ⅲ

305　3,3′-二氨基二丙胺

别名：二丙三胺；3,3′-亚氨基二丙胺；三亚丙基三胺

英文名：3,3′-diaminodi(propylamine)；dipropylenetriamine；3,3′-iminobispropylamine；bis(3-aminopropyl)amine

CAS 号：56-18-8

GHS 标签信号词及象形图：危险

危险性类别：急性毒性-经皮，类别 3 *
　　急性毒性-吸入，类别 2 *
　　皮肤腐蚀/刺激，类别 1A
　　严重眼损伤/眼刺激，类别 1
　　皮肤致敏物，类别 1

主要危险性及次要危险性：第 8 类危险物——腐蚀性物质

联合国编号（UN No.）：2269

正式运输名称：3,3′-亚氨基二丙胺（三亚丙基三胺）

包装类别：Ⅲ

306　2,4-二氨基甲苯

别名：甲苯-2,4-二胺；2,4-甲苯二胺

英文名：2,4-toluenediamine；4-methyl-*m*-phenylenediamine

CAS 号：95-80-7

GHS 标签信号词及象形图：危险

危险性类别：急性毒性-经口，类别 3 *
　　皮肤致敏物，类别 1
　　生殖细胞致突变性，类别 2
　　致癌性，类别 2
　　生殖毒性，类别 2
　　特异性靶器官毒性-反复接触，类别 2 *
　　危害水生环境-急性危害，类别 2
　　危害水生环境-长期危害，类别 2

主要危险性及次要危险性：第 6.1 项 危 险物——毒性物质

联合国编号（UN No.）：1709

正式运输名称：2,4-甲苯二胺，固态

包装类别：Ⅲ

307　2,5-二氨基甲苯

别名：甲苯-2,5-二胺；2,5-甲苯二胺

英文名：2,5-toluene diamine；2-methyl-*p*-phenylenediamine

CAS 号：95-70-5

GHS 标签信号词及象形图：危险

危险性类别：急性毒性-经口，类别 3 *

　　皮肤致敏物，类别 1

　　危害水生环境-急性危害，类别 2

　　危害水生环境-长期危害，类别 2

主要危险性及次要危险性：第 6.1 项危险物——毒性物质

联合国编号（UN No.）：2811

正式运输名称：有机毒性固体，未另作规定的

包装类别：Ⅲ

308　2,6-二氨基甲苯

别名：甲苯-2,6-二胺；2,6-甲苯二胺

英文名：2,6-toluenediamine；2-methyl-*m*-phenylenediamine

CAS 号：823-40-5

GHS 标签信号词及象形图：警告

危险性类别：皮肤致敏物，类别 1

　　生殖毒性，类别 2

　　危害水生环境-急性危害，类别 2

　　危害水生环境-长期危害，类别 2

主要危险性及次要危险性：第 9 类危险物——杂项危险物质和物品

联合国编号（UN No.）：3077

正式运输名称：对环境有害的固态物质，未另作规定的

309　4,4′-二氨基联苯

包装类别：Ⅲ

别名：联苯胺；二氨基联苯

英文名：4,4′-diaminobiphenyl；benzidine；1, 1′-biphenyl-4,4′-diamine；biphenyl-4,4′-ylenediamine

CAS 号：92-87-5

GHS 标签信号词及象形图：危险

危险性类别：致癌性，类别 1A

　　危害水生环境-急性危害，类别 1

　　危害水生环境-长期危害，类别 1

主要危险性及次要危险性：第 6.1 项危险物——毒性物质

联合国编号（UN No.）：1885

正式运输名称：联苯胺

包装类别：Ⅱ

310　二氨基镁

别名：—

英文名：magnesium diamide

CAS 号：7803-54-5

GHS 标签信号词及象形图：危险

危险性类别：自热物质和混合物，类别 1

主要危险性及次要危险性：第 4.2 项危险物——易于自燃的物质

联合国编号（UN No.）：2004

正式运输名称：二氨基镁

包装类别：Ⅱ

311　二苯胺

别名：—

英文名：diphenylamine

CAS 号：122-39-4

GHS 标签信号词及象形图：危险

危险性类别： 急性毒性-经口，类别 3 *

　　急性毒性-经皮，类别 3 *

　　急性毒性-吸入，类别 3 *

　　特异性靶器官毒性-反复接触，类别 2 *

　　危害水生环境-急性危害，类别 1

　　危害水生环境-长期危害，类别 1

主要危险性及次要危险性： 第 6.1 项危险物——毒性物质

联合国编号（UN No.）： 2811

正式运输名称： 有机毒性固体，未另作规定的

包装类别： Ⅲ

312　　二苯胺硫酸溶液

别名： 一

英文名： diphenylamine，sulfuric acid solution

CAS 号： 一

GHS 标签信号词及象形图： 危险

危险性类别： 急性毒性-经口，类别 3 *

　　急性毒性-经皮，类别 3 *

　　急性毒性-吸入，类别 3 *

　　皮肤腐蚀/刺激，类别 1

　　严重眼损伤/眼刺激，类别 1

　　特异性靶器官毒性-反复接触，类别 2 *

　　危害水生环境-急性危害，类别 1

　　危害水生环境-长期危害，类别 1

主要危险性及次要危险性： 第 8 类危险物——腐蚀性物质；第 6.1 项危险物——毒性物质

联合国编号（UN No.）： 2922

正式运输名称： 腐蚀性液体，毒性，未另作规定的

包装类别： Ⅲ

313　　二苯基胺氯胂

别名： 吩吡嗪化氯；亚当氏气

英文名： diphenylaminechloroarsine；adamsite；phenarsazine chloride

CAS 号： 578-94-9

GHS 标签信号词及象形图： 危险

危险性类别： 急性毒性-经口，类别 3 *

　　急性毒性-吸入，类别 3 *

　　危害水生环境-急性危害，类别 1

　　危害水生环境-长期危害，类别 1

主要危险性及次要危险性： 第 6.1 项危险物——毒性物质

联合国编号（UN No.）： 1698

正式运输名称： 二苯胺氯胂

包装类别： Ⅰ

314　　二苯基二氯硅烷

别名： 二苯二氯硅烷

英文名： diphenyldichlorosilane

CAS 号： 80-10-4

GHS 标签信号词及象形图： 危险

危险性类别： 急性毒性-经皮，类别 2

　　皮肤腐蚀/刺激，类别 1

　　严重眼损伤/眼刺激，类别 1

　　特异性靶器官毒性——次接触，类别 2

主要危险性及次要危险性： 第 8 类危险物——腐蚀性物质

联合国编号（UN No.）： 1769

正式运输名称： 二苯基二氯硅烷

包装类别： Ⅱ

315　　二苯基二硒

别名： 一

英文名： diphenyl diselenide

CAS 号： 1666-13-3

GHS 标签信号词及象形图： 危险

危险性类别：急性毒性-经口，类别 3

急性毒性-吸入，类别 3＊

特异性靶器官毒性-反复接触，类别 2

危害水生环境-急性危害，类别 1

危害水生环境-长期危害，类别 1

主要危险性及次要危险性：第 6.1 项危险物——毒性物质

联合国编号（UN No.）：3283

正式运输名称：硒化合物，固态，未另作规定的

包装类别：Ⅱ/Ⅲ△

316　二苯基汞

别名：二苯汞

英文名：diphenylmercury

CAS 号：587-85-9

GHS 标签信号词及象形图：危险

危险性类别：急性毒性-经口，类别 2＊

急性毒性-经皮，类别 1

急性毒性-吸入，类别 2＊

特异性靶器官毒性-反复接触，类别 2＊

危害水生环境-急性危害，类别 1

危害水生环境-长期危害，类别 1

主要危险性及次要危险性：第 6.1 项危险物——毒性物质

联合国编号（UN No.）：2026

正式运输名称：苯汞化合物，未另作规定的

包装类别：Ⅰ

317　二苯基甲烷二异氰酸酯

别名：MDI

英文名：methylenediphenyl diisocyanates；MDI

CAS 号：26447-40-5

GHS 标签信号词及象形图：危险

危险性类别：皮肤腐蚀/刺激，类别 2

严重眼损伤/眼刺激，类别 2A

呼吸道致敏物，类别 1

皮肤致敏物，类别 1

致癌性，类别 2

特异性靶器官毒性-一次接触，类别 3（呼吸道刺激）

特异性靶器官毒性-反复接触，类别 2＊

主要危险性及次要危险性：—

联合国编号（UN No.）：非危

正式运输名称：—

包装类别：—

318　二苯基甲烷-4,4′-二异氰酸酯

别名：亚甲基双(4,1-亚苯基)二异氰酸酯；4,4′-二异氰酸二苯甲烷

英文名：diphenylmethane-4,4′-diisocyanate；methylene-bis(4,1-phenylene) diisocyanate；4,4′-methylenediphenyl diisocyanate

CAS 号：101-68-8

GHS 标签信号词及象形图：危险

危险性类别：皮肤腐蚀/刺激，类别 2

严重眼损伤/眼刺激，类别 2

呼吸道致敏物，类别 1

皮肤致敏物，类别 1

特异性靶器官毒性-一次接触，类别 3（呼吸道刺激）

特异性靶器官毒性-反复接触，类别 2＊

主要危险性及次要危险性：—

联合国编号（UN No.）：非危

正式运输名称：—

包装类别：—

319　二苯基氯胂

别名：氯化二苯胂

英文名：diphenylchloroarsine；diphenylarsine chloride

CAS 号：712-48-1

GHS 标签信号词及象形图：危险

危险性类别：急性毒性-经口，类别 3 *

　急性毒性-吸入，类别 3 *

　危害水生环境-急性危害，类别 1

　危害水生环境-长期危害，类别 1

主要危险性及次要危险性：第 6.1 项危险物——毒性物质

联合国编号（UN No.）：3450

正式运输名称：固态二苯氯胂

包装类别：Ⅰ

320　二苯基镁

别名：—

英文名：magnesium diphenyl

CAS 号：555-54-4

GHS 标签信号词及象形图：危险

危险性类别：自燃固体，类别 1

　遇水放出易燃气体的物质和混合物，类别 1

主要危险性及次要危险性：第 4.2 项危险物——易于自燃的物质；第 4.3 项危险物——遇水放出易燃气体的物质

联合国编号（UN No.）：3393

正式运输名称：固态有机金属物质，发火，遇水反应

包装类别：Ⅰ

321　2-(二苯基乙酰基)-2,3-二氢-1,3-茚二酮

别名：2-(2,2-二苯基乙酰基)-1,3-茚满二酮；敌鼠

英文名：2-diphenylacetylindan-1,3-dione；2-(2,2-diphenyl-acetyl)-1,3- indanedione；diphaci-

CAS 号：82-66-6

GHS 标签信号词及象形图：危险

危险性类别：急性毒性-经口，类别 2 *

　特异性靶器官毒性-反复接触，类别 1

主要危险性及次要危险性：第 6.1 项危险物——毒性物质

联合国编号（UN No.）：2811

正式运输名称：有机毒性固体，未另作规定的

包装类别：Ⅱ

322　二苯甲基溴

别名：溴二苯甲烷；二苯溴甲烷

英文名：diphenylmethyl bromide；bromodiphenylmethane；diphenyl bromomethane

CAS 号：776-74-9

GHS 标签信号词及象形图：危险

危险性类别：皮肤腐蚀/刺激，类别 1

　严重眼损伤/眼刺激，类别 1

主要危险性及次要危险性：第 8 类危险物——腐蚀性物质

联合国编号（UN No.）：1770

正式运输名称：二苯甲基溴

包装类别：Ⅱ

323　1,1-二苯肼

别名：不对称二苯肼

英文名：1,1-diphenyl hydrazine；asym-diphenyl hydrazine

CAS 号：530-50-7

GHS 标签信号词及象形图：警告

危险性类别：危害水生环境-急性危害，类
别 1
　危害水生环境-长期危害，类别 1
主要危险性及次要危险性：第 9 类危险物——
杂项危险物质和物品
联合国编号（UN No.）：3077
正式运输名称：对环境有害的固态物质，未
另作规定的
包装类别：Ⅲ

324　1,2-二苯肼

别名：对称二苯肼
英文名：1,2-diphenylhydrazine；sym-diphenyl
hydrazine；hydrazobenzene
CAS 号：122-66-7
GHS 标签信号词及象形图：警告

危险性类别：危害水生环境-急性危害，类
别 1
　危害水生环境-长期危害，类别 1
主要危险性及次要危险性：第 9 类危险物——
杂项危险物质和物品
联合国编号（UN No.）：3077
正式运输名称：对环境有害的固态物质，未
另作规定的
包装类别：Ⅲ

325　二苄基二氯硅烷

别名：—
英文名：dibenzyldichlorosilane
CAS 号：18414-36-3
GHS 标签信号词及象形图：危险

危险性类别：皮肤腐蚀/刺激，类别 1
　严重眼损伤/眼刺激，类别 1
主要危险性及次要危险性：第 8 类危险物——
腐蚀性物质

联合国编号（UN No.）：2434
正式运输名称：二苄基二氯硅烷
包装类别：Ⅱ

326　二丙硫醚

别名：正丙硫醚；二丙基硫；硫化二正丙基
英文名：di-n-propyl sulfide；n-propyl sulfide；
dipropyl sulfide；1-propyl thiopropane
CAS 号：111-47-7
GHS 标签信号词及象形图：警告

危险性类别：易燃液体，类别 3
主要危险性及次要危险性：第 3 类危险物——
易燃液体
联合国编号（UN No.）：1993
正式运输名称：易燃液体，未另作规定的
包装类别：Ⅲ

327　二碘化苯胂

别名：苯基二碘胂
英文名：diiodide phenylarsonic；phenyl diio-
doarsine
CAS 号：6380-34-3
GHS 标签信号词及象形图：危险

危险性类别：急性毒性-经口，类别 3 *
　急性毒性-吸入，类别 3 *
　危害水生环境-急性危害，类别 1
　危害水生环境-长期危害，类别 1
主要危险性及次要危险性：第 6.1 项危险
物——毒性物质
联合国编号（UN No.）：2810
正式运输名称：有机毒性液体，未另作规
定的
包装类别：Ⅲ

328　二碘化汞

别名：碘化汞；碘化高汞；红色碘化汞

英文名：mercury（Ⅱ）iodide；red mercuric i
odide

CAS号：7774-29-0

GHS标签信号词及象形图：危险

危险性类别：急性毒性-经口，类别2

急性毒性-经皮，类别2

皮肤腐蚀/刺激，类别2

严重眼损伤/眼刺激，类别2A

皮肤致敏物，类别1

危害水生环境-急性危害，类别1

危害水生环境-长期危害，类别1

主要危险性及次要危险性：第 6.1 项 危 险
物——毒性物质

联合国编号（UN No.）：1638

正式运输名称：碘化汞

包装类别：Ⅱ

329　二碘甲烷

别名：—

英文名：diiodomethane

CAS号：75-11-6

GHS标签信号词及象形图：警告

危险性类别：皮肤腐蚀/刺激，类别2

严重眼损伤/眼刺激，类别2A

特异性靶器官毒性-一次接触，类别3（呼
吸道刺激）

主要危险性及次要危险性：—

联合国编号（UN No.）：非危

正式运输名称：—

包装类别：—

330　N,N-二丁基苯胺

别名：—

英文名：N,N-dibutylaniline

CAS号：613-29-6

GHS标签信号词及象形图：警告

危险性类别：皮肤腐蚀/刺激，类别2

严重眼损伤/眼刺激，类别2

特异性靶器官毒性-一次接触，类别3（呼
吸道刺激）

主要危险性及次要危险性：—

联合国编号（UN No.）：非危

正式运输名称：—

包装类别：—

331　二丁基二(十二酸)锡

别名：二丁基二月桂酸锡；月桂酸二丁基锡

英文名：dibutyltin didodecylate；dibutyltin di-
laurate

CAS号：77-58-7

GHS标签信号词及象形图：危险

危险性类别：急性毒性-经口，类别3

急性毒性-吸入，类别2

皮肤腐蚀/刺激，类别2

严重眼损伤/眼刺激，类别2A

生殖毒性，类别1B

特异性靶器官毒性-反复接触，类别1

危害水生环境-急性危害，类别1

危害水生环境-长期危害，类别1

主要危险性及次要危险性：第 6.1 项 危 险
物——毒性物质

联合国编号（UN No.）：2810

正式运输名称：有机毒性液体，未另作规
定的

包装类别：Ⅱ

332　二丁基二氯化锡

别名：—

英文名：dibutyltin dichloride；DBTC

CAS号：683-18-1

GHS 标签信号词及象形图：危险

危险性类别：急性毒性-经口，类别 3 *
急性毒性-吸入，类别 2 *
皮肤腐蚀/刺激，类别 1B
严重眼损伤/眼刺激，类别 1
生殖细胞致突变性，类别 2
生殖毒性，类别 1B
特异性靶器官毒性-反复接触，类别 1
危害水生环境-急性危害，类别 1
危害水生环境-长期危害，类别 1

主要危险性及次要危险性：第 6.1 项危险物——毒性物质；第 8 类危险物——腐蚀性物质

联合国编号（UN No.）：2927

正式运输名称：有机毒性液体，腐蚀性，未另作规定的

包装类别：Ⅱ

333　二丁基氧化锡

别名：氧化二丁基锡
英文名：dibutyl tin oxide
CAS 号：818-08-6
GHS 标签信号词及象形图：危险

危险性类别：急性毒性-经口，类别 2
严重眼损伤/眼刺激，类别 2A
生殖毒性，类别 2
特异性靶器官毒性-反复接触，类别 1
危害水生环境-急性危害，类别 1
危害水生环境-长期危害，类别 1

主要危险性及次要危险性：第 6.1 项危险物——毒性物质

联合国编号（UN No.）：3146/2811△

正式运输名称：固态有机锡化合物，未另作规定的/有机毒性固体，未另作规定的△

包装类别：Ⅱ

334　S,S′-(1,4-二噁烷-2,3-二基)-O,O, O′,O′-四乙基双(二硫代磷酸酯)

别名：敌噁磷
英文名：1,4-dioxan-2,3-diyl-O,O,O′,O′-tetraethyl di(phosphorodithioate)；delcar；dioxathion
CAS 号：78-34-2
GHS 标签信号词及象形图：危险

危险性类别：急性毒性-经口，类别 2 *
急性毒性-经皮，类别 3 *
急性毒性-吸入，类别 2 *
危害水生环境-急性危害，类别 1
危害水生环境-长期危害，类别 1

主要危险性及次要危险性：第 6.1 项危险物——毒性物质

联合国编号（UN No.）：2810

正式运输名称：有机毒性液体，未另作规定的

包装类别：Ⅱ

335　1,3-二氟-2-丙醇

别名：—
英文名：1,3-difluoro-2-propanol；dededeab-205
CAS 号：453-13-4
GHS 标签信号词及象形图：危险

危险性类别：急性毒性-经口，类别 2
主要危险性及次要危险性：第 6.1 项危险物——毒性物质
联合国编号（UN No.）：2810
正式运输名称：有机毒性液体，未另作规定的
包装类别：Ⅱ

336　1,2-二氟苯

别名：邻二氟苯

英文名：1,2-difluorobenzene；*o*-difluorobenzene

CAS 号：367-11-3

GHS 标签信号词及象形图：危险

危险性类别：易燃液体，类别 2

主要危险性及次要危险性：第 3 类危险物——易燃液体

联合国编号（UN No.）：1993

正式运输名称：易燃液体，未另作规定的

包装类别：Ⅱ

337   1,3-二氟苯

别名：间二氟苯

英文名：1,3-difluorobenzene；*m*-difluorobenzene

CAS 号：372-18-9

GHS 标签信号词及象形图：危险

危险性类别：易燃液体，类别 2

主要危险性及次要危险性：第 3 类危险物——易燃液体

联合国编号（UN No.）：1993

正式运输名称：易燃液体，未另作规定的

包装类别：Ⅱ

338   1,4-二氟苯

别名：对二氟苯

英文名：1,4-difluorobenzene；*p*-difluorobenzene

CAS 号：540-36-3

GHS 标签信号词及象形图：危险

危险性类别：易燃液体，类别 2

主要危险性及次要危险性：第 3 类危险物——易燃液体

联合国编号（UN No.）：1993

正式运输名称：易燃液体，未另作规定的

包装类别：Ⅱ

339   1,3-二氟丙-2-醇(Ⅰ)与 1-氯-3-氟丙-2-醇(Ⅱ)的混合物

别名：鼠甘伏；甘氟

英文名：1,3-difluoro-propan-2-ol（Ⅰ）and 1-chloro-3-fluoro-propan-2-ol（Ⅱ）mixture；gliftor

CAS 号：8065-71-2

GHS 标签信号词及象形图：危险

危险性类别：急性毒性-经口，类别 2

　　急性毒性-经皮，类别 2

　　急性毒性-吸入，类别 2

主要危险性及次要危险性：第 6.1 项危险物——毒性物质

联合国编号（UN No.）：2810

正式运输名称：有机毒性液体，未另作规定的

包装类别：Ⅱ

340   二氟化氧

别名：一氧化二氟

英文名：oxygen difluoride；fluorine monoxide

CAS 号：7783-41-7

GHS 标签信号词及象形图：危险

危险性类别：氧化性气体，类别 1

　　加压气体

　　急性毒性-吸入，类别 1

　　皮肤腐蚀/刺激，类别 1

　　严重眼损伤/眼刺激，类别 1

主要危险性及次要危险性：第 2.3 类危险物——毒性气体；第 5.1 项危险物——氧化性物质；第 8 类危险物——腐蚀性物质

联合国编号（UN No.）：2190

正式运输名称：压缩二氟化氧

包装类别：不适用

341 二氟甲烷

别名：R32

英文名：difluoromethane；R32

CAS 号：75-10-5

GHS 标签信号词及象形图：危险

危险性类别：易燃气体，类别1
加压气体

主要危险性及次要危险性：第 2.1 类危险
物——易燃气体

联合国编号（UN No.）：3252

正式运输名称：二氟甲烷

包装类别：不适用

342 二氟磷酸（无水）

别名：二氟代磷酸

英文名：difluorophosphoric acid，anhydrous

CAS 号：13779-41-4

GHS 标签信号词及象形图：危险

危险性类别：皮肤腐蚀/刺激，类别1
严重眼损伤/眼刺激，类别1

主要危险性及次要危险性：第 8 类危险物——
腐蚀性物质

联合国编号（UN No.）：1768

正式运输名称：无水二氟磷酸

包装类别：Ⅱ

343 1,1-二氟乙烷

别名：R152a

英文名：1,1-difluoroethane；freon 152a

CAS 号：75-37-6

GHS 标签信号词及象形图：危险

危险性类别：易燃气体，类别1
加压气体
特异性靶器官毒性-一次接触，类别 3（麻
醉效应）

主要危险性及次要危险性：第 2.1 类危险
物——易燃气体

联合国编号（UN No.）：1030

正式运输名称：1,1-二氟乙烷

包装类别：不适用

344 1,1-二氟乙烯

别名：R1132a；偏氟乙烯

英文名：1,1-difluoroethylene；freon 1132a；
vinylidene fluoride

CAS 号：75-38-7

GHS 标签信号词及象形图：危险

危险性类别：易燃气体，类别1
加压气体
特异性靶器官毒性-一次接触，类别 3（麻
醉效应）

主要危险性及次要危险性：第 2.1 类危险
物——易燃气体

联合国编号（UN No.）：1959

正式运输名称：1,1-二氟乙烯

包装类别：不适用

345 二甘醇双（碳酸烯丙酯）和 过二碳酸二异丙酯的混合物 ［二甘醇双（碳酸烯丙酯） ≥88％，过二碳酸二异丙酯≤12％］

别名：—

英文名：diethyleneglycol bis（allyl carbonate）＋
diisopropylperoxydicarbonate with not less
than 88％ diethyleneglycol bis（allyl carbon-
ate），and not more than 12％ diisopropylp-
eroxydicarbonate

CAS 号：—

GHS 标签信号词及象形图：警告

危险性类别：自反应物质和混合物，E 型
主要危险性及次要危险性：第 4.1 项危险
物——自反应物质
联合国编号（UN No.）：3227
正式运输名称：E 型自反应液体
包装类别：满足 Ⅱ 类包装要求

346　二环庚二烯

别名：2,5-降冰片二烯
英文名：dicycloheptadiene；2,5-norbornadiene
CAS 号：121-46-0
GHS 标签信号词及象形图：危险

危险性类别：易燃液体，类别 2
危害水生环境-长期危害，类别 3
主要危险性及次要危险性：第 3 类危险物——
易燃液体
联合国编号（UN No.）：2251
正式运输名称：二环 [2.2.1]-庚-2,5-二烯，
稳定的（2,5-降冰片二烯，稳定的）
包装类别：Ⅱ

347　二环己胺

别名：—
英文名：dicyclohexylamine
CAS 号：101-83-7
GHS 标签信号词及象形图：危险

危险性类别：皮肤腐蚀/刺激，类别 1B
严重眼损伤/眼刺激，类别 1
危害水生环境-急性危害，类别 1
危害水生环境-长期危害，类别 1
主要危险性及次要危险性：第 8 类危险物——
腐蚀性物质

联合国编号（UN No.）：2565
正式运输名称：二环己胺
包装类别：Ⅲ

348　1,3-二磺酰肼苯

别名：—
英文名：benzene-1,3-disulfohydrazide
CAS 号：26747-93-3
GHS 标签信号词及象形图：危险

危险性类别：自反应物质和混合物，D 型
主要危险性及次要危险性：第 4.1 项危险
物——自反应物质
联合国编号（UN No.）：3226
正式运输名称：D 型自反应固体
包装类别：满足 Ⅱ 类包装要求

349　β-二甲氨基丙腈

别名：2-(二甲氨基)乙基氰
英文名：β-(dimethylamino) propionitrile；2-
(dimethyl amino)ethyl cyanide
CAS 号：1738-25-6
GHS 标签信号词及象形图：警告

危险性类别：皮肤腐蚀/刺激，类别 2
主要危险性及次要危险性：—
联合国编号（UN No.）：非危
正式运输名称：—
包装类别：—

350　O-[4-((二甲氨基)磺酰基)苯基]-O,O-二甲基硫代磷酸酯

别名：伐灭磷
英文名：O-(4-((dimethylamino)sulfonyl)phe-
nyl) O,O-dimethyl phosphorothioate；fam-
phur；dovip；famophos
CAS 号：52-85-7

GHS 标签信号词及象形图：危险

危险性类别：急性毒性-经口，类别2

皮肤腐蚀/刺激，类别2

严重眼损伤/眼刺激，类别2

主要危险性及次要危险性：第 6.1 项危险物——毒性物质

联合国编号（UN No.）：2783/2811△

正式运输名称：固态有机磷农药，毒性/有机毒性固体，未另作规定的△

包装类别：Ⅱ

351 二甲氨基二氮硒杂茚

别名：—

英文名：dimethyl amino benzo selenophendi-azol

CAS 号：—

GHS 标签信号词及象形图：危险

危险性类别：急性毒性-经口，类别3＊

急性毒性-吸入，类别3＊

特异性靶器官毒性-反复接触，类别2

主要危险性及次要危险性：第 6.1 项危险物——毒性物质

联合国编号（UN No.）：2811

正式运输名称：有机毒性固体，未另作规定的

包装类别：Ⅲ

352 二甲氨基甲酰氯

别名：—

英文名：dimethylcarbamoyl chloride

CAS 号：79-44-7

GHS 标签信号词及象形图：危险

危险性类别：急性毒性-吸入，类别3＊

皮肤腐蚀/刺激，类别2

严重眼损伤/眼刺激，类别2

致癌性，类别1B

特异性靶器官毒性-一次接触，类别3（呼吸道刺激）

主要危险性及次要危险性：第8类危险物——腐蚀性物质

联合国编号（UN No.）：2262

正式运输名称：二甲氨基甲酰氯

包装类别：Ⅱ

353 4-二甲氨基偶氮苯-4′-胂酸

别名：锆试剂

英文名：4-dimethylaminoazobenzene-4′-arsonic acid；yicon

CAS 号：622-68-4

GHS 标签信号词及象形图：危险

危险性类别：急性毒性-经口，类别3＊

急性毒性-吸入，类别3＊

危害水生环境-急性危害，类别1

危害水生环境-长期危害，类别1

主要危险性及次要危险性：第 6.1 项危险物——毒性物质

联合国编号（UN No.）：2811

正式运输名称：有机毒性固体，未另作规定的

包装类别：Ⅲ

354 二甲胺（无水）

别名：—

英文名：di-methylamine，anhydrous

CAS 号：124-40-3

GHS 标签信号词及象形图：危险

危险性类别：易燃气体，类别1

加压气体

皮肤腐蚀/刺激，类别2

严重眼损伤/眼刺激，类别1

特异性靶器官毒性-一次接触，类别3（呼吸道刺激）

主要危险性及次要危险性：第 2.1 类危险物——易燃气体

联合国编号（UN No.）：1032

正式运输名称：无水二甲胺

包装类别：不适用

二甲胺溶液

别名：—

英文名：di-methylamine, aqueous solution

CAS 号：124-40-3

GHS 标签信号词及象形图：危险

危险性类别：易燃液体，类别1

皮肤腐蚀/刺激，类别1B

严重眼损伤/眼刺激，类别1

特异性靶器官毒性-一次接触，类别3（呼吸道刺激）

主要危险性及次要危险性：第 3 类危险物——易燃液体；第 8 类危险物——腐蚀性物质

联合国编号（UN No.）：1160

正式运输名称：二甲胺水溶液

包装类别：Ⅱ

355　1,2-二甲苯

别名：邻二甲苯

英文名：1,2-xylene；*o*-xylene

CAS 号：95-47-6

GHS 标签信号词及象形图：警告

危险性类别：易燃液体，类别3

皮肤腐蚀/刺激，类别2

危害水生环境-急性危害，类别2

主要危险性及次要危险性：第 3 类危险物——易燃液体

联合国编号（UN No.）：1307

正式运输名称：二甲苯

包装类别：Ⅲ

356　1,3-二甲苯

别名：间二甲苯

英文名：1,3-xylene；*m*-xylene

CAS 号：108-38-3

GHS 标签信号词及象形图：警告

危险性类别：易燃液体，类别3

皮肤腐蚀/刺激，类别2

危害水生环境-急性危害，类别2

主要危险性及次要危险性：第 3 类危险物——易燃液体

联合国编号（UN No.）：1307

正式运输名称：二甲苯

包装类别：Ⅲ

357　1,4-二甲苯

别名：对二甲苯

英文名：1,4-xylene；*p*-xylene

CAS 号：106-42-3

GHS 标签信号词及象形图：警告

危险性类别：易燃液体，类别3

皮肤腐蚀/刺激，类别2

危害水生环境-急性危害，类别2

主要危险性及次要危险性：第 3 类危险物——易燃液体

联合国编号（UN No.）：1307

正式运输名称：二甲苯

包装类别：Ⅲ

358　二甲苯异构体混合物

别名：—

英文名：xylene isomers mixture

CAS 号：1330-20-7

GHS 标签信号词及象形图：警告

危险性类别：易燃液体，类别 3

　　皮肤腐蚀/刺激，类别 2

　　危害水生环境-急性危害，类别 2

主要危险性及次要危险性：第 3 类危险物——

　　易燃液体

联合国编号（UN No.）：1307

正式运输名称：二甲苯

包装类别：Ⅲ

359　2,3-二甲苯酚

别名：1-羟基-2,3-二甲基苯；2,3-二甲酚

英文名：2,3-xylenol；1-hydroxy-2,3-dimethyl

CAS 号：526-75-0

GHS 标签信号词及象形图：危险

危险性类别：急性毒性-经口，类别 3 *

　　急性毒性-经皮，类别 3 *

　　皮肤腐蚀/刺激，类别 1B

　　严重眼损伤/眼刺激，类别 1

　　危害水生环境-急性危害，类别 2

　　危害水生环境-长期危害，类别 2

主要危险性及次要危险性：第 6.1 项危险

　　物——毒性物质

联合国编号（UN No.）：2261

正式运输名称：二甲苯酚，固态

包装类别：Ⅱ

360　2,4-二甲苯酚

别名：1-羟基-2,4-二甲基苯；2,4-二甲酚

英文名：2,4-xylenol；1-hydroxy-2,4-dimethyl

CAS 号：105-67-9

GHS 标签信号词及象形图：危险

危险性类别：急性毒性-经口，类别 3 *

　　急性毒性-经皮，类别 3 *

　　皮肤腐蚀/刺激，类别 1B

　　严重眼损伤/眼刺激，类别 1

　　危害水生环境-急性危害，类别 2

　　危害水生环境-长期危害，类别 2

主要危险性及次要危险性：第 6.1 项危险

　　物——毒性物质

联合国编号（UN No.）：2261/3430△

正式运输名称：二甲苯酚，固态/液态二甲苯

　　酚△

包装类别：Ⅱ

361　2,5-二甲苯酚

别名：1-羟基-2,5-二甲基苯；2,5-二甲酚

英文名：2,5-xylenol；1-hydroxy-2,5-dimethyl

CAS 号：95-87-4

GHS 标签信号词及象形图：危险

危险性类别：急性毒性-经口，类别 3 *

　　急性毒性-经皮，类别 3 *

　　皮肤腐蚀/刺激，类别 1B

　　严重眼损伤/眼刺激，类别 1

　　危害水生环境-急性危害，类别 2

　　危害水生环境-长期危害，类别 2

主要危险性及次要危险性：第 6.1 项危险

　　物——毒性物质

联合国编号（UN No.）：2261

正式运输名称：二甲苯酚，固态

包装类别：Ⅱ

362　2,6-二甲苯酚

别名：1-羟基-2,6-二甲基苯；2,6-二甲酚

英文名：2,6-xylenol；1-hydroxy-2,6-dimethyl

CAS 号：576-26-1

GHS 标签信号词及象形图：危险

危险性类别：急性毒性-经口，类别 3 *

急性毒性-经皮，类别 3 *

皮肤腐蚀/刺激，类别 1B

严重眼损伤/眼刺激，类别 1

危害水生环境-急性危害，类别 2

危害水生环境-长期危害，类别 2

主要危险性及次要危险性：第 6.1 项危险物——毒性物质

联合国编号（UN No.）：2261

正式运输名称：二甲苯酚，固态

包装类别：Ⅱ

363   3,4-二甲苯酚

别名：1-羟基-3,4-二甲基苯

英文名：3,4-xylenol；1-hydroxy-3,4-dimethyl

CAS 号：95-65-8

GHS 标签信号词及象形图：危险

危险性类别：急性毒性-经口，类别 3 *

急性毒性-经皮，类别 3 *

皮肤腐蚀/刺激，类别 1B

严重眼损伤/眼刺激，类别 1

危害水生环境-急性危害，类别 2

危害水生环境-长期危害，类别 2

主要危险性及次要危险性：第 6.1 项危险物——毒性物质

联合国编号（UN No.）：2261

正式运输名称：二甲苯酚，固态

包装类别：Ⅱ

364   3,5-二甲苯酚

别名：1-羟基-3,5-二甲基苯

英文名：3,5-xylenol；1-hydroxy-3,5-xylene；3,5-dimethylphenol

CAS 号：108-68-9

GHS 标签信号词及象形图：危险

危险性类别：急性毒性-经口，类别 3 *

急性毒性-经皮，类别 3 *

皮肤腐蚀/刺激，类别 1B

严重眼损伤/眼刺激，类别 1

主要危险性及次要危险性：第 6.1 项危险物——毒性物质

联合国编号（UN No.）：2261

正式运输名称：二甲苯酚，固态

包装类别：Ⅱ

365   O,O-二甲基-(2,2,2-三氯-1-羟基乙基)膦酸酯

别名：敌百虫

英文名：dimethyl-2,2,2-trichloro-1-hydroxy-ethylphosphonate；dipterex；trichlorphon；trichlorfon

CAS 号：52-68-6

GHS 标签信号词及象形图：危险

危险性类别：急性毒性-经口，类别 3

皮肤致敏物，类别 1

危害水生环境-急性危害，类别 1

危害水生环境-长期危害，类别 1

主要危险性及次要危险性：第 6.1 项危险物——毒性物质

联合国编号（UN No.）：2783/2811△

正式运输名称：固态有机磷农药，毒性/有机毒性固体，未另作规定的△

包装类别：Ⅲ

366   O,O-二甲基-O-(2,2-二氯乙烯基)磷酸酯

别名：敌敌畏

英文名：2,2-dichlorovinyl dimethyl phosphate；dichlorvos；DDVP；divipan

CAS 号：62-73-7

GHS 标签信号词及象形图：危险

危险性类别：急性毒性-经口，类别 3*

急性毒性-经皮，类别 3*

急性毒性-吸入，类别 2*

皮肤致敏物，类别 1

致癌性，类别 2

危害水生环境-急性危害，类别 1

危害水生环境-长期危害，类别 1

主要危险性及次要危险性：第 6.1 项危险物——毒性物质

联合国编号（UN No.）：2783/2810△

正式运输名称：固态有机磷农药，毒性/有机毒性液体，未另作规定的△

包装类别：Ⅱ

367　O,O-二甲基-O-(2-甲氧甲酰基-1-甲基)乙烯基磷酸酯（含量＞5％）

别名：甲基-3-[（二甲氧基磷酰基）氧代]-2-丁烯酸酯；速灭磷

英文名：2-methoxycarbonyl-1-methylvinyl dimethyl phosphate（more than 5％）；methyl-3-[（dimethoxy-phosphoryl）oxy]-2-crotonate；mevinphos

CAS 号：7786-34-7

GHS 标签信号词及象形图：危险

危险性类别：急性毒性-经口，类别 2*

急性毒性-经皮，类别 1

危害水生环境-急性危害，类别 1

危害水生环境-长期危害，类别 1

主要危险性及次要危险性：第 6.1 项危险物——毒性物质

联合国编号（UN No.）：3018/2810△

正式运输名称：液态有机磷农药，毒性/有机毒性液体，未另作规定的△

包装类别：Ⅰ

368　N,N-二甲基-1,3-丙二胺

别名：3-二甲氨基-1-丙胺

英文名：N,N-dimethyl-1,3-diaminopropane；3-dimethylamino-1-propane；3-aminopropyldimethylamine

CAS 号：109-55-7

GHS 标签信号词及象形图：危险

危险性类别：易燃液体，类别 3

皮肤腐蚀/刺激，类别 1B

严重眼损伤/眼刺激，类别 1

皮肤致敏物，类别 1

主要危险性及次要危险性：第 3 类危险物——易燃液体；第 8 类危险物——腐蚀性物质

联合国编号（UN No.）：2920

正式运输名称：腐蚀性液体，易燃，未另作规定的

包装类别：Ⅱ

369　4,4-二甲基-1,3-二噁烷

别名：—

英文名：4,4-dimethyl-1,3-dioxane

CAS 号：766-15-4

GHS 标签信号词及象形图：危险

危险性类别：易燃液体，类别 2

主要危险性及次要危险性：第 3 类危险物——易燃液体

联合国编号（UN No.）：2707

正式运输名称：二甲基二噁烷

包装类别：Ⅱ/Ⅲ△

370　2,5-二甲基-1,4-二噁烷

别名：—

英文名：2,5-dimethyl-1,4-dioxane

CAS 号：15176-21-3

GHS 标签信号词及象形图：危险

危险性类别：易燃液体，类别 2

主要危险性及次要危险性：第 3 类危险物——
易燃液体

联合国编号（UN No.）：1993

正式运输名称：易燃液体，未另作规定的

包装类别：Ⅱ

371　2,5-二甲基-1,5-己二烯

别名：—

英文名：2,5-dimethyl-1,5-hexadiene

CAS 号：627-58-7

GHS 标签信号词及象形图：危险

危险性类别：易燃液体，类别 2
危害水生环境-急性危害，类别 2
危害水生环境-长期危害，类别 2

主要危险性及次要危险性：第 3 类危险物——
易燃液体

联合国编号（UN No.）：3295/1993△

正式运输名称：液态烃类，未另作规定的/易
燃液体，未另作规定的△

包装类别：Ⅱ

372　2,5-二甲基-2,4-己二烯

别名：—

英文名：2,5-dimethyl-2,4-hexadiene

CAS 号：764-13-6

GHS 标签信号词及象形图：警告

危险性类别：易燃液体，类别 3
危害水生环境-急性危害，类别 2
危害水生环境-长期危害，类别 2

主要危险性及次要危险性：第 3 类危险物——
易燃液体

联合国编号（UN No.）：3295/1993△

正式运输名称：液态烃类，未另作规定的/易
燃液体，未另作规定的△

包装类别：Ⅲ

373　2,3-二甲基-1-丁烯

别名：—

英文名：2,3-dimethyl-1-butene

CAS 号：563-78-0

GHS 标签信号词及象形图：危险

危险性类别：易燃液体，类别 2

主要危险性及次要危险性：第 3 类危险物——
易燃液体

联合国编号（UN No.）：3295/1993△

正式运输名称：液态烃类，未另作规定的/易
燃液体，未另作规定的△

包装类别：Ⅱ

374　2,5-二甲基-2,5-二(2-乙基酰过氧)己烷（含量≤100%）

别名：2,5-二甲基-2,5-双（过氧化-2-乙基己
酰）己烷

英文名：2,5-dimethyl-2,5-di-（2-ethylhexanoylp-
eroxy）hexane（not more than 100%）

CAS 号：13052-09-0

GHS 标签信号词及象形图：危险

危险性类别：有机过氧化物，C 型

主要危险性及次要危险性：第 5.2 项危险
物——有机过氧化物

联合国编号（UN No.）：3103

正式运输名称：液态 C 型有机过氧化物

包装类别：满足Ⅱ类包装要求

375 2,5-二甲基-2,5-二(3,5,5-三甲基己酰过氧)己烷（含量≤77%，含 A 型稀释剂≥23%）

别名：2,5-二甲基-2,5-双（过氧化-3,5,5-三甲基己酰）己烷

英文名：2,5-dimethyl-2,5-di-（3,5,5-trimethylhexanoyl-peroxy）hexane（not more than 77%，and diluent type A not less than 23%）

CAS 号：—

GHS 标签信号词及象形图：危险

危险性类别：有机过氧化物，D 型

主要危险性及次要危险性：第 5.2 项危险物——有机过氧化物

联合国编号（UN No.）：3105

正式运输名称：液态 D 型有机过氧化物

包装类别：满足 II 类包装要求

376 2,5-二甲基-2,5-二(叔丁基过氧)-3-己烷（52%＜含量≤86%，含 A 型稀释剂≥14%）

别名：—

英文名：2,5-dimethyl-2,5-di-（*tert*-butyl peroxy）-3-hexyne（more than 52% but not more than 86%，and diluent type A not less than 14%）

CAS 号：1068-27-5

GHS 标签信号词及象形图：危险

危险性类别：有机过氧化物，C 型

主要危险性及次要危险性：第 5.2 项危险物——有机过氧化物

联合国编号（UN No.）：3103

正式运输名称：液态 C 型有机过氧化物

包装类别：满足 II 类包装要求

2,5-二甲基-2,5-二(叔丁基过氧)-3-己烷（86%＜含量≤100%）

别名：—

英文名：2,5-dimethyl-2,5-di-（*tert*-butyl peroxy）-3-hexyne（more than 86%）

CAS 号：1068-27-5

GHS 标签信号词及象形图：危险

危险性类别：有机过氧化物，B 型

主要危险性及次要危险性：第 5.2 项危险物——有机过氧化物

联合国编号（UN No.）：3101

正式运输名称：液态 B 型有机过氧化物

包装类别：满足 II 类包装要求

2,5-二甲基-2,5-二(叔丁基过氧)-3-己烷（含量≤52%，含惰性固体≥48%）

别名：—

英文名：2,5-dimethyl-2,5-di-（*tert*-butyl peroxy）-3-hexyne（not more than 52%，and inert solid not less than 48%）

CAS 号：1068-27-5

GHS 标签信号词及象形图：危险

危险性类别：有机过氧化物，D 型

主要危险性及次要危险性：第 5.2 项危险物——有机过氧化物

联合国编号（UN No.）：3106

正式运输名称：固态 D 型有机过氧化物

包装类别：满足 II 类包装要求

377 2,5-二甲基-2,5-二(叔丁基过氧)己烷（90%＜含量≤100%）

别名：2,5-二甲基-2,5-双（过氧化叔丁基）己烷

英文名：2,5-dimethyl-2,5-di-（*tert*-butyperoxy）

hexane（more than 90%）

CAS 号：78-63-7

GHS 标签信号词及象形图：危险

危险性类别：有机过氧化物，C 型

主要危险性及次要危险性：第 5.2 项危险物——有机过氧化物

联合国编号（UN No.）：3103

正式运输名称：液态 C 型有机过氧化物

包装类别：满足Ⅱ类包装要求

2,5-二甲基-2,5-二(叔丁基过氧)己烷（52%＜含量≤90%，含 A 型稀释剂≥10%）

别名：2,5-二甲基-2,5-双（过氧化叔丁基）己烷

英文名：2,5-dimethyl-2,5-di-(*tert*-butylperoxy) hexane（more than 52% but not more than 90%，and diluent type A not less than 10%）

CAS 号：78-63-7

GHS 标签信号词及象形图：危险

危险性类别：有机过氧化物，D 型

主要危险性及次要危险性：第 5.2 项危险物——有机过氧化物

联合国编号（UN No.）：3105

正式运输名称：液态 D 型有机过氧化物

包装类别：满足Ⅱ类包装要求

2,5-二甲基-2,5-二(叔丁基过氧)己烷（含量≤52%，含 A 型稀释剂≥48%）

别名：2,5-二甲基-2,5-双（过氧化叔丁基）己烷

英文名：2,5-dimethyl-2,5-di-(*tert*-butylperoxy) hexane（not more than 52%，and diluent type A not less than 48%）

CAS 号：78-63-7

GHS 标签信号词及象形图：警告

危险性类别：有机过氧化物，F 型

主要危险性及次要危险性：第 5.2 项危险物——有机过氧化物

联合国编号（UN No.）：3109

正式运输名称：液态 F 型有机过氧化物

包装类别：满足Ⅱ类包装要求

2,5-二甲基-2,5-二(叔丁基过氧)己烷（含量≤77%）

别名：2,5-二甲基-2,5-双（过氧化叔丁基）己烷

英文名：2,5-dimethyl-2,5-di-(*tert*-butylperoxy) hexane（not more than 77%）

CAS 号：78-63-7

GHS 标签信号词及象形图：警告

危险性类别：有机过氧化物，E 型

主要危险性及次要危险性：第 5.2 项危险物——有机过氧化物

联合国编号（UN No.）：3108

正式运输名称：固态 E 型有机过氧化物

包装类别：满足Ⅱ类包装要求

2,5-二甲基-2,5-二(叔丁基过氧)己烷（糊状物，含量≤47%）

别名：2,5-二甲基-2,5-双（过氧化叔丁基）己烷

英文名：2,5-dimethyl-2,5-di-(*tert*-butylperoxy) hexane（not more than 47% as a paste）

CAS 号：78-63-7

GHS 标签信号词及象形图：警告

危险性类别：有机过氧化物，E 型

主要危险性及次要危险性：第 5.2 项危险物——有机过氧化物

联合国编号（UN No.）：3108

正式运输名称：固态 E 型有机过氧化物

包装类别：满足 Ⅱ 类包装要求

378　2,5-二甲基-2,5-二氢过氧化己烷（含量≤82%）

别名：2,5-二甲基-2,5-过氧化二氢己烷

英文名：2,5-dimethyl-2,5-dihydroperoxyhexane（not more than 82%）

CAS 号：3025-88-5

GHS 标签信号词及象形图：危险

危险性类别：有机过氧化物，C 型

主要危险性及次要危险性：第 5.2 项危险物——有机过氧化物

联合国编号（UN No.）：3104

正式运输名称：固态 C 型有机过氧化物

包装类别：满足 Ⅱ 类包装要求

379　2,5-二甲基-2,5-双(苯甲酰过氧)己烷（82%＜含量≤100%）

别名：2,5-二甲基-2,5-双（过氧化苯甲酰）己烷

英文名：2,5-dimethyl-2,5-di-（benzoylperoxy）hexane（more than 82%）；2,5-dimethyl-hexan-2,5-diyldiperbenzoat

CAS 号：2618-77-1

GHS 标签信号词及象形图：危险

危险性类别：有机过氧化物，B 型

主要危险性及次要危险性：第 5.2 项危险物——有机过氧化物

联合国编号（UN No.）：3102

正式运输名称：固态 B 型有机过氧化物

包装类别：满足 Ⅱ 类包装要求

2,5-二甲基-2,5-双(苯甲酰过氧)己烷（含量≤82%，惰性固体含量≥18%）

别名：2,5-二甲基-2,5-双（过氧化苯甲酰）己烷

英文名：2,5-dimethyl-2,5-di-（benzoylperoxy）hexane（not more than 82%，and inert solid not less than 18%）

CAS 号：2618-77-1

GHS 标签信号词及象形图：危险

危险性类别：有机过氧化物，D 型

主要危险性及次要危险性：第 5.2 项危险物——有机过氧化物

联合国编号（UN No.）：3106

正式运输名称：固态 D 型有机过氧化物

包装类别：满足 Ⅱ 类包装要求

2,5-二甲基-2,5-双(苯甲酰过氧)己烷（含量≤82%，含水≥18%）

别名：2,5-二甲基-2,5-双（过氧化苯甲酰）己烷

英文名：2,5-dimethyl-2,5-di-（benzoylperoxy）hexane（not more than 82%，and water not less than 18%）

CAS 号：2618-77-1

GHS 标签信号词及象形图：危险

危险性类别：有机过氧化物，C 型

主要危险性及次要危险性：第 5.2 项危险物——有机过氧化物

联合国编号（UN No.）：3104

正式运输名称：固态 C 型有机过氧化物

包装类别：满足 Ⅱ 类包装要求

380　2,5-二甲基-2,5-双(过氧化叔丁基)-3-己炔（86%＜含量≤100%）

别名：—

英文名：2,5-dimethyl-2,5-di-(*tert*-butyl peroxy)-3-hexyne（more than 86％）；2,5-dimethyl-2,5-di-(*tert*-butylperoxy)hexyne-3

CAS号：1068-27-5

GHS标签信号词及象形图：危险

危险性类别：易燃液体，类别3

　　有机过氧化物，B型

主要危险性及次要危险性：第5.2项危险物——有机过氧化物

联合国编号（UN No.）：3101

正式运输名称：液态B型有机过氧化物

包装类别：满足Ⅱ类包装要求

2,5-二甲基-2,5-双(过氧化叔丁基)-3-已炔（含量≤52％，含惰性固体≥48％）

别名：—

英文名：2,5-dimethyl-2,5-di-(*tert*-butyl peroxy)-3-hexyne（not more than 52％，and inert solid not less than 48％）

CAS号：1068-27-5

GHS标签信号词及象形图：危险

危险性类别：有机过氧化物，D型

主要危险性及次要危险性：第5.2项危险物——有机过氧化物

联合国编号（UN No.）：3106

正式运输名称：固态D型有机过氧化物

包装类别：满足Ⅱ类包装要求

2,5-二甲基-2,5-双(过氧化叔丁基)-3-已炔（52％＜含量≤86％，含A型稀释剂≥14％）

别名：—

英文名：2,5-dimethyl-2,5-di-(*tert*-butyl peroxy)-3-hexyne（more than 52％ but not more than 86％，and diluent type A not less than 14％）

CAS号：1068-27-5

GHS标签信号词及象形图：危险

危险性类别：有机过氧化物，C型

主要危险性及次要危险性：第5.2项危险物——有机过氧化物

联合国编号（UN No.）：3103

正式运输名称：液态C型有机过氧化物

包装类别：满足Ⅱ类包装要求

381　2,3-二甲基-2-丁烯

别名：四甲基乙烯

英文名：2,3-dimethyl-2-butene；tetramethyl-ethene

CAS号：563-79-1

GHS标签信号词及象形图：危险

危险性类别：易燃液体，类别2

主要危险性及次要危险性：第3类危险物——易燃液体

联合国编号（UN No.）：3295/1993 △

正式运输名称：液态烃类，未另作规定的/易燃液体，未另作规定的△

包装类别：Ⅱ

382　3-[2-(3,5-二甲基-2-氧代环己基)-2-羟基乙基]戊二酰胺

别名：放线菌酮

英文名：3-[2-(3,5-dimethyl-2-oxo-cyclohexyl)-2-hydroxy-ethyl]glutarimide；cycloheximide

CAS号：66-81-9

GHS标签信号词及象形图：危险

危险性类别：急性毒性-经口，类别 2 *
生殖细胞致突变性，类别 2
生殖毒性，类别 1B
危害水生环境-急性危害，类别 2
危害水生环境-长期危害，类别 2

主要危险性及次要危险性：第 6.1 项危险
物——毒性物质

联合国编号（UN No.）：2588/2811△

正式运输名称：固态农药，毒性，未另作规
定的/有机毒性固体，未另作规定的△

包装类别：Ⅱ

383　2,6-二甲基-3-庚烯

别名：—

英文名：2,6-dimethyl-3-heptene

CAS 号：2738-18-3

GHS 标签信号词及象形图：危险

危险性类别：易燃液体，类别 2

主要危险性及次要危险性：第 3 类危险物——
易燃液体

联合国编号（UN No.）：3295/1993△

正式运输名称：液态烃类，未另作规定的/易
燃液体，未另作规定的△

包装类别：Ⅱ

384　2,4-二甲基-3-戊酮

别名：二异丙基甲酮

英文名：2,4-dimethylpentan-3-one；diisopropyl
ketone

CAS 号：565-80-0

GHS 标签信号词及象形图：危险

危险性类别：易燃液体，类别 2

主要危险性及次要危险性：第 3 类危险物——
易燃液体

联合国编号（UN No.）：1224/1993△

正式运输名称：液态酮类，未另作规定的/易
燃液体，未另作规定的△

包装类别：Ⅱ

385　二甲基-4-(甲基硫代)苯基磷酸酯

别名：甲硫磷

英文名：dimethyl 4-(methylthio)phenyl phos-
phate

CAS 号：3254-63-5

GHS 标签信号词及象形图：危险

危险性类别：急性毒性-经口，类别 2 *
急性毒性-经皮，类别 1

主要危险性及次要危险性：第 6.1 项危险
物——毒性物质

联合国编号（UN No.）：3018/2810△

正式运输名称：液态有机磷农药，毒性/有机
毒性液体，未另作规定的△

包装类别：Ⅰ

386　1,1'-二甲基-4,4'-联吡啶阳离子

别名：百草枯

英文名：1,1'-dimethyl-4,4'-bipyridinium；pa-
raquat；gramoxone

CAS 号：4685-14-7

GHS 标签信号词及象形图：危险

危险性类别：急性毒性-经口，类别 3
急性毒性-经皮，类别 2
急性毒性-吸入，类别 1
皮肤腐蚀/刺激，类别 1
严重眼损伤/眼刺激，类别 1
生殖毒性，类别 2
特异性靶器官毒性--次接触，类别 1
特异性靶器官毒性-反复接触，类别 1
危害水生环境-急性危害，类别 1
危害水生环境-长期危害，类别 1

主要危险性及次要危险性：第 6.1 项 危 险
　物——毒性物质/第 6.1 项危险物——毒性
　物质；第 8 类危险物——腐蚀性物质△

联合国编号（UN No.）：2781/2928△

正式运输名称：固态联吡啶农药，毒性/有机
　毒性固体，腐蚀性，未另作规定的△

包装类别：Ⅰ

387　3,3′-二甲基-4,4′-二氨基联苯

别名：邻二氨基二甲基联苯；3,3′-二甲基联
　苯胺

英文名：4,4′-bi-o-toluidine；o-tolidine；3,3′-
　dimethylbenzidine

CAS 号：119-93-7

GHS 标签信号词及象形图：警告

危险性类别：致癌性，类别 2
　危害水生环境-急性危害，类别 2
　危害水生环境-长期危害，类别 2

主要危险性及次要危险性：第 9 类危险物——
　杂项危险物质和物品

联合国编号（UN No.）：3077

正式运输名称：对环境有害的固态物质，未
　另作规定的

包装类别：Ⅲ

388　N′,N′-二甲基-N′-苯基-N′-
　（氟二氯甲硫基）磺酰胺

别名：苯氟磺胺

英文名：N-dichlorofluoromethylthio-N′,N′-dim-
　ethyl-N-phenylsulphamide；dichlofluanid

CAS 号：1085-98-9

GHS 标签信号词及象形图：警告

危险性类别：严重眼损伤/眼刺激，类别 2
　皮肤致敏物，类别 1
　危害水生环境-急性危害，类别 1

主要危险性及次要危险性：第 9 类危险物——
　杂项危险物质和物品

联合国编号（UN No.）：3077

正式运输名称：对环境有害的固态物质，未
　另作规定的

包装类别：Ⅲ

389　O,O-二甲基-O-
　（1,2-二溴-2,2-二氯乙基）磷酸酯

别名：二溴磷

英文名：1,2-dibromo-2,2-dichloroethyl dim-
　ethyl phosphate；naled powder

CAS 号：300-76-5

GHS 标签信号词及象形图：警告

危险性类别：皮肤腐蚀/刺激，类别 2
　严重眼损伤/眼刺激，类别 2
　危害水生环境-急性危害，类别 1

主要危险性及次要危险性：第 9 类危险物——
　杂项危险物质和物品

联合国编号（UN No.）：3077

正式运输名称：对环境有害的固态物质，未
　另作规定的

包装类别：Ⅲ

390　O,O-二甲基-O-
　（4-甲硫基-3-甲基苯基）硫代磷酸酯

别名：倍硫磷

英文名：O,O-dimethyl-O-(4-methylthion-m-
　tolyl)phosphorothioate；fenthion；baytex；
　queletox

CAS 号：55-38-9

GHS 标签信号词及象形图：危险

危险性类别：急性毒性-吸入，类别 3＊
　生殖细胞致突变性，类别 2
　特异性靶器官毒性-反复接触，类别 1

危害水生环境-急性危害，类别 1

危害水生环境-长期危害，类别 1

主要危险性及次要危险性：第 6.1 项危险物——毒性物质

联合国编号（UN No.）：3018/2810△

正式运输名称：液态有机磷农药，毒性/有机毒性液体，未另作规定的△

包装类别：Ⅲ

391 *O*,*O*-二甲基-*O*-(4-硝基苯基)硫代磷酸酯

别名：甲基对硫磷

英文名：*O*,*O*-dimethyl-*O*-4-nitrophenyl phos-phorothioate；metaphos；parathion-methyl

CAS 号：298-00-0

GHS 标签信号词及象形图：危险

危险性类别：易燃液体，类别 3

急性毒性-经口，类别 2 *

急性毒性-经皮，类别 3 *

急性毒性-吸入，类别 2 *

特异性靶器官毒性-反复接触，类别 2 *

危害水生环境-急性危害，类别 1

危害水生环境-长期危害，类别 1

主要危险性及次要危险性：第 6.1 项危险物——毒性物质；第 3 类危险物——易燃液体

联合国编号（UN No.）：3017/2929△

正式运输名称：液态有机磷农药，毒性/易燃，闪点不低于 23℃/有机毒性液体，易燃，未另作规定的△

包装类别：Ⅱ

392 (*E*)-*O*,*O*-二甲基-*O*-[1-甲基-2-(1-苯基乙氧基甲酰)乙烯基]磷酸酯

别名：巴毒磷

英文名：1-phenylethyl-3-（dimethoxyphosphi-nyloxy）isocrotonate powder；crotoxyphos

powder

CAS 号：7700-17-6

GHS 标签信号词及象形图：危险

危险性类别：急性毒性-经口，类别 3 *

急性毒性-经皮，类别 3 *

危害水生环境-急性危害，类别 1

危害水生环境-长期危害，类别 1

主要危险性及次要危险性：第 6.1 项危险物——毒性物质

联合国编号（UN No.）：3018/2810△

正式运输名称：液态有机磷农药，毒性/有机毒性液体，未另作规定的△

包装类别：Ⅲ

393 (*E*)-*O*,*O*-二甲基-*O*-[1-甲基-2-(二甲基氨基甲酰)乙烯基]磷酸酯（含量＞25%）

别名：3-二甲氧基磷氧基-*N*,*N*-二甲基异丁烯酰胺；百治磷

英文名：(*E*)-2-dimethylcarbamoyl-1-methylvinyl dimethyl phosphate（more than 25%）；3-dime-thoxy phosphinyloxy-*N*，*N*-dimethylisocro-tonamide；dicrotophos；bidrin

CAS 号：141-66-2

GHS 标签信号词及象形图：危险

危险性类别：急性毒性-经口，类别 2 *

急性毒性-经皮，类别 3 *

危害水生环境-急性危害，类别 1

危害水生环境-长期危害，类别 1

主要危险性及次要危险性：第 6.1 项危险物——毒性物质

联合国编号（UN No.）：3018/2810△

正式运输名称：液态有机磷农药，毒性/有机毒性液体，未另作规定的△

包装类别：Ⅱ

394　O,O-二甲基-O-[1-甲基-2-(甲基氨基甲酰)乙烯基]磷酸酯（含量>0.5%）

别名：久效磷

英文名：dimethyl-1-methyl-2-(methylcarbamoyl) vinyl phosphate (more than 0.5%)；monocrotophos

CAS 号：6923-22-4

GHS 标签信号词及象形图：危险

危险性类别：急性毒性-经口，类别 2*

　急性毒性-经皮，类别 3*

　急性毒性-吸入，类别 2*

　生殖细胞致突变性，类别 2

　危害水生环境-急性危害，类别 1

　危害水生环境-长期危害，类别 1

主要危险性及次要危险性：第 6.1 项危险物——毒性物质

联合国编号（UN No.）：2783/2811△

正式运输名称：固态有机磷农药，毒性/有机毒性固体，未另作规定的 △

包装类别：Ⅱ

395　O,O-二甲基-O-[1-甲基-2-氯-2-(二乙基氨基甲酰)乙烯基]磷酸酯

别名：2-氯-3-(二乙氨基)-1-甲基-3-氧代-1-丙烯二甲基磷酸酯；磷胺

英文名：2-chloro-2-diethylcarbamoyl-1-methylvinyl dimethyl phosphate；2-chloro-3-(diethylamino)-1-methyl-3-oxo-1-propenyl dimethyl phosphate；dimecron；phosphamidon

CAS 号：13171-21-6

GHS 标签信号词及象形图：危险

危险性类别：急性毒性-经口，类别 2*

　急性毒性-经皮，类别 3*

　生殖细胞致突变性，类别 2

　危害水生环境-急性危害，类别 1

　危害水生环境-长期危害，类别 1

主要危险性及次要危险性：第 6.1 项危险物——毒性物质

联合国编号（UN No.）：3018/2810△

正式运输名称：液态有机磷农药，毒性/有机毒性液体，未另作规定的△

包装类别：Ⅱ

396　O,O-二甲基-S-(2,3-二氢-5-甲氧基-2-氧代-1,3,4-噻二唑-3-基甲基)二硫代磷酸酯

别名：杀扑磷

英文名：2,3-dihydro-5-methoxy-2-oxo-1,3,4-thiadiazol-3-ylmethyl-O,O-dimethylphosphorodithioate；ultracide；methidathion

CAS 号：950-37-8

GHS 标签信号词及象形图：危险

危险性类别：急性毒性-经口，类别 2*

　危害水生环境-急性危害，类别 1

　危害水生环境-长期危害，类别 1

主要危险性及次要危险性：第 6.1 项危险物——毒性物质

联合国编号（UN No.）：2783/2811△

正式运输名称：固态有机磷农药，毒性/有机毒性固体，未另作规定的△

包装类别：Ⅱ

397　O,O-二甲基-S-(2-甲硫基乙基)二硫代磷酸酯(Ⅱ)

别名：二硫代田乐磷

英文名：O,O-dimethyl-S-2-methylthioethyl phosphorothioate；cymetox；demephion；demephion-S

CAS 号：2587-90-8

GHS 标签信号词及象形图：危险

危险性类别：急性毒性-经口，类别 2＊
急性毒性-经皮，类别 3＊

主要危险性及次要危险性：第 6.1 项危险
物——毒性物质

联合国编号（UN No.）：3018/2810△

正式运输名称：液态有机磷农药，毒性/有机
毒性液体，未另作规定的△

包装类别：Ⅱ

398　O,O-二甲基-S-(2-乙硫基乙基) 二硫代磷酸酯

别名：甲基乙拌磷

英文名：S-2-ethylthioethyl-O,O-dimethyl phos-phorodithioate；thiometon

CAS 号：640-15-3

GHS 标签信号词及象形图：危险

危险性类别：急性毒性-经口，类别 3＊
危害水生环境-急性危害，类别 2

主要危险性及次要危险性：第 6.1 项危险
物——毒性物质

联合国编号（UN No.）：3018/2810△

正式运输名称：液态有机磷农药，毒性/有机
毒性液体，未另作规定的 △

包装类别：Ⅲ

399　O,O-二甲基-S-(3,4-二氢-4-氧代苯并[d]-[1,2,3]-三氮苯-3-基甲基)二硫代磷酸酯

别名：保棉磷

英文名：O,O-dimethyl-S-(3,4-dihydro-4-oxo-benzo[d]-[1,2,3]-triazine-3-ylmethyl) di-thiophosphate ester；azinphos-methyl；con-thion-methyl；gusathion

CAS 号：86-50-0

GHS 标签信号词及象形图：危险

危险性类别：急性毒性-经口，类别 2＊
急性毒性-经皮，类别 3＊
急性毒性-吸入，类别 2＊
皮肤致敏物，类别 1
危害水生环境-急性危害，类别 1
危害水生环境-长期危害，类别 1

主要危险性及次要危险性：第 6.1 项危险
物——毒性物质

联合国编号（UN No.）：2783/2811△

正式运输名称：固态有机磷农药，毒性/有机
毒性固体，未另作规定的△

包装类别：Ⅱ

400　O,O-二甲基-S-(N-甲基氨基甲酰甲基)硫代磷酸酯

别名：氧乐果

英文名：O,O-dimethyl-S-methylcarbamoylm-ethyl phosphorothioate；omethoate；folimat

CAS 号：1113-02-6

GHS 标签信号词及象形图：危险

危险性类别：急性毒性-经口，类别 2
危害水生环境-急性危害，类别 1

主要危险性及次要危险性：第 6.1 项危险
物——毒性物质

联合国编号（UN No.）：3018/2810△

正式运输名称：液态有机磷农药，毒性/有机
毒性液体，未另作规定的 △

包装类别：Ⅱ

401　O,O-二甲基-S-(吗啉代甲酰甲基)二硫代磷酸酯

别名：茂硫磷

英文名：morphothion powder

CAS 号：144-41-2

GHS 标签信号词及象形图：危险

危险性类别：急性毒性-经口，类别 3 *

急性毒性-经皮，类别 3 *

急性毒性-吸入，类别 3 *

危害水生环境-急性危害，类别 1

危害水生环境-长期危害，类别 1

主要危险性及次要危险性：第 6.1 项危险物——毒性物质

联合国编号（UN No.）：2783/2811△

正式运输名称：固态有机磷农药，毒性/有机毒性固体，未另作规定的 △

包装类别：Ⅲ

402　O,O-二甲基-S-(酞酰亚氨基甲基)二硫代磷酸酯

别名：亚胺硫磷

英文名：phosmet powder wettable powder；lmidanpowder；phthalophos powder wettable powder

CAS 号：732-11-6

GHS 标签信号词及象形图：警告

危险性类别：危害水生环境-急性危害，类别 1

危害水生环境-长期危害，类别 1

主要危险性及次要危险性：第 9 类危险物——杂项危险物质和物品

联合国编号（UN No.）：3077

正式运输名称：对环境有害的固态物质，未另作规定的

包装类别：Ⅲ

403　O,O-二甲基-S-(乙基氨基甲酰甲基)二硫代磷酸酯

别名：益棉磷

英文名：ethoate-methyl

CAS 号：2642-71-9

危险性类别：急性毒性-经口，类别 2 *

急性毒性-经皮，类别 3 *

危害水生环境-急性危害，类别 1

危害水生环境-长期危害，类别 1

主要危险性及次要危险性：第 6.1 项危险物——毒性物质

联合国编号（UN No.）：2783/2811△

正式运输名称：固态有机磷农药，毒性/有机毒性固体，未另作规定的△

包装类别：Ⅱ

404　O,O-二甲基-S-[1,2-双(乙氧基甲酰)乙基]二硫代磷酸酯

别名：马拉硫磷

英文名：1,2-bis(ethoxycarbonyl)ethyl-O,O-dimethyl phosphorodithioate；malathion；forthion；carbofos

CAS 号：121-75-5

GHS 标签信号词及象形图：警告

危险性类别：皮肤致敏物，类别 1

危害水生环境-急性危害，类别 1

危害水生环境-长期危害，类别 1

主要危险性及次要危险性：第 9 类危险物——杂项危险物质和物品

联合国编号（UN No.）：3082

正式运输名称：对环境有害的液态物质，未另作规定的

包装类别：Ⅲ

405　4-N,N-二甲基氨基-3,5-二甲基苯基-N-甲基氨基甲酸酯

别名：4-二甲氨基-3,5-二甲苯基-N-甲基氨基甲酸酯；兹克威

英文名：4-N,N-dimethyl-3,5-dimethyl-phenyl-

N-methylcarbamate；4-dimethylamino-3，5-dim
ethylphenyl-N-methylcarbamate；
mexacarbate；zectran

CAS 号：315-18-4

GHS 标签信号词及象形图：危险

危险性类别：急性毒性-经口，类别 2 ＊
　　危害水生环境-急性危害，类别 1
　　危害水生环境-长期危害，类别 1

主要危险性及次要危险性：第 6.1 项 危 险
　　物——毒性物质

联合国编号（UN No.）：2757/2811△

正式运输名称：固态氨基甲酸酯农药，毒性/
　　有机毒性固体，未另作规定的 △

包装类别：Ⅱ

406　4-N，N-二甲基氨基-3-甲基苯基-N-甲基氨基甲酸酯

别名：灭害威

英文名：4-dimethylamino-3-tolyl　methylcar-
　　bamate；aminocarb

CAS 号：2032-59-9

GHS 标签信号词及象形图：危险

危险性类别：急性毒性-经口，类别 3 ＊
　　急性毒性-经皮，类别 3 ＊
　　危害水生环境-急性危害，类别 1
　　危害水生环境-长期危害，类别 1

主要危险性及次要危险性：第 6.1 项 危 险
　　物——毒性物质

联合国编号（UN No.）：2757/2811 △

正式运输名称：固态氨基甲酸酯农药，毒性/
　　有机毒性固体，未另作规定的 △

包装类别：Ⅲ

407　4-二甲基氨基-6-(2-二甲基氨乙基氧基)甲苯-2-重氮氯化锌盐

别名：—

英文名：4-dimethylamino-6-（2-dimethylami-
　　noethoxy）toluene-2-diazonium zinc chloride

CAS 号：135072-82-1

GHS 标签信号词及象形图：危险

危险性类别：自反应物质和混合物，D 型

主要危险性及次要危险性：第 4.1 项 危 险
　　物——自反应物质

联合国编号（UN No.）：3226

正式运输名称：D 型自反应固体

包装类别：满足 Ⅱ 类包装要求

408　8-(二甲基氨基甲基)-7-甲氧基氨基-3-甲基黄酮

别名：二甲弗林

英文名：8-（dimerhylamino-methyl）-7-methoxy-3-
　　methyifiavone；dimefline

CAS 号：1165-48-6

GHS 标签信号词及象形图：危险

危险性类别：急性毒性-经口，类别 2

主要危险性及次要危险性：第 6.1 项 危 险
　　物——毒性物质

联合国编号（UN No.）：2811

正式运输名称：有机毒性固体，未另作规
　　定的

包装类别：Ⅱ

409　3-二甲基氨基亚甲基亚氨基苯基-N-甲基氨基甲酸酯(或其盐酸盐)

别名：伐虫脒

英文名：3-[（EZ）-dimethylaminomethylene-
　　amino]phenyl methylcarbamate；formetan-
　　ate

CAS 号：22259-30-9；23422-53-9

GHS 标签信号词及象形图：危险

危险性类别：急性毒性-经口，类别 2 *
急性毒性-吸入，类别 2 *
皮肤致敏物，类别 1
危害水生环境-急性危害，类别 1
危害水生环境-长期危害，类别 1
主要危险性及次要危险性：第 6.1 项 危 险
物——毒性物质
联合国编号（UN No.）：2757/2811 △
正式运输名称：固态氨基甲酸酯农药，毒性/
有机毒性固体，未另作规定的△
包装类别：Ⅱ

410　N,N-二甲基氨基乙腈

别名：2-(二甲氨基)乙腈
英文名：N,N-dimethylaminoacetonitrile；2-dim-
ethylaminoacetonitrile
CAS 号：926-64-7
GHS 标签信号词及象形图：危险

危险性类别：易燃液体，类别 2
急性毒性-经口，类别 2
急性毒性-经皮，类别 1
主要危险性及次要危险性：第 3 类危险物——
易燃液体；第 6.1 项危险物——毒性物质
联合国编号（UN No.）：2378
正式运输名称：2-二甲氨基乙腈
包装类别：Ⅱ

411　2,3-二甲基苯胺

别名：1-氨基-2,3-二甲基苯
英文名：2,3-xylidine；1-amino-2,3-dimethyl-
benzene
CAS 号：87-59-2
GHS 标签信号词及象形图：危险

危险性类别：急性毒性-经皮，类别 3
特异性靶器官毒性-反复接触，类别 2
危害水生环境-急性危害，类别 2
危害水生环境-长期危害，类别 2
主要危险性及次要危险性：第 6.1 项 危 险
物——毒性物质
联合国编号（UN No.）：1711
正式运输名称：液态二甲基苯胺
包装类别：Ⅱ

412　2,4-二甲基苯胺

别名：1-氨基-2,4-二甲基苯
英文名：2,4-xylidine；1-amino-2,4-dimethyl-
benzene
CAS 号：95-68-1
GHS 标签信号词及象形图：危险

危险性类别：严重眼损伤/眼刺激，类别 2
特异性靶器官毒性-一次接触，类别 1
特异性靶器官毒性-反复接触，类别 1
危害水生环境-急性危害，类别 2
危害水生环境-长期危害，类别 2
主要危险性及次要危险性：第 6.1 项 危 险
物——毒性物质
联合国编号（UN No.）：1711
正式运输名称：液态二甲基苯胺
包装类别：Ⅱ

413　2,5-二甲基苯胺

别名：1-氨基-2,5-二甲基苯
英文名：2,5-xylidine；1-amino-2,5-dimethyl-
benzene
CAS 号：95-78-3
GHS 标签信号词及象形图：警告

危险性类别：特异性靶器官毒性-反复接触，
类别 2 *

危害水生环境-急性危害，类别 2

危害水生环境-长期危害，类别 2

主要危险性及次要危险性：第 6.1 项 危 险 物——毒性物质

联合国编号（UN No.）：1711

正式运输名称：液态二甲基苯胺

包装类别：Ⅱ

414 2,6-二甲基苯胺

别名：1-氨基-2,6-二甲基苯

英文名：2,6-xylidine；1-amino-2,6-dimethyl-benzene

CAS 号：87-62-7

GHS 标签信号词及象形图：警告

危险性类别：皮肤腐蚀/刺激，类别 2

致癌性，类别 2

特异性靶器官毒性-一次接触，类别 3（呼吸道刺激）

危害水生环境-急性危害，类别 2

危害水生环境-长期危害，类别 2

主要危险性及次要危险性：第 6.1 项 危 险 物——毒性物质

联合国编号（UN No.）：1711

正式运输名称：液态二甲基苯胺

包装类别：Ⅱ

415 3,4-二甲基苯胺

别名：1-氨基-3,4-二甲基苯

英文名：3,4-xylidine；1-amino-3,4-dimethyl-benzene

CAS 号：95-64-7

GHS 标签信号词及象形图：警告

危险性类别：特异性靶器官毒性-反复接触，类别 2

危害水生环境-急性危害，类别 2

危害水生环境-长期危害，类别 2

主要危险性及次要危险性：第 6.1 项 危 险 物——毒性物质

联合国编号（UN No.）：3452

正式运输名称：固态二甲基苯胺

包装类别：Ⅱ

416 3,5-二甲基苯胺

别名：1-氨基-3,5-二甲基苯

英文名：3,5-xylidine；1-amino-3,5-dimethyl-benzene

CAS 号：108-69-0

GHS 标签信号词及象形图：危险

危险性类别：严重眼损伤/眼刺激，类别 2B

特异性靶器官毒性-一次接触，类别 1

特异性靶器官毒性-反复接触，类别 2

危害水生环境-急性危害，类别 2

危害水生环境-长期危害，类别 2

主要危险性及次要危险性：第 6.1 项 危 险 物——毒性物质

联合国编号（UN No.）：1711

正式运输名称：液态二甲基苯胺

包装类别：Ⅱ

417 N,N-二甲基苯胺

别名：—

英文名：N,N-dimethylaniline

CAS 号：121-69-7

GHS 标签信号词及象形图：危险

危险性类别：急性毒性-经口，类别 3 *

急性毒性-经皮，类别 3 *

急性毒性-吸入，类别 3 *

危害水生环境-急性危害，类别 2

危害水生环境-长期危害，类别 2

主要危险性及次要危险性：第 6.1 项 危 险

物——毒性物质

联合国编号（UN No.）：2253

正式运输名称：N,N-二甲基苯胺

包装类别：Ⅱ

418　二甲基苯胺异构体混合物

别名：—

英文名：xylidine isomers mixture

CAS 号：1300-73-8

GHS 标签信号词及象形图：危险

危险性类别：急性毒性-吸入，类别 2

严重眼损伤/眼刺激，类别 2

特异性靶器官毒性-一次接触，类别 2

特异性靶器官毒性-反复接触，类别 2

危害水生环境-急性危害，类别 2

危害水生环境-长期危害，类别 2

主要危险性及次要危险性：第 6.1 项危险物——毒性物质

联合国编号（UN No.）：1711

正式运输名称：液态二甲基苯胺

包装类别：Ⅱ

419　3,5-二甲基苯甲酰氯

别名：—

英文名：3,5-dimethylbenzoyl chloride

CAS 号：6613-44-1

GHS 标签信号词及象形图：危险

危险性类别：皮肤腐蚀/刺激，类别 1B

严重眼损伤/眼刺激，类别 1

皮肤致敏物，类别 1

主要危险性及次要危险性：第 8 类危险物——腐蚀性物质

联合国编号（UN No.）：3265

正式运输名称：有机酸性腐蚀性液体，未另作规定的

包装类别：Ⅱ

420　2,4-二甲基吡啶

别名：2,4-二甲基氮杂苯

英文名：2,4-dimethylpyridine；2,4-lutidine

CAS 号：108-47-4

GHS 标签信号词及象形图：危险

危险性类别：易燃液体，类别 3

急性毒性-经口，类别 3

主要危险性及次要危险性：第 3 类危险物——易燃液体；第 6.1 项危险物——毒性物质

联合国编号（UN No.）：1992

正式运输名称：易燃液体，毒性，未另作规定的

包装类别：Ⅲ

421　2,5-二甲基吡啶

别名：2,5-二甲基氮杂苯

英文名：2,5-dimethylpyridine；2,5-lutidine

CAS 号：589-93-5

GHS 标签信号词及象形图：警告

危险性类别：易燃液体，类别 3

主要危险性及次要危险性：第 3 类危险物——易燃液体

联合国编号（UN No.）：1993

正式运输名称：易燃液体，未另作规定的

包装类别：Ⅲ

422　2,6-二甲基吡啶

别名：2,6-二甲基氮杂苯

英文名：2,6-dimethylpyridine；2,6-lutidine

CAS 号：108-48-5

GHS 标签信号词及象形图：警告

危险性类别：易燃液体，类别 3

主要危险性及次要危险性：第 3 类危险物——
易燃液体

联合国编号（UN No.）：1993

正式运输名称：易燃液体，未另作规定的

包装类别：Ⅲ

423　3,4-二甲基吡啶

别名：3,4-二甲基氮杂苯

英文名：3,4-dimethylpyridine；3,4-lutidine

CAS 号：583-58-4

GHS 标签信号词及象形图：危险

危险性类别：易燃液体，类别 3
急性毒性-经皮，类别 2

主要危险性及次要危险性：第 6.1 项危险
物——毒性物质；第 3 类危险物——易燃
液体

联合国编号（UN No.）：2929

正式运输名称：有机毒性液体，易燃，未另
作规定的

包装类别：Ⅱ

424　3,5-二甲基吡啶

别名：3,5-二甲基氮杂苯

英文名：3,5-dimethylpyridine；3,5-lutidine

CAS 号：591-22-0

GHS 标签信号词及象形图：警告

危险性类别：易燃液体，类别 3

主要危险性及次要危险性：第 3 类危险物——
易燃液体

联合国编号（UN No.）：1993

正式运输名称：易燃液体，未另作规定的

包装类别：Ⅲ

425　N,N-二甲基苄胺

别名：N-苄基二甲胺；苄基二甲胺

英文名：N,N-dimethylbenzyl amine；benzyldim-
ethylamine

CAS 号：103-83-3

GHS 标签信号词及象形图：危险

危险性类别：易燃液体，类别 3
皮肤腐蚀/刺激，类别 1B
严重眼损伤/眼刺激，类别 1
危害水生环境-长期危害，类别 3

主要危险性及次要危险性：第 3 类危险物——
易燃液体；第 8 类危险物——腐蚀性物质

联合国编号（UN No.）：2619

正式运输名称：苄基二甲胺

包装类别：Ⅱ

426　N,N-二甲基丙胺

别名：—

英文名：dimethyl-n-propylamine

CAS 号：926-63-6

GHS 标签信号词及象形图：危险

危险性类别：易燃液体，类别 2

主要危险性及次要危险性：第 3 类危险物——
易燃液体；第 8 类危险物——腐蚀性物质

联合国编号（UN No.）：2266

正式运输名称：N-二甲基丙胺

包装类别：Ⅱ

427　N,N-二甲基丙醇胺

别名：3-（二甲氨基）-1-丙醇

英文名：N,N-dimethyl propanolamine；3-(dim-
ethylamino)-1-propanol

CAS 号：3179-63-3

GHS 标签信号词及象形图：警告

危险性类别：易燃液体，类别 3

主要危险性及次要危险性：第 3 类危险物——
　　易燃液体

联合国编号（UN No.）：1987/1993 △

正式运输名称：醇类，未另作规定的/易燃液
　　体，未另作规定的 △

包装类别：Ⅲ

428　2,2-二甲基丙酸甲酯

别名：三甲基乙酸甲酯

英文名：methyl 2,2-dimethyl propionate; me-
　　thyl trimethylacetate

CAS 号：598-98-1

GHS 标签信号词及象形图：危险

危险性类别：易燃液体，类别 2

主要危险性及次要危险性：第 3 类危险物——
　　易燃液体

联合国编号（UN No.）：3272/1993 △

正式运输名称：酯类，未另作规定的/易燃液
　　体，未另作规定的 △

包装类别：Ⅱ

429　2,2-二甲基丙烷

别名：新戊烷

英文名：2,2-dimethylpropane; neopentane

CAS 号：463-82-1

GHS 标签信号词及象形图：危险

危险性类别：易燃气体，类别 1
　　加压气体
　　危害水生环境-急性危害，类别 2
　　危害水生环境-长期危害，类别 2

主要危险性及次要危险性：第 2.1 类危险
　　物——易燃气体

联合国编号（UN No.）：2044

正式运输名称：2,2-二甲基丙烷

包装类别：不适用

430　1,3-二甲基丁胺

别名：2-氨基-4-甲基戊烷

英文名：1,3-dimethylbutylamine; 2-amino-4-
　　methylpentane

CAS 号：108-09-8

GHS 标签信号词及象形图：危险

危险性类别：易燃液体，类别 2
　　急性毒性-经皮，类别 3
　　皮肤腐蚀/刺激，类别 1
　　严重眼损伤/眼刺激，类别 1

主要危险性及次要危险性：第 3 类危险物——
　　易燃液体；第 8 类危险物——腐蚀性物质

联合国编号（UN No.）：2379

正式运输名称：1,3-二甲基丁胺

包装类别：Ⅱ

431　1,3-二甲基丁醇乙酸酯

别名：乙酸仲己酯；2-乙酸-4-甲基戊酯

英文名：1,3-dimethylbutyl acetate; sec-hexy-
　　lacetate; 4-methyl-2-pentyl acetate

CAS 号：108-84-9

GHS 标签信号词及象形图：警告

危险性类别：易燃液体，类别 3
　　皮肤腐蚀/刺激，类别 2
　　严重眼损伤/眼刺激，类别 2B
　　特异性靶器官毒性-一次接触，类别 3（呼
　　吸道刺激）

主要危险性及次要危险性：第 3 类危险物——
　　易燃液体

联合国编号（UN No.）：1233

正式运输名称：乙酸甲基戊酯

包装类别：Ⅲ

432 2,2-二甲基丁烷

别名：新己烷

英文名：2,2-dimethylbutane；neohexane

CAS 号：75-83-2

GHS 标签信号词及象形图：危险

危险性类别：易燃液体，类别 2

皮肤腐蚀/刺激，类别 2

特异性靶器官毒性--一次接触，类别 3（麻醉效应）

吸入危害，类别 1

危害水生环境-急性危害，类别 2

危害水生环境-长期危害，类别 2

主要危险性及次要危险性：第 3 类危险物——易燃液体

联合国编号（UN No.）：1208

正式运输名称：己烷

包装类别：Ⅱ

433 2,3-二甲基丁烷

别名：二异丙基

英文名：2,3-dimethylbutane；diisopropyl

CAS 号：79-29-8

GHS 标签信号词及象形图：危险

危险性类别：易燃液体，类别 2

皮肤腐蚀/刺激，类别 2

特异性靶器官毒性--一次接触，类别 3（麻醉效应）

吸入危害，类别 1

危害水生环境-急性危害，类别 2

危害水生环境-长期危害，类别 2

主要危险性及次要危险性：第 3 类危险物——易燃液体

联合国编号（UN No.）：2457

正式运输名称：2,3-二甲基丁烷

包装类别：Ⅱ

434 O,O-二甲基对硝基苯基磷酸酯

别名：甲基对氧磷

英文名：O,O-dimetyl-O-p-nitrphenylphosp-hate；methyl paraoxon

CAS 号：950-35-6

GHS 标签信号词及象形图：危险

危险性类别：急性毒性-经口，类别 1

危害水生环境-急性危害，类别 1

危害水生环境-长期危害，类别 1

主要危险性及次要危险性：第 6.1 项危险物——毒性物质

联合国编号（UN No.）：3018/2810 △

正式运输名称：液态有机磷农药，毒性/有机毒性液体，未另作规定的△

包装类别：Ⅰ

435 二甲基二噁烷

别名：—

英文名：dimethyldioxanes

CAS 号：25136-55-4

GHS 标签信号词及象形图：警告

危险性类别：易燃液体，类别 3 *

主要危险性及次要危险性：第 3 类危险物——易燃液体

联合国编号（UN No.）：1993

正式运输名称：易燃液体，未另作规定的

包装类别：Ⅲ

436 二甲基二氯硅烷

别名：二氯二甲基硅烷

英文名：dimethyldichlorosilane；dichlorodim-ethylsilane

CAS 号：75-78-5

GHS 标签信号词及象形图：危险

危险性类别：易燃液体，类别 2
　　皮肤腐蚀/刺激，类别 2
　　严重眼损伤/眼刺激，类别 2
　　特异性靶器官毒性-一次接触，类别 3（呼
　　吸道刺激）
主要危险性及次要危险性：第 3 类危险物——
　　易燃液体；第 8 类危险物——腐蚀性物质
联合国编号（UN No.）：1162
正式运输名称：二甲基二氯硅烷
包装类别：Ⅱ

437　二甲基二乙氧基硅烷

别名：二乙氧基二甲基硅烷
英文名：dimethyldiethoxysilane；diethoxydimethylsilane
CAS 号：78-62-6
GHS 标签信号词及象形图：危险

危险性类别：易燃液体，类别 2
　　危害水生环境-急性危害，类别 2
主要危险性及次要危险性：第 3 类危险物——
　　易燃液体
联合国编号（UN No.）：2380
正式运输名称：二甲基二乙氧基硅烷
包装类别：Ⅱ

438　2,5-二甲基呋喃

别名：2,5-二甲基氧杂茂
英文名：2,5-dimethylfuran
CAS 号：625-86-5
GHS 标签信号词及象形图：危险

危险性类别：易燃液体，类别 2

**危害水生环境-长期危害，类别 3
主要危险性及次要危险性：**第 3 类危险物——
　　易燃液体
联合国编号（UN No.）：1993
正式运输名称：易燃液体，未另作规定的
包装类别：Ⅱ

439　2,2-二甲基庚烷

别名：—
英文名：2,2-dimethyl heptane
CAS 号：1071-26-7
GHS 标签信号词及象形图：警告

危险性类别：易燃液体，类别 3
　　危害水生环境-急性危害，类别 1
　　危害水生环境-长期危害，类别 1
主要危险性及次要危险性：第 3 类危险物——
　　易燃液体
联合国编号（UN No.）：1920
正式运输名称：壬烷
包装类别：Ⅲ

440　2,3-二甲基庚烷

别名：—
英文名：2,3-dimethyl heptane
CAS 号：3074-71-3
GHS 标签信号词及象形图：警告

危险性类别：易燃液体，类别 3
　　危害水生环境-急性危害，类别 1
　　危害水生环境-长期危害，类别 1
主要危险性及次要危险性：第 3 类危险物——
　　易燃液体
联合国编号（UN No.）：1920
正式运输名称：壬烷
包装类别：Ⅲ

441　2,4-二甲基庚烷

别名：—

英文名：2,4-dimethyl heptane

CAS 号：2213-23-2

GHS 标签信号词及象形图：警告

危险性类别：易燃液体，类别 3

　　危害水生环境-急性危害，类别 1

　　危害水生环境-长期危害，类别 1

主要危险性及次要危险性：第 3 类危险物——

　　易燃液体

联合国编号（UN No.）：1920

正式运输名称：壬烷

包装类别：Ⅲ

442　2,5-二甲基庚烷

别名：—

英文名：2,5-dimethyl heptane

CAS 号：2216-30-0

GHS 标签信号词及象形图：警告

危险性类别：易燃液体，类别 3

　　危害水生环境-急性危害，类别 1

　　危害水生环境-长期危害，类别 1

主要危险性及次要危险性：第 3 类危险物——

　　易燃液体

联合国编号（UN No.）：1920

正式运输名称：壬烷

包装类别：Ⅲ

443　3,3-二甲基庚烷

别名：—

英文名：3,3-dimethyl heptane

CAS 号：4032-86-4

GHS 标签信号词及象形图：警告

危险性类别：易燃液体，类别 3

　　危害水生环境-急性危害，类别 1

　　危害水生环境-长期危害，类别 1

主要危险性及次要危险性：第 3 类危险物——

　　易燃液体

联合国编号（UN No.）：1920

正式运输名称：壬烷

包装类别：Ⅲ

444　3,4-二甲基庚烷

别名：—

英文名：3,4-dimethyl heptane

CAS 号：922-28-1

GHS 标签信号词及象形图：警告

危险性类别：易燃液体，类别 3

　　危害水生环境-急性危害，类别 1

　　危害水生环境-长期危害，类别 1

主要危险性及次要危险性：第 3 类危险物——

　　易燃液体

联合国编号（UN No.）：1920

正式运输名称：壬烷

包装类别：Ⅲ

445　3,5-二甲基庚烷

别名：—

英文名：3,5-dimethyl heptane

CAS 号：926-82-9

GHS 标签信号词及象形图：警告

危险性类别：易燃液体，类别 3

　　危害水生环境-急性危害，类别 1

　　危害水生环境-长期危害，类别 1

主要危险性及次要危险性：第 3 类危险物——

易燃液体

联合国编号（UN No.）：1920

正式运输名称：壬烷

包装类别：Ⅲ

446　4,4-二甲基庚烷

别名：—

英文名：4,4-dimethyl heptane

CAS 号：1068-19-5

GHS 标签信号词及象形图：警告

危险性类别：易燃液体，类别 3

　危害水生环境-急性危害，类别 1

　危害水生环境-长期危害，类别 1

主要危险性及次要危险性：第 3 类危险物——

　易燃液体

联合国编号（UN No.）：1920

正式运输名称：壬烷

包装类别：Ⅲ

447　N,N-二甲基环己胺

别名：二甲氨基环己烷

英文名：N,N-dimethylcyclohexylamine；di-

methyl aminocy clohexane

CAS 号：98-94-2

GHS 标签信号词及象形图：危险

危险性类别：易燃液体，类别 3

　急性毒性-经皮，类别 3

　急性毒性-吸入，类别 2

　皮肤腐蚀/刺激，类别 1

　严重眼损伤/眼刺激，类别 1

　特异性靶器官毒性--一次接触，类别 1

　特异性靶器官毒性--一次接触，类别 3（呼

吸道刺激）

　危害水生环境-急性危害，类别 1

　危害水生环境-长期危害，类别 1

主要危险性及次要危险性：第 8 类危险物——

　腐蚀性物质；第 3 类危险物——易燃液体

联合国编号（UN No.）：2264

正式运输名称：N,N-二甲基环己胺

包装类别：Ⅱ

448　1,1-二甲基环己烷

别名：—

英文名：1,1-dimethylcyclohexane

CAS 号：590-66-9

GHS 标签信号词及象形图：危险

危险性类别：易燃液体，类别 2

　危害水生环境-急性危害，类别 2

　危害水生环境-长期危害，类别 2

主要危险性及次要危险性：第 3 类危险物——

　易燃液体

联合国编号（UN No.）：2263

正式运输名称：二甲基环己烷

包装类别：Ⅱ

449　1,2-二甲基环己烷

别名：—

英文名：1,2-dimethylcyclohexane

CAS 号：583-57-3

GHS 标签信号词及象形图：危险

危险性类别：易燃液体，类别 2

　危害水生环境-急性危害，类别 2

　危害水生环境-长期危害，类别 2

主要危险性及次要危险性：第 3 类危险物——

　易燃液体

联合国编号（UN No.）：2263

正式运输名称：二甲基环己烷

包装类别：Ⅱ

450　1,3-二甲基环己烷

别名：—
英文名：1,3-dimethylcyclohexane
CAS 号：591-21-9
GHS 标签信号词及象形图：危险

危险性类别：易燃液体，类别 2
　　危害水生环境-急性危害，类别 2
　　危害水生环境-长期危害，类别 2
主要危险性及次要危险性：第 3 类危险物——
　　易燃液体
联合国编号（UN No.）：2263
正式运输名称：二甲基环己烷
包装类别：Ⅱ

451　1,4-二甲基环己烷

别名：—
英文名：1,4-dimethylcyclohexane
CAS 号：589-90-2
GHS 标签信号词及象形图：危险

危险性类别：易燃液体，类别 2
　　皮肤腐蚀/刺激，类别 2
　　特异性靶器官毒性--一次接触，类别 3（麻
　　醉效应）
　　吸入危害，类别 1
　　危害水生环境-急性危害，类别 2
　　危害水生环境-长期危害，类别 2
主要危险性及次要危险性：第 3 类危险物——
　　易燃液体
联合国编号（UN No.）：2263
正式运输名称：二甲基环己烷
包装类别：Ⅱ

452　1,1-二甲基环戊烷

别名：—

英文名：1,1-dimethyl cyclopentane
CAS 号：1638-26-2
GHS 标签信号词及象形图：危险

危险性类别：易燃液体，类别 2
主要危险性及次要危险性：第 3 类危险物——
　　易燃液体
联合国编号（UN No.）：3295/1993
正式运输名称：液态烃类，未另作规定的/易
　　燃液体，未另作规定的
包装类别：Ⅱ

453　1,2-二甲基环戊烷

别名：—
英文名：1,2-dimethyl cyclopentane
CAS 号：2452-99-5
GHS 标签信号词及象形图：危险

危险性类别：易燃液体，类别 2
主要危险性及次要危险性：第 3 类危险物——
　　易燃液体
联合国编号（UN No.）：3295/1993
正式运输名称：液态烃类，未另作规定的/易
　　燃液体，未另作规定的
包装类别：Ⅱ

454　1,3-二甲基环戊烷

别名：—
英文名：1,3-dimethyl cyclopentane
CAS 号：2453-00-1
GHS 标签信号词及象形图：危险

危险性类别：易燃液体，类别 2
主要危险性及次要危险性：第 3 类危险物——
　　易燃液体

联合国编号（UN No.）：3295/1993

正式运输名称：液态烃类，未另作规定的/易
    燃液体，未另作规定的

包装类别：Ⅱ

455   2,2-二甲基己烷

别名：—

英文名：2,2-dimethylhexane

CAS 号：590-73-8

GHS 标签信号词及象形图：危险

危险性类别：易燃液体，类别 2

皮肤腐蚀/刺激，类别 2

特异性靶器官毒性-一次接触，类别 3（麻
    醉效应）

吸入危害，类别 1

危害水生环境-急性危害，类别 1

危害水生环境-长期危害，类别 1

主要危险性及次要危险性：第 3 类危险物——
    易燃液体

联合国编号（UN No.）：1262

正式运输名称：辛烷

包装类别：Ⅱ

456   2,3-二甲基己烷

别名：—

英文名：2,3-dimethylhexane

CAS 号：584-94-1

GHS 标签信号词及象形图：危险

危险性类别：易燃液体，类别 2

皮肤腐蚀/刺激，类别 2

特异性靶器官毒性-一次接触，类别 3（麻
    醉效应）

吸入危害，类别 1

危害水生环境-急性危害，类别 1

危害水生环境-长期危害，类别 1

主要危险性及次要危险性：第 3 类危险物——
    易燃液体

联合国编号（UN No.）：1262

正式运输名称：辛烷

包装类别：Ⅱ

457   2,4-二甲基己烷

别名：—

英文名：2,4-dimethylhexane

CAS 号：589-43-5

GHS 标签信号词及象形图：危险

危险性类别：易燃液体，类别 2

皮肤腐蚀/刺激，类别 2

特异性靶器官毒性-一次接触，类别 3（麻
    醉效应）

吸入危害，类别 1

危害水生环境-急性危害，类别 1

危害水生环境-长期危害，类别 1

主要危险性及次要危险性：第 3 类危险物——
    易燃液体

联合国编号（UN No.）：1262

正式运输名称：辛烷

包装类别：Ⅱ

458   3,3-二甲基己烷

别名：—

英文名：3,3-dimethylhexane

CAS 号：563-16-6

GHS 标签信号词及象形图：危险

危险性类别：易燃液体，类别 2

皮肤腐蚀/刺激，类别 2

特异性靶器官毒性-一次接触，类别 3（麻
    醉效应）

吸入危害，类别 1

危害水生环境-急性危害，类别 1

危害水生环境-长期危害，类别 1

主要危险性及次要危险性： 第 3 类危险物——易燃液体

联合国编号（UN No.）： 1262

正式运输名称： 辛烷

包装类别： Ⅱ

459　3,4-二甲基己烷

别名： —

英文名： 3,4-dimethylhexane

CAS 号： 583-48-2

GHS 标签信号词及象形图： 危险

危险性类别： 易燃液体，类别 2
　皮肤腐蚀/刺激，类别 2
　特异性靶器官毒性--一次接触，类别 3（麻醉效应）
　吸入危害，类别 1
　危害水生环境-急性危害，类别 1
　危害水生环境-长期危害，类别 1

主要危险性及次要危险性： 第 3 类危险物——易燃液体

联合国编号（UN No.）： 1262

正式运输名称： 辛烷

包装类别： Ⅱ

460　N,N-二甲基甲酰胺

别名： 甲酰二甲胺

英文名： N,N-dimethylformamide；dimethylformamide；formyldimethylamine

CAS 号： 68-12-2

GHS 标签信号词及象形图： 危险

危险性类别： 易燃液体，类别 3
　严重眼损伤/眼刺激，类别 2
　生殖毒性，类别 1B

主要危险性及次要危险性： 第 3 类危险物——

易燃液体

联合国编号（UN No.）： 2265

正式运输名称： N,N-二甲基甲酰胺

包装类别： Ⅲ

461　1,1-二甲基肼

别名： 二甲基肼（不对称）；N,N-二甲基肼

英文名： 1,1-dimethylhydrazine；dimethylhydrazine，unsymmetrical；N,N-dimethylhydrazine

CAS 号： 57-14-7

GHS 标签信号词及象形图： 危险

危险性类别： 易燃液体，类别 2
　急性毒性-经口，类别 3
　急性毒性-经皮，类别 3
　急性毒性-吸入，类别 2
　皮肤腐蚀/刺激，类别 1B
　严重眼损伤/眼刺激，类别 1
　致癌性，类别 2
　危害水生环境-急性危害，类别 2
　危害水生环境-长期危害，类别 2

主要危险性及次要危险性： 第 6.1 项危险物——毒性物质；第 3 类危险物——易燃液体；第 8 类危险物——腐蚀性物质

联合国编号（UN No.）： 1163

正式运输名称： 不对称二甲肼

包装类别： Ⅰ

462　1,2-二甲基肼

别名： 二甲基肼（对称）

英文名： 1,2-dimethylhydrazine；dimethylhydrazine，symmetrical；hydrazomethane

CAS 号： 540-73-8

GHS 标签信号词及象形图： 危险

危险性类别：易燃液体，类别 3
　急性毒性-经口，类别 3
　急性毒性-经皮，类别 3
　急性毒性-吸入，类别 2
　致癌性，类别 1B
　危害水生环境-急性危害，类别 2
　危害水生环境-长期危害，类别 2
主要危险性及次要危险性：第 3 类危险物——
　易燃液体；第 6.1 项危险物——毒性物质
联合国编号（UN No.）：2382
正式运输名称：对称二甲肼
包装类别：Ⅰ

463　O,O′-二甲基硫代磷酰氯

别名：二甲基硫代磷酰氯
英文名：O,O′-dimethyl thiophosphoryl chloride；dimethyl thiophosphoryl chloride
CAS 号：2524-03-0
GHS 标签信号词及象形图：危险

危险性类别：急性毒性-经皮，类别 3
　急性毒性-吸入，类别 1
　皮肤腐蚀/刺激，类别 2
　严重眼损伤/眼刺激，类别 1
　特异性靶器官毒性-一次接触，类别 2
　特异性靶器官毒性-反复接触，类别 2
　危害水生环境-长期危害，类别 3
主要危险性及次要危险性：第 6.1 项危险物——毒性物质；第 8 类危险物——腐蚀性物质
联合国编号（UN No.）：2267
正式运输名称：二甲基硫代磷酰氯
包装类别：Ⅱ

464　二甲基氯乙缩醛

别名：—

英文名：dimethyl chloroacetal；2-chloro-1,1-dimethoxyethane
CAS 号：97-97-2
GHS 标签信号词及象形图：警告

危险性类别：易燃液体，类别 3
主要危险性及次要危险性：第 3 类危险物——
　易燃液体
联合国编号（UN No.）：1989/1993 △
正式运输名称：醛类，未另作规定的/易燃液体，未另作规定的 △
包装类别：Ⅲ

465　2,6-二甲基吗啉

别名：—
英文名：2,6-dimethyl morpholine
CAS 号：141-91-3
GHS 标签信号词及象形图：危险

危险性类别：易燃液体，类别 3
　急性毒性-经皮，类别 3
主要危险性及次要危险性：第 3 类危险物——
　易燃液体；第 6.1 项危险物——毒性物质
联合国编号（UN No.）：1992
正式运输名称：易燃液体，毒性，未另作规定的
包装类别：Ⅲ

466　二甲基镁

别名：—
英文名：dimethyl magnesium
CAS 号：2999-74-8
GHS 标签信号词及象形图：危险

危险性类别：自燃固体，类别 1

遇水放出易燃气体的物质和混合物，类别1

主要危险性及次要危险性：第 4.2 项危险物——易于自燃的物质；第 4.3 项危险物——遇水放出易燃气体的物质

联合国编号（UN No.）：3393

正式运输名称：固态有机金属物质，发火，遇水反应

包装类别：Ⅰ

467 1,4-二甲基哌嗪

别名：—

英文名：1,4-dimethylpiperazine

CAS 号：106-58-1

GHS 标签信号词及象形图：危险

危险性类别：易燃液体，类别2

主要危险性及次要危险性：第 3 类危险物——易燃液体

联合国编号（UN No.）：1993

正式运输名称：易燃液体，未另作规定的

包装类别：Ⅱ

468 二甲基胂酸钠

别名：卡可酸钠

英文名：cacodylic acid，sodium salt ；sodium cacodylate

CAS 号：124-65-2

GHS 标签信号词及象形图：无

危险性类别：危害水生环境-长期危害，类别3

主要危险性及次要危险性：第 6.1 项危险物——毒性物质

联合国编号（UN No.）：1688

正式运输名称：卡可酸钠（二甲胂酸钠）

包装类别：Ⅱ

469 2,3-二甲基戊醛

别名：—

英文名：2,3-dimethyl pentaldehyde

CAS 号：32749-94-3

GHS 标签信号词及象形图：警告

危险性类别：易燃液体，类别3

主要危险性及次要危险性：第 3 类危险物——易燃液体

联合国编号（UN No.）：1989/1993△

正式运输名称：醛类，未另作规定的/易燃液体，未另作规定的 △

包装类别：Ⅲ

470 2,2-二甲基戊烷

别名：—

英文名：2,2-dimethylpentane

CAS 号：590-35-2

GHS 标签信号词及象形图：危险

危险性类别：易燃液体，类别2

皮肤腐蚀/刺激，类别2

特异性靶器官毒性-一次接触，类别3（麻醉效应）

吸入危害，类别1

危害水生环境-急性危害，类别1

危害水生环境-长期危害，类别1

主要危险性及次要危险性：第 3 类危险物——易燃液体

联合国编号（UN No.）：1206

正式运输名称：庚烷

包装类别：Ⅱ

471 2,3-二甲基戊烷

别名：—

英文名：2,3-dimethylpentane

CAS 号：565-59-3

GHS 标签信号词及象形图：危险

危险性类别：易燃液体，类别2

皮肤腐蚀/刺激，类别2

特异性靶器官毒性--一次接触，类别3（麻醉效应）

吸入危害，类别1

危害水生环境-急性危害，类别1

危害水生环境-长期危害，类别1

主要危险性及次要危险性：第3类危险物——易燃液体

联合国编号（UN No.）：1206

正式运输名称：庚烷

包装类别：Ⅱ

472　2,4-二甲基戊烷

别名：二异丙基甲烷

英文名：2,4-dimethylpentane；diisopropyl methane

CAS号：108-08-7

GHS标签信号词及象形图：危险

危险性类别：易燃液体，类别2

皮肤腐蚀/刺激，类别2

特异性靶器官毒性--一次接触，类别3（麻醉效应）

吸入危害，类别1

危害水生环境-急性危害，类别1

危害水生环境-长期危害，类别1

主要危险性及次要危险性：第3类危险物——易燃液体

联合国编号（UN No.）：1206

正式运输名称：庚烷

包装类别：Ⅱ

473　3,3-二甲基戊烷

别名：2,2-二乙基丙烷

英文名：3,3-dimethylpentane；2,2-diethyl-propane

CAS号：562-49-2

GHS标签信号词及象形图：危险

危险性类别：易燃液体，类别2

皮肤腐蚀/刺激，类别2

特异性靶器官毒性--一次接触，类别3（麻醉效应）

吸入危害，类别1

危害水生环境-急性危害，类别1

危害水生环境-长期危害，类别1

主要危险性及次要危险性：第3类危险物——易燃液体

联合国编号（UN No.）：1206

正式运输名称：庚烷

包装类别：Ⅱ

474　N,N-二甲基硒脲

别名：二甲基硒脲（不对称）

英文名：N,N-dimethyl selenium urea；asym-dimethyl selenium urea

CAS号：5117-16-8

GHS标签信号词及象形图：危险

危险性类别：急性毒性-经口，类别3＊

急性毒性-吸入，类别3＊

特异性靶器官毒性-反复接触，类别2

危害水生环境-急性危害，类别1

危害水生环境-长期危害，类别1

主要危险性及次要危险性：第6.1项危险物——毒性物质

联合国编号（UN No.）：2811

正式运输名称：有机毒性固体，未另作规定的

包装类别：Ⅲ

475　二甲基锌

别名：—

英文名：dimethyl zinc

CAS号：544-97-8

GHS 标签信号词及象形图：危险

危险性类别：自燃液体，类别 1
遇水放出易燃气体的物质和混合物，类别 1
皮肤腐蚀/刺激，类别 1B
严重眼损伤/眼刺激，类别 1
危害水生环境-急性危害，类别 1
危害水生环境-长期危害，类别 1

主要危险性及次要危险性：第 4.2 项危险物——易于自燃的物质；第 4.3 项危险物——遇水放出易燃气体的物质

联合国编号（UN No.）：3394

正式运输名称：液态有机金属物质，发火，遇水反应

包装类别：Ⅰ

476   N,N-二甲基乙醇胺

别名：N,N-二甲基-2-羟基乙胺；2-二甲氨基乙醇

英文名：2-dimethylaminoethanol；N,N-dimethylethanolamine

CAS 号：108-01-0

GHS 标签信号词及象形图：危险

危险性类别：易燃液体，类别 3
皮肤腐蚀/刺激，类别 1B
严重眼损伤/眼刺激，类别 1
特异性靶器官毒性--一次接触，类别 3（呼吸道刺激）

主要危险性及次要危险性：第 8 类危险物——腐蚀性物质；第 3 类危险物——易燃液体

联合国编号（UN No.）：2051

正式运输名称：2-二甲氨基乙醇

包装类别：Ⅱ

477   二甲基乙二酮

别名：双乙酰；丁二酮

英文名：dimethyldiketone；diacetyl；butanedione

CAS 号：431-03-8

GHS 标签信号词及象形图：危险

危险性类别：易燃液体，类别 2
皮肤腐蚀/刺激，类别 2
严重眼损伤/眼刺激，类别 1

主要危险性及次要危险性：第 3 类危险物——易燃液体

联合国编号（UN No.）：2346

正式运输名称：丁二酮

包装类别：Ⅱ

478   N,N-二甲基异丙醇胺

别名：1-(二甲氨基)-2-丙醇

英文名：N,N-dimethyl-iso-propanolamine；1-dimethylaminopropan-2-ol；1-(dimethylamino)-2-propanol；dimepranol；INN

CAS 号：108-16-7

GHS 标签信号词及象形图：危险

危险性类别：易燃液体，类别 3
皮肤腐蚀/刺激，类别 1B
严重眼损伤/眼刺激，类别 1

主要危险性及次要危险性：第 8 类危险物——腐蚀性物质；第 3 类危险物——易燃液体

联合国编号（UN No.）：2734

正式运输名称：液态胺，腐蚀性，易燃，未另作规定的

包装类别：Ⅱ

479   二甲醚

别名：甲醚

英文名：dimethyl ether

CAS 号：115-10-6

GHS 标签信号词及象形图：危险

危险性类别：易燃气体，类别1
　加压气体
主要危险性及次要危险性：第 2.1 类危险
　物——易燃气体
联合国编号（UN No.）：1033
正式运输名称：二甲醚
包装类别：不适用

480　二甲胂酸

别名：二甲次胂酸；二甲基胂酸；卡可地酸；
　卡可酸
英文名：dimethylarsinic acid；arsinic acid,
　dimethyl-；cacodylic acid
CAS号：75-60-5
GHS标签信号词及象形图：危险

危险性类别：急性毒性-经口，类别3 *
　急性毒性-吸入，类别3 *
　致癌性，类别1A
　危害水生环境-急性危害，类别1
　危害水生环境-长期危害，类别1
主要危险性及次要危险性：第 6.1 项 危 险
　物——毒性物质
联合国编号（UN No.）：1572
正式运输名称：卡可基酸（二甲次胂酸）
包装类别：Ⅱ

481　二甲双胍

别名：—
英文名：strychnine
CAS号：57-24-9
GHS标签信号词及象形图：危险

危险性类别：急性毒性-经口，类别2 *

急性毒性-经皮，类别1
危害水生环境-急性危害，类别1
危害水生环境-长期危害，类别1
主要危险性及次要危险性：第 6.1 项 危 险
　物——毒性物质
联合国编号（UN No.）：1692
正式运输名称：马钱子碱
包装类别：Ⅰ

482　2,6-二甲氧基苯甲酰氯

别名：—
英文名：2,6-dimethoxy benzoyl chloride
CAS号：1989-53-3
GHS标签信号词及象形图：危险

危险性类别：皮肤腐蚀/刺激，类别1
　严重眼损伤/眼刺激，类别1
主要危险性及次要危险性：第8类危险物——
　腐蚀性物质
联合国编号（UN No.）：3261/1759 △
正式运输名称：有机酸性腐蚀性固体，未另
　作规定的/腐蚀性固体，未另作规定的 △
包装类别：Ⅲ

483　2,2-二甲氧基丙烷

别名：—
英文名：2,2-dimethoxypropane
CAS号：77-76-9
GHS标签信号词及象形图：危险

危险性类别：易燃液体，类别2
主要危险性及次要危险性：第3类危险物——
　易燃液体
联合国编号（UN No.）：1993
正式运输名称：易燃液体，未另作规定的
包装类别：Ⅱ

484　二甲氧基甲烷

别名：二甲醇缩甲醛；甲缩醛；亚甲基二甲醚

英文名：dimethoxy-methane；dimethoxyme-thane；methylal；dimethoxymethane

CAS 号：109-87-5

GHS 标签信号词及象形图：危险

危险性类别：易燃液体，类别 2

皮肤腐蚀/刺激，类别 2

严重眼损伤/眼刺激，类别 2A

特异性靶器官毒性--一次接触，类别 3（呼吸道刺激、麻醉效应）

主要危险性及次要危险性：第 3 类危险物——易燃液体

联合国编号（UN No.）：1234

正式运输名称：甲醛缩二甲醇（甲缩醛）

包装类别：Ⅱ

485　3,3′-二甲氧基联苯胺

别名：邻联二茴香胺；3,3′-二甲氧基-4,4′-二氨基联苯

英文名：3,3′-dimethoxybenzidine；o-dianisi-dine；3,3′-dimethoxy-4,4′-diamino diphenyl

CAS 号：119-90-4

GHS 标签信号词及象形图：警告

危险性类别：致癌性，类别 2

主要危险性及次要危险性：—

联合国编号（UN No.）：非危

正式运输名称：—

包装类别：—

486　二甲氧基马钱子碱

别名：番木鳖碱

英文名：2,3-dimethoxystrychnine；brucine；brucine alkaloid

CAS 号：357-57-3

GHS 标签信号词及象形图：危险

危险性类别：急性毒性-经口，类别 2＊

急性毒性-吸入，类别 2＊

危害水生环境-长期危害，类别 3

主要危险性及次要危险性：第 6.1 项危险物——毒性物质

联合国编号（UN No.）：1570

正式运输名称：二甲马钱子碱（番木鳖碱）

包装类别：Ⅰ

487　1,1-二甲氧基乙烷

别名：二甲醇缩乙醛；乙醛缩二甲醇

英文名：1,1-dimethoxyethane；dimethyl ace-tal；dimethyl acetal；acetaldehyde

CAS 号：534-15-6

GHS 标签信号词及象形图：危险

危险性类别：易燃液体，类别 2

主要危险性及次要危险性：第 3 类危险物——易燃液体

联合国编号（UN No.）：2377

正式运输名称：1,1-二甲氧基乙烷

包装类别：Ⅱ

488　1,2-二甲氧基乙烷

别名：二甲基溶纤剂；乙二醇二甲醚

英文名：1,2-dimethoxyethane；dimethyl cel-losolve；ethylene glycol dimethyl ether；EGDME

CAS 号：110-71-4

GHS 标签信号词及象形图：危险

危险性类别：易燃液体，类别 2
生殖毒性，类别 1B
主要危险性及次要危险性：第 3 类危险物——
易燃液体
联合国编号（UN No.）：2252
正式运输名称：1,2-二甲氧基乙烷
包装类别：Ⅱ

489　二聚丙烯醛（稳定的）

别名：—
英文名：acrolein dimer，stabilized
CAS 号：100-73-2
GHS 标签信号词及象形图：警告

危险性类别：易燃液体，类别 3
皮肤腐蚀/刺激，类别 2
主要危险性及次要危险性：第 3 类危险物——
易燃液体
联合国编号（UN No.）：2607
正式运输名称：二聚丙烯醛，稳定的
包装类别：Ⅲ

490　二聚环戊二烯

别名：双茂；双环戊二烯；4,7-亚甲基-3a，
4,7,7a-四氢茚
英文名：dicyclopentadiene；dimer；cyclopen-
tadiene；3a，4,7,7a-tetrahydro-4,7-metha-
noindene
CAS 号：77-73-6
GHS 标签信号词及象形图：危险

危险性类别：易燃液体，类别 2
皮肤腐蚀/刺激，类别 2
严重眼损伤/眼刺激，类别 2
特异性靶器官毒性--一次接触，类别 3（呼
吸道刺激）
危害水生环境-急性危害，类别 2

危害水生环境-长期危害，类别 2
主要危险性及次要危险性：第 3 类危险物——
易燃液体
联合国编号（UN No.）：2048
正式运输名称：二聚环戊二烯（双茂）
包装类别：Ⅲ

491　二硫代-4,4′-二氨基代二苯

别名：4,4′-二氨基二苯基二硫醚二硫代对氨
基苯
英文名：4,4′-diaminodiphenyl disulfide；dip-
hemyl-4,4′-diaminodisulfide；dithio-p -dia-
minodibenzene
CAS 号：722-27-0
GHS 标签信号词及象形图：警告

危险性类别：皮肤腐蚀/刺激，类别 2
严重眼损伤/眼刺激，类别 2
特异性靶器官毒性--一次接触，类别 3（呼
吸道刺激）
主要危险性及次要危险性：—
联合国编号（UN No.）：非危
正式运输名称：—
包装类别：—

492　二硫化二甲基

别名：二甲二硫；二甲基二硫；甲基化二硫
英文名：dimethyl disulfide
CAS 号：624-92-0
GHS 标签信号词及象形图：危险

危险性类别：易燃液体，类别 2
急性毒性-经口，类别 3
急性毒性-吸入，类别 3
皮肤腐蚀/刺激，类别 2
严重眼损伤/眼刺激，类别 2B
生殖毒性，类别 2

特异性靶器官毒性-反复接触，类别 1

危害水生环境-急性危害，类别 2

危害水生环境-长期危害，类别 2

主要危险性及次要危险性： 第 3 类危险物——

易燃液体；第 6.1 项危险物——毒性物质

联合国编号（UN No.）： 2381

正式运输名称： 二甲二硫

包装类别： Ⅱ

493   二硫化钛

别名： —

英文名： titanium disulphide

CAS 号： 12039-13-3

GHS 标签信号词及象形图： 危险

危险性类别： 自热物质和混合物，类别 2

主要危险性及次要危险性： 第 4.2 项危险

物——易于自燃的物质

联合国编号（UN No.）： 3174

正式运输名称： 二硫化钛

包装类别： Ⅲ

494   二硫化碳

别名： —

英文名： carbon disulphide

CAS 号： 75-15-0

GHS 标签信号词及象形图： 危险

危险性类别： 易燃液体，类别 2

急性毒性-经口，类别 3

严重眼损伤/眼刺激，类别 2

皮肤腐蚀/刺激，类别 2

生殖毒性，类别 2

特异性靶器官毒性-反复接触，类别 1

危害水生环境-急性危害，类别 2

主要危险性及次要危险性： 第 3 类危险物——

易燃液体；第 6.1 项危险物——毒性物质

联合国编号（UN No.）： 1131

正式运输名称： 二硫化碳

包装类别： Ⅰ

495   二硫化硒

别名： —

英文名： selenium disulphide

CAS 号： 7488-56-4

GHS 标签信号词及象形图： 危险

危险性类别： 急性毒性-经口，类别 3 *

急性毒性-吸入，类别 3 *

特异性靶器官毒性-反复接触，类别 2

危害水生环境-急性危害，类别 1

危害水生环境-长期危害，类别 1

主要危险性及次要危险性： 第 6.1 项危险

物——毒性物质

联合国编号（UN No.）： 2657

正式运输名称： 二硫化硒

包装类别： Ⅱ

496   2,3-二氯-1,4-萘醌

别名： 二氯萘醌

英文名： 2,3-dichloro-1,4-naphthoquinone；di-

chlone；phygon emulsion

CAS 号： 117-80-6

GHS 标签信号词及象形图： 警告

危险性类别： 皮肤腐蚀/刺激，类别 2

严重眼损伤/眼刺激，类别 2

危害水生环境-急性危害，类别 1

危害水生环境-长期危害，类别 1

主要危险性及次要危险性： 第 9 类危险物——

杂项危险物质和物品

联合国编号（UN No.）： 3077

正式运输名称： 对环境有害的固态物质，未

另作规定的

包装类别：Ⅲ

497   1,1-二氯-1-硝基乙烷

别名：—

英文名：1,1-dichloro-1-nitroethane

CAS 号：594-72-9

GHS 标签信号词及象形图：危险

危险性类别：急性毒性-经口，类别 3 *

急性毒性-经皮，类别 3 *

急性毒性-吸入，类别 3 *

主要危险性及次要危险性：第 6.1 项危险物——毒性物质

联合国编号（UN No.）：2650

正式运输名称：1,1-二氯-1-硝基乙烷

包装类别：Ⅱ

498   1,3-二氯-2-丙醇

别名：1,3-二氯异丙醇；1,3-二氯代甘油

英文名：1,3-dichloro-2-propanol；1,3-dich-loroisopropylalcohol；1,3-dichloroglycerol

CAS 号：96-23-1

GHS 标签信号词及象形图：危险

危险性类别：急性毒性-经口，类别 3 *

主要危险性及次要危险性：第 6.1 项危险物——毒性物质

联合国编号（UN No.）：2750

正式运输名称：1,3-二氯-2-丙醇

包装类别：Ⅱ

499   1,3-二氯-2-丁烯

别名：—

英文名：1,3-dichloro-2-butene

CAS 号：926-57-8

GHS 标签信号词及象形图：危险

危险性类别：易燃液体，类别 3

急性毒性-经口，类别 3

急性毒性-吸入，类别 3

皮肤腐蚀/刺激，类别 1B

严重眼损伤/眼刺激，类别 1

危害水生环境-急性危害，类别 2

危害水生环境-长期危害，类别 2

主要危险性及次要危险性：第 8 类危险物——腐蚀性物质；第 6.1 项危险物——毒性物质

联合国编号（UN No.）：2922

正式运输名称：腐蚀性液体，毒性，未另作规定的

包装类别：Ⅱ

500   1,4-二氯-2-丁烯

别名：—

英文名：1,4-dichlorobut-2-ene

CAS 号：764-41-0

GHS 标签信号词及象形图：危险

危险性类别：易燃液体，类别 3

急性毒性-经口，类别 3 *

急性毒性-经皮，类别 3 *

急性毒性-吸入，类别 2 *

皮肤腐蚀/刺激，类别 1B

严重眼损伤/眼刺激，类别 1

特异性靶器官毒性-一次接触，类别 3（呼吸道刺激）

危害水生环境-急性危害，类别 1

危害水生环境-长期危害，类别 1

主要危险性及次要危险性：第 6.1 项危险物——毒性物质；第 8 类危险物——腐蚀性物质

联合国编号（UN No.）：2927

正式运输名称：有机毒性液体，腐蚀性，未

另作规定的

包装类别：Ⅱ

501　1,2-二氯苯

别名：邻二氯苯

英文名：1,2-dichlorobenzene；*o*-dichlorobenzene

CAS 号：95-50-1

GHS 标签信号词及象形图：危险

危险性类别：急性毒性-吸入，类别 3

皮肤腐蚀/刺激，类别 2

严重眼损伤/眼刺激，类别 2

特异性靶器官毒性-一次接触，类别 3（呼吸道刺激）

危害水生环境-急性危害，类别 1

危害水生环境-长期危害，类别 1

主要危险性及次要危险性：第 6.1 项危险物——毒性物质

联合国编号（UN No.）：1591

正式运输名称：邻二氯苯

包装类别：Ⅲ

502　1,3-二氯苯

别名：间二氯苯

英文名：1,3-dichlorbenzene；*m*-dichlorobenzene

CAS 号：541-73-1

GHS 标签信号词及象形图：无

危险性类别：危害水生环境-急性危害，类别 2

危害水生环境-长期危害，类别 2

主要危险性及次要危险性：第 9 类危险物——杂项危险物质和物品

联合国编号（UN No.）：3082

正式运输名称：对环境有害的液态物质，未另作规定的

包装类别：Ⅲ

503　2,3-二氯苯胺

别名：—

英文名：2,3-dichloroaniline

CAS 号：608-27-5

GHS 标签信号词及象形图：危险

危险性类别：急性毒性-经口，类别 3

急性毒性-经皮，类别 3

急性毒性-吸入，类别 3

皮肤腐蚀/刺激，类别 2

特异性靶器官毒性-反复接触，类别 2

危害水生环境-急性危害，类别 1

危害水生环境-长期危害，类别 1

主要危险性及次要危险性：第 6.1 项危险物——毒性物质

联合国编号（UN No.）：1590

正式运输名称：液态二氯苯胺

包装类别：Ⅱ

504　2,4-二氯苯胺

别名：—

英文名：2,4-dichloroaniline

CAS 号：554-00-7

GHS 标签信号词及象形图：危险

危险性类别：特异性靶器官毒性-反复接触，类别 1

特异性靶器官毒性-一次接触，类别 1

危害水生环境-急性危害，类别 2

危害水生环境-长期危害，类别 2

主要危险性及次要危险性：第 6.1 项危险物——毒性物质

联合国编号（UN No.）：3442

正式运输名称：固态二氯苯胺

包装类别：Ⅱ

505　2,5-二氯苯胺

别名：—

英文名：2,5-dichloroaniline

CAS号：95-82-9

GHS标签信号词及象形图：危险

危险性类别：严重眼损伤/眼刺激，类别1

皮肤致敏物，类别1

特异性靶器官毒性-一次接触，类别2

特异性靶器官毒性-反复接触，类别2

危害水生环境-急性危害，类别2

危害水生环境-长期危害，类别2

主要危险性及次要危险性：第 6.1 项危险物——毒性物质

联合国编号（UN No.）：3442

正式运输名称：固态二氯苯胺

包装类别：Ⅱ

506　2,6-二氯苯胺

别名：—

英文名：2,6-dichloroaniline

CAS号：608-31-1

GHS标签信号词及象形图：危险

危险性类别：急性毒性-经口，类别3

急性毒性-经皮，类别3

急性毒性-吸入，类别3

危害水生环境-急性危害，类别1

危害水生环境-长期危害，类别1

主要危险性及次要危险性：第 6.1 项危险物——毒性物质

联合国编号（UN No.）：3442

正式运输名称：固态二氯苯胺

包装类别：Ⅱ

507　3,4-二氯苯胺

别名：—

英文名：3,4-dichloroaniline

CAS号：95-76-1

GHS标签信号词及象形图：危险

危险性类别：急性毒性-经口，类别3＊

急性毒性-经皮，类别3＊

急性毒性-吸入，类别3＊

严重眼损伤/眼刺激，类别1

皮肤致敏物，类别1

危害水生环境-急性危害，类别1

危害水生环境-长期危害，类别1

主要危险性及次要危险性：第 6.1 项危险物——毒性物质

联合国编号（UN No.）：3442

正式运输名称：固态二氯苯胺

包装类别：Ⅱ

508　3,5-二氯苯胺

别名：—

英文名：3,5-dichloroaniline

CAS号：626-43-7

GHS标签信号词及象形图：危险

危险性类别：急性毒性-经口，类别3

急性毒性-经皮，类别3

急性毒性-吸入，类别3

特异性靶器官毒性-一次接触，类别2

危害水生环境-急性危害，类别2

危害水生环境-长期危害，类别2

主要危险性及次要危险性：第 6.1 项危险物——毒性物质

联合国编号（UN No.）：3442

正式运输名称：固态二氯苯胺

包装类别：Ⅱ

509　二氯苯胺异构体混合物

别名：—

英文名：dichloroaniline isomers mixture

CAS 号：27134-27-6

GHS 标签信号词及象形图：危险

危险性类别：急性毒性-经口，类别 3

急性毒性-经皮，类别 3

急性毒性-吸入，类别 3

危害水生环境-急性危害，类别 1

危害水生环境-长期危害，类别 1

主要危险性及次要危险性：第 6.1 项危险物——毒性物质

联合国编号（UN No.）：3442

正式运输名称：固态二氯苯胺

包装类别：Ⅱ

510　2,3-二氯苯酚

别名：2,3-二氯酚

英文名：2,3-dichlorophenol

CAS 号：576-24-9

GHS 标签信号词及象形图：警告

危险性类别：皮肤腐蚀/刺激，类别 2

严重眼损伤/眼刺激，类别 2

危害水生环境-急性危害，类别 2

危害水生环境-长期危害，类别 2

主要危险性及次要危险性：第 6.1 项危险物——毒性物质/第 9 类危险物——杂项危险物质和物品△

联合国编号（UN No.）：2020/3077△

正式运输名称：固态氯苯酚/对环境有害的固态物质，未另作规定的△

包装类别：Ⅲ

511　2,4-二氯苯酚

别名：2,4-二氯酚

英文名：2,4-dichlorophenol

CAS 号：120-83-2

GHS 标签信号词及象形图：危险

危险性类别：急性毒性-经皮，类别 3 *

皮肤腐蚀/刺激，类别 1B

严重眼损伤/眼刺激，类别 1

危害水生环境-急性危害，类别 2

危害水生环境-长期危害，类别 2

主要危险性及次要危险性：第 8 项危险物——毒性物质；第 6.1 类危险物——腐蚀性物质

联合国编号（UN No.）：2923

正式运输名称：腐蚀性固体，毒性，未另作规定的

包装类别：Ⅱ

512　2,5-二氯苯酚

别名：2,5-二氯酚

英文名：2,5-dichlorophenol

CAS 号：583-78-8

GHS 标签信号词及象形图：警告

危险性类别：皮肤腐蚀/刺激，类别 2

严重眼损伤/眼刺激，类别 2

危害水生环境-急性危害，类别 2

危害水生环境-长期危害，类别 2

主要危险性及次要危险性：第 6.1 项危险物——毒性物质/第 9 类危险物——杂项危险物质和物品△

联合国编号（UN No.）：2020/3077△

正式运输名称：固态氯苯酚/对环境有害的固态物质，未另作规定的△

包装类别：Ⅲ

513　2,6-二氯苯酚

别名：2,6-二氯酚

英文名：2,6-dichlorophenol

CAS 号：87-65-0

GHS 标签信号词及象形图：警告

危险性类别：皮肤腐蚀/刺激，类别 2
严重眼损伤/眼刺激，类别 2
特异性靶器官毒性-一次接触，类别 2
危害水生环境-急性危害，类别 2
危害水生环境-长期危害，类别 2
主要危险性及次要危险性：第 6.1 项危险物——毒性物质/第 9 类危险物——杂项危险物质和物品△
联合国编号（UN No.）：2020/3077△
正式运输名称：固态氯苯酚/对环境有害的固态物质，未另作规定的△
包装类别：Ⅲ

514　3,4-二氯苯酚

别名：3,4-二氯酚
英文名：3,4-dichlorophenol
CAS 号：95-77-2
GHS 标签信号词及象形图：警告

危险性类别：特异性靶器官毒性-一次接触，类别 2
危害水生环境-急性危害，类别 2
危害水生环境-长期危害，类别 2
主要危险性及次要危险性：第 6.1 项危险物——毒性物质/第 9 类危险物——杂项危险物质和物品△
联合国编号（UN No.）：2020/3077△
正式运输名称：固态氯苯酚/对环境有害的固态物质，未另作规定的△
包装类别：Ⅲ

515　3,4-二氯苯基偶氮硫脲

别名：3,4-二氯苯偶氮硫代氨基甲酰胺；灭鼠肼
英文名：1-(3,4-dichlorophenylimino) thiosem-
icarbazide；muritan；promurit
CAS 号：5836-73-7
GHS 标签信号词及象形图：危险

危险性类别：急性毒性-经口，类别 2 *
主要危险性及次要危险性：第 6.1 项危险物——毒性物质
联合国编号（UN No.）：2811
正式运输名称：有机毒性固体，未另作规定的
包装类别：Ⅱ

516　二氯苯基三氯硅烷

别名：—
英文名：dichlorophenyltrichloro silane
CAS 号：27137-85-5
GHS 标签信号词及象形图：危险

危险性类别：皮肤腐蚀/刺激，类别 1
严重眼损伤/眼刺激，类别 1
主要危险性及次要危险性：第 8 类危险物——腐蚀性物质
联合国编号（UN No.）：1766
正式运输名称：二氯苯基三氯硅烷
包装类别：Ⅱ

517　2,4-二氯苯甲酰氯

别名：2,4-二氯代氯化苯甲酰
英文名：2,4-dichlorobenzoyl chloride；2,4-dichlorobenzene carbonyl chloride
CAS 号：89-75-8
GHS 标签信号词及象形图：危险

危险性类别：皮肤腐蚀/刺激，类别 1
严重眼损伤/眼刺激，类别 1

主要危险性及次要危险性：第 8 类危险物——
腐蚀性物质

联合国编号（UN No.）：3265

正式运输名称：有机酸性腐蚀性液体，未另
作规定的

包装类别：Ⅱ

518 2-(2,4-二氯苯氧基)丙酸

别名：2,4-滴丙酸

英文名：dichlorprop；2-(2,4-dichlorophenoxy)
propionic acid emulsion；dichlorprop

CAS 号：120-36-5

GHS 标签信号词及象形图：危险

危险性类别：皮肤腐蚀/刺激，类别 2
严重眼损伤/眼刺激，类别 1
危害水生环境-急性危害，类别 1
危害水生环境-长期危害，类别 1

主要危险性及次要危险性：第 9 类危险物——
杂项危险物质和物品

联合国编号（UN No.）：3077

正式运输名称：对环境有害的固态物质，未
另作规定的

包装类别：Ⅲ

519 3,4-二氯苄基氯

别名：3,4-二氯氯化苄；氯化-3,4-二氯苄

英文名：3,4-dichlorobenzyl chloride；3,4,2-
trichloro toluene；2-chloro-3,4-dichlorotolu-
ene

CAS 号：102-47-6

GHS 标签信号词及象形图：无

危险性类别：危害水生环境-急性危害，类
别 2
危害水生环境-长期危害，类别 2

主要危险性及次要危险性：第 9 类危险物——
杂项危险物质和物品

联合国编号（UN No.）：3082

正式运输名称：对环境有害的液态物质，未
另作规定的

包装类别：Ⅲ

520 1,1-二氯丙酮

别名：—

英文名：1,1-dichloroacetone

CAS 号：513-88-2

GHS 标签信号词及象形图：危险

危险性类别：易燃液体，类别 3
急性毒性-经口，类别 3

主要危险性及次要危险性：第 3 类危险物——
易燃液体；第 6.1 项危险物——毒性物质

联合国编号（UN No.）：1992

正式运输名称：易燃液体，毒性，未另作规
定的

包装类别：Ⅲ

521 1,3-二氯丙酮

别名：α,γ-二氯丙酮

英文名：1,3-dichloroacetone；α,γ-dichloroac-
etone；1,3-dichloro-2-propanone

CAS 号：534-07-6

GHS 标签信号词及象形图：危险

危险性类别：急性毒性-经口，类别 2
急性毒性-经皮，类别 2

主要危险性及次要危险性：第 6.1 项危险
物——毒性物质

联合国编号（UN No.）：2649

正式运输名称：1,3-二氯丙酮

包装类别：Ⅱ

522 1,2-二氯丙烷

别名：二氯化丙烯

英文名：1,2-dichloropropane；propylene di-
chloride

CAS 号：78-87-5

GHS 标签信号词及象形图：危险

危险性类别：易燃液体，类别 2

主要危险性及次要危险性：第 3 类危险物——易燃液体

联合国编号（UN No.）：1279

正式运输名称：1,2-二氯丙烷

包装类别：Ⅱ

523　1,3-二氯丙烷

别名：—

英文名：1,3-dichloropropane

CAS 号：142-28-9

GHS 标签信号词及象形图：危险

危险性类别：易燃液体，类别 2

　皮肤腐蚀/刺激，类别 2

　危害水生环境-长期危害，类别 3

主要危险性及次要危险性：第 3 类危险物——易燃液体

联合国编号（UN No.）：1993

正式运输名称：易燃液体，未另作规定的

包装类别：Ⅱ

524　1,2-二氯丙烯

别名：2-氯丙烯基氯

英文名：1,2-dichloropropene；2-chloropropenyl chloride

CAS 号：563-54-2

GHS 标签信号词及象形图：危险

危险性类别：易燃液体，类别 2

主要危险性及次要危险性：第 3 类危险物——易燃液体

联合国编号（UN No.）：2047

正式运输名称：二氯丙烯

包装类别：Ⅱ

525　1,3-二氯丙烯

别名：—

英文名：1,3-dichloropropene

CAS 号：542-75-6

GHS 标签信号词及象形图：危险

危险性类别：易燃液体，类别 3

　急性毒性-经口，类别 3＊

　急性毒性-经皮，类别 3＊

　皮肤腐蚀/刺激，类别 2

　严重眼损伤/眼刺激，类别 2

　皮肤致敏物，类别 1

　特异性靶器官毒性-一次接触，类别 3（呼吸道刺激）

　吸入危害，类别 1

　危害水生环境-急性危害，类别 1

　危害水生环境-长期危害，类别 1

主要危险性及次要危险性：第 3 类危险物——易燃液体

联合国编号（UN No.）：2047

正式运输名称：二氯丙烯

包装类别：Ⅲ

526　2,3-二氯丙烯

别名：—

英文名：2,3-dichloropropene；2,3-dichloropropylene

CAS 号：78-88-6

GHS 标签信号词及象形图：危险

危险性类别：易燃液体，类别 2

　皮肤腐蚀/刺激，类别 2

　严重眼损伤/眼刺激，类别 1

　生殖细胞致突变性，类别 2

特异性靶器官毒性--一次接触，类别 3（呼吸道刺激）

危害水生环境-长期危害，类别 3

主要危险性及次要危险性： 第 3 类危险物——易燃液体

联合国编号（UN No.）： 2047

正式运输名称： 二氯丙烯

包装类别： Ⅱ

527　1,4-二氯丁烷

别名： —

英文名： 1,4-dichlorobutane

CAS 号： 110-56-5

GHS 标签信号词及象形图： 警告

危险性类别： 易燃液体，类别 3

危害水生环境-长期危害，类别 3

主要危险性及次要危险性： 第 3 类危险物——易燃液体

联合国编号（UN No.）： 1993

正式运输名称： 易燃液体，未另作规定的

包装类别： Ⅲ

528　二氯二氟甲烷

别名： R12

英文名： dichlorodifluoromethane；freon 12

CAS 号： 75-71-8

GHS 标签信号词及象形图： 危险

危险性类别： 加压气体

特异性靶器官毒性-反复接触，类别 1

危害臭氧层，类别 1

主要危险性及次要危险性： 第 2.2 类危险物——非易燃无毒气体

联合国编号（UN No.）： 1028

正式运输名称： 二氯二氟甲烷

包装类别： 不适用

529　二氯二氟甲烷和二氟乙烷的共沸物（含二氯二氟甲烷约 74%）

别名： R500

英文名： dichlorodifluoromethane and difluoro-ethane azeotropic mixture with approximately 74% dichlorodifluoromethane

CAS 号： —

GHS 标签信号词及象形图： 危险

危险性类别： 易燃气体，类别 2

加压气体

特异性靶器官毒性-反复接触，类别 1

危害臭氧层，类别 1

主要危险性及次要危险性： 第 2.2 类危险物——非易燃无毒气体

联合国编号（UN No.）： 2602

正式运输名称： 二氯二氟甲烷和二氟乙烷的共沸混合物，含二氯二氟甲烷约 74%

包装类别： 不适用

530　1,2-二氯二乙醚

别名： 乙基-1,2-二氯乙醚

英文名： 1,2-dichlorodiethyl ether；ethyl 1,2-dichloroethyl ether

CAS 号： 623-46-1

GHS 标签信号词及象形图： 警告

危险性类别： 易燃液体，类别 3

主要危险性及次要危险性： 第 3 类危险物——易燃液体

联合国编号（UN No.）： 1993

正式运输名称： 易燃液体，未另作规定的

包装类别： Ⅲ

531　2,2-二氯二乙醚

别名： 对称二氯二乙醚

英文名：2,2'-dichlorodiethyl ether；sym-dichloroethyl ether

CAS 号：111-44-4

GHS 标签信号词及象形图：危险

危险性类别：易燃液体，类别 3

急性毒性-经口，类别 3

急性毒性-经皮，类别 3

急性毒性-吸入，类别 1

皮肤腐蚀/刺激，类别 2

严重眼损伤/眼刺激，类别 2B

特异性靶器官毒性-一次接触，类别 1

特异性靶器官毒性-一次接触，类别 3（麻醉效应）

主要危险性及次要危险性：第 6.1 项危险物——毒性物质；第 3 类危险物——易燃液体

联合国编号（UN No.）：1916

正式运输名称：2,2'-二氯二乙醚

包装类别：Ⅱ

532　二氯硅烷

别名：—

英文名：dichlorosilane

CAS 号：4109-96-0

GHS 标签信号词及象形图：危险

危险性类别：易燃气体，类别 1

加压气体

急性毒性-吸入，类别 2

皮肤腐蚀/刺激，类别 1

严重眼损伤/眼刺激，类别 1

特异性靶器官毒性-一次接触，类别 2

主要危险性及次要危险性：第 2.3 类危险

物——毒性气体；第 2.1 类危险物——易燃气体；第 8 类危险物——腐蚀性物质

联合国编号（UN No.）：2189

正式运输名称：二氯硅烷

包装类别：不适用

533　二氯化膦苯

别名：苯基二氯磷；苯膦化二氯

英文名：dichlorophenylphosphine；phenylphosphorus dichloride；phosphenyl chloride

CAS 号：644-97-3

GHS 标签信号词及象形图：危险

危险性类别：皮肤腐蚀/刺激，类别 1

严重眼损伤/眼刺激，类别 1

特异性靶器官毒性-一次接触，类别 3（呼吸道刺激）

主要危险性及次要危险性：第 8 类危险物——腐蚀性物质

联合国编号（UN No.）：2798

正式运输名称：苯基二氯化磷

包装类别：Ⅱ

534　二氯化硫

别名：—

英文名：sulphur dichloride

CAS 号：10545-99-0

GHS 标签信号词及象形图：危险

危险性类别：皮肤腐蚀/刺激，类别 1B

严重眼损伤/眼刺激，类别 1

特异性靶器官毒性-一次接触，类别 3（呼吸道刺激）

危害水生环境-急性危害，类别 1

主要危险性及次要危险性：第 8 类危险物——腐蚀性物质

联合国编号（UN No.）：1828

正式运输名称：氯化硫

包装类别：Ⅰ

535 二氯化乙基铝

别名：乙基二氯化铝

英文名：ethylaluminium dichloride；aluminium ethyl dichloride

CAS 号：563-43-9

GHS 标签信号词及象形图：危险

危险性类别：自燃液体，类别1

遇水放出易燃气体的物质和混合物，类别1

严重眼损伤/眼刺激，类别2*

主要危险性及次要危险性：第 4.2 项危险物——易于自燃的物质；第 4.3 项危险物——遇水放出易燃气体的物质

联合国编号（UN No.）：3394

正式运输名称：液态有机金属物质，发火，遇水反应

包装类别：Ⅰ

536 2,4-二氯甲苯

别名：—

英文名：2,4-dichlorotoluene

CAS 号：95-73-8

GHS 标签信号词及象形图：警告

危险性类别：皮肤腐蚀/刺激，类别2

危害水生环境-急性危害，类别2

危害水生环境-长期危害，类别2

主要危险性及次要危险性：第 9 类危险物——杂项危险物质和物品

联合国编号（UN No.）：3082

正式运输名称：对环境有害的液态物质，未另作规定的

包装类别：Ⅲ

537 2,5-二氯甲苯

别名：—

英文名：2,5-dichlorotoluene

CAS 号：19398-61-9

GHS 标签信号词及象形图：无

危险性类别：危害水生环境-急性危害，类别2

危害水生环境-长期危害，类别2

主要危险性及次要危险性：第 9 类危险物——杂项危险物质和物品

联合国编号（UN No.）：3082

正式运输名称：对环境有害的液态物质，未另作规定的

包装类别：Ⅲ

538 2,6-二氯甲苯

别名：—

英文名：2,6-dichlorotoluene

CAS 号：118-69-4

GHS 标签信号词及象形图：警告

危险性类别：生殖毒性，类别2

危害水生环境-急性危害，类别2

危害水生环境-长期危害，类别2

主要危险性及次要危险性：第 9 类危险物——杂项危险物质和物品

联合国编号（UN No.）：3082

正式运输名称：对环境有害的液态物质，未另作规定的

包装类别：Ⅲ

539 3,4-二氯甲苯

别名：—

英文名：3,4-dichlorotoluene

CAS号： 95-75-0

GHS标签信号词及象形图： 无

危险性类别： 危害水生环境-急性危害，类别2

危害水生环境-长期危害，类别2

主要危险性及次要危险性： 第9类危险物——杂项危险物质和物品

联合国编号（UN No.）： 3082

正式运输名称： 对环境有害的液态物质，未另作规定的

包装类别： Ⅲ

540　α,α-二氯甲苯

别名： 二氯化苄；二氯甲基苯；苄基二氯

英文名： α,α-dichlorotoluene；dichlorotoluene；benzylidene chloride；benzal chloride；dichloromethylbenzene；alpha,alpha-dichlorotoluene

CAS号： 98-87-3

GHS标签信号词及象形图： 危险

危险性类别： 致癌性，类别1B

急性毒性-吸入，类别3＊

皮肤腐蚀/刺激，类别2

严重眼损伤/眼刺激，类别1

特异性靶器官毒性--一次接触，类别3（呼吸道刺激）

危害水生环境-长期危害，类别3

主要危险性及次要危险性： 第6.1项危险物——毒性物质

联合国编号（UN No.）： 1886

正式运输名称： 二氯甲基苯

包装类别： Ⅱ

541　二氯甲烷

别名： 亚甲基氯

英文名： dichloromethane；methylene chloride；methylene dichloride

CAS号： 75-09-2

GHS标签信号词及象形图： 危险

危险性类别： 皮肤腐蚀/刺激，类别2

严重眼损伤/眼刺激，类别2A

致癌性，类别2

特异性靶器官毒性--一次接触，类别1

特异性靶器官毒性--一次接触，类别3（麻醉效应）

特异性靶器官毒性-反复接触，类别1

主要危险性及次要危险性： 第6.1项危险物——毒性物质

联合国编号（UN No.）： 1593

正式运输名称： 二氯甲烷

包装类别： Ⅲ

542　3,3′-二氯联苯胺

别名： —

英文名： 3,3′-dichlorobenzidine；3,3′-dichlorobiphenyl-4,4′-ylenediamine

CAS号： 91-94-1

GHS标签信号词及象形图： 警告

危险性类别： 致癌性，类别2

皮肤致敏物，类别1

危害水生环境-急性危害，类别1

危害水生环境-长期危害，类别1

主要危险性及次要危险性： 第9类危险物——杂项危险物质和物品

联合国编号（UN No.）： 3077

正式运输名称： 对环境有害的固态物质，未另作规定的

包装类别： Ⅲ

543　二氯硫化碳

别名： 硫光气；硫代羰基氯

英文名：thiocarbonyl chloride；thiophosgene

CAS 号：463-71-8

GHS 标签信号词及象形图：危险

危险性类别：急性毒性-吸入，类别 3＊

皮肤腐蚀/刺激，类别 2

严重眼损伤/眼刺激，类别 2

特异性靶器官毒性-一次接触，类别 3（呼吸道刺激）

主要危险性及次要危险性：第 6.1 项危险物——毒性物质

联合国编号（UN No.）：2474

正式运输名称：硫光气

包装类别：Ⅰ

544　二氯醛基丙烯酸

别名：黏氯酸；二氯代丁烯醛酸；糠氯酸

英文名：dichloro acrylic aldehyde；mucochloric acid；dichloromaleicaldehyde acid；dichloromaleic acid hemialdehyde

CAS 号：87-56-9

GHS 标签信号词及象形图：危险

危险性类别：皮肤腐蚀/刺激，类别 1

严重眼损伤/眼刺激，类别 1

生殖细胞致突变性，类别 2

特异性靶器官毒性-一次接触，类别 2

危害水生环境-长期危害，类别 3

主要危险性及次要危险性：第 8 类危险物——腐蚀性物质

联合国编号（UN No.）：3265

正式运输名称：有机酸性腐蚀性液体，未另作规定的

包装类别：Ⅲ

545　二氯四氟乙烷

别名：R114

英文名：dichlorotetrafluoroethane

CAS 号：76-14-2

GHS 标签信号词及象形图：警告

危险性类别：加压气体

危害臭氧层，类别 1

主要危险性及次要危险性：第 2.2 类危险物——非易燃无毒气体

联合国编号（UN No.）：1958

正式运输名称：1,2-二氯-1,1,2,2-四氟乙烷

包装类别：不适用

546　1,5-二氯戊烷

别名：—

英文名：1,5-dichloropentane

CAS 号：628-76-2

GHS 标签信号词及象形图：警告

危险性类别：易燃液体，类别 3

危害水生环境-长期危害，类别 3

主要危险性及次要危险性：第 3 类危险物——易燃液体

联合国编号（UN No.）：1152

正式运输名称：二氯戊烷

包装类别：Ⅲ

547　2,3-二氯硝基苯

别名：1,2-二氯-3-硝基苯

英文名：2,3-dichloronitrobenzene；1,2-dichloro-3-nitrobenzene

CAS 号：3209-22-1

GHS 标签信号词及象形图：危险

危险性类别：皮肤腐蚀/刺激，类别 2

特异性靶器官毒性-一次接触，类别 1

特异性靶器官毒性-反复接触，类别 2

危害水生环境-急性危害，类别 2

危害水生环境-长期危害，类别 2

主要危险性及次要危险性：第 9 类危险物——杂项危险物质和物品

联合国编号（UN No.）：3077

正式运输名称：对环境有害的固态物质，未另作规定的

包装类别：Ⅲ

548   2,4-二氯硝基苯

别名：—

英文名：2,4-dichloronitrobenzene

CAS 号：611-06-3

GHS 标签信号词及象形图：危险

危险性类别：急性毒性-经皮，类别 3

皮肤致敏物，类别 1

生殖毒性，类别 2

特异性靶器官毒性-反复接触，类别 2

危害水生环境-急性危害，类别 2

危害水生环境-长期危害，类别 2

主要危险性及次要危险性：第 6.1 项危险物——毒性物质

联合国编号（UN No.）：2811

正式运输名称：有机毒性固体，未另作规定的

包装类别：Ⅲ

549   2,5-二氯硝基苯

别名：1,4-二氯-2-硝基苯

英文名：2,5-dichloronitrobenzene；1,4-dichloro-2-nitrobenzene

CAS 号：89-61-2

GHS 标签信号词及象形图：危险

危险性类别：生殖毒性，类别 2

特异性靶器官毒性-一次接触，类别 1

特异性靶器官毒性-一次接触，类别 3（麻醉效应）

特异性靶器官毒性-反复接触，类别 1

危害水生环境-急性危害，类别 1

危害水生环境-长期危害，类别 1

主要危险性及次要危险性：第 9 类危险物——杂项危险物质和物品

联合国编号（UN No.）：3077

正式运输名称：对环境有害的固态物质，未另作规定的

包装类别：Ⅲ

550   3,4-二氯硝基苯

别名：—

英文名：3,4-dichloronitrobenzene

CAS 号：99-54-7

GHS 标签信号词及象形图：危险

危险性类别：生殖毒性，类别 2

特异性靶器官毒性-一次接触，类别 3（麻醉效应）

特异性靶器官毒性-反复接触，类别 1

危害水生环境-急性危害，类别 2

危害水生环境-长期危害，类别 2

主要危险性及次要危险性：第 9 类危险物——杂项危险物质和物品

联合国编号（UN No.）：3077

正式运输名称：对环境有害的固态物质，未另作规定的

包装类别：Ⅲ

551   二氯一氟甲烷

别名：R21

英文名：dichlorofluoromethane；freon 21

CAS 号：75-43-4

GHS 标签信号词及象形图：危险

危险性类别：加压气体

严重眼损伤/眼刺激，类别 2B

生殖毒性，类别 2

特异性靶器官毒性-一次接触，类别 3（麻醉效应）

特异性靶器官毒性-反复接触，类别 1

危害臭氧层，类别 1

主要危险性及次要危险性：第 2.2 类危险物——非易燃无毒气体

联合国编号（UN No.）：1029

正式运输名称：二氯氟甲烷

包装类别：不适用

552　二氯乙腈

别名：氰化二氯甲烷

英文名：dichloroacetonitrile；dichloromethyl cyanide

CAS 号：3018-12-0

GHS 标签信号词及象形图：危险

危险性类别：易燃液体，类别 3

皮肤腐蚀/刺激，类别 1

严重眼损伤/眼刺激，类别 1

主要危险性及次要危险性：第 8 类危险物——腐蚀性物质；第 3 类危险物——易燃液体

联合国编号（UN No.）：2920

正式运输名称：腐蚀性液体，易燃，未另作规定的

包装类别：Ⅱ

553　二氯乙酸

别名：二氯醋酸

英文名：dichloroacetic acid；dichloroethanoic acid

CAS 号：79-43-6

GHS 标签信号词及象形图：危险

危险性类别：皮肤腐蚀/刺激，类别 1A

严重眼损伤/眼刺激，类别 1

危害水生环境-急性危害，类别 1

致癌性，类别 2

主要危险性及次要危险性：第 8 类危险物——腐蚀性物质

联合国编号（UN No.）：1764

正式运输名称：二氯乙酸

包装类别：Ⅱ

554　二氯乙酸甲酯

别名：二氯醋酸甲酯

英文名：methyl dichloroacetate；dichloroacetic acid methyl ester

CAS 号：116-54-1

GHS 标签信号词及象形图：危险

危险性类别：急性毒性-吸入，类别 3

皮肤腐蚀/刺激，类别 2

严重眼损伤/眼刺激，类别 2

主要危险性及次要危险性：第 6.1 项危险物——毒性物质

联合国编号（UN No.）：2299

正式运输名称：二氯乙酸甲酯

包装类别：Ⅲ

555　二氯乙酸乙酯

别名：二氯醋酸乙酯

英文名：ethyl dichloroacetate；dichloroacetic acid ethyl ester

CAS 号：535-15-9

GHS 标签信号词及象形图：警告

危险性类别：严重眼损伤/眼刺激，类别 2

特异性靶器官毒性-一次接触，类别 3（呼吸道刺激）

主要危险性及次要危险性：—

联合国编号（UN No.）：非危

正式运输名称：—
包装类别：—

556　1,1-二氯乙烷

别名：亚乙基二氯
英文名：1,1-dichloroethane；ethylidene chloride
CAS 号：75-34-3
GHS 标签信号词及象形图：危险

危险性类别：易燃液体，类别 2
　　严重眼损伤/眼刺激，类别 2
　　特异性靶器官毒性-一次接触，类别 3（呼吸道刺激）
　　危害水生环境-长期危害，类别 3
主要危险性及次要危险性：第 3 类危险物——易燃液体
联合国编号（UN No.）：2362
正式运输名称：1,1-二氯乙烷
包装类别：Ⅱ

557　1,2-二氯乙烷

别名：亚乙基二氯；1,2-二氯化乙烯
英文名：1,2-dichloroethane；ethylene dichloride；ethylidene chloride
CAS 号：107-06-2
GHS 标签信号词及象形图：危险

危险性类别：易燃液体，类别 2
　　皮肤腐蚀/刺激，类别 2
　　严重眼损伤/眼刺激，类别 2
　　致癌性，类别 2
　　特异性靶器官毒性-一次接触，类别 3（呼吸道刺激）
主要危险性及次要危险性：第 3 类危险物——易燃液体；第 6.1 项危险物——毒性物质
联合国编号（UN No.）：1184

正式运输名称：二氯化乙烯
包装类别：Ⅱ

558　1,1-二氯乙烯

别名：偏二氯乙烯；氯化亚乙烯
英文名：1,1-dichloroethylene；vinylidene chloride
CAS 号：75-35-4
GHS 标签信号词及象形图：危险

危险性类别：易燃液体，类别 1
主要危险性及次要危险性：第 3 类危险物——易燃液体
联合国编号（UN No.）：1303
正式运输名称：氯化亚乙烯，稳定的
包装类别：Ⅰ

559　1,2-二氯乙烯

别名：二氯化乙炔
英文名：1,2-dichloroethylene；dioform
CAS 号：540-59-0
GHS 标签信号词及象形图：危险

危险性类别：易燃液体，类别 2
　　危害水生环境-长期危害，类别 3
主要危险性及次要危险性：第 3 类危险物——易燃液体
联合国编号（UN No.）：1150
正式运输名称：1,2-二氯乙烯
包装类别：Ⅱ

560　二氯乙酰氯

别名：—
英文名：dichloroacetyl chloride
CAS 号：79-36-7
GHS 标签信号词及象形图：危险

危险性类别：皮肤腐蚀/刺激，类别 1A

严重眼损伤/眼刺激，类别 1

危害水生环境-急性危害，类别 1

主要危险性及次要危险性：第 8 类危险物——腐蚀性物质

联合国编号（UN No.）：1765

正式运输名称：二氯乙酰氯

包装类别：Ⅱ

561　二氯异丙基醚

别名：二氯异丙醚

英文名：dichloro isopropyl ether；nemamol

CAS 号：108-60-1

GHS 标签信号词及象形图：危险

危险性类别：急性毒性-吸入，类别 2

特异性靶器官毒性-一次接触，类别 1

特异性靶器官毒性-一次接触，类别 3（呼吸道刺激）

危害水生环境-长期危害，类别 3

主要危险性及次要危险性：第 6.1 项危险物——毒性物质

联合国编号（UN No.）：2490

正式运输名称：二氯异丙醚

包装类别：Ⅱ

562　二氯异氰脲酸

别名：—

英文名：dichloroisocyanuric acid；dichloro-1,3,5-triazinetrione

CAS 号：2782-57-2

GHS 标签信号词及象形图：危险

危险性类别：氧化性固体，类别 2

严重眼损伤/眼刺激，类别 2

特异性靶器官毒性-一次接触，类别 3（呼吸道刺激）

危害水生环境-急性危害，类别 1

危害水生环境-长期危害，类别 1

主要危险性及次要危险性：第 5.1 项危险物——氧化性物质

联合国编号（UN No.）：2465

正式运输名称：二氯异氰脲酸，干的

包装类别：Ⅱ

563　1,4-二羟基-2-丁炔

别名：1,4-丁炔二醇；丁炔二醇

英文名：but-2-yne-1,4-diol；2-butyne-1,4-diol；1,4-butynediol；plating brightening agent

CAS 号：110-65-6

GHS 标签信号词及象形图：危险

危险性类别：急性毒性-经口，类别 3＊

急性毒性-吸入，类别 3＊

皮肤腐蚀/刺激，类别 1B

严重眼损伤/眼刺激，类别 1

皮肤致敏物，类别 1

特异性靶器官毒性-反复接触，类别 2＊

主要危险性及次要危险性：第 6.1 项危险物——毒性物质

联合国编号（UN No.）：2716

正式运输名称：1,4-丁炔二醇

包装类别：Ⅲ

564　1,5-二羟基-4,8-二硝基蒽醌

别名：—

英文名：1,5-dihydroxy-4,8-dinitroanthraquinone

CAS 号：128-91-6

GHS 标签信号词及象形图：警告

危险性类别：易燃固体，类别 2

主要危险性及次要危险性：第 4.1 项危险物——易燃固体

联合国编号（UN No.）：1325

正式运输名称：有机易燃固体，未另作规定的

包装类别：Ⅲ

565　3,4-二羟基-α-[(甲氨基)甲基]苄醇

别名：肾上腺素；付肾碱；付肾素

英文名：3,4-dihydroxy-alpha-((methylamino) methyl) benzyl alcohol；epinephrine；adrenaline

CAS号：51-43-4

GHS标签信号词及象形图：危险

危险性类别：急性毒性-经皮，类别2

主要危险性及次要危险性：第6.1项危险物——毒性物质

联合国编号（UN No.）：2811

正式运输名称：有机毒性固体，未另作规定的

包装类别：Ⅱ

566　2,2′-二羟基二乙胺

别名：二乙醇胺

英文名：2,2′-iminodiethanol；diethanolamine

CAS号：111-42-2

GHS标签信号词及象形图：危险

危险性类别：皮肤腐蚀/刺激，类别2

　　严重眼损伤/眼刺激，类别1

　　特异性靶器官毒性-反复接触，类别2*

　　危害水生环境-急性危害，类别2

　　危害水生环境-长期危害，类别3

主要危险性及次要危险性：—

联合国编号（UN No.）：非危

正式运输名称：—

包装类别：—

567　3,6-二羟基邻苯二甲腈

别名：2,3-二氰基对苯二酚

英文名：3,6-dihydroxy-o-phthalonitrile；2,3-dicyanohydroquinone

CAS号：4733-50-0

GHS标签信号词及象形图：警告

危险性类别：皮肤腐蚀/刺激，类别2

　　严重眼损伤/眼刺激，类别2

　　特异性靶器官毒性-一次接触，类别3（呼吸道刺激）

主要危险性及次要危险性：—

联合国编号（UN No.）：非危

正式运输名称：—

包装类别：—

568　2,3-二氢-2,2-二甲基-7-苯并呋喃基-N-甲基氨基甲酸酯

别名：克百威

英文名：2,3-dihydro-2,2-dimethylbenzofuran-7-yl-N-methylcarbamate；furadan；carbofuran

CAS号：1563-66-2

GHS标签信号词及象形图：危险

危险性类别：急性毒性-经口，类别2*

　　急性毒性-吸入，类别2*

　　危害水生环境-急性危害，类别1

　　危害水生环境-长期危害，类别1

主要危险性及次要危险性：第6.1项危险物——毒性物质

联合国编号（UN No.）：2757/2811△

正式运输名称：固态氨基甲酸酯农药，毒性/有机毒性固体，未另作规定的△

包装类别：Ⅱ

569　2,3-二氢吡喃

别名：—
英文名：2,3-dihydropyran
CAS 号：25512-65-6
GHS 标签信号词及象形图：危险

危险性类别：易燃液体，类别 2
主要危险性及次要危险性：第 3 类危险物——易燃液体
联合国编号（UN No.）：1993
正式运输名称：易燃液体，未另作规定的
包装类别：Ⅱ

570　2,3-二氰-5,6-二氯氢醌

别名：—
英文名：2,3-dicyano-5,6-dichlorobenzoquinone
CAS 号：84-58-2
GHS 标签信号词及象形图：危险

危险性类别：急性毒性-经口，类别 3
主要危险性及次要危险性：第 6.1 项危险物——毒性物质
联合国编号（UN No.）：2811
正式运输名称：有机毒性固体，未另作规定的
包装类别：Ⅲ

571　二肉豆蔻基过氧重碳酸酯（含量≤100%）

别名：—
英文名：dimyristyl peroxydicarbonate（not more than 100%）
CAS 号：53220-22-7
GHS 标签信号词及象形图：危险

危险性类别：有机过氧化物，D 型
主要危险性及次要危险性：第 5.2 项危险物——有机过氧化物
联合国编号（UN No.）：3116
正式运输名称：固态 D 型有机过氧化物，控制温度的
包装类别：满足Ⅱ类包装要求

二肉豆蔻基过氧重碳酸酯（含量≤42%，在水中稳定弥散）

别名：—
英文名：dimyristyl peroxydicarbonate（not more than 42% as a stable dispersion in water）
CAS 号：53220-22-7
GHS 标签信号词及象形图：警告

危险性类别：有机过氧化物，F 型
主要危险性及次要危险性：第 5.2 项危险物——有机过氧化物
联合国编号（UN No.）：3119
正式运输名称：液态 F 型有机过氧化物，控制温度的
包装类别：满足Ⅱ类包装要求

572　2,6-二噻-1,3,5,7-四氮三环[3,3,1,1,3,7]癸烷-2,2,6,6-四氧化物

别名：毒鼠强
英文名：2,6-dithia-1,3,5,7-tetrazatricyclo[3,3,1,1,3,7]decane-2,2,6,6-tetraoxide；tetramethylenedisulphotetramine；NSC 172824
CAS 号：80-12-6
GHS 标签信号词及象形图：危险

危险性类别：急性毒性-经口，类别 1
危害水生环境-急性危害，类别 1
危害水生环境-长期危害，类别 1

主要危险性及次要危险性：第 6.1 项危险物——毒性物质

联合国编号（UN No.）：2811

正式运输名称：有机毒性固体，未另作规定的

包装类别：Ⅰ

573　二叔丁基过氧化物
（52%＜含量≤100%）

别名：过氧化二叔丁基

英文名：di-*tert*-butyl peroxide（more than 52%）

CAS 号：110-05-4

GHS 标签信号词及象形图：警告

危险性类别：有机过氧化物，E 型

主要危险性及次要危险性：第 5.2 项危险物——有机过氧化物

联合国编号（UN No.）：3107

正式运输名称：液态 E 型有机过氧化物

包装类别：满足Ⅱ类包装要求

二叔丁基过氧化物
（含量≤52%，含 B 型稀释剂≥48%）

别名：过氧化二叔丁基

英文名：di-*tert*-butyl peroxide（not more than 52%，and diluent type B not less than 48%）

CAS 号：110-05-4

GHS 标签信号词及象形图：警告

危险性类别：有机过氧化物，F 型

主要危险性及次要危险性：第 5.2 项危险物——有机过氧化物

联合国编号（UN No.）：3109

正式运输名称：液态 F 型有机过氧化物

包装类别：满足Ⅱ类包装要求

574　二叔丁基过氧壬二酸酯
（含量≤52%，含 A 型稀释剂≥48%）

别名：—

英文名：di-*tert*-butyl peroxyazelate（not more than 52%，and diluent type A not less than 48%）；nonanediperoxoic acid，1，9-bis（1，1-dimethylethyl）ester

CAS 号：16580-06-6

GHS 标签信号词及象形图：危险

危险性类别：有机过氧化物，D 型

主要危险性及次要危险性：第 5.2 项危险物——有机过氧化物

联合国编号（UN No.）：3105

正式运输名称：液态 D 型有机过氧化物

包装类别：满足Ⅱ类包装要求

575　1,1-二叔戊过氧基环己烷
（含量≤82%，含 A 型稀释剂≥18%）

别名：—

英文名：1,1-di（*tert*-amylperoxy）cyclohexane（not more than 82%，and diluent type A not less than 18%）

CAS 号：15667-10-4

GHS 标签信号词及象形图：危险

危险性类别：有机过氧化物，C 型

主要危险性及次要危险性：第 5.2 项危险物——有机过氧化物

联合国编号（UN No.）：3103

正式运输名称：液态 C 型有机过氧化物

包装类别：满足Ⅱ类包装要求

576　二叔戊基过氧化物（含量≤100%）

别名：—

英文名：di-*tert*-amyl peroxide（not more than 100%）

CAS 号：10508-09-5

GHS 标签信号词及象形图：警告

危险性类别：有机过氧化物，E 型
主要危险性及次要危险性：第 5.2 项危险物——有机过氧化物
联合国编号（UN No.）：3107
正式运输名称：液态 E 型有机过氧化物
包装类别：满足 Ⅱ 类包装要求

577　二水合三氟化硼

别名：三氟化硼水合物
英文名：boron trifluoride dihydrate；trifluoroboron dihydrate
CAS 号：13319-75-0
GHS 标签信号词及象形图：危险

危险性类别：急性毒性-吸入，类别 2 *
　皮肤腐蚀/刺激，类别 1A
　严重眼损伤/眼刺激，类别 1
主要危险性及次要危险性：第 8 类危险物——腐蚀性物质
联合国编号（UN No.）：2851
正式运输名称：三氟化硼合二水
包装类别：Ⅱ

578　二戊基磷酸

别名：酸式磷酸二戊酯
英文名：diamyl phosphoric acid；phosphoric acid，dipentyl ester
CAS 号：3138-42-9
GHS 标签信号词及象形图：危险

危险性类别：皮肤腐蚀/刺激，类别 1C
　严重眼损伤/眼刺激，类别 1
主要危险性及次要危险性：第 8 类危险物——腐蚀性物质

联合国编号（UN No.）：2819
正式运输名称：酸式磷酸戊酯
包装类别：Ⅲ

579　二烯丙基胺

别名：二烯丙胺
英文名：diallylamine
CAS 号：124-02-7
GHS 标签信号词及象形图：危险

危险性类别：易燃液体，类别 2
　急性毒性-经皮，类别 3
　皮肤腐蚀/刺激，类别 1
　严重眼损伤/眼刺激，类别 1
　特异性靶器官毒性-一次接触，类别 2
　特异性靶器官毒性-一次接触，类别 3（呼吸道刺激）
　危害水生环境-急性危害，类别 2
　危害水生环境-长期危害，类别 2
主要危险性及次要危险性：第 3 类危险物——易燃液体；第 6.1 项危险物——毒性物质；第 8 类危险物——腐蚀性物质
联合国编号（UN No.）：2359
正式运输名称：二烯丙基胺
包装类别：Ⅱ

580　二烯丙基代氰胺

别名：N-氰基二烯丙基胺
英文名：diallyl cyanamide；N-cyanodiallylamine
CAS 号：538-08-9
GHS 标签信号词及象形图：危险

危险性类别：急性毒性-经口，类别 3
主要危险性及次要危险性：第 6.1 项危险

物——毒性物质

联合国编号（UN No.）：2810

正式运输名称：有机毒性液体，未另作规定的

包装类别：Ⅲ

581　二烯丙基硫醚

别名：硫化二烯丙基；烯丙基硫醚

英文名：diallyl sulfide；thioallyl ether；allyl sulfide

CAS 号：592-88-1

GHS 标签信号词及象形图：警告

危险性类别：易燃液体，类别3

主要危险性及次要危险性：第3类危险物——易燃液体

联合国编号（UN No.）：1993

正式运输名称：易燃液体，未另作规定的

包装类别：Ⅲ

582　二烯丙基醚

别名：烯丙基醚

英文名：diallyl ether；allyl ether

CAS 号：557-40-4

GHS 标签信号词及象形图：危险

危险性类别：易燃液体，类别2

急性毒性-经皮，类别3

严重眼损伤/眼刺激，类别2

特异性靶器官毒性-一次接触，类别3（麻醉效应）

主要危险性及次要危险性：第3类危险物——易燃液体；第6.1项危险物——毒性物质

联合国编号（UN No.）：2360

正式运输名称：二烯丙基醚

包装类别：Ⅱ

583　4,6-二硝基-2-氨基苯酚

别名：苦氨酸；二硝基氨基苯酚

英文名：2-amino-4,6-dinitrophenol；picramic acid；dinitrophenamic acid

CAS 号：96-91-3

GHS 标签信号词及象形图：危险

危险性类别：爆炸物，1.1项

危害水生环境-长期危害，类别3

主要危险性及次要危险性：第 4.1 项危险物——固态退敏爆炸品

联合国编号（UN No.）：3317

正式运输名称：2-氨基-4,6-二硝基酚，湿的，按质量含水不少于20%

包装类别：Ⅰ

584　4,6-二硝基-2-氨基苯酚锆

别名：苦氨酸锆

英文名：zirconium 4,6-dinitro-2-aminophenate；zirconium picramate

CAS 号：63868-82-6

GHS 标签信号词及象形图：危险

危险性类别：爆炸物，1.3项

特异性靶器官毒性-一次接触，类别3（呼吸道刺激）

主要危险性及次要危险性：第 1.3 项危险物——有燃烧危险并有局部爆炸或局部迸射危险或这两种危险都有、但无整体爆炸危险的物质和物品

联合国编号（UN No.）：0236

正式运输名称：苦氨酸锆，干的

包装类别：满足Ⅱ类包装要求

585　4,6-二硝基-2-氨基苯酚钠

别名：苦氨酸钠

英文名：sodium 4，6-dinitro-2-aminophenate；sodium picramate

CAS 号：831-52-7

GHS 标签信号词及象形图：危险

危险性类别：爆炸物，1.3 项

主要危险性及次要危险性：第 1.3 项 危险物——有燃烧危险并有局部爆炸或局部迸射危险或这两种危险都有、但无整体爆炸危险的物质和物品

联合国编号（UN No.）：0235

正式运输名称：苦氨酸钠，干的

包装类别：满足Ⅱ类包装要求

586　1,2-二硝基苯

别名：邻二硝基苯

英文名：1,2-dinitrobenzene；*o*-dinitrobenzene

CAS 号：528-29-0

GHS 标签信号词及象形图：危险

危险性类别：急性毒性-经口，类别 2*

急性毒性-经皮，类别 1

急性毒性-吸入，类别 2*

特异性靶器官毒性-反复接触，类别 2*

危害水生环境-急性危害，类别 1

危害水生环境-长期危害，类别 1

主要危险性及次要危险性：第 6.1 项 危险物——毒性物质

联合国编号（UN No.）：3443

正式运输名称：固态二硝基苯

包装类别：Ⅱ

587　1,3-二硝基苯

别名：间二硝基苯

英文名：1,3-dinitrobenzene；*m*-dinitrobenzene

CAS 号：99-65-0

GHS 标签信号词及象形图：危险

危险性类别：急性毒性-经口，类别 2*

急性毒性-经皮，类别 1

急性毒性-吸入，类别 2*

特异性靶器官毒性-反复接触，类别 2*

危害水生环境-急性危害，类别 1

危害水生环境-长期危害，类别 1

主要危险性及次要危险性：第 6.1 项 危险物——毒性物质

联合国编号（UN No.）：3443

正式运输名称：固态二硝基苯

包装类别：Ⅱ

588　1,4-二硝基苯

别名：对二硝基苯

英文名：1,4-dinitrobenzene；*p*-dinitrobenzene

CAS 号：100-25-4

GHS 标签信号词及象形图：危险

危险性类别：急性毒性-经口，类别 2*

急性毒性-经皮，类别 1

急性毒性-吸入，类别 2*

特异性靶器官毒性-反复接触，类别 2*

危害水生环境-急性危害，类别 1

危害水生环境-长期危害，类别 1

主要危险性及次要危险性：第 6.1 项 危险物——毒性物质

联合国编号（UN No.）：3443

正式运输名称：固态二硝基苯

包装类别：Ⅱ

589　2,4-二硝基苯胺

别名：—

英文名：2,4-dinitroaniline

CAS 号：97-02-9

GHS 标签信号词及象形图：危险

危险性类别：急性毒性-经口，类别 2*

急性毒性-经皮，类别 1

急性毒性-吸入，类别 2*

特异性靶器官毒性-反复接触，类别 2*

危害水生环境-急性危害，类别 2

危害水生环境-长期危害，类别 2

主要危险性及次要危险性：第 6.1 项 危 险 物——毒性物质

联合国编号（UN No.）：1596

正式运输名称：二硝基苯胺

包装类别：Ⅱ

590　2,6-二硝基苯胺

别名：—

英文名：2,6-dinitroaniline

CAS 号：606-22-4

GHS 标签信号词及象形图：危险

危险性类别：急性毒性-经口，类别 2*

急性毒性-经皮，类别 1

急性毒性-吸入，类别 2*

特异性靶器官毒性-反复接触，类别 2*

危害水生环境-急性危害，类别 2

危害水生环境-长期危害，类别 2

主要危险性及次要危险性：第 6.1 项 危 险 物——毒性物质

联合国编号（UN No.）：1596

正式运输名称：二硝基苯胺

包装类别：Ⅱ

591　3,5-二硝基苯胺

别名：—

英文名：3,5-dinitroaniline

CAS 号：618-87-1

GHS 标签信号词及象形图：危险

危险性类别：急性毒性-经口，类别 2*

急性毒性-经皮，类别 1

急性毒性-吸入，类别 2*

特异性靶器官毒性-反复接触，类别 2*

危害水生环境-急性危害，类别 2

危害水生环境-长期危害，类别 2

主要危险性及次要危险性：第 6.1 项 危 险 物——毒性物质

联合国编号（UN No.）：1596

正式运输名称：二硝基苯胺

包装类别：Ⅱ

592　二硝基苯酚（干的或含水＜15%）

别名：—

英文名：dinitrophenol, dry or wetted with less than 15% water, by mass

CAS 号：25550-58-7

GHS 标签信号词及象形图：危险

危险性类别：爆炸物，1.1 项

急性毒性-经口，类别 3*

急性毒性-经皮，类别 3*

急性毒性-吸入，类别 3*

特异性靶器官毒性-反复接触，类别 2*

危害水生环境-急性危害，类别 1

危害水生环境-长期危害，类别 1

主要危险性及次要危险性：第 1.1 项 危 险 物——有整体爆炸危险的物质和物品；第 6.1 项危险物——毒性物质

联合国编号（UN No.）：0076

正式运输名称：二硝基苯酚，湿的，按质量含水低于 15%

包装类别：满足 Ⅱ 类包装要求

二硝基苯酚溶液

别名：—

英文名：dinitrophenol solution

CAS 号：25550-58-7

GHS 标签信号词及象形图：危险

危险性类别：急性毒性-经口，类别 3＊

急性毒性-经皮，类别 3＊

急性毒性-吸入，类别 3＊

特异性靶器官毒性-反复接触，类别 2＊

危害水生环境-急性危害，类别 1

危害水生环境-长期危害，类别 1

主要危险性及次要危险性：第 6.1 项 危险物——毒性物质

联合国编号（UN No.）：1599

正式运输名称：二硝基苯酚溶液

包装类别：Ⅱ/Ⅲ

593　2,4-二硝基苯酚（含水≥15％）

别名：1-羟基-2,4-二硝基苯

英文名：2,4-dinitrophenol（water not less than 15％）；aldifen；1-hydroxy-2,4-dinitrobenzene

CAS 号：51-28-5

GHS 标签信号词及象形图：危险

危险性类别：易燃固体，类别 1

急性毒性-经口，类别 3＊

急性毒性-经皮，类别 3＊

急性毒性-吸入，类别 3＊

特异性靶器官毒性-反复接触，类别 2＊

危害水生环境-急性危害，类别 1

主要危险性及次要危险性：第 4.1 项 危险物——易燃固体；第 6.1 项危险物——毒性物质

联合国编号（UN No.）：1320

正式运输名称：二硝基苯酚，湿的，按重量含水不低于 15％

包装类别：Ⅰ

594　2,5-二硝基苯酚（含水≥15％）

别名：—

英文名：2,5-dinitropheno，wetted with not less than 15％ water，by mass

CAS 号：329-71-5

GHS 标签信号词及象形图：危险

危险性类别：易燃固体，类别 1

急性毒性-经口，类别 3＊

急性毒性-经皮，类别 3＊

急性毒性-吸入，类别 3＊

特异性靶器官毒性-反复接触，类别 2＊

危害水生环境-急性危害，类别 2

危害水生环境-长期危害，类别 2

主要危险性及次要危险性：第 4.1 项 危险物——易燃固体；第 6.1 项危险物——毒性物质

联合国编号（UN No.）：1320

正式运输名称：二硝基苯酚，湿的，按质量含水不低于 15％

包装类别：Ⅰ

595　2,6-二硝基苯酚（含水≥15％）

别名：—

英文名：2,6-dinitrophenol，wetted with not less than 15％ water，by mass

CAS 号：573-56-8

GHS 标签信号词及象形图：危险

危险性类别：易燃固体，类别 1

急性毒性-经口，类别 3＊

急性毒性-经皮，类别 3＊

急性毒性-吸入，类别 3＊

特异性靶器官毒性-反复接触，类别 2＊

危害水生环境-急性危害，类别 2

危害水生环境-长期危害，类别 2

主要危险性及次要危险性：第 4.1 项危险物——易燃固体；第 6.1 项危险物——毒性物质

联合国编号（UN No.）：1320

正式运输名称：二硝基苯酚，湿的，按质量含水不低于 15%

包装类别：Ⅰ

596   二硝基苯酚碱金属盐
（干的或含水＜15%）

别名：二硝基酚碱金属盐

英文名：dinitrophenolates, alkali metals, dry or wetted with less than 15% water, by mass

CAS 号：—

GHS 标签信号词及象形图：危险

危险性类别：爆炸物，1.3 项

急性毒性-经口，类别 3＊

急性毒性-经皮，类别 3＊

急性毒性-吸入，类别 3＊

特异性靶器官毒性-反复接触，类别 2＊

危害水生环境-急性危害，类别 2

危害水生环境-长期危害，类别 2

主要危险性及次要危险性：第 1.3 项危险物——有燃烧危险并有局部爆炸或局部迸射危险或这两种危险都有、但无整体爆炸危险的物质和物品；第 6.1 项危险物——毒性物质

联合国编号（UN No.）：0077

正式运输名称：二硝基苯酚的碱金属盐，干的

包装类别：满足 Ⅱ 类包装要求

597   2,4-二硝基苯酚钠

别名：—

英文名：sodium 2,4-dinitrophenolate

CAS 号：1011-73-0

GHS 标签信号词及象形图：危险

危险性类别：爆炸物，1.3 项

急性毒性-经口，类别 3＊

急性毒性-经皮，类别 3＊

急性毒性-吸入，类别 3＊

特异性靶器官毒性-反复接触，类别 2＊

危害水生环境-急性危害，类别 2

危害水生环境-长期危害，类别 2

主要危险性及次要危险性：第 1.3 项危险物——有燃烧危险并有局部爆炸或局部迸射危险或这两种危险都有、但无整体爆炸危险的物质和物品

联合国编号（UN No.）：0477

正式运输名称：爆炸性物品，未另作规定的

包装类别：满足 Ⅱ 类包装要求

598   2,4-二硝基苯磺酰氯

别名：—

英文名：2,4-dinitrobenzene sulfonyl chloride

CAS 号：1656-44-6

GHS 标签信号词及象形图：危险

危险性类别：皮肤腐蚀/刺激，类别 1

严重眼损伤/眼刺激，类别 1

主要危险性及次要危险性：第 8 类危险物——腐蚀性物质

联合国编号（UN No.）：3261

正式运输名称：有机酸性腐蚀性固体，未另作规定的

包装类别：Ⅱ

599   2,4-二硝基苯甲醚

别名：2,4-二硝基茴香醚

英文名：2,4-dinitromethylphenyl ether；2,4-dinitro anisole

CAS 号：119-27-7

GHS 标签信号词及象形图：危险

危险性类别：易燃固体，类别 1
急性毒性-经口，类别 3

主要危险性及次要危险性：第 4.1 项危险物——易燃固体；第 6.1 项危险物——毒性物质

联合国编号（UN No.）：2926

正式运输名称：有机易燃固体，毒性，未另作规定的

包装类别：Ⅱ

600　3,5-二硝基苯甲酰氯

别名：3,5-二硝基氯化苯甲酰

英文名：3,5-dinitrobenzoyl chloride；3,5-dinitrobenzene carbonyl chloride

CAS 号：99-33-2

GHS 标签信号词及象形图：警告

危险性类别：易燃固体，类别 2

主要危险性及次要危险性：第 4.1 项危险物——易燃固体、自反应物质和固态退敏爆炸品

联合国编号（UN No.）：1325

正式运输名称：有机易燃固体，未另作规定的

包装类别：Ⅲ

601　2,4-二硝基苯肼

别名：—

英文名：2,4-dinitrophenyl hydrazine

CAS 号：119-26-6

GHS 标签信号词及象形图：危险

危险性类别：易燃固体，类别 1

主要危险性及次要危险性：第 4.1 项危险

物——易燃固体；第 4.1 项危险物——固态退敏爆炸品△

联合国编号（UN No.）：3380/1325△

正式运输名称：固态减敏爆炸物，未另作规定的/有机易燃固体，未另作规定的△

包装类别：Ⅰ

602　1,3-二硝基丙烷

别名：—

英文名：1,3-dinitropropane

CAS 号：6125-21-9

GHS 标签信号词及象形图：警告

危险性类别：易燃液体，类别 3

主要危险性及次要危险性：第 3 类危险物——易燃液体

联合国编号（UN No.）：1993

正式运输名称：易燃液体，未另作规定的

包装类别：Ⅲ

603　2,2-二硝基丙烷

别名：—

英文名：2,2-dinitropropane

CAS 号：595-49-3

GHS 标签信号词及象形图：危险

危险性类别：易燃固体，类别 1

主要危险性及次要危险性：第 4.1 项危险物——易燃固体

联合国编号（UN No.）：1325

正式运输名称：有机易燃固体，未另作规定的

包装类别：Ⅱ

604　2,4-二硝基二苯胺

别名：—

英文名：2,4-dinitrodiphenylamine；benzenamine，

2,4-dinitro-*N*-phenyl

CAS 号：961-68-2

GHS 标签信号词及象形图：警告

危险性类别：皮肤腐蚀/刺激，类别 2

严重眼损伤/眼刺激，类别 2

特异性靶器官毒性--一次接触，类别 3（呼吸道刺激）

主要危险性及次要危险性：—

联合国编号（UN No.）：非危

正式运输名称：—

包装类别：—

605　3,4-二硝基二苯胺

别名：—

英文名：3,4-dinitrodiphenylamine

CAS 号：—

GHS 标签信号词及象形图：警告

危险性类别：皮肤腐蚀/刺激，类别 2

严重眼损伤/眼刺激，类别 2A

皮肤致敏物，类别 1

特异性靶器官毒性--一次接触，类别 3（呼吸道刺激）

主要危险性及次要危险性：—

联合国编号（UN No.）：非危

正式运输名称：—

包装类别：—

606　二硝基甘脲

别名：—

英文名：dinitroglycoluril；DINGU

CAS 号：55510-04-8

GHS 标签信号词及象形图：危险

危险性类别：爆炸物，1.1 项

主要危险性及次要危险性：第 1.1 项危险物——有整体爆炸危险的物质和物品

联合国编号（UN No.）：0489

正式运输名称：二硝基甘脲（DINGU）

包装类别：满足 Ⅱ 类包装要求

607　2,4-二硝基甲苯

别名：—

英文名：2,4-dinitrotoluene

CAS 号：121-14-2

GHS 标签信号词及象形图：危险

危险性类别：急性毒性-经口，类别 3 *

急性毒性-经皮，类别 3 *

急性毒性-吸入，类别 3 *

生殖细胞致突变性，类别 2

致癌性，类别 2

生殖毒性，类别 2

特异性靶器官毒性-反复接触，类别 2 *

危害水生环境-急性危害，类别 1

危害水生环境-长期危害，类别 1

主要危险性及次要危险性：第 6.1 项危险物——毒性物质

联合国编号（UN No.）：3454

正式运输名称：固态二硝基甲苯

包装类别：Ⅱ

608　2,6-二硝基甲苯

别名：—

英文名：2,6-dinitrotoluene

CAS 号：606-20-2

GHS 标签信号词及象形图：危险

危险性类别：急性毒性-经口，类别 3 *

急性毒性-经皮，类别 3 *

急性毒性-吸入，类别 3 *

生殖细胞致突变性，类别 2

致癌性，类别 2

生殖毒性，类别 2

特异性靶器官毒性-反复接触，类别 2*

危害水生环境-长期危害，类别 3

主要危险性及次要危险性：第 6.1 项 危 险物——毒性物质

联合国编号（UN No.）：3454

正式运输名称：固态二硝基甲苯

包装类别：Ⅱ

609　二硝基间苯二酚

别名：—

英文名：dinitroresorcinol

CAS 号：519-44-8

GHS 标签信号词及象形图：危险

危险性类别：爆炸物，1.1 项

主要危险性及次要危险性：第 1.1 项 危 险物——有整体爆炸危险的物质和物品

联合国编号（UN No.）：0078

正式运输名称：二硝基间苯二酚，干的

包装类别：满足Ⅱ类包装要求

610　二硝基联苯

别名：—

英文名：dinitrodiphenyl

CAS 号：38094-35-8

GHS 标签信号词及象形图：警告

危险性类别：易燃固体，类别 2

主要危险性及次要危险性：第 4.1 项 危 险物——易燃固体

联合国编号（UN No.）：1325

正式运输名称：有机易燃固体，未另作规定的

包装类别：Ⅲ

611　二硝基邻甲酚铵

别名：—

英文名：ammonium salt of DNOC

CAS 号：—

GHS 标签信号词及象形图：危险

危险性类别：急性毒性-经口，类别 2*

急性毒性-经皮，类别 1

急性毒性-吸入，类别 2*

特异性靶器官毒性-反复接触，类别 2*

危害水生环境-急性危害，类别 1

危害水生环境-长期危害，类别 1

主要危险性及次要危险性：第 6.1 项 危 险物——毒性物质

联合国编号（UN No.）：1843

正式运输名称：二硝基邻甲酚铵，固态

包装类别：Ⅱ

612　二硝基邻甲酚钾

别名：—

英文名：potassium salt of DNOC

CAS 号：5787-96-2

GHS 标签信号词及象形图：危险

危险性类别：急性毒性-经口，类别 3*

急性毒性-经皮，类别 3*

急性毒性-吸入，类别 3*

特异性靶器官毒性-反复接触，类别 2*

危害水生环境-急性危害，类别 1

危害水生环境-长期危害，类别 1

主要危险性及次要危险性：第 6.1 项 危 险物——毒性物质

联合国编号（UN No.）：2811

正式运输名称：有机毒性固体，未另作规定的

包装类别：Ⅲ

613　4,6-二硝基邻甲苯酚钠

别名：—
英文名：4,6-dinitro-o-cresol sodium salt
CAS号：2312-76-7
GHS标签信号词及象形图：危险

危险性类别：爆炸物，1.3项
　　急性毒性-经口，类别2
　　急性毒性-经皮，类别2
　　急性毒性-吸入，类别3*
　　特异性靶器官毒性-反复接触，类别2*
　　危害水生环境-急性危害，类别1
　　危害水生环境-长期危害，类别1
主要危险性及次要危险性：第1.3项危险
　　物——有燃烧危险并有局部爆炸或局部进
　　射危险或这两种危险都有、但无整体爆炸
　　危险的物质和物品
联合国编号（UN No.）：0234
正式运输名称：二硝基邻甲苯酚钠，干的
包装类别：满足Ⅱ类包装要求

614　二硝基邻甲苯酚钠

别名：—
英文名：sodium salt of DNOC
CAS号：—
GHS标签信号词及象形图：危险

危险性类别：爆炸物，1.3项
　　急性毒性-经口，类别3*
　　急性毒性-经皮，类别3*
　　急性毒性-吸入，类别3*
　　特异性靶器官毒性-反复接触，类别2*
　　危害水生环境-急性危害，类别1
　　危害水生环境-长期危害，类别1
主要危险性及次要危险性：第1.3项危险
　　物——有燃烧危险并有局部爆炸或局部进

射危险或这两种危险都有、但无整体爆炸
危险的物质和物品
联合国编号（UN No.）：0234
正式运输名称：二硝基邻甲苯酚钠，干的
包装类别：满足Ⅱ类包装要求

615　2,4-二硝基氯化苄

别名：2,4-二硝基苯代氯甲烷
英文名：2,4-dinitrobenzylchloride；2,4-dini-
　　trophenyl methyl chloride
CAS号：610-57-1
GHS标签信号词及象形图：警告

危险性类别：易燃固体，类别2
主要危险性及次要危险性：第4.1项危险
　　物——易燃固体
联合国编号（UN No.）：1325
正式运输名称：有机易燃固体，未另作规
　　定的
包装类别：Ⅲ

616　1,5-二硝基萘

别名：—
英文名：1,5-dinitronaphthalene
CAS号：605-71-0
GHS标签信号词及象形图：危险

危险性类别：易燃固体，类别1
主要危险性及次要危险性：第4.1项危险
　　物——易燃固体
联合国编号（UN No.）：1325
正式运输名称：有机易燃固体，未另作规
　　定的
包装类别：Ⅱ

617　1,8-二硝基萘

别名：—

英文名：1,8-dinitronaphthalene

CAS 号：602-38-0

GHS 标签信号词及象形图：危险

危险性类别：易燃固体，类别 1

主要危险性及次要危险性：第 4.1 项危险物——易燃固体

联合国编号（UN No.）：1325

正式运输名称：有机易燃固体，未另作规定的

包装类别：Ⅱ

618　2,4-二硝基萘酚

别名：—

英文名：2,4-dinitro-1-naphthol

CAS 号：605-69-6

GHS 标签信号词及象形图：警告

危险性类别：危害水生环境-急性危害，类别 1

危害水生环境-长期危害，类别 1

主要危险性及次要危险性：第 9 类危险物——杂项危险物质和物品

联合国编号（UN No.）：3077

正式运输名称：对环境有害的固态物质，未另作规定的

包装类别：Ⅲ

619　2,4-二硝基萘酚钠

别名：马汀氏黄；色淀黄

英文名：2,4-dinitro-1-naphthol sodium salt；martius yellow；naphthol yellow

CAS 号：887-79-6

GHS 标签信号词及象形图：危险

危险性类别：易燃固体，类别 1

主要危险性及次要危险性：第 4.1 项危险物——易燃固体

联合国编号（UN No.）：1325

正式运输名称：有机易燃固体，未另作规定的

包装类别：Ⅱ

620　2,7-二硝基芴

别名：—

英文名：2,7-dinitrofluorene

CAS 号：5405-53-8

GHS 标签信号词及象形图：警告

危险性类别：易燃固体，类别 2

主要危险性及次要危险性：第 4.1 项危险物——易燃固体

联合国编号（UN No.）：1325

正式运输名称：有机易燃固体，未另作规定的

包装类别：Ⅲ

621　二硝基重氮苯酚（按质量含水或乙醇和水的混合物不低于 40%）

别名：重氮二硝基苯酚

英文名：diazodinitrophenol, wetted with not less than 40% water, or mixture of alcoholand water, by mass

CAS 号：4682-03-5

GHS 标签信号词及象形图：危险

危险性类别：爆炸物，1.1 项

主要危险性及次要危险性：第 1.1 项危险物——有整体爆炸危险的物质和物品

联合国编号（UN No.）：0074

正式运输名称：二硝基重氮苯酚，湿的，按质量含水不低于 40%

包装类别：满足Ⅱ类包装要求

622   1,2-二溴-3-丁酮

别名：—
英文名：1,2-dibromobutan-3-one
CAS 号：25109-57-3
GHS 标签信号词及象形图：警告

危险性类别：易燃液体，类别 3
主要危险性及次要危险性：第 6.1 项危险
　　物——毒性物质
联合国编号（UN No.）：2648
正式运输名称：1,2-二溴-3-丁酮
包装类别：Ⅱ

623   3,5-二溴-4-羟基苄腈

别名：溴苯腈
英文名：3,5-dibromo-4-hydroxybenzonitrile;
　　bromoxynil phenol; bromoxynil
CAS 号：1689-84-5
GHS 标签信号词及象形图：危险

危险性类别：急性毒性-经口，类别 3 *
　　急性毒性-吸入，类别 2 *
　　皮肤致敏物，类别 1
　　生殖毒性，类别 2
　　危害水生环境-急性危害，类别 1
　　危害水生环境-长期危害，类别 1
主要危险性及次要危险性：第 6.1 项危险
　　物——毒性物质
联合国编号（UN No.）：2811
正式运输名称：有机毒性固体，未另作规
　　定的
包装类别：Ⅱ

624   1,2-二溴苯

别名：邻二溴苯

英文名：1,2-dibromobenzene; *m*-dibromo-
　　benzene
CAS 号：583-53-9
GHS 标签信号词及象形图：警告

危险性类别：皮肤腐蚀/刺激，类别 2 *
　　危害水生环境-急性危害，类别 2
　　危害水生环境-长期危害，类别 2
主要危险性及次要危险性：第 9 类危险物——
　　杂项危险物质和物品
联合国编号（UN No.）：3082
正式运输名称：对环境有害的液态物质，未
　　另作规定的
包装类别：Ⅲ

625   2,4-二溴苯胺

别名：　—
英文名：2,4-dibromoaniline
CAS 号：615-57-6
GHS 标签信号词及象形图：危险

危险性类别：急性毒性-经口，类别 3
　　皮肤腐蚀/刺激，类别 2
　　严重眼损伤/眼刺激，类别 2
　　特异性靶器官毒性-一次接触，类别 3（呼
　　吸道刺激）
主要危险性及次要危险性：第 6.1 项危险
　　物——毒性物质
联合国编号（UN No.）：2811
正式运输名称：有机毒性固体，未另作规
　　定的
包装类别：Ⅲ

626   2,5-二溴苯胺

别名：—
英文名：2,5-dibromoaniline
CAS 号：3638-73-1

GHS 标签信号词及象形图：危险

危险性类别：急性毒性-经口，类别 3
皮肤腐蚀/刺激，类别 2
严重眼损伤/眼刺激，类别 2
特异性靶器官毒性-一次接触，类别 3（呼吸道刺激）
主要危险性及次要危险性：第 6.1 项危险物——毒性物质
联合国编号（UN No.）：2811
正式运输名称：有机毒性固体，未另作规定的
包装类别：Ⅲ

627　1,2-二溴丙烷

别名：—
英文名：1,2-dibromopropane
CAS 号：78-75-1
GHS 标签信号词及象形图：警告

危险性类别：易燃液体，类别 3
危害水生环境-急性危害，类别 2
危害水生环境-长期危害，类别 2
主要危险性及次要危险性：第 3 类危险物——易燃液体
联合国编号（UN No.）：1993
正式运输名称：易燃液体，未另作规定的
包装类别：Ⅲ

628　二溴二氟甲烷

别名：二氟二溴甲烷
英文名：dibromodifluoromethane；difluorodibromomethane
CAS 号：75-61-6
GHS 标签信号词及象形图：警告

危险性类别：特异性靶器官毒性-一次接触，类别 2
主要危险性及次要危险性：第 9 类危险物——杂项危险物质和物品
联合国编号（UN No.）：1941
正式运输名称：二溴二氟甲烷
包装类别：Ⅲ

629　二溴甲烷

别名：二溴化亚甲基
英文名：dibromomethane；methylene dibromide
CAS 号：74-95-3
GHS 标签信号词及象形图：无
危险性类别：危害水生环境-长期危害，类别 3
主要危险性及次要危险性：第 6.1 项危险物——毒性物质
联合国编号（UN No.）：2664
正式运输名称：二溴甲烷
包装类别：Ⅲ

630　1,2-二溴乙烷

别名：亚乙基二溴；二溴化乙烯
英文名：1,2-dibromoethane；ethylene dibromide
CAS 号：106-93-4
GHS 标签信号词及象形图：危险

危险性类别：急性毒性-经口，类别 3 *
急性毒性-经皮，类别 3 *
急性毒性-吸入，类别 3 *
皮肤腐蚀/刺激，类别 2
严重眼损伤/眼刺激，类别 2
致癌性，类别 1B
特异性靶器官毒性-一次接触，类别 3（呼吸道刺激）
危害水生环境-急性危害，类别 2
危害水生环境-长期危害，类别 2
主要危险性及次要危险性：第 6.1 项危险

物——毒性物质

联合国编号（**UN No.**）：1605

正式运输名称：二溴化乙烯（亚乙基二溴）

包装类别：Ⅰ

631　二溴异丙烷

别名：—

英文名：1,3-dibromopropane

CAS 号：—

GHS 标签信号词及象形图：危险

危险性类别：易燃液体，类别3

特异性靶器官毒性-一次接触，类别1

特异性靶器官毒性-反复接触，类别2

危害水生环境-急性危害，类别2

危害水生环境-长期危害，类别2

主要危险性及次要危险性：第3类危险物——易燃液体

联合国编号（**UN No.**）：1993

正式运输名称：易燃液体，未另作规定的

包装类别：Ⅲ

632　N,N'-二亚硝基-N,N'-二甲基对苯二酰胺

别名：—

英文名：N,N'-dinitroso-N,N'-dimethyl terephthalamide

CAS 号：133-55-1

GHS 标签信号词及象形图：危险

危险性类别：自反应物质和混合物，C 型

主要危险性及次要危险性：第 4.1 项危险物——自反应物质

联合国编号（**UN No.**）：3224

正式运输名称：C 型自反应固体

包装类别：满足 Ⅱ 类包装要求

633　二亚硝基苯

别名：—

英文名：dinitrosobenzene

CAS 号：25550-55-4

GHS 标签信号词及象形图：危险

危险性类别：爆炸物，1.3 项

主要危险性及次要危险性：第 1.3 项危险物——有燃烧危险并有局部爆炸或局部迸射危险或这两种危险都有、但无整体爆炸危险的物质和物品

联合国编号（**UN No.**）：0477

正式运输名称：爆炸性物品，未另作规定的

包装类别：满足 Ⅱ 类包装要求

634　2,4-二亚硝基间苯二酚

别名：1,3-二羟基-2,4-二亚硝基苯

英文名：2,4-dinitrosoresorcinol；1,3-dihydroxy-2,4-dinitrosobenzene

CAS 号：118-02-5

GHS 标签信号词及象形图：危险

危险性类别：易燃固体，类别1

主要危险性及次要危险性：第 4.1 项危险物——易燃固体

联合国编号（**UN No.**）：1325

正式运输名称：有机易燃固体，未另作规定的

包装类别：Ⅱ

635　N,N'-二亚硝基五亚甲基四胺（减敏的）

别名：发泡剂 H

英文名：N,N'-dinitrosopentamethylene tetramine，with phlegmatizer；foamer H

CAS 号：101-25-7

GHS 标签信号词及象形图：危险

危险性类别：自反应物质和混合物，C 型
主要危险性及次要危险性：第 4.1 项 危 险
物——自反应物质
联合国编号（UN No.）：3224
正式运输名称：C 型自反应固体
包装类别：满足 Ⅱ 类包装要求

636 二亚乙基三胺

别名：—
英文名：diethylenetriamine；2，2′-iminodieth-
ylamine
CAS 号：111-40-0
GHS 标签信号词及象形图：危险

危险性类别：皮肤腐蚀/刺激，类别 1B
严重眼损伤/眼刺激，类别 1
皮肤致敏物，类别 1
主要危险性及次要危险性：第 8 类危险物——
腐蚀性物质
联合国编号（UN No.）：2079
正式运输名称：二亚乙基三胺
包装类别：Ⅱ

637 二氧化氮

别名：—
英文名：nitrogen dioxide
CAS 号：10102-44-0
GHS 标签信号词及象形图：危险

危险性类别：氧化性气体，类别 1
加压气体
急性毒性-吸入，类别 2 *
皮肤腐蚀/刺激，类别 1B

严重眼损伤/眼刺激，类别 1
特异性靶器官毒性--一次接触，类别 3（呼
吸道刺激）
主要危险性及次要危险性：第 2.3 类 危 险
物——毒性气体；第 5.1 项危险物——氧
化性物质；第 8 类危险物——腐蚀性物质
联合国编号（UN No.）：1067
正式运输名称：四氧化二氮（二氧化氮）
包装类别：不适用

638 二氧化丁二烯

别名：双环氧乙烷
英文名：butadiene dioxide；bisoxirane
CAS 号：298-18-0
GHS 标签信号词及象形图：危险

危险性类别：急性毒性-经口，类别 3
急性毒性-经皮，类别 2
急性毒性-吸入，类别 2
主要危险性及次要危险性：第 6.1 项 危 险
物——毒性物质
联合国编号（UN No.）：2810
正式运输名称：有机毒性液体，未另作规
定的
包装类别：Ⅱ

639 二氧化硫

别名：亚硫酸酐
英文名：sulphur dioxide；sulfurous acid an-
hydride
CAS 号：7446-09-5
GHS 标签信号词及象形图：危险

危险性类别：加压气体
急性毒性-吸入，类别 3
皮肤腐蚀/刺激，类别 1B
严重眼损伤/眼刺激，类别 1

主要危险性及次要危险性：第 2.3 类危险物——毒性气体；第 8 类危险物——腐蚀性物质

联合国编号（UN No.）：1079

正式运输名称：二氧化硫

包装类别：不适用

640   二氧化氯

别名：—

英文名：chlorine dioxide

CAS 号：10049-04-4

GHS 标签信号词及象形图：危险

危险性类别：氧化性气体，类别 1
加压气体
急性毒性-吸入，类别 2*
皮肤腐蚀/刺激，类别 1B
严重眼损伤/眼刺激，类别 1
特异性靶器官毒性-一次接触，类别 3（呼吸道刺激）
危害水生环境-急性危害，类别 1

主要危险性及次要危险性：第 2.3 类危险物——毒性气体；第 5.1 项危险物——氧化性物质；第 8 类危险物——腐蚀性物质

联合国编号（UN No.）：3306

正式运输名称：压缩气体，毒性，氧化性，腐蚀性，未另作规定的

包装类别：不适用

641   二氧化铅

别名：过氧化铅

英文名：lead dioxide；lead peroxide

CAS 号：1309-60-0

GHS 标签信号词及象形图：危险

危险性类别：氧化性固体，类别 3
皮肤腐蚀/刺激，类别 2
严重眼损伤/眼刺激，类别 2A
致癌性，类别 1B
生殖毒性，类别 1A
特异性靶器官毒性-一次接触，类别 1
特异性靶器官毒性-反复接触，类别 1

主要危险性及次要危险性：第 5.1 项危险物——氧化性物质

联合国编号（UN No.）：1872

正式运输名称：二氧化铅

包装类别：Ⅲ

642   二氧化碳（压缩的或液化的）

别名：碳酸酐

英文名：carbon dioxide, compressed or liquid；carbonic anhydride

CAS 号：124-38-9

GHS 标签信号词及象形图：警告

危险性类别：加压气体
特异性靶器官毒性-一次接触，类别 3（麻醉效应）

主要危险性及次要危险性：第 2.2 类危险物——非易燃无毒气体

联合国编号（UN No.）：1013

正式运输名称：二氧化碳

包装类别：不适用

643   二氧化碳和环氧乙烷混合物

别名：二氧化碳和氧化乙烯混合物

英文名：ethylene oxide and carbon dioxide mixtures

CAS 号：—

GHS 标签信号词及象形图：危险

危险性类别：易燃气体，类别 1

加压气体

生殖细胞致突变性，类别 1B

致癌性，类别 1A

特异性靶器官毒性-一次接触，类别 3（呼吸道刺激）

主要危险性及次要危险性：第 2.1 类危险物——易燃气体

联合国编号（UN No.）：1041

正式运输名称：环氧乙烷和二氧化碳混合物，环氧乙烷含量 9%～87%

包装类别：不适用

644 二氧化碳和氧气混合物

别名：—

英文名：carbon dioxide and oxygen mixtures

CAS 号：—

GHS 标签信号词及象形图：警告

危险性类别：加压气体

主要危险性及次要危险性：第 2.2 类危险物——非易燃无毒气体

联合国编号（UN No.）：1956

正式运输名称：压缩气体，未另作规定的

包装类别：不适用

645 二氧化硒

别名：亚硒酐

英文名：selenium dioxide

CAS 号：7446-08-4

GHS 标签信号词及象形图：危险

危险性类别：急性毒性-经口，类别 2

严重眼损伤/眼刺激，类别 2

特异性靶器官毒性-一次接触，类别 1

特异性靶器官毒性-反复接触，类别 1

危害水生环境-急性危害，类别 1

危害水生环境-长期危害，类别 1

主要危险性及次要危险性：第 6.1 项危险物——毒性物质

联合国编号（UN No.）：3283

正式运输名称：硒化合物，固态，未另作规定的

包装类别：Ⅱ

646 1,3-二氧戊环

别名：二氧戊环；乙二醇缩甲醛

英文名：1,3-dioxolane；dioxolame；ethylene glycol formal

CAS 号：646-06-0

GHS 标签信号词及象形图：危险

危险性类别：易燃液体，类别 2

主要危险性及次要危险性：第 3 类危险物——易燃液体

联合国编号（UN No.）：1166

正式运输名称：二氧戊环

包装类别：Ⅱ

647 1,4-二氧杂环己烷

别名：二噁烷；1,4-二氧己环

英文名：1,4-dioxane；dioxane；1,4-diethylene dioxide

CAS 号：123-91-1

GHS 标签信号词及象形图：危险

危险性类别：易燃液体，类别 2

严重眼损伤/眼刺激，类别 2

致癌性，类别 2

特异性靶器官毒性-一次接触，类别 3（呼吸道刺激）

主要危险性及次要危险性：第 3 类危险物——易燃液体

联合国编号（UN No.）：1165

正式运输名称：二噁烷

包装类别：Ⅱ

648   S-[2-(二乙氨基)乙基]-O,O-二乙基硫赶磷酸酯

别名：胺吸磷

英文名：S-[2-(diethylamino)ethyl]O,O-diethylphosphorothioate；amiton；metramac

CAS号：78-53-5

GHS标签信号词及象形图：危险

危险性类别：急性毒性-经口，类别1

主要危险性及次要危险性：第 6.1 项危险物——毒性物质

联合国编号（UN No.）：3018/2810

正式运输名称：液态有机磷农药，毒性/有机毒性液体，未另作规定的

包装类别：Ⅰ

649   N-二乙氨基乙基氯

别名：2-氯乙基二乙胺

英文名：N-diethylaminoethyl chloride；N-(2-chloroethyl) diethylamine

CAS号：100-35-6

GHS标签信号词及象形图：危险

危险性类别：急性毒性-经口，类别2
急性毒性-经皮，类别1

主要危险性及次要危险性：第 6.1 项危险物——毒性物质

联合国编号（UN No.）：2810

正式运输名称：有机毒性液体，未另作规定的

包装类别：Ⅰ

650   二乙胺

别名：—

英文名：diethylamine

CAS号：109-89-7

GHS标签信号词及象形图：危险

危险性类别：易燃液体，类别2
皮肤腐蚀/刺激，类别1A
严重眼损伤/眼刺激，类别1
特异性靶器官毒性-一次接触，类别3（呼吸道刺激）

主要危险性及次要危险性：第3类危险物——易燃液体；第8类危险物——腐蚀性物质

联合国编号（UN No.）：1154

正式运输名称：二乙胺

包装类别：Ⅱ

651   二乙二醇二硝酸酯
（含不挥发、不溶于水的减敏剂≥25%）

别名：二甘醇二硝酸酯

英文名：diethyleneglycol dinitrate with not less than 25% non-volatile, water-insoluble phlegmatiser, by mass；oxydiethylene dinitrate；diethylene glycol dinitrate；digol dinitrate；diglycol dinitrate

CAS号：693-21-0

GHS标签信号词及象形图：危险

危险性类别：爆炸物，1.1项
急性毒性-经口，类别2*
急性毒性-经皮，类别1
急性毒性-吸入，类别2*
特异性靶器官毒性-反复接触，类别2*
危害水生环境-长期危害，类别3

主要危险性及次要危险性：第 1.1 项危险物——有整体爆炸危险的物质和物品

联合国编号（UN No.）：0075

正式运输名称：二甘醇二硝酸酯，减敏的，按质量含有不低于25%不挥发/不溶于水的减敏剂

包装类别：满足Ⅱ类包装要求

652　N,N-二乙基-1,3-丙二胺

别名：N,N-二乙基-1,3-二氨基丙烷；3-二乙氨基丙胺

英文名：N,N-diethyl-1,3-diaminopropane；3-aminopropyldiethylamine

CAS号：104-78-9

GHS标签信号词及象形图：危险

危险性类别：易燃液体，类别3
皮肤腐蚀/刺激，类别1B
严重眼损伤/眼刺激，类别1
皮肤致敏物，类别1

主要危险性及次要危险性：第3类危险物——易燃液体；第8类危险物——腐蚀性物质

联合国编号（UN No.）：2684

正式运输名称：3-二乙氨基丙胺

包装类别：Ⅲ

653　N,N-二乙基-1-萘胺

别名：N,N-二乙基-α-萘胺

英文名：N,N-diethyl-1-naphthylamine；N,N-diethyl-α-naphthylamine

CAS号：84-95-7

GHS标签信号词及象形图：无

危险性类别：危害水生环境-急性危害，类别2
危害水生环境-长期危害，类别2

主要危险性及次要危险性：第9类危险物——杂项危险物质和物品

联合国编号（UN No.）：3082

正式运输名称：对环境有害的液态物质，未另作规定的

包装类别：Ⅲ

654　O,O-二乙基-N-(1,3-二硫戊环-2-亚基)磷酰胺（含量＞15％）

别名：2-(二乙氧基磷酰亚氨基)-1,3-二硫戊环；硫环磷

英文名：diethyl 1,3-dithiolan-2-ylidenephosphoramidate（more than 15％）；phosfolan；cyolane

CAS号：947-02-4

GHS标签信号词及象形图：危险

危险性类别：急性毒性-经口，类别2*
急性毒性-经皮，类别1

主要危险性及次要危险性：第6.1项危险物——毒性物质

联合国编号（UN No.）：2783/2811 △

正式运输名称：固态有机磷农药，毒性/有机毒性固体，未另作规定的 △

包装类别：Ⅰ

655　O,O-二乙基-N-(4-甲基-1,3-二硫戊环-2-亚基)磷酰胺（含量＞5％）

别名：二乙基(4-甲基-1,3-二硫戊环-2-亚氨基)磷酸酯；地胺磷

英文名：diethyl 4-methyl-1,3-dithiolan-2-ylidenephosphoramidate（more than 5％）；mephosfolan；cytrolane

CAS号：950-10-7

GHS标签信号词及象形图：危险

危险性类别：急性毒性-经口，类别2*
急性毒性-经皮，类别1
危害水生环境-急性危害，类别2
危害水生环境-长期危害，类别2

主要危险性及次要危险性：第6.1项危险物——毒性物质

联合国编号（UN No.）：3018/2810 △

正式运输名称：液态有机磷农药，毒性/有机
　　毒性液体，未另作规定的△

包装类别：Ⅰ

656 　O,O-二乙基-N-1,3-二噻丁环-2-亚基磷酰胺

别名：丁硫环磷

英文名：diethyl 1,3-dithietan-2-ylidenephos-phoramidate；fosthietan

CAS号：21548-32-3

GHS标签信号词及象形图：危险

危险性类别：急性毒性-经口，类别2*
　　急性毒性-经皮，类别1

主要危险性及次要危险性：第 6.1 项 危 险
　　物——毒性物质

联合国编号（UN No.）：3018/2810 △

正式运输名称：液态有机磷农药，毒性/有机
　　毒性液体，未另作规定的 △

包装类别：Ⅰ

657 　O,O-二乙基-O-(2,2-二氯-1-β-氯乙氧基乙烯基)磷酸酯

别名：彼氧磷

英文名：O,O-diethyl-O-(2,2-dichloro-1-beta-chloroethoxyvinyl）phosphate；phosphinon；phosthenon

CAS号：67329-01-5

GHS标签信号词及象形图：危险

危险性类别：急性毒性-经口，类别2

主要危险性及次要危险性：第 6.1 项 危 险
　　物——毒性物质

联合国编号（UN No.）：3018/2810 △

正式运输名称：液态有机磷农药，毒性/有机
　　毒性液体，未另作规定的 △

包装类别：Ⅱ

658 　O,O-二乙基-O-(2-乙硫基乙基)硫代磷酸酯与O,O-二乙基-S-(2-乙硫基乙基)硫代磷酸酯的混合物（含量＞3%）

别名：内吸磷

英文名：O,O-diethyl-O-（2-ethylthioethyl）phosphorothioate and O,O-diethyl-S-(2-ethylthio-ethyl) thio ester mixture（more than 3%）；demeton

CAS号：8065-48-3

GHS标签信号词及象形图：危险

危险性类别：急性毒性-经口，类别2*
　　急性毒性-经皮，类别1
　　危害水生环境-急性危害，类别1

主要危险性及次要危险性：第 6.1 项 危 险
　　物——毒性物质

联合国编号（UN No.）：3018/2810 △

正式运输名称：液态有机磷农药，毒性/有机
　　毒性液体，未另作规定的 △

包装类别：Ⅰ

659 　O,O-二乙基-O-(3-氯-4-甲基香豆素-7-基)硫代磷酸酯

别名：蝇毒磷

英文名：O-(3-chloro-4-methylcoumarin -7-yl) O,O-diethyl phosphorothioate；asuntol；meldane；coumaphos

CAS号：56-72-4

GHS标签信号词及象形图：危险

危险性类别：急性毒性-经口，类别2*
　　危害水生环境-急性危害，类别1
　　危害水生环境-长期危害，类别1

主要危险性及次要危险性：第 6.1 项 危 险
　　物——毒性物质

联合国编号（UN No.）：2783/2811 △

正式运输名称：固态有机磷农药，毒性/有机毒性固体，未另作规定的 △

包装类别：Ⅱ

660　*O,O*-二乙基-*O*-(4-甲基香豆素基-7)硫代磷酸酯

别名：扑杀磷

英文名：*O,O*-diethyl-*O*-(4-methylcoumarin-7-yl)phosphorothioate；potasan

CAS号：299-45-6

GHS标签信号词及象形图：危险

危险性类别：急性毒性-经口，类别2*
　　急性毒性-经皮，类别1
　　急性毒性-吸入，类别2*
　　危害水生环境-急性危害，类别1
　　危害水生环境-长期危害，类别1

主要危险性及次要危险性：第6.1项危险物——毒性物质

联合国编号（UN No.）：3018/2810 △

正式运输名称：液态有机磷农药，毒性/有机毒性液体，未另作规定的 △

包装类别：Ⅰ

661　*O,O*-二乙基-*O*-(4-硝基苯基)磷酸酯

别名：对氧磷

英文名：*O,O*-diethyl-*O*-(4-nitrophenyl)phosphate；paraoxon

CAS号：311-45-5

GHS标签信号词及象形图：危险

危险性类别：急性毒性-经口，类别1
　　急性毒性-经皮，类别1
　　危害水生环境-急性危害，类别1
　　危害水生环境-长期危害，类别1

主要危险性及次要危险性：第6.1项危险

物——毒性物质

联合国编号（UN No.）：3018/2810 △

正式运输名称：液态有机磷农药，毒性/有机毒性液体，未另作规定的 △

包装类别：Ⅰ

662　*O,O*-二乙基-*O*-(4-硝基苯基)硫代磷酸酯（含量>4%）

别名：对硫磷

英文名：*O,O*-diethyl *O*-4-nitrophenyl phosphorothioate（more than 4%）；parathion；ethyl parathion；thiophos

CAS号：56-38-2

GHS标签信号词及象形图：危险

危险性类别：急性毒性-经口，类别2*
　　急性毒性-经皮，类别3*
　　急性毒性-吸入，类别2*
　　特异性靶器官毒性-反复接触，类别1
　　危害水生环境-急性危害，类别1
　　危害水生环境-长期危害，类别1

主要危险性及次要危险性：第6.1项危险物——毒性物质

联合国编号（UN No.）：3018/2810 △

正式运输名称：液态有机磷农药，毒性/有机毒性液体，未另作规定的△

包装类别：Ⅱ

663　*O,O*-二乙基-*O*-(4-溴-2,5-二氯苯基)硫代磷酸酯

别名：乙基溴硫磷

英文名：*O*-4-bromo-2,5-dichlorophenyl *O,O*-diethyl phosphorothioate；bromophos-ethyl

CAS号：4824-78-6

GHS标签信号词及象形图：危险

危险性类别：急性毒性-经口，类别3*

危害水生环境-急性危害，类别 1
危害水生环境-长期危害，类别 1

主要危险性及次要危险性： 第 6.1 项危险物——毒性物质

联合国编号（UN No.）： 3018/2810 △

正式运输名称： 液态有机磷农药，毒性/有机毒性液体，未另作规定的 △

包装类别： Ⅲ

664 O,O-二乙基-O-(6-二乙胺次甲基-2,4-二氯)苯基硫代磷酰酯盐酸盐

别名： —

英文名： O,O-diethyl-O-(6-diethylaminomethylene-2,4-dichloro)phenylphosphorathioate hydrochloric acid salt；dededeab-206

CAS 号：

GHS 标签信号词及象形图： 危险

危险性类别： 急性毒性-经口，类别 2

主要危险性及次要危险性： 第 6.1 项危险物——毒性物质

联合国编号（UN No.）： 3018/2810 △

正式运输名称： 液态有机磷农药，毒性/有机毒性液体，未另作规定的 △

包装类别： Ⅱ

665 O,O-二乙基-O-[2-氯-1-(2,4-二氯苯基)乙烯基]磷酸酯（含量＞20％）

别名： 2-氯-1-(2,4-二氯苯基)乙烯基二乙基磷酸酯；毒虫畏

英文名： 2-chloro-1-(2,4-dichlorophenyl) vinyl diethyl phosphate（more than 20％）；chlofenvinphos；vinylphate；SD-7859

CAS 号： 470-90-6

GHS 标签信号词及象形图： 危险

危险性类别： 急性毒性-经口，类别 2 *

急性毒性-经皮，类别 3 *
危害水生环境-急性危害，类别 1
危害水生环境-长期危害，类别 1

主要危险性及次要危险性： 第 6.1 项危险物——毒性物质

联合国编号（UN No.）： 3018/2810 △

正式运输名称： 液态有机磷农药，毒性/有机毒性液体，未另作规定的△

包装类别： Ⅱ

666 O,O-二乙基-O-2,5-二氯-4-甲硫基苯基硫代磷酸酯

别名： O-[2,5-二氯-4-(甲硫基)苯基]-O,O-二乙基硫代磷酸酯；虫螨磷

英文名： O-2,5-dichlorophenyl-4-methylthiophenyl O,O-diethyl phosphorothioate；chlorthiophos

CAS 号： 21923-23-9；60238-56-4

GHS 标签信号词及象形图： 危险

危险性类别： 急性毒性-经口，类别 3 *

急性毒性-经皮，类别 2 *
危害水生环境-急性危害，类别 1
危害水生环境-长期危害，类别 1

主要危险性及次要危险性： 第 6.1 项危险物——毒性物质

联合国编号（UN No.）： 3018/2810 △

正式运输名称： 液态有机磷农药，毒性/有机毒性液体，未另作规定的 △

包装类别： Ⅱ

667 O,O-二乙基-O-2-吡嗪基硫代磷酸酯（含量＞5％）

别名： 虫线磷

英文名： O,O-diethyl O-pyrazin-2-yl phosphorothioate（more than 5％）；thionazin；zinophos，nemafos

CAS 号： 297-97-2

GHS 标签信号词及象形图： 危险

危险性类别：急性毒性-经口，类别 2 *
急性毒性-经皮，类别 1

主要危险性及次要危险性：第 6.1 项 危 险
物——毒性物质

联合国编号（UN No.）：3018/2810 △

正式运输名称：液态有机磷农药，毒性/有机
毒性液体，未另作规定的 △

包装类别：Ⅰ

668　O,O-二乙基-O-喹噁啉-2-基硫代磷酸酯

别名：喹硫磷

英文名：O,O-diethyl-O-quinoxalin-2-yl phos-
phorothioate；quinalphos；bayrusil；ekalux

CAS 号：13593-03-8

GHS 标签信号词及象形图：危险

危险性类别：急性毒性-经口，类别 3
急性毒性-经皮，类别 3
危害水生环境-急性危害，类别 1
危害水生环境-长期危害，类别 1

主要危险性及次要危险性：第 6.1 项 危 险
物——毒性物质

联合国编号（UN No.）：2783/2811 △

正式运输名称：固态有机磷农药，毒性/有机
毒性固体，未另作规定的 △

包装类别：Ⅲ

669　O,O-二乙基-S-(2,5-二氯苯硫基甲基)二硫代磷酸酯

别名：芬硫磷

英文名：S-(2,5-dichlorophenylthiomethyl)
O,O-diethyl phosphorodithioate；phen-
kapton

CAS 号：2275-14-1

GHS 标签信号词及象形图：危险

危险性类别：急性毒性-经口，类别 3 *
急性毒性-经皮，类别 3 *
急性毒性-吸入，类别 3 *
危害水生环境-急性危害，类别 1
危害水生环境-长期危害，类别 1

主要危险性及次要危险性：第 6.1 项 危 险
物——毒性物质

联合国编号（UN No.）：3018/2810 △

正式运输名称：液态有机磷农药，毒性/有机
毒性液体，未另作规定的 △

包装类别：Ⅲ

670　O,O-二乙基-S-(2-氯-1-酞酰亚氨基乙基)二硫代磷酸酯

别名：氯亚胺硫磷

英文名：2-chloro-1-phthalimidoethyl O,O-di-
ethyl phosphorodithioate；dialifos

CAS 号：10311-84-9

GHS 标签信号词及象形图：危险

危险性类别：急性毒性-经口，类别 2 *
急性毒性-经皮，类别 3 *
危害水生环境-急性危害，类别 1
危害水生环境-长期危害，类别 1

主要危险性及次要危险性：第 6.1 项 危 险
物——毒性物质

联合国编号（UN No.）：3018/2810 △

正式运输名称：液态有机磷农药，毒性/有机
毒性液体，未另作规定的 △

包装类别：Ⅱ

671　O,O-二乙基-S-(2-乙基亚磺酰基乙基)二硫代磷酸酯

别名：砜拌磷

英文名：O,O-diethyl S-2-ethylsulphinylethyl
phosphorodithioate；oxydisulfoton

CAS 号：2497-07-6

GHS 标签信号词及象形图：危险

危险性类别：急性毒性-经口，类别 2 *

急性毒性-经皮，类别 3 *

危害水生环境-急性危害，类别 1

危害水生环境-长期危害，类别 1

主要危险性及次要危险性：第 6.1 项危险物——毒性物质

联合国编号（UN No.）：3018/2810 △

正式运输名称：液态有机磷农药，毒性/有机毒性液体，未另作规定的 △

包装类别：Ⅱ

672　O,O-二乙基-S-(2-乙硫基乙基)二硫代磷酸酯（含量＞15%）

别名：乙拌磷

英文名：O,O-diethyl 2-ethylthioethyl phosphorodithioate（more than 15%）；disulfoton；dithiodemeton

CAS 号：298-04-4

GHS 标签信号词及象形图：危险

危险性类别：急性毒性-经口，类别 2 *

急性毒性-经皮，类别 1

危害水生环境-急性危害，类别 1

危害水生环境-长期危害，类别 1

主要危险性及次要危险性：第 6.1 项危险物——毒性物质

联合国编号（UN No.）：2783/2811 △

正式运输名称：固态有机磷农药，毒性/有机毒性固体，未另作规定的 △

包装类别：Ⅰ

673　O,O-二乙基-S-(4-甲基亚磺酰基苯基)硫代磷酸酯（含量＞4%）

别名：丰索磷

英文名：O,O-diethyl O-4-methylsulfinylphenyl phosphorothioate（more than 4%）；fensulfothion

CAS 号：115-90-2

GHS 标签信号词及象形图：危险

危险性类别：急性毒性-经口，类别 2 *

急性毒性-经皮，类别 1

危害水生环境-急性危害，类别 1

危害水生环境-长期危害，类别 1

主要危险性及次要危险性：第 6.1 项危险物——毒性物质

联合国编号（UN No.）：3018/2810 △

正式运输名称：液态有机磷农药，毒性/有机毒性液体，未另作规定的 △

包装类别：Ⅰ

674　O,O-二乙基-S-(4-氯苯硫基甲基)二硫代磷酸酯

别名：三硫磷

英文名：4-chlorophenylthiomethyl O,O-diethyl phosphorodithioate；carbophenothion

CAS 号：786-19-6

GHS 标签信号词及象形图：危险

危险性类别：急性毒性-经口，类别 3 *

急性毒性-经皮，类别 3 *

危害水生环境-急性危害，类别 1

危害水生环境-长期危害，类别 1

主要危险性及次要危险性：第 6.1 项危险物——毒性物质

联合国编号（UN No.）：3018/2810 △

正式运输名称：液态有机磷农药，毒性/有机毒性液体，未另作规定的 △

包装类别：Ⅲ

675　O,O-二乙基-S-(对硝基苯基)硫代磷酸酯

别名：硫代磷酸-O,O-二乙基-S-(4-硝基苯

基）酯

英文名：*O*,*O*-diethyl-*S*-(*p*-nitrophenyl)phosphate；parathion *S*,*S*-phenyl parathion；phosphorothioic acid，*O*,*O*-diethyl-*S*-(4-nitrophenyl)ester

CAS 号：3270-86-8

GHS 标签信号词及象形图：危险

危险性类别：急性毒性-经口，类别 1

主要危险性及次要危险性：第 6.1 项 危 险 物——毒性物质

联合国编号（UN No.）：2810

正式运输名称：有机毒性液体，未另作规定的

包装类别：Ⅰ

676　*O*,*O*-二乙基-*S*-(乙硫基甲基)二硫代磷酸酯

别名：甲拌磷

英文名：*O*,*O*-diethyl ethylthiomethyl phosphorodithioate；phorate；cyanamid-3911

CAS 号：298-02-2

GHS 标签信号词及象形图：危险

危险性类别：急性毒性-经口，类别 2＊
　　急性毒性-经皮，类别 1
　　危害水生环境-急性危害，类别 1
　　危害水生环境-长期危害，类别 1

主要危险性及次要危险性：第 6.1 项 危 险 物——毒性物质

联合国编号（UN No.）：3018/2810 △

正式运输名称：液态有机磷农药，毒性/有机毒性液体，未另作规定的 △

包装类别：Ⅰ

677　*O*,*O*-二乙基-*S*-(异丙基氨基甲酰甲基)二硫代磷酸酯（含量＞15％）

别名：发硫磷

英文名：*O*,*O*-diethyl isopropylcarbamoylmethyl phosphorodithioate（more than 15％）；prothoate

CAS 号：2275-18-5

GHS 标签信号词及象形图：危险

危险性类别：急性毒性-经口，类别 2＊
　　急性毒性-经皮，类别 1
　　危害水生环境-长期危害，类别 3

主要危险性及次要危险性：第 6.1 项 危 险 物——毒性物质

联合国编号（UN No.）：2783/2811 △

正式运输名称：固态有机磷农药，毒性/有机毒性固体，未另作规定的 △

包装类别：Ⅰ

678　*O*,*O*-二乙基-*S*-[*N*-(1-氰基-1-甲基乙基)氨基甲酰甲基]硫代磷酸酯

别名：*S*-{2-[(1-氰基-1-甲基乙基)氨基]-2-氧代乙基}-*O*,*O*-二乙基硫代磷酸酯；果虫磷

英文名：*S*-[*N*-(1-cyano-1-methylethyl) carbamoylmethyl] *O*,*O*-diethyl phosphorothioate；*S*-{2-[(1-cyano-1-methylethyl)amino]-2-oxoethyl}-*O*,*O*-diethyl phosphorothioate；cyanthoate

CAS 号：3734-95-0

GHS 标签信号词及象形图：危险

危险性类别：急性毒性-经口，类别 2＊
　　急性毒性-经皮，类别 3＊

主要危险性及次要危险性：第 6.1 项 危 险 物——毒性物质

联合国编号（UN No.）：3018/2810 △

正式运输名称：液态有机磷农药，毒性/有机毒性液体，未另作规定的 △

包装类别：Ⅱ

679　*O*,*O*-二乙基-*S*-氯甲基二硫代磷酸酯（含量＞15％）

别名：氯甲硫磷

英文名：*S*-chloromethyl *O*,*O*-diethyl phosphorodithioate（more than 15%）；chlormephos

CAS 号：24934-91-6

GHS 标签信号词及象形图：危险

危险性类别：急性毒性-经口，类别 2＊
急性毒性-经皮，类别 1
危害水生环境-急性危害，类别 1
危害水生环境-长期危害，类别 1

主要危险性及次要危险性：第 6.1 项 危 险物——毒性物质

联合国编号（UN No.）：3018/2810 △

正式运输名称：液态有机磷农药，毒性/有机毒性液体，未另作规定的 △

包装类别：Ⅰ

680   *O*,*O*-二乙基-*S*-叔丁基硫甲基二硫代磷酸酯

别名：特丁硫磷

英文名：*S-tert*-butylthiomethyl *O*,*O*-diethylphosphorodithioate；terbufos

CAS 号：13071-79-9

GHS 标签信号词及象形图：危险

危险性类别：急性毒性-经口，类别 2＊
急性毒性-经皮，类别 1
危害水生环境-急性危害，类别 1
危害水生环境-长期危害，类别 1

主要危险性及次要危险性：第 6.1 项 危 险物——毒性物质

联合国编号（UN No.）：3018/2810 △

正式运输名称：液态有机磷农药，毒性/有机毒性液体，未另作规定的 △

包装类别：Ⅰ

681   *O*,*O*-二乙基-*S*-乙基亚磺酰基甲基二硫代磷酸酯

别名：甲拌磷亚砜

英文名：*O*,*O*-diethyl-*S*-（ethyl sulfoxidomethyl）dithiophosphate emulsion；thimet sulfonoxide；3911 sulfoxide emulsion

CAS 号：2588-03-6

GHS 标签信号词及象形图：危险

危险性类别：急性毒性-经口，类别 1

主要危险性及次要危险性：第 6.1 项 危 险物——毒性物质

联合国编号（UN No.）：3018/2810 △

正式运输名称：液态有机磷农药，毒性/有机毒性液体，未另作规定的 △

包装类别：Ⅰ

682   1-二乙基氨基-4-氨基戊烷

别名：2-氨基-5-二乙基氨基戊烷；*N'*,*N'*-二乙基-1,4-戊二胺；2-氨基-5-二乙氨基戊烷

英文名：1-diethylamino-4-aminopentane；2-amino-5-diethylamino pentane；*N'*,*N'*-diethyl-1,4-pentanediamine

CAS 号：140-80-7

GHS 标签信号词及象形图：危险

危险性类别：皮肤腐蚀/刺激，类别 1
严重眼损伤/眼刺激，类别 1

主要危险性及次要危险性：第 6.1 项 危 险物——毒性物质

联合国编号（UN No.）：2946

正式运输名称：2-氨基-5-二乙氨基戊烷

包装类别：Ⅲ

683   二乙基氨基氰

别名：氰化二乙胺

英文名：diethyl cyanamide；cyanodiethylamide

CAS 号：617-83-4

GHS 标签信号词及象形图：危险

危险性类别：急性毒性-经口，类别 3
急性毒性-经皮，类别 3
急性毒性-吸入，类别 2
皮肤腐蚀/刺激，类别 2
严重眼损伤/眼刺激，类别 2
特异性靶器官毒性-一次接触，类别 3（呼吸道刺激）
主要危险性及次要危险性：第 6.1 项危险物——毒性物质
联合国编号（UN No.）：2810
正式运输名称：有机毒性液体，未另作规定的
包装类别：Ⅱ

684　1,2-二乙基苯

别名：邻二乙基苯
英文名：1,2-diethylbenzene；*o*-diethylbenzene
CAS 号：135-01-3
GHS 标签信号词及象形图：警告

危险性类别：易燃液体，类别 3
严重眼损伤/眼刺激，类别 2
特异性靶器官毒性-反复接触，类别 2
危害水生环境-长期危害，类别 3
主要危险性及次要危险性：第 3 类危险物——易燃液体
联合国编号（UN No.）：2049
正式运输名称：二乙基苯
包装类别：Ⅲ

685　1,3-二乙基苯

别名：间二乙基苯
英文名：1,3-diethylbenzene；*m*-diethylbenzene
CAS 号：141-93-5
GHS 标签信号词及象形图：警告

危险性类别：易燃液体，类别 3
严重眼损伤/眼刺激，类别 2
危害水生环境-急性危害，类别 2
危害水生环境-长期危害，类别 2
主要危险性及次要危险性：第 3 类危险物——易燃液体
联合国编号（UN No.）：2049
正式运输名称：二乙基苯
包装类别：Ⅲ

686　1,4-二乙基苯

别名：对二乙基苯
英文名：1,4-diethylbenzene；*p*-diethylbenzene
CAS 号：105-05-5
GHS 标签信号词及象形图：警告

危险性类别：易燃液体，类别 3
皮肤腐蚀/刺激，类别 2
严重眼损伤/眼刺激，类别 2
危害水生环境-急性危害，类别 2
危害水生环境-长期危害，类别 2
主要危险性及次要危险性：第 3 类危险物——易燃液体
联合国编号（UN No.）：2049
正式运输名称：二乙基苯
包装类别：Ⅲ

687　N,N-二乙基苯胺

别名：二乙氨基苯
英文名：N,N-diethylaniline；diethylamino-benzene
CAS 号：91-66-7
GHS 标签信号词及象形图：危险

危险性类别：急性毒性-经口，类别 3 *
急性毒性-经皮，类别 3 *
急性毒性-吸入，类别 3 *
特异性靶器官毒性-反复接触，类别 2 *
危害水生环境-急性危害，类别 2
危害水生环境-长期危害，类别 2

主要危险性及次要危险性：第 6.1 项危险物——毒性物质

联合国编号（UN No.）：2432

正式运输名称：N,N-二乙基苯胺

包装类别：Ⅲ

688　N-(2,6-二乙基苯基)-N-甲氧基甲基氯乙酰胺

别名：甲草胺

英文名：2-chloro-2′,6′-diethyl-N-(methoxy-methyl)acetanilide；alachlor；lasso；otraxal

CAS 号：15972-60-8

GHS 标签信号词及象形图：警告

危险性类别：皮肤致敏物，类别 1
危害水生环境-急性危害，类别 1
危害水生环境-长期危害，类别 1

主要危险性及次要危险性：第 9 类危险物——杂项危险物质和物品

联合国编号（UN No.）：3077

正式运输名称：对环境有害的固态物质，未另作规定的

包装类别：Ⅲ

689　N,N-二乙基对甲苯胺

别名：4-(二乙氨基)甲苯

英文名：N,N-diethyl-p-toluidine；4-(diethylamino)toluene

CAS 号：613-48-9

GHS 标签信号词及象形图：警告

危险性类别：皮肤腐蚀/刺激，类别 2
严重眼损伤/眼刺激，类别 2

主要危险性及次要危险性：—

联合国编号（UN No.）：非危

正式运输名称：—

包装类别：—

690　N,N-二乙基二硫代氨基甲酸-2-氯烯丙基酯

别名：菜草畏

英文名：2-chloroallyl N,N-dimethyldithiocarbamate；sulfallate

CAS 号：95-06-7

GHS 标签信号词及象形图：警告

危险性类别：危害水生环境-急性危害，类别 1
危害水生环境-长期危害，类别 1

主要危险性及次要危险性：第 9 类危险物——杂项危险物质和物品

联合国编号（UN No.）：3082

正式运输名称：对环境有害的液态物质，未另作规定的

包装类别：Ⅲ

691　二乙基二氯硅烷

别名：二氯二乙基硅烷

英文名：diethyldichlorosilane；dichlorodiethylsilane

CAS 号：1719-53-5

GHS 标签信号词及象形图：危险

危险性类别：易燃液体，类别 2
皮肤腐蚀/刺激，类别 1
严重眼损伤/眼刺激，类别 1

主要危险性及次要危险性：第 8 类危险物——腐蚀性物质；第 3 类危险物——易燃液体

联合国编号（UN No.）：1767

正式运输名称：二乙基二氯硅烷

包装类别：Ⅱ

692 二乙基汞

别名：二乙汞

英文名：diethylmercury

CAS 号：627-44-1

GHS 标签信号词及象形图：危险

危险性类别：急性毒性-经口，类别 2 *

急性毒性-经皮，类别 1

急性毒性-吸入，类别 2 *

特异性靶器官毒性-反复接触，类别 2 *

危害水生环境-急性危害，类别 1

危害水生环境-长期危害，类别 1

主要危险性及次要危险性：第 6.1 项危险物——毒性物质

联合国编号（UN No.）：2024

正式运输名称：液态汞化合物，未另作规定的

包装类别：Ⅰ

693 1,2-二乙基肼

别名：二乙基肼（不对称）

英文名：1,2-diethyl hydrazine；diethylhydrazine（asymmetry）

CAS 号：1615-80-1

GHS 标签信号词及象形图：警告

危险性类别：易燃液体，类别 3

致癌性，类别 2

生殖毒性，类别 2

主要危险性及次要危险性：第 3 类危险物——易燃液体

联合国编号（UN No.）：1993

正式运输名称：易燃液体，未另作规定的

包装类别：Ⅲ

694 N,N-二乙基邻甲苯胺

别名：2-（二乙氨基）甲苯

英文名：N,N-diethyl-o-toluidine；2-(diethyl-amino)toluene

CAS 号：2728-04-3

GHS 标签信号词及象形图：警告

危险性类别：皮肤腐蚀/刺激，类别 2

严重眼损伤/眼刺激，类别 2

主要危险性及次要危险性：—

联合国编号（UN No.）：非危

正式运输名称：—

包装类别：—

695 O,O'-二乙基硫代磷酰氯

别名：二乙基硫代磷酰氯

英文名：O,O'-diethyl phosphorochloridithioate；diethylthiophosphoryl chloride

CAS 号：2524-04-1

GHS 标签信号词及象形图：危险

危险性类别：急性毒性-经皮，类别 3

急性毒性-吸入，类别 2

皮肤腐蚀/刺激，类别 1B

严重眼损伤/眼刺激，类别 1

危害水生环境-急性危害，类别 2

危害水生环境-长期危害，类别 2

主要危险性及次要危险性：第 8 类危险物——腐蚀性物质

联合国编号（UN No.）：2751

正式运输名称：二乙基硫代磷酰氯

包装类别：Ⅱ

696 二乙基镁

别名：—

英文名：diethyl magnesium

CAS 号：557-18-6

GHS 标签信号词及象形图：危险

危险性类别：自燃固体，类别 1

　　遇水放出易燃气体的物质和混合物，类别 1

主要危险性及次要危险性：第 4.2 项危险
　　物——易于自燃的物质；第 4.3 项危险
　　物——遇水放出易燃气体的物质

联合国编号（UN No.）：3394

正式运输名称：液态有机金属物质，发火，
　　遇水反应

包装类别：Ⅰ

697　二乙基硒

别名：—

英文名：diethyl selenide

CAS 号：627-53-2

GHS 标签信号词及象形图：危险

危险性类别：易燃液体，类别 2

　　急性毒性-经口，类别 3

　　急性毒性-经皮，类别 3

　　特异性靶器官毒性-反复接触，类别 2

　　危害水生环境-急性危害，类别 1

　　危害水生环境-长期危害，类别 1

主要危险性及次要危险性：第 3 类危险物——
　　易燃液体；第 6.1 项危险物——毒性物质

联合国编号（UN No.）：1992

正式运输名称：易燃液体，毒性，未另作规
　　定的

包装类别：Ⅱ

698　二乙基锌

别名：—

英文名：diethylzinc

CAS 号：557-20-0

GHS 标签信号词及象形图：危险

危险性类别：自燃液体，类别 1

　　遇水放出易燃气体的物质和混合物，类别 1

　　皮肤腐蚀/刺激，类别 1B

　　严重眼损伤/眼刺激，类别 1

　　危害水生环境-急性危害，类别 1

　　危害水生环境-长期危害，类别 1

主要危险性及次要危险性：第 4.2 项危险
　　物——易于自燃的物质；第 4.3 项危险
　　物——遇水放出易燃气体的物质

联合国编号（UN No.）：3394

正式运输名称：液态有机金属物质，发火，
　　遇水反应

包装类别：Ⅰ

699　N,N-二乙基亚乙基二胺

别名：N,N-二乙基乙二胺

英文名：N,N-diethylethylenediamine

CAS 号：100-36-7

GHS 标签信号词及象形图：危险

危险性类别：易燃液体，类别 3

　　急性毒性-经皮，类别 3

　　皮肤腐蚀/刺激，类别 1

　　严重眼损伤/眼刺激，类别 1

主要危险性及次要危险性：第 8 类危险物——
　　腐蚀性物质；第 3 类危险物——易燃液体

联合国编号（UN No.）：2685

正式运输名称：N,N-二乙基亚乙基二胺

包装类别：Ⅱ

700　N,N-二乙基乙醇胺

别名：2-（二乙氨基）乙醇

英文名：N,N-diethylethanolamine；2-dieth-
　　ylaminoethanol

CAS 号：100-37-8

GHS 标签信号词及象形图：危险

危险性类别：易燃液体，类别 3
皮肤腐蚀/刺激，类别 1B
严重眼损伤/眼刺激，类别 1
特异性靶器官毒性-一次接触，类别 3（呼吸道刺激）
主要危险性及次要危险性：第 8 类危险物——腐蚀性物质；第 3 类危险物——易燃液体
联合国编号（UN No.）：2686
正式运输名称：2-二乙氨基乙醇
包装类别：Ⅱ

701 二乙硫醚

别名：硫代乙醚；二乙硫
英文名：diethyl sulphide；thioethyl ether；ethyl sulfide
CAS 号：352-93-2
GHS 标签信号词及象形图：危险

危险性类别：易燃液体，类别 2
皮肤腐蚀/刺激，类别 2
严重眼损伤/眼刺激，类别 2B
主要危险性及次要危险性：第 3 类危险物——易燃液体
联合国编号（UN No.）：2375
正式运输名称：二乙硫醚（二乙硫）
包装类别：Ⅱ

702 二乙烯基醚（稳定的）

别名：乙烯基醚
英文名：divinyl ether, stabilized；vingl ether, stabilized
CAS 号：109-93-3
GHS 标签信号词及象形图：危险

危险性类别：易燃液体，类别 1
主要危险性及次要危险性：第 3 类危险物——易燃液体
联合国编号（UN No.）：1167
正式运输名称：二乙烯基醚，稳定的
包装类别：Ⅰ

703 3,3-二乙氧基丙烯

别名：丙烯醛二乙缩醛；二乙基缩醛丙烯醛
英文名：3,3-diethoxypropene；acrolein diethylacetal；diethylacetal acrolein
CAS 号：3054-95-3
GHS 标签信号词及象形图：危险

危险性类别：易燃液体，类别 2
主要危险性及次要危险性：第 3 类危险物——易燃液体
联合国编号（UN No.）：2374
正式运输名称：3,3-二乙氧基丙烯
包装类别：Ⅱ

704 二乙氧基甲烷

别名：甲醛缩二乙醇；二乙醇缩甲醛
英文名：diethoxymethane；diethyl formal
CAS 号：462-95-3
GHS 标签信号词及象形图：危险

危险性类别：易燃液体，类别 2
急性毒性-经皮，类别 3
主要危险性及次要危险性：第 3 类危险物——易燃液体
联合国编号（UN No.）：2373
正式运输名称：二乙氧基甲烷

包装类别：Ⅱ

705   1,1-二乙氧基乙烷

别名：亚乙基二乙基醚；二乙醇缩乙醛；乙
　　　缩醛

英文名：1，1-diethoxyethane；ethylidene diethyl
　　　ether；diethylacetal；acetal

CAS 号：105-57-7

GHS 标签信号词及象形图：危险

危险性类别：易燃液体，类别 2
　　　皮肤腐蚀/刺激，类别 2
　　　严重眼损伤/眼刺激，类别 2

主要危险性及次要危险性：第 3 类危险物——
　　　易燃液体

联合国编号（UN No.）：1088

正式运输名称：乙缩醛

包装类别：Ⅱ

706   二异丙胺

别名：—

英文名：diisopropylamine

CAS 号：108-18-9

GHS 标签信号词及象形图：危险

危险性类别：易燃液体，类别 2
　　　皮肤腐蚀/刺激，类别 1B
　　　严重眼损伤/眼刺激，类别 1
　　　特异性靶器官毒性-一次接触，类别 3（呼
　　　吸道刺激）

主要危险性及次要危险性：第 3 类危险物——
　　　易燃液体；第 8 类危险物——腐蚀性物质

联合国编号（UN No.）：1158

正式运输名称：二异丙胺

包装类别：Ⅱ

707   二异丙醇胺

别名：2,2′-二羟基二丙胺

英文名：diisopropanolamine；1,1′-iminod-
　　　ipropan-2-ol

CAS 号：110-97-4

GHS 标签信号词及象形图：警告

危险性类别：严重眼损伤/眼刺激，类别 2

主要危险性及次要危险性：—

联合国编号（UN No.）：非危

正式运输名称：—

包装类别：—

708   O,O-二异丙基-S-(2-苯磺酰氨基)乙基二硫代磷酸酯

别名：S-2-苯磺酰基氨基乙基-O,O-二异丙基
　　　二硫代磷酸酯；地散磷

英文名：O,O-diisopropyl 2-phenylsulphonyl-
　　　aminoethyl phosphorodithioate；bensulide

CAS 号：741-58-2

GHS 标签信号词及象形图：警告

危险性类别：危害水生环境-急性危害，类
　　　别 1
　　　危害水生环境-长期危害，类别 1

主要危险性及次要危险性：第 9 类危险物——
　　　杂项危险物质和物品

联合国编号（UN No.）：3077

正式运输名称：对环境有害的固态物质，未
　　　另作规定的

包装类别：Ⅲ

709   二异丙基二硫代磷酸锑

别名：—

英文名：anitimony diisopropyl dithio phos-
　　　phate

CAS 号：—

GHS 标签信号词及象形图：无

危险性类别：危害水生环境-急性危害，类别2
　　危害水生环境-长期危害，类别2
主要危险性及次要危险性：第9类危险物——
　　杂项危险物质和物品
联合国编号（UN No.）：3077
正式运输名称：对环境有害的固态物质，未
　　另作规定的
包装类别：Ⅲ

710　N,N-二异丙基乙胺

别名：N-乙基二异丙胺
英文名：N,N-diisopropylethylamine；N-eth-
　　yldiisopropylamine
CAS号：7087-68-5
GHS标签信号词及象形图：危险

危险性类别：易燃液体，类别2
　　皮肤腐蚀/刺激，类别1
　　严重眼损伤/眼刺激，类别1
主要危险性及次要危险性：第3类危险物——
　　易燃液体；第8类危险物——腐蚀性物质
联合国编号（UN No.）：2924
正式运输名称：易燃液体，腐蚀性，未另作
　　规定的
包装类别：Ⅱ

711　N,N-二异丙基乙醇胺

别名：N,N-二异丙氨基乙醇
英文名：N,N-diisopropylethanolamine；N,
　　N-diisopropylaminoethanol
CAS号：96-80-0
GHS标签信号词及象形图：危险

危险性类别：皮肤腐蚀/刺激，类别1
　　严重眼损伤/眼刺激，类别1
主要危险性及次要危险性：第8类危险物——
　　腐蚀性物质
联合国编号（UN No.）：1760
正式运输名称：腐蚀性液体，未另作规定的
包装类别：Ⅲ

712　二异丁胺

别名：—
英文名：diisobutylamine
CAS号：110-96-3
GHS标签信号词及象形图：危险

危险性类别：易燃液体，类别3
　　急性毒性-经口，类别3
　　急性毒性-经皮，类别2
　　急性毒性-吸入，类别1
主要危险性及次要危险性：第3类危险物——
　　易燃液体；第8类危险物——腐蚀性物质
联合国编号（UN No.）：2361
正式运输名称：二异丁胺
包装类别：Ⅲ

713　二异丁基酮

别名：2,6-二甲基-4-庚酮
英文名：di-isobutyl ketone；2,6-dimethyl-4-
　　heptanone；2,6-dimethylheptan-4-one
CAS号：108-83-8
GHS标签信号词及象形图：警告

危险性类别：易燃液体，类别3
　　特异性靶器官毒性-一次接触，类别3（呼
　　吸道刺激）
主要危险性及次要危险性：第3类危险物——
　　易燃液体
联合国编号（UN No.）：1157

正式运输名称：二异丁酮

包装类别：Ⅲ

714　二异戊醚

别名：—

英文名：diisoamyl ether

CAS 号：544-01-4

GHS 标签信号词及象形图：警告

危险性类别：易燃液体，类别 3

　　危害水生环境-急性危害，类别 2

　　危害水生环境-长期危害，类别 2

主要危险性及次要危险性：第 3 类危险物——

　　易燃液体

联合国编号（UN No.）：3271/1993 △

正式运输名称：醚类，未另作规定的/易燃液

　　体，未另作规定的 △

包装类别：Ⅲ

715　二异辛基磷酸

别名：酸式磷酸二异辛酯

英文名：diisooctyl acid phosphate; acid di-

　　isooctyl phosphate

CAS 号：27215-10-7

GHS 标签信号词及象形图：危险

危险性类别：皮肤腐蚀/刺激，类别 1

　　严重眼损伤/眼刺激，类别 1

主要危险性及次要危险性：第 8 类危险物——

　　腐蚀性物质

联合国编号（UN No.）：1902

正式运输名称：酸式磷酸二异辛酯

包装类别：Ⅲ

716　二正丙胺

别名：二丙胺

英文名：dipropylamine

CAS 号：142-84-7

GHS 标签信号词及象形图：危险

危险性类别：易燃液体，类别 2

　　皮肤腐蚀/刺激，类别 1A

　　严重眼损伤/眼刺激，类别 1

　　特异性靶器官毒性-一次接触，类别 3（呼

　　吸道刺激）

主要危险性及次要危险性：第 3 类危险物——

　　易燃液体；第 8 类危险物——腐蚀性物质

联合国编号（UN No.）：2383

正式运输名称：二丙胺

包装类别：Ⅱ

717　二正丙基过氧重碳酸酯
（含量≤100％）

别名：—

英文名：di-*n*-propyl peroxydicarbonate（not

　　more than 100％）

CAS 号：16066-38-9

GHS 标签信号词及象形图：危险

危险性类别：有机过氧化物，C 型

主要危险性及次要危险性：第 5.2 项危险

　　物——有机过氧化物

联合国编号（UN No.）：3103

正式运输名称：液态 C 型有机过氧化物

包装类别：满足Ⅱ类包装要求

二正丙基过氧重碳酸酯
（含量≤77％，含 B 型稀释剂≥23％）

别名：—

英文名：di-*n*-propyl peroxydicarbonate（not

　　more than 77％，and diluent type B not less

　　than 23％）

CAS 号：16066-38-9

GHS 标签信号词及象形图：危险

危险性类别：有机过氧化物，C 型

主要危险性及次要危险性：第 5.2 项 危 险 物——有机过氧化物

联合国编号（UN No.）：3113

正式运输名称：液态 C 型有机过氧化物，控制温度的

包装类别：满足 Ⅱ 类包装要求

718　二正丁胺

别名：二丁胺

英文名：di-*n*-butylamine

CAS 号：111-92-2

GHS 标签信号词及象形图：危险

危险性类别：易燃液体，类别 3

　　急性毒性-经皮，类别 3

　　急性毒性-吸入，类别 2

　　皮肤腐蚀/刺激，类别 1A

　　严重眼损伤/眼刺激，类别 1

　　特异性靶器官毒性-一次接触，类别 1

　　危害水生环境-急性危害，类别 2

主要危险性及次要危险性：第 8 类危险物——腐蚀性物质；第 3 类危险物——易燃液体

联合国编号（UN No.）：2248

正式运输名称：二正丁胺

包装类别：Ⅱ

719　N，N-二正丁基氨基乙醇

别名：N，N-二丁基乙醇胺；2-二丁氨基乙醇

英文名：N，N-dibutylethanolamine；N，N-di-*n*-butylaminoethanol；2-dibutylaminoethanol

CAS 号：102-81-8

GHS 标签信号词及象形图：危险

危险性类别：皮肤腐蚀/刺激，类别 1

　　严重眼损伤/眼刺激，类别 1

　　特异性靶器官毒性-一次接触，类别 2

　　特异性靶器官毒性-一次接触，类别 3（呼吸道刺激）

　　特异性靶器官毒性-反复接触，类别 2

　　危害水生环境-长期危害，类别 3

主要危险性及次要危险性：第 6.1 项 危 险 物——毒性物质

联合国编号（UN No.）：2873

正式运输名称：二丁氨基乙醇

包装类别：Ⅲ

720　二正丁基过氧重碳酸酯
（含量≤27%，含 B 型稀释剂≥73%）

别名：—

英文名：di-*n*-butyl peroxydicarbonate（not more than 27%，and diluent type B not less than 73%）

CAS 号：16215-49-9

GHS 标签信号词及象形图：警告

危险性类别：有机过氧化物，E 型

主要危险性及次要危险性：第 5.2 项 危 险 物——有机过氧化物

联合国编号（UN No.）：3117

正式运输名称：液态 E 型有机过氧化物，控制温度的

包装类别：满足 Ⅱ 类包装要求

二正丁基过氧重碳酸酯（27%＜含量≤52%，含 B 型稀释剂≥48%）

别名：—

英文名：di-*n*-butyl peroxydicarbonate（more than 27% but not more than 52%，and diluent type B not less than 48%）

CAS 号：16215-49-9

GHS 标签信号词及象形图：危险

危险性类别：有机过氧化物，D 型

主要危险性及次要危险性：第 5.2 项危险物——有机过氧化物

联合国编号（UN No.）：3115

正式运输名称：液态 D 型有机过氧化物，控制温度的

包装类别：满足 Ⅱ 类包装要求

二正丁基过氧重碳酸酯

[含量≤42%，在水（冷冻）中稳定弥散]

别名：—

英文名：di-*n*-butyl peroxydicarbonate（not more than 42% as a stable dispersion in water（frozen））

CAS 号：16215-49-9

GHS 标签信号词及象形图：警告

危险性类别：有机过氧化物，E 型

主要危险性及次要危险性：第 5.2 项危险物——有机过氧化物

联合国编号（UN No.）：3118

正式运输名称：液态 E 型有机过氧化物，控制温度的

包装类别：满足 Ⅱ 类包装要求

721　二正戊胺

别名：二戊胺

英文名：di-*n*-amylamine

CAS 号：2050-92-2

GHS 标签信号词及象形图：危险

危险性类别：易燃液体，类别 3

急性毒性-经口，类别 3

急性毒性-经皮，类别 3

皮肤腐蚀/刺激，类别 1C

严重眼损伤/眼刺激，类别 1

主要危险性及次要危险性：第 3 类危险物——易燃液体；第 6.1 项危险物——毒性物质

联合国编号（UN No.）：2841

正式运输名称：二正戊胺

包装类别：Ⅲ

722　二仲丁胺

别名：—

英文名：di-*sec*-butylamine

CAS 号：626-23-3

GHS 标签信号词及象形图：警告

危险性类别：易燃液体，类别 3

危害水生环境-急性危害，类别 2

主要危险性及次要危险性：第 3 类危险物——易燃液体

联合国编号（UN No.）：1993

正式运输名称：易燃液体，未另作规定的

包装类别：Ⅲ

723　发烟硫酸

别名：硫酸和三氧化硫的混合物；焦硫酸

英文名：oleum

CAS 号：8014-95-7

GHS 标签信号词及象形图：危险

危险性类别：皮肤腐蚀/刺激，类别 1A

严重眼损伤/眼刺激，类别 1

特异性靶器官毒性--一次接触，类别 3（呼吸道刺激）

主要危险性及次要危险性：第 8 类危险物——腐蚀性物质；第 6.1 项危险物——毒性物质

联合国编号（UN No.）：1831

正式运输名称：发烟硫酸

包装类别：Ⅰ

724　发烟硝酸

别名：—

英文名：nitric acid，fuming

CAS 号：52583-42-3

GHS 标签信号词及象形图：危险

危险性类别：氧化性液体，类别 1

　　皮肤腐蚀/刺激，类别 1

　　严重眼损伤/眼刺激，类别 1

主要危险性及次要危险性：第 8 类危险物——腐蚀性物质；第 5.1 项危险物——氧化性物质；第 6.1 项危险物——毒性物质

联合国编号（UN No.）：2032

正式运输名称：硝酸，发红烟的

包装类别：Ⅰ

725　钒酸铵钠

别名：—

英文名：sodium ammonium vanadate

CAS 号：12055-09-3

GHS 标签信号词及象形图：危险

危险性类别：急性毒性-经口，类别 3

　　急性毒性-吸入，类别 3

主要危险性及次要危险性：第 6.1 项危险物——毒性物质

联合国编号（UN No.）：2863

正式运输名称：钒酸铵钠

包装类别：Ⅱ

726　钒酸钾

别名：钒酸三钾

英文名：potassium vanadate

CAS 号：14293-78-8

GHS 标签信号词及象形图：危险

危险性类别：急性毒性-经口，类别 2

　　急性毒性-经皮，类别 1

　　急性毒性-吸入，类别 2

主要危险性及次要危险性：第 6.1 项危险物——毒性物质

联合国编号（UN No.）：3288

正式运输名称：无机毒性固体，未另作规定的

包装类别：Ⅰ

727　放线菌素

别名：—

英文名：actinomycin；oncostatin

CAS 号：1402-38-6

GHS 标签信号词及象形图：危险

危险性类别：急性毒性-经口，类别 2 *

主要危险性及次要危险性：第 6.1 项危险物——毒性物质

联合国编号（UN No.）：3249

正式运输名称：固态医药，毒性，未另作规定的

包装类别：Ⅱ

728　放线菌素 D

别名：　　—

英文名：actinomycin D；dactinomycin D

CAS 号：50-76-0

GHS 标签信号词及象形图：危险

危险性类别：急性毒性-经口，类别 2

主要危险性及次要危险性：第 6.1 项危险

物——毒性物质

联合国编号（UN No.）：3249

正式运输名称：固态医药，毒性，未另作规定的

包装类别：Ⅱ

729　呋喃

别名：氧杂茂

英文名：furan；furfurane

CAS号：110-00-9

GHS标签信号词及象形图：危险

危险性类别：易燃液体，类别1

皮肤腐蚀/刺激，类别2

生殖细胞致突变性，类别2

致癌性，类别2

特异性靶器官毒性-反复接触，类别2*

危害水生环境-长期危害，类别3

主要危险性及次要危险性：第3类危险物——易燃液体

联合国编号（UN No.）：2389

正式运输名称：呋喃

包装类别：Ⅰ

730　2-呋喃甲醇

别名：糠醇

英文名：2-furfuryl alcohol

CAS号：98-00-0

GHS标签信号词及象形图：危险

危险性类别：急性毒性-经口，类别3

急性毒性-经皮，类别3

急性毒性-吸入，类别2

严重眼损伤/眼刺激，类别2

特异性靶器官毒性-一次接触，类别3（呼吸道刺激）

特异性靶器官毒性-反复接触，类别2*

主要危险性及次要危险性：第 6.1 项危险物——毒性物质

联合国编号（UN No.）：2874

正式运输名称：糠醇

包装类别：Ⅲ

731　呋喃甲酰氯

别名：氯化呋喃甲酰

英文名：furoyl chloride；furancarbonyl chloride

CAS号：527-69-5

GHS标签信号词及象形图：危险

危险性类别：皮肤腐蚀/刺激，类别1

严重眼损伤/眼刺激，类别1

主要危险性及次要危险性：第8类危险物——腐蚀性物质

联合国编号（UN No.）：3265

正式运输名称：有机酸性腐蚀性液体，未另作规定的

包装类别：Ⅲ

732　氟

别名：—

英文名：fluorine

CAS号：7782-41-4

GHS标签信号词及象形图：危险

危险性类别：氧化性气体，类别1

加压气体

急性毒性-吸入，类别2*

皮肤腐蚀/刺激，类别1A

严重眼损伤/眼刺激，类别1

主要危险性及次要危险性：第 2.3 类危险物——毒性气体；第 5.1 项危险物——氧化性物质；第8类危险物——腐蚀性物质

联合国编号（UN No.）：1045

正式运输名称：压缩氟
包装类别：不适用

733 1-氟-2,4-二硝基苯

别名：2,4-二硝基-1-氟苯
英文名：1-fluoro-2,4-dinitrobenzene；2,4-dinitro-1-fluorobenzene
CAS 号：70-34-8
GHS 标签信号词及象形图：警告

危险性类别：皮肤腐蚀/刺激，类别 2
　　皮肤致敏物，类别 1
主要危险性及次要危险性：—
联合国编号（UN No.）：非危
正式运输名称：—
包装类别：—

734 2-氟苯胺

别名：邻氟苯胺；邻氨基氟化苯
英文名：2-fluoroaniline；o-fluoroaniline；o-aminofluorobenzene
CAS 号：348-54-9
GHS 标签信号词及象形图：警告

危险性类别：易燃液体，类别 3
　　皮肤腐蚀/刺激，类别 2
　　严重眼损伤/眼刺激，类别 2A
　　特异性靶器官毒性-一次接触，类别 3（呼吸道刺激）
　　危害水生环境-长期危害，类别 3
主要危险性及次要危险性：第 6.1 项危险物——毒性物质
联合国编号（UN No.）：2941
正式运输名称：氟苯胺
包装类别：Ⅲ

735 3-氟苯胺

别名：间氟苯胺；间氨基氟化苯
英文名：3-fluoroaniline；m-fluoroaniline；m-aminofluorobenzene
CAS 号：372-19-0
GHS 标签信号词及象形图：警告

危险性类别：皮肤腐蚀/刺激，类别 2
　　严重眼损伤/眼刺激，类别 2A
　　特异性靶器官毒性-一次接触，类别 3（呼吸道刺激）
　　危害水生环境-长期危害，类别 3
主要危险性及次要危险性：第 6.1 项危险物——毒性物质
联合国编号（UN No.）：2941
正式运输名称：氟苯胺
包装类别：Ⅲ

736 4-氟苯胺

别名：对氟苯胺；对氨基氟化苯
英文名：4-fluoroaniline；p-fluoroaniline；p-aminofluorobenzene
CAS 号：371-40-4
GHS 标签信号词及象形图：警告

危险性类别：皮肤腐蚀/刺激，类别 2
　　严重眼损伤/眼刺激，类别 2A
　　特异性靶器官毒性-一次接触，类别 3（呼吸道刺激）
　　危害水生环境-长期危害，类别 3
主要危险性及次要危险性：第 6.1 项危险物——毒性物质
联合国编号（UN No.）：2941
正式运输名称：氟苯胺
包装类别：Ⅲ

737 氟代苯

别名：氟苯
英文名：phenyl fluoride；fluorobenzene

CAS 号：462-06-6

GHS 标签信号词及象形图：危险

危险性类别：易燃液体，类别 2

严重眼损伤/眼刺激，类别 2A

危害水生环境-急性危害，类别 2

危害水生环境-长期危害，类别 2

主要危险性及次要危险性：第 3 类危险物——易燃液体

联合国编号（UN No.）：2387

正式运输名称：氟苯

包装类别：Ⅱ

738　氟代甲苯

别名：—

英文名：fluorotoluenes

CAS 号：25496-08-6

GHS 标签信号词及象形图：危险

危险性类别：易燃液体，类别 2

主要危险性及次要危险性：第 3 类危险物——易燃液体

联合国编号（UN No.）：1993

正式运输名称：易燃液体，未另作规定的

包装类别：Ⅱ

739　氟锆酸钾

别名：氟化锆钾

英文名：potassium fluorozirconate；yirconium potassium fluoride

CAS 号：16923-95-8

GHS 标签信号词及象形图：危险

危险性类别：急性毒性-经口，类别 3

严重眼损伤/眼刺激，类别 1

主要危险性及次要危险性：第 6.1 项危险物——毒性物质

联合国编号（UN No.）：3288

正式运输名称：无机毒性固体，未另作规定的

包装类别：Ⅲ

740　氟硅酸

别名：硅氟酸

英文名：fluorosilicicacid；hexafluorosilicic acid

CAS 号：16961-83-4

GHS 标签信号词及象形图：危险

危险性类别：皮肤腐蚀/刺激，类别 1B

严重眼损伤/眼刺激，类别 1

主要危险性及次要危险性：第 8 类危险物——腐蚀性物质

联合国编号（UN No.）：1778

正式运输名称：氟硅酸

包装类别：Ⅱ

741　氟硅酸铵

别名：—

英文名：ammonium fluorosilicate

CAS 号：1309-32-6

GHS 标签信号词及象形图：危险

危险性类别：急性毒性-经口，类别 3

急性毒性-经皮，类别 3

急性毒性-吸入，类别 3

主要危险性及次要危险性：第 6.1 项危险物——毒性物质

联合国编号（UN No.）：2856

正式运输名称：氟硅酸盐，未另作规定的

包装类别：Ⅲ

742　氟硅酸钾

别名：—

英文名：potassium fluorosilicates

CAS 号：16871-90-2

GHS 标签信号词及象形图：危险

危险性类别：急性毒性-经口，类别 3 *

急性毒性-经皮，类别 3 *

急性毒性-吸入，类别 3 *

主要危险性及次要危险性：第 6.1 项危险物——毒性物质

联合国编号（UN No.）：2655

正式运输名称：氟硅酸钾

743 氟硅酸钠

别名：—

英文名：sodium fluorosilicates

CAS 号：16893-85-9

GHS 标签信号词及象形图：危险

危险性类别：急性毒性-经口，类别 3 *

急性毒性-经皮，类别 3 *

急性毒性-吸入，类别 3 *

主要危险性及次要危险性：第 6.1 项危险物——毒性物质

联合国编号（UN No.）：2674

正式运输名称：氟硅酸钠

包装类别：Ⅲ

744 氟化铵

别名：—

英文名：ammonium fluoride

CAS 号：12125-01-8

GHS 标签信号词及象形图：危险

危险性类别：急性毒性-经口，类别 3 *

急性毒性-经皮，类别 3 *

急性毒性-吸入，类别 3 *

主要危险性及次要危险性：第 6.1 项危险物——毒性物质

联合国编号（UN No.）：2505

正式运输名称：氟化铵

包装类别：Ⅲ

745 氟化钡

别名：—

英文名：barium fluoride

CAS 号：7787-32-8

GHS 标签信号词及象形图：危险

危险性类别：急性毒性-经口，类别 3

严重眼损伤/眼刺激，类别 2

生殖毒性，类别 2

特异性靶器官毒性-一次接触，类别 3（呼吸道刺激）

特异性靶器官毒性-反复接触，类别 1

主要危险性及次要危险性：第 6.1 项危险物——毒性物质

联合国编号（UN No.）：1564

正式运输名称：钡化合物，未另作规定的

包装类别：Ⅲ

746 氟化锆

别名：—

英文名：zirconium fluoride

CAS 号：7783-64-4

GHS 标签信号词及象形图：危险

危险性类别：皮肤腐蚀/刺激，类别 1

严重眼损伤/眼刺激，类别 1

主要危险性及次要危险性：第 8 类危险物——腐蚀性物质

联合国编号（UN No.）：1759

正式运输名称：腐蚀性固体，未另作规定的

包装类别：Ⅲ

747　氟化镉

别名：—

英文名：cadmium fluoride

CAS 号：7790-79-6

GHS 标签信号词及象形图：危险

危险性类别：急性毒性-经口，类别 3＊

急性毒性-吸入，类别 2＊

生殖细胞致突变性，类别 1B

致癌性，类别 1A

生殖毒性，类别 1B

特异性靶器官毒性-反复接触，类别 1

危害水生环境-急性危害，类别 1

危害水生环境-长期危害，类别 1

主要危险性及次要危险性：第 6.1 项危险物——毒性物质

联合国编号（UN No.）：2570

正式运输名称：镉化合物

包装类别：Ⅱ

748　氟化铬

别名：三氟化铬

英文名：chromic fluoride, solid；chromium trifluoride

CAS 号：7788-97-8

GHS 标签信号词及象形图：危险

危险性类别：皮肤腐蚀/刺激，类别 1

严重眼损伤/眼刺激，类别 1

主要危险性及次要危险性：第 8 类危险物——腐蚀性物质

联合国编号（UN No.）：1756

正式运输名称：固态氟化铬

包装类别：Ⅱ

749　氟化汞

别名：二氟化汞

英文名：mercuric fluoride；mercury difluoride

CAS 号：7783-39-3

GHS 标签信号词及象形图：危险

危险性类别：急性毒性-经口，类别 2＊

急性毒性-经皮，类别 1

急性毒性-吸入，类别 2＊

特异性靶器官毒性-反复接触，类别 2＊

危害水生环境-急性危害，类别 1

危害水生环境-长期危害，类别 1

主要危险性及次要危险性：第 6.1 项危险物——毒性物质

联合国编号（UN No.）：2025

正式运输名称：固态汞化合物，未另作规定的

包装类别：Ⅰ

750　氟化钴

别名：三氟化钴

英文名：cobaltic fluoride；cobalt trifluoride

CAS 号：10026-18-3

GHS 标签信号词及象形图：警告

危险性类别：致癌性，类别 2

主要危险性及次要危险性：—

联合国编号（UN No.）：非危

正式运输名称：—

包装类别：—

751　氟化钾

别名：—

英文名：potassium fluoride

CAS 号：7789-23-3

GHS 标签信号词及象形图：危险

危险性类别：急性毒性-经口，类别 3 ＊

急性毒性-经皮，类别 3 ＊

急性毒性-吸入，类别 3 ＊

危害水生环境-急性危害，类别 2

主要危险性及次要危险性：第 6.1 项危险物——毒性物质

联合国编号（UN No.）：1812

正式运输名称：氟化钾，固态

包装类别：Ⅲ

752　氟化镧

别名：三氟化镧

英文名：lanthanum fluoride；lanthanum trifluoride

CAS 号：13709-38-1

GHS 标签信号词及象形图：警告

危险性类别：皮肤腐蚀/刺激，类别 2

严重眼损伤/眼刺激，类别 2

主要危险性及次要危险性：—

联合国编号（UN No.）：非危

正式运输名称：—

包装类别：—

753　氟化锂

别名：—

英文名：lithium fluoride

CAS 号：7789-24-4

GHS 标签信号词及象形图：危险

危险性类别：急性毒性-经口，类别 3

主要危险性及次要危险性：第 6.1 项危险物——毒性物质

联合国编号（UN No.）：3288

正式运输名称：无机毒性固体，未另作规定的

包装类别：Ⅲ

754　氟化钠

别名：—

英文名：sodium fluoride

CAS 号：7681-49-4

GHS 标签信号词及象形图：危险

危险性类别：急性毒性-经口，类别 3 ＊

皮肤腐蚀/刺激，类别 2

严重眼损伤/眼刺激，类别 2

主要危险性及次要危险性：第 6.1 项危险物——毒性物质

联合国编号（UN No.）：1690

正式运输名称：氟化钠，固态

包装类别：Ⅲ

755　氟化铅

别名：二氟化铅

英文名：lead difluoride；lead fluoride

CAS 号：7783-46-2

GHS 标签信号词及象形图：危险

危险性类别：严重眼损伤/眼刺激，类别 2

致癌性，类别 1B

生殖毒性，类别 1A

特异性靶器官毒性-一次接触，类别 1

特异性靶器官毒性-一次接触，类别 3（呼吸道刺激）

特异性靶器官毒性-反复接触，类别 1

危害水生环境-急性危害，类别 1

危害水生环境-长期危害，类别 1

主要危险性及次要危险性：第 9 类危险物——杂项危险物质和物品

联合国编号（UN No.）：3077

正式运输名称：对环境有害的固态物质，未
　　另作规定的
包装类别：Ⅲ

756　氟化氢（无水）

别名：—
英文名：hydrogen fluoride，anhydrous
CAS 号：7664-39-3
GHS 标签信号词及象形图：危险

危险性类别：急性毒性-经口，类别 2 *
　　急性毒性-经皮，类别 1
　　急性毒性-吸入，类别 2 *
　　皮肤腐蚀/刺激，类别 1A
　　严重眼损伤/眼刺激，类别 1
主要危险性及次要危险性：第 6.1 项危险
　　物——毒性物质；第 8 类危险物——腐蚀
　　性物质
联合国编号（UN No.）：1052
正式运输名称：无水氟化氢
包装类别：Ⅰ

757　氟化氢铵

别名：酸性氟化铵；二氟化氢铵
英文名：ammonium bifluoride；ammonium
hydrogen difluoride
CAS 号：1341-49-7
GHS 标签信号词及象形图：危险

危险性类别：急性毒性-经口，类别 3 *
　　皮肤腐蚀/刺激，类别 1B
　　严重眼损伤/眼刺激，类别 1
主要危险性及次要危险性：第 8 类危险物——
　　腐蚀性物质
联合国编号（UN No.）：1727
正式运输名称：固态二氟化氢铵
包装类别：Ⅱ

758　氟化氢钾

别名：酸性氟化钾；二氟化氢钾
英文名：potassium bifluoride；potassium hy-
drogen difluoride
CAS 号：7789-29-9
GHS 标签信号词及象形图：危险

危险性类别：急性毒性-经口，类别 3 *
　　皮肤腐蚀/刺激，类别 1B
　　严重眼损伤/眼刺激，类别 1
主要危险性及次要危险性：第 8 类危险物——
　　腐蚀性物质；第 6.1 项危险物——毒性
　　物质
联合国编号（UN No.）：1811
正式运输名称：固态二氟化氢钾
包装类别：Ⅱ

759　氟化氢钠

别名：酸性氟化钠；二氟化氢钠
英文名：sodium hydrogenfluoride；sodium bi-
fluoride；sodium hydrogen difluoride
CAS 号：1333-83-1
GHS 标签信号词及象形图：危险

危险性类别：急性毒性-经口，类别 3 *
　　皮肤腐蚀/刺激，类别 1B
　　严重眼损伤/眼刺激，类别 1
主要危险性及次要危险性：第 8 类危险物——
　　腐蚀性物质
联合国编号（UN No.）：2439
正式运输名称：二氟化氢钠
包装类别：Ⅱ

760　氟化铷

别名：—
英文名：rubidium fluoride

CAS 号：13446-74-7

GHS 标签信号词及象形图：警告

危险性类别：皮肤腐蚀/刺激，类别 2
　　严重眼损伤/眼刺激，类别 2
主要危险性及次要危险性：—
联合国编号（UN No.）：非危
正式运输名称：—
包装类别：—

761　氟化铯

别名：—
英文名：cesium fluoride
CAS 号：13400-13-0
GHS 标签信号词及象形图：危险

危险性类别：急性毒性-经口，类别 3
　　急性毒性-经皮，类别 3
　　急性毒性-吸入，类别 3
　　皮肤腐蚀/刺激，类别 1
　　严重眼损伤/眼刺激，类别 1
主要危险性及次要危险性：第 8 类危险物——
　　腐蚀性物质；第 6.1 项危险物——毒性
　　物质
联合国编号（UN No.）：2923
正式运输名称：腐蚀性固体，毒性，未另作
　　规定的
包装类别：Ⅲ

762　氟化铜

别名：二氟化铜
英文名：cupric fluoride
CAS 号：7789-19-7
GHS 标签信号词及象形图：危险

危险性类别：严重眼损伤/眼刺激，类别 2
　　特异性靶器官毒性-一次接触，类别 3（呼
　　吸道刺激）
　　特异性靶器官毒性-反复接触，类别 1
　　危害水生环境-急性危害，类别 1
　　危害水生环境-长期危害，类别 1
主要危险性及次要危险性：第 9 类危险物——
　　杂项危险物质和物品
联合国编号（UN No.）：3077
正式运输名称：对环境有害的固态物质，未
　　另作规定的
包装类别：Ⅲ

763　氟化锌

别名：—
英文名：zinc fluoride
CAS 号：7783-49-5
GHS 标签信号词及象形图：危险

危险性类别：严重眼损伤/眼刺激，类别 2B
　　特异性靶器官毒性-一次接触，类别 3（呼
　　吸道刺激）
　　特异性靶器官毒性-反复接触，类别 1
　　危害水生环境-急性危害，类别 1
　　危害水生环境-长期危害，类别 1
主要危险性及次要危险性：第 9 类危险物——
　　杂项危险物质和物品
联合国编号（UN No.）：3077
正式运输名称：对环境有害的固态物质，未
　　另作规定的
包装类别：Ⅲ

764　氟化亚钴

别名：二氟化钴
英文名：cobaltous fluoride；cobalt（Ⅱ）flu-
　　oride
CAS 号：10026-17-2
GHS 标签信号词及象形图：危险

危险性类别：急性毒性-经口，类别3
致癌性，类别2
主要危险性及次要危险性：第 6.1 项危险
物——毒性物质
联合国编号（UN No.）：3288
正式运输名称：无机毒性固体，未另作规
定的
包装类别：Ⅲ

765　氟磺酸

别名：—
英文名：fluorosulphonic acid
CAS 号：7789-21-1
GHS 标签信号词及象形图：危险

危险性类别：皮肤腐蚀/刺激，类别1A
严重眼损伤/眼刺激，类别1
主要危险性及次要危险性：第 8 类危险物——
腐蚀性物质
联合国编号（UN No.）：1777
正式运输名称：氟磺酸
包装类别：Ⅰ

766　2-氟甲苯

别名：邻氟甲苯；邻甲基氟苯；2-甲基氟苯
英文名：2-fluorotoluene；*o*-fluorotoluene；*o*-
methyl fluorobenzene；2-methyl fluoro-
benzene
CAS 号：95-52-3
GHS 标签信号词及象形图：危险

危险性类别：易燃液体，类别2
主要危险性及次要危险性：第 3 类危险物——
易燃液体

联合国编号（UN No.）：2388
正式运输名称：氟代甲苯
包装类别：Ⅱ

767　3-氟甲苯

别名：间氟甲苯；间甲基氟苯；3-甲基氟苯
英文名：3-fluorotoluene；*m*-fluorotoluene；*m*-
methylfluorobenzene；3-methylfluorobenzene
CAS 号：352-70-5
GHS 标签信号词及象形图：危险

危险性类别：易燃液体，类别2
主要危险性及次要危险性：第 3 类危险物——
易燃液体
联合国编号（UN No.）：2388
正式运输名称：氟代甲苯
包装类别：Ⅱ

768　4-氟甲苯

别名：对氟甲苯；对甲基氟苯；4-甲基氟苯
英文名：4-fluorotoluene；*p*-fluorotoluene；*p*-
methyl fluorobenzene；4-methyl fluorobe-
nzene
CAS 号：352-32-9
GHS 标签信号词及象形图：危险

危险性类别：易燃液体，类别2
主要危险性及次要危险性：第 3 类危险物——
易燃液体
联合国编号（UN No.）：2388
正式运输名称：氟代甲苯
包装类别：Ⅱ

769　氟甲烷

别名：R41；甲基氟
英文名：methyl fluoride；fluoromethane
CAS 号：593-53-3

GHS 标签信号词及象形图：危险

危险性类别：易燃气体，类别 1

加压气体

主要危险性及次要危险性：第 2.1 类危险
物——易燃气体

联合国编号（UN No.）：2454

正式运输名称：甲基氟

包装类别：不适用

770　氟磷酸（无水）

别名：—

英文名：fluorophosphoric acid, anhydrous；
monofluorophosphoric acid

CAS 号：13537-32-1

GHS 标签信号词及象形图：危险

危险性类别：皮肤腐蚀/刺激，类别 1
严重眼损伤/眼刺激，类别 1

主要危险性及次要危险性：第 8 类危险物——
腐蚀性物质

联合国编号（UN No.）：1776

正式运输名称：无水氟磷酸

包装类别：Ⅱ

771　氟硼酸

别名：—

英文名：fluoroboric acid

CAS 号：16872-11-0

GHS 标签信号词及象形图：危险

危险性类别：皮肤腐蚀/刺激，类别 1B
严重眼损伤/眼刺激，类别 1

主要危险性及次要危险性：第 8 类危险物——
腐蚀性物质

联合国编号（UN No.）：1775

正式运输名称：氟硼酸

包装类别：Ⅱ

772　氟硼酸-3-甲基-4-
(吡咯烷-1-基)重氮苯

别名：—

英文名：3-methyl-4-（pyrrolidin-1-yl）benzenedi-
azonium tetrafluoroborate

CAS 号：36422-95-4

GHS 标签信号词及象形图：危险

危险性类别：自反应物质和混合物，C 型

主要危险性及次要危险性：第 4.1 项危险
物——自反应物质

联合国编号（UN No.）：3223

正式运输名称：C 型自反应液体

包装类别：满足 Ⅱ 类包装要求

773　氟硼酸镉

别名：—

英文名：cadmium fluoborate

CAS 号：14486-19-2

GHS 标签信号词及象形图：危险

危险性类别：致癌性，类别 1A
危害水生环境-急性危害，类别 1
危害水生环境-长期危害，类别 1

主要危险性及次要危险性：第 9 类危险物——
杂项危险物质和物品

联合国编号（UN No.）：3077

正式运输名称：对环境有害的固态物质，未
另作规定的

包装类别：Ⅲ

774　氟硼酸铅

别名：—

英文名：lead fluoborate

CAS 号：13814-96-5

GHS 标签信号词及象形图：危险

危险性类别：致癌性，类别 1B

生殖毒性，类别 1A

特异性靶器官毒性-反复接触，类别 2

危害水生环境-急性危害，类别 1

危害水生环境-长期危害，类别 1

主要危险性及次要危险性：第 9 类危险物——

杂项危险物质和物品

联合国编号（UN No.）：3082

正式运输名称：对环境有害的液态物质，未

另作规定的

包装类别：Ⅲ

氟硼酸铅溶液（含量＞28%）

别名：—

英文名：lead fluoborate solution（more than 28%）

CAS 号：13814-96-5

GHS 标签信号词及象形图：危险

危险性类别：生殖毒性，类别 1A

特异性靶器官毒性-反复接触，类别 2

危害水生环境-急性危害，类别 1

危害水生环境-长期危害，类别 1

主要危险性及次要危险性：第 9 类危险物——

杂项危险物质和物品

联合国编号（UN No.）：3082

正式运输名称：对环境有害的液态物质，未

另作规定的

包装类别：Ⅲ

775　氟硼酸锌

别名：—

英文名：zinc fluoborate

CAS 号：13826-88-5

GHS 标签信号词及象形图：危险

危险性类别：皮肤腐蚀/刺激，类别 1

严重眼损伤/眼刺激，类别 1

主要危险性及次要危险性：第 8 类危险物——

腐蚀性物质

联合国编号（UN No.）：1759

正式运输名称：腐蚀性固体，未另作规定的

包装类别：Ⅲ

776　氟硼酸银

别名：—

英文名：silver fluoborate

CAS 号：14104-20-2

GHS 标签信号词及象形图：危险

危险性类别：皮肤腐蚀/刺激，类别 1

严重眼损伤/眼刺激，类别 1

主要危险性及次要危险性：第 8 类危险物——

腐蚀性物质

联合国编号（UN No.）：1759

正式运输名称：腐蚀性固体，未另作规定的

包装类别：Ⅲ

777　氟铍酸铵

别名：氟化铍铵

英文名：ammonium fluoroberyllate

CAS 号：14874-86-3

GHS 标签信号词及象形图：危险

危险性类别：急性毒性-经口，类别 3

皮肤腐蚀/刺激，类别 2

严重眼损伤/眼刺激，类别 2

皮肤致敏物，类别 1

致癌性，类别 1A

特异性靶器官毒性-一次接触，类别 3（呼吸道刺激）

特异性靶器官毒性-反复接触，类别 1

危害水生环境-急性危害，类别 2

危害水生环境-长期危害，类别 2

主要危险性及次要危险性：第 6.1 项危险物——毒性物质

联合国编号（UN No.）：1566/3288 △

正式运输名称：铍化合物，未另作规定的/无机毒性固体，未另作规定的 △

包装类别：Ⅲ

778 氟铍酸钠

别名：—

英文名：sodium fluoroberyllate

CAS 号：13871-27-7

GHS 标签信号词及象形图：危险

危险性类别：急性毒性-经口，类别 3*

急性毒性-吸入，类别 2*

皮肤腐蚀/刺激，类别 2

严重眼损伤/眼刺激，类别 2

皮肤致敏物，类别 1

致癌性，类别 1A

特异性靶器官毒性-一次接触，类别 3（呼吸道刺激）

特异性靶器官毒性-反复接触，类别 1

危害水生环境-急性危害，类别 2

危害水生环境-长期危害，类别 2

主要危险性及次要危险性：第 6.1 项危险物——毒性物质

联合国编号（UN No.）：1566/3288 △

正式运输名称：铍化合物，未另作规定的/无机毒性固体，未另作规定的 △

包装类别：Ⅱ

779 氟钽酸钾

别名：钽氟酸钾；七氟化钽钾

英文名：potassium fluorotantalate；potassium heptafluorotantalate；tantalum potassium fluoride

CAS 号：16924-00-8

GHS 标签信号词及象形图：危险

危险性类别：急性毒性-经口，类别 3

主要危险性及次要危险性：第 6.1 项危险物——毒性物质

联合国编号（UN No.）：3288

正式运输名称：无机毒性固体，未另作规定的

包装类别：Ⅲ

780 氟乙酸

别名：氟醋酸

英文名：fluoroacetic acid；fluoroethanoic acid

CAS 号：144-49-0

GHS 标签信号词及象形图：危险

危险性类别：急性毒性-经口，类别 2*

危害水生环境-急性危害，类别 1

主要危险性及次要危险性：第 6.1 项危险物——毒性物质

联合国编号（UN No.）：2642

正式运输名称：氟乙酸

包装类别：Ⅰ

781 氟乙酸-2-苯酰肼

别名：法尼林

英文名：fluoroacetic acid 2-phenylhydrazide；fanyline；fluoroacetphenylhydrazide

CAS 号：2343-36-4

GHS 标签信号词及象形图：危险

危险性类别：急性毒性-经口，类别 2

主要危险性及次要危险性：第 6.1 项危险物——毒性物质

联合国编号（UN No.）：2811

正式运输名称：有机毒性固体，未另作规定的

包装类别：Ⅱ

782   氟乙酸钾

别名：氟醋酸钾

英文名：potassium fluoroacetate；fluoroacetic acid potassium salt

CAS 号：23745-86-0

GHS 标签信号词及象形图：危险

危险性类别：急性毒性-经口，类别 2
　　急性毒性-经皮，类别 1
　　急性毒性-吸入，类别 2
　　危害水生环境-急性危害，类别 1

主要危险性及次要危险性：第 6.1 项危险物——毒性物质

联合国编号（UN No.）：2628

正式运输名称：氟乙酸钾

包装类别：Ⅰ

783   氟乙酸甲酯

别名：—

英文名：methyl fluoroacetate

CAS 号：453-18-9

GHS 标签信号词及象形图：危险

危险性类别：易燃液体，类别 3
　　急性毒性-经口，类别 1
　　急性毒性-经皮，类别 1
　　急性毒性-吸入，类别 1

主要危险性及次要危险性：第 6.1 项危险物——毒性物质；第 3 类危险物——易燃液体

联合国编号（UN No.）：2929

正式运输名称：有机毒性液体，易燃，未另作规定的

包装类别：Ⅰ

784   氟乙酸钠

别名：氟醋酸钠

英文名：sodium fluoroacetate；fluoroacetic acid sodium salt

CAS 号：62-74-8

GHS 标签信号词及象形图：危险

危险性类别：急性毒性-经口，类别 2＊
　　急性毒性-经皮，类别 1
　　急性毒性-吸入，类别 2＊
　　危害水生环境-急性危害，类别 1

主要危险性及次要危险性：第 6.1 项危险物——毒性物质

联合国编号（UN No.）：2629

正式运输名称：氟乙酸钠

包装类别：Ⅰ

785   氟乙酸乙酯

别名：氟醋酸乙酯

英文名：ethyl fluoroacetate；ethyl fluoroethanoate

CAS 号：459-72-3

GHS 标签信号词及象形图：危险

危险性类别：易燃液体，类别 3
　　急性毒性-经口，类别 2

主要危险性及次要危险性：第 6.1 项危险物——毒性物质；第 3 类危险物——易燃液体

联合国编号（UN No.）：2929

正式运输名称：有机毒性液体，易燃，未另作规定的

包装类别：Ⅱ

786 氟乙烷

别名：R161；乙基氟

英文名：fluoroethane；freon 161；ethyl fluoride

CAS 号：353-36-6

GHS 标签信号词及象形图：危险

危险性类别：易燃气体，类别 1
加压气体

主要危险性及次要危险性：第 2.1 类危险物——易燃气体

联合国编号（UN No.）：2453

正式运输名称：乙基氟

包装类别：不适用

787 氟乙烯（稳定的）

别名：乙烯基氟

英文名：fluoroethylene, stabilized；vinyl fluoride

CAS 号：75-02-5

GHS 标签信号词及象形图：危险

危险性类别：易燃气体，类别 1
化学不稳定性气体，类别 B
加压气体
生殖细胞致突变性，类别 2
致癌性，类别 1B
特异性靶器官毒性-一次接触，类别 3（麻醉效应）
特异性靶器官毒性-反复接触，类别 2

主要危险性及次要危险性：第 2.1 类危险物——易燃气体

联合国编号（UN No.）：1860

正式运输名称：乙烯基氟，稳定的

包装类别：不适用

788 氟乙酰胺

别名：—

英文名：fluoroacetamide

CAS 号：640-19-7

GHS 标签信号词及象形图：危险

危险性类别：急性毒性-经口，类别 2 *
急性毒性-经皮，类别 3 *

主要危险性及次要危险性：第 6.1 项危险物——毒性物质

联合国编号（UN No.）：2811

正式运输名称：有机毒性固体，未另作规定的

包装类别：Ⅱ

789 钙

别名：金属钙

英文名：calcium

CAS 号：7440-70-2

GHS 标签信号词及象形图：危险

危险性类别：遇水放出易燃气体的物质和混合物，类别 2

主要危险性及次要危险性：第 4.3 项危险物——遇水放出易燃气体的物质

联合国编号（UN No.）：1401

正式运输名称：钙

包装类别：Ⅱ

金属钙粉

别名：钙粉

英文名：calcium powder metal

CAS 号：7440-70-2

GHS 标签信号词及象形图：危险

危险性类别：自热物质和混合物，类别 2

　遇水放出易燃气体的物质和混合物，类别 2

主要危险性及次要危险性：第 4.2 项危险

　物——易于自燃的物质

联合国编号（UN No.）：1855

正式运输名称：发火钙金属

包装类别：Ⅰ

790　钙合金

别名：—

英文名：calcium alloy

CAS 号：—

GHS 标签信号词及象形图：危险

危险性类别：遇水放出易燃气体的物质和混

　合物，类别 2

主要危险性及次要危险性：第 4.3 项危险

　物——遇水放出易燃气体的物质

联合国编号（UN No.）：1401

正式运输名称：钙

包装类别：Ⅱ

791　钙锰硅合金

别名：—

英文名：calcium manganese silicon

CAS 号：—

GHS 标签信号词及象形图：警告

危险性类别：遇水放出易燃气体的物质和混

　合物，类别 3

主要危险性及次要危险性：第 4.3 项危险

　物——遇水放出易燃气体的物质

联合国编号（UN No.）：2844

正式运输名称：钙锰硅合金

包装类别：Ⅲ

792　甘露糖醇六硝酸酯（湿的，按质量含水或乙醇和水的混合物不低于 40%）

别名：六硝基甘露醇

英文名：mannitol hexanitrate, wetted with not less than 40% water, ormixture of alcohol and water, by mass

CAS 号：15825-70-4

GHS 标签信号词及象形图：危险

危险性类别：爆炸物，1.1 项

主要危险性及次要危险性：第 1.1 项危险

　物——有整体爆炸危险的物质和物品

联合国编号（UN No.）：0133

正式运输名称：甘露糖醇六硝酸酯（硝化甘

　露醇），湿的，按质量含水不低于 40%

包装类别：满足 Ⅱ 类包装要求

793　高碘酸

别名：过碘酸；仲高碘酸

英文名：paraperiodic acid; periodic acid; iodic acid; orthoperiodic acid

CAS 号：10450-60-9

GHS 标签信号词及象形图：危险

危险性类别：氧化性固体，类别 2

　皮肤腐蚀/刺激，类别 1

　严重眼损伤/眼刺激，类别 1

主要危险性及次要危险性：第 5.1 项危险

　物——氧化性物质；第 8 类危险物——腐

　蚀性物质

联合国编号（UN No.）：3085

正式运输名称：氧化性固体，腐蚀性，未另

　作规定的

包装类别：Ⅱ

794　高碘酸铵

别名：过碘酸铵

英文名：ammonium periodate

CAS 号：13446-11-2

GHS 标签信号词及象形图：危险

危险性类别：氧化性固体，类别 2

主要危险性及次要危险性：第 5.1 项危险物——氧化性物质

联合国编号（UN No.）：1479

正式运输名称：氧化性固体，未另作规定的

包装类别：Ⅱ

795　高碘酸钡

别名：过碘酸钡

英文名：barium periodate

CAS 号：13718-58-6

GHS 标签信号词及象形图：危险

危险性类别：氧化性固体，类别 2

主要危险性及次要危险性：第 5.1 项危险物——氧化性物质

联合国编号（UN No.）：1479

正式运输名称：氧化性固体，未另作规定的

包装类别：Ⅱ

796　高碘酸钾

别名：过碘酸钾

英文名：potassium periodate

CAS 号：7790-21-8

GHS 标签信号词及象形图：危险

危险性类别：氧化性固体，类别 2

主要危险性及次要危险性：第 5.1 项危险

物——氧化性物质

联合国编号（UN No.）：1479

正式运输名称：氧化性固体，未另作规定的

包装类别：Ⅱ

797　高碘酸钠

别名：过碘酸钠

英文名：sodium periodate

CAS 号：7790-28-5

GHS 标签信号词及象形图：危险

危险性类别：氧化性固体，类别 2

主要危险性及次要危险性：第 5.1 项危险物——氧化性物质

联合国编号（UN No.）：1479

正式运输名称：氧化性固体，未另作规定的

包装类别：Ⅱ

798　高氯酸（浓度＞72%）

别名：过氯酸

英文名：perchloric acid（more than 72%）

CAS 号：7601-90-3

GHS 标签信号词及象形图：危险

危险性类别：氧化性液体，类别 1

皮肤腐蚀/刺激，类别 1A

严重眼损伤/眼刺激，类别 1

主要危险性及次要危险性：第 5.1 项危险物——氧化性物质；第 8 类危险物——腐蚀性物质

联合国编号（UN No.）：1873

正式运输名称：高氯酸，按质量含酸 50%～72%

包装类别：Ⅰ

高氯酸（浓度≤50%）

别名：过氯酸

英文名：perchloric acid with not more than 50％ acid，by mass

CAS 号：7601-90-3

GHS 标签信号词及象形图：危险

危险性类别：氧化性液体，类别 2

　　皮肤腐蚀/刺激，类别 1B

　　严重眼损伤/眼刺激，类别 1

主要危险性及次要危险性：第 8 类危险物——腐蚀性物质；第 5.1 项危险物——氧化性物质

联合国编号（UN No.）：1802

正式运输名称：高氯酸，按质量含酸不超过 50％

包装类别：Ⅱ

高氯酸（浓度 50％～72％）

别名：过氯酸

英文名：perchloric acid，with not less than 50％ but not more than 72％ acid，by mass

CAS 号：7601-90-3

GHS 标签信号词及象形图：危险

危险性类别：氧化性液体，类别 1

　　皮肤腐蚀/刺激，类别 1A

　　严重眼损伤/眼刺激，类别 1

主要危险性及次要危险性：第 5.1 项危险物——氧化性物质；第 8 类危险物——腐蚀性物质

联合国编号（UN No.）：1873

正式运输名称：高氯酸，按质量含酸 50％～72％

包装类别：Ⅰ

799　高氯酸铵

别名：过氯酸铵

英文名：ammonium perchlorate

CAS 号：7790-98-9

GHS 标签信号词及象形图：危险

危险性类别：爆炸物，1.1 项

　　氧化性固体，类别 1

主要危险性及次要危险性：第 1.1 项危险物——有整体爆炸危险的物质和物品

联合国编号（UN No.）：0402

正式运输名称：高氯酸铵

包装类别：满足 Ⅱ 类包装要求

800　高氯酸钡

别名：过氯酸钡

英文名：barium perchlorate

CAS 号：13465-95-7

GHS 标签信号词及象形图：危险

危险性类别：氧化性固体，类别 1

主要危险性及次要危险性：第 5.1 项危险物——氧化性物质；第 6.1 项危险物——毒性物质

联合国编号（UN No.）：1447

正式运输名称：高氯酸钡，固态

包装类别：Ⅱ

801　高氯酸醋酐溶液

别名：过氯酸醋酐溶液

英文名：perchloric acid（in acetic anhydride，solution）

CAS 号：—

GHS 标签信号词及象形图：危险

危险性类别：氧化性液体，类别 3 ＊

　　皮肤腐蚀/刺激，类别 1

　　严重眼损伤/眼刺激，类别 1

主要危险性及次要危险性：第 5.1 项危险物——氧化性物质；第 8 类危险物——腐蚀性物质

联合国编号（UN No.）：3098

正式运输名称：氧化性液体，腐蚀性，未另作规定的

包装类别：Ⅲ

802　高氯酸钙

别名：过氯酸钙

英文名：calcium perchlorate

CAS 号：13477-36-6

GHS 标签信号词及象形图：危险

危险性类别：氧化性固体，类别 2

主要危险性及次要危险性：第 5.1 项危险物——氧化性物质

联合国编号（UN No.）：1455

正式运输名称：高氯酸钙

包装类别：Ⅱ

803　高氯酸钾

别名：过氯酸钾

英文名：potassium perchlorate；potassium hyperchlorate

CAS 号：7778-74-7

GHS 标签信号词及象形图：危险

危险性类别：氧化性固体，类别 1

主要危险性及次要危险性：第 5.1 项危险物——氧化性物质

联合国编号（UN No.）：1489

正式运输名称：高氯酸钾

包装类别：Ⅱ

804　高氯酸锂

别名：过氯酸锂

英文名：lithium perchlorate

CAS 号：7791-03-9

GHS 标签信号词及象形图：危险

危险性类别：氧化性固体，类别 2

主要危险性及次要危险性：第 5.1 项危险物——氧化性物质

联合国编号（UN No.）：1481

正式运输名称：无机高氯酸盐，未另作规定的

包装类别：Ⅱ

805　高氯酸镁

别名：过氯酸镁

英文名：magnesium perchlorate

CAS 号：10034-81-8

GHS 标签信号词及象形图：危险

危险性类别：氧化性固体，类别 2

主要危险性及次要危险性：第 5.1 项危险物——氧化性物质

联合国编号（UN No.）：1475

正式运输名称：高氯酸镁

包装类别：Ⅱ

806　高氯酸钠

别名：过氯酸钠

英文名：sodium perchlorate

CAS 号：7601-89-0

GHS 标签信号词及象形图：危险

危险性类别：氧化性固体，类别 1

主要危险性及次要危险性：第 5.1 项危险物——氧化性物质

联合国编号（UN No.）：1502

正式运输名称：高氯酸钠

包装类别：Ⅱ

807   高氯酸铅

别名：过氯酸铅

英文名：lead perchlorate

CAS 号：13637-76-8

GHS 标签信号词及象形图：危险

危险性类别：氧化性固体，类别 2

　　生殖毒性，类别 1A

　　致癌性，类别 1B

　　特异性靶器官毒性-反复接触，类别 2 *

　　危害水生环境-急性危害，类别 1

　　危害水生环境-长期危害，类别 1

主要危险性及次要危险性：第 5.1 项危险物——氧化性物质；第 6.1 项危险物——毒性物质

联合国编号（UN No.）：1470

正式运输名称：高氯酸铅，固态

包装类别：Ⅱ

808   高氯酸锶

别名：过氯酸锶

英文名：strontium perchlorate

CAS 号：13450-97-0

GHS 标签信号词及象形图：危险

危险性类别：氧化性固体，类别 2

主要危险性及次要危险性：第 5.1 项危险物——氧化性物质

联合国编号（UN No.）：1508

正式运输名称：高氯酸锶

包装类别：Ⅱ

809   高氯酸亚铁

别名：—

英文名：ferrous perchlorate

CAS 号：13520-69-9

GHS 标签信号词及象形图：危险

危险性类别：氧化性固体，类别 2

主要危险性及次要危险性：第 5.1 项危险物——氧化性物质

联合国编号（UN No.）：1481

正式运输名称：无机高氯酸盐，未另作规定的

包装类别：Ⅱ

810   高氯酸银

别名：过氯酸银

英文名：silver perchlorate

CAS 号：7783-93-9

GHS 标签信号词及象形图：危险

危险性类别：氧化性固体，类别 2

主要危险性及次要危险性：第 5.1 项危险物——氧化性物质

联合国编号（UN No.）：1481

正式运输名称：无机高氯酸盐，未另作规定的

包装类别：Ⅱ

811   高锰酸钡

别名：过锰酸钡

英文名：barium permanganate；barium manganate（Ⅶ）

CAS 号：7787-36-2

GHS 标签信号词及象形图：危险

危险性类别：氧化性固体，类别 2

主要危险性及次要危险性：第 5.1 项危险

物——氧化性物质；第 6.1 项危险物——毒性物质

联合国编号（UN No.）：1448

正式运输名称：高锰酸钡

包装类别：Ⅱ

812 高锰酸钙

别名：过锰酸钙

英文名：calcium permanganate

CAS 号：10118-76-0

GHS 标签信号词及象形图：危险

危险性类别：氧化性固体，类别 2

主要危险性及次要危险性：第 5.1 项危险物——氧化性物质

联合国编号（UN No.）：1456

正式运输名称：高锰酸钙

包装类别：Ⅱ

813 高锰酸钾

别名：过锰酸钾；灰锰氧

英文名：potassium permanganate；potassium hypermanganate；purple salt

CAS 号：7722-64-7

GHS 标签信号词及象形图：危险

危险性类别：氧化性固体，类别 2

危害水生环境-急性危害，类别 1

危害水生环境-长期危害，类别 1

主要危险性及次要危险性：第 5.1 项危险物——氧化性物质

联合国编号（UN No.）：1490

正式运输名称：高锰酸钾

包装类别：Ⅱ

814 高锰酸钠

别名：过锰酸钠

英文名：sodium permanganate

CAS 号：10101-50-5

GHS 标签信号词及象形图：危险

危险性类别：氧化性固体，类别 2

皮肤腐蚀/刺激，类别 1B

严重眼损伤/眼刺激，类别 1

危害水生环境-急性危害，类别 1

危害水生环境-长期危害，类别 1

主要危险性及次要危险性：第 5.1 项危险物——氧化性物质

联合国编号（UN No.）：1503

正式运输名称：高锰酸钠

包装类别：Ⅱ

815 高锰酸锌

别名：过锰酸锌

英文名：zinc permanganate

CAS 号：23414-72-4

GHS 标签信号词及象形图：危险

危险性类别：氧化性固体，类别 2

特异性靶器官毒性-反复接触，类别 1

危害水生环境-急性危害，类别 1

危害水生环境-长期危害，类别 1

主要危险性及次要危险性：第 5.1 项危险物——氧化性物质

联合国编号（UN No.）：1515

正式运输名称：高锰酸锌

包装类别：Ⅱ

816 高锰酸银

别名：过锰酸银

英文名：silver permanganate

CAS 号：7783-98-4

GHS 标签信号词及象形图：危险

危险性类别：氧化性固体，类别 2

主要危险性及次要危险性：第 5.1 项 危 险物——氧化性物质

联合国编号（UN No.）：1482

正式运输名称：无机高锰酸盐，未另作规定的

包装类别：Ⅱ

817　镉（非发火的）

别名：—

英文名：cadmium（non-pyrophoric）

CAS 号：7440-43-9

GHS 标签信号词及象形图：危险

危险性类别：急性毒性-吸入，类别 2 *
　　生殖细胞致突变性，类别 2
　　致癌性，类别 1A
　　生殖毒性，类别 2
　　特异性靶器官毒性-反复接触，类别 1
　　危害水生环境-急性危害，类别 1
　　危害水生环境-长期危害，类别 1

主要危险性及次要危险性：第 6.1 项 危 险物——毒性物质

联合国编号（UN No.）：3288

正式运输名称：无机毒性固体，未另作规定的

包装类别：Ⅱ

818　铬硫酸

别名：—

英文名：chromosulphuric acid

CAS 号：

GHS 标签信号词及象形图：危险

危险性类别：皮肤腐蚀/刺激，类别 1
　　严重眼损伤/眼刺激，类别 1
　　危害水生环境-急性危害，类别 1
　　危害水生环境-长期危害，类别 1

主要危险性及次要危险性：第 8 类危险物——腐蚀性物质

联合国编号（UN No.）：2240

正式运输名称：铬硫酸

包装类别：Ⅰ

819　铬酸钾

别名：—

英文名：potassium chromate

CAS 号：7789-00-6

GHS 标签信号词及象形图：危险

危险性类别：严重眼损伤/眼刺激，类别 2
　　皮肤腐蚀/刺激，类别 2
　　皮肤致敏物，类别 1
　　生殖细胞致突变性，类别 1B
　　致癌性，类别 1A
　　特异性靶器官毒性-一次接触，类别 3（呼吸道刺激）
　　危害水生环境-急性危害，类别 1
　　危害水生环境-长期危害，类别 1

主要危险性及次要危险性：第 9 类危险物——杂项危险物质和物品

联合国编号（UN No.）：3077

正式运输名称：对环境有害的固态物质，未另作规定的

包装类别：Ⅲ

820　铬酸钠

别名：—

英文名：sodium chromate

CAS 号：7775-11-3

GHS 标签信号词及象形图：危险

危险性类别：急性毒性-经口，类别 3 *

急性毒性-吸入，类别 2 *

皮肤腐蚀/刺激，类别 1B

严重眼损伤/眼刺激，类别 1

呼吸道致敏物，类别 1

皮肤致敏物，类别 1

生殖细胞致突变性，类别 1B

致癌性，类别 1A

生殖毒性，类别 1B

特异性靶器官毒性-反复接触，类别 1

危害水生环境-急性危害，类别 1

危害水生环境-长期危害，类别 1

主要危险性及次要危险性：第 6.1 项 危 险物——毒性物质；第 8 类危险物——腐蚀性物质

联合国编号（UN No.）：3290

正式运输名称：无机毒性固体，腐蚀性，未另作规定的

包装类别：Ⅱ

821　铬酸铍

别名：—

英文名：beryllium chromate

CAS 号：14216-88-7

GHS 标签信号词及象形图：危险

危险性类别：急性毒性-经口，类别 3 *

急性毒性-吸入，类别 2 *

皮肤腐蚀/刺激，类别 2

严重眼损伤/眼刺激，类别 2

皮肤致敏物，类别 1

致癌性，类别 1A

特异性靶器官毒性-一次接触，类别 3（呼吸道刺激）

特异性靶器官毒性-反复接触，类别 1

危害水生环境-急性危害，类别 1

危害水生环境-长期危害，类别 1

主要危险性及次要危险性：第 6.1 项 危 险物——毒性物质

联合国编号（UN No.）：1566

正式运输名称：铍化合物，未另作规定的

包装类别：Ⅱ

822　铬酸铅

别名：—

英文名：lead chromate

CAS 号：7758-97-6

GHS 标签信号词及象形图：危险

危险性类别：致癌性，类别 1A

生殖毒性，类别 1A

特异性靶器官毒性-反复接触，类别 2

危害水生环境-急性危害，类别 1

危害水生环境-长期危害，类别 1

主要危险性及次要危险性：第 9 类危险物——杂项危险物质和物品

联合国编号（UN No.）：3077

正式运输名称：对环境有害的固态物质，未另作规定的

包装类别：Ⅲ

823　铬酸溶液

别名：—

英文名：chromic acid，solution

CAS 号：7738-94-5

GHS 标签信号词及象形图：危险

危险性类别：皮肤腐蚀/刺激，类别 1

严重眼损伤/眼刺激，类别 1

皮肤致敏物，类别 1

致癌性，类别 1A

危害水生环境-急性危害，类别 1

危害水生环境-长期危害，类别 1

主要危险性及次要危险性：第 8 类危险物——腐蚀性物质

联合国编号（UN No.）：1755

正式运输名称：铬酸溶液

包装类别：Ⅱ

824　铬酸叔丁酯四氯化碳溶液

别名：—

英文名：*tert*-butyl chromate solution in carbon tetrachloride

CAS 号：1189-85-1

GHS 标签信号词及象形图：警告

危险性类别：危害水生环境-急性危害，类别 1

　　危害水生环境-长期危害，类别 1

主要危险性及次要危险性：第 9 类危险物——杂项危险物质和物品

联合国编号（UN No.）：3082

正式运输名称：对环境有害的液态物质，未另作规定的

包装类别：Ⅲ

825　庚二腈

别名：1,5-二氰基戊烷

英文名：pimelicdinitrile；1,5-dicyanopentane

CAS 号：646-20-8

GHS 标签信号词及象形图：危险

危险性类别：急性毒性-经口，类别 3

主要危险性及次要危险性：第 6.1 项危险物——毒性物质

联合国编号（UN No.）：3276

正式运输名称：腈类，液态，毒性，未另作规定的

包装类别：Ⅲ

826　庚腈

别名：氰化正己烷

英文名：heptanitrile；hexyl cyanide

CAS 号：629-08-3

GHS 标签信号词及象形图：危险

危险性类别：易燃液体，类别 3

　　急性毒性-经口，类别 3

　　急性毒性-经皮，类别 3

　　急性毒性-吸入，类别 3

　　皮肤腐蚀/刺激，类别 2

　　严重眼损伤/眼刺激，类别 2

　　特异性靶器官毒性-一次接触，类别 3（呼吸道刺激）

主要危险性及次要危险性：第 3 类危险物——易燃液体；第 6.1 项危险物——毒性物质

联合国编号（UN No.）：1992

正式运输名称：易燃液体，毒性，未另作规定的

包装类别：Ⅲ

827　1-庚炔

别名：正庚炔

英文名：1-heptyne；*n*-heptyne

CAS 号：628-71-7

GHS 标签信号词及象形图：危险

危险性类别：易燃液体，类别 2

主要危险性及次要危险性：第 3 类危险物——易燃液体

联合国编号（UN No.）：3295/1993 △

正式运输名称：液态烃类，未另作规定的/易燃液体，未另作规定的　△

包装类别：Ⅱ

828　庚酸

别名：正庚酸

英文名：heptanoic acid

CAS 号：111-14-8

GHS 标签信号词及象形图：危险

危险性类别：皮肤腐蚀/刺激，类别 1B
　严重眼损伤/眼刺激，类别 1
主要危险性及次要危险性：第 8 类危险物——
　腐蚀性物质
联合国编号（UN No.）：3265
正式运输名称：有机酸性腐蚀性液体，未另
　作规定的
包装类别：Ⅱ

829　2-庚酮

别名：甲基戊基甲酮
英文名：heptan-2-one；methyl amyl ketone；
　n-amyl methyl ketone
CAS 号：110-43-0
GHS 标签信号词及象形图：警告

危险性类别：易燃液体，类别 3
主要危险性及次要危险性：第 3 类危险物——
　易燃液体
联合国编号（UN No.）：1110
正式运输名称：正甲基·戊基酮
包装类别：Ⅲ

830　3-庚酮

别名：乙基正丁基甲酮
英文名：heptan-3-one；ethyl *n*-butyl ketone；
　butyl ethyl ketone
CAS 号：106-35-4
GHS 标签信号词及象形图：警告

危险性类别：易燃液体，类别 3
　严重眼损伤/眼刺激，类别 2
主要危险性及次要危险性：第 3 类危险物——
　易燃液体

联合国编号（UN No.）：1224/1993　△
正式运输名称：液态酮类，未另作规定的/易
　燃液体，未另作规定的　△
包装类别：Ⅲ

831　4-庚酮

别名：乳酮；二丙基甲酮
英文名：heptan-4-one；di-*n*-propyl ketone；
　dipropyl ketone
CAS 号：123-19-3
GHS 标签信号词及象形图：警告

危险性类别：易燃液体，类别 3
主要危险性及次要危险性：第 3 类危险物——
　易燃液体
联合国编号（UN No.）：2710
正式运输名称：二丙酮
包装类别：Ⅲ

832　1-庚烯

别名：正庚烯；正戊基乙烯
英文名：1-heptene；*n*-heptene；*n*-amylethyl-
　ene
CAS 号：592-76-7
GHS 标签信号词及象形图：危险

危险性类别：易燃液体，类别 2
　特异性靶器官毒性--一次接触，类别 3（麻
　醉效应）
　吸入危害，类别 1
主要危险性及次要危险性：第 3 类危险物——
　易燃液体
联合国编号（UN No.）：2278
正式运输名称：正庚烯
包装类别：Ⅱ

833　2-庚烯

别名：—

英文名：2-heptene

CAS 号：592-77-8

GHS 标签信号词及象形图：危险

危险性类别：易燃液体，类别 2

主要危险性及次要危险性：第 3 类危险物——
易燃液体

联合国编号（UN No.）：3295/1993△

正式运输名称：液态烃类，未另作规定的/易
燃液体，未另作规定的△

包装类别：Ⅱ

834　3-庚烯

别名：—

英文名：3-heptene

CAS 号：592-78-9

GHS 标签信号词及象形图：危险

危险性类别：易燃液体，类别 2

主要危险性及次要危险性：第 3 类危险物——
易燃液体

联合国编号（UN No.）：3295/1993△

正式运输名称：液态烃类，未另作规定的/易
燃液体，未另作规定的△

包装类别：Ⅱ

835　汞

别名：水银

英文名：mercury；liquid silver

CAS 号：7439-97-6

GHS 标签信号词及象形图：危险

危险性类别：急性毒性-吸入，类别 2＊
生殖毒性，类别 1B
特异性靶器官毒性-反复接触，类别 1

危害水生环境-急性危害，类别 1
危害水生环境-长期危害，类别 1

主要危险性及次要危险性：第 8 类危险物——
腐蚀性物质；第 6.1 项危险物——毒性
物质

联合国编号（UN No.）：2809

正式运输名称：汞

包装类别：Ⅲ

836　挂-3-氯桥-6-氰基-2-降冰片酮-O - （甲基氨基甲酰基）肟

别名：肟杀威

英文名：exo-3-chloro-endo-6-cyano-2-norbor-
nanone-O - （methylcarbamoyl）oxime；triamid；
tranid

CAS 号：15271-41-7

GHS 标签信号词及象形图：危险

危险性类别：急性毒性-经口，类别 2＊
急性毒性-经皮，类别 3＊
危害水生环境-急性危害，类别 2
危害水生环境-长期危害，类别 2

主要危险性及次要危险性：第 6.1 项危险
物——毒性物质

联合国编号（UN No.）：2757/2811△

正式运输名称：固态氨基甲酸酯农药，毒性/
有机毒性固体，未另作规定的△

包装类别：Ⅱ

837　硅粉（非晶形的）

别名：—

英文名：silicon powder，amorphous

CAS 号：7440-21-3

GHS 标签信号词及象形图：警告

危险性类别：易燃固体，类别 2
严重眼损伤/眼刺激，类别 2B

主要危险性及次要危险性：第 4.1 项危险物——易燃固体

联合国编号（UN No.）：1346

正式运输名称：非晶形硅粉

包装类别：Ⅲ

838　硅钙

别名：二硅化钙

英文名：calcium silicon

CAS 号：12013-56-8

GHS 标签信号词及象形图：危险

危险性类别：遇水放出易燃气体的物质和混合物，类别 2

主要危险性及次要危险性：第 4.3 项危险物——遇水放出易燃气体的物质

联合国编号（UN No.）：1405

正式运输名称：硅化钙

包装类别：Ⅱ

839　硅化钙

别名：—

英文名：calcium silicide

CAS 号：12013-55-7

GHS 标签信号词及象形图：危险

危险性类别：遇水放出易燃气体的物质和混合物，类别 2

主要危险性及次要危险性：第 4.3 项危险物——遇水放出易燃气体的物质

联合国编号（UN No.）：1405

正式运输名称：硅化钙

包装类别：Ⅱ

840　硅化镁

别名：—

英文名：magnesium silicide

CAS 号：22831-39-6；39404-03-0

GHS 标签信号词及象形图：危险

危险性类别：遇水放出易燃气体的物质和混合物，类别 2

主要危险性及次要危险性：第 4.3 项危险物——遇水放出易燃气体的物质

联合国编号（UN No.）：2624

正式运输名称：硅化镁

包装类别：Ⅱ

841　硅锂

别名：—

英文名：lithium silicon

CAS 号：68848-64-6

GHS 标签信号词及象形图：危险

危险性类别：遇水放出易燃气体的物质和混合物，类别 2

主要危险性及次要危险性：第 4.3 项危险物——遇水放出易燃气体的物质

联合国编号（UN No.）：1417

正式运输名称：硅锂合金

包装类别：Ⅱ

842　硅铝

别名：—

英文名：aluminium silicide

CAS 号：57485-31-1

GHS 标签信号词及象形图：警告

危险性类别：遇水放出易燃气体的物质和混合物，类别 3

主要危险性及次要危险性：第 4.3 项危险物——遇水放出易燃气体的物质

联合国编号（UN No.）：2813

正式运输名称：遇水反应固体，未另作规定的

包装类别：Ⅲ

硅铝粉（无涂层的）

别名：—

英文名：aluminium silicon powder，uncoated

CAS 号：57485-31-1

GHS 标签信号词及象形图：警告

危险性类别：遇水放出易燃气体的物质和混合物，类别 3

主要危险性及次要危险性：第 4.3 项危险物——遇水放出易燃气体的物质

联合国编号（UN No.）：2813

正式运输名称：遇水反应固体，未另作规定的

包装类别：Ⅲ

843　　硅锰钙

别名：—

英文名：calcium manganese silicon

CAS 号：12205-44-6

GHS 标签信号词及象形图：警告

危险性类别：遇水放出易燃气体的物质和混合物，类别 3

主要危险性及次要危险性：第 4.3 项危险物——遇水放出易燃气体的物质

联合国编号（UN No.）：2844/2813△

正式运输名称：钙锰硅合金/遇水反应固体，未另作规定的△

包装类别：Ⅲ

844　　硅酸铅

别名：—

英文名：lead silicate

CAS 号：10099-76-0；11120-22-2

GHS 标签信号词及象形图：危险

危险性类别：致癌性，类别 1B

生殖毒性，类别 1A

特异性靶器官毒性-一次接触，类别 1

特异性靶器官毒性-反复接触，类别 1

危害水生环境-急性危害，类别 1

危害水生环境-长期危害，类别 1

主要危险性及次要危险性：第 9 类危险物——杂项危险物质和物品

联合国编号（UN No.）：3077

正式运输名称：对环境有害的固态物质，未另作规定的

包装类别：Ⅲ

845　　硅酸四乙酯

别名：四乙氧基硅烷；正硅酸乙酯

英文名：tetraethyl silicate；tetraethoxysilane；TEOS

CAS 号：78-10-4

GHS 标签信号词及象形图：警告

危险性类别：易燃液体，类别 3

严重眼损伤/眼刺激，类别 2

特异性靶器官毒性-一次接触，类别 3（呼吸道刺激）

主要危险性及次要危险性：第 3 类危险物——易燃液体

联合国编号（UN No.）：1292

正式运输名称：硅酸四乙酯

包装类别：Ⅲ

846　　硅铁锂

别名：—

英文名：lithium ferrosilicon

CAS 号：64082-35-5

GHS 标签信号词及象形图：危险

危险性类别：遇水放出易燃气体的物质和混合物，类别 2

主要危险性及次要危险性：第 4.3 项危险物——遇水放出易燃气体的物质

联合国编号（UN No.）：2830

正式运输名称：锂硅铁

包装类别：Ⅱ

847　硅铁铝（粉末状的）

别名：—

英文名：aluminium ferrosilicon powder

CAS 号：12003-41-7

GHS 标签信号词及象形图：危险

危险性类别：遇水放出易燃气体的物质和混合物，类别 2

主要危险性及次要危险性：第 4.3 项危险物——遇水放出易燃气体的物质

联合国编号（UN No.）：1395/2813△

正式运输名称：硅铝铁合金粉/遇水反应固体，未另作规定的△

包装类别：Ⅱ

848　癸二酰氯

别名：氯化癸二酰

英文名：sebacoyl chloride；sebacyl chloride

CAS 号：111-19-3

GHS 标签信号词及象形图：危险

危险性类别：皮肤腐蚀/刺激，类别 1
严重眼损伤/眼刺激，类别 1

主要危险性及次要危险性：第 8 类危险物——

腐蚀性物质

联合国编号（UN No.）：3265

正式运输名称：有机酸性腐蚀性液体，未另作规定的

包装类别：Ⅲ

849　癸硼烷

别名：十硼烷；十硼氢

英文名：decaborane；boron hydride

CAS 号：17702-41-9

GHS 标签信号词及象形图：危险

危险性类别：易燃固体，类别 1
急性毒性-经口，类别 3
急性毒性-经皮，类别 2
急性毒性-吸入，类别 1
严重眼损伤/眼刺激，类别 2B
特异性靶器官毒性-一次接触，类别 1
特异性靶器官毒性-一次接触，类别 3（呼吸道刺激、麻醉效应）
特异性靶器官毒性-反复接触，类别 1

主要危险性及次要危险性：第 4.1 项危险物——易燃固体；第 6.1 项危险物——毒性物质

联合国编号（UN No.）：1868

正式运输名称：癸硼烷（十硼烷）

包装类别：Ⅱ

850　1-癸烯

别名：—

英文名：1-decene

CAS 号：872-05-9

GHS 标签信号词及象形图：危险

危险性类别：易燃液体，类别 3
皮肤腐蚀/刺激，类别 2
严重眼损伤/眼刺激，类别 2B

吸入危害，类别 1

危害水生环境-急性危害，类别 1

危害水生环境-长期危害，类别 1

主要危险性及次要危险性：第 3 类危险物——易燃液体

联合国编号（UN No.）：3295/1993△

正式运输名称：液态烃类，未另作规定的/易燃液体，未另作规定的△

包装类别：Ⅲ

851　过二硫酸铵

别名：高硫酸铵；过硫酸铵

英文名：diammonium peroxodisulphate；ammonium persulphate；ammonium peroxydisulfate

CAS 号：7727-54-0

GHS 标签信号词及象形图：危险

危险性类别：氧化性固体，类别 3

皮肤腐蚀/刺激，类别 2

严重眼损伤/眼刺激，类别 2

呼吸道致敏物，类别 1

皮肤致敏物，类别 1

特异性靶器官毒性-一次接触，类别 3（呼吸道刺激）

主要危险性及次要危险性：第 5.1 项危险物——氧化性物质

联合国编号（UN No.）：1444

正式运输名称：过硫酸铵

包装类别：Ⅲ

852　过二硫酸钾

别名：高硫酸钾；过硫酸钾

英文名：dipotassium peroxodisulphate；potassium persulphate；potassium persulfate

CAS 号：7727-21-1

GHS 标签信号词及象形图：危险

危险性类别：氧化性固体，类别 3

皮肤腐蚀/刺激，类别 2

严重眼损伤/眼刺激，类别 2

呼吸道致敏物，类别 1

皮肤致敏物，类别 1

特异性靶器官毒性-一次接触，类别 3（呼吸道刺激）

主要危险性及次要危险性：第 5.1 项危险物——氧化性物质

联合国编号（UN No.）：1492

正式运输名称：过硫酸钾

包装类别：Ⅲ

853　过二碳酸二(2-乙基己)酯（77%＜含量≤100%）

别名：—

英文名：di(2-ethylhexyl) peroxydicarbonate（more than 77%）

CAS 号：16111-62-9

GHS 标签信号词及象形图：危险

危险性类别：有机过氧化物，C 型

主要危险性及次要危险性：第 5.2 项危险物——有机过氧化物

联合国编号（UN No.）：3113

正式运输名称：液态 C 型有机过氧化物，控制温度的

包装类别：满足Ⅱ类包装要求

过二碳酸二(2-乙基己)酯

[含量≤52%，在水（冷冻）中稳定弥散]

别名：—

英文名：di(2-ethylhexyl) peroxydicarbonate（not more than 52% as a stable dispersion in water(frozen)）

CAS 号：16111-62-9

GHS 标签信号词及象形图：警告

危险性类别：有机过氧化物，F 型

主要危险性及次要危险性：第 5.2 项危险物——有机过氧化物

联合国编号（UN No.）：3120

正式运输名称：液态 F 型有机过氧化物，控制温度的

包装类别：满足 Ⅱ 类包装要求

过二碳酸二(2-乙基己)酯
（含量≤62％，在水中稳定弥散）

别名：—

英文名：di(2-ethylhexyl)peroxydicarbonate（not more than 62％ as a stable dispersion in water）

CAS 号：16111-62-9

GHS 标签信号词及象形图：警告

危险性类别：有机过氧化物，F 型

主要危险性及次要危险性：第 5.2 项危险物——有机过氧化物

联合国编号（UN No.）：3119

正式运输名称：液态 F 型有机过氧化物，控制温度的

包装类别：满足 Ⅱ 类包装要求

过二碳酸二(2-乙基己)酯
（含量≤77％，含 B 型稀释剂≥23％）

别名：—

英文名：di(2-ethylhexyl)peroxydicarbonate（not more than 77％, and diluent type B not less than 23％）

CAS 号：16111-62-9

GHS 标签信号词及象形图：危险

危险性类别：有机过氧化物，D 型

主要危险性及次要危险性：第 5.2 项危险物——有机过氧化物

联合国编号（UN No.）：3115

正式运输名称：液态 D 型有机过氧化物，控制温度的

包装类别：满足 Ⅱ 类包装要求

854　过二碳酸二(2-乙氧乙)酯
（含量≤52％，含 B 型稀释剂≥48％）

别名：—

英文名：di(2-ethoxyethyl)peroxydicarbonate（not more than 52％, and diluent type B not less than 48％）

CAS 号：52373-74-7

GHS 标签信号词及象形图：危险

危险性类别：有机过氧化物，D 型

主要危险性及次要危险性：第 5.2 项危险物——有机过氧化物

联合国编号（UN No.）：3115

正式运输名称：液态 D 型有机过氧化物，控制温度的

包装类别：满足 Ⅱ 类包装要求

855　过二碳酸二(3-甲氧丁)酯
（含量≤52％，含 B 型稀释剂≥48％）

别名：—

英文名：di(3-methoxybutyl)peroxydicarbonate（not more than 52％, and diluent type B not less than 48％）

CAS 号：52238-68-3

GHS 标签信号词及象形图：危险

危险性类别：有机过氧化物，D 型

主要危险性及次要危险性：第 5.2 项危险物——有机过氧化物

联合国编号（UN No.）：3115

正式运输名称：液态 D 型有机过氧化物，控制温度的

包装类别：满足Ⅱ类包装要求

856　过二碳酸钠

别名：—

英文名：disodium peroxydicarbonate；sodium percarbonate

CAS号：3313-92-6

GHS标签信号词及象形图：警告

危险性类别：氧化性固体，类别3

主要危险性及次要危险性：第5.1项危险物——氧化性物质

联合国编号（UN No.）：1479

正式运输名称：氧化性固体，未另作规定的

包装类别：Ⅲ

857　过二碳酸异丙仲丁酯、过二碳酸二仲丁酯和过二碳酸二异丙酯的混合物（过二碳酸异丙仲丁酯≤32%，15%≤过二碳酸二仲丁酯≤18%，12%≤过二碳酸二异丙酯≤15%，含A型稀释剂≥38%）

别名：—

英文名：isopropyl *sec*-butyl peroxydicarbonate，di-*sec*-butyl peroxydicarbonate and peroxydicarbonate diisopropyl mixtures with not more than 32% isopropyl *sec*-butyl peroxydicarbonate，and not less than 15% but not more than 18% di-*sec*-butyl peroxydicarbonate，and not less than 12% but not more than 15% peroxydicarbonate diisopropyl，and not less than 38% diluent type A

CAS号：—

GHS标签信号词及象形图：危险

危险性类别：有机过氧化物，D型

主要危险性及次要危险性：第5.2项危险物——有机过氧化物

联合国编号（UN No.）：3115

正式运输名称：液态D型有机过氧化物

包装类别：满足Ⅱ类包装要求

过二碳酸异丙仲丁酯、过二碳酸二仲丁酯和过二碳酸二异丙酯的混合物（过二碳酸异丙仲丁酯≤52%，过二碳酸二仲丁酯≤28%，过二碳酸二异丙酯≤22%）

别名：—

英文名：butyl peroxydicarbonate and peroxydicarbonate diisopropyl mixtures with not more than 52% isopropyl *sec*-butyl peroxydicarbonate，and not more than 28% di-*sec*-butyl peroxydicarbonate，and not more than 22% peroxydicarbonate diisopropyl

CAS号：—

GHS标签信号词及象形图：危险

危险性类别：有机过氧化物，B型

主要危险性及次要危险性：第5.2项危险物——有机过氧化物

联合国编号（UN No.）：3111

正式运输名称：液态B型有机过氧化物，控制温度的

包装类别：满足Ⅱ类包装要求

858　过硫酸钠

别名：过二硫酸钠；高硫酸钠

英文名：sodium per-sulfate；sodium peroxydisulfate

CAS号：7775-27-1

GHS标签信号词及象形图：危险

危险性类别：氧化性固体，类别3

严重眼损伤/眼刺激，类别2B

呼吸道致敏物，类别 1

皮肤致敏物，类别 1

特异性靶器官毒性-一次接触，类别 3（呼吸道刺激）

主要危险性及次要危险性：第 5.1 项危险物——氧化性物质

联合国编号（UN No.）：1505

正式运输名称：过硫酸钠

包装类别：Ⅲ

859　过氯酰氟

别名：氟化过氯氧；氟化过氯酰

英文名：perchloryl fluoride

CAS 号：7616-94-6

GHS 标签信号词及象形图：危险

危险性类别：氧化性气体，类别 1

加压气体

急性毒性-吸入，类别 2

严重眼损伤/眼刺激，类别 2A

主要危险性及次要危险性：第 2.3 类危险物——毒性气体；第 5.1 项危险物——氧化性物质

联合国编号（UN No.）：3083

正式运输名称：氟化高氯酰（高氯酰氟）

包装类别：不适用

860　过硼酸钠

别名：高硼酸钠

英文名：sodium perborate

CAS 号：15120-21-5；7632-04-4；11138-47-9

GHS 标签信号词及象形图：危险

危险性类别：氧化性固体，类别 2

严重眼损伤/眼刺激，类别 1

生殖毒性，类别 1B

特异性靶器官毒性-一次接触，类别 3（呼吸道刺激）

主要危险性及次要危险性：第 5.1 项危险物——氧化性物质

联合国编号（UN No.）：3247

正式运输名称：无水过硼酸钠

包装类别：Ⅱ

861　过新庚酸-1,1-二甲基-3-羟丁酯（含量≤52%，含 A 型稀释剂≥48%）

别名：—

英文名：1,1-dimethyl-3-hydroxybutyl peroxyneoheptanoate（not more than 52%, and diluent type A not less than 48%）

CAS 号：110972-57-1

GHS 标签信号词及象形图：警告

危险性类别：有机过氧化物，E 型

主要危险性及次要危险性：第 5.2 项危险物——有机过氧化物

联合国编号（UN No.）：3117

正式运输名称：液态 E 型有机过氧化物，控制温度的

包装类别：满足 Ⅱ 类包装要求

862　过新庚酸枯酯（含量≤77%，含 A 型稀释剂≥23%）

别名：—

英文名：cumyl peroxyneoheptanoate（not more than 77%, and diluent type A not less than 23%）

CAS 号：104852-44-0

GHS 标签信号词及象形图：危险

危险性类别：有机过氧化物，D 型

主要危险性及次要危险性：第 5.2 项危险物——有机过氧化物

联合国编号（UN No.）：3115

正式运输名称：液态 D 型有机过氧化物，控制温度的

包装类别：满足Ⅱ类包装要求

863   过新癸酸叔己酯
（含量≤71%，含 A 型稀释剂≥29%）

别名：—

英文名：*tert* -hexyl peroxyneodecanoate （not more than 71%, and diluent type A not less than 29%）

CAS 号：26748-41-4

GHS 标签信号词及象形图：危险

危险性类别：有机过氧化物，D 型

主要危险性及次要危险性：第 5.2 项危险物——有机过氧化物

联合国编号（UN No.）：3115

正式运输名称：液态 D 型有机过氧化物，控制温度的

包装类别：满足Ⅱ类包装要求

864   过氧-3,5,5-三甲基己酸叔丁酯
（32%＜含量≤100%）

别名：叔丁基过氧化-3,5,5-三甲基己酸酯

英文名：*tert* -butylperoxy-3,5,5-trimethylhex-anoate（more than 32%）

CAS 号：13122-18-4

GHS 标签信号词及象形图：危险

危险性类别：有机过氧化物，D 型

主要危险性及次要危险性：第 5.2 项危险物——有机过氧化物

联合国编号（UN No.）：3105

正式运输名称：液态 D 型有机过氧化物

包装类别：满足Ⅱ类包装要求

过氧-3,5,5-三甲基己酸叔丁酯
（含量≤32%，含 B 型稀释剂≥68%）

别名：叔丁基过氧化-3,5,5-三甲基己酸酯

英文名：*tert* -butylperoxy-3,5,5-trimethylhex-anoate （not more than 32%, and diluent type B not less than 68%）

CAS 号：13122-18-4

GHS 标签信号词及象形图：警告

危险性类别：有机过氧化物，F 型

主要危险性及次要危险性：第 5.2 项危险物——有机过氧化物

联合国编号（UN No.）：3109

正式运输名称：液态 F 型有机过氧化物

包装类别：满足Ⅱ类包装要求

过氧-3,5,5-三甲基己酸叔丁酯
（含量≤42%，惰性固体含量≥58%）

别名：叔丁基过氧化-3,5,5-三甲基己酸酯

英文名：*tert* -butylperoxy-3,5,5-trimethylhex-anoate（not more than 42%, and inert solid not less than 58%）

CAS 号：13122-18-4

GHS 标签信号词及象形图：危险

危险性类别：有机过氧化物，D 型

主要危险性及次要危险性：第 5.2 项危险物——有机过氧化物

联合国编号（UN No.）：3106

正式运输名称：固态 D 型有机过氧化物

包装类别：满足Ⅱ类包装要求

865   过氧苯甲酸叔丁酯
（77%＜含量≤100%）

别名：—

英文名：*tert*-butyl peroxy benzoate（more than 77%）；*tert*-butyl perbenzoate

CAS 号：614-45-9

GHS 标签信号词及象形图：危险

危险性类别：有机过氧化物，C 型
严重眼损伤/眼刺激，类别 2B
危害水生环境-急性危害，类别 1

主要危险性及次要危险性：第 5.2 项危险物——有机过氧化物

联合国编号（UN No.）：3103

正式运输名称：液态 C 型有机过氧化物

包装类别：满足 Ⅱ 类包装要求

过氧苯甲酸叔丁酯（52%＜含量≤77%，含 A 型稀释剂≥23%）

别名：—

英文名：*tert*-butyl peroxybenzoate（more than 52% but not more than 77%, and diluent type A not less than 23%）

CAS 号：614-45-9

GHS 标签信号词及象形图：危险

危险性类别：有机过氧化物，D 型
严重眼损伤/眼刺激，类别 2B
危害水生环境-急性危害，类别 1

主要危险性及次要危险性：第 5.2 项危险物——有机过氧化物

联合国编号（UN No.）：3105

正式运输名称：液态 D 型有机过氧化物

包装类别：满足 Ⅱ 类包装要求

过氧苯甲酸叔丁酯（含量≤52%，惰性固体含量≥48%）

别名：—

英文名：*tert*-butyl peroxybenzoate（not more

than 52%, and inert solid not less than 48%）

CAS 号：614-45-9

GHS 标签信号词及象形图：危险

危险性类别：有机过氧化物，D 型
严重眼损伤/眼刺激，类别 2B
危害水生环境-急性危害，类别 1

主要危险性及次要危险性：第 5.2 项危险物——有机过氧化物

联合国编号（UN No.）：3106

正式运输名称：固态 D 型有机过氧化物

包装类别：满足 Ⅱ 类包装要求

866　过氧丁烯酸叔丁酯（含量≤77%，含 A 型稀释剂≥23%）

别名：过氧化叔丁基丁烯酸酯；过氧化巴豆酸叔丁酯

英文名：*tert*-butyl peroxycrotonate（not more than 77%, and diluent type A not less than 23%）；*tert*-butyl peroxy crotonate；*tert*-butyl percrotonate

CAS 号：23474-91-1

GHS 标签信号词及象形图：危险

危险性类别：有机过氧化物，D 型

主要危险性及次要危险性：第 5.2 项危险物——有机过氧化物

联合国编号（UN No.）：3105

正式运输名称：液态 D 型有机过氧化物

包装类别：满足 Ⅱ 类包装要求

867　过氧化钡

别名：二氧化钡

英文名：barium peroxide；barium dioxide

CAS 号：1304-29-6

GHS标签信号词及象形图：危险

危险性类别：氧化性固体，类别2

主要危险性及次要危险性：第 5.1 项 危 险物——氧化性物质；第6.1项危险物——毒性物质

联合国编号（UN No.）：1449

正式运输名称：过氧化钡

包装类别：Ⅱ

868　过氧化苯甲酸叔戊酯（含量≤100%）

别名：叔戊基过氧苯甲酸酯

英文名：*tert*-amyl peroxybenzoate（not more than 100%）

CAS号：4511-39-1

GHS标签信号词及象形图：危险

危险性类别：有机过氧化物，C型

主要危险性及次要危险性：第 5.2 项 危 险物——有机过氧化物

联合国编号（UN No.）：3103

正式运输名称：液态 C 型有机过氧化物

包装类别：满足Ⅱ类包装要求

869　过氧化丙酰（含量≤27%，含 B 型稀释剂≥73%）

别名：过氧化二丙酰

英文名：dipropionyl peroxide（not more than 27%，and diluent type B not less than 73%）

CAS号：3248-28-0

GHS标签信号词及象形图：警告

危险性类别：有机过氧化物，E 型

主要危险性及次要危险性：第 5.2 项 危险物——有机过氧化物

联合国编号（UN No.）：3117

正式运输名称：液态 E 型有机过氧化物，控制温度的

包装类别：满足Ⅱ类包装要求

870　过氧化二(2,4-二氯苯甲酰)（糊状物，含量≤52%）

别名：—

英文名：di(2,4-dichlorobenzoyl)peroxide（not more than 52% as a paste）；2,4,2',4'-tetrachlorobenzoyl peroxide

CAS号：133-14-2

GHS标签信号词及象形图：警告

危险性类别：有机过氧化物，E 型

主要危险性及次要危险性：第 5.2 项 危险物——有机过氧化物

联合国编号（UN No.）：3118

正式运输名称：固态 E 型有机过氧化物，控制温度的

包装类别：满足Ⅱ类包装要求

过氧化二(2,4-二氯苯甲酰)（含硅油糊状，含量≤52%）

别名：—

英文名：di（2,4-dichlorobenzoyl）peroxide（not more than 52% as a paste with silicon oil）

CAS号：133-14-2

GHS标签信号词及象形图：危险

危险性类别：有机过氧化物，D 型

主要危险性及次要危险性：第 5.2 项 危险物——有机过氧化物

联合国编号（UN No.）：3106

正式运输名称：固态 D 型有机过氧化物

包装类别：满足Ⅱ类包装要求

过氧化二（2,4-二氯苯甲酰）
（含量≤77%，含水≥23%）

别名：—

英文名：di-2,4-dichlorobenzoyl peroxide（not more than 77%, and water not less than 23%）；2,4,2′,4′-tetrachlorobenzoyl peroxide

CAS 号：133-14-2

GHS 标签信号词及象形图：危险

危险性类别：有机过氧化物，B 型

主要危险性及次要危险性：第 5.2 项危险物——有机过氧化物

联合国编号（UN No.）：3102

正式运输名称：固态 B 型有机过氧化物

包装类别：满足Ⅱ类包装要求

871　过氧化二（3,5,5-三甲基-1,2-二氧戊环）（糊状物，含量≤52%）

别名：—

英文名：di（3,5,5-trimethyl - 1,2-dioxolanyl-3）peroxide（not more than 52% as a paste）

CAS 号：—

GHS 标签信号词及象形图：危险

危险性类别：有机过氧化物，D 型

主要危险性及次要危险性：第 5.2 项危险物——有机过氧化物

联合国编号（UN No.）：3105

正式运输名称：液态 D 型有机过氧化物

包装类别：满足Ⅱ类包装要求

872　过氧化二（3-甲基苯甲酰）、过氧化（3-甲基苯甲酰）苯甲酰和过氧化二苯甲酰的混合物［过氧化二（3-甲基苯甲酰）≤20%，过氧化（3-甲基苯甲酰）苯甲酰≤18%，过氧化二苯甲酰≤4%，含 B 型稀释剂≥58%］

别名：—

英文名：di（3-methylbenzoyl）peroxide ＋ benzoyl（3-methylbenzoyl）peroxide＋dibenzoyl peroxide with not more than 20% di（3-methylbenzoyl）peroxide, and not more than 18% benzoyl（3-methylbenzoyl）peroxide, and not more than 4% dibenzoyl peroxide, and not less than 58% diluent type B

CAS 号：—

GHS 标签信号词及象形图：危险

危险性类别：有机过氧化物，D 型

主要危险性及次要危险性：第 5.2 项危险物——有机过氧化物

联合国编号（UN No.）：3115

正式运输名称：液态 D 型有机过氧化物，控制温度的

包装类别：满足Ⅱ类包装要求

873　过氧化二（4-氯苯甲酰）
（含量≤77%）

别名：—

英文名：di-4-chlorobenzoyl peroxide（not more than 77%）

CAS 号：94-17-7

GHS 标签信号词及象形图：危险

危险性类别：有机过氧化物，B 型

主要危险性及次要危险性：第 5.2 项危险

物——有机过氧化物
联合国编号（UN No.）：3102
正式运输名称：固态 B 型有机过氧化物
包装类别：满足Ⅱ类包装要求

过氧化二(4-氯苯甲酰)（糊状物，含量≤52%）

别名：—
英文名：di-4-chlorobenzoyl peroxide（not more than 52% as a paste）
CAS 号：94-17-7
GHS 标签信号词及象形图：危险

危险性类别：有机过氧化物，D 型
主要危险性及次要危险性：第 5.2 项危险物——有机过氧化物
联合国编号（UN No.）：3106
正式运输名称：固态 D 型有机过氧化物
包装类别：满足Ⅱ类包装要求

874 过氧化二苯甲酰（51%＜含量≤100%，惰性固体含量≤48%）

别名：—
英文名：dibenzoyl peroxide（more than 51%，and inert solid not more than 48%）
CAS 号：94-36-0
GHS 标签信号词及象形图：危险

危险性类别：有机过氧化物，B 型
严重眼损伤/眼刺激，类别 2
皮肤致敏物，类别 1
危害水生环境-急性危害，类别 1
主要危险性及次要危险性：第 5.2 项危险物——有机过氧化物
联合国编号（UN No.）：3102
正式运输名称：固态 B 型有机过氧化物
包装类别：满足Ⅱ类包装要求

过氧化二苯甲酰（35%＜含量≤52%，惰性固体含量≥48%）

别名：—
英文名：dibenzoyl peroxide（more than 35% but not more than 52%，and inert solid not less than 48%）
CAS 号：94-36-0
GHS 标签信号词及象形图：危险

危险性类别：有机过氧化物，D 型
严重眼损伤/眼刺激，类别 2
皮肤致敏物，类别 1
危害水生环境-急性危害，类别 1
主要危险性及次要危险性：第 5.2 项危险物——有机过氧化物
联合国编号（UN No.）：3106
正式运输名称：固态 D 型有机过氧化物
包装类别：满足Ⅱ类包装要求

过氧化二苯甲酰（36%＜含量≤42%，含 A 型稀释剂≥18%，含水≤40%）

别名：—
英文名：dibenzoyl peroxide（more than 36% but not more than 42%，and diluent type A not less than 18%，and water not more than 40%）
CAS 号：94-36-0
GHS 标签信号词及象形图：警告

危险性类别：有机过氧化物，E 型
严重眼损伤/眼刺激，类别 2
皮肤致敏物，类别 1
危害水生环境-急性危害，类别 1
主要危险性及次要危险性：第 5.2 项危险物——有机过氧化物

联合国编号（UN No.）：3107

正式运输名称：液态 E 型有机过氧化物

包装类别：满足 Ⅱ 类包装要求

过氧化二苯甲酰
（77％＜含量≤94％，含水≥6％）

别名：—

英文名：dibenzoyl peroxide（more than 77％ but not more than 94％, and water not less than 6％）

CAS 号：94-36-0

GHS 标签信号词及象形图：警告

危险性类别：有机过氧化物，E 型

严重眼损伤/眼刺激，类别 2

皮肤致敏物，类别 1

危害水生环境-急性危害，类别 1

主要危险性及次要危险性：第 5.2 项危险物——有机过氧化物

联合国编号（UN No.）：3102

正式运输名称：固态 B 型有机过氧化物

包装类别：满足 Ⅱ 类包装要求

过氧化二苯甲酰
（含量≤42％，在水中稳定弥散）

别名：—

英文名：dibenzoyl peroxide（not more than 42％ as a stable dispersion in water）

CAS 号：94-36-0

GHS 标签信号词及象形图：警告

危险性类别：有机过氧化物，F 型

严重眼损伤/眼刺激，类别 2

皮肤致敏物，类别 1

危害水生环境-急性危害，类别 1

主要危险性及次要危险性：第 5.2 项危险物——有机过氧化物

联合国编号（UN No.）：3109

正式运输名称：液态 F 型有机过氧化物

包装类别：满足 Ⅱ 类包装要求

过氧化二苯甲酰（含量≤62％，
惰性固体含量≥28％，含水≥10％）

别名：—

英文名：dibenzoyl peroxide（not more than 62％, and inert solid not less than 28％, and water not less than 10％）

CAS 号：94-36-0

GHS 标签信号词及象形图：危险

危险性类别：有机过氧化物，D 型

严重眼损伤/眼刺激，类别 2

皮肤致敏物，类别 1

危害水生环境-急性危害，类别 1

主要危险性及次要危险性：第 5.2 项危险物——有机过氧化物

联合国编号（UN No.）：3106

正式运输名称：固态 D 型有机过氧化物

包装类别：满足 Ⅱ 类包装要求

过氧化二苯甲酰
（含量≤77％，含水≥23％）

别名：—

英文名：dibenzoyl peroxide（not more than 77％, and water not less than 23％）

CAS 号：94-36-0

GHS 标签信号词及象形图：危险

危险性类别：有机过氧化物，C 型

严重眼损伤/眼刺激，类别 2

皮肤致敏物，类别 1

危害水生环境-急性危害，类别 1

主要危险性及次要危险性：第 5.2 项危险物——有机过氧化物

联合国编号（UN No.）：3104
正式运输名称：固态 C 型有机过氧化物
包装类别：满足Ⅱ类包装要求

过氧化二苯甲酰
（糊状物，52%＜含量≤62%）

别名：—
英文名：dibenzoyl peroxide（more than 52% but not more than 62% as a paste）
CAS 号：94-36-0
GHS 标签信号词及象形图：危险

危险性类别：有机过氧化物，D 型
严重眼损伤/眼刺激，类别 2
皮肤致敏物，类别 1
危害水生环境-急性危害，类别 1
主要危险性及次要危险性：第 5.2 项危险物——有机过氧化物
联合国编号（UN No.）：3106
正式运输名称：固态 D 型有机过氧化物
包装类别：满足Ⅱ类包装要求

过氧化二苯甲酰
（糊状物，含量≤52%）

别名：—
英文名：dibenzoyl peroxide（not more than 52% as a paste）
CAS 号：94-36-0
GHS 标签信号词及象形图：警告

危险性类别：有机过氧化物，E 型
严重眼损伤/眼刺激，类别 2
皮肤致敏物，类别 1
危害水生环境-急性危害，类别 1
主要危险性及次要危险性：第 5.2 项危险物——有机过氧化物
联合国编号（UN No.）：3108

正式运输名称：固态 E 型有机过氧化物
包装类别：满足Ⅱ类包装要求

过氧化二苯甲酰（糊状物，
含量≤56.5%，含水≥15%）

别名：—
英文名：dibenzoyl peroxide（not more than 56.5% as a paste，and water not less than 15%）
CAS 号：94-36-0
GHS 标签信号词及象形图：警告

危险性类别：有机过氧化物，E 型
严重眼损伤/眼刺激，类别 2
皮肤致敏物，类别 1
危害水生环境-急性危害，类别 1
主要危险性及次要危险性：第 5.2 项危险物——有机过氧化物
联合国编号（UN No.）：3108
正式运输名称：固态 E 型有机过氧化物
包装类别：满足Ⅱ类包装要求

过氧化二苯甲酰
（含量≤35%，含惰性固体≥65%）

别名：—
英文名：dibenzoyl peroxide，ointment（not more than 35%，and inert solid not less than 65%）
CAS 号：94-36-0
GHS 标签信号词及象形图：警告

危险性类别：严重眼损伤/眼刺激，类别 2
皮肤致敏物，类别 1
危害水生环境-急性危害，类别 1
主要危险性及次要危险性：第 9 类危险物——杂项危险物质和物品
联合国编号（UN No.）：3077
正式运输名称：对环境有害的固态物质，未

另作规定的

包装类别：Ⅲ

875　过氧化二癸酰（含量≤100%）

别名：—

英文名：didecanoyl peroxide（not more than 100%）；peroxide，bis（1-oxodecyl）

CAS号：762-12-9

GHS标签信号词及象形图：危险

危险性类别：有机过氧化物，C型

主要危险性及次要危险性：第5.2项危险物——有机过氧化物

联合国编号（UN No.）：3103

正式运输名称：液态C型有机过氧化物

包装类别：满足Ⅱ类包装要求

876　过氧化二琥珀酸
（72%＜含量≤100%）

别名：过氧化双丁二酸；过氧化丁二酰

英文名：disuccinic acid peroxide（more than 72%）

CAS号：123-23-9

GHS标签信号词及象形图：危险

危险性类别：有机过氧化物，B型

主要危险性及次要危险性：第5.2项危险物——有机过氧化物

联合国编号（UN No.）：3102

正式运输名称：固态B型有机过氧化物

包装类别：满足Ⅱ类包装要求

过氧化二琥珀酸（含量≤72%）

别名：过氧化双丁二酸；过氧化丁二酰

英文名：disuccinic acid peroxide（not more than 72%）

CAS号：123-23-9

GHS标签信号词及象形图：危险

危险性类别：有机过氧化物，D型

主要危险性及次要危险性：第5.2项危险物——有机过氧化物

联合国编号（UN No.）：3116

正式运输名称：固态D型有机过氧化物，控制温度的

包装类别：满足Ⅱ类包装要求

877　2,2-过氧化二氢丙烷
（含量≤27%，含惰性固体≥73%）

别名：—

英文名：2,2-dihydroperoxy propane（not more than 27%，and inert solid not less than 73%）

CAS号：2614-76-8

GHS标签信号词及象形图：危险

危险性类别：有机过氧化物，B型

主要危险性及次要危险性：第5.2项危险物——有机过氧化物

联合国编号（UN No.）：3102

正式运输名称：固态B型有机过氧化物

包装类别：满足Ⅱ类包装要求

878　过氧化二碳酸二(十八烷基)酯
（含量≤87%，含有十八烷醇）

别名：过氧化二（十八烷基）二碳酸酯；过氧化二碳酸二硬脂酰酯

英文名：distearyl peroxydicarbonate（not more than 87%，with stearyl alcohol）；dioctadecyl peroxy dicarbonate；distearyl perdicarbonate

CAS号：52326-66-6

GHS标签信号词及象形图：危险

危险性类别：有机过氧化物，D型

主要危险性及次要危险性：第 5.2 项危险物——有机过氧化物

联合国编号（UN No.）：3115

正式运输名称：液态 D 型有机过氧化物，控制温度的

包装类别：满足 Ⅱ 类包装要求

879　过氧化二碳酸二苯甲酯
（含量≤87％，含水）

别名：过氧化苄基二碳酸酯

英文名：diphenylmethyl peroxydicarbonate（not more than 87％ with water）；dibenzyl peroxydicarbonate

CAS号：2144-45-8

GHS 标签信号词及象形图：危险

危险性类别：有机过氧化物，C型

主要危险性及次要危险性：第 5.2 项危险物——有机过氧化物

联合国编号（UN No.）：3113

正式运输名称：液态 C 型有机过氧化物，控制温度的

包装类别：满足 Ⅱ 类包装要求

880　过氧化二碳酸二乙酯
（在溶液中，含量≤27％）

别名：过氧化二乙基二碳酸酯

英文名：diethyl peroxydicarbonate（not more than 27％ in solution）；diethyl perdicarbonate

CAS号：14666-78-5

GHS 标签信号词及象形图：危险

危险性类别：有机过氧化物，D型

主要危险性及次要危险性：第 5.2 项危险物——有机过氧化物

联合国编号（UN No.）：3115

正式运输名称：液态 D 型有机过氧化物，控制温度的

包装类别：满足 Ⅱ 类包装要求

881　过氧化二碳酸二异丙酯
（52％＜含量≤100％）

别名：过氧重碳酸二异丙酯

英文名：diisopropyl peroxydicarbonate（more than 52％）；diisopropyl perdicarbonate

CAS号：105-64-6

GHS 标签信号词及象形图：危险

危险性类别：有机过氧化物，B型
皮肤腐蚀/刺激，类别 2
严重眼损伤/眼刺激，类别 1

主要危险性及次要危险性：第 5.2 项危险物——有机过氧化物

联合国编号（UN No.）：3112

正式运输名称：固态 B 型有机过氧化物，控制温度的

包装类别：满足 Ⅱ 类包装要求

过氧化二碳酸二异丙酯
（含量≤52％，含 B 型稀释剂≥48％）

别名：过氧重碳酸二异丙酯

英文名：diisopropyl peroxydicarbonate（not more than 52％，and diluent type B not less than 48％）

CAS号：105-64-6

GHS 标签信号词及象形图：危险

危险性类别：有机过氧化物，D型

主要危险性及次要危险性：第 5.2 项危险

物——有机过氧化物

联合国编号（UN No.）：3115

正式运输名称：液态 D 型有机过氧化物，控制温度的

包装类别：满足Ⅱ类包装要求

过氧化二碳酸二异丙酯
（含量≤32%，含 A 型稀释剂≥68%）

别名：过氧重碳酸二异丙酯

英文名：diisopropyl peroxydicarbonate（not more than 32%，and diluent type A not less than 68%）

CAS 号：105-64-6

GHS 标签信号词及象形图：危险

危险性类别：有机过氧化物，D 型

主要危险性及次要危险性：第 5.2 项危险物——有机过氧化物

联合国编号（UN No.）：3115

正式运输名称：液态 D 型有机过氧化物，控制温度的

包装类别：满足Ⅱ类包装要求

882 过氧化二乙酰（含量≤27%，含 B 型稀释剂≥73%）

别名：—

英文名：diacetyl peroxide（not more than 27%，and diluent type B not less than 73%）

CAS 号：110-22-5

GHS 标签信号词及象形图：危险

危险性类别：有机过氧化物，D 型
皮肤腐蚀/刺激，类别1
严重眼损伤/眼刺激，类别1

主要危险性及次要危险性：第 5.2 项危险物——有机过氧化物

联合国编号（UN No.）：3115

正式运输名称：液态 D 型有机过氧化物，控制温度的

包装类别：满足Ⅱ类包装要求

883 过氧化二异丙苯
（52%＜含量≤100%）

别名：二枯基过氧化物；硫化剂 DCP

英文名：bis(α,α-dimethylbenzyl)peroxide（more than 52%）；dicumyl peroxide；vulcanizing agent DCP

CAS 号：80-43-3

GHS 标签信号词及象形图：警告

危险性类别：有机过氧化物，F 型
皮肤腐蚀/刺激，类别 2
严重眼损伤/眼刺激，类别 2
危害水生环境-急性危害，类别 1
危害水生环境-长期危害，类别 1

主要危险性及次要危险性：第 5.2 项危险物——有机过氧化物

联合国编号（UN No.）：3110

正式运输名称：固态 F 型有机过氧化物

包装类别：满足Ⅱ类包装要求

过氧化二异丙苯
（含量≤52%，含惰性固体≥48%）

别名：二枯基过氧化物；硫化剂 DCP

英文名：bis(α,α-dimethylbenzyl)peroxide（not more than 52%，and inert solid not less than 48%）

CAS 号：80-43-3

GHS 标签信号词及象形图：警告

危险性类别：皮肤腐蚀/刺激，类别 2
严重眼损伤/眼刺激，类别 2
危害水生环境-急性危害，类别 1
危害水生环境-长期危害，类别 1

主要危险性及次要危险性：第 9 类危险物——杂项危险物质和物品

联合国编号（UN No.）：3077

正式运输名称：对环境有害的固态物质，未另作规定的

包装类别：Ⅲ

884　过氧化二异丁酰
（含量≤32%，含 B 型稀释剂≥68%）

别名：—

英文名：diisobutyryl peroxide（not more than 32%，and diluent type B not less than 68%）

CAS 号：3437-84-1

GHS 标签信号词及象形图：危险

危险性类别：有机过氧化物，D 型

主要危险性及次要危险性：第 5.2 项危险物——有机过氧化物

联合国编号（UN No.）：3115

正式运输名称：液态 D 型有机过氧化物，控制温度的

包装类别：满足 Ⅱ 类包装要求

过氧化二异丁酰（32%＜含量≤52%，含 B 型稀释剂≥48%）

别名：—

英文名：diisobutyryl peroxide（more than 32% but not more than 52%，and diluent type B not less than 48%）

CAS 号：3437-84-1

GHS 标签信号词及象形图：危险

危险性类别：有机过氧化物，B 型

主要危险性及次要危险性：第 5.2 项危险物——有机过氧化物

联合国编号（UN No.）：3111

正式运输名称：液态 B 型有机过氧化物，控

制温度的

包装类别：满足 Ⅱ 类包装要求

885　过氧化二月桂酰（含量≤100%）

别名：—

英文名：diisopropylbenzene dihydroperoxede（not more than 100%）

CAS 号：105-74-8

GHS 标签信号词及象形图：危险

危险性类别：有机过氧化物，D 型

主要危险性及次要危险性：第 5.2 项危险物——有机过氧化物

联合国编号（UN No.）：3106

正式运输名称：固态 D 型有机过氧化物

包装类别：满足 Ⅱ 类包装要求

过氧化二月桂酰
（含量≤42%，在水中稳定弥散）

别名：—

英文名：diisopropylbenzene dihydroperoxede（not more than 42% as a stable dispersion in water）

CAS 号：105-74-8

GHS 标签信号词及象形图：警告

危险性类别：有机过氧化物，F 型

主要危险性及次要危险性：第 5.2 项危险物——有机过氧化物

联合国编号（UN No.）：3109

正式运输名称：液态 F 型有机过氧化物

包装类别：满足 Ⅱ 类包装要求

886　过氧化二正壬酰（含量≤100%）

别名：—

英文名：di-*n*-nonanoyl peroxide（not more than 100%）

CAS 号：—

GHS 标签信号词及象形图：危险

危险性类别：有机过氧化物，D 型

主要危险性及次要危险性：第 5.2 项危险物——有机过氧化物

联合国编号（UN No.）：3116

正式运输名称：固态 D 型有机过氧化物，控制温度的

包装类别：满足 Ⅱ 类包装要求

887　过氧化二正辛酰（含量≤100%）

别名：过氧化正辛酰

英文名：di-*n*-octanoyl peroxide（not more than 100%）

CAS 号：762-16-3

GHS 标签信号词及象形图：危险

危险性类别：有机过氧化物，C 型

主要危险性及次要危险性：第 5.2 项危险物——有机过氧化物

联合国编号（UN No.）：3103

正式运输名称：液态 C 型有机过氧化物

包装类别：满足 Ⅱ 类包装要求

888　过氧化钙

别名：二氧化钙

英文名：calcium peroxide; calcium dioxide

CAS 号：1305-79-9

GHS 标签信号词及象形图：危险

危险性类别：氧化性固体，类别 2

严重眼损伤/眼刺激，类别 1

主要危险性及次要危险性：第 5.1 项危险物——氧化性物质

联合国编号（UN No.）：1457

正式运输名称：过氧化钙

包装类别：Ⅱ

889　过氧化环己酮（含量≤72%，含 A 型稀释剂≥28%）

别名：—

英文名：cyclohexanone peroxide（not more than 72%, and diluent type A not less than 28%）

CAS 号：78-18-2

GHS 标签信号词及象形图：危险

危险性类别：有机过氧化物，D 型

皮肤腐蚀/刺激，类别 1

严重眼损伤/眼刺激，类别 1

特异性靶器官毒性-一次接触，类别 3（呼吸道刺激）

主要危险性及次要危险性：第 5.2 项危险物——有机过氧化物

联合国编号（UN No.）：3105

正式运输名称：液态 D 型有机过氧化物

包装类别：满足 Ⅱ 类包装要求

过氧化环己酮（含量≤91%，含水≥9%）

别名：—

英文名：cyclohexanone peroxide（not more than 91%, and water not less than 9%）

CAS 号：78-18-2

GHS 标签信号词及象形图：危险

危险性类别：有机过氧化物，C 型

皮肤腐蚀/刺激，类别 1

严重眼损伤/眼刺激，类别 1

特异性靶器官毒性-一次接触，类别 3（呼吸道刺激）

主要危险性及次要危险性：第 5.2 项危险物——有机过氧化物

联合国编号（UN No.）：3104

正式运输名称：固态 C 型有机过氧化物

包装类别：满足 II 类包装要求

过氧化环己酮
（糊状物，含量≤72%）

别名：—

英文名：cyclohexanone peroxide（not more than 72% as a paste）

CAS 号：78-18-2

GHS 标签信号词及象形图：危险

危险性类别：有机过氧化物，D 型

皮肤腐蚀/刺激，类别 1

严重眼损伤/眼刺激，类别 1

特异性靶器官毒性-一次接触，类别 3（呼吸道刺激）

主要危险性及次要危险性：第 5.2 项危险物——有机过氧化物

联合国编号（UN No.）：3106

正式运输名称：固态 D 型有机过氧化物

包装类别：满足 II 类包装要求

890　过氧化甲基环己酮
（含量≤67%，含 B 型稀释剂≤33%）

别名：—

英文名：methylcyclohexanone peroxide（not more than 67%, and diluent type B not more than 33%）

CAS 号：11118-65-3

GHS 标签信号词及象形图：危险

危险性类别：有机过氧化物，D 型

主要危险性及次要危险性：第 5.2 项危险物——有机过氧化物

联合国编号（UN No.）：3115

正式运输名称：液态 D 型有机过氧化物，控制温度的

包装类别：满足 II 类包装要求

891　过氧化甲基乙基酮（10%
＜有效氧含量≤10.7%，含 A 型
稀释剂≥48%）

别名：—

英文名：methyl ethyl ketone peroxide（available oxygen more than 10% but not more than 10.7%, and diluent type A not less than 48%）

CAS 号：1338-23-4

GHS 标签信号词及象形图：危险

危险性类别：有机过氧化物，B 型

皮肤腐蚀/刺激，类别 1

严重眼损伤/眼刺激，类别 1

危害水生环境-急性危害，类别 2

主要危险性及次要危险性：第 5.2 项危险物——有机过氧化物

联合国编号（UN No.）：3101

正式运输名称：液态 B 型有机过氧化物

包装类别：满足 II 类包装要求

过氧化甲基乙基酮（有效氧
含量≤10%，含 A 型稀释剂≥55%）

别名：—

英文名：methyl ethyl ketone peroxide（available oxygen not more than 10%, and diluent type A not less than 55%）

CAS 号：1338-23-4

GHS 标签信号词及象形图：危险

危险性类别：有机过氧化物，D 型

皮肤腐蚀/刺激，类别 2

严重眼损伤/眼刺激，类别 2

主要危险性及次要危险性：第 5.2 项 危 险
物——有机过氧化物

联合国编号（UN No.）：3105

正式运输名称：液态 D 型有机过氧化物

包装类别：满足 II 类包装要求

过氧化甲基乙基酮（有效氧
含量≤8.2%，含 A 型稀释剂≥60%）

别名：—

英文名：methyl ethyl ketone peroxide（available oxygen not more than 8.2%, and diluent type A not less than 60%）

CAS 号：1338-23-4

GHS 标签信号词及象形图：警告

危险性类别：有机过氧化物，E 型
皮肤腐蚀/刺激，类别 2
严重眼损伤/眼刺激，类别 2

主要危险性及次要危险性：第 5.2 项 危 险
物——有机过氧化物

联合国编号（UN No.）：3107

正式运输名称：液态 E 型有机过氧化物

包装类别：满足 II 类包装要求

892　过氧化甲基异丙酮
（活性氧含量≤6.7%，
含 A 型稀释剂≥70%）

别名：—

英文名：methyl isopropyl ketone peroxide（active oxygen not more than 6.7%, and diluent type A not less than 70%）

CAS 号：182893-11-4

GHS 标签信号词及象形图：警告

危险性类别：有机过氧化物，F 型

主要危险性及次要危险性：第 5.2 项 危 险
物——有机过氧化物

联合国编号（UN No.）：3109

正式运输名称：液态 F 型有机过氧化物

包装类别：满足 II 类包装要求

893　过氧化甲基异丁基酮
（含量≤62%，含 A 型稀释剂≥19%）

别名：—

英文名：methyl isobutyl ketone peroxide（not more than 62%, and diluent type A not less than 19%）

CAS 号：28056-59-9

GHS 标签信号词及象形图：危险

危险性类别：有机过氧化物，D 型

主要危险性及次要危险性：第 5.2 项 危 险
物——有机过氧化物

联合国编号（UN No.）：3105

正式运输名称：液态 D 型有机过氧化物

包装类别：满足 II 类包装要求

894　过氧化钾

别名：—

英文名：potassium peroxide

CAS 号：17014-71-0

GHS 标签信号词及象形图：危险

危险性类别：氧化性固体，类别 1
皮肤腐蚀/刺激，类别 2
严重眼损伤/眼刺激，类别 2A
特异性靶器官毒性-一次接触，类别 3（呼吸道刺激）

主要危险性及次要危险性：第 5.1 项 危 险
物——氧化性物质

联合国编号（UN No.）：1491

正式运输名称：过氧化钾

包装类别：I

895 过氧化锂

别名：—
英文名：lithium peroxide
CAS 号：12031-80-0
GHS 标签信号词及象形图：危险

危险性类别：氧化性液体，类别 2
主要危险性及次要危险性：第 5.1 项 危 险 物——氧化性物质
联合国编号（UN No.）：1472
正式运输名称：过氧化锂
包装类别：Ⅱ

896 过氧化邻苯二甲酸叔丁酯

别名：过氧化叔丁基邻苯二甲酸酯
英文名：*tert*-butyl monoperoxy phthalate；
tert-butyl perphthalate
CAS 号：15042-77-0
GHS 标签信号词及象形图：危险

危险性类别：有机过氧化物，B 型
主要危险性及次要危险性：第 5.2 项 危 险 物——有机过氧化物
联合国编号（UN No.）：3101
正式运输名称：液态 B 型有机过氧化物
包装类别：满足 Ⅱ 类包装要求

897 过氧化镁

别名：二氧化镁
英文名：magnesium peroxide；magnesium di-
oxide
CAS 号：1335-26-8
GHS 标签信号词及象形图：危险

危险性类别：氧化性液体，类别 2
主要危险性及次要危险性：第 5.1 项 危 险 物——氧化性物质
联合国编号（UN No.）：1476
正式运输名称：过氧化镁
包装类别：Ⅱ

898 过氧化钠

别名：双氧化钠；二氧化钠
英文名：sodium peroxide；sodium dioxide
CAS 号：1313-60-6
GHS 标签信号词及象形图：危险

危险性类别：氧化性固体，类别 1
皮肤腐蚀/刺激，类别 1A
严重眼损伤/眼刺激，类别 1
主要危险性及次要危险性：第 5.1 项 危 险 物——氧化性物质
联合国编号（UN No.）：1504
正式运输名称：过氧化钠
包装类别：Ⅰ

899 过氧化脲

别名：过氧化氢尿素；过氧化氢脲
英文名：carbamide peroxide；urea hydrogen
peroxide
CAS 号：124-43-6
GHS 标签信号词及象形图：危险

危险性类别：氧化性固体，类别 3
皮肤腐蚀/刺激，类别 1
严重眼损伤/眼刺激，类别 1
特异性靶器官毒性-一次接触，类别 3（呼吸道刺激）
主要危险性及次要危险性：第 5.1 项 危 险 物——氧化性物质；第 8 类危险物——腐蚀性物质

联合国编号（UN No.）：1511

正式运输名称：过氧化氢脲

包装类别：Ⅲ

900　过氧化氢苯甲酰

别名：过苯甲酸

英文名：benzoyl hydrogen peroxide；perbenzoic acid

CAS号：93-59-4

GHS标签信号词及象形图：危险

危险性类别：有机过氧化物，C型

　皮肤腐蚀/刺激，类别1

　严重眼损伤/眼刺激，类别1

主要危险性及次要危险性：第 5.2 项危险物——有机过氧化物

联合国编号（UN No.）：3104

正式运输名称：固态C型有机过氧化物

包装类别：满足Ⅱ类包装要求

901　过氧化氢对䓝烷

别名：过氧化氢䓝烷

英文名：*p*-menthane hydroperoxide；8-*p*-menthyl hydroperoxide

CAS号：80-47-7

GHS标签信号词及象形图：危险

危险性类别：有机过氧化物，D型

　皮肤腐蚀/刺激，类别1

　严重眼损伤/眼刺激，类别1

　特异性靶器官毒性-一次接触，类别3（呼吸道刺激）

主要危险性及次要危险性：第 5.2 项危险物——有机过氧化物

联合国编号（UN No.）：3105

正式运输名称：液态D型有机过氧化物

包装类别：满足Ⅱ类包装要求

902　过氧化氢二叔丁基异丙基苯
（42%＜含量≤100%，惰性固体含量≤58%）

别名：二(叔丁基过氧)异丙基苯

英文名：di-*t*-butyl peroxide cumene（more than 42%，and inert solid not more than 58%）；bis（*tert*-butyldioxyisopropyl）benzene；di（*tert*-butyldioxyisopropyl）benzene

CAS号：25155-25-3

GHS标签信号词及象形图：危险

危险性类别：有机过氧化物，D型

　严重眼损伤/眼刺激，类别2A

主要危险性及次要危险性：第 5.2 项危险物——有机过氧化物

联合国编号（UN No.）：3106

正式运输名称：固态D型有机过氧化物

包装类别：满足Ⅱ类包装要求

过氧化氢二叔丁基异丙基苯
（含量≤42%，惰性固体含量≥58%）

别名：二(叔丁基过氧)异丙基苯

英文名：di-*t*-butyl peroxide cumene（not more than 42%，and inert solid not less than 58%）

CAS号：25155-25-3

GHS标签信号词及象形图：警告

危险性类别：严重眼损伤/眼刺激，类别2A

主要危险性及次要危险性：—

联合国编号（UN No.）：非危

正式运输名称：—

包装类别：—

903　过氧化氢溶液（含量＞8%）

别名：—

英文名：hydrogen peroxide solution（more than 8％）

CAS 号：7722-84-1

GHS 标签信号词及象形图：危险

危险性类别：（1）含量≥60％
　　氧化性液体，类别 1
　　皮肤腐蚀/刺激，类别 1A
　　严重眼损伤/眼刺激，类别 1
　　特异性靶器官毒性-一次接触，类别 3（呼吸道刺激）

主要危险性及次要危险性：第 5.1 项危险物——氧化性物质；第 8 类危险物——腐蚀性物质

联合国编号（UN No.）：2015

正式运输名称：过氧化氢水溶液，稳定的，过氧化氢含量大于 60％

包装类别：Ⅰ

过氧化氢溶液（含量＞8%）

别名：—

英文名：hydrogen peroxide solution（more than 8％）

CAS 号：7722-84-1

GHS 标签信号词及象形图：危险

危险性类别：（2）20％≤含量＜60％
　　氧化性液体，类别 2
　　皮肤腐蚀/刺激，类别 1A
　　严重眼损伤/眼刺激，类别 1
　　特异性靶器官毒性-一次接触，类别 3（呼吸道刺激）

主要危险性及次要危险性：第 5.1 项危险物——氧化性物质；第 8 类危险物——腐蚀性物质

联合国编号（UN No.）：2014

正式运输名称：过氧化氢水溶液，过氧化氢

含量 20％～60％（必要时加稳定剂）

包装类别：Ⅱ

过氧化氢溶液（含量＞8%）

别名：—

英文名：hydrogen peroxide solution（more than 8％）

CAS 号：7722-84-1

GHS 标签信号词及象形图：危险

危险性类别：（3）8％≤含量＜20％
　　氧化性液体，类别 3
　　皮肤腐蚀/刺激，类别 1A
　　严重眼损伤/眼刺激，类别 1
　　特异性靶器官毒性-一次接触，类别 3（呼吸道刺激）

主要危险性及次要危险性：第 5.1 项危险物——氧化性物质

联合国编号（UN No.）：2984

正式运输名称：过氧化氢水溶液，过氧化氢含量 8％～20％（必要时加稳定剂）

包装类别：Ⅲ

904　过氧化氢叔丁基
（79％＜含量≤90％，含水≥10％）

别名：过氧化叔丁醇；过氧化氢第三丁基；叔丁基过氧化氢

英文名：tert-butyl hydroperoxide（more than 79％ but not more than 90％, and water not less than 10％）；tert-butyl hydrogen peroxide；tert-butanol peroxide

CAS 号：75-91-2

GHS 标签信号词及象形图：危险

危险性类别： 有机过氧化物，C 型

　急性毒性-经皮，类别 3

　急性毒性-吸入，类别 3

　皮肤腐蚀/刺激，类别 1

　严重眼损伤/眼刺激，类别 1

　生殖细胞致突变性，类别 2

　特异性靶器官毒性-一次接触，类别 2

　特异性靶器官毒性-反复接触，类别 1

　危害水生环境-急性危害，类别 2

　危害水生环境-长期危害，类别 2

主要危险性及次要危险性： 第 5.2 项危险物——有机过氧化物

联合国编号（UN No.）： 3103

正式运输名称： 液态 C 型有机过氧化物

包装类别： 满足 Ⅱ 类包装要求

过氧化氢叔丁基

（含量≤80%，含 A 型稀释剂≥20%）

别名： 过氧化叔丁醇；过氧化氢第三丁基；叔丁基过氧化氢

英文名： *tert*-butyl hydroperoxide（not more than 80%, and diluent type A not less than 20%）

CAS 号： 75-91-2

GHS 标签信号词及象形图： 危险

危险性类别： 有机过氧化物，D 型

　急性毒性-经皮，类别 3

　急性毒性-吸入，类别 3

　皮肤腐蚀/刺激，类别 1

　严重眼损伤/眼刺激，类别 1

　生殖细胞致突变性，类别 2

　特异性靶器官毒性-一次接触，类别 3（呼吸道刺激）

　危害水生环境-急性危害，类别 2

　危害水生环境-长期危害，类别 2

主要危险性及次要危险性： 第 5.2 项危险物——有机过氧化物

联合国编号（UN No.）： 3105

正式运输名称： 液态 D 型有机过氧化物

包装类别： 满足 Ⅱ 类包装要求

过氧化氢叔丁基

（含量≤79%，含水＞14%）

别名： 过氧化叔丁醇；过氧化氢第三丁基；叔丁基过氧化氢

英文名： *tert*-butyl hydroperoxide（not more than 79%, and water not less than 14%）

CAS 号： 75-91-2

GHS 标签信号词及象形图： 危险

危险性类别： 有机过氧化物，E 型

　急性毒性-经皮，类别 3

　急性毒性-吸入，类别 3

　皮肤腐蚀/刺激，类别 1

　严重眼损伤/眼刺激，类别 1

　生殖细胞致突变性，类别 2

　特异性靶器官毒性-一次接触，类别 2

　特异性靶器官毒性-反复接触，类别 1

　危害水生环境-急性危害，类别 2

　危害水生环境-长期危害，类别 2

主要危险性及次要危险性： 第 5.2 项危险物——有机过氧化物

联合国编号（UN No.）： 3107

正式运输名称： 液态 E 型有机过氧化物

包装类别： 满足 Ⅱ 类包装要求

过氧化氢叔丁基

（含量≤72%，含水≥28%）

别名： 过氧化叔丁醇；过氧化氢第三丁基；叔丁基过氧化氢

英文名： *tert*-butyl hydroperoxide（not more

than 72％, and water not less than 28％）

CAS 号：75-91-2

GHS 标签信号词及象形图：危险

危险性类别：有机过氧化物，F 型
　急性毒性-经皮，类别 3
　急性毒性-吸入，类别 3
　皮肤腐蚀/刺激，类别 1
　严重眼损伤/眼刺激，类别 1
　生殖细胞致突变性，类别 2
　特异性靶器官毒性-一次接触，类别 2
　特异性靶器官毒性-反复接触，类别 1
　危害水生环境-急性危害，类别 2
　危害水生环境-长期危害，类别 2

主要危险性及次要危险性：第 5.2 项危险物——有机过氧化物

联合国编号（UN No.）：3109

正式运输名称：液态 F 型有机过氧化物

包装类别：满足 Ⅱ 类包装要求

905　过氧化氢四氢化萘

别名：—

英文名：tetrahydronaphthyl hydroperoxide

CAS 号：771-29-9

GHS 标签信号词及象形图：危险

危险性类别：有机过氧化物，D 型
　皮肤腐蚀/刺激，类别 1B
　严重眼损伤/眼刺激，类别 1
　特异性靶器官毒性-一次接触，类别 3（呼吸道刺激）
　危害水生环境-急性危害，类别 1
　危害水生环境-长期危害，类别 1

主要危险性及次要危险性：第 5.2 项危险

物——有机过氧化物

联合国编号（UN No.）：3105

正式运输名称：液态 D 型有机过氧化物

包装类别：满足 Ⅱ 类包装要求

906　过氧化氢异丙苯（90％＜含量≤98％，含 A 型稀释剂≤10％）

别名：—

英文名：cumyl hydroperoxide（more than 90％ but not more than 98％, and diluent type A not more than 10％）；cumene hydroperoxide

CAS 号：80-15-9

GHS 标签信号词及象形图：危险

危险性类别：有机过氧化物，E 型
　急性毒性-吸入，类别 3 *
　皮肤腐蚀/刺激，类别 1B
　严重眼损伤/眼刺激，类别 1
　特异性靶器官毒性-反复接触，类别 2
　危害水生环境-急性危害，类别 2
　危害水生环境-长期危害，类别 2

主要危险性及次要危险性：第 5.2 项危险物——有机过氧化物

联合国编号（UN No.）：3107

正式运输名称：液态 E 型有机过氧化物

包装类别：满足 Ⅱ 类包装要求

过氧化氢异丙苯（含量≤90％，含 A 型稀释剂≥10％）

别名：—

英文名：cumyl hydroperoxide（not more than 90％, and diluent type A not less than 10％）

CAS 号：80-15-9

GHS 标签信号词及象形图：危险

危险性类别：有机过氧化物，F 型
急性毒性-吸入，类别 3 *
皮肤腐蚀/刺激，类别 1B
严重眼损伤/眼刺激，类别 1
特异性靶器官毒性-反复接触，类别 2
危害水生环境-急性危害，类别 2
危害水生环境-长期危害，类别 2
主要危险性及次要危险性：第 5.2 项危险物——有机过氧化物
联合国编号（UN No.）：3109
正式运输名称：液态 F 型有机过氧化物
包装类别：满足 Ⅱ 类包装要求

907　过氧化十八烷酰碳酸叔丁酯

别名：叔丁基过氧化硬脂酰碳酸酯
英文名：*tert*-butyl peroxy stearyl carbonate；
tert-butyl peroxy octadecanoyl carbonate
CAS 号：—
GHS 标签信号词及象形图：危险

危险性类别：有机过氧化物，D 型
主要危险性及次要危险性：第 5.2 项危险物——有机过氧化物
联合国编号（UN No.）：3105
正式运输名称：液态 D 型有机过氧化物
包装类别：满足 Ⅱ 类包装要求

908　过氧化叔丁基异丙基苯
（42%＜含量≤100%）

别名：1,1-二甲基乙基-1-甲基-1-苯基乙基过氧化物
英文名：*tert*-butyl cumyl peroxide（more than 42%）；*tert*-butyl α,α-dimethylbenzyl peroxide

CAS 号：3457-61-2
GHS 标签信号词及象形图：警告

危险性类别：有机过氧化物，E 型
皮肤腐蚀/刺激，类别 2
危害水生环境-急性危害，类别 2
危害水生环境-长期危害，类别 2
主要危险性及次要危险性：第 5.2 项危险物——有机过氧化物
联合国编号（UN No.）：3107
正式运输名称：液态 E 型有机过氧化物
包装类别：满足 Ⅱ 类包装要求

过氧化叔丁基异丙基苯
（含量≤52%，惰性固体含量≥48%）

别名：1,1-二甲基乙基-1-甲基-1-苯基乙基过氧化物
英文名：*tert*-butyl cumyl peroxide（not more than 52%，and inert solid not less than 48%）
CAS 号：3457-61-2
GHS 标签信号词及象形图：警告

危险性类别：有机过氧化物，E 型
皮肤腐蚀/刺激，类别 2
危害水生环境-急性危害，类别 2
危害水生环境-长期危害，类别 2
主要危险性及次要危险性：第 5.2 项危险物——有机过氧化物
联合国编号（UN No.）：3108
正式运输名称：固态 E 型有机过氧化物
包装类别：满足 Ⅱ 类包装要求

909　过氧化双丙酮醇（含量≤57%，
含 B 型稀释剂≥26%，含水≥8%）

别名：—
英文名：diacetone alcohol peroxides（not more

than 57％, and diluent type B not less than 26％, and water not less than 8％)

CAS 号：54693-46-8

GHS 标签信号词及象形图：危险

危险性类别：有机过氧化物，D 型

主要危险性及次要危险性：第 5.2 项危险物——有机过氧化物

联合国编号（UN No.）：3115

正式运输名称：液态 D 型有机过氧化物，控制温度的

包装类别：满足 II 类包装要求

910　过氧化锶

别名：二氧化锶

英文名：strontium peroxide; strontium dioxide

CAS 号：1314-18-7

GHS 标签信号词及象形图：危险

危险性类别：氧化性固体，类别 2

主要危险性及次要危险性：第 5.1 项危险物——氧化性物质

联合国编号（UN No.）：1509

正式运输名称：过氧化锶

包装类别：II

911　过氧化碳酸钠水合物

别名：过碳酸钠

英文名：sodium carbonate peroxyhydrate

CAS 号：15630-89-4

GHS 标签信号词及象形图：警告

危险性类别：氧化性固体，类别 3＊

主要危险性及次要危险性：第 5.1 项危险

物——氧化性物质

联合国编号（UN No.）：3378

正式运输名称：过氧化碳酸钠水合物

包装类别：III

912　过氧化锌

别名：二氧化锌

英文名：zinc peroxide; zinc dioxide

CAS 号：1314-22-3

GHS 标签信号词及象形图：危险

危险性类别：氧化性固体，类别 2

主要危险性及次要危险性：第 5.1 项危险物——氧化性物质

联合国编号（UN No.）：1516

正式运输名称：过氧化锌

包装类别：II

913　过氧化新庚酸叔丁酯
（含量≤42％，在水中稳定弥散）

别名：—

英文名：*tert*-butyl peroxyneoheptanoate（not more than 42％ as a stable dispersion in water）

CAS 号：26748-38-9

GHS 标签信号词及象形图：警告

危险性类别：有机过氧化物，E 型

主要危险性及次要危险性：第 5.2 项危险物——有机过氧化物

联合国编号（UN No.）：3117

正式运输名称：液态 E 型有机过氧化物，控制温度的

包装类别：满足 II 类包装要求

过氧化新庚酸叔丁酯
（含量≤77％，含 A 型稀释剂≥23％）

别名：—

英文名：*tert*-butyl peroxyneoheptanoate（not more than 77％, and diluent type A not less than 23％）

CAS 号：26748-38-9

GHS 标签信号词及象形图：危险

危险性类别：有机过氧化物，D 型

主要危险性及次要危险性：第 5.2 项危险物——有机过氧化物

联合国编号（UN No.）：3115

正式运输名称：液态 D 型有机过氧化物，控制温度的

包装类别：满足Ⅱ类包装要求

914　1-(2-过氧化乙基己醇)-1,3-二甲基丁基过氧化新戊酸酯（含量≤52％，含 A 型稀释剂≥45％，含 B 型稀释剂≥10％）

别名：—

英文名：1-(2-ethylhexanoylperoxy)-1,3-dimethylbutyl peroxypivalate（not more than 52％, and diluent type A not less than 45％, and diluent type B not less than 10％）

CAS 号：228415-62-1

GHS 标签信号词及象形图：危险

危险性类别：有机过氧化物，D 型

主要危险性及次要危险性：第 5.2 项危险物——有机过氧化物

联合国编号（UN No.）：3115

正式运输名称：液态 D 型有机过氧化物，控制温度的

包装类别：满足Ⅱ类包装要求

915　过氧化乙酰苯甲酰（在溶液中含量≤45％）

别名：乙酰过氧化苯甲酰

英文名：acetyl benzoyl peroxide（not more than 45％ in solution）; benzoyl acetyl peroxide

CAS 号：644-31-5

GHS 标签信号词及象形图：危险

危险性类别：皮肤腐蚀/刺激，类别 1　严重眼损伤/眼刺激，类别 1

主要危险性及次要危险性：第 8 类危险物——腐蚀性物质

联合国编号（UN No.）：1760

正式运输名称：腐蚀性液体，未另作规定的

包装类别：Ⅲ

916　过氧化乙酰丙酮（糊状物，含量≤32％，含溶剂≥44％，含水≥9％，带有惰性固体≥11％）

别名：—

英文名：acetyl acetone peroxide（not more than 32％ as a paste, and solvent not less than 44％, and water not less than 9％, and inert solid not less than 11％）

CAS 号：37187-22-7

GHS 标签信号词及象形图：危险

危险性类别：有机过氧化物，D 型　严重眼损伤/眼刺激，类别 1

主要危险性及次要危险性：第 5.2 项危险物——有机过氧化物

联合国编号（UN No.）：3106

正式运输名称：固态 D 型有机过氧化物

包装类别：满足Ⅱ类包装要求

过氧化乙酰丙酮（在溶液中，含量≤42％，含水≥8％，含 A 型稀释剂≥48％，含有效氧≤4.7％）

别名：—

英文名：acetyl acetone peroxide（not more than 42％ in solution, and water not less than 8％,

and diluent type A not less than 48%, and
available oxygen not more than 4.7%)

CAS 号：37187-22-7

GHS 标签信号词及象形图：危险

危险性类别：有机过氧化物，D 型
　　严重眼损伤/眼刺激，类别 1
主要危险性及次要危险性：第 5.2 项 危 险
　　物——有机过氧化物
联合国编号（UN No.）：3105
正式运输名称：液态 D 型有机过氧化物
包装类别：满足 Ⅱ 类包装要求

917　过氧化异丁基甲基甲酮
（在溶液中，含量≤62%，含 A 型
稀释剂≥19%，含甲基异丁基酮）

别名：—
英文名：methyl isobutyl ketone peroxide（not
　　more than 62% in solution, and diluent type
　　A not less than 19%, and containing methyl
　　isobutyl ketone）
CAS 号：37206-20-5

GHS 标签信号词及象形图：危险

危险性类别：有机过氧化物，D 型
主要危险性及次要危险性：第 5.2 项 危 险
　　物——有机过氧化物
联合国编号（UN No.）：3105
正式运输名称：液态 D 型有机过氧化物
包装类别：满足 Ⅱ 类包装要求

918　过氧化月桂酸
（含量≤100%）

别名：—
英文名：peroxylauric acid（not more than 100%）
CAS 号：2388-12-7
GHS 标签信号词及象形图：警告

危险性类别：有机过氧化物，E 型
主要危险性及次要危险性：第 5.2 项 危 险
　　物——有机过氧化物
联合国编号（UN No.）：3107
正式运输名称：液态 E 型有机过氧化物
包装类别：满足 Ⅱ 类包装要求

919　过氧化二异壬酰（含量≤100%）

别名：过氧化二（3,5,5-三甲基）己酰
英文名：di-*n*-octanoyl peroxide（not more than
　　100%）；di(3,5,5-trimethyl hexanoyl) perox-
　　ide
CAS 号：3851-87-4

GHS 标签信号词及象形图：危险

危险性类别：有机过氧化物，C 型
主要危险性及次要危险性：第 5.2 项 危 险
　　物——有机过氧化物
联合国编号（UN No.）：3104
正式运输名称：固态 C 型有机过氧化物
包装类别：满足 Ⅱ 类包装要求

920　过氧新癸酸枯酯
（含量≤52%，在水中稳定弥散）

别名：过氧化新癸酸异丙基苯酯；过氧化异
　　丙苯基新癸酸酯
英文名：cumyl peroxyneodecanoate（not more
　　than 52% as a stable dispersion in water）；
　　isopropylphenyl peroxy neodecanoate；cumyl
　　perneodecanoate
CAS 号：26748-47-0

GHS 标签信号词及象形图：警告

危险性类别：有机过氧化物，F 型

主要危险性及次要危险性：第 5.2 项危险物——有机过氧化物

联合国编号（UN No.）：3119

正式运输名称：液态 F 型有机过氧化物，控制温度的

包装类别：满足 II 类包装要求

过氧新癸酸枯酯（含量≤77%，含 B 型稀释剂≥23%）

别名：过氧化新癸酸异丙基苯酯；过氧化异丙苯基新癸酸酯

英文名：cumyl peroxyneodecanoate（not more than 77%，and diluent type B not less than 23%）

CAS 号：26748-47-0

GHS 标签信号词及象形图：危险

危险性类别：有机过氧化物，D 型

主要危险性及次要危险性：第 5.2 项危险物——有机过氧化物

联合国编号（UN No.）：3115

正式运输名称：液态 D 型有机过氧化物，控制温度的

包装类别：满足 II 类包装要求

过氧新癸酸枯酯（含量≤87%，含 A 型稀释剂≥13%）

别名：过氧化新癸酸异丙基苯酯；过氧化异丙苯基新癸酸酯

英文名：cumyl peroxyneodecanoate（not more than 87%，and diluent type A not less than 13%）

CAS 号：26748-47-0

GHS 标签信号词及象形图：危险

危险性类别：有机过氧化物，D 型

主要危险性及次要危险性：第 5.2 项危险

物——有机过氧化物

联合国编号（UN No.）：3115

正式运输名称：液态 D 型有机过氧化物，控制温度的

包装类别：满足 II 类包装要求

921　过氧新戊酸枯酯（含量≤77%，含 B 型稀释剂≥23%）

别名：—

英文名：cumyl peroxypivalate（not more than 77%，and diluent type B not less than 23%）；isopropyl phenylperpivalate

CAS 号：23383-59-7

GHS 标签信号词及象形图：危险

危险性类别：有机过氧化物，D 型

主要危险性及次要危险性：第 5.2 项危险物——有机过氧化物

联合国编号（UN No.）：3115

正式运输名称：液态 D 型有机过氧化物，控制温度的

包装类别：满足 II 类包装要求

922　1,1,3,3-过氧新戊酸四甲叔丁酯（含量≤77%，含 A 型稀释剂≥23%）

别名：—

英文名：1,1,3,3-tetramethylbutyl peroxypivalate（not more than 77%，and diluent type A not less than 23%）

CAS 号：22288-41-1

GHS 标签信号词及象形图：危险

危险性类别：易燃液体，类别 2
有机过氧化物，D 型
皮肤腐蚀/刺激，类别 2
严重眼损伤/眼刺激，类别 1
危害水生环境-急性危害，类别 2

危害水生环境-长期危害，类别2

主要危险性及次要危险性：第 5.2 项 危 险物——有机过氧化物

联合国编号（UN No.）：3115

正式运输名称：液态 D 型有机过氧化物，控制温度的

包装类别：满足 Ⅱ 类包装要求

923   过氧异丙基碳酸叔丁酯
（含量≤77%，含 A 型稀释剂 ≥23%）

别名：—

英文名：*tert*-butylperoxy isopropylcarbonate（not more than 77%，and diluent type A not less than 23%）；*O*,*O-tert*-butyl isopropyl monoperoxycarbonate

CAS 号：2372-21-6

GHS 标签信号词及象形图：危险

危险性类别：有机过氧化物，C 型

主要危险性及次要危险性：第 5.2 项 危 险物——有机过氧化物

联合国编号（UN No.）：3103

正式运输名称：液态 C 型有机过氧化物

包装类别：满足 Ⅱ 类包装要求

924   过氧重碳酸二环己酯
（91%＜含量≤100%）

别名：过氧化二碳酸二环己酯

英文名：dicyclohexyl peroxydicarbonate（more than 91%）

CAS 号：1561-49-5

GHS 标签信号词及象形图：危险

危险性类别：有机过氧化物，B 型

主要危险性及次要危险性：第 5.2 项 危 险物——有机过氧化物

联合国编号（UN No.）：3102

正式运输名称：固态 B 型有机过氧化物

包装类别：满足 Ⅱ 类包装要求

过氧重碳酸二环己酯
（含量≤42%，在水中稳定弥散）

别名：过氧化二碳酸二环己酯

英文名：dicyclohexyl peroxydicarbonate（not more than 42% as a stable dispersion in water）

CAS 号：1561-49-5

GHS 标签信号词及象形图：警告

危险性类别：有机过氧化物，F 型

主要危险性及次要危险性：第 5.2 项 危 险物——有机过氧化物

联合国编号（UN No.）：3119

正式运输名称：液态 F 型有机过氧化物，控制温度的

包装类别：满足 Ⅱ 类包装要求

过氧重碳酸二环己酯
（含量≤91%）

别名：过氧化二碳酸二环己酯

英文名：dicyclohexyl peroxydicarbonate（not more than 91%）

CAS 号：1561-49-5

GHS 标签信号词及象形图：危险

危险性类别：有机过氧化物，C 型

主要危险性及次要危险性：第 5.2 项 危 险物——有机过氧化物

联合国编号（UN No.）：3114

正式运输名称：固态 C 型有机过氧化物，控制温度的

包装类别：满足 Ⅱ 类包装要求

925　过氧重碳酸二仲丁酯
（52%＜含量＜100%）

别名：过氧化二碳酸二仲丁酯

英文名：di-*sec*-butyl peroxydicarbonate（more than 52%）

CAS 号：19910-65-7

GHS 标签信号词及象形图：危险

危险性类别：有机过氧化物，C 型

主要危险性及次要危险性：第 5.2 项危险物——有机过氧化物

联合国编号（UN No.）：3103

正式运输名称：液态 C 型有机过氧化物

包装类别：满足 Ⅱ 类包装要求

过氧重碳酸二仲丁酯
（含量≤52%，含 B 型稀释剂≥48%）

别名：过氧化二碳酸二仲丁酯

英文名：di-*sec*-butyl peroxydicarbonate（not more than 52%, and diluent type B not less than 48%）

CAS 号：19910-65-7

GHS 标签信号词及象形图：危险

危险性类别：有机过氧化物，D 型

主要危险性及次要危险性：第 5.2 项危险物——有机过氧化物

联合国编号（UN No.）：3115

正式运输名称：液态 D 型有机过氧化物，控制温度的

包装类别：满足 Ⅱ 类包装要求

926　过乙酸（含量≤16%，含水≥39%，含乙酸≥15%，含过氧化氢≤24%，含有稳定剂）

别名：过醋酸；过氧乙酸；乙酰过氧化氢

英文名：peracetic acid（not more than 16%, and water not less than 39%, and acetic acid not less than 15%, and hydrogen peroxid not more than 24%, with stabilizer）; acetyl peroxide

CAS 号：79-21-0

GHS 标签信号词及象形图：危险

危险性类别：有机过氧化物，F 型
皮肤腐蚀/刺激，类别 1A
严重眼损伤/眼刺激，类别 1
特异性靶器官毒性-一次接触，类别 3（呼吸道刺激）
危害水生环境-急性危害，类别 1

主要危险性及次要危险性：第 8 类危险物——腐蚀性物质

联合国编号（UN No.）：1760

正式运输名称：腐蚀性液体，未另作规定的

包装类别：Ⅰ

过乙酸（含量≤43%，含水≥5%，含乙酸≥35%，含过氧化氢≤6%，含有稳定剂）

别名：过醋酸；过氧乙酸；乙酰过氧化氢

英文名：peracetic acid（not more than 43%, and water not less than 5%, and acetic acid not less than 35%, and hydrogen peroxid not more than 6%, with stabilizer）

CAS 号：79-21-0

GHS 标签信号词及象形图：危险

危险性类别：易燃液体，类别 3
有机过氧化物，D 型
皮肤腐蚀/刺激，类别 1A
严重眼损伤/眼刺激，类别 1
特异性靶器官毒性-一次接触，类别 3（呼吸道刺激）

危害水生环境-急性危害，类别 1

主要危险性及次要危险性：第 5.2 项危险物——有机过氧化物

联合国编号（UN No.）：3105

正式运输名称：液态 D 型有机过氧化物

包装类别：满足Ⅱ类包装要求

927　过乙酸叔丁酯
（32%＜含量≤52%，含 A 型稀释剂≥48%）

别名：—

英文名：*tert*-butyl peroxy acetate（more than 32% but not more than 52%，and diluent type A not less than 48%）；*tert*-butyl per-acetate

CAS 号：107-71-1

GHS 标签信号词及象形图：危险

危险性类别：有机过氧化物，C 型

急性毒性-吸入，类别 3＊

严重眼损伤/眼刺激，类别 2

特异性靶器官毒性-一次接触，类别 3（呼吸道刺激）

主要危险性及次要危险性：第 5.2 项危险物——有机过氧化物

联合国编号（UN No.）：3103

正式运输名称：液态 C 型有机过氧化物

包装类别：满足Ⅱ类包装要求

过乙酸叔丁酯
（52%＜含量≤77%，含 A 型稀释剂≥23%）

别名：—

英文名：*tert*-butyl peroxy acetate（more than 52% but not more than 77%，and diluent type A not less than 23%）

CAS 号：107-71-1

GHS 标签信号词及象形图：危险

危险性类别：有机过氧化物，B 型

急性毒性-吸入，类别 3＊

严重眼损伤/眼刺激，类别 2

特异性靶器官毒性-一次接触，类别 3（呼吸道刺激）

主要危险性及次要危险性：第 5.2 项危险物——有机过氧化物

联合国编号（UN No.）：3101

正式运输名称：液态 B 型有机过氧化物

包装类别：满足Ⅱ类包装要求

过乙酸叔丁酯（含量≤32%，含 B 型稀释剂≥68%）

别名：—

英文名：*tert*-butyl peroxy acetate（not more than 32%，and diluent type B not less than 68%）

CAS 号：107-71-1

GHS 标签信号词及象形图：危险

危险性类别：有机过氧化物，F 型

急性毒性-吸入，类别 3＊

严重眼损伤/眼刺激，类别 2

特异性靶器官毒性-一次接触，类别 3（呼吸道刺激）

主要危险性及次要危险性：第 5.2 项危险物——有机过氧化物

联合国编号（UN No.）：3109

正式运输名称：液态 F 型有机过氧化物

包装类别：满足Ⅱ类包装要求

928　海葱糖苷

别名：红海葱苷

英文名：scilliroside；bufa-4，20，22-trienolide，6-(acetyloxy)-3-(β-D-glucopyranosyloxy)-8，14-dihydroxy-，(3β,6β)-；red squill

CAS 号：507-60-8

GHS 标签信号词及象形图：危险

危险性类别：急性毒性-经口，类别 2＊

主要危险性及次要危险性：第 6.1 项危险
物——毒性物质

联合国编号（UN No.）：2811

正式运输名称：有机毒性固体，未另作规
定的

包装类别：Ⅱ

929　氦（压缩的或液化的）

别名：—

英文名：helium，compressed or liquefied

CAS 号：7440-59-7

GHS 标签信号词及象形图：警告

危险性类别：加压气体

主要危险性及次要危险性：第 2.2 类危险
物——非易燃无毒气体

联合国编号（UN No.）：1046

正式运输名称：压缩氦

包装类别：不适用

930　氨肥料（溶液，含游离氨＞35％）

别名：—

英文名：fertilizer ammoniating solution，with
more than 35％ free ammonia

CAS 号：—

GHS 标签信号词及象形图：危险

危险性类别：急性毒性-吸入，类别 3
皮肤腐蚀/刺激，类别 1B
严重眼损伤/眼刺激，类别 1
危害水生环境-急性危害，类别 1

主要危险性及次要危险性：第 8 类危险物——
腐蚀性物质；第 6.1 项危险物——毒性物质

联合国编号（UN No.）：2922

正式运输名称：腐蚀性液体，毒性，未另作
规定的

包装类别：Ⅱ

931　核酸汞

别名：—

英文名：mercury nucleate

CAS 号：12002-19-6

GHS 标签信号词及象形图：危险

危险性类别：急性毒性-经口，类别 2＊
急性毒性-经皮，类别 1
急性毒性-吸入，类别 2＊
特异性靶器官毒性-反复接触，类别 2＊
危害水生环境-急性危害，类别 1
危害水生环境-长期危害，类别 1

主要危险性及次要危险性：第 6.1 项危险
物——毒性物质

联合国编号（UN No.）：1639

正式运输名称：核酸汞

包装类别：Ⅱ

932　红磷

别名：赤磷

英文名：red phosphorus

CAS 号：7723-14-0

GHS 标签信号词及象形图：危险

危险性类别：易燃固体，类别 1
危害水生环境-长期危害，类别 3

主要危险性及次要危险性：第 4.1 项危险
物——易燃固体

联合国编号（UN No.）：1338

正式运输名称：非晶形磷

包装类别：Ⅲ

933　苄胺

别名：苯甲胺

英文名：benzylamine；phenylmethyl amine

CAS 号：100-46-9

GHS 标签信号词及象形图：危险

危险性类别：皮肤腐蚀/刺激，类别 1B
　　严重眼损伤/眼刺激，类别 1

主要危险性及次要危险性：第 8 类危险物——
　　腐蚀性物质

联合国编号（UN No.）：2735

正式运输名称：液态胺，腐蚀性，未另作规
　　定的

包装类别：Ⅱ

934　花青苷

别名：矢车菊苷

英文名：cyanine

CAS 号：581-64-6

GHS 标签信号词及象形图：警告

危险性类别：危害水生环境-急性危害，类
　　别 1
　　危害水生环境-长期危害，类别 1

主要危险性及次要危险性：第 9 类危险物——
　　杂项危险物质和物品

联合国编号（UN No.）：3077

正式运输名称：对环境有害的固态物质，未
　　另作规定的

包装类别：Ⅲ

935　环丙基甲醇

别名：—

英文名：cyclopropyl carbinol

CAS 号：2516-33-8

GHS 标签信号词及象形图：警告

危险性类别：易燃液体，类别 3

主要危险性及次要危险性：第 3 类危险物——
　　易燃液体

联合国编号（UN No.）：1987/1993△

正式运输名称：醇类，未另作规定的/易燃液
　　体，未另作规定的△

包装类别：Ⅲ

936　环丙烷

别名：—

英文名：cyclopropane

CAS 号：75-19-4

GHS 标签信号词及象形图：危险

危险性类别：易燃气体，类别 1
　　加压气体

主要危险性及次要危险性：第 2.1 类危险
　　物——易燃气体

联合国编号（UN No.）：1027

正式运输名称：环丙烷

包装类别：不适用

937　环丁烷

别名：—

英文名：cyclobutane

CAS 号：287-23-0

GHS 标签信号词及象形图：危险

危险性类别：易燃气体，类别 1
　　加压气体

主要危险性及次要危险性：第 2.1 类危险
　　物——易燃气体

联合国编号（UN No.）：2601

正式运输名称：环丁烷

包装类别：不适用

938　1,3,5-环庚三烯

别名：环庚三烯

英文名：1,3,5-cycloheptatriene；cycloheptatriene

CAS 号：544-25-2

GHS 标签信号词及象形图：危险

危险性类别：易燃液体，类别 2

　　急性毒性-经口，类别 3

　　急性毒性-经皮，类别 3

　　危害水生环境-长期危害，类别 3

主要危险性及次要危险性：第 3 类危险物——

　　易燃液体；第 6.1 项危险物——毒性物质

联合国编号（UN No.）：2603

正式运输名称：环庚三烯

包装类别：Ⅱ

939　环庚酮

别名：软木酮

英文名：cycloheptanone；suberone

CAS 号：502-42-1

GHS 标签信号词及象形图：警告

危险性类别：易燃液体，类别 3

主要危险性及次要危险性：第 3 类危险物——

　　易燃液体

联合国编号（UN No.）：1224/1993

正式运输名称：液态酮类，未另作规定的/易

　　燃液体，未另作规定的

包装类别：Ⅲ

940　环庚烷

别名：—

英文名：cycloheptane

CAS 号：291-64-5

GHS 标签信号词及象形图：危险

危险性类别：易燃液体，类别 2

　　特异性靶器官毒性-一次接触，类别 3（麻

　　醉效应）

主要危险性及次要危险性：第 3 类危险物——

　　易燃液体

联合国编号（UN No.）：2241

正式运输名称：环庚烷

包装类别：Ⅱ

941　环庚烯

别名：—

英文名：cycloheptene

CAS 号：628-92-2

GHS 标签信号词及象形图：危险

危险性类别：易燃液体，类别 2

　　危害水生环境-长期危害，类别 3

主要危险性及次要危险性：第 3 类危险物——

　　易燃液体

联合国编号（UN No.）：2242

正式运输名称：环庚烯

包装类别：Ⅱ

942　环己胺

别名：六氢苯胺；氨基环己烷

英文名：cyclohexylamine；hexahydroaniline；

　　aminocyclohexane

CAS 号：108-91-8

GHS 标签信号词及象形图：危险

危险性类别：易燃液体，类别 3

　　皮肤腐蚀/刺激，类别 1B

　　严重眼损伤/眼刺激，类别 1

生殖毒性，类别 2

主要危险性及次要危险性：第 8 类危险物——腐蚀性物质；第 3 类危险物——易燃液体

联合国编号（UN No.）：2357

正式运输名称：环己胺

包装类别：Ⅱ

943　环己二胺

别名：1,2-二氨基环己烷

英文名：hexamethylene diamine；1,2-cyclo-hexanediamine；1,2-diaminocyclohexane

CAS 号：694-83-7

GHS 标签信号词及象形图：危险

危险性类别：皮肤腐蚀/刺激，类别 1

严重眼损伤/眼刺激，类别 1

特异性靶器官毒性-一次接触，类别 3（呼吸道刺激）

主要危险性及次要危险性：第 8 类危险物——腐蚀性物质

联合国编号（UN No.）：2735

正式运输名称：液态胺，腐蚀性，未另作规定的

包装类别：Ⅲ

944　1,3-环己二烯

别名：1,2-二氢苯

英文名：1,3-cyclohexadiene；1,2-dihydrobenzene

CAS 号：592-57-4

GHS 标签信号词及象形图：警告

危险性类别：易燃液体，类别 3

严重眼损伤/眼刺激，类别 2B

特异性靶器官毒性-一次接触，类别 3（呼吸道刺激）

主要危险性及次要危险性：第 3 类危险物——易燃液体

联合国编号（UN No.）：3295/1993△

正式运输名称：液态烃类，未另作规定的/易燃液体，未另作规定的△

包装类别：Ⅲ

945　1,4-环己二烯

别名：1,4-二氢苯

英文名：1,4-cyclohexadiene；1,4-dihydrobenzene

CAS 号：628-41-1

GHS 标签信号词及象形图：危险

危险性类别：易燃液体，类别 2

主要危险性及次要危险性：第 3 类危险物——易燃液体

联合国编号（UN No.）：3295/1993△

正式运输名称：液态烃类，未另作规定的/易燃液体，未另作规定的△

包装类别：Ⅱ

946　2-环己基丁烷

别名：仲丁基环己烷

英文名：2-cyclohexylbutane；sec-butylcyclohexane

CAS 号：7058-01-7

GHS 标签信号词及象形图：警告

危险性类别：易燃液体，类别 3

主要危险性及次要危险性：第 3 类危险物——易燃液体

联合国编号（UN No.）：3295/1993△

正式运输名称：液态烃类，未另作规定的/易燃液体，未另作规定的△

包装类别：Ⅲ

947　N-环己基环己胺亚硝酸盐

别名：二环己胺亚硝酸；亚硝酸二环己胺

英文名：dicyclohexylammonium nitrite；nitrous acid dicyclohexylamine

CAS 号：3129-91-7

GHS 标签信号词及象形图：危险

危险性类别：易燃固体，类别 2
急性毒性-经口，类别 3
特异性靶器官毒性--一次接触，类别 1

主要危险性及次要危险性：第 4.1 项危险
物——易燃固体

联合国编号（UN No.）：2687

正式运输名称：亚硝酸二环己铵

包装类别：Ⅲ

948　环己基硫醇

别名：—

英文名：cyclohexyl mercaptan；cyclohexane-thiol

CAS 号：1569-69-3

GHS 标签信号词及象形图：警告

危险性类别：易燃液体，类别 3
皮肤腐蚀/刺激，类别 2

主要危险性及次要危险性：第 3 类危险物——
易燃液体

联合国编号（UN No.）：3054

正式运输名称：环己硫醇

包装类别：Ⅲ

949　环己基三氯硅烷

别名：—

英文名：cyclohexyltrichlorosilane

CAS 号：98-12-4

GHS 标签信号词及象形图：危险

危险性类别：皮肤腐蚀/刺激，类别 1
严重眼损伤/眼刺激，类别 1

主要危险性及次要危险性：第 8 类危险物——
腐蚀性物质

联合国编号（UN No.）：1763

正式运输名称：环己基三氯硅烷

包装类别：Ⅱ

950　环己基异丁烷

别名：异丁基环己烷

英文名：cyclohexylisobutane；isobutylcyclohexane

CAS 号：1678-98-4

GHS 标签信号词及象形图：警告

危险性类别：易燃液体，类别 3

主要危险性及次要危险性：第 3 类危险物——
易燃液体

联合国编号（UN No.）：3295/1993△

正式运输名称：液态烃类，未另作规定的/易
燃液体，未另作规定的△

包装类别：Ⅲ

951　1-环己基正丁烷

别名：正丁基环己烷

英文名：1-cyclohexyl-*n*-butane；*n*-butylcyclo-hexane

CAS 号：1678-93-9

GHS 标签信号词及象形图：警告

危险性类别：易燃液体，类别 3

主要危险性及次要危险性：第 3 类危险物——
易燃液体

联合国编号（UN No.）：3295/1993△

正式运输名称：液态烃类，未另作规定的/易
燃液体，未另作规定的△

包装类别：Ⅲ

952　环己酮

别名：—

英文名：cyclohexanone

CAS 号：108-94-1

GHS 标签信号词及象形图：警告

危险性类别：易燃液体，类别 3

主要危险性及次要危险性：第 3 类危险物——易燃液体

联合国编号（UN No.）：1915

正式运输名称：环己酮

包装类别：Ⅲ

危险性类别：易燃液体，类别 2

严重眼损伤/眼刺激，类别 2

特异性靶器官毒性--一次接触，类别 3（呼吸道刺激、麻醉效应）

吸入危害，类别 1

危害水生环境-急性危害，类别 2

危害水生环境-长期危害，类别 2

主要危险性及次要危险性：第 3 类危险物——易燃液体

联合国编号（UN No.）：2256

正式运输名称：环己烯

包装类别：Ⅱ

953　环己烷

别名：六氢化苯

英文名：cyclohexane；hexahydrobenzene

CAS 号：110-82-7

GHS 标签信号词及象形图：危险

危险性类别：易燃液体，类别 2

皮肤腐蚀/刺激，类别 2

特异性靶器官毒性--一次接触，类别 3（麻醉效应）

吸入危害，类别 1

危害水生环境-急性危害，类别 1

主要危险性及次要危险性：第 3 类危险物——易燃液体

联合国编号（UN No.）：1145

正式运输名称：环己烷

包装类别：Ⅱ

955　2-环己烯-1-酮

别名：环己烯酮

英文名：2-cyclohexen-1-one；2-cyclohexenone

CAS 号：930-68-7

GHS 标签信号词及象形图：危险

危险性类别：急性毒性-经口，类别 3

急性毒性-经皮，类别 2

急性毒性-吸入，类别 2

主要危险性及次要危险性：第 6.1 项危险物——毒性物质

联合国编号（UN No.）：2810

正式运输名称：有机毒性液体，未另作规定的

包装类别：Ⅱ

956　环己烯基三氯硅烷

别名：—

英文名：cyclohexenyltrichlorosilane

CAS 号：10137-69-6

GHS 标签信号词及象形图：危险

危险性类别：急性毒性-经皮，类别 3

皮肤腐蚀/刺激，类别 1

954　环己烯

别名：1,2,3,4-四氢化苯

英文名：cyclohexene；1,2,3,4-tetrahydrobenzene

CAS 号：110-83-8

GHS 标签信号词及象形图：危险

严重眼损伤/眼刺激，类别1

主要危险性及次要危险性：第8类危险物——腐蚀性物质

联合国编号（UN No.）：1762

正式运输名称：环己烯基三氯硅烷

包装类别：Ⅱ

957　环三亚甲基三硝胺（含水≥15％）

别名：黑索金；旋风炸药

英文名：cyclotrimethylenetrinitramine, wetted with not less than 15％ water，by mass

CAS 号：121-82-4

GHS 标签信号词及象形图：危险

危险性类别：爆炸物，1.1 项
　　特异性靶器官毒性-一次接触，类别1
　　特异性靶器官毒性-反复接触，类别1

主要危险性及次要危险性：第 1.1 项危险物——有整体爆炸危险的物质和物品

联合国编号（UN No.）：0072

正式运输名称：环三亚甲基三硝胺（旋风炸药，黑索金，RDX），湿的，按质量含水不低于15％

包装类别：满足Ⅱ类包装要求

环三亚甲基三硝胺（减敏的）

别名：—

英文名：cyclotrimethylenetrinitramine, desensitized；hexogen；cyclonite

CAS 号：121-82-4

GHS 标签信号词及象形图：危险

危险性类别：爆炸物，1.1 项
　　急性毒性-经口，类别3
　　特异性靶器官毒性-一次接触，类别1
　　特异性靶器官毒性-反复接触，类别1

主要危险性及次要危险性：第 1.1 项危险

物——有整体爆炸危险的物质和物品

联合国编号（UN No.）：0483

正式运输名称：环三亚甲基三硝胺（旋风炸药；黑索金；RDX），减敏的

包装类别：满足Ⅱ类包装要求

958　环三亚甲基三硝胺与环四亚甲基四硝胺混合物（含水≥15％或含减敏剂≥10％）

别名：黑索金与奥克托金混合物

英文名：cyclotrimethylenetrinitramine and cyclotetramethylenetetranitramine mixtures，wetted with not less than 15％ water，by mass or desensitized with not less than 10％ phlegmatiser，by mass

CAS 号：—

GHS 标签信号词及象形图：危险

危险性类别：爆炸物，1.1 项
　　急性毒性-经口，类别3
　　特异性靶器官毒性-一次接触，类别1
　　特异性靶器官毒性-反复接触，类别1

主要危险性及次要危险性：第 1.1 项危险物——有整体爆炸危险的物质和物品

联合国编号（UN No.）：0391

正式运输名称：环三亚甲基三硝胺（旋风炸药；黑索金；RDX）与环四亚甲基四硝胺（HMX；奥克托金炸药）的混合物，湿的，按质量含水不低于15％

包装类别：满足Ⅱ类包装要求

959　环三亚甲基三硝胺与三硝基甲苯和铝粉混合物

别名：黑索金与梯恩梯和铝粉混合炸药；黑索托纳尔

英文名：cyclotrimethylenetrinitramine and trinitrotoluene，aluminium powder mixtures

CAS 号：—

GHS 标签信号词及象形图：危险

危险性类别：爆炸物，1.1 项
急性毒性-经口，类别 3＊
特异性靶器官毒性-一次接触，类别 1
特异性靶器官毒性-反复接触，类别 1
危害水生环境-长期危害，类别 3＊

主要危险性及次要危险性：第 1.1 项危险物——有整体爆炸危险的物质和物品

联合国编号（UN No.）：0463

正式运输名称：爆炸性物品，未另作规定的

包装类别：满足 II 类包装要求

960　环三亚甲基三硝胺与三硝基甲苯混合物（干的或含水＜15％）

别名：黑索雷特
英文名：cyclotrimethylenetrinitramine and tri-nitrotoluene mixtures（dry or wetted with less than 15％ water，by mass）
CAS 号：—
GHS 标签信号词及象形图：危险

危险性类别：爆炸物，1.1 项
急性毒性-经口，类别 3＊
特异性靶器官毒性-一次接触，类别 1
特异性靶器官毒性-反复接触，类别 1
危害水生环境-长期危害，类别 3＊

主要危险性及次要危险性：第 1.1 项危险物——有整体爆炸危险的物质和物品

联合国编号（UN No.）：0463

正式运输名称：爆炸性物品，未另作规定的

包装类别：满足 II 类包装要求

961　环四亚甲基四硝胺（含水≥15％）

别名：奥克托今；HMX
英文名：cyclotetramethylenetetranitramine，wetted with not less than 15％ water，by mass；octo-

gen
CAS 号：2691-41-0
GHS 标签信号词及象形图：危险

危险性类别：爆炸物，1.1 项
急性毒性-经皮，类别 3
特异性靶器官毒性-一次接触，类别 1
特异性靶器官毒性-反复接触，类别 2

主要危险性及次要危险性：第 1.1 项危险物——有整体爆炸危险的物质和物品

联合国编号（UN No.）：0226

正式运输名称：环四亚甲基四硝胺（HMX，奥克托金炸药），湿的，按质量含水不低于 15％

包装类别：满足 II 类包装要求

环四亚甲基四硝胺（减敏的）

别名：—
英文名：cyclotetramethylenetetranitramine desen-sitized
CAS 号：2691-41-0
GHS 标签信号词及象形图：危险

危险性类别：爆炸物，1.1 项
急性毒性-经皮，类别 3
特异性靶器官毒性-一次接触，类别 1
特异性靶器官毒性-反复接触，类别 2

主要危险性及次要危险性：第 1.1 项危险物——有整体爆炸危险的物质和物品

联合国编号（UN No.）：0484

正式运输名称：环四亚甲基四硝胺（奥克托金炸药，HMX），减敏的

包装类别：满足 II 类包装要求

962　环四亚甲基四硝胺与三硝基甲苯混合物（干的或含水＜15％）

别名：奥克托金与梯恩梯混合炸药；奥克

雷特

英文名：cyclotetramethylenetetranitramine and tri-nitrotoluene mixtures，dry or wetted with less than 15% water，by mass

CAS号：—

GHS标签信号词及象形图：危险

危险性类别：爆炸物，1.1项

急性毒性-经口，类别3*

急性毒性-经皮，类别3*

特异性靶器官毒性-反复接触，类别2

危害水生环境-长期危害，类别3*

主要危险性及次要危险性：第 1.1 项危险物——有整体爆炸危险的物质和物品

联合国编号（UN No.）：0463

正式运输名称：爆炸性物品，未另作规定的

包装类别：满足Ⅱ类包装要求

963　环烷酸钴（粉状的）

别名：萘酸钴

英文名：cobalt naphthenate，powder

CAS号：61789-51-3

GHS标签信号词及象形图：警告

危险性类别：易燃固体，类别2

致癌性，类别2

主要危险性及次要危险性：第 4.1 项危险物——易燃固体

联合国编号（UN No.）：2001

正式运输名称：环烷酸钴粉

包装类别：Ⅲ

964　环烷酸锌

别名：萘酸锌

英文名：zinc naphthenate

CAS号：12001-85-3

GHS标签信号词及象形图：警告

危险性类别：易燃固体，类别2

危害水生环境-急性危害，类别2

危害水生环境-长期危害，类别2

主要危险性及次要危险性：第 4.1 项危险物——易燃固体

联合国编号（UN No.）：1325

正式运输名称：有机易燃固体，未另作规定的

包装类别：Ⅲ

965　环戊胺

别名：氨基环戊烷

英文名：cyclopentylamine；aminocyclopentane

CAS号：1003-03-8

GHS标签信号词及象形图：危险

危险性类别：易燃液体，类别2

主要危险性及次要危险性：第3类危险物——易燃液体

联合国编号（UN No.）：1993

正式运输名称：易燃液体，未另作规定的

包装类别：Ⅱ

966　环戊醇

别名：羟基环戊烷

英文名：cyclopentanol；hydroxycyclopentane

CAS号：96-41-3

GHS标签信号词及象形图：危险

危险性类别：易燃液体，类别3

急性毒性-经口，类别3

急性毒性-经皮，类别2

严重眼损伤/眼刺激，类别2

特异性靶器官毒性-反复接触，类别2

主要危险性及次要危险性：第 3 类危险物——
易燃液体

联合国编号（UN No.）：2244

正式运输名称：环戊醇

包装类别：Ⅲ

967　1,3-环戊二烯

别名：环戊间二烯；环戊二烯

英文名：1,3-cyclopentadiene；*m*-cyclopenta-
diene；cyclopentadiene

CAS 号：542-92-7

GHS 标签信号词及象形图：危险

危险性类别：易燃液体，类别 2
急性毒性-经口，类别 3
急性毒性-经皮，类别 3
严重眼损伤/眼刺激，类别 2
特异性靶器官毒性-一次接触，类别 3（呼
吸道刺激）
特异性靶器官毒性-反复接触，类别 2

主要危险性及次要危险性：第 3 类危险物——
易燃液体；第 6.1 项危险物——毒性物质

联合国编号（UN No.）：1992

正式运输名称：易燃液体，毒性，未另作规
定的

包装类别：Ⅱ

968　环戊酮

别名：—

英文名：cyclopentanone

CAS 号：120-92-3

GHS 标签信号词及象形图：警告

危险性类别：易燃液体，类别 3
皮肤腐蚀/刺激，类别 2
严重眼损伤/眼刺激，类别 2

主要危险性及次要危险性：第 3 类危险物——
易燃液体

联合国编号（UN No.）：2245

正式运输名称：环戊酮

包装类别：Ⅲ

969　环戊烷

别名：—

英文名：cyclopentane

CAS 号：287-92-3

GHS 标签信号词及象形图：危险

危险性类别：易燃液体，类别 2
危害水生环境-长期危害，类别 3

主要危险性及次要危险性：第 3 类危险物——
易燃液体

联合国编号（UN No.）：1146

正式运输名称：环戊烷

包装类别：Ⅱ

970　环戊烯

别名：—

英文名：cyclopentene

CAS 号：142-29-0

GHS 标签信号词及象形图：危险

危险性类别：易燃液体，类别 2

主要危险性及次要危险性：第 3 类危险物——
易燃液体

联合国编号（UN No.）：2246

正式运输名称：环戊烯

包装类别：Ⅱ

971　1,3-环辛二烯

别名：—

英文名：1,3-cyclooctadiene

CAS 号：3806-59-5

GHS 标签信号词及象形图：警告

危险性类别：易燃液体，类别3
　危害水生环境-急性危害，类别2
　危害水生环境-长期危害，类别2
主要危险性及次要危险性：第3类危险物——
　易燃液体
联合国编号（UN No.）：2520
正式运输名称：环辛二烯
包装类别：Ⅲ

972　1,5-环辛二烯

别名：—
英文名：1,5-cyclooctadiene
CAS号：111-78-4
GHS标签信号词及象形图：警告

危险性类别：易燃液体，类别3
　皮肤腐蚀/刺激，类别2
　严重眼损伤/眼刺激，类别2
　皮肤致敏物，类别1
　特异性靶器官毒性-一次接触，类别3（麻醉效应）
　特异性靶器官毒性-反复接触，类别2
　危害水生环境-急性危害，类别1
　危害水生环境-长期危害，类别1
主要危险性及次要危险性：第3类危险物——
　易燃液体
联合国编号（UN No.）：2520
正式运输名称：环辛二烯
包装类别：Ⅲ

973　1,3,5,7-环辛四烯

别名：环辛四烯
英文名：1,3,5,7-cyclooctatetraene；cyclooc-tatetraene
CAS号：629-20-9
GHS标签信号词及象形图：危险

危险性类别：易燃液体，类别2
主要危险性及次要危险性：第3类危险物——
　易燃液体
联合国编号（UN No.）：2358
正式运输名称：环辛四烯
包装类别：Ⅱ

974　环辛烷

别名：—
英文名：cyclooctane
CAS号：292-64-8
GHS标签信号词及象形图：警告

危险性类别：易燃液体，类别3
主要危险性及次要危险性：第3类危险物——
　易燃液体
联合国编号（UN No.）：3295/1993△
正式运输名称：液态烃类，未另作规定的/易燃液体，未另作规定的△
包装类别：Ⅲ

975　环辛烯

别名：—
英文名：cyclooctene
CAS号：931-87-3
GHS标签信号词及象形图：警告

危险性类别：易燃液体，类别3
　危害水生环境-急性危害，类别1
　危害水生环境-长期危害，类别1
主要危险性及次要危险性：第3类危险物——
　易燃液体
联合国编号（UN No.）：3295/1993△
正式运输名称：液态烃类，未另作规定的/易

燃液体，未另作规定的△

包装类别：Ⅲ

976   2,3-环氧-1-丙醛

别名：缩水甘油醛

英文名：2,3-epoxy-1-propanal；glycidaldehyde

CAS 号：765-34-4

GHS 标签信号词及象形图：危险

危险性类别：易燃液体，类别 3

急性毒性-经口，类别 3

急性毒性-经皮，类别 3

急性毒性-吸入，类别 2

皮肤腐蚀/刺激，类别 2

严重眼损伤/眼刺激，类别 2A

生殖细胞致突变性，类别 2

致癌性，类别 2

特异性靶器官毒性-一次接触，类别 3（呼吸道刺激）

特异性靶器官毒性-反复接触，类别 1

主要危险性及次要危险性：第 3 类危险物——易燃液体；第 6.1 项危险物——毒性物质

联合国编号（UN No.）：2622

正式运输名称：缩水甘油醛

包装类别：Ⅱ

977   1,2-环氧-3-乙氧基丙烷

别名：—

英文名：1,2-epoxy-3-ethoxypropane

CAS 号：4016-11-9

GHS 标签信号词及象形图：警告

危险性类别：易燃液体，类别 3

主要危险性及次要危险性：第 3 类危险物——易燃液体

联合国编号（UN No.）：2752

正式运输名称：1,2-环氧-3-乙氧基丙烷

包装类别：Ⅲ

978   2,3-环氧丙基苯基醚

别名：双环氧丙基苯基醚

英文名：2,3-epoxypropyl phenyl ether；phenyl glycidyl ether；1,2-epoxy-3-phenoxypropane

CAS 号：122-60-1

GHS 标签信号词及象形图：警告

危险性类别：皮肤腐蚀/刺激，类别 2

皮肤致敏物，类别 1

生殖细胞致突变性，类别 2

致癌性，类别 2

特异性靶器官毒性-一次接触，类别 3（呼吸道刺激）

危害水生环境-长期危害，类别 3

主要危险性及次要危险性：—

联合国编号（UN No.）：非危

正式运输名称：—

包装类别：—

979   1,2-环氧丙烷

别名：氧化丙烯；甲基环氧乙烷

英文名：1,2-epoxypropane；propylene oxide；methyloxirane

CAS 号：75-56-9

GHS 标签信号词及象形图：危险

危险性类别：易燃液体，类别 1

皮肤腐蚀/刺激，类别 2

严重眼损伤/眼刺激，类别 2

生殖细胞致突变性，类别 1B

致癌性，类别 2

特异性靶器官毒性-一次接触，类别 3（呼吸道刺激）

主要危险性及次要危险性：第 3 类危险物——易燃液体

联合国编号（UN No.）：1280

正式运输名称：氧化丙烯

包装类别：Ⅰ

980　1,2-环氧丁烷

别名：氧化丁烯

英文名：1,2-epoxybutane；epoxybutane

CAS 号：106-88-7

GHS 标签信号词及象形图：危险

危险性类别：易燃液体，类别 2

　皮肤腐蚀/刺激，类别 2

　严重眼损伤/眼刺激，类别 2

　致癌性，类别 2

　特异性靶器官毒性-一次接触，类别 3（呼吸道刺激）

　危害水生环境-长期危害，类别 3

主要危险性及次要危险性：第 3 类危险物——易燃液体

联合国编号（UN No.）：3022

正式运输名称：1,2-丁撑氧，稳定的

包装类别：Ⅱ

981　环氧乙烷

别名：氧化乙烯

英文名：oxirane；ethylene oxide

CAS 号：75-21-8

GHS 标签信号词及象形图：危险

危险性类别：易燃气体，类别 1

　化学不稳定性气体，类别 A

　加压气体

　急性毒性-吸入，类别 3 *

　皮肤腐蚀/刺激，类别 2

　严重眼损伤/眼刺激，类别 2

　生殖细胞致突变性，类别 1B

　致癌性，类别 1A

特异性靶器官毒性-一次接触，类别 3（呼吸道刺激）

主要危险性及次要危险性：第 2.3 类危险物——毒性气体；第 2.1 类危险物——易燃气体

联合国编号（UN No.）：1040

正式运输名称：环氧乙烷

包装类别：不适用

982　环氧乙烷和氧化丙烯混合物（含环氧乙烷≤30%）

别名：氧化乙烯和氧化丙烯混合物

英文名：ethylene oxide and propylene oxide mixtures，not more than 30% ethylene oxide

CAS 号：

GHS 标签信号词及象形图：危险

危险性类别：易燃液体，类别 1

　急性毒性-经口，类别 3

　急性毒性-经皮，类别 3

　急性毒性-吸入，类别 3 *

　皮肤腐蚀/刺激，类别 2

　严重眼损伤/眼刺激，类别 2

　生殖细胞致突变性，类别 1B

　致癌性，类别 1A

　特异性靶器官毒性-一次接触，类别 3（呼吸道刺激）

主要危险性及次要危险性：第 3 类危险物——易燃液体；第 6.1 项危险物——毒性物质

联合国编号（UN No.）：2983

正式运输名称：环氧乙烷和氧化丙烯混合物，含环氧乙烷不大于 30%

包装类别：Ⅰ

983　1,8-环氧对蓝烷

别名：桉叶油醇

英文名：1,8-epoxy-menthane；eucalyptol

CAS 号：470-82-6

GHS 标签信号词及象形图：警告

危险性类别： 易燃液体，类别 3
主要危险性及次要危险性： 第 3 类危险物——易燃液体
联合国编号（UN No.）： 1993
正式运输名称： 易燃液体，未另作规定的
包装类别： Ⅲ

984　4,9-环氧，3-(2-羟基-2-甲基丁酸酯)-15-(S) 2-甲基丁酸酯，[3β(S),4α,7α,15α(R),16β]-瑟文-3,4,7,14,15,16,20-庚醇

别名： 杰莫灵
英文名： cevane-3,4,7,14,15,16,20-heptol,4,9-epoxy,3-(2-hydroxy-2-methylbutanoate)15-(S)-2-methylbutanoate,[3β(S),4α,7α,15α(R),16β]；veratensine；germerine
CAS 号： 63951-45-1
GHS 标签信号词及象形图： 危险

危险性类别： 急性毒性-经口，类别 2
主要危险性及次要危险性： 第 6.1 项危险物——毒性物质
联合国编号（UN No.）： 1544
正式运输名称： 固态生物碱，未另作规定的，或固态生物碱盐类，未另作规定的
包装类别： Ⅱ

985　黄原酸盐

别名： —
英文名： xanthates
CAS 号： —
GHS 标签信号词及象形图： 危险

危险性类别： 自热物质和混合物，类别 2
主要危险性及次要危险性： 第 4.2 项危险物——易于自燃的物质
联合国编号（UN No.）： 3342
正式运输名称： 黄原酸盐
包装类别： Ⅱ/Ⅲ△

986　磺胺苯汞

别名： 磺胺汞
英文名： PMTS；fumiron
CAS 号： —
GHS 标签信号词及象形图： 危险

危险性类别： 急性毒性-经口，类别 2＊
急性毒性-经皮，类别 1
急性毒性-吸入，类别 2＊
特异性靶器官毒性-反复接触，类别 2＊
危害水生环境-急性危害，类别 1
危害水生环境-长期危害，类别 1
主要危险性及次要危险性： 第 6.1 项危险物——毒性物质
联合国编号（UN No.）： 2026
正式运输名称： 苯汞化合物，未另作规定的
包装类别： Ⅰ

987　磺化煤油

别名： —
英文名： sulphonated kerosene
CAS 号： —
GHS 标签信号词及象形图： 警告

危险性类别： 易燃液体，类别 3
主要危险性及次要危险性： 第 3 类危险物——易燃液体
联合国编号（UN No.）： 1993
正式运输名称： 易燃液体，未另作规定的
包装类别： Ⅲ

988　混胺-02

别名：—

英文名：mixed amine-02

CAS 号：—

GHS 标签信号词及象形图：危险

危险性类别：易燃液体，类别 2

主要危险性及次要危险性：第 3 类危险物——易燃液体

联合国编号（UN No.）：1993

正式运输名称：易燃液体，未另作规定的

包装类别：Ⅱ

989　己醇钠

别名：—

英文名：sodium hexylate

CAS 号：19779-06-7

GHS 标签信号词及象形图：危险

危险性类别：皮肤腐蚀/刺激，类别 1B

严重眼损伤/眼刺激，类别 1

主要危险性及次要危险性：第 8 类危险物——腐蚀性物质

联合国编号（UN No.）：1760

正式运输名称：腐蚀性液体，未另作规定的

包装类别：Ⅱ

990　1,6-己二胺

别名：1,6-二氨基己烷；亚己基二胺

英文名：1,6-diaminohexane；hexamethylene-diamine

CAS 号：124-09-4

GHS 标签信号词及象形图：危险

危险性类别：皮肤腐蚀/刺激，类别 1B

严重眼损伤/眼刺激，类别 1

特异性靶器官毒性-一次接触，类别 3（呼吸道刺激）

主要危险性及次要危险性：第 8 类危险物——腐蚀性物质

联合国编号（UN No.）：2280

正式运输名称：六亚甲基二胺（亚己基二胺）（固态或熔融的）

包装类别：Ⅲ

991　己二腈

别名：1,4-二氰基丁烷；氰化四亚甲基

英文名：adiponitrile；1,4-dicyanobutane

CAS 号：111-69-3

GHS 标签信号词及象形图：危险

危险性类别：急性毒性-经口，类别 3

急性毒性-经皮，类别 3

严重眼损伤/眼刺激，类别 2B

特异性靶器官毒性-一次接触，类别 1

特异性靶器官毒性-反复接触，类别 2

主要危险性及次要危险性：第 6.1 项危险物——毒性物质

联合国编号（UN No.）：2205

正式运输名称：己二腈

包装类别：Ⅲ

992　1,3-己二烯

别名：—

英文名：1,3-hexadiene

CAS 号：592-48-3

GHS 标签信号词及象形图：危险

危险性类别：易燃液体，类别 2

主要危险性及次要危险性：第 3 类危险物——易燃液体

联合国编号（UN No.）：2458

正式运输名称：己二烯

包装类别：Ⅱ

993　1,4-己二烯

别名：—

英文名：1,4-hexadiene

CAS 号：592-45-0

GHS 标签信号词及象形图：危险

危险性类别：易燃液体，类别 2

主要危险性及次要危险性：第 3 类危险物——
易燃液体

联合国编号（UN No.）：2458

正式运输名称：己二烯

包装类别：Ⅱ

994　1,5-己二烯

别名：—

英文名：1,5-hexadiene

CAS 号：592-42-7

GHS 标签信号词及象形图：危险

危险性类别：易燃液体，类别 2

主要危险性及次要危险性：第 3 类危险物——
易燃液体

联合国编号（UN No.）：2458

正式运输名称：己二烯

包装类别：Ⅱ

995　2,4-己二烯

别名：—

英文名：2,4-hexadiene

CAS 号：592-46-1

GHS 标签信号词及象形图：危险

危险性类别：易燃液体，类别 2

主要危险性及次要危险性：第 3 类危险物——
易燃液体

联合国编号（UN No.）：2458

正式运输名称：己二烯

包装类别：Ⅱ

996　己二酰二氯

别名：己二酰氯

英文名：hexanedioyl dichloride；adipoyl chlo-
ride

CAS 号：111-50-2

GHS 标签信号词及象形图：危险

危险性类别：皮肤腐蚀/刺激，类别 1
严重眼损伤/眼刺激，类别 1

主要危险性及次要危险性：第 8 类危险物——
腐蚀性物质

联合国编号（UN No.）：3265

正式运输名称：有机酸性腐蚀性液体，未另
作规定的

包装类别：Ⅱ

997　己基三氯硅烷

别名：—

英文名：hexyltrichlorosilane

CAS 号：928-65-4

GHS 标签信号词及象形图：危险

危险性类别：皮肤腐蚀/刺激，类别 1
严重眼损伤/眼刺激，类别 1

主要危险性及次要危险性：第 8 类危险物——
腐蚀性物质

联合国编号（UN No.）：1784

正式运输名称：己基三氯硅烷

包装类别：Ⅱ

998 己腈

别名：戊基氰；氰化正戊烷

英文名：capronitrile；*n*-amyl cyanide；hexanenitrile

CAS 号：628-73-9

GHS 标签信号词及象形图：警告

危险性类别：易燃液体，类别 3

皮肤腐蚀/刺激，类别 2

严重眼损伤/眼刺激，类别 2A

特异性靶器官毒性--一次接触，类别 3（呼吸道刺激）

主要危险性及次要危险性：第 3 类危险物——易燃液体

联合国编号（UN No.）：1993

正式运输名称：易燃液体，未另作规定的

包装类别：Ⅲ

999 己硫醇

别名：巯基己烷

英文名：hexyl mercaptan；mercaptohexane

CAS 号：111-31-9

GHS 标签信号词及象形图：危险

危险性类别：易燃液体，类别 2

急性毒性-吸入，类别 3

特异性靶器官毒性--一次接触，类别 1

主要危险性及次要危险性：第 3 类危险物——易燃液体；第 6.1 项危险物——毒性物质

联合国编号（UN No.）：1228

正式运输名称：液态硫醇，易燃，毒性，未另作规定的

包装类别：Ⅱ

1000 1-己炔

别名：—

英文名：1-hexyne

CAS 号：693-02-7

GHS 标签信号词及象形图：危险

危险性类别：易燃液体，类别 2

主要危险性及次要危险性：第 3 类危险物——易燃液体

联合国编号（UN No.）：3295/1993△

正式运输名称：液态烃类，未另作规定的/易燃液体，未另作规定的△

包装类别：Ⅱ

1001 2-己炔

别名：—

英文名：2-hexyne

CAS 号：764-35-2

GHS 标签信号词及象形图：危险

危险性类别：易燃液体，类别 2

主要危险性及次要危险性：第 3 类危险物——易燃液体

联合国编号（UN No.）：1993

正式运输名称：易燃液体，未另作规定的

包装类别：Ⅱ

1002 3-己炔

别名：—

英文名：3-hexyne

CAS 号：928-49-4

GHS 标签信号词及象形图：危险

危险性类别：易燃液体，类别 2

主要危险性及次要危险性：第 3 类危险物——易燃液体

联合国编号（UN No.）：3295/1993△

正式运输名称：液态烃类，未另作规定的/易燃液体，未另作规定的△

包装类别：Ⅱ

1003　己酸

别名：—

英文名：caproic acid

CAS 号：142-62-1

GHS 标签信号词及象形图：危险

危险性类别：急性毒性-经皮，类别 3

皮肤腐蚀/刺激，类别 1

严重眼损伤/眼刺激，类别 1

主要危险性及次要危险性：第 8 类危险物——腐蚀性物质

联合国编号（UN No.）：2829

正式运输名称：己酸

包装类别：Ⅲ

1004　2-己酮

别名：甲基丁基甲酮

英文名：hexan-2-one；methyl butyl ketone；butyl methyl ketone；methyl *n*-butyl ketone

CAS 号：591-78-6

GHS 标签信号词及象形图：危险

危险性类别：易燃液体，类别 3

生殖毒性，类别 2

特异性靶器官毒性-一次接触，类别 3（麻醉效应）

特异性靶器官毒性-反复接触，类别 1

主要危险性及次要危险性：第 3 类危险物——易燃液体

联合国编号（UN No.）：1224/1993△

正式运输名称：液态酮类，未另作规定的/易燃液体，未另作规定的△

包装类别：Ⅲ

1005　3-己酮

别名：乙基丙基甲酮

英文名：3-hexanone；ethyl propyl ketone

CAS 号：589-38-8

GHS 标签信号词及象形图：警告

危险性类别：易燃液体，类别 3

主要危险性及次要危险性：第 3 类危险物——易燃液体

联合国编号（UN No.）：1224/1993△

正式运输名称：液态酮类，未另作规定的/易燃液体，未另作规定的△

包装类别：Ⅲ

1006　1-己烯

别名：丁基乙烯

英文名：1-hexene；butylethylene

CAS 号：592-41-6

GHS 标签信号词及象形图：危险

危险性类别：易燃液体，类别 2

特异性靶器官毒性-一次接触，类别 3（呼吸道刺激、麻醉效应）

吸入危害，类别 1

危害水生环境-急性危害，类别 2

主要危险性及次要危险性：第 3 类危险物——易燃液体

联合国编号（UN No.）：2370

正式运输名称：1-己烯

包装类别：Ⅱ

1007　2-己烯

别名：—

英文名：2-hexene

CAS 号：592-43-8

GHS 标签信号词及象形图：危险

危险性类别：易燃液体，类别2

主要危险性及次要危险性：第3类危险物——易燃液体

联合国编号（UN No.）：3295/1993△

正式运输名称：液态烃类，未另作规定的/易燃液体，未另作规定的△

包装类别：Ⅱ

1008   4-己烯-1-炔-3-醇

别名：—

英文名：4-hexen-1-yn-3-ol

CAS 号：10138-60-0

GHS 标签信号词及象形图：危险

危险性类别：急性毒性-经口，类别2
急性毒性-经皮，类别2

主要危险性及次要危险性：第 6.1 项危险物——毒性物质

联合国编号（UN No.）：2810

正式运输名称：有机毒性液体，未另作规定的

包装类别：Ⅱ

1009   5-己烯-2-酮

别名：烯丙基丙酮

英文名：5-hexen-2-one；allylacetone

CAS 号：109-49-9

GHS 标签信号词及象形图：警告

危险性类别：易燃液体，类别3

主要危险性及次要危险性：第3类危险物——易燃液体

联合国编号（UN No.）：1224/1993△

正式运输名称：液态酮类，未另作规定的/易

燃液体，未另作规定的△

包装类别：Ⅲ

1010   己酰氯

别名：氯化己酰

英文名：hexanoyl chloride；caproyl chloride

CAS 号：142-61-0

GHS 标签信号词及象形图：危险

危险性类别：易燃液体，类别3
皮肤腐蚀/刺激，类别1
严重眼损伤/眼刺激，类别1

主要危险性及次要危险性：第3类危险物——易燃液体；第8类危险物——腐蚀性物质

联合国编号（UN No.）：2924

正式运输名称：易燃液体，腐蚀性，未另作规定的

包装类别：Ⅲ

1011   季戊四醇四硝酸酯（含蜡≥7%）

别名：泰安；喷梯尔；PETN

英文名：pentaerythrite tetranitrate with not less than 7% wax, by mass

CAS 号：78-11-5

GHS 标签信号词及象形图：危险

危险性类别：爆炸物，1.1项

主要危险性及次要危险性：第 1.1 项危险物——有整体爆炸危险的物质和物品

联合国编号（UN No.）：0411

正式运输名称：季戊四醇四硝酸酯（季戊炸药），按质量含蜡不低于7%

包装类别：满足Ⅱ类包装要求

季戊四醇四硝酸酯
（含水≥25%或含减敏剂≥15%）

别名：泰安；喷梯尔；PETN

英文名：pentaerythrite tetranitrate，wetted with not less than 25％ water，by mass or pentaerythrite tetranitrate，desensitized with not less than 15％ phlegmatizer，by mass

CAS 号：78-11-5

GHS 标签信号词及象形图：危险

危险性类别：爆炸物，1.1 项

主要危险性及次要危险性：第 1.1 项危险物——有整体爆炸危险的物质和物品

联合国编号（UN No.）：0150

正式运输名称：季戊四醇四硝酸酯（季戊炸药），湿的，按质量含水不低于 25％

包装类别：满足 Ⅱ 类包装要求

1012　季戊四醇四硝酸酯与三硝基甲苯混合物（干的或含水＜15％）

别名：泰安与梯恩梯混合炸药；彭托雷特

英文名：pentaerythrite tetranitrate and trinitrotoluene mixtures，dry or wetted with less than 15％ water，by mass

CAS 号：—

GHS 标签信号词及象形图：危险

危险性类别：爆炸物，1.1 项
特异性靶器官毒性-反复接触，类别 2*
危害水生环境-急性危害，类别 2
危害水生环境-长期危害，类别 2

主要危险性及次要危险性：第 1.1 项危险物——有整体爆炸危险的物质和物品

联合国编号（UN No.）：0150

正式运输名称：季戊四醇四硝酸酯（季戊炸药）减敏的，按质量含有不低于 15％ 的减敏剂

包装类别：满足 Ⅱ 类包装要求

1013　镓

别名：金属镓

英文名：gallium；gallium，metal

CAS 号：7440-55-3

GHS 标签信号词及象形图：危险

危险性类别：皮肤腐蚀/刺激，类别 1
严重眼损伤/眼刺激，类别 1

主要危险性及次要危险性：第 8 类危险物——腐蚀性物质

联合国编号（UN No.）：2803

正式运输名称：镓

包装类别：Ⅲ

1014　甲苯

别名：甲基苯；苯基甲烷

英文名：toluene；methylbenzene

CAS 号：108-88-3

GHS 标签信号词及象形图：危险

危险性类别：易燃液体，类别 2
皮肤腐蚀/刺激，类别 2
生殖毒性，类别 2
特异性靶器官毒性-一次接触，类别 3（麻醉效应）
特异性靶器官毒性-反复接触，类别 2*
吸入危害，类别 1
危害水生环境-急性危害，类别 2
危害水生环境-长期危害，类别 3

主要危险性及次要危险性：第 3 类危险物——易燃液体

联合国编号（UN No.）：1294

正式运输名称：甲苯

包装类别：Ⅱ

1015　甲苯-2,4-二异氰酸酯

别名：2,4-二异氰酸甲苯酯；2,4-TDI

英文名：toluene-2,4-di-isocyanate；2,4-toluene di isocyanate；2-methyl-*m*-phenylene diisocyanate

CAS 号：584-84-9

GHS 标签信号词及象形图：危险

危险性类别：急性毒性-吸入，类别 2*

皮肤腐蚀/刺激，类别 2

严重眼损伤/眼刺激，类别 2

呼吸道致敏物，类别 1

皮肤致敏物，类别 1

致癌性，类别 2

特异性靶器官毒性-一次接触，类别 3（呼吸道刺激）

危害水生环境-长期危害，类别 3

主要危险性及次要危险性：第 6.1 项危险物——毒性物质

联合国编号（UN No.）：2078

正式运输名称：甲苯二异氰酸酯

包装类别：Ⅱ

1016　甲苯-2,6-二异氰酸酯

别名：2,6-二异氰酸甲苯酯；2,6-TDI

英文名：toluene-2,6-di-isocyanate；2,6-toluene di-isocyanate；4-methyl-*m*-phenylene diisocyanate

CAS 号：91-08-7

GHS 标签信号词及象形图：危险

危险性类别：急性毒性-吸入，类别 2*

皮肤腐蚀/刺激，类别 2

严重眼损伤/眼刺激，类别 2

呼吸道致敏物，类别 1

皮肤致敏物，类别 1

致癌性，类别 2

特异性靶器官毒性-一次接触，类别 3（呼吸道刺激）

危害水生环境-长期危害，类别 3

主要危险性及次要危险性：第 6.1 项危险

物——毒性物质

联合国编号（UN No.）：2078

正式运输名称：甲苯二异氰酸酯

包装类别：Ⅱ

1017　甲苯二异氰酸酯

别名：二异氰酸甲苯酯；TDI

英文名：toluene diisocyanate

CAS 号：26471-62-5

GHS 标签信号词及象形图：危险

危险性类别：急性毒性-吸入，类别 2*

皮肤腐蚀/刺激，类别 2

严重眼损伤/眼刺激，类别 2

呼吸道致敏物，类别 1

皮肤致敏物，类别 1

致癌性，类别 2

特异性靶器官毒性-一次接触，类别 3（呼吸道刺激）

危害水生环境-长期危害，类别 3

主要危险性及次要危险性：第 6.1 项危险物——毒性物质

联合国编号（UN No.）：2078

正式运输名称：甲苯二异氰酸酯

包装类别：Ⅱ

1018　甲苯-3,4-二硫酚

别名：3,4-二巯基甲苯

英文名：toluene-3,4-dithiol；3,4-dimercapto-toluene

CAS 号：496-74-2

GHS 标签信号词及象形图：危险

危险性类别：皮肤腐蚀/刺激，类别 2

严重眼损伤/眼刺激，类别 1

主要危险性及次要危险性：—

联合国编号（UN No.）：非危

正式运输名称：—
包装类别：—

1019　2-甲苯硫酚

别名：邻甲苯硫酚；2-巯基甲苯
英文名：2-thiocresol；o-thiocresol；2-tolyl mer-
　　captan
CAS 号：137-06-4
GHS 标签信号词及象形图：警告

危险性类别：严重眼损伤/眼刺激，类别 2
主要危险性及次要危险性：—
联合国编号（UN No.）：非危
正式运输名称：—
包装类别：—

1020　3-甲苯硫酚

别名：间甲苯硫酚；3-巯基甲苯
英文名：3-thiocresol；m-toluenethiol；3-tolyl
　　mercaptan；m-mercaptotoluene
CAS 号：108-40-7
GHS 标签信号词及象形图：警告

危险性类别：严重眼损伤/眼刺激，类别 2
主要危险性及次要危险性：—
联合国编号（UN No.）：非危
正式运输名称：—
包装类别：—

1021　4-甲苯硫酚

别名：对甲苯硫酚；4-巯基甲苯
英文名：4-thiocresol；p-thiocresol；4-tolyl mer-
　　captan
CAS 号：106-45-6
GHS 标签信号词及象形图：警告

危险性类别：严重眼损伤/眼刺激，类别 2
主要危险性及次要危险性：—
联合国编号（UN No.）：非危
正式运输名称：—
包装类别：—

1022　甲醇

别名：木醇；木精
英文名：methanol
CAS 号：67-56-1
GHS 标签信号词及象形图：危险

危险性类别：易燃液体，类别 2
　　急性毒性-经口，类别 3＊
　　急性毒性-经皮，类别 3＊
　　急性毒性-吸入，类别 3＊
　　特异性靶器官毒性-一次接触，类别 1
主要危险性及次要危险性：第 3 类危险物——
　　易燃液体；第 6.1 项危险物——毒性物质
联合国编号（UN No.）：1230
正式运输名称：甲醇
包装类别：Ⅱ

1023　甲醇钾

别名：—
英文名：potassium methanolate；potassium meth-
　　oxide
CAS 号：865-33-8
GHS 标签信号词及象形图：危险

危险性类别：自热物质和混合物，类别 1
　　皮肤腐蚀/刺激，类别 1B
　　严重眼损伤/眼刺激，类别 1
主要危险性及次要危险性：第 4.2 项危险
　　物——易于自燃的物质；第 8 类危险
　　物——腐蚀性物质
联合国编号（UN No.）：3206

正式运输名称：碱金属醇化物，自热性，腐蚀性，未另作规定的

包装类别：Ⅱ

1024 甲醇钠

别名：甲氧基钠

英文名：sodium methanolate；sodium methoxide

CAS 号：124-41-4

GHS 标签信号词及象形图：危险

危险性类别：自热物质和混合物，类别1

皮肤腐蚀/刺激，类别1B

严重眼损伤/眼刺激，类别1

主要危险性及次要危险性：第 4.2 项危险物——易于自燃的物质；第 8 类危险物——腐蚀性物质

联合国编号（UN No.）：1431

正式运输名称：甲醇钠

包装类别：Ⅱ

1025 甲醇钠甲醇溶液

别名：甲醇钠合甲醇

英文名：sodium methylate, solution, in methyl alcohol；sodium methoxide and methanol mistura

CAS 号：—

GHS 标签信号词及象形图：危险

危险性类别：易燃液体，类别2

皮肤腐蚀/刺激，类别1B

严重眼损伤/眼刺激，类别1

主要危险性及次要危险性：第 3 类危险物——易燃液体；第 8 类危险物——腐蚀性物质

联合国编号（UN No.）：1289

正式运输名称：甲醇钠的醇溶液

包装类别：Ⅱ/Ⅲ △

1026 2-甲酚

别名：1-羟基-2-甲苯；邻甲酚

英文名：2-cresol；1-hydroxy-2-toluene；*o*-cresol

CAS 号：95-48-7

GHS 标签信号词及象形图：危险

危险性类别：急性毒性-经口，类别 3 *

急性毒性-经皮，类别 3 *

皮肤腐蚀/刺激，类别 1B

严重眼损伤/眼刺激，类别1

危害水生环境-急性危害，类别2

主要危险性及次要危险性：第 6.1 项危险物——毒性物质；第 8 类危险物——腐蚀性物质

联合国编号（UN No.）：3455

正式运输名称：固态甲酚

包装类别：Ⅱ

1027 3-甲酚

别名：1-羟基-3-甲苯；间甲酚

英文名：3-cresol；1-hydroxy-3-toluene；*m*-cresol

CAS 号：108-39-4

GHS 标签信号词及象形图：危险

危险性类别：急性毒性-经口，类别 3 *

急性毒性-经皮，类别 3 *

皮肤腐蚀/刺激，类别 1B

严重眼损伤/眼刺激，类别1

危害水生环境-急性危害，类别2

主要危险性及次要危险性：第 6.1 项危险物——毒性物质；第 8 类危险物——腐蚀性物质

联合国编号（UN No.）：2076

正式运输名称：液态甲酚

包装类别：Ⅱ

1028　4-甲酚

别名：1-羟基-4-甲苯；对甲酚

英文名：4-cresol；1-hydroxy-4-toluene；*p*-cresol

CAS 号：106-44-5

GHS 标签信号词及象形图：危险

危险性类别：急性毒性-经口，类别 3 *

　　急性毒性-经皮，类别 3 *

　　皮肤腐蚀/刺激，类别 1B

　　严重眼损伤/眼刺激，类别 1

　　危害水生环境-急性危害，类别 2

主要危险性及次要危险性：第 6.1 项 危 险物——毒性物质；第 8 类危险物——腐蚀性物质

联合国编号（UN No.）：3455

正式运输名称：固态甲酚

包装类别：Ⅱ

1029　甲酚

别名：甲苯基酸；克利沙酸；甲苯酚异构体混合物

英文名：methylphenol；cresol

CAS 号：1319-77-3

GHS 标签信号词及象形图：危险

危险性类别：急性毒性-经口，类别 3 *

　　急性毒性-经皮，类别 3 *

　　皮肤腐蚀/刺激，类别 1B

　　严重眼损伤/眼刺激，类别 1

　　危害水生环境-急性危害，类别 2

主要危险性及次要危险性：第 6.1 项 危 险物——毒性物质；第 8 类危险物——腐蚀性物质

联合国编号（UN No.）：2076

正式运输名称：液态甲酚

包装类别：Ⅱ

1030　甲硅烷

别名：硅烷；四氢化硅

英文名：monosilane；silicon tetrahydride

CAS 号：7803-62-5

GHS 标签信号词及象形图：危险

危险性类别：易燃气体，类别 1

　　加压气体

　　皮肤腐蚀/刺激，类别 2

　　严重眼损伤/眼刺激，类别 2A

　　特异性靶器官毒性--一次接触，类别 3（呼吸道刺激）

　　特异性靶器官毒性-反复接触，类别 2

主要危险性及次要危险性：第 2.1 类 危 险物——易燃气体

联合国编号（UN No.）：2203

正式运输名称：硅烷

包装类别：不适用

1031　2-甲基-1,3-丁二烯（稳定的）

别名：异戊间二烯；异戊二烯

英文名：2-methyl-1,3-butadiene, stabilized；iso-prene

CAS 号：78-79-5

GHS 标签信号词及象形图：危险

危险性类别：易燃液体，类别 1

　　生殖细胞致突变性，类别 2

　　致癌性，类别 2

　　危害水生环境-急性危害，类别 2

　　危害水生环境-长期危害，类别 2

主要危险性及次要危险性：第 3 类危险物——易燃液体

联合国编号（UN No.）：1218

正式运输名称：异戊二烯，稳定的

包装类别：Ⅰ

1032　6-甲基-1,4-二氮萘基-2,3-二硫代碳酸酯

别名：6-甲基-1,3-二硫杂环戊烯并（4,5-*b*）喹喔啉-2-二酮

英文名：6-methyl-1,3-dithiolo(4,5-*b*)quinoxalin-2-one；quinomethionate；chinomethionat

CAS 号：2439-01-2

GHS 标签信号词及象形图：警告

危险性类别：严重眼损伤/眼刺激，类别 2
　皮肤致敏物，类别 1
　生殖毒性，类别 2
　特异性靶器官毒性-反复接触，类别 2 *
　危害水生环境-急性危害，类别 1
　危害水生环境-长期危害，类别 1

主要危险性及次要危险性：第 9 类危险物——杂项危险物质和物品

联合国编号（UN No.）：3077

正式运输名称：对环境有害的固态物质，未另作规定的

包装类别：Ⅲ

1033　2-甲基-1-丙醇

别名：异丁醇

英文名：2-methylpropan-1-ol；isobutanol

CAS 号：78-83-1

GHS 标签信号词及象形图：危险

危险性类别：易燃液体，类别 3
　皮肤腐蚀/刺激，类别 2
　严重眼损伤/眼刺激，类别 1
　特异性靶器官毒性-一次接触，类别 3（呼吸道刺激、麻醉效应）

主要危险性及次要危险性：第 3 类危险物——易燃液体

联合国编号（UN No.）：1212

正式运输名称：异丁醇

包装类别：Ⅲ

1034　2-甲基-1-丙硫醇

别名：异丁硫醇

英文名：2-methyl-1-propanethiol；isobutanethiol

CAS 号：513-44-0

GHS 标签信号词及象形图：危险

危险性类别：易燃液体，类别 2
　严重眼损伤/眼刺激，类别 2B
　特异性靶器官毒性-一次接触，类别 3（呼吸道刺激）

主要危险性及次要危险性：第 3 类危险物——易燃液体

联合国编号（UN No.）：1993

正式运输名称：易燃液体，未另作规定的

包装类别：Ⅱ

1035　2-甲基-1-丁醇

别名：活性戊醇；旋性戊醇

英文名：2-methyl-1-butanol；active amyl alcohol

CAS 号：137-32-6

GHS 标签信号词及象形图：警告

危险性类别：易燃液体，类别 3
　特异性靶器官毒性-一次接触，类别 3（呼吸道刺激）

主要危险性及次要危险性：第 3 类危险物——易燃液体

联合国编号（UN No.）：1105

正式运输名称：戊醇

包装类别：Ⅲ

1036　3-甲基-1-丁醇

别名：异戊醇

英文名：3-methyl-1-butanol；isopentanol

CAS 号：123-51-3

GHS 标签信号词及象形图：危险

危险性类别：易燃液体，类别 3

严重眼损伤/眼刺激，类别 2A

特异性靶器官毒性-一次接触，类别 1

特异性靶器官毒性-一次接触，类别 3（呼吸道刺激、麻醉效应）

主要危险性及次要危险性：第 3 类危险物——易燃液体

联合国编号（UN No.）：1105

正式运输名称：戊醇

包装类别：Ⅲ

1037   2-甲基-1-丁硫醇

别名：—

英文名：2-methyl-1-butanethiol

CAS 号：1878-18-8

GHS 标签信号词及象形图：危险

危险性类别：易燃液体，类别 2

主要危险性及次要危险性：第 3 类危险物——易燃液体

联合国编号（UN No.）：1111

正式运输名称：戊硫醇

包装类别：Ⅱ

1038   3-甲基-1-丁硫醇

别名：异戊硫醇

英文名：3-methyl-1-butanethiol；isoamyl mercaptan

CAS 号：541-31-1

GHS 标签信号词及象形图：危险

危险性类别：易燃液体，类别 2

皮肤腐蚀/刺激，类别 2

严重眼损伤/眼刺激，类别 2

特异性靶器官毒性-一次接触，类别 3（呼吸道刺激）

主要危险性及次要危险性：第 3 类危险物——易燃液体

联合国编号（UN No.）：1111

正式运输名称：戊硫醇

包装类别：Ⅱ

1039   2-甲基-1-丁烯

别名：—

英文名：2-methyl-1-butene

CAS 号：563-46-2

GHS 标签信号词及象形图：危险

危险性类别：易燃液体，类别 1

吸入危害，类别 1

危害水生环境-长期危害，类别 3 *

主要危险性及次要危险性：第 3 类危险物——易燃液体

联合国编号（UN No.）：2459

正式运输名称：2-甲基-1-丁烯

包装类别：Ⅰ

1040   3-甲基-1-丁烯

别名：α-异戊烯；异丙基乙烯

英文名：3-methyl-1-butene；α-isopentene；isopropyl ethylene

CAS 号：563-45-1

GHS 标签信号词及象形图：危险

危险性类别：易燃液体，类别 1

危害水生环境-长期危害，类别 3 *

主要危险性及次要危险性：第 3 类危险物——易燃液体

联合国编号（UN No.）：2561

正式运输名称：3-甲基-1-丁烯

包装类别：Ⅰ

1041 3-(1-甲基-2-四氢吡咯基) 吡啶硫酸盐

别名：硫酸化烟碱

英文名：3-(1-methyl-2-tetrahydropyrrolyl) pyridine sulfate；nicotine sulfate

CAS 号：65-30-5

GHS 标签信号词及象形图：危险

危险性类别：急性毒性-经口，类别2

急性毒性-经皮，类别1

皮肤腐蚀/刺激，类别2

严重眼损伤/眼刺激，类别2

生殖毒性，类别2

特异性靶器官毒性-一次接触，类别2

特异性靶器官毒性-一次接触，类别3（呼吸道刺激）

危害水生环境-急性危害，类别2

危害水生环境-长期危害，类别2

主要危险性及次要危险性：第 6.1 项 危险物——毒性物质

联合国编号（UN No.）：3445

正式运输名称：固态硫酸烟碱

包装类别：Ⅱ

1042 4-甲基-1-环己烯

别名：—

英文名：4-methyl-1-cyclohexene

CAS 号：591-47-9

GHS 标签信号词及象形图：危险

危险性类别：易燃液体，类别2

主要危险性及次要危险性：第 3 类危险物——易燃液体

联合国编号（UN No.）：3295/1993△

正式运输名称：液态烃类，未另作规定的/易燃液体，未另作规定的△

包装类别：Ⅱ

1043 1-甲基-1-环戊烯

别名：—

英文名：1-methyl-1-cyclopentene

CAS 号：693-89-0

GHS 标签信号词及象形图：危险

危险性类别：易燃液体，类别2

主要危险性及次要危险性：第 3 类危险物——易燃液体

联合国编号（UN No.）：3295/1993△

正式运输名称：液态烃类，未另作规定的/易燃液体，未另作规定的△

包装类别：Ⅱ

1044 2-甲基-1-戊醇

别名：—

英文名：2-methyl-1-pentanol

CAS 号：105-30-6

GHS 标签信号词及象形图：警告

危险性类别：易燃液体，类别3

主要危险性及次要危险性：第 3 类危险物——易燃液体

联合国编号（UN No.）：2282

正式运输名称：己醇

包装类别：Ⅲ

1045 3-甲基-1-戊炔-3-醇

别名：2-乙炔-2-丁醇

英文名：3-methyl-1-pentyn-3-ol；2-ethynyl-2-butanol

CAS 号：77-75-8

GHS 标签信号词及象形图：危险

危险性类别：易燃液体，类别 3
　严重眼损伤/眼刺激，类别 1
主要危险性及次要危险性：第 3 类危险物——
　易燃液体
联合国编号（UN No.）：1993
正式运输名称：易燃液体，未另作规定的
包装类别：Ⅲ

1046　2-甲基-1-戊烯

别名：—
英文名：2-methyl-1-pentene
CAS 号：763-29-1
GHS 标签信号词及象形图：危险

危险性类别：易燃液体，类别 2
主要危险性及次要危险性：第 3 类危险物——
　易燃液体
联合国编号（UN No.）：2288
正式运输名称：异己烯
包装类别：Ⅱ

1047　3-甲基-1-戊烯

别名：—
英文名：3-methyl-1-pentene
CAS 号：760-20-3
GHS 标签信号词及象形图：危险

危险性类别：易燃液体，类别 2
主要危险性及次要危险性：第 3 类危险物——
　易燃液体
联合国编号（UN No.）：2288
正式运输名称：异己烯
包装类别：Ⅱ

1048　4-甲基-1-戊烯

别名：—
英文名：4-methyl-1-pentene
CAS 号：691-37-2
GHS 标签信号词及象形图：危险

危险性类别：易燃液体，类别 2
主要危险性及次要危险性：第 3 类危险物——
　易燃液体
联合国编号（UN No.）：2288
正式运输名称：异己烯
包装类别：Ⅱ

1049　2-甲基-2-丙醇

别名：叔丁醇；三甲基甲醇；特丁醇
英文名：2-methylpropan-2-ol；*tert*-butyl alco-
　hol；trimethylcarbinol；*tert*-butanol
CAS 号：75-65-0
GHS 标签信号词及象形图：危险

危险性类别：易燃液体，类别 2
　严重眼损伤/眼刺激，类别 2
　特异性靶器官毒性-一次接触，类别 3（呼
　吸道刺激）
主要危险性及次要危险性：第 3 类危险物——
　易燃液体
联合国编号（UN No.）：1120
正式运输名称：丁醇
包装类别：Ⅱ

1050　2-甲基-2-丁醇

别名：叔戊醇
英文名：2-methylbutan-2-ol；*tert*-pentanol
CAS 号：75-85-4
GHS 标签信号词及象形图：危险

危险性类别：易燃液体，类别2

皮肤腐蚀/刺激，类别2

特异性靶器官毒性-一次接触，类别3（呼吸道刺激）

主要危险性及次要危险性：第3类危险物——易燃液体

联合国编号（UN No.）：1105

正式运输名称：戊醇

包装类别：Ⅱ

1051　3-甲基-2-丁醇

别名：—

英文名：3-methyl-2-butanol

CAS号：598-75-4

GHS标签信号词及象形图：危险

危险性类别：易燃液体，类别2

主要危险性及次要危险性：第3类危险物——易燃液体

联合国编号（UN No.）：1105

正式运输名称：戊醇

包装类别：Ⅲ

1052　2-甲基-2-丁硫醇

别名：叔戊硫醇；特戊硫醇

英文名：2-methyl-2-butanethiol；*tert*-amyl mercaptan；*tert*-pentyl mercaptan

CAS号：1679-09-0

GHS标签信号词及象形图：危险

危险性类别：易燃液体，类别2

严重眼损伤/眼刺激，类别2A

特异性靶器官毒性-一次接触，类别3（呼吸道刺激）

主要危险性及次要危险性：第3类危险物——易燃液体

联合国编号（UN No.）：1111

正式运输名称：戊硫醇

包装类别：Ⅱ

1053　3-甲基-2-丁酮

别名：甲基异丙基甲酮

英文名：3-methylbutan-2-one；methyl isopropyl ketone

CAS号：563-80-4

GHS标签信号词及象形图：危险

危险性类别：易燃液体，类别2

主要危险性及次要危险性：第3类危险物——易燃液体

联合国编号（UN No.）：2397

正式运输名称：3-甲基-2-丁酮

包装类别：Ⅱ

1054　2-甲基-2-丁烯

别名：*β*-异戊烯

英文名：2-methyl-2-butene；*β*-isopentene

CAS号：513-35-9

GHS标签信号词及象形图：危险

危险性类别：易燃液体，类别2

生殖细胞致突变性，类别2

特异性靶器官毒性-一次接触，类别3（麻醉效应）

危害水生环境-急性危害，类别2

危害水生环境-长期危害，类别2

主要危险性及次要危险性：第3类危险物——易燃液体

联合国编号（UN No.）：2460

正式运输名称：2-甲基-2-丁烯

包装类别：Ⅱ

1055　5-甲基-2-己酮

别名：—

英文名：5-methylhexan-2-one；isoamyl methyl ketone

CAS 号：110-12-3

GHS 标签信号词及象形图：警告

危险性类别：易燃液体，类别 3

主要危险性及次要危险性：第 3 类危险物——易燃液体

联合国编号（UN No.）：2302

正式运输名称：5-甲基-2-己酮

包装类别：Ⅲ

1056　2-甲基-2-戊醇

别名：—

英文名：2-methyl-2-pentanol

CAS 号：590-36-3

GHS 标签信号词及象形图：警告

危险性类别：易燃液体，类别 3

主要危险性及次要危险性：第 3 类危险物——易燃液体

联合国编号（UN No.）：2560

正式运输名称：2-甲基-2-戊醇

包装类别：Ⅲ

1057　4-甲基-2-戊醇

别名：甲基异丁基甲醇

英文名：4-methylpentan-2-ol；methyl isobutyl carbinol

CAS 号：108-11-2

GHS 标签信号词及象形图：警告

危险性类别：易燃液体，类别 3

特异性靶器官毒性--一次接触，类别 3（呼吸道刺激）

主要危险性及次要危险性：第 3 类危险物——易燃液体

联合国编号（UN No.）：2053

正式运输名称：甲基异丁基甲醇

包装类别：Ⅲ

1058　3-甲基-2-戊酮

别名：甲基仲丁基甲酮

英文名：3-methyl-2-pentanone；methyl *sec*-butyl ketone

CAS 号：565-61-7

GHS 标签信号词及象形图：危险

危险性类别：易燃液体，类别 2

主要危险性及次要危险性：第 3 类危险物——易燃液体

联合国编号（UN No.）：1993

正式运输名称：易燃液体，未另作规定的

包装类别：Ⅱ

1059　4-甲基-2-戊酮

别名：甲基异丁基酮；异己酮

英文名：4-methylpentan-2-one；isobutyl methyl ketone；methyl isobutyl ketone；isohexanone

CAS 号：108-10-1

GHS 标签信号词及象形图：危险

危险性类别：易燃液体，类别 2

严重眼损伤/眼刺激，类别 2

特异性靶器官毒性--一次接触，类别 3（呼吸道刺激）

主要危险性及次要危险性：第 3 类危险物——易燃液体

联合国编号（UN No.）：1245

正式运输名称：甲基•异丁基酮
包装类别：Ⅱ

1060　2-甲基-2-戊烯

别名：—
英文名：2-methyl-2-pentene
CAS 号：625-27-4
GHS 标签信号词及象形图：危险

危险性类别：易燃液体，类别 2
主要危险性及次要危险性：第 3 类危险物——
　　易燃液体
联合国编号（UN No.）：2288
正式运输名称：异己烯
包装类别：Ⅱ

1061　3-甲基-2-戊烯

别名：—
英文名：3-methyl-2-pentene
CAS 号：922-61-2
GHS 标签信号词及象形图：危险

危险性类别：易燃液体，类别 2
主要危险性及次要危险性：第 3 类危险物——
　　易燃液体
联合国编号（UN No.）：2288
正式运输名称：异己烯
包装类别：Ⅱ

1062　4-甲基-2-戊烯

别名：—
英文名：4-methyl-2-pentene
CAS 号：4461-48-7
GHS 标签信号词及象形图：危险

危险性类别：易燃液体，类别 2
主要危险性及次要危险性：第 3 类危险物——
　　易燃液体
联合国编号（UN No.）：2288
正式运输名称：异己烯
包装类别：Ⅱ

1063　3-甲基-2-戊烯-4-炔醇

别名：—
英文名：3-methyl-2-penten-4-yn-1-ol
CAS 号：105-29-3
GHS 标签信号词及象形图：危险

危险性类别：皮肤腐蚀/刺激，类别 1
　　严重眼损伤/眼刺激，类别 1
主要危险性及次要危险性：第 8 类危险物——
　　腐蚀性物质
联合国编号（UN No.）：2705
正式运输名称：3-甲基-2-戊烯-4-炔醇
包装类别：Ⅱ

1064　1-甲基-3-丙基苯

别名：3-丙基甲苯
英文名：1-methyl-3-propylbenzene；3-propyl
　　toluene
CAS 号：1074-43-7
GHS 标签信号词及象形图：警告

危险性类别：易燃液体，类别 3
主要危险性及次要危险性：第 3 类危险物——
　　易燃液体
联合国编号（UN No.）：1993
正式运输名称：易燃液体，未另作规定的
包装类别：Ⅲ

1065　2-甲基-3-丁炔-2-醇

别名：—

英文名：2-methyl-3-butyn-2-ol

CAS 号：115-19-5

GHS 标签信号词及象形图：危险

危险性类别：易燃液体，类别 3
　严重眼损伤/眼刺激，类别 1

主要危险性及次要危险性：第 3 类危险物——
　易燃液体

联合国编号（UN No.）：1987/1993△

正式运输名称：醇类，未另作规定的/易燃液
　体，未另作规定的△

包装类别：Ⅲ

1066　2-甲基-3-戊醇

别名：—

英文名：2-methyl-3-pentanol

CAS 号：565-67-3

GHS 标签信号词及象形图：警告

危险性类别：易燃液体，类别 3

主要危险性及次要危险性：第 3 类危险物——
　易燃液体

联合国编号（UN No.）：2282

正式运输名称：己醇

包装类别：Ⅲ

1067　3-甲基-3-戊醇

别名：—

英文名：3-methyl-3-pentanol

CAS 号：77-74-7

GHS 标签信号词及象形图：警告

危险性类别：易燃液体，类别 3

主要危险性及次要危险性：第 3 类危险物——
　易燃液体

联合国编号（UN No.）：2282

正式运输名称：己醇

包装类别：Ⅲ

1068　2-甲基-3-戊酮

别名：乙基异丙基甲酮

英文名：2-methyl-3-pentanone；ethyl isopropyl
　ketone

CAS 号：565-69-5

GHS 标签信号词及象形图：危险

危险性类别：易燃液体，类别 2

主要危险性及次要危险性：第 3 类危险物——
　易燃液体

联合国编号（UN No.）：1224/1993△

正式运输名称：液态酮类，未另作规定的/易
　燃液体，未另作规定的△

包装类别：Ⅱ

1069　4-甲基-3-戊烯-2-酮

别名：异亚丙基丙酮

英文名：4-methylpent-3-en-2-one；mesityl oxide；
　isopropylidene acetone

CAS 号：141-79-7

GHS 标签信号词及象形图：警告

危险性类别：易燃液体，类别 3

主要危险性及次要危险性：第 3 类危险物——
　易燃液体

联合国编号（UN No.）：1229

正式运输名称：异亚丙基丙酮

包装类别：Ⅲ

1070　2-甲基-3-乙基戊烷

别名：—

英文名：2-methyl-3-ethylpentane

CAS 号：609-26-7

GHS 标签信号词及象形图：危险

危险性类别：易燃液体，类别 2
皮肤腐蚀/刺激，类别 2
特异性靶器官毒性-一次接触，类别 3（麻醉效应）
吸入危害，类别 1
危害水生环境-急性危害，类别 1
危害水生环境-长期危害，类别 1
主要危险性及次要危险性：第 3 类危险物——易燃液体
联合国编号（UN No.）：1993
正式运输名称：易燃液体，未另作规定的
包装类别：Ⅱ

1071　2-甲基-4,6-二硝基酚

别名：4,6-二硝基邻甲苯酚；二硝酚
英文名：2-methyl 4,6-dinitrophenol；4,6-dinitro-*o*-cresol；2,4-dinitro-*o*-cresol；dinurania；DNOC
CAS 号：534-52-1
GHS 标签信号词及象形图：危险

危险性类别：急性毒性-经口，类别 2 *
急性毒性-经皮，类别 1
急性毒性-吸入，类别 2 *
皮肤腐蚀/刺激，类别 2
严重眼损伤/眼刺激，类别 1
皮肤致敏物，类别 1
生殖细胞致突变性，类别 2
危害水生环境-急性危害，类别 1
危害水生环境-长期危害，类别 1
主要危险性及次要危险性：第 6.1 项危险物——毒性物质
联合国编号（UN No.）：1598
正式运输名称：二硝基邻甲酚
包装类别：Ⅱ

1072　1-甲基-4-丙基苯

别名：4-丙基甲苯

英文名：1-methyl-4-propylbenzene；4-propyl toluene
CAS 号：1074-55-1
GHS 标签信号词及象形图：警告

危险性类别：易燃液体，类别 3
主要危险性及次要危险性：第 3 类危险物——易燃液体
联合国编号（UN No.）：1993
正式运输名称：易燃液体，未另作规定的
包装类别：Ⅲ

1073　2-甲基-5-乙基吡啶

别名：—
英文名：2-methyl-5-ethylpyridine
CAS 号：104-90-5
GHS 标签信号词及象形图：危险

危险性类别：急性毒性-经皮，类别 3
急性毒性-吸入，类别 3
主要危险性及次要危险性：第 6.1 项危险物——毒性物质
联合国编号（UN No.）：2300
正式运输名称：2-甲基-5-乙基吡啶
包装类别：Ⅲ

1074　3-甲基-6-甲氧基苯胺

别名：邻氨基对甲苯甲醚
英文名：3-methyl-6-methoxyaniline；*o*-amino-*p*-methylanisole
CAS 号：120-71-8
GHS 标签信号词及象形图：警告

危险性类别：致癌性，类别 2
主要危险性及次要危险性：—
联合国编号（UN No.）：非危

正式运输名称：—

包装类别：—

1075　S-甲基-N-［(甲基氨基甲酰基)氧基]硫代乙酰胺酸酯

别名：灭多威；O-甲基氨基甲酰酯-2-甲硫基乙醛肟

英文名：1-(methylthio)ethylideneamino N-methylcarbamate；lanoate；halvard；methomyl

CAS号：16752-77-5

GHS标签信号词及象形图：危险

危险性类别：急性毒性-经口，类别2 *

危害水生环境-急性危害，类别1

危害水生环境-长期危害，类别1

主要危险性及次要危险性：第 6.1 项危险物——毒性物质

联合国编号（UN No.）：2811

正式运输名称：有机毒性固体，未另作规定的

包装类别：Ⅱ

1076　O-甲基-O-(2-异丙氧基甲酰基苯基)硫代磷酰胺

别名：水胺硫磷

英文名：O-methyl-O-(O-isopropoxycarbonyl phenyl)phosphoramidothioate；isocarbophos；optunal

CAS号：24353-61-5

GHS标签信号词及象形图：危险

危险性类别：急性毒性-经口，类别2

主要危险性及次要危险性：第 6.1 项危险物——毒性物质

联合国编号（UN No.）：2811

正式运输名称：有机毒性固体，未另作规定的

包装类别：Ⅱ

1077　O-甲基-O-(4-溴-2,5-二氯苯基)苯基硫代膦酸酯

别名：溴苯膦

英文名：O-4-bromo-2,5-dichlorophenyl O-methyl phenylphosphorothioate；leptophos

CAS号：21609-90-5

GHS标签信号词及象形图：危险

危险性类别：急性毒性-经口，类别2

急性毒性-经皮，类别3

特异性靶器官毒性-一次接触，类别1

危害水生环境-急性危害，类别1

危害水生环境-长期危害，类别1

主要危险性及次要危险性：第 6.1 项危险物——毒性物质

联合国编号（UN No.）：2811

正式运输名称：有机毒性固体，未另作规定的

包装类别：Ⅱ

1078　O-甲基-O-［(2-异丙氧基甲酰)苯基]-N-异丙基硫代磷酰胺

别名：甲基异柳磷

英文名：N-isopropyl-O-methyl-O-((2-isopropyloxido carbonyl)phenyl)thiophosphoryl amidate；isofenphos-methyl

CAS号：99675-03-3

GHS标签信号词及象形图：危险

危险性类别：急性毒性-经口，类别3

急性毒性-经皮，类别3

危害水生环境-急性危害，类别1

主要危险性及次要危险性：第 6.1 项危险物——毒性物质

联合国编号（UN No.）：2810

正式运输名称：有机毒性液体，未另作规

定的

包装类别：Ⅲ

1079　O-甲基-S-甲基硫代磷酰胺

别名：甲胺磷

英文名：O,S-dimethyl phosphoramidothioate;
tamaron; methamidophos; monitor; tom-
aron; tammaron

CAS 号：10265-92-6

GHS 标签信号词及象形图：危险

危险性类别：急性毒性-经口，类别 2*

急性毒性-经皮，类别 3*

急性毒性-吸入，类别 2*

危害水生环境-急性危害，类别 1

主要危险性及次要危险性：第 6.1 项 危 险
物——毒性物质

联合国编号（UN No.）：2811

正式运输名称：有机毒性固体，未另作规
定的

包装类别：Ⅱ

1080　O-(甲基氨基甲酰基)-
1-二甲氨基甲酰-1-甲硫基甲醛肟

别名：杀线威

英文名：N′,N′-dimethylcarbamoyl（methyl-
thio）methylenamine N-methylcarbamate;
oxamyl; vydate; thioxamyl

CAS 号：23135-22-0

GHS 标签信号词及象形图：危险

危险性类别：急性毒性-经口，类别 2*

急性毒性-吸入，类别 2*

危害水生环境-急性危害，类别 2

危害水生环境-长期危害，类别 2

主要危险性及次要危险性：第 6.1 项 危 险
物——毒性物质

联合国编号（UN No.）：2811

正式运输名称：有机毒性固体，未另作规
定的

包装类别：Ⅱ

1081　O-甲基氨基甲酰基-2-
甲基-2-(甲硫基)丙醛肟

别名：涕灭威

英 文 名：2-methyl-2-（methylthio）propanal-O-
（N-methylcarbamoyl)oxime; ambush; temilk;
aldicarb

CAS 号：116-06-3

GHS 标签信号词及象形图：危险

危险性类别：急性毒性-经口，类别 2*

急性毒性-经皮，类别 3*

急性毒性-吸入，类别 2*

危害水生环境-急性危害，类别 1

危害水生环境-长期危害，类别 1

主要危险性及次要危险性：第 6.1 项 危 险
物——毒性物质

联合国编号（UN No.）：2811

正式运输名称：有机毒性固体，未另作规
定的

包装类别：Ⅱ

1082　O-甲基氨基甲酰基-3,3-
二甲基-1-(甲硫基)丁醛肟

别名：O-甲基氨基甲酰基-3,3-二 甲 基-1-（甲
硫基）丁醛肟；久效威

英文名：3,3-dimethyl-1-（methylthio）butanone-
O-（N-methylcarbamoyl）oxime;thiofanox; da-
camox

CAS 号：39196-18-4

GHS 标签信号词及象形图：危险

危险性类别：急性毒性-经口，类别 2*

急性毒性-经皮，类别 1

危害水生环境-急性危害，类别 1

危害水生环境-长期危害，类别 1

主要危险性及次要危险性：第 6.1 项 危 险 物——毒性物质

联合国编号（UN No.）：2811

正式运输名称：有机毒性固体，未另作规定的

包装类别：Ⅰ

1083 2-甲基苯胺

别名：邻甲苯胺；2-氨基甲苯；邻氨基甲苯

英文名：2-methylaniline；*o*-toluidine；2-aminotoluene；*o*-aminotoluene

CAS 号：95-53-4

GHS 标签信号词及象形图：危险

危险性类别：急性毒性-经口，类别 3＊

急性毒性-吸入，类别 3＊

严重眼损伤/眼刺激，类别 2

致癌性，类别 1A

危害水生环境-急性危害，类别 1

危害水生环境-长期危害，类别 2

主要危险性及次要危险性：第 6.1 项 危 险 物——毒性物质

联合国编号（UN No.）：1708

正式运输名称：液态甲苯胺

包装类别：Ⅱ

1084 3-甲基苯胺

别名：间甲苯胺；3-氨基甲苯；间氨基甲苯

英文名：3-methylaniline；*m*-toluidine；3-aminotoluene；*m*-aminotoluene

CAS 号：108-44-1

GHS 标签信号词及象形图：危险

危险性类别：急性毒性-经口，类别 3＊

急性毒性-经皮，类别 3＊

急性毒性-吸入，类别 3＊

特异性靶器官毒性-反复接触，类别 2＊

危害水生环境-急性危害，类别 1

危害水生环境-长期危害，类别 2

主要危险性及次要危险性：第 6.1 项 危 险 物——毒性物质

联合国编号（UN No.）：1708

正式运输名称：液态甲苯胺

包装类别：Ⅱ

1085 4-甲基苯胺

别名：对甲苯胺；4-氨甲苯；对氨基甲苯

英文名：4-methylaniline；*p*-toluidine；4-aminotoluene；*p*-aminotoluene

CAS 号：106-49-0

GHS 标签信号词及象形图：危险

危险性类别：急性毒性-经口，类别 3＊

急性毒性-经皮，类别 3＊

急性毒性-吸入，类别 3＊

严重眼损伤/眼刺激，类别 2

皮肤致敏物，类别 1

危害水生环境-急性危害，类别 1

主要危险性及次要危险性：第 6.1 项 危 险 物——毒性物质

联合国编号（UN No.）：3451

正式运输名称：固态甲苯胺

包装类别：Ⅱ

1086 *N*-甲基苯胺

别名：—

英文名：*N*-methylaniline

CAS 号：100-61-8

GHS 标签信号词及象形图：危险

危险性类别：急性毒性-经口，类别 3＊

急性毒性-经皮，类别 3 *

急性毒性-吸入，类别 3 *

特异性靶器官毒性-反复接触，类别 2 *

危害水生环境-急性危害，类别 1

危害水生环境-长期危害，类别 1

主要危险性及次要危险性：第 6.1 项危险物——毒性物质

联合国编号（UN No.）：2294

正式运输名称：N-甲基苯胺

包装类别：Ⅲ

1087　甲基苯基二氯硅烷

别名：—

英文名：methylphenyldichlorosilane

CAS 号：149-74-6

GHS 标签信号词及象形图：危险

危险性类别：皮肤腐蚀/刺激，类别 1

严重眼损伤/眼刺激，类别 1

主要危险性及次要危险性：第 8 类危险物——腐蚀性物质

联合国编号（UN No.）：2437

正式运输名称：甲基苯基二氯硅烷

包装类别：Ⅱ

1088　α-甲基苯基甲醇

别名：苯基甲基甲醇；α-甲基苄醇

英文名：α-methylbenzyl alcohol；methylphenyl carbinol；phenyl methyl carbinol

CAS 号：98-85-1

GHS 标签信号词及象形图：危险

危险性类别：急性毒性-经口，类别 3

主要危险性及次要危险性：第 6.1 项危险物——毒性物质

联合国编号（UN No.）：2937

正式运输名称：α-甲基苄基醇，液态

包装类别：Ⅲ

1089　2-甲基苯甲腈

别名：邻甲苯基氰；邻甲基苯甲腈

英文名：2-methyl benzonitrile；o-cyanotoluene；2-tolyl cyanide

CAS 号：529-19-1

GHS 标签信号词及象形图：警告

危险性类别：皮肤腐蚀/刺激，类别 2

严重眼损伤/眼刺激，类别 2

特异性靶器官毒性-一次接触，类别 3（呼吸道刺激）

主要危险性及次要危险性：—

联合国编号（UN No.）：非危

正式运输名称：—

包装类别：—

1090　3-甲基苯甲腈

别名：间甲苯基氰；间甲基苯甲腈

英文名：3-methyl benzonitrile；m-toluonitrile

CAS 号：620-22-4

GHS 标签信号词及象形图：警告

危险性类别：皮肤腐蚀/刺激，类别 2

严重眼损伤/眼刺激，类别 2

特异性靶器官毒性-一次接触，类别 3（呼吸道刺激）

主要危险性及次要危险性：—

联合国编号（UN No.）：非危

正式运输名称：—

包装类别：—

1091　4-甲基苯甲腈

别名：对甲苯基氰；对甲基苯甲腈

英文名：4-methyl benzonitrile；p-cyanotoluene；4-tolyl cyanide

CAS 号：104-85-8

GHS 标签信号词及象形图：警告

危险性类别：皮肤腐蚀/刺激，类别 2

严重眼损伤/眼刺激，类别 2

特异性靶器官毒性-一次接触，类别 3（呼吸道刺激）

主要危险性及次要危险性：—

联合国编号（UN No.）：非危

正式运输名称：—

包装类别：—

1092　4-甲基苯乙烯（稳定的）

别名：对甲基苯乙烯

英文名：4-methylstyrene, stabilized；p-methyl styrene

CAS 号：622-97-9

GHS 标签信号词及象形图：警告

危险性类别：易燃液体，类别 3

危害水生环境-急性危害，类别 2

主要危险性及次要危险性：第 3 类危险物——易燃液体

联合国编号（UN No.）：1993

正式运输名称：易燃液体，未另作规定的

包装类别：Ⅲ

1093　2-甲基吡啶

别名：α-皮考啉

英文名：2-methylpyridine；α-picoline；2-picoline

CAS 号：109-06-8

GHS 标签信号词及象形图：警告

危险性类别：易燃液体，类别 3

严重眼损伤/眼刺激，类别 2

特异性靶器官毒性-一次接触，类别 3（呼吸道刺激）

主要危险性及次要危险性：第 3 类危险物——易燃液体

联合国编号（UN No.）：2313

正式运输名称：甲基吡啶（皮考啉）

包装类别：Ⅲ

1094　3-甲基吡啶

别名：β-皮考啉

英文名：3-methylpyridine；β-picoline；3-picoline

CAS 号：108-99-6

GHS 标签信号词及象形图：危险

危险性类别：易燃液体，类别 3

急性毒性-经皮，类别 3

急性毒性-吸入，类别 3

皮肤腐蚀/刺激，类别 1

严重眼损伤/眼刺激，类别 1

特异性靶器官毒性-一次接触，类别 3（呼吸道刺激）

特异性靶器官毒性-反复接触，类别 1

主要危险性及次要危险性：第 3 类危险物——易燃液体

联合国编号（UN No.）：2313

正式运输名称：甲基吡啶（皮考啉）

包装类别：Ⅲ

1095　4-甲基吡啶

别名：γ-皮考啉

英文名：4-methylpyridine；γ-picoline；4-picoline

CAS 号：108-89-4

GHS 标签信号词及象形图：危险

危险性类别：易燃液体，类别 3

急性毒性-经皮，类别 3 *

皮肤腐蚀/刺激，类别 2

严重眼损伤/眼刺激，类别 2

特异性靶器官毒性--次接触，类别 3（呼吸道刺激）

主要危险性及次要危险性：第 3 类危险物——易燃液体

联合国编号（UN No.）：2313

正式运输名称：甲基吡啶（皮考啉）

包装类别：Ⅲ

1096　3-甲基吡唑-5-二乙基磷酸酯

别名：吡唑磷

英文名：diethyl 3-methylpyrazol-5-yl phosphate；pyrazoxon

CAS 号：108-34-9

GHS 标签信号词及象形图：危险

危险性类别：急性毒性-经口，类别 2 *

急性毒性-经皮，类别 1

急性毒性-吸入，类别 2 *

主要危险性及次要危险性：第 6.1 项危险物——毒性物质

联合国编号（UN No.）：2811

正式运输名称：有机毒性固体，未另作规定的

包装类别：Ⅰ

1097　（S）-3-(1-甲基吡咯烷-2-基) 吡啶

别名：烟碱；尼古丁；1-甲基-2-（3-吡啶基）吡咯烷

英文名：3-(N-methyl-2-pyrrolidinyl)pyridine；nicotinamide；nicotine；1-methyl-2-(3-pyridyl)pyrrolidine

CAS 号：54-11-5

GHS 标签信号词及象形图：危险

危险性类别：急性毒性-经口，类别 3 *

急性毒性-经皮，类别 1

危害水生环境-急性危害，类别 2

危害水生环境-长期危害，类别 2

主要危险性及次要危险性：第 6.1 项危险物——毒性物质

联合国编号（UN No.）：1654

正式运输名称：烟碱

包装类别：Ⅱ

1098　甲基苄基溴

别名：甲基溴化苄；α-溴代二甲苯

英文名：methyl benzyl bromide；xylyl bromide；α-bromoxylene

CAS 号：89-92-9

GHS 标签信号词及象形图：危险

危险性类别：急性毒性-吸入，类别 2

皮肤腐蚀/刺激，类别 2

严重眼损伤/眼刺激，类别 2

主要危险性及次要危险性：第 6.1 项危险物——毒性物质

联合国编号（UN No.）：2810

正式运输名称：有机毒性液体，未另作规定的

包装类别：Ⅱ

1099　甲基苄基亚硝胺

别名：N-甲基-N-亚硝基苯甲胺

英文名：methylbenzylnitrosamine；N-methyl-N-nitrosobenzenemethanamine

CAS 号：937-40-6

GHS 标签信号词及象形图：危险

危险性类别：急性毒性-经口，类别 2

主要危险性及次要危险性：第 6.1 项危险物——毒性物质

联合国编号（UN No.）：2810

正式运输名称：有机毒性液体，未另作规定

定的

包装类别：Ⅱ

1100 甲基丙基醚

别名：甲丙醚

英文名：methyl propyl ether；1-methoxypropane

CAS号：557-17-5

GHS标签信号词及象形图：危险

危险性类别：易燃液体，类别2

主要危险性及次要危险性：第3类危险物——
易燃液体

联合国编号（UN No.）：2612

正式运输名称：甲基·丙基醚（甲丙醚）

包装类别：Ⅱ

1101 2-甲基丙烯腈（稳定的）

别名：异丁烯腈

英文名：2-methacrylonitrile，stabilized；methac-
rylonitrile；2-methyl-2-propene nitrile

CAS号：126-98-7

GHS标签信号词及象形图：危险

危险性类别：易燃液体，类别2

急性毒性-经口，类别3*

急性毒性-经皮，类别3*

急性毒性-吸入，类别3*

皮肤致敏物，类别1

主要危险性及次要危险性：第6.1项危险
物——毒性物质；第3类危险物——易燃
液体

联合国编号（UN No.）：3079

正式运输名称：甲基丙烯腈，稳定的

包装类别：Ⅰ

1102 α-甲基丙烯醛

别名：异丁烯醛

英文名：α-methacrylaldehyde；2-methylacrolein

CAS号：78-85-3

GHS标签信号词及象形图：危险

危险性类别：易燃液体，类别2

急性毒性-经口，类别3

急性毒性-经皮，类别3

急性毒性-吸入，类别2

皮肤腐蚀/刺激，类别1

严重眼损伤/眼刺激，类别1

特异性靶器官毒性-一次接触，类别3（呼
吸道刺激）

主要危险性及次要危险性：第3类危险物——
易燃液体；第6.1项危险物——毒性物质

联合国编号（UN No.）：2396

正式运输名称：甲基丙烯醛，稳定的

包装类别：Ⅱ

1103 甲基丙烯酸（稳定的）

别名：异丁烯酸

英文名：methacrylic acid，stabilized；2-methyl-
propenoic acid；α-methyl propenoic acid

CAS号：79-41-4

GHS标签信号词及象形图：危险

危险性类别：皮肤腐蚀/刺激，类别1A

严重眼损伤/眼刺激，类别1

特异性靶器官毒性-一次接触，类别3（呼
吸道刺激）

主要危险性及次要危险性：第8类危险物——
腐蚀性物质

联合国编号（UN No.）：2531

正式运输名称：甲基丙烯酸，稳定的

包装类别：Ⅱ

1104 甲基丙烯酸-2-二甲氨乙酯

别名：二甲氨基乙基异丁烯酸酯

英文名：2-dimethylaminoethyl methacrylate；methacrylic acid dimethyl aminoethyl ester

CAS 号：2867-47-2

GHS 标签信号词及象形图：危险

危险性类别：急性毒性-吸入，类别 2

皮肤腐蚀/刺激，类别 2

严重眼损伤/眼刺激，类别 2

皮肤致敏物，类别 1

危害水生环境-急性危害，类别 2

主要危险性及次要危险性：第 6.1 项危险物——毒性物质

联合国编号（UN No.）：2522

正式运输名称：2-二甲氨基甲基丙烯酸乙酯

包装类别：Ⅱ

1105　甲基丙烯酸甲酯（稳定的）

别名：牙托水；有机玻璃单体；异丁烯酸甲酯

英文名：methyl methacrylate, stabilized；methyl 2-methylprop-2-enoate；methyl 2-methylpropenoate；methyl methacrylate

CAS 号：80-62-6

GHS 标签信号词及象形图：危险

危险性类别：易燃液体，类别 2

皮肤腐蚀/刺激，类别 2

皮肤致敏物，类别 1

特异性靶器官毒性-一次接触，类别 3（呼吸道刺激）

主要危险性及次要危险性：第 3 类危险物——易燃液体

联合国编号（UN No.）：1247

正式运输名称：甲基丙烯酸甲酯，单体，稳定的

包装类别：Ⅱ

1106　甲基丙烯酸三硝基乙酯

别名：—

英文名：trinitroethyl methacrylate

CAS 号：—

GHS 标签信号词及象形图：危险

危险性类别：爆炸物，1.1 项

主要危险性及次要危险性：第 1.1 项危险物——有整体爆炸危险的物质和物品

联合国编号（UN No.）：0463

正式运输名称：爆炸性物品，未另作规定的

包装类别：满足 Ⅱ 类包装要求

1107　甲基丙烯酸烯丙酯

别名：2-甲基-2-丙烯酸-2-丙烯基酯

英文名：allyl methacrylate；2-methyl-2-propenoic acid 2-propenyl ester

CAS 号：96-05-9

GHS 标签信号词及象形图：危险

危险性类别：易燃液体，类别 3

急性毒性-吸入，类别 3＊

危害水生环境-急性危害，类别 1

主要危险性及次要危险性：第 3 类危险物——易燃液体；第 6.1 项危险物——毒性物质

联合国编号（UN No.）：1992

正式运输名称：易燃液体，毒性，未另作规定的

包装类别：Ⅲ

1108　甲基丙烯酸乙酯（稳定的）

别名：异丁烯酸乙酯

英文名：ethyl methacrylate, stabilized

CAS 号：97-63-2

GHS 标签信号词及象形图：危险

危险性类别：易燃液体，类别 2

皮肤腐蚀/刺激，类别 2

严重眼损伤/眼刺激，类别 2

皮肤致敏物，类别 1

特异性靶器官毒性-一次接触，类别 3（呼吸道刺激）

主要危险性及次要危险性： 第 3 类危险物——易燃液体

联合国编号（UN No.）： 2277

正式运输名称： 甲基丙烯酸乙酯，稳定的

包装类别： Ⅱ

1109　甲基丙烯酸异丁酯（稳定的）

别名： —

英文名： isobutyl methacrylate, stabilized

CAS 号： 97-86-9

GHS 标签信号词及象形图： 警告

危险性类别： 易燃液体，类别 3

皮肤腐蚀/刺激，类别 2

严重眼损伤/眼刺激，类别 2

皮肤致敏物，类别 1

特异性靶器官毒性-一次接触，类别 3（呼吸道刺激）

危害水生环境-急性危害，类别 1

主要危险性及次要危险性： 第 3 类危险物——易燃液体

联合国编号（UN No.）： 2283

正式运输名称： 甲基丙烯酸异丁酯，稳定的

包装类别： Ⅲ

1110　甲基丙烯酸正丁酯（稳定的）

别名： —

英文名： n-butyl methacrylate, stabilized

CAS 号： 97-88-1

GHS 标签信号词及象形图： 警告

危险性类别： 易燃液体，类别 3

皮肤腐蚀/刺激，类别 2

严重眼损伤/眼刺激，类别 2

皮肤致敏物，类别 1

特异性靶器官毒性-一次接触，类别 3（呼吸道刺激）

危害水生环境-急性危害，类别 2

主要危险性及次要危险性： 第 3 类危险物——易燃液体

联合国编号（UN No.）： 2227

正式运输名称： 甲基丙烯酸正丁酯，稳定的

包装类别： Ⅲ

1111　甲基狄戈辛

别名： —

英文名： methyldigoxin；betamethyl digoxin

CAS 号： 30685-43-9

GHS 标签信号词及象形图： 危险

危险性类别： 急性毒性-经口，类别 2

主要危险性及次要危险性： 第 6.1 项危险物——毒性物质

联合国编号（UN No.）： 2811

正式运输名称： 有机毒性固体，未另作规定的

包装类别： Ⅱ

1112　3-(1-甲基丁基)苯基-N-甲基氨基甲酸酯和 3-(1-乙基丙基)苯基-N-甲基氨基甲酸酯

别名： 合杀威

英文名： reaction mass of 3-(1-methylbutyl) phenyl N-methylcarbamate and 3-(1-ethyl-propyl) phenyl N-methylcarbamate；bufen-carb

CAS 号： 8065-36-9

GHS 标签信号词及象形图： 危险

危险性类别：急性毒性-经口，类别 3＊

　　≤急性毒性-经皮，类别 3＊

　　危害水生环境-急性危害，类别 1

　　危害水生环境-长期危害，类别 1

主要危险性及次要危险性：第 6.1 项危险物——毒性物质

联合国编号（UN No.）：2810

正式运输名称：有机毒性液体，未另作规定的

包装类别：Ⅲ

1113　3-甲基丁醛

别名：异戊醛

英文名：3-methylbutyraldehyde；isovaleraldehyde

CAS 号：590-86-3

GHS 标签信号词及象形图：危险

危险性类别：易燃液体，类别 2

　　皮肤腐蚀/刺激，类别 2

　　严重眼损伤/眼刺激，类别 2

　　特异性靶器官毒性-一次接触，类别 3（呼吸道刺激）

　　危害水生环境-急性危害，类别 2

主要危险性及次要危险性：第 3 类危险物——易燃液体

联合国编号（UN No.）：1989/1993△

正式运输名称：醛类，未另作规定的/易燃液体，未另作规定的△

包装类别：Ⅱ

1114　2-甲基丁烷

别名：异戊烷

英文名：2-methylbutane；isopentane

CAS 号：78-78-4

GHS 标签信号词及象形图：危险

危险性类别：易燃液体，类别 1

特异性靶器官毒性-一次接触，类别 3（麻醉效应）

　　吸入危害，类别 1

　　危害水生环境-急性危害，类别 2

　　危害水生环境-长期危害，类别 2

主要危险性及次要危险性：第 3 类危险物——易燃液体

联合国编号（UN No.）：1265

正式运输名称：戊烷，液体

包装类别：Ⅰ

1115　甲基二氯硅烷

别名：二氯甲基硅烷

英文名：methyldichlorosilane；dichloromethylsilane

CAS 号：75-54-7

GHS 标签信号词及象形图：危险

危险性类别：易燃液体，类别 2

　　遇水放出易燃气体的物质和混合物，类别 1

　　急性毒性-吸入，类别 2

　　皮肤腐蚀/刺激，类别 1

　　严重眼损伤/眼刺激，类别 1

　　特异性靶器官毒性-一次接触，类别 3（呼吸道刺激）

主要危险性及次要危险性：第 4.3 项危险物——遇水放出易燃气体的物质；第 3 类危险物——易燃液体；第 8 类危险物——腐蚀性物质

联合国编号（UN No.）：1242

正式运输名称：甲基二氯硅烷

包装类别：Ⅰ

1116　2-甲基呋喃

别名：—

英文名：2-methylfuran

CAS 号：534-22-5

GHS 标签信号词及象形图：危险

危险性类别：易燃液体，类别 2
　　急性毒性-吸入，类别 2
主要危险性及次要危险性：第 3 类危险物——
　　易燃液体
联合国编号（UN No.）：2301
正式运输名称：2-甲基呋喃
包装类别：Ⅱ

1117　2-甲基庚烷

别名：—
英文名：2-methylheptane
CAS 号：592-27-8
GHS 标签信号词及象形图：危险

危险性类别：易燃液体，类别 2
　　皮肤腐蚀/刺激，类别 2
　　特异性靶器官毒性-一次接触，类别 3（麻
　　醉效应）
　　吸入危害，类别 1
　　危害水生环境-急性危害，类别 1
　　危害水生环境-长期危害，类别 1
主要危险性及次要危险性：第 3 类危险物——
　　易燃液体
联合国编号（UN No.）：1262
正式运输名称：辛烷
包装类别：Ⅱ

1118　3-甲基庚烷

别名：—
英文名：3-methylheptane
CAS 号：589-81-1
GHS 标签信号词及象形图：危险

危险性类别：易燃液体，类别 2

　　皮肤腐蚀/刺激，类别 2
　　特异性靶器官毒性-一次接触，类别 3（麻
　　醉效应）
　　吸入危害，类别 1
　　危害水生环境-急性危害，类别 1
　　危害水生环境-长期危害，类别 1
主要危险性及次要危险性：第 3 类危险物——
　　易燃液体
联合国编号（UN No.）：1262
正式运输名称：辛烷
包装类别：Ⅱ

1119　4-甲基庚烷

别名：—
英文名：4-methylheptane
CAS 号：589-53-7
GHS 标签信号词及象形图：危险

危险性类别：易燃液体，类别 2
　　皮肤腐蚀/刺激，类别 2
　　特异性靶器官毒性-一次接触，类别 3（麻
　　醉效应）
　　吸入危害，类别 1
　　危害水生环境-急性危害，类别 1
　　危害水生环境-长期危害，类别 1
主要危险性及次要危险性：第 3 类危险物——
　　易燃液体
联合国编号（UN No.）：1262
正式运输名称：辛烷
包装类别：Ⅱ

1120　甲基环己醇

别名：六氢甲酚
英文名：methyl cyclohexanol；hexahydro-cresol
CAS 号：25639-42-3
GHS 标签信号词及象形图：警告

危险性类别：易燃液体，类别 3

皮肤腐蚀/刺激，类别 2

特异性靶器官毒性-一次接触，类别 3（麻醉效应）

主要危险性及次要危险性： 第 3 类危险物——易燃液体

联合国编号（UN No.）： 2617

正式运输名称： 甲基环己醇，易燃

包装类别： Ⅲ

1121 甲基环己酮

别名：—

英文名：methyl cyclohexanone

CAS 号：1331-22-2

GHS 标签信号词及象形图：警告

危险性类别：易燃液体，类别 3

皮肤腐蚀/刺激，类别 2

严重眼损伤/眼刺激，类别 2

特异性靶器官毒性-一次接触，类别 3（呼吸道刺激、麻醉效应）

主要危险性及次要危险性： 第 3 类危险物——易燃液体

联合国编号（UN No.）： 2297

正式运输名称： 甲基环己酮

包装类别： Ⅲ

1122 甲基环己烷

别名：六氢化甲苯；环己基甲烷

英文名：methylcyclohexane；hexahydrotoluene；cyclohexylmethane

CAS 号：108-87-2

GHS 标签信号词及象形图：危险

危险性类别：易燃液体，类别 2

皮肤腐蚀/刺激，类别 2

特异性靶器官毒性-一次接触，类别 3（麻醉效应）

吸入危害，类别 1

危害水生环境-急性危害，类别 2

危害水生环境-长期危害，类别 2

主要危险性及次要危险性： 第 3 类危险物——易燃液体

联合国编号（UN No.）： 2296

正式运输名称： 甲基环己烷

包装类别： Ⅱ

1123 甲基环戊二烯

别名：—

英文名：methylcyclopentadiene

CAS 号：26519-91-5

GHS 标签信号词及象形图：警告

危险性类别：易燃液体，类别 3

主要危险性及次要危险性： 第 3 类危险物——易燃液体

联合国编号（UN No.）： 1993

正式运输名称： 易燃液体，未另作规定的

包装类别： Ⅲ

1124 甲基环戊烷

别名：—

英文名：methylcyclopentane

CAS 号：96-37-7

GHS 标签信号词及象形图：危险

危险性类别：易燃液体，类别 2

吸入危害，类别 1

主要危险性及次要危险性： 第 3 类危险物——易燃液体

联合国编号（UN No.）： 2298

正式运输名称： 甲基环戊烷

包装类别： Ⅱ

1125 甲基磺酸

别名：—

英文名：methanesulphonic acid

CAS 号：75-75-2

GHS 标签信号词及象形图：危险

危险性类别：皮肤腐蚀/刺激，类别 1B
严重眼损伤/眼刺激，类别 1

主要危险性及次要危险性：第 8 类危险物——腐蚀性物质

联合国编号（UN No.）：2584

正式运输名称：液态烷基磺酸，含游离硫酸大于 5%

包装类别：Ⅱ

1126 甲基磺酰氯

别名：氯化硫酰甲烷；甲烷磺酰氯

英文名：methane sulfonyl chloride；mesyl chloride；methylsulfonyl chloride

CAS 号：124-63-0

GHS 标签信号词及象形图：危险

危险性类别：急性毒性-经口，类别 3
急性毒性-经皮，类别 3
急性毒性-吸入，类别 1
皮肤腐蚀/刺激，类别 1
严重眼损伤/眼刺激，类别 1
特异性靶器官毒性-一次接触，类别 1
危害水生环境-长期危害，类别 3

主要危险性及次要危险性：第 6.1 项危险物——毒性物质；第 8 类危险物——腐蚀性物质

联合国编号（UN No.）：3246

正式运输名称：甲磺酰氯

包装类别：Ⅰ

1127 3-甲基己烷

别名：—

英文名：3-methylhexane

CAS 号：589-34-4

GHS 标签信号词及象形图：危险

危险性类别：易燃液体，类别 2
皮肤腐蚀/刺激，类别 2
特异性靶器官毒性-一次接触，类别 3（麻醉效应）
吸入危害，类别 1
危害水生环境-急性危害，类别 1
危害水生环境-长期危害，类别 1

主要危险性及次要危险性：第 3 类危险物——易燃液体

联合国编号（UN No.）：1206

正式运输名称：庚烷

包装类别：Ⅱ

1128 甲基肼

别名：一甲肼；甲基联氨

英文名：methyl hydrazine

CAS 号：60-34-4

GHS 标签信号词及象形图：危险

危险性类别：易燃液体，类别 1
急性毒性-经口，类别 2
急性毒性-经皮，类别 2
急性毒性-吸入，类别 1
皮肤腐蚀/刺激，类别 2
严重眼损伤/眼刺激，类别 2A
生殖毒性，类别 2
特异性靶器官毒性-一次接触，类别 1
特异性靶器官毒性-反复接触，类别 1
危害水生环境-急性危害，类别 1
危害水生环境-长期危害，类别 1

主要危险性及次要危险性：第 6.1 项危险物——毒性物质；第 3 类危险物——易燃液体；第 8 类危险物——腐蚀性物质

联合国编号（UN No.）：1244

正式运输名称：甲基肼

包装类别：Ⅰ

1129　2-甲基喹啉

别名：—

英文名：2-methyl quinoline

CAS 号：91-63-4

GHS 标签信号词及象形图：警告

危险性类别：皮肤腐蚀/刺激，类别 2

严重眼损伤/眼刺激，类别 2

特异性靶器官毒性-一次接触，类别 3（呼吸道刺激）

主要危险性及次要危险性：—

联合国编号（UN No.）：非危

正式运输名称：—

包装类别：—

1130　4-甲基喹啉

别名：—

英文名：4-methyl quinoline

CAS 号：491-35-0

GHS 标签信号词及象形图：警告

危险性类别：皮肤腐蚀/刺激，类别 2

严重眼损伤/眼刺激，类别 2

特异性靶器官毒性-一次接触，类别 3（呼吸道刺激）

主要危险性及次要危险性：—

联合国编号（UN No.）：非危

正式运输名称：—

包装类别：—

1131　6-甲基喹啉

别名：—

英文名：6-methyl quinoline

CAS 号：91-62-3

GHS 标签信号词及象形图：警告

危险性类别：皮肤腐蚀/刺激，类别 2

严重眼损伤/眼刺激，类别 2

特异性靶器官毒性-一次接触，类别 3（呼吸道刺激）

主要危险性及次要危险性：—

联合国编号（UN No.）：非危

正式运输名称：—

包装类别：—

1132　7-甲基喹啉

别名：—

英文名：7-methyl quinoline

CAS 号：612-60-2

GHS 标签信号词及象形图：警告

危险性类别：皮肤腐蚀/刺激，类别 2

严重眼损伤/眼刺激，类别 2

特异性靶器官毒性-一次接触，类别 3（呼吸道刺激）

主要危险性及次要危险性：—

联合国编号（UN No.）：非危

正式运输名称：—

包装类别：—

1133　8-甲基喹啉

别名：—

英文名：8-methyl quinoline

CAS 号：611-32-5

GHS 标签信号词及象形图：警告

危险性类别：皮肤腐蚀/刺激，类别 2

严重眼损伤/眼刺激，类别 2

特异性靶器官毒性--次接触，类别 3（呼吸道刺激）

主要危险性及次要危险性：—

联合国编号（UN No.）：非危

正式运输名称：—

包装类别：—

1134　甲基氯硅烷

别名：氯甲基硅烷

英文名：methylchlorosilane；chloromethylsilane

CAS 号：993-00-0

GHS 标签信号词及象形图：危险

危险性类别：易燃气体，类别 1

加压气体

皮肤腐蚀/刺激，类别 1A

严重眼损伤/眼刺激，类别 1

主要危险性及次要危险性：第 2.3 类危险物——毒性气体；第 2.1 类危险物——易燃气体；第 8 类危险物——腐蚀性物质

联合国编号（UN No.）：2534

正式运输名称：甲基氯硅烷

包装类别：不适用

1135　N-甲基吗啉

别名：—

英文名：N-methylmorpholine

CAS 号：109-02-4

GHS 标签信号词及象形图：危险

危险性类别：易燃液体，类别 2

主要危险性及次要危险性：第 3 类危险物——

易燃液体；第 8 类危险物——腐蚀性物质

联合国编号（UN No.）：2535

正式运输名称：4-甲基吗啉（N-甲基吗啉）

包装类别：Ⅱ

1136　1-甲基萘

别名：α-甲基萘

英文名：1-methyl naphthalene；α-methyl naphthalene

CAS 号：90-12-0

GHS 标签信号词及象形图：警告

危险性类别：严重眼损伤/眼刺激，类别 2

特异性靶器官毒性--次接触，类别 3（呼吸道刺激、麻醉效应）

特异性靶器官毒性-反复接触，类别 2

危害水生环境-急性危害，类别 2

危害水生环境-长期危害，类别 2

主要危险性及次要危险性：第 9 类危险物——杂项危险物质和物品

联合国编号（UN No.）：3082

正式运输名称：对环境有害的液态物质，未另作规定的

包装类别：Ⅲ

1137　2-甲基萘

别名：β-甲基萘

英文名：2-methyl naphthalene；β-methyl naphthalene

CAS 号：91-57-6

GHS 标签信号词及象形图：警告

危险性类别：易燃固体，类别 2

严重眼损伤/眼刺激，类别 2

特异性靶器官毒性--次接触，类别 3（呼吸道刺激、麻醉效应）

特异性靶器官毒性-反复接触，类别 2

危害水生环境-急性危害，类别 2

危害水生环境-长期危害，类别 2

主要危险性及次要危险性： 第 4.1 项危险物——易燃固体

联合国编号（UN No.）： 1325

正式运输名称： 有机易燃固体，未另作规定的

包装类别： Ⅲ

1138　2-甲基哌啶

别名： 2-甲基六氢吡啶

英文名： 2-methylpiperidine；2-methyl hexahydro-pyridine

CAS 号： 109-05-7

GHS 标签信号词及象形图： 危险

危险性类别： 易燃液体，类别 2

皮肤腐蚀/刺激，类别 1

严重眼损伤/眼刺激，类别 1

主要危险性及次要危险性： 第 3 类危险物——易燃液体；第 8 类危险物——腐蚀性物质

联合国编号（UN No.）： 2924

正式运输名称： 易燃液体，腐蚀性，未另作规定的

包装类别： Ⅱ

1139　3-甲基哌啶

别名： 3-甲基六氢吡啶

英文名： 3-methylpiperidine；3-methyl hexahydro-pyridine

CAS 号： 626-56-2

GHS 标签信号词及象形图： 危险

危险性类别： 易燃液体，类别 2

皮肤腐蚀/刺激，类别 1

严重眼损伤/眼刺激，类别 1

主要危险性及次要危险性： 第 3 类危险物——

易燃液体；第 8 类危险物——腐蚀性物质

联合国编号（UN No.）： 2924

正式运输名称： 易燃液体，腐蚀性，未另作规定的

包装类别： Ⅱ

1140　4-甲基哌啶

别名： 4-甲基六氢吡啶

英文名： 4-methylpiperidine；4-methyl hexa-hydropyridine

CAS 号： 626-58-4

GHS 标签信号词及象形图： 危险

危险性类别： 易燃液体，类别 2

皮肤腐蚀/刺激，类别 1

严重眼损伤/眼刺激，类别 1

主要危险性及次要危险性： 第 3 类危险物——易燃液体；第 8 类危险物——腐蚀性物质

联合国编号（UN No.）： 2924

正式运输名称： 易燃液体，腐蚀性，未另作规定的

包装类别： Ⅱ

1141　N-甲基哌啶

别名： N-甲基六氢吡啶；1-甲基哌啶

英文名： N-methylpiperidine；N-methylhexa-hydropyridine；1-methylpiperidine

CAS 号： 626-67-5

GHS 标签信号词及象形图： 危险

危险性类别： 易燃液体，类别 2

皮肤腐蚀/刺激，类别 1

严重眼损伤/眼刺激，类别 1

危害水生环境-长期危害，类别 3

主要危险性及次要危险性： 第 3 类危险物——易燃液体；第 8 类危险物——腐蚀性物质

联合国编号（UN No.）： 2399

正式运输名称：1-甲基哌啶

包装类别：Ⅱ

1142   N-甲基全氟辛基磺酰胺

别名：—

英文名：heptadecafluoro-N-methyloctanesulphon-amid

CAS 号：31506-32-8

GHS 标签信号词及象形图：危险

危险性类别：生殖毒性，类别 1B

生殖毒性，附加类别

特异性靶器官毒性-反复接触，类别 1

危害水生环境-急性危害，类别 2

危害水生环境-长期危害，类别 2

主要危险性及次要危险性：第 9 类危险物——杂项危险物质和物品

联合国编号（UN No.）：3082

正式运输名称：对环境有害的液态物质，未另作规定的

包装类别：Ⅲ

1143   3-甲基噻吩

别名：甲基硫茂

英文名：3-methylthiophene；β-thiotolene

CAS 号：616-44-4

GHS 标签信号词及象形图：危险

危险性类别：易燃液体，类别 2

危害水生环境-长期危害，类别 3

主要危险性及次要危险性：第 3 类危险物——易燃液体

联合国编号（UN No.）：1993

正式运输名称：易燃液体，未另作规定的

包装类别：Ⅱ

1144   甲基三氯硅烷

别名：三氯甲基硅烷

英文名：trichloro（methyl）silane；methyltrichlorosilane

CAS 号：75-79-6

GHS 标签信号词及象形图：危险

危险性类别：易燃液体，类别 2

皮肤腐蚀/刺激，类别 2

严重眼损伤/眼刺激，类别 2

特异性靶器官毒性-一次接触，类别 3（呼吸道刺激）

主要危险性及次要危险性：第 3 类危险物——易燃液体；第 8 类危险物——腐蚀性物质

联合国编号（UN No.）：1250

正式运输名称：甲基三氯硅烷

包装类别：Ⅱ

1145   甲基三乙氧基硅烷

别名：三乙氧基甲基硅烷

英文名：methyl triethoxysilane；triethoxy methylsilane

CAS 号：2031-67-6

GHS 标签信号词及象形图：警告

危险性类别：易燃液体，类别 3

主要危险性及次要危险性：第 3 类危险物——易燃液体

联合国编号（UN No.）：1993

正式运输名称：易燃液体，未另作规定的

包装类别：Ⅲ

1146   甲基胂酸锌

别名：稻脚青

英文名：zinc methylarsonate

CAS 号：20324-26-9

GHS 标签信号词及象形图：危险

危险性类别：急性毒性-经口，类别 2
　　急性毒性-经皮，类别 3
　　危害水生环境-急性危害，类别 1
　　危害水生环境-长期危害，类别 1
主要危险性及次要危险性：第 6.1 项危险
　　物——毒性物质
联合国编号（UN No.）：2811
正式运输名称：有机毒性固体，未另作规
　　定的
包装类别：Ⅱ

1147　甲基叔丁基甲酮

别名：3,3-二甲基-2-丁酮；1,1,1-三甲基丙
　　酮；甲基特丁基酮
英文名：methyl *tert*-butyl ketone；3,3-dime-
　　thyl-2-butanone；1,1,1-trimethyl propanone
CAS 号：75-97-8
GHS 标签信号词及象形图：危险

危险性类别：易燃液体，类别 3
　　急性毒性-吸入，类别 3
主要危险性及次要危险性：第 3 类危险物——
　　易燃液体；第 6.1 项危险物——毒性物质
联合国编号（UN No.）：1992
正式运输名称：易燃液体，毒性，未另作规
　　定的
包装类别：Ⅲ

1148　甲基叔丁基醚

别名：2-甲氧基-2-甲基丙烷；MTBE
英文名：*tert*-butyl methyl ether；2-methoxy-
　　2-methylpropane；MTBE
CAS 号：1634-04-4
GHS 标签信号词及象形图：危险

危险性类别：易燃液体，类别 2
　　皮肤腐蚀/刺激，类别 2
主要危险性及次要危险性：第 3 类危险物——
　　易燃液体
联合国编号（UN No.）：2398
正式运输名称：甲基·叔丁基醚
包装类别：Ⅱ

1149　2-甲基四氢呋喃

别名：四氢-2-甲基呋喃
英文名：2-methyltetrahydrofuran；
　　tetrahydro-2-methylfuran
CAS 号：96-47-9
GHS 标签信号词及象形图：危险

危险性类别：易燃液体，类别 2
　　严重眼损伤/眼刺激，类别 2B
主要危险性及次要危险性：第 3 类危险物——
　　易燃液体
联合国编号（UN No.）：2536
正式运输名称：甲基四氢呋喃
包装类别：Ⅱ

1150　1-甲基戊醇

别名：仲己醇；2-己醇
英文名：1-methyl pentanol；*sec*-hexanol；
　　2-hexanol
CAS 号：626-93-7
GHS 标签信号词及象形图：警告

危险性类别：易燃液体，类别 3
主要危险性及次要危险性：第 3 类危险物——
　　易燃液体
联合国编号（UN No.）：2282

正式运输名称：己醇

包装类别：Ⅲ

1151　甲基戊二烯

别名：—

英文名：methylpentadiene

CAS 号：54363-49-4

GHS 标签信号词及象形图：危险

危险性类别：易燃液体，类别 2

　　皮肤腐蚀/刺激，类别 2

主要危险性及次要危险性：第 3 类危险物——

　　易燃液体

联合国编号（UN No.）：2461

正式运输名称：甲基戊二烯

包装类别：Ⅱ

1152　4-甲基戊腈

别名：异戊基氰；氰化异戊烷；异己腈

英文名：4-methyl valeronitrile；isoamyl cya-
nide；isocapronitrile；isopentylcyanide

CAS 号：542-54-1

GHS 标签信号词及象形图：危险

危险性类别：易燃液体，类别 3

　　急性毒性-经口，类别 3

　　急性毒性-经皮，类别 3

　　急性毒性-吸入，类别 2

主要危险性及次要危险性：第 6.1 项危险
物——毒性物质；第 3 类危险物——易燃
液体

联合国编号（UN No.）：3275

正式运输名称：腈类，毒性，易燃，未另作
规定的

包装类别：Ⅱ

1153　2-甲基戊醛

别名：α-甲基戊醛

英文名：2-methylvaleraldehyde；α-methylval-
eraldehyde

CAS 号：123-15-9

GHS 标签信号词及象形图：危险

危险性类别：易燃液体，类别 2

　　危害水生环境-长期危害，类别 3

主要危险性及次要危险性：第 3 类危险物——

　　易燃液体

联合国编号（UN No.）：2367

正式运输名称：α-甲基戊醛

包装类别：Ⅱ

1154　2-甲基戊烷

别名：异己烷

英文名：2-methylpentane；isohexane

CAS 号：107-83-5

GHS 标签信号词及象形图：危险

危险性类别：易燃液体，类别 2

　　皮肤腐蚀/刺激，类别 2

　　特异性靶器官毒性-一次接触，类别 3（麻
醉效应）

　　吸入危害，类别 1

　　危害水生环境-急性危害，类别 2

　　危害水生环境-长期危害，类别 2

主要危险性及次要危险性：第 3 类危险物——

　　易燃液体

联合国编号（UN No.）：1208

正式运输名称：己烷

包装类别：Ⅱ

1155　3-甲基戊烷

别名：—

英文名：3-methylpentane

CAS 号：96-14-0

GHS 标签信号词及象形图：危险

危险性类别：易燃液体，类别 2
皮肤腐蚀/刺激，类别 2
特异性靶器官毒性-一次接触，类别 3（麻醉效应）
吸入危害，类别 1
危害水生环境-急性危害，类别 2
危害水生环境-长期危害，类别 2
主要危险性及次要危险性：第 3 类危险物——易燃液体
联合国编号（UN No.）：1208
正式运输名称：己烷
包装类别：Ⅱ

1156　2-甲基烯丙醇

别名：异丁烯醇
英文名：2-methallyl alcohol；isobutenol
CAS 号：513-42-8
GHS 标签信号词及象形图：警告

危险性类别：易燃液体，类别 3
主要危险性及次要危险性：第 3 类危险物——易燃液体
联合国编号（UN No.）：2614
正式运输名称：甲代烯丙醇
包装类别：Ⅲ

1157　甲基溴化镁（浸在乙醚中）

别名：—
英文名：methyl magnesium bromide in ethyl ether
CAS 号：75-16-1
GHS 标签信号词及象形图：危险

危险性类别：易燃液体，类别 1
遇水放出易燃气体的物质和混合物，类别 1

主要危险性及次要危险性：第 4.3 项危险物——遇水放出易燃气体的物质；第 3 类危险物——易燃液体
联合国编号（UN No.）：1928
正式运输名称：溴化甲基镁的乙醚溶液
包装类别：Ⅰ

1158　甲基乙烯醚（稳定的）

别名：乙烯基甲醚
英文名：methyl vinyl ether，stabilized；methoxyethylene
CAS 号：107-25-5
GHS 标签信号词及象形图：危险

危险性类别：易燃气体，类别 1
化学不稳定性气体，类别 B
加压气体
主要危险性及次要危险性：第 2.1 类危险物——易燃气体
联合国编号（UN No.）：1087
正式运输名称：乙烯基·甲基醚，稳定的
包装类别：不适用

1159　2-甲基己烷

别名：—
英文名：2-methylhexane
CAS 号：591-76-4
GHS 标签信号词及象形图：危险

危险性类别：易燃液体，类别 2
皮肤腐蚀/刺激，类别 2
特异性靶器官毒性-一次接触，类别 3（麻醉效应）
吸入危害，类别 1
危害水生环境-急性危害，类别 1
危害水生环境-长期危害，类别 1
主要危险性及次要危险性：第 3 类危险物——

易燃液体

联合国编号（UN No.）： 3295/1993△

正式运输名称： 液态烃类，未另作规定的/易燃液体，未另作规定的△

包装类别： Ⅱ

1160　甲基异丙基苯

别名： 伞花烃

英文名： methyl isopropylbenzene；cymenes

CAS号： 99-87-6

GHS标签信号词及象形图： 危险

危险性类别： 易燃液体，类别3

特异性靶器官毒性-一次接触，类别3（麻醉效应）

吸入危害，类别1

危害水生环境-急性危害，类别2

危害水生环境-长期危害，类别2

主要危险性及次要危险性： 第3类危险物——易燃液体

联合国编号（UN No.）： 2046

正式运输名称： 伞花烃

包装类别： Ⅲ

1161　甲基异丙烯甲酮（稳定的）

别名： —

英文名： methyl isopropenyl ketone，stabilized

CAS号： 814-78-8

GHS标签信号词及象形图： 危险

危险性类别： 易燃液体，类别2

急性毒性-经口，类别3

急性毒性-经皮，类别3

急性毒性-吸入，类别1

皮肤腐蚀/刺激，类别2

严重眼损伤/眼刺激，类别1

特异性靶器官毒性-一次接触，类别1

特异性靶器官毒性-反复接触，类别1

主要危险性及次要危险性： 第3类危险物——易燃液体

联合国编号（UN No.）： 1246

正式运输名称： 甲基·异丙烯基酮，稳定的

包装类别： Ⅱ

1162　1-甲基异喹啉

别名： —

英文名： 1-methyl isoquinoline

CAS号： 1721-93-3

GHS标签信号词及象形图： 警告

危险性类别： 皮肤腐蚀/刺激，类别2

严重眼损伤/眼刺激，类别2A

特异性靶器官毒性-一次接触，类别3（呼吸道刺激）

主要危险性及次要危险性： —

联合国编号（UN No.）： 非危

正式运输名称： —

包装类别： —

1163　3-甲基异喹啉

别名： —

英文名： 3-methyl isoquinoline

CAS号： 1125-80-0

GHS标签信号词及象形图： 警告

危险性类别： 皮肤腐蚀/刺激，类别2

严重眼损伤/眼刺激，类别2

特异性靶器官毒性-一次接触，类别3（呼吸道刺激）

主要危险性及次要危险性： —

联合国编号（UN No.）： 非危

正式运输名称： —

包装类别： —

1164　4-甲基异喹啉

别名：—

英文名：4-methyl isoquinoline

CAS 号：1196-39-0

GHS 标签信号词及象形图：警告

危险性类别：皮肤腐蚀/刺激，类别 2

严重眼损伤/眼刺激，类别 2A

特异性靶器官毒性-一次接触，类别 3（呼吸道刺激）

主要危险性及次要危险性：—

联合国编号（UN No.）：非危

正式运输名称：—

包装类别：—

1165　5-甲基异喹啉

别名：—

英文名：5-methyl isoquinoline

CAS 号：62882-01-3

GHS 标签信号词及象形图：警告

危险性类别：皮肤腐蚀/刺激，类别 2

严重眼损伤/眼刺激，类别 2A

特异性靶器官毒性-一次接触，类别 3（呼吸道刺激）

主要危险性及次要危险性：—

联合国编号（UN No.）：非危

正式运输名称：—

包装类别：—

1166　6-甲基异喹啉

别名：—

英文名：6-methyl isoquinoline

CAS 号：42398-73-2

GHS 标签信号词及象形图：警告

危险性类别：皮肤腐蚀/刺激，类别 2

严重眼损伤/眼刺激，类别 2A

特异性靶器官毒性-一次接触，类别 3（呼吸道刺激）

主要危险性及次要危险性：—

联合国编号（UN No.）：非危

正式运输名称：—

包装类别：—

1167　7-甲基异喹啉

别名：—

英文名：7-methyl isoquinoline

CAS 号：54004-38-5

GHS 标签信号词及象形图：警告

危险性类别：皮肤腐蚀/刺激，类别 2

严重眼损伤/眼刺激，类别 2A

特异性靶器官毒性-一次接触，类别 3（呼吸道刺激）

主要危险性及次要危险性：—

联合国编号（UN No.）：非危

正式运输名称：—

包装类别：—

1168　8-甲基异喹啉

别名：—

英文名：8-methyl isoquinoline

CAS 号：62882-00-2

GHS 标签信号词及象形图：警告

危险性类别：皮肤腐蚀/刺激，类别 2

严重眼损伤/眼刺激，类别 2A

特异性靶器官毒性-一次接触，类别 3（呼吸道刺激）

主要危险性及次要危险性：—

联合国编号（UN No.）：非危

正式运输名称：—

包装类别：—

1169　N-甲基正丁胺

别名：N-甲基丁胺

英文名：N-methylbutylamine

CAS号：110-68-9

GHS标签信号词及象形图：危险

危险性类别：易燃液体，类别2

急性毒性-经皮，类别3

皮肤腐蚀/刺激，类别1

严重眼损伤/眼刺激，类别1

主要危险性及次要危险性：第3类危险物——易燃液体；第8类危险物——腐蚀性物质

联合国编号（UN No.）：2945

正式运输名称：N-甲基丁胺

包装类别：Ⅱ

1170　甲基正丁基醚

别名：1-甲氧基丁烷；甲丁醚

英文名：n-butyl methyl ether；1-methoxy butane；methyl butyl ether

CAS号：628-28-4

GHS标签信号词及象形图：危险

危险性类别：易燃液体，类别2

主要危险性及次要危险性：第3类危险物——易燃液体

联合国编号（UN No.）：2350

正式运输名称：甲基·丁基醚（甲丁醚）

包装类别：Ⅱ

1171　甲硫醇

别名：巯基甲烷

英文名：methanethiol；methyl mercaptan；mercaptomethane

CAS号：74-93-1

GHS标签信号词及象形图：危险

危险性类别：易燃气体，类别1

加压气体

急性毒性-吸入，类别3*

危害水生环境-急性危害，类别1

危害水生环境-长期危害，类别1

主要危险性及次要危险性：第2.3类危险物——毒性气体；第2.1类危险物——易燃气体

联合国编号（UN No.）：1064

正式运输名称：甲硫醇

包装类别：不适用

1172　甲硫醚

别名：二甲硫；二甲基硫醚

英文名：dimethyl sulfide

CAS号：75-18-3

GHS标签信号词及象形图：危险

危险性类别：易燃液体，类别2

严重眼损伤/眼刺激，类别2B

主要危险性及次要危险性：第3类危险物——易燃液体

联合国编号（UN No.）：1164

正式运输名称：二甲硫

包装类别：Ⅱ

1173　甲醛溶液

别名：福尔马林溶液

英文名：formaldehyde solution；formalin solution

CAS号：50-00-0

GHS标签信号词及象形图：危险

危险性类别：急性毒性-经口，类别 3 *
急性毒性-经皮，类别 3 *
急性毒性-吸入，类别 3 *
皮肤腐蚀/刺激，类别 1B
严重眼损伤/眼刺激，类别 1
皮肤致敏物，类别 1
生殖细胞致突变性，类别 2
致癌性，类别 1A
特异性靶器官毒性-一次接触，类别 3（呼吸道刺激）
危害水生环境-急性危害，类别 2

主要危险性及次要危险性：第 3 类危险物——易燃液体；第 8 类危险物——腐蚀性物质

联合国编号（UN No.）：1198/2209△

正式运输名称：甲醛溶液，易燃/甲醛溶液，甲醛含量不低于 25％△

包装类别：Ⅲ

1174　甲肿酸

别名：甲基肿酸；甲次砷酸

英 文 名：methanearsinic acid；arsinic acid, methyl-；methylarsinic acid

CAS 号：56960-31-7

GHS 标签信号词及象形图：危险

危险性类别：急性毒性-经口，类别 3 *
急性毒性-吸入，类别 3 *
危害水生环境-急性危害，类别 1
危害水生环境-长期危害，类别 1

主要危险性及次要危险性：第 6.1 项危险物——毒性物质

联合国编号（UN No.）：2810

正式运输名称：有机毒性液体，未另作规定的

包装类别：Ⅲ

1175　甲酸

别名：蚁酸

英文名：methane acid；formic acid；methanoic acid

CAS 号：64-18-6

GHS 标签信号词及象形图：危险

危险性类别：皮肤腐蚀/刺激，类别 1A
严重眼损伤/眼刺激，类别 1

主要危险性及次要危险性：第 8 类危险物——腐蚀性物质；第 3 类危险物——易燃液体/第 8 类危险物——腐蚀性物质/第 8 类危险物-腐蚀性物质△

联合国编号（UN No.）：1779/3412/3412△

正式运输名称：甲酸，按质量含酸大于 85％/甲酸，按质量含酸 10％～85％/甲酸，按质量含酸 10％～85％

包装类别：Ⅱ/Ⅱ/Ⅲ△

1176　甲酸环己酯

别名：—

英文名：cyclohexyl formate

CAS 号：4351-54-6

GHS 标签信号词及象形图：警告

危险性类别：易燃液体，类别 3

主要危险性及次要危险性：第 3 类危险物——易燃液体

联合国编号（UN No.）：1993

正式运输名称：易燃液体，未另作规定的

包装类别：Ⅲ

1177　甲酸甲酯

别名：—

英文名：methyl formate

CAS 号：107-31-3

GHS 标签信号词及象形图：危险

危险性类别：易燃液体，类别 1
严重眼损伤/眼刺激，类别 2
特异性靶器官毒性-一次接触，类别 3（呼吸道刺激）
主要危险性及次要危险性：第 3 类危险物——易燃液体
联合国编号（UN No.）：1243
正式运输名称：甲酸甲酯
包装类别：Ⅰ

1178　甲酸烯丙酯

别名：—
英文名：allyl formate
CAS 号：1838-59-1
GHS 标签信号词及象形图：危险

危险性类别：易燃液体，类别 2
急性毒性-经口，类别 3
主要危险性及次要危险性：第 3 类危险物——易燃液体；第 6.1 项危险物——毒性物质
联合国编号（UN No.）：2336
正式运输名称：甲酸烯丙酯
包装类别：Ⅰ

1179　甲酸亚铊

别名：甲酸铊；蚁酸铊
英文名：thallium（Ⅰ）formate；thallous formate
CAS 号：992-98-3
GHS 标签信号词及象形图：危险

危险性类别：急性毒性-经口，类别 2 *
急性毒性-吸入，类别 2 *
特异性靶器官毒性-反复接触，类别 2 *

危害水生环境-急性危害，类别 2
危害水生环境-长期危害，类别 2
主要危险性及次要危险性：第 6.1 项危险物——毒性物质
联合国编号（UN No.）：2811
正式运输名称：有机毒性固体，未另作规定的
包装类别：Ⅱ

1180　甲酸乙酯

别名：—
英文名：ethyl formate
CAS 号：109-94-4
GHS 标签信号词及象形图：危险

危险性类别：易燃液体，类别 2
严重眼损伤/眼刺激，类别 2
特异性靶器官毒性-一次接触，类别 3（呼吸道刺激）
主要危险性及次要危险性：第 3 类危险物——易燃液体
联合国编号（UN No.）：1190
正式运输名称：甲酸乙酯
包装类别：Ⅱ

1181　甲酸异丙酯

别名：—
英文名：isopropyl formate
CAS 号：625-55-8
GHS 标签信号词及象形图：危险

危险性类别：易燃液体，类别 2
严重眼损伤/眼刺激，类别 2
特异性靶器官毒性-一次接触，类别 3（呼吸道刺激、麻醉效应）
主要危险性及次要危险性：第 3 类危险物——易燃液体

联合国编号（UN No.）：1281

正式运输名称：甲酸丙酯

包装类别：Ⅱ

1182　甲酸异丁酯

别名：—

英文名：isobutyl formate

CAS 号：542-55-2

GHS 标签信号词及象形图：危险

危险性类别：易燃液体，类别 2

　　严重眼损伤/眼刺激，类别 2

　　特异性靶器官毒性-一次接触，类别 3（呼吸道刺激）

主要危险性及次要危险性：第 3 类危险物——易燃液体

联合国编号（UN No.）：2393

正式运输名称：甲酸异丁酯

包装类别：Ⅱ

1183　甲酸异戊酯

别名：—

英文名：isopentyl formate

CAS 号：110-45-2

GHS 标签信号词及象形图：危险

危险性类别：易燃液体，类别 2

　　严重眼损伤/眼刺激，类别 2

　　特异性靶器官毒性-一次接触，类别 3（呼吸道刺激）

主要危险性及次要危险性：第 3 类危险物——易燃液体

联合国编号（UN No.）：1109

正式运输名称：甲酸戊酯

包装类别：Ⅲ

1184　甲酸正丙酯

别名：—

英文名：n-propyl formate

CAS 号：110-74-7

GHS 标签信号词及象形图：危险

危险性类别：易燃液体，类别 2

　　严重眼损伤/眼刺激，类别 2

　　特异性靶器官毒性-一次接触，类别 3（呼吸道刺激、麻醉效应）

主要危险性及次要危险性：第 3 类危险物——易燃液体

联合国编号（UN No.）：1281

正式运输名称：甲酸丙酯

包装类别：Ⅱ

1185　甲酸正丁酯

别名：—

英文名：n-butyl formate

CAS 号：592-84-7

GHS 标签信号词及象形图：危险

危险性类别：易燃液体，类别 2

　　严重眼损伤/眼刺激，类别 2

　　特异性靶器官毒性-一次接触，类别 3（呼吸道刺激）

主要危险性及次要危险性：第 3 类危险物——易燃液体

联合国编号（UN No.）：1128

正式运输名称：甲酸正丁酯

包装类别：Ⅱ

1186　甲酸正己酯

别名：—

英文名：n-hexyl formate

CAS 号：629-33-4

GHS 标签信号词及象形图：警告

危险性类别：易燃液体，类别 3

主要危险性及次要危险性：第 3 类危险物——
易燃液体

联合国编号（UN No.）：3272/1993△

正式运输名称：酯类，未另作规定的/易燃液
体，未另作规定的△

包装类别：Ⅲ

1187　　甲酸正戊酯

别名：—

英文名：*n*-pentyl formate

CAS 号：638-49-3

GHS 标签信号词及象形图：危险

危险性类别：易燃液体，类别 2

严重眼损伤/眼刺激，类别 2

特异性靶器官毒性-一次接触，类别 3（呼
吸道刺激）

主要危险性及次要危险性：第 3 类危险物——
易燃液体

联合国编号（UN No.）：1109

正式运输名称：甲酸戊酯

包装类别：Ⅲ

1188　　甲烷

别名：—

英文名：methane

CAS 号：74-82-8

GHS 标签信号词及象形图：危险

危险性类别：易燃气体，类别 1

加压气体

主要危险性及次要危险性：第 2.1 类危险
物——易燃气体

联合国编号（UN No.）：1971

正式运输名称：压缩甲烷

包装类别：不适用

1189　　甲烷磺酰氟

别名：甲磺氟酰；甲基磺酰氟

英文名：methanesulfonyl fluoride；MSF；fu-
mette；mesyl fluoride

CAS 号：558-25-8

GHS 标签信号词及象形图：危险

危险性类别：急性毒性-经口，类别 1

急性毒性-吸入，类别 1

皮肤腐蚀/刺激，类别 1

严重眼损伤/眼刺激，类别 1

特异性靶器官毒性-一次接触，类别 1

特异性靶器官毒性-反复接触，类别 1

主要危险性及次要危险性：第 6.1 项 危 险
物——毒性物质；第 8 类危险物——腐蚀
性物质

联合国编号（UN No.）：2927

正式运输名称：有机毒性液体，腐蚀性，未
另作规定的

包装类别：Ⅰ

1190　　N-甲酰-2-硝甲基-1,3-全氢化噻嗪

别名：—

英文名：*N*-formyl-2-(nitromethylene)-1,3-
perhydrothiazine

CAS 号：—

GHS 标签信号词及象形图：危险

危险性类别：自反应物质和混合物，D 型

主要危险性及次要危险性：第 4.1 项 危 险
物——自反应物质

联合国编号（UN No.）：3225

正式运输名称：D 型自反应液体

包装类别：满足 Ⅱ 类包装要求

1191　　4-甲氧基-4-甲基-2-戊酮

别名：—

英文名：4-methoxy-4-methylpentan-2-one

CAS 号：107-70-0

GHS 标签信号词及象形图：警告

危险性类别：易燃液体，类别 3

主要危险性及次要危险性：第 3 类危险物——易燃液体

联合国编号（UN No.）：2293

正式运输名称：4-甲氧基-4-甲基-2-戊酮

包装类别：Ⅲ

1192　2-甲氧基苯胺

别名：邻甲氧基苯胺；邻氨基苯甲醚；邻茴香胺

英文名：2-methoxyaniline；*o*-anisidine；*o*-aminoanisole；*o*-methoxyaniline

CAS 号：90-04-0

GHS 标签信号词及象形图：警告

危险性类别：严重眼损伤/眼刺激，类别 2B

生殖细胞致突变性，类别 2

致癌性，类别 2

特异性靶器官毒性-一次接触，类别 2

特异性靶器官毒性-反复接触，类别 2

危害水生环境-急性危害，类别 2

主要危险性及次要危险性：第 6.1 项危险物——毒性物质

联合国编号（UN No.）：2431

正式运输名称：茴香胺

包装类别：Ⅲ

1193　3-甲氧基苯胺

别名：间甲氧基苯胺；间氨基苯甲醚；间茴香胺

英文名：3-methoxyaniline；*m*-anisidine；*m*-aminoanisole；*m*-methoxyaniline

CAS 号：536-90-3

GHS 标签信号词及象形图：警告

危险性类别：生殖细胞致突变性，类别 2

危害水生环境-急性危害，类别 2

危害水生环境-长期危害，类别 2

主要危险性及次要危险性：第 6.1 项危险物——毒性物质

联合国编号（UN No.）：2431

正式运输名称：茴香胺

包装类别：Ⅲ

1194　4-甲氧基苯胺

别名：对氨基苯甲醚；对甲氧基苯胺；对茴香胺

英文名：4-methoxyaniline；*p*-anisidine；*p*-aminoanisole；*p*-methoxyaniline

CAS 号：104-94-9

GHS 标签信号词及象形图：危险

危险性类别：特异性靶器官毒性-一次接触，类别 1

特异性靶器官毒性-反复接触，类别 1

危害水生环境-急性危害，类别 1

主要危险性及次要危险性：第 6.1 项危险物——毒性物质

联合国编号（UN No.）：2431

正式运输名称：茴香胺

包装类别：Ⅲ

1195　甲氧基苯甲酰氯

别名：茴香酰氯

英文名：methoxy benzoyl chloride；anisoyl chloride

CAS 号：100-07-2

GHS 标签信号词及象形图：危险

危险性类别：皮肤腐蚀/刺激，类别1
　严重眼损伤/眼刺激，类别1
主要危险性及次要危险性：第8类危险物——
　腐蚀性物质
联合国编号（UN No.）：1729
正式运输名称：茴香酰氯
包装类别：Ⅱ

1196　4-甲氧基二苯胺-4′-氯化重氮苯

别名：凡拉明蓝盐B；安安蓝B色盐
英文名：benzenediazonium，4-((4-methoxy-phenyl)amino)-，chloride；4-((4-methoxy-phenyl)amino)benzenediazonium chloride；4-methoxy diphenyl amino-4′-diazobenzene chloride；variamine blue B
CAS号：101-69-9
GHS标签信号词及象形图：警告

危险性类别：皮肤致敏物，类别1
主要危险性及次要危险性：—
联合国编号（UN No.）：非危
正式运输名称：—
包装类别：—

1197　3-甲氧基乙酸丁酯

别名：3-甲氧基丁基乙酸酯
英文名：3-methoxy butyl acetate；3-methoxy butyl acetate
CAS号：4435-53-4
GHS标签信号词及象形图：无
危险性类别：危害水生环境-急性危害，类别2
主要危险性及次要危险性：—
联合国编号（UN No.）：非危
正式运输名称：—
包装类别：—

1198　甲氧基乙酸甲酯

别名：—
英文名：methyl methoxyacetate；3-methoxy butyl acetate
CAS号：6290-49-9
GHS标签信号词及象形图：警告

危险性类别：易燃液体，类别3
主要危险性及次要危险性：第3类危险物——
　易燃液体
联合国编号（UN No.）：3272/1993△
正式运输名称：酯类，未另作规定的/易燃液体，未另作规定的△
包装类别：Ⅲ

1199　2-甲氧基乙酸乙酯

别名：乙酸甲基溶纤剂；乙二醇甲醚乙酸酯；乙酸乙二醇甲醚
英文名：2-methoxyethyl acetate；methylglycol acetate；methyl cellosolve acetate；acetic acid ethylene glycol monomethyl ether ester
CAS号：110-49-6
GHS标签信号词及象形图：危险

危险性类别：易燃液体，类别3
　生殖毒性，类别1B
主要危险性及次要危险性：第3类危险物——
　易燃液体
联合国编号（UN No.）：1189
正式运输名称：乙酸乙二醇一甲醚酯
包装类别：Ⅲ

1200　甲氧基异氰酸甲酯

别名：甲氧基甲基异氰酸酯
英文名：methoxymethyl isocyanate；isocyanic acid methoxy methyl ester
CAS号：6427-21-0
GHS标签信号词及象形图：危险

危险性类别：易燃液体，类别 2
急性毒性-经口，类别 3 ＊
急性毒性-吸入，类别 3 ＊
严重眼损伤/眼刺激，类别 2
特异性靶器官毒性-一次接触，类别 3（呼吸道刺激）
主要危险性及次要危险性：第 6.1 项危险物——毒性物质；第 3 类危险物——易燃液体
联合国编号（UN No.）：2605
正式运输名称：异氰酸甲氧基甲酯
包装类别：Ⅰ

1201　甲乙醚

别名：乙甲醚；甲氧基乙烷
英文名：methyl ethyl ether；ethyl methyl ether；methyoxy ethane
CAS 号：540-67-0
GHS 标签信号词及象形图：危险

危险性类别：易燃气体，类别 1
加压气体
主要危险性及次要危险性：第 2.1 类危险物——易燃气体
联合国编号（UN No.）：1039
正式运输名称：甲乙醚
包装类别：不适用

1202　甲藻毒素（二盐酸盐）

别名：石房蛤毒素（盐酸盐）
英文名：saxidomus giganteus poison；saxitoxin
CAS 号：35523-89-8
GHS 标签信号词及象形图：危险

危险性类别：急性毒性-经口，类别 1
主要危险性及次要危险性：第 6.1 项危险物——毒性物质

联合国编号（UN No.）：2810
正式运输名称：有机毒性液体，未另作规定的
包装类别：Ⅰ

1203　钾

别名：金属钾
英文名：potassium
CAS 号：7440-09-7
GHS 标签信号词及象形图：危险

危险性类别：遇水放出易燃气体的物质和混合物，类别 1
皮肤腐蚀/刺激，类别 1B
严重眼损伤/眼刺激，类别 1
主要危险性及次要危险性：第 4.3 项危险物——遇水放出易燃气体的物质
联合国编号（UN No.）：2257
正式运输名称：钾
包装类别：Ⅰ

1204　钾汞齐

别名：—
英文名：potassium amalgam
CAS 号：37340-23-1
GHS 标签信号词及象形图：危险

危险性类别：遇水放出易燃气体的物质和混合物，类别 1
危害水生环境-急性危害，类别 1
危害水生环境-长期危害，类别 1
主要危险性及次要危险性：第 4.3 项危险物——遇水放出易燃气体的物质
联合国编号（UN No.）：3401
正式运输名称：固态碱金属汞齐
包装类别：Ⅰ

1205　钾合金

别名：—

英文名：potassium metal alloy

CAS 号：—

GHS 标签信号词及象形图：危险

危险性类别：遇水放出易燃气体的物质和混合物，类别 1

主要危险性及次要危险性：第 4.3 项危险物——遇水放出易燃气体的物质

联合国编号（UN No.）：1420

正式运输名称：钾金属合金，液态

包装类别：Ⅰ

1206　钾钠合金

别名：钠钾合金

英文名：potassium sodium alloy

CAS 号：11135-81-2

GHS 标签信号词及象形图：危险

危险性类别：遇水放出易燃气体的物质和混合物，类别 1

皮肤腐蚀/刺激，类别 1

严重眼损伤/眼刺激，类别 1

主要危险性及次要危险性：第 4.3 项危险物——遇水放出易燃气体的物质

联合国编号（UN No.）：1422

正式运输名称：钾钠合金，液态

包装类别：Ⅰ

1207　间苯二甲酰氯

别名：二氯化间苯二甲酰

英文名：*m*-benzenedicarbonyl chloride；
m-phthaloyl chloride；isophthaloyl chloride

CAS 号：99-63-8

GHS 标签信号词及象形图：危险

危险性类别：急性毒性-吸入，类别 3

皮肤腐蚀/刺激，类别 1A

严重眼损伤/眼刺激，类别 1

主要危险性及次要危险性：第 8 类危险物——腐蚀性物质；第 6.1 项危险物——毒性物质

联合国编号（UN No.）：2923

正式运输名称：腐蚀性固体，毒性，未另作规定的

包装类别：Ⅰ

1208　间苯三酚

别名：1,3,5-三羟基苯；均苯三酚

英文名：phloroglucinol；1,3,5-trihydroxybenzene；
1,3,5-benzenetriol

CAS 号：108-73-6

GHS 标签信号词及象形图：警告

危险性类别：皮肤腐蚀/刺激，类别 2

严重眼损伤/眼刺激，类别 2

特异性靶器官毒性-一次接触，类别 3（呼吸道刺激）

主要危险性及次要危险性：—

联合国编号（UN No.）：非危

正式运输名称：—

包装类别：—

1209　间硝基苯磺酸

别名：—

英文名：*m*-nitrobenzenesulphonic acid

CAS 号：98-47-5

GHS 标签信号词及象形图：危险

危险性类别：皮肤腐蚀/刺激，类别 1

严重眼损伤/眼刺激，类别1

主要危险性及次要危险性：第8类危险物——腐蚀性物质

联合国编号（UN No.）：2305

正式运输名称：硝基苯磺酸

包装类别：Ⅱ

1210　间异丙基苯酚

别名：—

英文名：*m*-isopropylphenol

CAS号：618-45-1

GHS标签信号词及象形图：危险

危险性类别：皮肤腐蚀/刺激，类别1
严重眼损伤/眼刺激，类别1

主要危险性及次要危险性：第8类危险物——腐蚀性物质

联合国编号（UN No.）：3265

正式运输名称：有机酸性腐蚀性液体，未另作规定的

包装类别：Ⅲ

1211　碱土金属汞齐

别名：—

英文名：alkaline earth metal amalgam

CAS号：—

GHS标签信号词及象形图：危险

危险性类别：遇水放出易燃气体的物质和混合物，类别1
危害水生环境-急性危害，类别1
危害水生环境-长期危害，类别1

主要危险性及次要危险性：第4.3项危险物——遇水放出易燃气体的物质

联合国编号（UN No.）：1392/3402△

正式运输名称：碱土金属汞齐，液态/固态碱土金属汞齐△

包装类别：Ⅰ

1212　焦硫酸汞

别名：—

英文名：mercury pyrosulfate；disulfuric acid，mercury（2＋）salt（1∶1）

CAS号：1537199-53-3

GHS标签信号词及象形图：危险

危险性类别：急性毒性-经口，类别2*
急性毒性-经皮，类别1
急性毒性-吸入，类别2*
特异性靶器官毒性-反复接触，类别2*
危害水生环境-急性危害，类别1
危害水生环境-长期危害，类别1

主要危险性及次要危险性：第6.1项危险物——毒性物质

联合国编号（UN No.）：2811

正式运输名称：有机毒性固体，未另作规定的

包装类别：Ⅰ

1213　焦砷酸

别名：—

英文名：pyroarsenic acid

CAS号：13453-15-1

GHS标签信号词及象形图：危险

危险性类别：急性毒性-经口，类别3*
急性毒性-吸入，类别3*
致癌性，类别1A
危害水生环境-急性危害，类别1
危害水生环境-长期危害，类别1

主要危险性及次要危险性：第6.1项危险物——毒性物质

联合国编号（UN No.）：2811

正式运输名称：有机毒性固体，未另作规

定的

包装类别：Ⅲ

1214　焦油酸

别名：—

英文名：tar acid

CAS 号：—

GHS 标签信号词及象形图：无

危险性类别：危害水生环境-长期危害，类别 3 *

主要危险性及次要危险性：—

联合国编号（UN No.）：非危

正式运输名称：—

包装类别：—

1215　金属锆

别名：—

英文名：zirconium

CAS 号：7440-67-7

GHS 标签信号词及象形图：警告

危险性类别：易燃固体，类别 2

主要危险性及次要危险性：第 4.1 项危险物——易燃固体

联合国编号（UN No.）：2858

正式运输名称：锆金属，干的，成卷线材/精整金属薄板/带材（厚度 18～254μm）

包装类别：Ⅲ

金属锆粉（干燥的）

别名：锆粉

英文名：zirconium metal powder, dry; zirconium powder

CAS 号：7440-67-7

GHS 标签信号词及象形图：危险

危险性类别：自燃固体，类别 1

遇水放出易燃气体的物质和混合物，类别 1

主要危险性及次要危险性：第 4.2 项危险物——易于自燃的物质

联合国编号（UN No.）：2008

正式运输名称：干锆粉

包装类别：Ⅰ

1216　金属铪粉

别名：铪粉

英文名：hafnium metal powder

CAS 号：7440-58-6

GHS 标签信号词及象形图：危险

危险性类别：（1）干的，

自热物质和混合物，类别 1

特异性靶器官毒性-反复接触，类别 2

主要危险性及次要危险性：第 4.2 项危险物——易于自燃的物质

联合国编号（UN No.）：2545

正式运输名称：铪粉，干的

包装类别：Ⅰ/Ⅱ/Ⅲ△

金属铪粉

别名：铪粉

英文名：hafnium metal powder

CAS 号：7440-58-6

GHS 标签信号词及象形图：危险

危险性类别：（2）湿的，

易燃固体，类别 1

特异性靶器官毒性-反复接触，类别 2

主要危险性及次要危险性：第 4.1 项危险物——易燃固体

联合国编号（UN No.）：1326

正式运输名称：铪粉，湿的，含水不低于 25%（所含过量水必须看得出来）；a. 机械方法生产的，粒径小于 53μm；b. 化学方法

生产的，粒径小于 840μm

包装类别： Ⅱ

1217　金属镧（浸在煤油中的）

别名： —

英文名： lanthanum，metal（suspended in kerosene）

CAS 号： 7439-91-0

GHS 标签信号词及象形图： 警告

危险性类别： 易燃液体，类别 3 ＊
遇水放出易燃气体的物质和混合物，类别 3 ＊
危害水生环境-急性危害，类别 2
危害水生环境-长期危害，类别 2

主要危险性及次要危险性： 第 4.3 项危险物——遇水放出易燃气体的物质；第 3 类危险物——易燃液体

联合国编号（UN No.）： 3399

正式运输名称： 液态有机金属物质，遇水反应，易燃

包装类别： Ⅲ

1218　金属锰粉（含水≥25%）

别名： 锰粉

英文名： manganese metal powder（water not less than 25%）

CAS 号： 7439-96-5

GHS 标签信号词及象形图： 危险

危险性类别： 易燃固体，类别 2
严重眼损伤/眼刺激，类别 2B
生殖毒性，类别 1B
特异性靶器官毒性-一次接触，类别 1
特异性靶器官毒性-反复接触，类别 1

主要危险性及次要危险性： 第 4.1 项危险物——易燃固体

联合国编号（UN No.）： 3089

正式运输名称： 金属粉，易燃，未另作规定的

包装类别： Ⅲ

1219　金属钕（浸在煤油中的）

别名： —

英文名： neodymium，metal（suspended in kerosene）

CAS 号： 7440-00-8

GHS 标签信号词及象形图： 警告

危险性类别： 易燃液体，类别 3 ＊
遇水放出易燃气体的物质和混合物，类别 3 ＊
危害水生环境-急性危害，类别 2
危害水生环境-长期危害，类别 2

主要危险性及次要危险性： 第 4.3 项危险物——遇水放出易燃气体的物质；第 3 类危险物——易燃液体

联合国编号（UN No.）： 3399

正式运输名称： 液态有机金属物质，遇水反应，易燃

包装类别： Ⅲ

1220　金属铷

别名： 铷

英文名： rubidium，metal；rubidium

CAS 号： 7440-17-7

GHS 标签信号词及象形图： 危险

危险性类别： 遇水放出易燃气体的物质和混合物，类别 1

主要危险性及次要危险性： 第 4.3 项危险物——遇水放出易燃气体的物质

联合国编号（UN No.）： 1423

正式运输名称： 铷

包装类别： Ⅰ

1221   金属铯

别名：铯
英文名：cesium, metal；cesium
CAS 号：7440-46-2
GHS 标签信号词及象形图：危险

危险性类别：遇水放出易燃气体的物质和混合物，类别 1
主要危险性及次要危险性：第 4.3 项危险物——遇水放出易燃气体的物质
联合国编号（UN No.）：1407
正式运输名称：铯
包装类别：Ⅰ

1222   金属锶

别名：锶
英文名：strontium，metal
CAS 号：7440-24-6
GHS 标签信号词及象形图：危险

危险性类别：自燃固体，类别 1
主要危险性及次要危险性：第 4.2 项危险物——易于自燃的物质
联合国编号（UN No.）：1383
正式运输名称：发火金属，未另作规定的
包装类别：Ⅰ

1223   金属钛粉（干的）

别名：—
英文名：titanium metal powder，dry
CAS 号：7440-32-6
GHS 标签信号词及象形图：危险

危险性类别：自燃固体，类别 1

主要危险性及次要危险性：第 4.2 项危险物——易于自燃的物质
联合国编号（UN No.）：2546
正式运输名称：钛粉，干的
包装类别：Ⅰ

金属钛粉（含水不低于 25%，机械方法生产的，粒径小于 53μm；化学方法生产的，粒径小于 840μm）

别名：—
英文名：titanium metal pellet
CAS 号：7440-32-6
GHS 标签信号词及象形图：危险

危险性类别：易燃固体，类别 1
主要危险性及次要危险性：第 4.1 项危险物——易燃固体
联合国编号（UN No.）：1352
正式运输名称：钛粉，湿的，含水不低于 25%（所含过量水必须看得出来）；a. 机械方法生产的，粒径于 53μm；b. 化学方法生产的，粒径小于 840μm
包装类别：Ⅱ

1224   精蒽

别名：—
英文名：anthracene，refined
CAS 号：120-12-7
GHS 标签信号词及象形图：警告

危险性类别：严重眼损伤/眼刺激，类别 2
皮肤致敏物，类别 1
特异性靶器官毒性-一次接触，类别 3（呼吸道刺激）
危害水生环境-急性危害，类别 1
危害水生环境-长期危害，类别 1

主要危险性及次要危险性：第 9 类危险物——
杂项危险物质和物品

联合国编号（UN No.）：3077

正式运输名称：对环境有害的固态物质，未
另作规定的

包装类别：Ⅲ

1225 肼水溶液（含肼≤64%）

别名：—

英文名：hydrazine aqueous solution，with not
more than 64% hydrazine，by mass

CAS号：302-01-2

GHS标签信号词及象形图：危险

危险性类别：易燃液体，类别 3
急性毒性-经口，类别 3*
急性毒性-经皮，类别 3*
急性毒性-吸入，类别 3*
皮肤腐蚀/刺激，类别 1B
严重眼损伤/眼刺激，类别 1
皮肤致敏物，类别 1
致癌性，类别 2
危害水生环境-急性危害，类别 1
危害水生环境-长期危害，类别 1

主要危险性及次要危险性：第 8 类危险物——
腐蚀性物质；第 3 类危险物——易燃液体；
第 6.1 项危险物——毒性物质

联合国编号（UN No.）：3484

正式运输名称：肼水溶液，易燃，按质量含
肼超过37%

包装类别：Ⅰ

1226 酒石酸化烟碱

别名：—

英文名：nicotine tartrate

CAS号：65-31-6

GHS标签信号词及象形图：危险

危险性类别：急性毒性-经口，类别 3
危害水生环境-急性危害，类别 2
危害水生环境-长期危害，类别 2

主要危险性及次要危险性：第 6.1 项危险
物——毒性物质

联合国编号（UN No.）：1659

正式运输名称：酒石酸烟碱

包装类别：Ⅱ

1227 酒石酸锑钾

别名：吐酒石；酒石酸钾锑；酒石酸氧锑钾

英文名：antimony potassium tartrate；tartar
emetic；potassium antimonyl tartrate

CAS号：28300-74-5

GHS标签信号词及象形图：危险

危险性类别：急性毒性-经口，类别 3
生殖细胞致突变性，类别 2
特异性靶器官毒性-一次接触，类别 1
特异性靶器官毒性-反复接触，类别 1
危害水生环境-急性危害，类别 2
危害水生环境-长期危害，类别 2

主要危险性及次要危险性：第 6.1 项危险
物——毒性物质

联合国编号（UN No.）：1551

正式运输名称：酒石酸氧锑钾

包装类别：Ⅲ

1228 聚苯乙烯珠体（可发性的）

别名：—

英文名：polystyrene beads，expandable

CAS号：—

GHS标签信号词及象形图：危险

危险性类别：易燃固体，类别 1

主要危险性及次要危险性：第 4.1 项危险物——易燃固体/第 9 类危险物——杂项危险物质和物品

联合国编号（UN No.）：1325/2211△

正式运输名称：有机易燃固体，未另作规定的/聚苯乙烯珠粒料，可膨胀，会放出易燃气体△

包装类别：Ⅱ/Ⅲ△

1229　聚醚聚过氧叔丁基碳酸酯（含量≤52%，含 B 型稀释剂≥48%）

别名：—

英文名：polyether poly-*tert*-butylperoxycarbonate（not more than 52%, and diluent type B not less than 48%）

CAS 号：—

GHS 标签信号词及象形图：警告

危险性类别：有机过氧化物，E 型

主要危险性及次要危险性：第 5.2 项危险物——有机过氧化物

联合国编号（UN No.）：3107

正式运输名称：液态 E 型有机过氧化物

包装类别：满足Ⅱ类包装要求

1230　聚乙醛

别名：—

英文名：polymerized acetaldehyde；metaldehyde

CAS 号：9002-91-9

GHS 标签信号词及象形图：警告

危险性类别：易燃固体，类别 2

危害水生环境-长期危害，类别 3

主要危险性及次要危险性：第 4.1 项危险物——易燃固体

联合国编号（UN No.）：1332

正式运输名称：聚乙醛

包装类别：Ⅲ

1231　聚乙烯聚胺

别名：多乙烯多胺；多亚乙基多胺

英文名：polyethylene polyamine

CAS 号：29320-38-5

GHS 标签信号词及象形图：危险

危险性类别：皮肤腐蚀/刺激，类别 1

严重眼损伤/眼刺激，类别 1

主要危险性及次要危险性：第 8 类危险物——腐蚀性物质

联合国编号（UN No.）：2735

正式运输名称：液态聚胺，腐蚀性，未另作规定的

包装类别：Ⅲ

1232　2-莰醇

别名：冰片；龙脑

英文名：2-borneol；borneol；baros camphor

CAS 号：507-70-0

GHS 标签信号词及象形图：警告

危险性类别：易燃固体，类别 2

特异性靶器官毒性-一次接触，类别 2

主要危险性及次要危险性：第 4.1 项危险物——易燃固体

联合国编号（UN No.）：1312

正式运输名称：冰片（龙脑）

包装类别：Ⅲ

1233　莰烯

别名：樟脑萜；莰芬

英文名：camphene

CAS 号：79-92-5

GHS 标签信号词及象形图：危险

危险性类别：易燃固体，类别 1

严重眼损伤/眼刺激，类别 2A

危害水生环境-急性危害，类别 2

危害水生环境-长期危害，类别 2

主要危险性及次要危险性：第 4.1 项危险物——易燃固体

联合国编号（UN No.）：1325

正式运输名称：有机易燃固体，未另作规定的

包装类别：Ⅱ

1234　糠胺

别名：2-呋喃甲胺；麸胺

英文名：furfurylamine；2-aminomethylfuran；2-furylmethylamine

CAS 号：617-89-0

GHS 标签信号词及象形图：危险

危险性类别：易燃液体，类别 3

皮肤腐蚀/刺激，类别 1

严重眼损伤/眼刺激，类别 1

主要危险性及次要危险性：第 3 类危险物——易燃液体；第 8 类危险物——腐蚀性物质

联合国编号（UN No.）：2526

正式运输名称：糠胺

包装类别：Ⅲ

1235　糠醛

别名：呋喃甲醛

英文名：2-furaldehyde；furfural

CAS 号：98-01-1

GHS 标签信号词及象形图：危险

危险性类别：易燃液体，类别 3

急性毒性-经口，类别 3＊

急性毒性-吸入，类别 3＊

皮肤腐蚀/刺激，类别 2

严重眼损伤/眼刺激，类别 2

特异性靶器官毒性-一次接触，类别 3（呼吸道刺激）

主要危险性及次要危险性：第 6.1 项危险物——毒性物质；第 3 类危险物——易燃液体

联合国编号（UN No.）：1199

正式运输名称：糠醛

包装类别：Ⅱ

1236　抗霉素 A

别名：—

英文名：antimycin A；antipiricullin；virosin

CAS 号：1397-94-0

GHS 标签信号词及象形图：危险

危险性类别：急性毒性-经口，类别 2

急性毒性-经皮，类别 1

危害水生环境-急性危害，类别 1

主要危险性及次要危险性：第 6.1 项危险物——毒性物质

联合国编号（UN No.）：3264

正式运输名称：固态毒素，从生物体提取的，未另作规定的

包装类别：Ⅱ

1237　氪（压缩的或液化的）

别名：—

英文名：krypton，compressed or liquefied

CAS 号：7439-90-9

GHS 标签信号词及象形图：警告

危险性类别：加压气体

主要危险性及次要危险性：第 2.2 类危险物——非易燃无毒气体

联合国编号（UN No.）：1970

正式运输名称：冷冻液态氖

包装类别：不适用

1238　喹啉

别名：苯并吡啶；氮杂萘

英文名：quinoline；benzopyridine；naphthyridine

CAS 号：91-22-5

GHS 标签信号词及象形图：危险

危险性类别：生殖细胞致突变性，类别 2

　　急性毒性-经皮，类别 3

　　严重眼损伤/眼刺激性，类别 2

　　皮肤腐蚀/刺激，类别 2

　　危害水生环境-急性危害，类别 2

　　危害水生环境-长期危害，类别 2

主要危险性及次要危险性：第 6.1 项危险物——毒性物质

联合国编号（UN No.）：2656

正式运输名称：喹啉

包装类别：Ⅲ

1239　雷汞（湿的，按质量含水或乙醇和水的混合物不低于 20%）

别名：二雷酸汞；雷酸汞

英文名：mercuric fulminate，wetted with not less than 20% water，or mixture of alcohol and water，by mass；mercury difulminate；fulminate of mercury

CAS 号：628-86-4

GHS 标签信号词及象形图：危险

危险性类别：爆炸物，1.1 项

　　急性毒性-经口，类别 3 ＊

　　急性毒性-经皮，类别 3 ＊

　　急性毒性-吸入，类别 3 ＊

　　特异性靶器官毒性-反复接触，类别 2 ＊

　　危害水生环境-急性危害，类别 1

　　危害水生环境-长期危害，类别 1

主要危险性及次要危险性：

联合国编号（UN No.）：0135

正式运输名称：雷酸汞，湿的，按质量含水不低于 20%

包装类别：满足 Ⅱ 类包装要求

1240　锂

别名：金属锂

英文名：lithium

CAS 号：7439-93-2

GHS 标签信号词及象形图：危险

危险性类别：遇水放出易燃气体的物质和混合物，类别 1

　　皮肤腐蚀/刺激，类别 1B

　　严重眼损伤/眼刺激，类别 1

主要危险性及次要危险性：第 4.3 项危险物——遇水放出易燃气体的物质

联合国编号（UN No.）：1415

正式运输名称：锂

包装类别：Ⅰ

1241　连二亚硫酸钙

别名：—

英文名：calcium dithionite

CAS 号：15512-36-4

GHS 标签信号词及象形图：危险

危险性类别：自热物质和混合物，类别 1

主要危险性及次要危险性：第 4.2 项危险物——易于自燃的物质

联合国编号（UN No.）：1923

正式运输名称：连二亚硫酸钙（亚硫酸氢钙）

包装类别：Ⅱ

1242　连二亚硫酸钾

别名：低亚硫酸钾

英文名：potassium dithionite；potassium hydrosulfite

CAS号：14293-73-3

GHS标签信号词及象形图：危险

危险性类别：自热物质和混合物，类别1

主要危险性及次要危险性：第4.2项危险物——易于自燃的物质

联合国编号（UN No.）：1929

正式运输名称：连二亚硫酸钾（亚硫酸氢钾）

包装类别：Ⅱ

1243　连二亚硫酸钠

别名：保险粉；低亚硫酸钠

英文名：sodium dithionite；sodium hydrosulphite；sodium sulfoxylate

CAS号：7775-14-6

GHS标签信号词及象形图：危险

危险性类别：自热物质和混合物，类别1

主要危险性及次要危险性：第4.2项危险物——易于自燃的物质

联合国编号（UN No.）：1384

正式运输名称：连二亚硫酸钠

包装类别：Ⅱ

1244　连二亚硫酸锌

别名：亚硫酸氢锌

英文名：zinc dithionite；zinc hydrosulfite

CAS号：7779-86-4

GHS标签信号词及象形图：警告

危险性类别：危害水生环境-急性危害，类别1

危害水生环境-长期危害，类别1

主要危险性及次要危险性：第9类危险物——杂项危险物质和物品

联合国编号（UN No.）：1931

正式运输名称：连二亚硫酸锌（亚硫酸氢锌）

包装类别：Ⅲ

1245　联苯

别名：—

英文名：biphenyl；diphenyl

CAS号：92-52-4

GHS标签信号词及象形图：警告

危险性类别：皮肤腐蚀/刺激，类别2

严重眼损伤/眼刺激，类别2

特异性靶器官毒性-一次接触，类别3（呼吸道刺激）

危害水生环境-急性危害，类别1

危害水生环境-长期危害，类别1

主要危险性及次要危险性：第9类危险物——杂项危险物质和物品

联合国编号（UN No.）：3077

正式运输名称：对环境有害的固态物质，未另作规定的

包装类别：Ⅲ

1246　3-[(3-联苯-4-基)-1,2,3,4-四氢-1-萘基]-4-羟基香豆素

别名：鼠得克

英文名：3-(3-biphenyl-4-yl-1,2,3,4-tetrahydro-1-naphthyl)-4-hydroxycoumarin；difenacoum；ratak；neosorexa

CAS号：56073-07-5

GHS标签信号词及象形图：危险

危险性类别：急性毒性-经口，类别 2＊
特异性靶器官毒性-反复接触，类别 1
危害水生环境-急性危害，类别 1
危害水生环境-长期危害，类别 1

主要危险性及次要危险性：第 6.1 项危险物——毒性物质

联合国编号（UN No.）：3027

正式运输名称：固态香豆素衍生物农药，毒性

包装类别：Ⅰ

1247 联十六烷基过氧重碳酸酯
（含量≤100%）

别名：过氧化二（十六烷基）二碳酸酯

英文名：dicetyl peroxydicarbonate（not more than 100%）；dihexadecyl peroxydicarbonate

CAS 号：26322-14-5

GHS 标签信号词及象形图：危险

危险性类别：有机过氧化物，D 型

主要危险性及次要危险性：第 5.2 项危险物——有机过氧化物

联合国编号（UN No.）：3106

正式运输名称：固态 D 型有机过氧化物

包装类别：满足Ⅱ类包装要求

联十六烷基过氧重碳酸酯
（含量≤42%，在水中稳定弥散）

别名：过氧化二（十六烷基）二碳酸酯

英文名：dicetyl peroxydicarbonate（not more than 42% as a stable dispersion in water）

CAS 号：26322-14-5

GHS 标签信号词及象形图：警告

危险性类别：有机过氧化物，F 型

主要危险性及次要危险性：第 5.2 项危险物——有机过氧化物

联合国编号（UN No.）：3119

正式运输名称：液态 F 型有机过氧化物，控制温度的

包装类别：满足Ⅱ类包装要求

1248 镰刀菌酮 X

别名：—

英文名：fusarenon-X

CAS 号：23255-69-8

GHS 标签信号词及象形图：危险

危险性类别：急性毒性-经口，类别 1

主要危险性及次要危险性：第 6.1 项危险物——毒性物质

联合国编号（UN No.）：2811

正式运输名称：有机毒性固体，未另作规定的

包装类别：Ⅰ

1249 邻氨基苯硫醇

别名：2-氨基硫代苯酚；2-巯基胺；邻氨基苯硫酚苯

英文名：o-aminobenzenethiol；2-aminothiophenol；2-mercaptoaniline

CAS 号：137-07-5

GHS 标签信号词及象形图：警告

危险性类别：危害水生环境-急性危害，类别 1
危害水生环境-长期危害，类别 1

主要危险性及次要危险性：第 9 类危险物——杂项危险物质和物品

联合国编号（UN No.）：3082

正式运输名称：对环境有害的液态物质，未另作规定的

包装类别：Ⅲ

1250 邻苯二甲酸苯胺

别名：—

英文名：aniline o-phthalate；phthalic acid, aniline salt

CAS号：50930-79-5

GHS标签信号词及象形图：危险

危险性类别：急性毒性-经口，类别3*

急性毒性-经皮，类别3*

急性毒性-吸入，类别3*

严重眼损伤/眼刺激，类别1

皮肤致敏物，类别1

生殖细胞致突变性，类别2

特异性靶器官毒性-反复接触，类别1

危害水生环境-急性危害，类别1

主要危险性及次要危险性：第6.1项危险物——毒性物质

联合国编号（UN No.）：2810

正式运输名称：有机毒性液体，未另作规定的

包装类别：Ⅲ

1251 邻苯二甲酸二异丁酯

别名：—

英文名：diisobutyl phthalate

CAS号：84-69-5

GHS标签信号词及象形图：危险

危险性类别：生殖毒性，类别1B

危害水生环境-急性危害，类别1

主要危险性及次要危险性：第9类危险物——杂项危险物质和物品

联合国编号（UN No.）：3082

正式运输名称：对环境有害的液态物质，未另作规定的

包装类别：Ⅲ

1252 邻苯二甲酸酐
（含马来酸酐大于0.05%）

别名：苯酐；酐酐

英文名：phthalic anhydride with more than 0.05% of maleic anhydride；phthalic acid anhydride

CAS号：85-44-9

GHS标签信号词及象形图：危险

危险性类别：皮肤腐蚀/刺激，类别1

严重眼损伤/眼刺激，类别1

呼吸道致敏物，类别1

皮肤致敏物，类别1

特异性靶器官毒性-一次接触，类别3（呼吸道刺激）

主要危险性及次要危险性：第8类危险物——腐蚀性物质

联合国编号（UN No.）：2214

正式运输名称：邻苯二甲酸酐，含马来酸酐大于0.05%

包装类别：Ⅲ

1253 邻苯二甲酰氯

别名：二氯化邻苯二甲酰

英文名：o-phthaloyl chloride；phthaloyl dichloride

CAS号：88-95-9

GHS标签信号词及象形图：危险

危险性类别：皮肤腐蚀/刺激，类别1

严重眼损伤/眼刺激，类别1

主要危险性及次要危险性：第8类危险物——腐蚀性物质

联合国编号（UN No.）：3265

正式运输名称：有机酸性腐蚀性液体，未另作规定的

包装类别：Ⅱ

1254 邻苯二甲酰亚胺

别名：酞酰亚胺

英文名：*o*-phthalicimide；phthalimide
CAS 号：85-41-6
GHS 标签信号词及象形图：警告

危险性类别：皮肤腐蚀/刺激，类别 2
　　严重眼损伤/眼刺激，类别 2
　　特异性靶器官毒性-一次接触，类别 3（呼吸道刺激）
主要危险性及次要危险性：—
联合国编号（UN No.）：非危
正式运输名称：—
包装类别：—

1255　邻甲苯磺酰氯

别名：—
英文名：*o*-toluene sulfonyl chloride
CAS 号：133-59-5
GHS 标签信号词及象形图：危险

危险性类别：皮肤腐蚀/刺激，类别 1C
　　严重眼损伤/眼刺激，类别 1
主要危险性及次要危险性：第 8 类危险物——腐蚀性物质
联合国编号（UN No.）：3265
正式运输名称：有机酸性腐蚀性液体，未另作规定的
包装类别：Ⅱ

1256　邻硝基苯酚钾

别名：邻硝基酚钾
英文名：potassium *o*-nitrophenolate；2-nitro-phenol potassium salt
CAS 号：824-38-4
GHS 标签信号词及象形图：警告

危险性类别：特异性靶器官毒性-一次接触，类别 2
　　特异性靶器官毒性-反复接触，类别 2
主要危险性及次要危险性：—
联合国编号（UN No.）：非危
正式运输名称：—
包装类别：—

1257　邻硝基苯磺酸

别名：—
英文名：*o*-nitrobenzenesulphonic acid
CAS 号：80-82-0
GHS 标签信号词及象形图：危险

危险性类别：皮肤腐蚀/刺激，类别 1B
　　严重眼损伤/眼刺激，类别 1
主要危险性及次要危险性：第 8 类危险物——腐蚀性物质
联合国编号（UN No.）：3265
正式运输名称：有机酸性腐蚀性液体，未另作规定的
包装类别：Ⅱ

1258　邻硝基乙苯

别名：—
英文名：*o*-nitroethylbenzene
CAS 号：612-22-6
GHS 标签信号词及象形图：无
危险性类别：危害水生环境-长期危害，类别 3
主要危险性及次要危险性：—
联合国编号（UN No.）：非危
正式运输名称：—
包装类别：—

1259　邻异丙基苯酚

别名：邻异丙基酚
英文名：*o*-isopropylphenol
CAS 号：88-69-7
GHS 标签信号词及象形图：危险

危险性类别：皮肤腐蚀/刺激，类别1
　严重眼损伤/眼刺激，类别1
　危害水生环境-急性危害，类别2
　危害水生环境-长期危害，类别2
主要危险性及次要危险性：第8类危险物——
　腐蚀性物质
联合国编号（UN No.）：3145
正式运输名称：液态烷基苯酚，未另作规定
　的（包括 $C_2 \sim C_{12}$ 的同系物）
包装类别：Ⅱ

1260　磷化钙

别名：二磷化三钙
英文名：calcium phosphide；tricalcium
　diphosphide
CAS 号：1305-99-3
GHS 标签信号词及象形图：危险

危险性类别：遇水放出易燃气体的物质和混
　合物，类别1
　急性毒性-经口，类别2
　危害水生环境-急性危害，类别1
主要危险性及次要危险性：第 4.3 项危险
　物——遇水放出易燃气体的物质；第 6.1
　项危险物——毒性物质
联合国编号（UN No.）：1360
正式运输名称：磷化钙
包装类别：Ⅰ

1261　磷化钾

别名：—
英文名：potassium phosphide
CAS 号：20770-41-6
GHS 标签信号词及象形图：危险

危险性类别：遇水放出易燃气体的物质和混
　合物，类别1
　急性毒性-经口，类别3＊
　急性毒性-经皮，类别3＊
　急性毒性-吸入，类别3＊
　危害水生环境-急性危害，类别1
主要危险性及次要危险性：第 4.3 项危险
　物——遇水放出易燃气体的物质；第 6.1
　项危险物——毒性物质
联合国编号（UN No.）：2012
正式运输名称：磷化钾
包装类别：Ⅰ

1262　磷化铝

别名：—
英文名：aluminium phosphide
CAS 号：20859-73-8
GHS 标签信号词及象形图：危险

危险性类别：遇水放出易燃气体的物质和混
　合物，类别1
　急性毒性-经口，类别2
　急性毒性-经皮，类别3
　急性毒性-吸入，类别1
　危害水生环境-急性危害，类别1
主要危险性及次要危险性：第 4.3 项危险
　物——遇水放出易燃气体的物质；第 6.1
　项危险物——毒性物质
联合国编号（UN No.）：1397
正式运输名称：磷化铝
包装类别：Ⅰ

1263　磷化铝镁

别名：—
英文名：magnesium aluminium phosphide
CAS 号：—
GHS 标签信号词及象形图：危险

危险性类别：遇水放出易燃气体的物质和混合物，类别 1

急性毒性-经皮，类别 3＊

急性毒性-吸入，类别 3＊

危害水生环境-急性危害，类别 1

主要危险性及次要危险性：第 4.3 项危险物——遇水放出易燃气体的物质；第 6.1 项危险物——毒性物质

联合国编号（UN No.）：1419

正式运输名称：磷化铝镁

包装类别：Ⅰ

1264　磷化镁

别名：二磷化三镁

英文名：magnesium phosphide；trimagnesium diphosphide

CAS 号：12057-74-8

GHS 标签信号词及象形图：危险

危险性类别：遇水放出易燃气体的物质和混合物，类别 1

急性毒性-经口，类别 2

急性毒性-经皮，类别 3

急性毒性-吸入，类别 1

危害水生环境-急性危害，类别 1

主要危险性及次要危险性：第 4.3 项危险物——遇水放出易燃气体的物质；第 6.1 项危险物——毒性物质

联合国编号（UN No.）：2011

正式运输名称：二磷化三镁

包装类别：Ⅰ

1265　磷化钠

别名：—

英文名：sodium phosphide

CAS 号：12058-85-4

GHS 标签信号词及象形图：危险

危险性类别：遇水放出易燃气体的物质和混合物，类别 1

急性毒性-经口，类别 3＊

急性毒性-经皮，类别 3＊

急性毒性-吸入，类别 3＊

危害水生环境-急性危害，类别 1

主要危险性及次要危险性：第 4.3 项危险物——遇水放出易燃气体的物质；第 6.1 项危险物——毒性物质

联合国编号（UN No.）：1432

正式运输名称：磷化钠

包装类别：Ⅰ

1266　磷化氢

别名：磷化三氢；膦

英文名：phosphine；trihydrogen phosphide

CAS 号：7803-51-2

GHS 标签信号词及象形图：危险

危险性类别：易燃气体，类别 1

加压气体

急性毒性-吸入，类别 2＊

皮肤腐蚀/刺激，类别 1B

严重眼损伤/眼刺激，类别 1

危害水生环境-急性危害，类别 1

主要危险性及次要危险性：第 2.3 类危险物——毒性气体；第 2.1 类危险物——易燃气体

联合国编号（UN No.）：2199

正式运输名称：磷化氢（膦）

包装类别：不适用

1267　磷化锶

别名：—

英文名：strontium phosphide

CAS 号：12504-13-1

GHS 标签信号词及象形图：危险

危险性类别：遇水放出易燃气体的物质和混合物，类别 1

急性毒性-经口，类别 3*

急性毒性-经皮，类别 3*

急性毒性-吸入，类别 3*

危害水生环境-急性危害，类别 1

主要危险性及次要危险性：第 4.3 项危险物——遇水放出易燃气体的物质；第 6.1 项危险物——毒性物质

联合国编号（UN No.）：2013

正式运输名称：磷化锶

包装类别：Ⅰ

1268　磷化锡

别名：—

英文名：stannic phosphide

CAS 号：25324-56-5

GHS 标签信号词及象形图：危险

危险性类别：遇水放出易燃气体的物质和混合物，类别 1

急性毒性-经口，类别 3*

急性毒性-经皮，类别 3*

急性毒性-吸入，类别 3*

危害水生环境-急性危害，类别 1

危害水生环境-长期危害，类别 1

主要危险性及次要危险性：第 4.3 项危险物——遇水放出易燃气体的物质；第 6.1 项危险物——毒性物质

联合国编号（UN No.）：1433

正式运输名称：磷化锡

包装类别：Ⅰ

1269　磷化锌

别名：—

英文名：zinc phosphide; trizinc diphosphide

CAS 号：1314-84-7

GHS 标签信号词及象形图：危险

危险性类别：遇水放出易燃气体的物质和混合物，类别 1

急性毒性-经口，类别 2*

危害水生环境-急性危害，类别 1

危害水生环境-长期危害，类别 1

主要危险性及次要危险性：第 4.3 项危险物——遇水放出易燃气体的物质；第 6.1 项危险物——毒性物质

联合国编号（UN No.）：1714

正式运输名称：磷化锌

包装类别：Ⅰ

1270　磷酸二乙基汞

别名：谷乐生；谷仁乐生；乌斯普龙汞制剂

英文名：di（ethyl mercuric）phosphate；EMP；lignasan

CAS 号：2235-25-8

GHS 标签信号词及象形图：危险

危险性类别：急性毒性-经口，类别 2*

急性毒性-经皮，类别 1

急性毒性-吸入，类别 2*

特异性靶器官毒性-反复接触，类别 2*

危害水生环境-急性危害，类别 1

危害水生环境-长期危害，类别 1

主要危险性及次要危险性：第 6.1 项危险物——毒性物质

联合国编号（UN No.）：2025

正式运输名称：固态汞化合物，未另作规定的

包装类别：Ⅰ

1271　磷酸三甲苯酯

别名：磷酸三甲酚酯；增塑剂 TCP

英文名：tricresylphosphate；tritolylphosphate；plasticizer TCP

CAS 号：1330-78-5

GHS 标签信号词及象形图：危险

危险性类别：生殖毒性，类别 1B
  特异性靶器官毒性-一次接触，类别 1
  特异性靶器官毒性-反复接触，类别 1
  危害水生环境-急性危害，类别 1
  危害水生环境-长期危害，类别 1

主要危险性及次要危险性：第 6.1 项危险物——毒性物质

联合国编号（UN No.）：2574

正式运输名称：磷酸三甲苯酯，含邻位异构物大于 3%

包装类别：Ⅱ

1272   磷酸亚铊

别名：—

英文名：thallium（Ⅰ）*o*-phosphate；trithallium orthophosphate

CAS 号：13453-41-3

GHS 标签信号词及象形图：危险

危险性类别：急性毒性-经口，类别 2*
  急性毒性-吸入，类别 2*
  特异性靶器官毒性-反复接触，类别 2*
  危害水生环境-急性危害，类别 2
  危害水生环境-长期危害，类别 2

主要危险性及次要危险性：第 6.1 项危险物——毒性物质

联合国编号（UN No.）：3288

正式运输名称：无机毒性固体，未另作规定的

包装类别：Ⅱ

1273   9-磷杂双环壬烷

别名：环辛二烯膦

英文名：9-phosphabicyclononane；cyclooctadiene phosphine

CAS 号：—

GHS 标签信号词及象形图：危险

危险性类别：自热物质和混合物，类别 1

主要危险性及次要危险性：第 4.2 项危险物——易于自燃的物质

联合国编号（UN No.）：2940

正式运输名称：9-磷杂二环壬烷（环辛二烯膦）

包装类别：Ⅱ

1274   膦酸

别名：—

英文名：phosphorous acid

CAS 号：10294-56-1

GHS 标签信号词及象形图：危险

危险性类别：皮肤腐蚀/刺激，类别 1A
  严重眼损伤/眼刺激，类别 1

主要危险性及次要危险性：第 8 类危险物——腐蚀性物质

联合国编号（UN No.）：3260

正式运输名称：无机酸性腐蚀性固体，未另作规定的

包装类别：Ⅰ

1275   β,β′-硫代二丙腈

别名：—

英文名：β,β′-thiodipropionitrile

CAS 号：111-97-7

GHS 标签信号词及象形图：警告

危险性类别：皮肤腐蚀/刺激，类别 2

严重眼损伤/眼刺激，类别 2

特异性靶器官毒性--次接触，类别 3（呼吸道刺激）

主要危险性及次要危险性：—

联合国编号（UN No.）： 非危

正式运输名称：—

包装类别：—

1276 2-硫代呋喃甲醇

别名： 糠硫醇

英文名： 2-furanmethanethiol；2-furfuryl mercaptan

CAS 号： 98-02-2

GHS 标签信号词及象形图： 警告

危险性类别： 易燃液体，类别 3

主要危险性及次要危险性： 第 3 类危险物——易燃液体

联合国编号（UN No.）： 3336

正式运输名称： 液态硫醇，易燃，未另作规定的，或液态硫醇混合物，易燃，未另作规定的

包装类别： Ⅲ

1277 硫代甲酰胺

别名：—

英文名： thioformamide

CAS 号： 115-08-2

GHS 标签信号词及象形图： 危险

危险性类别： 易燃液体，类别 2

主要危险性及次要危险性： 第 3 类危险物——易燃液体

联合国编号（UN No.）： 1993

正式运输名称： 易燃液体，未另作规定的

包装类别： Ⅱ

1278 硫代磷酰氯

别名： 硫代氯化磷酰；三氯化硫磷；三氯硫磷

英文名： thiophosphoryl chloride；phosphorothioic trichloride；phosphorous sulfochloride；phosphorus（Ⅴ）thiochloride

CAS 号： 3982-91-0

GHS 标签信号词及象形图： 危险

危险性类别： 急性毒性-吸入，类别 1

皮肤腐蚀/刺激，类别 1

严重眼损伤/眼刺激，类别 1

主要危险性及次要危险性： 第 8 类危险物——腐蚀性物质

联合国编号（UN No.）： 1837

正式运输名称： 硫代磷酰氯

包装类别： Ⅱ

1279 硫代氯甲酸乙酯

别名： 氯硫代甲酸乙酯

英文名： ethyl chlorothioformate；ethyl thiochloroformate

CAS 号： 2941-64-2

GHS 标签信号词及象形图： 危险

危险性类别： 易燃液体，类别 3

急性毒性-吸入，类别 2

皮肤腐蚀/刺激，类别 1

严重眼损伤/眼刺激，类别 1

主要危险性及次要危险性 第 8 类危险物——腐蚀性物质；第 3 类危险物——易燃液体

联合国编号（UN No.）： 2826

正式运输名称： 氯硫代甲酸乙酯

包装类别： Ⅱ

1280 4-硫代戊醛

别名：甲基巯基丙醛

英文名：4-thiapentanal；methylmercaptopropi-
onaldehyde

CAS 号：3268-49-3

GHS 标签信号词及象形图：危险

危险性类别：急性毒性-经皮，类别 3

急性毒性-吸入，类别 3

皮肤腐蚀/刺激，类别 2

严重眼损伤/眼刺激，类别 1

皮肤致敏物，类别 1

特异性靶器官毒性-一次接触，类别 2

特异性靶器官毒性-反复接触，类别 2

危害水生环境-急性危害，类别 1

主要危险性及次要危险性：第 6.1 项危险
物——毒性物质

联合国编号（UN No.）：2785

正式运输名称：4-硫杂戊醛

包装类别：Ⅲ

1281 硫代乙酸

别名：硫代醋酸

英文名：thioacetic acid；ethanethioic acid

CAS 号：507-09-5

GHS 标签信号词及象形图：危险

危险性类别：易燃液体，类别 2

皮肤腐蚀/刺激，类别 1

严重眼损伤/眼刺激，类别 1

皮肤致敏物，类别 1

主要危险性及次要危险性：第 3 类危险物——
易燃液体

联合国编号（UN No.）：2436

正式运输名称：硫代乙酸

包装类别：Ⅱ

1282 硫代异氰酸甲酯

别名：异硫氰酸甲酯；甲基芥子油

英文名：methyl isothiocyanate；methyl mustard
oil

CAS 号：556-61-6

GHS 标签信号词及象形图：危险

危险性类别：易燃液体，类别 3

急性毒性-经口，类别 3＊

急性毒性-吸入，类别 3＊

皮肤腐蚀/刺激，类别 1B

严重眼损伤/眼刺激，类别 1

皮肤致敏物，类别 1

危害水生环境-急性危害，类别 1

危害水生环境-长期危害，类别 1

主要危险性及次要危险性：第 6.1 项危险
物——毒性物质；第 3 类危险物——易燃
液体

联合国编号（UN No.）：2477

正式运输名称：异硫氰酸甲酯

包装类别：Ⅰ

1283 硫化铵溶液

别名：—

英文名：ammonium sulphide solution

CAS 号：—

GHS 标签信号词及象形图：危险

危险性类别：易燃液体，类别 3

急性毒性-吸入，类别 3

皮肤腐蚀/刺激，类别 1

严重眼损伤/眼刺激，类别 1

主要危险性及次要危险性：第 8 类危险物——
腐蚀性物质；第 3 类危险物——易燃液体；
第 6.1 项危险物——毒性物质

联合国编号（UN No.）：2683

正式运输名称：硫化铵溶液

包装类别：Ⅱ

1284 硫化钡

别名：—

英文名：barium sulphide

CAS 号：21109-95-5

GHS 标签信号词及象形图：警告

危险性类别：危害水生环境-急性危害，类别1

主要危险性及次要危险性：第9类危险物——杂项危险物质和物品

联合国编号（UN No.）：3077

正式运输名称：对环境有害的固态物质，未另作规定的

包装类别：Ⅲ

1285 硫化镉

别名：—

英文名：cadmium sulphide

CAS 号：1306-23-6

GHS 标签信号词及象形图：危险

危险性类别：生殖细胞致突变性，类别2

致癌性，类别1A

生殖毒性，类别2

特异性靶器官毒性-反复接触，类别1

主要危险性及次要危险性：第9类危险物——杂项危险物质和物品

联合国编号（UN No.）：3077

正式运输名称：对环境有害的固态物质，未另作规定的

包装类别：Ⅲ

1286 硫化汞

别名：朱砂

英文名：mercury sulfide

CAS 号：1344-48-5

GHS 标签信号词及象形图：危险

危险性类别：急性毒性-经口，类别2

急性毒性-经皮，类别1

急性毒性-吸入，类别2

特异性靶器官毒性-反复接触，类别2

危害水生环境-急性危害，类别1

危害水生环境-长期危害，类别1

主要危险性及次要危险性：第6.1项危险物——毒性物质

联合国编号（UN No.）：2025

正式运输名称：固态汞化合物，未另作规定的

包装类别：Ⅰ

1287 硫化钾

别名：硫化二钾

英文名：potassium sulphide；dipotassium sulphide

CAS 号：1312-73-8

GHS 标签信号词及象形图：危险

危险性类别：（1）无水或含结晶水＜30％，自热物质和混合物，类别1

皮肤腐蚀/刺激，类别1B

严重眼损伤/眼刺激，类别1

危害水生环境-急性危害，类别1

主要危险性及次要危险性：第4.2项危险物——易于自燃的物质

联合国编号（UN No.）：1382

正式运输名称：无水硫化钾

包装类别：Ⅱ

硫化钾

别名：硫化二钾

英文名：potassium sulphide；dipotassium
  sulphide

CAS 号： 1312-73-8

GHS 标签信号词及象形图： 危险

危险性类别：（2）含结晶水≥30％，
  皮肤腐蚀/刺激，类别 1B
  严重眼损伤/眼刺激，类别 1
  危害水生环境-急性危害，类别 1

主要危险性及次要危险性： 第 8 类危险物——
  腐蚀性物质

联合国编号（UN No.）： 1847

正式运输名称： 水合硫化钾，含结晶水不低
  于 30％

包装类别： Ⅱ

1288　硫化钠

别名： 臭碱

英文名： sodium sulphide

CAS 号： 1313-82-2

GHS 标签信号词及象形图： 危险

危险性类别：（1）无水或含结晶水＜30％，
  自热物质和混合物，类别 1
  急性毒性-经皮，类别 3 *
  皮肤腐蚀/刺激，类别 1B
  严重眼损伤/眼刺激，类别 1
  危害水生环境-急性危害，类别 1

主要危险性及次要危险性： 第 4.2 项危险
  物——易于自燃的物质

联合国编号（UN No.）： 1385

正式运输名称： 无水硫化钠

包装类别： Ⅱ

硫化钠

别名： 臭碱

英文名： sodium sulphide

CAS 号： 1313-82-2

GHS 标签信号词及象形图： 危险

危险性类别：（2）含结晶水≥30％，
  急性毒性-经皮，类别 3 *
  皮肤腐蚀/刺激，类别 1B
  严重眼损伤/眼刺激，类别 1
  危害水生环境-急性危害，类别 1

主要危险性及次要危险性： 第 8 类危险物——
  腐蚀性物质

联合国编号（UN No.）： 1849

正式运输名称： 水合硫化钠，含水不低
  于 30％

包装类别： Ⅱ

1289　硫化氢

别名： —

英文名： hydrogen sulphide

CAS 号： 7783-06-4

GHS 标签信号词及象形图： 危险

危险性类别： 易燃气体，类别 1
  加压气体
  急性毒性-吸入，类别 2 *
  危害水生环境-急性危害，类别 1

主要危险性及次要危险性： 第 2.3 类危险
  物——毒性气体；第 2.1 类危险物——易
  燃气体

联合国编号（UN No.）： 1053

正式运输名称： 硫化氢

包装类别： 不适用

1290　硫黄

别名： 硫

英文名： sulphur

CAS 号： 7704-34-9

GHS 标签信号词及象形图： 警告

危险性类别：易燃固体，类别 2

主要危险性及次要危险性：第 4.1 项危险物——易燃固体

联合国编号（UN No.）：1350

正式运输名称：硫

包装类别：Ⅲ

1291　硫脲

别名：硫代尿素

英文名：thiourea；thiocarbamide；sulfourea

CAS 号：62-56-6

GHS 标签信号词及象形图：警告

危险性类别：生殖毒性，类别 2

　　危害水生环境-急性危害，类别 2

　　危害水生环境-长期危害，类别 2

主要危险性及次要危险性：第 9 类危险物——杂项危险物质和物品

联合国编号（UN No.）：3077

正式运输名称：对环境有害的固态物质，未另作规定的

包装类别：Ⅲ

1292　硫氢化钙

别名：—

英文名：calcium hydrosulfide

CAS 号：12133-28-7

GHS 标签信号词及象形图：危险

危险性类别：皮肤腐蚀/刺激，类别 1B

　　严重眼损伤/眼刺激，类别 1

主要危险性及次要危险性：第 8 类危险物——腐蚀性物质

联合国编号（UN No.）：1759

正式运输名称：腐蚀性固体，未另作规定的

包装类别：Ⅱ

1293　硫氢化钠

别名：氢硫化钠

英文名：sodium hydrosulfide

CAS 号：16721-80-5

GHS 标签信号词及象形图：危险

危险性类别：自热物质和混合物，类别 2

　　急性毒性-经口，类别 3

　　皮肤腐蚀/刺激，类别 1

　　严重眼损伤/眼刺激，类别 1

　　特异性靶器官毒性-一次接触，类别 2

　　特异性靶器官毒性-一次接触，类别 3（呼吸道刺激）

　　危害水生环境-急性危害，类别 1

主要危险性及次要危险性：第 4.2 项危险物——易于自燃的物质

联合国编号（UN No.）：2318

正式运输名称：氢硫化钠，含结晶水低于 25%

包装类别：Ⅱ

1294　硫氰酸苄

别名：硫氰化苄；硫氰酸苄酯

英文名：benzyl thiocyanate；benzyl thiocyanide；benzyl sulfocyanate

CAS 号：3012-37-1

GHS 标签信号词及象形图：警告

危险性类别：严重眼损伤/眼刺激，类别 2B

　　特异性靶器官毒性-一次接触，类别 3（呼吸道刺激）

主要危险性及次要危险性：—

联合国编号（UN No.）：非危

正式运输名称：—

包装类别：—

1295　硫氰酸钙

别名：硫氰化钙

英文名：calcium thiocyanate；calcium sulfocy-
anate

CAS 号：2092-16-2

GHS 标签信号词及象形图：无

危险性类别：危害水生环境-长期危害，类
别 3

主要危险性及次要危险性：—

联合国编号（UN No.）：非危

正式运输名称：—

包装类别：—

1296　硫氰酸汞

别名：—

英文名：mercuric thiocyanate

CAS 号：592-85-8

GHS 标签信号词及象形图：危险

危险性类别：急性毒性-经口，类别 2
　急性毒性-经皮，类别 3
　严重眼损伤/眼刺激，类别 2B
　皮肤致敏物，类别 1
　生殖细胞致突变性，类别 2
　生殖毒性，类别 2
　特异性靶器官毒性--次接触，类别 1
　特异性靶器官毒性-反复接触，类别 1
　危害水生环境-急性危害，类别 1
　危害水生环境-长期危害，类别 1

主要危险性及次要危险性：第 6.1 项危险
物——毒性物质

联合国编号（UN No.）：1646

正式运输名称：硫氰酸汞

包装类别：Ⅱ

1297　硫氰酸汞铵

别名：—

英文名：mercuric ammonium thiocyanate

CAS 号：20564-21-0

GHS 标签信号词及象形图：危险

危险性类别：急性毒性-经口，类别 2*
　急性毒性-经皮，类别 1
　急性毒性-吸入，类别 2*
　特异性靶器官毒性-反复接触，类别 2*
　危害水生环境-急性危害，类别 1
　危害水生环境-长期危害，类别 1

主要危险性及次要危险性：第 6.1 项危险
物——毒性物质

联合国编号（UN No.）：2025

正式运输名称：固态汞化合物，未另作规
定的

包装类别：Ⅰ

1298　硫氰酸汞钾

别名：—

英文名：mercuric potassium thiocyanate

CAS 号：14099-12-8

GHS 标签信号词及象形图：危险

危险性类别：急性毒性-经口，类别 2*
　急性毒性-经皮，类别 1
　急性毒性-吸入，类别 2*
　特异性靶器官毒性-反复接触，类别 2*
　危害水生环境-急性危害，类别 1
　危害水生环境-长期危害，类别 1

主要危险性及次要危险性：第 6.1 项危险
物——毒性物质

联合国编号（UN No.）：2025

正式运输名称：固态汞化合物，未另作规
定的

包装类别：Ⅰ

1299 硫氰酸甲酯

别名：—

英文名：methyl thiocyanate

CAS 号：556-64-9

GHS 标签信号词及象形图：危险

危险性类别：易燃液体，类别 3

　　急性毒性-经口，类别 3

主要危险性及次要危险性：第 3 类危险物——

　　易燃液体；第 6.1 项危险物——毒性物质

联合国编号（UN No.）：1992

正式运输名称：易燃液体，毒性，未另作规

　　定的

包装类别：Ⅲ

1300 硫氰酸乙酯

别名：—

英文名：ethyl thiocyanate

CAS 号：542-90-5

GHS 标签信号词及象形图：警告

危险性类别：易燃液体，类别 3

主要危险性及次要危险性：第 3 类危险物——

　　易燃液体

联合国编号（UN No.）：1993

正式运输名称：易燃液体，未另作规定的

包装类别：Ⅲ

1301 硫氰酸异丙酯

别名：—

英文名：isopropyl thiocyanate

CAS 号：625-59-2

GHS 标签信号词及象形图：危险

危险性类别：易燃液体，类别 2

主要危险性及次要危险性：第 3 类危险物——

　　易燃液体

联合国编号（UN No.）：1993

正式运输名称：易燃液体，未另作规定的

包装类别：Ⅱ

1302 硫酸

别名：—

英文名：sulphuric acid

CAS 号：7664-93-9

GHS 标签信号词及象形图：危险

危险性类别：皮肤腐蚀/刺激，类别 1A

　　严重眼损伤/眼刺激，类别 1

主要危险性及次要危险性：第 8 类危险物——

　　腐蚀性物质

联合国编号（UN No.）：1830

正式运输名称：硫酸，含酸大于 51%

包装类别：Ⅱ

1303 硫酸-2,4-二氨基甲苯

别名：2,4-二氨基甲苯硫酸

英文名：2,4-diaminotoluene sulfate；2,4-tol-

　　uene diamine sulfate

CAS 号：65321-67-7

GHS 标签信号词及象形图：危险

危险性类别：急性毒性-经口，类别 3＊

　　严重眼损伤/眼刺激，类别 2A

　　皮肤致敏物，类别 1

　　危害水生环境-急性危害，类别 2

　　危害水生环境-长期危害，类别 2

主要危险性及次要危险性：第 6.1 项危险

　　物——毒性物质

联合国编号（UN No.）：2810

正式运输名称：有机毒性液体，未另作规定的

包装类别：Ⅲ

1304　硫酸-2,5-二氨基甲苯

别名：2,5-二氨基甲苯硫酸

英文名：sulfuric acid -2,5 -diamino toluene；2,5-toluenediamine sulfate；2-methyl-p-phenylenediamine sulphate

CAS 号：615-50-9

GHS 标签信号词及象形图：危险

危险性类别：急性毒性-经口，类别 3 *

　皮肤致敏物，类别 1

　危害水生环境-急性危害，类别 2

　危害水生环境-长期危害，类别 2

主要危险性及次要危险性：第 6.1 项危险物——毒性物质

联合国编号（UN No.）：2811

正式运输名称：有机毒性固体，未另作规定的

包装类别：Ⅲ

1305　硫酸-2,5-二乙氧基-4-(4-吗啉基)重氮苯

别名：—

英文名：2,5-diethoxy-4-(4-morpholinyl) benzene diazonium sulphate

CAS 号：32178-39-5

GHS 标签信号词及象形图：危险

危险性类别：自反应物质和混合物，D 型

主要危险性及次要危险性：第 4.1 项危险物——自反应物质

联合国编号（UN No.）：3225

正式运输名称：D 型自反应液体

包装类别：满足Ⅱ类包装要求

1306　硫酸-4,4′-二氨基联苯

别名：硫酸联苯胺；联苯胺硫酸

英文名：4,4′-diaminodiphenyl sulfate；benzidine sulfate；[(1,1′-biphenyl)-4,4′-diyl]diammonium sulphate

CAS 号：531-86-2

GHS 标签信号词及象形图：警告

危险性类别：危害水生环境-急性危害，类别 1

　危害水生环境-长期危害，类别 1

主要危险性及次要危险性：第 9 类危险物——杂项危险物质和物品

联合国编号（UN No.）：3077

正式运输名称：对环境有害的固态物质，未另作规定的

包装类别：Ⅲ

1307　硫酸-4-氨基-N,N-二甲基苯胺

别名：N,N-二甲基对苯二胺硫酸；对氨基-N,N-二甲基苯胺硫酸

英文名：4-amino-N,N-dimethylaniline sulfate；N,N-dimethyl-p-phenylenediamine sulfate；p-amino-N,N-dimethylaniline sulfate

CAS 号：536-47-0

GHS 标签信号词及象形图：危险

危险性类别：急性毒性-经口，类别 3

　急性毒性-经皮，类别 3

　急性毒性-吸入，类别 3

　皮肤腐蚀/刺激，类别 2

　严重眼损伤/眼刺激，类别 2

　特异性靶器官毒性-一次接触，类别 3（呼吸道刺激）

主要危险性及次要危险性：第 6.1 项危险物——毒性物质

联合国编号（UN No.）：2811

正式运输名称：有机毒性固体，未另作规定的

包装类别：Ⅲ

1308 硫酸苯胺

别名：—
英文名：aniline sulfate
CAS 号：542-16-5
GHS 标签信号词及象形图：警告

危险性类别：危害水生环境-急性危害，类别 1
主要危险性及次要危险性：第 9 类危险物——杂项危险物质和物品
联合国编号（UN No.）：3077
正式运输名称：对环境有害的固态物质，未另作规定的
包装类别：Ⅲ

1309 硫酸苯肼

别名：苯肼硫酸
英文名：phenylhydrazine sulfate；hydrazinobenzene sulfate
CAS 号：2545-79-1
GHS 标签信号词及象形图：危险

危险性类别：急性毒性-经口，类别 3*
　急性毒性-经皮，类别 3*
　急性毒性-吸入，类别 3*
　皮肤腐蚀/刺激，类别 2
　严重眼损伤/眼刺激，类别 2
　皮肤致敏物，类别 1
　生殖细胞致突变性，类别 2
　特异性靶器官毒性-反复接触，类别 1
　危害水生环境-急性危害，类别 1
主要危险性及次要危险性：第 6.1 项危险物——毒性物质
联合国编号（UN No.）：2810
正式运输名称：有机毒性液体，未另作规定的

包装类别：Ⅲ

1310 硫酸对苯二胺

别名：硫酸对二氨基苯
英文名：*p*-phenylene diamine sulfate；1,4-diaminobenzene sulfate
CAS 号：16245-77-5
GHS 标签信号词及象形图：警告

危险性类别：危害水生环境-急性危害，类别 1
　危害水生环境-长期危害，类别 1
主要危险性及次要危险性：第 9 类危险物——杂项危险物质和物品
联合国编号（UN No.）：3077
正式运输名称：对环境有害的固态物质，未另作规定的
包装类别：Ⅲ

1311 硫酸二甲酯

别名：硫酸甲酯
英文名：dimethyl sulphate；methyl sulfate
CAS 号：77-78-1
GHS 标签信号词及象形图：危险

危险性类别：急性毒性-经口，类别 3*
　急性毒性-吸入，类别 2*
　皮肤腐蚀/刺激，类别 1B
　严重眼损伤/眼刺激，类别 1
　皮肤致敏物，类别 1
　生殖细胞致突变性，类别 2
　致癌性，类别 1B
　特异性靶器官毒性-一次接触，类别 3（呼吸道刺激）
　危害水生环境-急性危害，类别 2
主要危险性及次要危险性：第 6.1 项危险

物——毒性物质；第 8 类危险物——腐蚀性物质

联合国编号（UN No.）：1595

正式运输名称：硫酸二甲酯

包装类别：Ⅰ

1312　硫酸二乙酯

别名：硫酸乙酯

英文名：diethyl sulphate

CAS 号：64-67-5

GHS 标签信号词及象形图：危险

危险性类别：急性毒性-经皮，类别 3
皮肤腐蚀/刺激，类别 1B
严重眼损伤/眼刺激，类别 1
生殖细胞致突变性，类别 1B
致癌性，类别 1B

主要危险性及次要危险性：第 6.1 项危险物——毒性物质

联合国编号（UN No.）：1594

正式运输名称：硫酸二乙酯

包装类别：Ⅱ

1313　硫酸镉

别名：—

英文名：cadmium sulphate

CAS 号：10124-36-4

GHS 标签信号词及象形图：危险

危险性类别：急性毒性-经口，类别 3 *
急性毒性-吸入，类别 2 *
生殖细胞致突变性，类别 1B
致癌性，类别 1A
生殖毒性，类别 1B
特异性靶器官毒性-反复接触，类别 1
危害水生环境-急性危害，类别 1
危害水生环境-长期危害，类别 1

主要危险性及次要危险性：第 6.1 项危险物——毒性物质

联合国编号（UN No.）：3288

正式运输名称：无机毒性固体，未另作规定的

包装类别：Ⅱ

1314　硫酸汞

别名：硫酸高汞

英文名：mercury sulphate；mercury persulfate

CAS 号：7783-35-9

GHS 标签信号词及象形图：危险

危险性类别：急性毒性-经口，类别 3
急性毒性-经皮，类别 3
皮肤致敏物，类别 1
特异性靶器官毒性-一次接触，类别 1
特异性靶器官毒性-反复接触，类别 1
危害水生环境-急性危害，类别 1
危害水生环境-长期危害，类别 1

主要危险性及次要危险性：第 6.1 项危险物——毒性物质

联合国编号（UN No.）：1645

正式运输名称：硫酸汞

包装类别：Ⅱ

1315　硫酸钴

别名：—

英文名：cobalt sulphate

CAS 号：10124-43-3

GHS 标签信号词及象形图：危险

危险性类别：呼吸道致敏物，类别 1
皮肤致敏物，类别 1
生殖细胞致突变性，类别 2
致癌性，类别 2
生殖毒性，类别 1B

危害水生环境-急性危害，类别 1

危害水生环境-长期危害，类别 1

主要危险性及次要危险性：第 9 类危险物——杂项危险物质和物品

联合国编号（UN No.）：3077

正式运输名称：对环境有害的固态物质，未另作规定的

包装类别：Ⅲ

1316 硫酸间苯二胺

别名：硫酸间二氨基苯

英文名：*m*-phenylene diamine sulfate；1,3-di-aminobenzene sulfate

CAS 号：541-70-8

GHS 标签信号词及象形图：危险

危险性类别：急性毒性-经口，类别 3 *

急性毒性-经皮，类别 3 *

急性毒性-吸入，类别 3 *

严重眼损伤/眼刺激，类别 2

危害水生环境-急性危害，类别 1

危害水生环境-长期危害，类别 1

主要危险性及次要危险性：第 6.1 项危险物——毒性物质

联合国编号（UN No.）：2811

正式运输名称：有机毒性固体，未另作规定的

包装类别：Ⅲ

1317 硫酸马钱子碱

别名：二甲氧基士的宁硫酸盐

英文名：brucine sulfate；dimethoxy strychnine sulfate

CAS 号：4845-99-2

GHS 标签信号词及象形图：危险

危险性类别：急性毒性-经口，类别 2 *

急性毒性-吸入，类别 2 *

危害水生环境-长期危害，类别 3

主要危险性及次要危险性：第 6.1 项危险物——毒性物质

联合国编号（UN No.）：1544

正式运输名称：固态生物碱，未另作规定的

包装类别：Ⅱ

1318 硫酸镍

别名：—

英文名：nickel sulphate

CAS 号：7786-81-4

GHS 标签信号词及象形图：危险

危险性类别：皮肤腐蚀/刺激，类别 2

呼吸道致敏物，类别 1

皮肤致敏物，类别 1

生殖细胞致突变性，类别 2

致癌性，类别 1A

生殖毒性，类别 1B

特异性靶器官毒性-反复接触，类别 1

危害水生环境-急性危害，类别 1

危害水生环境-长期危害，类别 1

主要危险性及次要危险性：第 9 类危险物——杂项危险物质和物品

联合国编号（UN No.）：3077

正式运输名称：对环境有害的固态物质，未另作规定的

包装类别：Ⅲ

1319 硫酸铍

别名：—

英文名：beryllium sulfate

CAS 号：13510-49-1

GHS 标签信号词及象形图：危险

危险性类别：急性毒性-经口，类别 3

急性毒性-吸入，类别 1

皮肤致敏物，类别 1

致癌性，类别 1A

生殖毒性，类别 2

特异性靶器官毒性-反复接触，类别 1

特异性靶器官毒性-一次接触，类别 1

危害水生环境-急性危害，类别 2

危害水生环境-长期危害，类别 2

主要危险性及次要危险性：第 6.1 项 危 险物——毒性物质

联合国编号（UN No.）： 3288

正式运输名称： 无机毒性固体，未另作规定的

包装类别： Ⅰ

1320　硫酸铍钾

别名：—

英文名： beryllium potassium sulfate

CAS 号： 53684-48-3

GHS 标签信号词及象形图： 危险

危险性类别：急性毒性-经口，类别 3 *

急性毒性-吸入，类别 2 *

皮肤腐蚀/刺激，类别 2

严重眼损伤/眼刺激，类别 2

皮肤致敏物，类别 1

致癌性，类别 1A

特异性靶器官毒性-一次接触，类别 3（呼吸道刺激）

特异性靶器官毒性-反复接触，类别 1

危害水生环境-急性危害，类别 2

危害水生环境-长期危害，类别 2

主要危险性及次要危险性：第 6.1 项 危 险物——毒性物质

联合国编号（UN No.）： 3288

正式运输名称： 无机毒性固体，未另作规定的

包装类别： Ⅱ

1321　硫酸铅（含游离酸＞3%）

别名：—

英文名： lead sulphate, with more than 3% free acid

CAS 号： 7446-14-2

GHS 标签信号词及象形图： 危险

危险性类别：皮肤腐蚀/刺激，类别 1

严重眼损伤/眼刺激，类别 1

致癌性，类别 1B

生殖毒性，类别 1A

特异性靶器官毒性-反复接触，类别 2

危害水生环境-急性危害，类别 1

危害水生环境-长期危害，类别 1

主要危险性及次要危险性：第 8 类危险物——腐蚀性物质

联合国编号（UN No.）： 1794

正式运输名称： 硫酸铅，含游离酸大于 3%

包装类别： Ⅱ

1322　硫酸羟胺

别名： 硫酸胲

英文名： bis（hydroxylammonium）sulphate；hydroxylamine sulphate（2∶1）

CAS 号： 10039-54-0

GHS 标签信号词及象形图： 警告

危险性类别：金属腐蚀物，类别 1

皮肤腐蚀/刺激，类别 2

严重眼损伤/眼刺激，类别 2

皮肤致敏物，类别 1

特异性靶器官毒性-反复接触，类别 2 *

危害水生环境-急性危害，类别 1

主要危险性及次要危险性：第 8 类危险物——腐蚀性物质

联合国编号（UN No.）： 2865

正式运输名称： 硫酸胲

包装类别： Ⅲ

1323 硫酸氢-2-(N-乙羰基甲氨基)-4-(3,4-二甲基苯磺酰)重氮苯

别名： —

英文名： 2-(N,N-methylaminoethylcarbonyl)-4-(3,4-dimethylphenylsulphonyl) benzenediazonium hydrogen sulphate

CAS 号： —

GHS 标签信号词及象形图： 危险

危险性类别： 自反应物质和混合物，D 型

主要危险性及次要危险性： 第 4.1 项危险物——自反应物质

联合国编号（UN No.）： 3226

正式运输名称： D 型自反应固体

包装类别： 满足 II 类包装要求

1324 硫酸氢铵

别名： 酸式硫酸铵

英文名： ammonium bisulfate; ammonium hydrogen sulfate

CAS 号： 7803-63-6

GHS 标签信号词及象形图： 危险

危险性类别： 皮肤腐蚀/刺激，类别 1
严重眼损伤/眼刺激，类别 1

主要危险性及次要危险性： 第 8 类危险物——腐蚀性物质

联合国编号（UN No.）： 2506

正式运输名称： 硫酸氢铵

包装类别： II

1325 硫酸氢钾

别名： 酸式硫酸钾

英文名： potassium hydrogensulphate; potassium bisulfate

CAS 号： 7646-93-7

GHS 标签信号词及象形图： 危险

危险性类别： 皮肤腐蚀/刺激，类别 1B
严重眼损伤/眼刺激，类别 1
特异性靶器官毒性-一次接触，类别 3（呼吸道刺激）

主要危险性及次要危险性： 第 8 类危险物——腐蚀性物质

联合国编号（UN No.）： 2509

正式运输名称： 硫酸氢钾

包装类别： II

1326 硫酸氢钠

别名： 酸式硫酸钠

英文名： sodium hydrogensulphate; sodium bisulfate

CAS 号： 7681-38-1

GHS 标签信号词及象形图： 危险

危险性类别： 严重眼损伤/眼刺激，类别 1

主要危险性及次要危险性： —

联合国编号（UN No.）： 非危

正式运输名称： —

包装类别： —

硫酸氢钠溶液

别名： 酸式硫酸钠溶液

英文名： sodium hydrogen sulfate,solution;sodium bisulfate, solution

CAS 号： 7681-38-1

GHS 标签信号词及象形图： 危险

危险性类别： 严重眼损伤/眼刺激，类别 1

主要危险性及次要危险性： 第 8 类危险物——腐蚀性物质△

联合国编号（UN No.）：2837△
正式运输名称：硫酸氢盐水溶液
包装类别：Ⅱ/Ⅲ△

1327　硫酸三乙基锡

别名：—
英文名：triethyltin sulfate；triaethylzinnsulfat
CAS号：57-52-3
GHS标签信号词及象形图：危险

危险性类别：急性毒性-经口，类别2 *
　急性毒性-经皮，类别1
　急性毒性-吸入，类别2 *
　危害水生环境-急性危害，类别1
　危害水生环境-长期危害，类别1
主要危险性及次要危险性：第 6.1 项危险
　物——毒性物质
联合国编号（UN No.）：2788
正式运输名称：固态有机锡化合物，未另作
　规定的
包装类别：Ⅰ

1328　硫酸铊

别名：硫酸亚铊
英文名：dithallium sulphate；thallic sulphate；
　thallium（Ⅰ）sulfate
CAS号：7446-18-6
GHS标签信号词及象形图：危险

危险性类别：急性毒性-经口，类别2 *
　皮肤腐蚀/刺激，类别2
　特异性靶器官毒性-反复接触，类别1
　危害水生环境-急性危害，类别2
　危害水生环境-长期危害，类别2
主要危险性及次要危险性：第 6.1 项危险
　物——毒性物质
联合国编号（UN No.）：1707

正式运输名称：铊化合物，未另作规定的
包装类别：Ⅱ

1329　硫酸亚汞

别名：—
英文名：mercurous sulfate
CAS号：7783-36-0
GHS标签信号词及象形图：危险

危险性类别：急性毒性-经口，类别3
　危害水生环境-急性危害，类别1
　危害水生环境-长期危害，类别1
主要危险性及次要危险性：第 6.1 项危险
　物——毒性物质
联合国编号（UN No.）：3288
正式运输名称：无机毒性固体，未另作规
　定的
包装类别：Ⅲ

1330　硫酸氧钒

别名：硫酸钒酰
英文名：vanadyl sulfate；vanadyl sulphate；vana-
　dium oxysulfate
CAS号：27774-13-6
GHS标签信号词及象形图：危险

危险性类别：急性毒性-经口，类别3
　皮肤腐蚀/刺激，类别2
　严重眼损伤/眼刺激，类别2
　危害水生环境-急性危害，类别2
　危害水生环境-长期危害，类别2
主要危险性及次要危险性：第 6.1 项危险
　物——毒性物质
联合国编号（UN No.）：2931
正式运输名称：硫酸氧钒
包装类别：Ⅱ

1331 硫酰氟

别名：氟化磺酰

英文名：sulfuryl fluoride；sulphuryl difluoride

CAS 号：2699-79-8

GHS 标签信号词及象形图：危险

危险性类别：加压气体

急性毒性-吸入，类别 3＊

特异性靶器官毒性-反复接触，类别 2＊

危害水生环境-急性危害，类别 1

主要危险性及次要危险性：第 2.3 类危险

物——毒性气体

联合国编号（UN No.）：2191

正式运输名称：硫酰氟

包装类别：不适用

1332 六氟-2,3-二氯-2-丁烯

别名：2,3-二氯六氟-2-丁烯

英文名：hexafluoro-2,3-dichloro-2-butylene；

2,3-dichlorohexafluoro-2-butylene

CAS 号：303-04-8

GHS 标签信号词及象形图：危险

危险性类别：急性毒性-吸入，类别 1

主要危险性及次要危险性：第 6.1 项危险

物——毒性物质

联合国编号（UN No.）：2810

正式运输名称：有机毒性液体，未另作规

定的

包装类别：Ⅰ

1333 六氟丙酮

别名：全氟丙酮

英文名：hexafluoroacetone；perfluorinated acetone

CAS 号：684-16-2

GHS 标签信号词及象形图：危险

危险性类别：加压气体

急性毒性-吸入，类别 2

皮肤腐蚀/刺激，类别 2

严重眼损伤/眼刺激，类别 2

生殖毒性，类别 2

特异性靶器官毒性-一次接触，类别 1

特异性靶器官毒性-反复接触，类别 1

主要危险性及次要危险性：第 2.3 类危险

物——毒性气体；第 8 类危险物——腐蚀

性物质

联合国编号（UN No.）：2420

正式运输名称：六氟丙酮

包装类别：不适用

1334 六氟丙酮水合物

别名：全氟丙酮水合物；水合六氟丙酮

英文名：hexafluoroacetone hydrate；perfluoroace-

tone hydrate

CAS 号：13098-39-0

GHS 标签信号词及象形图：危险

危险性类别：皮肤腐蚀/刺激，类别 2

严重眼损伤/眼刺激，类别 2

生殖毒性，类别 2

特异性靶器官毒性-一次接触，类别 1

特异性靶器官毒性-反复接触，类别 1

主要危险性及次要危险性：第 6.1 项危险

物——毒性物质

联合国编号（UN No.）：2552

正式运输名称：水合六氟丙酮，液态

包装类别：Ⅱ

1335 六氟丙烯

别名：全氟丙烯

英文名：hexafluoropropene；hexafluoropropylene；

perfluoropropylene

CAS 号：116-15-4

GHS 标签信号词及象形图：危险

危险性类别：加压气体

特异性靶器官毒性-一次接触，类别 1

特异性靶器官毒性-反复接触，类别 1

主要危险性及次要危险性：第 2.2 类危险物——非易燃无毒气体

联合国编号（UN No.）：1858

正式运输名称：六氟丙烯

包装类别：不适用

1336　六氟硅酸镁

别名：氟硅酸镁

英文名：magnesium hexafluorosilicate；magnesium fluorosilicate

CAS 号：16949-65-8

GHS 标签信号词及象形图：危险

危险性类别：急性毒性-经口，类别 3 *

主要危险性及次要危险性：第 6.1 项危险物——毒性物质

联合国编号（UN No.）：2853

正式运输名称：氟硅酸镁

包装类别：Ⅲ

1337　六氟合硅酸钡

别名：氟硅酸钡

英文名：barium hexafluorosilicate；barium silicofluoride

CAS 号：17125-80-3

GHS 标签信号词及象形图：危险

危险性类别：急性毒性-经口，类别 3

严重眼损伤/眼刺激，类别 2

特异性靶器官毒性-一次接触，类别 3（呼吸道刺激）

特异性靶器官毒性-反复接触，类别 1

主要危险性及次要危险性：第 6.1 项危险物——毒性物质

联合国编号（UN No.）：3288

正式运输名称：无机毒性固体，未另作规定的

包装类别：Ⅲ

1338　六氟合硅酸锌

别名：氟硅酸锌

英文名：zinc hexafluorosilicate；zinc silicofluoride

CAS 号：16871-71-9

GHS 标签信号词及象形图：危险

危险性类别：急性毒性-经口，类别 3

严重眼损伤/眼刺激，类别 2

特异性靶器官毒性-一次接触，类别 3（呼吸道刺激）

特异性靶器官毒性-反复接触，类别 1

主要危险性及次要危险性：第 6.1 项危险物——毒性物质

联合国编号（UN No.）：2855

正式运输名称：氟硅酸锌

包装类别：Ⅲ

1339　六氟合磷氢酸（无水）

别名：六氟代磷酸

英文名：hexafluorophosphoric acid，anhydrous；hydrogen hexafluorophosphate

CAS 号：16940-81-1

GHS 标签信号词及象形图：危险

危险性类别：皮肤腐蚀/刺激，类别 1

严重眼损伤/眼刺激，类别 1

主要危险性及次要危险性：第 8 类危险物——

腐蚀性物质

联合国编号（UN No.）：1782

正式运输名称：氟磷酸（六氟磷酸）

包装类别：Ⅱ

1340　六氟化碲

别名：—

英文名：tellurium hexafluoride

CAS 号：7783-80-4

GHS 标签信号词及象形图：危险

危险性类别：加压气体

　　急性毒性-吸入，类别 2

主要危险性及次要危险性：第 2.3 类危险物——毒性气体；第 8 类危险物——腐蚀性物质

联合国编号（UN No.）：2195

正式运输名称：六氟化碲

包装类别：不适用

1341　六氟化硫

别名：—

英文名：sulphur hexafluoride

CAS 号：2551-62-4

GHS 标签信号词及象形图：警告

危险性类别：加压气体

　　特异性靶器官毒性-一次接触，类别 3（麻醉效应）

主要危险性及次要危险性：第 2.2 类危险物——非易燃无毒气体

联合国编号（UN No.）：1080

正式运输名称：六氟化硫

包装类别：不适用

1342　六氟化钨

别名：—

英文名：tungsten（Ⅵ）hexafluoride

CAS 号：7783-82-6

GHS 标签信号词及象形图：危险

危险性类别：加压气体

　　急性毒性-吸入，类别 2

主要危险性及次要危险性：第 2.3 类危险物——毒性气体；第 8 类危险物——腐蚀性物质

联合国编号（UN No.）：2196

正式运输名称：六氟化钨

包装类别：不适用

1343　六氟化硒

别名：—

英文名：selenium hexafluoride

CAS 号：7783-79-1

GHS 标签信号词及象形图：危险

危险性类别：加压气体

　　急性毒性-吸入，类别 1

　　皮肤腐蚀/刺激，类别 2

　　严重眼损伤/眼刺激，类别 1

　　特异性靶器官毒性-一次接触，类别 1

　　特异性靶器官毒性-反复接触，类别 1

主要危险性及次要危险性：第 2.3 类危险物——毒性气体；第 8 类危险物——腐蚀性物质

联合国编号（UN No.）：2194

正式运输名称：六氟化硒

包装类别：不适用

1344　六氟乙烷

别名：R116；全氟乙烷

英文名：hexafluoroethane；freon 116；perfluoroethane

CAS 号：76-16-4

GHS 标签信号词及象形图：警告

危险性类别：加压气体
主要危险性及次要危险性：第 2.2 类危险物——非易燃无毒气体
联合国编号（UN No.）：2193
正式运输名称：六氟乙烷
包装类别：不适用

1345　3,3,6,6,9,9-六甲基-1,2,4,5-四氧环壬烷（含量52%～100%）

别名：—
英文名：3,3,6,6,9,9-hexamethyl-1,2,4,5-tetraoxacyclononane(not less than 52%)
CAS 号：22397-33-7
GHS 标签信号词及象形图：危险

危险性类别：有机过氧化物，B 型
主要危险性及次要危险性：第 5.2 项危险物——有机过氧化物
联合国编号（UN No.）：3101
正式运输名称：液态 B 型有机过氧化物
包装类别：满足 Ⅱ 类包装要求

3,3,6,6,9,9-六甲基-1,2,4,5-四氧环壬烷(含量≤52%，含 A 型稀释剂≥48%)

别名：—
英文名：3,3,6,6,9,9-hexamethyl-1,2,4,5-tetraoxacyclononane(not more than 52%, and diluent type A not less than 48%)
CAS 号：22397-33-7
GHS 标签信号词及象形图：危险

危险性类别：有机过氧化物，D 型
主要危险性及次要危险性：第 5.2 项危险物——有机过氧化物
联合国编号（UN No.）：3115
正式运输名称：液态 D 型有机过氧化物，控制温度的
包装类别：满足 Ⅱ 类包装要求

3,3,6,6,9,9-六甲基-1,2,4,5-四氧环壬烷(含量≤52%，含 B 型稀释剂≥48%)

别名：—
英文名：3,3,6,6,9,9-hexamethyl-1,2,4,5-tetraoxacyclononane(not more than 52%, and diluent type B not less than 48%)
CAS 号：22397-33-7
GHS 标签信号词及象形图：危险

危险性类别：有机过氧化物，D 型
主要危险性及次要危险性：第 5.2 项危险物——有机过氧化物
联合国编号（UN No.）：3115
正式运输名称：液态 D 型有机过氧化物，控制温度的
包装类别：满足 Ⅱ 类包装要求

1346　六甲基二硅醚

别名：六甲基氧二硅烷
英文名：hexamethyldisiloxane；hexamethyloxydisilane
CAS 号：107-46-0
GHS 标签信号词及象形图：危险

危险性类别：易燃液体，类别 2
　　危害水生环境-急性危害，类别 1
　　危害水生环境-长期危害，类别 1
主要危险性及次要危险性：第 3 类危险物——

易燃液体

联合国编号（UN No.）：1993

正式运输名称：易燃液体，未另作规定的

包装类别：Ⅱ

1347　六甲基二硅烷

别名：—

英文名：hexamethyldisilane

CAS 号：1450-14-2

GHS 标签信号词及象形图：危险

危险性类别：易燃液体，类别 2

主要危险性及次要危险性：第 3 类危险物——易燃液体

联合国编号（UN No.）：1993

正式运输名称：易燃液体，未另作规定的

包装类别：Ⅱ

1348　六甲基二硅烷胺

别名：六甲基二硅亚胺

英文名：1,1,1,3,3,3-hexamethyldisilazane；hexamethyldisilylamine

CAS 号：999-97-3

GHS 标签信号词及象形图：危险

危险性类别：易燃液体，类别 3

急性毒性-经皮，类别 3

急性毒性-吸入，类别 3

皮肤腐蚀/刺激，类别 1

严重眼损伤/眼刺激，类别 1

特异性靶器官毒性--一次接触，类别 1

特异性靶器官毒性--一次接触，类别 3（呼吸道刺激）

危害水生环境-长期危害，类别 3

主要危险性及次要危险性：第 3 类危险物——易燃液体；第 8 类危险物——腐蚀性物质

联合国编号（UN No.）：2733

正式运输名称：胺，易燃，腐蚀性，未另作规定的

包装类别：Ⅲ

1349　六氢-3a,7a-二甲基-4,7-环氧异苯并呋喃-1,3-二酮

别名：斑蝥素

英文名：3a,7a-dimethylhexahydro-4,7-epoxy-2-benzofuran-1,3-dione；cantharidin

CAS 号：56-25-7

GHS 标签信号词及象形图：危险

危险性类别：急性毒性-经口，类别 2

急性毒性-吸入，类别 3

皮肤腐蚀/刺激，类别 2

特异性靶器官毒性--一次接触，类别 3（呼吸道刺激）

主要危险性及次要危险性：第 6.1 项危险物——毒性物质

联合国编号（UN No.）：2811

正式运输名称：有机毒性固体，未另作规定的

包装类别：Ⅱ

1350　六氯-1,3-丁二烯

别名：六氯丁二烯；全氯-1,3-丁二烯

英文名：hexachloro-1,3-butadiene；hexachlorobutadiene；hexachlorobuta-1,3-diene

CAS 号：87-68-3

GHS 标签信号词及象形图：危险

危险性类别：急性毒性-经口，类别 3

急性毒性-吸入，类别 1

皮肤致敏物，类别 1

生殖细胞致突变性，类别 2

生殖毒性，类别 2

特异性靶器官毒性--一次接触，类别 1

特异性靶器官毒性-反复接触，类别 1

危害水生环境-急性危害，类别 1

危害水生环境-长期危害，类别 1

主要危险性及次要危险性：第 6.1 项危险物——毒性物质

联合国编号（UN No.）：2279

正式运输名称：六氯丁二烯

包装类别：Ⅲ

1351　(1R,4S,4aS,5R,6R,7S,8S,8aR)-1,2,3,4,10,10-六氯-1,4,4a,5,6,7,8,8a-八氢-6,7-环氧-1,4∶5,8-二亚甲基萘（含量 2%～90%）

别名：狄氏剂

英文名：dieldrin（not less than 2% but not more than 90%）；compund 497

CAS 号：60-57-1

GHS 标签信号词及象形图：危险

危险性类别：急性毒性-经口，类别 3 *

急性毒性-经皮，类别 1

特异性靶器官毒性-反复接触，类别 1

危害水生环境-急性危害，类别 1

危害水生环境-长期危害，类别 1

主要危险性及次要危险性：第 6.1 项危险物——毒性物质

联合国编号（UN No.）：2811

正式运输名称：有机毒性固体，未另作规定的

包装类别：Ⅰ

1352　(1R,4S,5R,8S)-1,2,3,4,10,10-六氯-1,4,4a,5,6,7,8,8a-八氢-6,7-环氧-1,4∶5,8-二亚甲基萘（含量＞5%）

别名：异狄氏剂

英文名：1,2,3,4,10,10-hexachloro-6,7-epoxy-1,4,4a,5,6,7,8,8a-octahydro-1,4∶5,8-dimethanonaphthalene（more than 5%）；endrin

CAS 号：72-20-8

GHS 标签信号词及象形图：危险

危险性类别：急性毒性-经口，类别 2 *

急性毒性-经皮，类别 3 *

危害水生环境-急性危害，类别 1

危害水生环境-长期危害，类别 1

主要危险性及次要危险性：第 6.1 项危险物——毒性物质

联合国编号（UN No.）：2811

正式运输名称：有机毒性固体，未另作规定的

包装类别：Ⅱ

1353　1,2,3,4,10,10-六氯-1,4,4a,5,8,8a-六氢-1,4-挂-5,8-挂二亚甲基萘（含量＞10%）

别名：异艾氏剂

英文名：(1α,4α,4aβ,5β,8β,8aβ)-1,2,3,4,10,10-hexachloro-1,4,4a,5,8,8a-hexahydro-1,4∶5,8-dimethanonaphfthalenee（more than 10%）；iso-drin

CAS 号：465-73-6

GHS 标签信号词及象形图：危险

危险性类别：急性毒性-经口，类别 2 *

急性毒性-经皮，类别 1

急性毒性-吸入，类别 2 *

危害水生环境-急性危害，类别 1

危害水生环境-长期危害，类别 1

主要危险性及次要危险性：第 6.1 项危险物——毒性物质

联合国编号（UN No.）：2761/2811△

正式运输名称：固态有机氯农药，毒性/有机毒性固体，未另作规定的△

包装类别：Ⅰ

1354　1,2,3,4,10,10-六氯-1,4,4*a*,5,8,8*a*-六氢-1,4：5,8-桥，挂-二亚甲基萘（含量＞75%）

别名： 六氯六氢二亚甲基萘；艾氏剂

英文名： 1,4：5,8-dimethanonaphthalene，1,2,3,4,10,10-hexachloro-1,4,4*a*,5,8,8*a*-hexahydro-（more than 75%）；hexachlorohexahydro-endo-exo-dimethanonaphthalene；aldrin

CAS 号： 309-00-2

GHS 标签信号词及象形图： 危险

危险性类别： 急性毒性-经口，类别 2
急性毒性-经皮，类别 3 *
特异性靶器官毒性-反复接触，类别 1
危害水生环境-急性危害，类别 1
危害水生环境-长期危害，类别 1

主要危险性及次要危险性： 第 6.1 项危险物——毒性物质

联合国编号（UN No.）： 2761/2811△

正式运输名称： 固态有机氯农药，毒性/有机毒性固体，未另作规定的△

包装类别： Ⅱ

1355　(1,4,5,6,7,7-六氯-8,9,10-三降冰片-5-烯-2,3-亚基双亚甲基) 亚硫酸酯

别名： 1,2,3,4,7,7-六氯双环[2,2,1]庚烯-(2)-双羟甲基-5,6-亚硫酸酯；硫丹

英文名： 1,2,3,4,7,7-hexachloro-8,9,10-trinorborn-2-en-5,6-ylenedimethyl；endosulfan；sulphite；benzoepin

CAS 号： 115-29-7

GHS 标签信号词及象形图： 危险

危险性类别： 急性毒性-经口，类别 2 *
急性毒性-吸入，类别 2 *

危害水生环境-急性危害，类别 1
危害水生环境-长期危害，类别 1

主要危险性及次要危险性： 第 6.1 项危险物——毒性物质

联合国编号（UN No.）： 2811

正式运输名称： 有机毒性固体，未另作规定的

包装类别： Ⅱ

1356　六氯苯

别名： 六氯代苯；过氯苯；全氯代苯

英文名： hexachlorobenzene

CAS 号： 118-74-1

GHS 标签信号词及象形图： 危险

危险性类别： 致癌性，类别 2
特异性靶器官毒性-反复接触，类别 1
危害水生环境-急性危害，类别 1
危害水生环境-长期危害，类别 1

主要危险性及次要危险性： 第 6.1 项危险物——毒性物质

联合国编号（UN No.）： 2729

正式运输名称： 六氯苯

包装类别： Ⅲ

1357　六氯丙酮

别名： —

英文名： hexachloroacetone

CAS 号： 116-16-5

GHS 标签信号词及象形图： 无

危险性类别： 危害水生环境-急性危害，类别 2
危害水生环境-长期危害，类别 2

主要危险性及次要危险性： 第 6.1 项危险物——毒性物质

联合国编号（UN No.）： 2661

正式运输名称： 六氯丙酮

包装类别： Ⅲ

1358　六氯环戊二烯

别名： 全氯环戊二烯

英文名：hexachlorocyclopentadiene；perchlorocy clopentadiene

CAS 号：77-47-4

GHS 标签信号词及象形图：危险

危险性类别：急性毒性-经皮，类别 3 ＊

　　急性毒性-吸入，类别 2 ＊

　　皮肤腐蚀/刺激，类别 1B

　　严重眼损伤/眼刺激，类别 1

　　危害水生环境-急性危害，类别 1

　　危害水生环境-长期危害，类别 1

主要危险性及次要危险性：第 6.1 项危险物——毒性物质

联合国编号（UN No.）：2646

正式运输名称：六氯环戊二烯

包装类别：Ⅰ

1359　α-六氯环己烷

别名：—

英文名：alpha-hexachlorocyclohexane

CAS 号：319-84-6

GHS 标签信号词及象形图：危险

危险性类别：急性毒性-经口，类别 3

　　急性毒性-经皮，类别 3

　　生殖毒性，类别 2

　　特异性靶器官毒性-反复接触，类别 2

　　危害水生环境-急性危害，类别 1

　　危害水生环境-长期危害，类别 1

主要危险性及次要危险性：第 6.1 项危险物——毒性物质

联合国编号（UN No.）：2811

正式运输名称：有机毒性固体，未另作规定的

包装类别：Ⅲ

1360　β-六氯环己烷

别名：—

英文名：beta-hexachlorocyclohexane

CAS 号：319-85-7

GHS 标签信号词及象形图：危险

危险性类别：急性毒性-经口，类别 3

　　急性毒性-经皮，类别 3

　　生殖毒性，类别 2

　　特异性靶器官毒性-反复接触，类别 2

　　危害水生环境-急性危害，类别 1

　　危害水生环境-长期危害，类别 1

主要危险性及次要危险性：第 6.1 项危险物——毒性物质

联合国编号（UN No.）：2811

正式运输名称：有机毒性固体，未另作规定的

包装类别：Ⅲ

1361　γ-(1,2,4,5/3,6)-六氯环己烷

别名：林丹

英文名：γ-1,2,3,4,5,6-hexachlorocyclohexane；lindane；lindane；γ-HCH；γ-BHC

CAS 号：58-89-9

GHS 标签信号词及象形图：危险

危险性类别：急性毒性-经口，类别 3 ＊

　　生殖毒性，附加类别

　　特异性靶器官毒性-反复接触，类别 2 ＊

　　危害水生环境-急性危害，类别 1

　　危害水生环境-长期危害，类别 1

主要危险性及次要危险性：第 6.1 项危险物——毒性物质

联合国编号（UN No.）：2811

正式运输名称：有机毒性固体，未另作规定的

包装类别：Ⅲ

1362　1,2,3,4,5,6-六氯环己烷

别名：六氯化苯；六六六

英文名：1,2,3,4,5,6-hexa-chlorocyclohexane；benzene hexachloride

CAS 号：608-73-1

GHS 标签信号词及象形图：危险

危险性类别：急性毒性-经口，类别 3
　急性毒性-经皮，类别 3
　急性毒性-吸入，类别 3
　致癌性，类别 2
　生殖毒性，类别 2
　特异性靶器官毒性--次接触，类别 1
　特异性靶器官毒性-反复接触，类别 1
　危害水生环境-急性危害，类别 1
　危害水生环境-长期危害，类别 1

主要危险性及次要危险性：第 6.1 项危险物——毒性物质

联合国编号（UN No.）：2811

正式运输名称：有机毒性固体，未另作规定的

包装类别：Ⅲ

1363　六氯乙烷

别名：全氯乙烷；六氯化碳

英文名：hexachloroethane；perchlorethylene

CAS 号：67-72-1

GHS 标签信号词及象形图：警告

危险性类别：严重眼损伤/眼刺激，类别 2B
　致癌性，类别 2
　特异性靶器官毒性-反复接触，类别 2
　危害水生环境-急性危害，类别 1
　危害水生环境-长期危害，类别 1

主要危险性及次要危险性：第 9 类危险物——杂项危险物质和物品

联合国编号（UN No.）：3077

正式运输名称：对环境有害的固态物质，未另作规定的

包装类别：Ⅲ

1364　六硝基-1,2-二苯乙烯

别名：六硝基芪

英文名：hexanitro-1,2-diphenylethylene；hexanitrostilbene

CAS 号：20062-22-0

GHS 标签信号词及象形图：危险

危险性类别：爆炸物，1.1 项

主要危险性及次要危险性：第 1.1 项危险物——有整体爆炸危险的物质和物品

联合国编号（UN No.）：0392

正式运输名称：六硝基芪

包装类别：满足 Ⅱ 类包装要求

1365　六硝基二苯胺

别名：六硝炸药；二苦基胺

英文名：hexanitrodiphenylamine；dipicrylamine；bis（2,4,6-trinitrophenyl）amine；hexyl

CAS 号：131-73-7

GHS 标签信号词及象形图：危险

危险性类别：爆炸物，1.1 项
　急性毒性-经口，类别 2 *
　急性毒性-经皮，类别 1
　急性毒性-吸入，类别 2 *
　特异性靶器官毒性-反复接触，类别 2
　危害水生环境-急性危害，类别 2
　危害水生环境-长期危害，类别 2

主要危险性及次要危险性：第 1.1 项危险物——有整体爆炸危险的物质和物品

联合国编号（UN No.）：0079

正式运输名称：六硝基二苯胺

包装类别：满足Ⅱ类包装要求

1366　六硝基二苯胺铵盐

别名：曙黄

英文名：dipicrylamine ammonium salt

CAS 号：2844-92-0

GHS 标签信号词及象形图：危险

危险性类别：爆炸物，1.1 项
急性毒性-经口，类别 2*
急性毒性-经皮，类别 1
急性毒性-吸入，类别 2*
特异性靶器官毒性-反复接触，类别 2
危害水生环境-急性危害，类别 2
危害水生环境-长期危害，类别 2

主要危险性及次要危险性：第 1.1 项危险物——有整体爆炸危险的物质和物品

联合国编号（UN No.）：0475

正式运输名称：爆炸性物品，未另作规定的

包装类别：满足Ⅱ类包装要求

1367　六硝基二苯硫

别名：二苦基硫

英文名：hexanitro diphenyl sulfide；dipicryl sulfide

CAS 号：28930-30-5

GHS 标签信号词及象形图：危险

危险性类别：爆炸物，1.1 项

主要危险性及次要危险性：第 1.1 项危险物——有整体爆炸危险的物质和物品

联合国编号（UN No.）：0401

正式运输名称：二苦硫，干的

包装类别：满足Ⅱ类包装要求

1368　六溴二苯醚

别名：—

英文名：hexabromodiphenyl ethers

CAS 号：36483-60-0

GHS 标签信号词及象形图：危险

危险性类别：严重眼损伤/眼刺激，类别 2B
生殖毒性，类别 1B

主要危险性及次要危险性：—

联合国编号（UN No.）：非危

正式运输名称：—

包装类别：—

1369　2,2′,4,4′,5,5′-六溴二苯醚

别名：—

英文名：2,2′,4,4′,5,5′-hexabromodiphenyl ether

CAS 号：68631-49-2

GHS 标签信号词及象形图：危险

危险性类别：生殖毒性，类别 1B

主要危险性及次要危险性：—

联合国编号（UN No.）：非危

正式运输名称：—

包装类别：—

1370　2,2′,4,4′,5,6′-六溴二苯醚

别名：—

英文名：2,2′,4,4′,5,6′-hexabromodiphenyl ether

CAS 号：207122-15-4

GHS 标签信号词及象形图：危险

危险性类别：生殖毒性，类别 1B

主要危险性及次要危险性：—

联合国编号（UN No.）：非危

正式运输名称：—

包装类别：—

1371　六溴环十二烷

别名：—

英文名：hexabromocyclododecane；HBCDD

CAS 号：—

GHS 标签信号词及象形图：警告

危险性类别：生殖毒性，类别 2

　　生殖毒性，附加类别

　　危害水生环境-急性危害，类别 1

　　危害水生环境-长期危害，类别 1

主要危险性及次要危险性：第 9 类危险物——杂项危险物质和物品

联合国编号（UN No.）：3077

正式运输名称：对环境有害的固态物质，未另作规定的

包装类别：Ⅲ

1372　六溴联苯

别名：—

英文名：hexabromobiphenyl

CAS 号：36355-01-8

GHS 标签信号词及象形图：危险

危险性类别：致癌性，类别 1B

　　生殖毒性，类别 2

主要危险性及次要危险性：—

联合国编号（UN No.）：非危

正式运输名称：—

包装类别：—

1373　六亚甲基二异氰酸酯

别名：1,6-二异氰酸己烷；亚己基二异氰酸酯；1,6-己二异氰酸酯

英文名：hexamethylene-di-isocyanate；hexa-methylene diisocyanate；hexamethylene-1,6-diisocyanate；1,6-diisocyantohexane

CAS 号：822-06-0

GHS 标签信号词及象形图：危险

危险性类别：急性毒性-吸入，类别 3 *

　　皮肤腐蚀/刺激，类别 2

　　严重眼损伤/眼刺激，类别 2

　　呼吸道致敏物，类别 1

　　皮肤致敏物，类别 1

　　特异性靶器官毒性-一次接触，类别 3（呼吸道刺激）

主要危险性及次要危险性：第 6.1 项危险物——毒性物质

联合国编号（UN No.）：2281

正式运输名称：1,6-二异氰酸正己酯（亚己基二异氰酸酯）

包装类别：Ⅱ

1374　N,N-六亚甲基硫代氨基甲酸-S-乙酯

别名：禾草敌

英文名：（S）-ethyl 1-perhydroazepinecarboth-ioate；molinate

CAS 号：2212-67-1

GHS 标签信号词及象形图：警告

危险性类别：皮肤致敏物，类别 1

　　生殖毒性，类别 2

　　特异性靶器官毒性-反复接触，类别 2 *

　　危害水生环境-急性危害，类别 1

　　危害水生环境-长期危害，类别 1

主要危险性及次要危险性：第 9 类危险物——杂项危险物质和物品

联合国编号（UN No.）：3082

正式运输名称：对环境有害的液态物质，未另作规定的

包装类别：Ⅲ

1375　六亚甲基四胺

别名：乌洛托品

英文名：hexamethylenetetramine；hexamine；
urotropine；methenamine

CAS 号：100-97-0

GHS 标签信号词及象形图：警告

危险性类别：易燃固体，类别 2
　　皮肤致敏物，类别 1
　　危害水生环境-急性危害，类别 2

主要危险性及次要危险性：第 4.1 项危险
　　物——易燃固体

联合国编号（UN No.）：1328

正式运输名称：环六亚甲基四胺

包装类别：Ⅲ

1376　六亚甲基亚胺

别名：高哌啶

英文名：hexamethyleneimine；homopiperidine；
perhydroazepine

CAS 号：111-49-9

GHS 标签信号词及象形图：危险

危险性类别：易燃液体，类别 2
　　急性毒性-经口，类别 2
　　急性毒性-吸入，类别 3
　　皮肤腐蚀/刺激，类别 1
　　严重眼损伤/眼刺激，类别 1
　　特异性靶器官毒性-一次接触，类别 2

主要危险性及次要危险性：第 3 类危险物——
　　易燃液体；第 8 类危险物——腐蚀性物质

联合国编号（UN No.）：2493

正式运输名称：六亚甲基亚胺

包装类别：Ⅱ

1377　铝粉

别名：—

英文名：aluminium powder

CAS 号：7429-90-5

GHS 标签信号词及象形图：危险

危险性类别：（1）有涂层，
　　易燃固体，类别 1

主要危险性及次要危险性：第 4.1 项危险
　　物——易燃固体

联合国编号（UN No.）：1309

正式运输名称：铝粉，有涂层的

包装类别：Ⅱ/Ⅲ△

铝粉

别名：—

英文名：aluminium powder

CAS 号：7429-90-5

GHS 标签信号词及象形图：危险

危险性类别：（2）无涂层，
　　遇水放出易燃气体的物质和混合物，类别 2

主要危险性及次要危险性：第 4.3 项危险
　　物——遇水放出易燃气体的物质

联合国编号（UN No.）：1396

正式运输名称：铝粉，无涂层的

包装类别：Ⅱ/Ⅲ△

1378　铝镍合金氢化催化剂

别名：—

英文名：Al-Ni hydrofining catalyst

CAS 号：—

GHS 标签信号词及象形图：警告

危险性类别：易燃固体，类别 2
　　致癌性，类别 2

主要危险性及次要危险性：第 4.1 项危险

物——易燃固体

联合国编号（UN No.）：3182

正式运输名称：金属氢化物，易燃，未另作规定的

包装类别：Ⅲ

1379　铝酸钠（固体）

别名：—

英文名：sodium aluminate，solid

CAS 号：1302-42-7

GHS 标签信号词及象形图：危险

危险性类别：皮肤腐蚀/刺激，类别 1

严重眼损伤/眼刺激，类别 1

主要危险性及次要危险性：第 8 类危险物——腐蚀性物质

联合国编号（UN No.）：2812

正式运输名称：固态铝酸钠

包装类别：Ⅲ

铝酸钠（溶液）

别名：—

英文名：sodium aluminate solution

CAS 号：1302-42-7

GHS 标签信号词及象形图：危险

危险性类别：皮肤腐蚀/刺激，类别 1

严重眼损伤/眼刺激，类别 1

主要危险性及次要危险性：第 8 类危险物——腐蚀性物质

联合国编号（UN No.）：1819

正式运输名称：铝酸钠溶液

包装类别：Ⅱ

1380　铝铁熔剂

别名：—

英文名：thermite

CAS 号：—

GHS 标签信号词及象形图：警告

危险性类别：易燃固体，类别 2

主要危险性及次要危险性：第 4.1 项危险物——易燃固体

联合国编号（UN No.）：1325

正式运输名称：有机易燃固体，未另作规定的

包装类别：Ⅲ

1381　氯

别名：液氯；氯气

英文名：chlorine；liquid chlorine

CAS 号：7782-50-5

GHS 标签信号词及象形图：危险

危险性类别：加压气体

急性毒性-吸入，类别 2

皮肤腐蚀/刺激，类别 2

严重眼损伤/眼刺激，类别 2

特异性靶器官毒性--一次接触，类别 3（呼吸道刺激）

危害水生环境-急性危害，类别 1

主要危险性及次要危险性：第 2.3 类危险物——毒性气体；第 5.1 项危险物——氧化性物质；第 8 类危险物——腐蚀性物质

联合国编号（UN No.）：1017

正式运输名称：氯

包装类别：不适用

1382　1-氯-1,1-二氟乙烷

别名：R142；二氟氯乙烷

英文名：1-chloro-1,1-difluoroethane；R142；chlorodifluoroethane

CAS 号：75-68-3

GHS 标签信号词及象形图：危险

危险性类别：易燃气体，类别 1
　加压气体
　严重眼损伤/眼刺激，类别 2B
　危害水生环境-长期危害，类别 3
　危害臭氧层，类别 1
主要危险性及次要危险性：第 2.1 类危险物——易燃气体
联合国编号（UN No.）： 2517
正式运输名称： 1-氯-1,1-二氟乙烷
包装类别：不适用

1383　3-氯-1,2-丙二醇

别名：α-氯代丙二醇；3-氯-1,2-二羟基丙烷；α-氯甘油；3-氯代丙二醇
英文名： 3-chloro-1,2-propanediol；α-chlorohydrin；3-chloro-1,2-dihydroxypropane；3-chloropropylene glycol
CAS 号： 96-24-2
GHS 标签信号词及象形图：危险

危险性类别：急性毒性-经口，类别 3
　急性毒性-吸入，类别 2
　严重眼损伤/眼刺激，类别 2A
　致癌性，类别 2
　生殖毒性，类别 1B
　特异性靶器官毒性-一次接触，类别 1
　特异性靶器官毒性-一次接触，类别 3（呼吸道刺激）
　特异性靶器官毒性-反复接触，类别 1
主要危险性及次要危险性：第 6.1 项危险物——毒性物质
联合国编号（UN No.）： 2689
正式运输名称： 3-氯-1,2-丙二醇
包装类别： Ⅲ

1384　2-氯-1,3-丁二烯（稳定的）

别名：氯丁二烯

英文名： 2-chlorobuta-1,3-diene, stabilized；chloroprene
CAS 号： 126-99-8
GHS 标签信号词及象形图：危险

危险性类别：易燃液体，类别 2
　皮肤腐蚀/刺激，类别 2
　严重眼损伤/眼刺激，类别 2
　致癌性，类别 2
　特异性靶器官毒性-一次接触，类别 3（呼吸道刺激）
　特异性靶器官毒性-反复接触，类别 2*
主要危险性及次要危险性：第 3 类危险物——易燃液体；第 6.1 项危险物——毒性物质
联合国编号（UN No.）： 1991
正式运输名称：氯丁二烯，稳定的
包装类别： Ⅰ

1385　2-氯-1-丙醇

别名： 2-氯-1-羟基丙烷
英文名： 2-chloro-1-hydroxy propane；propylene chlorohydrin
CAS 号： 78-89-7
GHS 标签信号词及象形图：危险

危险性类别：易燃液体，类别 3
　急性毒性-经口，类别 3
　急性毒性-经皮，类别 3
　急性毒性-吸入，类别 2
主要危险性及次要危险性：第 6.1 项危险物——毒性物质；第 3 类危险物——易燃液体
联合国编号（UN No.）： 2611
正式运输名称：丙氯醇
包装类别： Ⅱ

1386　3-氯-1-丙醇

别名：三亚甲基氯醇

英文名：3-chloro-1-propanol；trimethylene chlorohydrin

CAS 号：627-30-5

GHS 标签信号词及象形图：危险

危险性类别：急性毒性-经口，类别 3
皮肤腐蚀/刺激，类别 2
严重眼损伤/眼刺激，类别 2
特异性靶器官毒性-一次接触，类别 3（呼吸道刺激）

主要危险性及次要危险性：第 6.1 项危险物——毒性物质

联合国编号（UN No.）：2849

正式运输名称：3-氯-1-丙醇

包装类别：Ⅲ

1387　　3-氯-1-丁烯

别名：—

英文名：3-chloro-1-butene

CAS 号：563-52-0

GHS 标签信号词及象形图：危险

危险性类别：易燃液体，类别 2

主要危险性及次要危险性：第 3 类危险物——易燃液体

联合国编号（UN No.）：1993

正式运输名称：易燃液体，未另作规定的

包装类别：Ⅱ

1388　　1-氯-1-硝基丙烷

别名：1-硝基-1-氯丙烷

英文名：1-chloro-1-nitropropane；1-nitro-1-chloropropane

CAS 号：600-25-9

GHS 标签信号词及象形图：警告

危险性类别：严重眼损伤/眼刺激，类别 2A
特异性靶器官毒性-一次接触，类别 2

主要危险性及次要危险性：—

联合国编号（UN No.）：非危

正式运输名称：—

包装类别：—

1389　　2-氯-1-溴丙烷

别名：1-溴-2-氯丙烷

英文名：2-chloro-1-bromopropane；1-bromo-2-chloropropane

CAS 号：3017-96-7

GHS 标签信号词及象形图：危险

危险性类别：易燃液体，类别 3
急性毒性-吸入，类别 3

主要危险性及次要危险性：第 3 类危险物——易燃液体；第 6.1 项危险物——毒性物质

联合国编号（UN No.）：1992

正式运输名称：易燃液体，毒性，未另作规定的

包装类别：Ⅲ

1390　　1-氯-2,2,2-三氟乙烷

别名：R133a

英文名：1-chloro-2,2,2-trifluoroethane；R133a

CAS 号：75-88-7

GHS 标签信号词及象形图：危险

危险性类别：加压气体
生殖毒性，类别 1B
特异性靶器官毒性-一次接触，类别 3（麻醉效应）
危害臭氧层，类别 1

主要危险性及次要危险性：第 2.2 类危险物——非易燃无毒气体

联合国编号（UN No.）：1983

正式运输名称：1-氯-2,2,2-三氟乙烷

包装类别：不适用

1391　1-氯-2,3-环氧丙烷

别名：环氧氯丙烷；3-氯-1,2-环氧丙烷

英文名：1-chloro-2,3-epoxypropane；epichlorohydrin；3-chloro-1,2-epoxypropane

CAS号：106-89-8

GHS标签信号词及象形图：危险

危险性类别：易燃液体，类别3

急性毒性-经口，类别3*

急性毒性-经皮，类别3*

急性毒性-吸入，类别3*

皮肤腐蚀/刺激，类别1B

严重眼损伤/眼刺激，类别1

皮肤致敏物，类别1

致癌性，类别1B

主要危险性及次要危险性：第6.1项危险物——毒性物质；第3类危险物——易燃液体

联合国编号（UN No.）：2023

正式运输名称：3-氯-1,2-环氧丙烷（表氯醇）

包装类别：Ⅱ

1392　1-氯-2,4-二硝基苯

别名：2,4-二硝基氯苯

英文名：1-chloro-2,4-dinitrobenzene；2,4-dinitrochlorobenzene

CAS号：97-00-7

GHS标签信号词及象形图：危险

危险性类别：急性毒性-经皮，类别2

皮肤腐蚀/刺激，类别2

严重眼损伤/眼刺激，类别1

皮肤致敏物，类别1

生殖细胞致突变性，类别2

特异性靶器官毒性-一次接触，类别1

特异性靶器官毒性-一次接触，类别3（呼吸道刺激）

特异性靶器官毒性-反复接触，类别1

危害水生环境-急性危害，类别1

危害水生环境-长期危害，类别1

主要危险性及次要危险性：第6.1项危险物——毒性物质

联合国编号（UN No.）：3441

正式运输名称：固态二硝基氯苯

包装类别：Ⅱ

1393　4-氯-2-氨基苯酚

别名：2-氨基-4-氯苯酚；对氯邻氨基苯酚

英文名：4-chloro-2-aminophenol；2-amino-4-chlorophenol；p-chloro-o-aminophenol

CAS号：95-85-2

GHS标签信号词及象形图：警告

危险性类别：特异性靶器官毒性-反复接触，类别2

主要危险性及次要危险性：第6.1项危险物——毒性物质

联合国编号（UN No.）：2673

正式运输名称：2-氨基-4-氯苯酚

包装类别：Ⅱ

1394　1-氯-2-丙醇

别名：氯异丙醇；丙氯仲醇

英文名：1-chloro-2-propanol；1-chloroisopropylalcohol；sec-propylene chlorohydrin

CAS号：127-00-4

GHS标签信号词及象形图：危险

危险性类别：易燃液体，类别3

急性毒性-经口，类别3

急性毒性-经皮，类别3

急性毒性-吸入，类别2

主要危险性及次要危险性： 第 6.1 项 危险物——毒性物质；第 3 类危险物——易燃液体

联合国编号（UN No.）： 2611

正式运输名称： 丙氯醇

包装类别： Ⅱ

1395　1-氯-2-丁烯

别名： —

英文名： 1-chloro-2-butene

CAS 号： 591-97-9

GHS 标签信号词及象形图： 危险

危险性类别： 易燃液体，类别2

主要危险性及次要危险性： 第 3 类危险物——易燃液体/第 3 类危险物——易燃液体，第 8 类危险物-腐蚀性物质△

联合国编号（UN No.）： 1993/2924△

正式运输名称： 易燃液体，未另作规定的/易燃液体，腐蚀性，未另作规定的△

包装类别： Ⅱ

1396　5-氯-2-甲基苯胺

别名： 5-氯邻甲苯胺；2-氨基-4-氯甲苯

英文名： 5-chloro-2-toluidine；5-chloro-o-toluidine；2-amino-4-chlorotoluene

CAS 号： 95-79-4

GHS 标签信号词及象形图： 警告

危险性类别： 危害水生环境-急性危害，类别1

危害水生环境-长期危害，类别1

主要危险性及次要危险性： 第 6.1 项 危险物——毒性物质

联合国编号（UN No.）： 2239

正式运输名称： 甲基氯苯胺，固态

包装类别： Ⅲ

1397　N-(4-氯-2-甲基苯基)-N′,N′-二甲基甲脒

别名： 杀虫脒

英文名： N-(4-chloro-o-tolyl)-N′,N′-dimethyl-formamidine；acron；fundex；nutox；chlordimeform

CAS 号： 6164-98-3

GHS 标签信号词及象形图： 危险

危险性类别： 急性毒性-经口，类别3

急性毒性-经皮，类别3

危害水生环境-急性危害，类别1

危害水生环境-长期危害，类别1

主要危险性及次要危险性： 第 6.1 项 危险物——毒性物质

联合国编号（UN No.）： 2811

正式运输名称： 有机毒性固体，未另作规定的

包装类别： Ⅲ

1398　3-氯-2-甲基丙烯

别名： 2-甲基-3-氯丙烯；甲基烯丙基氯；氯化异丁烯；1-氯-2-甲基-2-丙烯

英文名： 3-chloro-2-methylpropene；2-methyl-3-chloropropene；methylallyl chloride；chloroisobutene

CAS 号： 563-47-3

GHS 标签信号词及象形图： 危险

危险性类别： 易燃液体，类别2

皮肤腐蚀/刺激，类别1B

严重眼损伤/眼刺激，类别1

皮肤致敏物，类别1

危害水生环境-急性危害，类别2

危害水生环境-长期危害，类别 2

主要危险性及次要危险性： 第 3 类危险物——易燃液体

联合国编号（UN No.）： 2554

正式运输名称： 甲基烯丙基氯

包装类别： Ⅱ

1399　2-氯-2-甲基丁烷

别名： 叔戊基氯；氯代叔戊烷

英文名： 2-chloro-2-methylbutane；*tert*-amyl-chloride；3-chloro-*tert*-pentane

CAS 号： 594-36-5

GHS 标签信号词及象形图： 危险

危险性类别： 易燃液体，类别 2

主要危险性及次要危险性： 第 3 类危险物——易燃液体

联合国编号（UN No.）： 1993

正式运输名称： 易燃液体，未另作规定的

包装类别： Ⅱ

1400　5-氯-2-甲氧基苯胺

别名： 4-氯-2-氨基苯甲醚

英文名： 5-chloro-2-anisidine；4-chloro-2-aminoanisole

CAS 号： 95-03-4

GHS 标签信号词及象形图： 警告

危险性类别： 皮肤腐蚀/刺激，类别 2

严重眼损伤/眼刺激，类别 2

特异性靶器官毒性-一次接触，类别 3（呼吸道刺激）

主要危险性及次要危险性： —

联合国编号（UN No.）： 非危

正式运输名称： —

包装类别： —

1401　4-氯-2-硝基苯胺

别名： 对氯邻硝基苯胺

英文名： 4-chloro-2-nitroaniline；*p*-chloro-*o*-nitro-aniline

CAS 号： 89-63-4

GHS 标签信号词及象形图： 警告

危险性类别： 特异性靶器官毒性-反复接触，类别 2

危害水生环境-急性危害，类别 2

危害水生环境-长期危害，类别 2

主要危险性及次要危险性： 第 6.1 项危险物——毒性物质

联合国编号（UN No.）： 2237

正式运输名称： 硝基氯苯胺

包装类别： Ⅲ

1402　4-氯-2-硝基苯酚

别名： —

英文名： 4-chloro-2-nitrophenol

CAS 号： 89-64-5

GHS 标签信号词及象形图： 警告

危险性类别： 皮肤腐蚀/刺激，类别 2

严重眼损伤/眼刺激，类别 2

特异性靶器官毒性-一次接触，类别 3（呼吸道刺激）

主要危险性及次要危险性： —

联合国编号（UN No.）： 非危

正式运输名称： —

包装类别： —

1403　4-氯-2-硝基苯酚钠盐

别名： —

英文名： sodium 4-chloro-2-nitrophenolate

CAS 号： 52106-89-5

GHS 标签信号词及象形图：警告

危险性类别：皮肤腐蚀/刺激，类别 2
　严重眼损伤/眼刺激，类别 2
主要危险性及次要危险性：—
联合国编号（UN No.）：非危
正式运输名称：—
包装类别：—

1404　4-氯-2-硝基甲苯

别名：对氯邻硝基甲苯
英文名：4-chloro-2-nitrotoluene；*p*-chloro-*o*-
　nitrobenzene
CAS 号：89-59-8
GHS 标签信号词及象形图：无

危险性类别：危害水生环境-急性危害，类
　别 2
　危害水生环境-长期危害，类别 2
主要危险性及次要危险性：第 6.1 项危险
　物——毒性物质△
联合国编号（UN No.）：3457△
正式运输名称：固态硝基氯甲苯△
包装类别：Ⅲ△

1405　1-氯-2-溴丙烷

别名：2-溴-1-氯丙烷
英文名：1-chloro-2-bromopropane；
　2-bromo-1-chloropropane
CAS 号：3017-95-6
GHS 标签信号词及象形图：危险

危险性类别：急性毒性-吸入，类别 3
主要危险性及次要危险性：第 6.1 项危险
　物——毒性物质

联合国编号（UN No.）：2810
正式运输名称：有机毒性液体，未另作规
　定的
包装类别：Ⅲ

1406　1-氯-2-溴乙烷

别名：1-溴-2-氯乙烷；氯乙基溴
英文名：1-chloro-2-bromoethane；1-bromo-2-
　chloroethane；chloroethyl bromide
CAS 号：107-04-0
GHS 标签信号词及象形图：危险

危险性类别：急性毒性-经口，类别 3
主要危险性及次要危险性：第 6.1 项危险
　物——毒性物质
联合国编号（UN No.）：2810
正式运输名称：有机毒性液体，未另作规
　定的
包装类别：Ⅲ

1407　4-氯间甲酚

别名：2-氯-5-羟基甲苯；4-氯-3-甲酚
英文名：4-chloro-*m*-cresol；2-chloro-5-hydroxy-
　toluene；4-chloro-3-methylphenol；chlorocresol
CAS 号：59-50-7
GHS 标签信号词及象形图：危险

危险性类别：严重眼损伤/眼刺激，类别 1
　皮肤致敏物，类别 1
　危害水生环境-急性危害，类别 1
主要危险性及次要危险性：第 6.1 项危险
　物——毒性物质
联合国编号（UN No.）：3437
正式运输名称：固态氯甲酚
包装类别：Ⅱ

1408　1-氯-3-甲基丁烷

别名：异戊基氯；氯代异戊烷

英文名：1-chloro-3-methyl butane；isoamyl chloride；chloro-isopentane

CAS 号：107-84-6

GHS 标签信号词及象形图：危险

危险性类别：易燃液体，类别 2

主要危险性及次要危险性：第 3 类危险物——易燃液体

联合国编号（UN No.）：1993

正式运输名称：易燃液体，未另作规定的

包装类别：Ⅱ

1409   1-氯-3-溴丙烷

别名：3-溴-1-氯丙烷

英文名：1-chloro-3-bromopropane；3-bromo-1-chloropropane

CAS 号：109-70-6

GHS 标签信号词及象形图：危险

危险性类别：易燃液体，类别 3

急性毒性-吸入，类别 3

特异性靶器官毒性--一次接触，类别 2

特异性靶器官毒性-反复接触，类别 2

主要危险性及次要危险性：第 6.1 项危险物——毒性物质

联合国编号（UN No.）：2688

正式运输名称：1-溴-3-氯丙烷

包装类别：Ⅲ

1410   2-氯-4,5-二甲基苯基-N-甲基氨基甲酸酯

别名：氯灭杀威

英文名：2-chloro-4,5-dimethylphenyl-N-methyl-carbamate；carbanolate

CAS 号：671-04-5

GHS 标签信号词及象形图：危险

危险性类别：急性毒性-经口，类别 2

主要危险性及次要危险性：第 6.1 项危险物——毒性物质

联合国编号（UN No.）：2811

正式运输名称：有机毒性固体，未另作规定的

包装类别：Ⅱ

1411   2-氯-4-二甲氨基-6-甲基嘧啶

别名：鼠立死

英文名：2-chloro-6-methylpyrimidin-4-yldimethylamine；castrix；crimidine

CAS 号：535-89-7

GHS 标签信号词及象形图：危险

危险性类别：急性毒性-经口，类别 2＊

主要危险性及次要危险性：第 6.1 项危险物——毒性物质

联合国编号（UN No.）：2811

正式运输名称：有机毒性固体，未另作规定的

包装类别：Ⅱ

1412   3-氯-4-甲氧基苯胺

别名：2-氯-4-氨基苯甲醚；邻氯对氨基苯甲醚

英文名：3-chloro-4-anisidine；2-chloro-4-amino-anisole；o-chloro-p-aminoanisole

CAS 号：5345-54-0

GHS 标签信号词及象形图：警告

危险性类别：皮肤腐蚀/刺激，类别 2

严重眼损伤/眼刺激，类别 2

特异性靶器官毒性--一次接触，类别 3（呼

吸道刺激）

主要危险性及次要危险性：—

联合国编号（UN No.）：非危

正式运输名称：—

包装类别：—

1413　2-氯-4-硝基苯胺

别名：邻氯对硝基苯胺

英文名：2-chloro-4-nitroaniline；o-chloro-p-nitro-aniline

CAS 号：121-87-9

GHS 标签信号词及象形图：无

危险性类别：危害水生环境-急性危害，类别 2

危害水生环境-长期危害，类别 2

主要危险性及次要危险性：第 6.1 项危险物——毒性物质△

联合国编号（UN No.）：2237△

正式运输名称：硝基氯苯胺△

包装类别：Ⅲ△

1414　氯苯

别名：一氯化苯

英文名：chlorobenzene；monochlorobenzene

CAS 号：108-90-7

GHS 标签信号词及象形图：警告

危险性类别：易燃液体，类别 3

危害水生环境-急性危害，类别 2

危害水生环境-长期危害，类别 2

主要危险性及次要危险性：第 3 类危险物——易燃液体

联合国编号（UN No.）：1134

正式运输名称：氯苯

包装类别：Ⅲ

1415　2-氯苯胺

别名：邻氯苯胺；邻氨基氯苯

英文名：2-chloroaniline；benzenamine，o-chloro-；o-chloroaniline

CAS 号：95-51-2

GHS 标签信号词及象形图：危险

危险性类别：急性毒性-经皮，类别 3

严重眼损伤/眼刺激，类别 2B

生殖细胞致突变性，类别 2

生殖毒性，类别 2

危害水生环境-急性危害，类别 1

危害水生环境-长期危害，类别 1

主要危险性及次要危险性：第 6.1 项危险物——毒性物质

联合国编号（UN No.）：2019

正式运输名称：液态氯苯胺

包装类别：Ⅱ

1416　3-氯苯胺

别名：间氨基氯苯；间氯苯胺

英文名：3-chloroaniline；benzenamine，m-chloro-；m-chloroaniline

CAS 号：108-42-9

GHS 标签信号词及象形图：危险

危险性类别：急性毒性-经口，类别 3

急性毒性-经皮，类别 3

急性毒性-吸入，类别 3

严重眼损伤/眼刺激，类别 2

危害水生环境-急性危害，类别 1

危害水生环境-长期危害，类别 1

主要危险性及次要危险性：第 6.1 项危险物——毒性物质

联合国编号（UN No.）：2019

正式运输名称：液态氯苯胺

包装类别：Ⅱ

1417　4-氯苯胺

别名：对氯苯胺；对氨基氯苯

英文名：4-chloroaniline；*p*-amino chlorobenzene；
p-chloroaniline

CAS 号：106-47-8

GHS 标签信号词及象形图：危险

危险性类别：急性毒性-经口，类别 3 *
　　急性毒性-经皮，类别 3 *
　　急性毒性-吸入，类别 3 *
　　皮肤致敏物，类别 1
　　致癌性，类别 2
　　危害水生环境-急性危害，类别 1
　　危害水生环境-长期危害，类别 1

主要危险性及次要危险性：第 6.1 项危险
物——毒性物质

联合国编号（UN No.）：2018

正式运输名称：固态氯苯胺

包装类别：Ⅱ

1418　2-氯苯酚

别名：2-羟基氯苯；2-氯-1-羟基苯；邻氯苯
酚；邻羟基氯苯

英文名：2-chlorophenol；2-hydroxy-dichlorobenzene；
2-chloro-1- hydroxyphenyl；*o*-chlorophenol；
o-hydroxy-dichlorobenzene

CAS 号：95-57-8

GHS 标签信号词及象形图：危险

危险性类别：急性毒性-吸入，类别 2
　　危害水生环境-急性危害，类别 2
　　危害水生环境-长期危害，类别 2

主要危险性及次要危险性：第 6.1 项危险
物——毒性物质

联合国编号（UN No.）：2021

正式运输名称：液态氯苯酚

包装类别：Ⅲ

1419　3-氯苯酚

别名：3-羟基氯苯；3-氯-1-羟基苯；间氯苯
酚；间羟基氯苯

英文名：3-chlorophenol；3-hydroxy-dichlorobenze-
ne；3-chloro-1-hydroxyphenyl；*m*-chlorophenol；
m-hydroxy-dichlorobenzene

CAS 号：108-43-0

GHS 标签信号词及象形图：无

危险性类别：危害水生环境-急性危害，类
别 2
　　危害水生环境-长期危害，类别 2

主要危险性及次要危险性：第 6.1 项危险
物——毒性物质

联合国编号（UN No.）：2020

正式运输名称：固态氯苯酚

包装类别：Ⅲ

1420　4-氯苯酚

别名：4-羟基氯苯；4-氯-1-羟基苯；对氯苯
酚；对羟基氯苯

英文名：4-chlorophenol；4-hydroxy-dichlorobenz-
ene；4-chloro-1-hydroxyphenyl；*p*-chlorophenol；
p-hydroxy-dichlorobenzene

CAS 号：106-48-9

GHS 标签信号词及象形图：危险

危险性类别：急性毒性-经口，类别 3
　　危害水生环境-急性危害，类别 2
　　危害水生环境-长期危害，类别 2

主要危险性及次要危险性：第 6.1 项危险
物——毒性物质

联合国编号（UN No.）：2020

正式运输名称：固态氯苯酚

包装类别：Ⅲ

1421　3-氯苯过氧甲酸（57%＜含量 ≤86%，惰性固体含量≥14%）

别名：—

英文名：3-chloroperoxybenzoic acid（more than 57% but not more than 86%，and inert solid not less than 14%）；*m*-chloroperoxy-benzoic acid

CAS 号：937-14-4

GHS 标签信号词及象形图：危险

危险性类别：有机过氧化物，B 型

主要危险性及次要危险性：第 5.2 项危险物——有机过氧化物

联合国编号（UN No.）：3102

正式运输名称：固态 B 型有机过氧化物

包装类别：满足Ⅱ类包装要求

3-氯苯过氧甲酸（含量≤57%， 惰性固体含量≤3%，含水≥40%）

别名：—

英文名：3-chloroperoxybenzoic acid（not more than 57%，and inert solid not more than 3%，and water not less than 40%）

CAS 号：937-14-4

GHS 标签信号词及象形图：危险

危险性类别：有机过氧化物，D 型

主要危险性及次要危险性：第 5.2 项危险物——有机过氧化物

联合国编号（UN No.）：3106

正式运输名称：固态 D 型有机过氧化物

包装类别：满足Ⅱ类包装要求

3-氯苯过氧甲酸（含量≤77%， 惰性固体含量≥6%，含水≥17%）

别名：—

英文名：3-chloroperoxybenzoic acid（not more than 77%，and inert solid not less than 6%，and water not less than 17%）

CAS 号：937-14-4

GHS 标签信号词及象形图：危险

危险性类别：有机过氧化物，D 型

主要危险性及次要危险性：第 5.2 项危险物——有机过氧化物

联合国编号（UN No.）：3106

正式运输名称：固态 D 型有机过氧化物

包装类别：满足Ⅱ类包装要求

1422　2-[（*RS*）-2-(4-氯苯基)-2-苯基 乙酰基]-2,3-二氢- 1,3-茚二酮(含量＞4%）

别名：2-(苯基对氯苯基乙酰)茚满-1,3-二酮； 氯鼠酮

英文名：2-(2-(4-chlorophenyl) phenylacetyl) indan-1, 3-dione（more than 4%）；chlo-rophacinone

CAS 号：3691-35-8

GHS 标签信号词及象形图：危险

危险性类别：急性毒性-经口，类别 2 *
　　急性毒性-经皮，类别 1
　　急性毒性-吸入，类别 3 *
　　特异性靶器官毒性-反复接触，类别 1
　　危害水生环境-急性危害，类别 1
　　危害水生环境-长期危害，类别 1

主要危险性及次要危险性：第 6.1 项危险物——毒性物质

联合国编号（UN No.）：2761/2811△

正式运输名称：固态有机氯农药，毒性/有机毒性固体，未另作规定的△

包装类别：Ⅰ

1423　N-(3-氯苯基)氨基甲酸 (4-氯丁炔-2-基)酯

别名：燕麦灵
英文名：carbamic acid，（3-chlorophenyl)-，4-chloro-2-butynyl ester；barban wettable powder
CAS 号：101-27-9
GHS 标签信号词及象形图：警告

危险性类别：皮肤致敏物，类别 1
　　危害水生环境-急性危害，类别 1
　　危害水生环境-长期危害，类别 1
主要危险性及次要危险性：第 9 类危险物——杂项危险物质和物品
联合国编号（UN No.）：3077
正式运输名称：对环境有害的固态物质，未另作规定的
包装类别：Ⅲ

1424　氯苯基三氯硅烷

别名：—
英文名：chlorophenyltrichloro silane
CAS 号：26571-79-9
GHS 标签信号词及象形图：危险

危险性类别：皮肤腐蚀/刺激，类别 1
　　严重眼损伤/眼刺激，类别 1
主要危险性及次要危险性：第 8 类危险物——腐蚀性物质
联合国编号（UN No.）：1753
正式运输名称：氯苯基三氯硅烷
包装类别：Ⅱ

1425　2-氯苯甲酰氯

别名：邻氯苯甲酰氯；氯化邻氯苯甲酰
英文名：2-chlorobenzoyl chloride；o-chlorobenzoyl chloride

CAS 号：609-65-4
GHS 标签信号词及象形图：危险

危险性类别：皮肤腐蚀/刺激，类别 1
　　严重眼损伤/眼刺激，类别 1
主要危险性及次要危险性：第 8 类危险物——腐蚀性物质
联合国编号（UN No.）：3265
正式运输名称：有机酸性腐蚀性液体，未另作规定的
包装类别：Ⅲ

1426　4-氯苯甲酰氯

别名：对氯苯甲酰氯；氯化对氯苯甲酰
英文名：4-chlorobenzoyl chloride；p-chlorobenzoyl chloride
CAS 号：122-01-0
GHS 标签信号词及象形图：危险

危险性类别：皮肤腐蚀/刺激，类别 1
　　严重眼损伤/眼刺激，类别 1
主要危险性及次要危险性：第 8 类危险物——腐蚀性物质
联合国编号（UN No.）：3265
正式运输名称：有机酸性腐蚀性液体，未另作规定的
包装类别：Ⅲ

1427　2-氯苯乙酮

别名：氯乙酰苯；氯苯乙酮；苯基氯甲基甲酮；苯酰甲基氯；α-氯苯乙酮
英文名：2-chloroacetophenone
CAS 号：532-27-4
GHS 标签信号词及象形图：危险

危险性类别：急性毒性-经口，类别3

皮肤腐蚀/刺激，类别2

严重眼损伤/眼刺激，类别1

皮肤致敏物，类别1

特异性靶器官毒性-一次接触，类别2

特异性靶器官毒性-一次接触，类别3（麻醉效应）

特异性靶器官毒性-反复接触，类别1

主要危险性及次要危险性：第 6.1 项危险物——毒性物质

联合国编号（UN No.）：1697

正式运输名称：氯乙酰苯，固态

包装类别：Ⅱ

1428　2-氯吡啶

别名：—

英文名：2-chloropyridine

CAS 号：109-09-1

GHS 标签信号词及象形图：危险

危险性类别：急性毒性-经口，类别3

急性毒性-经皮，类别2

主要危险性及次要危险性：第 6.1 项危险物——毒性物质

联合国编号（UN No.）：2822

正式运输名称：2-氯吡啶

包装类别：Ⅱ

1429　4-氯苄基氯

别名：对氯苄基氯；对氯苯甲基氯

英文名：4-chlorobenzyl chloride；*p*-chlorobenzyl chloride；*p*-chlorophenyl methyl chloride

CAS 号：104-83-6

GHS 标签信号词及象形图：警告

危险性类别：皮肤致敏物，类别1

特异性靶器官毒性-一次接触，类别3（麻醉效应）

危害水生环境-急性危害，类别2

危害水生环境-长期危害，类别2

主要危险性及次要危险性：第 6.1 项危险物——毒性物质

联合国编号（UN No.）：2235

正式运输名称：氯苯甲基氯，液态

包装类别：Ⅲ

1430　3-氯丙腈

别名：β-氯丙腈；氰化-β-氯乙烷

英文名：3-chloropropionitrile；β-chloropropionitrile；β-chloroethyl cyanide

CAS 号：542-76-7

GHS 标签信号词及象形图：危险

危险性类别：急性毒性-经口，类别3

严重眼损伤/眼刺激，类别2B

特异性靶器官毒性-一次接触，类别1

主要危险性及次要危险性：第 6.1 项危险物——毒性物质

联合国编号（UN No.）：2810

正式运输名称：有机毒性液体，未另作规定的

包装类别：Ⅲ

1431　2-氯丙酸

别名：2-氯代丙酸

英文名：2-chloropropionic acid；α-chloropropionic acid

CAS 号：598-78-7

GHS 标签信号词及象形图：危险

危险性类别：皮肤腐蚀/刺激，类别1A

严重眼损伤/眼刺激，类别1

主要危险性及次要危险性：第 8 类危险物——腐蚀性物质

联合国编号（UN No.）：2511

正式运输名称：2-氯丙酸

包装类别：Ⅲ

1432　3-氯丙酸

别名：3-氯代丙酸

英文名：3-chloropropionic acid；β-chloropropionic acid

CAS 号：107-94-8

GHS 标签信号词及象形图：危险

危险性类别：皮肤腐蚀/刺激，类别 1

　严重眼损伤/眼刺激，类别 1

主要危险性及次要危险性：第 8 类危险物——

　腐蚀性物质

联合国编号（UN No.）：3261

正式运输名称：有机酸性腐蚀性固体，未另

　作规定的

包装类别：Ⅲ

1433　2-氯丙酸甲酯

别名：—

英文名：methyl 2-chloropropionate

CAS 号：17639-93-9；77287-29-7

GHS 标签信号词及象形图：警告

危险性类别：易燃液体，类别 3

主要危险性及次要危险性：第 3 类危险物——

　易燃液体

联合国编号（UN No.）：2933

正式运输名称：2-氯丙酸甲酯

包装类别：Ⅲ

1434　2-氯丙酸乙酯

别名：—

英文名：ethyl 2-chloropropionate

CAS 号：535-13-7

GHS 标签信号词及象形图：警告

危险性类别：易燃液体，类别 3

主要危险性及次要危险性：第 3 类危险物——

　易燃液体

联合国编号（UN No.）：2935

正式运输名称：2-氯丙酸乙酯

包装类别：Ⅲ

1435　3-氯丙酸乙酯

别名：—

英文名：ethyl 3-chloropropionate

CAS 号：623-71-2

GHS 标签信号词及象形图：警告

危险性类别：易燃液体，类别 3

主要危险性及次要危险性：第 3 类危险物——

　易燃液体

联合国编号（UN No.）：3272/1993△

正式运输名称：酯类，未另作规定的/易燃液

　体，未另作规定的△

包装类别：Ⅲ

1436　2-氯丙酸异丙酯

别名：—

英文名：isopropyl 2-chloropropionate

CAS 号：40058-87-5；79435-04-4

GHS 标签信号词及象形图：警告

危险性类别：易燃液体，类别 3

主要危险性及次要危险性：第 3 类危险物——

　易燃液体

联合国编号（UN No.）：2934

正式运输名称：2-氯丙酸异丙酯

包装类别：Ⅲ

1437　1-氯丙烷

别名：氯正丙烷；丙基氯

英文名：1-chloropropane

CAS 号：540-54-5

GHS 标签信号词及象形图：危险

危险性类别：易燃液体，类别 2

主要危险性及次要危险性：第 3 类危险物——
易燃液体

联合国编号（UN No.）：1278

正式运输名称：1-氯丙烷

包装类别：Ⅱ

1438　2-氯丙烷

别名：氯异丙烷；异丙基氯

英文名：2-chloropropane

CAS 号：75-29-6

GHS 标签信号词及象形图：危险

危险性类别：易燃液体，类别 2

主要危险性及次要危险性：第 3 类危险物——
易燃液体

联合国编号（UN No.）：2356

正式运输名称：2-氯丙烷

包装类别：Ⅰ

1439　2-氯丙烯

别名：异丙烯基氯

英文名：2-chloropropene；isopropenyl chloride

CAS 号：557-98-2

GHS 标签信号词及象形图：危险

危险性类别：易燃液体，类别 1

主要危险性及次要危险性：第 3 类危险物——

易燃液体

联合国编号（UN No.）：2456

正式运输名称：2-氯丙烯

包装类别：Ⅰ

1440　3-氯丙烯

别名：α-氯丙烯；烯丙基氯

英文名：3-chloropropene；α-choropropylene；allyl
chloride

CAS 号：107-05-1

GHS 标签信号词及象形图：危险

危险性类别：易燃液体，类别 2

　　严重眼损伤/眼刺激，类别 2

　　皮肤腐蚀/刺激，类别 2

　　生殖细胞致突变性，类别 2

　　特异性靶器官毒性-一次接触，类别 3（呼
吸道刺激）

　　特异性靶器官毒性-反复接触，类别 2 *

　　危害水生环境-急性危害，类别 1

主要危险性及次要危险性：第 3 类危险物——
易燃液体；第 6.1 项危险物——毒性物质

联合国编号（UN No.）：1100

正式运输名称：烯丙基氯

包装类别：Ⅰ

1441　氯铂酸

别名：—

英文名：hexachloroplatinic acid

CAS 号：16941-12-1

GHS 标签信号词及象形图：危险

危险性类别：急性毒性-经口，类别 3 *

　　皮肤腐蚀/刺激，类别 1B

　　严重眼损伤/眼刺激，类别 1

　　呼吸道致敏物，类别 1

　　皮肤致敏物，类别 1

主要危险性及次要危险性：第 8 类危险物——
　腐蚀性物质

联合国编号（UN No.）：2507

正式运输名称：固态氯铂酸

包装类别：Ⅲ

1442　氯代膦酸二乙酯

别名：氯化磷酸二乙酯

英文名：chlorophosphoric acid，diethyl ester；
　diethyl chlorophosphate；diethylchlorfosfat

CAS 号：814-49-3

GHS 标签信号词及象形图：危险

危险性类别：急性毒性-经口，类别 2
　急性毒性-经皮，类别 1

主要危险性及次要危险性：第 6.1 项危险
　物——毒性物质

联合国编号（UN No.）：2810

正式运输名称：有机毒性液体，未另作规定的

包装类别：Ⅰ

1443　氯代叔丁烷

别名：叔丁基氯；特丁基氯

英文名：chloro-*tert*-butane；*tert*-butylchloride；
　2-chloro-2-methyl propane

CAS 号：507-20-0

GHS 标签信号词及象形图：危险

危险性类别：易燃液体，类别 2

主要危险性及次要危险性：第 3 类危险物——
　易燃液体

联合国编号（UN No.）：1127

正式运输名称：氯丁烷

包装类别：Ⅱ

1444　氯代异丁烷

别名：异丁基氯

英文名：1-chloro-*iso*-butane；isobutyl chloride

CAS 号：513-36-0

GHS 标签信号词及象形图：危险

危险性类别：易燃液体，类别 2

主要危险性及次要危险性：第 3 类危险物——
　易燃液体

联合国编号（UN No.）：1127

正式运输名称：氯丁烷

包装类别：Ⅱ

1445　氯代正己烷

别名：氯代己烷；己基氯

英文名：chloro-*n*-hexane；*n*-hexyl chloride

CAS 号：544-10-5

GHS 标签信号词及象形图：警告

危险性类别：易燃液体，类别 3

主要危险性及次要危险性：第 3 类危险物——
　易燃液体

联合国编号（UN No.）：1993

正式运输名称：易燃液体，未另作规定的

包装类别：Ⅲ

1446　1-氯丁烷

别名：正丁基氯；氯代正丁烷

英文名：1-chlorobutane；butyl chloride；*n*-butyl
　chloride；chloro-*n*-butane

CAS 号：109-69-3

GHS 标签信号词及象形图：危险

危险性类别：易燃液体，类别 2

主要危险性及次要危险性：第 3 类危险物——
　易燃液体

联合国编号（UN No.）：1127

正式运输名称：氯丁烷

包装类别：Ⅱ

1447　2-氯丁烷

别名：仲丁基氯；氯代仲丁烷

英文名：2-chlorobutane；*sec*-butyl chloride；chlorosec-butane

CAS 号：78-86-4

GHS 标签信号词及象形图：危险

危险性类别：易燃液体，类别 2

主要危险性及次要危险性：第 3 类危险物——易燃液体

联合国编号（UN No.）：1127

正式运输名称：氯丁烷

包装类别：Ⅱ

1448　氯锇酸铵

别名：氯化锇铵

英文名：ammonium chloroosmate；ammonium osmium chloride

CAS 号：12125-08-5

GHS 标签信号词及象形图：警告

危险性类别：皮肤腐蚀/刺激，类别 2

严重眼损伤/眼刺激，类别 2

特异性靶器官毒性--一次接触，类别 3（呼吸道刺激）

主要危险性及次要危险性：——

联合国编号（UN No.）：非危

正式运输名称：——

包装类别：——

1449　氯二氟甲烷和氯五氟乙烷共沸物

别名：R502

英文名：chlorodifluoromethane and chloropentafluoroethane mixture with fixed boiling point

CAS 号：——

GHS 标签信号词及象形图：危险

危险性类别：加压气体

严重眼损伤/眼刺激，类别 2B

生殖毒性，类别 1B

特异性靶器官毒性--一次接触，类别 3（麻醉效应）

危害臭氧层，类别 1

主要危险性及次要危险性：第 2.2 类危险物——非易燃无毒气体

联合国编号（UN No.）：1973

正式运输名称：二氟氯甲烷和五氟氯乙烷混合物，有固定沸点，前者约占 49%（制冷气体 R 502）

包装类别：不适用

1450　氯二氟溴甲烷

别名：R12B1；二氟氯溴甲烷；溴氯二氟甲烷；哈龙-1211

英文名：bromochlorodifluoromethane；methane，bromochlorodifluoro- ；halone-1211

CAS 号：353-59-3

GHS 标签信号词及象形图：危险

危险性类别：加压气体

特异性靶器官毒性--一次接触，类别 1

特异性靶器官毒性--一次接触，类别 3（呼吸道刺激、麻醉效应）

危害臭氧层，类别 1

主要危险性及次要危险性：第 2.2 类危险物——非易燃无毒气体

联合国编号（UN No.）：1974

正式运输名称：二氟氯溴甲烷

包装类别：不适用

1451 2-氯氟苯

别名：邻氯氟苯；2-氟氯苯；邻氟氯苯

英文名：2-chlorofluorobenzene；o-chlorofluoroben-zene；2-fluorochlorobenzene；o-fluorochloro-ben-zene

CAS 号：348-51-6

GHS 标签信号词及象形图：警告

危险性类别：易燃液体，类别 3

主要危险性及次要危险性：第 3 类危险物——易燃液体

联合国编号（UN No.）：1993

正式运输名称：易燃液体，未另作规定的

包装类别：Ⅲ

1452 3-氯氟苯

别名：间氯氟苯；3-氟氯苯；间氟氯苯

英文名：3-chlorofluorobenzene；m-chloroflu-orobenzene；3-fluorochlorobenzene；m-flu-orochlorobenzene

CAS 号：625-98-9

GHS 标签信号词及象形图：危险

危险性类别：易燃液体，类别 2

主要危险性及次要危险性：第 3 类危险物——易燃液体

联合国编号（UN No.）：1993

正式运输名称：易燃液体，未另作规定的

包装类别：Ⅱ

1453 4-氯氟苯

别名：对氯氟苯；4-氟氯苯；对氟氯苯

英文名：4-chlorofluorobenzene；p-chloroflu-orobenzene；4-fluorochlorobenzene；p-fluo-rochlorobenzene

CAS 号：352-33-0

GHS 标签信号词及象形图：警告

危险性类别：易燃液体，类别 3

主要危险性及次要危险性：第 3 类危险物——易燃液体

联合国编号（UN No.）：1993

正式运输名称：易燃液体，未另作规定的

包装类别：Ⅲ

1454 2-氯汞苯酚

别名：—

英文名：2-(chloromercuri) phenol

CAS 号：90-03-9

GHS 标签信号词及象形图：危险

危险性类别：急性毒性-经口，类别 2*

急性毒性-经皮，类别 1

急性毒性-吸入，类别 2*

特异性靶器官毒性-反复接触，类别 2*

危害水生环境-急性危害，类别 1

危害水生环境-长期危害，类别 1

主要危险性及次要危险性：第 6.1 项危险物——毒性物质

联合国编号（UN No.）：2811

正式运输名称：有机毒性固体，未另作规定的

包装类别：Ⅰ

1455 4-氯汞苯甲酸

别名：对氯化汞苯甲酸

英文名：4-(chloromercuri) benzoic acid；p-mercurichlorobenzoic acid

CAS 号：59-85-8

GHS 标签信号词及象形图：危险

危险性类别：急性毒性-经口，类别 2＊

急性毒性-经皮，类别 1

急性毒性-吸入，类别 2＊

特异性靶器官毒性-反复接触，类别 2＊

危害水生环境-急性危害，类别 1

危害水生环境-长期危害，类别 1

主要危险性及次要危险性：第 6.1 项危险物——毒性物质

联合国编号（UN No.）：2811

正式运输名称：有机毒性固体，未另作规定的

包装类别：Ⅰ

1456　氯化铵汞

别名：白降汞，氯化汞铵

英文名：mercuric ammonium chloride；white precipitate

CAS 号：10124-48-8

GHS 标签信号词及象形图：危险

危险性类别：急性毒性-经口，类别 2＊

急性毒性-经皮，类别 1

急性毒性-吸入，类别 2＊

特异性靶器官毒性-反复接触，类别 2＊

危害水生环境-急性危害，类别 1

危害水生环境-长期危害，类别 1

主要危险性及次要危险性：第 6.1 项危险物——毒性物质

联合国编号（UN No.）：1630

正式运输名称：氯化汞铵

包装类别：Ⅱ

1457　氯化钡

别名：—

英文名：barium chloride

CAS 号：10361-37-2

GHS 标签信号词及象形图：危险

危险性类别：急性毒性-经口，类别 3＊

主要危险性及次要危险性：第 6.1 项危险物——毒性物质

联合国编号（UN No.）：1564

正式运输名称：钡化合物，未另作规定的

包装类别：Ⅲ

1458　氯化苯汞

别名：—

英文名：phenylmercuric chloride；PMC

CAS 号：100-56-1

GHS 标签信号词及象形图：危险

危险性类别：急性毒性-经口，类别 3

急性毒性-经皮，类别 1

急性毒性-吸入，类别 2＊

特异性靶器官毒性-反复接触，类别 2＊

危害水生环境-急性危害，类别 1

危害水生环境-长期危害，类别 1

主要危险性及次要危险性：第 6.1 项危险物——毒性物质

联合国编号（UN No.）：2811

正式运输名称：有机毒性固体，未另作规定的

包装类别：Ⅰ

1459　氯化苄

别名：α-氯甲苯；苄基氯

英文名：benzyl chloride；α-chlorotoluene；1-chloromethylbenzene

CAS 号：100-44-7

GHS 标签信号词及象形图：危险

危险性类别：急性毒性-吸入，类别 3＊

皮肤腐蚀/刺激，类别 2

严重眼损伤/眼刺激，类别 1

致癌性，类别 1B

特异性靶器官毒性-一次接触，类别 3（呼

吸道刺激）

特异性靶器官毒性-反复接触，类别 2 *

危害水生环境-急性危害，类别 2

主要危险性及次要危险性：第 6.1 项危险物——毒性物质；第 8 类危险物——腐蚀性物质

联合国编号（UN No.）：1738

正式运输名称：苄基氯

包装类别：Ⅱ

1460　氯化二硫酰

别名：二硫酰氯；焦硫酰氯

英文名：disulfuryl chloride；pyrosulphuryl chloride

CAS 号：7791-27-7

GHS 标签信号词及象形图：危险

危险性类别：皮肤腐蚀/刺激，类别 1

严重眼损伤/眼刺激，类别 1

主要危险性及次要危险性：第 8 类危险物——腐蚀性物质

联合国编号（UN No.）：1817

正式运输名称：焦硫酰二氯

包装类别：Ⅱ

1461　氯化二烯丙托锡弗林

别名：—

英文名：alcuronium chloride；alcuronium dichloride；dialferin；alloferin

CAS 号：15180-03-7

GHS 标签信号词及象形图：危险

危险性类别：急性毒性-经口，类别 2

主要危险性及次要危险性：第 6.1 项危险物——毒性物质

联合国编号（UN No.）：3288

正式运输名称：无机毒性固体，未另作规定的

包装类别：Ⅱ

1462　氯化二乙基铝

别名：—

英文名：diethyl aluminium chloride

CAS 号：96-10-6

GHS 标签信号词及象形图：危险

危险性类别：自燃液体，类别 1

遇水放出易燃气体的物质和混合物，类别 1

严重眼损伤/眼刺激，类别 2 *

主要危险性及次要危险性：第 4.2 项危险物——易于自燃的物质；第 4.3 项危险物——遇水放出易燃气体的物质

联合国编号（UN No.）：3394

正式运输名称：液态有机金属物质，发火，遇水反应

包装类别：Ⅰ

1463　氯化镉

别名：—

英文名：cadmium chloride

CAS 号：10108-64-2

GHS 标签信号词及象形图：危险

危险性类别：急性毒性-经口，类别 3 *

急性毒性-吸入，类别 2 *

生殖细胞致突变性，类别 1B

致癌性，类别 1A

生殖毒性，类别 1B

特异性靶器官毒性-反复接触，类别 1

危害水生环境-急性危害，类别 1

危害水生环境-长期危害，类别 1

主要危险性及次要危险性：第 6.1 项危险物——毒性物质

联合国编号（UN No.）：2570

正式运输名称：镉化合物

包装类别：Ⅱ

1464 氯化汞

别名：氯化高汞；二氯化汞；升汞

英文名：mercuric chloride；mercury perchloride；mercury dichloride；mercurybichloride；corrosive sublimate

CAS 号：7487-94-7

GHS 标签信号词及象形图：危险

危险性类别：急性毒性-经口，类别 2 *
　皮肤腐蚀/刺激，类别 1B
　严重眼损伤/眼刺激，类别 1
　生殖细胞致突变性，类别 2
　生殖毒性，类别 2
　特异性靶器官毒性-反复接触，类别 1
　危害水生环境-急性危害，类别 1
　危害水生环境-长期危害，类别 1

主要危险性及次要危险性：第 6.1 项危险物——毒性物质

联合国编号（UN No.）：1624

正式运输名称：氯化汞

包装类别：Ⅱ

1465 氯化钴

别名：—

英文名：cobalt dichloride

CAS 号：7646-79-9

GHS 标签信号词及象形图：危险

危险性类别：呼吸道致敏物，类别 1
　皮肤致敏物，类别 1
　生殖细胞致突变性，类别 2
　致癌性，类别 2
　生殖毒性，类别 1B
　危害水生环境-急性危害，类别 1
　危害水生环境-长期危害，类别 1

主要危险性及次要危险性：第 9 类危险物——杂项危险物质和物品

联合国编号（UN No.）：3077

正式运输名称：对环境有害的固态物质，未另作规定的

包装类别：Ⅲ

1466 氯化琥珀胆碱

别名：司克林；氯琥珀胆碱；氯化琥珀酰胆碱

英文名：succinycholine chloride；suxamethonium chloride；（2-hydroxyethyl）trimethyl-ammonium chloride succinate；2-dimethyl-aminoethyl succinate dimethochloride

CAS 号：71-27-2

GHS 标签信号词及象形图：危险

危险性类别：急性毒性-经口，类别 3

主要危险性及次要危险性：第 6.1 项危险物——毒性物质

联合国编号（UN No.）：2811

正式运输名称：有机毒性固体，未另作规定的

包装类别：Ⅲ

1467 氯化环戊烷

别名：—

英文名：chlorocyclopentane

CAS 号：930-28-9

GHS 标签信号词及象形图：危险

危险性类别：易燃液体，类别 2

主要危险性及次要危险性：第 3 类危险物——易燃液体

联合国编号（UN No.）：1993

正式运输名称：易燃液体，未另作规定的

包装类别：Ⅱ

1468　氯化甲基汞

别名：—
英文名：methyl mercuric chloride
CAS 号：115-09-3
GHS 标签信号词及象形图：危险

危险性类别：急性毒性-经口，类别 2 *
　　急性毒性-经皮，类别 1
　　急性毒性-吸入，类别 2 *
　　致癌性，类别 2
　　特异性靶器官毒性-反复接触，类别 2 *
　　危害水生环境-急性危害，类别 1
　　危害水生环境-长期危害，类别 1
主要危险性及次要危险性：第 6.1 项危险
　　物——毒性物质
联合国编号（UN No.）：2811
正式运输名称：有机毒性固体，未另作规定的
包装类别：Ⅰ

1469　氯化甲氧基乙基汞

别名：—
英文名：2-methoxyethylmercury chloride；me-
thoxyethylmercuric chloride；merchlorate
CAS 号：123-88-6
GHS 标签信号词及象形图：危险

危险性类别：急性毒性-经口，类别 2
　　皮肤腐蚀/刺激，类别 1B
　　严重眼损伤/眼刺激，类别 1
　　特异性靶器官毒性-反复接触，类别 1
　　危害水生环境-急性危害，类别 1
　　危害水生环境-长期危害，类别 1
主要危险性及次要危险性：第 6.1 项危险
　　物——毒性物质；第 8 类危险物——腐蚀
　　性物质
联合国编号（UN No.）：2928

正式运输名称：有机毒性固体，腐蚀性，未
　　另作规定的
包装类别：Ⅱ

1470　氯化钾汞

别名：氯化汞钾
英文名：mercuric potassium chloride；mercury
（Ⅱ）potassium chloride
CAS 号：20582-71-2
GHS 标签信号词及象形图：危险

危险性类别：急性毒性-经口，类别 2 *
　　急性毒性-经皮，类别 1
　　急性毒性-吸入，类别 2 *
　　特异性靶器官毒性-反复接触，类别 2 *
　　危害水生环境-急性危害，类别 1
　　危害水生环境-长期危害，类别 1
主要危险性及次要危险性：第 6.1 项危险
　　物——毒性物质
联合国编号（UN No.）：3288
正式运输名称：无机毒性固体，未另作规
　　定的
包装类别：Ⅰ

1471　4-氯化联苯

别名：对氯化联苯；联苯基氯
英文名：4-chlorodiphenyl；p-chlorodiphenyl；
p-chlorobiphenyl
CAS 号：2051-62-9
GHS 标签信号词及象形图：警告

危险性类别：危害水生环境-急性危害，类
　　别 1
　　危害水生环境-长期危害，类别 1
主要危险性及次要危险性：第 9 类危险物——
　　杂项危险物质和物品
联合国编号（UN No.）：3077

正式运输名称：对环境有害的固态物质，未另作规定的

包装类别：Ⅲ

1472 1-氯化萘

别名：α-氯化萘

英文名：1-chloronaphthalene；α-chloronaphthalene

CAS 号：90-13-1

GHS 标签信号词及象形图：警告

危险性类别：皮肤腐蚀/刺激，类别 2

严重眼损伤/眼刺激，类别 2

特异性靶器官毒性-一次接触，类别 2

特异性靶器官毒性-反复接触，类别 2

危害水生环境-急性危害，类别 1

危害水生环境-长期危害，类别 1

主要危险性及次要危险性：第 9 类危险物——杂项危险物质和物品

联合国编号（UN No.）：3082

正式运输名称：对环境有害的液态物质，未另作规定的

包装类别：Ⅲ

1473 氯化镍

别名：氯化亚镍

英文名：nickel dichloride

CAS 号：7718-54-9

GHS 标签信号词及象形图：危险

危险性类别：急性毒性-经口，类别 3 *

急性毒性-吸入，类别 3 *

皮肤腐蚀/刺激，类别 2

呼吸道致敏物，类别 1

皮肤致敏物，类别 1

生殖细胞致突变性，类别 2

致癌性，类别 1A

生殖毒性，类别 1B

特异性靶器官毒性-反复接触，类别 1

危害水生环境-急性危害，类别 1

危害水生环境-长期危害，类别 1

主要危险性及次要危险性：第 6.1 项危险物——毒性物质

联合国编号（UN No.）：3288

正式运输名称：无机毒性固体，未另作规定的

包装类别：Ⅲ

1474 氯化铍

别名：—

英文名：beryllium chloride

CAS 号：7787-47-5

GHS 标签信号词及象形图：危险

危险性类别：急性毒性-经口，类别 3

急性毒性-吸入，类别 2 *

皮肤腐蚀/刺激，类别 1

严重眼损伤/眼刺激，类别 1

皮肤致敏物，类别 1

致癌性，类别 1A

特异性靶器官毒性-一次接触，类别 3（呼吸道刺激）

特异性靶器官毒性-反复接触，类别 1

危害水生环境-急性危害，类别 2

危害水生环境-长期危害，类别 2

主要危险性及次要危险性：第 6.1 项危险物——毒性物质；第 8 类危险物——腐蚀性物质

联合国编号（UN No.）：3290

正式运输名称：无机毒性固体，腐蚀性，未另作规定的

包装类别：Ⅱ

1475 氯化氢（无水）

别名：—

英文名：hydrogen chloride, anhydrous

CAS 号：7647-01-0

GHS 标签信号词及象形图：危险

危险性类别：加压气体

急性毒性-吸入，类别 3 *

皮肤腐蚀/刺激，类别 1A

严重眼损伤/眼刺激，类别 1

危害水生环境-急性危害，类别 1

主要危险性及次要危险性：第 2.3 类危险物——毒性气体；第 8 类危险物——腐蚀性物质

联合国编号（UN No.）：1050

正式运输名称：无水氯化氢

包装类别：不适用

1476   氯化氰

别名：氰化氯；氯甲腈

英文名：cyanogen chloride

CAS 号：506-77-4

GHS 标签信号词及象形图：危险

危险性类别：加压气体

急性毒性-吸入，类别 1

皮肤腐蚀/刺激，类别 1

严重眼损伤/眼刺激，类别 1

特异性靶器官毒性——次接触，类别 2

特异性靶器官毒性-反复接触，类别 1

危害水生环境-急性危害，类别 1

危害水生环境-长期危害，类别 1

主要危险性及次要危险性：第 2.3 类危险物——毒性气体；第 8 类危险物——腐蚀性物质

联合国编号（UN No.）：1589

正式运输名称：氯化氰，稳定的

包装类别：不适用

1477   氯化铜

别名：—

英文名：cupper（Ⅱ）chloride

CAS 号：7447-39-4

GHS 标签信号词及象形图：危险

危险性类别：急性毒性-经口，类别 3

皮肤腐蚀/刺激，类别 2

严重眼损伤/眼刺激，类别 2

皮肤致敏物，类别 1

生殖毒性，类别 2

危害水生环境-急性危害，类别 1

危害水生环境-长期危害，类别 1

主要危险性及次要危险性：第 8 类危险物——腐蚀性物质

联合国编号（UN No.）：2802

正式运输名称：氯化铜

包装类别：Ⅲ

1478   α-氯化筒箭毒碱

别名：氯化南美防己碱；氢氧化吐巴寇拉令碱；氯化箭毒块茎碱；氯化管箭毒碱

英文名：α-tubocurarine chloride；tubocurarine hydrochloride；dextrotubocurarine chloride；tubarine

CAS 号：57-94-3

GHS 标签信号词及象形图：危险

危险性类别：急性毒性-经口，类别 2

主要危险性及次要危险性：第 6.1 项危险物——毒性物质

联合国编号（UN No.）：2811

正式运输名称：有机毒性固体，未另作规定的

包装类别：Ⅱ

1479　氯化硒

别名：二氯化二硒

英文名：selenium chloride

CAS 号：10025-68-0

GHS 标签信号词及象形图：危险

危险性类别：急性毒性-经口，类别 3 ＊

急性毒性-吸入，类别 3 ＊

特异性靶器官毒性-反复接触，类别 2

危害水生环境-急性危害，类别 1

危害水生环境-长期危害，类别 1

主要危险性及次要危险性：第 6.1 项危险物——毒性物质

联合国编号（UN No.）：3287

正式运输名称：无机毒性液体，未另作规定的

包装类别：Ⅲ

1480　氯化锌

别名：—

英文名：zinc chloride

CAS 号：7646-85-7

GHS 标签信号词及象形图：危险

危险性类别：皮肤腐蚀/刺激，类别 1B

严重眼损伤/眼刺激，类别 1

特异性靶器官毒性-一次接触，类别 3（呼吸道刺激）

危害水生环境-急性危害，类别 1

危害水生环境-长期危害，类别 1

主要危险性及次要危险性：第 8 类危险物——腐蚀性物质

联合国编号（UN No.）：2331

正式运输名称：无水氯化锌

包装类别：Ⅲ

氯化锌溶液

别名：—

英文名：zinc chloride solution

CAS 号：7646-85-7

GHS 标签信号词及象形图：危险

危险性类别：皮肤腐蚀/刺激，类别 1B

严重眼损伤/眼刺激，类别 1

危害水生环境-急性危害，类别 1

危害水生环境-长期危害，类别 1

主要危险性及次要危险性：第 8 类危险物——腐蚀性物质

联合国编号（UN No.）：1840

正式运输名称：氯化锌溶液

包装类别：Ⅲ

1481　氯化锌-2-(2-羟乙氧基)-1-(吡咯烷-1-基)重氮苯

别名：—

英文名：2-(2-hydroxyethoxy)-1-(pyrrolidin-1-yl)benzene-4-diazonium zinc chloride

CAS 号：—

GHS 标签信号词及象形图：危险

危险性类别：自反应物质和混合物，D 型

主要危险性及次要危险性：第 4.1 项危险物——自反应物质

联合国编号（UN No.）：3226

正式运输名称：D 型自反应固体

包装类别：满足 Ⅱ 类包装要求

1482　氯化锌-2-(N-氧羰基苯氨基)-3-甲氧基-4-(N-甲基环己氨基)重氮苯

别名：—

英文名：2-(N,N-ethoxycarbonylphenylamino)-3-methoxy-4-(N-methyl-N-cyclohexylamino)benzenediazonium zinc chloride

CAS 号：—

GHS 标签信号词及象形图：危险

危险性类别：自反应物质和混合物，D型
主要危险性及次要危险性：第 4.1 项危险
　物——自反应物质
联合国编号（UN No.）：3226
正式运输名称：D型自反应固体
包装类别：满足Ⅱ类包装要求

1483　氯化锌-2,5-二乙氧基-4-(4-甲苯磺酰)重氮苯

别名：—
英文名：2,5-dimethoxy-4-(4-methylphenyl-sulphonyl) benzenediazonium zinc chloride
CAS 号：—
GHS 标签信号词及象形图：危险

危险性类别：自反应物质和混合物，D型
主要危险性及次要危险性：第 4.1 项危险
　物——自反应物质
联合国编号（UN No.）：3226
正式运输名称：D型自反应固体
包装类别：满足Ⅱ类包装要求

1484　氯化锌-2,5-二乙氧基-4-苯磺酰重氮苯

别名：—
英文名：2,5-diethoxy-4-(phenylsulphonyl)-benzenediazonium zinc chloride
CAS 号：—
GHS 标签信号词及象形图：危险

危险性类别：自反应物质和混合物，D型
主要危险性及次要危险性：第 4.1 项危险
　物——自反应物质
联合国编号（UN No.）：3226

正式运输名称：D型自反应固体
包装类别：满足Ⅱ类包装要求

1485　氯化锌-2,5-二乙氧基-4-吗啉代重氮苯

别名：—
英文名：2,5-diethoxy-4-morpholinobenzenediazonium zinc chloride
CAS 号：26123-91-1
GHS 标签信号词及象形图：危险

危险性类别：自反应物质和混合物，D型
主要危险性及次要危险性：第 4.1 项危险
　物——自反应物质
联合国编号（UN No.）：3225
正式运输名称：D型自反应液体
包装类别：满足Ⅱ类包装要求

1486　氯化锌-3-(2-羟乙氧基)-4-(吡咯烷-1-基)重氮苯

别名：—
英文名：3-(2-hydroxyethoxy)-4-(pyrrolidin-1-yl)benzene diazonium zinc chloride
CAS 号：105185-95-3
GHS 标签信号词及象形图：危险

危险性类别：自反应物质和混合物，D型
主要危险性及次要危险性：第 4.1 项危险
　物——自反应物质
联合国编号（UN No.）：3226
正式运输名称：D型自反应固体
包装类别：满足Ⅱ类包装要求

1487　氯化锌-3-氯-4-二乙氨基重氮苯

别名：晒图盐 BG
英文名：3-chloro-4-diethylaminobenzenediazo-

nium zinc chloride

CAS 号：15557-00-3

GHS 标签信号词及象形图：危险

危险性类别：自反应物质和混合物，D 型

主要危险性及次要危险性：第 4.1 项危险物——自反应物质

联合国编号（**UN No.**）：3226

正式运输名称：D 型自反应固体

包装类别：满足 II 类包装要求

1488　氯化锌-4-苄甲氨基-3-乙氧基重氮苯

别名：—

英文名：4-(benzyl（methyl）amino)-3-ethoxy benzenediazonium zinc chloride

CAS 号：4421-50-5

GHS 标签信号词及象形图：危险

危险性类别：自反应物质和混合物，D 型

主要危险性及次要危险性：第 4.1 项危险物——自反应物质

联合国编号（**UN No.**）：3226

正式运输名称：D 型自反应固体

包装类别：满足 II 类包装要求

1489　氯化锌-4-苄乙氨基-3-乙氧基重氮苯

别名：—

英文名：4-(benzyl（ethyl）amino)-3-ethoxy benzene diazonium zinc chloride

CAS 号：21723-86-4

GHS 标签信号词及象形图：危险

危险性类别：自反应物质和混合物，D 型

主要危险性及次要危险性：第 4.1 项危险物——自反应物质

联合国编号（**UN No.**）：3226

正式运输名称：D 型自反应固体

包装类别：满足 II 类包装要求

1490　氯化锌-4-二丙氨基重氮苯

别名：—

英文名：4-dipropylaminobenzenediazonium zinc chloride

CAS 号：33864-17-4

GHS 标签信号词及象形图：危险

危险性类别：自反应物质和混合物，D 型

主要危险性及次要危险性：第 4.1 项危险物——自反应物质

联合国编号（**UN No.**）：3226

正式运输名称：D 型自反应固体

包装类别：满足 II 类包装要求

1491　氯化锌-4-二甲氧基-6-(2-二甲氨乙氧基)-2-重氮甲苯

别名：—

英文名：4-dimethylamino-6-（2-dimethylamin-oethoxy）toluene-2-diazonium zinc chloride

CAS 号：—

GHS 标签信号词及象形图：危险

危险性类别：自反应物质和混合物，D 型

主要危险性及次要危险性：第 4.1 项危险物——自反应物质

联合国编号（**UN No.**）：3226

正式运输名称：D 型自反应固体

包装类别：满足 II 类包装要求

1492　氯化溴

别名：溴化氯

英文名：bromine chloride；chlorine bromide

CAS 号：13863-41-7

GHS 标签信号词及象形图：危险

危险性类别：氧化性气体，类别 1

加压气体

皮肤腐蚀/刺激，类别 1

严重眼损伤/眼刺激，类别 1

危害水生环境-急性危害，类别 1

主要危险性及次要危险性：第 2.3 类危险物——毒性气体；第 5.1 项危险物——氧化性物质；第 8 类危险物——腐蚀性物质

联合国编号（UN No.）：2901

正式运输名称：氯化溴

包装类别：不适用

1493　氯化亚砜

别名：亚硫酰二氯；二氯氧化硫；亚硫酰氯

英文名：thionyl dichloride；thionyl chloride；sulfurous oxychloride；sulphinyl chloride

CAS 号：7719-09-7

GHS 标签信号词及象形图：危险

危险性类别：皮肤腐蚀/刺激，类别 1A

严重眼损伤/眼刺激，类别 1

特异性靶器官毒性-一次接触，类别 3（呼吸道刺激）

主要危险性及次要危险性：第 8 类危险物——腐蚀性物质

联合国编号（UN No.）：1836

正式运输名称：亚硫酰氯

包装类别：Ⅰ

1494　氯化亚汞

别名：甘汞

英文名：mercurous chloride；calomel；dimercury dichloride；mercury（Ⅰ）chloride

CAS 号：10112-91-1

GHS 标签信号词及象形图：警告

危险性类别：皮肤腐蚀/刺激，类别 2

严重眼损伤/眼刺激，类别 2

特异性靶器官毒性-一次接触，类别 3（呼吸道刺激）

危害水生环境-急性危害，类别 1

危害水生环境-长期危害，类别 1

主要危险性及次要危险性：第 6.1 项危险物——毒性物质

联合国编号（UN No.）：1624

正式运输名称：氯化汞

包装类别：Ⅱ

1495　氯化亚铊

别名：一氯化铊；一氧化二铊

英文名：thallous chloride；thallium（Ⅰ）chloride

CAS 号：7791-12-0

GHS 标签信号词及象形图：危险

危险性类别：急性毒性-经口，类别 2*

急性毒性-吸入，类别 2*

特异性靶器官毒性-反复接触，类别 2*

危害水生环境-急性危害，类别 1

危害水生环境-长期危害，类别 1

主要危险性及次要危险性：第 6.1 项危险物——毒性物质

联合国编号（UN No.）：1707

正式运输名称：铊化合物，未另作规定的

包装类别：Ⅱ

1496　氯化乙基汞

别名：—

英文名：ethylmercury chloride；ceresan

CAS 号：107-27-7

GHS 标签信号词及象形图：危险

危险性类别：急性毒性-经口，类别 2

急性毒性-经皮，类别 2

急性毒性-吸入，类别 3

危害水生环境-急性危害，类别 1

危害水生环境-长期危害，类别 1

主要危险性及次要危险性：第 6.1 项危险物——毒性物质

联合国编号（UN No.）：2025

正式运输名称：固态汞化合物，未另作规定的

包装类别：Ⅱ

1497　氯磺酸

别名：氯化硫酸；氯硫酸

英文名：chlorosulphonic acid；chlorosulfuric acid；sulfuric chlorohydrin

CAS 号：7790-94-5

GHS 标签信号词及象形图：危险

危险性类别：急性毒性-经口，类别 2

皮肤腐蚀/刺激，类别 1B

严重眼损伤/眼刺激，类别 1

特异性靶器官毒性-一次接触，类别 3（呼吸道刺激）

危害水生环境-急性危害，类别 2

主要危险性及次要危险性：第 8 类危险物——腐蚀性物质

联合国编号（UN No.）：1754

正式运输名称：氯磺酸（不含三氧化硫）

包装类别：Ⅰ

1498　2-氯甲苯

别名：邻氯甲苯

英文名：2-chlorotoluene；*o*-chlorotoluene

CAS 号：95-49-8

GHS 标签信号词及象形图：警告

危险性类别：易燃液体，类别 3

危害水生环境-急性危害，类别 2

危害水生环境-长期危害，类别 2

主要危险性及次要危险性：第 3 类危险物——易燃液体

联合国编号（UN No.）：2238

正式运输名称：氯甲苯

包装类别：Ⅲ

1499　3-氯甲苯

别名：间氯甲苯

英文名：3-chlorotoluene；*m*-chlorotoluene

CAS 号：108-41-8

GHS 标签信号词及象形图：警告

危险性类别：易燃液体，类别 3

危害水生环境-急性危害，类别 2

危害水生环境-长期危害，类别 2

主要危险性及次要危险性：第 3 类危险物——易燃液体

联合国编号（UN No.）：2238

正式运输名称：氯甲苯

包装类别：Ⅲ

1500　4-氯甲苯

别名：对氯甲苯

英文名：4-chlorotoluene；*p*-chlorotoluene

CAS 号：106-43-4

GHS 标签信号词及象形图：警告

危险性类别：易燃液体，类别 3

危害水生环境-急性危害，类别 2

危害水生环境-长期危害，类别 2

主要危险性及次要危险性：第 3 类危险物——

易燃液体

联合国编号（UN No.）：2238

正式运输名称：氯甲苯

包装类别：Ⅲ

1501　氯甲苯胺异构体混合物

别名：—

英文名：chlorotoluidine isomers mixture

CAS 号：—

GHS 标签信号词及象形图：警告

危险性类别：危害水生环境-急性危害，类别 1

危害水生环境-长期危害，类别 1

主要危险性及次要危险性：第 6.1 项危险物——毒性物质

联合国编号（UN No.）：2239/3429△

正式运输名称：甲基氯苯胺，固态/液态甲基氯苯胺△

包装类别：Ⅲ

1502　氯甲基甲醚

别名：甲基氯甲醚；氯二甲醚

英文名：chlormethyl methyl ether；methyl chloromethyl ether；chlorodimethyl ether

CAS 号：107-30-2

GHS 标签信号词及象形图：危险

危险性类别：易燃液体，类别 2

急性毒性-经口，类别 1

致癌性，类别 1A

主要危险性及次要危险性：第 6.1 项危险物——毒性物质；第 3 类危险物——易燃液体

联合国编号（UN No.）：1239

正式运输名称：甲基·氯甲基醚

包装类别：Ⅰ

1503　氯甲基三甲基硅烷

别名：三甲基氯甲硅烷

英文名：chloromethyltrimethylsilane；trimethyl chloromethylsilane

CAS 号：2344-80-1

GHS 标签信号词及象形图：危险

危险性类别：易燃液体，类别 2

皮肤腐蚀/刺激，类别 2

严重眼损伤/眼刺激，类别 2

特异性靶器官毒性-一次接触，类别 3（呼吸道刺激）

主要危险性及次要危险性：第 3 类危险物——易燃液体

联合国编号（UN No.）：1993

正式运输名称：易燃液体，未另作规定的

包装类别：Ⅱ

1504　氯甲基乙醚

别名：氯甲基乙基醚

英文名：chloromethyl ethyl ether

CAS 号：3188-13-4

GHS 标签信号词及象形图：危险

危险性类别：易燃液体，类别 2

急性毒性-吸入，类别 3

特异性靶器官毒性-一次接触，类别 3（麻醉效应）

主要危险性及次要危险性：第 3 类危险物——易燃液体；第 6.1 项危险物——毒性物质

联合国编号（UN No.）：2354

正式运输名称：氯甲基·乙基醚

包装类别：Ⅱ

1505　氯甲酸-2-乙基己酯

别名：—

英文名：2-ethylhexyl chloroformate

CAS 号：24468-13-1

GHS 标签信号词及象形图：危险

危险性类别：急性毒性-吸入，类别 1
皮肤腐蚀/刺激，类别 2
皮肤致敏物，类别 1
危害水生环境-急性危害，类别 2

主要危险性及次要危险性：第 6.1 项危险物——毒性物质；第 8 类危险物——腐蚀性物质

联合国编号（UN No.）：2748

正式运输名称：氯甲酸-2-乙基己酯

包装类别：Ⅱ

1506　氯甲酸苯酯

别名：—

英文名：phenyl chloroformate

CAS 号：1885-14-9

GHS 标签信号词及象形图：危险

危险性类别：急性毒性-吸入，类别 1
皮肤腐蚀/刺激，类别 1
严重眼损伤/眼刺激，类别 1

主要危险性及次要危险性：第 6.1 项危险物——毒性物质；第 8 类危险物——腐蚀性物质

联合国编号（UN No.）：2746

正式运输名称：氯甲酸苯酯

包装类别：Ⅱ

1507　氯甲酸苄酯

别名：苯甲氧基碳酰氯

英文名：benzyl chloroformate；benzyloxycarbonyl chloride

CAS 号：501-53-1

GHS 标签信号词及象形图：危险

危险性类别：皮肤腐蚀/刺激，类别 1B
严重眼损伤/眼刺激，类别 1
特异性靶器官毒性-一次接触，类别 3（呼吸道刺激）
危害水生环境-急性危害，类别 1
危害水生环境-长期危害，类别 1

主要危险性及次要危险性：第 8 类危险物——腐蚀性物质

联合国编号（UN No.）：1739

正式运输名称：氯甲酸苄酯

包装类别：Ⅰ

1508　氯甲酸环丁酯

别名：—

英文名：cyclobutyl chloroformate

CAS 号：81228-87-7

GHS 标签信号词及象形图：危险

危险性类别：易燃液体，类别 3
急性毒性-吸入，类别 3
皮肤腐蚀/刺激，类别 1
严重眼损伤/眼刺激，类别 1

主要危险性及次要危险性：第 6.1 项危险物——毒性物质；第 3 类危险物——易燃液体；第 8 类危险物——腐蚀性物质

联合国编号（UN No.）：2744

正式运输名称：氯甲酸环丁酯

包装类别：Ⅱ

1509　氯甲酸甲酯

别名：氯碳酸甲酯

英文名：methyl chloroformate；methyl chlorocarbonate

CAS 号：79-22-1

GHS 标签信号词及象形图：危险

危险性类别：易燃液体，类别 2
　急性毒性-吸入，类别 2*
　皮肤腐蚀/刺激，类别 1B
　严重眼损伤/眼刺激，类别 1
　危害水生环境-急性危害，类别 2
主要危险性及次要危险性：第 6.1 项危险物——毒性物质；第 3 类危险物——易燃液体；第 8 类危险物——腐蚀性物质
联合国编号（UN No.）：1238
正式运输名称：氯甲酸甲酯
包装类别：Ⅰ

1510　氯甲酸氯甲酯

别名：—
英文名：chloromethyl chloroformate
CAS 号：22128-62-7
GHS 标签信号词及象形图：危险

危险性类别：急性毒性-吸入，类别 2
　皮肤腐蚀/刺激，类别 1
　严重眼损伤/眼刺激，类别 1
主要危险性及次要危险性：第 6.1 项危险物——毒性物质；第 8 类危险物——腐蚀性物质
联合国编号（UN No.）：2745
正式运输名称：氯甲酸氯甲酯
包装类别：Ⅱ

1511　氯甲酸三氯甲酯

别名：双光气
英文名：trichloromethyl chloroformate；diphosgene
CAS 号：503-38-8
GHS 标签信号词及象形图：危险

危险性类别：急性毒性-经口，类别 2
　急性毒性-吸入，类别 2
　皮肤腐蚀/刺激，类别 1
　严重眼损伤/眼刺激，类别 1
主要危险性及次要危险性：第 6.1 项危险物——毒性物质；第 8 类危险物——腐蚀性物质
联合国编号（UN No.）：3277
正式运输名称：氯甲酸酯，毒性，腐蚀性，未另作规定的
包装类别：Ⅱ

1512　氯甲酸烯丙基酯（稳定的）

别名：—
英文名：allyl chloroformate，stabilized
CAS 号：2937-50-0
GHS 标签信号词及象形图：危险

危险性类别：易燃液体，类别 3
　急性毒性-经口，类别 3
　皮肤腐蚀/刺激，类别 1
　严重眼损伤/眼刺激，类别 1
主要危险性及次要危险性：第 6.1 项危险物——毒性物质；第 3 类危险物——易燃液体；第 8 类危险物——腐蚀性物质
联合国编号（UN No.）：1722
正式运输名称：氯甲酸烯丙酯
包装类别：Ⅰ

1513　氯甲酸乙酯

别名：氯碳酸乙酯
英文名：ethyl chloroformate；ethyl chlorocarbonate
CAS 号：541-41-3
GHS 标签信号词及象形图：危险

危险性类别：易燃液体，类别 2

急性毒性-吸入，类别 2＊

皮肤腐蚀/刺激，类别 1B

严重眼损伤/眼刺激，类别 1

危害水生环境-急性危害，类别 2

主要危险性及次要危险性：第 6.1 项 危险物——毒性物质；第 3 类危险物——易燃液体；第 8 类危险物——腐蚀性物质

联合国编号（UN No.）：1182

正式运输名称：氯甲酸乙酯

包装类别：Ⅰ

1514　氯甲酸异丙酯

别名：—

英文名：isopropyl chloroformate

CAS 号：108-23-6

GHS 标签信号词及象形图：危险

危险性类别：易燃液体，类别 2

急性毒性-吸入，类别 1

皮肤腐蚀/刺激，类别 1

严重眼损伤/眼刺激，类别 1

特异性靶器官毒性-一次接触，类别 2

主要危险性及次要危险性：第 6.1 项 危险物——毒性物质；第 3 类危险物——易燃液体；第 8 类危险物——腐蚀性物质

联合国编号（UN No.）：2407

正式运输名称：氯甲酸异丙酯

包装类别：Ⅰ

1515　氯甲酸异丁酯

别名：—

英文名：isobutyl chloroformate

CAS 号：543-27-1

GHS 标签信号词及象形图：危险

危险性类别：易燃液体，类别 3

急性毒性-吸入，类别 3＊

皮肤腐蚀/刺激，类别 1

严重眼损伤/眼刺激，类别 1

主要危险性及次要危险性：第 3 类危险物——易燃液体；第 8 类危险物——腐蚀性物质

联合国编号（UN No.）：2924

正式运输名称：易燃液体，腐蚀性，未另作规定的

包装类别：Ⅲ

1516　氯甲酸正丙酯

别名：氯甲酸丙酯

英文名：n-propyl chloroformate；propyl chloroformate；chloroformic acid propylester

CAS 号：109-61-5

GHS 标签信号词及象形图：危险

危险性类别：易燃液体，类别 2

急性毒性-吸入，类别 3＊

皮肤腐蚀/刺激，类别 1B

严重眼损伤/眼刺激，类别 1

危害水生环境-急性危害，类别 2

主要危险性及次要危险性：第 6.1 项 危险物——毒性物质；第 3 类危险物——易燃液体；第 8 类危险物——腐蚀性物质

联合国编号（UN No.）：2740

正式运输名称：氯甲酸正丙酯

包装类别：Ⅰ

1517　氯甲酸正丁酯

别名：氯甲酸丁酯

英文名：butyl chloroformate；chloroformic acid butyl ester

CAS 号：592-34-7

GHS 标签信号词及象形图：危险

危险性类别：易燃液体，类别 3

急性毒性-吸入，类别 3＊

皮肤腐蚀/刺激，类别1B

严重眼损伤/眼刺激，类别1

主要危险性及次要危险性： 第 6.1 项 危 险物——毒性物质；第 3 类危险物——易燃液体；第 8 类危险物——腐蚀性物质

联合国编号（UN No.）： 2743

正式运输名称： 氯甲酸正丁酯

包装类别： Ⅱ

1518 氯甲酸仲丁酯

别名： —

英文名： sec-butyl chloroformate

CAS 号： 17462-58-7

GHS 标签信号词及象形图： 危险

危险性类别： 易燃液体，类别3

急性毒性-吸入，类别3 *

皮肤腐蚀/刺激，类别1

严重眼损伤/眼刺激，类别1

主要危险性及次要危险性： 第 3 类危险物——易燃液体；第 8 类危险物——腐蚀性物质

联合国编号（UN No.）： 2924

正式运输名称： 易燃液体，腐蚀性，未另作规定的

包装类别： Ⅲ

1519 氯甲烷

别名： R40；甲基氯；一氯甲烷

英文名： chloromethane；R40；methyl chloride

CAS 号： 74-87-3

GHS 标签信号词及象形图： 危险

危险性类别： 易燃气体，类别1

加压气体

特异性靶器官毒性-反复接触，类别2 *

主要危险性及次要危险性： 第 2.1 类 危 险物——易燃气体

联合国编号（UN No.）： 1063

正式运输名称： 甲基氯

包装类别： 不适用

1520 氯甲烷和二氯甲烷混合物

别名： —

英文名： methyl chloride and methylene chloride mixtures

CAS 号： —

GHS 标签信号词及象形图： 危险

危险性类别： 易燃气体，类别1

加压气体

皮肤腐蚀/刺激，类别2

严重眼损伤/眼刺激，类别2A

致癌性，类别2

特异性靶器官毒性-反复接触，类别2 *

主要危险性及次要危险性： 第 2.1 类 危 险物——易燃气体

联合国编号（UN No.）： 1912

正式运输名称： 甲基氯和二氯甲烷混合物

包装类别： 不适用

1521 2-氯间甲酚

别名： 2-氯-3-羟基甲苯

英文名： 2-chloro-m-cresol；2-chloro-3-hydroxy-toluene

CAS 号： 608-26-4

GHS 标签信号词及象形图： 无

危险性类别： 危害水生环境-急性危害，类别2

危害水生环境-长期危害，类别2

主要危险性及次要危险性： 第 9 类危险物——杂项危险物质和物品

联合国编号（UN No.）： 3077

正式运输名称： 对环境有害的固态物质，未另作规定的

包装类别：Ⅲ

1522　6-氯间甲酚

别名：4-氯-5-羟基甲苯

英文名：6-chloro-*m*-cresol；2-chloro-5-hydroxy-
toluene

CAS 号：615-74-7

GHS 标签信号词及象形图：警告

危险性类别：皮肤腐蚀/刺激，类别 2
　皮肤致敏物，类别 1
　危害水生环境-急性危害，类别 2
　危害水生环境-长期危害，类别 2

主要危险性及次要危险性：第 6.1 项危险
　物——毒性物质

联合国编号（UN No.）：3437

正式运输名称：固态氯甲酚

包装类别：Ⅱ

1523　4-氯邻甲苯胺盐酸盐

别名：盐酸-4-氯-2-甲苯胺

英文名：4-chloro-*o*-toluidine hydrochloride；benz-
enamine，4-chloro-2-methyl-，hydrochloride

CAS 号：3165-93-3

GHS 标签信号词及象形图：危险

危险性类别：急性毒性-经口，类别 3 *
　急性毒性-经皮，类别 3 *
　急性毒性-吸入，类别 3 *
　生殖细胞致突变性，类别 2
　致癌性，类别 1B
　危害水生环境-急性危害，类别 1
　危害水生环境-长期危害，类别 1

主要危险性及次要危险性：第 6.1 项危险
　物——毒性物质

联合国编号（UN No.）：1579

正式运输名称：盐酸盐对氯邻甲苯胺，固态

包装类别：Ⅲ

1524　N-（4-氯邻甲苯基）-
N，N-二甲基甲脒盐酸盐

别名：杀虫脒盐酸盐

英文名：N-（4-chloro-*o*-tolyl）-N，N-dimethyl
formamidine，hydrochloride；chlordimeform
hydrochloride

CAS 号：19750-95-9

GHS 标签信号词及象形图：危险

危险性类别：急性毒性-经口，类别 3
　危害水生环境-急性危害，类别 1
　危害水生环境-长期危害，类别 1

主要危险性及次要危险性：第 6.1 项危险
　物——毒性物质

联合国编号（UN No.）：2761

正式运输名称：固态有机氯农药，毒性

包装类别：Ⅲ

1525　2-氯三氟甲苯

别名：邻氯三氟甲苯

英文名：2-chlorotrifluorotoluene；*o*-chlorotri-
fluorotoluene

CAS 号：88-16-4

GHS 标签信号词及象形图：无

危险性类别：危害水生环境-急性危害，类
　别 2
　危害水生环境-长期危害，类别 2

主要危险性及次要危险性：第 3 类危险物——
　易燃液体△

联合国编号（UN No.）：2234△

正式运输名称：三氟甲基氯苯△

包装类别：Ⅲ△

1526　3-氯三氟甲苯

别名：间氯三氟甲苯

英文名：3-chlorotrifluorotoluene；*m*-chlorotrifluorotoluene

CAS 号：98-15-7

GHS 标签信号词及象形图：警告

危险性类别：易燃液体，类别 3

　　危害水生环境-长期危害，类别 3

主要危险性及次要危险性：第 3 类危险物——易燃液体

联合国编号（UN No.）：2234

正式运输名称：三氟甲基氯苯

包装类别：Ⅲ

1527　4-氯三氟甲苯

别名：对氯三氟甲苯

英文名：4-chlorotrifluorotoluene；*p*-chlorotrifluorotoluene

CAS 号：98-56-6

GHS 标签信号词及象形图：警告

危险性类别：易燃液体，类别 3

　　危害水生环境-急性危害，类别 2

　　危害水生环境-长期危害，类别 2

主要危险性及次要危险性：第 3 类危险物——易燃液体

联合国编号（UN No.）：2234

正式运输名称：三氟甲基氯苯

包装类别：Ⅲ

1528　氯三氟甲烷和三氟甲烷共沸物

别名：R503

英文名：chlorotrifluoromethane and trifluoromethane azeotropic mixture

CAS 号：—

GHS 标签信号词及象形图：警告

危险性类别：加压气体

　　危害臭氧层，类别 1

主要危险性及次要危险性：第 2.2 类危险物——非易燃无毒气体

联合国编号（UN No.）：2599

正式运输名称：三氟氯甲烷和三氟甲烷的共沸混合物，含三氟氯甲烷约 60％

包装类别：不适用

1529　氯四氟乙烷

别名：R124

英文名：chlorotetrafluoroethane；freon 124

CAS 号：63938-10-3

GHS 标签信号词及象形图：警告

危险性类别：加压气体

　　特异性靶器官毒性-一次接触，类别 3（麻醉效应）

　　危害臭氧层，类别 1

主要危险性及次要危险性：第 2.2 类危险物——非易燃无毒气体

联合国编号（UN No.）：1956

正式运输名称：压缩气体，未另作规定的

包装类别：不适用

1530　氯酸铵

别名：—

英文名：ammonium chlorate

CAS 号：10192-29-7

GHS 标签信号词及象形图：危险

危险性类别：爆炸物，不稳定爆炸物

主要危险性及次要危险性：—

联合国编号（UN No.）：不可接受运输

正式运输名称：—

包装类别：—

1531　氯酸钡

别名：—

英文名：barium chlorate

CAS 号：13477-00-4

GHS 标签信号词及象形图：危险

危险性类别：氧化性固体，类别 1
　　危害水生环境-急性危害，类别 2
　　危害水生环境-长期危害，类别 2

主要危险性及次要危险性：第 5.1 项危险
　　物——氧化性物质；第 6.1 项危险物——
　　毒性物质

联合国编号（UN No.）：1445

正式运输名称：氯酸钡，固态

包装类别：Ⅱ

1532　氯酸钙

别名：—

英文名：calcium chlorate

CAS 号：10137-74-3

GHS 标签信号词及象形图：危险

危险性类别：氧化性固体，类别 2

主要危险性及次要危险性：第 5.1 项危险
　　物——氧化性物质

联合国编号（UN No.）：1452

正式运输名称：氯酸钙

包装类别：Ⅱ

氯酸钙溶液

别名：—

英文名：calcium chlorate, aqueous solution

CAS 号：10137-74-3

GHS 标签信号词及象形图：警告

危险性类别：氧化性液体，类别 3 *

主要危险性及次要危险性：第 5.1 项危险

物——氧化性物质

联合国编号（UN No.）：2429

正式运输名称：氯酸钙水溶液

包装类别：Ⅱ

1533　氯酸钾

别名：—

英文名：potassium chlorate

CAS 号：3811-04-9

GHS 标签信号词及象形图：危险

危险性类别：氧化性固体，类别 1
　　危害水生环境-急性危害，类别 2
　　危害水生环境-长期危害，类别 2

主要危险性及次要危险性：第 5.1 项危险
　　物——氧化性物质

联合国编号（UN No.）：1485

正式运输名称：氯酸钾

包装类别：Ⅱ

氯酸钾溶液

别名：—

英文名：potassium chlorate, aqueous solution

CAS 号：3811-04-9

GHS 标签信号词及象形图：警告

危险性类别：氧化性液体，类别 3 *
　　危害水生环境-急性危害，类别 2
　　危害水生环境-长期危害，类别 2

主要危险性及次要危险性：第 5.1 项危险
　　物——氧化性物质

联合国编号（UN No.）：2427

正式运输名称：氯酸钾水溶液

包装类别：Ⅱ / Ⅲ △

1534　氯酸镁

别名：—

英文名：magnesium chlorate

CAS 号：10326-21-3

GHS 标签信号词及象形图：危险

危险性类别：氧化性固体，类别 2

主要危险性及次要危险性：第 5.1 项危险物——氧化性物质

联合国编号（UN No.）：2723

正式运输名称：氯酸镁

包装类别：Ⅱ

1535   氯酸钠

别名：—

英文名：sodium chlorate

CAS 号：7775-09-9

GHS 标签信号词及象形图：危险

危险性类别：氧化性固体，类别 1

　　危害水生环境-急性危害，类别 2

　　危害水生环境-长期危害，类别 2

主要危险性及次要危险性：第 5.1 项危险物——氧化性物质

联合国编号（UN No.）：1495

正式运输名称：氯酸钠

包装类别：Ⅱ

氯酸钠溶液

别名：—

英文名：sodium chlorate, aqueous solution

CAS 号：7775-09-9

GHS 标签信号词及象形图：警告

危险性类别：氧化性液体，类别 3＊

　　危害水生环境-急性危害，类别 2

　　危害水生环境-长期危害，类别 2

主要危险性及次要危险性：第 5.1 项危险物——氧化性物质

联合国编号（UN No.）：2428

正式运输名称：氯酸钠水溶液

包装类别：Ⅱ／Ⅲ△

1536   氯酸溶液（浓度≤10％）

别名：—

英文名：chloric acid, aqueous solution, with not more than 10％ chloric acid

CAS 号：7790-93-4

GHS 标签信号词及象形图：危险

危险性类别：氧化性液体，类别 2＊

　　金属腐蚀物，类别 1

主要危险性及次要危险性：第 5.1 项危险物——氧化性物质

联合国编号（UN No.）：2626

正式运输名称：氯酸水溶液，含氯酸不大于 10％

包装类别：Ⅱ

1537   氯酸铯

别名：—

英文名：cesium chlorate

CAS 号：13763-67-2

GHS 标签信号词及象形图：危险

危险性类别：氧化性固体，类别 2

主要危险性及次要危险性：第 5.1 项危险物——氧化性物质

联合国编号（UN No.）：1461

正式运输名称：无机氯酸盐，未另作规定的

包装类别：Ⅱ

1538   氯酸锶

别名：—

英文名：strontium chlorate

CAS 号：7791-10-8

GHS 标签信号词及象形图：危险

危险性类别：氧化性固体，类别 2

主要危险性及次要危险性：第 5.1 项危险物——氧化性物质

联合国编号（UN No.）：1506

正式运输名称：氯酸锶

包装类别：Ⅱ

1539　氯酸铊

别名：—

英文名：thallium chlorate

CAS 号：13453-30-0

GHS 标签信号词及象形图：危险

危险性类别：氧化性固体，类别 2

急性毒性-经口，类别 2*

急性毒性-吸入，类别 2*

特异性靶器官毒性-反复接触，类别 2*

危害水生环境-急性危害，类别 2

危害水生环境-长期危害，类别 2

主要危险性及次要危险性：第 5.1 项危险物——氧化性物质；第 6.1 项危险物——毒性物质

联合国编号（UN No.）：2573

正式运输名称：氯酸铊

包装类别：Ⅱ

1540　氯酸铜

别名：—

英文名：copper chlorate

CAS 号：26506-47-8

GHS 标签信号词及象形图：危险

危险性类别：氧化性固体，类别 2

主要危险性及次要危险性：第 5.1 项危险物——氧化性物质

联合国编号（UN No.）：2721

正式运输名称：氯酸铜

包装类别：Ⅱ

1541　氯酸锌

别名：—

英文名：zinc chlorate

CAS 号：10361-95-2

GHS 标签信号词及象形图：危险

危险性类别：氧化性固体，类别 2

危害水生环境-急性危害，类别 1

危害水生环境-长期危害，类别 1

主要危险性及次要危险性：第 5.1 项危险物——氧化性物质

联合国编号（UN No.）：1513

正式运输名称：氯酸锌

包装类别：Ⅱ

1542　氯酸银

别名：—

英文名：silver chlorate

CAS 号：7783-92-8

GHS 标签信号词及象形图：危险

危险性类别：氧化性固体，类别 2

主要危险性及次要危险性：第 5.1 项危险物——氧化性物质

联合国编号（UN No.）：1461

正式运输名称：无机氯酸盐，未另作规定的

包装类别：Ⅱ

1543　1-氯戊烷

别名：氯代正戊烷

英文名：1-chloropentane

CAS 号：543-59-9

GHS 标签信号词及象形图：危险

危险性类别：易燃液体，类别 2

主要危险性及次要危险性：第 3 类危险物——易燃液体

联合国编号（UN No.）：1107

正式运输名称：戊基氯

包装类别：Ⅱ

1544　2-氯硝基苯

别名：邻氯硝基苯

英文名：2-chloronitrobenzene；o-chloronitro-
benzene

CAS 号：88-73-3

GHS 标签信号词及象形图：危险

危险性类别：急性毒性-经口，类别 3
急性毒性-经皮，类别 3
急性毒性-吸入，类别 3
严重眼损伤/眼刺激，类别 2B
特异性靶器官毒性-反复接触，类别 1
危害水生环境-长期危害，类别 3

主要危险性及次要危险性：第 6.1 项 危 险
物——毒性物质

联合国编号（UN No.）：1578

正式运输名称：硝基氯苯，固态

包装类别：Ⅱ

1545　3-氯硝基苯

别名：间氯硝基苯

英文名：3-chloronitrobenzene；m-chloronitro-
benzene

CAS 号：121-73-3

GHS 标签信号词及象形图：无

危险性类别：危害水生环境-急性危害，类别 2
危害水生环境-长期危害，类别 2

主要危险性及次要危险性：第 6.1 项 危 险
物——毒性物质

联合国编号（UN No.）：1578

正式运输名称：硝基氯苯，固态

包装类别：Ⅱ

1546　4-氯硝基苯

别名：对氯硝基苯；1-氯-4-硝基苯

英文名：4-chloronitrobenzene；p-chloronitro-
benzene；1-chloro-4-nitrobenzene

CAS 号：100-00-5

GHS 标签信号词及象形图：危险

危险性类别：急性毒性-经口，类别 3＊
急性毒性-经皮，类别 3＊
急性毒性-吸入，类别 3＊
生殖细胞致突变性，类别 2
特异性靶器官毒性-反复接触，类别 2＊
危害水生环境-急性危害，类别 2
危害水生环境-长期危害，类别 2

主要危险性及次要危险性：第 6.1 项 危 险
物——毒性物质

联合国编号（UN No.）：1578

正式运输名称：硝基氯苯，固态

包装类别：Ⅱ

1547　氯硝基苯异构体混合物

别名：混合硝基氯化苯；冷母液

英 文 名：chloronitrobenzene isomers mixture；
mixed nitrochlorobenzene；cold mother liquor

CAS 号：25167-93-5

GHS 标签信号词及象形图：危险

危险性类别：急性毒性-经口，类别 3＊
急性毒性-经皮，类别 3＊
急性毒性-吸入，类别 3＊

危害水生环境-长期危害，类别 3 *

主要危险性及次要危险性：第 6.1 项危险物——毒性物质

联合国编号（UN No.）：2811

正式运输名称：有机毒性固体，未另作规定的

包装类别：Ⅲ

1548　氯溴甲烷

别名：亚甲基溴氯；溴氯甲烷

英文名：bromo chloro methane；bromochloromethane

CAS 号：74-97-5

GHS 标签信号词及象形图：警告

危险性类别：皮肤腐蚀/刺激，类别 2

特异性靶器官毒性-一次接触，类别 3（麻醉效应）

主要危险性及次要危险性：第 6.1 项危险物——毒性物质

联合国编号（UN No.）：1887

正式运输名称：溴氯甲烷

包装类别：Ⅲ

1549　2-氯乙醇

别名：亚乙基氯醇；氯乙醇

英文名：2-chloroethanol；ethylene chlorohydrin；2-chloroethyl alcohol；glycol chlorohydrin；β-chloroethyl alcohol

CAS 号：107-07-3

GHS 标签信号词及象形图：危险

危险性类别：急性毒性-经口，类别 2 *

急性毒性-经皮，类别 1

急性毒性-吸入，类别 2 *

危害水生环境-急性危害，类别 2

主要危险性及次要危险性：第 6.1 项危险物——毒性物质；第 3 类危险物——易燃

液体

联合国编号（UN No.）：1135

正式运输名称：2-氯乙醇

包装类别：Ⅰ

1550　氯乙腈

别名：氰化氯甲烷；氯甲基氰

英文名：chloroacetonitrile；chloromethyl cyanide；2-chloroethanenitrile

CAS 号：107-14-2

GHS 标签信号词及象形图：危险

危险性类别：急性毒性-经口，类别 3 *

急性毒性-经皮，类别 3 *

急性毒性-吸入，类别 3 *

危害水生环境-急性危害，类别 2

危害水生环境-长期危害，类别 2

主要危险性及次要危险性：第 6.1 项危险物——毒性物质；第 3 类危险物——易燃

液体

联合国编号（UN No.）：2668

正式运输名称：氯乙腈

包装类别：Ⅰ

1551　氯乙酸

别名：氯醋酸；一氯醋酸

英文名：chloroacetic acid；monochloroacetic acid

CAS 号：79-11-8

GHS 标签信号词及象形图：危险

危险性类别：急性毒性-经口，类别 3 *

急性毒性-经皮，类别 3 *

急性毒性-吸入，类别 2

皮肤腐蚀/刺激，类别 1B

严重眼损伤/眼刺激，类别 1

特异性靶器官毒性-一次接触，类别 3（呼吸道刺激）

危害水生环境-急性危害，类别1

主要危险性及次要危险性：第 6.1 项危险物——毒性物质；第 8 类危险物——腐蚀性物质

联合国编号（UN No.）：1751

正式运输名称：固态氯乙酸

包装类别：Ⅱ

1552　氯乙酸丁酯

别名：氯醋酸丁酯

英文名：butyl chloroacetate; chloroacetic acid butyl ester

CAS 号：590-02-3

GHS 标签信号词及象形图：危险

危险性类别：急性毒性-经皮，类别2

主要危险性及次要危险性：第 6.1 项危险物——毒性物质

联合国编号（UN No.）：2810

正式运输名称：有机毒性液体，未另作规定的

包装类别：Ⅱ

1553　氯乙酸酐

别名：氯醋酸酐

英文名：chloroacetic anhydride; chloroethanoic anhydride

CAS 号：541-88-8

GHS 标签信号词及象形图：危险

危险性类别：急性毒性-经口，类别 3＊

急性毒性-经皮，类别 3＊

急性毒性-吸入，类别 3＊

皮肤腐蚀/刺激，类别 1

严重眼损伤/眼刺激，类别 1

危害水生环境-急性危害，类别 1

主要危险性及次要危险性：第 8 类危险物——腐蚀性物质；第 6.1 项危险物——毒性

物质

联合国编号（UN No.）：2923

正式运输名称：腐蚀性固体，毒性，未另作规定的

包装类别：Ⅲ

1554　氯乙酸甲酯

别名：氯醋酸甲酯

英文名：methyl chloroacetate; chloroacetic acid methyl ester

CAS 号：96-34-4

GHS 标签信号词及象形图：危险

危险性类别：易燃液体，类别3

急性毒性-经口，类别 3＊

急性毒性-吸入，类别 3＊

皮肤腐蚀/刺激，类别 2

严重眼损伤/眼刺激，类别 1

特异性靶器官毒性-一次接触，类别 3（呼吸道刺激）

危害水生环境-急性危害，类别 2

主要危险性及次要危险性：第 6.1 项危险物——毒性物质；第 3 类危险物——易燃液体

联合国编号（UN No.）：2295

正式运输名称：氯乙酸甲酯

包装类别：Ⅰ

1555　氯乙酸钠

别名：—

英文名：sodium chloroacetate; sodium salt of chloroacetic acid

CAS 号：3926-62-3

GHS 标签信号词及象形图：危险

危险性类别：急性毒性-经口，类别 3＊

皮肤腐蚀/刺激，类别 2

危害水生环境-急性危害，类别 1

主要危险性及次要危险性：第 6.1 项 危 险物——毒性物质

联合国编号（UN No.）：2659

正式运输名称：氯乙酸钠

包装类别：Ⅲ

1556　氯乙酸叔丁酯

别名：氯醋酸叔丁酯

英文名：*tert*-butyl chloroacetate；chloroacetic acid *t*-butyl ester

CAS 号：107-59-5

GHS 标签信号词及象形图：危险

危险性类别：易燃液体，类别 3

急性毒性-吸入，类别 3

皮肤腐蚀/刺激，类别 1

严重眼损伤/眼刺激，类别 1

主要危险性及次要危险性：第 3 类危险物——易燃液体；第 8 类危险物——腐蚀性物质

联合国编号（UN No.）：2924

正式运输名称：易燃液体，腐蚀性，未另作规定的

包装类别：Ⅲ

1557　氯乙酸乙烯酯

别名：氯醋酸乙烯酯；乙烯基氯乙酸酯

英文名：vinyl chloroacetate；chloroacetic acid vinyl ester

CAS 号：2549-51-1

GHS 标签信号词及象形图：警告

危险性类别：易燃液体，类别 3

主要危险性及次要危险性：第 6.1 项 危 险物——毒性物质；第 3 类危险物——易燃液体

联合国编号（UN No.）：2589

正式运输名称：氯乙酸乙烯酯

包装类别：Ⅱ

1558　氯乙酸乙酯

别名：氯醋酸乙酯

英文名：ethyl chloroacetate；chloroacetic acid ethyl ester

CAS 号：105-39-5

GHS 标签信号词及象形图：危险

危险性类别：急性毒性-经口，类别 3

急性毒性-经皮，类别 3

急性毒性-吸入，类别 3

危害水生环境-急性危害，类别 1

主要危险性及次要危险性：第 6.1 项 危 险物——毒性物质；第 3 类危险物——易燃液体

联合国编号（UN No.）：1181

正式运输名称：氯乙酸乙酯

包装类别：Ⅱ

1559　氯乙酸异丙酯

别名：氯醋酸异丙酯

英文名：isopropyl chloroacetate；chloroacetic acid isopropyl ester

CAS 号：105-48-6

GHS 标签信号词及象形图：危险

危险性类别：易燃液体，类别 3

急性毒性-经口，类别 3 *

皮肤腐蚀/刺激，类别 2

严重眼损伤/眼刺激，类别 2

特异性靶器官毒性-一次接触，类别 3（呼吸道刺激）

主要危险性及次要危险性：第 3 类危险物——易燃液体

联合国编号（UN No.）：2947

正式运输名称：氯乙酸异丙酯

包装类别：Ⅲ

1560　氯乙烷

别名：乙基氯

英文名：chloroethane；ethyl chloride

CAS 号：75-00-3

GHS 标签信号词及象形图：危险

危险性类别：易燃气体，类别 1

加压气体

危害水生环境-长期危害，类别 3

主要危险性及次要危险性：第 2.1 类危险物——易燃气体

联合国编号（UN No.）：1037

正式运输名称：乙基氯

包装类别：不适用

1561　氯乙烯（稳定的）

别名：乙烯基氯

英文名：vinyl chloride, stabilized；chloroethylene；vinyl chloride

CAS 号：75-01-4

GHS 标签信号词及象形图：危险

危险性类别：易燃气体，类别 1

化学不稳定性气体，类别 B

加压气体

致癌性，类别 1A

主要危险性及次要危险性：第 2.1 类危险物——易燃气体

联合国编号（UN No.）：1086

正式运输名称：乙烯基氯，稳定的

包装类别：不适用

1562　2-氯乙酰-N-乙酰苯胺

别名：邻氯乙酰-N-乙酰苯胺

英文名：2-chloroacetoacetanilide；o-chloroaceto-N-acetanilide

CAS 号：93-70-9

GHS 标签信号词及象形图：无

危险性类别：危害水生环境-长期危害，类别 3

主要危险性及次要危险性：—

联合国编号（UN No.）：非危

正式运输名称：—

包装类别：—

1563　氯乙酰氯

别名：氯化氯乙酰

英文名：chloroacetyl chloride

CAS 号：79-04-9

GHS 标签信号词及象形图：危险

危险性类别：急性毒性-经口，类别 3*

急性毒性-经皮，类别 3*

急性毒性-吸入，类别 3*

皮肤腐蚀/刺激，类别 1A

严重眼损伤/眼刺激，类别 1

特异性靶器官毒性-反复接触，类别 1

危害水生环境-急性危害，类别 1

主要危险性及次要危险性：第 6.1 项危险物——毒性物质；第 8 类危险物——腐蚀性物质

联合国编号（UN No.）：1752

正式运输名称：氯乙酰氯

包装类别：Ⅰ

1564　4-氯正丁酸乙酯

别名：—

英文名：ethyl 4-chlorobutyrate

CAS 号：3153-36-4

GHS 标签信号词及象形图：警告

危险性类别：皮肤腐蚀/刺激，类别 2

严重眼损伤/眼刺激，类别 2

特异性靶器官毒性-一次接触，类别 3（呼吸道刺激）

主要危险性及次要危险性：—

联合国编号（UN No.）：非危

正式运输名称：—

包装类别：—

1565　马来酸酐

别名：马来酐；失水苹果酸酐；顺丁烯二酸酐

英文名：maleic anhydride；butenedioic anhydride

CAS 号：108-31-6

GHS 标签信号词及象形图：危险

危险性类别：皮肤腐蚀/刺激，类别 1B

严重眼损伤/眼刺激，类别 1

呼吸道致敏物，类别 1

皮肤致敏物，类别 1

主要危险性及次要危险性：第 8 类危险物——腐蚀性物质

联合国编号（UN No.）：2215

正式运输名称：马来酸酐

包装类别：Ⅲ

1566　吗啉

别名：—

英文名：morpholine

CAS 号：110-91-8

GHS 标签信号词及象形图：危险

危险性类别：易燃液体，类别 3

皮肤腐蚀/刺激，类别 1B

严重眼损伤/眼刺激，类别 1

主要危险性及次要危险性：第 8 类危险物——腐蚀性物质；第 3 类危险物——易燃液体

联合国编号（UN No.）：2054

正式运输名称：吗啉

包装类别：Ⅰ

1567　煤焦酚

别名：杂酚；粗酚

英文名：coal tar phenol；alkaline extract

CAS 号：65996-83-0

GHS 标签信号词及象形图：危险

危险性类别：生殖细胞致突变性，类别 1B

主要危险性及次要危险性：—

联合国编号（UN No.）：非危

正式运输名称：—

包装类别：—

1568　煤焦沥青

别名：焦油沥青；煤沥青；煤膏

英文名：pitch, coal tar, high-temp；tar asphal

CAS 号：65996-93-2

GHS 标签信号词及象形图：危险

危险性类别：生殖细胞致突变性，类别 1B

致癌性，类别 1A

生殖毒性，类别 1B

危害水生环境-急性危害，类别 1

危害水生环境-长期危害，类别 1

主要危险性及次要危险性：第 9 类危险物——杂项危险物质和物品

联合国编号（UN No.）：3077

正式运输名称：对环境有害的固态物质，未另作规定的

包装类别：Ⅲ

1569　煤焦油

别名：—

英文名：tar oil

CAS 号：8007-45-2

GHS 标签信号词及象形图：危险

危险性类别：易燃液体，类别 2

致癌性，类别 1A

危害水生环境-急性危害，类别 2

危害水生环境-长期危害，类别 2

主要危险性及次要危险性：第 3 类危险物——
易燃液体

联合国编号（UN No.）：1136

正式运输名称：煤焦油馏出物，易燃

包装类别：Ⅱ

1570　煤气

别名：—

英文名：coal gas

CAS 号：—

GHS 标签信号词及象形图：危险

危险性类别：易燃气体，类别 1

加压气体

主要危险性及次要危险性：第 2.3 类危险
物——毒性气体；第 2.1 类危险物——易
燃气体

联合国编号（UN No.）：1023

正式运输名称：压缩煤气

包装类别：不适用

1571　煤油

别名：火油；直馏煤油

英文名：lamp oil；kerosine；straight run kerosine

CAS 号：8008-20-6

GHS 标签信号词及象形图：危险

危险性类别：易燃液体，类别 3＊

吸入危害，类别 1

危害水生环境-急性危害，类别 2

危害水生环境-长期危害，类别 2

主要危险性及次要危险性：第 3 类危险物——
易燃液体

联合国编号（UN No.）：1223

正式运输名称：煤油

包装类别：Ⅲ

1572　镁

别名：—

英文名：magnesium

CAS 号：7439-95-4

GHS 标签信号词及象形图：危险

危险性类别：（1）粉末，

自热物质和混合物，类别 1

遇水放出易燃气体的物质和混合物，类别 2

主要危险性及次要危险性：第 4.3 项危险
物——遇水放出易燃气体的物质；第 4.2
项危险物——易于自燃的物质

联合国编号（UN No.）：1418

正式运输名称：镁粉

包装类别：Ⅰ/Ⅱ/Ⅲ△

镁

别名：—

英文名：magnesium

CAS 号：7439-95-4

GHS 标签信号词及象形图：警告

危险性类别：（2）丸状、旋屑或带状，

易燃固体，类别 2

主要危险性及次要危险性：第 4.1 项危险
物——易燃固体

联合国编号（UN No.）：1869

正式运输名称：镁金属或镁合金，丸状、旋

屑或带状，含镁大于 50%

包装类别：Ⅲ

1573 镁合金

（片状、带状或条状，含镁＞50%）

别名：—

英文名：magnesium alloy（pellet，turning or ribbon），with more than 50% magnesium

CAS 号：—

GHS 标签信号词及象形图：危险

危险性类别：易燃固体，类别 2

遇水放出易燃气体的物质和混合物，类别 2

主要危险性及次要危险性：第 4.3 项危险物——遇水放出易燃气体的物质；第 4.2 项危险物——易于自燃的物质

联合国编号（UN No.）：1418

正式运输名称：镁合金粉

包装类别：Ⅰ/Ⅱ/Ⅲ△

1574 镁铝粉

别名：—

英文名：magnesium aluminium powder

CAS 号：—

GHS 标签信号词及象形图：危险

危险性类别：遇水放出易燃气体的物质和混合物，类别 2

自热物质和混合物，类别 1

主要危险性及次要危险性：第 4.3 项危险物——遇水放出易燃气体的物质；第 4.2 项危险物——易于自燃的物质

联合国编号（UN No.）：1418

正式运输名称：镁合金粉

包装类别：Ⅰ/Ⅱ/Ⅲ△

1575 锰酸钾

别名：—

英文名：potassium manganate（Ⅵ）

CAS 号：10294-64-1

GHS 标签信号词及象形图：危险

危险性类别：氧化性固体，类别 2

主要危险性及次要危险性：第 5.1 项危险物——氧化性物质

联合国编号（UN No.）：1479

正式运输名称：氧化性固体，未另作规定的

包装类别：Ⅱ

1576 迷迭香油

别名：—

英文名：rosemany oil

CAS 号：8000-25-7

GHS 标签信号词及象形图：警告

危险性类别：易燃液体，类别 3

主要危险性及次要危险性：第 3 类危险物——易燃液体

联合国编号（UN No.）：1993

正式运输名称：易燃液体，未另作规定的

包装类别：Ⅲ

1577 米许合金（浸在煤油中的）

别名：—

英文名：misch metal（suspended in kerosene）

CAS 号：—

GHS 标签信号词及象形图：警告

危险性类别：易燃液体，类别 3＊

遇水放出易燃气体的物质和混合物，类别 3＊

危害水生环境-急性危害，类别 2

危害水生环境-长期危害，类别 2

主要危险性及次要危险性：第 4.3 项危险物——遇水放出易燃气体的物质；第 3 类危险物——易燃液体

联合国编号（UN No.）：3399

正式运输名称：液态有机金属物质，遇水反应，易燃

包装类别：Ⅲ

1578　脒基亚硝氨基亚脒基肼（含水≥30%）

别名：—

英文名：guanyl nitrosaminoguanylidene hydrazine, wetted with not less than 30% water, by mass

CAS 号：—

GHS 标签信号词及象形图：危险

危险性类别：爆炸物，1.1 项

主要危险性及次要危险性：第 1.1 项危险物——有整体爆炸危险的物质和物品

联合国编号（UN No.）：0113

正式运输名称：脒基·硝氨亚脒基肼，湿的，按质量含水不低于 30%

包装类别：满足Ⅱ类包装要求

1579　脒基亚硝氨基脒基四氮烯（湿的，按质量含水或乙醇和水的混合物不低于 30%）

别名：四氮烯；特屈拉辛

英文名：guanyl nitrosaminoguanyltetrazene, wetted with not less than 30% water, or mixture of alcohol and water, by mass, tetrazene

CAS 号：109-27-3

GHS 标签信号词及象形图：危险

危险性类别：爆炸物，1.1 项

危害水生环境-急性危害，类别 1
危害水生环境-长期危害，类别 1

主要危险性及次要危险性：第 1.1 项危险物——有整体爆炸危险的物质和物品

联合国编号（UN No.）：0114

正式运输名称：脒基·亚硝氨脒基四氮烯（四氮烯），湿的，按质量含水不低于 30%

包装类别：满足Ⅱ类包装要求

1580　木防己苦毒素

别名：苦毒浆果（木防己属）

英文名：picrotoxin；cocculin

CAS 号：124-87-8

GHS 标签信号词及象形图：危险

危险性类别：急性毒性-经口，类别 2
危害水生环境-急性危害，类别 2
危害水生环境-长期危害，类别 2

主要危险性及次要危险性：第 6.1 项危险物——毒性物质

联合国编号（UN No.）：3264

正式运输名称：固态毒素，从生物体提取的，未另作规定的

包装类别：Ⅱ

1581　木馏油

别名：木焦油

英文名：wood tar oil；wood tar

CAS 号：8021-39-4

GHS 标签信号词及象形图：危险

危险性类别：皮肤腐蚀/刺激，类别 1
严重眼损伤/眼刺激，类别 1
皮肤致敏物，类别 1
危害水生环境-长期危害，类别 3

主要危险性及次要危险性：第 8 类危险物——腐蚀性物质

联合国编号（UN No.）：1760

正式运输名称：腐蚀性液体，未另作规定的

包装类别：Ⅲ

1582　钠

别名：金属钠

英文名：sodium

CAS 号：7440-23-5

GHS 标签信号词及象形图：危险

危险性类别：遇水放出易燃气体的物质和混

合物，类别 1

皮肤腐蚀/刺激，类别 1B

严重眼损伤/眼刺激，类别 1

主要危险性及次要危险性：第 4.3 项危险

物——遇水放出易燃气体的物质

联合国编号（UN No.）：1428

正式运输名称：钠

包装类别：Ⅰ

1583　钠石灰（含氢氧化钠＞4%）

别名：碱石灰

英文名：soda lime, with more than 4% sodium

hydroxide; natroncalk

CAS 号：8006-28-8

GHS 标签信号词及象形图：危险

危险性类别：皮肤腐蚀/刺激，类别 1

严重眼损伤/眼刺激，类别 1

主要危险性及次要危险性：第 8 类危险物——

腐蚀性物质

联合国编号（UN No.）：1907

正式运输名称：碱石灰，含氢氧化钠大于 4%

包装类别：Ⅲ

1584　氖（压缩的或液化的）

别名：—

英文名：neon, compressed or liquefied

CAS 号：7440-01-9

GHS 标签信号词及象形图：警告

危险性类别：加压气体

主要危险性及次要危险性：第 2.2 类危险

物——非易燃无毒气体

联合国编号（UN No.）：1913

正式运输名称：冷冻液态氖

包装类别：不适用

1585　萘

别名：粗萘；精萘；萘饼

英文名：naphthalene; crude naphthalene; re-

fined naphthalene; tar camphor

CAS 号：91-20-3

GHS 标签信号词及象形图：警告

危险性类别：易燃固体，类别 2

致癌性，类别 2

危害水生环境-急性危害，类别 1

危害水生环境-长期危害，类别 1

主要危险性及次要危险性：第 4.1 项危险

物——易燃固体

联合国编号（UN No.）：1334

正式运输名称：精制萘

包装类别：Ⅲ

1586　1-萘胺

别名：α-萘胺；1-氨基萘

英文名：1-naphthylamine; α-naphthylamine;

1-aminonaphthalene

CAS 号：134-32-7

GHS 标签信号词及象形图：危险

危险性类别：急性毒性-经皮，类别 3

　危害水生环境-急性危害，类别 2

　危害水生环境-长期危害，类别 2

主要危险性及次要危险性：第 6.1 项危险
物——毒性物质

联合国编号（UN No.）：2077

正式运输名称：α-萘胺

包装类别：Ⅲ

1587　2-萘胺

别名：β-萘胺；2-氨基萘

英文名：2-naphthylamine；β-naphthylamine；
2-aminonaphthalene

CAS 号：91-59-8

GHS 标签信号词及象形图：危险

危险性类别：致癌性，类别 1A

　危害水生环境-急性危害，类别 2

　危害水生环境-长期危害，类别 2

主要危险性及次要危险性：第 6.1 项危险
物——毒性物质

联合国编号（UN No.）：1650

正式运输名称：β-萘胺，固态

包装类别：Ⅱ

1588　1,8-萘二甲酸酐

别名：萘酐

英文名：naphthalene-1,8-dicarboxylic anhydride；
1,8-naphthalic anhydride

CAS 号：81-84-5

GHS 标签信号词及象形图：警告

危险性类别：易燃固体，类别 2

主要危险性及次要危险性：第 4.1 项危险
物——易燃固体

联合国编号（UN No.）：1325

正式运输名称：有机易燃固体，未另作规定的

包装类别：Ⅲ

1589　萘磺汞

别名：双苯汞亚甲基二萘磺酸酯；汞加芬；
双萘磺酸苯汞

英文名：hydrargaphen；bis（phenylmercury)-
3,3′-methylenedinaphthalene-2-sulfonate

CAS 号：14235-86-0

GHS 标签信号词及象形图：危险

危险性类别：急性毒性-经口，类别 2 *

　急性毒性-经皮，类别 1

　急性毒性-吸入，类别 2 *

　特异性靶器官毒性-反复接触，类别 2 *

　危害水生环境-急性危害，类别 1

　危害水生环境-长期危害，类别 1

主要危险性及次要危险性：第 6.1 项危险
物——毒性物质

联合国编号（UN No.）：2811

正式运输名称：有机毒性固体，未另作规定的

包装类别：Ⅰ

1590　1-萘基硫脲

别名：α-萘硫脲；安妥

英文名：1-naphthylthiourea；α-naphthyl thio-
urea；antu

CAS 号：86-88-4

GHS 标签信号词及象形图：危险

危险性类别：急性毒性-经口，类别 2 *

主要危险性及次要危险性：第 6.1 项危险
物——毒性物质

联合国编号（UN No.）：1651

正式运输名称：萘硫脲

包装类别：Ⅱ

1591　1-萘甲腈

别名：萘甲腈；α-萘甲腈

英文名：1-naphthonitrile；α-naphthonitrile；1-cy-
anonaphthalene；1-naphthalene carbonitrile

CAS 号：86-53-3

GHS 标签信号词及象形图：警告

危险性类别：皮肤腐蚀/刺激，类别 2
严重眼损伤/眼刺激，类别 2
特异性靶器官毒性-一次接触，类别 3（呼
吸道刺激）

主要危险性及次要危险性：—

联合国编号（UN No.）：非危

正式运输名称：—

包装类别：—

1592　1-萘氧基二氯化膦

别名：—

英文名：1-naphthoxy phosphorus dichloride

CAS 号：91270-74-5

GHS 标签信号词及象形图：警告

危险性类别：皮肤腐蚀/刺激，类别 2

主要危险性及次要危险性：—

联合国编号（UN No.）：非危

正式运输名称：—

包装类别：—

1593　镍催化剂（干燥的）

别名：—

英文名：nickel catalyst，dry

CAS 号：—

GHS 标签信号词及象形图：危险

危险性类别：自燃固体，类别 1
致癌性，类别 2

主要危险性及次要危险性：第 4.2 项危险

物——易于自燃的物质

联合国编号（UN No.）：2881

正式运输名称：金属催化剂，干的

包装类别：Ⅰ

1594　2,2′-偶氮二(2,4-二甲基-4-甲氧基戊腈)

别名：—

英文名：2,2′-azodi-(2,4-dimethyl-4-metho-xy-
valeronitrile)

CAS 号：15545-97-8

GHS 标签信号词及象形图：危险

危险性类别：自反应物质和混合物，D 型

主要危险性及次要危险性：第 4.1 项危险
物——自反应物质

联合国编号（UN No.）：3226

正式运输名称：D 型自反应固体

包装类别：满足 Ⅱ 类包装要求

1595　2,2′-偶氮二(2,4-二甲基戊腈)

别名：偶氮二异庚腈

英文名：2,2′-azodi-(2,4-dimethyl valeronitrile)

CAS 号：4419-11-8

GHS 标签信号词及象形图：危险

危险性类别：自反应物质和混合物，D 型

主要危险性及次要危险性：第 4.1 项危险
物——自反应物质

联合国编号（UN No.）：3226

正式运输名称：D 型自反应固体

包装类别：满足 Ⅱ 类包装要求

1596　2,2′-偶氮二(2-甲基丙酸乙酯)

别名：—

英文名：2,2′-azodi（ethyl-2-methylpropionate）；

diethyl 2,2'-azobis (2-methylpropionate)

CAS 号：3879-07-0

GHS 标签信号词及象形图：危险

危险性类别：自反应物质和混合物，D 型

主要危险性及次要危险性：第 4.1 项危险物——自反应物质

联合国编号（UN No.）：3225

正式运输名称：D 型自反应液体

包装类别：满足 Ⅱ 类包装要求

1597　2,2'-偶氮二(2-甲基丁腈)

别名：—

英文名：2,2'-azodi-(2-methylbutyronitrile)

CAS 号：13472-08-7

GHS 标签信号词及象形图：危险

危险性类别：自反应物质和混合物，D 型

主要危险性及次要危险性：第 4.1 项危险物——自反应物质

联合国编号（UN No.）：3226

正式运输名称：D 型自反应固体

包装类别：满足 Ⅱ 类包装要求

1598　1,1'-偶氮二(六氢苄腈)

别名：1,1'-偶氮二（环已基甲腈）

英文名：1,1'-azodi-（hexahydrobenzonitrile）

CAS 号：2094-98-6

GHS 标签信号词及象形图：危险

危险性类别：自反应物质和混合物，D 型

主要危险性及次要危险性：第 4.1 项危险物——自反应物质

联合国编号（UN No.）：3226

正式运输名称：D 型自反应固体

包装类别：满足 Ⅱ 类包装要求

1599　偶氮二甲酰胺

别名：发泡剂 AC；二氮烯二甲酰胺

英文名：C，C'-azodi（formamide）；1，1'-azobis-formamid；foaming agent AC

CAS 号：123-77-3

GHS 标签信号词及象形图：危险

危险性类别：易燃固体，类别 1

呼吸道致敏物，类别 1

皮肤致敏物，类别 1

危害水生环境-长期危害，类别 3

主要危险性及次要危险性：第 4.1 项危险物——易燃固体

联合国编号（UN No.）：3242

正式运输名称：偶氮甲酰胺

包装类别：Ⅱ

1600　2,2'-偶氮二异丁腈

别名：发泡剂 N；ADIN；2-甲基丙腈

英文名：2,2'-dimethyl-2,2'-azodipropiononitrile；foaming agent N；ADIN

CAS 号：78-67-1

GHS 标签信号词及象形图：危险

危险性类别：自反应物质和混合物，C 型

危害水生环境-长期危害，类别 3

主要危险性及次要危险性：第 4.1 项危险物——自反应物质

联合国编号（UN No.）：3224/3234

正式运输名称：C 型自反应固体/C 型自反应固体，控制温度的

包装类别：满足 Ⅱ 类包装要求

1601　哌啶

别名：六氢吡啶；氮己环

英文名：piperidine；hexahydropyridine；pentamethyleneimine

CAS 号：110-89-4

GHS 标签信号词及象形图：危险

危险性类别：易燃液体，类别 2

　　急性毒性-经皮，类别 3＊

　　急性毒性-吸入，类别 3＊

　　皮肤腐蚀/刺激，类别 1B

　　严重眼损伤/眼刺激，类别 1

主要危险性及次要危险性：第 8 类危险物——腐蚀性物质；第 3 类危险物——易燃液体

联合国编号（UN No.）：2401

正式运输名称：哌啶

包装类别：Ⅰ

1602　哌嗪

别名：对二氮己环

英文名：piperazine；hexahydrodiazine

CAS 号：110-85-0

GHS 标签信号词及象形图：危险

危险性类别：皮肤腐蚀/刺激，类别 1B

　　严重眼损伤/眼刺激，类别 1

　　呼吸道致敏物，类别 1

　　皮肤致敏物，类别 1

　　生殖毒性，类别 2

主要危险性及次要危险性：第 8 类危险物——腐蚀性物质

联合国编号（UN No.）：2579

正式运输名称：哌嗪

包装类别：Ⅲ

1603　α-蒎烯

别名：α-松油萜

英文名：α-pinene

CAS 号：80-56-8

GHS 标签信号词及象形图：危险

危险性类别：易燃液体，类别 3

　　皮肤腐蚀/刺激，类别 2

　　皮肤致敏物，类别 1

　　吸入危害，类别 1

　　危害水生环境-急性危害，类别 1

　　危害水生环境-长期危害，类别 1

主要危险性及次要危险性：第 3 类危险物——易燃液体

联合国编号（UN No.）：2368

正式运输名称：α-蒎烯

包装类别：Ⅲ

1604　β-蒎烯

别名：—

英文名：β-pinene

CAS 号：127-91-3

GHS 标签信号词及象形图：危险

危险性类别：易燃液体，类别 3

　　皮肤腐蚀/刺激，类别 2

　　皮肤致敏物，类别 1

　　吸入危害，类别 1

　　危害水生环境-急性危害，类别 1

　　危害水生环境-长期危害，类别 1

主要危险性及次要危险性：第 3 类危险物——易燃液体

联合国编号（UN No.）：3295/1993△

正式运输名称：液态烃类，未另作规定的/易燃液体，未另作规定的 △

包装类别：Ⅲ

1605　硼氢化钾

别名：氢硼化钾

英文名：potassium borohydride；potassium tetrahydroborate

CAS 号：13762-51-1

GHS 标签信号词及象形图：危险

危险性类别：遇水放出易燃气体的物质和混
　　合物，类别 1
　　急性毒性-经口，类别 3
　　急性毒性-经皮，类别 3

主要危险性及次要危险性：第 4.3 项危险
　　物——遇水放出易燃气体的物质

联合国编号（UN No.）：1870

正式运输名称：硼氢化钾

包装类别：Ⅰ

1606　硼氢化锂

别名：氢硼化锂

英文名：lithium borohydride；lithium tetra-
　　hydroborate

CAS 号：16949-15-8

GHS 标签信号词及象形图：危险

危险性类别：遇水放出易燃气体的物质和混
　　合物，类别 1

主要危险性及次要危险性：第 4.3 项危险
　　物——遇水放出易燃气体的物质

联合国编号（UN No.）：1413

正式运输名称：硼氢化锂

包装类别：Ⅰ

1607　硼氢化铝

别名：氢硼化铝

英文名：aluminium borohydride；aluminium
　　tetrahydroborate

CAS 号：16962-07-5

GHS 标签信号词及象形图：危险

危险性类别：自燃固体，类别 1
　　遇水放出易燃气体的物质和混合物，类别 1

主要危险性及次要危险性：第 4.2 项危险
　　物——易于自燃的物质；第 4.3 项危险
　　物——遇水放出易燃气体的物质

联合国编号（UN No.）：2870

正式运输名称：氢硼化铝

包装类别：Ⅰ

1608　硼氢化钠

别名：氢硼化钠

英文名：sodium borohydride；sodium tetra-
　　hydroborate

CAS 号：16940-66-2

GHS 标签信号词及象形图：危险

危险性类别：遇水放出易燃气体的物质和混
　　合物，类别 1
　　急性毒性-经口，类别 3
　　皮肤腐蚀/刺激，类别 1C
　　严重眼损伤/眼刺激，类别 1

主要危险性及次要危险性：第 4.3 项危险
　　物——遇水放出易燃气体的物质

联合国编号（UN No.）：1426

正式运输名称：氢硼化钠

包装类别：Ⅰ

1609　硼酸

别名：—

英文名：boric acid

CAS 号：10043-35-3

GHS 标签信号词及象形图：危险

危险性类别：生殖毒性，类别 1B

主要危险性及次要危险性：—

联合国编号（UN No.）：非危

正式运输名称：—

包装类别：—

1610　硼酸三甲酯

别名：三甲氧基硼烷
英文名：trimethyl borate；methyl borate
CAS 号：121-43-7
GHS 标签信号词及象形图：警告

危险性类别：易燃液体，类别 3
主要危险性及次要危险性：第 3 类危险物——
　　易燃液体
联合国编号（UN No.）：2416
正式运输名称：硼酸三甲酯
包装类别：Ⅱ

1611　硼酸三乙酯

别名：三乙氧基硼烷
英文名：ethyl borate；boric acid，triethyl
　　ester；triethyl borate
CAS 号：150-46-9
GHS 标签信号词及象形图：危险

危险性类别：易燃液体，类别 2
主要危险性及次要危险性：第 3 类危险物——
　　易燃液体
联合国编号（UN No.）：1176
正式运输名称：硼酸乙酯
包装类别：Ⅱ

1612　硼酸三异丙酯

别名：硼酸异丙酯
英文名：triisopropyl borate
CAS 号：5419-55-6
GHS 标签信号词及象形图：危险

危险性类别：易燃液体，类别 2
主要危险性及次要危险性：第 3 类危险物——
　　易燃液体
联合国编号（UN No.）：2616
正式运输名称：硼酸三异丙酯
包装类别：Ⅱ

1613　铍粉

别名：—
英文名：beryllium powder
CAS 号：7440-41-7
GHS 标签信号词及象形图：危险

危险性类别：易燃固体，类别 2
　　急性毒性-经口，类别 3＊
　　急性毒性-吸入，类别 2＊
　　皮肤腐蚀/刺激，类别 2
　　严重眼损伤/眼刺激，类别 2
　　皮肤致敏物，类别 1
　　致癌性，类别 1A
　　特异性靶器官毒性--一次接触，类别 3（呼
　　吸道刺激）
　　特异性靶器官毒性-反复接触，类别 1
主要危险性及次要危险性：第 6.1 项危险
　　物——毒性物质；第 4.1 项危险物——易
　　燃固体
联合国编号（UN No.）：1567
正式运输名称：铍粉
包装类别：Ⅱ

1614　偏钒酸铵

别名：—
英文名：ammonium metavanadate；ammonium
　　trioxovanadate
CAS 号：7803-55-6
GHS 标签信号词及象形图：危险

危险性类别：急性毒性-经口，类别3

　急性毒性-吸入，类别1

　皮肤腐蚀/刺激，类别2

　严重眼损伤/眼刺激，类别2

　特异性靶器官毒性-一次接触，类别3（呼吸道刺激）

　危害水生环境-长期危害，类别3

主要危险性及次要危险性：第 6.1 项危险物——毒性物质

联合国编号（UN No.）：2859

正式运输名称：偏钒酸铵

包装类别：Ⅱ

1615　偏钒酸钾

别名：—

英文名：potassium metavanadate

CAS 号：13769-43-2

GHS 标签信号词及象形图：危险

危险性类别：急性毒性-经口，类别2

　皮肤腐蚀/刺激，类别2

　严重眼损伤/眼刺激，类别2

　特异性靶器官毒性-一次接触，类别3（呼吸道刺激）

　危害水生环境-长期危害，类别3

主要危险性及次要危险性：第 6.1 项危险物——毒性物质

联合国编号（UN No.）：2864

正式运输名称：偏钒酸钾

包装类别：Ⅱ

1616　偏高碘酸钾

别名：—

英文名：potassium meta-periodate

CAS 号：—

GHS 标签信号词及象形图：危险

危险性类别：氧化性固体，类别2

主要危险性及次要危险性：第 5.1 项危险物——氧化性物质

联合国编号（UN No.）：1479

正式运输名称：氧化性固体，未另作规定的

包装类别：Ⅱ

1617　偏高碘酸钠

别名：—

英文名：sodium meta-periodate

CAS 号：—

GHS 标签信号词及象形图：危险

危险性类别：氧化性固体，类别2

主要危险性及次要危险性：第 5.1 项危险物——氧化性物质

联合国编号（UN No.）：1479

正式运输名称：氧化性固体，未另作规定的

包装类别：Ⅱ

1618　偏硅酸钠

别名：三氧硅酸二钠

英文名：disodium metasilicate

CAS 号：6834-92-0

GHS 标签信号词及象形图：危险

危险性类别：皮肤腐蚀/刺激，类别1B

　严重眼损伤/眼刺激，类别1

　特异性靶器官毒性-一次接触，类别3（呼吸道刺激）

主要危险性及次要危险性：第 8 类危险物——腐蚀性物质

联合国编号（UN No.）：3253

正式运输名称：三氧硅酸二钠

包装类别：Ⅲ

1619　偏砷酸

别名：—

英文名：meta-arsenic acid

CAS 号：10102-53-1

GHS 标签信号词及象形图：危险

危险性类别：急性毒性-经口，类别 3＊

急性毒性-吸入，类别 3＊

致癌性，类别 1A

危害水生环境-急性危害，类别 1

危害水生环境-长期危害，类别 1

主要危险性及次要危险性：第 6.1 项危险物——毒性物质

联合国编号（UN No.）：3288

正式运输名称：无机毒性固体，未另作规定的

包装类别：Ⅲ

1620　偏砷酸钠

别名：—

英文名：sodium meta-arsenate

CAS 号：15120-17-9

GHS 标签信号词及象形图：危险

危险性类别：急性毒性-经口，类别 3＊

急性毒性-吸入，类别 3＊

致癌性，类别 1A

危害水生环境-急性危害，类别 1

危害水生环境-长期危害，类别 1

主要危险性及次要危险性：第 6.1 项危险物——毒性物质

联合国编号（UN No.）：3288

正式运输名称：无机毒性固体，未另作规定的

包装类别：Ⅲ

1621　漂白粉

别名：—

英文名：bleaching powder

CAS 号：—

GHS 标签信号词及象形图：危险

危险性类别：氧化性固体，类别 2

皮肤腐蚀/刺激，类别 1B

严重眼损伤/眼刺激，类别 1

危害水生环境-急性危害，类别 1

危害水生环境-长期危害，类别 1

主要危险性及次要危险性：第 5.1 项危险物——氧化性物质；第 8 类危险物——腐蚀性物质

联合国编号（UN No.）：3485

正式运输名称：次氯酸钙，干的，腐蚀性，含有效氯大于 39％（有效氧 8.8％）

包装类别：Ⅱ

1622　漂粉精（含有效氯＞39％）

别名：高级晒粉

英文名：bleaching powder, concentrated, containing more than 39％ available chlorine

CAS 号：—

GHS 标签信号词及象形图：危险

危险性类别：氧化性固体，类别 2

皮肤腐蚀/刺激，类别 1B

严重眼损伤/眼刺激，类别 1

危害水生环境-急性危害，类别 1

危害水生环境-长期危害，类别 1

主要危险性及次要危险性：第 5.1 项危险物——氧化性物质；第 8 类危险物——腐蚀性物质

联合国编号（UN No.）：3485

正式运输名称：次氯酸钙，干的，腐蚀性，含有效氯大于 39％（有效氧 8.8％）

包装类别：Ⅱ

1623　葡萄糖酸汞

别名：—

英文名：mercury gluconate

CAS 号：63937-14-4

GHS 标签信号词及象形图：危险

危险性类别：急性毒性-经口，类别 2*
急性毒性-经皮，类别 1
急性毒性-吸入，类别 2*
特异性靶器官毒性-反复接触，类别 2*
危害水生环境-急性危害，类别 1
危害水生环境-长期危害，类别 1

主要危险性及次要危险性：第 6.1 项危险物——毒性物质

联合国编号（UN No.）：1637

正式运输名称：葡萄糖酸汞

包装类别：Ⅱ

1624　七氟丁酸

别名：全氟丁酸

英文名：heptafluorobutyric acid；perfluorobutyric acid

CAS 号：375-22-4

GHS 标签信号词及象形图：危险

危险性类别：皮肤腐蚀/刺激，类别 1
严重眼损伤/眼刺激，类别 1

主要危险性及次要危险性：第 8 类危险物——腐蚀性物质

联合国编号（UN No.）：3265

正式运输名称：有机酸性腐蚀性液体，未另作规定的

包装类别：Ⅲ

1625　七硫化四磷

别名：七硫化磷

英文名：phosphorus heptasulphide

CAS 号：12037-82-0

GHS 标签信号词及象形图：危险

危险性类别：易燃固体，类别 1

主要危险性及次要危险性：第 4.1 项危险物——易燃固体

联合国编号（UN No.）：1339

正式运输名称：七硫化四磷，不含黄磷和白磷

包装类别：Ⅱ

1626　七溴二苯醚

别名：—

英文名：heptabromodiphenyl oxide

CAS 号：68928-80-3

GHS 标签信号词及象形图：危险

危险性类别：生殖毒性，类别 1B

主要危险性及次要危险性：—

联合国编号（UN No.）：非危

正式运输名称：—

包装类别：—

1627　2,2′,3,3′,4,5′,6-七溴二苯醚

别名：—

英文名：2,2′,3,3′,4,5′,6-heptabromodiphenyl ether

CAS 号：446255-22-7

GHS 标签信号词及象形图：危险

危险性类别：生殖毒性，类别 1B

主要危险性及次要危险性：—

联合国编号（UN No.）：非危

正式运输名称：—

包装类别：—

1628　2,2′,3,4,4′,5′,6-七溴二苯醚

别名：—

英文名：2，2′，3，4，4′，5′，6-heptabromodiphenyl
ether

CAS 号：207122-16-5

GHS 标签信号词及象形图：危险

危险性类别：生殖毒性，类别 1B

主要危险性及次要危险性：—

联合国编号（UN No.）：非危

正式运输名称：—

包装类别：—

1629　1，4，5，6，7，8，8-七氯-3a，4，7，7a-四氢-4，7-亚甲基茚

别名：七氯

英文名：1，4，5，6，7，8，8-heptachloro-3a，4，7，
7a-tetrahydro-4，7-methanoindene；heptachlor；
heptachlorane；rhodiachlor

CAS 号：76-44-8

GHS 标签信号词及象形图：危险

危险性类别：急性毒性-经口，类别 3＊
急性毒性-经皮，类别 3＊
致癌性，类别 2
特异性靶器官毒性-反复接触，类别 2＊
危害水生环境-急性危害，类别 1
危害水生环境-长期危害，类别 1

主要危险性及次要危险性：第 6.1 项危险物——毒性物质

联合国编号（UN No.）：2811

正式运输名称：有机毒性固体，未另作规定的

包装类别：Ⅲ

1630　汽油

别名：—

英文名：gasoline

CAS 号：86290-81-5

GHS 标签信号词及象形图：危险

危险性类别：易燃液体，类别 2＊
生殖细胞致突变性，类别 1B
致癌性，类别 2
吸入危害，类别 1
危害水生环境-急性危害，类别 2
危害水生环境-长期危害，类别 2

主要危险性及次要危险性：第 3 类危险物——易燃液体

联合国编号（UN No.）：1203

正式运输名称：汽油

包装类别：Ⅱ

乙醇汽油

别名：—

英文名：ethanol gasoline

CAS 号：—

GHS 标签信号词及象形图：危险

危险性类别：易燃液体，类别 2＊
生殖细胞致突变性，类别 1B
致癌性，类别 2
吸入危害，类别 1
危害水生环境-急性危害，类别 2
危害水生环境-长期危害，类别 2

主要危险性及次要危险性：第 3 类危险物——易燃液体

联合国编号（UN No.）：3475

正式运输名称：乙醇和汽油混合物，乙醇含量大于 10％

包装类别：Ⅱ

甲醇汽油

别名：—

英文名：methanol gasoline

CAS 号：—

GHS 标签信号词及象形图：危险

危险性类别：易燃液体，类别 2*
　　生殖细胞致突变性，类别 1B
　　致癌性，类别 2
　　特异性靶器官毒性-一次接触，类别 1
　　吸入危害，类别 1
　　危害水生环境-急性危害，类别 2
　　危害水生环境-长期危害，类别 2
主要危险性及次要危险性：第 3 类危险物——
　　易燃液体
联合国编号（UN No.）：1993
正式运输名称：易燃液体，未另作规定的
包装类别：Ⅱ

1631　铅汞齐

别名：—
英文名：lead amalgam
CAS 号：—
GHS 标签信号词及象形图：危险

危险性类别：急性毒性-经口，类别 2*
　　急性毒性-经皮，类别 1
　　急性毒性-吸入，类别 2*
　　特异性靶器官毒性-反复接触，类别 2*
　　危害水生环境-急性危害，类别 1
　　危害水生环境-长期危害，类别 1
主要危险性及次要危险性：第 6.1 项危险
　　物——毒性物质
联合国编号（UN No.）：2811
正式运输名称：有机毒性固体，未另作规定的
包装类别：Ⅰ

1632　1-羟环丁-1-烯-3,4-二酮

别名：半方形酸
英文名：1-hydroxy-cyclobut-1-ene-3,4-dione；
　　semisquaric acid；moniliformin
CAS 号：31876-38-7

GHS 标签信号词及象形图：危险

危险性类别：急性毒性-经口，类别 2
主要危险性及次要危险性：第 6.1 项危险
　　物——毒性物质
联合国编号（UN No.）：2811
正式运输名称：有机毒性固体，未另作规定的
包装类别：Ⅱ

1633　3-羟基-1,1-二甲基丁基过氧新葵酸(含量≤52%,含 A 型稀释剂≥48%)

别名：—
英文名：3-hydroxy-1,1-dimethylbutyl peroxy-
　　neodecanoate（not more than 52%，and dilu-
　　ent type A not less than 48%）
CAS 号：95718-78-8
GHS 标签信号词及象形图：警告

危险性类别：有机过氧化物，E 型
主要危险性及次要危险性：第 5.2 项危险
　　物——有机过氧化物
联合国编号（UN No.）：3117
正式运输名称：液态 E 型有机过氧化物，控
　　制温度的
包装类别：满足Ⅱ类包装要求

3-羟基-1,1-二甲基丁基过氧新葵酸(含量≤52%,在水中稳定弥散)

别名：—
英文名：3-hydroxy-1,1-dimethylbutyl peroxy-
　　neodecanoate（not more than 52% as a
　　stable dispersion in water）
CAS 号：95718-78-8
GHS 标签信号词及象形图：警告

危险性类别：有机过氧化物，F 型

主要危险性及次要危险性：第 5.2 项危险物——有机过氧化物

联合国编号（UN No.）：3119

正式运输名称：液态 F 型有机过氧化物，控制温度的

包装类别：满足 Ⅱ 类包装要求

3-羟基-1,1-二甲基丁基过氧新癸酸(含量≤77%，含 A 型稀释剂≥23%)

别名：—

英文名：3-hydroxy-1,1-dimethylbutyl peroxy-neodecanoate（not more than 77%，and diluent type A not less than 23%）

CAS 号：95718-78-8

GHS 标签信号词及象形图：危险

危险性类别：有机过氧化物，D 型

主要危险性及次要危险性：第 5.2 项危险物——有机过氧化物

联合国编号（UN No.）：3115

正式运输名称：液态 D 型有机过氧化物，控制温度的

包装类别：满足 Ⅱ 类包装要求

1634   N-3-[1-羟基-2-(甲氨基)乙基]苯基甲烷磺酰胺甲磺酸盐

别名：酰胺福林-甲烷磺酸盐

英文名：N-3-1-[hydroxy-2-（methylamino）ethyl]phenyl，methanesulfonamide mesylate；amidephrine mesylate；fentrinol

CAS 号：1421-68-7

GHS 标签信号词及象形图：危险

危险性类别：急性毒性-经口，类别 2

主要危险性及次要危险性：第 6.1 项危险物——毒性物质

联合国编号（UN No.）：2811

正式运输名称：有机毒性固体，未另作规定的

包装类别：Ⅱ

1635   3-羟基-2-丁酮

别名：乙酰甲基甲醇

英文名：3-hydroxy-2-butanone；acetyl methyl carbinol

CAS 号：513-86-0

GHS 标签信号词及象形图：警告

危险性类别：易燃液体，类别 3
　　皮肤腐蚀/刺激，类别 2 *

主要危险性及次要危险性：第 3 类危险物——易燃液体

联合国编号（UN No.）：2621

正式运输名称：乙酰甲基甲醇

包装类别：Ⅲ

1636   4-羟基-4-甲基-2-戊酮

别名：双丙酮醇

英文名：4-hydroxy-4-methylpentan-2-one；diacetone alcohol

CAS 号：123-42-2

GHS 标签信号词及象形图：危险

危险性类别：易燃液体，类别 2
　　严重眼损伤/眼刺激，类别 2

主要危险性及次要危险性：第 3 类危险物——易燃液体

联合国编号（UN No.）：1148

正式运输名称：二丙酮醇

包装类别：Ⅲ

1637   2-羟基丙腈

别名：乳腈

英文名：2-hydroxypropionitrile； lactonitrile；
acetocyanohydrin；aktonitril

CAS 号：78-97-7

GHS 标签信号词及象形图：危险

危险性类别：急性毒性-经口，类别 2
急性毒性-经皮，类别 1
急性毒性-吸入，类别 1
危害水生环境-急性危害，类别 1

主要危险性及次要危险性：第 6.1 项 危 险
物——毒性物质

联合国编号（UN No.）：3276

正式运输名称：腈类，液态，毒性，未另作
规定的

包装类别：Ⅰ

1638   2-羟基丙酸甲酯

别名：乳酸甲酯

英文名：methyl-2-hydroxypropionate；methyl
lactate

CAS 号：547-64-8

GHS 标签信号词及象形图：警告

危险性类别：易燃液体，类别 3
严重眼损伤/眼刺激，类别 2
特异性靶器官毒性-一次接触，类别 3（呼
吸道刺激）

主要危险性及次要危险性：第 3 类危险物——
易燃液体

联合国编号（UN No.）：3272/1993△

正式运输名称：酯类，未另作规定的/易燃液
体，未另作规定的△

包装类别：Ⅲ

1639   2-羟基丙酸乙酯

别名：乳酸乙酯

英文名：ethyl 2-hydroxypropanoate；ethyl lactate；
ethyl DL-lactate

CAS 号：97-64-3

GHS 标签信号词及象形图：危险

危险性类别：易燃液体，类别 3
严重眼损伤/眼刺激，类别 1
特异性靶器官毒性-一次接触，类别 3（呼
吸道刺激）

主要危险性及次要危险性：第 3 类危险物——
易燃液体

联合国编号（UN No.）：1192

正式运输名称：乳酸乙酯

包装类别：Ⅲ

1640   3-羟基丁醛

别名：3-丁醇醛；丁间醇醛

英文名：3-hydroxybutyraldehyde；3-butanolal；
acetaldol

CAS 号：107-89-1

GHS 标签信号词及象形图：危险

危险性类别：急性毒性-经皮，类别 2
严重眼损伤/眼刺激，类别 2

主要危险性及次要危险性：第 6.1 项 危 险
物——毒性物质

联合国编号（UN No.）：2839

正式运输名称：丁间醇醛

包装类别：Ⅱ

1641   羟基甲基汞

别名：—

英文名：methyl mercuric hydroxide

CAS 号：1184-57-2

GHS 标签信号词及象形图：危险

危险性类别：急性毒性-经口，类别 2＊

　　急性毒性-经皮，类别 1

　　急性毒性-吸入，类别 2＊

　　致癌性，类别 2

　　特异性靶器官毒性-反复接触，类别 2＊

　　危害水生环境-急性危害，类别 1

　　危害水生环境-长期危害，类别 1

主要危险性及次要危险性：第 6.1 项危险物——毒性物质

联合国编号（UN No.）：2024/2811△

正式运输名称：液态汞化合物，未另作规定的/有机毒性固体，未另作规定的△

包装类别：Ⅰ

1642　羟基乙腈

别名：乙醇腈

英文名：2-hydroxyacetonitrile；glycolonitrile；cyanomethanol

CAS 号：107-16-4

GHS 标签信号词及象形图：危险

危险性类别：急性毒性-经口，类别 2

　　急性毒性-经皮，类别 1

主要危险性及次要危险性：第 6.1 项危险物——毒性物质

联合国编号（UN No.）：3276

正式运输名称：腈类，液态，毒性，未另作规定的

包装类别：Ⅰ

1643　羟基乙硫醚

别名：α-乙硫基乙醇

英文名：hydroxy ethyl sulfide；α-ethylthio-ethanol

CAS 号：110-77-0

GHS 标签信号词及象形图：危险

危险性类别：严重眼损伤/眼刺激，类别 1

　　危害水生环境-长期危害，类别 3

主要危险性及次要危险性：—

联合国编号（UN No.）：非危

正式运输名称：—

包装类别：—

1644　3-(2-羟基乙氧基)-4-吡咯烷基-1-苯重氮氯化锌盐

别名：—

英文名：3-(2-hydroxy exhoxy)-4-pyrrolidin-1-ylbenzene diazonium zinc chloride

CAS 号：—

GHS 标签信号词及象形图：危险

危险性类别：自反应物质和混合物，D 型

主要危险性及次要危险性：第 4.1 项危险物——自反应物质

联合国编号（UN No.）：3225

正式运输名称：D 型自反应液体

包装类别：满足Ⅱ类包装要求

1645　2-羟基异丁酸乙酯

别名：2-羟基-2-甲基丙酸乙酯

英文名：ethyl 2-hydroxy-iso-butyrate；ethyl 2-hydroxy-2-methyl propionate

CAS 号：80-55-7

GHS 标签信号词及象形图：警告

危险性类别：易燃液体，类别 3

主要危险性及次要危险性：第 3 类危险物——易燃液体

联合国编号（UN No.）：3272/1993△

正式运输名称：酯类，未另作规定的/易燃液体，未另作规定的△

包装类别：Ⅲ

1646　羟间唑啉（盐酸盐）

别名：—

英文名：oxymetazoline hydrochloride；afrazine；
neonabel

CAS 号：2315-02-8

GHS 标签信号词及象形图：危险

危险性类别：急性毒性-经口，类别 1

主要危险性及次要危险性：第 6.1 项 危 险
物——毒性物质

联合国编号（UN No.）：2811

正式运输名称：有机毒性固体，未另作规定的

包装类别：Ⅰ

1647　N-(2-羟乙基)-
N-甲基全氟辛基磺酰胺

别名：—

英文名：N-(2-hydroxyethyl)-N-methylperflu-
orooctanesulfonamide

CAS 号：24448-09-7

GHS 标签信号词及象形图：危险

危险性类别：生殖毒性，类别 1B
生殖毒性，附加类别
特异性靶器官毒性-反复接触，类别 1
危害水生环境-急性危害，类别 2
危害水生环境-长期危害，类别 2

主要危险性及次要危险性：第 9 类危险物——
杂项危险物质和物品

联合国编号（UN No.）：3077

正式运输名称：对环境有害的固态物质，未
另作规定的

包装类别：Ⅲ

1648　氢

别名：氢气

英文名：hydrogen

CAS 号：1333-74-0

GHS 标签信号词及象形图：危险

危险性类别：易燃气体，类别 1
加压气体

主要危险性及次要危险性：第 2.1 类 危 险
物——易燃气体

联合国编号（UN No.）：1049

正式运输名称：压缩氢

包装类别：不适用

1649　氢碘酸

别名：碘化氢溶液

英文名：hydriodic acid

CAS 号：10034-85-2

GHS 标签信号词及象形图：危险

危险性类别：皮肤腐蚀/刺激，类别 1B
严重眼损伤/眼刺激，类别 1

主要危险性及次要危险性：第 8 类危险物——
腐蚀性物质

联合国编号（UN No.）：1787

正式运输名称：氢碘酸

包装类别：Ⅱ

1650　氢氟酸

别名：氟化氢溶液

英文名：hydrofluoric acid；hydrogen fluoride
solution

CAS 号：7664-39-3

GHS 标签信号词及象形图：危险

危险性类别：急性毒性-经口，类别 2*
急性毒性-经皮，类别 1

急性毒性-吸入，类别 2 ＊

皮肤腐蚀/刺激，类别 1A

严重眼损伤/眼刺激，类别 1

主要危险性及次要危险性：第 8 类危险物——腐蚀性物质；第 6.1 项危险物——毒性物质

联合国编号（UN No.）：1790

正式运输名称：氢氟酸，含氟化氢大于 60％

包装类别：Ⅰ

1651　氢过氧化蒎烷
（56%＜含量≤100%）

别名：—

英文名：pinanyl hydroperoxide（more than 56％）；pinane hydroperoxide

CAS 号：28324-52-9

GHS 标签信号词及象形图：危险

危险性类别：有机过氧化物，D 型

皮肤腐蚀/刺激，类别 1

严重眼损伤/眼刺激，类别 1

主要危险性及次要危险性：第 5.2 项危险物——有机过氧化物

联合国编号（UN No.）：3105

正式运输名称：液态 D 型有机过氧化物

包装类别：满足 Ⅱ 类包装要求

氢过氧化蒎烷
（含量≤56%，含 A 型稀释剂≥44%）

别名：—

英文名：pinanyl hydroperoxide（not more than 56％，and diluent type A not less than 44％）

CAS 号：28324-52-9

GHS 标签信号词及象形图：警告

危险性类别：有机过氧化物，F 型

主要危险性及次要危险性：第 5.2 项危险

物——有机过氧化物

联合国编号（UN No.）：3109

正式运输名称：液态 F 型有机过氧化物

包装类别：满足 Ⅱ 类包装要求

1652　氢化钡

别名：—

英文名：barium hydride

CAS 号：13477-09-3

GHS 标签信号词及象形图：危险

危险性类别：遇水放出易燃气体的物质和混合物，类别 2

主要危险性及次要危险性：第 4.3 项危险物——遇水放出易燃气体的物质

联合国编号（UN No.）：1409

正式运输名称：金属氢化物，遇水反应，未另作规定的

包装类别：Ⅱ

1653　氢化钙

别名：—

英文名：calcium hydride

CAS 号：7789-78-8

GHS 标签信号词及象形图：危险

危险性类别：遇水放出易燃气体的物质和混合物，类别 1

主要危险性及次要危险性：第 4.3 项危险物——遇水放出易燃气体的物质

联合国编号（UN No.）：1404

正式运输名称：氢化钙

包装类别：Ⅰ

1654　氢化锆

别名：—

英文名：zirconium hydride

CAS 号：7704-99-6

GHS 标签信号词及象形图：危险

危险性类别：易燃固体，类别 1

主要危险性及次要危险性：第 4.1 项危险
物——易燃固体

联合国编号（UN No.）：1437

正式运输名称：氢化锆

包装类别：Ⅱ

1655   氢化钾

别名：—

英文名：potassium hydride

CAS 号：7693-26-7

GHS 标签信号词及象形图：危险

危险性类别：遇水放出易燃气体的物质和混
合物，类别 1

主要危险性及次要危险性：第 4.3 项危险
物——遇水放出易燃气体的物质

联合国编号（UN No.）：1409

正式运输名称：金属氢化物，遇水反应，未另
作规定的

包装类别：Ⅰ

1656   氢化锂

别名：—

英文名：lithium hydride

CAS 号：7580-67-8

GHS 标签信号词及象形图：危险

危险性类别：遇水放出易燃气体的物质和混
合物，类别 1
急性毒性-经口，类别 3
急性毒性-吸入，类别 2

皮肤腐蚀/刺激，类别 1

严重眼损伤/眼刺激，类别 1

生殖毒性，类别 1A

特异性靶器官毒性-一次接触，类别 1

主要危险性及次要危险性：第 4.3 项危险
物——遇水放出易燃气体的物质

联合国编号（UN No.）：1414

正式运输名称：氢化锂

包装类别：Ⅰ

1657   氢化铝

别名：—

英文名：aluminium hydride

CAS 号：7784-21-6

GHS 标签信号词及象形图：危险

危险性类别：遇水放出易燃气体的物质和混
合物，类别 1

主要危险性及次要危险性：第 4.3 项危险
物——遇水放出易燃气体的物质

联合国编号（UN No.）：2463

正式运输名称：氢化铝

包装类别：Ⅰ

1658   氢化铝锂

别名：四氢化铝锂

英文名：aluminium lithium hydride；lithium
tetrahydroaluminate

CAS 号：16853-85-3

GHS 标签信号词及象形图：危险

危险性类别：遇水放出易燃气体的物质和混
合物，类别 1
皮肤腐蚀/刺激，类别 1A
严重眼损伤/眼刺激，类别 1

主要危险性及次要危险性：第 4.3 项危险
物——遇水放出易燃气体的物质

联合国编号（UN No.）：1410

正式运输名称：氢化铝锂

包装类别：Ⅰ

1659　氢化铝钠

别名：四氢化铝钠

英文名：sodium aluminium hydride；sodium tetrahydraluminate

CAS号：13770-96-2

GHS标签信号词及象形图：危险

危险性类别：遇水放出易燃气体的物质和混合物，类别2

主要危险性及次要危险性：第 4.3 项危险物——遇水放出易燃气体的物质

联合国编号（UN No.）：2835

正式运输名称：氢化铝钠

包装类别：Ⅱ

1660　氢化镁

别名：二氢化镁

英文名：magnesium hydride；magnesium dihydride

CAS号：7693-27-8

GHS标签信号词及象形图：危险

危险性类别：遇水放出易燃气体的物质和混合物，类别1

主要危险性及次要危险性：第 4.3 项危险物——遇水放出易燃气体的物质

联合国编号（UN No.）：2010

正式运输名称：二氢化镁

包装类别：Ⅰ

1661　氢化钠

别名：—

英文名：sodium hydride

CAS号：7646-69-7

GHS标签信号词及象形图：危险

危险性类别：遇水放出易燃气体的物质和混合物，类别1

主要危险性及次要危险性：第 4.3 项危险物——遇水放出易燃气体的物质

联合国编号（UN No.）：1427

正式运输名称：氢化钠

包装类别：Ⅰ

1662　氢化钛

别名：—

英文名：titanium hydride

CAS号：7704-98-5

GHS标签信号词及象形图：危险

危险性类别：易燃固体，类别1

主要危险性及次要危险性：第 4.1 项危险物——易燃固体

联合国编号（UN No.）：1871

正式运输名称：氢化钛

包装类别：Ⅱ

1663　氢气和甲烷混合物

别名：—

英文名：hydrogen and methane mixtures, compressed

CAS号：—

GHS标签信号词及象形图：危险

危险性类别：易燃气体，类别1

加压气体

主要危险性及次要危险性：第 2.1 类危险物——易燃气体

联合国编号（UN No.）：2034

正式运输名称：压缩氢和甲烷混合物

包装类别：不适用

1664　氢氰酸（含量≤20%）

别名：—

英文名：hydrocyanic acid，with not more than 20% hydrogen cyanide

CAS 号：74-90-8

GHS 标签信号词及象形图：危险

危险性类别：急性毒性-经口，类别 2*

急性毒性-经皮，类别 1

急性毒性-吸入，类别 2*

危害水生环境-急性危害，类别 1

危害水生环境-长期危害，类别 1

主要危险性及次要危险性：第 6.1 项危险物——毒性物质

联合国编号（UN No.）：1613

正式运输名称：氢氰酸水溶液（氰化氢水溶液），含氰化氢不大于 20%

包装类别：Ⅰ

氢氰酸蒸熏剂

别名：—

英文名：hydrocyanic acid fumigant

CAS 号：74-90-8

GHS 标签信号词及象形图：危险

危险性类别：急性毒性-经口，类别 2*

急性毒性-经皮，类别 1

急性毒性-吸入，类别 2*

危害水生环境-急性危害，类别 1

危害水生环境-长期危害，类别 1

主要危险性及次要危险性：第 6.1 项危险物——毒性物质

联合国编号（UN No.）：1614

正式运输名称：氰化氢，稳定的，含水少于 3%，被多孔惰性材料吸收

包装类别：Ⅰ

1665　氢溴酸

别名：溴化氢溶液

英文名：hydrobromic acid

CAS 号：10035-10-6

GHS 标签信号词及象形图：危险

危险性类别：皮肤腐蚀/刺激，类别 1A

严重眼损伤/眼刺激，类别 1

特异性靶器官毒性-一次接触，类别 3（呼吸道刺激）

主要危险性及次要危险性：第 8 类危险物——腐蚀性物质

联合国编号（UN No.）：1788

正式运输名称：氢溴酸

包装类别：Ⅱ

1666　氢氧化钡

别名：—

英文名：barium hydroxide

CAS 号：17194-00-2

GHS 标签信号词及象形图：危险

危险性类别：皮肤腐蚀/刺激，类别 1

严重眼损伤/眼刺激，类别 1

特异性靶器官毒性-一次接触，类别 2

特异性靶器官毒性-一次接触，类别 3（呼吸道刺激）

主要危险性及次要危险性：第 8 类危险物——腐蚀性物质

联合国编号（UN No.）：3262/1759△

正式运输名称：无机碱性腐蚀性固体，未另作规定的/腐蚀性固体，未另作规定的△

包装类别：Ⅲ

1667 氢氧化钾

别名：苛性钾

英文名：potassium hydroxide；caustic potash；caustic potassium

CAS号：1310-58-3

GHS标签信号词及象形图：危险

危险性类别：皮肤腐蚀/刺激，类别1A

严重眼损伤/眼刺激，类别1

主要危险性及次要危险性：第8类危险物——腐蚀性物质

联合国编号（UN No.）：1813

正式运输名称：固态氢氧化钾

包装类别：Ⅱ

氢氧化钾溶液（含量≥30%）

别名：—

英文名：potassium hydroxide solution（not less than 30%）

CAS号：1310-58-3

GHS标签信号词及象形图：危险

危险性类别：皮肤腐蚀/刺激，类别1A

严重眼损伤/眼刺激，类别1

主要危险性及次要危险性：第8类危险物——腐蚀性物质

联合国编号（UN No.）：1814

正式运输名称：氢氧化钾溶液

包装类别：Ⅱ/Ⅲ

1668 氢氧化锂

别名：—

英文名：lithium hydroxide

CAS号：1310-65-2

GHS标签信号词及象形图：危险

危险性类别：急性毒性-吸入，类别3

皮肤腐蚀/刺激，类别1

严重眼损伤/眼刺激，类别1

生殖毒性，类别1A

特异性靶器官毒性-一次接触，类别1

主要危险性及次要危险性：第8类危险物——腐蚀性物质

联合国编号（UN No.）：2680

正式运输名称：氢氧化锂

包装类别：Ⅱ

氢氧化锂溶液

别名：—

英文名：lithium hydroxide solution

CAS号：1310-65-2

GHS标签信号词及象形图：危险

危险性类别：急性毒性-吸入，类别3

皮肤腐蚀/刺激，类别1

严重眼损伤/眼刺激，类别1

生殖毒性，类别1A

主要危险性及次要危险性：第8类危险物——腐蚀性物质

联合国编号（UN No.）：2679

正式运输名称：氢氧化锂溶液

包装类别：Ⅱ

1669 氢氧化钠

别名：苛性钠；烧碱

英文名：sodium hydroxide；caustic soda；sodium hydrate

CAS号：1310-73-2

GHS标签信号词及象形图：危险

危险性类别：皮肤腐蚀/刺激，类别 1A
严重眼损伤/眼刺激，类别 1
主要危险性及次要危险性：第 8 类危险物——
腐蚀性物质
联合国编号（UN No.）：1823
正式运输名称：固态氢氧化钠
包装类别：Ⅱ

氢氧化钠溶液（含量≥30%）

别名：—
英文名：sodium hydroxide solution（not less than 30%）
CAS 号：1310-73-2
GHS 标签信号词及象形图：危险

危险性类别：皮肤腐蚀/刺激，类别 1A
严重眼损伤/眼刺激，类别 1
主要危险性及次要危险性：第 8 类危险物——
腐蚀性物质
联合国编号（UN No.）：1824
正式运输名称：氢氧化钠溶液
包装类别：Ⅱ/Ⅲ

1670   氢氧化铍

别名：—
英文名：beryllium hydroxide
CAS 号：13327-32-7
GHS 标签信号词及象形图：危险

危险性类别：致癌性，类别 1A
特异性靶器官毒性-反复接触，类别 1
主要危险性及次要危险性：—
联合国编号（UN No.）：非危
正式运输名称：—
包装类别：—

1671   氢氧化铷

别名：—

英文名：rubidium hydroxide
CAS 号：1310-82-3
GHS 标签信号词及象形图：危险

危险性类别：皮肤腐蚀/刺激，类别 1
严重眼损伤/眼刺激，类别 1
主要危险性及次要危险性：第 8 类危险物——
腐蚀性物质
联合国编号（UN No.）：2678
正式运输名称：氢氧化铷
包装类别：Ⅱ

氢氧化铷溶液

别名：—
英文名：rubidium hydroxide solution
CAS 号：1310-82-3
GHS 标签信号词及象形图：危险

危险性类别：皮肤腐蚀/刺激，类别 1
严重眼损伤/眼刺激，类别 1
主要危险性及次要危险性：第 8 类危险物——
腐蚀性物质
联合国编号（UN No.）：2677
正式运输名称：氢氧化铷溶液
包装类别：Ⅱ

1672   氢氧化铯

别名：—
英文名：cesium hydroxide
CAS 号：21351-79-1
GHS 标签信号词及象形图：危险

危险性类别：急性毒性-吸入，类别 1
皮肤腐蚀/刺激，类别 1B
严重眼损伤/眼刺激，类别 1

特异性靶器官毒性-一次接触，类别 3（呼吸道刺激）

主要危险性及次要危险性：第 8 类危险物——腐蚀性物质

联合国编号（UN No.）：2682

正式运输名称：氢氧化铯

包装类别：Ⅱ

氢氧化铯溶液

别名：—

英文名：cesium hydroxide solution

CAS 号：21351-79-1

GHS 标签信号词及象形图：危险

危险性类别：皮肤腐蚀/刺激，类别 1B

严重眼损伤/眼刺激，类别 1

主要危险性及次要危险性：第 8 类危险物——腐蚀性物质

联合国编号（UN No.）：2681

正式运输名称：氢氧化铯溶液

包装类别：Ⅱ/Ⅲ

1673　氢氧化铊

别名：—

英文名：thallium（Ⅰ）hydroxide

CAS 号：17026-06-1

GHS 标签信号词及象形图：危险

危险性类别：急性毒性-经口，类别 2 *

急性毒性-吸入，类别 2 *

特异性靶器官毒性-反复接触，类别 2 *

危害水生环境-急性危害，类别 2

危害水生环境-长期危害，类别 2

主要危险性及次要危险性：第 6.1 项危险物——毒性物质

联合国编号（UN No.）：1707

正式运输名称：铊化合物，未另作规定的

包装类别：Ⅱ

1674　柴油（闭杯闪点≤60℃）

别名：—

英文名：light diesel oil

CAS 号：—

GHS 标签信号词及象形图：警告

危险性类别：易燃液体，类别 3

主要危险性及次要危险性：第 3 类危险物——易燃液体

联合国编号（UN No.）：1202

正式运输名称：柴油

包装类别：Ⅲ

1675　氰

别名：氰气

英文名：cyanogen；oxalonitrile；dicyanogen；dicyan

CAS 号：460-19-5

GHS 标签信号词及象形图：危险

危险性类别：易燃气体，类别 1

加压气体

急性毒性-吸入，类别 2

危害水生环境-急性危害，类别 1

危害水生环境-长期危害，类别 1

主要危险性及次要危险性：第 2.3 类危险物——毒性气体；第 2.1 类危险物——易燃气体

联合国编号（UN No.）：1026

正式运输名称：氰

包装类别：不适用

1676　氰氨化钙（含碳化钙＞0.1%）

别名：石灰氮

英文名：calcium cyanamide with more than

0.1％ of calcium carbide；calcium carbimide

CAS 号：156-62-7

GHS 标签信号词及象形图：危险

危险性类别：遇水放出易燃气体的物质和混
合物，类别 3

严重眼损伤/眼刺激，类别 1

特异性靶器官毒性-一次接触，类别 3（呼
吸道刺激）

危害水生环境-急性危害，类别 2

主要危险性及次要危险性：第 4.3 项危险
物——遇水放出易燃气体的物质

联合国编号（UN No.）：1403

正式运输名称：氰氨化钙，含碳化钙大于 0.1％

包装类别：Ⅲ

1677　氰胍甲汞

别名：氰甲汞胍

英文名：methylmercuric cyanoguanidine；panogen；
morsodren

CAS 号：502-39-6

GHS 标签信号词及象形图：危险

危险性类别：急性毒性-经口，类别 2

急性毒性-经皮，类别 1

急性毒性-吸入，类别 2＊

特异性靶器官毒性-反复接触，类别 2＊

危害水生环境-急性危害，类别 1

危害水生环境-长期危害，类别 1

主要危险性及次要危险性：第 6.1 项危险
物——毒性物质

联合国编号（UN No.）：2025

正式运输名称：固态汞化合物，未另作规定的

包装类别：Ⅰ

1678　氰化钡

别名：—

英文名：barium cyanide

CAS 号：542-62-1

GHS 标签信号词及象形图：危险

危险性类别：急性毒性-经口，类别 2＊

急性毒性-经皮，类别 1

急性毒性-吸入，类别 2＊

危害水生环境-急性危害，类别 1

危害水生环境-长期危害，类别 1

主要危险性及次要危险性：第 6.1 项危险
物——毒性物质

联合国编号（UN No.）：1565

正式运输名称：氰化钡

包装类别：Ⅰ

1679　氰化碘

别名：碘化氰

英文名：cyanogen iodide；iodine cyanide

CAS 号：506-78-5

GHS 标签信号词及象形图：危险

危险性类别：急性毒性-经口，类别 2＊

急性毒性-经皮，类别 1

急性毒性-吸入，类别 2＊

危害水生环境-急性危害，类别 1

危害水生环境-长期危害，类别 1

主要危险性及次要危险性：第 6.1 项危险
物——毒性物质

联合国编号（UN No.）：1588

正式运输名称：固态无机氰化物，未另作规
定的

包装类别：Ⅰ

1680　氰化钙

别名：—

英文名：calcium cyanide；calcyanide

CAS 号：592-01-8

GHS 标签信号词及象形图：危险

危险性类别：急性毒性-经口，类别 2 *
　　危害水生环境-急性危害，类别 1
　　危害水生环境-长期危害，类别 1
主要危险性及次要危险性：第 6.1 项危险
　　物——毒性物质
联合国编号（UN No.）：1575
正式运输名称：氰化钙
包装类别：Ⅰ

1681　氰化镉

别名：—
英文名：cadmium cyanide
CAS 号：542-83-6
GHS 标签信号词及象形图：危险

危险性类别：急性毒性-经口，类别 2 *
　　急性毒性-经皮，类别 1
　　急性毒性-吸入，类别 2 *
　　致癌性，类别 1A
　　特异性靶器官毒性-反复接触，类别 2 *
　　危害水生环境-急性危害，类别 1
　　危害水生环境-长期危害，类别 1
主要危险性及次要危险性：第 6.1 项危险
　　物——毒性物质
联合国编号（UN No.）：1588
正式运输名称：固态无机氰化物，未另作规
　　定的
包装类别：Ⅰ

1682　氰化汞

别名：氰化高汞；二氰化汞
英文名：mercury（Ⅱ）cyanide；mercury di-
　　cyanide
CAS 号：592-04-1
GHS 标签信号词及象形图：危险

危险性类别：急性毒性-经口，类别 2
　　严重眼损伤/眼刺激，类别 2B
　　皮肤致敏物，类别 1
　　生殖毒性，类别 1B
　　特异性靶器官毒性-一次接触，类别 1
　　特异性靶器官毒性-反复接触，类别 1
　　危害水生环境-急性危害，类别 1
　　危害水生环境-长期危害，类别 1
主要危险性及次要危险性：第 6.1 项危险
　　物——毒性物质
联合国编号（UN No.）：1636
正式运输名称：氰化汞
包装类别：Ⅱ

1683　氰化汞钾

别名：汞氰化钾；氰化钾汞
英文名：mercuric potassium cyanide；mercury
　　potassium cyanide；potassium tetracyano-
　　mercurate
CAS 号：591-89-9
GHS 标签信号词及象形图：危险

危险性类别：急性毒性-经口，类别 2 *
　　急性毒性-经皮，类别 1
　　急性毒性-吸入，类别 2 *
　　特异性靶器官毒性-反复接触，类别 2
　　危害水生环境-急性危害，类别 1
　　危害水生环境-长期危害，类别 1
主要危险性及次要危险性：第 6.1 项危险
　　物——毒性物质
联合国编号（UN No.）：1626
正式运输名称：氰化汞钾
包装类别：Ⅰ

1684　氰化钴（Ⅱ）

别名：—

英文名：cobaltous cyanide

CAS 号：542-84-7

GHS 标签信号词及象形图：危险

危险性类别：急性毒性-经口，类别 2 *

急性毒性-经皮，类别 1

急性毒性-吸入，类别 2 *

致癌性，类别 2

危害水生环境-急性危害，类别 1

危害水生环境-长期危害，类别 1

主要危险性及次要危险性：第 6.1 项危险物——毒性物质

联合国编号（UN No.）：1588

正式运输名称：固态无机氰化物，未另作规定的

包装类别：Ⅰ

1685　氰化钴（Ⅲ）

别名：—

英文名：cobalt cyanide

CAS 号：14965-99-2

GHS 标签信号词及象形图：危险

危险性类别：急性毒性-经口，类别 2

急性毒性-经皮，类别 1

急性毒性-吸入，类别 2

致癌性，类别 2

生殖细胞致突变性，类别 2

危害水生环境-急性危害，类别 1

危害水生环境-长期危害，类别 1

主要危险性及次要危险性：第 6.1 项危险物——毒性物质

联合国编号（UN No.）：1588

正式运输名称：固态无机氰化物，未另作规定的

包装类别：Ⅰ

1686　氰化钾

别名：山柰钾

英文名：potassuim cyanide

CAS 号：151-50-8

GHS 标签信号词及象形图：危险

危险性类别：急性毒性-经口，类别 2

急性毒性-经皮，类别 1

严重眼损伤/眼刺激，类别 2

特异性靶器官毒性-一次接触，类别 2

特异性靶器官毒性-反复接触，类别 1

危害水生环境-急性危害，类别 1

危害水生环境-长期危害，类别 1

主要危险性及次要危险性：第 6.1 项危险物——毒性物质

联合国编号（UN No.）：1680

正式运输名称：氰化钾，固态

包装类别：Ⅰ

1687　氰化金

别名：—

英文名：gold cyanide

CAS 号：506-65-0

GHS 标签信号词及象形图：危险

危险性类别：急性毒性-经口，类别 2

急性毒性-经皮，类别 1

急性毒性-吸入，类别 2

危害水生环境-急性危害，类别 1

危害水生环境-长期危害，类别 1

主要危险性及次要危险性：第 6.1 项危险物——毒性物质

联合国编号（UN No.）：1588

正式运输名称：固态无机氰化物，未另作规定的

包装类别：Ⅰ

1688　氰化钠

别名：山柰

英文名：sodium cyanide

CAS 号：143-33-9

GHS 标签信号词及象形图：危险

危险性类别：急性毒性-经口，类别 2

急性毒性-经皮，类别 1

严重眼损伤/眼刺激，类别 2

生殖毒性，类别 2

特异性靶器官毒性-反复接触，类别 1

危害水生环境-急性危害，类别 1

危害水生环境-长期危害，类别 1

主要危险性及次要危险性：第 6.1 项危险物——毒性物质

联合国编号（UN No.）：1689

正式运输名称：氰化钠，固态

包装类别：Ⅰ

1689　氰化钠铜锌

别名：—

英文名：sodium copper-zinc cyanide salt

CAS 号：—

GHS 标签信号词及象形图：危险

危险性类别：急性毒性-经口，类别 2

急性毒性-经皮，类别 1

急性毒性-吸入，类别 2

危害水生环境-急性危害，类别 1

危害水生环境-长期危害，类别 1

主要危险性及次要危险性：第 6.1 项危险物——毒性物质

联合国编号（UN No.）：1588/3288△

正式运输名称：固态无机氰化物，未另作规定的/无机毒性固体，未另作规定的△

包装类别：Ⅰ

1690　氰化镍

别名：氰化亚镍

英文名：nickel cyanide；nickelous cyanide

CAS 号：557-19-7

GHS 标签信号词及象形图：危险

危险性类别：急性毒性-经口，类别 3 *

呼吸道致敏物，类别 1

皮肤致敏物，类别 1

致癌性，类别 1A

特异性靶器官毒性-反复接触，类别 1

危害水生环境-急性危害，类别 1

危害水生环境-长期危害，类别 1

主要危险性及次要危险性：第 6.1 项危险物——毒性物质

联合国编号（UN No.）：1653

正式运输名称：氰化镍

包装类别：Ⅱ

1691　氰化镍钾

别名：氰化钾镍

英文名：nickel potassium cyanide

CAS 号：14220-17-8

GHS 标签信号词及象形图：危险

危险性类别：急性毒性-经口，类别 3

呼吸道致敏物，类别 1

皮肤致敏物，类别 1

致癌性，类别 1A

特异性靶器官毒性-一次接触，类别 3（呼吸道刺激）

特异性靶器官毒性-反复接触，类别 1

危害水生环境-长期危害，类别 3

主要危险性及次要危险性：第 6.1 项危险物——毒性物质

联合国编号（UN No.）：1588

正式运输名称：固态无机氰化物，未另作规定的

包装类别：Ⅲ

1692　氰化铅

别名：—
英文名：lead dicyanide
CAS 号：592-05-2
GHS 标签信号词及象形图：危险

危险性类别：生殖细胞致突变性，类别 2
　　致癌性，类别 1B
　　生殖毒性，类别 1A
　　特异性靶器官毒性-反复接触，类别 1
　　危害水生环境-急性危害，类别 1
　　危害水生环境-长期危害，类别 1
主要危险性及次要危险性：第 6.1 项危险
　　物——毒性物质
联合国编号（UN No.）：1620
正式运输名称：氰化铅
包装类别：Ⅱ

1693　氰化氢

别名：无水氢氰酸
英文名：hydrogen cyanide；hydrocyanic acid；
　　hydrocyanic acid，anhydrous
CAS 号：74-90-8
GHS 标签信号词及象形图：危险

危险性类别：易燃液体，类别 1
　　急性毒性-吸入，类别 2 *
　　危害水生环境-急性危害，类别 1
　　危害水生环境-长期危害，类别 1
主要危险性及次要危险性：第 6.1 项危险
　　物——毒性物质；第 3 类危险物——易燃
　　液体
联合国编号（UN No.）：1051
正式运输名称：氰化氢，稳定的，含水少于 3%
包装类别：Ⅰ

1694　氰化铈

别名：—
英文名：cerium cyanide
CAS 号：—
GHS 标签信号词及象形图：危险

危险性类别：急性毒性-经口，类别 2 *
　　急性毒性-经皮，类别 1
　　急性毒性-吸入，类别 2 *
　　危害水生环境-急性危害，类别 1
　　危害水生环境-长期危害，类别 1
主要危险性及次要危险性：第 6.1 项危险
　　物——毒性物质
联合国编号（UN No.）：1588/3288△
正式运输名称：固态无机氰化物，未另作规
　　定的/无机毒性固体，未另作规定的△
包装类别：Ⅰ

1695　氰化铜

别名：氰化高铜
英文名：copper cyanide；cupric cyanide
CAS 号：14763-77-0
GHS 标签信号词及象形图：危险

危险性类别：急性毒性-经口，类别 2 *
　　急性毒性-经皮，类别 1
　　急性毒性-吸入，类别 2 *
　　危害水生环境-急性危害，类别 1
　　危害水生环境-长期危害，类别 1
主要危险性及次要危险性：第 6.1 项危险
　　物——毒性物质
联合国编号（UN No.）：1587
正式运输名称：氰化铜
包装类别：Ⅱ

1696　氰化锌

别名：—

英文名：zinc cyanide

CAS 号：557-21-1

GHS 标签信号词及象形图：危险

危险性类别：急性毒性-经口，类别 3

危害水生环境-急性危害，类别 1

危害水生环境-长期危害，类别 1

主要危险性及次要危险性：第 6.1 项危险物——毒性物质

联合国编号（UN No.）：1713

正式运输名称：氰化锌

包装类别：Ⅰ

1697　氰化溴

别名：溴化氰

英文名：cyanogen bromide；bromine cyanide

CAS 号：506-68-3

GHS 标签信号词及象形图：危险

危险性类别：急性毒性-经口，类别 2

危害水生环境-急性危害，类别 1

危害水生环境-长期危害，类别 1

主要危险性及次要危险性：第 6.1 项危险物——毒性物质；第 8 类危险物——腐蚀性物质

联合国编号（UN No.）：1889

正式运输名称：溴化氰

包装类别：Ⅰ

1698　氰化金钾

别名：—

英文名：potassium tetrakis（cyano-C）aurate

CAS 号：14263-59-3

GHS 标签信号词及象形图：危险

危险性类别：急性毒性-经口，类别 2

急性毒性-经皮，类别 1

急性毒性-吸入，类别 2

危害水生环境-急性危害，类别 1

危害水生环境-长期危害，类别 1

主要危险性及次要危险性：第 6.1 项危险物——毒性物质

联合国编号（UN No.）：1588

正式运输名称：固态无机氰化物，未另作规定的

包装类别：Ⅰ

1699　氰化亚金钾

别名：—

英文名：potassium aurocyanide；potassium aurous cyanide

CAS 号：13967-50-5

GHS 标签信号词及象形图：危险

危险性类别：急性毒性-经口，类别 2

皮肤致敏物，类别 1

特异性靶器官毒性-一次接触，类别 2

危害水生环境-急性危害，类别 1

危害水生环境-长期危害，类别 1

主要危险性及次要危险性：第 6.1 项危险物——毒性物质

联合国编号（UN No.）：1588

正式运输名称：固态无机氰化物，未另作规定的

包装类别：Ⅱ

1700　氰化亚铜

别名：—

英文名：cuprous cyanide

CAS 号：544-92-3

GHS 标签信号词及象形图：危险

危险性类别：急性毒性-经口，类别 3 *
   皮肤致敏物，类别 1
   特异性靶器官毒性-反复接触，类别 1
   危害水生环境-急性危害，类别 1
   危害水生环境-长期危害，类别 1

主要危险性及次要危险性：第 6.1 项危险物——毒性物质

联合国编号（UN No.）：1587

正式运输名称：氰化铜

包装类别：Ⅱ

1701　氰化亚铜三钾

别名：氰化亚铜钾

英文名：potassium copper（Ⅰ）cyanide

CAS 号：13682-73-0

GHS 标签信号词及象形图：危险

危险性类别：急性毒性-经口，类别 3 *
   严重眼损伤/眼刺激，类别 2B
   特异性靶器官毒性-一次接触，类别 1
   特异性靶器官毒性-反复接触，类别 1
   危害水生环境-急性危害，类别 1
   危害水生环境-长期危害，类别 1

主要危险性及次要危险性：第 6.1 项危险物——毒性物质

联合国编号（UN No.）：1679

正式运输名称：氰亚铜酸钾

包装类别：Ⅱ

1702　氰化亚铜三钠

别名：紫铜盐；紫铜矾；氰化铜钠

英文名：copper sodium cyanide；sodium cyanocuprate

CAS 号：14264-31-4

GHS 标签信号词及象形图：危险

危险性类别：急性毒性-经口，类别 3 *

严重眼损伤/眼刺激，类别 2B
   特异性靶器官毒性-一次接触，类别 1
   特异性靶器官毒性-反复接触，类别 1
   危害水生环境-急性危害，类别 1
   危害水生环境-长期危害，类别 1

主要危险性及次要危险性：第 6.1 项危险物——毒性物质

联合国编号（UN No.）：2316

正式运输名称：固态氰亚铜酸钠

包装类别：Ⅰ

氰化亚铜三钠溶液

别名：—

英文名：sodium cuprocyanide solution

CAS 号：14264-31-4

GHS 标签信号词及象形图：危险

危险性类别：急性毒性-经口，类别 3 *
   严重眼损伤/眼刺激，类别 2B
   特异性靶器官毒性-一次接触，类别 1
   特异性靶器官毒性-反复接触，类别 1
   危害水生环境-急性危害，类别 1
   危害水生环境-长期危害，类别 1

主要危险性及次要危险性：第 6.1 项危险物——毒性物质

联合国编号（UN No.）：2317

正式运输名称：氰亚铜酸钠溶液

包装类别：Ⅰ

1703　氰化银

别名：—

英文名：silver cyanide

CAS 号：506-64-9

GHS 标签信号词及象形图：危险

危险性类别：急性毒性-经口，类别 3
   严重眼损伤/眼刺激，类别 1

特异性靶器官毒性-反复接触，类别 2

危害水生环境-急性危害，类别 1

危害水生环境-长期危害，类别 1

主要危险性及次要危险性：第 6.1 项危险物——毒性物质

联合国编号（UN No.）：1684

正式运输名称：氰化银

包装类别：Ⅱ

1704　氰化银钾

别名：银氰化钾

英文名：potassium silver cyanide；potassium cyanoargenate

CAS 号：506-61-6

GHS 标签信号词及象形图：危险

危险性类别：急性毒性-经口，类别 2

急性毒性-经皮，类别 1

急性毒性-吸入，类别 2 *

危害水生环境-急性危害，类别 1

危害水生环境-长期危害，类别 1

主要危险性及次要危险性：第 6.1 项危险物——毒性物质

联合国编号（UN No.）：1588

正式运输名称：固态无机氰化物，未另作规定的

包装类别：Ⅰ

1705　(RS)-α-氰基-3-苯氧基苄基 (SR)-3-(2,2-二氯乙烯基)- 2,2-二甲基环丙烷羧酸酯

别名：氯氰菊酯

英文名：cyclopropanecarboxylic acid，3-(2,2-dichloroethenyl)-2,2-dimethyl-，cyano (3-phenoxyphenyl) methyl ester；cypermethrin

CAS 号：52315-07-8

GHS 标签信号词及象形图：警告

危险性类别：特异性靶器官毒性-一次接触，类别 3（呼吸道刺激）

危害水生环境-急性危害，类别 1

危害水生环境-长期危害，类别 1

主要危险性及次要危险性：第 9 类危险物——杂项危险物质和物品

联合国编号（UN No.）：3077

正式运输名称：对环境有害的固态物质，未另作规定的

包装类别：Ⅲ

1706　4-氰基苯甲酸

别名：对氰基苯甲酸

英文名：4-cyanobenzoic acid；p-cyanobenzoic acid

CAS 号：619-65-8

GHS 标签信号词及象形图：警告

危险性类别：皮肤腐蚀/刺激，类别 2

严重眼损伤/眼刺激，类别 2

特异性靶器官毒性-一次接触，类别 3（呼吸道刺激）

主要危险性及次要危险性：—

联合国编号（UN No.）：非危

正式运输名称：—

包装类别：—

1707　氰基乙酸

别名：氰基醋酸

英文名：cyanoacetic acid；cyanoethanoic acid

CAS 号：372-09-8

GHS 标签信号词及象形图：危险

危险性类别：皮肤腐蚀/刺激，类别 1B

严重眼损伤/眼刺激，类别 1

主要危险性及次要危险性：第 8 类危险物——腐蚀性物质

联合国编号（UN No.）：3261

正式运输名称：有机酸性腐蚀性固体，未另作规定的

包装类别：Ⅱ

1708　氰基乙酸乙酯

别名：氰基醋酸乙酯；乙基氰基乙酸酯

英文名：ethyl cyanoacetate；ethyl cyanoethanoate；cyanoacetic acid ethyl ester

CAS 号：105-56-6

GHS 标签信号词及象形图：警告

危险性类别：皮肤腐蚀/刺激，类别 2

严重眼损伤/眼刺激，类别 2

特异性靶器官毒性-一次接触，类别 3（呼吸道刺激）

主要危险性及次要危险性：第 9 类危险物——杂项危险物质和物品

联合国编号（UN No.）：3334

正式运输名称：空运受管制的液体，未另作规定的

包装类别：—

1709　氰尿酰氯

别名：三聚氰酰氯；三聚氯化氰

英文名：cyanuric chloride；2,4,6-trichloro-1,3,5-triazine；cyanuric chloride；tricyanogen chloride；cyanuric trichloride

CAS 号：108-77-0

GHS 标签信号词及象形图：危险

危险性类别：急性毒性-吸入，类别 2 *

皮肤腐蚀/刺激，类别 1B

严重眼损伤/眼刺激，类别 1

皮肤致敏物，类别 1

特异性靶器官毒性-一次接触，类别 3（呼吸道刺激）

主要危险性及次要危险性：第 8 类危险物——腐蚀性物质

联合国编号（UN No.）：2670

正式运输名称：氰尿酰氯

包装类别：Ⅱ

1710　氰熔体

别名：—

英文名：black cyanide

CAS 号：—

GHS 标签信号词及象形图：危险

危险性类别：急性毒性-经口，类别 2 *

危害水生环境-急性危害，类别 1

危害水生环境-长期危害，类别 1

主要危险性及次要危险性：第 6.1 项危险物——毒性物质

联合国编号（UN No.）：1588

正式运输名称：固态无机氰化物，未另作规定的

包装类别：Ⅱ

1711　2-巯基丙酸

别名：硫代乳酸

英文名：2-mercaptopropionic acid；thiolactic acid

CAS 号：79-42-5

GHS 标签信号词及象形图：危险

危险性类别：急性毒性-经口，类别 3

急性毒性-吸入，类别 3

皮肤腐蚀/刺激，类别 1

严重眼损伤/眼刺激，类别 1

主要危险性及次要危险性：第 6.1 项危险物——毒性物质

联合国编号（UN No.）：2936

正式运输名称：硫代乳酸

包装类别：Ⅱ

1712　5-巯基四唑并-1-乙酸

别名：—

英文名：5-mercaptotetrazol-1-acetic acid

CAS 号：—

GHS 标签信号词及象形图：警告

危险性类别：爆炸物，1.4 项

主要危险性及次要危险性：第 1.1 项危险物——不造成重大危险的物质和物品

联合国编号（UN No.）：0448

正式运输名称：5-巯基四唑-1-乙酸

包装类别：满足Ⅱ类包装要求

1713　2-巯基乙醇

别名：硫代乙二醇；2-羟基-1-乙硫醇

英文名：2-hydroxyethyl mercaptan；thioglycol；2-hydroxy-1-ethanethiol

CAS 号：60-24-2

GHS 标签信号词及象形图：危险

危险性类别：急性毒性-经口，类别 3

急性毒性-经皮，类别 2

皮肤腐蚀/刺激，类别 2

严重眼损伤/眼刺激，类别 2

特异性靶器官毒性-一次接触，类别 2

特异性靶器官毒性-反复接触，类别 2

危害水生环境-急性危害，类别 1

危害水生环境-长期危害，类别 1

主要危险性及次要危险性：第 6.1 项危险物——毒性物质

联合国编号（UN No.）：2966

正式运输名称：硫甘醇

包装类别：Ⅱ

1714　巯基乙酸

别名：氢硫基乙酸；硫代乙醇酸

英文名：thioglycolic acid；mercaptoacetic acid；mercaptoethanoic acid

CAS 号：68-11-1

GHS 标签信号词及象形图：危险

危险性类别：急性毒性-经口，类别 3 *

急性毒性-经皮，类别 3 *

急性毒性-吸入，类别 3 *

皮肤腐蚀/刺激，类别 1B

严重眼损伤/眼刺激，类别 1

主要危险性及次要危险性：第 8 类危险物——腐蚀性物质

联合国编号（UN No.）：1940

正式运输名称：巯基乙酸

包装类别：Ⅱ

1715　全氟辛基磺酸

别名：—

英文名：perfluorooctane sulfonic acid

CAS 号：1763-23-1

GHS 标签信号词及象形图：危险

危险性类别：生殖毒性，类别 1B

生殖毒性，附加类别

特异性靶器官毒性-反复接触，类别 1

危害水生环境-急性危害，类别 2

危害水生环境-长期危害，类别 2

主要危险性及次要危险性：第 9 类危险物——杂项危险物质和物品

联合国编号（UN No.）：3077

正式运输名称：对环境有害的固态物质，未另作规定的

包装类别：Ⅲ

1716　全氟辛基磺酸铵

别名：—

英文名：ammonium heptadecafluorooctanesulphonate

CAS 号：29081-56-9

GHS 标签信号词及象形图：危险

危险性类别：生殖毒性，类别 1B

　　生殖毒性，附加类别

　　特异性靶器官毒性-反复接触，类别 1

　　危害水生环境-急性危害，类别 2

　　危害水生环境-长期危害，类别 2

主要危险性及次要危险性：第 9 类危险物——

　　杂项危险物质和物品

联合国编号（UN No.）：3077

正式运输名称：对环境有害的固态物质，未

　　另作规定的

包装类别：Ⅲ

1717　全氟辛基磺酸二癸二甲基铵

别名：—

英文名：didecyldimethylammonium perfluorooctane sulfonate

CAS 号：251099-16-8

GHS 标签信号词及象形图：危险

危险性类别：生殖毒性，类别 1B

　　生殖毒性，附加类别

　　特异性靶器官毒性-反复接触，类别 1

　　危害水生环境-急性危害，类别 2

　　危害水生环境-长期危害，类别 2

主要危险性及次要危险性：第 9 类危险物——

　　杂项危险物质和物品

联合国编号（UN No.）：3082

正式运输名称：对环境有害的液态物质，未

　　另作规定的

包装类别：Ⅲ

1718　全氟辛基磺酸二乙醇铵

别名：—

英文名：diethanolammoniumperfluorooctane sulfonate

CAS 号：70225-14-8

GHS 标签信号词及象形图：危险

危险性类别：生殖毒性，类别 1B

　　生殖毒性，附加类别

　　特异性靶器官毒性-反复接触，类别 1

　　危害水生环境-急性危害，类别 2

　　危害水生环境-长期危害，类别 2

主要危险性及次要危险性：第 9 类危险物——

　　杂项危险物质和物品

联合国编号（UN No.）：3082

正式运输名称：对环境有害的液态物质，未

　　另作规定的

包装类别：Ⅲ

1719　全氟辛基磺酸钾

别名：—

英文名：potassium perfluorooctanesulfonate

CAS 号：2795-39-3

GHS 标签信号词及象形图：危险

危险性类别：生殖毒性，类别 1B

　　生殖毒性，附加类别

　　特异性靶器官毒性-反复接触，类别 1

　　危害水生环境-急性危害，类别 2

　　危害水生环境-长期危害，类别 2

主要危险性及次要危险性：第 9 类危险物——

　　杂项危险物质和物品

联合国编号（UN No.）：3077

正式运输名称：对环境有害的固态物质，未

　　另作规定的

包装类别：Ⅲ

1720　全氟辛基磺酸锂

别名：—

英文名：lithium perfluorooctane sulfonate

CAS 号：29457-72-5

GHS 标签信号词及象形图：危险

危险性类别：生殖毒性，类别 1B

生殖毒性，附加类别

特异性靶器官毒性-反复接触，类别 1

危害水生环境-急性危害，类别 2

危害水生环境-长期危害，类别 2

主要危险性及次要危险性：第 9 类危险物——杂项危险物质和物品

联合国编号（UN No.）：3077

正式运输名称：对环境有害的固态物质，未另作规定的

包装类别：Ⅲ

1721　全氟辛基磺酸四乙基铵

别名：—

英文名：tetraethylammoniumperfluorooctane sulfonate

CAS 号：56773-42-3

GHS 标签信号词及象形图：危险

危险性类别：急性毒性-经口，类别 3

生殖毒性，类别 1B

生殖毒性，附加类别

特异性靶器官毒性-反复接触，类别 1

危害水生环境-急性危害，类别 2

危害水生环境-长期危害，类别 2

主要危险性及次要危险性：第 6.1 项危险物——毒性物质

联合国编号（UN No.）：2811

正式运输名称：有机毒性固体，未另作规定的

包装类别：Ⅲ

1722　全氟辛基磺酰氟

别名：—

英文名：perfluorooctylsulfonyl fluoride

CAS 号：307-35-7

GHS 标签信号词及象形图：危险

危险性类别：急性毒性-经口，类别 3

生殖毒性，类别 1B

生殖毒性，附加类别

特异性靶器官毒性-反复接触，类别 1

危害水生环境-急性危害，类别 2

危害水生环境-长期危害，类别 2

主要危险性及次要危险性：第 6.1 项危险物——毒性物质

联合国编号（UN No.）：2810

正式运输名称：有机毒性液体，未另作规定的

包装类别：Ⅲ

1723　全氯甲硫醇

别名：三氯硫氯甲烷；过氯甲硫醇；四氯硫代碳酰

英文名：perchloromethyl mercaptan；trichloromethyl sulfur chloride

CAS 号：594-42-3

GHS 标签信号词及象形图：危险

危险性类别：急性毒性-经口，类别 3

急性毒性-吸入，类别 1

皮肤腐蚀/刺激，类别 2

严重眼损伤/眼刺激，类别 2A

特异性靶器官毒性-一次接触，类别 1

特异性靶器官毒性-反复接触，类别 1

主要危险性及次要危险性：第 6.1 项危险物——毒性物质

联合国编号（UN No.）：1670

正式运输名称：全氯甲硫醇

包装类别：Ⅰ

1724　全氯五环癸烷

别名：灭蚁灵

英文名：perchlorodihomocubane；mirex

CAS 号：2385-85-5

GHS 标签信号词及象形图：警告

危险性类别：致癌性，类别2

生殖毒性，类别2

生殖毒性，附加类别

危害水生环境-急性危害，类别1

危害水生环境-长期危害，类别1

主要危险性及次要危险性：第9类危险物——
杂项危险物质和物品/第6.1项危险物——
毒性物质

联合国编号（UN No.）：3077/2761△

正式运输名称：对环境有害的固态物质，未
另作规定的/固态有机氯农药，毒性

包装类别：Ⅲ

1725   壬基酚

别名：壬基苯酚

英文名：nonylphenol

CAS 号：25154-52-3

GHS 标签信号词及象形图：危险

危险性类别：皮肤腐蚀/刺激，类别1B

严重眼损伤/眼刺激，类别1

生殖毒性，类别2

危害水生环境-急性危害，类别1

危害水生环境-长期危害，类别1

主要危险性及次要危险性：第8类危险物——
腐蚀性物质

联合国编号（UN No.）：3145/1760△

正式运输名称：液态烷基苯酚，未另作规定
的/腐蚀性液体，未另作规定的△

包装类别：Ⅱ

1726   壬基酚聚氧乙烯醚

别名：—

英文名：nonylphenol ethoxylate

CAS 号：9016-45-9

GHS 标签信号词及象形图：警告

危险性类别：皮肤腐蚀/刺激，类别2

严重眼损伤/眼刺激，类别2A

生殖毒性，类别2

特异性靶器官毒性-反复接触，类别2

危害水生环境-急性危害，类别1

危害水生环境-长期危害，类别1

主要危险性及次要危险性：第9类危险物——
杂项危险物质和物品

联合国编号（UN No.）：3082

正式运输名称：对环境有害的液态物质，未
另作规定的

包装类别：Ⅲ

1727   壬基三氯硅烷

别名：—

英文名：nonyltrichlorosilane

CAS 号：5283-67-0

GHS 标签信号词及象形图：危险

危险性类别：皮肤腐蚀/刺激，类别1

严重眼损伤/眼刺激，类别1

主要危险性及次要危险性：第8类危险物——
腐蚀性物质

联合国编号（UN No.）：1799

正式运输名称：壬基三氯硅烷

包装类别：Ⅱ

1728   壬烷及其异构体

别名：—

英文名：nonane and its isomers

CAS 号：—

GHS 标签信号词及象形图：警告

危险性类别：易燃液体，类别 3
　　危害水生环境-急性危害，类别 1
　　危害水生环境-长期危害，类别 1
主要危险性及次要危险性：第 3 类危险物——
　　易燃液体
联合国编号（UN No.）：1920
正式运输名称：壬烷
包装类别：Ⅲ

1729　1-壬烯

别名：—
英文名：1-nonene
CAS 号：124-11-8
GHS 标签信号词及象形图：危险

危险性类别：易燃液体，类别 3
　　皮肤腐蚀/刺激，类别 2
　　严重眼损伤/眼刺激，类别 2
　　特异性靶器官毒性-一次接触，类别 3（麻
　　醉效应）
　　吸入危害，类别 1
主要危险性及次要危险性：第 3 类危险物——
　　易燃液体
联合国编号（UN No.）：3295/1993△
正式运输名称：液态烃类，未另作规定的/易
　　燃液体，未另作规定的△
包装类别：Ⅲ

1730　2-壬烯

别名：—
英文名：2-nonene
CAS 号：2216-38-8
GHS 标签信号词及象形图：警告

危险性类别：易燃液体，类别 3
主要危险性及次要危险性：第 3 类危险物——
　　易燃液体
联合国编号（UN No.）：3295/1993△
正式运输名称：液态烃类，未另作规定的/易
　　燃液体，未另作规定的△
包装类别：Ⅲ

1731　3-壬烯

别名：—
英文名：3-nonene
CAS 号：20063-92-7
GHS 标签信号词及象形图：警告

危险性类别：易燃液体，类别 3
主要危险性及次要危险性：第 3 类危险物——
　　易燃液体
联合国编号（UN No.）：3295/1993△
正式运输名称：液态烃类，未另作规定的/易
　　燃液体，未另作规定的△
包装类别：Ⅲ

1732　4-壬烯

别名：—
英文名：4-nonene
CAS 号：2198-23-4
GHS 标签信号词及象形图：警告

危险性类别：易燃液体，类别 3
主要危险性及次要危险性：第 3 类危险物——
　　易燃液体
联合国编号（UN No.）：3295/1993△
正式运输名称：液态烃类，未另作规定的/易
　　燃液体，未另作规定的△
包装类别：Ⅲ

1733　溶剂苯

别名：—

英文名：benzol diluent

CAS 号：—

GHS 标签信号词及象形图：危险

危险性类别：易燃液体，类别 2

皮肤腐蚀/刺激，类别 2

严重眼损伤/眼刺激，类别 2

生殖细胞致突变性，类别 1B

致癌性，类别 1A

特异性靶器官毒性-反复接触，类别 1

吸入危害，类别 1

危害水生环境-急性危害，类别 2

危害水生环境-长期危害，类别 3

主要危险性及次要危险性：第 3 类危险物——易燃液体

联合国编号（UN No.）：1268/3295/1993△

正式运输名称：石油馏出物，未另作规定的或石油产品，未另作规定的/液态烃类，未另作规定的/易燃液体，未另作规定的△

包装类别：Ⅱ

1734 溶剂油（闭杯闪点≤60℃）

别名：—

英文名：solvent oil

CAS 号：—

GHS 标签信号词及象形图：危险

危险性类别：易燃液体，类别 2*

生殖细胞致突变性，类别 1B

吸入危害，类别 1

危害水生环境-急性危害，类别 2

危害水生环境-长期危害，类别 2

主要危险性及次要危险性：第 3 类危险物——易燃液体

联合国编号（UN No.）：1268/3295/1993△

正式运输名称：石油馏出物，未另作规定的或石油产品，未另作规定的/液态烃类，未另作规定的/易燃液体，未另作规定的△

包装类别：Ⅱ

1735 乳酸苯汞三乙醇铵

别名：—

英文名：phenylmercuric triethanolammonium lactate；puraturf

CAS 号：23319-66-6

GHS 标签信号词及象形图：危险

危险性类别：急性毒性-经口，类别 2

急性毒性-经皮，类别 1

急性毒性-吸入，类别 2*

特异性靶器官毒性-反复接触，类别 2*

危害水生环境-急性危害，类别 1

危害水生环境-长期危害，类别 1

主要危险性及次要危险性：第 6.1 项危险物——毒性物质

联合国编号（UN No.）：2811

正式运输名称：有机毒性固体，未另作规定的

包装类别：Ⅰ

1736 乳酸锑

别名：—

英文名：antimony lactate

CAS 号：58164-88-8

GHS 标签信号词及象形图：无

危险性类别：危害水生环境-急性危害，类别 2

危害水生环境-长期危害，类别 2

主要危险性及次要危险性：第 6.1 项危险物——毒性物质

联合国编号（UN No.）：1550

正式运输名称：乳酸锑

包装类别：Ⅲ

1737 乳香油

别名：—

英文名：olibanum oil

CAS 号：8016-36-2

GHS 标签信号词及象形图：警告

危险性类别：易燃液体，类别3

主要危险性及次要危险性：第3类危险物——
易燃液体

联合国编号（UN No.）：1993

正式运输名称：易燃液体，未另作规定的

包装类别：Ⅲ

1738　噻吩

别名：硫杂茂；硫代呋喃

英文名：thiophene；thiofuran

CAS号：110-02-1

GHS标签信号词及象形图：危险

危险性类别：易燃液体，类别2
皮肤腐蚀/刺激，类别2
特异性靶器官毒性-反复接触，类别2
危害水生环境-长期危害，类别3

主要危险性及次要危险性：第3类危险物——
易燃液体

联合国编号（UN No.）：2414

正式运输名称：噻吩

包装类别：Ⅱ

1739　三(1-吖丙啶基)氧化膦

别名：三吖啶基氧化膦

英文名：tri(1-aziridinyl)phosphine oxide；tri-
ethylene phosphoramide；aphoxide

CAS号：545-55-1

GHS标签信号词及象形图：危险

危险性类别：急性毒性-经口，类别2
急性毒性-经皮，类别2

主要危险性及次要危险性：第6.1项危险
物——毒性物质

联合国编号（UN No.）：2811

正式运输名称：有机毒性固体，未另作规定的

包装类别：Ⅱ

1740　三(2,3-二溴丙磷酸酯)磷酸盐

别名：—

英文名：tris（2,3-dibromo-1-propyl）phosphate

CAS号：126-72-7

GHS标签信号词及象形图：危险

危险性类别：生殖细胞致突变性，类别2
致癌性，类别1B
生殖毒性，类别2
特异性靶器官毒性-反复接触，类别2
危害水生环境-急性危害，类别2
危害水生环境-长期危害，类别2

主要危险性及次要危险性：第9类危险物——
杂项危险物质和物品

联合国编号（UN No.）：3082

正式运输名称：对环境有害的液态物质，未
另作规定的

包装类别：Ⅲ

1741　三(2-甲基氮丙啶)氧化磷

别名：三（2-甲基氮杂环丙烯）氧化膦

英文名：tris（2-methyl-1-aziridinyl）phosphine ox-
ide；tris(1-methyl ethylene)phosphoric triamide

CAS号：57-39-6

GHS标签信号词及象形图：危险

危险性类别：急性毒性-经口，类别3
急性毒性-经皮，类别2

主要危险性及次要危险性：第6.1项危险
物——毒性物质

联合国编号（UN No.）：2810

正式运输名称：有机毒性液体，未另作规定的

包装类别：Ⅱ

1742　三(环己基)-(1,2,4-三唑-1-基)锡

别名：三唑锡

英文名：1-(tricyclohexylstannyl)-1H-1,2,4-triazole；azocyclotin；peropal

CAS 号：41083-11-8

GHS 标签信号词及象形图：危险

危险性类别：急性毒性-经口，类别 3 *

急性毒性-吸入，类别 2 *

皮肤腐蚀/刺激，类别 2

严重眼损伤/眼刺激，类别 1

特异性靶器官毒性-一次接触，类别 3（呼吸道刺激）

危害水生环境-急性危害，类别 1

危害水生环境-长期危害，类别 1

主要危险性及次要危险性：第 6.1 项危险物——毒性物质

联合国编号（UN No.）：2811

正式运输名称：有机毒性固体，未另作规定的

包装类别：Ⅱ

1743　三苯基膦

别名：—

英文名：triphenyl phosphine

CAS 号：603-35-0

GHS 标签信号词及象形图：危险

危险性类别：皮肤腐蚀/刺激，类别 2

严重眼损伤/眼刺激，类别 2

皮肤致敏物，类别 1

特异性靶器官毒性-一次接触，类别 3（呼吸道刺激）

特异性靶器官毒性-反复接触，类别 1

主要危险性及次要危险性：—

联合国编号（UN No.）：非危

正式运输名称：—

包装类别：—

1744　三苯基氯硅烷

别名：—

英文名：triphenyl chlorosilane

CAS 号：76-86-8

GHS 标签信号词及象形图：危险

危险性类别：皮肤腐蚀/刺激，类别 1

严重眼损伤/眼刺激，类别 1

主要危险性及次要危险性：第 8 类危险物——腐蚀性物质

联合国编号（UN No.）：3261/1759△

正式运输名称：有机酸性腐蚀性固体，未另作规定的/腐蚀性固体，未另作规定的△

包装类别：Ⅲ

1745　三苯基氢氧化锡

别名：三苯基羟基锡

英文名：triphenyltin hydroxide；fentin hydroxide

CAS 号：76-87-9

GHS 标签信号词及象形图：危险

危险性类别：急性毒性-经口，类别 3 *

急性毒性-经皮，类别 3 *

急性毒性-吸入，类别 2 *

皮肤腐蚀/刺激，类别 2

严重眼损伤/眼刺激，类别 1

生殖毒性，类别 2

特异性靶器官毒性-反复接触，类别 1

特异性靶器官毒性-一次接触，类别 3（呼吸道刺激）

危害水生环境-急性危害，类别 1

危害水生环境-长期危害，类别1

主要危险性及次要危险性：第 6.1 项 危险物——毒性物质

联合国编号（UN No.）：3146

正式运输名称：固态有机锡化合物，未另作规定的

包装类别：Ⅱ

1746　三苯基乙酸锡

别名：—

英文名：triphenyltin acetate；fentin acetate

CAS 号：900-95-8

GHS 标签信号词及象形图：危险

危险性类别：急性毒性-经口，类别 3 *

急性毒性-经皮，类别 3 *

急性毒性-吸入，类别 2 *

皮肤腐蚀/刺激，类别 2

严重眼损伤/眼刺激，类别 1

生殖毒性，类别 2

特异性靶器官毒性-反复接触，类别 1

特异性靶器官毒性-一次接触，类别 3（呼吸道刺激）

危害水生环境-急性危害，类别 1

危害水生环境-长期危害，类别 1

主要危险性及次要危险性：第 6.1 项 危险物——毒性物质

联合国编号（UN No.）：3146

正式运输名称：固态有机锡化合物，未另作规定的

包装类别：Ⅱ

1747　三丙基铝

别名：—

英文名：tripropyl aluminium

CAS 号：102-67-0

GHS 标签信号词及象形图：危险

危险性类别：自燃液体，类别 1

遇水放出易燃气体的物质和混合物，类别 1

主要危险性及次要危险性：第 4.2 项 危险物——易于自燃的物质；第 4.3 项 危险物——遇水放出易燃气体的物质

联合国编号（UN No.）：3394

正式运输名称：液态有机金属物质，发火，遇水反应

包装类别：Ⅰ

1748　三丙基氯化锡

别名：氯丙锡；三丙锡氯

英文名：tripropyl tin chloride

CAS 号：2279-76-7

GHS 标签信号词及象形图：危险

危险性类别：急性毒性-经口，类别 3

特异性靶器官毒性-一次接触，类别 1

特异性靶器官毒性-一次接触，类别 3（呼吸道刺激）

特异性靶器官毒性-反复接触，类别 1

危害水生环境-急性危害，类别 1

危害水生环境-长期危害，类别 1

主要危险性及次要危险性：第 6.1 项 危险物——毒性物质

联合国编号（UN No.）：2810

正式运输名称：有机毒性液体，未另作规定的

包装类别：Ⅲ

1749　三碘化砷

别名：碘化亚砷

英文名：arsenic triiodide；arsenous iodide

CAS 号：7784-45-4

GHS 标签信号词及象形图：危险

危险性类别：急性毒性-经口，类别 3 *

急性毒性-吸入，类别 3 *

致癌性，类别 1A

危害水生环境-急性危害，类别 1

危害水生环境-长期危害，类别 1

主要危险性及次要危险性：第 6.1 项 危 险
物——毒性物质

联合国编号（UN No.）：1557

正式运输名称：固态砷化合物，未另作规定的

包装类别：Ⅲ

1750　三碘化铊

别名：—

英文名：thallium triiodide

CAS号：13453-37-7

GHS标签信号词及象形图：危险

危险性类别：急性毒性-经口，类别 2*

急性毒性-吸入，类别 2*

特异性靶器官毒性-反复接触，类别 2*

危害水生环境-急性危害，类别 2

危害水生环境-长期危害，类别 2

主要危险性及次要危险性：第 6.1 项 危 险
物——毒性物质

联合国编号（UN No.）：1707/3288△

正式运输名称：铊化合物，未另作规定的/无
机毒性固体，未另作规定的△

包装类别：Ⅱ

1751　三碘化锑

别名：—

英文名：antimony triiodide

CAS号：64013-16-7

GHS标签信号词及象形图：危险

危险性类别：皮肤腐蚀/刺激，类别 1

严重眼损伤/眼刺激，类别 1

危害水生环境-急性危害，类别 2

危害水生环境-长期危害，类别 2

主要危险性及次要危险性：第 8 类危险物——
腐蚀性物质

联合国编号（UN No.）：3260/1759△

正式运输名称：无机酸性腐蚀性固体，未另
作规定的/腐蚀性固体，未另作规定的△

包装类别：Ⅲ

1752　三碘甲烷

别名：碘仿

英文名：triiodomethane；iodoform

CAS号：75-47-8

GHS标签信号词及象形图：警告

危险性类别：严重眼损伤/眼刺激，类别 2

特异性靶器官毒性-一次接触，类别 3（麻
醉效应）

危害水生环境-急性危害，类别 2

危害水生环境-长期危害，类别 2

主要危险性及次要危险性：第 9 类危险物——
杂项危险物质和物品

联合国编号（UN No.）：3077

正式运输名称：对环境有害的固态物质，未
另作规定的

包装类别：Ⅲ

1753　三碘乙酸

别名：三碘醋酸

英文名：triiodoacetic acid；triiodoethanoic acid

CAS号：594-68-3

GHS标签信号词及象形图：危险

危险性类别：皮肤腐蚀/刺激，类别 1

严重眼损伤/眼刺激，类别 1

主要危险性及次要危险性：第 8 类危险物——
腐蚀性物质

联合国编号（UN No.）：3261

正式运输名称：有机酸性腐蚀性固体，未另

作规定的

包装类别：Ⅲ

1754　三丁基氟化锡

别名：—

英文名：tributyl tin fluoride

CAS 号：1983-10-4

GHS 标签信号词及象形图：危险

危险性类别：急性毒性-吸入，类别 2

严重眼损伤/眼刺激，类别 2

特异性靶器官毒性-一次接触，类别 1

特异性靶器官毒性-一次接触，类别 3（呼吸道刺激）

特异性靶器官毒性-反复接触，类别 1

危害水生环境-急性危害，类别 1

危害水生环境-长期危害，类别 1

主要危险性及次要危险性：第 6.1 项危险物——毒性物质

联合国编号（UN No.）：2811

正式运输名称：有机毒性固体，未另作规定的

包装类别：Ⅱ

1755　三丁基铝

别名：—

英文名：tributyl aluminium

CAS 号：1116-70-7

GHS 标签信号词及象形图：危险

危险性类别：自燃液体，类别 1

遇水放出易燃气体的物质和混合物，类别 1

皮肤腐蚀/刺激，类别 1B

严重眼损伤/眼刺激，类别 1

主要危险性及次要危险性：第 4.2 项危险物——易于自燃的物质；第 4.3 项危险物——遇水放出易燃气体的物质

联合国编号（UN No.）：3394

正式运输名称：液态有机金属物质，发火，遇水反应

包装类别：Ⅰ

1756　三丁基氯化锡

别名：—

英文名：tributyltin chloride

CAS 号：1461-22-9

GHS 标签信号词及象形图：危险

危险性类别：急性毒性-经口，类别 3

皮肤腐蚀/刺激，类别 2

严重眼损伤/眼刺激，类别 2A

特异性靶器官毒性-一次接触，类别 2

危害水生环境-急性危害，类别 1

危害水生环境-长期危害，类别 1

主要危险性及次要危险性：第 6.1 项危险物——毒性物质

联合国编号（UN No.）：2810

正式运输名称：有机毒性液体，未另作规定的

包装类别：Ⅲ

1757　三丁基硼

别名：—

英文名：tributyl boron

CAS 号：122-56-5

GHS 标签信号词及象形图：危险

危险性类别：自燃液体，类别 1

主要危险性及次要危险性：第 4.2 项危险物——易于自燃的物质

联合国编号（UN No.）：2845

正式运输名称：有机发火液体，未另作规定的

包装类别：Ⅰ

1758　三丁基氢化锡

别名：—

英文名：tributylstannic hydride

CAS 号：688-73-3

GHS 标签信号词及象形图：危险

危险性类别：易燃液体，类别 3

　　急性毒性-经口，类别 3 *

　　皮肤腐蚀/刺激，类别 2

　　严重眼损伤/眼刺激，类别 2

　　特异性靶器官毒性-反复接触，类别 1

　　危害水生环境-急性危害，类别 1

　　危害水生环境-长期危害，类别 1

主要危险性及次要危险性：第 3 类危险物——
易燃液体；第 6.1 项危险物——毒性物质

联合国编号（UN No.）：1992

正式运输名称：易燃液体，毒性，未另作规
定的

包装类别：Ⅲ

1759　S,S,S-三丁基三硫代磷酸酯

别名：三硫代磷酸三丁酯；脱叶磷

英文名：S,S,S-tributylphosphorotrithioate；
tributyl trithiophosphate；DEF

CAS 号：78-48-8

GHS 标签信号词及象形图：危险

危险性类别：急性毒性-经口，类别 3

　　急性毒性-经皮，类别 2

　　急性毒性-吸入，类别 3

　　特异性靶器官毒性-反复接触，类别 2

　　危害水生环境-急性危害，类别 1

　　危害水生环境-长期危害，类别 1

主要危险性及次要危险性：第 6.1 项 危 险
物——毒性物质

联合国编号（UN No.）：2810

正式运输名称：有机毒性液体，未另作规定的

包装类别：Ⅱ

1760　三丁基锡苯甲酸

别名：—

英文名：tributyltin benzoate

CAS 号：4342-36-3

GHS 标签信号词及象形图：危险

危险性类别：急性毒性-经口，类别 3 *

　　皮肤腐蚀/刺激，类别 2

　　严重眼损伤/眼刺激，类别 2

　　特异性靶器官毒性-反复接触，类别 1

　　危害水生环境-急性危害，类别 1

　　危害水生环境-长期危害，类别 1

主要危险性及次要危险性：第 6.1 项 危 险
物——毒性物质

联合国编号（UN No.）：2810

正式运输名称：有机毒性液体，未另作规定的

包装类别：Ⅲ

1761　三丁基锡环烷酸

别名：—

英文名：stannane, tributyl-，mono（naphthe-
noyloxy）derivs

CAS 号：85409-17-2

GHS 标签信号词及象形图：危险

危险性类别：急性毒性-经口，类别 3

　　急性毒性-吸入，类别 2

　　特异性靶器官毒性-一次接触，类别 1

　　危害水生环境-急性危害，类别 1

　　危害水生环境-长期危害，类别 1

主要危险性及次要危险性：第 6.1 项 危 险
物——毒性物质

联合国编号（UN No.）：2810

正式运输名称：有机毒性液体，未另作规定的

包装类别：Ⅱ

1762　三丁基锡亚油酸

别名：—

英文名：tributyltin linoleate

CAS 号：24124-25-2

GHS 标签信号词及象形图：危险

危险性类别：急性毒性-经口，类别 3 *

皮肤腐蚀/刺激，类别 2

严重眼损伤/眼刺激，类别 2

特异性靶器官毒性-反复接触，类别 1

危害水生环境-急性危害，类别 1

危害水生环境-长期危害，类别 1

主要危险性及次要危险性：第 6.1 项危险物——毒性物质

联合国编号（UN No.）：2810

正式运输名称：有机毒性液体，未另作规定的

包装类别：Ⅲ

1763　三丁基氧化锡

别名：—

英文名：tributyltin oxide

CAS 号：56-35-9

GHS 标签信号词及象形图：危险

危险性类别：急性毒性-经口，类别 3

急性毒性-经皮，类别 3

急性毒性-吸入，类别 2

皮肤腐蚀/刺激，类别 2

严重眼损伤/眼刺激，类别 2A

特异性靶器官毒性-一次接触，类别 3（呼吸道刺激）

特异性靶器官毒性-反复接触，类别 1

危害水生环境-急性危害，类别 1

危害水生环境-长期危害，类别 1

主要危险性及次要危险性：第 6.1 项危险物——毒性物质

联合国编号（UN No.）：2788

正式运输名称：液态有机锡化合物，未另作规定的

包装类别：Ⅱ

1764　三丁锡甲基丙烯酸

别名：—

英文名：tributyltin methacrylate

CAS 号：2155-70-6

GHS 标签信号词及象形图：危险

危险性类别：急性毒性-经口，类别 3

危害水生环境-急性危害，类别 1

危害水生环境-长期危害，类别 1

主要危险性及次要危险性：第 6.1 项危险物——毒性物质

联合国编号（UN No.）：2810

正式运输名称：有机毒性液体，未另作规定的

包装类别：Ⅲ

1765　三氟丙酮

别名：—

英文名：trifluoroacetone

CAS 号：421-50-1

GHS 标签信号词及象形图：危险

危险性类别：易燃液体，类别 1

主要危险性及次要危险性：第 3 类危险物——易燃液体

联合国编号（UN No.）：1993

正式运输名称：易燃液体，未另作规定的

包装类别：Ⅰ

1766　三氟化铋

别名：—

英文名：bismuth trifluoride

CAS 号：7787-61-3

GHS 标签信号词及象形图：危险

危险性类别：皮肤腐蚀/刺激，类别 1
　　严重眼损伤/眼刺激，类别 1
主要危险性及次要危险性：第 8 类危险物——
　　腐蚀性物质
联合国编号（UN No.）：3260/1759△
正式运输名称：无机酸性腐蚀性固体，未另
　　作规定的/腐蚀性固体，未另作规定的△
包装类别：Ⅲ

1767　三氟化氮

别名：—
英文名：nitrogen trifluoride
CAS 号：7783-54-2
GHS 标签信号词及象形图：危险

危险性类别：氧化性气体，类别 1
　　加压气体
　　特异性靶器官毒性-反复接触，类别 2
主要危险性及次要危险性：第 2.2 类危险
　　物——非易燃无毒气体；第 5.1 项危险
　　物——氧化性物质
联合国编号（UN No.）：2451
正式运输名称：三氟化氮
包装类别：不适用

1768　三氟化磷

别名：—
英文名：phosphorous trifluoride
CAS 号：7783-55-3
GHS 标签信号词及象形图：危险

危险性类别：加压气体
　　急性毒性-吸入，类别 1

　　严重眼损伤/眼刺激，类别 2B
　　特异性靶器官毒性-一次接触，类别 3（呼
　　吸道刺激）
　　特异性靶器官毒性-反复接触，类别 1
主要危险性及次要危险性：第 2.3 类危险
　　物——毒性气体
联合国编号（UN No.）：1955
正式运输名称：压缩气体，毒性，未另作规定的
包装类别：不适用

1769　三氟化氯

别名：—
英文名：chlorine trifluoride
CAS 号：7790-91-2
GHS 标签信号词及象形图：危险

危险性类别：氧化性气体，类别 1
　　加压气体
　　急性毒性-吸入，类别 2
　　皮肤腐蚀/刺激，类别 1
　　严重眼损伤/眼刺激，类别 1
　　特异性靶器官毒性-一次接触，类别 1
　　特异性靶器官毒性-反复接触，类别 1
主要危险性及次要危险性：第 2.3 类危险
　　物——毒性气体；第 5.1 项危险物——氧
　　化性物质；第 8 类危险物——腐蚀性物质
联合国编号（UN No.）：3306
正式运输名称：压缩气体，毒性，氧化性，
　　腐蚀性，未另作规定的
包装类别：不适用

1770　三氟化硼

别名：氟化硼
英文名：boron trifluoride；boron fluoride
CAS 号：7637-07-2
GHS 标签信号词及象形图：危险

危险性类别：加压气体

急性毒性-吸入，类别 2 *

皮肤腐蚀/刺激，类别 1A

严重眼损伤/眼刺激，类别 1

主要危险性及次要危险性：第 2.3 类危险物——毒性气体；第 8 类危险物——腐蚀性物质

联合国编号（UN No.）：1008

正式运输名称：三氟化硼

包装类别：不适用

1771　三氟化硼丙酸络合物

别名：—

英文名：boron trifluoride propionic acid complex

CAS 号：—

GHS 标签信号词及象形图：危险

危险性类别：皮肤腐蚀/刺激，类别 1B

严重眼损伤/眼刺激，类别 1

主要危险性及次要危险性：第 8 类危险物——腐蚀性物质

联合国编号（UN No.）：1743/3420△

正式运输名称：三氟化硼合丙酸，液态/固态 三氟化硼合丙酸△

包装类别：Ⅱ

1772　三氟化硼甲醚络合物

别名：—

英文名：boron trifluoride dimethyl etherate

CAS 号：353-42-4

GHS 标签信号词及象形图：危险

危险性类别：易燃液体，类别 1

遇水放出易燃气体的物质和混合物，类别 1

特异性靶器官毒性-反复接触，类别 1

主要危险性及次要危险性：第 4.3 项危险物——遇水放出易燃气体的物质；第 3 类危险物——易燃液体；第 8 类危险物——腐蚀性物质

联合国编号（UN No.）：2965

正式运输名称：三氟化硼合二甲醚

包装类别：Ⅰ

1773　三氟化硼乙胺

别名：—

英文名：boron trifluoride ethylamine

CAS 号：75-23-0

GHS 标签信号词及象形图：危险

危险性类别：皮肤腐蚀/刺激，类别 1

严重眼损伤/眼刺激，类别 1

主要危险性及次要危险性：第 8 类危险物——腐蚀性物质

联合国编号（UN No.）：3261

正式运输名称：有机酸性腐蚀性固体，未另作规定的

包装类别：Ⅲ

1774　三氟化硼乙醚络合物

别名：—

英文名：boron trifluoride diethyl etherate

CAS 号：109-63-7

GHS 标签信号词及象形图：危险

危险性类别：易燃液体，类别 3

皮肤腐蚀/刺激，类别 1

严重眼损伤/眼刺激，类别 1

特异性靶器官毒性-反复接触，类别 1

主要危险性及次要危险性：第 8 类危险物——腐蚀性物质；第 3 类危险物——易燃液体

联合国编号（UN No.）：2604
正式运输名称：三氟化硼合二乙醚
包装类别：Ⅰ

1775   三氟化硼乙酸酐

别名：三氟化硼醋酸酐
英文名：boron trifluoride acetic anhydride;
boron trifluoride ethanoic anhdride
CAS 号：591-00-4
GHS 标签信号词及象形图：危险

危险性类别：皮肤腐蚀/刺激，类别 1A
严重眼损伤/眼刺激，类别 1
主要危险性及次要危险性：第 8 类危险物——
腐蚀性物质
联合国编号（UN No.）：3265
正式运输名称：有机酸性腐蚀性液体，未另
作规定的
包装类别：Ⅰ

1776   三氟化硼乙酸络合物

别名：乙酸三氟化硼
英文名：boron trifluoride acetic acid complex;
acetic acid boron trifluoride
CAS 号：7578-36-1
GHS 标签信号词及象形图：危险

危险性类别：皮肤腐蚀/刺激，类别 1
严重眼损伤/眼刺激，类别 1
主要危险性及次要危险性：第 8 类危险物——
腐蚀性物质
联合国编号（UN No.）：1742
正式运输名称：三氟化硼合乙酸，液态
包装类别：Ⅱ

1777   三氟化砷

别名：氟化亚砷

英文名：arsenic trifluoride
CAS 号：7784-35-2
GHS 标签信号词及象形图：危险

危险性类别：严重眼损伤/眼刺激，类别 2
致癌性，类别 1A
生殖毒性，类别 2
特异性靶器官毒性-一次接触，类别 1
特异性靶器官毒性-反复接触，类别 1
危害水生环境-急性危害，类别 1
危害水生环境-长期危害，类别 1
主要危险性及次要危险性：第 9 类危险物——
杂项危险物质和物品
联合国编号（UN No.）：3082
正式运输名称：对环境有害的液态物质，未
另作规定的
包装类别：Ⅲ

1778   三氟化锑

别名：氟化亚锑
英文名：antimony trifluoride
CAS 号：7783-56-4
GHS 标签信号词及象形图：危险

危险性类别：急性毒性-经口，类别 3*
急性毒性-经皮，类别 3*
急性毒性-吸入，类别 3*
危害水生环境-急性危害，类别 2
危害水生环境-长期危害，类别 2
主要危险性及次要危险性：第 6.1 项危险
物——毒性物质
联合国编号（UN No.）：3288
正式运输名称：无机毒性固体，未另作规定的
包装类别：Ⅲ

1779   三氟化溴

别名：—

英文名：bromine trifluoride

CAS 号：7787-71-5

GHS 标签信号词及象形图：危险

危险性类别：氧化性固体，类别 1

急性毒性-经口，类别 3＊

急性毒性-经皮，类别 3＊

急性毒性-吸入，类别 3＊

皮肤腐蚀/刺激，类别 1

严重眼损伤/眼刺激，类别 1

主要危险性及次要危险性：第 5.1 项危险物——氧化性物质；第 6.1 项危险物——毒性物质；第 8 类危险物——腐蚀性物质

联合国编号（UN No.）：1746

正式运输名称：三氟化溴

包装类别：Ⅰ

1780　三氟甲苯

别名：—

英文名：benzotrifluoride

CAS 号：98-08-8

GHS 标签信号词及象形图：危险

危险性类别：易燃液体，类别 2

危害水生环境-急性危害，类别 2

危害水生环境-长期危害，类别 2

主要危险性及次要危险性：第 3 类危险物——易燃液体

联合国编号（UN No.）：2338

正式运输名称：三氟甲苯

包装类别：Ⅱ

1781　（RS）-2-[4-(5-三氟甲基-2-吡啶氧基）苯氧基]丙酸丁酯

别名：吡氟禾草灵丁酯

英文名：butyl　2-[4-[[5-(trifluoromethyl)-2-pyridyl]oxy]phenoxy]propionate；fluazifop-butyl

CAS 号：69806-50-4

GHS 标签信号词及象形图：危险

危险性类别：生殖毒性，类别 1B

危害水生环境-急性危害，类别 1

危害水生环境-长期危害，类别 1

主要危险性及次要危险性：第 9 类危险物——杂项危险物质和物品

联合国编号（UN No.）：3082

正式运输名称：对环境有害的液态物质，未另作规定的

包装类别：Ⅲ

1782　2-三氟甲基苯胺

别名：2-氨基三氟甲苯

英文名：2-trifluoromethylaniline；2-aminotrifluorotoluene

CAS 号：88-17-5

GHS 标签信号词及象形图：危险

危险性类别：急性毒性-吸入，类别 3

危害水生环境-急性危害，类别 2

危害水生环境-长期危害，类别 2

主要危险性及次要危险性：第 6.1 项危险物——毒性物质

联合国编号（UN No.）：2942

正式运输名称：2-三氟甲基苯胺

包装类别：Ⅲ

1783　3-三氟甲基苯胺

别名：3-氨基三氟甲苯；间三氟甲基苯胺

英文名：3-trifluoromethylaniline；3-aminotrifluorotoluene；m-trifluoromethylaniline

CAS 号：98-16-8

GHS 标签信号词及象形图：危险

危险性类别：急性毒性-吸入，类别2
　皮肤腐蚀/刺激，类别2
　严重眼损伤/眼刺激，类别1
　危害水生环境-急性危害，类别2
　危害水生环境-长期危害，类别2
主要危险性及次要危险性：第 6.1 项危险
物——毒性物质
联合国编号（UN No.）：2948
正式运输名称：3-三氟甲基苯胺
包装类别：Ⅱ

1784　三氟甲烷

别名：R23；氟仿
英文名：trifluoromethane；freon 23；fluoro-porm
CAS 号：75-46-7
GHS 标签信号词及象形图：警告

危险性类别：加压气体
　特异性靶器官毒性-一次接触，类别3（麻醉效应）
主要危险性及次要危险性：第 2.2 类危险物——非易燃无毒气体
联合国编号（UN No.）：1984
正式运输名称：三氟甲烷
包装类别：不适用

1785　三氟氯化甲苯

别名：三氟甲基氯苯
英文名：trifluorotoluene chloride；chlorobenzotrifluoride
CAS 号：—
GHS 标签信号词及象形图：警告

危险性类别：易燃液体，类别3
　危害水生环境-长期危害，类别3
主要危险性及次要危险性：第 3 类危险物——

易燃液体
联合国编号（UN No.）：2234
正式运输名称：三氟甲基氯苯
包装类别：Ⅲ

1786　三氟氯乙烯（稳定的）

别名：R1113；氯三氟乙烯
英文名：trifluorochloroethylene，stabilized；freon 1113；chlorotrifluoroethylene
CAS 号：79-38-9
GHS 标签信号词及象形图：危险

危险性类别：易燃气体，类别1
　加压气体
　急性毒性-吸入，类别3
　特异性靶器官毒性-一次接触，类别2
　特异性靶器官毒性-反复接触，类别2
主要危险性及次要危险性：第 2.3 类危险物——毒性气体；第 2.1 类危险物——易燃气体
联合国编号（UN No.）：1082
正式运输名称：三氟氯乙烯，稳定的
包装类别：不适用

1787　三氟溴乙烯

别名：溴三氟乙烯
英文名：trifluorobromoethylene；bromotrifluoroethylene
CAS 号：598-73-2
GHS 标签信号词及象形图：危险

危险性类别：易燃气体，类别1
　加压气体
主要危险性及次要危险性：第 2.1 类危险物——易燃气体
联合国编号（UN No.）：2419
正式运输名称：溴三氟乙烯

包装类别：不适用

1788　2,2,2-三氟乙醇

别名：—

英文名：2,2,2-trifluoroethanol

CAS号：75-89-8

GHS标签信号词及象形图：危险

危险性类别：易燃液体，类别3

急性毒性-经口，类别3

急性毒性-吸入，类别3

严重眼损伤/眼刺激，类别1

生殖毒性，类别1B

特异性靶器官毒性-反复接触，类别2

主要危险性及次要危险性：第3类危险物——
易燃液体；第6.1项危险物——毒性物质

联合国编号（UN No.）：1986/1992△

正式运输名称：醇类，易燃，毒性，未另作
规定的/易燃液体，毒性，未另作规定的△

包装类别：Ⅲ

1789　三氟乙酸

别名：三氟醋酸

英文名：trifluoroacetic acid solution; trifluoroethanoic acid solution

CAS号：76-05-1

GHS标签信号词及象形图：危险

危险性类别：皮肤腐蚀/刺激，类别1A

严重眼损伤/眼刺激，类别1

危害水生环境-长期危害，类别3

主要危险性及次要危险性：第8类危险物——
腐蚀性物质

联合国编号（UN No.）：2699

正式运输名称：三氟乙酸

包装类别：Ⅰ

1790　三氟乙酸酐

别名：三氟醋酸酐

英文名：trifluoroacetic anhydride; trifluoroethanoic anhydride

CAS号：407-25-0

GHS标签信号词及象形图：危险

危险性类别：皮肤腐蚀/刺激，类别1

严重眼损伤/眼刺激，类别1

危害水生环境-长期危害，类别3

主要危险性及次要危险性：第8类危险物——
腐蚀性物质

联合国编号（UN No.）：3265

正式运输名称：有机酸性腐蚀性液体，未另
作规定的

包装类别：Ⅲ

1791　三氟乙酸铬

别名：三氟醋酸铬

英文名：chromium trifluoroacetate

CAS号：16712-29-1

GHS标签信号词及象形图：警告

危险性类别：危害水生环境-急性危害，类
别1

危害水生环境-长期危害，类别1

主要危险性及次要危险性：第9类危险物——
杂项危险物质和物品

联合国编号（UN No.）：3082

正式运输名称：对环境有害的液态物质，未
另作规定的

包装类别：Ⅲ

1792　三氟乙酸乙酯

别名：三氟醋酸乙酯

英文名：ethyl trifluoroacetate; trifluoroacetic

acid ethyl ester

CAS 号：383-63-1

GHS 标签信号词及象形图：危险

危险性类别：易燃液体，类别 2

主要危险性及次要危险性：第 3 类危险物——
易燃液体

联合国编号（UN No.）：1993

正式运输名称：易燃液体，未另作规定的

包装类别：Ⅱ

1793　1,1,1-三氟乙烷

别名：R143

英文名：1,1,1-trifluoroethane；freon 143

CAS 号：420-46-2

GHS 标签信号词及象形图：危险

危险性类别：易燃气体，类别 1
加压气体

主要危险性及次要危险性：第 2.1 类危险
物——易燃气体

联合国编号（UN No.）：2035

正式运输名称：1,1,1-三氟乙烷

包装类别：不适用

1794　三氟乙酰氯

别名：氯化三氟乙酰

英文名：trifluoroacetyl chloride

CAS 号：354-32-5

GHS 标签信号词及象形图：危险

危险性类别：急性毒性-吸入，类别 1
加压气体
皮肤腐蚀/刺激，类别 1
严重眼损伤/眼刺激，类别 1

主要危险性及次要危险性：第 2.3 类 危 险
物——毒性气体；第 8 类危险物——腐蚀
性物质

联合国编号（UN No.）：3057

正式运输名称：三氟乙酰氯

包装类别：不适用

1795　三环己基氢氧化锡

别名：三环锡

英文名：hydroxytricyclohexylstannane；tri（cy-
clohexyl）tin hydroxide；cyhexatin

CAS 号：13121-70-5

GHS 标签信号词及象形图：危险

危险性类别：急性毒性-经皮，类别 2
危害水生环境-急性危害，类别 1
危害水生环境-长期危害，类别 1

主要危险性及次要危险性：第 6.1 项 危 险
物——毒性物质

联合国编号（UN No.）：2811

正式运输名称：有机毒性固体，未另作规定的

包装类别：Ⅱ

1796　三甲胺（无水）

别名：—

英文名：tri-methylamine, anhydrous

CAS 号：75-50-3

GHS 标签信号词及象形图：危险

危险性类别：易燃气体，类别 1
加压气体
皮肤腐蚀/刺激，类别 2
严重眼损伤/眼刺激，类别 1
特异性靶器官毒性-一次接触，类别 3（呼
吸道刺激）

主要危险性及次要危险性：第 2.1 类 危 险
物——易燃气体

联合国编号（UN No.）：1083

正式运输名称：无水三甲胺

包装类别：不适用

三甲胺溶液

别名：—

英文名：tri-methylamine solution

CAS 号：75-50-3

GHS 标签信号词及象形图：危险

危险性类别：易燃液体，类别 3 *

皮肤腐蚀/刺激，类别 1B

严重眼损伤/眼刺激，类别 1

特异性靶器官毒性-一次接触，类别 3（呼吸道刺激）

主要危险性及次要危险性：第 3 类危险物——易燃液体；第 8 类危险物——腐蚀性物质

联合国编号（UN No.）：1297

正式运输名称：三甲胺水溶液，按质量含三甲胺不大于 50%

包装类别：Ⅲ

1797　2,4,4-三甲基-1-戊烯

别名：—

英文名：2,4,4-trimethylpent-1-ene

CAS 号：107-39-1

GHS 标签信号词及象形图：危险

危险性类别：易燃液体，类别 2

危害水生环境-急性危害，类别 2

危害水生环境-长期危害，类别 2

主要危险性及次要危险性：第 3 类危险物——易燃液体

联合国编号（UN No.）：1216

正式运输名称：异辛烯

包装类别：Ⅱ

1798　2,4,4-三甲基-2-戊烯

别名：—

英文名：2,4,4-trimethyl-2-pentene

CAS 号：107-40-4

GHS 标签信号词及象形图：危险

危险性类别：易燃液体，类别 2

特异性靶器官毒性-一次接触，类别 3（麻醉效应）

吸入危害，类别 1

危害水生环境-急性危害，类别 2

危害水生环境-长期危害，类别 2

主要危险性及次要危险性：第 3 类危险物——易燃液体

联合国编号（UN No.）：2050

正式运输名称：二异丁烯，异构物

包装类别：Ⅱ

1799　1,2,3-三甲基苯

别名：连三甲基苯

英文名：1,2,3-trimethyl benzene；vicinal tri-methyl benzene

CAS 号：526-73-8

GHS 标签信号词及象形图：警告

危险性类别：易燃液体，类别 3

特异性靶器官毒性-一次接触，类别 3（呼吸道刺激）

危害水生环境-急性危害，类别 2

危害水生环境-长期危害，类别 2

主要危险性及次要危险性：第 3 类危险物——易燃液体

联合国编号（UN No.）：3295/1993△

正式运输名称：液态烃类，未另作规定的/易燃液体，未另作规定的△

包装类别：Ⅲ

1800　1,2,4-三甲基苯

别名：假枯烯

英文名：1,2,4-trimethylbenzene；pseudocumene

CAS 号：95-63-6

GHS 标签信号词及象形图：警告

危险性类别：易燃液体，类别 3
　　皮肤腐蚀/刺激，类别 2
　　严重眼损伤/眼刺激，类别 2
　　特异性靶器官毒性--一次接触，类别 3（呼吸道刺激）
　　危害水生环境-急性危害，类别 2
　　危害水生环境-长期危害，类别 2

主要危险性及次要危险性：第 3 类危险物——易燃液体

联合国编号（UN No.）：3295/1993△

正式运输名称：液态烃类，未另作规定的/易燃液体，未另作规定的△

包装类别：Ⅲ

1801　1,3,5-三甲基苯

别名：均三甲苯

英文名：1,3,5-trimethylbenzene；sym-trime-thylbenzene；mesitylene

CAS 号：108-67-8

GHS 标签信号词及象形图：警告

危险性类别：易燃液体，类别 3
　　特异性靶器官毒性--一次接触，类别 3（呼吸道刺激）
　　危害水生环境-急性危害，类别 2
　　危害水生环境-长期危害，类别 2

主要危险性及次要危险性：第 3 类危险物——易燃液体

联合国编号（UN No.）：2325

正式运输名称：1,3,5-三甲基苯

包装类别：Ⅲ

1802　2,2,3-三甲基丁烷

别名：—

英文名：2,2,3-trimethylbutane

CAS 号：464-06-2

GHS 标签信号词及象形图：危险

危险性类别：易燃液体，类别 2
　　皮肤腐蚀/刺激，类别 2
　　特异性靶器官毒性--一次接触，类别 3（麻醉效应）
　　吸入危害，类别 1
　　危害水生环境-急性危害，类别 1
　　危害水生环境-长期危害，类别 1

主要危险性及次要危险性：第 3 类危险物——易燃液体

联合国编号（UN No.）：1206

正式运输名称：庚烷

包装类别：Ⅱ

1803　三甲基环己胺

别名：—

英文名：trimethylcyclohexylamine

CAS 号：15901-42-5

GHS 标签信号词及象形图：危险

危险性类别：皮肤腐蚀/刺激，类别 1
　　严重眼损伤/眼刺激，类别 1

主要危险性及次要危险性：第 8 类危险物——腐蚀性物质

联合国编号（UN No.）：2326

正式运输名称：三甲基环己胺

包装类别：Ⅲ

1804　3,3,5-三甲基亚己基二胺

别名：3,3,5-三甲基六亚甲基二胺

英文名：3,3,5-trimethylhexylenediamine；

3,3,5-trimethylhexamethylene-diamine

CAS 号：25620-58-0；25513-64-8

GHS 标签信号词及象形图：危险

危险性类别：皮肤致敏物，类别 1

皮肤腐蚀/刺激，类别 1

严重眼损伤/眼刺激，类别 1

危害水生环境-长期危害，类别 3

主要危险性及次要危险性：第 8 类危险物——

腐蚀性物质

联合国编号（UN No.）：2327

正式运输名称：三甲基六亚甲基二胺

包装类别：Ⅲ

1805　三甲基己基二异氰酸酯

别名：二异氰酸三甲基六亚甲基酯

英文名：trimethylhexamethylene diisocyanate；

diisocyanato-trimethylhexyl

CAS 号：28679-16-5

GHS 标签信号词及象形图：危险

危险性类别：急性毒性-吸入，类别 2

皮肤腐蚀/刺激，类别 2

严重眼损伤/眼刺激，类别 2

主要危险性及次要危险性：第 6.1 项危险

物——毒性物质

联合国编号（UN No.）：2328

正式运输名称：三甲基六亚甲基二异氰酸酯

包装类别：Ⅲ

1806　2,2,4-三甲基己烷

别名：—

英文名：2,2,4-trimethyl hexane

CAS 号：16747-26-5

GHS 标签信号词及象形图：危险

危险性类别：易燃液体，类别 2

危害水生环境-急性危害，类别 1

危害水生环境-长期危害，类别 1

主要危险性及次要危险性：第 3 类危险物——

易燃液体

联合国编号（UN No.）：1920

正式运输名称：壬烷

包装类别：Ⅲ

1807　2,2,5-三甲基己烷

别名：—

英文名：2,2,5-trimethyl hexane

CAS 号：3522-94-9

GHS 标签信号词及象形图：危险

危险性类别：易燃液体，类别 2

危害水生环境-急性危害，类别 1

危害水生环境-长期危害，类别 1

主要危险性及次要危险性：第 3 类危险物——

易燃液体

联合国编号（UN No.）：1920

正式运输名称：壬烷

包装类别：Ⅲ

1808　三甲基铝

别名：—

英文名：trimethyl aluminium

CAS 号：75-24-1

GHS 标签信号词及象形图：危险

危险性类别：自燃液体，类别 1

遇水放出易燃气体的物质和混合物，类别 1

主要危险性及次要危险性：第 4.2 项危险

物——易于自燃的物质；第 4.3 项危险

物——遇水放出易燃气体的物质

联合国编号（UN No.）：3394

正式运输名称：液态有机金属物质，发火，遇水反应

包装类别：Ⅰ

1809　三甲基氯硅烷

别名：氯化三甲基硅烷

英文名：trimethylchlorosilane；chlorotrimethylsilane

CAS号：75-77-4

GHS标签信号词及象形图：危险

危险性类别：易燃液体，类别2

　　急性毒性-经口，类别3

　　急性毒性-吸入，类别3

　　皮肤腐蚀/刺激，类别1

　　严重眼损伤/眼刺激，类别1

　　特异性靶器官毒性-一次接触，类别2

主要危险性及次要危险性：第3类危险物——易燃液体；第8类危险物——腐蚀性物质

联合国编号（UN No.）：1298

正式运输名称：三甲基氯硅烷

包装类别：Ⅱ

1810　三甲基硼

别名：甲基硼

英文名：trimethyl boron；methyl boron

CAS号：593-90-8

GHS标签信号词及象形图：危险

危险性类别：易燃气体，类别1

　　加压气体

主要危险性及次要危险性：第2.1类危险物——易燃气体

联合国编号（UN No.）：1954

正式运输名称：压缩气体，易燃，未另作规定的

包装类别：不适用

1811　2,4,4-三甲基戊基-2-过氧化苯氧基乙酸酯（在溶液中，含量≤37%）

别名：2,4,4-三甲基戊基-2-过氧化苯氧基醋酸酯

英文名：2,4,4-trimethyl pentyl-2-peroxy phenoxy acetate（not more than 37% in solution）；2,4,4-trimethylpentyl-2-perphenoxy acetate

CAS号：59382-51-3

GHS标签信号词及象形图：危险

危险性类别：有机过氧化物，D型

主要危险性及次要危险性：第5.2项危险物——有机过氧化物

联合国编号（UN No.）：3105

正式运输名称：液态D型有机过氧化物

包装类别：满足Ⅱ类包装要求

1812　2,2,3-三甲基戊烷

别名：—

英文名：2,2,3-trimethylpentane

CAS号：564-02-3

GHS标签信号词及象形图：危险

危险性类别：易燃液体，类别2

　　皮肤腐蚀/刺激，类别2

　　特异性靶器官毒性-一次接触，类别3（麻醉效应）

　　吸入危害，类别1

　　危害水生环境-急性危害，类别1

　　危害水生环境-长期危害，类别1

主要危险性及次要危险性：第3类危险物——易燃液体

联合国编号（UN No.）：1262

正式运输名称：辛烷

包装类别：Ⅱ

1813　2,2,4-三甲基戊烷

别名：—

英文名：2,2,4-trimethylpentane

CAS 号：540-84-1

GHS 标签信号词及象形图：危险

危险性类别：易燃液体，类别 2

　皮肤腐蚀/刺激，类别 2

　特异性靶器官毒性--一次接触，类别 3（麻醉效应）

　吸入危害，类别 1

　危害水生环境-急性危害，类别 1

　危害水生环境-长期危害，类别 1

主要危险性及次要危险性：第 3 类危险物——易燃液体

联合国编号（UN No.）：1262

正式运输名称：辛烷

包装类别：Ⅱ

1814　2,3,4-三甲基戊烷

别名：—

英文名：2,3,4-trimethylpentane

CAS 号：565-75-3

GHS 标签信号词及象形图：危险

危险性类别：易燃液体，类别 2

　皮肤腐蚀/刺激，类别 2

　特异性靶器官毒性--一次接触，类别 3（麻醉效应）

　吸入危害，类别 1

　危害水生环境-急性危害，类别 1

　危害水生环境-长期危害，类别 1

主要危险性及次要危险性：第 3 类危险物——易燃液体

联合国编号（UN No.）：1262

正式运输名称：辛烷

包装类别：Ⅱ

1815　三甲基乙酰氯

别名：三甲基氯乙酰；新戊酰氯

英文名：trimethylacetyl chloride；pivaloyl chloride

CAS 号：3282-30-2

GHS 标签信号词及象形图：危险

危险性类别：易燃液体，类别 2

　急性毒性-吸入，类别 2

　皮肤腐蚀/刺激，类别 1B

　严重眼损伤/眼刺激，类别 1

　特异性靶器官毒性--一次接触，类别 1

主要危险性及次要危险性：第 6.1 项危险物——毒性物质；第 3 类危险物——易燃液体；第 8 类危险物——腐蚀性物质

联合国编号（UN No.）：2438

正式运输名称：三甲基乙酰氯

包装类别：Ⅰ

1816　三甲基乙氧基硅烷

别名：乙氧基三甲基硅烷

英文名：trimethylethoxysilane；ethoxytrimethylsilane

CAS 号：1825-62-3

GHS 标签信号词及象形图：危险

危险性类别：易燃液体，类别 2

　严重眼损伤/眼刺激，类别 2

主要危险性及次要危险性：第 3 类危险物——易燃液体

联合国编号（UN No.）：1993

正式运输名称：易燃液体，未另作规定的

包装类别：Ⅱ

1817　三聚丙烯

别名：三丙烯
英文名：tripropylene；propylene trimer
CAS 号：13987-01-4
GHS 标签信号词及象形图：危险

危险性类别：易燃液体，类别 2
主要危险性及次要危险性：第 3 类危险物——
　易燃液体
联合国编号（UN No.）：2057
正式运输名称：三聚丙烯
包装类别：Ⅲ

1818　三聚甲醛

别名：三氧杂环己烷；三聚蚁醛；对称三
　噁烷
英文名：1,3,5-trioxan；trioxymethylene；
　triformol
CAS 号：110-88-3
GHS 标签信号词及象形图：危险

危险性类别：易燃固体，类别 1
　生殖毒性，类别 2
　特异性靶器官毒性-一次接触，类别 3（呼
　吸道刺激）
主要危险性及次要危险性：第 4.1 项 危 险
　物——易燃固体
联合国编号（UN No.）：1325
正式运输名称：有机易燃固体，未另作规定的
包装类别：Ⅱ

1819　三聚氰酸三烯丙酯

别名：—
英文名：trially cyanurate
CAS 号：101-37-1
GHS 标签信号词及象形图：警告

危险性类别：异性靶器官毒性-一次接触，类
　别 2
　特异性靶器官毒性-反复接触，类别 2
　危害水生环境-急性危害，类别 2
　危害水生环境-长期危害，类别 2
主要危险性及次要危险性：第 9 类危险物——
　杂项危险物质和物品
联合国编号（UN No.）：3077
正式运输名称：对环境有害的固态物质，未
　另作规定的
包装类别：Ⅲ

1820　三聚乙醛

别名：仲乙醛；三聚醋醛
英文名：2,4,6-trimethyl-1,3,5-trioxan；paralde-
　hyde；paracetaldehyde；2,4,6-trimethyl-1,3,
　5-trioxane
CAS 号：123-63-7
GHS 标签信号词及象形图：警告

危险性类别：易燃液体，类别 3
主要危险性及次要危险性：第 3 类危险物——
　易燃液体
联合国编号（UN No.）：1264
正式运输名称：仲乙醛（三聚乙醛）
包装类别：Ⅲ

1821　三聚异丁烯

别名：三异丁烯
英文名：triisobutylene；isobutene trimer
CAS 号：7756-94-7
GHS 标签信号词及象形图：警告

危险性类别：易燃液体，类别 3

主要危险性及次要危险性：第 3 类危险物——
易燃液体

联合国编号（UN No.）：2324

正式运输名称：三聚异丁烯

包装类别：Ⅲ

1822　三硫化二磷

别名：三硫化磷

英文名：phosphorus trisulphide

CAS 号：12165-69-4

GHS 标签信号词及象形图：危险

危险性类别：易燃固体，类别 1
危害水生环境-急性危害，类别 1

主要危险性及次要危险性：第 4.1 项危险
物——易燃固体

联合国编号（UN No.）：1343

正式运输名称：三硫化二磷，不含黄磷和白磷

包装类别：Ⅱ

1823　三硫化二锑

别名：硫化亚锑

英文名：antimony trisulfide；antimonous sul-
fide

CAS 号：1345-04-6

GHS 标签信号词及象形图：危险

危险性类别：严重眼损伤/眼刺激，类别 2A
特异性靶器官毒性-反复接触，类别 1
危害水生环境-急性危害，类别 2
危害水生环境-长期危害，类别 2

主要危险性及次要危险性：第 9 类危险物——
杂项危险物质和物品

联合国编号（UN No.）：3077

正式运输名称：对环境有害的固态物质，未
另作规定的

包装类别：Ⅲ

1824　三硫化四磷

别名：—

英文名：phosphorus sesquisulphid；tetraphos-
phorus trisulphide

CAS 号：1314-85-8

GHS 标签信号词及象形图：危险

危险性类别：易燃固体，类别 2
遇水放出易燃气体的物质和混合物，类别 1
危害水生环境-急性危害，类别 1

主要危险性及次要危险性：第 4.1 项危险
物——易燃固体、自反应物质和固态退敏
爆炸品

联合国编号（UN No.）：1341

正式运输名称：三硫化四磷，不含黄磷和白磷

包装类别：Ⅱ

1825　1,1,2-三氯-1,2,2-三氟乙烷

别名：R113；1,2,2-三氯三氟乙烷

英文名：1,1,2-trichloro-1,2,2-trifluoroethane；
R113；1,2,2-trichlorotrifluoroethane

CAS 号：76-13-1

GHS 标签信号词及象形图：危险

危险性类别：特异性靶器官毒性-一次接触，
类别 3（呼吸道刺激、麻醉效应）
特异性靶器官毒性-反复接触，类别 1
危害水生环境-急性危害，类别 2
危害水生环境-长期危害，类别 2
危害臭氧层，类别 1

主要危险性及次要危险性：第 9 类危险物——
杂项危险物质和物品

联合国编号（UN No.）：3082

正式运输名称：对环境有害的液态物质，未
另作规定的

包装类别：Ⅲ

1826　2,3,4-三氯-1-丁烯

别名：三氯丁烯

英文名：2,3,4-trichlorobut-1-ene；trichloro-butene

CAS 号：2431-50-7

GHS 标签信号词及象形图：危险

危险性类别：急性毒性-吸入，类别 3 *

皮肤腐蚀/刺激，类别 2

严重眼损伤/眼刺激，类别 2

特异性靶器官毒性--一次接触，类别 3（呼吸道刺激）

危害水生环境-急性危害，类别 1

危害水生环境-长期危害，类别 1

主要危险性及次要危险性：第 6.1 项危险物——毒性物质

联合国编号（UN No.）：2322

正式运输名称：三氯丁烯

包装类别：Ⅱ

1827　1,1,1-三氯-2,2-双(4-氯苯基)乙烷

别名：滴滴涕

英文名：1,1,1-trichloro-2,2-bis（4-chlorophenyl）ethane；dichlorodiphenyltrichloroethane；DDT；clofenotane；INN；dicophane

CAS 号：50-29-3

GHS 标签信号词及象形图：危险

危险性类别：急性毒性-经口，类别 3 *

致癌性，类别 2

特异性靶器官毒性-反复接触，类别 1

危害水生环境-急性危害，类别 1

危害水生环境-长期危害，类别 1

主要危险性及次要危险性：第 6.1 项危险物——毒性物质

联合国编号（UN No.）：2811

正式运输名称：有机毒性固体，未另作规定的

包装类别：Ⅲ

1828　2,4,5-三氯苯胺

别名：1-氨基-2,4,5-三氯苯

英文名：2,4,5-trichloroaniline；1-amino-2,4,5-trichlorobenzene

CAS 号：636-30-6

GHS 标签信号词及象形图：危险

危险性类别：急性毒性-经口，类别 3

急性毒性-经皮，类别 3

急性毒性-吸入，类别 3

特异性靶器官毒性-反复接触，类别 2

危害水生环境-急性危害，类别 1

危害水生环境-长期危害，类别 1

主要危险性及次要危险性：第 6.1 项危险物——毒性物质

联合国编号（UN No.）：2811

正式运输名称：有机毒性固体，未另作规定的

包装类别：Ⅲ

1829　2,4,6-三氯苯胺

别名：1-氨基-2,4,6-三氯苯

英文名：2,4,6-trichloroaniline；1-amino-2,4,6-trichlorobenzene

CAS 号：634-93-5

GHS 标签信号词及象形图：警告

危险性类别：危害水生环境-急性危害，类别 1

危害水生环境-长期危害，类别 1

主要危险性及次要危险性：第 9 类危险物——杂项危险物质和物品

联合国编号（UN No.）：3077

正式运输名称：对环境有害的固态物质，未另作规定的

包装类别：Ⅲ

1830　2,4,5-三氯苯酚

别名：2,4,5-三氯酚

英文名：2,4,5-trichlorophenol

CAS 号：95-95-4

GHS 标签信号词及象形图：警告

危险性类别：皮肤腐蚀/刺激，类别 2
　　严重眼损伤/眼刺激，类别 2
　　危害水生环境-急性危害，类别 1
　　危害水生环境-长期危害，类别 1

主要危险性及次要危险性：第 9 类危险物——
　　杂项危险物质和物品

联合国编号（UN No.）：3077

正式运输名称：对环境有害的固态物质，未
　　另作规定的

包装类别：Ⅲ

1831　2,4,6-三氯苯酚

别名：2,4,6-三氯酚

英文名：2,4,6-trichlorophenol

CAS 号：88-06-2

GHS 标签信号词及象形图：警告

危险性类别：皮肤腐蚀/刺激，类别 2
　　严重眼损伤/眼刺激，类别 2
　　危害水生环境-急性危害，类别 1
　　危害水生环境-长期危害，类别 1

主要危险性及次要危险性：第 9 类危险物——
　　杂项危险物质和物品

联合国编号（UN No.）：3077

正式运输名称：对环境有害的固态物质，未
　　另作规定的

包装类别：Ⅲ

1832　2-(2,4,5-三氯苯氧基)丙酸

别名：2,4,5-涕丙酸

英文名：2-(2,4,5-trichlorophenoxy) propionic
　　acid；fenoprop

CAS 号：93-72-1

GHS 标签信号词及象形图：警告

危险性类别：皮肤腐蚀/刺激，类别 2
　　危害水生环境-急性危害，类别 1
　　危害水生环境-长期危害，类别 1

主要危险性及次要危险性：第 9 类危险物——
　　杂项危险物质和物品

联合国编号（UN No.）：3077

正式运输名称：对环境有害的固态物质，未
　　另作规定的

包装类别：Ⅲ

1833　2,4,5-三氯苯氧乙酸

别名：2,4,5-涕

英文名：2,4,5-trichlorophenoxy acetic acid；
　　2,4,5-T

CAS 号：93-76-5

GHS 标签信号词及象形图：警告

危险性类别：皮肤腐蚀/刺激，类别 2
　　严重眼损伤/眼刺激，类别 2
　　特异性靶器官毒性-一次接触，类别 3（呼
　　吸道刺激）
　　危害水生环境-急性危害，类别 1
　　危害水生环境-长期危害，类别 1

主要危险性及次要危险性：第 9 类危险物——
　　杂项危险物质和物品

联合国编号（UN No.）：3077

正式运输名称：对环境有害的固态物质，未
　　另作规定的

包装类别：Ⅲ

1834　1,2,3-三氯丙烷

别名：—

英文名：1,2,3-trichloropropane

CAS 号：96-18-4

GHS 标签信号词及象形图：危险

危险性类别：致癌性，类别 1B

　　生殖毒性，类别 1B

　　危害水生环境-长期危害，类别 3

主要危险性及次要危险性：—

联合国编号（UN No.）：非危

正式运输名称：—

包装类别：—

1835　1,2,3-三氯代苯

别名：1,2,3-三氯苯

英文名：1,2,3-trichlorobenzene

CAS 号：87-61-6

GHS 标签信号词及象形图：警告

危险性类别：严重眼损伤/眼刺激，类别 2B

　　特异性靶器官毒性-一次接触，类别 2

　　特异性靶器官毒性-一次接触，类别 3（呼

　　吸道刺激）

　　特异性靶器官毒性-反复接触，类别 2

　　危害水生环境-急性危害，类别 1

　　危害水生环境-长期危害，类别 1

主要危险性及次要危险性：第 9 类危险物——

　　杂项危险物质和物品

联合国编号（UN No.）：3077

正式运输名称：对环境有害的固态物质，未

　　另作规定的

包装类别：Ⅲ

1836　1,2,4-三氯代苯

别名：1,2,4-三氯苯

英文名：1,2,4-trichlorobenzene

CAS 号：120-82-1

GHS 标签信号词及象形图：警告

危险性类别：皮肤腐蚀/刺激，类别 2

　　危害水生环境-急性危害，类别 1

　　危害水生环境-长期危害，类别 1

主要危险性及次要危险性：第 6.1 项危险

　　物——毒性物质

联合国编号（UN No.）：2321

正式运输名称：液态三氯苯

包装类别：Ⅲ

1837　1,3,5-三氯代苯

别名：1,3,5-三氯苯

英文名：1,3,5-trichlorobenzene

CAS 号：108-70-3

GHS 标签信号词及象形图：警告

危险性类别：严重眼损伤/眼刺激，类别 2B

　　特异性靶器官毒性-一次接触，类别 3（呼

　　吸道刺激）

　　特异性靶器官毒性-反复接触，类别 2

　　危害水生环境-急性危害，类别 1

　　危害水生环境-长期危害，类别 1

主要危险性及次要危险性：第 9 类危险物——

　　杂项危险物质和物品

联合国编号（UN No.）：3077

正式运输名称：对环境有害的固态物质，未

　　另作规定的

包装类别：Ⅲ

1838　三氯硅烷

别名：硅仿；硅氯仿；三氯氢硅

英文名：trichlorosilane；silicochloroform

CAS 号：10025-78-2

GHS 标签信号词及象形图：危险

危险性类别：自燃液体，类别 1

皮肤腐蚀/刺激，类别 1A

严重眼损伤/眼刺激，类别 1

特异性靶器官毒性-一次接触，类别 3（呼吸道刺激）

主要危险性及次要危险性：第 4.3 项危险物——遇水放出易燃气体的物质；第 3 类危险物——易燃液体；第 8 类危险物——腐蚀性物质

联合国编号（UN No.）：1295

正式运输名称：三氯硅烷

包装类别：Ⅰ

1839　三氯化碘

别名：—

英文名：iodine trichloride

CAS 号：865-44-1

GHS 标签信号词及象形图：危险

危险性类别：皮肤腐蚀/刺激，类别 1

严重眼损伤/眼刺激，类别 1

主要危险性及次要危险性：第 8 类危险物——腐蚀性物质

联合国编号（UN No.）：1759

正式运输名称：腐蚀性固体，未另作规定的

包装类别：Ⅲ

1840　三氯化钒

别名：—

英文名：vanadium trichloride

CAS 号：7718-98-1

GHS 标签信号词及象形图：危险

危险性类别：皮肤腐蚀/刺激，类别 1

严重眼损伤/眼刺激，类别 1

主要危险性及次要危险性：第 8 类危险物——腐蚀性物质

联合国编号（UN No.）：2475

正式运输名称：三氯化钒

包装类别：Ⅲ

1841　三氯化磷

别名：氯化磷，氯化亚磷

英文名：phosphorus trichloride；phosphorus（Ⅲ）chloride；trichlorophosphine

CAS 号：7719-12-2

GHS 标签信号词及象形图：危险

危险性类别：急性毒性-经口，类别 2 *

急性毒性-吸入，类别 2 *

皮肤腐蚀/刺激，类别 1A

严重眼损伤/眼刺激，类别 1

特异性靶器官毒性-反复接触，类别 2 *

主要危险性及次要危险性：第 6.1 项危险物——毒性物质；第 8 类危险物——腐蚀性物质

联合国编号（UN No.）：1809

正式运输名称：三氯化磷

包装类别：Ⅰ

1842　三氯化铝（无水）

别名：氯化铝

英文名：aluminium chloride, anhydrous

CAS 号：7446-70-0

GHS 标签信号词及象形图：危险

危险性类别：皮肤腐蚀/刺激，类别 1B

严重眼损伤/眼刺激，类别 1

危害水生环境-急性危害，类别 2

主要危险性及次要危险性：第 8 类危险物——腐蚀性物质

联合国编号（UN No.）：1726

正式运输名称：无水氯化铝

包装类别：Ⅱ

三氯化铝溶液

别名：氯化铝溶液

英文名：aluminium trichloride, solution；aluminium chloride solution

CAS 号：7446-70-0

GHS 标签信号词及象形图：危险

危险性类别：皮肤腐蚀/刺激，类别 1B
严重眼损伤/眼刺激，类别 1
危害水生环境-急性危害，类别 2

主要危险性及次要危险性：第 8 类危险物——腐蚀性物质

联合国编号（UN No.）：2581

正式运输名称：氯化铝溶液

包装类别：Ⅲ

1843　三氯化钼

别名：—

英文名：molybdenum trichloride

CAS 号：13478-18-7

GHS 标签信号词及象形图：危险

危险性类别：皮肤腐蚀/刺激，类别 1
严重眼损伤/眼刺激，类别 1

主要危险性及次要危险性：第 8 类危险物——腐蚀性物质

联合国编号（UN No.）：1759

正式运输名称：腐蚀性固体，未另作规定的

包装类别：Ⅲ

1844　三氯化硼

别名：—

英文名：boron trichloride

CAS 号：10294-34-5

GHS 标签信号词及象形图：危险

危险性类别：加压气体
急性毒性-经口，类别 2*
急性毒性-吸入，类别 2*
皮肤腐蚀/刺激，类别 1B
严重眼损伤/眼刺激，类别 1

主要危险性及次要危险性：第 2.3 类危险物——毒性气体；第 8 类危险物——腐蚀性物质

联合国编号（UN No.）：1741

正式运输名称：三氯化硼

包装类别：不适用

1845　三氯化三甲基二铝

别名：三氯化三甲基铝

英文名：trichlorotrimethyl dialuminium

CAS 号：12542-85-7

GHS 标签信号词及象形图：危险

危险性类别：自燃液体，类别 1
遇水放出易燃气体的物质和混合物，类别 1

主要危险性及次要危险性：第 4.2 项危险物——易于自燃的物质；第 4.3 项危险物——遇水放出易燃气体的物质

联合国编号（UN No.）：3394

正式运输名称：液态有机金属物质，发火，遇水反应

包装类别：Ⅰ

1846　三氯化三乙基二铝

别名：三氯三乙基络铝

英文名：trichlorotriethyl dialuminium；ethylaluminum sesquichloride

CAS 号：12075-68-2

GHS 标签信号词及象形图：危险

危险性类别：自燃液体，类别 1
遇水放出易燃气体的物质和混合物，类别 1

主要危险性及次要危险性：第 4.2 项危险物——易于自燃的物质；第 4.3 项危险物——遇水放出易燃气体的物质

联合国编号（UN No.）：3394

正式运输名称：液态有机金属物质，发火，遇水反应

包装类别：Ⅰ

1847　三氯化砷

别名：氯化亚砷

英文名：arsenic trichloride

CAS 号：7784-34-1

GHS 标签信号词及象形图：危险

危险性类别：急性毒性-经口，类别 2
急性毒性-经皮，类别 2
皮肤腐蚀/刺激，类别 2
严重眼损伤/眼刺激，类别 2A
生殖细胞致突变性，类别 2
致癌性，类别 1A
生殖毒性，类别 2
特异性靶器官毒性--次接触，类别 1
特异性靶器官毒性-反复接触，类别 1
危害水生环境-急性危害，类别 1
危害水生环境-长期危害，类别 1

主要危险性及次要危险性：第 6.1 项危险物——毒性物质

联合国编号（UN No.）：1560

正式运输名称：三氯化砷

包装类别：Ⅰ

1848　三氯化钛

别名：氯化亚钛

英文名：titanium trichloride

CAS 号：7705-07-9

GHS 标签信号词及象形图：危险

危险性类别：自燃固体，类别 1
皮肤腐蚀/刺激，类别 1
严重眼损伤/眼刺激，类别 1

主要危险性及次要危险性：第 4.2 项危险物——易于自燃的物质；第 8 类危险物——腐蚀性物质

联合国编号（UN No.）：2441

正式运输名称：三氯化钛，发火的

包装类别：Ⅰ

三氯化钛溶液

别名：氯化亚钛溶液

英文名：titanium trichloride solution

CAS 号：7705-07-9

GHS 标签信号词及象形图：危险

危险性类别：皮肤腐蚀/刺激，类别 1
严重眼损伤/眼刺激，类别 1

主要危险性及次要危险性：第 8 类危险物——腐蚀性物质

联合国编号（UN No.）：2869

正式运输名称：三氯化钛混合物

包装类别：Ⅱ

三氯化钛混合物

别名：—

英文名：titanium trichloride mixture

CAS 号：7705-07-9

GHS 标签信号词及象形图：危险

危险性类别：（1）非自燃的，
皮肤腐蚀/刺激，类别 1
严重眼损伤/眼刺激，类别 1

主要危险性及次要危险性：第 8 类危险物——腐蚀性物质

联合国编号（UN No.）：2869

正式运输名称：三氯化钛混合物

包装类别：Ⅱ/Ⅲ

三氯化钛混合物

别名：—

英文名：titanium trichloride mixture

CAS 号：7705-07-9

GHS 标签信号词及象形图：危险

危险性类别：（2）自燃的，

自燃固体，类别 1

皮肤腐蚀/刺激，类别 1

严重眼损伤/眼刺激，类别 1

主要危险性及次要危险性：第 4.2 项危险物——易于自燃的物质；第 8 类危险物——腐蚀性物质

联合国编号（UN No.）：2441

正式运输名称：三氯化钛混合物，发火的

包装类别：Ⅰ

1849   三氯化锑

别名：—

英文名：antimony trichloride

CAS 号：10025-91-9

GHS 标签信号词及象形图：危险

危险性类别：皮肤腐蚀/刺激，类别 1B

严重眼损伤/眼刺激，类别 1

特异性靶器官毒性-一次接触，类别 3（呼吸道刺激）

危害水生环境-急性危害，类别 2

危害水生环境-长期危害，类别 2

主要危险性及次要危险性：第 8 类危险物——腐蚀性物质

联合国编号（UN No.）：1733

正式运输名称：三氯化锑

包装类别：Ⅱ

1850   三氯化铁

别名：氯化铁

英文名：ferric chloride

CAS 号：7705-08-0

GHS 标签信号词及象形图：危险

危险性类别：皮肤腐蚀/刺激，类别 1

严重眼损伤/眼刺激，类别 1

特异性靶器官毒性-一次接触，类别 2

特异性靶器官毒性-一次接触，类别 3（呼吸道刺激）

主要危险性及次要危险性：第 8 类危险物——腐蚀性物质

联合国编号（UN No.）：1773

正式运输名称：无水氯化铁

包装类别：Ⅲ

三氯化铁溶液

别名：氯化铁溶液

英文名：ferric trichloride, solution；ferric chloride solution

CAS 号：7705-08-0

GHS 标签信号词及象形图：危险

危险性类别：皮肤腐蚀/刺激，类别 1

严重眼损伤/眼刺激，类别 1

特异性靶器官毒性-一次接触，类别 2

主要危险性及次要危险性：第 8 类危险物——腐蚀性物质

联合国编号（UN No.）：2582

正式运输名称：氯化铁溶液

包装类别：Ⅲ

1851   三氯甲苯

别名：三氯化苄；苯基三氯甲烷；α,α,α-三氯甲苯英文名：benzotrichloride；benzyl trichloride；phenyltrichloromethane；α,α,α-trichlorotoluene

CAS 号：98-07-7

GHS 标签信号词及象形图：危险

危险性类别：急性毒性-吸入，类别 3 *
皮肤腐蚀/刺激，类别 2
严重眼损伤/眼刺激，类别 1
致癌性，类别 1B
特异性靶器官毒性-一次接触，类别 3（呼吸道刺激）

主要危险性及次要危险性：第 8 类危险物——腐蚀性物质

联合国编号（UN No.）：2226

正式运输名称：三氯甲苯

包装类别：Ⅱ

1852　三氯甲烷

别名：氯仿

英文名：trichloromethane；chloroform

CAS 号：67-66-3

GHS 标签信号词及象形图：危险

危险性类别：急性毒性-吸入，类别 3
皮肤腐蚀/刺激，类别 2
严重眼损伤/眼刺激，类别 2
致癌性，类别 2
生殖毒性，类别 2
特异性靶器官毒性-反复接触，类别 1

主要危险性及次要危险性：第 6.1 项危险物——毒性物质

联合国编号（UN No.）：1888

正式运输名称：氯仿（三氯甲烷）

包装类别：Ⅲ

1853　三氯三氟丙酮

别名：1,1,3-三氯-1,3,3-三氟丙酮

英文名：trichlorotrifluoroacetone；1,1,3-trichloro-1,3,3-trifluoroacetone

CAS 号：79-52-7

GHS 标签信号词及象形图：危险

危险性类别：急性毒性-经口，类别 3
急性毒性-经皮，类别 3
急性毒性-吸入，类别 3

主要危险性及次要危险性：第 6.1 项危险物——毒性物质

联合国编号（UN No.）：2810

正式运输名称：有机毒性液体，未另作规定的

包装类别：Ⅲ

1854　三氯硝基甲烷

别名：氯化苦；硝基三氯甲烷

英文名：trichloronitromethane；aquinite；nitrotrichloromethane；chloropicrin

CAS 号：76-06-2

GHS 标签信号词及象形图：危险

危险性类别：急性毒性-吸入，类别 2 *
皮肤腐蚀/刺激，类别 2
严重眼损伤/眼刺激，类别 2
特异性靶器官毒性-一次接触，类别 3（呼吸道刺激）
危害水生环境-急性危害，类别 1

主要危险性及次要危险性：第 6.1 项危险物——毒性物质

联合国编号（UN No.）：1580

正式运输名称：三氯硝基甲烷（氯化苦）

包装类别：Ⅰ

1855　1-三氯锌酸-4-二甲氨基重氮苯

别名：—

英文名：4-(dimethylamino)-benzenediazonium

trichlorozincate

CAS 号：—

GHS 标签信号词及象形图：警告

危险性类别：自反应物质和混合物，E 型
主要危险性及次要危险性：第 4.1 项 危 险
物——自反应物质
联合国编号（UN No.）：3227
正式运输名称：E 型自反应液体
包装类别：满足 II 类包装要求

1856　1,2-O-[(1R)-2,2,2-三氯亚乙基]-α-D-呋喃葡糖

别名：α-氯醛糖
英文名：(R)-1,2-O-(2,2,2-trichloroethyli-
dene)-α-D-glucofuranose；chloralose；INN；
glucochloralose；anhydroglucochloral；2-chlora-
lose；glucochloralose
CAS 号：15879-93-3
GHS 标签信号词及象形图：危险

危险性类别：急性毒性-经口，类别 2
主要危险性及次要危险性：第 6.1 项 危 险
物——毒性物质
联合国编号（UN No.）：3249/2811△
正式运输名称：固态医药，毒性，未另作规
定的/有机毒性固体，未另作规定的△
包装类别：II

1857　三氯氧化钒

别名：三氯化氧钒
英文名：vanadium oxytrichloride；vanadylic chlo-
ride
CAS 号：7727-18-6
GHS 标签信号词及象形图：危险

危险性类别：急性毒性-经口，类别 3
皮肤腐蚀/刺激，类别 1
严重眼损伤/眼刺激，类别 1
主要危险性及次要危险性：第 8 类危险物——
腐蚀性物质
联合国编号（UN No.）：2443
正式运输名称：三氯氧化钒
包装类别：II

1858　三氯氧磷

别名：氧氯化磷；氯化磷酰；磷酰氯；三氯
化磷酰；磷酰三氯
英文名：phosphoryl trichloride；phosphorus
oxytrichloride；phosphoryl chloride；phos-
phorus oxide trichloride；trichlorophosphorus
oxide
CAS 号：10025-87-3
GHS 标签信号词及象形图：危险

危险性类别：急性毒性-吸入，类别 2 *
皮肤腐蚀/刺激，类别 1A
严重眼损伤/眼刺激，类别 1
特异性靶器官毒性-反复接触，类别 1
主要危险性及次要危险性：第 6.1 项 危 险
物——毒性物质；第 8 类危险物——腐蚀
性物质
联合国编号（UN No.）：1810
正式运输名称：三氯氧化磷（磷酰氯）
包装类别：I

1859　三氯一氟甲烷

别名：R11
英文名：trichlorofluoromethane；R11
CAS 号：75-69-4
GHS 标签信号词及象形图：危险

危险性类别：生殖毒性，类别 2

特异性靶器官毒性--一次接触，类别 1

特异性靶器官毒性--一次接触，类别 3（呼吸道刺激、麻醉效应）

危害臭氧层，类别 1

主要危险性及次要危险性：—

联合国编号（UN No.）： 非危

正式运输名称：—

包装类别：—

1860　三氯乙腈

别名： 氰化三氯甲烷

英文名： trichloroacetonitrile；trichloromethyl cyanide

CAS 号： 545-06-2

GHS 标签信号词及象形图： 危险

危险性类别： 急性毒性-经口，类别 3 *

急性毒性-经皮，类别 3 *

急性毒性-吸入，类别 3 *

危害水生环境-急性危害，类别 2

危害水生环境-长期危害，类别 2

主要危险性及次要危险性： 第 6.1 项危险物——毒性物质

联合国编号（UN No.）： 3276/2810△

正式运输名称： 腈类，毒性，液态，未另作规定的/有机毒性液体，未另作规定的△

包装类别： Ⅲ

1861　三氯乙醛（稳定的）

别名： 氯醛；氯油

英文名： trichloroacetaldehyde, stabilized；aceto-chloral；chloral；chloralis；chloralum

CAS 号： 75-87-6

GHS 标签信号词及象形图： 危险

危险性类别： 急性毒性-吸入，类别 1

严重眼损伤/眼刺激，类别 2B

生殖细胞致突变性，类别 1B

生殖毒性，类别 2

特异性靶器官毒性--一次接触，类别 1

特异性靶器官毒性--一次接触，类别 3（麻醉效应）

主要危险性及次要危险性： 第 6.1 项危险物——毒性物质

联合国编号（UN No.）： 2075

正式运输名称： 无水氯醛，稳定的

包装类别： Ⅱ

1862　三氯乙酸

别名： 三氯醋酸

英文名： trichloroacetic acid；trichloroethanoic acid

CAS 号： 76-03-9

GHS 标签信号词及象形图： 危险

危险性类别： 皮肤腐蚀/刺激，类别 1A

严重眼损伤/眼刺激，类别 1

特异性靶器官毒性--一次接触，类别 3（呼吸道刺激）

危害水生环境-急性危害，类别 1

危害水生环境-长期危害，类别 1

主要危险性及次要危险性： 第 8 类危险物——腐蚀性物质

联合国编号（UN No.）： 1839

正式运输名称： 三氯乙酸

包装类别： Ⅱ

1863　三氯乙酸甲酯

别名： 三氯醋酸甲酯

英文名： methyl trichloroacetate；trichloroacetic acid methyl ester

CAS 号： 598-99-2

GHS 标签信号词及象形图： 危险

危险性类别：急性毒性-经口，类别 3

主要危险性及次要危险性：第 6.1 项危险物——毒性物质

联合国编号（UN No.）：2533

正式运输名称：三氯乙酸甲酯

包装类别：Ⅲ

1864　1,1,1-三氯乙烷

别名：甲基氯仿

英文名：1,1,1-trichloroethane；methyl chloroform

CAS 号：71-55-6

GHS 标签信号词及象形图：警告

危险性类别：危害臭氧层，类别 1

主要危险性及次要危险性：第 6.1 项危险物——毒性物质

联合国编号（UN No.）：2831

正式运输名称：1,1,1-三氯乙烷

包装类别：Ⅲ

1865　1,1,2-三氯乙烷

别名：—

英文名：1,1,2-trichloroethane

CAS 号：79-00-5

GHS 标签信号词及象形图：危险

危险性类别：急性毒性-吸入，类别 3

危害水生环境-长期危害，类别 3

主要危险性及次要危险性：第 6.1 项危险物——毒性物质

联合国编号（UN No.）：2810

正式运输名称：有机毒性液体，未另作规定的

包装类别：Ⅲ

1866　三氯乙烯

别名：—

英文名：trichloroethylene；trichloroethene

CAS 号：79-01-6

GHS 标签信号词及象形图：危险

危险性类别：皮肤腐蚀/刺激，类别 2

严重眼损伤/眼刺激，类别 2

生殖细胞致突变性，类别 2

致癌性，类别 1B

特异性靶器官毒性-一次接触，类别 3（麻醉效应）

危害水生环境-长期危害，类别 3

主要危险性及次要危险性：第 6.1 项危险物——毒性物质

联合国编号（UN No.）：1710

正式运输名称：三氯乙烯

包装类别：Ⅲ

1867　三氯乙酰氯

别名：—

英文名：trichloroacetyl chloride

CAS 号：76-02-8

GHS 标签信号词及象形图：危险

危险性类别：急性毒性-吸入，类别 1

皮肤腐蚀/刺激，类别 1

严重眼损伤/眼刺激，类别 1

主要危险性及次要危险性：第 8 类危险物——腐蚀性物质

联合国编号（UN No.）：2442

正式运输名称：三氯乙酰氯

包装类别：Ⅱ

1868　三氯异氰脲酸

别名：—

英文名：trichloroisocyanuric acid；trichloro-1,3,5-triazinetrion；symclosene

CAS 号：87-90-1

GHS 标签信号词及象形图：危险

危险性类别：氧化性固体，类别 2

严重眼损伤/眼刺激，类别 2

特异性靶器官毒性-一次接触，类别 3（呼吸道刺激）

危害水生环境-急性危害，类别 1

危害水生环境-长期危害，类别 1

主要危险性及次要危险性：第 5.1 项危险物——氧化性物质

联合国编号（UN No.）：2468

正式运输名称：三氯异氰脲酸，干的

包装类别：Ⅱ

1869　三烯丙基胺

别名：三烯丙胺；三（2-丙烯基）胺

英文名：triallylamine；tri(2-propenyl)amine

CAS 号：102-70-5

GHS 标签信号词及象形图：危险

危险性类别：易燃液体，类别 3

急性毒性-吸入，类别 3

皮肤腐蚀/刺激，类别 1

严重眼损伤/眼刺激，类别 1

特异性靶器官毒性-一次接触，类别 3（呼吸道刺激）

主要危险性及次要危险性：第 3 类危险物——易燃液体；第 8 类危险物——腐蚀性物质

联合国编号（UN No.）：2610

正式运输名称：三烯丙胺

包装类别：Ⅲ

1870　1,3,5-三硝基苯

别名：均三硝基苯

英文名：1,3,5-trinitrobenzene，dry or wetted with less than 30% water，by mass

CAS 号：99-35-4

GHS 标签信号词及象形图：危险

危险性类别：爆炸物，1.1 项

急性毒性-经口，类别 2＊

急性毒性-经皮，类别 1＊

急性毒性-吸入，类别 2＊

特异性靶器官毒性-反复接触，类别 2

危害水生环境-急性危害，类别 1

危害水生环境-长期危害，类别 1

主要危险性及次要危险性：第 1.1 项危险物——有整体爆炸危险的物质和物品

联合国编号（UN No.）：0214

正式运输名称：三硝基苯，干的

包装类别：满足 Ⅱ 类包装

1871　2,4,6-三硝基苯胺

别名：苦基胺

英文名：2,4,6-trinitroaniline；picramide

CAS 号：489-98-5

GHS 标签信号词及象形图：危险

危险性类别：爆炸物，1.1 项

主要危险性及次要危险性：第 1.1 项危险物——有整体爆炸危险的物质和物品

联合国编号（UN No.）：0153

正式运输名称：三硝基苯胺（苦基胺）

包装类别：满足 Ⅱ 类包装

1872　2,4,6-三硝基苯酚

别名：苦味酸

英文名：2,4,6-trinitrophenol，dry or wetted with less than 30% water，by mass；picric acid

CAS 号：88-89-1

GHS 标签信号词及象形图：危险

危险性类别：爆炸物，1.1 项

急性毒性-经口，类别 3＊

急性毒性-经皮，类别 3＊

急性毒性-吸入，类别 3＊

主要危险性及次要危险性：第 1.1 项危险物——有整体爆炸危险的物质和物品

联合国编号（UN No.）：0154

正式运输名称：三硝基苯酚（苦味酸），干的

包装类别：满足Ⅱ类包装

1873 2,4,6-三硝基苯酚铵
（干的或含水＜10%）

别名：苦味酸铵

英文名：phenol, 2, 4, 6-trinitro-, ammonium salt（dry or water not more than 10%）；ammonium picrate

CAS 号：131-74-8

GHS 标签信号词及象形图：危险

危险性类别：爆炸物，1.1 项

皮肤腐蚀/刺激，类别 2

严重眼损伤/眼刺激，类别 2A

皮肤致敏物，类别 1

危害水生环境-长期危害，类别 3

主要危险性及次要危险性：第 1.1 项危险物——有整体爆炸危险的物质和物品

联合国编号（UN No.）：0004

正式运输名称：苦味酸铵，干的

包装类别：满足Ⅱ类包装要求

2,4,6-三硝基苯酚铵
（含水≥10%）

别名：一

英文名：2,4,6-trinitro-, ammonium salt；ammonium picrate, wetted with not less than 10% water, by mass

CAS 号：131-74-8

GHS 标签信号词及象形图：危险

危险性类别：易燃固体，类别 1

皮肤腐蚀/刺激，类别 2

严重眼损伤/眼刺激，类别 2A

皮肤致敏物，类别 1

危害水生环境-长期危害，类别 3

主要危险性及次要危险性：第 4.1 项危险物——易燃固体

联合国编号（UN No.）：1310

正式运输名称：苦味酸铵，湿的，按质量含水不低于 10%

包装类别：Ⅰ

1874 2,4,6-三硝基苯酚钠

别名：苦味酸钠

英文名：sodium 2, 4, 6-trinitrophenate；sodium picrate

CAS 号：3324-58-1

GHS 标签信号词及象形图：危险

危险性类别：爆炸物，1.1 项

主要危险性及次要危险性：第 1.1 项危险物——有整体爆炸危险的物质和物品

联合国编号（UN No.）：0475

正式运输名称：爆炸性物品，未另作规定的

包装类别：满足Ⅱ类包装

1875 2,4,6-三硝基苯
酚银（含水≥30%）

别名：苦味酸银

英文名：silver 2, 4, 6-trinitrophenate；silver picrate, wetted with not less than 30% water, by mass

CAS 号：146-84-9

GHS 标签信号词及象形图：危险

危险性类别：易燃固体，类别 1

主要危险性及次要危险性：第 4.1 项危险物——易燃固体

联合国编号（UN No.）：1347

正式运输名称：苦味酸银，湿的，按质量含
　水不低于30％

包装类别：Ⅰ

1876　三硝基苯磺酸

别名：—

英文名：trinitrobenzene sulphonic acid

CAS号：2508-19-2

GHS标签信号词及象形图：危险

危险性类别：爆炸物，1.1项

主要危险性及次要危险性：第 1.1 项危险
　物——有整体爆炸危险的物质和物品

联合国编号（UN No.）：0386

正式运输名称：三硝基苯磺酸

包装类别：满足Ⅱ类包装

1877　2,4,6-三硝基苯磺酸钠

别名：—

英文名：sodium 2,4,6-trinitrobenzene-sulfon-
　ate

CAS号：5400-70-4

GHS标签信号词及象形图：危险

危险性类别：爆炸物，1.1项

主要危险性及次要危险性：第 1.1 项危险
　物——有整体爆炸危险的物质和物品

联合国编号（UN No.）：0475

正式运输名称：爆炸性物品，未另作规定的

包装类别：满足Ⅱ类包装

1878　三硝基苯甲醚

别名：三硝基茴香醚

英文名：trinitrophenyl methyl ether；trini-
　troanisole

CAS号：28653-16-9

GHS标签信号词及象形图：危险

危险性类别：爆炸物，1.1项

主要危险性及次要危险性：第 1.1 项危险
　物——有整体爆炸危险的物质和物品

联合国编号（UN No.）：0213

正式运输名称：三硝基苯甲醚

包装类别：满足Ⅱ类包装

1879　2,4,6-三硝基苯甲酸

别名：三硝基安息香酸

英文名：2,4,6-trinitrobenzoic acid，dry or wetted
　with less than 30％water，by mass；sym-trini-
　trobenzic acid

CAS号：129-66-8

GHS标签信号词及象形图：危险

危险性类别：爆炸物，1.1项

主要危险性及次要危险性：第 1.1 项危险
　物——有整体爆炸危险的物质和物品

联合国编号（UN No.）：0215

正式运输名称：三硝基苯甲酸，干的

包装类别：满足Ⅱ类包装

1880　2,4,6-三硝基苯甲硝胺

别名：特屈儿

英文名：N-methyl-N，2,4,6-tetranitroani-
　line；tetryl

CAS号：479-45-8

GHS标签信号词及象形图：危险

危险性类别：爆炸物，1.1项

　急性毒性-经口，类别3＊

　急性毒性-经皮，类别3＊

　急性毒性-吸入，类别3＊

　特异性靶器官毒性-反复接触，类别2

主要危险性及次要危险性：第 1.1 项 危 险物——有整体爆炸危险的物质和物品

联合国编号（UN No.）：0208

正式运输名称：三硝基苯基甲硝胺（特屈儿炸药）

包装类别：满足Ⅱ类包装

1881　三硝基苯乙醚

别名：—

英文名：trinitrophenetole

CAS 号：4732-14-3

GHS 标签信号词及象形图：危险

危险性类别：爆炸物，1.1 项

主要危险性及次要危险性：第 1.1 项 危 险物——有整体爆炸危险的物质和物品

联合国编号（UN No.）：0218

正式运输名称：三硝基苯乙醚

包装类别：满足Ⅱ类包装

1882　2,4,6-三硝基二甲苯

别名：2,4,6-三硝基间二甲苯

英文名：2,4,6-trinitro-m-xylene

CAS 号：632-92-8

GHS 标签信号词及象形图：危险

危险性类别：爆炸物，1.1 项

特异性靶器官毒性-反复接触，类别 2 *

主要危险性及次要危险性：第 1.1 项 危 险物——有整体爆炸危险的物质和物品

联合国编号（UN No.）：0475

正式运输名称：爆炸性物品，未另作规定的

包装类别：满足Ⅱ类包装

1883　2,4,6-三硝基甲苯

别名：梯恩梯；TNT

英文名：2,4,6-trinitrotoluene；TNT

CAS 号：118-96-7

GHS 标签信号词及象形图：危险

危险性类别：爆炸物，1.1 项

急性毒性-经口，类别 3 *

急性毒性-经皮，类别 3 *

急性毒性-吸入，类别 3 *

特异性靶器官毒性-反复接触，类别 2 *

危害水生环境-急性危害，类别 2

危害水生环境-长期危害，类别 2

主要危险性及次要危险性：第 1.1 项 危 险物——有整体爆炸危险的物质和物品

联合国编号（UN No.）：0209

正式运输名称：三硝基甲苯（梯恩梯），干的

包装类别：满足Ⅱ类包装

1884　三硝基甲苯与六硝基-1,2-二苯乙烯混合物

别名：三硝基甲苯与六硝基芪混合物

英文名：trinitrotoluene and hexanitro-1,2-diphenylethene mixtures

CAS 号：—

GHS 标签信号词及象形图：危险

危险性类别：爆炸物，1.1 项

特异性靶器官毒性-反复接触，类别 2 *

危害水生环境-急性危害，类别 2

危害水生环境-长期危害，类别 2

主要危险性及次要危险性：第 1.1 项 危 险物——有整体爆炸危险的物质和物品

联合国编号（UN No.）：0388

正式运输名称：三硝基甲苯（梯恩梯）和六硝基芪混合物

包装类别：满足Ⅱ类包装要求

1885　2,4,6-三硝基甲苯与铝混合物

别名：特里托纳尔

英文名：2,4,6-trinitrotoluene mixed with aluminium

CAS 号：—

GHS 标签信号词及象形图：危险

危险性类别：爆炸物，1.1 项
特异性靶器官毒性-反复接触，类别 2＊
危害水生环境-急性危害，类别 2
危害水生环境-长期危害，类别 2

主要危险性及次要危险性：第 1.1 项危险物——有整体爆炸危险的物质和物品

联合国编号（UN No.）：0390

正式运输名称：特里托纳尔炸药

包装类别：满足 Ⅱ 类包装要求

1886 三硝基甲苯与三硝基苯和六硝基-1,2-二苯乙烯混合物

别名：三硝基甲苯与三硝基苯和六硝基芪混合物

英文名：trinitrotoluene and trinitrobenzene and hexanitro-1,2-diphenylethene mixtures

CAS 号：—

GHS 标签信号词及象形图：危险

危险性类别：爆炸物，1.1 项
急性毒性-经口，类别 3＊
特异性靶器官毒性-反复接触，类别 2＊
危害水生环境-急性危害，类别 1
危害水生环境-长期危害，类别 1

主要危险性及次要危险性：第 1.1 项危险物——有整体爆炸危险的物质和物品

联合国编号（UN No.）：0388

正式运输名称：三硝基甲苯（梯恩梯）和六硝基芪混合物

包装类别：满足 Ⅱ 类包装要求

1887 三硝基甲苯与三硝基苯混合物

别名：—

英文名：trinitrotoluene and trinitrobenzene mixtures

CAS 号：—

GHS 标签信号词及象形图：危险

危险性类别：爆炸物，1.1 项
急性毒性-经口，类别 3＊
急性毒性-经皮，类别 3＊
急性毒性-吸入，类别 3＊
特异性靶器官毒性-反复接触，类别 2＊
危害水生环境-急性危害，类别 1
危害水生环境-长期危害，类别 1

主要危险性及次要危险性：第 1.1 项危险物——有整体爆炸危险的物质和物品

联合国编号（UN No.）：0388

正式运输名称：三硝基甲苯（梯恩梯）和三硝基苯混合物

包装类别：满足 Ⅱ 类包装要求

1888 三硝基甲苯与硝基萘混合物

别名：梯萘炸药

英文名：trinitrotoluene and nitronaphthalene mixtures

CAS 号：—

GHS 标签信号词及象形图：危险

危险性类别：爆炸物，1.1 项
急性毒性-经口，类别 3＊
皮肤腐蚀/刺激，类别 2
严重眼损伤/眼刺激，类别 1
特异性靶器官毒性-反复接触，类别 2
危害水生环境-急性危害，类别 2
危害水生环境-长期危害，类别 2

主要危险性及次要危险性：第 1.1 项危险物——有整体爆炸危险的物质和物品

联合国编号（UN No.）：0463

正式运输名称：爆炸性物品，未另作规定的

包装类别：满足Ⅱ类包装要求

1889　2,4,6-三硝基间苯二酚

别名：收敛酸
英文名：2,4,6-trinitroresorcinol; styphnic acid
CAS号：82-71-3
GHS标签信号词及象形图：危险

危险性类别：爆炸物，1.1项
主要危险性及次要危险性：第 1.1 项 危 险
　物——有整体爆炸危险的物质和物品
联合国编号（UN No.）：0219
正式运输名称：三硝基间苯二酚（收敛酸），
　干的
包装类别：满足Ⅱ类包装

1890　2,4,6-三硝基间苯二酚铅（湿的，按质量含水或乙醇和水的混合物不低于20%）

别名：收敛酸铅
英文名：lead trinitroresorcinate, wetted with not less than 20% water, or mixture of alcohol and water, by mass; lead styphnate
CAS号：15245-44-0
GHS标签信号词及象形图：危险

危险性类别：爆炸物，1.1项
　生殖毒性，类别1A
　特异性靶器官毒性-反复接触，类别2*
　危害水生环境-急性危害，类别1
　危害水生环境-长期危害，类别1
主要危险性及次要危险性：第 1.1 项 危 险
　物——有整体爆炸危险的物质和物品
联合国编号（UN No.）：0130
正式运输名称：收敛酸铅（三硝基间苯二酚
　铅），湿的，按质量含酒精和水的混合物不
　低于20%
包装类别：满足Ⅱ类包装要求

1891　三硝基间甲酚

别名：—
英文名：trinitro-*m*-cresol
CAS号：602-99-3
GHS标签信号词及象形图：危险

危险性类别：爆炸物，1.1项
主要危险性及次要危险性：第 1.1 项 危 险
　物——有整体爆炸危险的物质和物品
联合国编号（UN No.）：0216
正式运输名称：三硝基间甲苯酚
包装类别：满足Ⅱ类包装

1892　2,4,6-三硝基氯苯

别名：苦基氯
英文名：2-chloro-1,3,5-trinitrobenzene; picryl chloride
CAS号：88-88-0
GHS标签信号词及象形图：危险

危险性类别：爆炸物，1.1项
　急性毒性-经口，类别2*
　急性毒性-经皮，类别1
　急性毒性-吸入，类别2*
　危害水生环境-急性危害，类别1
　危害水生环境-长期危害，类别1
主要危险性及次要危险性：第 1.1 项 危 险
　物——有整体爆炸危险的物质和物品
联合国编号（UN No.）：0155
正式运输名称：三硝基氯苯（苦基氯）
包装类别：满足Ⅱ类包装

1893　三硝基萘

别名：—
英文名：trinitronaphthalene
CAS号：55810-17-8
GHS标签信号词及象形图：危险

危险性类别：爆炸物，1.1 项

主要危险性及次要危险性：第 1.1 项危险
物——有整体爆炸危险的物质和物品

联合国编号（UN No.）：0217

正式运输名称：三硝基萘

包装类别：满足 Ⅱ 类包装

1894　三硝基芴酮

别名：—

英文名：trinitrofluorenone

CAS 号：129-79-3

GHS 标签信号词及象形图：危险

危险性类别：爆炸物，1.1 项
严重眼损伤/眼刺激，类别 2B

主要危险性及次要危险性：第 1.1 项危险
物——有整体爆炸危险的物质和物品

联合国编号（UN No.）：0387

正式运输名称：三硝基芴酮

包装类别：满足 Ⅱ 类包装

1895　2,4,6-三溴苯胺

别名：—

英文名：2,4,6-tribromoaniline

CAS 号：147-82-0

GHS 标签信号词及象形图：危险

危险性类别：急性毒性-经口，类别 3
急性毒性-经皮，类别 3
急性毒性-吸入，类别 3

主要危险性及次要危险性：第 6.1 项危险
物——毒性物质

联合国编号（UN No.）：2811

正式运输名称：有机毒性固体，未另作规
定的

包装类别：Ⅲ

1896　三溴化碘

别名：—

英文名：iodine tribromide

CAS 号：7789-58-4

GHS 标签信号词及象形图：危险

危险性类别：皮肤腐蚀/刺激，类别 1
严重眼损伤/眼刺激，类别 1

主要危险性及次要危险性：第 8 类危险物——
腐蚀性物质

联合国编号（UN No.）：1760

正式运输名称：腐蚀性液体，未另作规定的

包装类别：Ⅲ

1897　三溴化磷

别名：—

英文名：phosphorus tribromide

CAS 号：7789-60-8

GHS 标签信号词及象形图：危险

危险性类别：皮肤腐蚀/刺激，类别 1B
严重眼损伤/眼刺激，类别 1
特异性靶器官毒性-一次接触，类别 3（呼
吸道刺激）

主要危险性及次要危险性：第 8 类危险物——
腐蚀性物质

联合国编号（UN No.）：1808

正式运输名称：三溴化磷

包装类别：Ⅱ

1898　三溴化铝（无水）

别名：溴化铝

英文名：aluminium tribromide, anhydrous; alu-
minium bromide

CAS 号：7727-15-3

GHS 标签信号词及象形图：危险

危险性类别：皮肤腐蚀/刺激，类别1
严重眼损伤/眼刺激，类别1
主要危险性及次要危险性：第8类危险物——
腐蚀性物质
联合国编号（UN No.）：1725
正式运输名称：无水溴化铝
包装类别：Ⅱ

三溴化铝溶液

别名：溴化铝溶液
英文名：aluminium tribromide, solution；
aluminium bromide solution
CAS号：7727-15-3
GHS标签信号词及象形图：危险

危险性类别：皮肤腐蚀/刺激，类别1
严重眼损伤/眼刺激，类别1
主要危险性及次要危险性：第8类危险物——
腐蚀性物质
联合国编号（UN No.）：2580
正式运输名称：溴化铝溶液
包装类别：Ⅲ

1899　三溴化硼

别名：—
英文名：boron tribromide
CAS号：10294-33-4
GHS标签信号词及象形图：危险

危险性类别：急性毒性-经口，类别2*
急性毒性-吸入，类别2*
皮肤腐蚀/刺激，类别1A
严重眼损伤/眼刺激，类别1
主要危险性及次要危险性：第8类危险物——
腐蚀性物质

联合国编号（UN No.）：2692
正式运输名称：三溴化硼
包装类别：Ⅰ

1900　三溴化三甲基二铝

别名：三溴化三甲基铝
英文名：tribromotrimethyl dialuminium
CAS号：12263-85-3
GHS标签信号词及象形图：危险

危险性类别：自燃液体，类别1
遇水放出易燃气体的物质和混合物，类别1
主要危险性及次要危险性：第4.2项危险
物——易于自燃的物质；第4.3项危险
物——遇水放出易燃气体的物质
联合国编号（UN No.）：3394
正式运输名称：液态有机金属物质，发火，
遇水反应
包装类别：Ⅰ

1901　三溴化砷

别名：溴化亚砷
英文名：arsenic tribromide；arsenous bromide
CAS号：7784-33-0
GHS标签信号词及象形图：危险

危险性类别：急性毒性-经口，类别3*
急性毒性-吸入，类别3*
致癌性，类别1A
危害水生环境-急性危害，类别1
危害水生环境-长期危害，类别1
主要危险性及次要危险性：第6.1项危险
物——毒性物质
联合国编号（UN No.）：1555
正式运输名称：溴化砷
包装类别：Ⅱ

1902　三溴化锑

别名：—
英文名：antimony tribromide
CAS号：7789-61-9
GHS标签信号词及象形图：危险

危险性类别：皮肤腐蚀/刺激，类别1
　严重眼损伤/眼刺激，类别1
　危害水生环境-急性危害，类别2
　危害水生环境-长期危害，类别2
主要危险性及次要危险性：第8类危险物——腐蚀性物质
联合国编号（UN No.）：3260/1549△
正式运输名称：无机酸性腐蚀性固体，未另作规定的/固态无机锑化合物，未另作规定的△
包装类别：Ⅲ

1903　三溴甲烷

别名：溴仿
英文名：tribromomethane；bromoform
CAS号：75-25-2
GHS标签信号词及象形图：危险

危险性类别：急性毒性-吸入，类别3*
　皮肤腐蚀/刺激，类别2
　严重眼损伤/眼刺激，类别2
　危害水生环境-急性危害，类别2
　危害水生环境-长期危害，类别2
主要危险性及次要危险性：第6.1项危险物——毒性物质
联合国编号（UN No.）：2515
正式运输名称：溴仿
包装类别：Ⅲ

1904　三溴乙醛

别名：溴醛

英文名：tribromoacetaldehyde；bromal
CAS号：115-17-3
GHS标签信号词及象形图：危险

危险性类别：急性毒性-经口，类别3
主要危险性及次要危险性：第6.1项危险物——毒性物质
联合国编号（UN No.）：2810
正式运输名称：有机毒性液体，未另作规定的
包装类别：Ⅲ

1905　三溴乙酸

别名：三溴醋酸
英文名：tribromoacetic acid
CAS号：75-96-7
GHS标签信号词及象形图：危险

危险性类别：皮肤腐蚀/刺激，类别1
　严重眼损伤/眼刺激，类别1
主要危险性及次要危险性：第8类危险物——腐蚀性物质
联合国编号（UN No.）：3261
正式运输名称：有机酸性腐蚀性固体，未另作规定的
包装类别：Ⅲ

1906　三溴乙烯

别名：—
英文名：tribromoethylene
CAS号：598-16-3
GHS标签信号词及象形图：危险

危险性类别：急性毒性-经口，类别3
　危害水生环境-急性危害，类别2
主要危险性及次要危险性：第6.1项危险

物——毒性物质

联合国编号（UN No.）：2810

正式运输名称：有机毒性液体，未另作规定的

包装类别：Ⅲ

1907 2,4,6-三亚乙基氨基-1,3,5-三嗪

别名：曲他胺

英文名：2,4,6-tri（ethyleneimino)-1,3,5-triazine；tretamine；triaethylenmelamin trisaziridinyl triazine

CAS 号：51-18-3

GHS 标签信号词及象形图：危险

危险性类别：急性毒性-经口，类别2

主要危险性及次要危险性：第 6.1 项危险物——毒性物质

联合国编号（UN No.）：2811

正式运输名称：有机毒性固体，未另作规定的

包装类别：Ⅱ

1908 三亚乙基四胺

别名：二缩三乙二胺

英文名：3,6-diazaoctanethylenediamin；triethylenetetramine；bis（2-amino-ethyl）ethylene diamine

CAS 号：112-24-3

GHS 标签信号词及象形图：危险

危险性类别：皮肤腐蚀/刺激，类别1B

严重眼损伤/眼刺激，类别1

皮肤致敏物，类别1

危害水生环境-长期危害，类别3

主要危险性及次要危险性：第 8 类危险物——腐蚀性物质

联合国编号（UN No.）：2259

正式运输名称：三亚乙基四胺

包装类别：Ⅱ

1909 三氧化二氮

别名：亚硝酐

英文名：nitrogen trioxide；nitrous anhydride

CAS 号：10544-73-7

GHS 标签信号词及象形图：危险

危险性类别：氧化性气体，类别1

加压气体

急性毒性-吸入，类别2*

皮肤腐蚀/刺激，类别1B

严重眼损伤/眼刺激，类别1

主要危险性及次要危险性：第 2.3 类危险物——毒性气体；第 5.1 项危险物——氧化性物质；第 8 类危险物——腐蚀性物质

联合国编号（UN No.）：3306

正式运输名称：压缩气体，毒性，氧化性，腐蚀性，未另作规定的

包装类别：不适用

1910 三氧化二钒

别名：—

英文名：vanadium trioxide

CAS 号：1314-34-7

GHS 标签信号词及象形图：危险

危险性类别：特异性靶器官毒性-一次接触，类别3（呼吸道刺激）

特异性靶器官毒性-反复接触，类别1

主要危险性及次要危险性：—

联合国编号（UN No.）：非危

正式运输名称：—

包装类别：—

1911 三氧化二磷

别名：亚磷酸酐

英文名：phosphorus trioxide

CAS号：1314-24-5

GHS标签信号词及象形图：危险

危险性类别：皮肤腐蚀/刺激，类别1A

严重眼损伤/眼刺激，类别1

主要危险性及次要危险性：第8类危险物——
腐蚀性物质

联合国编号（UN No.）：2578

正式运输名称：三氧化二磷

包装类别：Ⅲ

1912 三氧化二砷

别名：白砒；砒霜；亚砷酸酐

英文名：diarsenic trioxide；arsenic trioxide；
white arsenic；arsenous acid anhydride；ar-
senic sesquioxide

CAS号：1327-53-3

GHS标签信号词及象形图：危险

危险性类别：急性毒性-经口，类别2*

皮肤腐蚀/刺激，类别1B

严重眼损伤/眼刺激，类别1

致癌性，类别1A

危害水生环境-急性危害，类别1

危害水生环境-长期危害，类别1

主要危险性及次要危险性：第6.1项危险
物——毒性物质

联合国编号（UN No.）：1561

正式运输名称：三氧化二砷

包装类别：Ⅱ

1913 三氧化铬（无水）

别名：铬酸酐

英文名：chromium（Ⅵ）trioxide；chromic an-
hydride

CAS号：1333-82-0

GHS标签信号词及象形图：危险

危险性类别：氧化性固体，类别1

急性毒性-经口，类别3*

急性毒性-经皮，类别3*

急性毒性-吸入，类别2*

皮肤腐蚀/刺激，类别1A

严重眼损伤/眼刺激，类别1

呼吸道致敏物，类别1

皮肤致敏物，类别1

生殖细胞致突变性，类别1B

致癌性，类别1A

生殖毒性，类别2

特异性靶器官毒性-一次接触，类别3（呼
吸道刺激）

特异性靶器官毒性-反复接触，类别1

危害水生环境-急性危害，类别1

危害水生环境-长期危害，类别1

主要危险性及次要危险性：第5.1项危险
物——氧化性物质；第6.1项危险物——
毒性物质；第8类危险物——腐蚀性物质

联合国编号（UN No.）：1463

正式运输名称：无水三氧化铬

包装类别：Ⅱ

1914 三氧化硫（稳定的）

别名：硫酸酐

英文名：sulphur trioxide, stabilized

CAS号：7446-11-9

GHS标签信号词及象形图：危险

危险性类别：皮肤腐蚀/刺激，类别1A

严重眼损伤/眼刺激，类别1

特异性靶器官毒性-一次接触，类别3（呼
吸道刺激）

主要危险性及次要危险性：第8类危险物——

腐蚀性物质
联合国编号（UN No.）：1829
正式运输名称：三氧化硫，稳定的
包装类别：Ⅰ

1915　三乙胺

别名：—
英文名：triethylamine
CAS 号：121-44-8
GHS 标签信号词及象形图：危险

危险性类别：易燃液体，类别 2
　　皮肤腐蚀/刺激，类别 1A
　　严重眼损伤/眼刺激，类别 1
　　特异性靶器官毒性--一次接触，类别 3（呼吸道刺激）
主要危险性及次要危险性：第 3 类危险物——易燃液体；第 8 类危险物——腐蚀性物质
联合国编号（UN No.）：1296
正式运输名称：三乙胺
包装类别：Ⅱ

1916　3,6,9-三乙基-3,6,9-三甲基-1,4,7-三过氧壬烷（含量≤42%，含 A 型稀释剂≥58%）

别名：—
英文名：3,6,9-triethyl-3,6,9-trimethyl-1,4,7-triperoxonane（not more than 42%, and diluent type A not less than 58%）
CAS 号：24748-23-0
GHS 标签信号词及象形图：危险

危险性类别：有机过氧化物，D 型
主要危险性及次要危险性：第 5.2 项危险物——有机过氧化物
联合国编号（UN No.）：3105
正式运输名称：液态 D 型有机过氧化物
包装类别：满足Ⅱ类包装要求

1917　三乙基铝

别名：—
英文名：aluminum triethyl
CAS 号：97-93-8
GHS 标签信号词及象形图：危险

危险性类别：自燃液体，类别 1
　　遇水放出易燃气体的物质和混合物，类别 1
　　皮肤腐蚀/刺激，类别 1
　　严重眼损伤/眼刺激，类别 1
主要危险性及次要危险性：第 4.2 项危险物——易于自燃的物质；第 4.3 项危险物——遇水放出易燃气体的物质
联合国编号（UN No.）：3394
正式运输名称：液态有机金属物质，未另作规定的
包装类别：Ⅰ

1918　三乙基硼

别名：—
英文名：triethyl boron
CAS 号：97-94-9
GHS 标签信号词及象形图：危险

危险性类别：自燃液体，类别 1
　　急性毒性-经口，类别 3
　　急性毒性-吸入，类别 3
　　皮肤腐蚀/刺激，类别 1
　　严重眼损伤/眼刺激，类别 1
主要危险性及次要危险性：第 4.2 项危险物——易于自燃的物质
联合国编号（UN No.）：2845
正式运输名称：有机发火液体，未另作规定的
包装类别：Ⅰ

1919 三乙基砷酸酯

别名：—

英文名：triethyl arsenate

CAS 号：15606-95-8

GHS 标签信号词及象形图：危险

危险性类别：急性毒性-经口，类别 3 *
  急性毒性-吸入，类别 3 *
  致癌性，类别 1A
  危害水生环境-急性危害，类别 1
  危害水生环境-长期危害，类别 1

主要危险性及次要危险性：第 6.1 项危险
  物——毒性物质

联合国编号（UN No.）：2810

正式运输名称：有机毒性液体，未另作规
  定的

包装类别：Ⅲ

1920 三乙基锑

别名：—

英文名：triethyl antimony

CAS 号：617-85-6

GHS 标签信号词及象形图：危险

危险性类别：自燃液体，类别 1
  危害水生环境-急性危害，类别 2
  危害水生环境-长期危害，类别 2

主要危险性及次要危险性：第 4.2 项危险
  物——易于自燃的物质

联合国编号（UN No.）：2845

正式运输名称：有机发火液体，未另作规定的

包装类别：Ⅰ

1921 三异丁基铝

别名：—

英文名：triisobutyl aluminium

CAS 号：100-99-2

GHS 标签信号词及象形图：危险

危险性类别：自燃液体，类别 1
  遇水放出易燃气体的物质和混合物，类别 1
  皮肤腐蚀/刺激，类别 2
  严重眼损伤/眼刺激，类别 1

主要危险性及次要危险性：第 4.2 项危险
  物——易于自燃的物质；第 4.3 项危险
  物——遇水放出易燃气体的物质

联合国编号（UN No.）：3394

正式运输名称：液态有机金属物质，发火，
  遇水反应

包装类别：Ⅰ

1922 三正丙胺

别名：N,N-二丙基-1-丙胺

英文名：tripropylamine；1-propanamine，N,
  N-dipropyl

CAS 号：102-69-2

GHS 标签信号词及象形图：危险

危险性类别：易燃液体，类别 3
  急性毒性-经口，类别 3
  急性毒性-经皮，类别 3
  急性毒性-吸入，类别 3
  皮肤腐蚀/刺激，类别 1
  严重眼损伤/眼刺激，类别 1
  危害水生环境-长期危害，类别 3

主要危险性及次要危险性：第 3 类危险物——
  易燃液体；第 8 类危险物——腐蚀性物质

联合国编号（UN No.）：2260

正式运输名称：三丙胺

包装类别：Ⅲ

1923 三正丁胺

别名：三丁胺

英文名：tributylamine

CAS 号：102-82-9

GHS 标签信号词及象形图：危险

危险性类别：急性毒性-经皮，类别 2
　急性毒性-吸入，类别 1
　皮肤腐蚀/刺激，类别 2
　严重眼损伤/眼刺激，类别 2
　特异性靶器官毒性--次接触，类别 3（呼吸道刺激）
　特异性靶器官毒性-反复接触，类别 2
　危害水生环境-急性危害，类别 2
　危害水生环境-长期危害，类别 2
主要危险性及次要危险性：第 6.1 项危险物——毒性物质
联合国编号（UN No.）：2542
正式运输名称：三丁胺
包装类别：Ⅱ

1924　砷

别名：—
英文名：arsenic
CAS 号：7440-38-2
GHS 标签信号词及象形图：危险

危险性类别：急性毒性-经口，类别 3＊
　急性毒性-吸入，类别 3＊
　致癌性，类别 1A
　危害水生环境-急性危害，类别 1
　危害水生环境-长期危害，类别 1
主要危险性及次要危险性：第 6.1 项危险物——毒性物质
联合国编号（UN No.）：1558
正式运输名称：砷
包装类别：Ⅱ

1925　砷化汞

别名：—
英文名：mercury arsenide
CAS 号：749262-24-6

GHS 标签信号词及象形图：危险

危险性类别：急性毒性-经口，类别 2＊
　急性毒性-经皮，类别 1
　急性毒性-吸入，类别 2＊
　致癌性，类别 1A
　特异性靶器官毒性-反复接触，类别 2＊
　危害水生环境-急性危害，类别 1
　危害水生环境-长期危害，类别 1
主要危险性及次要危险性：第 6.1 项危险物——毒性物质
联合国编号（UN No.）：3288
正式运输名称：无机毒性固体，未另作规定的
包装类别：Ⅰ

1926　砷化镓

别名：—
英文名：gallium arsenide
CAS 号：1303-00-0
GHS 标签信号词及象形图：危险

危险性类别：致癌性，类别 1A
　特异性靶器官毒性-反复接触，类别 1
主要危险性及次要危险性：无/第 6.1 项危险物——毒性物质△
联合国编号（UN No.）：非危/1557△
正式运输名称：无/固态砷化合物，未另作规定△
包装类别：无/Ⅲ△

1927　砷化氢

别名：砷化三氢；胂
英文名：arsenic hydride；arsenic trihydride；arsine
CAS 号：7784-42-1
GHS 标签信号词及象形图：危险

危险性类别：易燃气体，类别 1

　加压气体

　急性毒性-吸入，类别 2 *

　致癌性，类别 1A

　特异性靶器官毒性-反复接触，类别 2 *

　危害水生环境-急性危害，类别 1

　危害水生环境-长期危害，类别 1

主要危险性及次要危险性：第 2.1 类危险
　物——易燃气体；第 2.3 类危险物——毒
　性气体

联合国编号（UN No.）：2188

正式运输名称：胂

包装类别：不适用

1928　砷化锌

别名：—

英文名：zinc arsenide

CAS 号：12006-40-5

GHS 标签信号词及象形图：危险

危险性类别：急性毒性-经口，类别 3 *

　急性毒性-吸入，类别 3 *

　致癌性，类别 1A

　危害水生环境-急性危害，类别 1

　危害水生环境-长期危害，类别 1

主要危险性及次要危险性：第 6.1 项危险
　物——毒性物质

联合国编号（UN No.）：1557

正式运输名称：固态砷化合物，未另作规
　定的

包装类别：Ⅲ

1929　砷酸

别名：—

英文名：arsenic acid

CAS 号：7778-39-4

GHS 标签信号词及象形图：危险

危险性类别：急性毒性-经口，类别 3 *

　急性毒性-吸入，类别 3 *

　致癌性，类别 1A

　危害水生环境-急性危害，类别 1

　危害水生环境-长期危害，类别 1

主要危险性及次要危险性：第 6.1 项危险
　物——毒性物质

联合国编号（UN No.）：1554

正式运输名称：固态砷酸

包装类别：Ⅱ

1930　砷酸铵

别名：—

英文名：ammonium arsenate

CAS 号：24719-13-9

GHS 标签信号词及象形图：危险

危险性类别：急性毒性-经口，类别 3 *

　急性毒性-吸入，类别 3 *

　致癌性，类别 1A

　危害水生环境-急性危害，类别 1

　危害水生环境-长期危害，类别 1

主要危险性及次要危险性：第 6.1 项危险
　物——毒性物质

联合国编号（UN No.）：1546

正式运输名称：砷酸铵

包装类别：Ⅱ

1931　砷酸钡

别名：—

英文名：barium arsenate

CAS 号：13477-04-8

GHS 标签信号词及象形图：危险

危险性类别：急性毒性-经口，类别 3 *

急性毒性-吸入，类别 3 *

致癌性，类别 1A

危害水生环境-急性危害，类别 1

危害水生环境-长期危害，类别 1

主要危险性及次要危险性：第 6.1 项 危 险
物——毒性物质

联合国编号（UN No.）：3288

正式运输名称：无机毒性固体，未另作规
定的

包装类别：Ⅲ

1932　砷酸二氢钾

别名：—

英文名：potassium dihydrogen arsenate

CAS 号：—

GHS 标签信号词及象形图：危险

危险性类别：急性毒性-经口，类别 2

严重眼损伤/眼刺激，类别 2

致癌性，类别 1A

生殖毒性，类别 2

特异性靶器官毒性-一次接触，类别 1

特异性靶器官毒性-反复接触，类别 1

危害水生环境-急性危害，类别 1

危害水生环境-长期危害，类别 1

主要危险性及次要危险性：第 6.1 项 危 险
物——毒性物质

联合国编号（UN No.）：1677

正式运输名称：砷酸钾

包装类别：Ⅱ

1933　砷酸二氢钠

别名：—

英文名：sodium arsenate monobasic

CAS 号：10103-60-3

GHS 标签信号词及象形图：危险

危险性类别：急性毒性-经口，类别 2

严重眼损伤/眼刺激，类别 2

致癌性，类别 1A

生殖毒性，类别 2

特异性靶器官毒性-一次接触，类别 1

特异性靶器官毒性-反复接触，类别 1

危害水生环境-急性危害，类别 1

危害水生环境-长期危害，类别 1

主要危险性及次要危险性：第 6.1 项 危 险
物——毒性物质

联合国编号（UN No.）：1685

正式运输名称：砷酸钠

包装类别：Ⅱ

1934　砷酸钙

别名：砷酸三钙

英文名：calcium arsenate

CAS 号：7778-44-1

GHS 标签信号词及象形图：危险

危险性类别：急性毒性-经口，类别 3

严重眼损伤/眼刺激，类别 2

致癌性，类别 1A

生殖毒性，类别 2

特异性靶器官毒性-一次接触，类别 1

特异性靶器官毒性-反复接触，类别 1

危害水生环境-急性危害，类别 1

危害水生环境-长期危害，类别 1

主要危险性及次要危险性：第 6.1 项 危 险
物——毒性物质

联合国编号（UN No.）：1573

正式运输名称：砷酸钙

包装类别：Ⅱ

1935　砷酸汞

别名：砷酸氢汞

英文名：mercuric arsenate；mercury arsenate

CAS 号：7784-37-4

GHS 标签信号词及象形图：危险

危险性类别：急性毒性-经口，类别 2*

急性毒性-经皮，类别 1

急性毒性-吸入，类别 2*

致癌性，类别 1A

特异性靶器官毒性-反复接触，类别 2*

危害水生环境-急性危害，类别 1

危害水生环境-长期危害，类别 1

主要危险性及次要危险性：第 6.1 项危险物——毒性物质

联合国编号（UN No.）：1623

正式运输名称：砷酸汞

包装类别：Ⅱ

1936　砷酸钾

别名：—

英文名：potassium arsenate; arsenic acid, monopotassium salt

CAS 号：7784-41-0

GHS 标签信号词及象形图：危险

危险性类别：急性毒性-经口，类别 2

皮肤腐蚀/刺激，类别 2

严重眼损伤/眼刺激，类别 2

致癌性，类别 1A

生殖毒性，类别 2

特异性靶器官毒性-一次接触，类别 1

特异性靶器官毒性-反复接触，类别 1

危害水生环境-急性危害，类别 1

危害水生环境-长期危害，类别 1

主要危险性及次要危险性：第 6.1 项危险物——毒性物质

联合国编号（UN No.）：1677

正式运输名称：砷酸钾

包装类别：Ⅱ

1937　砷酸镁

别名：—

英文名：magnesium arsenate

CAS 号：10103-50-1

GHS 标签信号词及象形图：危险

危险性类别：急性毒性-经口，类别 3*

急性毒性-吸入，类别 3*

致癌性，类别 1A

危害水生环境-急性危害，类别 1

危害水生环境-长期危害，类别 1

主要危险性及次要危险性：第 6.1 项危险物——毒性物质

联合国编号（UN No.）：1622

正式运输名称：砷酸镁

包装类别：Ⅱ

1938　砷酸钠

别名：砷酸三钠

英文名：sodium arsenate tribasic

CAS 号：13464-38-5

GHS 标签信号词及象形图：危险

危险性类别：急性毒性-经口，类别 3

严重眼损伤/眼刺激，类别 2

致癌性，类别 1A

生殖毒性，类别 2

特异性靶器官毒性-一次接触，类别 1

特异性靶器官毒性-反复接触，类别 1

危害水生环境-急性危害，类别 1

危害水生环境-长期危害，类别 1

主要危险性及次要危险性：第 6.1 项危险物——毒性物质

联合国编号（UN No.）：1685

正式运输名称：砷酸钠

包装类别：Ⅱ

1939　砷酸铅

别名：—

英文名：lead arsenate

CAS 号：7645-25-2

GHS 标签信号词及象形图：危险

危险性类别：急性毒性-经口，类别 3＊

急性毒性-吸入，类别 3＊

致癌性，类别 1A

生殖毒性，类别 1A

特异性靶器官毒性-反复接触，类别 2＊

危害水生环境-急性危害，类别 1

危害水生环境-长期危害，类别 1

主要危险性及次要危险性：第 6.1 项危险
物——毒性物质

联合国编号（UN No.）：1617

正式运输名称：砷酸铅

包装类别：Ⅱ

1940　砷酸氢二铵

别名：—

英文名：diammonium hydrogen arsenate

CAS 号：7784-44-3

GHS 标签信号词及象形图：危险

危险性类别：急性毒性-经口，类别 3＊

急性毒性-吸入，类别 3＊

致癌性，类别 1A

危害水生环境-急性危害，类别 1

危害水生环境-长期危害，类别 1

主要危险性及次要危险性：第 6.1 项危险
物——毒性物质

联合国编号（UN No.）：1546

正式运输名称：砷酸铵

包装类别：Ⅱ

1941　砷酸氢二钠

别名：—

英文名：disodium hydrogen arsenate

CAS 号：7778-43-0

GHS 标签信号词及象形图：危险

危险性类别：急性毒性-经口，类别 3＊

急性毒性-吸入，类别 3＊

皮肤腐蚀/刺激，类别 2

严重眼损伤/眼刺激，类别 2

致癌性，类别 1A

生殖毒性，类别 2

特异性靶器官毒性-一次接触，类别 1

特异性靶器官毒性-反复接触，类别 1

危害水生环境-急性危害，类别 1

危害水生环境-长期危害，类别 1

主要危险性及次要危险性：第 6.1 项危险
物——毒性物质

联合国编号（UN No.）：1685

正式运输名称：砷酸钠

包装类别：Ⅱ

1942　砷酸锑

别名：—

英文名：antimony arsenate

CAS 号：28980-47-4

GHS 标签信号词及象形图：危险

危险性类别：急性毒性-经口，类别 3＊

急性毒性-吸入，类别 3＊

致癌性，类别 1A

危害水生环境-急性危害，类别 1

危害水生环境-长期危害，类别 1

主要危险性及次要危险性：第 6.1 项危险
物——毒性物质

联合国编号（UN No.）：3288

正式运输名称：无机毒性固体，未另作规

定的

包装类别：Ⅲ

1943　砷酸铁

别名：—

英文名：ferric arsenate

CAS号：10102-49-5

GHS标签信号词及象形图：危险

危险性类别：急性毒性-经口，类别3 *

急性毒性-吸入，类别3 *

严重眼损伤/眼刺激，类别2

致癌性，类别1A

生殖毒性，类别2

特异性靶器官毒性-一次接触，类别1

特异性靶器官毒性-反复接触，类别1

危害水生环境-急性危害，类别1

危害水生环境-长期危害，类别1

主要危险性及次要危险性：第 6.1 项 危 险物——毒性物质

联合国编号（UN No.）：1606

正式运输名称：砷酸铁

包装类别：Ⅱ

1944　砷酸铜

别名：—

英文名：copper（Ⅱ）arsenite

CAS号：10103-61-4

GHS标签信号词及象形图：危险

危险性类别：急性毒性-经口，类别3 *

急性毒性-吸入，类别3 *

严重眼损伤/眼刺激，类别2

致癌性，类别1A

生殖毒性，类别2

特异性靶器官毒性-一次接触，类别1

特异性靶器官毒性-反复接触，类别1

危害水生环境-急性危害，类别1

危害水生环境-长期危害，类别1

主要危险性及次要危险性：第 6.1 项 危 险物——毒性物质

联合国编号（UN No.）：3288

正式运输名称：无机毒性固体，未另作规定的

包装类别：Ⅲ

1945　砷酸锌

别名：—

英文名：zinc arsenate

CAS号：1303-39-5

GHS标签信号词及象形图：危险

危险性类别：急性毒性-经口，类别3 *

急性毒性-吸入，类别3 *

严重眼损伤/眼刺激，类别2

致癌性，类别1A

生殖毒性，类别2

特异性靶器官毒性-一次接触，类别1

特异性靶器官毒性-反复接触，类别1

危害水生环境-急性危害，类别1

危害水生环境-长期危害，类别1

主要危险性及次要危险性：第 6.1 项 危 险物——毒性物质

联合国编号（UN No.）：1712

正式运输名称：砷酸锌

包装类别：Ⅱ

1946　砷酸亚铁

别名：—

英文名：ferrous arsenate

CAS号：10102-50-8

GHS标签信号词及象形图：危险

危险性类别：急性毒性-经口，类别3 *

急性毒性-吸入，类别3 *

致癌性，类别1A

危害水生环境-急性危害，类别 1

危害水生环境-长期危害，类别 1

主要危险性及次要危险性：第 6.1 项危险物——毒性物质

联合国编号（UN No.）：1608

正式运输名称：砷酸亚铁

包装类别：Ⅱ

1947 砷酸银

别名：—

英文名：silver arsenate

CAS 号：13510-44-6

GHS 标签信号词及象形图：危险

危险性类别：急性毒性-经口，类别 3 *

急性毒性-吸入，类别 3 *

致癌性，类别 1A

危害水生环境-急性危害，类别 1

危害水生环境-长期危害，类别 1

主要危险性及次要危险性：第 6.1 项危险物——毒性物质

联合国编号（UN No.）：1557

正式运输名称：固态砷化合物，未另作规定的

包装类别：Ⅲ

1948 生漆

别名：大漆

英文名：raw lacquer；urushi

CAS 号：—

GHS 标签信号词及象形图：警告

危险性类别：严重眼损伤/眼刺激，类别 2B

皮肤致敏物，类别 1

特异性靶器官毒性-一次接触，类别 3（呼吸道刺激）

主要危险性及次要危险性：—

联合国编号（UN No.）：非危

1949 生松香

别名：焦油松香；松脂

英文名：raw rosin

CAS 号：—

GHS 标签信号词及象形图：警告

危险性类别：易燃固体，类别 2

主要危险性及次要危险性：第 4.1 项危险物——易燃固体

联合国编号（UN No.）：1325

正式运输名称：有机易燃固体，未另作规定的

包装类别：Ⅲ

1950 十八烷基三氯硅烷

别名：—

英文名：octadecyltrichlorosilane

CAS 号：112-04-9

GHS 标签信号词及象形图：危险

危险性类别：皮肤腐蚀/刺激，类别 1

严重眼损伤/眼刺激，类别 1

主要危险性及次要危险性：第 8 类危险物——腐蚀性物质

联合国编号（UN No.）：1800

正式运输名称：十八烷基三氯硅烷

包装类别：Ⅱ

1951 十八烷基乙酰胺

别名：十八烷醋酸酰胺

英文名：octadecyl acetyl amine；octadecyl acetamide

CAS 号：—

GHS 标签信号词及象形图：警告

危险性类别：易燃固体，类别 2

主要危险性及次要危险性：第 4.1 项危险物——易燃固体

联合国编号（UN No.）：1325

正式运输名称：有机易燃固体，未另作规定的

包装类别：Ⅲ

1952 十八烷酰氯

别名：硬脂酰氯

英文名：octadecanoyl chloride；stearoyl chloride

CAS 号：112-76-5

GHS 标签信号词及象形图：警告

危险性类别：皮肤腐蚀/刺激，类别 2
皮肤致敏物，类别 1

主要危险性及次要危险性：无/第 8 类危险物——腐蚀性物质△

联合国编号（UN No.）：非危/3261△

正式运输名称：无/有机酸性腐蚀性固体，未另作规定的△

包装类别：无/Ⅱ△

1953 十二烷基硫醇

别名：月桂硫醇；十二硫醇

英文名：n-dodecylmercaptan；lauryl mercaptan；n-dodecanethiol

CAS 号：112-55-0

GHS 标签信号词及象形图：危险

危险性类别：皮肤腐蚀/刺激，类别 1C
严重眼损伤/眼刺激，类别 1
危害水生环境-急性危害，类别 1
危害水生环境-长期危害，类别 1

主要危险性及次要危险性：第 8 类危险物——腐蚀性物质

联合国编号（UN No.）：1760

正式运输名称：腐蚀性液体，未另作规定的

包装类别：Ⅲ

1954 十二烷基三氯硅烷

别名：—

英文名：dodecyltrichlorosilane

CAS 号：4484-72-4

GHS 标签信号词及象形图：危险

危险性类别：皮肤腐蚀/刺激，类别 1
严重眼损伤/眼刺激，类别 1

主要危险性及次要危险性：第 8 类危险物——腐蚀性物质

联合国编号（UN No.）：1771

正式运输名称：十二烷基三氯硅烷

包装类别：Ⅱ

1955 十二烷酰氯

别名：月桂酰氯

英文名：dodecanoyl chlorice；lauroyl chloride

CAS 号：112-16-3

GHS 标签信号词及象形图：危险

危险性类别：皮肤腐蚀/刺激，类别 1B
严重眼损伤/眼刺激，类别 1

主要危险性及次要危险性：第 8 类危险物——腐蚀性物质

联合国编号（UN No.）：3265

正式运输名称：有机酸性腐蚀性液体，未另作规定的

包装类别：Ⅱ

1956 十六烷基三氯硅烷

别名：—

英文名：hexadecyltrichlorosilane

CAS 号：5894-60-0

GHS 标签信号词及象形图：危险

危险性类别：皮肤腐蚀/刺激，类别 1
　　严重眼损伤/眼刺激，类别 1

主要危险性及次要危险性：第 8 类危险物——
　　腐蚀性物质

联合国编号（UN No.）：1781

正式运输名称：十六烷基三氯硅烷

包装类别：Ⅱ

1957　十六烷酰氯

别名：棕榈酰氯

英文名：hexadecanoyl chloride；palmitoyl chloride

CAS 号：112-67-4

GHS 标签信号词及象形图：警告

危险性类别：皮肤腐蚀/刺激，类别 2
　　皮肤致敏物，类别 1

主要危险性及次要危险性：无/第 8 类危险物——腐蚀性物质△

联合国编号（UN No.）：非危/3265△

正式运输名称：无/有机酸性腐蚀性液体，未另作规定的△

包装类别：无/Ⅱ△

1958　十氯酮

别名：十氯代八氢亚甲基环丁异［cd］戊搭烯-2-酮；开蓬

英文名：chlordecone；decachloroketone；kepone；decachlorooctahydro-1,3,4-metheno-2H-cyclobuta［cd］pentalen-2-one

CAS 号：143-50-0

GHS 标签信号词及象形图：危险

危险性类别：急性毒性-经口，类别 3＊
　　急性毒性-经皮，类别 3＊
　　致癌性，类别 2
　　危害水生环境-急性危害，类别 1
　　危害水生环境-长期危害，类别 1

主要危险性及次要危险性：第 6.1 项危险物——毒性物质

联合国编号（UN No.）：2811

正式运输名称：有机毒性固体，未另作规定的

包装类别：Ⅲ

1959　1,1,2,2,3,3,4,4,5,5,6,6,7,7,8,8,8-十七氟-1-辛烷磺酸

别名：—

英文名：1-octanesulfonic acid，1,1,2,2,3,3,4,4,5,5,6,6,7,7,8,8,8-heptadecafluoro-，ion（1-）

CAS 号：45298-90-6

GHS 标签信号词及象形图：危险

危险性类别：生殖毒性，类别 1B
　　生殖毒性，附加类别
　　特异性靶器官毒性-反复接触，类别 1
　　危害水生环境-急性危害，类别 2
　　危害水生环境-长期危害，类别 2

主要危险性及次要危险性：第 9 类危险物——杂项危险物质和物品

联合国编号（UN No.）：3082

正式运输名称：对环境有害的液态物质，未另作规定的

包装类别：Ⅲ

1960　十氢化萘

别名：萘烷

英文名：decahydronaphthalene；decalin

CAS 号：91-17-8

GHS 标签信号词及象形图：危险

危险性类别：易燃液体，类别 3
　急性毒性-吸入，类别 3
　皮肤腐蚀/刺激，类别 1C
　严重眼损伤/眼刺激，类别 1
　吸入危害，类别 1
　危害水生环境-急性危害，类别 2
　危害水生环境-长期危害，类别 2
主要危险性及次要危险性：第 3 类危险物——
　易燃液体
联合国编号（UN No.）：1147
正式运输名称：十氢化萘
包装类别：Ⅲ

1961　十四烷酰氯

别名：肉豆蔻酰氯
英文名：tetradecanoyl chloride；myristoyl
　chloride
CAS 号：112-64-1
GHS 标签信号词及象形图：危险

危险性类别：皮肤腐蚀/刺激，类别 1
　严重眼损伤/眼刺激，类别 1
主要危险性及次要危险性：第 8 类危险物——
　腐蚀性物质
联合国编号（UN No.）：3265
正式运输名称：有机酸性腐蚀性液体，未另
　作规定的
包装类别：Ⅲ

1962　十溴联苯

别名：—
英文名：decabromobiphenyl
CAS 号：13654-09-6
GHS 标签信号词及象形图：危险

危险性类别：严重眼损伤/眼刺激，类别 2B
　致癌性，类别 1B
主要危险性及次要危险性：第 9 类危险物——
　杂项危险物质和物品
联合国编号（UN No.）：3152
正式运输名称：固态多卤联苯
包装类别：Ⅱ

1963　石棉（含阳起石石棉、 铁石棉、透闪石石棉、直闪 石石棉、青石棉）

别名：—
英文名：asbestos
CAS 号：1332-21-4
GHS 标签信号词及象形图：危险

危险性类别：生殖细胞致突变性，类别 2
　致癌性，类别 1A
　特异性靶器官毒性-反复接触，类别 1
主要危险性及次要危险性：第 9 类危险物——
　杂项危险物质和物品
联合国编号（UN No.）：2212
正式运输名称：石棉、角闪石（铁石棉、透
　闪石、阳起石、直闪石、青石棉）
包装类别：Ⅱ

1964　石脑油

别名：—
英文名：naphtha；low boiling point naphtha
CAS 号：8030-30-6
GHS 标签信号词及象形图：危险

危险性类别：易燃液体，类别 2 *
　生殖细胞致突变性，类别 1B
　吸入危害，类别 1

危害水生环境-急性危害，类别2

危害水生环境-长期危害，类别2

主要危险性及次要危险性：第3类危险物——
易燃液体

联合国编号（UN No.）：3295/1993△

正式运输名称：液态烃类，未另作规定的/易
燃液体，未另作规定的△

包装类别：Ⅱ

1965   石油醚

别名：石油精

英文名：ligroine；low boiling point naphtha

CAS号：8032-32-4

GHS标签信号词及象形图：危险

危险性类别：易燃液体，类别2 *

生殖细胞致突变性，类别1B

吸入危害，类别1

危害水生环境-急性危害，类别2

危害水生环境-长期危害，类别2

主要危险性及次要危险性：第3类危险物——
易燃液体

联合国编号（UN No.）：1268

正式运输名称：石油馏出物，未另作规定的

包装类别：Ⅱ

1966   石油气

别名：原油气

英文名：oil gas；crude gas

CAS号：—

GHS标签信号词及象形图：危险

危险性类别：易燃气体，类别1

加压气体

主要危险性及次要危险性：第2.1类危险
物——易燃气体

联合国编号（UN No.）：1075

正式运输名称：液化石油气

包装类别：不适用

1967   石油原油

别名：原油

英文名：petroleum；crude oil

CAS号：8002-05-9

GHS标签信号词及象形图：危险

危险性类别：（1）闪点＜23℃和初沸点≤35℃，
易燃液体，类别1

主要危险性及次要危险性：第3类危险物——
易燃液体

联合国编号（UN No.）：1267

正式运输名称：石油原油

包装类别：Ⅰ

石油原油

别名：原油

英文名：petroleum；crude oil

CAS号：8002-05-9

GHS标签信号词及象形图：危险

危险性类别：（2）闪点＜23℃和初沸点＞35℃，
易燃液体，类别2

主要危险性及次要危险性：第3类危险物——
易燃液体

联合国编号（UN No.）：1267

正式运输名称：石油原油

包装类别：Ⅱ

石油原油

别名：原油

英文名：petroleum；crude oil

CAS号：8002-05-9

GHS标签信号词及象形图：警告

危险性类别：（3）23℃≤闪点≤60℃，
　易燃液体，类别3
主要危险性及次要危险性：第3类危险物——
　易燃液体

联合国编号（UN No.）：1267

正式运输名称：石油原油

包装类别：Ⅲ

1968　铈（粉、屑）

别名：—

英文名：cerium，turning or gritty powder

CAS号：7440-45-1

GHS标签信号词及象形图：危险

危险性类别：易燃固体，类别1
　遇水放出易燃气体的物质和混合物，类别2
　特异性靶器官毒性-一次接触，类别1
　危害水生环境-急性危害，类别1
　危害水生环境-长期危害，类别1
主要危险性及次要危险性：第4.3项危险
　物——遇水放出易燃气体的物质

联合国编号（UN No.）：3078

正式运输名称：铈，切屑

包装类别：Ⅱ

金属铈（浸在煤油中的）

别名：—

英文名：cerium，metal（suspended in kero-
　sene）

CAS号：7440-45-1

GHS标签信号词及象形图：危险

危险性类别：易燃液体，类别3
　遇水放出易燃气体的物质和混合物，类别2
　特异性靶器官毒性-一次接触，类别1
　危害水生环境-急性危害，类别1
　危害水生环境-长期危害，类别1
主要危险性及次要危险性：第4.3项危险

物——遇水放出易燃气体的物质

联合国编号（UN No.）：3078

正式运输名称：铈，切屑或粗粉

包装类别：Ⅱ

1969　铈镁合金粉

别名：—

英文名：cerium magnesium alloy，powder

CAS号：—

GHS标签信号词及象形图：危险

危险性类别：遇水放出易燃气体的物质和混
　合物，类别2
主要危险性及次要危险性：第4.3项危险
　物——遇水放出易燃气体的物质

联合国编号（UN No.）：3208

正式运输名称：金属物质，遇水反应，未另
　作规定的

包装类别：Ⅱ

1970　叔丁胺

别名：2-氨基-2-甲基丙烷；特丁胺

英文名：tert-butylamine；2-amino-2-methyl-
　propane

CAS号：75-64-9

GHS标签信号词及象形图：危险

危险性类别：易燃液体，类别2
　急性毒性-经口，类别3
　急性毒性-吸入，类别3
　皮肤腐蚀/刺激，类别1
　严重眼损伤/眼刺激，类别1
　危害水生环境-长期危害，类别3
主要危险性及次要危险性：第3类危险物——
　易燃液体；第6.1项危险物——毒性物质；
　第8类危险物——腐蚀性物质

联合国编号（UN No.）：3286

正式运输名称：易燃液体，毒性，腐蚀性，

未另作规定的

包装类别：Ⅱ

1971   5-叔丁基-2,4,6-三硝基间二甲苯

别名：二甲苯麝香；1-(1,1-二甲基乙基)-3,5-二甲基-2,4,6-三硝基苯

英文名：5-*tert*-butyl-2,4,6-trinitro-*m*-xylene；musk xylene；benzene,1-(1,1-dimethylethyl)-3,5-dimethyl-2,4,6-trinitro-

CAS号：81-15-2

GHS标签信号词及象形图：警告

危险性类别：易燃固体，类别2

危害水生环境-急性危害，类别1

危害水生环境-长期危害，类别1

主要危险性及次要危险性：第 4.1 项危险物——易燃固体

联合国编号（UN No.）：2956

正式运输名称：5-叔丁基-2,4,6-三硝基间二甲苯（二甲苯麝香）

包装类别：Ⅲ

1972   叔丁基苯

别名：叔丁苯

英文名：*tert*-butylbenzene

CAS号：98-06-6

GHS标签信号词及象形图：危险

危险性类别：易燃液体，类别3

急性毒性-吸入，类别3

皮肤腐蚀/刺激，类别2

特异性靶器官毒性-一次接触，类别2

危害水生环境-长期危害，类别3

主要危险性及次要危险性：第3类危险物——易燃液体

联合国编号（UN No.）：2709

正式运输名称：丁基苯

包装类别：Ⅲ

1973   2-叔丁基苯酚

别名：邻叔丁基苯酚

英文名：2-*tert*-butyl phenol；*o-tert*-butylphenol

CAS号：88-18-6

GHS标签信号词及象形图：危险

危险性类别：皮肤腐蚀/刺激，类别1

严重眼损伤/眼刺激，类别1

特异性靶器官毒性-一次接触，类别2

危害水生环境-急性危害，类别2

危害水生环境-长期危害，类别2

主要危险性及次要危险性：第8类危险物——腐蚀性物质/第8类危险物——腐蚀性物质；第6.1项危险物——毒性物质△

联合国编号（UN No.）：3145/2922△

正式运输名称：液态烷基苯酚，未另作规定的/腐蚀性液体，毒性，未另作规定的△

包装类别：Ⅲ

1974   4-叔丁基苯酚

别名：对叔丁基苯酚；对特丁基苯酚；4-羟基-1-叔丁基苯

英文名：4-*tert*-butyl phenol；*p-tert*-butyl phenol；4-hydroxy-1-*tert*-butylbenzene

CAS号：98-54-4

GHS标签信号词及象形图：危险

危险性类别：皮肤腐蚀/刺激，类别2

严重眼损伤/眼刺激，类别1

生殖毒性，类别2

危害水生环境-急性危害，类别2

危害水生环境-长期危害，类别3

主要危险性及次要危险性：无/第 9 类危险物——杂项危险物质和物品，包括危害环境物质△

联合国编号（UN No.）：非危/3077△

正式运输名称：无/对环境有害的固态物质，未另作规定的△

包装类别：无/Ⅲ△

1975　叔丁基过氧-2-甲基苯甲酸酯（含量≤100%）

别名：—

英文名：*tert*-butyl　peroxy-2-methylbenzoate（not more than 100%）

CAS 号：22313-62-8

GHS 标签信号词及象形图：危险

危险性类别：有机过氧化物，C 型

主要危险性及次要危险性：第 5.2 项危险物——有机过氧化物

联合国编号（UN No.）：3104

正式运输名称：固态 C 型有机过氧化物

包装类别：满足Ⅱ类包装要求

1976　叔丁基过氧-2-乙基己酸酯（52%＜含量≤100%）

别名：过氧化-2-乙基己酸叔丁酯

英文名：*tert*-butyl　peroxy-2-ethylhexanoate（more than 52%）

CAS 号：3006-82-4

GHS 标签信号词及象形图：危险

危险性类别：有机过氧化物，C 型

主要危险性及次要危险性：第 5.2 项危险物——有机过氧化物

联合国编号（UN No.）：3103

正式运输名称：液态 C 型有机过氧化物

包装类别：满足Ⅱ类包装要求

叔丁基过氧-2-乙基己酸酯（32%＜含量≤52%，含 B 型稀释剂≥48%）

别名：过氧化-2-乙基己酸叔丁酯

英文名：*tert*-butyl　peroxy-2-ethylhexanoate（more than 32% but not more than 52%，and diluent type B not less than 48%）

CAS 号：3006-82-4

GHS 标签信号词及象形图：警告

危险性类别：有机过氧化物，E 型

主要危险性及次要危险性：第 5.2 项危险物——有机过氧化物

联合国编号（UN No.）：3117

正式运输名称：液态 E 型有机过氧化物，控制温度的

包装类别：满足Ⅱ类包装要求

叔丁基过氧-2-乙基己酸酯（含量≤32%，含 B 型稀释剂≥68%）

别名：过氧化-2-乙基己酸叔丁酯

英文名：*tert*-butyl　peroxy-2-ethylhexanoate（not more than 32%，and diluent type B not less than 68%）

CAS 号：3006-82-4

GHS 标签信号词及象形图：警告

危险性类别：有机过氧化物，F 型

主要危险性及次要危险性：第 5.2 项危险物——有机过氧化物

联合国编号（UN No.）：3119

正式运输名称：液态 F 型有机过氧化物，控制温度的

包装类别：满足Ⅱ类包装要求

叔丁基过氧-2-乙基己酸酯（含量≤52%，惰性固体含量≥48%）

别名：过氧化-2-乙基己酸叔丁酯

英文名：*tert*-butyl peroxy-2-ethylhexanoate（not more than 52%, and inert solid not less than 48%）

CAS 号：3006-82-4

GHS 标签信号词及象形图：警告

危险性类别：有机过氧化物，E 型

主要危险性及次要危险性：第 5.2 项危险物——有机过氧化物

联合国编号（UN No.）：3118

正式运输名称：固态 E 型有机过氧化物，控制温度的

包装类别：满足 Ⅱ 类包装要求

1977　叔丁基过氧-2-乙基己酸酯和 2,2-二(叔丁基过氧)丁烷的混合物[叔丁基过氧-2-乙基己酸酯≤12%，2,2-二(叔丁基过氧)丁烷的混合物≤14%，含 A 型稀释剂≥14%，含惰性固体≥60%]

别名：—

英文名：*tert*-butyl peroxy-2-ethylhexanoate peroxy ＋ 2,2-di-(*tert*-butylperoxy) butane（*tert*-butyl peroxy-2-ethylhexanoate peroxy not more than 12%, and 2,2-di-(*tert*-butylperoxy) butane not more than 14%, and diluent type A not less than 14%, and inert solid not less than 60%）

CAS 号：—

GHS 标签信号词及象形图：危险

危险性类别：有机过氧化物，D 型

主要危险性及次要危险性：第 5.2 项危险物——有机过氧化物

联合国编号（UN No.）：3106

正式运输名称：固态 D 型有机过氧化物

包装类别：满足 Ⅱ 类包装要求

叔丁基过氧-2-乙基己酸酯和 2,2-二(叔丁基过氧)丁烷的混合物[叔丁基过氧-2-乙基己酸酯≤31%，2,2-二(叔丁基过氧)丁烷≤36%，含 B 型稀释剂≥33%]

别名：—

英文名：*tert*-butyl peroxy-2-ethylhexanoate peroxy ＋ 2,2-di-(*tert*-butylperoxy) butane（*tert*-butyl peroxy-2-ethylhexanoate peroxy not more than 31%, and 2,2-di-(*tert*-butylperoxy) butane not more than 36%, and diluent type B not less than 33%）

CAS 号：

GHS 标签信号词及象形图：危险

危险性类别：有机过氧化物，D 型

主要危险性及次要危险性：第 5.2 项危险物——有机过氧化物

联合国编号（UN No.）：3115

正式运输名称：液态 D 型有机过氧化物，控制温度的

包装类别：满足 Ⅱ 类包装要求

1978　叔丁基过氧-2-乙基己碳酸酯（含量≤100%）

别名：—

英文名：*tert*-butyl peroxy-2-ethylhexylcarbonate（not more than 100%）

CAS 号：34443-12-4

GHS 标签信号词及象形图：危险

危险性类别：有机过氧化物，D 型

主要危险性及次要危险性：第 5.2 项危险物——有机过氧化物

联合国编号（UN No.）：3105
正式运输名称：液态 D 型有机过氧化物
包装类别：满足 Ⅱ 类包装要求

1979 叔丁基过氧丁基延胡索酸酯
（含量≤52%，含 A 型稀释剂≥48%）

别名：—
英文名：*tert*-butyl peroxybutyl fumarate（not more than 52%，and diluent type A not less than 48%）
CAS 号：—
GHS 标签信号词及象形图：危险

危险性类别：有机过氧化物，D 型
主要危险性及次要危险性：第 5.2 项危险物——有机过氧化物
联合国编号（UN No.）：3105
正式运输名称：液态 D 型有机过氧化物
包装类别：满足 Ⅱ 类包装要求

1980 叔丁基过氧二乙基乙酸酯
（含量≤100%）

别名：过氧化二乙基乙酸叔丁酯；过氧化叔丁基二乙基乙酸酯
英文名：*tert*-butyl peroxydiethylacetate（not more than 100%）；*tert*-butyl perdiethylacetate
CAS 号：—
GHS 标签信号词及象形图：危险

危险性类别：有机过氧化物，C 型
主要危险性及次要危险性：第 5.2 项危险物——有机过氧化物
联合国编号（UN No.）：3113
正式运输名称：液态 C 型有机过氧化物，控制温度的

包装类别：满足 Ⅱ 类包装要求

1981 叔丁基过氧新癸酸酯
（77%＜含量≤100%）

别名：过氧化新癸酸叔丁酯
英文名：*tert*-butyl peroxyneodecanoate（more than 77%）；*tert*-butyl perneodecanoate
CAS 号：26748-41-4
GHS 标签信号词及象形图：危险

危险性类别：有机过氧化物，D 型
主要危险性及次要危险性：第 5.2 项危险物——有机过氧化物
联合国编号（UN No.）：3105
正式运输名称：液态 D 型有机过氧化物
包装类别：满足 Ⅱ 类包装要求

叔丁基过氧新癸酸酯
（含量≤32%，含 A 型稀释剂≥68%）

别名：过氧化新癸酸叔丁酯
英文名：*tert*-butyl peroxyneodecanoate（not more than 32%，and diluent type A not less than 68%）
CAS 号：26748-41-4
GHS 标签信号词及象形图：警告

危险性类别：有机过氧化物，F 型
主要危险性及次要危险性：第 5.2 项危险物——有机过氧化物
联合国编号（UN No.）：3119
正式运输名称：液态 F 型有机过氧化物，控制温度的
包装类别：满足 Ⅱ 类包装要求

叔丁基过氧新癸酸酯［含量≤42%，在水（冷冻）中稳定弥散］

别名：过氧化新癸酸叔丁酯
英文名：*tert*-butyl peroxyneodecanoate［not

more than 42% as a stable dispersion in water（frozen）]

CAS 号： 26748-41-4

GHS 标签信号词及象形图： 警告

危险性类别： 有机过氧化物，E 型
主要危险性及次要危险性： 第 5.2 项危险物——有机过氧化物
联合国编号（UN No.）： 3118
正式运输名称： 液态 E 型有机过氧化物，控制温度的
包装类别： 满足 Ⅱ 类包装要求

叔丁基过氧新癸酸酯（含量≤52%，在水中稳定弥散）

别名： 过氧化新癸酸叔丁酯
英文名： *tert*-butyl peroxyneodecanoate（not more than 52% as a stable dispersion in water）
CAS 号： 26748-41-4

GHS 标签信号词及象形图： 警告

危险性类别： 有机过氧化物，F 型
主要危险性及次要危险性： 第 5.2 项危险物——有机过氧化物
联合国编号（UN No.）： 3119
正式运输名称： 液态 F 型有机过氧化物，控制温度的
包装类别： 满足 Ⅱ 类包装要求

叔丁基过氧新癸酸酯（含量≤77%）

别名： 过氧化新癸酸叔丁酯
英文名： *tert*-butyl peroxyneodecanoate（not more than 77%）
CAS 号： 26748-41-4
GHS 标签信号词及象形图： 危险

危险性类别： 有机过氧化物，D 型
主要危险性及次要危险性： 第 5.2 项危险物——有机过氧化物
联合国编号（UN No.）： 3115
正式运输名称： 液态 D 型有机过氧化物，控制温度的
包装类别： 满足 Ⅱ 类包装要求

1982　叔丁基过氧新戊酸酯（27%＜含量≤67%，含 B 型稀释剂≥33%）

别名： —
英文名： *tert*-butyl peroxypivalate（more than 27% but not more than 67%，and diluent type B not less than 33%）；*tert*-butyl per-pivalate
CAS 号： 927-07-1

GHS 标签信号词及象形图： 危险

危险性类别： 有机过氧化物，D 型
主要危险性及次要危险性： 第 5.2 项危险物——有机过氧化物
联合国编号（UN No.）： 3115
正式运输名称： 液态 D 型有机过氧化物，控制温度的
包装类别： 满足 Ⅱ 类包装要求

叔丁基过氧新戊酸酯（67%＜含量≤77%，含 A 型稀释剂≥23%）

别名： —
英文名： *tert*-butyl peroxypivalate（more than 67% but not more than 77%，and diluent type A not less than 23%）
CAS 号： 927-07-1
GHS 标签信号词及象形图： 危险

危险性类别：有机过氧化物，C 型

主要危险性及次要危险性：第 5.2 项危险物——有机过氧化物

联合国编号（UN No.）：3113

正式运输名称：液态 C 型有机过氧化物，控制温度的

包装类别：满足 Ⅱ 类包装要求

叔丁基过氧新戊酸酯（含量≤27％，含 B 型稀释剂≥73％）

别名：—

英文名：*tert*-butyl peroxypivalate（not more than 27％, and diluent type B not less than 73％）

CAS 号：927-07-1

GHS 标签信号词及象形图：警告

危险性类别：有机过氧化物，F 型

主要危险性及次要危险性：第 5.2 项危险物——有机过氧化物

联合国编号（UN No.）：3119

正式运输名称：液态 F 型有机过氧化物，控制温度的

包装类别：满足 Ⅱ 类包装要求

1983　1-(2-叔丁基过氧异丙基)-3-异丙烯基苯（含量≤42％，惰性固体含量≥58％）

别名：—

英文名：1-（2-*tert*-butylperoxy isopropyl）-3-isopropenylbenzene（not more than 42％, and inert solid not less than 58％）

CAS 号：96319-55-0

GHS 标签信号词及象形图：警告

危险性类别：有机过氧化物，E 型

主要危险性及次要危险性：第 5.2 项危险物——有机过氧化物

联合国编号（UN No.）：3108

正式运输名称：固态 E 型有机过氧化物

包装类别：满足 Ⅱ 类包装要求

1-(2-叔丁基过氧异丙基)-3-异丙烯基苯（含量≤77％，含 A 型稀释剂≥23％）

别名：—

英文名：1-（2-*tert*-butylperoxy isopropyl）-3-isopropenylbenzene（not more than 77％, and diluent type A not less than 23％）

CAS 号：96319-55-0

GHS 标签信号词及象形图：危险

危险性类别：有机过氧化物，D 型

主要危险性及次要危险性：第 5.2 项危险物——有机过氧化物

联合国编号（UN No.）：3105

正式运输名称：液态 D 型有机过氧化物

包装类别：满足 Ⅱ 类包装要求

1984　叔丁基过氧异丁酸酯（52％＜含量≤77％，含 B 型稀释剂≥23％）

别名：过氧化异丁酸叔丁酯

英文名：*tert*-butyl peroxyisobutyrate（more than 52％ but not more than 77％, and diluent type B not less than 23％）；*tert*-butyl perisobutyrate

CAS 号：109-13-7

GHS 标签信号词及象形图：危险

危险性类别：有机过氧化物，B 型

主要危险性及次要危险性：第 5.2 项危险物——有机过氧化物

联合国编号（UN No.）：3111

正式运输名称：液态 B 型有机过氧化物，控制温度的

包装类别：满足 Ⅱ 类包装要求

叔丁基过氧异丁酸酯
（含量≤52％，含 B 型稀释剂≥48％）

别名：过氧化异丁酸叔丁酯

英文名：*tert*-butyl peroxyisobutyrate（ not more than 52％，and diluent type B not less than 48％）

CAS 号：109-13-7

GHS 标签信号词及象形图：危险

危险性类别：有机过氧化物，D 型

主要危险性及次要危险性：第 5.2 项危险物——有机过氧化物

联合国编号（UN No.）：3115

正式运输名称：液态 D 型有机过氧化物，控制温度的

包装类别：满足 Ⅱ 类包装要求

1985　叔丁基过氧硬脂酰碳酸酯
（含量≤100％）

别名：—

英文名：*tert*-butyl peroxy stearylcarbonate（not more than 100％）

CAS 号：—

GHS 标签信号词及象形图：危险

危险性类别：有机过氧化物，D 型

主要危险性及次要危险性：第 5.2 项危险物——有机过氧化物

联合国编号（UN No.）：3106

正式运输名称：固态 D 型有机过氧化物

包装类别：满足 Ⅱ 类包装要求

1986　叔丁基环己烷

别名：环己基叔丁烷；特丁基环己烷

英文名：*tert*-butylcyclohexane；cyclohexyl-*tert*-butane

CAS 号：3178-22-1

GHS 标签信号词及象形图：警告

危险性类别：易燃液体，类别 3

主要危险性及次要危险性：第 3 类危险物——易燃液体

联合国编号（UN No.）：3295/1993△

正式运输名称：液态烃类，未另作规定的/易燃液体，未另作规定的△

包装类别：Ⅲ

1987　叔丁基硫醇

别名：叔丁硫醇

英文名：*tert*-butyl mercaptan；*tert*-butanethiol

CAS 号：75-66-1

GHS 标签信号词及象形图：危险

危险性类别：易燃液体，类别 2
严重眼损伤/眼刺激，类别 2B
皮肤致敏物，类别 1
特异性靶器官毒性-一次接触，类别 3（麻醉效应）
危害水生环境-急性危害，类别 2
危害水生环境-长期危害，类别 2

主要危险性及次要危险性：第 3 类危险物——易燃液体

联合国编号（UN No.）：2347

正式运输名称：丁硫醇

包装类别：Ⅱ

1988　叔戊基过氧-2-乙基己酸酯（含量≤100％）

别名：过氧化-2-乙基己酸叔戊酯

英文名：*tert*-amyl peroxy-2-ethyl hexanoate（not more than 100％）；*tert*-amyl per-2-ethyl hexanoate

CAS 号：686-31-7

GHS 标签信号词及象形图：危险

危险性类别：有机过氧化物，D 型

主要危险性及次要危险性：第 5.2 项危险物——有机过氧化物

联合国编号（UN No.）：3105

正式运输名称：液态 D 型有机过氧化物

包装类别：满足 II 类包装要求

1989　叔戊基过氧化氢
（含量≤88％，含 A 型稀释剂≥6％，含水≥6％）

别名：—

英文名：*tert*-amyl hydroperoxide（not more than 88％，and diluent type A not less than 6％，and inert water not less than 6％）

CAS 号：3425-61-4

GHS 标签信号词及象形图：警告

危险性类别：有机过氧化物，E 型
　　危害水生环境-急性危害，类别 2
　　危害水生环境-长期危害，类别 2

主要危险性及次要危险性：第 5.2 项危险物——有机过氧化物

联合国编号（UN No.）：3107

正式运输名称：液态 E 型有机过氧化物

包装类别：满足 II 类包装要求

1990　叔戊基过氧戊酸酯
（含量≤77％，含 B 型稀释剂≥23％）

别名：过氧化叔戊基新戊酸酯

英文名：*tert*-amyl peroxypivalate（not more than 77％，and diluent type B not less than

23％）；*tert*-amyl perpivalate

CAS 号：29240-17-3

GHS 标签信号词及象形图：危险

危险性类别：有机过氧化物，C 型

主要危险性及次要危险性：第 5.2 项危险物——有机过氧化物

联合国编号（UN No.）：3113

正式运输名称：液态 C 型有机过氧化物，控制温度的

包装类别：满足 II 类包装要求

1991　叔戊基过氧新癸酸酯
（含量≤77％，含 B 型稀释剂≥23％）

别名：过氧化叔戊基新癸酸酯

英文名：*tert*-amyl peroxyneodecanoate（not more than 77％，and diluent type B not less than 23％）；*tert*-amyl perneodecanoate

CAS 号：68299-16-1

GHS 标签信号词及象形图：危险

危险性类别：有机过氧化物，D 型

主要危险性及次要危险性：第 5.2 项危险物——有机过氧化物

联合国编号（UN No.）：3115

正式运输名称：液态 D 型有机过氧化物，控制温度的

包装类别：满足 II 类包装要求

1992　叔辛胺

别名：—

英文名：*tert*-octylamine

CAS 号：107-45-9

GHS 标签信号词及象形图：危险

危险性类别：易燃液体，类别 2
　　皮肤腐蚀/刺激，类别 1C
　　严重眼损伤/眼刺激，类别 1
　　危害水生环境-长期危害，类别 3

主要危险性及次要危险性：第 3 类危险物——
　　易燃液体；第 8 类危险物——腐蚀性物质/
　　第 8 类危险物——腐蚀性物质；第 3 类危险
　　物——易燃液体△

联合国编号（UN No.）：2733/2734△

正式运输名称：胺，易燃，腐蚀性，未另作
　　规定的/液态胺，腐蚀性，易燃，未另作规
　　定的△

包装类别：Ⅱ

1993　树脂酸钙

别名：—
英文名：calcium resinate
CAS 号：9007-13-0
GHS 标签信号词及象形图：警告

危险性类别：易燃固体，类别 2
主要危险性及次要危险性：第 4.1 项危险
　　物——易燃固体
联合国编号（UN No.）：1313
正式运输名称：树脂酸钙
包装类别：Ⅲ

1994　树脂酸钴

别名：—
英文名：cobalt resinate
CAS 号：68956-82-1
GHS 标签信号词及象形图：警告

危险性类别：易燃固体，类别 2
主要危险性及次要危险性：第 4.1 项危险
　　物——易燃固体
联合国编号（UN No.）：1325
正式运输名称：有机易燃固体，未另作规

定的
包装类别：Ⅲ

1995　树脂酸铝

别名：—
英文名：aluminium resinate
CAS 号：61789-65-9
GHS 标签信号词及象形图：警告

危险性类别：易燃固体，类别 2
主要危险性及次要危险性：第 4.1 项危险
　　物——易燃固体
联合国编号（UN No.）：2715
正式运输名称：树脂酸铝
包装类别：Ⅲ

1996　树脂酸锰

别名：—
英文名：manganese resinate
CAS 号：9008-34-8
GHS 标签信号词及象形图：警告

危险性类别：易燃固体，类别 2
主要危险性及次要危险性：第 4.1 项危险
　　物——易燃固体
联合国编号（UN No.）：1330
正式运输名称：树脂酸锰
包装类别：Ⅲ

1997　树脂酸锌

别名：—
英文名：zinc resinate
CAS 号：9010-69-9
GHS 标签信号词及象形图：警告

危险性类别：易燃固体，类别 2

主要危险性及次要危险性：第 4.1 项危险物——易燃固体

联合国编号（UN No.）：2714

正式运输名称：树脂酸锌

包装类别：Ⅲ

1998　双(1-甲基乙基)氟磷酸酯

别名：二异丙基氟磷酸酯；丙氟磷

英文名：bis(1-methylethyl) phosphorofluoridate；diisopropyl fluorophosphate；DFP；diisopropyl phosphorofluoridate

CAS 号：55-91-4

GHS 标签信号词及象形图：危险

危险性类别：急性毒性-经口，类别 1
急性毒性-吸入，类别 2

主要危险性及次要危险性：第 6.1 项危险物——毒性物质

联合国编号（UN No.）：2810

正式运输名称：有机毒性液体，未另作规定的

包装类别：Ⅰ

1999　双(2-氯乙基)甲胺

别名：氮芥；双(氯乙基)甲胺

英文名：bis(2-chloroethyl) methylamine；nitrogen mustard

CAS 号：51-75-2

GHS 标签信号词及象形图：危险

危险性类别：急性毒性-经口，类别 2
急性毒性-经皮，类别 1
急性毒性-吸入，类别 1
皮肤腐蚀/刺激，类别 1
严重眼损伤/眼刺激，类别 1
生殖细胞致突变性，类别 1B
致癌性，类别 1B
特异性靶器官毒性-一次接触，类别 2

主要危险性及次要危险性：第 6.1 项危险物——毒性物质；第 8 类危险物——腐蚀性物质

联合国编号（UN No.）：2927

正式运输名称：有机毒性液体，腐蚀性，未另作规定的

包装类别：Ⅰ

2000　5-[双(2-氯乙基)氨基]-2,4-(1H,3H)嘧啶二酮

别名：尿嘧啶芳芥；嘧啶苯芥

英文名：5-[bis(2-chloroethyl)amino]-2,4-(1H,3H)pyrimidinedione；uramustine；uracil mustard

CAS 号：66-75-1

GHS 标签信号词及象形图：危险

危险性类别：急性毒性-经口，类别 1

主要危险性及次要危险性：第 6.1 项危险物——毒性物质

联合国编号（UN No.）：2811/3249△

正式运输名称：有机毒性固体，未另作规定的/固态医药，毒性，未另作规定的△

包装类别：Ⅰ

2001　2,2-双[4,4-二(叔丁基过氧化)环己基]丙烷(含量≤42%,惰性固体含量≥58%)

别名：—

英文名：2,2-di(4,4-di(tert-butylperoxy)cyclohexyl)propane(not more than 42%, and inert solid not less than 58%)

CAS 号：—

GHS 标签信号词及象形图：危险

危险性类别：有机过氧化物，D 型

主要危险性及次要危险性：第 5.2 项危险物——有机过氧化物

联合国编号（UN No.）：3106

正式运输名称：固态 D 型有机过氧化物

包装类别：满足 II 类包装要求

2,2-双[4,4-二(叔丁基过氧化) 环己基]丙烷(含量≤22%, 含 B 型稀释剂≥78%)

别名：—

英文名：2,2-di(4,4-di(*tert*-butylperoxy) cyclohexyl)propane(not more than 22%, and diluent type B not less than 78%)

CAS 号：—

GHS 标签信号词及象形图：警告

危险性类别：有机过氧化物，E 型

主要危险性及次要危险性：第 5.2 项危险物——有机过氧化物

联合国编号（UN No.）：3107

正式运输名称：液态 E 型有机过氧化物

包装类别：满足 II 类包装要求

2002　2,2-双(4-氯苯基)-2-羟基乙酸乙酯

别名：4,4'-二氯二苯乙醇酸乙酯；乙酯杀螨醇

英文名：ethyl 2,2-di(4-chlorophenyl)-2-hydroxyacetate；ethyl 4,4'-dichlorobenzilate；chlorobenzilate

CAS 号：510-15-6

GHS 标签信号词及象形图：警告

危险性类别：危害水生环境-急性危害，类别 1

　　危害水生环境-长期危害，类别 1

主要危险性及次要危险性：第 9 类危险物——杂项危险物质和物品

联合国编号（UN No.）：3082

正式运输名称：对环境有害的液态物质，未

另作规定的

包装类别：III

2003　O,O-双(4-氯苯基)-N-(1-亚氨基) 乙基硫代磷酸胺

别名：毒鼠磷

英文名：O,O-bis(4-chlorophenyl)-N-acetimidoylphosphoramidothioate；phosacetim

CAS 号：4104-14-7

GHS 标签信号词及象形图：危险

危险性类别：急性毒性-经口，类别 2*

　　急性毒性-经皮，类别 1

　　危害水生环境-急性危害，类别 1

　　危害水生环境-长期危害，类别 1

主要危险性及次要危险性：第 6.1 项危险物——毒性物质

联合国编号（UN No.）：2811/2783△

正式运输名称：固态有机磷农药，毒性/ 有机毒性固体，未另作规定的△

包装类别：I

2004　双(N,N-二甲基甲硫酰) 二硫化物

别名：四甲基二硫代秋兰姆；四甲基硫代过氧化二碳酸二酰胺；福美双

英文名：tetramethylthiuram disulphide；thioperoxydicarbonic diamide, tetramethyl-；thylate；thiram

CAS 号：137-26-8

GHS 标签信号词及象形图：警告

危险性类别：皮肤腐蚀/刺激，类别 2

　　严重眼损伤/眼刺激，类别 2

　　皮肤致敏物，类别 1

　　特异性靶器官毒性-反复接触，类别 2*

　　危害水生环境-急性危害，类别 1

　　危害水生环境-长期危害，类别 1

主要危险性及次要危险性：第 9 类危险物——杂项危险物质和物品

联合国编号（UN No.）：3077

正式运输名称：对环境有害的固态物质，未另作规定的

包装类别：Ⅲ

2005　双(二甲氨基)磷酰氟（含量＞2%）

别名：甲氟磷

英文名：tetramethylphosphorodiamidic fluoride（more than 2%）；dimefox

CAS 号：115-26-4

GHS 标签信号词及象形图：危险

危险性类别：急性毒性-经口，类别 2＊
急性毒性-经皮，类别 1

主要危险性及次要危险性：第 6.1 项危险物——毒性物质

联合国编号（UN No.）：3018/2810△

正式运输名称：液态有机磷农药，毒性/有机毒性液体，未另作规定的△

包装类别：Ⅰ

2006　双(二甲基二硫代氨基甲酸)锌

别名：福美锌

英文名：zinc bis dimethyldithiocarbamate；ziram

CAS 号：137-30-4

GHS 标签信号词及象形图：危险

危险性类别：急性毒性-吸入，类别 2＊
严重眼损伤/眼刺激，类别 1
皮肤致敏物，类别 1
特异性靶器官毒性--一次接触，类别 3（呼吸道刺激）
特异性靶器官毒性-反复接触，类别 2＊
危害水生环境-急性危害，类别 1

危害水生环境-长期危害，类别 1

主要危险性及次要危险性：第 6.1 项危险物——毒性物质

联合国编号（UN No.）：2811

正式运输名称：有机毒性固体，未另作规定的

包装类别：Ⅱ

2007　4,4-双(过氧化叔丁基)戊酸正丁酯（52%＜含量≤100%）

别名：4,4-二(叔丁基过氧化)戊酸正丁酯

英文名：n-butyl-4,4-di（tert-butylperoxy)-valerate（more than 52%）；n-butyl 4,4-bis（t-butylperoxy）valerate；pentanoic acid, 4,4-bis[(1,1-dimethylethyl) dioxy]-, butyl ester

CAS 号：995-33-5

GHS 标签信号词及象形图：危险

危险性类别：有机过氧化物，C 型

主要危险性及次要危险性：第 5.2 项危险物——有机过氧化物

联合国编号（UN No.）：3103

正式运输名称：液态 C 型有机过氧化物

包装类别：满足 Ⅱ 类包装要求

4,4-双(过氧化叔丁基)戊酸正丁酯（含量≤52%，含惰性固体≥48%）

别名：4,4-二(叔丁基过氧化)戊酸正丁酯

英文名：n-butyl-4,4-di（tert-butylperoxy)-valerate（not more than 52%, and inert solid not less than 48%）

CAS 号：995-33-5

GHS 标签信号词及象形图：警告

危险性类别：有机过氧化物，E 型

主要危险性及次要危险性：第 5.2 项危险物——有机过氧化物

联合国编号（UN No.）：3108

正式运输名称：固态 E 型有机过氧化物

包装类别：满足 II 类包装要求

2008 双过氧化壬二酸（含量≤27%，惰性固体含量≥73%）

别名：—

英文名：diperoxyazelaic acid（not more than 27%, and inert solid not less than 73%）；nonanediperoxoic acid

CAS号：1941-79-3

GHS 标签信号词及象形图：危险

危险性类别：有机过氧化物，D 型

主要危险性及次要危险性：第 5.2 项危险物——有机过氧化物

联合国编号（UN No.）：3106

正式运输名称：固态 D 型有机过氧化物

包装类别：满足 II 类包装要求

2009 双过氧化十二烷二酸（含量≤42%，含硫酸钠≥56%）

别名：—

英文名：diperoxy dodecane diacid（not more than 42%, and sodium sulfate not less than 56%）

CAS号：66280-55-5

GHS 标签信号词及象形图：危险

危险性类别：有机过氧化物，D 型

主要危险性及次要危险性：第 5.2 项危险物——有机过氧化物

联合国编号（UN No.）：3106

正式运输名称：固态 D 型有机过氧化物

包装类别：满足 II 类包装要求

2010 双戊烯

别名：苎烯；二聚戊烯；1,8-萜二烯

英文名：dipentene；limonene

CAS号：138-86-3

GHS 标签信号词及象形图：警告

危险性类别：易燃液体，类别 3

皮肤腐蚀/刺激，类别 2

皮肤致敏物，类别 1

危害水生环境-急性危害，类别 1

危害水生环境-长期危害，类别 1

主要危险性及次要危险性：第 3 类危险物——易燃液体

联合国编号（UN No.）：2052

正式运输名称：二聚戊烯

包装类别：III

2011 2,5-双(1-吖丙啶基)-3-(2-氨甲酰氧-1-甲氧乙基)-6-甲基-1,4-苯醌

别名：卡巴醌

英文名：2,5-bis（1-aziridinyl)-3-(2-carbamoyloxy-1-methoxyethyl）-6-methyl-1, 4-benzoquinone；carboquone；esquinon；carbazilquinone

CAS号：24279-91-2

GHS 标签信号词及象形图：危险

危险性类别：急性毒性-经口，类别 2

主要危险性及次要危险性：第 6.1 项危险物——毒性物质

联合国编号（UN No.）：2810

正式运输名称：有机毒性液体，未另作规定的

包装类别：II

2012 水合肼（含肼≤64%）

别名：水合联氨

英文名：hydrazine hydrate with not more than 64% hydrazine, by mass；diamide hydrate

CAS号：10217-52-4

GHS 标签信号词及象形图：危险

危险性类别：急性毒性-经口，类别 3 ＊

急性毒性-经皮，类别 3 ＊

急性毒性-吸入，类别 3 ＊

皮肤腐蚀/刺激，类别 1B

严重眼损伤/眼刺激，类别 1

皮肤致敏物，类别 1

致癌性，类别 2

危害水生环境-急性危害，类别 1

危害水生环境-长期危害，类别 1

主要危险性及次要危险性：第 6.1 项 危 险 物——毒性物质；第 8 类危险物——腐蚀性物质

联合国编号（UN No.）：2030

正式运输名称：肼水溶液，按质量含肼超过 37%

包装类别：Ⅰ/Ⅱ/Ⅲ△

2013 水杨醛

别名：2-羟基苯甲醛；邻羟基苯甲醛

英文名：salicylaldehyde；2-hydroxy benzalde-hyde；*o*-hydroxy benzaldehyde

CAS 号：90-02-8

GHS 标签信号词及象形图：危险

危险性类别：急性毒性-经皮，类别 3

生殖毒性，类别 2

特异性靶器官毒性-反复接触，类别 2

危害水生环境-急性危害，类别 2

危害水生环境-长期危害，类别 3

主要危险性及次要危险性：第 6.1 项 危 险 物——毒性物质

联合国编号（UN No.）：2810

正式运输名称：有机毒性液体，未另作规定的

包装类别：Ⅲ

2014 水杨酸汞

别名：—

英文名：mercury salicylate

CAS 号：5970-32-1

GHS 标签信号词及象形图：危险

危险性类别：急性毒性-经口，类别 2 ＊

急性毒性-经皮，类别 1

急性毒性-吸入，类别 2 ＊

特异性靶器官毒性-反复接触，类别 2 ＊

危害水生环境-急性危害，类别 1

危害水生环境-长期危害，类别 1

主要危险性及次要危险性：第 6.1 项 危 险 物——毒性物质

联合国编号（UN No.）：1644

正式运输名称：水杨酸汞

包装类别：Ⅱ

2015 水杨酸化烟碱

别名：—

英文名：nicotine salicylate

CAS 号：29790-52-1

GHS 标签信号词及象形图：危险

危险性类别：急性毒性-经口，类别 2 ＊

急性毒性-经皮，类别 1

急性毒性-吸入，类别 2 ＊

危害水生环境-急性危害，类别 2

危害水生环境-长期危害，类别 2

主要危险性及次要危险性：第 6.1 项 危 险 物——毒性物质

联合国编号（UN No.）：1657

正式运输名称：水杨酸烟碱

包装类别：Ⅱ

2016 丝裂霉素 C

别名：自力霉素

英文名：mitomycin C；ametycin

CAS 号：50-07-7

GHS 标签信号词及象形图：危险

危险性类别：急性毒性-经口，类别 2

　　致癌性，类别 2

主要危险性及次要危险性：第 6.1 项危险物——毒性物质

联合国编号（UN No.）：3462/2811△

正式运输名称：固态毒素，从生物体提取的，未另作规定的/有机毒性固体，未另作规定的 △

包装类别：Ⅱ

2017　四苯基锡

别名：—

英文名：tetraphenyltin

CAS 号：595-90-4

GHS 标签信号词及象形图：警告

危险性类别：危害水生环境-急性危害，类别 1

　　危害水生环境-长期危害，类别 1

主要危险性及次要危险性：第 9 类危险物——杂项危险物质和物品/第 6.1 项危险物——毒性物质△

联合国编号（UN No.）：3077/3146△

正式运输名称：对环境有害的固态物质，未另作规定的/固态有机锡化合物，未另作规定的△

包装类别：Ⅲ

2018　四碘化锡

别名：—

英文名：tin tetraiodide

CAS 号：7790-47-8

GHS 标签信号词及象形图：危险

危险性类别：皮肤腐蚀/刺激，类别 1

　　严重眼损伤/眼刺激，类别 1

主要危险性及次要危险性：第 8 类危险物——腐蚀性物质

联合国编号（UN No.）：3260

正式运输名称：无机酸性腐蚀性固体，未另作规定的

包装类别：Ⅱ

2019　四丁基氢氧化铵

别名：—

英文名：tetrabutylammonium hydroxide

CAS 号：2052-49-5

GHS 标签信号词及象形图：危险

危险性类别：皮肤腐蚀/刺激，类别 1

　　严重眼损伤/眼刺激，类别 1

主要危险性及次要危险性：第 8 类危险物——腐蚀性物质

联合国编号（UN No.）：3267/1760△

正式运输名称：有机碱性腐蚀性液体，未另作规定的/腐蚀性液体，未另作规定的 △

包装类别：Ⅲ/Ⅱ△

2020　四丁基氢氧化磷

别名：—

英文名：tetrabutyl phosphorous hydroxide

CAS 号：14518-69-5

GHS 标签信号词及象形图：危险

危险性类别：皮肤腐蚀/刺激，类别 1

　　严重眼损伤/眼刺激，类别 1

主要危险性及次要危险性：第 8 类危险物——腐蚀性物质

联合国编号（UN No.）：3267/1760△

正式运输名称：有机碱性腐蚀性液体，未另作规定的/腐蚀性液体，未另作规定的△

包装类别：Ⅲ/Ⅱ△

2021　四丁基锡

别名：—

英文名：tetra butyltin

CAS 号：1461-25-2

GHS 标签信号词及象形图：警告

危险性类别：严重眼损伤/眼刺激，类别 2B

生殖毒性，类别 2

特异性靶器官毒性-一次接触，类别 3（麻醉效应）

特异性靶器官毒性-反复接触，类别 2

危害水生环境-急性危害，类别 1

危害水生环境-长期危害，类别 1

主要危险性及次要危险性：第 9 类危险物——杂项危险物质和物品/第 6.1 项危险物——毒性物质△

联合国编号（UN No.）：3082/2788△

正式运输名称：对环境有害的液态物质，未另作规定的/液态有机锡化合物，未另作规定的△

包装类别：Ⅲ

2022　四氟代肼

别名：四氟肼

英文名：tetrafluorohydrazine

CAS 号：10036-47-2

GHS 标签信号词及象形图：危险

危险性类别：氧化性气体，类别 1

加压气体

急性毒性-吸入，类别 2

危害水生环境-急性危害，类别 1

危害水生环境-长期危害，类别 1

主要危险性及次要危险性：第 2.3 类危险物——毒性气体；第 5.1 项危险物——氧化性物质

联合国编号（UN No.）：3303

正式运输名称：压缩气体，毒性，氧化性，未另作规定的

包装类别：不适用

2023　四氟化硅

别名：氟化硅

英文名：silicon tetrafluoride

CAS 号：7783-61-1

GHS 标签信号词及象形图：危险

危险性类别：加压气体

急性毒性-吸入，类别 3＊

皮肤腐蚀/刺激，类别 1

严重眼损伤/眼刺激，类别 1

主要危险性及次要危险性：第 2.3 类危险物——毒性气体；第 8 类危险物——腐蚀性物质

联合国编号（UN No.）：1859

正式运输名称：四氟化硅

包装类别：不适用

2024　四氟化硫

别名：—

英文名：sulfur tetrafluoride

CAS 号：7783-60-0

GHS 标签信号词及象形图：危险

危险性类别：加压气体

急性毒性-吸入，类别 1

皮肤腐蚀/刺激，类别 1

严重眼损伤/眼刺激，类别 1

特异性靶器官毒性-一次接触，类别 1

特异性靶器官毒性-一次接触，类别 3（呼吸道刺激）

特异性靶器官毒性-反复接触，类别 1

主要危险性及次要危险性：第 2.3 类危险物——毒性气体；第 8 类危险物——腐蚀性物质
联合国编号（UN No.）：2418
正式运输名称：四氟化硫
包装类别：不适用

2025   四氟化铅

别名：—
英文名：lead tetrafluoride
CAS 号：7783-59-7
GHS 标签信号词及象形图：危险

危险性类别：致癌性，类别 1B
　　生殖毒性，类别 1A
　　特异性靶器官毒性-反复接触，类别 2 *
　　危害水生环境-急性危害，类别 1
　　危害水生环境-长期危害，类别 1
主要危险性及次要危险性：第 9 类危险物——杂项危险物质和物品
联合国编号（UN No.）：3077
正式运输名称：对环境有害的固态物质，未另作规定的
包装类别：Ⅲ

2026   四氟甲烷

别名：R14
英文名：tetrafluoromethane；freon 14
CAS 号：75-73-0
GHS 标签信号词及象形图：警告

危险性类别：加压气体
　　特异性靶器官毒性-一次接触，类别 3（麻醉效应）
主要危险性及次要危险性：第 2.2 类危险物——非易燃无毒气体
联合国编号（UN No.）：1982
正式运输名称：四氟甲烷

包装类别：不适用

2027   四氟硼酸-2,5-二乙氧基-4-吗啉代重氮苯

别名：—
英文名：2,5-diethoxy-4-morpholinobenzenedi-azonium tetrafluoroborate
CAS 号：4979-72-0
GHS 标签信号词及象形图：危险

危险性类别：自反应物质和混合物，D 型
主要危险性及次要危险性：第 4.1 项危险物——自反应物质
联合国编号（UN No.）：3226
正式运输名称：D 型自反应固体
包装类别：满足Ⅱ类包装要求

2028   四氟乙烯（稳定的）

别名：—
英文名：tetrafluoroethylene，stabilized
CAS 号：116-14-3
GHS 标签信号词及象形图：危险

危险性类别：易燃气体，类别 1
　　化学不稳定性气体，类别 B
　　加压气体
　　严重眼损伤/眼刺激，类别 2B
　　致癌性，类别 2
　　特异性靶器官毒性-一次接触，类别 2
　　特异性靶器官毒性-反复接触，类别 2
主要危险性及次要危险性：第 2.1 类危险物——易燃气体
联合国编号（UN No.）：1081
正式运输名称：四氟乙烯，稳定的
包装类别：不适用

2029   1,2,4,5-四甲苯

别名：均四甲苯

英文名：1,2,4,5-tetramethyl benzene；sym-tetramethylbenzene

CAS 号：95-93-2

GHS 标签信号词及象形图：危险

危险性类别：易燃固体，类别1

主要危险性及次要危险性：第 4.1 项危险物——易燃固体

联合国编号（UN No.）：1325

正式运输名称：有机易燃固体，未另作规定的

包装类别：Ⅱ

2030　1,1,3,3-四甲基-1-丁硫醇

别名：特辛硫醇；叔辛硫醇

英文名：1,1,3,3-tetramethyl-1-butyl sulf-hydrate；*tert*-octanethiol；*tert*-octyl mercaptan；2-pentanethiol, 2,4,4-trimethyl

CAS 号：141-59-3

GHS 标签信号词及象形图：危险

危险性类别：易燃液体，类别3
　急性毒性-经口，类别3
　急性毒性-吸入，类别2*

主要危险性及次要危险性：第 3 类危险物——易燃液体；第 6.1 项危险物——毒性物质

联合国编号（UN No.）：3071

正式运输名称：液态硫醇，毒性，易燃，未另作规定的

包装类别：Ⅱ

2031　1,1,3,3-四甲基丁基过氧-2-乙基己酸酯（含量≤100%）

别名：过氧化-2-乙基己酸-1,1,3,3-四甲基丁酯；过氧化-1,1,3,3-四甲基丁基-2-乙基己酸酯；过氧化-2-乙基己酸叔辛酯

英文名：1,1,3,3-tetramethylbutyl peroxy-2-ethyl-hexanoate（not more than 100%）；1,1,

3,3-tetramethyl butyl per-ethyl-hexanoate；*tert*-octyl peroxy-2-ethylhexanoate

CAS 号：22288-43-3

GHS 标签信号词及象形图：危险

危险性类别：有机过氧化物，D 型

主要危险性及次要危险性：第 5.2 项危险物——有机过氧化物

联合国编号（UN No.）：3105

正式运输名称：液态 D 型有机过氧化物

包装类别：满足 Ⅱ 类包装要求

2032　1,1,3,3-四甲基丁基过氧新癸酸酯（含量≤52%，在水中稳定弥散）

别名：—

英文名：1,1,3,3-tetramethylbutyl peroxyneo-decanoate（not more than 52% as a stable dispersion in water）

CAS 号：51240-95-0

GHS 标签信号词及象形图：警告

危险性类别：有机过氧化物，F 型

主要危险性及次要危险性：第 5.2 项危险物——有机过氧化物

联合国编号（UN No.）：3119

正式运输名称：液态 F 型有机过氧化物，控制温度的

包装类别：满足 Ⅱ 类包装要求

1,1,3,3-四甲基丁基过氧新癸酸酯（含量≤72%，含 B 型稀释剂≥28%）

别名：—

英文名：1,1,3,3-tetramethylbutyl peroxyneo-decanoate（not more than 72%, and diluent type B not less than 28%）

CAS 号：51240-95-0

GHS 标签信号词及象形图：危险

危险性类别：有机过氧化物，D 型
主要危险性及次要危险性：第 5.2 项危险物——有机过氧化物
联合国编号（UN No.）：3115
正式运输名称：液态 D 型有机过氧化物，控制温度的
包装类别：满足Ⅱ类包装要求

2033   1,1,3,3-四甲基丁基氢过氧化物（含量≤100%）

别名：过氧化氢叔辛基
英文名：1,1,3,3-tetramethylbutyl hydroperoxide（not more than 100%）；*tert*-octyl hydroperoxide
CAS 号：5809-08-5
GHS 标签信号词及象形图：危险

危险性类别：有机过氧化物，D 型
主要危险性及次要危险性：第 5.2 项危险物——有机过氧化物
联合国编号（UN No.）：3105
正式运输名称：液态 D 型有机过氧化物
包装类别：满足Ⅱ类包装要求

2034   2,2,3′,3′-四甲基丁烷

别名：六甲基乙烷；双叔丁基
英文名：2,2,3′,3′-tetramethylbutane
CAS 号：594-82-1
GHS 标签信号词及象形图：危险

危险性类别：易燃液体，类别 2
皮肤腐蚀/刺激，类别 2
特异性靶器官毒性-一次接触，类别 3（麻醉效应）

吸入危害，类别 1
危害水生环境-急性危害，类别 1
危害水生环境-长期危害，类别 1
主要危险性及次要危险性：第 4.1 项危险物——易燃固体
联合国编号（UN No.）：1325
正式运输名称：有机易燃固体，未另作规定的
包装类别：Ⅱ

2035   四甲基硅烷

别名：四甲基硅
英文名：tetramethylsilane；silicon methyl
CAS 号：75-76-3
GHS 标签信号词及象形图：危险

危险性类别：易燃液体，类别 1
主要危险性及次要危险性：第 3 类危险物——易燃液体
联合国编号（UN No.）：2749
正式运输名称：四甲基硅烷
包装类别：Ⅰ

2036   四甲基铅

别名：—
英文名：tetramethyl lead
CAS 号：75-74-1
GHS 标签信号词及象形图：危险

危险性类别：易燃液体，类别 3
急性毒性-经口，类别 3
急性毒性-吸入，类别 2
特异性靶器官毒性-一次接触，类别 1
特异性靶器官毒性-反复接触，类别 1
危害水生环境-急性危害，类别 1
危害水生环境-长期危害，类别 1
主要危险性及次要危险性：第 6.1 项危险物——毒性物质；第 3 类危险物——易燃

液体

联合国编号（UN No.）：2929

正式运输名称：有机毒性液体，易燃，未另作规定的

包装类别：Ⅱ

2037　四甲基氢氧化铵

别名：—

英文名：tetramethylammonium hydroxide

CAS 号：75-59-2

GHS 标签信号词及象形图：危险

危险性类别：急性毒性-经口，类别 2

急性毒性-经皮，类别 2

皮肤腐蚀/刺激，类别 1

严重眼损伤/眼刺激，类别 1

特异性靶器官毒性-一次接触，类别 1

特异性靶器官毒性-反复接触，类别 1

危害水生环境-急性危害，类别 2

主要危险性及次要危险性：第 8 类危险物——腐蚀性物质

联合国编号（UN No.）：3423

正式运输名称：固态氢氧化四甲铵

包装类别：Ⅱ

2038　N,N,N′,N′-四甲基乙二胺

别名：1,2-双(二甲基氨基)乙烷

英文名：N,N,N′,N′-tetramethylethylenedi-amine；1,2-di(dimethylamino)ethane

CAS 号：110-18-9

GHS 标签信号词及象形图：危险

危险性类别：易燃液体，类别 2

皮肤腐蚀/刺激，类别 1B

严重眼损伤/眼刺激，类别 1

主要危险性及次要危险性：第 3 类危险物——易燃液体

联合国编号（UN No.）：2372

正式运输名称：1,2-二（二甲氨基）乙烷

包装类别：Ⅱ

2039　四聚丙烯

别名：四丙烯

英文名：propylene tetramer；tetrapropylene

CAS 号：6842-15-5

GHS 标签信号词及象形图：警告

危险性类别：易燃液体，类别 3

危害水生环境-急性危害，类别 1

危害水生环境-长期危害，类别 1

主要危险性及次要危险性：第 3 类危险物——易燃液体

联合国编号（UN No.）：2850

正式运输名称：四聚丙烯

包装类别：Ⅲ

2040　四磷酸六乙酯

别名：乙基四磷酸酯

英文名：hexaethyl tetraphosphate；ethyl tet-raphosphate

CAS 号：757-58-4

GHS 标签信号词及象形图：危险

危险性类别：急性毒性-经口，类别 2

主要危险性及次要危险性：第 6.1 项危险物——毒性物质

联合国编号（UN No.）：1611

正式运输名称：四磷酸六乙酯

包装类别：Ⅱ

2041　四磷酸六乙酯和压缩气体混合物

别名：—

英文名：hexaethyl tetraphosphate and com-pressed gas mixtures

CAS 号：—

GHS 标签信号词及象形图：危险

危险性类别：加压气体
急性毒性-吸入，类别 3 *
主要危险性及次要危险性：第 2.3 类危险
物——毒性气体
联合国编号（UN No.）：1612
正式运输名称：四磷酸六乙酯和压缩气体混
合物
包装类别：不适用

2042   2,3,4,6-四氯苯酚

别名：2,3,4,6-四氯酚
英文名：2,3,4,6-tetrachlorophenol
CAS 号：58-90-2
GHS 标签信号词及象形图：危险

危险性类别：急性毒性-经口，类别 3 *
皮肤腐蚀/刺激，类别 2
严重眼损伤/眼刺激，类别 2
危害水生环境-急性危害，类别 1
危害水生环境-长期危害，类别 1
主要危险性及次要危险性：第 6.1 项危险
物——毒性物质
联合国编号（UN No.）：2020
正式运输名称：固态氯苯酚
包装类别：Ⅲ

2043   1,1,3,3-四氯丙酮

别名：1,1,3,3-四氯-2-丙酮
英文名：1,1,3,3-tetrachloroacetone；1,1,3,3-tetrachloro-2-propanone
CAS 号：632-21-3
GHS 标签信号词及象形图：危险

危险性类别：急性毒性-经口，类别 3
急性毒性-经皮，类别 2

主要危险性及次要危险性：第 6.1 项危险
物——毒性物质
联合国编号（UN No.）：2811
正式运输名称：有机毒性固体，未另作规
定的
包装类别：Ⅱ

2044   1,2,3,4-四氯代苯

别名：—
英文名：1,2,3,4-tetrachlorobenzene
CAS 号：634-66-2
GHS 标签信号词及象形图：危险

危险性类别：生殖毒性，类别 1B
特异性靶器官毒性-一次接触，类别 2
特异性靶器官毒性-一次接触，类别 3（麻
醉效应）
特异性靶器官毒性-反复接触，类别 2
危害水生环境-急性危害，类别 1
危害水生环境-长期危害，类别 1
主要危险性及次要危险性：第 9 类危险物——
杂项危险物质和物品
联合国编号（UN No.）：3077
正式运输名称：对环境有害的固态物质，未
另作规定的
包装类别：Ⅲ

2045   1,2,3,5-四氯代苯

别名：—
英文名：1,2,3,5-tetrachlorobenzene
CAS 号：634-90-2
GHS 标签信号词及象形图：无

危险性类别：危害水生环境-急性危害，类
别 2
危害水生环境-长期危害，类别 2
主要危险性及次要危险性：第 9 类危险物——
杂项危险物质和物品

联合国编号（**UN No.**）：3077

正式运输名称：对环境有害的固态物质，未
另作规定的

包装类别：Ⅲ

2046　1,2,4,5-四氯代苯

别名：—

英文名：1,2,4,5-tetrachlorobenzene

CAS号：95-94-3

GHS标签信号词及象形图：危险

危险性类别：生殖毒性，类别2

生殖毒性，附加类别

特异性靶器官毒性-一次接触，类别3（麻
醉效应）

特异性靶器官毒性-反复接触，类别1

危害水生环境-急性危害，类别1

危害水生环境-长期危害，类别1

主要危险性及次要危险性：第9类危险物——
杂项危险物质和物品

联合国编号（**UN No.**）：3077

正式运输名称：对环境有害的固态物质，未
另作规定的

包装类别：Ⅲ

2047　2,3,7,8-四氯二苯并对二噁英

别名：二噁英；2,3,7,8-TCDD；四氯二苯二
噁英

英文名：2,3,7,8-tetrachlorodibenzo-1,4-dioxin；
2,3,7,8-etrachlorodibenzo-para-dioxin

CAS号：1746-01-6

GHS标签信号词及象形图：危险

危险性类别：急性毒性-经口，类别1

急性毒性-经皮，类别1

皮肤腐蚀/刺激，类别2

严重眼损伤/眼刺激，类别2

生殖细胞致突变性，类别2

致癌性，类别1A

生殖毒性，类别1B

特异性靶器官毒性-一次接触，类别1

特异性靶器官毒性-反复接触，类别1

危害水生环境-急性危害，类别1

危害水生环境-长期危害，类别1

主要危险性及次要危险性：第6.1项危险
物——毒性物质

联合国编号（**UN No.**）：2811

正式运输名称：有机毒性固体，未另作规
定的

包装类别：Ⅰ

2048　四氯化碲

别名：—

英文名：tellurium tetrachloride

CAS号：10026-07-0

GHS标签信号词及象形图：危险

危险性类别：皮肤腐蚀/刺激，类别1

严重眼损伤/眼刺激，类别1

主要危险性及次要危险性：第6.1项危险
物——毒性物质

联合国编号（**UN No.**）：3284

正式运输名称：碲化合物，未另作规定的

包装类别：Ⅲ

2049　四氯化钒

别名：—

英文名：vanadium tetrachloride

CAS号：7632-51-1

GHS标签信号词及象形图：危险

危险性类别：急性毒性-经口，类别3

皮肤腐蚀/刺激，类别1

严重眼损伤/眼刺激，类别1

主要危险性及次要危险性：第8类危险物——
腐蚀性物质

联合国编号（UN No.）：2444

正式运输名称：四氯化钒

包装类别：Ⅰ

2050　四氯化锆

别名：—

英文名：zirconium tetrachloride

CAS号：10026-11-6

GHS标签信号词及象形图：危险

危险性类别：皮肤腐蚀/刺激，类别1C

　　严重眼损伤/眼刺激，类别1

主要危险性及次要危险性：第8类危险物——

　　腐蚀性物质

联合国编号（UN No.）：2503

正式运输名称：四氯化锆

包装类别：Ⅲ

2051　四氯化硅

别名：氯化硅

英文名：silicon tetrachloride；silicon（Ⅳ）chloride

CAS号：10026-04-7

GHS标签信号词及象形图：警告

危险性类别：皮肤腐蚀/刺激，类别2

　　严重眼损伤/眼刺激，类别2

　　特异性靶器官毒性-一次接触，类别3（呼吸道刺激）

主要危险性及次要危险性：第8类危险物——

　　腐蚀性物质

联合国编号（UN No.）：1818

正式运输名称：四氯化硅

包装类别：Ⅱ

2052　四氯化硫

别名：—

英文名：sulphur tetrachloride

CAS号：13451-08-6

GHS标签信号词及象形图：危险

危险性类别：皮肤腐蚀/刺激，类别1B

　　严重眼损伤/眼刺激，类别1

　　特异性靶器官毒性-一次接触，类别3（呼吸道刺激）

　　危害水生环境-急性危害，类别1

主要危险性及次要危险性：第8类危险物——

　　腐蚀性物质

联合国编号（UN No.）：1828

正式运输名称：氯化硫

包装类别：Ⅰ

2053　1,2,3,4-四氯化萘

别名：四氯化萘

英文名：1,2,3,4-tetrachloronaphthalene；tetrachloro-naphthalene

CAS号：1335-88-2

GHS标签信号词及象形图：危险

危险性类别：特异性靶器官毒性-反复接触，类别1

主要危险性及次要危险性：—

联合国编号（UN No.）：非危

正式运输名称：—

包装类别：—

2054　四氯化铅

别名：—

英文名：lead tetrachloride

CAS号：13463-30-4

GHS标签信号词及象形图：危险

危险性类别：致癌性，类别1B

　　生殖毒性，类别1A

特异性靶器官毒性-反复接触，类别2*

危害水生环境-急性危害，类别1

危害水生环境-长期危害，类别1

主要危险性及次要危险性： 第9类危险物——杂项危险物质和物品

联合国编号（UN No.）： 3082

正式运输名称： 对环境有害的液态物质，未另作规定的

包装类别： Ⅲ

2055　四氯化钛

别名： —

英文名： titanium tetrachloride

CAS号： 7550-45-0

GHS标签信号词及象形图： 危险

危险性类别： 皮肤腐蚀/刺激，类别1B

严重眼损伤/眼刺激，类别1

主要危险性及次要危险性： 第6.1项危险物——毒性物质；第8类危险物——腐蚀性物质

联合国编号（UN No.）： 1838

正式运输名称： 四氯化钛

包装类别： Ⅰ

2056　四氯化碳

别名： 四氯甲烷

英文名： carbon tetrachloride；tetrachloromethane

CAS号： 56-23-5

GHS标签信号词及象形图： 危险

危险性类别： 急性毒性-经口，类别3*

急性毒性-经皮，类别3*

急性毒性-吸入，类别3*

致癌性，类别2

特异性靶器官毒性-反复接触，类别1

危害水生环境-长期危害，类别3

危害臭氧层，类别1

主要危险性及次要危险性： 第6.1项危险物——毒性物质

联合国编号（UN No.）： 1846

正式运输名称： 四氯化碳

包装类别： Ⅱ

2057　四氯化硒

别名： —

英文名： selenium tetrachloride

CAS号： 10026-03-6

GHS标签信号词及象形图： 危险

危险性类别： 急性毒性-经口，类别3*

急性毒性-吸入，类别3*

特异性靶器官毒性-反复接触，类别2

危害水生环境-急性危害，类别1

危害水生环境-长期危害，类别1

主要危险性及次要危险性： 第6.1项危险物——毒性物质

联合国编号（UN No.）： 3283

正式运输名称： 硒化合物，固态，未另作规定的

包装类别： Ⅲ

2058　四氯化锡（无水）

别名： 氯化锡

英文名： tin tetrachloride，anhydrous；stannic chloride，anhydrous

CAS号： 7646-78-8

GHS标签信号词及象形图： 危险

危险性类别： 皮肤腐蚀/刺激，类别1B

严重眼损伤/眼刺激，类别1

特异性靶器官毒性-一次接触，类别3（呼吸道刺激）

危害水生环境-长期危害，类别3

主要危险性及次要危险性： 第8类危险物——腐蚀性物质

联合国编号（UN No.）：1827

正式运输名称：无水四氯化锡

包装类别：Ⅱ

2059　四氯化锡五水合物

别名：—

英文名：stannic chloride pentahydrate

CAS 号：10026-06-9

GHS 标签信号词及象形图：危险

危险性类别：皮肤腐蚀/刺激，类别 1

严重眼损伤/眼刺激，类别 1

危害水生环境-长期危害，类别 3

主要危险性及次要危险性：第 8 类危险物——

腐蚀性物质

联合国编号（UN No.）：2440

正式运输名称：五水合四氯化锡

包装类别：Ⅲ

2060　四氯化锗

别名：氯化锗

英文名：germanium tetrachloride；germanium

chloride

CAS 号：10038-98-9

GHS 标签信号词及象形图：危险

危险性类别：皮肤腐蚀/刺激，类别 1

严重眼损伤/眼刺激，类别 1

主要危险性及次要危险性：第 8 类危险物——

腐蚀性物质

联合国编号（UN No.）：1760

正式运输名称：腐蚀性液体，未另作规定的

包装类别：Ⅲ

2061　四氯邻苯二甲酸酐

别名：—

英文名：tetrachlorophthalic anhydride

CAS 号：117-08-8

GHS 标签信号词及象形图：危险

危险性类别：严重眼损伤/眼刺激，类别 1

呼吸道致敏物，类别 1

皮肤致敏物，类别 1

危害水生环境-急性危害，类别 1

危害水生环境-长期危害，类别 1

主要危险性及次要危险性：第 9 类危险物——

杂项危险物质和物品

联合国编号（UN No.）：3077

正式运输名称：对环境有害的固态物质，未

另作规定的

包装类别：Ⅲ

2062　四氯锌酸-2,5-二丁氧基-4-(4-吗啉基)重氮苯（2∶1）

别名：—

英文名：2,5-dibutoxy-4-(4-morpholinyl) ben-

zenediazonium，tetrachlorozincate（2∶1）

CAS 号：14726-58-0

GHS 标签信号词及象形图：警告

危险性类别：自反应物质和混合物，E 型

主要危险性及次要危险性：第 4.1 项危险

物——自反应物质

联合国编号（UN No.）：3228

正式运输名称：E 型自反应固体

包装类别：满足 Ⅱ 类包装要求

2063　1,1,2,2-四氯乙烷

别名：—

英文名：1,1,2,2-tetrachloroethane

CAS 号：79-34-5

GHS 标签信号词及象形图：危险

危险性类别：急性毒性-经皮，类别 1

急性毒性-吸入，类别 2 *

危害水生环境-急性危害，类别 2

危害水生环境-长期危害，类别 2

主要危险性及次要危险性： 第 6.1 项危险物——毒性物质

联合国编号（UN No.）： 1702

正式运输名称： 1，1，2，2-四氯乙烷

包装类别： Ⅱ

2064　四氯乙烯

别名： 全氯乙烯

英文名： tetrachloroethylene；perchloroethylene

CAS 号： 127-18-4

GHS 标签信号词及象形图： 危险

危险性类别： 致癌性，类别 1B

危害水生环境-急性危害，类别 2

危害水生环境-长期危害，类别 2

主要危险性及次要危险性： 第 6.1 项危险物——毒性物质

联合国编号（UN No.）： 1897

正式运输名称： 四氯乙烯

包装类别： Ⅲ

2065　N-四氯乙硫基四氢酞酰亚胺

别名： 敌菌丹

英文名： captafol

CAS 号： 2425-06-1

GHS 标签信号词及象形图： 危险

危险性类别： 皮肤致敏物，类别 1

致癌性，类别 1B

危害水生环境-急性危害，类别 1

危害水生环境-长期危害，类别 1

主要危险性及次要危险性： 第 9 类危险物——杂项危险物质和物品

联合国编号（UN No.）： 3077

正式运输名称： 对环境有害的固态物质，未另作规定的

包装类别： Ⅲ

2066　5，6，7，8-四氢-1-萘胺

别名： 1-氨基-5，6，7，8-四氢萘

英文名： 5，6，7，8-tetrahydro-1-naphthylamine；1-amino-5，6，7，8-tetrahydronaphthalene

CAS 号： 2217-41-6

GHS 标签信号词及象形图： 警告

危险性类别： 皮肤腐蚀/刺激，类别 2

严重眼损伤/眼刺激，类别 2

特异性靶器官毒性-一次接触，类别 3（呼吸道刺激）

主要危险性及次要危险性： —

联合国编号（UN No.）： 非危

正式运输名称： —

包装类别： —

2067　3-(1，2，3，4-四氢-1-萘基)-4-羟基香豆素

别名： 杀鼠醚

英文名： 4-hydroxy-3-(1，2，3，4-tetrahydro-1-naphthyl) coumarin；racumin；coumatetralyl

CAS 号： 5836-29-3

GHS 标签信号词及象形图： 危险

危险性类别： 急性毒性-经口，类别 2 *

急性毒性-经皮，类别 1

特异性靶器官毒性-反复接触，类别 1

危害水生环境-长期危害，类别 3

主要危险性及次要危险性： 第 6.1 项危险物——毒性物质

联合国编号（UN No.）： 2811

正式运输名称： 有机毒性固体，未另作规定的

包装类别：Ⅰ

2068　1,2,5,6-四氢吡啶

别名：—
英文名：1,2,5,6-tetrahydropyridine
CAS 号：694-05-3
GHS 标签信号词及象形图：危险

危险性类别：易燃液体，类别 2
主要危险性及次要危险性：第 3 类危险物——
　易燃液体
联合国编号（UN No.）：2410
正式运输名称：1,2,3,6-四氢吡啶
包装类别：Ⅱ

2069　四氢吡咯

别名：吡咯烷；四氢氮杂茂
英文名：tetrahydropyrrole；pyrrolidine；tet-
　ramethyleneimine
CAS 号：123-75-1
GHS 标签信号词及象形图：危险

危险性类别：易燃液体，类别 2
　急性毒性-经口，类别 3
　急性毒性-吸入，类别 2
　皮肤腐蚀/刺激，类别 1
　严重眼损伤/眼刺激，类别 1
　特异性靶器官毒性-一次接触，类别 1
主要危险性及次要危险性：第 3 类危险物——
　易燃液体；第 8 类危险物——腐蚀性物质
联合国编号（UN No.）：1922
正式运输名称：吡咯烷
包装类别：Ⅱ

2070　四氢吡喃

别名：氧己环
英文名：tetrahydropyran；pentamethylene
　oxide

CAS 号：142-68-7
GHS 标签信号词及象形图：危险

危险性类别：易燃液体，类别 2
主要危险性及次要危险性：第 3 类危险物——
　易燃液体
联合国编号（UN No.）：1993
正式运输名称：易燃液体，未另作规定的
包装类别：Ⅱ

2071　四氢呋喃

别名：氧杂环戊烷
英文名：tetrahydrofuran；diethylene oxide
CAS 号：109-99-9
GHS 标签信号词及象形图：危险

危险性类别：易燃液体，类别 2
　严重眼损伤/眼刺激，类别 2
　致癌性，类别 2
　特异性靶器官毒性-一次接触，类别 3（呼
　吸道刺激）
主要危险性及次要危险性：第 3 类危险物——
　易燃液体
联合国编号（UN No.）：2056
正式运输名称：四氢呋喃
包装类别：Ⅱ

2072　1,2,3,6-四氢化苯甲醛

别名：—
英文名：1,2,3,6-tetrahydrobenzaldehyde
CAS 号：100-50-5
GHS 标签信号词及象形图：警告

危险性类别：易燃液体，类别 3
　皮肤腐蚀/刺激，类别 2＊

主要危险性及次要危险性：第 3 类危险物——
易燃液体

联合国编号（UN No.）：2498

正式运输名称：1,2,3,6-四氢化苯甲醛

包装类别：Ⅲ

2073　四氢糠胺

别名：—

英文名：tetrahydrofurfurylamine

CAS 号：4795-29-3

GHS 标签信号词及象形图：警告

危险性类别：易燃液体，类别 3

主要危险性及次要危险性：第 3 类危险物——
易燃液体

联合国编号（UN No.）：2943

正式运输名称：四氢化糠胺

包装类别：Ⅲ

2074　四氢邻苯二甲酸酐
（含马来酐＞0.05％）

别名：四氢酞酐

英文名：3,4,5,6-tetrahydrophthalic anhydride
with more than 0.05％ of maleic anhydride

CAS 号：2426-02-0

GHS 标签信号词及象形图：危险

危险性类别：皮肤腐蚀/刺激，类别 1
严重眼损伤/眼刺激，类别 1
呼吸道致敏物，类别 1
皮肤致敏物，类别 1
危害水生环境-长期危害，类别 3

主要危险性及次要危险性：第 8 类危险物——
腐蚀性物质

联合国编号（UN No.）：2698

正式运输名称：四氢化邻苯二甲酸酐，含马
来酐大于 0.05％

包装类别：Ⅲ

2075　四氢噻吩

别名：四亚甲基硫；四氢硫杂茂

英文名：tetrahydrothiophene；tetramethylene
sulfide；thiophane

CAS 号：110-01-0

GHS 标签信号词及象形图：危险

危险性类别：易燃液体，类别 2
皮肤腐蚀/刺激，类别 2
严重眼损伤/眼刺激，类别 2
危害水生环境-长期危害，类别 3

主要危险性及次要危险性：第 3 类危险物——
易燃液体

联合国编号（UN No.）：2412

正式运输名称：四氢噻吩

包装类别：Ⅱ

2076　四氰基代乙烯

别名：四氰代乙烯

英文名：tetracyanoethylene；percyanoethyl-
ene

CAS 号：670-54-2

GHS 标签信号词及象形图：危险

危险性类别：急性毒性-经口，类别 1

主要危险性及次要危险性：第 6.1 项危险
物——毒性物质

联合国编号（UN No.）：2811

正式运输名称：有机毒性固体，未另作规
定的

包装类别：Ⅰ

2077　2,3,4,6-四硝基苯胺

别名：—

英文名：2,3,4,6-tetranitroaniline

CAS 号：3698-54-2

GHS 标签信号词及象形图：危险

危险性类别：爆炸物，1.1项

主要危险性及次要危险性：第 1.1 项 危 险
物——有整体爆炸危险的物质和物品

联合国编号（UN No.）：0207

正式运输名称：四硝基苯胺

包装类别：满足Ⅱ类包装要求

2078   四硝基甲烷

别名：—

英文名：tetranitromethane

CAS 号：509-14-8

GHS 标签信号词及象形图：危险

危险性类别：氧化性液体，类别1

急性毒性-经口，类别3

急性毒性-吸入，类别1

严重眼损伤/眼刺激，类别2A

致癌性，类别2

特异性靶器官毒性-一次接触，类别3（呼
吸道刺激）

特异性靶器官毒性-反复接触，类别1

主要危险性及次要危险性：第 6.1 项 危 险
物——毒性物质；第5.1项危险物——氧
化性物质

联合国编号（UN No.）：1510

正式运输名称：四硝基甲烷

包装类别：Ⅰ

2079   四硝基萘

别名：—

英文名：1,3,6,8-tetranitronaphthalene

CAS 号：28995-89-3

GHS 标签信号词及象形图：危险

危险性类别：爆炸物，1.1项

主要危险性及次要危险性：第 1.1 项 危 险
物——有整体爆炸危险的物质和物品

联合国编号（UN No.）：0475

正式运输名称：爆炸性物品，未另作规定的

包装类别：满足Ⅱ类包装要求

2080   四硝基萘胺

别名：—

英文名：tetranitro-1-naphthylamine

CAS 号：—

GHS 标签信号词及象形图：危险

危险性类别：爆炸物，1.1项

主要危险性及次要危险性：第 1.1 项 危 险
物——有整体爆炸危险的物质和物品

联合国编号（UN No.）：0463

正式运输名称：爆炸性物品，未另作规定的

包装类别：满足Ⅱ类包装要求

2081   四溴二苯醚

别名：—

英文名：tetrabromodiphenyl ethers

CAS 号：40088-47-9

GHS 标签信号词及象形图：危险

危险性类别：生殖毒性，类别1B

主要危险性及次要危险性：—

联合国编号（UN No.）：非危

正式运输名称：—

包装类别：—

2082   四溴化硒

别名：—

英文名：selenium tetrabromide

CAS 号：7789-65-3

GHS 标签信号词及象形图：危险

危险性类别：急性毒性-经口，类别 3 *

急性毒性-吸入，类别 3 *

特异性靶器官毒性-反复接触，类别 2

危害水生环境-急性危害，类别 1

危害水生环境-长期危害，类别 1

主要危险性及次要危险性：第 6.1 项 危 险

物——毒性物质

联合国编号（UN No.）：3283

正式运输名称：硒化合物，固态，未另作规

定的

包装类别：Ⅲ

2083　四溴化锡

别名：—

英文名：tin tetrabromide

CAS 号：7789-67-5

GHS 标签信号词及象形图：危险

危险性类别：皮肤腐蚀/刺激，类别 1

严重眼损伤/眼刺激，类别 1

主要危险性及次要危险性：第 8 类危险物——

腐蚀性物质

联合国编号（UN No.）：3260/1759△

正式运输名称：无机酸性腐蚀性固体，未另

作规定的/腐蚀性固体，未另作规定的 △

包装类别：Ⅲ

2084　四溴甲烷

别名：四溴化碳

英文名：tetrabromomethane；carbon tetra-

bromide

CAS 号：558-13-4

GHS 标签信号词及象形图：危险

危险性类别：皮肤腐蚀/刺激，类别 2

严重眼损伤/眼刺激，类别 1

特异性靶器官毒性-一次接触，类别 1

特异性靶器官毒性-一次接触，类别 3（麻

醉效应）

特异性靶器官毒性-反复接触，类别 1

主要危险性及次要危险性：第 6.1 项 危 险

物——毒性物质

联合国编号（UN No.）：2516

正式运输名称：四溴化碳

包装类别：Ⅲ

2085　1,1,2,2-四溴乙烷

别名：—

英文名：1,1,2,2-tetrabromoethane

CAS 号：79-27-6

GHS 标签信号词及象形图：危险

危险性类别：急性毒性-吸入，类别 2 *

严重眼损伤/眼刺激，类别 2

危害水生环境-长期危害，类别 3

主要危险性及次要危险性：第 6.1 项 危 险

物——毒性物质

联合国编号（UN No.）：2504

正式运输名称：四溴乙烷

包装类别：Ⅲ

2086　四亚乙基五胺

别名：三缩四乙二胺

英文名：3,6,9-triazaundecamethylenedia-

mine；tetraethylenepentamine

CAS 号：112-57-2

GHS 标签信号词及象形图：危险

危险性类别：皮肤腐蚀/刺激，类别 1B

严重眼损伤/眼刺激，类别 1

皮肤致敏物，类别 1

危害水生环境-急性危害，类别 2

危害水生环境-长期危害，类别 2

主要危险性及次要危险性：第 8 类危险物——

腐蚀性物质

联合国编号（UN No.）：2320

正式运输名称：四亚乙基五胺

包装类别：Ⅲ

2087　四氧化锇

别名：锇酸酐

英文名：osmium tetraoxide；osmic acid；osmic acid anhydride

CAS 号：20816-12-0

GHS 标签信号词及象形图：危险

危险性类别：急性毒性-经口，类别 2 *

急性毒性-经皮，类别 1

急性毒性-吸入，类别 2 *

皮肤腐蚀/刺激，类别 1B

严重眼损伤/眼刺激，类别 1

主要危险性及次要危险性：第 6.1 项危险物——毒性物质

联合国编号（UN No.）：2471

正式运输名称：四氧化锇

包装类别：Ⅰ

2088　四氧化二氮

别名：—

英文名：dinitrogen tetroxide

CAS 号：10544-72-6

GHS 标签信号词及象形图：危险

危险性类别：氧化性气体，类别 1

加压气体

急性毒性-吸入，类别 2 *

皮肤腐蚀/刺激，类别 1B

严重眼损伤/眼刺激，类别 1

特异性靶器官毒性-一次接触，类别 3（呼吸道刺激）

主要危险性及次要危险性：第 2.3 类危险物——毒性气体；第 5.1 项危险物——氧化性物质；第 8 类危险物——腐蚀性物质

联合国编号（UN No.）：1067

正式运输名称：四氧化二氮

包装类别：不适用

2089　四氧化三铅

别名：红丹；铅丹；铅橙

英文名：lead tetraoxide；lead oxide red；orange lead

CAS 号：1314-41-6

GHS 标签信号词及象形图：危险

危险性类别：致癌性，类别 1B

生殖毒性，类别 1A

特异性靶器官毒性-一次接触，类别 1

特异性靶器官毒性-反复接触，类别 1

危害水生环境-急性危害，类别 1

危害水生环境-长期危害，类别 1

主要危险性及次要危险性：第 9 类危险物——杂项危险物质和物品

联合国编号（UN No.）：3077

正式运输名称：对环境有害的固态物质，未另作规定的

包装类别：Ⅲ

2090　O,O,O',O'-四乙基-S,S'-亚甲基双（二硫代磷酸酯）

别名：乙硫磷

英文名：O,O,O',O'-tetraethyl S,S'-methylenedi(phosphorodithioate)；diethion；ethiol；cethion；FMC-1240；ethion

CAS 号：563-12-2

GHS 标签信号词及象形图：危险

危险性类别：急性毒性-经口，类别 3 *

危害水生环境-急性危害，类别 1

危害水生环境-长期危害，类别 1

主要危险性及次要危险性：第 6.1 项危险物——毒性物质

联合国编号（UN No.）：3018/2810△

正式运输名称：液态有机磷农药，毒性/有机
　毒性液体，未另作规定的△

包装类别：Ⅲ

2091　O,O,O',O'-四乙基二硫代焦磷酸酯

别名：治螟磷

英文名：O,O,O,O-tetraethyl dithiopyrophosphate；thiotepp；dithione；sulfotep

CAS 号：3689-24-5

GHS 标签信号词及象形图：危险

危险性类别：急性毒性-经口，类别 2*
　急性毒性-经皮，类别 1
　危害水生环境-急性危害，类别 1
　危害水生环境-长期危害，类别 1

主要危险性及次要危险性：第 6.1 项危险
　物——毒性物质

联合国编号（UN No.）：1704

正式运输名称：二硫代焦磷酸四乙酯

包装类别：Ⅱ

2092　四乙基焦磷酸酯

别名：特普

英文名：tetraethyl pyrophosphate；TEPP

CAS 号：107-49-3

GHS 标签信号词及象形图：危险

危险性类别：急性毒性-经口，类别 2*
　急性毒性-经皮，类别 1
　危害水生环境-急性危害，类别 1

主要危险性及次要危险性：第 6.1 项危险
　物——毒性物质

联合国编号（UN No.）：3018/2810△

正式运输名称：有机毒性液体，未另作规定
　的/液态有机磷农药，毒性△

包装类别：Ⅰ

2093　四乙基铅

别名：发动机燃料抗爆混合物

英文名：tetraethyl lead

CAS 号：78-00-2

GHS 标签信号词及象形图：危险

危险性类别：急性毒性-经口，类别 2
　急性毒性-经皮，类别 3
　急性毒性-吸入，类别 1
　生殖毒性，类别 2
　特异性靶器官毒性-一次接触，类别 1
　特异性靶器官毒性-反复接触，类别 1
　危害水生环境-急性危害，类别 1
　危害水生环境-长期危害，类别 1

主要危险性及次要危险性：第 6.1 项危险
　物——毒性物质

联合国编号（UN No.）：1649

正式运输名称：发动机燃料抗爆剂

包装类别：Ⅰ

2094　四乙基氢氧化铵

别名：—

英文名：tetraethylammonium hydroxide

CAS 号：77-98-5

GHS 标签信号词及象形图：危险

危险性类别：皮肤腐蚀/刺激，类别 1
　严重眼损伤/眼刺激，类别 1

主要危险性及次要危险性：第 8 类危险物——
　腐蚀性物质

联合国编号（UN No.）：1760

正式运输名称：腐蚀性液体，未另作规定的

包装类别：Ⅲ

2095　四乙基锡

别名：四乙锡

英文名：tetra ethyltin；tetraethylstannane

CAS 号：597-64-8

GHS 标签信号词及象形图：危险

危险性类别：易燃液体，类别 3
　　急性毒性-经口，类别 2
　　急性毒性-吸入，类别 2*
　　危害水生环境-急性危害，类别 1
　　危害水生环境-长期危害，类别 1

主要危险性及次要危险性：第 6.1 项危险
物——毒性物质；第 3 类危险物——易燃
液体

联合国编号（UN No.）：2929/3384△

正式运输名称：有机毒性液体，易燃，未另
作规定的/吸入毒性液体，易燃，未另作规
定的△

包装类别：Ⅱ

2096　四唑并-1-乙酸

别名：四唑乙酸；四氮杂茂-1-乙酸

英文名：tetrazol-1-acetic acid；tetranitrazole-
acetic acid

CAS 号：21732-17-2

GHS 标签信号词及象形图：警告

危险性类别：爆炸物，1.4 项

主要危险性及次要危险性：第 1.4 项危险
物——不造成重大危险的物质和物品

联合国编号（UN No.）：0407

正式运输名称：四唑-1-乙酸

包装类别：满足Ⅱ类包装要求

2097　松焦油

别名：—

英文名：pine tar oil

CAS 号：8011-48-1

GHS 标签信号词及象形图：无

危险性类别：危害水生环境-长期危害，类别
3*

主要危险性及次要危险性：—

联合国编号（UN No.）：非危

正式运输名称：—

包装类别：—

2098　松节油

别名：—

英文名：turpentine, oil

CAS 号：8006-64-2

GHS 标签信号词及象形图：危险

危险性类别：易燃液体，类别 3
　　皮肤腐蚀/刺激，类别 2
　　严重眼损伤/眼刺激，类别 2
　　皮肤致敏物，类别 1
　　吸入危害，类别 1
　　危害水生环境-急性危害，类别 2
　　危害水生环境-长期危害，类别 2

主要危险性及次要危险性：第 3 类危险物——
易燃液体

联合国编号（UN No.）：1299

正式运输名称：松节油

包装类别：Ⅲ

2099　松节油混合萜

别名：松脂萜；芸香烯

英文名：terebene

CAS 号：1335-76-8

GHS 标签信号词及象形图：警告

危险性类别：易燃液体，类别 3

主要危险性及次要危险性：第 3 类危险物——
易燃液体

联合国编号（UN No.）：2319/1993

正式运输名称：萜烃，未另作规定的/易燃液
体，未另作规定的△

包装类别：Ⅲ

2100　松油

别名：—

英文名：pine oil

CAS 号：8002-09-3

GHS 标签信号词及象形图：警告

危险性类别：易燃液体，类别 3

　危害水生环境-长期危害，类别 3

主要危险性及次要危险性：第 3 类危险物——
　易燃液体

联合国编号（UN No.）：1272

正式运输名称：松油

包装类别：Ⅲ

2101　松油精

别名：松香油

英文名：rosin oil

CAS 号：8002-16-2

GHS 标签信号词及象形图：危险

危险性类别：易燃液体，类别 2

主要危险性及次要危险性：第 3 类危险物——
　易燃液体

联合国编号（UN No.）：1993

正式运输名称：易燃液体，未另作规定的

包装类别：Ⅱ

2102　酸式硫酸三乙基锡

别名：—

英文名：triethyltin hydrogen sulfate

CAS 号：57875-67-9

GHS 标签信号词及象形图：危险

危险性类别：急性毒性-经口，类别 2 *

　急性毒性-经皮，类别 1

急性毒性-吸入，类别 2 *

　危害水生环境-急性危害，类别 1

　危害水生环境-长期危害，类别 1

主要危险性及次要危险性：第 6.1 项危险
　物——毒性物质

联合国编号（UN No.）：2811

正式运输名称：有机毒性固体，未另作规
　定的

包装类别：Ⅰ

2103　铊

别名：金属铊

英文名：thallium，metal

CAS 号：7440-28-0

GHS 标签信号词及象形图：危险

危险性类别：急性毒性-经口，类别 2 *

　急性毒性-吸入，类别 2 *

　特异性靶器官毒性-反复接触，类别 2 *

主要危险性及次要危险性：第 6.1 项危险
　物——毒性物质

联合国编号（UN No.）：3288

正式运输名称：无机毒性固体，未另作规
　定的

包装类别：Ⅱ

2104　钛酸四乙酯

别名：钛酸乙酯；四乙氧基钛

英文名：tetraethyl titanate；ethyl titanate

CAS 号：3087-36-3

GHS 标签信号词及象形图：警告

危险性类别：易燃液体，类别 3

主要危险性及次要危险性：第 3 类危险物——
　易燃液体

联合国编号（UN No.）：1993

正式运输名称：易燃液体，未另作规定的

包装类别：Ⅲ

2105　钛酸四异丙酯

别名： 钛酸异丙酯

英文名： tetraisopropyl titanate; isopropyltitanat

CAS 号： 546-68-9

GHS 标签信号词及象形图： 警告

危险性类别： 易燃液体，类别 3
严重眼损伤/眼刺激，类别 2A

主要危险性及次要危险性： 第 3 类危险物——易燃液体

联合国编号（UN No.）： 2413

正式运输名称： 原钛酸四丙酯

包装类别： Ⅲ

2106　钛酸四正丙酯

别名： 钛酸正丙酯

英文名： tetrapropyl orthotitanate; titantetra-propanolat

CAS 号： 3087-37-4

GHS 标签信号词及象形图： 警告

危险性类别： 易燃液体，类别 3

主要危险性及次要危险性： 第 3 类危险物——易燃液体

联合国编号（UN No.）： 2413

正式运输名称： 原钛酸四丙酯

包装类别： Ⅲ

2107　碳化钙

别名： 电石

英文名： calcium carbide

CAS 号： 75-20-7

GHS 标签信号词及象形图： 危险

危险性类别： 遇水放出易燃气体的物质和混合物，类别 1

主要危险性及次要危险性： 第 4.3 项危险物——遇水放出易燃气体的物质

联合国编号（UN No.）： 1402

正式运输名称： 碳化钙

包装类别： Ⅱ

2108　碳化铝

别名： —

英文名： aluminium carbide

CAS 号： 1299-86-1

GHS 标签信号词及象形图： 危险

危险性类别： 遇水放出易燃气体的物质和混合物，类别 2

主要危险性及次要危险性： 第 4.3 项危险物——遇水放出易燃气体的物质

联合国编号（UN No.）： 1394

正式运输名称： 碳化铝

包装类别： Ⅱ

2109　碳酸二丙酯

别名： 碳酸丙酯

英文名： dipropyl carbonate

CAS 号： 623-96-1

GHS 标签信号词及象形图： 警告

危险性类别： 易燃液体，类别 3

主要危险性及次要危险性： 第 3 类危险物——易燃液体

联合国编号（UN No.）： 3272/1993△

正式运输名称： 酯类，未另作规定的/易燃液体，未另作规定的△

包装类别： Ⅲ

2110　碳酸二甲酯

别名： —

英文名： dimethyl carbonate

CAS 号：616-38-6

GHS 标签信号词及象形图：危险

危险性类别：易燃液体，类别 2

主要危险性及次要危险性：第 3 类危险物——易燃液体

联合国编号（UN No.）：1161

正式运输名称：碳酸二甲酯

包装类别：Ⅱ

2111 碳酸二乙酯

别名：碳酸乙酯

英文名：diethyl carbonate

CAS 号：105-58-8

GHS 标签信号词及象形图：警告

危险性类别：易燃液体，类别 3

主要危险性及次要危险性：第 3 类危险物——易燃液体

联合国编号（UN No.）：2366

正式运输名称：碳酸二乙酯

包装类别：Ⅲ

2112 碳酸铍

别名：—

英文名：beryllium carbonate

CAS 号：13106-47-3

GHS 标签信号词及象形图：危险

危险性类别：急性毒性-经口，类别 3 *

急性毒性-吸入，类别 2 *

皮肤腐蚀/刺激，类别 2

严重眼损伤/眼刺激，类别 2

皮肤致敏物，类别 1

致癌性，类别 1A

特异性靶器官毒性——次接触，类别 3（呼

吸道刺激）

特异性靶器官毒性-反复接触，类别 1

危害水生环境-急性危害，类别 2

危害水生环境-长期危害，类别 2

主要危险性及次要危险性：第 6.1 项危险物——毒性物质

联合国编号（UN No.）：1566

正式运输名称：铍化合物，未另作规定的

包装类别：Ⅲ

2113 碳酸亚铊

别名：碳酸铊

英文名：thallous carbonate

CAS 号：6533-73-9

GHS 标签信号词及象形图：危险

危险性类别：急性毒性-经口，类别 2

急性毒性-经皮，类别 2

特异性靶器官毒性-反复接触，类别 2 *

危害水生环境-急性危害，类别 2

危害水生环境-长期危害，类别 2

主要危险性及次要危险性：第 6.1 项危险物——毒性物质

联合国编号（UN No.）：1707

正式运输名称：铊化合物，未另作规定的

包装类别：Ⅱ

2114 碳酸乙丁酯

别名：—

英文名：ethyl butyl carbonate

CAS 号：30714-78-4

GHS 标签信号词及象形图：警告

危险性类别：易燃液体，类别 3

主要危险性及次要危险性：第 3 类危险物——易燃液体

联合国编号（UN No.）：3272/1993

正式运输名称：酯类，未另作规定的/易燃液

体，未另作规定的

包装类别：Ⅲ

2115　碳酰氯

别名：光气

英文名：carbonyl chloride；phosgene

CAS 号：75-44-5

GHS 标签信号词及象形图：危险

危险性类别：加压气体

急性毒性-吸入，类别 1

皮肤腐蚀/刺激，类别 1B

严重眼损伤/眼刺激，类别 1

主要危险性及次要危险性：第 2.3 类危险物——毒性气体；第 8 类危险物——腐蚀性物质

联合国编号（UN No.）：1076

正式运输名称：光气

包装类别：不适用

2116　羰基氟

别名：碳酰氟；氟化碳酰

英文名：carbonyl fluoride

CAS 号：353-50-4

GHS 标签信号词及象形图：危险

危险性类别：加压气体

急性毒性-吸入，类别 2

皮肤腐蚀/刺激，类别 2

严重眼损伤/眼刺激，类别 2

特异性靶器官毒性-一次接触，类别 1

主要危险性及次要危险性：第 2.3 类危险物——毒性气体；第 8 类危险物——腐蚀性物质

联合国编号（UN No.）：2417

正式运输名称：碳酰氟

包装类别：不适用

2117　羰基硫

别名：硫化碳酰

英文名：carbonyl sulphide；carbon oxysulphide

CAS 号：463-58-1

GHS 标签信号词及象形图：危险

危险性类别：易燃气体，类别 1

加压气体

急性毒性-吸入，类别 3

主要危险性及次要危险性：第 2.3 类危险物——毒性气体；第 2.1 类危险物——易燃气体

联合国编号（UN No.）：2204

正式运输名称：硫化羰

包装类别：不适用

2118　羰基镍

别名：四羰基镍；四碳酰镍

英文名：nickel carbonyl；tetracarbonylnickel；nickel tetracarbonyl

CAS 号：13463-39-3

GHS 标签信号词及象形图：危险

危险性类别：易燃液体，类别 2

急性毒性-吸入，类别 2＊

致癌性，类别 1A

生殖毒性，类别 1B

危害水生环境-急性危害，类别 1

危害水生环境-长期危害，类别 1

主要危险性及次要危险性：第 3 类危险物——易燃液体；第 6.1 项危险物——毒性物质

联合国编号（UN No.）：1259

正式运输名称：羰基镍

包装类别：Ⅰ

2119 2-叔丁基-4,6-二硝基酚

别名：2-(1,1-二甲基乙基)-4,6-二硝酚；特乐酚

英文名：2-*tert*-butyl-4,6-dinitrophenol；phenol, 2-(1,1-dimethylethyl)-4,6-dinitro-；dinoterb

CAS号：1420-07-1

GHS标签信号词及象形图：危险

危险性类别：急性毒性-经口，类别2*

急性毒性-经皮，类别3*

生殖毒性，类别1B

危害水生环境-急性危害，类别1

危害水生环境-长期危害，类别1

主要危险性及次要危险性：第6.1项危险物——毒性物质

联合国编号（UN No.）：2811

正式运输名称：有机毒性固体，未另作规定的

包装类别：Ⅱ

2120 2-叔戊酰-2,3-二氢-1,3-茚二酮

别名：鼠完

英文名：2-pivaloylindan-1,3-dione；pindone

CAS号：83-26-1

GHS标签信号词及象形图：危险

危险性类别：急性毒性-经口，类别3*

特异性靶器官毒性-反复接触，类别1

危害水生环境-急性危害，类别1

危害水生环境-长期危害，类别1

主要危险性及次要危险性：第6.1项危险物——毒性物质

联合国编号（UN No.）：2811

正式运输名称：有机毒性固体，未另作规定的

包装类别：Ⅲ

2121 锑粉

别名：—

英文名：antimony powder

CAS号：7440-36-0

GHS标签信号词及象形图：警告

危险性类别：特异性靶器官毒性-反复接触，类别2

主要危险性及次要危险性：第6.1项危险物——毒性物质

联合国编号（UN No.）：2871

正式运输名称：锑粉

包装类别：Ⅲ

2122 锑化氢

别名：三氢化锑；锑化三氢；睇

英文名：stibine；hydrogen antimonide；antimony hydride

CAS号：7803-52-3

GHS标签信号词及象形图：危险

危险性类别：易燃气体，类别1

加压气体

急性毒性-吸入，类别3

主要危险性及次要危险性：第2.3类危险物——毒性气体；第2.1类危险物——易燃气体

联合国编号（UN No.）：2676

正式运输名称：锑化氢

包装类别：不适用

2123 天然气（富含甲烷的）

别名：沼气

英文名：natural gas, with a high methane content

CAS号：8006-14-2

GHS标签信号词及象形图：危险

危险性类别：易燃气体，类别1
　加压气体
主要危险性及次要危险性：第 2.1 类 危 险
　物——易燃气体
联合国编号（UN No.）：1971
正式运输名称：压缩甲烷
包装类别：不适用

2124　萜品油烯

别名：异松油烯
英文名：terpinolene
CAS号：586-62-9
GHS标签信号词及象形图：危险

危险性类别：易燃液体，类别3
　吸入危害，类别1
　危害水生环境-急性危害，类别1
　危害水生环境-长期危害，类别1
主要危险性及次要危险性：第 3 类危险物——
　易燃液体
联合国编号（UN No.）：2541
正式运输名称：萜品油烯
包装类别：Ⅲ

2125　萜烃

别名：—
英文名：terpene hydrocarbons
CAS号：63394-00-3
GHS标签信号词及象形图：警告

危险性类别：易燃液体，类别3
主要危险性及次要危险性：第 3 类危险物——
　易燃液体
联合国编号（UN No.）：2319
正式运输名称：萜烃，未另作规定的

包装类别：Ⅲ

2126　铁铈齐

别名：铈铁合金
英文名：ferrocerium
CAS号：69523-06-4
GHS标签信号词及象形图：危险

危险性类别：易燃固体，类别1
主要危险性及次要危险性：第 4.1 项 危 险
　物——易燃固体
联合国编号（UN No.）：1323
正式运输名称：铈 铁合金
包装类别：Ⅱ

2127　铜钙合金

别名：—
英文名：copper calcium alloy
CAS号：—
GHS标签信号词及象形图：危险

危险性类别：遇水放出易燃气体的物质和混
　合物，类别2
主要危险性及次要危险性：第 4.3 项 危 险
　物——遇水放出易燃气体的物质
联合国编号（UN No.）：3208
正式运输名称：金属物质，遇水反应，未另
　作规定的
包装类别：Ⅱ

2128　铜乙二胺溶液

别名：—
英文名：cupriethylenediamine, solution
CAS号：13426-91-0
GHS标签信号词及象形图：危险

危险性类别：急性毒性-吸入，类别 3
皮肤腐蚀/刺激，类别 1
严重眼损伤/眼刺激，类别 1

主要危险性及次要危险性：第 8 类危险物——腐蚀性物质；第 6.1 项危险物——毒性物质

联合国编号（UN No.）：1761

正式运输名称：铜乙二胺溶液

包装类别：Ⅱ/Ⅲ△

2129　土荆芥油

别名：藜油；除蛔油

英文名：oil of chenopodium；chenopodium oil

CAS 号：8006-99-3

GHS 标签信号词及象形图：危险

危险性类别：急性毒性-经口，类别 3
急性毒性-经皮，类别 3

主要危险性及次要危险性：第 6.1 项危险物——毒性物质

联合国编号（UN No.）：2810

正式运输名称：有机毒性液体，未另作规定的

包装类别：Ⅲ

2130　烷基、芳基或甲苯磺酸（含游离硫酸）

别名：—

英文名：alkyl, aryl or toluene sulphonic acid, with free sulphuric acid

CAS 号：—

GHS 标签信号词及象形图：危险

危险性类别：皮肤腐蚀/刺激，类别 1
严重眼损伤/眼刺激，类别 1

主要危险性及次要危险性：第 8 类危险物——腐蚀性物质

联合国编号（UN No.）：2586

正式运输名称：液态烷基磺酸或液态芳基磺酸，含游离硫酸不大于 5％

包装类别：Ⅲ

2131　烷基锂

别名：—

英文名：lithium alkyls

CAS 号：—

GHS 标签信号词及象形图：危险

危险性类别：自燃液体，类别 1
遇水放出易燃气体的物质和混合物，类别 1

主要危险性及次要危险性：第 4.2 项危险物——易于自燃的物质；第 4.3 项危险物——遇水放出易燃气体的物质

联合国编号（UN No.）：3393

正式运输名称：固态有机金属物质，发火，遇水反应

包装类别：Ⅰ

2132　烷基铝氢化物

别名：—

英文名：aluminium alkyl hydrides

CAS 号：—

GHS 标签信号词及象形图：危险

危险性类别：自燃液体，类别 1
遇水放出易燃气体的物质和混合物，类别 1

主要危险性及次要危险性：第 4.2 项危险物——易于自燃的物质；第 4.3 项危险物——遇水放出易燃气体的物质

联合国编号（UN No.）：3394

正式运输名称：液态有机金属物质，发火，遇水反应

包装类别：Ⅰ

2133　乌头碱

别名：附子精

英文名：aconitine

CAS 号：302-27-2

GHS 标签信号词及象形图：危险

危险性类别：急性毒性-经口，类别 2 *

急性毒性-吸入，类别 2 *

主要危险性及次要危险性：第 6.1 项危险物——毒性物质

联合国编号（UN No.）：2811/1544△

正式运输名称：固态生物碱，未另作规定的/有机毒性固体，未另作规定的 △

包装类别：Ⅱ

2134   无水肼（含肼＞64%）

别名：无水联胺

英文名：hydrazine, anhydrous, with more than 64% hydrazine；diamine, anhydrous

CAS 号：302-01-2

GHS 标签信号词及象形图：危险

危险性类别：易燃液体，类别 3

急性毒性-经口，类别 3 *

急性毒性-经皮，类别 3 *

急性毒性-吸入，类别 3 *

皮肤腐蚀/刺激，类别 1B

严重眼损伤/眼刺激，类别 1

皮肤致敏物，类别 1

致癌性，类别 2

危害水生环境-急性危害，类别 1

危害水生环境-长期危害，类别 1

主要危险性及次要危险性：第 8 类危险物——腐蚀性物质；第 3 类危险物——易燃液体；第 6.1 项危险物——毒性物质

联合国编号（UN No.）：2029

正式运输名称：无水肼

2135   五氟化铋

别名：—

英文名：bismuth pentafluoride

CAS 号：7787-62-4

GHS 标签信号词及象形图：危险

危险性类别：氧化性固体，类别 3

皮肤腐蚀/刺激，类别 1

严重眼损伤/眼刺激，类别 1

主要危险性及次要危险性：第 8 类危险物——腐蚀性物质；第 5.1 项危险物——氧化性物质

联合国编号（UN No.）：3084

正式运输名称：腐蚀性固体，氧化性，未另作规定的

包装类别：Ⅱ

2136   五氟化碘

别名：—

英文名：iodine pentafluoride

CAS 号：7783-66-6

GHS 标签信号词及象形图：危险

危险性类别：氧化性固体，类别 1

急性毒性-经口，类别 3

急性毒性-经皮，类别 2

急性毒性-吸入，类别 2

皮肤腐蚀/刺激，类别 1

严重眼损伤/眼刺激，类别 1

主要危险性及次要危险性：第 5.1 项危险物——氧化性物质；第 6.1 项危险物——毒性物质；第 8 类危险物——腐蚀性物质

联合国编号（UN No.）：2495

正式运输名称：五氟化碘

包装类别：Ⅰ

包装类别：Ⅰ

2137　五氟化磷

别名：—

英文名：phosphorus pentafluoride

CAS 号：7647-19-0

GHS 标签信号词及象形图：危险

危险性类别：加压气体

急性毒性-吸入，类别 3

皮肤腐蚀/刺激，类别 1

严重眼损伤/眼刺激，类别 1

主要危险性及次要危险性：第 2.3 类危险物——毒性气体；第 8 类危险物——腐蚀性物质

联合国编号（UN No.）：2198

正式运输名称：五氟化磷

包装类别：不适用

2138　五氟化氯

别名：—

英文名：chlorine pentafluoride

CAS 号：13637-63-3

GHS 标签信号词及象形图：危险

危险性类别：加压气体

氧化性气体，类别 1

急性毒性-吸入，类别 1

皮肤腐蚀/刺激，类别 1

严重眼损伤/眼刺激，类别 1

主要危险性及次要危险性：第 2.3 类危险物——毒性气体；第 5.1 项危险物——氧化性物质；第 8 类危险物——腐蚀性物质

联合国编号（UN No.）：2548

正式运输名称：五氟化氯

包装类别：不适用

2139　五氟化锑

别名：—

英文名：antimony pentafluoride

CAS 号：7783-70-2

GHS 标签信号词及象形图：危险

危险性类别：急性毒性-吸入，类别 1

皮肤腐蚀/刺激，类别 1

严重眼损伤/眼刺激，类别 1

特异性靶器官毒性-一次接触，类别 2

特异性靶器官毒性-反复接触，类别 1

危害水生环境-急性危害，类别 2

危害水生环境-长期危害，类别 2

主要危险性及次要危险性：第 8 类危险物——腐蚀性物质；第 6.1 项危险物——毒性物质

联合国编号（UN No.）：1732

正式运输名称：五氟化锑

包装类别：Ⅱ

2140　五氟化溴

别名：—

英文名：bromine pentafluoride

CAS 号：7789-30-2

GHS 标签信号词及象形图：危险

危险性类别：氧化性液体，类别 1

急性毒性-吸入，类别 1

皮肤腐蚀/刺激，类别 1

严重眼损伤/眼刺激，类别 1

特异性靶器官毒性-一次接触，类别 1

特异性靶器官毒性-反复接触，类别 2

主要危险性及次要危险性：第 5.1 项危险物——氧化性物质；第 6.1 项危险物——毒性物质；第 8 类危险物——腐蚀性物质

联合国编号（UN No.）：1745

正式运输名称：五氟化溴

包装类别：Ⅰ

2141　五甲基庚烷

别名：—

英文名：pentamethyl heptane

CAS 号：30586-18-6

GHS 标签信号词及象形图：警告

危险性类别：易燃液体，类别 3

主要危险性及次要危险性：第 3 类危险物——易燃液体

联合国编号（UN No.）：2286

正式运输名称：五甲基庚烷

包装类别：Ⅲ

2142   五硫化二磷

别名：五硫化磷

英文名：diphosphorus pentasulphide；phosphorus pentasulphide；phosphoric sulfide

CAS 号：1314-80-3

GHS 标签信号词及象形图：危险

危险性类别：易燃固体，类别 1
遇水放出易燃气体的物质和混合物，类别 1
危害水生环境-急性危害，类别 1

主要危险性及次要危险性：第 4.1 项危险物——易燃固体；第 4.3 项危险物——遇水放出易燃气体的物质

联合国编号（UN No.）：1340

正式运输名称：五硫化二磷，不含黄磷和白磷

包装类别：Ⅱ

2143   五氯苯

别名：—

英文名：pentachlorobenzene

CAS 号：608-93-5

GHS 标签信号词及象形图：危险

危险性类别：易燃固体，类别 1
危害水生环境-急性危害，类别 1

危害水生环境-长期危害，类别 1

主要危险性及次要危险性：第 4.1 项危险物——易燃固体

联合国编号（UN No.）：1325

正式运输名称：有机易燃固体，未另作规定的

包装类别：Ⅱ

2144   五氯苯酚

别名：五氯酚

英文名：pentachlorophenol

CAS 号：87-86-5

GHS 标签信号词及象形图：危险

危险性类别：急性毒性-经口，类别 3 *
急性毒性-经皮，类别 3 *
急性毒性-吸入，类别 2 *
皮肤腐蚀/刺激，类别 2
严重眼损伤/眼刺激，类别 2
致癌性，类别 2
特异性靶器官毒性-一次接触，类别 3（呼吸道刺激）
危害水生环境-急性危害，类别 1
危害水生环境-长期危害，类别 1

主要危险性及次要危险性：第 6.1 项危险物——毒性物质

联合国编号（UN No.）：3155

正式运输名称：五氯酚

包装类别：Ⅱ

2145   五氯苯酚苯基汞

别名：—

英文名：mercury pheny pentachlorophenol

CAS 号：—

GHS 标签信号词及象形图：危险

危险性类别：急性毒性-经口，类别 2 *
急性毒性-经皮，类别 1

急性毒性-吸入，类别 2＊

特异性靶器官毒性-反复接触，类别 2＊

危害水生环境-急性危害，类别 1

危害水生环境-长期危害，类别 1

主要危险性及次要危险性：第 6.1 项 危 险 物——毒性物质

联合国编号（UN No.）：2026

正式运输名称：苯汞化合物，未另作规定的

包装类别：Ⅰ

2146　五氯苯酚汞

别名：—

英文名：mercury pentachlorophenol

CAS 号：—

GHS 标签信号词及象形图：危险

危险性类别：急性毒性-经口，类别 2＊

急性毒性-经皮，类别 1

急性毒性-吸入，类别 2＊

特异性靶器官毒性-反复接触，类别 2＊

危害水生环境-急性危害，类别 1

危害水生环境-长期危害，类别 1

主要危险性及次要危险性：第 6.1 项 危 险 物——毒性物质

联合国编号（UN No.）：2026

正式运输名称：苯汞化合物，未另作规定的

包装类别：Ⅰ

2147　2,3,4,7,8-五氯二苯并呋喃

别名：2,3,4,7,8-PCDF

英文名：2,3,4,7,8-pentachlorodibenzofuran；2,3,4,7,8-PCDF

CAS 号：57117-31-4

GHS 标签信号词及象形图：危险

危险性类别：急性毒性-经口，类别 1

急性毒性-经皮，类别 1

生殖细胞致突变性，类别 2

致癌性，类别 1A

生殖毒性，类别 1B

特异性靶器官毒性--次接触，类别 1

特异性靶器官毒性-反复接触，类别 1

危害水生环境-急性危害，类别 1

危害水生环境-长期危害，类别 1

主要危险性及次要危险性：第 6.1 项 危 险 物——毒性物质

联合国编号（UN No.）：2811

正式运输名称：有机毒性固体，未另作规定的

包装类别：Ⅰ

2148　五氯酚钠

别名：—

英文名：sodium pentachlorophenolate

CAS 号：131-52-2

GHS 标签信号词及象形图：危险

危险性类别：急性毒性-经口，类别 3＊

急性毒性-经皮，类别 3＊

急性毒性-吸入，类别 2＊

皮肤腐蚀/刺激，类别 2

严重眼损伤/眼刺激，类别 2

特异性靶器官毒性--次接触，类别 3（呼吸道刺激）

危害水生环境-急性危害，类别 1

危害水生环境-长期危害，类别 1

主要危险性及次要危险性：第 6.1 项 危 险 物——毒性物质

联合国编号（UN No.）：2567

正式运输名称：五氯苯酚钠

包装类别：Ⅱ

2149　五氯化磷

别名：—

英文名：phosphorus pentachloride

CAS 号：10026-13-8

GHS 标签信号词及象形图：危险

危险性类别：急性毒性-吸入，类别 2 *
皮肤腐蚀/刺激，类别 1B
严重眼损伤/眼刺激，类别 1
特异性靶器官毒性-反复接触，类别 2 *

主要危险性及次要危险性：第 8 类危险物——
腐蚀性物质

联合国编号（UN No.）：1806

正式运输名称：五氯化磷

包装类别：Ⅱ

2150   五氯化钼

别名：—

英文名：molybdenum pentachloride

CAS 号：10241-05-1

GHS 标签信号词及象形图：危险

危险性类别：皮肤腐蚀/刺激，类别 1
严重眼损伤/眼刺激，类别 1

主要危险性及次要危险性：第 8 类危险物——
腐蚀性物质

联合国编号（UN No.）：2508

正式运输名称：五氯化钼

包装类别：Ⅲ

2151   五氯化铌

别名：—

英文名：niobium pentachloride

CAS 号：10026-12-7

GHS 标签信号词及象形图：危险

危险性类别：皮肤腐蚀/刺激，类别 1
严重眼损伤/眼刺激，类别 1

主要危险性及次要危险性：第 8 类危险物——
腐蚀性物质

联合国编号（UN No.）：1759/3260△

正式运输名称：无机酸性腐蚀性固体，未另
作规定的/腐蚀性固体，未另作规定的 △

包装类别：Ⅱ/Ⅲ△

2152   五氯化钽

别名：—

英文名：tantalum pentachloride

CAS 号：7721-01-9

GHS 标签信号词及象形图：危险

危险性类别：皮肤腐蚀/刺激，类别 1
严重眼损伤/眼刺激，类别 1

主要危险性及次要危险性：第 8 类危险物——
腐蚀性物质

联合国编号（UN No.）：1759/3260△

正式运输名称：无机酸性腐蚀性固体，未另
作规定的/腐蚀性固体，未另作规定的 △

包装类别：Ⅱ/Ⅲ△

2153   五氯化锑

别名：过氯化锑；氯化锑

英文名：antimony pentachloride； antimony
perchloride； antimony（Ⅴ）chloride

CAS 号：7647-18-9

GHS 标签信号词及象形图：危险

危险性类别：急性毒性-吸入，类别 1
皮肤腐蚀/刺激，类别 1B
严重眼损伤/眼刺激，类别 1
特异性靶器官毒性-一次接触，类别 3（呼
吸道刺激）
危害水生环境-急性危害，类别 2
危害水生环境-长期危害，类别 2

主要危险性及次要危险性：第 8 类危险物——
腐蚀性物质

联合国编号（UN No.）：1730

正式运输名称：液态五氯化锑

包装类别：Ⅱ

2154　五氯硝基苯

别名：硝基五氯苯

英文名：quintozene；pentachloronitrobenzene；
nitropentachlorobenzene

CAS 号：82-68-8

GHS 标签信号词及象形图：警告

危险性类别：皮肤致敏物，类别 1
危害水生环境-急性危害，类别 1
危害水生环境-长期危害，类别 1

主要危险性及次要危险性：第 9 类危险物——
杂项危险物质和物品

联合国编号（UN No.）：3077

正式运输名称：对环境有害的固态物质，未
另作规定的

包装类别：Ⅲ

2155　五氯乙烷

别名：—

英文名：pentachloroethane

CAS 号：76-01-7

GHS 标签信号词及象形图：危险

危险性类别：特异性靶器官毒性-反复接触，
类别 1
危害水生环境-急性危害，类别 2
危害水生环境-长期危害，类别 2

主要危险性及次要危险性：第 6.1 项危险
物——毒性物质

联合国编号（UN No.）：1669

正式运输名称：五氯乙烷

包装类别：Ⅱ

2156　五氰金酸四钾

别名：—

英文名：aurate（4-），pentakis（cyano-kappa
C）-，potassium（1∶4）

CAS 号：68133-87-9

GHS 标签信号词及象形图：危险

危险性类别：急性毒性-经口，类别 2
皮肤致敏物，类别 1
特异性靶器官毒性-一次接触，类别 2
危害水生环境-急性危害，类别 1
危害水生环境-长期危害，类别 1

主要危险性及次要危险性：第 6.1 项危险
物——毒性物质

联合国编号（UN No.）：2811

正式运输名称：有机毒性固体，未另作规
定的

包装类别：Ⅱ

2157　五羰基铁

别名：羰基铁

英文名：iron pentacarbonyl

CAS 号：13463-40-6

GHS 标签信号词及象形图：危险

危险性类别：易燃液体，类别 2
急性毒性-经口，类别 2
急性毒性-经皮，类别 2
急性毒性-吸入，类别 1
特异性靶器官毒性-一次接触，类别 1
特异性靶器官毒性-反复接触，类别 2

主要危险性及次要危险性：第 6.1 项危险
物——毒性物质；第 3 类危险物——易燃
液体

联合国编号（UN No.）：1994

正式运输名称：五羰铁

包装类别：Ⅰ

2158　五溴二苯醚

别名：—

英文名：pentabromodiphenyl ethers

CAS 号：32534-81-9

GHS 标签信号词及象形图：警告

危险性类别：生殖毒性，附加类别
特异性靶器官毒性-反复接触，类别 2 *
危害水生环境-急性危害，类别 1
危害水生环境-长期危害，类别 1
主要危险性及次要危险性：第 9 类危险物——
杂项危险物质和物品
联合国编号（UN No.）：3082
正式运输名称：对环境有害的液态物质，未
另作规定的
包装类别：Ⅲ

2159　五溴化磷

别名：—
英文名：phosphorus pentabromide
CAS 号：7789-69-7
GHS 标签信号词及象形图：危险

危险性类别：皮肤腐蚀/刺激，类别 1
严重眼损伤/眼刺激，类别 1
主要危险性及次要危险性：第 8 类危险物——
腐蚀性物质
联合国编号（UN No.）：2691
正式运输名称：五溴化磷
包装类别：Ⅱ

2160　五氧化二碘

别名：碘酐
英文名：iodine pentoxide；iodine anhydride
CAS 号：12029-98-0
GHS 标签信号词及象形图：危险

危险性类别：氧化性固体，类别 2
皮肤腐蚀/刺激，类别 1
严重眼损伤/眼刺激，类别 1

主要危险性及次要危险性：第 5.1 项危险
物——氧化性物质；第 8 类危险物——腐
蚀性物质
联合国编号（UN No.）：3085
正式运输名称：氧化性固体，腐蚀性，未另
作规定的
包装类别：Ⅱ

2161　五氧化二钒

别名：钒酸酐
英文名：divanadium pentaoxide；vanadium pen-
toxide；vanadic anhydride
CAS 号：1314-62-1
GHS 标签信号词及象形图：危险

危险性类别：急性毒性-经口，类别 2
生殖细胞致突变性，类别 2
致癌性，类别 2
生殖毒性，类别 2
特异性靶器官毒性-反复接触，类别 1
特异性靶器官毒性-一次接触，类别 3（呼
吸道刺激）
危害水生环境-急性危害，类别 2
危害水生环境-长期危害，类别 2
主要危险性及次要危险性：第 6.1 项危险
物——毒性物质
联合国编号（UN No.）：2862
正式运输名称：五氧化二钒，非熔凝状态
包装类别：Ⅲ

2162　五氧化二磷

别名：磷酸酐
英文名：phosphorus pentoxide；phosphoric an-
hydride
CAS 号：1314-56-3
GHS 标签信号词及象形图：危险

危险性类别：皮肤腐蚀/刺激，类别 1A

严重眼损伤/眼刺激，类别1

主要危险性及次要危险性：第8类危险物——
腐蚀性物质

联合国编号（UN No.）：1807

正式运输名称：五氧化二磷

包装类别：Ⅱ

2163　五氧化二砷

别名：砷酸酐；五氧化砷；氧化砷

英文名：diarsenic pentaoxide；arsenic pentox-
ide；arsenic oxide；arsenic anhydride

CAS号：1303-28-2

GHS标签信号词及象形图：危险

危险性类别：急性毒性-经口，类别2

急性毒性-吸入，类别3*

致癌性，类别1A

危害水生环境-急性危害，类别1

危害水生环境-长期危害，类别1

主要危险性及次要危险性：第6.1项危险
物——毒性物质

联合国编号（UN No.）：1559

正式运输名称：五氧化二砷

包装类别：Ⅱ

2164　五氧化二锑

别名：锑酸酐

英文名：antimonic anhydride

CAS号：1314-60-9

GHS标签信号词及象形图：无

危险性类别：危害水生环境-急性危害，类
别2

危害水生环境-长期危害，类别2

主要危险性及次要危险性：第9类危险物——
杂项危险物质和物品

联合国编号（UN No.）：3077

正式运输名称：对环境有害的固态物质，未
另作规定的

包装类别：Ⅲ

2165　1-戊醇

别名：正戊醇

英文名：1-pentanol；*n*-pentanol

CAS号：71-41-0

GHS标签信号词及象形图：警告

危险性类别：易燃液体，类别3

皮肤腐蚀/刺激，类别2

特异性靶器官毒性--一次接触，类别3（呼
吸道刺激）

主要危险性及次要危险性：第3类危险物——
易燃液体

联合国编号（UN No.）：1105

正式运输名称：戊醇

包装类别：Ⅲ

2166　2-戊醇

别名：仲戊醇

英文名：2-pentanol；*sec*-pentanol

CAS号：6032-29-7

GHS标签信号词及象形图：警告

危险性类别：易燃液体，类别3

皮肤腐蚀/刺激，类别2

特异性靶器官毒性--一次接触，类别3（呼
吸道刺激）

主要危险性及次要危险性：第3类危险物——
易燃液体

联合国编号（UN No.）：1105

正式运输名称：戊醇

包装类别：Ⅲ

2167　1,5-戊二胺

别名：1,5-二氨基戊烷；五亚甲基二胺；尸

毒素

英文名：1,5-pentanediamine；1,5-diaminop-
entane；pentamethylene diamine；cadaver-
ine

CAS 号：462-94-2

GHS 标签信号词及象形图：危险

危险性类别：急性毒性-经口，类别 3

主要危险性及次要危险性：第 6.1 项危险
物——毒性物质

联合国编号（UN No.）：2810

正式运输名称：有机毒性液体，未另作规
定的

包装类别：Ⅲ

2168　戊二腈

别名：1,3-二氰基丙烷

英文名：glutaronitrile；1,3-dicyanopropane

CAS 号：544-13-8

GHS 标签信号词及象形图：危险

危险性类别：急性毒性-经口，类别 3
　　皮肤腐蚀/刺激，类别 2
　　严重眼损伤/眼刺激，类别 2A
　　特异性靶器官毒性-一次接触，类别 3（呼
　　吸道刺激）

主要危险性及次要危险性：第 6.1 项危险
物——毒性物质

联合国编号（UN No.）：3276

正式运输名称：腈类，液态，毒性，未另作
规定的

包装类别：Ⅲ

2169　戊二醛

别名：1,5-戊二醛

英文名：glutaral；glutaraldehyde；1,5-pent-
anedial

CAS 号：111-30-8

GHS 标签信号词及象形图：危险

危险性类别：急性毒性-经口，类别 3＊
　　急性毒性-吸入，类别 3＊
　　皮肤腐蚀/刺激，类别 1B
　　严重眼损伤/眼刺激，类别 1
　　呼吸道致敏物，类别 1
　　皮肤致敏物，类别 1
　　特异性靶器官毒性-一次接触，类别 3（呼
　　吸道刺激）
　　危害水生环境-急性危害，类别 1

主要危险性及次要危险性：第 8 类危险物——
腐蚀性物质；第 6.1 项危险物——毒性
物质

联合国编号（UN No.）：2922

正式运输名称：腐蚀性液体，毒性，未另作
规定的

包装类别：Ⅱ

2170　2,4-戊二酮

别名：乙酰丙酮

英文名：pentane-2,4-dione；acetylacetone

CAS 号：123-54-6

GHS 标签信号词及象形图：警告

危险性类别：易燃液体，类别 3

主要危险性及次要危险性：第 3 类危险物——
易燃液体；第 6.1 项危险物——毒性物质

联合国编号（UN No.）：2310

正式运输名称：2,4-戊二酮

包装类别：Ⅲ

2171　1,3-戊二烯（稳定的）

别名：—

英文名：1,3-pentadiene, stabilized

CAS 号：504-60-9

GHS 标签信号词及象形图：危险

危险性类别：易燃液体，类别 2

皮肤腐蚀/刺激，类别 2

特异性靶器官毒性-一次接触，类别 3（呼吸道刺激）

吸入危害，类别 1

主要危险性及次要危险性：第 3 类危险物——易燃液体

联合国编号（UN No.）：3295/1993△

正式运输名称：液态烃类，未另作规定的/易燃液体，未另作规定的△

包装类别：Ⅱ

2172   1,4-戊二烯（稳定的）

别名：—

英文名：1,4-pentadiene，stabilized

CAS 号：591-93-5

GHS 标签信号词及象形图：危险

危险性类别：易燃液体，类别 1

主要危险性及次要危险性：第 3 类危险物——易燃液体

联合国编号（UN No.）：3295/1993△

正式运输名称：液态烃类，未另作规定的/易燃液体，未另作规定的△

包装类别：Ⅰ

2173   戊基三氯硅烷

别名：—

英文名：amyltrichlorosilane

CAS 号：107-72-2

GHS 标签信号词及象形图：危险

危险性类别：急性毒性-经皮，类别 3

皮肤腐蚀/刺激，类别 1

严重眼损伤/眼刺激，类别 1

主要危险性及次要危险性：第 8 类危险物——腐蚀性物质

联合国编号（UN No.）：1728

正式运输名称：戊基三氯硅烷

包装类别：Ⅱ

2174   戊腈

别名：丁基氰；氰化丁烷

英文名：valeronitrile；n-butylcyanide；pentanenitrile

CAS 号：110-59-8

GHS 标签信号词及象形图：警告

危险性类别：易燃液体，类别 3

主要危险性及次要危险性：第 3 类危险物——易燃液体

联合国编号（UN No.）：1993

正式运输名称：易燃液体，未另作规定的

包装类别：Ⅲ

2175   1-戊硫醇

别名：正戊硫醇

英文名：1-amyl mercaptan；n-amyl mercaptan

CAS 号：110-66-7

GHS 标签信号词及象形图：危险

危险性类别：易燃液体，类别 2

急性毒性-吸入，类别 3

皮肤腐蚀/刺激，类别 2

严重眼损伤/眼刺激，类别 2

皮肤致敏物，类别 1

特异性靶器官毒性-一次接触，类别 3（呼吸道刺激）

主要危险性及次要危险性：第 3 类危险物——易燃液体

联合国编号（UN No.）：1111

正式运输名称：戊硫醇

包装类别：Ⅱ

2176　戊硫醇异构体混合物

别名：—
英文名：amylmercaptan isomer mixture
CAS 号：—
GHS 标签信号词及象形图：危险

危险性类别：易燃液体，类别 2
　急性毒性-吸入，类别 3
　皮肤腐蚀/刺激，类别 2
　严重眼损伤/眼刺激，类别 2
　皮肤致敏物，类别 1
　特异性靶器官毒性-一次接触，类别 3（呼吸道刺激）
主要危险性及次要危险性：第 3 类危险物——易燃液体
联合国编号（UN No.）：1111
正式运输名称：戊硫醇
包装类别：Ⅱ

2177　戊硼烷

别名：五硼烷
英文名：pentaborane
CAS 号：19624-22-7
GHS 标签信号词及象形图：危险

危险性类别：自燃液体，类别 1
　急性毒性-吸入，类别 1
　皮肤腐蚀/刺激，类别 2
　严重眼损伤/眼刺激，类别 1
　特异性靶器官毒性-一次接触，类别 1
　特异性靶器官毒性-一次接触，类别 3（呼吸道刺激、麻醉效应）
　特异性靶器官毒性-反复接触，类别 1
主要危险性及次要危险性：第 4.2 项危险物——易于自燃的物质；第 6.1 项危险物——毒性物质

联合国编号（UN No.）：1380
正式运输名称：戊硼烷
包装类别：Ⅰ

2178　1-戊醛

别名：正戊醛
英文名：valeraldehyde；pentanal
CAS 号：110-62-3
GHS 标签信号词及象形图：危险

危险性类别：易燃液体，类别 2
　皮肤腐蚀/刺激，类别 2
　严重眼损伤/眼刺激，类别 2A
　特异性靶器官毒性-一次接触，类别 3（呼吸道刺激）
主要危险性及次要危险性：第 3 类危险物——易燃液体
联合国编号（UN No.）：2058
正式运输名称：戊醛
包装类别：Ⅱ

2179　1-戊炔

别名：丙基乙炔
英文名：1-pentyne；propylacetylene
CAS 号：627-19-0
GHS 标签信号词及象形图：危险

危险性类别：易燃液体，类别 2
主要危险性及次要危险性：第 3 类危险物——易燃液体
联合国编号（UN No.）：3295/1993△
正式运输名称：液态烃类，未另作规定的/易燃液体，未另作规定的△
包装类别：Ⅱ

2180　2-戊酮

别名：甲基丙基甲酮
英文名：2-pentanone；methyl propyl ketone

CAS 号：107-87-9

GHS 标签信号词及象形图：危险

危险性类别：易燃液体，类别 2
　急性毒性-吸入，类别 3
　严重眼损伤/眼刺激，类别 2
　特异性靶器官毒性-一次接触，类别 3（呼
　吸道刺激、麻醉效应）

主要危险性及次要危险性：第 3 类危险物——
　易燃液体

联合国编号（UN No.）：1249

正式运输名称：甲基·丙基酮

包装类别：Ⅱ

2181　3-戊酮

别名：二乙基酮

英文名：pentan-3-one；diethyl ketone

CAS 号：96-22-0

GHS 标签信号词及象形图：危险

危险性类别：易燃液体，类别 2
　特异性靶器官毒性-一次接触，类别 3（呼
　吸道刺激、麻醉效应）

主要危险性及次要危险性：第 3 类危险物——
　易燃液体

联合国编号（UN No.）：1156

正式运输名称：二乙酮

包装类别：Ⅱ

2182　1-戊烯

别名：—

英文名：1-pentene

CAS 号：109-67-1

GHS 标签信号词及象形图：危险

危险性类别：易燃液体，类别 1
　特异性靶器官毒性-一次接触，类别 3（麻
　醉效应）
　吸入危害，类别 1
　危害水生环境-长期危害，类别 3

主要危险性及次要危险性：第 3 类危险物——
　易燃液体

联合国编号（UN No.）：1108

正式运输名称：1-戊烯（正戊烯）

包装类别：Ⅰ

2183　2-戊烯

别名：—

英文名：2-pentene

CAS 号：109-68-2

GHS 标签信号词及象形图：危险

危险性类别：易燃液体，类别 2
　危害水生环境-长期危害，类别 3

主要危险性及次要危险性：第 3 类危险物——
　易燃液体

联合国编号（UN No.）：3295/1993△

正式运输名称：液态烃类，未另作规定的/易
　燃液体，未另作规定的△

包装类别：Ⅱ

2184　1-戊烯-3-酮

别名：乙烯乙基甲酮

英文名：1-penten-3-one；vingl ethyl ketone

CAS 号：1629-58-9

GHS 标签信号词及象形图：危险

危险性类别：易燃液体，类别 2

主要危险性及次要危险性：第 3 类危险物——
　易燃液体/第 3 类危险物——易燃液体；第
　6.1 项危险物——毒性物质；第 8 类危险
　物——腐蚀性物质△

联合国编号（UN No.）：1993/3286△

正式运输名称：易燃液体，未另作规定的/易燃液体，毒性，腐蚀性，未作规定的△

包装类别：Ⅱ

2185　戊酰氯

别名：—

英文名：valeryl chloride

CAS 号：638-29-9

GHS 标签信号词及象形图：危险

危险性类别：易燃液体，类别 2

　　皮肤腐蚀/刺激，类别 1

　　严重眼损伤/眼刺激，类别 1

主要危险性及次要危险性：第 8 类危险物——腐蚀性物质；第 3 类危险物——易燃液体

联合国编号（UN No.）：2502

正式运输名称：戊酰氯

包装类别：Ⅱ

2186　烯丙基三氯硅烷（稳定的）

别名：—

英文名：allyltrichlorosilane, stabilized

CAS 号：107-37-9

GHS 标签信号词及象形图：危险

危险性类别：易燃液体，类别 3

　　皮肤腐蚀/刺激，类别 1

　　严重眼损伤/眼刺激，类别 1

主要危险性及次要危险性：第 8 类危险物——腐蚀性物质；第 3 类危险物——易燃液体

联合国编号（UN No.）：1724

正式运输名称：烯丙基三氯硅烷，稳定的

包装类别：Ⅱ

2187　烯丙基缩水甘油醚

别名：—

英文名：allyl glycidyl ether；allyl 2,3-epoxypropyl ether；prop-2-en-1-yl 2,3-epoxypropyl ether

CAS 号：106-92-3

GHS 标签信号词及象形图：危险

危险性类别：易燃液体，类别 3

　　皮肤腐蚀/刺激，类别 2

　　严重眼损伤/眼刺激，类别 1

　　皮肤致敏物，类别 1

　　生殖细胞致突变性，类别 2

　　生殖毒性，类别 2

　　特异性靶器官毒性-一次接触，类别 3（呼吸道刺激）

　　危害水生环境-长期危害，类别 3

主要危险性及次要危险性：第 3 类危险物——易燃液体

联合国编号（UN No.）：2219

正式运输名称：烯丙基缩水甘油醚

包装类别：Ⅲ

2188　硒

别名：—

英文名：selenium

CAS 号：7782-49-2

GHS 标签信号词及象形图：危险

危险性类别：急性毒性-经口，类别 3＊

　　急性毒性-吸入，类别 3＊

　　特异性靶器官毒性-反复接触，类别 2＊

主要危险性及次要危险性：第 6.1 项危险物——毒性物质

联合国编号（UN No.）：3288

正式运输名称：无机毒性固体，未另作规定的

包装类别：Ⅲ

2189　硒化镉

别名：—

英文名：cadmium selenide

CAS 号：1306-24-7

GHS 标签信号词及象形图：危险

危险性类别：急性毒性-经口，类别 3＊
　　急性毒性-吸入，类别 3＊
　　致癌性，类别 1A
　　特异性靶器官毒性-反复接触，类别 2
　　危害水生环境-急性危害，类别 1
　　危害水生环境-长期危害，类别 1

主要危险性及次要危险性：第 6.1 项危险
物——毒性物质

联合国编号（UN No.）：3283/2570△

正式运输名称：硒化合物，固态，未另作规
定的/镉化合物△

包装类别：Ⅲ

2190　硒化铅

别名：—

英文名：lead selenide

CAS 号：12069-00-0

GHS 标签信号词及象形图：危险

危险性类别：致癌性，类别 1B
　　生殖毒性，类别 1A
　　特异性靶器官毒性-反复接触，类别 2
　　危害水生环境-急性危害，类别 1
　　危害水生环境-长期危害，类别 1

主要危险性及次要危险性：第 9 类危险物——
杂项危险物质和物品

联合国编号（UN No.）：3077

正式运输名称：对环境有害的固态物质，未
另作规定的

包装类别：Ⅲ

2191　硒化氢（无水）

别名：—

英文名：hydrogen selenide，anhydrous

CAS 号：7783-07-5

GHS 标签信号词及象形图：危险

危险性类别：易燃气体，类别 1
　　加压气体
　　急性毒性-吸入，类别 3
　　严重眼损伤/眼刺激，类别 2
　　特异性靶器官毒性-反复接触，类别 1
　　危害水生环境-急性危害，类别 1
　　危害水生环境-长期危害，类别 1

主要危险性及次要危险性：第 2.3 类危险
物——毒性气体；第 2.1 类危险物——易
燃气体

联合国编号（UN No.）：2202

正式运输名称：无水硒化氢

包装类别：不适用

2192　硒化铁

别名：—

英文名：iron selenide

CAS 号：1310-32-3

GHS 标签信号词及象形图：危险

危险性类别：急性毒性-经口，类别 3＊
　　急性毒性-吸入，类别 3＊
　　特异性靶器官毒性-反复接触，类别 2
　　危害水生环境-急性危害，类别 1
　　危害水生环境-长期危害，类别 1

主要危险性及次要危险性：第 6.1 项危险
物——毒性物质

联合国编号（UN No.）：3283

正式运输名称：硒化合物，固态，未另作规
定的

包装类别：Ⅲ

2193　硒化锌

别名：—

英文名：zinc selenide

CAS 号：1315-09-9

GHS 标签信号词及象形图：危险

危险性类别：急性毒性-经口，类别 3 *

急性毒性-吸入，类别 3 *

特异性靶器官毒性-反复接触，类别 2

危害水生环境-急性危害，类别 1

危害水生环境-长期危害，类别 1

主要危险性及次要危险性：第 6.1 项危险物——毒性物质

联合国编号（UN No.）：3283

正式运输名称：硒化合物，固态，未另作规定的

包装类别：Ⅲ

2194　硒脲

别名：—

英文名：selenium urea

CAS 号：630-10-4

GHS 标签信号词及象形图：危险

危险性类别：急性毒性-经口，类别 2

急性毒性-吸入，类别 3 *

特异性靶器官毒性-反复接触，类别 2

危害水生环境-急性危害，类别 1

危害水生环境-长期危害，类别 1

主要危险性及次要危险性：第 6.1 项危险物——毒性物质

联合国编号（UN No.）：3283

正式运输名称：硒化合物，固态，未另作规定的

包装类别：Ⅱ

2195　硒酸

别名：—

英文名：selenic acid

CAS 号：7783-08-6

GHS 标签信号词及象形图：危险

危险性类别：皮肤腐蚀/刺激，类别 1

严重眼损伤/眼刺激，类别 1

特异性靶器官毒性-一次接触，类别 1

危害水生环境-急性危害，类别 1

危害水生环境-长期危害，类别 1

主要危险性及次要危险性：第 8 类危险物——腐蚀性物质

联合国编号（UN No.）：1905

正式运输名称：硒酸

包装类别：Ⅰ

2196　硒酸钡

别名：—

英文名：barium selenate

CAS 号：7787-41-9

GHS 标签信号词及象形图：危险

危险性类别：急性毒性-经口，类别 3 *

急性毒性-吸入，类别 3 *

特异性靶器官毒性-反复接触，类别 2

危害水生环境-急性危害，类别 1

危害水生环境-长期危害，类别 1

主要危险性及次要危险性：第 6.1 项危险物——毒性物质

联合国编号（UN No.）：2630/2811△

正式运输名称：硒酸盐/有机毒性固体，未另作规定的 △

包装类别：Ⅲ

2197　硒酸钾

别名：—

英文名：potassium selenate

CAS 号：7790-59-2

GHS 标签信号词及象形图：危险

危险性类别：急性毒性-经口，类别 3 ＊
急性毒性-吸入，类别 3 ＊
特异性靶器官毒性-反复接触，类别 2
危害水生环境-急性危害，类别 1
危害水生环境-长期危害，类别 1

主要危险性及次要危险性：第 6.1 项 危 险
物——毒性物质

联合国编号（UN No.）：2630/2811△

正式运输名称：硒酸盐/有机毒性固体，未另
作规定的△

包装类别：Ⅲ

2198 硒酸钠

别名：—

英文名：sodium selenate

CAS 号：13410-01-0

GHS 标签信号词及象形图：危险

危险性类别：急性毒性-经口，类别 1
急性毒性-吸入，类别 3 ＊
特异性靶器官毒性-反复接触，类别 2
危害水生环境-急性危害，类别 1
危害水生环境-长期危害，类别 1

主要危险性及次要危险性：第 6.1 项 危 险
物——毒性物质

联合国编号（UN No.）：2630

正式运输名称：硒酸盐

包装类别：Ⅰ

2199 硒酸铜

别名：硒酸高铜

英文名：cupric selenate；copper（Ⅱ）sele-
nate

CAS 号：15123-69-0

GHS 标签信号词及象形图：危险

危险性类别：急性毒性-经口，类别 3 ＊
急性毒性-吸入，类别 3 ＊
特异性靶器官毒性-反复接触，类别 2
危害水生环境-急性危害，类别 1
危害水生环境-长期危害，类别 1

主要危险性及次要危险性：第 6.1 项 危 险
物——毒性物质

联合国编号（UN No.）：2630/2811△

正式运输名称：硒酸盐/有机毒性固体，未另
作规定的△

包装类别：Ⅲ

2200 氙（压缩的或液化的）

别名：—

英文名：xenon，compressed or refrigerated
liquid

CAS 号：7440-63-3

GHS 标签信号词及象形图：警告

危险性类别：加压气体

主要危险性及次要危险性：第 2.2 类 危 险
物——非易燃无毒气体

联合国编号（UN No.）：2591

正式运输名称：冷冻液态氙

包装类别：不适用

2201 硝铵炸药

别名：铵梯炸药

英文名：ammonium nitrate explosive

CAS 号：—

GHS 标签信号词及象形图：危险

危险性类别：爆炸物，1.1 项

主要危险性及次要危险性：第 1.1 项 危 险
物——有整体爆炸危险的物质和物品

联合国编号（UN No.）：0463

正式运输名称：爆炸性物品，未另作规定的

包装类别：满足Ⅱ类包装要求

2202　硝化甘油（按质量含有不低于40%不挥发、不溶于水的减敏剂）

别名：硝化丙三醇；甘油三硝酸酯

英文名：nitroglycerin, desensitized with not less than 40% non-volatile water-insoluble-phlegmatizer, by mass; nitrated glycerol; glycerol trinitrate

CAS号：55-63-0

GHS标签信号词及象形图：危险

危险性类别：爆炸物，1.1项

皮肤致敏物，类别1

生殖毒性，类别2

特异性靶器官毒性-一次接触，类别1

特异性靶器官毒性-反复接触，类别1

危害水生环境-急性危害，类别2

危害水生环境-长期危害，类别2

主要危险性及次要危险性：第1.1项危险物——有整体爆炸危险的物质和物品；第6.1项危险物——毒性物质

联合国编号（UN No.）：0143

正式运输名称：减敏硝化甘油，按质量含有不低于40%不挥发、不溶于水的减敏剂

包装类别：满足Ⅱ类包装要求

2203　硝化甘油乙醇溶液（含硝化甘油≤10%）

别名：硝化丙三醇乙醇溶液；甘油三硝酸酯乙醇溶液

英文名：nitroglycerin solution in alcohol with not more than 10% nitroglycerin

CAS号：—

GHS标签信号词及象形图：危险

危险性类别：（1）硝化甘油≤1%，易燃液体，类别2

主要危险性及次要危险性：第3类危险物——易燃液体

联合国编号（UN No.）：1204

正式运输名称：硝化甘油酒精溶液，含硝化甘油不大于1%

包装类别：Ⅱ

硝化甘油乙醇溶液（含硝化甘油≤10%）

别名：硝化丙三醇乙醇溶液；甘油三硝酸酯乙醇溶液

英文名：nitroglycerin solution in alcohol with not more than 10% nitroglycerin

CAS号：—

GHS标签信号词及象形图：危险

危险性类别：（2）1%＜硝化甘油≤10%，爆炸物，1.1项

皮肤致敏物，类别1

生殖毒性，类别2

危害水生环境-长期危害，类别3

主要危险性及次要危险性：第1.1项危险物——有整体爆炸危险的物质和物品

联合国编号（UN No.）：0144

正式运输名称：硝化甘油酒精溶液，含硝化甘油1%～10%

包装类别：满足Ⅱ类包装要求

2204　硝化淀粉

别名：—

英文名：nitrostarch

CAS号：9056-38-6

GHS标签信号词及象形图：危险

危险性类别：爆炸物，1.1 项

主要危险性及次要危险性：第 1.1 项危险
　　物——有整体爆炸危险的物质和物品

联合国编号（UN No.）：0146

正式运输名称：硝化淀粉，干的，或湿的，
　　按质量含水低于 20%

包装类别：满足 Ⅱ 类包装要求

2205　硝化二乙醇胺火药

别名：—

英文名：nitrodiethanolamine powder

CAS 号：—

GHS 标签信号词及象形图：危险

危险性类别：爆炸物，1.3 项

主要危险性及次要危险性：第 1.3 项危险
　　物——有燃烧危险并兼有局部爆炸危险或
　　局部迸射危险之一或兼有这两种危险，但
　　无整体爆炸危险的物质和物品

联合国编号（UN No.）：0161

正式运输名称：无烟火药

包装类别：满足 Ⅱ 类包装要求

2206　硝化沥青

别名：—

英文名：pitch nitrate

CAS 号：—

GHS 标签信号词及象形图：危险

危险性类别：易燃固体，类别 1

主要危险性及次要危险性：第 4.1 项危险
　　物——易燃固体

联合国编号（UN No.）：1325

正式运输名称：有机易燃固体，未另作规
　　定的

包装类别：Ⅱ

2207　硝化酸混合物

别名：硝化混合酸

英文名：nitrating acid mixture；mixed nitra-
　　ting acid

CAS 号：51602-38-1

GHS 标签信号词及象形图：危险

危险性类别：皮肤腐蚀/刺激，类别 1
　　严重眼损伤/眼刺激，类别 1

主要危险性及次要危险性：第 8 类危险物——
　　腐蚀性物质；第 5.1 项危险物——氧化性
　　物质/第 8 类危险物——腐蚀性物质△

联合国编号（UN No.）：1796

正式运输名称：硝化酸混合物，含硝酸大于
　　50%/硝化酸混合物，含硝酸不大于 50%△

包装类别：Ⅰ/Ⅱ△

2208　硝化纤维素［干的或含水（或乙醇）<25%］

别名：硝化棉

英文名：nitrocellulose，dry or wetted with
　　less than 25% water（or alcohol），by mass

CAS 号：9004-70-0

GHS 标签信号词及象形图：危险

危险性类别：爆炸物，1.1 项

主要危险性及次要危险性：第 1.1 项危险
　　物——有整体爆炸危险的物质和物品

联合国编号（UN No.）：0340

正式运输名称：硝化纤维素，干的

包装类别：满足 Ⅱ 类包装要求

硝化纤维素（含氮≤12.6%，含乙醇≥25%）

别名：硝化棉

英文名：nitrocellulose with alcohol（not less
　　than 25% alcohol，by mass，and not more

than 12.6% nitrogen，by dry mass）

CAS 号： 9004-70-0

GHS 标签信号词及象形图： 危险

危险性类别： 易燃固体，类别1

主要危险性及次要危险性： 第 4.1 项危险物——固态退敏爆炸品

联合国编号（UN No.）： 2556

正式运输名称： 含酒精硝化纤维素（按质量含酒精不少于 25%，按干重含氮不超过 12.6%）

包装类别： Ⅱ

硝化纤维素（含氮≤12.6%）

别名： 硝化棉

英文名： nitrocellulose，with not more than 12.6% nitrogen，by dry mass

CAS 号： 9004-70-0

GHS 标签信号词及象形图： 危险

危险性类别： 易燃固体，类别1

主要危险性及次要危险性： 第 4.1 项危险物——固态退敏爆炸品

联合国编号（UN No.）： 2556

正式运输名称： 含酒精硝化纤维素（按质量含酒精不少于 25%，按干重含氮不超过 12.6%）

包装类别： Ⅱ

硝化纤维素（含水≥25%）

别名： 硝化棉

英文名： nitrocellulose with water（not less than 25% water，by mass）

CAS 号： 9004-70-0

GHS 标签信号词及象形图： 危险

危险性类别： 易燃固体，类别1

主要危险性及次要危险性： 第 4.1 项危险物——固态退敏爆炸品

联合国编号（UN No.）： 2555

正式运输名称： 含水硝化纤维素（按质量含水不少于 25%）

包装类别： Ⅱ

硝化纤维素（含乙醇≥25%）

别名： 硝化棉

英文名： nitrocellulose，wetted with not less than 25% alcohol，by mass

CAS 号： 9004-70-0

GHS 标签信号词及象形图： 危险

危险性类别： 爆炸物，1.3 项

主要危险性及次要危险性： 第 1.3 项危险物——有燃烧危险并兼有局部爆炸危险或局部进射危险之一或兼有这两种危险，但无整体爆炸危险的物质和物品

联合国编号（UN No.）： 0342

正式运输名称： 硝化纤维素，湿的，按质量含有不少于 25% 的酒精

包装类别： 满足 Ⅱ 类包装要求

硝化纤维素（未改性的，或增塑的，含增塑剂<18%）

别名： 硝化棉

英文名： nitrocellulose，unmodified or plasticized with less than 18% plasticizing substance，by mass

CAS 号： 9004-70-0

GHS 标签信号词及象形图： 危险

危险性类别： 爆炸物，1.1 项

主要危险性及次要危险性： 第 1.1 项危险物——有整体爆炸危险的物质和物品

联合国编号（UN No.）： 0341

正式运输名称：硝化纤维素，未改性的，按质量含有低于18%的增塑剂
包装类别：满足Ⅱ类包装要求

硝化纤维素溶液（含氮≤12.6%，含硝化纤维素≤55%）

别名：硝化棉溶液
英文名：nitrocellulose solutions, with not more than 12.6% nitrogen, by dry mass, and not more than 55% nitrocellulose
CAS号：9004-70-0
GHS标签信号词及象形图：危险

危险性类别：易燃液体，类别2
主要危险性及次要危险性：第3类危险物——易燃液体
联合国编号（UN No.）：1993
正式运输名称：易燃液体，未另作规定的
包装类别：Ⅱ

2209　硝化纤维塑料（板、片、棒、管、卷等状，不包括碎屑）

别名：赛璐珞
英文名：celluloid in block, rods, rolls, sheets, tubes, etc., except scrap
CAS号：8050-88-2
GHS标签信号词及象形图：警告

危险性类别：易燃固体，类别2
主要危险性及次要危险性：第4.1项危险物——易燃固体
联合国编号（UN No.）：2000
正式运输名称：赛璐珞
包装类别：Ⅲ

硝化纤维塑料碎屑

别名：赛璐珞碎屑
英文名：celluloid, scrap

CAS号：8050-88-2
GHS标签信号词及象形图：危险

危险性类别：自热物质和混合物，类别2
主要危险性及次要危险性：第4.2项危险物——易于自燃的物质
联合国编号（UN No.）：2006
正式运输名称：塑料，以硝化纤维素为基料，自热性，未另作规定的
包装类别：Ⅲ

2210　3-硝基-1,2-二甲苯

别名：1,2-二甲基-3-硝基苯；3-硝基邻二甲苯
英文名：3-nitro-1,2-xylene；1,2-dimethyl-3-nitrobenzene；3-nitro-o-xylene
CAS号：83-41-0
GHS标签信号词及象形图：无

危险性类别：危害水生环境-急性危害，类别2
危害水生环境-长期危害，类别2
主要危险性及次要危险性：第6.1项危险物——毒性物质
联合国编号（UN No.）：1665
正式运输名称：液态硝基二甲苯
包装类别：Ⅱ

2211　4-硝基-1,2-二甲苯

别名：1,2-二甲基-4-硝基苯；4-硝基邻二甲苯；4,5-二甲基硝基苯
英文名：4-nitro-1,2-xylene；1,2-dimethyl-4-nitrobenzene；4-nitro-o-xylene4,5-dimethylnitrobenzene
CAS号：99-51-4
GHS标签信号词及象形图：无
危险性类别：危害水生环境-长期危害，类别3

主要危险性及次要危险性：第 6.1 项危险物——毒性物质

联合国编号（UN No.）：3447

正式运输名称：固态硝基二甲苯

包装类别：Ⅱ

2212　2-硝基-1,3-二甲苯

别名：1,3-二甲基-2-硝基苯；2-硝基间二甲苯

英文名：2-nitro-1,3-xylene；1,3-dimethyl-2-nitrobenzene；2-nitro-*m*-xylene

CAS 号：81-20-9

GHS 标签信号词及象形图：无

危险性类别：危害水生环境-急性危害，类别 2

危害水生环境-长期危害，类别 2

主要危险性及次要危险性：第 6.1 项危险物——毒性物质

联合国编号（UN No.）：1665

正式运输名称：液态硝基二甲苯

包装类别：Ⅱ

2213　4-硝基-1,3-二甲苯

别名：1,3-二甲基-4-硝基苯；4-硝基间二甲苯；2,4-二甲基硝基苯；对硝基间二甲苯

英文名：4-nitro-1,3-xylene；1,3-dimethyl-4-nitrobenzene；4-nitro-*m*-xylene；2,4-dimethylnitrobenzene；*p*-nitro-*m*-xylene

CAS 号：89-87-2

GHS 标签信号词及象形图：无

危险性类别：危害水生环境-急性危害，类别 2

危害水生环境-长期危害，类别 2

主要危险性及次要危险性：第 6.1 项危险物——毒性物质

联合国编号（UN No.）：1665

正式运输名称：液态硝基二甲苯

包装类别：Ⅱ

2214　5-硝基-1,3-二甲苯

别名：1,3-二甲基-5-硝基苯；5-硝基间二甲苯；3,5-二甲基硝基苯

英文名：5-nitro-1,3-xylene；1,3-dimethyl-5-nitrobenzene；5-nitro-*m*-xylene；3,5-dimethyl nitrobenzene

CAS 号：99-12-7

GHS 标签信号词及象形图：危险

危险性类别：急性毒性-经口，类别 3

急性毒性-经皮，类别 3

急性毒性-吸入，类别 3

特异性靶器官毒性-反复接触，类别 2

危害水生环境-急性危害，类别 2

危害水生环境-长期危害，类别 2

主要危险性及次要危险性：第 6.1 项危险物——毒性物质

联合国编号（UN No.）：3447

正式运输名称：固态硝基二甲苯

包装类别：Ⅱ

2215　4-硝基-2-氨基苯酚

别名：2-氨基-4-硝基苯酚；邻氨基对硝基苯酚；对硝基邻氨基苯酚

英文名：4-nitro-2-aminophenol；2-amino-4-nitrophenol；*o*-amino-*p*-nitrophenol；*p*-nitro-*o*-aminophenol

CAS 号：99-57-0

GHS 标签信号词及象形图：警告

危险性类别：皮肤腐蚀/刺激，类别 2

严重眼损伤/眼刺激，类别 2

特异性靶器官毒性——次接触，类别 3（呼吸道刺激）

主要危险性及次要危险性：—

联合国编号（UN No.）：非危

正式运输名称：—

包装类别：—

2216　5-硝基-2-氨基苯酚

别名：2-氨基-5-硝基苯酚

英文名：5-nitro-2-aminophenol；2-amino-5-nitrophenol

CAS 号：121-88-0

GHS 标签信号词及象形图：警告

危险性类别：皮肤腐蚀/刺激，类别 2

严重眼损伤/眼刺激，类别 2

特异性靶器官毒性-一次接触，类别 3（呼吸道刺激）

主要危险性及次要危险性：—

联合国编号（UN No.）：非危

正式运输名称：—

包装类别：—

2217　4-硝基-2-甲苯胺

别名：对硝基邻甲苯胺

英文名：4-nitro-2-toluidine；*p*-nitrotoluidine

CAS 号：99-52-5

GHS 标签信号词及象形图：危险

危险性类别：急性毒性-经口，类别 3＊

急性毒性-经皮，类别 3＊

急性毒性-吸入，类别 3＊

特异性靶器官毒性-反复接触，类别 2＊

危害水生环境-急性危害，类别 2

危害水生环境-长期危害，类别 2

主要危险性及次要危险性：第 6.1 项危险物——毒性物质

联合国编号（UN No.）：2660

正式运输名称：一硝基甲苯胺

包装类别：Ⅲ

2218　4-硝基-2-甲氧基苯胺

别名：5-硝基-2-氨基苯甲醚；对硝基邻甲氧基苯胺

英文名：4-ntro-2-methoxyaniline；5-nitro-2-aminoanisole；*p*-nitro-*o*-methoxyaniline

CAS 号：97-52-9

GHS 标签信号词及象形图：警告

危险性类别：致癌性，类别 2

特异性靶器官毒性-一次接触，类别 2

特异性靶器官毒性-反复接触，类别 2

危害水生环境-急性危害，类别 2

危害水生环境-长期危害，类别 2

主要危险性及次要危险性：第 9 类危险物——杂项危险物质和物品

联合国编号（UN No.）：3077

正式运输名称：对环境有害的固态物质，未另作规定的

包装类别：Ⅲ

2219　2-硝基-4-甲苯胺

别名：邻硝基对甲苯胺

英文名：2-nitro-4-toluidine；*o*-nitrotoluidine

CAS 号：89-62-3

GHS 标签信号词及象形图：危险

危险性类别：急性毒性-经口，类别 3＊

急性毒性-经皮，类别 3＊

急性毒性-吸入，类别 3＊

特异性靶器官毒性-反复接触，类别 2＊

危害水生环境-急性危害，类别 2

危害水生环境-长期危害，类别 2

主要危险性及次要危险性：第 6.1 项危险物——毒性物质

联合国编号（UN No.）：2660

正式运输名称：一硝基甲苯胺

包装类别：Ⅲ

2220　3-硝基-4-甲苯胺

别名：间硝基对甲苯胺

英文名：3-nitro-4-toluidine；*m*-nitrotoluidine

CAS 号：119-32-4

GHS 标签信号词及象形图：危险

危险性类别：急性毒性-经口，类别 3

急性毒性-经皮，类别 3

急性毒性-吸入，类别 3

特异性靶器官毒性-反复接触，类别 2 *

危害水生环境-急性危害，类别 2

危害水生环境-长期危害，类别 2

主要危险性及次要危险性：第 6.1 项危险物——毒性物质

联合国编号（UN No.）：2660

正式运输名称：一硝基甲苯胺

包装类别：Ⅲ

2221　2-硝基-4-甲苯酚

别名：4-甲基-2-硝基苯酚

英文名：2-nitro-4-cresol；4-methyl-2-nitro-phenol

CAS 号：119-33-5

GHS 标签信号词及象形图：警告

危险性类别：皮肤腐蚀/刺激，类别 2

严重眼损伤/眼刺激，类别 2

特异性靶器官毒性-一次接触，类别 3（呼吸道刺激）

主要危险性及次要危险性：第 6.1 项危险物——毒性物质

联合国编号（UN No.）：2446

正式运输名称：硝基甲苯酚，固态

包装类别：Ⅲ

2222　2-硝基-4-甲氧基苯胺

别名：枣红色基 GP

英文名：2-nitro-*p*-anisidine；4-methoxy-2-ni-troaniline

CAS 号：96-96-8

GHS 标签信号词及象形图：危险

危险性类别：急性毒性-经口，类别 2 *

急性毒性-经皮，类别 1

急性毒性-吸入，类别 2 *

特异性靶器官毒性-反复接触，类别 2 *

危害水生环境-长期危害，类别 3

主要危险性及次要危险性：第 6.1 项危险物——毒性物质

联合国编号（UN No.）：2811

正式运输名称：有机毒性固体，未另作规定的

包装类别：Ⅰ

2223　3-硝基-4-氯三氟甲苯

别名：2-氯-5-三氟甲基硝基苯

英文名：3-nitro-4-chlorobenzotrifluoride；2-chloro-5-trifluoro-methyl nitrobenzene

CAS 号：121-17-5

GHS 标签信号词及象形图：警告

危险性类别：严重眼损伤/眼刺激，类别 2B

危害水生环境-急性危害，类别 1

危害水生环境-长期危害，类别 1

主要危险性及次要危险性：第 6.1 项危险物——毒性物质

联合国编号（UN No.）：2307

正式运输名称：3-硝基-4-氯三氟甲基苯

包装类别：Ⅱ

2224　3-硝基-4-羟基苯胂酸

别名：4-羟基-3-硝基苯胂酸

英文名：3-nitro-4-hydroxyphenyl arsonic acid；4-hydroxy-3-nitrophenyl arsonic acid

CAS 号：121-19-7

GHS 标签信号词及象形图：危险

危险性类别：急性毒性-经口，类别 3＊

急性毒性-吸入，类别 3＊

危害水生环境-急性危害，类别 1

危害水生环境-长期危害，类别 1

主要危险性及次要危险性：第 6.1 项危险物——毒性物质

联合国编号（UN No.）：3465/2811△

正式运输名称：固态有机砷化合物，未另作规定的/有机毒性固体，未另作规定的△

包装类别：Ⅲ

2225　3-硝基-*N*,*N*-二甲基苯胺

别名：*N*,*N*-二甲基间硝基苯胺；间硝基二甲苯胺

英文名：3-nitro-*N*,*N*-dimethylaniline；*N*,*N*-dimethyl-*m*-nitroaniline；*m*-nitroxylidine

CAS 号：619-31-8

GHS 标签信号词及象形图：警告

危险性类别：皮肤腐蚀/刺激，类别 2

严重眼损伤/眼刺激，类别 2

主要危险性及次要危险性：—

联合国编号（UN No.）：非危

正式运输名称：—

包装类别：—

2226　4-硝基-*N*,*N*-二甲基苯胺

别名：*N*,*N*-二甲基对硝基苯胺；对硝基二甲苯胺

英文名：4-nitro-*N*,*N*-dimethylaniline；*N*,*N*-dimethyl-*p*-nitroaniline；*p*-nitroxylidine

CAS 号：100-23-2

GHS 标签信号词及象形图：警告

危险性类别：皮肤腐蚀/刺激，类别 2

严重眼损伤/眼刺激，类别 2

主要危险性及次要危险性：—

联合国编号（UN No.）：非危

正式运输名称：—

包装类别：—

2227　4-硝基-*N*,*N*-二乙基苯胺

别名：*N*,*N*-二乙基对硝基苯胺；对硝基二乙基苯胺

英文名：4-nitro-*N*,*N*-diethylaniline；*N*,*N*-diethyl-*p*-nitroaniline；*p*-nitrodiethylaniline

CAS 号：2216-15-1

GHS 标签信号词及象形图：危险

危险性类别：急性毒性-经口，类别 3

主要危险性及次要危险性：第 6.1 项危险物——毒性物质

联合国编号（UN No.）：2811

正式运输名称：有机毒性固体，未另作规定的

包装类别：Ⅲ

2228　硝基苯

别名：—

英文名：nitrobenzene

CAS 号：98-95-3

GHS 标签信号词及象形图：危险

危险性类别：急性毒性-经口，类别 3

急性毒性-经皮，类别 3

急性毒性-吸入，类别 3

致癌性，类别 2

生殖毒性，类别 1B

特异性靶器官毒性-反复接触，类别 1

危害水生环境-急性危害，类别 2

危害水生环境-长期危害，类别 2

主要危险性及次要危险性：第 6.1 项危险

物——毒性物质

联合国编号（UN No.）：1662

正式运输名称：硝基苯

包装类别：Ⅱ

2229   2-硝基苯胺

别名：邻硝基苯胺；1-氨基-2-硝基苯

英文名：2-nitroaniline；o-nitroaniline；1-amino-2- nitrophenyl

CAS 号：88-74-4

GHS 标签信号词及象形图：危险

危险性类别：急性毒性-经口，类别 3＊

急性毒性-经皮，类别 3＊

急性毒性-吸入，类别 3＊

特异性靶器官毒性-反复接触，类别 2＊

危害水生环境-长期危害，类别 3

主要危险性及次要危险性：第 6.1 项危险物——毒性物质

联合国编号（UN No.）：1661

正式运输名称：硝基苯胺（邻）

包装类别：Ⅱ

2230   3-硝基苯胺

别名：间硝基苯胺；1-氨基-3-硝基苯

英文名：3-nitroaniline；m-nitroaniline；1-amino-3- nitrophenyl

CAS 号：99-09-2

GHS 标签信号词及象形图：危险

危险性类别：急性毒性-经口，类别 3＊

急性毒性-经皮，类别 3＊

急性毒性-吸入，类别 3＊

特异性靶器官毒性-反复接触，类别 2＊

危害水生环境-长期危害，类别 3

主要危险性及次要危险性：第 6.1 项危险物——毒性物质

联合国编号（UN No.）：1661

正式运输名称：硝基苯胺（间）

包装类别：Ⅱ

2231   4-硝基苯胺

别名：对硝基苯胺；1-氨基-4-硝基苯

英文名：4-nitroaniline；p-nitroanilin；1-amino-4- nitrobenzene

CAS 号：100-01-6

GHS 标签信号词及象形图：危险

危险性类别：急性毒性-经口，类别 3＊

急性毒性-经皮，类别 3＊

急性毒性-吸入，类别 3＊

特异性靶器官毒性-反复接触，类别 2＊

危害水生环境-长期危害，类别 3

主要危险性及次要危险性：第 6.1 项危险物——毒性物质

联合国编号（UN No.）：1661

正式运输名称：硝基苯胺（对）

包装类别：Ⅱ

2232   5-硝基苯并三唑

别名：硝基连三氮杂茚

英文名：5-nitrobenzotriazole

CAS 号：2338-12-7

GHS 标签信号词及象形图：危险

危险性类别：爆炸物，1.1 项

主要危险性及次要危险性：第 1.1 项危险物——有整体爆炸危险的物质和物品

联合国编号（UN No.）：0385

正式运输名称：5-硝基苯并三唑

包装类别：满足Ⅱ类包装要求

2233   2-硝基苯酚

别名：邻硝基苯酚

英文名：2-nitrophenol；o-nitrophenol

CAS 号：88-75-5

GHS 标签信号词及象形图：危险

危险性类别：急性毒性-经口，类别 3

    危害水生环境-急性危害，类别 2

主要危险性及次要危险性：第 6.1 项危险

    物——毒性物质

联合国编号（UN No.）：1663

正式运输名称：硝基苯酚（邻）

包装类别：Ⅲ

2234　3-硝基苯酚

别名：间硝基苯酚

英文名：3-nitrophenol；*m*-nitrophenol

CAS 号：554-84-7

GHS 标签信号词及象形图：无

危险性类别：危害水生环境-急性危害，类

    别 2

主要危险性及次要危险性：第 6.1 项危险

    物——毒性物质

联合国编号（UN No.）：1663

正式运输名称：硝基苯酚（间）

包装类别：Ⅲ

2235　4-硝基苯酚

别名：对硝基苯酚

英文名：4-nitrophenol；*p*-nitrophenol

CAS 号：100-02-7

GHS 标签信号词及象形图：危险

危险性类别：急性毒性-经口，类别 3

    特异性靶器官毒性-反复接触，类别 2＊

    危害水生环境-急性危害，类别 2

主要危险性及次要危险性：第 6.1 项危险

    物——毒性物质

联合国编号（UN No.）：1663

正式运输名称：硝基苯酚（对）

包装类别：Ⅲ

2236　2-硝基苯磺酰氯

别名：邻硝基苯磺酰氯

英文名：2-nitrobenzenesulfonyl chloride；*o*-nitrobenzenesulfonyl chloride

CAS 号：1694-92-4

GHS 标签信号词及象形图：危险

危险性类别：皮肤腐蚀/刺激，类别 1

    严重眼损伤/眼刺激，类别 1

主要危险性及次要危险性：第 8 类危险物——

    腐蚀性物质

联合国编号（UN No.）：3261

正式运输名称：有机酸性腐蚀性固体，未另

    作规定的

包装类别：Ⅱ

2237　3-硝基苯磺酰氯

别名：间硝基苯磺酰氯

英文名：3-nitrobenzenesulfonyl chloride；*m*-nitrobenzenesulfonyl chloride

CAS 号：121-51-7

GHS 标签信号词及象形图：危险

危险性类别：皮肤腐蚀/刺激，类别 1

    严重眼损伤/眼刺激，类别 1

主要危险性及次要危险性：第 8 类危险物——

    腐蚀性物质

联合国编号（UN No.）：3261

正式运输名称：有机酸性腐蚀性固体，未另

    作规定的

包装类别：Ⅲ

2238　4-硝基苯磺酰氯

别名：对硝基苯磺酰氯

英文名：4-nitrobenzenesulfonyl chloride；*p*-nitrobenzenesulfonyl chloride

CAS 号：98-74-8

GHS 标签信号词及象形图：危险

危险性类别：皮肤腐蚀/刺激，类别 1
严重眼损伤/眼刺激，类别 1

主要危险性及次要危险性：第 8 类危险物——腐蚀性物质

联合国编号（UN No.）：3261

正式运输名称：有机酸性腐蚀性固体，未另作规定的

包装类别：Ⅲ

2239   2-硝基苯甲醚

别名：邻硝基苯甲醚；邻硝基茴香醚；邻甲氧基硝基苯

英文名：2-nitrophenylmethylether；*o*-nitrophenylmethylether；*o*-nitroanisole；2-nitroanisole；*o*-methoxynitrobenzene

CAS 号：91-23-6

GHS 标签信号词及象形图：警告

危险性类别：致癌性，类别 2
危害水生环境-长期危害，类别 3

主要危险性及次要危险性：第 6.1 项危险物——毒性物质

联合国编号（UN No.）：2730

正式运输名称：液态硝基茴香醚

包装类别：Ⅲ

2240   3-硝基苯甲醚

别名：间硝基苯甲醚；间硝基茴香醚；间甲氧基硝基苯

英文名：3-nitrophenyl methyl ether；*m*-nitrophenyl methyl ether；*m*-nitroanisole；*m*-meth-oxynitrobenzene

CAS 号：555-03-3

GHS 标签信号词及象形图：无

危险性类别：危害水生环境-长期危害，类别 3

主要危险性及次要危险性：第 6.1 项危险物——毒性物质

联合国编号（UN No.）：3458

正式运输名称：固态硝基茴香醚

包装类别：Ⅲ

2241   4-硝基苯甲醚

别名：对硝基苯甲醚；对硝基茴香醚；对甲氧基硝基苯

英文名：4-nitrophenyl methyl ether；*p*-nitrophenyl methyl ether；*p*-nitroanisol；*p*-methoxynitrobenzene；4-nitroanisole

CAS 号：100-17-4

GHS 标签信号词及象形图：无

危险性类别：危害水生环境-长期危害，类别 3

主要危险性及次要危险性：第 6.1 项危险物——毒性物质

联合国编号（UN No.）：3458

正式运输名称：固态硝基茴香醚

包装类别：Ⅲ

2242   4-硝基苯甲酰胺

别名：对硝基苯甲酰胺

英文名：4-nitrobenzamide；*p*-nitrobenzamide

CAS 号：619-80-7

GHS 标签信号词及象形图：危险

危险性类别：急性毒性-经口，类别 3
急性毒性-经皮，类别 3
急性毒性-吸入，类别 3

主要危险性及次要危险性：第 6.1 项危险物——毒性物质

联合国编号（UN No.）：2811

正式运输名称：有机毒性固体，未另作规定的

包装类别：Ⅲ

2243   2-硝基苯甲酰氯

别名：邻硝基苯甲酰氯

英文名：2-nitrobenzoyl chloride；*o*-nitro-benzoyl chloride

CAS 号：610-14-0

GHS 标签信号词及象形图：危险

危险性类别：皮肤腐蚀/刺激，类别 1

严重眼损伤/眼刺激，类别 1

主要危险性及次要危险性：第 8 类危险物——腐蚀性物质

联合国编号（UN No.）：3265

正式运输名称：有机酸性腐蚀性液体，未另作规定的

包装类别：Ⅲ

2244　3-硝基苯甲酰氯

别名：间硝基苯甲酰氯

英文名：3-nitrobenzoyl chloride；*m*-nitro-benzoyl chloride

CAS 号：121-90-4

GHS 标签信号词及象形图：危险

危险性类别：急性毒性-经皮，类别 3

皮肤腐蚀/刺激，类别 1

严重眼损伤/眼刺激，类别 1

主要危险性及次要危险性：第 8 类危险物——腐蚀性物质；第 6.1 项危险物——毒性物质

联合国编号（UN No.）：2923

正式运输名称：腐蚀性固体，毒性，未另作规定的

包装类别：Ⅲ

2245　4-硝基苯甲酰氯

别名：对硝基苯甲酰氯

英文名：4-nitrobenzoyl chloride；*p*-nitrobenzoyl chloride

CAS 号：122-04-3

GHS 标签信号词及象形图：危险

危险性类别：皮肤腐蚀/刺激，类别 1

严重眼损伤/眼刺激，类别 1

主要危险性及次要危险性：第 8 类危险物——腐蚀性物质

联合国编号（UN No.）：3261

正式运输名称：有机酸性腐蚀性固体，未另作规定的

包装类别：Ⅲ

2246　2-硝基苯肼

别名：邻硝基苯肼

英文名：2-nitrophenyl hydrazine；*o*-nitrophe-nyl hydrazine

CAS 号：3034-19-3

GHS 标签信号词及象形图：警告

危险性类别：易燃固体，类别 2

皮肤腐蚀/刺激，类别 2

严重眼损伤/眼刺激，类别 2

特异性靶器官毒性-一次接触，类别 3（呼吸道刺激）

主要危险性及次要危险性：第 4.1 项危险物——易燃固体

联合国编号（UN No.）：1325

正式运输名称：有机易燃固体，未另作规定的

包装类别：Ⅲ

2247　4-硝基苯肼

别名：对硝基苯肼

英文名：4-nitrophenyl hydrazine；*p*-nitrophenyl hydrazine

CAS 号：100-16-3

GHS 标签信号词及象形图：警告

危险性类别：易燃固体，类别 2

皮肤腐蚀/刺激，类别 2

严重眼损伤/眼刺激，类别 2

特异性靶器官毒性-一次接触，类别 3（呼吸道刺激）

主要危险性及次要危险性：第 4.1 项危险物——固态退敏爆炸品

联合国编号（UN No.）：3376

正式运输名称：4-硝基苯肼，按质量含水不小于 30%

包装类别：Ⅰ

2248　2-硝基苯胂酸

别名：邻硝基苯胂酸

英文名：2-nitrophenylarsonic acid；o-nitrophenylarsonic acid

CAS 号：5410-29-7

GHS 标签信号词及象形图：危险

危险性类别：急性毒性-经口，类别 3*

急性毒性-吸入，类别 3*

危害水生环境-急性危害，类别 1

危害水生环境-长期危害，类别 1

主要危险性及次要危险性：第 6.1 项危险物——毒性物质

联合国编号（UN No.）：3465/2811△

正式运输名称：固态有机砷化合物，未另作规定的/有机毒性固体，未另作规定的△

包装类别：Ⅲ

2249　3-硝基苯胂酸

别名：间硝基苯胂酸

英文名：3-nitrophenylarsonic acid；m-nitrophenylarsonic acid

CAS 号：618-07-5

GHS 标签信号词及象形图：危险

危险性类别：急性毒性-经口，类别 3*

急性毒性-吸入，类别 3*

危害水生环境-急性危害，类别 1

危害水生环境-长期危害，类别 1

主要危险性及次要危险性：第 6.1 项危险物——毒性物质

联合国编号（UN No.）：3465/2811△

正式运输名称：固态有机砷化合物，未另作规定的/有机毒性固体，未另作规定的△

包装类别：Ⅲ

2250　4-硝基苯胂酸

别名：对硝基苯胂酸

英文名：4-nitrophenylarsonic acid；p-nitrophenyl hydrazine

CAS 号：98-72-6

GHS 标签信号词及象形图：危险

危险性类别：急性毒性-经口，类别 3*

急性毒性-吸入，类别 3*

危害水生环境-急性危害，类别 1

危害水生环境-长期危害，类别 1

主要危险性及次要危险性：第 6.1 项危险物——毒性物质

联合国编号（UN No.）：3465/2811△

正式运输名称：固态有机砷化合物，未另作规定的/有机毒性固体，未另作规定的△

包装类别：Ⅲ

2251　4-硝基苯乙腈

别名：对硝基苯乙腈；对硝基苄基氰；对硝基氰化苄

英文名：4-nitrophenyl acetonitrile；p-nitrophenyl acetonitrile；p-nitrobenzyl cyanide；4-nitrobenzyl cyanide

CAS 号：555-21-5

GHS 标签信号词及象形图：危险

危险性类别：急性毒性-经口，类别 3

皮肤腐蚀/刺激，类别 2

严重眼损伤/眼刺激，类别 2

特异性靶器官毒性-一次接触，类别 3（呼吸道刺激）

主要危险性及次要危险性：第 6.1 项危险物——毒性物质

联合国编号（UN No.）：3439

正式运输名称：腈类，固态，毒性，未另作规定的

包装类别：Ⅲ

2252 2-硝基苯乙醚

别名：邻硝基苯乙醚；邻乙氧基硝基苯

英文名：2-nitrophenetole；*o*-nitrophenetole；*o*-ethoxynitrobenzene

CAS 号：610-67-3

GHS 标签信号词及象形图：无

危险性类别：危害水生环境-急性危害，类别 2

危害水生环境-长期危害，类别 2

主要危险性及次要危险性：第 9 类危险物——杂项危险物质和物品

联合国编号（UN No.）：3082

正式运输名称：对环境有害的液态物质，未另作规定的

包装类别：Ⅲ

2253 4-硝基苯乙醚

别名：对硝基苯乙醚；对乙氧基硝基苯

英文名：4-nitrophenetole；*p*-nitrophenetole；*p*-ethoxynitrobenzene

CAS 号：100-29-8

GHS 标签信号词及象形图：无

危险性类别：危害水生环境-急性危害，类别 2

危害水生环境-长期危害，类别 2

主要危险性及次要危险性：第 9 类危险物——杂项危险物质和物品

联合国编号（UN No.）：3077

正式运输名称：对环境有害的固态物质，未另作规定的

包装类别：Ⅲ

2254 3-硝基吡啶

别名：—

英文名：3-nitropyridine

CAS 号：2530-26-9

GHS 标签信号词及象形图：危险

危险性类别：易燃固体，类别 2

急性毒性-经口，类别 3

皮肤腐蚀/刺激，类别 2

严重眼损伤/眼刺激，类别 2

特异性靶器官毒性-一次接触，类别 3（呼吸道刺激）

主要危险性及次要危险性：第 4.1 项危险物——易燃固体；第 6.1 项危险物——毒性物质

联合国编号（UN No.）：2926

正式运输名称：有机易燃固体，毒性，未另作规定的

包装类别：Ⅲ

2255 1-硝基丙烷

别名：—

英文名：1-nitropropane

CAS 号：108-03-2

GHS 标签信号词及象形图：警告

危险性类别：易燃液体，类别 3

主要危险性及次要危险性：第 3 类危险物——易燃液体

联合国编号（UN No.）：2608

正式运输名称：硝基丙烷

包装类别：Ⅲ

2256 2-硝基丙烷

别名：—

英文名：2-nitropropane

CAS 号：79-46-9

GHS 标签信号词及象形图：警告

危险性类别：易燃液体，类别 3

　　致癌性，类别 2

主要危险性及次要危险性：第 3 类危险物——

　　易燃液体

联合国编号（UN No.）：2608

正式运输名称：硝基丙烷

包装类别：Ⅲ

2257 2-硝基碘苯

别名：2-碘硝基苯；邻硝基碘苯；邻碘硝基苯

英文名：2-nitroiodobenzene；2-iodonitrobenzene；

　　o-nitroiodobenzene；*o*-iodonitrobenzene

CAS 号：609-73-4

GHS 标签信号词及象形图：危险

危险性类别：急性毒性-经口，类别 3

　　急性毒性-经皮，类别 3

　　急性毒性-吸入，类别 3

　　皮肤腐蚀/刺激，类别 2

　　严重眼损伤/眼刺激，类别 2

　　特异性靶器官毒性-一次接触，类别 3（呼

　　吸道刺激）

主要危险性及次要危险性：第 6.1 项危险

　　物——毒性物质

联合国编号（UN No.）：2811

正式运输名称：有机毒性固体，未另作规

　　定的

包装类别：Ⅲ

2258 3-硝基碘苯

别名：3-碘硝基苯；间硝基碘苯；间碘硝基苯

英文名：3-nitroiodobenzene；3-iodonitrobenzene；

　　m-nitroiodobenzene；*m*-iodonitrobenzene

CAS 号：645-00-1

GHS 标签信号词及象形图：危险

危险性类别：急性毒性-经口，类别 3

　　急性毒性-经皮，类别 3

　　急性毒性-吸入，类别 3

　　皮肤腐蚀/刺激，类别 2

　　严重眼损伤/眼刺激，类别 2

　　特异性靶器官毒性-一次接触，类别 3（呼

　　吸道刺激）

主要危险性及次要危险性：第 6.1 项危险

　　物——毒性物质

联合国编号（UN No.）：2811

正式运输名称：有机毒性固体，未另作规

　　定的

包装类别：Ⅲ

2259 4-硝基碘苯

别名：4-碘硝基苯；对硝基碘苯；对碘硝基苯

英文名：4-nitroiodobenzene；4-iodonitrobenzene；

　　p-nitroiodobenzene；*p*-iodonitrobenzene

CAS 号：636-98-6

GHS 标签信号词及象形图：危险

危险性类别：急性毒性-经口，类别 3

　　急性毒性-经皮，类别 3

　　急性毒性-吸入，类别 3

　　皮肤腐蚀/刺激，类别 2

　　严重眼损伤/眼刺激，类别 2

　　特异性靶器官毒性-一次接触，类别 3（呼

　　吸道刺激）

主要危险性及次要危险性：第 6.1 项危险

物——毒性物质

联合国编号（UN No.）：2811

正式运输名称：有机毒性固体，未另作规定的

包装类别：Ⅲ

2260　1-硝基丁烷

别名：—

英文名：1-nitrobutane

CAS 号：627-05-4

GHS 标签信号词及象形图：警告

危险性类别：易燃液体，类别 3

主要危险性及次要危险性：第 3 类危险物——易燃液体

联合国编号（UN No.）：1993

正式运输名称：易燃液体，未另作规定的

包装类别：Ⅲ

2261　2-硝基丁烷

别名：—

英文名：2-nitrobutane

CAS 号：600-24-8

GHS 标签信号词及象形图：警告

危险性类别：易燃液体，类别 3

主要危险性及次要危险性：第 3 类危险物——易燃液体

联合国编号（UN No.）：1993

正式运输名称：易燃液体，未另作规定的

包装类别：Ⅲ

2262　硝基苊

别名：—

英文名：5-nitroacenaphthene

CAS 号：602-87-9

GHS 标签信号词及象形图：警告

危险性类别：易燃固体，类别 2

致癌性，类别 2

主要危险性及次要危险性：第 4.1 项危险物——易燃固体

联合国编号（UN No.）：1325

正式运输名称：有机易燃固体，未另作规定的

包装类别：Ⅲ

2263　硝基胍

别名：橄苦岩

英文名：nitroguanidine, dry or wetted with less than 20% water, by mass

CAS 号：556-88-7

GHS 标签信号词及象形图：危险

危险性类别：爆炸物，1.1 项

严重眼损伤/眼刺激，类别 2

主要危险性及次要危险性：第 1.1 项危险物——有整体爆炸危险的物质和物品

联合国编号（UN No.）：0282

正式运输名称：硝基胍（橄苦岩），干的

包装类别：满足Ⅱ类包装要求

2264　2-硝基甲苯

别名：邻硝基甲苯

英文名：2-nitrotoluene；*o*-nitrotoluene

CAS 号：88-72-2

GHS 标签信号词及象形图：危险

危险性类别：生殖细胞致突变性，类别 1B

生殖毒性，类别 2

危害水生环境-急性危害，类别 2

危害水生环境-长期危害，类别 2

主要危险性及次要危险性：第 6.1 项危险物——毒性物质

联合国编号（UN No.）：1664

正式运输名称：液态硝基甲苯

包装类别：Ⅱ

2265   3-硝基甲苯

别名：间硝基甲苯

英文名：*m*-nitrotoluene

CAS 号：99-08-1

GHS 标签信号词及象形图：警告

危险性类别：严重眼损伤/眼刺激，类别 2B

生殖毒性，类别 2

特异性靶器官毒性-一次接触，类别 2

特异性靶器官毒性-反复接触，类别 2

危害水生环境-急性危害，类别 2

危害水生环境-长期危害，类别 2

主要危险性及次要危险性：第 6.1 项危险物——毒性物质

联合国编号（UN No.）：1664

正式运输名称：液态硝基甲苯

包装类别：Ⅱ

2266   4-硝基甲苯

别名：对硝基甲苯

英文名：4-nitrotoluene；*p*-nitrotoluene

CAS 号：99-99-0

GHS 标签信号词及象形图：危险

危险性类别：急性毒性-经口，类别 3 *

急性毒性-经皮，类别 3 *

急性毒性-吸入，类别 3 *

特异性靶器官毒性-反复接触，类别 2 *

危害水生环境-急性危害，类别 2

危害水生环境-长期危害，类别 2

主要危险性及次要危险性：第 6.1 项危险

物——毒性物质

联合国编号（UN No.）：3446

正式运输名称：固态硝基甲苯

包装类别：Ⅱ

2267   硝基甲烷

别名：—

英文名：nitromethane

CAS 号：75-52-5

GHS 标签信号词及象形图：警告

危险性类别：易燃液体，类别 3

致癌性，类别 2

主要危险性及次要危险性：第 3 类危险物——易燃液体

联合国编号（UN No.）：1261

正式运输名称：硝基甲烷

包装类别：Ⅱ

2268   2-硝基联苯

别名：邻硝基联苯

英文名：2-nitrodiphenyl；*o*-nitrodiphenyl

CAS 号：86-00-0

GHS 标签信号词及象形图：警告

危险性类别：易燃固体，类别 2

主要危险性及次要危险性：第 4.1 项危险物——易燃固体

联合国编号（UN No.）：1325

正式运输名称：有机易燃固体，未另作规定的

包装类别：Ⅲ

2269   4-硝基联苯

别名：对硝基联苯

英文名：4-nitrobiphenyl；*p*-nitrodiphenyl

CAS 号：92-93-3

GHS标签信号词及象形图：警告

危险性类别：易燃固体，类别2
　危害水生环境-急性危害，类别2
　危害水生环境-长期危害，类别2
主要危险性及次要危险性：第 4.1 项危险
　物——易燃固体
联合国编号（UN No.）：1325
正式运输名称：有机易燃固体，未另作规
　定的
包装类别：Ⅲ

2270　2-硝基氯化苄

别名：邻硝基苄基氯；邻硝基氯化苄；邻硝
　基苯氯甲烷
英文名：2-nitrobenzyl chloride；*o*-nitrobenzyl
　chloride；*o*-nitrophenylchloromethane
CAS号：612-23-7
GHS标签信号词及象形图：危险

危险性类别：皮肤腐蚀/刺激，类别1
　严重眼损伤/眼刺激，类别1
　危害水生环境-急性危害，类别1
　危害水生环境-长期危害，类别1
主要危险性及次要危险性：第 8 类危险物——
　腐蚀性物质
联合国编号（UN No.）：3261
正式运输名称：有机酸性腐蚀性固体，未另
　作规定的
包装类别：Ⅱ

2271　3-硝基氯化苄

别名：间硝基苯氯甲烷；间硝基苄基氯；间
　硝基氯化苄
英文名：3-nitrobenzyl　chloride；*m*-nitrophenyl
　chloromethane；*m*-nitrobenzyl chloride
CAS号：619-23-8

GHS标签信号词及象形图：危险

危险性类别：皮肤腐蚀/刺激，类别1
　严重眼损伤/眼刺激，类别1
　危害水生环境-急性危害，类别1
　危害水生环境-长期危害，类别1
主要危险性及次要危险性：第8类危险物——
　腐蚀性物质
联合国编号（UN No.）：3261
正式运输名称：有机酸性腐蚀性固体，未另
　作规定的
包装类别：Ⅱ

2272　4-硝基氯化苄

别名：对硝基氯化苄；对硝基苄基氯；对硝
　基苯氯甲烷
英文名：4-nitrobenzyl chloride；*p*-nitrobenzyl
　chloride；*p*- nitrophenyl chloromethane
CAS号：100-14-1
GHS标签信号词及象形图：危险

危险性类别：皮肤腐蚀/刺激，类别1
　严重眼损伤/眼刺激，类别1
　危害水生环境-急性危害，类别1
　危害水生环境-长期危害，类别1
主要危险性及次要危险性：第 8 类危险物——
　腐蚀性物质
联合国编号（UN No.）：3261
正式运输名称：有机酸性腐蚀性固体，未另
　作规定的
包装类别：Ⅱ

2273　硝基马钱子碱

别名：卡可西灵
英文名：cacotheline；cacothelin
CAS号：561-20-6
GHS标签信号词及象形图：危险

危险性类别：急性毒性-经口，类别 2
急性毒性-经皮，类别 2
急性毒性-吸入，类别 2
主要危险性及次要危险性： 第 6.1 项危险
物——毒性物质
联合国编号（UN No.）： 2811
正式运输名称： 有机毒性固体，未另作规
定的
包装类别： Ⅱ

2274   2-硝基萘

别名： —
英文名： 2-nitronaphthalene
CAS 号： 581-89-5
GHS 标签信号词及象形图： 警告

危险性类别：易燃固体，类别 2
危害水生环境-急性危害，类别 2
危害水生环境-长期危害，类别 2
主要危险性及次要危险性： 第 4.1 项危险
物——易燃固体
联合国编号（UN No.）： 2538
正式运输名称： 硝基萘
包装类别： Ⅲ

2275   1-硝基萘

别名： —
英文名： 1-nitronaphthalene
CAS 号： 86-57-7
GHS 标签信号词及象形图： 危险

危险性类别：易燃固体，类别 2
急性毒性-经口，类别 3
皮肤腐蚀/刺激，类别 2

危害水生环境-急性危害，类别 2
危害水生环境-长期危害，类别 2
主要危险性及次要危险性： 第 4.1 项危险
物——易燃固体
联合国编号（UN No.）： 2538
正式运输名称： 硝基萘
包装类别： Ⅲ

2276   硝基脲

别名： —
英文名： nitro urea
CAS 号： 556-89-8
GHS 标签信号词及象形图： 危险

危险性类别：爆炸物，1.1 项
主要危险性及次要危险性： 第 1.1 项危险
物——有整体爆炸危险的物质和物品
联合国编号（UN No.）： 0147
正式运输名称： 硝基脲
包装类别： 满足Ⅱ类包装要求

2277   硝基三氟甲苯

别名： —
英文名： nitrobenzotrifluoride
CAS 号： —
GHS 标签信号词及象形图： 危险

危险性类别：急性毒性-吸入，类别 2
危害水生环境-长期危害，类别 3
主要危险性及次要危险性： 第 6.1 项危险
物——毒性物质
联合国编号（UN No.）： 2306
正式运输名称： 硝基三氟甲苯，液态
包装类别： Ⅱ

2278   硝基三唑酮

别名： NTO

英文名：nitrotriazolone；NTO

CAS 号：932-64-9

GHS 标签信号词及象形图：危险

危险性类别：爆炸物，1.1 项

主要危险性及次要危险性：第 1.1 项危险物——有整体爆炸危险的物质和物品

联合国编号（UN No.）：0490

正式运输名称：硝基三唑酮（NTO）

包装类别：满足 Ⅱ 类包装要求

2279　2-硝基溴苯

别名：邻硝基溴苯；邻溴硝基苯

英文名：2-nitrobromobenzene；*o*-nitrobromo-benzene；*o*-bromonitrobenzene

CAS 号：577-19-5

GHS 标签信号词及象形图：无

危险性类别：危害水生环境-长期危害，类别 3

主要危险性及次要危险性：第 6.1 项危险物——毒性物质

联合国编号（UN No.）：3459

正式运输名称：固态硝基苯溴

包装类别：Ⅲ

2280　3-硝基溴苯

别名：间硝基溴苯；间溴硝基苯

英文名：3-nitrobromobenzene；*m*-nitrobro-mobenzene；*m*-bromonitrobenzene

CAS 号：585-79-5

GHS 标签信号词及象形图：无

危险性类别：危害水生环境-长期危害，类别 3

主要危险性及次要危险性：第 6.1 项危险物——毒性物质

联合国编号（UN No.）：3459

正式运输名称：固态硝基苯溴

包装类别：Ⅲ

2281　4-硝基溴苯

别名：对硝基溴苯；对溴硝基苯

英文名：4-nitrobromobenzene；*p*-nitrobromo-benzene；*p*-bromonitrobenzene

CAS 号：586-78-7

GHS 标签信号词及象形图：无

危险性类别：危害水生环境-长期危害，类别 3

主要危险性及次要危险性：第 6.1 项危险物——毒性物质

联合国编号（UN No.）：3459

正式运输名称：固态硝基苯溴

包装类别：Ⅲ

2282　4-硝基溴化苄

别名：对硝基溴化苄；对硝基苯溴甲烷；对硝基苄基溴

英文名：4-nitrobenzyl bromide；*p*-nitrobenzyl bromide；*p*-nitrophenyl bromomethyl

CAS 号：100-11-8

GHS 标签信号词及象形图：危险

危险性类别：皮肤腐蚀/刺激，类别 1
　　严重眼损伤/眼刺激，类别 1

主要危险性及次要危险性：第 8 类危险物——腐蚀性物质

联合国编号（UN No.）：1759

正式运输名称：腐蚀性固体，未另作规定的

包装类别：Ⅲ

2283　硝基盐酸

别名：王水

英文名：nitrohydrochloric acid；aqua regia

CAS 号：8007-56-5

GHS 标签信号词及象形图：危险

危险性类别：皮肤腐蚀/刺激，类别1
　严重眼损伤/眼刺激，类别1
　危害水生环境-急性危害，类别2
主要危险性及次要危险性：第8类危险物——
　腐蚀性物质
联合国编号（UN No.）：1798
正式运输名称：王水
包装类别：Ⅰ

2284　硝基乙烷

别名：—
英文名：nitroethane
CAS号：79-24-3
GHS标签信号词及象形图：警告

危险性类别：易燃液体，类别3
主要危险性及次要危险性：第3类危险物——
　易燃液体
联合国编号（UN No.）：2842
正式运输名称：硝基乙烷
包装类别：Ⅲ

2285　硝酸

别名：—
英文名：nitric acid
CAS号：7697-37-2
GHS标签信号词及象形图：危险

危险性类别：氧化性液体，类别3
　皮肤腐蚀/刺激，类别1A
　严重眼损伤/眼刺激，类别1
主要危险性及次要危险性：第8类危险物——
　腐蚀性物质；第5.1项危险物——氧化性物
　质/第8类危险物——腐蚀性物质△
联合国编号（UN No.）：2031
正式运输名称：硝酸，发红烟的除外；含硝
　酸大于70％/硝酸，发红烟的除外；含硝

酸至少65％，但不大于70％/硝酸，发红烟的
除外；含硝酸低于65％△△
包装类别：Ⅰ/Ⅱ△

2286　硝酸铵（含可燃物＞0.2％，包括以碳计算的任何有机物，但不包括任何其他添加剂）

别名：—
英文名：ammonium nitrate，with more than
0.2％ combustible substances，including
any organic substance calculated as carbon，
to the exclusion of any other added substance
CAS号：6484-52-2
GHS标签信号词及象形图：危险

危险性类别：爆炸物，1.1项
　特异性靶器官毒性-一次接触，类别1
　特异性靶器官毒性-反复接触，类别1
主要危险性及次要危险性：第1.1项危险
　物——有整体爆炸危险的物质和物品
联合国编号（UN No.）：0222
正式运输名称：硝酸铵，含可燃物质大于
　0.2％，包括以碳计算的任何有机物质，但
　不包括任何其他添加物质
包装类别：满足Ⅱ类包装要求

硝酸铵（含可燃物≤0.2％）

别名：—
英文名：ammonium nitrate，with not more
than 0.2％ total combustible material
CAS号：6484-52-2
GHS标签信号词及象形图：危险

危险性类别：氧化性固体，类别3
　特异性靶器官毒性-一次接触，类别1
　特异性靶器官毒性-反复接触，类别1
主要危险性及次要危险性：第5.1项危险

物——氧化性物质

联合国编号（UN No.）： 1942

正式运输名称： 硝酸铵，含可燃物质总量不大于 0.2%，包括以碳计算的任何有机物质，但不包括任何其他添加物质

包装类别： Ⅲ

2287 硝酸铵肥料［比硝酸铵（含可燃物>0.2%，包括以碳计算的任何有机物，但不包括任何其他添加剂）更易爆炸］

别名： —

英文名： ammonium nitrate fertilizer，which is more liable to explode than ammonium nitrate with 0.2% combustible substance，including any organic substance calculated as carbon，to the exclusion of any other added substance

CAS号： —

GHS标签信号词及象形图： 危险

危险性类别： 爆炸物，1.1项

特异性靶器官毒性-一次接触，类别1

特异性靶器官毒性-反复接触，类别1

主要危险性及次要危险性： 第 1.1 项危险物——有整体爆炸危险的物质和物品

联合国编号（UN No.）： 0222

正式运输名称： 硝酸铵

包装类别： 满足Ⅱ类包装要求

硝酸铵肥料（含可燃物≤0.4%）

别名： —

英文名： ammonium nitrate fertilizer，with not more than 0.4% combustibel material

CAS号： —

GHS标签信号词及象形图： 危险

危险性类别： 氧化性固体，类别3

特异性靶器官毒性-一次接触，类别1

特异性靶器官毒性-反复接触，类别1

主要危险性及次要危险性： 第 5.1 项危险物——氧化性物质

联合国编号（UN No.）： 2067

正式运输名称： 硝酸铵基化肥

包装类别： Ⅲ

2288 硝酸钡

别名： —

英文名： barium nitrate

CAS号： 10022-31-8

GHS标签信号词及象形图： 危险

危险性类别： 氧化性固体，类别2

严重眼损伤/眼刺激，类别2A

特异性靶器官毒性-一次接触，类别1

主要危险性及次要危险性： 第 5.1 项危险物——氧化性物质；第 6.1 项危险物——毒性物质

联合国编号（UN No.）： 1446

正式运输名称： 硝酸钡

包装类别： Ⅱ

2289 硝酸苯胺

别名： —

英文名： aniline nitrate

CAS号： 542-15-4

GHS标签信号词及象形图： 危险

危险性类别： 急性毒性-经口，类别3*

急性毒性-经皮，类别3*

急性毒性-吸入，类别3*

严重眼损伤/眼刺激，类别1

皮肤致敏物，类别1

生殖细胞致突变性，类别2

特异性靶器官毒性-反复接触，类别1

危害水生环境-急性危害，类别1

主要危险性及次要危险性：第 6.1 项危险物——毒性物质

联合国编号（UN No.）：2811

正式运输名称：有机毒性固体，未另作规定的

包装类别：Ⅲ

2290　硝酸苯汞

别名：—

英文名：phenylmercury nitrate

CAS 号：55-68-5

GHS 标签信号词及象形图：危险

危险性类别：急性毒性-经口，类别 3 *

皮肤腐蚀/刺激，类别 1B

严重眼损伤/眼刺激，类别 1

特异性靶器官毒性-反复接触，类别 1

危害水生环境-急性危害，类别 1

危害水生环境-长期危害，类别 1

主要危险性及次要危险性：第 6.1 项危险物——毒性物质

联合国编号（UN No.）：1895

正式运输名称：硝酸苯汞

包装类别：Ⅱ

2291　硝酸铋

别名：—

英文名：bismuth trinitrate

CAS 号：10361-44-1

GHS 标签信号词及象形图：危险

危险性类别：氧化性固体，类别 2

特异性靶器官毒性-一次接触，类别 1

特异性靶器官毒性-反复接触，类别 1

主要危险性及次要危险性：第 5.1 项危险

物——氧化性物质

联合国编号（UN No.）：1477

正式运输名称：无机硝酸盐，未另作规定的

包装类别：Ⅱ

2292　硝酸镝

别名：—

英文名：dysprosium nitrate

CAS 号：10143-38-1

GHS 标签信号词及象形图：危险

危险性类别：氧化性固体，类别 2

主要危险性及次要危险性：第 5.1 项危险物——氧化性物质

联合国编号（UN No.）：1477

正式运输名称：无机硝酸盐，未另作规定的

包装类别：Ⅱ

2293　硝酸铒

别名：—

英文名：erbium nitrate

CAS 号：10168-80-6

GHS 标签信号词及象形图：危险

危险性类别：氧化性固体，类别 2

主要危险性及次要危险性：第 5.1 项危险物——氧化性物质

联合国编号（UN No.）：1477

正式运输名称：无机硝酸盐，未另作规定的

包装类别：Ⅱ

2294　硝酸钙

别名：—

英文名：calcium nitrate

CAS 号：10124-37-5

GHS 标签信号词及象形图：危险

危险性类别：氧化性固体，类别3
特异性靶器官毒性-一次接触，类别1
特异性靶器官毒性-反复接触，类别1
主要危险性及次要危险性：第 5.1 项危险
物——氧化性物质
联合国编号（UN No.）：1454
正式运输名称：硝酸钙
包装类别：Ⅲ

2295 硝酸锆

别名：—
英文名：zirconium nitrate
CAS 号：13746-89-9
GHS 标签信号词及象形图：警告

危险性类别：氧化性固体，类别3
主要危险性及次要危险性：第 5.1 项危险
物——氧化性物质
联合国编号（UN No.）：2728
正式运输名称：硝酸锆
包装类别：Ⅲ

2296 硝酸镉

别名：—
英文名：cadmium nitrate
CAS 号：10325-94-7
GHS 标签信号词及象形图：危险

危险性类别：氧化性固体，类别3
急性毒性-经口，类别3
生殖细胞致突变性，类别2
致癌性，类别1A
生殖毒性，类别2
特异性靶器官毒性-一次接触，类别1

特异性靶器官毒性-反复接触，类别1
危害水生环境-急性危害，类别1
危害水生环境-长期危害，类别1
主要危险性及次要危险性：第 5.1 项危险
物——氧化性物质；第6.1项危险物——
毒性物质
联合国编号（UN No.）：3087
正式运输名称：氧化性固体，毒性，未另作
规定的
包装类别：Ⅲ

2297 硝酸铬

别名：—
英文名：chromium nitrate
CAS 号：13548-38-4
GHS 标签信号词及象形图：警告

危险性类别：氧化性固体，类别3
危害水生环境-急性危害，类别2
危害水生环境-长期危害，类别2
主要危险性及次要危险性：第 5.1 项危险
物——氧化性物质
联合国编号（UN No.）：2720
正式运输名称：硝酸铬
包装类别：Ⅲ

2298 硝酸汞

别名：硝酸高汞
英文名：mercuric nitrate
CAS 号：10045-94-0
GHS 标签信号词及象形图：危险

危险性类别：急性毒性-经皮，类别2
急性毒性-经口，类别2
皮肤腐蚀/刺激，类别1
严重眼损伤/眼刺激，类别1
皮肤致敏物，类别1

生殖细胞致突变性，类别 2

生殖毒性，类别 2

特异性靶器官毒性-一次接触，类别 1

特异性靶器官毒性-反复接触，类别 1

危害水生环境-急性危害，类别 1

危害水生环境-长期危害，类别 1

主要危险性及次要危险性：第 6.1 项危险物——毒性物质

联合国编号（UN No.）：1625

正式运输名称：硝酸汞

包装类别：Ⅱ

2299　硝酸钴

别名：硝酸亚钴

英文名：cobalt nitrate；cobaltous nitrate

CAS 号：10141-05-6

GHS 标签信号词及象形图：危险

危险性类别：氧化性固体，类别 3

呼吸道致敏物，类别 1

皮肤致敏物，类别 1

生殖细胞致突变性，类别 2

生殖毒性，类别 1B

危害水生环境-急性危害，类别 1

危害水生环境-长期危害，类别 1

主要危险性及次要危险性：第 5.1 项危险物——氧化性物质

联合国编号（UN No.）：1477

正式运输名称：无机硝酸盐，未另作规定的

包装类别：Ⅲ

2300　硝酸胍

别名：硝酸亚氨脲

英文名：guanidine nitrate；imino-urea nitrate

CAS 号：506-93-4

GHS 标签信号词及象形图：警告

危险性类别：氧化性固体，类别 3

严重眼损伤/眼刺激，类别 2A

主要危险性及次要危险性：第 5.1 项危险物——氧化性物质

联合国编号（UN No.）：1467

正式运输名称：硝酸胍

包装类别：Ⅲ

2301　硝酸镓

别名：—

英文名：gallium nitrate

CAS 号：13494-90-1

GHS 标签信号词及象形图：警告

危险性类别：氧化性固体，类别 3

主要危险性及次要危险性：第 5.1 项危险物——氧化性物质

联合国编号（UN No.）：1477

正式运输名称：无机硝酸盐，未另作规定的

包装类别：Ⅲ

2302　硝酸甲胺

别名：—

英文名：methylamine nitrate

CAS 号：22113-87-7

GHS 标签信号词及象形图：危险

危险性类别：皮肤腐蚀/刺激，类别 1

严重眼损伤/眼刺激，类别 1

主要危险性及次要危险性：第 8 类危险物——腐蚀性物质

联合国编号（UN No.）：1759

正式运输名称：腐蚀性固体，未另作规定的

包装类别：Ⅲ

2303　硝酸钾

别名：—

英文名：potassium nitrate

CAS 号：7757-79-1

GHS 标签信号词及象形图：危险

危险性类别：氧化性固体，类别 3

生殖毒性，类别 2

特异性靶器官毒性-一次接触，类别 1

特异性靶器官毒性-反复接触，类别 1

主要危险性及次要危险性：第 5.1 项危险物——氧化性物质

联合国编号（UN No.）：1486

正式运输名称：硝酸钾

包装类别：Ⅲ

2304　硝酸镧

别名：—

英文名：lanthanum nitrate

CAS 号：10099-59-9

GHS 标签信号词及象形图：危险

危险性类别：氧化性固体，类别 2

主要危险性及次要危险性：第 5.1 项危险物——氧化性物质

联合国编号（UN No.）：1477

正式运输名称：无机硝酸盐，未另作规定的

包装类别：Ⅱ

2305　硝酸铑

别名：—

英文名：rhodium nitrate

CAS 号：10139-58-9

GHS 标签信号词及象形图：警告

危险性类别：氧化性固体，类别 3

主要危险性及次要危险性：第 5.1 项危险物——氧化性物质

联合国编号（UN No.）：1477

正式运输名称：无机硝酸盐，未另作规定的

包装类别：Ⅲ

2306　硝酸锂

别名：—

英文名：lithium nitrate

CAS 号：7790-69-4

GHS 标签信号词及象形图：危险

危险性类别：氧化性固体，类别 3

生殖毒性，类别 1A

主要危险性及次要危险性：第 5.1 项危险物——氧化性物质

联合国编号（UN No.）：2722

正式运输名称：硝酸锂

包装类别：Ⅲ

2307　硝酸镥

别名：—

英文名：lutetium nitrate

CAS 号：10099-67-9

GHS 标签信号词及象形图：危险

危险性类别：氧化性固体，类别 2

主要危险性及次要危险性：第 5.1 项危险物——氧化性物质

联合国编号（UN No.）：1477

正式运输名称：无机硝酸盐，未另作规定的

包装类别：Ⅱ

2308　硝酸铝

别名：—

英文名：aluminium nitrate

CAS 号：7784-27-2

GHS 标签信号词及象形图：警告

危险性类别：氧化性固体，类别 3

主要危险性及次要危险性：第 5.1 项危险
　物——氧化性物质

联合国编号（UN No.）：1438

正式运输名称：硝酸铝

包装类别：Ⅲ

2309　硝酸镁

别名：—

英文名：magnesium nitrate

CAS 号：10377-60-3

GHS 标签信号词及象形图：危险

危险性类别：氧化性固体，类别 3
　严重眼损伤/眼刺激，类别 2
　特异性靶器官毒性-一次接触，类别 1
　特异性靶器官毒性-反复接触，类别 1

主要危险性及次要危险性：第 5.1 项危险
　物——氧化性物质

联合国编号（UN No.）：1474

正式运输名称：硝酸镁

包装类别：Ⅲ

2310　硝酸锰

别名：硝酸亚锰

英文名：manganese nitrate

CAS 号：20694-39-7

GHS 标签信号词及象形图：警告

危险性类别：氧化性固体，类别 3

主要危险性及次要危险性：第 5.1 项危险
　物——氧化性物质

联合国编号（UN No.）：2724

正式运输名称：硝酸锰

包装类别：Ⅲ

2311　硝酸钠

别名：—

英文名：sodium nitrate

CAS 号：7631-99-4

GHS 标签信号词及象形图：危险

危险性类别：氧化性固体，类别 3
　严重眼损伤/眼刺激，类别 2B
　生殖细胞致突变性，类别 2
　特异性靶器官毒性-一次接触，类别 1
　特异性靶器官毒性-反复接触，类别 1

主要危险性及次要危险性：第 5.1 项危险
　物——氧化性物质

联合国编号（UN No.）：1498

正式运输名称：硝酸钠

包装类别：Ⅲ

2312　硝酸脲

别名：—

英文名：urea nitrate

CAS 号：124-47-0

GHS 标签信号词及象形图：危险

危险性类别：爆炸物，1.1 项
　严重眼损伤/眼刺激，类别 2B
　特异性靶器官毒性-一次接触，类别 3（呼
　吸道刺激）

主要危险性及次要危险性：第 1.1 项危险
　物——有整体爆炸危险的物质和物品

联合国编号（UN No.）：0220

正式运输名称：硝酸脲，干的

包装类别：满足Ⅱ类包装要求

2313　硝酸镍

别名：二硝酸镍

英文名：nickel dinitrate

CAS号： 13138-45-9

GHS标签信号词及象形图： 危险

危险性类别： 氧化性固体，类别2

严重眼损伤/眼刺激，类别1

皮肤腐蚀/刺激，类别2

皮肤致敏物，类别1

生殖细胞致突变性，类别2

致癌性，类别1A

生殖毒性，类别1B

特异性靶器官毒性-反复接触，类别1

危害水生环境-急性危害，类别1

危害水生环境-长期危害，类别1

主要危险性及次要危险性： 第5.1项危险物——氧化性物质

联合国编号（UN No.）： 2725

正式运输名称： 硝酸镍

包装类别： Ⅲ

2314 硝酸镍铵

别名： 四氨硝酸镍

英文名： ammonium nickel nitrate

CAS号： —

GHS标签信号词及象形图： 危险

危险性类别： 氧化性固体，类别3

致癌性，类别1A

主要危险性及次要危险性： 第5.1项危险物——氧化性物质

联合国编号（UN No.）： 1479

正式运输名称： 氧化性固体，未另作规定的

包装类别： Ⅲ

2315 硝酸钕

别名： —

英文名： neodymium nitrate

CAS号： 16454-60-7

GHS标签信号词及象形图： 危险

危险性类别： 氧化性固体，类别2

主要危险性及次要危险性： 第5.1项危险物——氧化性物质

联合国编号（UN No.）： 1477

正式运输名称： 无机硝酸盐，未另作规定的

包装类别： Ⅱ

2316 硝酸钕镨

别名： 硝酸镨钕

英文名： didymium nitrate

CAS号： 134191-62-1

GHS标签信号词及象形图： 危险

危险性类别： 氧化性固体，类别2

主要危险性及次要危险性： 第5.1项危险物——氧化性物质

联合国编号（UN No.）： 1465

正式运输名称： 硝酸钕镨

包装类别： Ⅲ

2317 硝酸铍

别名： —

英文名： beryllium nitrate

CAS号： 13597-99-4

GHS标签信号词及象形图： 危险

危险性类别： 氧化性固体，类别2

急性毒性-经口，类别3*

急性毒性-吸入，类别 2＊

皮肤腐蚀/刺激，类别 2

严重眼损伤/眼刺激，类别 2

皮肤致敏物，类别 1

致癌性，类别 1A

特异性靶器官毒性-一次接触，类别 3（呼吸道刺激）

特异性靶器官毒性-反复接触，类别 1

危害水生环境-急性危害，类别 2

危害水生环境-长期危害，类别 2

主要危险性及次要危险性： 第 5.1 项危险物——氧化性物质；第 6.1 项危险物——毒性物质

联合国编号（UN No.）： 2464

正式运输名称： 硝酸铍

包装类别： Ⅱ

2318　硝酸镨

别名： —

英文名： praseodymium nitrate

CAS 号： 10361-80-5

GHS 标签信号词及象形图： 危险

危险性类别： 氧化性固体，类别 2

主要危险性及次要危险性： 第 5.1 项危险物——氧化性物质

联合国编号（UN No.）： 1477

正式运输名称： 无机硝酸盐，未另作规定的

包装类别： Ⅱ

2319　硝酸铅

别名： —

英文名： lead nitrate

CAS 号： 10099-74-8

GHS 标签信号词及象形图： 危险

危险性类别： 氧化性固体，类别 2

皮肤腐蚀/刺激，类别 2

严重眼损伤/眼刺激，类别 2

生殖细胞致突变性，类别 2

致癌性，类别 1B

生殖毒性，类别 1A

特异性靶器官毒性-一次接触，类别 1

特异性靶器官毒性-反复接触，类别 1

危害水生环境-急性危害，类别 1

危害水生环境-长期危害，类别 1

主要危险性及次要危险性： 第 5.1 项危险物——氧化性物质；第 6.1 项危险物——毒性物质

联合国编号（UN No.）： 1469

正式运输名称： 硝酸铅

包装类别： Ⅱ

2320　硝酸羟胺

别名： —

英文名： hydroxyamine nitrate

CAS 号： 13465-08-2

GHS 标签信号词及象形图： 危险

危险性类别： 爆炸物，1.1 项

急性毒性-经皮，类别 3

皮肤腐蚀/刺激，类别 2

严重眼损伤/眼刺激，类别 2

皮肤致敏物，类别 1

特异性靶器官毒性-反复接触，类别 2＊

危害水生环境-急性危害，类别 1

主要危险性及次要危险性： 第 1.1 项危险物——有整体爆炸危险的物质和物品

联合国编号（UN No.）： 0473

正式运输名称： 爆炸性物品，未另作规定的

包装类别： 满足 Ⅱ 类包装要求

2321　硝酸铯

别名： —

英文名： cesium nitrate

CAS 号： 7789-18-6

GHS 标签信号词及象形图： 警告

危险性类别：氧化性固体，类别3
主要危险性及次要危险性：第 5.1 项危险物——氧化性物质
联合国编号（UN No.）：1451
正式运输名称：硝酸铯
包装类别：Ⅲ

2322　硝酸钐

别名：—
英文名：samarium nitrate
CAS 号：13759-83-6
GHS 标签信号词及象形图：危险

危险性类别：氧化性固体，类别2
主要危险性及次要危险性：第 5.1 项危险物——氧化性物质
联合国编号（UN No.）：1477
正式运输名称：无机硝酸盐，未另作规定的
包装类别：Ⅱ

2323　硝酸铈

别名：硝酸亚铈
英文名：cerium nitrate；cerous nitrate
CAS 号：10108-73-3
GHS 标签信号词及象形图：危险

危险性类别：氧化性固体，类别2
主要危险性及次要危险性：第 5.1 项危险物——氧化性物质
联合国编号（UN No.）：1477
正式运输名称：无机硝酸盐，未另作规定的
包装类别：Ⅱ

2324　硝酸铈铵

别名：—
英文名：ammonium ceric nitrate
CAS 号：16774-21-3
GHS 标签信号词及象形图：危险

危险性类别：氧化性固体，类别2
主要危险性及次要危险性：第 5.1 项危险物——氧化性物质
联合国编号（UN No.）：1477
正式运输名称：无机硝酸盐，未另作规定的
包装类别：Ⅱ

2325　硝酸铈钾

别名：—
英文名：potassium ceric nitrate
CAS 号：—
GHS 标签信号词及象形图：危险

危险性类别：氧化性固体，类别2
主要危险性及次要危险性：第 5.1 项危险物——氧化性物质
联合国编号（UN No.）：1479
正式运输名称：氧化性固体，未另作规定的
包装类别：Ⅱ

2326　硝酸铈钠

别名：—
英文名：sodium cerium nitrate
CAS 号：—
GHS 标签信号词及象形图：危险

危险性类别：氧化性固体，类别2
主要危险性及次要危险性：第 5.1 项危险

物——氧化性物质

联合国编号（UN No.）：1479

正式运输名称：氧化性固体，未另作规定的

包装类别：Ⅱ

2327   硝酸锶

别名：—

英文名：strontium nitrate

CAS 号：10042-76-9

GHS 标签信号词及象形图：警告

危险性类别：氧化性固体，类别 3

皮肤腐蚀/刺激，类别 2

严重眼损伤/眼刺激，类别 2B

主要危险性及次要危险性：第 5.1 项危险
物——氧化性物质

联合国编号（UN No.）：1507

正式运输名称：硝酸锶

包装类别：Ⅲ

2328   硝酸铊

别名：硝酸亚铊

英文名：thallium nitrate

CAS 号：10102-45-1

GHS 标签信号词及象形图：危险

危险性类别：氧化性固体，类别 2

急性毒性-经口，类别 2

皮肤腐蚀/刺激，类别 1

严重眼损伤/眼刺激，类别 1

特异性靶器官毒性-一次接触，类别 1

特异性靶器官毒性-反复接触，类别 1

危害水生环境-急性危害，类别 2

危害水生环境-长期危害，类别 2

主要危险性及次要危险性：第 6.1 项危险
物——毒性物质；第 5.1 项危险物——氧
化性物质

联合国编号（UN No.）：2727

正式运输名称：硝酸铊

包装类别：Ⅱ

2329   硝酸铁

别名：硝酸高铁

英文名：ferric nitrate

CAS 号：10421-48-4

GHS 标签信号词及象形图：警告

危险性类别：氧化性固体，类别 3

主要危险性及次要危险性：第 5.1 项危险
物——氧化性物质

联合国编号（UN No.）：1466

正式运输名称：硝酸铁

包装类别：Ⅲ

2330   硝酸铜

别名：—

英文名：cupric nitrate

CAS 号：10031-43-3

GHS 标签信号词及象形图：危险

危险性类别：氧化性固体，类别 2

危害水生环境-急性危害，类别 1

危害水生环境-长期危害，类别 1

主要危险性及次要危险性：第 5.1 项危险
物——氧化性物质

联合国编号（UN No.）：1477

正式运输名称：无机硝酸盐，未另作规定的

包装类别：Ⅱ

2331   硝酸锌

别名：—

英文名：zinc nitrate

CAS 号：7779-88-6

GHS 标签信号词及象形图：危险

危险性类别：氧化性固体，类别 2
　皮肤腐蚀/刺激，类别 2
　严重眼损伤/眼刺激，类别 2B
　特异性靶器官毒性-一次接触，类别 3（呼吸道刺激）
　危害水生环境-急性危害，类别 1
　危害水生环境-长期危害，类别 1
主要危险性及次要危险性：第 5.1 项危险物——氧化性物质
联合国编号（UN No.）：1514
正式运输名称：硝酸锌
包装类别：Ⅱ

2332　硝酸亚汞

别名：—
英文名：mercurous nitrate
CAS 号：7782-86-7
GHS 标签信号词及象形图：危险

危险性类别：急性毒性-经口，类别 2
　急性毒性-经皮，类别 1
　急性毒性-吸入，类别 2
　特异性靶器官毒性-反复接触，类别 2
　危害水生环境-急性危害，类别 1
　危害水生环境-长期危害，类别 1
主要危险性及次要危险性：第 6.1 项危险物——毒性物质
联合国编号（UN No.）：1627
正式运输名称：硝酸亚汞
包装类别：Ⅱ

2333　硝酸氧锆

别名：硝酸锆酰
英文名：zirconium oxynitrate

CAS 号：13826-66-9

GHS 标签信号词及象形图：警告

危险性类别：氧化性固体，类别 3
主要危险性及次要危险性：第 5.1 项危险物——氧化性物质
联合国编号（UN No.）：1477
正式运输名称：无机硝酸盐，未另作规定的
包装类别：Ⅲ

2334　硝酸乙酯醇溶液

别名：—
英文名：ethyl nitrate in alcohol solution
CAS 号：—
GHS 标签信号词及象形图：危险

危险性类别：易燃液体，类别 2
主要危险性及次要危险性：第 3 类危险物——易燃液体
联合国编号（UN No.）：1993
正式运输名称：易燃液体，未另作规定的
包装类别：Ⅱ

2335　硝酸钇

别名：—
英文名：yttrium nitrate
CAS 号：13494-98-9
GHS 标签信号词及象形图：危险

危险性类别：氧化性固体，类别 2
主要危险性及次要危险性：第 5.1 项危险物——氧化性物质
联合国编号（UN No.）：1477
正式运输名称：无机硝酸盐，未另作规定的
包装类别：Ⅱ

2336　硝酸异丙酯

别名：—

英文名：isopropyl nitrate

CAS 号：1712-64-7

GHS 标签信号词及象形图：危险

危险性类别：易燃液体，类别 2

主要危险性及次要危险性：第 3 类危险物——易燃液体

联合国编号（UN No.）：1222

正式运输名称：硝酸异丙酯

包装类别：Ⅱ

2337　硝酸异戊酯

别名：—

英文名：isoamyl nitrate

CAS 号：543-87-3

GHS 标签信号词及象形图：警告

危险性类别：易燃液体，类别 3

主要危险性及次要危险性：第 3 类危险物——易燃液体

联合国编号（UN No.）：1112

正式运输名称：硝酸戊酯

包装类别：Ⅲ

2338　硝酸镱

别名：—

英文名：ytterbium nitrate

CAS 号：35725-34-9；13768-67-7

GHS 标签信号词及象形图：危险

危险性类别：氧化性固体，类别 2

主要危险性及次要危险性：第 5.1 项危险物——氧化性物质

联合国编号（UN No.）：1477

正式运输名称：无机硝酸盐，未另作规定的

包装类别：Ⅱ

2339　硝酸铟

别名：—

英文名：indium nitrate

CAS 号：13770-61-1

GHS 标签信号词及象形图：警告

危险性类别：氧化性固体，类别 3

主要危险性及次要危险性：第 5.1 项危险物——氧化性物质

联合国编号（UN No.）：1477

正式运输名称：无机硝酸盐，未另作规定的

包装类别：Ⅲ

2340　硝酸银

别名：—

英文名：silver nitrate

CAS 号：7761-88-8

GHS 标签信号词及象形图：危险

危险性类别：氧化性固体，类别 2

　　皮肤腐蚀/刺激，类别 1B

　　严重眼损伤/眼刺激，类别 1

　　危害水生环境-急性危害，类别 1

　　危害水生环境-长期危害，类别 1

主要危险性及次要危险性：第 5.1 项危险物——氧化性物质

联合国编号（UN No.）：1493

正式运输名称：硝酸银

包装类别：Ⅱ

2341　硝酸正丙酯

别名：—

英文名：n-propyl nitrate

CAS 号：627-13-4

GHS 标签信号词及象形图：危险

危险性类别：易燃液体，类别 2
特异性靶器官毒性-一次接触，类别 1

主要危险性及次要危险性：第 3 类危险物——
易燃液体

联合国编号（UN No.）：1865

正式运输名称：硝酸正丙酯

包装类别：Ⅱ

2342　硝酸正丁酯

别名：—

英文名：*n*-butyl nitrate

CAS 号：928-45-0

GHS 标签信号词及象形图：警告

危险性类别：易燃液体，类别 3

主要危险性及次要危险性：第 3 类危险物——
易燃液体

联合国编号（UN No.）：1993

正式运输名称：易燃液体，未另作规定的

包装类别：Ⅲ

2343　硝酸正戊酯

别名：—

英文名：*n*-amyl nitrate

CAS 号：1002-16-0

GHS 标签信号词及象形图：警告

危险性类别：易燃液体，类别 3

主要危险性及次要危险性：第 3 类危险物——
易燃液体

联合国编号（UN No.）：1112

正式运输名称：硝酸戊酯

包装类别：Ⅲ

2344　硝酸重氮苯

别名：—

英文名：diazobenzene nitrate

CAS 号：619-97-6

GHS 标签信号词及象形图：危险

危险性类别：爆炸物，1.1 项

主要危险性及次要危险性：第 1.1 项危险
物——有整体爆炸危险的物质和物品

联合国编号（UN No.）：0473

正式运输名称：爆炸性物品，未另作规定的

包装类别：满足 Ⅱ 类包装要求

2345　辛二腈

别名：1,6-二氰基戊烷

英文名：suberonitrile；1,6-dicyanohexane

CAS 号：629-40-3

GHS 标签信号词及象形图：危险

危险性类别：急性毒性-经口，类别 3

主要危险性及次要危险性：第 6.1 项危险
物——毒性物质

联合国编号（UN No.）：3276

正式运输名称：腈类，液态，毒性，未另作
规定的

包装类别：Ⅲ

2346　辛二烯

别名：—

英文名：octadiene

CAS 号：3710-30-3

GHS 标签信号词及象形图：危险

危险性类别：易燃液体，类别 2
　严重眼损伤/眼刺激，类别 2B
主要危险性及次要危险性：第 3 类危险物——
　易燃液体
联合国编号（UN No.）：2309
正式运输名称：辛二烯
包装类别：Ⅱ

2347　辛基苯酚

别名：—
英文名：octylphenol
CAS 号：27193-28-8
GHS 标签信号词及象形图：危险

危险性类别：皮肤腐蚀/刺激，类别 1
　严重眼损伤/眼刺激，类别 1
　危害水生环境-急性危害，类别 1
　危害水生环境-长期危害，类别 1
主要危险性及次要危险性：第 8 类危险物——
　腐蚀性物质
联合国编号（UN No.）：3261
正式运输名称：有机酸性腐蚀性固体，未另
　作规定的
包装类别：Ⅲ

2348　辛基三氯硅烷

别名：—
英文名：octyltrichlorosilane
CAS 号：5283-66-9
GHS 标签信号词及象形图：危险

危险性类别：皮肤腐蚀/刺激，类别 1
　严重眼损伤/眼刺激，类别 1
主要危险性及次要危险性：第 8 类危险物——
　腐蚀性物质
联合国编号（UN No.）：1801
正式运输名称：辛基三氯硅烷

包装类别：Ⅱ

2349　1-辛炔

别名：—
英文名：1-octyne
CAS 号：629-05-0
GHS 标签信号词及象形图：危险

危险性类别：易燃液体，类别 2
主要危险性及次要危险性：第 3 类危险物——
　易燃液体
联合国编号（UN No.）：3295/1993△
正式运输名称：液态烃类，未另作规定的/易
　燃液体，未另作规定的△
包装类别：Ⅱ

2350　2-辛炔

别名：—
英文名：2-octyne
CAS 号：2809-67-8
GHS 标签信号词及象形图：危险

危险性类别：易燃液体，类别 2
主要危险性及次要危险性：第 3 类危险物——
　易燃液体
联合国编号（UN No.）：3295/1993△
正式运输名称：液态烃类，未另作规定的/易
　燃液体，未另作规定的△
包装类别：Ⅱ

2351　3-辛炔

别名：—
英文名：3-octyne
CAS 号：15232-76-5
GHS 标签信号词及象形图：危险

危险性类别：易燃液体，类别2

主要危险性及次要危险性：第3类危险物——
易燃液体

联合国编号（UN No.）：3295/1993△

正式运输名称：液态烃类，未另作规定的/易
燃液体，未另作规定的△

包装类别：Ⅱ

2352　4-辛炔

别名：—

英文名：4-octyne

CAS号：1942-45-6

GHS标签信号词及象形图：危险

危险性类别：易燃液体，类别2

主要危险性及次要危险性：第3类危险物——
易燃液体

联合国编号（UN No.）：3295/1993△

正式运输名称：液态烃类，未另作规定的/易
燃液体，未另作规定的△

包装类别：Ⅱ

2353　辛酸亚锡

别名：含锡稳定剂

英文名：stannous octanoate；stannous capry-
late

CAS号：301-10-0

GHS标签信号词及象形图：危险

危险性类别：严重眼损伤/眼刺激，类别1
皮肤致敏物，类别1
生殖毒性，类别2
危害水生环境-急性危害，类别2
危害水生环境-长期危害，类别2

主要危险性及次要危险性：第9类危险物——
杂项危险物质和物品

联合国编号（UN No.）：3082

正式运输名称：对环境有害的液态物质，未
另作规定的

包装类别：Ⅲ

2354　3-辛酮

别名：乙基戊基酮；乙戊酮

英文名：3-octanone；ethyl amyl ketone

CAS号：106-68-3

GHS标签信号词及象形图：警告

危险性类别：易燃液体，类别3
皮肤腐蚀/刺激，类别2

主要危险性及次要危险性：第3类危险物——
易燃液体

联合国编号（UN No.）：2271

正式运输名称：乙基·戊基酮（乙戊酮）

包装类别：Ⅲ

2355　1-辛烯

别名：—

英文名：1-octene

CAS号：111-66-0

GHS标签信号词及象形图：危险

危险性类别：易燃液体，类别2
严重眼损伤/眼刺激，类别2
特异性靶器官毒性-一次接触，类别3（麻
醉效应）
吸入危害，类别1
危害水生环境-急性危害，类别2
危害水生环境-长期危害，类别2

主要危险性及次要危险性：第3类危险物——
易燃液体

联合国编号（UN No.）：3295/1993△

正式运输名称：液态烃类，未另作规定的/易
燃液体，未另作规定的△

包装类别：Ⅱ

2356　2-辛烯

别名：—
英文名：2-octene
CAS 号：111-67-1
GHS 标签信号词及象形图：危险

危险性类别：易燃液体，类别 2
　严重眼损伤/眼刺激，类别 2
　特异性靶器官毒性-一次接触，类别 3（麻醉效应）
　吸入危害，类别 1
　危害水生环境-急性危害，类别 2
　危害水生环境-长期危害，类别 2
主要危险性及次要危险性：第 3 类危险物——易燃液体
联合国编号（UN No.）：1216
正式运输名称：异辛烯
包装类别：Ⅱ

2357　辛酰氯

别名：—
英文名：octanoyl chloride
CAS 号：111-64-8
GHS 标签信号词及象形图：危险

危险性类别：急性毒性-吸入，类别 2
　皮肤腐蚀/刺激，类别 2
　严重眼损伤/眼刺激，类别 1
　皮肤致敏物，类别 1
主要危险性及次要危险性：第 6.1 项危险物——毒性物质
联合国编号（UN No.）：2810
正式运输名称：有机毒性液体，未另作规定的
包装类别：Ⅱ

2358　锌尘

别名：—
英文名：zinc dust
CAS 号：7440-66-6
GHS 标签信号词及象形图：危险

危险性类别：自热物质和混合物，类别 1
　遇水放出易燃气体的物质和混合物，类别 1
　危害水生环境-急性危害，类别 1
　危害水生环境-长期危害，类别 1
主要危险性及次要危险性：第 4.3 项危险物——遇水放出易燃气体的物质；第 4.2 项危险物——易于自燃的物质
联合国编号（UN No.）：1436
正式运输名称：锌粉尘
包装类别：Ⅰ

锌粉

别名：—
英文名：zinc powder
CAS 号：7440-66-6
GHS 标签信号词及象形图：危险

危险性类别：自热物质和混合物，类别 1
　遇水放出易燃气体的物质和混合物，类别 1
　危害水生环境-急性危害，类别 1
　危害水生环境-长期危害，类别 1
主要危险性及次要危险性：第 4.3 项危险物——遇水放出易燃气体的物质；第 4.2 项危险物——易于自燃的物质
联合国编号（UN No.）：1436
正式运输名称：锌粉尘
包装类别：Ⅰ

锌灰

别名：—
英文名：zinc ashes

CAS 号：7440-66-6

GHS 标签信号词及象形图：警告

危险性类别：遇水放出易燃气体的物质和混合物，类别 3

主要危险性及次要危险性：第 4.3 项危险物——遇水放出易燃气体的物质

联合国编号（UN No.）：1435

正式运输名称：锌灰

包装类别：Ⅲ

2359　锌汞齐

别名：锌汞合金

英文名：amalgam zinc；yinc amalgam

CAS 号：—

GHS 标签信号词及象形图：警告

危险性类别：危害水生环境-急性危害，类别 1
危害水生环境-长期危害，类别 1

主要危险性及次要危险性：第 9 类危险物——杂项危险物质和物品

联合国编号（UN No.）：3077

正式运输名称：对环境有害的固态物质，未另作规定的

包装类别：Ⅲ

2360　D 型 2-重氮-1-萘酚磺酸酯混合物

别名：—

英文名：2-diazo-1-naphthol sulphonic acid ester mixture，type D

CAS 号：—

GHS 标签信号词及象形图：危险

危险性类别：自反应物质和混合物，D 型

主要危险性及次要危险性：第 4.1 项危险物——自反应物质

联合国编号（UN No.）：3226

正式运输名称：D 型自反应固体

包装类别：满足 Ⅱ 类包装要求

2361　溴

别名：溴素

英文名：bromine

CAS 号：7726-95-6

GHS 标签信号词及象形图：危险

危险性类别：急性毒性-吸入，类别 2*
皮肤腐蚀/刺激，类别 1A
严重眼损伤/眼刺激，类别 1
危害水生环境-急性危害，类别 1

主要危险性及次要危险性：第 8 类危险物——腐蚀性物质；第 6.1 项危险物——毒性物质

联合国编号（UN No.）：1744

正式运输名称：溴

包装类别：Ⅰ

溴水（含溴≥3.5%）

别名：—

英文名：bromine solution，with more than 3.5% bromine

CAS 号：7726-95-6

GHS 标签信号词及象形图：危险

危险性类别：皮肤腐蚀/刺激，类别 1
严重眼损伤/眼刺激，类别 1
危害水生环境-急性危害，类别 2

主要危险性及次要危险性：第 8 类危险物——腐蚀性物质；第 6.1 项危险物——毒性物质

联合国编号（UN No.）：1744

正式运输名称：溴溶液

包装类别：Ⅰ

2362　3-溴-1,2-二甲基苯

别名：间溴邻二甲苯；2,3-二甲基溴化苯

英文名：3-bromo-1,2-xylene；*m*-bromo-*o*-xy-
lene；2,3-dimethyl bromobenzene

CAS 号：576-23-8

GHS 标签信号词及象形图：危险

危险性类别：急性毒性-吸入，类别 3

皮肤腐蚀/刺激，类别 2

严重眼损伤/眼刺激，类别 2

特异性靶器官毒性-一次接触，类别 3（呼
吸道刺激）

主要危险性及次要危险性：第 6.1 项 危 险
物——毒性物质

联合国编号（UN No.）：1701

正式运输名称：甲苄基溴（二甲苯基溴），
液态

包装类别：Ⅱ

2363　4-溴-1,2-二甲基苯

别名：对溴邻二甲苯；3,4-二甲基溴

英文名：4-bromo-1,2-xylene；*p*-bromo-*o*-xy-
lene；3,4-dimethyl bromobenzene

CAS 号：583-71-1

GHS 标签信号词及象形图：危险

危险性类别：急性毒性-吸入，类别 3

皮肤腐蚀/刺激，类别 2

严重眼损伤/眼刺激，类别 2

特异性靶器官毒性-一次接触，类别 3（呼
吸道刺激）

主要危险性及次要危险性：第 6.1 项 危 险
物——毒性物质

联合国编号（UN No.）：1701

正式运输名称：甲苄基溴（二甲苯基溴），
液态

包装类别：Ⅱ

2364　3-溴-1,2-环氧丙烷

别名：环氧溴丙烷；溴甲基环氧乙烷；表
溴醇

英文名：1,2-epoxy-3-bromopropane；epibro-
mohydrin；1-bromo-2,3-epoxypropane

CAS 号：3132-64-7

GHS 标签信号词及象形图：危险

危险性类别：易燃液体，类别 3

急性毒性-经口，类别 3

急性毒性-经皮，类别 3

主要危险性及次要危险性：第 6.1 项 危 险
物——毒性物质；第 3 类危险物——易燃
液体

联合国编号（UN No.）：2558

正式运输名称：表溴醇

包装类别：Ⅰ

2365　3-溴-1-丙烯

别名：3-溴丙烯；烯丙基溴

英文名：3-bromo-1-propene；3-bromopropene；
allyl bromide

CAS 号：106-95-6

GHS 标签信号词及象形图：危险

危险性类别：易燃液体，类别 2

急性毒性-经口，类别 3

急性毒性-吸入，类别 3

皮肤腐蚀/刺激，类别 1

严重眼损伤/眼刺激，类别 1

特异性靶器官毒性-一次接触，类别 3（呼
吸道刺激）

主要危险性及次要危险性：第 3 类危险物——

易燃液体；第 6.1 项危险物——毒性物质

联合国编号（UN No.）：1099

正式运输名称：烯丙基溴

包装类别：Ⅰ

2366　1-溴-2,4-二硝基苯

别名：3,4-二硝基溴化苯；1,3-二硝基-4-溴化苯；2,4-二硝基溴化苯

英文名：1-bromo-2,4-dinitrobenzene；3,4-dinitrobromobenzene；1,3-dinitro-4-bromo-benzene；2,4-dinitrobromobenzene

CAS 号：584-48-5

GHS 标签信号词及象形图：警告

危险性类别：皮肤腐蚀/刺激，类别 2

严重眼损伤/眼刺激，类别 2

皮肤致敏物，类别 1

主要危险性及次要危险性：——

联合国编号（UN No.）：非危

正式运输名称：——

包装类别：——

2367　2-溴-2-甲基丙酸乙酯

别名：2-溴异丁酸乙酯

英文名：ethyl-2-bromo-2-methyl propionate；ethyl-2-bromo-isobutyrate

CAS 号：600-00-0

GHS 标签信号词及象形图：危险

危险性类别：易燃液体，类别 3

严重眼损伤/眼刺激，类别 1

皮肤致敏物，类别 1

主要危险性及次要危险性：第 3 类危险物——易燃液体

联合国编号（UN No.）：1993

正式运输名称：易燃液体，未另作规定的

包装类别：Ⅲ

2368　1-溴-2-甲基丙烷

别名：异丁基溴；溴代异丁烷

英文名：1-bromo-2-methyl propane；isobutyl bromide；bromo-iso-butane

CAS 号：78-77-3

GHS 标签信号词及象形图：危险

危险性类别：易燃液体，类别 2

主要危险性及次要危险性：第 3 类危险物——易燃液体

联合国编号（UN No.）：2342

正式运输名称：溴甲基丙烷

包装类别：Ⅱ

2369　2-溴-2-甲基丙烷

别名：叔丁基溴；溴代叔丁烷

英文名：2-bromo-2-methylpropane；tert-butyl bromide；bromo-tert-butane

CAS 号：507-19-7

GHS 标签信号词及象形图：危险

危险性类别：易燃液体，类别 2

皮肤腐蚀/刺激，类别 1

严重眼损伤/眼刺激，类别 1

主要危险性及次要危险性：第 3 类危险物——易燃液体

联合国编号（UN No.）：2342

正式运输名称：溴甲基丙烷

包装类别：Ⅱ

2370　4-溴-2-氯氟苯

别名：——

英文名：4-bromo-2-chlorfluorbenzol

CAS 号：60811-21-4

GHS 标签信号词及象形图：警告

危险性类别：皮肤腐蚀/刺激，类别 2
 危害水生环境-急性危害，类别 1
 危害水生环境-长期危害，类别 1
主要危险性及次要危险性：第 9 类危险物——
 杂项危险物质和物品
联合国编号（UN No.）：3082
正式运输名称：对环境有害的液态物质，未
 另作规定的
包装类别：Ⅲ

2371   1-溴-3-甲基丁烷

别名：异戊基溴；溴代异戊烷
英文名： 1-bromo-3-methylbutane； isoamyl
 bromide； bromoisopentane
CAS 号：107-82-4
GHS 标签信号词及象形图：警告

危险性类别：易燃液体，类别 3
主要危险性及次要危险性：第 3 类危险物——
 易燃液体
联合国编号（UN No.）：2341
正式运输名称：1-溴-3-甲基丁烷
包装类别：Ⅲ

2372   溴苯

别名：—
英文名：bromobenzene
CAS 号：108-86-1
GHS 标签信号词及象形图：警告

危险性类别：易燃液体，类别 3
 皮肤腐蚀/刺激，类别 2
 危害水生环境-急性危害，类别 2
 危害水生环境-长期危害，类别 2

主要危险性及次要危险性：第 3 类危险物——
 易燃液体
联合国编号（UN No.）：2514
正式运输名称：溴苯
包装类别：Ⅲ

2373   2-溴苯胺

别名：邻溴苯胺；邻氨基溴化苯
英文名： 2-bromoaniline； *o*-bromoaniline；
 o-aminobromobenzene
CAS 号：615-36-1
GHS 标签信号词及象形图：无

危险性类别：危害水生环境-急性危害，类
 别 2
 危害水生环境-长期危害，类别 2
主要危险性及次要危险性：第 9 类危险物——
 杂项危险物质和物品
联合国编号（UN No.）：3077
正式运输名称：对环境有害的固态物质，未
 另作规定的
包装类别：Ⅲ

2374   3-溴苯胺

别名：间溴苯胺；间氨基溴化苯
英文名：3-bromoaniline； *m*-bromoaniline；
 m-aminobromobenzene
CAS 号：591-19-5
GHS 标签信号词及象形图：无
危险性类别：危害水生环境-长期危害，类别
 3 *
主要危险性及次要危险性：—
联合国编号（UN No.）：非危
正式运输名称：—
包装类别：—

2375   4-溴苯胺

别名：对溴苯胺；对氨基溴化苯
英文名：4-bromoaniline； *p*-bromoaniline；
 p-aminobromobenzene

CAS 号：106-40-1

GHS 标签信号词及象形图：无

危险性类别：危害水生环境-长期危害，类别 3

主要危险性及次要危险性：—

联合国编号（UN No.）：非危

正式运输名称：—

包装类别：—

2376　2-溴苯酚

别名：邻溴苯酚

英文名：2-bromophenol；*o*-bromophenol

CAS 号：95-56-7

GHS 标签信号词及象形图：警告

危险性类别：易燃液体，类别 3

特异性靶器官毒性-一次接触，类别 2

特异性靶器官毒性-反复接触，类别 2

危害水生环境-急性危害，类别 1

危害水生环境-长期危害，类别 1

主要危险性及次要危险性：第 3 类危险物——易燃液体

联合国编号（UN No.）：1993

正式运输名称：易燃液体，未另作规定的

包装类别：Ⅲ

2377　3-溴苯酚

别名：间溴苯酚

英文名：3-bromophenol；*m*-bromophenol

CAS 号：591-20-8

GHS 标签信号词及象形图：无

危险性类别：危害水生环境-急性危害，类别 2

危害水生环境-长期危害，类别 2

主要危险性及次要危险性：第 9 类危险物——杂项危险物质和物品

联合国编号（UN No.）：3077

正式运输名称：对环境有害的固态物质，未另作规定的

包装类别：Ⅲ

2378　4-溴苯酚

别名：对溴苯酚

英文名：4-bromophenol；*p*-bromophenol

CAS 号：106-41-2

GHS 标签信号词及象形图：警告

危险性类别：生殖毒性，类别 2

危害水生环境-急性危害，类别 2

危害水生环境-长期危害，类别 2

主要危险性及次要危险性：第 9 类危险物——杂项危险物质和物品

联合国编号（UN No.）：3077

正式运输名称：对环境有害的固态物质，未另作规定的

包装类别：Ⅲ

2379　4-溴苯磺酰氯

别名：—

英文名：4-bromobenzene sulfonyl chloride

CAS 号：98-58-8

GHS 标签信号词及象形图：危险

危险性类别：皮肤腐蚀/刺激，类别 1

严重眼损伤/眼刺激，类别 1

主要危险性及次要危险性：第 8 类危险物——腐蚀性物质

联合国编号（UN No.）：3261

正式运输名称：有机酸性腐蚀性固体，未另作规定的

包装类别：Ⅲ

2380　4-溴苯甲醚

别名：对溴苯甲醚；对溴茴香醚

英文名：4-bromoanisole；*p*-bromoanisole；*p*-bromophenylmethyl ether

CAS 号：104-92-7

GHS 标签信号词及象形图：警告

危险性类别：皮肤腐蚀/刺激，类别 2

主要危险性及次要危险性：——

联合国编号（UN No.）：非危

正式运输名称：——

包装类别：——

2381   2-溴苯甲酰氯

别名：邻溴苯甲酰氯

英文名：2-bromobenzoyl chloride；*o*-bromobenzoyl chloride

CAS 号：7154-66-7

GHS 标签信号词及象形图：危险

危险性类别：皮肤腐蚀/刺激，类别 1

严重眼损伤/眼刺激，类别 1

主要危险性及次要危险性：第 8 类危险物——腐蚀性物质

联合国编号（UN No.）：3265

正式运输名称：有机酸性腐蚀性液体，未另作规定的

包装类别：Ⅲ

2382   4-溴苯甲酰氯

别名：对溴苯甲酰氯；氯化对溴代苯甲酰

英文名：4-bromobenzoyl chloride；*p*-bromobenzoyl chloride

CAS 号：586-75-4

GHS 标签信号词及象形图：危险

危险性类别：皮肤腐蚀/刺激，类别 1

严重眼损伤/眼刺激，类别 1

主要危险性及次要危险性：第 8 类危险物——腐蚀性物质

联合国编号（UN No.）：3261

正式运输名称：有机酸性腐蚀性固体，未另作规定的

包装类别：Ⅲ

2383   溴苯乙腈

别名：溴苄基腈

英文名：bromophenyl acetonitrile；bromobenzyl cyanide

CAS 号：5798-79-8

GHS 标签信号词及象形图：警告

危险性类别：皮肤腐蚀/刺激，类别 2

严重眼损伤/眼刺激，类别 2

特异性靶器官毒性-一次接触，类别 3（呼吸道刺激）

主要危险性及次要危险性：第 6.1 项危险物——毒性物质

联合国编号（UN No.）：1694

正式运输名称：液态溴苄基氰

包装类别：Ⅰ

2384   4-溴苯乙酰基溴

别名：对溴苯乙酰基溴

英文名：4-bromophenacyl bromide；*p*-bromophenacyl bromide

CAS 号：99-73-0

GHS 标签信号词及象形图：危险

危险性类别：皮肤腐蚀/刺激，类别 1

严重眼损伤/眼刺激，类别 1

主要危险性及次要危险性：第 8 类危险物——腐蚀性物质

联合国编号（UN No.）：3261

正式运输名称：有机酸性腐蚀性固体，未另
　作规定的

包装类别：Ⅲ

2385　3-溴丙腈

别名：β-溴丙腈；溴乙基氰

英文名：3-bromopropionitrile；β-bromopropi-
　onitrile；3-bromoethyl cyanide

CAS 号：2417-90-5

GHS 标签信号词及象形图：危险

危险性类别：急性毒性-经口，类别 3
　急性毒性-经皮，类别 3
　急性毒性-吸入，类别 3
　皮肤腐蚀/刺激，类别 2
　严重眼损伤/眼刺激，类别 2
　特异性靶器官毒性-一次接触，类别 3（呼
　吸道刺激）

主要危险性及次要危险性：第 6.1 项危险
　物——毒性物质

联合国编号（UN No.）：3276

正式运输名称：腈类，液态，毒性，未另作
　规定的

包装类别：Ⅲ

2386　3-溴丙炔

别名：—

英文名：3-bromopropyne

CAS 号：106-96-7

GHS 标签信号词及象形图：危险

危险性类别：易燃液体，类别 2
　急性毒性-经口，类别 3
　皮肤腐蚀/刺激，类别 2
　严重眼损伤/眼刺激，类别 2
　特异性靶器官毒性-一次接触，类别 3（呼
　吸道刺激）

主要危险性及次要危险性：第 3 类危险物——
　易燃液体

联合国编号（UN No.）：2345

正式运输名称：3-溴丙炔

包装类别：Ⅱ

2387　2-溴丙酸

别名：α-溴丙酸

英文名：2-bromopropanoic acid；α-bromopro-
　panoic acid

CAS 号：598-72-1

GHS 标签信号词及象形图：危险

危险性类别：急性毒性-经口，类别 3

主要危险性及次要危险性：第 6.1 项危险
　物——毒性物质

联合国编号（UN No.）：2811

正式运输名称：有机毒性固体，未另作规
　定的

包装类别：Ⅲ

2388　3-溴丙酸

别名：β-溴丙酸

英文名：3-bromopropanoic acid；β-bromopro-
　panoic acid

CAS 号：590-92-1

GHS 标签信号词及象形图：危险

危险性类别：皮肤腐蚀/刺激，类别 1
　严重眼损伤/眼刺激，类别 1

主要危险性及次要危险性：第 8 类危险物——
　腐蚀性物质

联合国编号（UN No.）：3261

正式运输名称：有机酸性腐蚀性固体，未另
　作规定的

包装类别：Ⅲ

2389　溴丙酮

别名：—

英文名：bromoacetone

CAS 号：598-31-2

GHS 标签信号词及象形图：危险

危险性类别：易燃液体，类别 2

　急性毒性-吸入，类别 1

　皮肤腐蚀/刺激，类别 2

　严重眼损伤/眼刺激，类别 2

　特异性靶器官毒性-一次接触，类别 3（呼吸道刺激）

主要危险性及次要危险性：第 6.1 项危险物——毒性物质；第 3 类危险物——易燃液体

联合国编号（UN No.）：1569

正式运输名称：溴丙酮

包装类别：Ⅱ

2390　1-溴丙烷

别名：正丙基溴；溴代正丙烷

英文名：1-bromopropane；n-propyl bromide；bromo-n-propane

CAS 号：106-94-5

GHS 标签信号词及象形图：危险

危险性类别：易燃液体，类别 2

　皮肤腐蚀/刺激，类别 2

　严重眼损伤/眼刺激，类别 2

　生殖毒性，类别 1B

　特异性靶器官毒性-一次接触，类别 3（呼吸道刺激、麻醉效应）

　特异性靶器官毒性-反复接触，类别 2＊

主要危险性及次要危险性：第 3 类危险物——易燃液体

联合国编号（UN No.）：2344

正式运输名称：溴丙烷

包装类别：Ⅱ/Ⅲ△

2391　2-溴丙烷

别名：异丙基溴；溴代异丙烷

英文名：2-bromopropane；isopropyl bromide；bromo isopropane

CAS 号：75-26-3

GHS 标签信号词及象形图：危险

危险性类别：易燃液体，类别 2

　生殖毒性，类别 1A

　特异性靶器官毒性-反复接触，类别 2＊

主要危险性及次要危险性：第 3 类危险物——易燃液体

联合国编号（UN No.）：2344

正式运输名称：溴丙烷

包装类别：Ⅱ/Ⅲ△

2392　2-溴丙酰溴

别名：溴化-2-溴丙酰

英文名：2-bromopropionyl bromide；bromo-2-propanoyl bromide

CAS 号：563-76-8

GHS 标签信号词及象形图：危险

危险性类别：皮肤腐蚀/刺激，类别 1

　严重眼损伤/眼刺激，类别 1

主要危险性及次要危险性：第 8 类危险物——腐蚀性物质

联合国编号（UN No.）：3265

正式运输名称：有机酸性腐蚀性液体，未另作规定的

包装类别：Ⅲ

2393　3-溴丙酰溴

别名：溴化-3-溴丙酰

英文名：3-bromopropionyl bromide；bromo-3-propanoyl bromide

CAS 号：7623-16-7

GHS 标签信号词及象形图：危险

危险性类别：皮肤腐蚀/刺激，类别 1
严重眼损伤/眼刺激，类别 1

主要危险性及次要危险性：第 8 类危险物——腐蚀性物质

联合国编号（UN No.）：3265

正式运输名称：有机酸性腐蚀性液体，未另作规定的

包装类别：Ⅲ

2394　溴代环戊烷

别名：环戊基溴

英文名：bromocyclopentane；cyclopentyl bromide

CAS 号：137-43-9

GHS 标签信号词及象形图：警告

危险性类别：易燃液体，类别 3

主要危险性及次要危险性：第 3 类危险物——易燃液体

联合国编号（UN No.）：1993

正式运输名称：易燃液体，未另作规定的

包装类别：Ⅲ

2395　溴代正戊烷

别名：正戊基溴

英文名：bromopentane；n-amyl bromide

CAS 号：110-53-2

GHS 标签信号词及象形图：警告

危险性类别：易燃液体，类别 3

主要危险性及次要危险性：第 3 类危险物——易燃液体

联合国编号（UN No.）：1993

正式运输名称：易燃液体，未另作规定的

包装类别：Ⅲ

2396　1-溴丁烷

别名：正丁基溴；溴代正丁烷

英文名：1-bromobutane；n-butyl bromide；butyl bromide

CAS 号：109-65-9

GHS 标签信号词及象形图：危险

危险性类别：易燃液体，类别 2

主要危险性及次要危险性：第 3 类危险物——易燃液体

联合国编号（UN No.）：1126

正式运输名称：1-溴丁烷

包装类别：Ⅱ

2397　2-溴丁烷

别名：仲丁基溴；溴代仲丁烷

英文名：2-bromobutane；sec-butyl bromide；bromo-sec-butane

CAS 号：78-76-2

GHS 标签信号词及象形图：危险

危险性类别：易燃液体，类别 2
特异性靶器官毒性-一次接触，类别 3（麻醉效应）

主要危险性及次要危险性：第 3 类危险物——易燃液体

联合国编号（UN No.）：2339

正式运输名称：2-溴丁烷

包装类别：Ⅱ

2398　溴化苄

别名：α-溴甲苯；苄基溴

英文名：benzyl bromide；α-bromotoluene

CAS 号：100-39-0

GHS 标签信号词及象形图：警告

危险性类别：皮肤腐蚀/刺激，类别 2

严重眼损伤/眼刺激，类别 2

特异性靶器官毒性-一次接触，类别 3（呼吸道刺激）

主要危险性及次要危险性：第 6.1 项危险物——毒性物质；第 8 类危险物——腐蚀性物质

联合国编号（UN No.）：1737

正式运输名称：苄基溴

包装类别：Ⅱ

2399　溴化丙酰

别名：丙酰溴

英文名：propionyl bromide；propanoyl bromide

CAS 号：598-22-1

GHS 标签信号词及象形图：警告

危险性类别：易燃液体，类别 3

主要危险性及次要危险性：第 3 类危险物——易燃液体

联合国编号（UN No.）：1993

正式运输名称：易燃液体，未另作规定的

包装类别：Ⅲ

2400　溴化汞

别名：二溴化汞；溴化高汞

英文名：mercury（Ⅱ）bromide；mercury dibromide

CAS 号：7789-47-1

GHS 标签信号词及象形图：危险

危险性类别：急性毒性-经口，类别 2

急性毒性-经皮，类别 2

皮肤腐蚀/刺激，类别 2

严重眼损伤/眼刺激，类别 1

皮肤致敏物，类别 1

危害水生环境-急性危害，类别 1

危害水生环境-长期危害，类别 1

主要危险性及次要危险性：第 6.1 项危险物——毒性物质

联合国编号（UN No.）：1634

正式运输名称：溴化汞

包装类别：Ⅱ

2401　溴化氢

别名：—

英文名：hydrogen bromide

CAS 号：10035-10-6

GHS 标签信号词及象形图：危险

危险性类别：加压气体

皮肤腐蚀/刺激，类别 1A

严重眼损伤/眼刺激，类别 1

特异性靶器官毒性-一次接触，类别 3（呼吸道刺激）

主要危险性及次要危险性：第 2.3 类危险物——毒性气体；第 8 类危险物——腐蚀性物质

联合国编号（UN No.）：1048

正式运输名称：无水溴化氢

包装类别：不适用

2402　溴化氢乙酸溶液

别名：溴化氢醋酸溶液

英文名：hydrobromic acid, acetic acid solution；hydrobromic acid solution in acetic acid

CAS 号：—

GHS 标签信号词及象形图：危险

危险性类别：皮肤腐蚀/刺激，类别1
严重眼损伤/眼刺激，类别1
主要危险性及次要危险性：第8类危险物——
腐蚀性物质
联合国编号（UN No.）：3265
正式运输名称：有机酸性腐蚀性液体，未另
作规定的
包装类别：Ⅲ

2403　溴化硒

别名：—
英文名：selenium bromide
CAS号：7789-52-8
GHS标签信号词及象形图：危险

危险性类别：急性毒性-经口，类别3＊
急性毒性-吸入，类别3＊
特异性靶器官毒性-反复接触，类别2
危害水生环境-急性危害，类别1
危害水生环境-长期危害，类别1
主要危险性及次要危险性：第 6.1 项危险
物——毒性物质
联合国编号（UN No.）：3283
正式运输名称：硒化合物，固态，未另作规
定的
包装类别：Ⅲ

2404　溴化亚汞

别名：一溴化汞
英文名：mercurous bromide；mercurous
monobromide
CAS号：10031-18-2
GHS标签信号词及象形图：危险

危险性类别：急性毒性-经口，类别2＊
急性毒性-经皮，类别1
急性毒性-吸入，类别2＊

特异性靶器官毒性-反复接触，类别2＊
危害水生环境-急性危害，类别1
危害水生环境-长期危害，类别1
主要危险性及次要危险性：第 6.1 项 危险
物——毒性物质
联合国编号（UN No.）：2025
正式运输名称：固态汞化合物，未另作规
定的
包装类别：Ⅰ

2405　溴化亚铊

别名：一溴化铊
英文名：thallous bromide；thallium（Ⅰ）
bromide
CAS号：7789-40-4
GHS标签信号词及象形图：危险

危险性类别：急性毒性-经口，类别2＊
急性毒性-吸入，类别2＊
特异性靶器官毒性-反复接触，类别2＊
危害水生环境-急性危害，类别2
危害水生环境-长期危害，类别2
主要危险性及次要危险性：第 6.1 项 危险
物——毒性物质
联合国编号（UN No.）：1707
正式运输名称：铊化合物，未另作规定的
包装类别：Ⅱ

2406　溴化乙酰

别名：乙酰溴
英文名：ethanoyl bromide；acetyl bromide
CAS号：506-96-7
GHS标签信号词及象形图：危险

危险性类别：皮肤腐蚀/刺激，类别1
严重眼损伤/眼刺激，类别1
特异性靶器官毒性-一次接触，类别3（呼

吸道刺激）

危害水生环境-长期危害，类别 3

主要危险性及次要危险性：第 8 类危险物——
腐蚀性物质

联合国编号（UN No.）：1716

正式运输名称：乙酰溴

包装类别：Ⅱ

2407　溴己烷

别名：己基溴

英文名：bromohexane；*n*-hexyl bromide

CAS 号：111-25-1

GHS 标签信号词及象形图：警告

危险性类别：易燃液体，类别 3
　危害水生环境-急性危害，类别 2
　危害水生环境-长期危害，类别 2

主要危险性及次要危险性：第 3 类危险物——
易燃液体

联合国编号（UN No.）：1993

正式运输名称：易燃液体，未另作规定的

包装类别：Ⅲ

2408　2-溴甲苯

别名：邻溴甲苯；邻甲基溴苯；2-甲基溴苯

英文名：2-bromotoluene；*o*-bromotoluene；
o-methylbromobenzene；2-methylbromo-
benzene

CAS 号：95-46-5

GHS 标签信号词及象形图：警告

危险性类别：皮肤腐蚀/刺激，类别 2
　严重眼损伤/眼刺激，类别 2
　特异性靶器官毒性-一次接触，类别 3（呼
　吸道刺激）

主要危险性及次要危险性：—

联合国编号（UN No.）：非危

2409　3-溴甲苯

别名：间溴甲苯；间甲基溴苯；3-甲基溴苯

英文名：3-bromotoluene；*m*-bromotoluene；*m*-
methylbromobenzene；3-methylbromobenzene

CAS 号：591-17-3

GHS 标签信号词及象形图：警告

危险性类别：易燃液体，类别 3

主要危险性及次要危险性：第 3 类危险物——
易燃液体

联合国编号（UN No.）：1993

正式运输名称：易燃液体，未另作规定的

包装类别：Ⅲ

2410　4-溴甲苯

别名：对溴甲苯；对甲基溴苯；4-甲基溴苯

英文名：4-bromotoluene；*p*-bromotoluene；*p*-
methylbromobenzene；4-methylbromobenzene

CAS 号：106-38-7

GHS 标签信号词及象形图：警告

危险性类别：皮肤腐蚀/刺激，类别 2

主要危险性及次要危险性：—

联合国编号（UN No.）：非危

正式运输名称：—

包装类别：—

2411　溴甲烷

别名：甲基溴

英文名：bromomethane；methylbromide

CAS 号：74-83-9

GHS 标签信号词及象形图：危险

危险性类别：加压气体

　急性毒性-经口，类别 3 *

　急性毒性-吸入，类别 3 *

　皮肤腐蚀/刺激，类别 2

　严重眼损伤/眼刺激，类别 2

　生殖细胞致突变性，类别 2

　特异性靶器官毒性-一次接触，类别 3（呼吸道刺激）

　特异性靶器官毒性-反复接触，类别 2 *

　危害水生环境-急性危害，类别 1

　危害臭氧层，类别 1

主要危险性及次要危险性：第 2.3 类危险物——毒性气体

联合国编号（UN No.）：1062

正式运输名称：甲基溴，含有不大于 2% 的三氯硝基甲烷

包装类别：不适用

2412　溴甲烷和二溴乙烷液体混合物

别名：—

英文名：methyl bromide and ethylene dibromide mixtures，liquid

CAS 号：—

GHS 标签信号词及象形图：危险

危险性类别：急性毒性-经口，类别 3 *

　急性毒性-吸入，类别 3 *

　皮肤腐蚀/刺激，类别 2

　严重眼损伤/眼刺激，类别 2

　生殖细胞致突变性，类别 2

　致癌性，类别 1B

　特异性靶器官毒性-一次接触，类别 3（呼吸道刺激）

　危害水生环境-急性危害，类别 2 *

　危害水生环境-长期危害，类别 2 *

　危害臭氧层，类别 1

主要危险性及次要危险性：第 6.1 项危险物——毒性物质

联合国编号（UN No.）：2810

正式运输名称：有机毒性液体，未另作规定的

包装类别：Ⅲ

2413　3-[3-(4′-溴联苯-4-基)-1,2,3,4-四氢-1-萘基]-4-羟基香豆素

别名：溴鼠灵

英文名：4-hydroxy-3-(3-(4′-bromo-4-biphenylyl)-1,2,3,4-tetrahydro-1-naphthyl) coumarin；brodifacoum；brodifacoum；talon；klerat；volid

CAS 号：56073-10-0

GHS 标签信号词及象形图：危险

危险性类别：急性毒性-经口，类别 2 *

　急性毒性-经皮，类别 1

　特异性靶器官毒性-反复接触，类别 1

　危害水生环境-急性危害，类别 1

　危害水生环境-长期危害，类别 1

主要危险性及次要危险性：第 6.1 项危险物——毒性物质

联合国编号（UN No.）：3027/2811△

正式运输名称：固态香豆素衍生物农药，毒性/有机毒性固体，未另作规定的△

包装类别：Ⅰ

2414　3-[3-(4′-溴联苯-4-基)-3-羟基-1-苯丙基]-4-羟基香豆素

别名：溴敌隆

英文名：3-[3-(4′-bromo（1,1′-biphenyl）-4-yl)-3-hydroxy-1-phenylpropyl]-4-hydroxy-2-benzopyrone；bromadiolone；contrac；maki

CAS 号：28772-56-7

GHS 标签信号词及象形图：危险

危险性类别：急性毒性-经口，类别 1
急性毒性-经皮，类别 1
急性毒性-吸入，类别 1
特异性靶器官毒性-反复接触，类别 1
危害水生环境-急性危害，类别 2
危害水生环境-长期危害，类别 2
主要危险性及次要危险性：第 6.1 项危险物——毒性物质
联合国编号（UN No.）：3027/2811△
正式运输名称：固态香豆素衍生物农药，毒性/有机毒性固体，未另作规定的△
包装类别：Ⅰ

2415　溴三氟甲烷

别名：R13B1；三氟溴甲烷
英文名：bromotrifluoromethane；R13B1；methane，bromotrifluoro
CAS 号：75-63-8
GHS 标签信号词及象形图：警告

危险性类别：加压气体
严重眼损伤/眼刺激，类别 2
特异性靶器官毒性-一次接触，类别 3（麻醉效应）
危害臭氧层，类别 1
主要危险性及次要危险性：第 2.2 类危险物——非易燃无毒气体
联合国编号（UN No.）：1009
正式运输名称：溴三氟甲烷
包装类别：不适用

2416　溴酸

别名：—
英文名：bromic acid
CAS 号：7789-31-3
GHS 标签信号词及象形图：危险

危险性类别：皮肤腐蚀/刺激，类别 1
严重眼损伤/眼刺激，类别 1
主要危险性及次要危险性：第 8 类危险物——腐蚀性物质
联合国编号（UN No.）：3264
正式运输名称：无机酸性腐蚀性液体，未另作规定的
包装类别：Ⅲ

2417　溴酸钡

别名：—
英文名：barium bromate
CAS 号：13967-90-3
GHS 标签信号词及象形图：危险

危险性类别：氧化性固体，类别 2
主要危险性及次要危险性：第 5.1 项危险物——氧化性物质；第 6.1 项危险物——毒性物质
联合国编号（UN No.）：2719
正式运输名称：溴酸钡
包装类别：Ⅱ

2418　溴酸镉

别名：—
英文名：cadium bromate
CAS 号：14518-94-6
GHS 标签信号词及象形图：危险

危险性类别：氧化性固体，类别 2
致癌性，类别 1A
危害水生环境-急性危害，类别 1
危害水生环境-长期危害，类别 1
主要危险性及次要危险性：第 5.1 项危险

物——氧化性物质

联合国编号（UN No.）：1450

正式运输名称：无机溴酸盐，未另作规定的

包装类别：Ⅱ

2419 溴酸钾

别名：—

英文名：potassium bromate

CAS号：7758-01-2

GHS标签信号词及象形图：危险

危险性类别：氧化性固体，类别1

急性毒性-经口，类别3＊

致癌性，类别2

主要危险性及次要危险性：第 5.1 项危险物——氧化性物质

联合国编号（UN No.）：1484

正式运输名称：溴酸钾

包装类别：Ⅱ

2420 溴酸镁

别名：—

英文名：magnesium bromate

CAS号：7789-36-8

GHS标签信号词及象形图：危险

危险性类别：氧化性固体，类别2

主要危险性及次要危险性：第 5.1 项危险物——氧化性物质

联合国编号（UN No.）：1473

正式运输名称：溴酸镁

包装类别：Ⅱ

2421 溴酸钠

别名：—

英文名：sodium bromate

CAS号：7789-38-0

GHS标签信号词及象形图：危险

危险性类别：氧化性固体，类别2

皮肤腐蚀/刺激，类别2

严重眼损伤/眼刺激，类别2

特异性靶器官毒性-一次接触，类别3（呼吸道刺激）

主要危险性及次要危险性：第 5.1 项危险物——氧化性物质

联合国编号（UN No.）：1494

正式运输名称：溴酸钠

包装类别：Ⅱ

2422 溴酸铅

别名：—

英文名：lead bromate

CAS号：34018-28-5

GHS标签信号词及象形图：危险

危险性类别：氧化性固体，类别2

致癌性，类别1B

生殖毒性，类别1A

特异性靶器官毒性-反复接触，类别2＊

危害水生环境-急性危害，类别1

危害水生环境-长期危害，类别1

主要危险性及次要危险性：第 5.1 项危险物——氧化性物质

联合国编号（UN No.）：1450

正式运输名称：无机溴酸盐，未另作规定的

包装类别：Ⅱ

2423 溴酸锶

别名：—

英文名：strontium bromate

CAS号：14519-18-7

GHS标签信号词及象形图：危险

危险性类别：氧化性固体，类别2

主要危险性及次要危险性：第 5.1 项 危险
物——氧化性物质

联合国编号（UN No.）：1450

正式运输名称：无机溴酸盐，未另作规定的

包装类别：Ⅱ

2424   溴酸锌

别名：—

英文名：zinc bromate

CAS 号：14519-07-4

GHS 标签信号词及象形图：危险

危险性类别：氧化性固体，类别2
　　害水生环境-急性危害，类别1
　　害水生环境-长期危害，类别1

主要危险性及次要危险性：第 5.1 项 危险
物——氧化性物质

联合国编号（UN No.）：2469

正式运输名称：溴酸锌

包装类别：Ⅲ

2425   溴酸银

别名：—

英文名：silver bromate

CAS 号：7783-89-3

GHS 标签信号词及象形图：危险

危险性类别：氧化性固体，类别2

主要危险性及次要危险性：第 5.1 项 危险
物——氧化性物质

联合国编号（UN No.）：1450

正式运输名称：无机溴酸盐，未另作规定的

包装类别：Ⅱ

2426   2-溴戊烷

别名：仲戊基溴；溴代仲戊烷

英文名：2-bromopentane；*sec*-amyl bromide；

bromosecpentane

CAS 号：107-81-3

GHS 标签信号词及象形图：危险

危险性类别：易燃液体，类别2

主要危险性及次要危险性：第 3 类危险物——
易燃液体

联合国编号（UN No.）：2343

正式运输名称：2-溴戊烷

包装类别：Ⅱ

2427   2-溴乙醇

别名：—

英文名：2-bromoethanol

CAS 号：540-51-2

GHS 标签信号词及象形图：警告

危险性类别：易燃液体，类别3

主要危险性及次要危险性：第 3 类危险物——
易燃液体

联合国编号（UN No.）：1993

正式运输名称：易燃液体，未另作规定的

包装类别：Ⅲ

2428   2-溴乙基乙醚

别名：—

英文名：2-bromoethyl ethyl ether

CAS 号：592-55-2

GHS 标签信号词及象形图：危险

危险性类别：易燃液体，类别2

主要危险性及次要危险性：第 3 类危险物——
易燃液体

联合国编号（UN No.）：2340

正式运输名称：2-溴乙基·乙基醚

包装类别：Ⅱ

2429　溴乙酸

别名：溴醋酸

英文名：bromoacetic acid；bromo ethanoic acid

CAS 号：79-08-3

GHS 标签信号词及象形图：危险

危险性类别：急性毒性-经口，类别 3 *

　　急性毒性-经皮，类别 3 *

　　急性毒性-吸入，类别 3 *

　　皮肤腐蚀/刺激，类别 1A

　　严重眼损伤/眼刺激，类别 1

　　皮肤致敏物，类别 1

　　危害水生环境-急性危害，类别 1

主要危险性及次要危险性：第 8 类危险物——腐蚀性物质

联合国编号（UN No.）：3425

正式运输名称：固态溴乙酸

包装类别：Ⅱ

2430　溴乙酸甲酯

别名：溴醋酸甲酯

英文名：methyl bromoacetate；bromoacetic acid methyl ester

CAS 号：96-32-2

GHS 标签信号词及象形图：危险

危险性类别：急性毒性-经皮，类别 3

　　皮肤腐蚀/刺激，类别 2

主要危险性及次要危险性：第 6.1 项危险物——毒性物质

联合国编号（UN No.）：2643

正式运输名称：溴乙酸甲酯

包装类别：Ⅱ

2431　溴乙酸叔丁酯

别名：溴醋酸叔丁酯

英文名：*tert*-butyl bromoacetate；*tert*-butyl bromoethanoate

CAS 号：5292-43-3

GHS 标签信号词及象形图：警告

危险性类别：易燃液体，类别 3

主要危险性及次要危险性：第 3 类危险物——易燃液体

联合国编号（UN No.）：1993

正式运输名称：易燃液体，未另作规定的

包装类别：Ⅲ

2432　溴乙酸乙酯

别名：溴醋酸乙酯

英文名：ethyl bromoacetate；bromoacetic acid ethyl ester

CAS 号：105-36-2

GHS 标签信号词及象形图：危险

危险性类别：急性毒性-经口，类别 2 *

　　急性毒性-经皮，类别 1

　　急性毒性-吸入，类别 2 *

主要危险性及次要危险性：第 6.1 项危险物——毒性物质；第 3 类危险物——易燃液体

联合国编号（UN No.）：1603

正式运输名称：溴乙酸乙酯

包装类别：Ⅱ

2433　溴乙酸异丙酯

别名：溴醋酸异丙酯

英文名：isopropyl bromoacetate；isopropyl bromoethanoate

CAS 号：29921-57-1

GHS 标签信号词及象形图：危险

危险性类别：皮肤腐蚀/刺激，类别 1
严重眼损伤/眼刺激，类别 1

主要危险性及次要危险性：第 8 类危险物——
腐蚀性物质

联合国编号（UN No.）：3265

正式运输名称：有机酸性腐蚀性液体，未另
作规定的

包装类别：Ⅲ

2434   溴乙酸正丙酯

别名：溴醋酸正丙酯

英文名：*n*-propyl bromoacetate；propyl bro-
moethanoate

CAS 号：35223-80-4

GHS 标签信号词及象形图：危险

危险性类别：皮肤腐蚀/刺激，类别 1
严重眼损伤/眼刺激，类别 1

主要危险性及次要危险性：第 8 类危险物——
腐蚀性物质

联合国编号（UN No.）：3265

正式运输名称：有机酸性腐蚀性液体，未另
作规定的

包装类别：Ⅲ

2435   溴乙烷

别名：乙基溴；溴代乙烷

英文名：bromoethane；ethyl bromide；mono-
bromoethane

CAS 号：74-96-4

GHS 标签信号词及象形图：危险

危险性类别：易燃液体，类别 2

主要危险性及次要危险性：第 6.1 项危险

物——毒性物质

联合国编号（UN No.）：1891

正式运输名称：乙基溴

包装类别：Ⅱ

2436   溴乙烯（稳定的）

别名：乙烯基溴

英文名：bromoethylene，stabilized；vinyl
bromide

CAS 号：593-60-2

GHS 标签信号词及象形图：危险

危险性类别：易燃气体，类别 1
化学不稳定性气体，类别 B
加压气体
致癌性，类别 1B

主要危险性及次要危险性：第 2.1 类危险
物——易燃气体

联合国编号（UN No.）：1085

正式运输名称：乙烯基溴，稳定的

包装类别：不适用

2437   溴乙酰苯

别名：苯甲酰甲基溴

英文名：bromoacetylbenzene；phenacyl bro-
mide

CAS 号：70-11-1

GHS 标签信号词及象形图：危险

危险性类别：急性毒性-经口，类别 3
急性毒性-经皮，类别 3
急性毒性-吸入，类别 3
皮肤腐蚀/刺激，类别 1
严重眼损伤/眼刺激，类别 1

主要危险性及次要危险性：第 6.1 项危险
物——毒性物质

联合国编号（UN No.）：2645

正式运输名称：苯酰甲基溴

包装类别：Ⅱ

2438 溴乙酰溴

别名：溴化溴乙酰

英文名：bromoacetyl bromide

CAS 号：598-21-0

GHS 标签信号词及象形图：危险

危险性类别：皮肤腐蚀/刺激，类别 1

严重眼损伤/眼刺激，类别 1

主要危险性及次要危险性：第 8 类危险物——腐蚀性物质

联合国编号（UN No.）：2513

正式运输名称：溴乙酰溴

包装类别：Ⅱ

2439 β,β'-亚氨基二丙腈

别名：双（β-氰基乙基）胺

英文名：β,β'-iminodipropionitrile；bis（β-cy-anoethyl）amine

CAS 号：111-94-4

GHS 标签信号词及象形图：警告

危险性类别：皮肤腐蚀/刺激，类别 2

严重眼损伤/眼刺激，类别 2

特异性靶器官毒性--一次接触，类别 3（呼吸道刺激）

主要危险性及次要危险性：—

联合国编号（UN No.）：非危

正式运输名称：—

包装类别：—

2440 亚氨基二亚苯

别名：咔唑；9-氮杂芴

英文名：diphenyleneimine；carbazole；dibenzopyrrole

CAS 号：86-74-8

GHS 标签信号词及象形图：警告

危险性类别：易燃固体，类别 2

危害水生环境-急性危害，类别 2

危害水生环境-长期危害，类别 2

主要危险性及次要危险性：第 4.1 项危险物——易燃固体

联合国编号（UN No.）：1325

正式运输名称：有机易燃固体，未另作规定的

包装类别：Ⅲ

2441 亚胺乙汞

别名：埃米

英文名：EMMI；emmi powder

CAS 号：2597-93-5

GHS 标签信号词及象形图：危险

危险性类别：急性毒性-经口，类别 3

急性毒性-经皮，类别 1

急性毒性-吸入，类别 2 *

特异性靶器官毒性-反复接触，类别 2 *

危害水生环境-急性危害，类别 1

危害水生环境-长期危害，类别 1

主要危险性及次要危险性：第 6.1 项危险物——毒性物质

联合国编号（UN No.）：2025/2811△

正式运输名称：固态汞化合物，未另作规定的/有机毒性固体，未另作规定的△

包装类别：Ⅰ

2442 亚碲酸钠

别名：—

英文名：sodium，tellurite

CAS 号：10102-20-2

GHS 标签信号词及象形图：危险

危险性类别：急性毒性-经口，类别 3

主要危险性及次要危险性：第 6.1 项危险
物——毒性物质

联合国编号（UN No.）：3284/3288△

正式运输名称：碲化合物，未另作规定的/无
机毒性固体，未另作规定的△

包装类别：Ⅲ

2443　4,4′-亚甲基双苯胺

别名：亚甲基二苯胺；4,4′-二氨基二苯基甲
烷；防老剂 MDA

英文名：4,4′-diaminodiphenylmethane；me-
thylenedianiline；4,4′-methylenedianiline

CAS 号：101-77-9

GHS 标签信号词及象形图：危险

危险性类别：皮肤致敏物，类别 1
生殖细胞致突变性，类别 2
致癌性，类别 2
特异性靶器官毒性-一次接触，类别 1
特异性靶器官毒性-反复接触，类别 2*
危害水生环境-急性危害，类别 2
危害水生环境-长期危害，类别 2

主要危险性及次要危险性：第 6.1 项危险
物——毒性物质

联合国编号（UN No.）：2651

正式运输名称：4,4′-二氨基二苯基甲烷

包装类别：Ⅲ

2444　亚磷酸

别名：—

英文名：phosphonic acid

CAS 号：13598-36-2

GHS 标签信号词及象形图：危险

危险性类别：皮肤腐蚀/刺激，类别 1A
严重眼损伤/眼刺激，类别 1

主要危险性及次要危险性：第 8 类危险物——
腐蚀性物质

联合国编号（UN No.）：2834

正式运输名称：亚磷酸

包装类别：Ⅲ

2445　亚磷酸二丁酯

别名：—

英文名：dibutyl phosphite

CAS 号：1809-19-4

GHS 标签信号词及象形图：警告

危险性类别：易燃液体，类别 3

主要危险性及次要危险性：第 3 类危险物——
易燃液体

联合国编号（UN No.）：1993

正式运输名称：易燃液体，未另作规定的

包装类别：Ⅲ

2446　亚磷酸二氢铅

别名：二盐基亚磷酸铅

英文名：lead phosphite, dibasic；dibasic lead
phosphite

CAS 号：1344-40-7；12141-20-7

GHS 标签信号词及象形图：危险

危险性类别：易燃固体，类别 1
致癌性，类别 1B
生殖毒性，类别 1A
特异性靶器官毒性-反复接触，类别 2
危害水生环境-急性危害，类别 1
危害水生环境-长期危害，类别 1

主要危险性及次要危险性：第 4.1 项危险
物——易燃固体

联合国编号（UN No.）：2989

正式运输名称：亚磷酸二氢铅

包装类别：Ⅱ

2447 亚磷酸三苯酯

别名：—

英文名：triphenyl phosphite；phosphorous acid，triphenyl ester

CAS 号：101-02-0

GHS 标签信号词及象形图：警告

危险性类别：皮肤腐蚀/刺激，类别 2
严重眼损伤/眼刺激，类别 2
危害水生环境-急性危害，类别 1
危害水生环境-长期危害，类别 1

主要危险性及次要危险性：第 9 类危险物——
杂项危险物质和物品

联合国编号（UN No.）：3082

正式运输名称：对环境有害的液态物质，未
另作规定的

包装类别：Ⅲ

2448 亚磷酸三甲酯

别名：三甲氧基磷

英文名：trimethyl phosphite

CAS 号：121-45-9

GHS 标签信号词及象形图：警告

危险性类别：易燃液体，类别 3
皮肤腐蚀/刺激，类别 2
严重眼损伤/眼刺激，类别 2A
特异性靶器官毒性--一次接触，类别 3（呼吸道刺激）
特异性靶器官毒性-反复接触，类别 2

主要危险性及次要危险性：第 3 类危险物——
易燃液体

联合国编号（UN No.）：2329

正式运输名称：亚磷酸三甲酯

包装类别：Ⅲ

2449 亚磷酸三乙酯

别名：—

英文名：triethyl phosphite

CAS 号：122-52-1

GHS 标签信号词及象形图：警告

危险性类别：易燃液体，类别 3
严重眼损伤/眼刺激，类别 2B
皮肤致敏物，类别 1
生殖毒性，类别 2
特异性靶器官毒性--一次接触，类别 2

主要危险性及次要危险性：第 3 类危险物——
易燃液体

联合国编号（UN No.）：2323

正式运输名称：亚磷酸三乙酯

包装类别：Ⅲ

2450 亚硫酸

别名：—

英文名：sulphurous acid

CAS 号：7782-99-2

GHS 标签信号词及象形图：危险

危险性类别：皮肤腐蚀/刺激，类别 1
严重眼损伤/眼刺激，类别 1

主要危险性及次要危险性：第 8 类危险物——
腐蚀性物质

联合国编号（UN No.）：1833

正式运输名称：亚硫酸

包装类别：Ⅱ

2451 亚硫酸氢铵

别名：酸式亚硫酸铵

英文名：ammonium hydrogensulfite；ammonium bisulfite；ammonium acid sulfite

CAS 号：10192-30-0

GHS 标签信号词及象形图：警告

危险性类别：皮肤腐蚀/刺激，类别2

　　严重眼损伤/眼刺激，类别2

主要危险性及次要危险性：—

联合国编号（UN No.）：非危

正式运输名称：—

包装类别：—

2452　亚硫酸氢钙

别名：酸式亚硫酸钙

英文名：calcium hydrogensulphite; calcium bisulfite; calcium acid sulfite

CAS号：13780-03-5

GHS标签信号词及象形图：警告

危险性类别：皮肤腐蚀/刺激，类别2

　　严重眼损伤/眼刺激，类别2

主要危险性及次要危险性：—

联合国编号（UN No.）：非危

正式运输名称：—

包装类别：—

2453　亚硫酸氢钾

别名：酸式亚硫酸钾

英文名：potassium hydrogen sulphite; potassium bisulfite; potassium acid sulfite

CAS号：7773-03-7

GHS标签信号词及象形图：警告

危险性类别：皮肤腐蚀/刺激，类别2

　　严重眼损伤/眼刺激，类别2

主要危险性及次要危险性：—

联合国编号（UN No.）：非危

正式运输名称：—

包装类别：—

2454　亚硫酸氢镁

别名：酸式亚硫酸镁

英文名：magnesiumdihydrogensulfit; magnesium bisulfite; magnesium acid sulfite

CAS号：13774-25-9

GHS标签信号词及象形图：警告

危险性类别：皮肤腐蚀/刺激，类别2

　　严重眼损伤/眼刺激，类别2

主要危险性及次要危险性：—

联合国编号（UN No.）：非危

正式运输名称：—

包装类别：—

2455　亚硫酸氢钠

别名：酸式亚硫酸钠

英文名：sodium hydrogensulphite solution; sodium bisulphite solution; sodium acid sulfite solution

CAS号：7631-90-5

GHS标签信号词及象形图：警告

危险性类别：皮肤腐蚀/刺激，类别2

　　严重眼损伤/眼刺激，类别2

主要危险性及次要危险性：—

联合国编号（UN No.）：非危

正式运输名称：—

包装类别：—

2456　亚硫酸氢锌

别名：酸式亚硫酸锌

英文名：zinc hydrogen sulphite; zinc bisulfite; zinc acid sulfite

CAS号：15457-98-4

GHS标签信号词及象形图：警告

危险性类别：皮肤腐蚀/刺激，类别2

严重眼损伤/眼刺激，类别2

主要危险性及次要危险性：—

联合国编号（UN No.）：非危

正式运输名称：—

包装类别：—

2457　亚氯酸钙

别名：—

英文名：calcium chlorite

CAS号：14674-72-7

GHS标签信号词及象形图：危险

危险性类别：氧化性固体，类别2

主要危险性及次要危险性：第 5.1 项 危 险物——氧化性物质

联合国编号（UN No.）：1453

正式运输名称：亚氯酸钙

包装类别：Ⅱ

2458　亚氯酸钠

别名：—

英文名：sodium chlorite

CAS号：7758-19-2

GHS标签信号词及象形图：危险

危险性类别：氧化性固体，类别2

急性毒性-经口，类别3

急性毒性-经皮，类别2

急性毒性-吸入，类别2

皮肤腐蚀/刺激，类别2

严重眼损伤/眼刺激，类别2

生殖细胞致突变性，类别2

特异性靶器官毒性-一次接触，类别2

特异性靶器官毒性-反复接触，类别2

危害水生环境-急性危害，类别1

主要危险性及次要危险性：第 5.1 项 危 险物——氧化性物质

联合国编号（UN No.）：1496

正式运输名称：亚氯酸钠

包装类别：Ⅱ

亚氯酸钠溶液（含有效氯＞5%）

别名：—

英文名：sodium chlorite solution（containing more than 5% available chlorine）

CAS号：7758-19-2

GHS标签信号词及象形图：危险

危险性类别：急性毒性-经口，类别3

急性毒性-经皮，类别2

急性毒性-吸入，类别2

皮肤腐蚀/刺激，类别1

严重眼损伤/眼刺激，类别1

特异性靶器官毒性-一次接触，类别2

特异性靶器官毒性-反复接触，类别2

危害水生环境-急性危害，类别1

主要危险性及次要危险性：第8类危险物——腐蚀性物质

联合国编号（UN No.）：1908

正式运输名称：亚氯酸盐溶液

包装类别：Ⅰ/Ⅱ△

2459　亚砷酸钡

别名：—

英文名：barium arsenite

CAS号：125687-68-5

GHS标签信号词及象形图：危险

危险性类别：急性毒性-经口，类别3*

急性毒性-吸入，类别3*

致癌性，类别1A

危害水生环境-急性危害，类别1

危害水生环境-长期危害，类别1

主要危险性及次要危险性： 第 6.1 项 危 险 物——毒性物质

联合国编号（UN No.）： 1557/3288△

正式运输名称： 固态砷化合物，未另作规定 的/无机毒性固体，未另作规定的△

包装类别： Ⅲ

2460　亚砷酸钙

别名： 亚砒酸钙

英文名： calcium arsenite

CAS号： 27152-57-4

GHS标签信号词及象形图： 危险

危险性类别： 急性毒性-经口，类别1

严重眼损伤/眼刺激，类别2

致癌性，类别1A

生殖毒性，类别2

特异性靶器官毒性-一次接触，类别1

特异性靶器官毒性-反复接触，类别1

危害水生环境-急性危害，类别1

危害水生环境-长期危害，类别1

主要危险性及次要危险性： 第 6.1 项 危 险 物——毒性物质

联合国编号（UN No.）： 1574

正式运输名称： 固态砷酸钙和亚砷酸钙混 合物

包装类别： Ⅱ

2461　亚砷酸钾

别名： 偏亚砷酸钾

英文名： potassium arsenite

CAS号： 10124-50-2

GHS标签信号词及象形图： 危险

危险性类别： 急性毒性-经口，类别2

急性毒性-经皮，类别2

严重眼损伤/眼刺激，类别2

生殖细胞致突变性，类别2

致癌性，类别1A

生殖毒性，类别2

特异性靶器官毒性-一次接触，类别1

特异性靶器官毒性-反复接触，类别1

危害水生环境-急性危害，类别1

危害水生环境-长期危害，类别1

主要危险性及次要危险性： 第 6.1 项 危 险 物——毒性物质

联合国编号（UN No.）： 1678

正式运输名称： 亚砷酸钾

包装类别： Ⅱ

2462　亚砷酸钠

别名： 偏亚砷酸钠

英文名： sodium meta-arsenite

CAS号： 7784-46-5

GHS标签信号词及象形图： 危险

危险性类别： 急性毒性-经口，类别2

急性毒性-经皮，类别2

严重眼损伤/眼刺激，类别2

生殖细胞致突变性，类别2

致癌性，类别1A

生殖毒性，类别2

特异性靶器官毒性-一次接触，类别1

特异性靶器官毒性-反复接触，类别1

危害水生环境-急性危害，类别1

危害水生环境-长期危害，类别1

主要危险性及次要危险性： 第 6.1 项 危 险 物——毒性物质

联合国编号（UN No.）： 2027

正式运输名称： 固态亚砷酸钠

包装类别： Ⅱ

亚砷酸钠水溶液

别名： —

英文名： sodium arsenite, aqueous solution

CAS 号：7784-46-5

GHS 标签信号词及象形图：危险

危险性类别：急性毒性-经口，类别 2
急性毒性-经皮，类别 2
严重眼损伤/眼刺激，类别 2
生殖细胞致突变性，类别 2
致癌性，类别 1A
生殖毒性，类别 2
特异性靶器官毒性-一次接触，类别 1
特异性靶器官毒性-反复接触，类别 1
危害水生环境-急性危害，类别 1
危害水生环境-长期危害，类别 1

主要危险性及次要危险性：第 6.1 项危险物——毒性物质

联合国编号（UN No.）：1686

正式运输名称：亚砷酸钠水溶液

包装类别：Ⅱ

2463 亚砷酸铅

别名：—

英文名：lead arsenite

CAS 号：10031-13-7

GHS 标签信号词及象形图：危险

危险性类别：急性毒性-经口，类别 3 *
急性毒性-吸入，类别 3 *
严重眼损伤/眼刺激，类别 2
致癌性，类别 1A
生殖毒性，类别 2
特异性靶器官毒性-一次接触，类别 1
特异性靶器官毒性-反复接触，类别 1
危害水生环境-急性危害，类别 1
危害水生环境-长期危害，类别 1

主要危险性及次要危险性：第 6.1 项危险物——毒性物质

联合国编号（UN No.）：1618

正式运输名称：亚砷酸铅

包装类别：Ⅱ

2464 亚砷酸锶

别名：原亚砷酸锶

英文名：strontium arsenite；strontium ortho-arsenite

CAS 号：91724-16-2

GHS 标签信号词及象形图：危险

危险性类别：急性毒性-经口，类别 3 *
急性毒性-吸入，类别 3 *
致癌性，类别 1A
危害水生环境-急性危害，类别 1
危害水生环境-长期危害，类别 1

主要危险性及次要危险性：第 6.1 项危险物——毒性物质

联合国编号（UN No.）：1691

正式运输名称：亚砷酸锶

包装类别：Ⅱ

2465 亚砷酸锑

别名：—

英文名：antimony arsenite

CAS 号：—

GHS 标签信号词及象形图：危险

危险性类别：急性毒性-经口，类别 3 *
急性毒性-吸入，类别 3 *
致癌性，类别 1A
危害水生环境-急性危害，类别 1
危害水生环境-长期危害，类别 1

主要危险性及次要危险性：第 6.1 项危险物——毒性物质

联合国编号（UN No.）：3288

正式运输名称：无机毒性固体，未另作规定的

包装类别：Ⅲ

2466　亚砷酸铁

别名：—

英文名：ferric arsenite

CAS 号：63989-69-5

GHS 标签信号词及象形图：危险

危险性类别：急性毒性-经口，类别 3 *

急性毒性-吸入，类别 3 *

致癌性，类别 1A

危害水生环境-急性危害，类别 1

危害水生环境-长期危害，类别 1

主要危险性及次要危险性：第 6.1 项危险物——毒性物质

联合国编号（UN No.）：1607

正式运输名称：亚砷酸铁

包装类别：Ⅱ

2467　亚砷酸铜

别名：亚砷酸氢铜

英文名：copper arsenite；cupric arsenite

CAS 号：10290-12-7

GHS 标签信号词及象形图：危险

危险性类别：急性毒性-经口，类别 3 *

急性毒性-吸入，类别 3 *

致癌性，类别 1A

危害水生环境-急性危害，类别 1

危害水生环境-长期危害，类别 1

主要危险性及次要危险性：第 6.1 项危险物——毒性物质

联合国编号（UN No.）：1586

正式运输名称：亚砷酸铜

包装类别：Ⅱ

2468　亚砷酸锌

别名：—

英文名：zinc arsenite

CAS 号：10326-24-6

GHS 标签信号词及象形图：危险

危险性类别：急性毒性-经口，类别 3 *

急性毒性-吸入，类别 3 *

致癌性，类别 1A

危害水生环境-急性危害，类别 1

危害水生环境-长期危害，类别 1

主要危险性及次要危险性：第 6.1 项危险物——毒性物质

联合国编号（UN No.）：1712

正式运输名称：亚砷酸锌

包装类别：Ⅱ

2469　亚砷酸银

别名：原亚砷酸银

英文名：silver arsenite；silver ortho-arsenite

CAS 号：7784-08-9

GHS 标签信号词及象形图：危险

危险性类别：急性毒性-经口，类别 3 *

急性毒性-吸入，类别 3 *

致癌性，类别 1A

危害水生环境-急性危害，类别 1

危害水生环境-长期危害，类别 1

主要危险性及次要危险性：第 6.1 项危险物——毒性物质

联合国编号（UN No.）：1683

正式运输名称：亚砷酸银

包装类别：Ⅱ

2470　亚硒酸

别名：—

英文名：selenious acid

CAS 号：7783-00-8

GHS 标签信号词及象形图：危险

危险性类别：急性毒性-经口，类别3
急性毒性-吸入，类别3
皮肤腐蚀/刺激，类别1
严重眼损伤/眼刺激，类别1
特异性靶器官毒性-反复接触，类别1
危害水生环境-急性危害，类别1
危害水生环境-长期危害，类别1
主要危险性及次要危险性：第8类危险物——
腐蚀性物质；第6.1项危险物——毒性
物质
联合国编号（UN No.）：2923
正式运输名称：腐蚀性固体，毒性，未另作
规定的
包装类别：Ⅲ

2471 亚硒酸钡

别名：—
英文名：barium selenite
CAS号：13718-59-7
GHS标签信号词及象形图：警告

危险性类别：严重眼损伤/眼刺激，类别2
特异性靶器官毒性-一次接触，类别3（呼
吸道刺激）
危害水生环境-急性危害，类别1
危害水生环境-长期危害，类别1
主要危险性及次要危险性：第6.1项危险
物——毒性物质/第9类危险物——杂项危
险物质和物品△
联合国编号（UN No.）：2630/3077△
正式运输名称：亚硒酸盐/对环境有害的固态
物质，未另作规定的△
包装类别：Ⅰ/Ⅲ△

2472 亚硒酸钙

别名：—
英文名：calcium selenite

CAS号：13780-18-2
GHS标签信号词及象形图：危险

危险性类别：急性毒性-经口，类别3*
急性毒性-吸入，类别3*
特异性靶器官毒性-反复接触，类别2
危害水生环境-急性危害，类别1
危害水生环境-长期危害，类别1
主要危险性及次要危险性：第6.1项危险
物——毒性物质
联合国编号（UN No.）：2630/3288△
正式运输名称：亚硒酸盐/无机毒性固体，未
另作规定的△
包装类别：Ⅰ/Ⅲ△

2473 亚硒酸钾

别名：—
英文名：potassium selenite
CAS号：10431-47-7
GHS标签信号词及象形图：危险

危险性类别：急性毒性-经口，类别3*
急性毒性-吸入，类别3*
特异性靶器官毒性-反复接触，类别2
危害水生环境-急性危害，类别1
危害水生环境-长期危害，类别1
主要危险性及次要危险性：第6.1项危险
物——毒性物质
联合国编号（UN No.）：2630/3288△
正式运输名称：亚硒酸盐/无机毒性固体，未
另作规定的△
包装类别：Ⅰ/Ⅲ△

2474 亚硒酸铝

别名：—
英文名：aluminium selenite
CAS号：20960-77-4

GHS 标签信号词及象形图：危险

危险性类别：急性毒性-经口，类别 3 *
  急性毒性-吸入，类别 3 *
  特异性靶器官毒性-反复接触，类别 2
  危害水生环境-急性危害，类别 1
  危害水生环境-长期危害，类别 1
主要危险性及次要危险性：第 6.1 项 危 险
  物——毒性物质
联合国编号（UN No.）：2630/3288△
正式运输名称：亚硒酸盐/无机毒性固体，未
  另作规定的△
包装类别：Ⅰ/Ⅲ△

2475   亚硒酸镁

别名：—
英文名：magnesium selenite
CAS 号：15593-61-0
GHS 标签信号词及象形图：危险

危险性类别：急性毒性-经口，类别 3 *
  急性毒性-吸入，类别 3 *
  特异性靶器官毒性-反复接触，类别 2
  危害水生环境-急性危害，类别 1
  危害水生环境-长期危害，类别 1
主要危险性及次要危险性：第 6.1 项 危 险
  物——毒性物质
联合国编号（UN No.）：2630/3288△
正式运输名称：亚硒酸盐/无机毒性固体，未
  另作规定的△
包装类别：Ⅰ/Ⅲ△

2476   亚硒酸钠

别名：亚硒酸二钠
英文名：sodium selenite；disodium selenite
CAS 号：10102-18-8
GHS 标签信号词及象形图：危险

危险性类别：急性毒性-经口，类别 2 *
  急性毒性-吸入，类别 3 *
  皮肤致敏物，类别 1
  危害水生环境-急性危害，类别 2
  危害水生环境-长期危害，类别 2
主要危险性及次要危险性：第 6.1 项 危 险
  物——毒性物质
联合国编号（UN No.）：2630/3288△
正式运输名称：亚硒酸盐/无机毒性固体，未
  另作规定的△
包装类别：Ⅰ/Ⅱ△

2477   亚硒酸氢钠

别名：重亚硒酸钠
英文名：sodium biselenite；sodium hydrogen
  selenite
CAS 号：7782-82-3
GHS 标签信号词及象形图：危险

危险性类别：急性毒性-经口，类别 1
  急性毒性-吸入，类别 3 *
  特异性靶器官毒性-反复接触，类别 2
  危害水生环境-急性危害，类别 1
  危害水生环境-长期危害，类别 1
主要危险性及次要危险性：第 6.1 项 危 险
  物——毒性物质
联合国编号（UN No.）：2630/3288△
正式运输名称：亚硒酸盐/无机毒性固体，未
  另作规定的△
包装类别：Ⅰ

2478   亚硒酸铈

别名：—
英文名：cerium selenite
CAS 号：15586-47-7
GHS 标签信号词及象形图：危险

危险性类别：急性毒性-经口，类别 3 *

急性毒性-吸入，类别 3 *

特异性靶器官毒性-反复接触，类别 2

危害水生环境-急性危害，类别 1

危害水生环境-长期危害，类别 1

主要危险性及次要危险性：第 6.1 项 危险物——毒性物质

联合国编号（UN No.）：2630/3288△

正式运输名称：亚硒酸盐/无机毒性固体，未另作规定的△

包装类别：Ⅰ/Ⅲ△

2479 亚硒酸铜

别名：—

英文名：cupric selenite

CAS 号：15168-20-4

GHS 标签信号词及象形图：危险

危险性类别：急性毒性-经口，类别 3 *

急性毒性-吸入，类别 3 *

特异性靶器官毒性-反复接触，类别 2

危害水生环境-急性危害，类别 1

危害水生环境-长期危害，类别 1

主要危险性及次要危险性：第 6.1 项 危险物——毒性物质

联合国编号（UN No.）：2630/3288△

正式运输名称：亚硒酸盐/无机毒性固体，未另作规定的△

包装类别：Ⅰ/Ⅲ△

2480 亚硒酸银

别名：—

英文名：silver selenite

CAS 号：28041-84-1

GHS 标签信号词及象形图：危险

危险性类别：急性毒性-经口，类别 3 *

急性毒性-吸入，类别 3 *

特异性靶器官毒性-反复接触，类别 2

危害水生环境-急性危害，类别 1

危害水生环境-长期危害，类别 1

主要危险性及次要危险性：第 6.1 项 危险物——毒性物质

联合国编号（UN No.）：2630/3288△

正式运输名称：亚硒酸盐/无机毒性固体，未另作规定的△

包装类别：Ⅰ/Ⅲ△

2481   4-亚硝基-N,N-二甲基苯胺

别名：对亚硝基二甲基苯胺；N,N-二甲基-4-亚硝基苯胺

英文名：4-nitroso-N,N-dimethylaniline；p-nitrosodimethylaniline；N,N-dimethyl-4-nitrosoaniline

CAS 号：138-89-6

GHS 标签信号词及象形图：危险

危险性类别：自热物质和混合物，类别 1

皮肤腐蚀/刺激，类别 2

主要危险性及次要危险性：第 4.2 项 危险物——易于自燃的物质

联合国编号（UN No.）：1369

正式运输名称：对亚硝基二甲基苯胺

包装类别：Ⅱ

2482   4-亚硝基-N,N-二乙基苯胺

别名：对亚硝基二乙基苯胺；N,N-二乙基-4-亚硝基苯胺

英文名：4-nitroso-N,N-diethylaniline；p-nitroso-N,N-diethylaniline；N,N-diethyl-4-nitrosoaniline

CAS 号：120-22-9

GHS 标签信号词及象形图：危险

危险性类别：自热物质和混合物，类别 1

主要危险性及次要危险性：第 4.2 项危险物——易于自燃的物质

联合国编号（UN No.）：3088

正式运输名称：有机自热固体，未另作规定的

包装类别：Ⅱ

2483　　4-亚硝基苯酚

别名：对亚硝基苯酚

英文名：4-nitrosophenol；p-nitrosophenol

CAS 号：104-91-6

GHS 标签信号词及象形图：危险

危险性类别：易燃固体，类别 1

严重眼损伤/眼刺激，类别 1

生殖细胞致突变性，类别 2

危害水生环境-急性危害，类别 2

危害水生环境-长期危害，类别 2

主要危险性及次要危险性：第 4.1 项危险物——易燃固体

联合国编号（UN No.）：1325

正式运输名称：有机易燃固体，未另作规定的

包装类别：Ⅱ

2484　　N-亚硝基二苯胺

别名：二苯亚硝胺

英文名：N-nitrosodiphenylamine；diphenylnitrosamin

CAS 号：86-30-6

GHS 标签信号词及象形图：警告

危险性类别：皮肤腐蚀/刺激，类别 2

严重眼损伤/眼刺激，类别 2B

特异性靶器官毒性-一次接触，类别 2

特异性靶器官毒性-反复接触，类别 2

危害水生环境-急性危害，类别 2

危害水生环境-长期危害，类别 2

主要危险性及次要危险性：第 9 类危险物——杂项危险物质和物品

联合国编号（UN No.）：3077

正式运输名称：对环境有害的固态物质，未另作规定的

包装类别：Ⅲ

2485　　N-亚硝基二甲胺

别名：二甲基亚硝胺

英文名：N-nitrosodimethylamine；dimethylnitrosoamine

CAS 号：62-75-9

GHS 标签信号词及象形图：危险

危险性类别：急性毒性-经口，类别 3 *

急性毒性-吸入，类别 2 *

致癌性，类别 1B

特异性靶器官毒性-反复接触，类别 1

危害水生环境-急性危害，类别 2

危害水生环境-长期危害，类别 2

主要危险性及次要危险性：第 6.1 项危险物——毒性物质

联合国编号（UN No.）：2810

正式运输名称：有机毒性液体，未另作规定的

包装类别：Ⅱ

2486　　亚硝基硫酸

别名：亚硝酰硫酸

英文名：nitrosylsulphuric acid；nitrososulfuric acid

CAS 号：7782-78-7

GHS 标签信号词及象形图：危险

危险性类别：皮肤腐蚀/刺激，类别1A
严重眼损伤/眼刺激，类别1
主要危险性及次要危险性：第8类危险物——
腐蚀性物质
联合国编号（UN No.）：2308
正式运输名称：液态亚硝基硫酸
包装类别：Ⅱ

2487 亚硝酸铵

别名：—
英文名：ammonium nitrite
CAS号：13446-48-5
GHS标签信号词及象形图：危险

危险性类别：氧化性固体，类别2
主要危险性及次要危险性：第5.1项危险
物——氧化性物质
联合国编号（UN No.）：2627
正式运输名称：无机亚硝酸盐，未另作规
定的
包装类别：Ⅱ

2488 亚硝酸钡

别名：—
英文名：barium nitrite
CAS号：13465-94-6
GHS标签信号词及象形图：警告

危险性类别：氧化性固体，类别3
主要危险性及次要危险性：第5.1项危险
物——氧化性物质
联合国编号（UN No.）：2627
正式运输名称：无机亚硝酸盐，未另作规
定的

包装类别：Ⅲ

2489 亚硝酸钙

别名：—
英文名：calcium nitrite
CAS号：13780-06-8
GHS标签信号词及象形图：警告

危险性类别：氧化性固体，类别3
主要危险性及次要危险性：第5.1项危险
物——氧化性物质
联合国编号（UN No.）：2627
正式运输名称：无机亚硝酸盐，未另作规
定的
包装类别：Ⅱ

2490 亚硝酸甲酯

别名：—
英文名：methyl nitrite
CAS号：624-91-9
GHS标签信号词及象形图：危险

危险性类别：易燃气体，类别2
加压气体
急性毒性-吸入，类别2
特异性靶器官毒性-一次接触，类别1
主要危险性及次要危险性：第2.2类危险
物——非易燃无毒气体
联合国编号（UN No.）：2455
正式运输名称：亚硝酸甲酯
包装类别：不适用

2491 亚硝酸钾

别名：—
英文名：potassium nitrite
CAS号：7758-09-0
GHS标签信号词及象形图：危险

危险性类别：氧化性固体，类别 2
　　急性毒性-经口，类别 3 *
　　危害水生环境-急性危害，类别 1
主要危险性及次要危险性：第 5.1 项危险
　　物——氧化性物质
联合国编号（UN No.）：1488
正式运输名称：亚硝酸钾
包装类别：Ⅱ

2492　亚硝酸钠

别名：—
英文名：sodium nitrite
CAS 号：7632-00-0
GHS 标签信号词及象形图：危险

危险性类别：氧化性固体，类别 3
　　急性毒性-经口，类别 3 *
　　危害水生环境-急性危害，类别 1
主要危险性及次要危险性：第 5.1 项危险
　　物——氧化性物质；第 6.1 项危险物——
　　毒性物质
联合国编号（UN No.）：1500
正式运输名称：亚硝酸钠
包装类别：Ⅲ

2493　亚硝酸镍

别名：—
英文名：nickel nitrite
CAS 号：17861-62-0
GHS 标签信号词及象形图：危险

危险性类别：氧化性固体，类别 3
　　致癌性，类别 1A
　　危害水生环境-急性危害，类别 1

危害水生环境-长期危害，类别 1
主要危险性及次要危险性：第 5.1 项危险
　　物——氧化性物质
联合国编号（UN No.）：2726
正式运输名称：亚硝酸镍
包装类别：Ⅲ

2494　亚硝酸锌铵

别名：—
英文名：zinc ammonium nitrite
CAS 号：63885-01-8
GHS 标签信号词及象形图：危险

危险性类别：氧化性固体，类别 2
主要危险性及次要危险性：第 5.1 项危险
　　物——氧化性物质
联合国编号（UN No.）：1512
正式运输名称：亚硝酸锌铵
包装类别：Ⅱ

2495　亚硝酸乙酯

别名：—
英文名：ethyl nitrite；nitrosyl ethoxide
CAS 号：109-95-5
GHS 标签信号词及象形图：危险

危险性类别：易燃气体，类别 1
　　加压气体
　　急性毒性-吸入，类别 2
主要危险性及次要危险性：第 3 类危险物——
　　易燃液体；第 6.1 项危险物——毒性物质
联合国编号（UN No.）：1194
正式运输名称：亚硝酸乙酯溶液
包装类别：Ⅰ

2496　亚硝酸乙酯醇溶液

别名：—
英文名：ethyl nitrite，alcoholic solution

CAS 号：—

GHS 标签信号词及象形图：危险

危险性类别：易燃液体，类别 1

急性毒性-吸入，类别 2

主要危险性及次要危险性：第 3 类危险物——
易燃液体；第 6.1 项危险物——毒性物质

联合国编号（UN No.）：1194

正式运输名称：亚硝酸乙酯溶液

包装类别：Ⅰ

2497　亚硝酸异丙酯

别名：—

英文名：isopropyl nitrite

CAS 号：541-42-4

GHS 标签信号词及象形图：危险

危险性类别：易燃液体，类别 2

急性毒性-吸入，类别 2

特异性靶器官毒性-一次接触，类别 1

主要危险性及次要危险性：第 3 类危险物——
易燃液体；第 6.1 项危险物——毒性物质

联合国编号（UN No.）：1992

正式运输名称：易燃液体，毒性，未另作规
定的

包装类别：Ⅱ

2498　亚硝酸异丁酯

别名：—

英文名：isobutyl nitrite

CAS 号：542-56-3

GHS 标签信号词及象形图：危险

危险性类别：易燃液体，类别 2

生殖细胞致突变性，类别 2

主要危险性及次要危险性：第 3 类危险物——
易燃液体

联合国编号（UN No.）：2351

正式运输名称：亚硝酸丁酯

包装类别：Ⅱ

2499　亚硝酸异戊酯

别名：—

英文名：amyl nitrite，mixed isomers

CAS 号：110-46-3

GHS 标签信号词及象形图：危险

危险性类别：易燃液体，类别 2

主要危险性及次要危险性：第 3 类危险物——
易燃液体

联合国编号（UN No.）：1113

正式运输名称：亚硝酸戊酯

包装类别：Ⅱ

2500　亚硝酸正丙酯

别名：—

英文名：n-propyl nitrite

CAS 号：543-67-9

GHS 标签信号词及象形图：危险

危险性类别：易燃液体，类别 2

急性毒性-吸入，类别 2

主要危险性及次要危险性：第 3 类危险物——
易燃液体；第 6.1 项危险物——毒性物质

联合国编号（UN No.）：1992

正式运输名称：易燃液体，毒性，未另作规
定的

包装类别：Ⅱ

2501　亚硝酸正丁酯

别名：亚硝酸丁酯

英文名：butyl nitrite

CAS 号：544-16-1

GHS 标签信号词及象形图：危险

危险性类别：易燃液体，类别 2
急性毒性-经口，类别 3*
急性毒性-吸入，类别 3*
主要危险性及次要危险性：第 3 类危险物——
易燃液体
联合国编号（UN No.）：2351
正式运输名称：亚硝酸丁酯
包装类别：Ⅱ

2502　亚硝酸正戊酯

别名：亚硝酸戊酯
英文名：pentyl nitrite
CAS 号：463-04-7
GHS 标签信号词及象形图：危险

危险性类别：易燃液体，类别 2
主要危险性及次要危险性：第 3 类危险物——
易燃液体
联合国编号（UN No.）：1113
正式运输名称：亚硝酸戊酯
包装类别：Ⅱ

2503　亚硝酰氯

别名：氯化亚硝酰
英文名：nitrogen oxychloride；nitrosyl chloride
CAS 号：2696-92-6
GHS 标签信号词及象形图：危险

危险性类别：加压气体
急性毒性-吸入，类别 3*
皮肤腐蚀/刺激，类别 1
严重眼损伤/眼刺激，类别 1

主要危险性及次要危险性：第 2.3 类危险
物——毒性气体；第 8 类危险物——腐蚀
性物质
联合国编号（UN No.）：1069
正式运输名称：氯化亚硝酰
包装类别：不适用

2504　1,2-亚乙基双二硫代氨基甲酸二钠

别名：代森钠
英文名：nabam；disodium ethylenebis（N，
N'-dithiocarbamate）；nabame
CAS 号：142-59-6
GHS 标签信号词及象形图：警告

危险性类别：皮肤致敏物，类别 1
特异性靶器官毒性-一次接触，类别 3（呼
吸道刺激）
危害水生环境-急性危害，类别 1
危害水生环境-长期危害，类别 1
主要危险性及次要危险性：第 9 类危险物——
杂项危险物质和物品
联合国编号（UN No.）：3077
正式运输名称：对环境有害的固态物质，未
另作规定的
包装类别：Ⅲ

2505　氩（压缩的或液化的）

别名：—
英文名：argon，compressed or liquefied
CAS 号：7440-37-1
GHS 标签信号词及象形图：警告

危险性类别：加压气体
主要危险性及次要危险性：第 2.2 类危险
物——非易燃无毒气体
联合国编号（UN No.）：1006
正式运输名称：压缩氩
包装类别：不适用

2506　烟碱氯化氢

别名：烟碱盐酸盐

英文名：nicotine hydrochloride；hydrochloric acid nicotine

CAS 号：2820-51-1

GHS 标签信号词及象形图：危险

危险性类别：急性毒性-经口，类别 2*

急性毒性-经皮，类别 1

急性毒性-吸入，类别 2*

危害水生环境-急性危害，类别 2

危害水生环境-长期危害，类别 2

主要危险性及次要危险性：第 6.1 项危险物——毒性物质

联合国编号（UN No.）：1656/3444△

正式运输名称：液态盐酸烟碱/固态盐酸烟碱△

包装类别：Ⅱ

2507　盐酸

别名：氢氯酸

英文名：hydrochloric acid；muriatic acid；muriatic acid

CAS 号：7647-01-0

GHS 标签信号词及象形图：危险

危险性类别：皮肤腐蚀/刺激，类别 1B

严重眼损伤/眼刺激，类别 1

特异性靶器官毒性-一次接触，类别 3（呼吸道刺激）

危害水生环境-急性危害，类别 2

主要危险性及次要危险性：第 8 类危险物——腐蚀性物质

联合国编号（UN No.）：1789

正式运输名称：氢氯酸

包装类别：Ⅱ

2508　盐酸-1-萘胺

别名：α-萘胺盐酸

英文名：1-naphthylamine hydrochloride；α-naphthylamine hydrochloride

CAS 号：552-46-5

GHS 标签信号词及象形图：无

危险性类别：危害水生环境-急性危害，类别 2

危害水生环境-长期危害，类别 2

主要危险性及次要危险性：第 9 类危险物——杂项危险物质和物品

联合国编号（UN No.）：3077

正式运输名称：对环境有害的固态物质，未另作规定的

包装类别：Ⅲ

2509　盐酸-1-萘乙二胺

别名：α-萘乙二胺盐酸

英文名：N-(1-naphthyl) ethylenediamine di-hydrochloride；N-(α-naphthyl) ethylene di-amine di-hydrochloride

CAS 号：1465-25-4

GHS 标签信号词及象形图：警告

危险性类别：皮肤腐蚀/刺激，类别 2

严重眼损伤/眼刺激，类别 2

特异性靶器官毒性-一次接触，类别 3（呼吸道刺激）

主要危险性及次要危险性：—

联合国编号（UN No.）：非危

正式运输名称：—

包装类别：—

2510　盐酸-2-氨基酚

别名：盐酸邻氨基酚

英文名：2-aminophenol hydrochloride；o-aminophenol hydrochloride

CAS 号： 51-19-4

GHS 标签信号词及象形图： 警告

危险性类别： 皮肤腐蚀/刺激，类别 2
严重眼损伤/眼刺激，类别 2
特异性靶器官毒性-一次接触，类别 3（呼吸道刺激）

主要危险性及次要危险性： —

联合国编号（UN No.）： 非危

正式运输名称： —

包装类别： —

2511　盐酸-2-萘胺

别名： β-萘胺盐酸

英文名： 2-naphthylamine hydrochloride；β-naphthylamine hydrochloride

CAS 号： 612-52-2

GHS 标签信号词及象形图： 无

危险性类别： 危害水生环境-急性危害，类别 2
危害水生环境-长期危害，类别 2

主要危险性及次要危险性： 第 9 类危险物——杂项危险物质和物品

联合国编号（UN No.）： 3077

正式运输名称： 对环境有害的固态物质，未另作规定的

包装类别： Ⅲ

2512　盐酸-3,3'-二氨基联苯胺

别名： 3,3'-二氨基联苯胺盐酸；3,4,3',4'-四氨基联苯盐酸；硒试剂

英文名： 3,3'-diaminobenzidine hydrochloride；3,3'4,4'-tetraamindiphenyl tetrahydrochloride

CAS 号： 7411-49-6

GHS 标签信号词及象形图： 警告

危险性类别： 危害水生环境-急性危害，类别 1
危害水生环境-长期危害，类别 1

主要危险性及次要危险性： 第 9 类危险物——杂项危险物质和物品

联合国编号（UN No.）： 3077

正式运输名称： 对环境有害的固态物质，未另作规定的

包装类别： Ⅲ

2513　盐酸-3,3'-二甲基-4,4'-二氨基联苯

别名： 邻二氨基二甲基联苯盐酸；3,3'-二甲基联苯胺盐酸

英文名： 3,3'-dimethyl-4,4'-diamino biphenyl dihydrochloride；o-tolidine dihydrochloride；3,3'-dimethylbenzidine dihydrochlori-de

CAS 号： 612-82-8

GHS 标签信号词及象形图： 危险

危险性类别： 特异性靶器官毒性-一次接触，类别 3（呼吸道刺激）
特异性靶器官毒性-反复接触，类别 1
危害水生环境-急性危害，类别 2
危害水生环境-长期危害，类别 2

主要危险性及次要危险性： 第 9 类危险物——杂项危险物质和物品

联合国编号（UN No.）： 3077

正式运输名称： 对环境有害的固态物质，未另作规定的

包装类别： Ⅲ

2514　盐酸-3,3'-二甲氧基-4,4'-二氨基联苯

别名： 邻联二茴香胺盐酸；3,3'-二甲氧基联苯胺盐酸

英文名： 3,3'-dimethoxy-4,4'-diaminodiphenyl

dihydrochloride；3,3'-dimethoxybenzidine dihydrochloride

CAS 号：20325-40-0

GHS 标签信号词及象形图：危险

危险性类别：皮肤腐蚀/刺激，类别 1A
严重眼损伤/眼刺激，类别 1
致癌性，类别 1B

主要危险性及次要危险性：第 8 类危险物——腐蚀性物质

联合国编号（UN No.）：1759

正式运输名称：腐蚀性固体，未另作规定的

包装类别：Ⅰ

2515 盐酸-3,3'-二氯联苯胺

别名：3,3'-二氯联苯胺盐酸

英文名：3,3'-dichlorobenzidine hydrochloride；3,3'-dichloro diamino diphenyl hydrochloride

CAS 号：612-83-9

GHS 标签信号词及象形图：危险

危险性类别：严重眼损伤/眼刺激，类别 1
生殖细胞致突变性，类别 2
致癌性，类别 2
特异性靶器官毒性--一次接触，类别 3（呼吸道刺激）
危害水生环境-急性危害，类别 1
危害水生环境-长期危害，类别 1

主要危险性及次要危险性：第 9 类危险物——杂项危险物质和物品

联合国编号（UN No.）：3077

正式运输名称：对环境有害的固态物质，未另作规定的

包装类别：Ⅲ

2516 盐酸-3-氯苯胺

别名：盐酸间氯苯胺；橙色基 GC

英文名：3-chloroaniline hydrochloride；m-chloro-aniline hydrochloride；fast orange GC base

CAS 号：141-85-5

GHS 标签信号词及象形图：危险

危险性类别：急性毒性-经口，类别 3
急性毒性-经皮，类别 3
急性毒性-吸入，类别 3
皮肤腐蚀/刺激，类别 2
严重眼损伤/眼刺激，类别 2
特异性靶器官毒性--一次接触，类别 3（呼吸道刺激）

主要危险性及次要危险性：第 6.1 项危险物——毒性物质

联合国编号（UN No.）：2811

正式运输名称：有机毒性固体，未另作规定的

包装类别：Ⅲ

2517 盐酸-4,4'-二氨基联苯

别名：盐酸联苯胺；联苯胺盐酸

英文名：4,4'-diaminodiphenyl dihydrochloride；benzidine dihydrochloride；p,p'-diaminodiphenyldihydrochloride

CAS 号：531-85-1

GHS 标签信号词及象形图：警告

危险性类别：危害水生环境-急性危害，类别 1
危害水生环境-长期危害，类别 1

主要危险性及次要危险性：第 9 类危险物——杂项危险物质和物品

联合国编号（UN No.）：3077

正式运输名称：对环境有害的固态物质，未另作规定的

包装类别：Ⅲ

2518 盐酸-4-氨基-N,N-二乙基苯胺

别名：N,N-二乙基对苯二胺盐酸；对氨基-

N,N-二乙基苯胺盐酸

英文名：4-amino-N,N-diethylaniline dihydrochloride；N,N-diethyl-p-phenylenediaminedihydrochloride；p-amino-N,N-diethylaniline dihydrochloride

CAS 号：16713-15-8

GHS 标签信号词及象形图：危险

危险性类别：急性毒性-经口，类别 3
急性毒性-经皮，类别 3
急性毒性-吸入，类别 3

主要危险性及次要危险性：第 6.1 项危险物——毒性物质

联合国编号（UN No.）：2811

正式运输名称：有机毒性固体，未另作规定的

包装类别：Ⅲ

2519   盐酸-4-氨基酚

别名：盐酸对氨基酚

英文名：4-aminophenol hydrochloride；p-aminophenol hydrochloride

CAS 号：51-78-5

GHS 标签信号词及象形图：警告

危险性类别：皮肤腐蚀/刺激，类别 2
严重眼损伤/眼刺激，类别 2
皮肤致敏物，类别 1
特异性靶器官毒性-一次接触，类别 3（呼吸道刺激）

主要危险性及次要危险性：—

联合国编号（UN No.）：非危

正式运输名称：—

包装类别：—

2520   盐酸-4-甲苯胺

别名：对甲苯胺盐酸盐；盐酸-4-甲苯胺

英文名：benzenamine, 4-methyl-, hydrochloride；p-toluidinium chloride

CAS 号：540-23-8

GHS 标签信号词及象形图：危险

危险性类别：急性毒性-经口，类别 3 *
急性毒性-经皮，类别 3 *
急性毒性-吸入，类别 3 *
严重眼损伤/眼刺激，类别 2
皮肤致敏物，类别 1
危害水生环境-急性危害，类别 1

主要危险性及次要危险性：第 6.1 项危险物——毒性物质

联合国编号（UN No.）：2811

正式运输名称：有机毒性固体，未另作规定的

包装类别：Ⅲ

2521   盐酸苯胺

别名：苯胺盐酸盐

英文名：aniline hydrochloride

CAS 号：142-04-1

GHS 标签信号词及象形图：警告

危险性类别：皮肤腐蚀/刺激，类别 2
严重眼损伤/眼刺激，类别 2
生殖细胞致突变性，类别 2
特异性靶器官毒性-一次接触，类别 2
特异性靶器官毒性-反复接触，类别 2
危害水生环境-急性危害，类别 1

主要危险性及次要危险性：第 6.1 项危险物——毒性物质

联合国编号（UN No.）：1548

正式运输名称：盐酸苯胺

包装类别：Ⅲ

2522   盐酸苯肼

别名：苯肼盐酸

英文名：phenylhydrazine hydrochloride

CAS 号：27140-08-5

GHS 标签信号词及象形图：危险

危险性类别：急性毒性-经口，类别 3*
　　急性毒性-经皮，类别 3*
　　急性毒性-吸入，类别 3*
　　皮肤腐蚀/刺激，类别 2
　　严重眼损伤/眼刺激，类别 2
　　皮肤致敏物，类别 1
　　生殖细胞致突变性，类别 2
　　特异性靶器官毒性-反复接触，类别 1
　　危害水生环境-急性危害，类别 1

主要危险性及次要危险性：第 6.1 项危险
　　物——毒性物质

联合国编号（UN No.）：2811

正式运输名称：有机毒性固体，未另作规
　　定的

包装类别：Ⅲ

2523　盐酸邻苯二胺

别名：邻苯二胺二盐酸盐；盐酸邻二氨基苯

英文名：*o*-phenylenediamine dihydrochloride；
　　1,2-phenylenediaminedihydrochloride

CAS 号：615-28-1

GHS 标签信号词及象形图：危险

危险性类别：急性毒性-经口，类别 3*
　　严重眼损伤/眼刺激，类别 2
　　皮肤致敏物，类别 1
　　生殖细胞致突变性，类别 2
　　危害水生环境-急性危害，类别 1
　　危害水生环境-长期危害，类别 1

主要危险性及次要危险性：第 6.1 项危险
　　物——毒性物质

联合国编号（UN No.）：2811

正式运输名称：有机毒性固体，未另作规
　　定的

包装类别：Ⅲ

2524　盐酸间苯二胺

别名：间苯二胺二盐酸盐；盐酸间二氨基苯

英文名：*m*-phenylenediamine dihydrochloride；
　　1,3-phenylenediaminedihydrochloride

CAS 号：541-69-5

GHS 标签信号词及象形图：危险

危险性类别：急性毒性-经口，类别 3*
　　急性毒性-经皮，类别 3*
　　急性毒性-吸入，类别 3*
　　严重眼损伤/眼刺激，类别 2
　　皮肤致敏物，类别 1
　　生殖细胞致突变性，类别 2
　　危害水生环境-急性危害，类别 1
　　危害水生环境-长期危害，类别 1

主要危险性及次要危险性：第 6.1 项危险
　　物——毒性物质

联合国编号（UN No.）：2811

正式运输名称：有机毒性固体，未另作规
　　定的

包装类别：Ⅲ

2525　盐酸对苯二胺

别名：对苯二胺二盐酸盐；盐酸对二氨基苯

英文名：benzene-1,4-diamine dihydrochloride；
　　p-phenylenediamine dihydrochloride；1,4-
　　phenylenediaminedihydrochloride；1,4-dia-
　　minobenzenedihydrochloride

CAS 号：624-18-0

GHS 标签信号词及象形图：危险

危险性类别：急性毒性-经口，类别 3*
　　急性毒性-经皮，类别 3*
　　急性毒性-吸入，类别 3*
　　严重眼损伤/眼刺激，类别 2
　　皮肤致敏物，类别 1
　　危害水生环境-急性危害，类别 1

危害水生环境-长期危害，类别1

主要危险性及次要危险性：第 6.1 项危险物——毒性物质

联合国编号（UN No.）：2811

正式运输名称：有机毒性固体，未另作规定的

包装类别：Ⅲ

2526　盐酸马钱子碱

别名：二甲氧基士的宁盐酸盐

英文名：brucine hydrochloride；dimethoxy strychnine hydrochloride

CAS 号：5786-96-9

GHS 标签信号词及象形图：危险

危险性类别：急性毒性-经口，类别 2 *

急性毒性-吸入，类别 2 *

危害水生环境-长期危害，类别 3

主要危险性及次要危险性：第 6.1 项危险物——毒性物质

联合国编号（UN No.）：2811

正式运输名称：有机毒性固体，未另作规定的

包装类别：Ⅱ

2527　盐酸吐根碱

别名：盐酸依米丁

英文名：emetine，dihydrochloride；amebicide；purum

CAS 号：316-42-7

GHS 标签信号词及象形图：危险

危险性类别：急性毒性-经口，类别 1

主要危险性及次要危险性：第 6.1 项危险物——毒性物质

联合国编号（UN No.）：2811

正式运输名称：有机毒性固体，未另作规定的

包装类别：Ⅰ

2528　氧（压缩的或液化的）

别名：—

英文名：oxygen，compressed or liquefied

CAS 号：7782-44-7

GHS 标签信号词及象形图：危险

危险性类别：氧化性气体，类别 1

加压气体

主要危险性及次要危险性：第 2.2 类危险物——非易燃无毒气体；第 5.1 项危险物——氧化性物质

联合国编号（UN No.）：1072

正式运输名称：压缩氧

包装类别：不适用

2529　氧化钡

别名：一氧化钡

英文名：barium oxide

CAS 号：1304-28-5

GHS 标签信号词及象形图：危险

危险性类别：严重眼损伤/眼刺激，类别 2B

特异性靶器官毒性-一次接触，类别 3（呼吸道刺激）

特异性靶器官毒性-反复接触，类别 1

主要危险性及次要危险性：—

联合国编号（UN No.）：非危

正式运输名称：—

包装类别：—

2530　氧化苯乙烯

别名：环氧乙基苯

英文名：styrene oxide；（epoxyethyl）ben-zene；phenyloxirane

CAS 号：96-09-3

GHS 标签信号词及象形图：危险

危险性类别：严重眼损伤/眼刺激，类别 2

致癌性，类别 1B

危害水生环境-急性危害，类别 2

主要危险性及次要危险性：—

联合国编号（UN No.）：非危

正式运输名称：—

包装类别：—

2531　β，β′-氧化二丙腈

别名：2,2′-二氰二乙基醚；3,3′-氧化二丙腈；双（2-氰乙基）醚

英文名：β,β′-oxydipropionitrile；bis(2-cya-noethyl) ether；3,3′-oxydipropionitrile；2-cyanoethyl ether

CAS 号：1656-48-0

GHS 标签信号词及象形图：警告

危险性类别：皮肤腐蚀/刺激，类别 2

严重眼损伤/眼刺激，类别 2

特异性靶器官毒性-一次接触，类别 3（呼吸道刺激）

主要危险性及次要危险性：—

联合国编号（UN No.）：非危

正式运输名称：—

包装类别：—

2532　氧化镉（非发火的）

别名：—

英文名：cadmium oxide（non-pyrophoric）

CAS 号：1306-19-0

GHS 标签信号词及象形图：危险

危险性类别：急性毒性-吸入，类别 2 *

生殖细胞致突变性，类别 2

致癌性，类别 1A

生殖毒性，类别 2

特异性靶器官毒性-反复接触，类别 1

危害水生环境-急性危害，类别 1

危害水生环境-长期危害，类别 1

主要危险性及次要危险性：第 6.1 项危险物——毒性物质

联合国编号（UN No.）：2570

正式运输名称：镉化合物

包装类别：Ⅱ

2533　氧化汞

别名：一氧化汞；黄降汞；红降汞

英文名：mercury（Ⅱ）oxide；mercury mon-oxide

CAS 号：21908-53-2

GHS 标签信号词及象形图：危险

危险性类别：急性毒性-经口，类别 2

急性毒性-经皮，类别 2

皮肤腐蚀/刺激，类别 2

严重眼损伤/眼刺激，类别 2

皮肤致敏物，类别 1

生殖毒性，类别 1B

特异性靶器官毒性-一次接触，类别 1

特异性靶器官毒性-一次接触，类别 3（呼吸道刺激）

特异性靶器官毒性-反复接触，类别 2

危害水生环境-急性危害，类别 1

危害水生环境-长期危害，类别 1

主要危险性及次要危险性：第 6.1 项危险物——毒性物质

联合国编号（UN No.）：1641

正式运输名称：氧化汞

包装类别：Ⅱ

2534　氧化环己烯

别名：—

英文名：cyclohexene oxide

CAS 号：286-20-4

GHS 标签信号词及象形图：危险

危险性类别： 易燃液体，类别 3
　　急性毒性-经皮，类别 3

主要危险性及次要危险性： 第 3 类危险物——
　　易燃液体；第 6.1 项危险物——毒性物质

联合国编号（UN No.）： 1992

正式运输名称： 易燃液体，毒性，未另作规
　　定的

包装类别： Ⅲ

2535　氧化钾

别名： —

英文名： potassium monoxide

CAS 号： 12136-45-7

GHS 标签信号词及象形图： 危险

危险性类别： 皮肤腐蚀/刺激，类别 1
　　严重眼损伤/眼刺激，类别 1

主要危险性及次要危险性： 第 8 类危险物——
　　腐蚀性物质

联合国编号（UN No.）： 2033

正式运输名称： 氧化钾

包装类别： Ⅱ

2536　氧化钠

别名： —

英文名： sodium monoxide

CAS 号： 1313-59-3

GHS 标签信号词及象形图： 危险

危险性类别： 皮肤腐蚀/刺激，类别 1
　　严重眼损伤/眼刺激，类别 1

主要危险性及次要危险性： 第 8 类危险物——
　　腐蚀性物质

联合国编号（UN No.）： 1825

正式运输名称： 氧化钠

包装类别： Ⅱ

2537　氧化铍

别名： —

英文名： beryllium oxide

CAS 号： 1304-56-9

GHS 标签信号词及象形图： 危险

危险性类别： 急性毒性-经口，类别 3 *
　　急性毒性-吸入，类别 2 *
　　皮肤腐蚀/刺激，类别 2
　　严重眼损伤/眼刺激，类别 2
　　皮肤致敏物，类别 1
　　致癌性，类别 1A
　　特异性靶器官毒性-一次接触，类别 3（呼
　　吸道刺激）
　　特异性靶器官毒性-反复接触，类别 1

主要危险性及次要危险性： 第 6.1 项危险
　　物——毒性物质

联合国编号（UN No.）： 1566

正式运输名称： 铍化合物，未另作规定的

包装类别： Ⅱ

2538　氧化铊

别名： 三氧化二铊

英文名： thallic oxid；thallium trioxide；thal-
　　lium sesquioxide

CAS 号： 1314-32-5

GHS 标签信号词及象形图： 危险

危险性类别： 急性毒性-经口，类别 2
　　急性毒性-吸入，类别 2 *
　　特异性靶器官毒性-反复接触，类别 2 *
　　危害水生环境-急性危害，类别 2
　　危害水生环境-长期危害，类别 2

主要危险性及次要危险性： 第 6.1 项危险

物——毒性物质

联合国编号（UN No.）：1707

正式运输名称：铊化合物，未另作规定的

包装类别：Ⅱ

2539　氧化亚汞

别名：黑降汞

英文名：mercurous oxide

CAS 号：15829-53-5

GHS 标签信号词及象形图：危险

危险性类别：皮肤腐蚀/刺激，类别 2

严重眼损伤/眼刺激，类别 2B

皮肤致敏物，类别 1

生殖细胞致突变性，类别 2

生殖毒性，类别 2

特异性靶器官毒性-一次接触，类别 1

特异性靶器官毒性-反复接触，类别 1

危害水生环境-急性危害，类别 1

危害水生环境-长期危害，类别 1

主要危险性及次要危险性：第 9 类危险物——

杂项危险物质和物品

联合国编号（UN No.）：3077

正式运输名称：对环境有害的固态物质，未

另作规定的

包装类别：Ⅲ

2540　氧化亚铊

别名：一氧化二铊

英文名：thallium monoxide；thallous oxide

CAS 号：1314-12-1

GHS 标签信号词及象形图：危险

危险性类别：急性毒性-经口，类别 2

急性毒性-吸入，类别 2 ＊

特异性靶器官毒性-反复接触，类别 2 ＊

危害水生环境-急性危害，类别 2

危害水生环境-长期危害，类别 2

主要危险性及次要危险性：第 6.1 项危险

物——毒性物质

联合国编号（UN No.）：1707

正式运输名称：铊化合物，未另作规定的

包装类别：Ⅱ

2541　氧化银

别名：—

英文名：silver oxide

CAS 号：20667-12-3

GHS 标签信号词及象形图：危险

危险性类别：氧化性固体，类别 2

严重眼损伤/眼刺激，类别 1

主要危险性及次要危险性：第 5.1 项危险

物——氧化性物质

联合国编号（UN No.）：1479

正式运输名称：氧化性固体，未另作规定的

包装类别：Ⅱ

2542　氧氯化铬

别名：氯化铬酰；二氯氧化铬；铬酰氯

英文名：chromic oxychloride；chlorochromi-

canhydride；chromyl dichloride；chromyl

chloride

CAS 号：14977-61-8

GHS 标签信号词及象形图：危险

危险性类别：氧化性液体，类别 1

皮肤腐蚀/刺激，类别 1A

严重眼损伤/眼刺激，类别 1

皮肤致敏物，类别 1

生殖细胞致突变性，类别 1B

致癌性，类别 1A

特异性靶器官毒性-一次接触，类别 3（呼吸道刺激）

危害水生环境-急性危害，类别 1

危害水生环境-长期危害，类别 1

主要危险性及次要危险性：第 8 类危险物——腐蚀性物质

联合国编号（UN No.）：1758

正式运输名称：氯氧化铬

包装类别：Ⅰ

2543　氧氯化硫

别名：硫酰氯；二氯硫酰；磺酰氯

英文名：sulphuryl chloride；sulfonyl chloride；sulfuryl chloride

CAS 号：7791-25-5

GHS 标签信号词及象形图：危险

危险性类别：皮肤腐蚀/刺激，类别 1B

严重眼损伤/眼刺激，类别 1

特异性靶器官毒性-一次接触，类别 3（呼吸道刺激）

危害水生环境-急性危害，类别 2

主要危险性及次要危险性：第 6.1 项危险物——毒性物质；第 8 类危险物——腐蚀性物质

联合国编号（UN No.）：1834

正式运输名称：硫酰氯

包装类别：Ⅰ

2544　氧氯化硒

别名：氯化亚硒酰；二氯氧化硒

英文名：selenium oxychloride；selenium chloride oxide；seleninyl chloride

CAS 号：7791-23-3

GHS 标签信号词及象形图：危险

危险性类别：急性毒性-经口，类别 3 *

急性毒性-吸入，类别 3 *

特异性靶器官毒性-反复接触，类别 2

危害水生环境-急性危害，类别 1

危害水生环境-长期危害，类别 1

主要危险性及次要危险性：第 8 类危险物——腐蚀性物质；第 6.1 项危险物——毒性物质

联合国编号（UN No.）：2879

正式运输名称：二氯氧化硒

包装类别：Ⅰ

2545　氧氰化汞（减敏的）

别名：氰氧化汞

英文名：mercury oxycyanide, desensitized；mercuric oxycyanide

CAS 号：1335-31-5

GHS 标签信号词及象形图：危险

危险性类别：急性毒性-经口，类别 3 *

急性毒性-经皮，类别 3 *

急性毒性-吸入，类别 3 *

特异性靶器官毒性-反复接触，类别 2

危害水生环境-急性危害，类别 1

危害水生环境-长期危害，类别 1

主要危险性及次要危险性：第 6.1 项危险物——毒性物质

联合国编号（UN No.）：1642

正式运输名称：氰氧化汞，减敏的

包装类别：Ⅱ

2546　氧溴化磷

别名：溴化磷酰；磷酰溴；三溴氧化磷

英文名：phosphorous oxybromide；phosphorus oxybromide；phosphonyl bromide

CAS 号：7789-59-5

GHS 标签信号词及象形图：危险

危险性类别：皮肤腐蚀/刺激，类别 1

严重眼损伤/眼刺激，类别 1

主要危险性及次要危险性：第 8 类危险物——

腐蚀性物质

联合国编号（UN No.）：1939/2576△

正式运输名称：三溴氧化磷/熔融三溴氧化
磷 △

包装类别：Ⅱ

2547　腰果壳油

别名：脱羧腰果壳液

英文名：cashew nut shell oil；decarboxylating
cashew nut shell liquid

CAS 号：8007-24-7

GHS 标签信号词及象形图：警告

危险性类别：皮肤腐蚀/刺激，类别2
严重眼损伤/眼刺激，类别2
皮肤致敏物，类别1
特异性靶器官毒性-一次接触，类别3（呼
吸道刺激）

主要危险性及次要危险性：—

联合国编号（UN No.）：非危

正式运输名称：—

包装类别：—

2548　液化石油气

别名：石油气（液化的）

英文名：petroleum gases，liquefied；petroleum
gas〔a complex combination of hydrocarbons
produced by the distillation of crude oil. it
consists of hydrocarbons having carbon numbers
predominantly in the range of C_3 through C_7 and
boiling in the range of approximately－40℃ to
80℃（－40 ℉ to 176 ℉）〕

CAS 号：68476-85-7

GHS 标签信号词及象形图：危险

危险性类别：易燃气体，类别1
加压气体
生殖细胞致突变性，类别1B

主要危险性及次要危险性：第 2.1 类 危 险
物——易燃气体

联合国编号（UN No.）：1075

正式运输名称：液化石油气

包装类别：不适用

2549　一氟乙酸对溴苯胺

别名：—

英文名：monofluoroaceto-*p*-bromo-anilide

CAS 号：351-05-3

GHS 标签信号词及象形图：危险

危险性类别：急性毒性-经口，类别2
急性毒性-经皮，类别1

主要危险性及次要危险性：第 6.1 项 危 险
物——毒性物质

联合国编号（UN No.）：2811

正式运输名称：有机毒性固体，未另作规
定的

包装类别：Ⅰ

2550　一甲胺（无水）

别名：氨基甲烷；甲胺

英文名：mono-methylamine；aminomethane；
methylamine

CAS 号：74-89-5

GHS 标签信号词及象形图：危险

危险性类别：易燃气体，类别1
加压气体
皮肤腐蚀/刺激，类别2
严重眼损伤/眼刺激，类别1
特异性靶器官毒性-一次接触，类别3（呼
吸道刺激）

主要危险性及次要危险性：第 2.1 类 危 险
物——易燃气体

联合国编号（UN No.）：1061

正式运输名称：无水甲胺
包装类别：不适用

一甲胺溶液

别名：氨基甲烷溶液；甲胺溶液
英文名：mono-methylamine solution；aminomethane solution；methylamine solution
CAS 号：74-89-5
GHS 标签信号词及象形图：危险

危险性类别：易燃液体，类别 1
　　皮肤腐蚀/刺激，类别 1B
　　严重眼损伤/眼刺激，类别 1
　　特异性靶器官毒性-一次接触，类别 3（呼吸道刺激）
主要危险性及次要危险性：第 3 类危险物——易燃液体；第 8 类危险物——腐蚀性物质
联合国编号（UN No.）：1235
正式运输名称：甲胺水溶液
包装类别：Ⅱ

2551　一氯丙酮

别名：氯丙酮；氯化丙酮
英文名：chloroacetone
CAS 号：78-95-5
GHS 标签信号词及象形图：危险

危险性类别：易燃液体，类别 2
　　急性毒性-经口，类别 3
　　急性毒性-经皮，类别 2
　　急性毒性-吸入，类别 2
　　皮肤腐蚀/刺激，类别 1
　　严重眼损伤/眼刺激，类别 1
　　特异性靶器官毒性-一次接触，类别 1

危害水生环境-急性危害，类别 1
危害水生环境-长期危害，类别 1
主要危险性及次要危险性：第 6.1 项危险物——毒性物质；第 3 类危险物——易燃液体；第 8 类危险物——腐蚀性物质
联合国编号（UN No.）：1695
正式运输名称：氯丙酮，稳定的
包装类别：Ⅰ

2552　一氯二氟甲烷

别名：R22；二氟一氯甲烷；氯二氟甲烷
英文名：chloro-difluoromethane；freon 22
CAS 号：75-45-6
GHS 标签信号词及象形图：危险

危险性类别：加压气体
　　严重眼损伤/眼刺激，类别 2B
　　生殖毒性，类别 1B
　　特异性靶器官毒性-一次接触，类别 3（麻醉效应）
　　危害臭氧层，类别 1
主要危险性及次要危险性：第 2.2 类危险物——非易燃无毒气体
联合国编号（UN No.）：1018
正式运输名称：二氟氯甲烷
包装类别：不适用

2553　一氯化碘

别名：—
英文名：iodine monochloride
CAS 号：7790-99-0
GHS 标签信号词及象形图：危险

危险性类别：急性毒性-经口，类别 2
　　急性毒性-经皮，类别 3
　　皮肤腐蚀/刺激，类别 1A
　　严重眼损伤/眼刺激，类别 1

特异性靶器官毒性--一次接触，类别 3（呼吸道刺激）

主要危险性及次要危险性：第 8 类危险物——腐蚀性物质

联合国编号（UN No.）：1792/3498△

正式运输名称：一氯化碘，固态/一氯化碘，液态△

包装类别：Ⅱ

2554 一氯化硫

别名：氯化硫

英文名：disulphur dichloride；sulfur mono-chloride

CAS 号：10025-67-9

GHS 标签信号词及象形图：危险

危险性类别：急性毒性-经口，类别 3 *
皮肤腐蚀/刺激，类别 1A
严重眼损伤/眼刺激，类别 1
特异性靶器官毒性--一次接触，类别 3（呼吸道刺激）
危害水生环境-急性危害，类别 1

主要危险性及次要危险性：第 8 类危险物——腐蚀性物质

联合国编号（UN No.）：1828

正式运输名称：氯化硫

包装类别：Ⅰ

2555 一氯三氟甲烷

别名：R13

英文名：trifluorochloromethane

CAS 号：75-72-9

GHS 标签信号词及象形图：警告

危险性类别：加压气体
危害臭氧层，类别 1

主要危险性及次要危险性：第 2.2 类危险物——非易燃无毒气体

联合国编号（UN No.）：1022

正式运输名称：三氟氯甲烷

包装类别：不适用

2556 一氯五氟乙烷

别名：R115

英文名：chloropentafluoro-ethane；R115

CAS 号：76-15-3

GHS 标签信号词及象形图：警告

危险性类别：加压气体
危害臭氧层，类别 1

主要危险性及次要危险性：第 2.2 类危险物——非易燃无毒气体

联合国编号（UN No.）：1020

正式运输名称：五氟氯乙烷

包装类别：不适用

2557 一氯乙醛

别名：氯乙醛；2-氯乙醛

英文名：chloroacetaldehyde；monochloroacet-aldehyde；2-chloroacetoaldehyde

CAS 号：107-20-0

GHS 标签信号词及象形图：危险

危险性类别：急性毒性-经口，类别 3 *
急性毒性-经皮，类别 3 *
急性毒性-吸入，类别 2 *
皮肤腐蚀/刺激，类别 1B
严重眼损伤/眼刺激，类别 1
特异性靶器官毒性--一次接触，类别 3（呼吸道刺激）
危害水生环境-急性危害，类别 1

主要危险性及次要危险性：第 6.1 项危险物——毒性物质

联合国编号（UN No.）：2232

正式运输名称：2-氯乙醛

包装类别：Ⅰ

2558   一溴化碘

别名：—
英文名：iodine bromide
CAS 号：7789-33-5
GHS 标签信号词及象形图：危险

危险性类别：皮肤腐蚀/刺激，类别 1
严重眼损伤/眼刺激，类别 1
主要危险性及次要危险性：第 8 类危险物——
腐蚀性物质
联合国编号（UN No.）：1759
正式运输名称：腐蚀性固体，未另作规定的
包装类别：Ⅲ

2559   一氧化氮

别名：—
英文名：nitric oxide；nitrogen monoxide
CAS 号：10102-43-9
GHS 标签信号词及象形图：危险

危险性类别：氧化性气体，类别 1
加压气体
急性毒性-吸入，类别 3
皮肤腐蚀/刺激，类别 1
严重眼损伤/眼刺激，类别 1
特异性靶器官毒性-一次接触，类别 1
主要危险性及次要危险性：第 2.3 类危险
物——毒性气体；第 5.1 项危险物——氧
化性物质；第 8 类危险物——腐蚀性物质
联合国编号（UN No.）：1660
正式运输名称：压缩一氧化氮
包装类别：不适用

2560   一氧化氮和四氧化二氮混合物

别名：—
英文名：nitric oxide and dinitrogen tetroxide mixtures
CAS 号：—
GHS 标签信号词及象形图：危险

危险性类别：氧化性气体，类别 1
加压气体
急性毒性-吸入，类别 3 ＊
皮肤腐蚀/刺激，类别 1
严重眼损伤/眼刺激，类别 1
主要危险性及次要危险性：第 2.3 类危险
物——毒性气体；第 5.1 项危险物——氧
化性物质；第 8 类危险物——腐蚀性物质
联合国编号（UN No.）：1975
正式运输名称：一氧化氮和四氧化二氮混合
物（一氧化氮和二氧化氮混合物）
包装类别：不适用

2561   一氧化二氮（压缩的或液化的）

别名：氧化亚氮；笑气
英文名：nitrous oxide, compressed or liquefied；dinitrogen oxide
CAS 号：10024-97-2
GHS 标签信号词及象形图：危险

危险性类别：氧化性气体，类别 1
加压气体
生殖毒性，类别 1A
特异性靶器官毒性-一次接触，类别 3（麻醉效应）
特异性靶器官毒性-反复接触，类别 1
主要危险性及次要危险性：第 2.2 类危险
物——非易燃无毒气体；第 5.1 项危险
物——氧化性物质

联合国编号（UN No.）：1070/2201△

正式运输名称：氧化亚氮/冷冻液态氧化亚氮 △

包装类别：不适用

2562　一氧化铅

别名：氧化铅；黄丹

英文名：lead monoxide；lead oxide；yellow lead

CAS 号：1317-36-8

GHS 标签信号词及象形图：危险

危险性类别：生殖细胞致突变性，类别 2

致癌性，类别 1B

生殖毒性，类别 1A

特异性靶器官毒性-反复接触，类别 2

主要危险性及次要危险性：—

联合国编号（UN No.）：非危

正式运输名称：—

包装类别：—

2563　一氧化碳

别名：—

英文名：carbon monoxide

CAS 号：630-08-0

GHS 标签信号词及象形图：危险

危险性类别：易燃气体，类别 1

加压气体

急性毒性-吸入，类别 3 *

生殖毒性，类别 1A

特异性靶器官毒性-反复接触，类别 1

主要危险性及次要危险性：第 2.3 类危险物——毒性气体；第 2.1 类危险物——易燃气体

联合国编号（UN No.）：1016

正式运输名称：压缩一氧化碳

包装类别：不适用

2564　一氧化碳和氢气混合物

别名：水煤气

英文名：carbon monoxide and hydrogen mixtures；water gas

CAS 号：—

GHS 标签信号词及象形图：危险

危险性类别：易燃气体，类别 1

加压气体

急性毒性-吸入，类别 3 *

生殖毒性，类别 1A

特异性靶器官毒性-反复接触，类别 1

主要危险性及次要危险性：第 2.3 类危险物——毒性气体；第 2.1 类危险物——易燃气体

联合国编号（UN No.）：1953

正式运输名称：压缩气体，毒性，易燃，未另作规定的

包装类别：不适用

2565　乙胺

别名：氨基乙烷

英文名：ethylamine；aminoethane

CAS 号：75-04-7

GHS 标签信号词及象形图：危险

危险性类别：易燃气体，类别 1

加压气体

严重眼损伤/眼刺激，类别 2

特异性靶器官毒性-一次接触，类别 3（呼吸道刺激）

主要危险性及次要危险性：第 2.1 类危险物——易燃气体

联合国编号（UN No.）：1036

正式运输名称：乙胺

包装类别：不适用

乙胺水溶液
（含量为 50%～70%）

别名： 氨基乙烷水溶液

英文名： ethylamine, aqueous solution with not less than 50% but not more than 70% ethylamine; aminoethane aqueous solution

CAS 号： 75-04-7

GHS 标签信号词及象形图： 危险

危险性类别： 易燃液体，类别 2

皮肤腐蚀/刺激，类别 1

严重眼损伤/眼刺激，类别 1

特异性靶器官毒性-一次接触，类别 3（呼吸道刺激）

主要危险性及次要危险性： 第 3 类危险物——易燃液体；第 8 类危险物——腐蚀性物质

联合国编号（UN No.）： 2270

正式运输名称： 乙胺水溶液，乙胺含量50%～70%

包装类别： Ⅱ

2566 乙苯

别名： 乙基苯

英文名： ethylbenzene; phenylethane

CAS 号： 100-41-4

GHS 标签信号词及象形图： 危险

危险性类别： 易燃液体，类别 2

致癌性，类别 2

特异性靶器官毒性-反复接触，类别 2

吸入危害，类别 1

危害水生环境-急性危害，类别 2

主要危险性及次要危险性： 第 3 类危险物——易燃液体

联合国编号（UN No.）： 1175

正式运输名称： 乙苯

包装类别： Ⅱ

2567 亚乙基亚胺

别名： 吖丙啶；1-氮杂环丙烷；氮丙啶

英文名： ethyleneimine; aziridine; aziridine; dimethyleneimine

CAS 号： 151-56-4

GHS 标签信号词及象形图： 危险

危险性类别： 易燃液体，类别 2

急性毒性-经口，类别 2*

急性毒性-经皮，类别 1

急性毒性-吸入，类别 2*

皮肤腐蚀/刺激，类别 1B

严重眼损伤/眼刺激，类别 1

生殖细胞致突变性，类别 1B

致癌性，类别 2

危害水生环境-急性危害，类别 2

危害水生环境-长期危害，类别 2

主要危险性及次要危险性： 第 6.1 项危险物——毒性物质；第 3 类危险物——易燃液体

联合国编号（UN No.）： 1185

正式运输名称： 亚乙基亚胺，稳定的

包装类别： Ⅰ

亚乙基亚胺（稳定的）

别名： 吖丙啶；1-氮杂环丙烷；氮丙啶

英文名： ethyleneimine, stabilized

CAS 号： 151-56-4

GHS 标签信号词及象形图： 危险

危险性类别：易燃液体，类别 2

　急性毒性-经口，类别 2 *

　急性毒性-经皮，类别 1

　急性毒性-吸入，类别 2 *

　皮肤腐蚀/刺激，类别 1B

　严重眼损伤/眼刺激，类别 1

　生殖细胞致突变性，类别 1B

　致癌性，类别 2

　危害水生环境-急性危害，类别 2

　危害水生环境-长期危害，类别 2

主要危险性及次要危险性：第 6.1 项危险
　物——毒性物质；第 3 类危险物——易燃
　液体

联合国编号（UN No.）：1185

正式运输名称：亚乙基亚胺，稳定的

包装类别：Ⅰ

2568　乙醇（无水）

别名：无水酒精

英文名：alcohol anhydrous；ethanol；ethyl alco-
　hol

CAS 号：64-17-5

GHS 标签信号词及象形图：危险

危险性类别：易燃液体，类别 2

主要危险性及次要危险性：第 3 类危险物——
　易燃液体

联合国编号（UN No.）：1170

正式运输名称：乙醇（酒精）

包装类别：Ⅱ

2569　乙醇钾

别名：—

英文名：potassium ethanolate；potassium
　ethoxide

CAS 号：917-58-8

GHS 标签信号词及象形图：危险

危险性类别：自热物质和混合物，类别 1

　皮肤腐蚀/刺激，类别 1B

　严重眼损伤/眼刺激，类别 1

主要危险性及次要危险性：第 4.2 项危险
　物——易于自燃的物质；第 8 类危险
　物——腐蚀性物质

联合国编号（UN No.）：3126

正式运输名称：有机自热固体，腐蚀性，未
　另作规定的

包装类别：Ⅱ

2570　乙醇钠

别名：乙氧基钠

英文名：sodium ethanolate；sodium ethoxide

CAS 号：141-52-6

GHS 标签信号词及象形图：危险

危险性类别：自热物质和混合物，类别 1

　皮肤腐蚀/刺激，类别 1B

　严重眼损伤/眼刺激，类别 1

主要危险性及次要危险性：第 4.2 项危险
　物——易于自燃的物质；第 8 类危险
　物——腐蚀性物质

联合国编号（UN No.）：3126

正式运输名称：有机自热固体，腐蚀性，未
　另作规定的

包装类别：Ⅱ

2571　乙醇钠乙醇溶液

别名：乙醇钠合乙醇

英文名：sodium ethylate solution，in ethyl al-
　cohol

CAS 号：—

GHS 标签信号词及象形图：危险

危险性类别：易燃液体，类别 2

　皮肤腐蚀/刺激，类别 1

　严重眼损伤/眼刺激，类别 1

主要危险性及次要危险性：第 3 类危险物——
易燃液体；第 8 类危险物——腐蚀性物质

联合国编号（UN No.）：2924

正式运输名称：易燃液体，腐蚀性，未另作
规定的

包装类别：Ⅱ

2572　1,2-乙二胺

别名：1,2-二氨基乙烷；亚乙基二胺

英文名：1,2-ethylenediamine；1,2-diamino-
ethane；ethylene diamine

CAS 号：107-15-3

GHS 标签信号词及象形图：危险

危险性类别：易燃液体，类别 3
　皮肤腐蚀/刺激，类别 1B
　严重眼损伤/眼刺激，类别 1
　呼吸道致敏物，类别 1
　皮肤致敏物，类别 1
　危害水生环境-急性危害，类别 2
　危害水生环境-长期危害，类别 3

主要危险性及次要危险性：第 8 类危险物——
腐蚀性物质；第 3 类危险物——易燃液体

联合国编号（UN No.）：1604

正式运输名称：1,2-乙二胺（亚乙基二胺）

包装类别：Ⅱ

2573　乙二醇单甲醚

别名：2-甲氧基乙醇；甲基溶纤剂

英文名：ethylene glycol monomethyl ether；2-
methoxyethanol；methyl cellosolve

CAS 号：109-86-4

GHS 标签信号词及象形图：危险

危险性类别：易燃液体，类别 3
　生殖毒性，类别 1B

主要危险性及次要危险性：第 3 类危险物——
易燃液体

联合国编号（UN No.）：1188

正式运输名称：乙二醇一甲醚

包装类别：Ⅲ

2574　乙二醇二乙醚

别名：1,2-二乙氧基乙烷；二乙基溶纤剂

英文名：ethylene glycol diethyl ether；1,2-di-
ethoxyethane；diethyl cellosolve

CAS 号：629-14-1

GHS 标签信号词及象形图：危险

危险性类别：易燃液体，类别 2
　严重眼损伤/眼刺激，类别 2
　生殖毒性，类别 1A

主要危险性及次要危险性：第 3 类危险物——
易燃液体

联合国编号（UN No.）：1153

正式运输名称：乙二醇二乙醚

包装类别：Ⅱ

2575　乙二醇乙醚

别名：2-乙氧基乙醇；乙基溶纤剂

英文名：ethylene glycol monoethyl ether；2-
ethoxyethanol；ethyl cellosolve

CAS 号：110-80-5

GHS 标签信号词及象形图：危险

危险性类别：易燃液体，类别 3
　急性毒性-吸入，类别 3
　生殖毒性，类别 1B

主要危险性及次要危险性：第 3 类危险物——
易燃液体

联合国编号（UN No.）：1171

正式运输名称：乙二醇一乙醚

包装类别：Ⅲ

2576　乙二醇异丙醚

别名：2-异丙氧基乙醇

英文名：ethylene glycol monoisopropyl ether；
　　2-isopropoxyethanol

CAS 号：109-59-1

GHS 标签信号词及象形图：警告

危险性类别：易燃液体，类别 3
　　严重眼损伤/眼刺激，类别 2

主要危险性及次要危险性：第 3 类危险物——
　　易燃液体

联合国编号（UN No.）：1993

正式运输名称：易燃液体，未另作规定的

包装类别：Ⅲ

2577　乙二酸二丁酯

别名：草酸二丁酯；草酸丁酯

英文名：dibutyl oxalate；butyl oxalate；oxalic
　　acid dibutyl ester

CAS 号：2050-60-4

GHS 标签信号词及象形图：危险

危险性类别：皮肤腐蚀/刺激，类别 2
　　严重眼损伤/眼刺激，类别 1
　　皮肤致敏物，类别 1
　　特异性靶器官毒性--一次接触，类别 3（呼
　　吸道刺激）

主要危险性及次要危险性：—

联合国编号（UN No.）：非危

正式运输名称：—

包装类别：—

2578　乙二酸二甲酯

别名：草酸二甲酯；草酸甲酯

英文名：dimethyl oxalate；dimethyl ethane-
　　dioate；methyl oxalate

CAS 号：553-90-2

GHS 标签信号词及象形图：危险

危险性类别：皮肤腐蚀/刺激，类别 2
　　严重眼损伤/眼刺激，类别 1

主要危险性及次要危险性：—

联合国编号（UN No.）：非危

正式运输名称：—

包装类别：—

2579　乙二酸二乙酯

别名：草酸二乙酯；草酸乙酯

英文名：oxalic acid diethylester；diethyl ox-
　　alate；ethyl oxalate

CAS 号：95-92-1

GHS 标签信号词及象形图：警告

危险性类别：严重眼损伤/眼刺激，类别 2

主要危险性及次要危险性：第 6.1 项 危 险
　　物——毒性物质

联合国编号（UN No.）：2525

正式运输名称：草酸乙酯

包装类别：Ⅲ

2580　乙二酰氯

别名：氯化乙二酰；草酰氯

英文名：oxalyl chloride；ethanedioyl chloride；
　　oxalyl dichloride

CAS 号：79-37-8

GHS 标签信号词及象形图：危险

危险性类别：急性毒性-吸入，类别 3
　　皮肤腐蚀/刺激，类别 1
　　严重眼损伤/眼刺激，类别 1

主要危险性及次要危险性：第 8 类危险物——
　　腐蚀性物质；第 6.1 项危险物——毒性物质

联合国编号（UN No.）：2922

正式运输名称：腐蚀性液体，毒性，未另作
规定的

包装类别：Ⅲ

2581　乙汞硫水杨酸钠盐

别名：硫柳汞钠

英文名：thiomersal；ethyl（2-mercaptobenzo-
ato-S）mercury, sodium salt；ethylmercuri-
thiosalicylate sodium salt

CAS 号：54-64-8

GHS 标签信号词及象形图：危险

危险性类别：急性毒性-经口，类别 2
急性毒性-经皮，类别 1
急性毒性-吸入，类别 2
特异性靶器官毒性-反复接触，类别 2
危害水生环境-急性危害，类别 1
危害水生环境-长期危害，类别 1

主要危险性及次要危险性：第 6.1 项危险
物——毒性物质

联合国编号（UN No.）：2025/2811△

正式运输名称：固态汞化合物，未另作规定
的/有机毒性固体，未另作规定的△

包装类别：Ⅰ

2582　2-乙基-1-丁醇

别名：2-乙基丁醇

英文名：2-ethylbutan-1-ol；2-ethylbutanol

CAS 号：97-95-0

GHS 标签信号词及象形图：警告

危险性类别：易燃液体，类别 3

主要危险性及次要危险性：第 3 类危险物——
易燃液体

联合国编号（UN No.）：2275

正式运输名称：2-乙基丁醇

包装类别：Ⅲ

2583　2-乙基-1-丁烯

别名：—

英文名：2-ethyl-1-butene

CAS 号：760-21-4

GHS 标签信号词及象形图：危险

危险性类别：易燃液体，类别 2

主要危险性及次要危险性：第 3 类危险物——
易燃液体

联合国编号（UN No.）：3295/1993△

正式运输名称：液态烃类，未另作规定的/易
燃液体，未另作规定的△

包装类别：Ⅱ

2584　N-乙基-1-萘胺

别名：N-乙基-α-萘胺

英文名：N-ethyl-1-naphthylamine；N-ethyl-
α-naphthylamine

CAS 号：118-44-5

GHS 标签信号词及象形图：警告

危险性类别：危害水生环境-急性危害，类
别 1
危害水生环境-长期危害，类别 1

主要危险性及次要危险性：第 9 类危险物——
杂项危险物质和物品

联合国编号（UN No.）：3082

正式运输名称：对环境有害的液态物质，未
另作规定的

包装类别：Ⅲ

2585　N-(2-乙基-6-甲基苯基)-N-
乙氧基甲基氯乙酰胺

别名：乙草胺

英文名：2-chloro-N-（ethoxymethyl)-N-(2-ethyl-

6-methylphenyl) acetamide；acetochlor；dime-thachlor

CAS 号：34256-82-1

GHS 标签信号词及象形图：警告

危险性类别：皮肤腐蚀/刺激，类别 2

皮肤致敏物，类别 1

特异性靶器官毒性--一次接触，类别 3（呼吸道刺激）

危害水生环境-急性危害，类别 1

危害水生环境-长期危害，类别 1

主要危险性及次要危险性：第 9 类危险物——杂项危险物质和物品

联合国编号（UN No.）：3082

正式运输名称：对环境有害的液态物质，未另作规定的

包装类别：Ⅲ

2586　N-乙基-N-(2-羟乙基)全氟辛基磺酰胺

别名：—

英文名：N-ethyl-N-2-hydroxyethyl perfluo-rooctansulfulfonamide

CAS 号：1691-99-2

GHS 标签信号词及象形图：危险

危险性类别：生殖毒性，类别 1B

生殖毒性，附加类别

特异性靶器官毒性-反复接触，类别 1

危害水生环境-急性危害，类别 2

危害水生环境-长期危害，类别 2

主要危险性及次要危险性：第 9 类危险物——杂项危险物质和物品

联合国编号（UN No.）：3077

正式运输名称：对环境有害的固态物质，未另作规定的

包装类别：Ⅲ

2587　O-乙基-O-(3-甲基-4-甲硫基)苯基-N-异丙氨基磷酸酯

别名：苯线磷

英文名：ethyl-4-methylthio-m-tolyl isopropyl phosphorami-date；fenamiphos；phenami-phos；nematocide

CAS 号：22224-92-6

GHS 标签信号词及象形图：危险

危险性类别：急性毒性-经口，类别 2

急性毒性-经皮，类别 2

急性毒性-吸入，类别 2

严重眼损伤/眼刺激，类别 2

危害水生环境-急性危害，类别 1

危害水生环境-长期危害，类别 1

主要危险性及次要危险性：第 6.1 项危险物——毒性物质

联合国编号（UN No.）：2783/2811△

正式运输名称：固态有机磷农药，毒性/有机毒性固体，未另作规定的 △

包装类别：Ⅱ

2588　O-乙基-O-(4-硝基苯基)苯基硫代膦酸酯（含量＞15%）

别名：苯硫膦

英文名：O-ethyl-O-(4-nitrophenyl) phenyl phosphonothioate（more than 15%）；phos-phine thiophenol；EPN

CAS 号：2104-64-5

GHS 标签信号词及象形图：危险

危险性类别：急性毒性-经口，类别 2*

急性毒性-经皮，类别 1

危害水生环境-急性危害，类别 1

危害水生环境-长期危害，类别 1

主要危险性及次要危险性：第 6.1 项危险物——毒性物质

联合国编号（UN No.）：3018/2810△

正式运输名称：液态有机磷农药，毒性/有机毒性液体，未另作规定的△

包装类别：Ⅰ

2589　O-乙基-O-[（2-异丙氧基酰基）苯基]-N-异丙基硫代磷酰胺

别名：异柳磷

英文名：O-ethyl-O-2-isopropoxycarbonylphenyl-isopropylphosphoramidothioate；isofenphos

CAS 号：25311-71-1

GHS 标签信号词及象形图：危险

危险性类别：急性毒性-经口，类别 3 *

急性毒性-经皮，类别 3 *

危害水生环境-急性危害，类别 1

危害水生环境-长期危害，类别 1

主要危险性及次要危险性：第 6.1 项危险物——毒性物质

联合国编号（UN No.）：3018/2810△

正式运输名称：液态有机磷农药，毒性/有机毒性液体，未另作规定的△

包装类别：Ⅲ

2590　O-乙基-O-2,4,5-三氯苯基乙基硫代磷酸酯

别名：O-乙基-O-2,4,5-三氯苯基乙基硫代膦酸酯；毒壤膦

英文名：trichloronate；O-ethyl O-2,4,5-tri-chlorophenyl ethylphosphonothioate；agritox

CAS 号：327-98-0

GHS 标签信号词及象形图：危险

危险性类别：急性毒性-经口，类别 2 *

急性毒性-经皮，类别 3 *

危害水生环境-急性危害，类别 1

危害水生环境-长期危害，类别 1

主要危险性及次要危险性：第 6.1 项危险物——毒性物质

联合国编号（UN No.）：2783/2811△

正式运输名称：固态有机磷农药，毒性/有机毒性固体，未另作规定的△

包装类别：Ⅱ

2591　O-乙基-S,S-二苯基二硫代磷酸酯

别名：敌瘟磷

英文名：O-ethyl-S,S-diphenyl phosphorodi-thioate；edifenphos；hinosan；EDDP

CAS 号：17109-49-8

GHS 标签信号词及象形图：危险

危险性类别：急性毒性-经口，类别 3 *

急性毒性-吸入，类别 3 *

皮肤致敏物，类别 1

危害水生环境-急性危害，类别 1

危害水生环境-长期危害，类别 1

主要危险性及次要危险性：第 6.1 项危险物——毒性物质

联合国编号（UN No.）：3018/2810△

正式运输名称：液态有机磷农药，毒性/有机毒性液体，未另作规定的△

包装类别：Ⅱ

2592　O-乙基-S,S-二丙基二硫代磷酸酯

别名：灭线磷

英文名：ethyl-S,S-dipropyl phosphorodithioate；ethoprop powder；ethoprophos

CAS 号：13194-48-4

GHS 标签信号词及象形图：危险

危险性类别：急性毒性-经口，类别 3 *

急性毒性-经皮，类别1

急性毒性-吸入，类别2＊

皮肤致敏物，类别1

危害水生环境-急性危害，类别1

危害水生环境-长期危害，类别1

主要危险性及次要危险性： 第 6.1 项 危 险物——毒性物质

联合国编号（UN No.）： 3018/2810△

正式运输名称： 液态有机磷农药，毒性/有机毒性液体，未另作规定的△

包装类别： Ⅰ

2593 *O*-乙基-*S*-苯基乙基二硫代膦酸酯（含量＞6%）

别名： 地虫硫膦

英文名： *O*-ethyl phenyl ethylphosphonodithioate（more than 6%）；dyfonate；fonofos

CAS号： 944-22-9

GHS标签信号词及象形图： 危险

危险性类别： 急性毒性-经口，类别2＊

急性毒性-经皮，类别1

危害水生环境-急性危害，类别1

危害水生环境-长期危害，类别1

主要危险性及次要危险性： 第 6.1 项 危 险物——毒性物质

联合国编号（UN No.）： 3018/2810△

正式运输名称： 液态有机磷农药，毒性/有机毒性液体，未另作规定的△

包装类别： Ⅰ

2594 2-乙基苯胺

别名： 邻乙基苯胺；邻氨基乙苯

英文名： 2-ethylaniline；*o*-ethylaniline；*o*-aminoethylbenzene

CAS号： 578-54-1

GHS标签信号词及象形图： 无

危险性类别： 危害水生环境-急性危害，类别2

危害水生环境-长期危害，类别2

主要危险性及次要危险性： 第 6.1 项 危 险物——毒性物质

联合国编号（UN No.）： 2273

正式运输名称： 2-乙基苯胺

包装类别： Ⅲ

2595 N-乙基苯胺

别名： —

英文名： N-ethylaniline

CAS号： 103-69-5

GHS标签信号词及象形图： 危险

危险性类别： 急性毒性-经口，类别3＊

急性毒性-经皮，类别3＊

急性毒性-吸入，类别3＊

特异性靶器官毒性-反复接触，类别2＊

危害水生环境-急性危害，类别2

危害水生环境-长期危害，类别2

主要危险性及次要危险性： 第 6.1 项 危 险物——毒性物质

联合国编号（UN No.）： 2272

正式运输名称： N-乙基苯胺

包装类别： Ⅲ

2596 乙基苯基二氯硅烷

别名： —

英文名： ethylphenyldichlorosilane

CAS号： 1125-27-5

GHS标签信号词及象形图： 危险

危险性类别： 皮肤腐蚀/刺激，类别1

严重眼损伤/眼刺激，类别1

主要危险性及次要危险性： 第8类危险物——腐蚀性物质

联合国编号（UN No.）： 2435

正式运输名称：乙基苯基二氯硅烷

包装类别：Ⅱ

2597　2-乙基吡啶

别名：—

英文名：2-ethyl pyridine

CAS 号：100-71-0

GHS 标签信号词及象形图：警告

危险性类别：易燃液体，类别 3

主要危险性及次要危险性：第 3 类危险物——
　　易燃液体

联合国编号（UN No.）：1993

正式运输名称：易燃液体，未另作规定的

包装类别：Ⅲ

2598　3-乙基吡啶

别名：—

英文名：3-ethyl pyridine

CAS 号：536-78-7

GHS 标签信号词及象形图：警告

危险性类别：易燃液体，类别 3

主要危险性及次要危险性：第 3 类危险物——
　　易燃液体

联合国编号（UN No.）：1993

正式运输名称：易燃液体，未另作规定的

包装类别：Ⅲ

2599　4-乙基吡啶

别名：—

英文名：4-ethyl pyridine

CAS 号：536-75-4

GHS 标签信号词及象形图：警告

危险性类别：易燃液体，类别 3

主要危险性及次要危险性：第 3 类危险物——
　　易燃液体

联合国编号（UN No.）：1993

正式运输名称：易燃液体，未另作规定的

包装类别：Ⅲ

2600　乙基丙基醚

别名：乙丙醚

英文名：ethyl propyl ether；propyl ethyl ether

CAS 号：628-32-0

GHS 标签信号词及象形图：危险

危险性类别：易燃液体，类别 2

主要危险性及次要危险性：第 3 类危险物——
　　易燃液体

联合国编号（UN No.）：2615

正式运输名称：乙基·丙基醚（乙丙醚）

包装类别：Ⅱ

2601　1-乙基丁醇

别名：3-己醇

英文名：1-ethyl butanol；3-hexanol

CAS 号：623-37-0

GHS 标签信号词及象形图：警告

危险性类别：易燃液体，类别 3

主要危险性及次要危险性：第 3 类危险物——
　　易燃液体

联合国编号（UN No.）：2282

正式运输名称：己醇

包装类别：Ⅲ

2602　2-乙基丁醛

别名：二乙基乙醛

英文名：2-ethylbutyraldehyde；diethylacetal-
　　dehyde

CAS 号：97-96-1

GHS 标签信号词及象形图：危险

危险性类别：易燃液体，类别 2
主要危险性及次要危险性：第 3 类危险物——
　易燃液体
联合国编号（UN No.）：1178
正式运输名称：2-乙基丁醛
包装类别：Ⅱ

2603　N-乙基对甲苯胺

别名：乙氨基对甲苯
英文名：N-ethyl-p-toluidine; ethylamino-p-
　methyl benzene
CAS 号：622-57-1
GHS 标签信号词及象形图：无
危险性类别：危害水生环境-长期危害，类
　别 3
主要危险性及次要危险性：第 6.1 项危险
　物——毒性物质
联合国编号（UN No.）：2754
正式运输名称：N-乙基甲苯胺
包装类别：Ⅱ

2604　乙基二氯硅烷

别名：—
英文名：ethyldichlorosilane
CAS 号：1789-58-8
GHS 标签信号词及象形图：危险

危险性类别：易燃液体，类别 2
　遇水放出易燃气体的物质和混合物，类别 1
　急性毒性-经口，类别 3
　皮肤腐蚀/刺激，类别 1
　严重眼损伤/眼刺激，类别 1
　特异性靶器官毒性-一次接触，类别 2
主要危险性及次要危险性：第 4.3 项危险
　物——遇水放出易燃气体的物质；第 3 类
　危险物——易燃液体；第 8 类危险物——

腐蚀性物质
联合国编号（UN No.）：1183
正式运输名称：乙基二氯硅烷
包装类别：Ⅰ

2605　乙基二氯胂

别名：二氯化乙基胂
英文名：ethyldichloroarsine; dichloroethyl ar-
　senic
CAS 号：598-14-1
GHS 标签信号词及象形图：危险

危险性类别：急性毒性-经口，类别 3 *
　急性毒性-吸入，类别 3 *
　危害水生环境-急性危害，类别 1
　危害水生环境-长期危害，类别 1
主要危险性及次要危险性：第 6.1 项危险
　物——毒性物质
联合国编号（UN No.）：1892
正式运输名称：乙基二氯胂
包装类别：Ⅰ

2606　乙基环己烷

别名：—
英文名：ethyl cyclohexane
CAS 号：1678-91-7
GHS 标签信号词及象形图：危险

危险性类别：易燃液体，类别 2
　吸入危害，类别 1
　危害水生环境-急性危害，类别 1
　危害水生环境-长期危害，类别 1
主要危险性及次要危险性：第 3 类危险物——
　易燃液体
联合国编号（UN No.）：3295/1993△
正式运输名称：液态烃类，未另作规定的/易
　燃液体，未另作规定的△
包装类别：Ⅱ

2607 乙基环戊烷

别名：—
英文名：ethyl cyclopentane
CAS号：1640-89-7
GHS标签信号词及象形图：危险

危险性类别：易燃液体，类别2
主要危险性及次要危险性：第3类危险物——
　易燃液体
联合国编号（UN No.）：3295/1993△
正式运输名称：液态烃类，未另作规定的/易
　燃液体，未另作规定的△
包装类别：Ⅱ

2608 2-乙基己胺

别名：3-(氨基甲基) 庚烷
英文名：2-ethylhexylamine；3-(aminomethyl)
heptane
CAS号：104-75-6
GHS标签信号词及象形图：危险

危险性类别：易燃液体，类别3
　急性毒性-经皮，类别3
　急性毒性-吸入，类别3
　皮肤腐蚀/刺激，类别1
　严重眼损伤/眼刺激，类别1
主要危险性及次要危险性：第3类危险物——
　易燃液体；第8类危险物——腐蚀性物质
联合国编号（UN No.）：2276
正式运输名称：2-乙基己胺
包装类别：Ⅲ

2609 乙基己醛

别名：—
英文名：ethyl hexanal
CAS号：123-05-7
GHS标签信号词及象形图：警告

危险性类别：易燃液体，类别3
　皮肤致敏物，类别1
　生殖毒性，类别2
　危害水生环境-急性危害，类别2
主要危险性及次要危险性：第3类危险物——
　易燃液体
联合国编号（UN No.）：1191
正式运输名称：辛醛
包装类别：Ⅲ

2610 3-乙基己烷

别名：—
英文名：3-ethylhexane
CAS号：619-99-8
GHS标签信号词及象形图：危险

危险性类别：易燃液体，类别2
　皮肤腐蚀/刺激，类别2
　特异性靶器官毒性-一次接触，类别3（麻
　醉效应）
　吸入危害，类别1
　危害水生环境-急性危害，类别1
　危害水生环境-长期危害，类别1
主要危险性及次要危险性：第3类危险物——
　易燃液体
联合国编号（UN No.）：1262
正式运输名称：辛烷
包装类别：Ⅱ

2611 N-乙基间甲苯胺

别名：乙氨基间甲苯
英文名：N-ethyl-m-toluidine
CAS号：102-27-2
GHS标签信号词及象形图：无
危险性类别：危害水生环境-长期危害，类
　别3
主要危险性及次要危险性：第 6.1 项危险

物——毒性物质

联合国编号（UN No.）：2754

正式运输名称：N-乙基甲苯胺

包装类别：Ⅱ

2612　乙基硫酸

别名：酸式硫酸乙酯

英文名：ethylsulphuric acid；ethyl hydrogen sulfate

CAS 号：540-82-9

GHS 标签信号词及象形图：危险

危险性类别：皮肤腐蚀/刺激，类别 1

严重眼损伤/眼刺激，类别 1

主要危险性及次要危险性：第 8 类危险物——腐蚀性物质

联合国编号（UN No.）：2571

正式运输名称：烷基硫酸

包装类别：Ⅱ

2613　N-乙基吗啉

别名：N-乙基四氢-1,4-噁嗪

英文名：N-ethyl morpholine；N-ethyl-tetra-hydro-1,4 - oxazine

CAS 号：100-74-3

GHS 标签信号词及象形图：警告

危险性类别：易燃液体，类别 3

严重眼损伤/眼刺激，类别 2B

生殖毒性，类别 2

特异性靶器官毒性-一次接触，类别 3（呼吸道刺激）

特异性靶器官毒性-反复接触，类别 2

主要危险性及次要危险性：第 3 类危险物——易燃液体

联合国编号（UN No.）：1993

正式运输名称：易燃液体，未另作规定的

包装类别：Ⅲ

2614　N-乙基哌啶

别名：N-乙基六氢吡啶；1-乙基哌啶

英文名：N-ethylpiperidine；n-ethyl hexahy-dropyridine；1-ethylpiperidine

CAS 号：766-09-6

GHS 标签信号词及象形图：危险

危险性类别：易燃液体，类别 2

皮肤腐蚀/刺激，类别 1

严重眼损伤/眼刺激，类别 1

主要危险性及次要危险性：第 3 类危险物——易燃液体；第 8 类危险物——腐蚀性物质

联合国编号（UN No.）：2386

正式运输名称：1-乙基哌啶

包装类别：Ⅱ

2615　N-乙基全氟辛基磺酰胺

别名：—

英文名：N- ethyl perfluorooctanesulfonamide

CAS 号：4151-50-2

GHS 标签信号词及象形图：危险

危险性类别：生殖毒性，类别 1B

生殖毒性，附加类别

特异性靶器官毒性-反复接触，类别 1

危害水生环境-急性危害，类别 2

危害水生环境-长期危害，类别 2

主要危险性及次要危险性：第 9 类危险物——杂项危险物质和物品

联合国编号（UN No.）：3077

正式运输名称：对环境有害的固态物质，未另作规定的

包装类别：Ⅲ

2616　乙基三氯硅烷

别名：三氯乙基硅烷

英文名：ethyltrichlorosilane；trichloroethylsilane

CAS 号：115-21-9

GHS 标签信号词及象形图：危险

危险性类别：易燃液体，类别 2

皮肤腐蚀/刺激，类别 1

严重眼损伤/眼刺激，类别 1

主要危险性及次要危险性：第 3 类危险物——

易燃液体；第 8 类危险物——腐蚀性物质

联合国编号（UN No.）：1196

正式运输名称：乙基三氯硅烷

包装类别：Ⅱ

2617 乙基三乙氧基硅烷

别名：三乙氧基乙基硅烷

英文名：ethyl triethoxy silane；triethoxy ethyl silane

CAS 号：78-07-9

GHS 标签信号词及象形图：警告

危险性类别：易燃液体，类别 3

主要危险性及次要危险性：第 3 类危险物——

易燃液体

联合国编号（UN No.）：1993

正式运输名称：易燃液体，未另作规定的

包装类别：Ⅲ

2618 3-乙基戊烷

别名：—

英文名：3-ethylpentane

CAS 号：617-78-7

GHS 标签信号词及象形图：危险

危险性类别：易燃液体，类别 2

皮肤腐蚀/刺激，类别 2

特异性靶器官毒性-一次接触，类别 3（麻醉效应）

吸入危害，类别 1

危害水生环境-急性危害，类别 1

危害水生环境-长期危害，类别 1

主要危险性及次要危险性：第 3 类危险物——

易燃液体

联合国编号（UN No.）：1206

正式运输名称：庚烷

包装类别：Ⅱ

2619 乙基烯丙基醚

别名：烯丙基乙基醚

英文名：ethyl allyl ether；allyl ethyl ether

CAS 号：557-31-3

GHS 标签信号词及象形图：危险

危险性类别：易燃液体，类别 2

急性毒性-经口，类别 3＊

急性毒性-经皮，类别 3＊

急性毒性-吸入，类别 3＊

特异性靶器官毒性-一次接触，类别 3（麻醉效应）

主要危险性及次要危险性：第 3 类危险物——

易燃液体；第 6.1 项危险物——毒性物质

联合国编号（UN No.）：2335

正式运输名称：烯丙基·乙基醚

包装类别：Ⅱ

2620 S-乙基亚磺酰甲基-O,O-二异丙基二硫代磷酸酯

别名：丰丙磷

英文名：S-ethylsulphinylmethyl-O,O-diiso-propylphosphorodithioate；aphidan；IPSP

CAS 号：5827-05-4

GHS 标签信号词及象形图：危险

危险性类别：急性毒性-经口，类别 3 *
急性毒性-经皮，类别 1
危害水生环境-急性危害，类别 1
危害水生环境-长期危害，类别 1
主要危险性及次要危险性：第 6.1 项危险
物——毒性物质
联合国编号（UN No.）：3018/2810△
正式运输名称：液态有机磷农药，毒性/有机
毒性液体，未另作规定的△
包装类别：Ⅰ

2621　乙基正丁基醚

别名：乙氧基丁烷；乙丁醚
英文名：ethyl butyl ether；ethoxy butane；
butyl ethyl ether
CAS 号：628-81-9
GHS 标签信号词及象形图：危险

危险性类别：易燃液体，类别 2
主要危险性及次要危险性：第 3 类危险物——
易燃液体
联合国编号（UN No.）：1179
正式运输名称：乙基·丁基醚
包装类别：Ⅱ

2622　乙腈

别名：甲基氰
英文名：acetonitrile；methyl cyanide；cyano-
methane
CAS 号：75-05-8
GHS 标签信号词及象形图：危险

危险性类别：易燃液体，类别 2
严重眼损伤/眼刺激，类别 2
主要危险性及次要危险性：第 3 类危险物——
易燃液体
联合国编号（UN No.）：1648
正式运输名称：乙腈

包装类别：Ⅱ

2623　乙硫醇

别名：氢硫基乙烷；巯基乙烷
英文名：ethanethiol；ethyl mercaptan；mer-
captoethane；ethanethiol
CAS 号：75-08-1
GHS 标签信号词及象形图：危险

危险性类别：易燃液体，类别 2
危害水生环境-急性危害，类别 1
危害水生环境-长期危害，类别 1
主要危险性及次要危险性：第 3 类危险物——
易燃液体
联合国编号（UN No.）：2363
正式运输名称：乙硫醇
包装类别：Ⅰ

2624　2-乙硫基苄基-N-甲基氨基甲酸酯

别名：乙硫苯威
英文名：2-(ethylthiomethyl) phenyl-N-meth-
ylcarbamate；croneton；ethiophencarp；
ethiofencarb
CAS 号：29973-13-5
GHS 标签信号词及象形图：危险

危险性类别：急性毒性-经口，类别 3
危害水生环境-急性危害，类别 1
危害水生环境-长期危害，类别 1
主要危险性及次要危险性：第 6.1 项危险
物——毒性物质
联合国编号（UN No.）：2992/2810△
正式运输名称：液态氨基甲酸酯农药，毒性/
有机毒性液体，未另作规定的△
包装类别：Ⅲ

2625　乙醚

别名：二乙基醚
英文名：ether；diethyl ether

CAS 号：60-29-7

GHS 标签信号词及象形图：危险

危险性类别：易燃液体，类别 1

特异性靶器官毒性-一次接触，类别 3（麻醉效应）

主要危险性及次要危险性：第 3 类危险物——易燃液体

联合国编号（UN No.）：1155

正式运输名称：二乙醚（乙醚）

包装类别：Ⅰ

2626　乙硼烷

别名：二硼烷

英文名：diborane

CAS 号：19287-45-7

GHS 标签信号词及象形图：危险

危险性类别：易燃气体，类别 1

加压气体

急性毒性-吸入，类别 1

皮肤腐蚀/刺激，类别 1

严重眼损伤/眼刺激，类别 1

特异性靶器官毒性-一次接触，类别 1

特异性靶器官毒性-反复接触，类别 1

主要危险性及次要危险性：第 2.3 类危险物——毒性气体；第 2.1 类危险物——易燃气体

联合国编号（UN No.）：1911

正式运输名称：乙硼烷

包装类别：不适用

2627　乙醛

别名：—

英文名：ethanal；acetaldehyde

CAS 号：75-07-0

GHS 标签信号词及象形图：危险

危险性类别：易燃液体，类别 1

严重眼损伤/眼刺激，类别 2

致癌性，类别 2

特异性靶器官毒性-一次接触，类别 3（呼吸道刺激）

主要危险性及次要危险性：第 3 类危险物——易燃液体

联合国编号（UN No.）：1089

正式运输名称：乙醛

包装类别：Ⅰ

2628　乙醛肟

别名：亚乙基羟胺；亚乙基胲

英文名：acetaldehyde oxime；ethylidene hydroxylamine；aldoxime

CAS 号：107-29-9

GHS 标签信号词及象形图：危险

危险性类别：易燃液体，类别 3

急性毒性-经皮，类别 3

急性毒性-吸入，类别 3

主要危险性及次要危险性：第 3 类危险物——易燃液体

联合国编号（UN No.）：2332

正式运输名称：乙醛肟

包装类别：Ⅲ

2629　乙炔

别名：电石气

英文名：acetylene；carbide gas；ethyne

CAS 号：74-86-2

GHS 标签信号词及象形图：危险

危险性类别：易燃气体，类别1

化学不稳定性气体，类别 A

加压气体

主要危险性及次要危险性：第 2.1 类危险物——易燃气体

联合国编号（UN No.）：3374

正式运输名称：乙炔，无溶剂

包装类别：不适用

2630 乙酸（含量＞80％）

别名：醋酸

英文名：acetic acid（more than 80％）

CAS 号：64-19-7

GHS 标签信号词及象形图：危险

危险性类别：易燃液体，类别3

皮肤腐蚀/刺激，类别 1A

严重眼损伤/眼刺激，类别1

主要危险性及次要危险性：第 8 类危险物——腐蚀性物质；第 3 类危险物——易燃液体

联合国编号（UN No.）：2789

正式运输名称：乙酸溶液，按质量含酸大于 80％

包装类别：Ⅱ

乙酸溶液（10％＜含量≤80％）

别名：醋酸溶液

英文名：acetic acid solution，more than 10％ and not more than 80％ acid，by mass；ethanoic acid solution

CAS 号：64-19-7

GHS 标签信号词及象形图：警告

危险性类别：（1）乙酸溶液（10％＜含量≤25％），

皮肤腐蚀/刺激，类别 2

严重眼损伤/眼刺激，类别 2

主要危险性及次要危险性：第 8 类危险物——腐蚀性物质

联合国编号（UN No.）：2790

正式运输名称：乙酸溶液，按质量含酸 10％～50％

包装类别：Ⅲ

乙酸溶液（10％＜含量≤80％）

别名：醋酸溶液

英文名：acetic acid solution，more than 10％ and not more than 80％ acid，by mass；ethanoic acid solution

CAS 号：64-19-7

GHS 标签信号词及象形图：危险

危险性类别：（2）乙酸溶液（25％＜含量≤80％），

皮肤腐蚀/刺激，类别 1

严重眼损伤/眼刺激，类别 1

主要危险性及次要危险性：第 8 类危险物——腐蚀性物质

联合国编号（UN No.）：2790

正式运输名称：乙酸溶液，按质量含酸 10％～50％／乙酸溶液，按质量含酸 50％～80％△

包装类别：Ⅲ／Ⅱ△

2631 乙酸钡

别名：醋酸钡

英文名：barium acetate

CAS 号：543-80-6

GHS 标签信号词及象形图：危险

危险性类别：特异性靶器官毒性--一次接触，类别 1

主要危险性及次要危险性：—

联合国编号（UN No.）：非危

正式运输名称：—

包装类别：—

2632 乙酸苯胺

别名：醋酸苯胺

英文名：aniline acetate；acetic acid aniline salt

CAS 号：542-14-3

GHS 标签信号词及象形图：危险

危险性类别：急性毒性-经口，类别 3 *

急性毒性-经皮，类别 3 *

急性毒性-吸入，类别 3 *

严重眼损伤/眼刺激，类别 1

皮肤致敏物，类别 1

生殖细胞致突变性，类别 2

特异性靶器官毒性-反复接触，类别 1

危害水生环境-急性危害，类别 1

主要危险性及次要危险性：第 6.1 项危险物——毒性物质

联合国编号（UN No.）：2811

正式运输名称：有机毒性固体，未另作规定的

包装类别：Ⅲ

2633 乙酸苯汞

别名：—

英文名：phenylmercury acetate；acetoxyphe-nylmercury；phenyl mercuric acetate；PMA（fungicide）

CAS 号：62-38-4

GHS 标签信号词及象形图：危险

危险性类别：急性毒性-经口，类别 3 *

皮肤腐蚀/刺激，类别 1B

严重眼损伤/眼刺激，类别 1

特异性靶器官毒性-反复接触，类别 1

危害水生环境-急性危害，类别 1

危害水生环境-长期危害，类别 1

主要危险性及次要危险性：第 6.1 项危险物——毒性物质

联合国编号（UN No.）：1674

正式运输名称：乙酸苯汞

包装类别：Ⅱ

2634 乙酸酐

别名：醋酸酐

英文名：acetyl oxide；acetic anhydride

CAS 号：108-24-7

GHS 标签信号词及象形图：危险

危险性类别：易燃液体，类别 3

皮肤腐蚀/刺激，类别 1B

严重眼损伤/眼刺激，类别 1

特异性靶器官毒性-一次接触，类别 3（呼吸道刺激）

主要危险性及次要危险性：第 8 类危险物——腐蚀性物质；第 3 类危险物——易燃液体

联合国编号（UN No.）：1715

正式运输名称：乙酸酐

包装类别：Ⅱ

2635 乙酸汞

别名：乙酸高汞；醋酸汞

英文名：mercury（Ⅱ）acetate

CAS 号：1600-27-7

GHS 标签信号词及象形图：危险

危险性类别：急性毒性-经口，类别 2

急性毒性-经皮，类别 3

皮肤腐蚀/刺激，类别 1

严重眼损伤/眼刺激，类别 1

皮肤致敏物，类别 1

生殖细胞致突变性，类别 2

生殖毒性，类别 2

特异性靶器官毒性-一次接触，类别 2

特异性靶器官毒性-反复接触，类别1

危害水生环境-急性危害，类别1

危害水生环境-长期危害，类别1

主要危险性及次要危险性：第 6.1 项 危险物——毒性物质

联合国编号（UN No.）：1629

正式运输名称：乙酸汞（醋酸汞）

包装类别：Ⅱ

2636　乙酸环己酯

别名：醋酸环己酯

英文名：cyclohexyl acetate；acetic acid cyclohexyl ester

CAS号：622-45-7

GHS标签信号词及象形图：警告

危险性类别：易燃液体，类别3

严重眼损伤/眼刺激，类别2B

特异性靶器官毒性-一次接触，类别2

特异性靶器官毒性-一次接触，类别3（呼吸道刺激）

主要危险性及次要危险性：第3类危险物——易燃液体

联合国编号（UN No.）：2243

正式运输名称：乙酸环己酯

包装类别：Ⅲ

2637　乙酸甲氧基乙基汞

别名：醋酸甲氧基乙基汞

英文名：methoxyethyl mercury acetate；acetato (2-methoxyethyl) mercury

CAS号：151-38-2

GHS标签信号词及象形图：危险

危险性类别：急性毒性-经口，类别2*

急性毒性-经皮，类别1

急性毒性-吸入，类别2*

特异性靶器官毒性-反复接触，类别2*

危害水生环境-急性危害，类别1

危害水生环境-长期危害，类别1

主要危险性及次要危险性：第 6.1 项 危险物——毒性物质

联合国编号（UN No.）：2025/2811△

正式运输名称：固态汞化合物，未另作规定的/有机毒性固体，未另作规定的△

包装类别：Ⅰ

2638　乙酸甲酯

别名：醋酸甲酯

英文名：methyl acetate；acetic acid methyl ester

CAS号：79-20-9

GHS标签信号词及象形图：危险

危险性类别：易燃液体，类别2

严重眼损伤/眼刺激，类别2

特异性靶器官毒性-一次接触，类别3（麻醉效应）

主要危险性及次要危险性：第3类危险物——易燃液体

联合国编号（UN No.）：1231

正式运输名称：乙酸甲酯

包装类别：Ⅱ

2639　乙酸间甲酚酯

别名：醋酸间甲酚酯

英文名：m-cresol acetate；cresatin

CAS号：122-46-3

GHS标签信号词及象形图：警告

危险性类别：皮肤腐蚀/刺激，类别2

严重眼损伤/眼刺激，类别2A

主要危险性及次要危险性：—

联合国编号（UN No.）：非危

正式运输名称：—

包装类别：—

2640 乙酸铍

别名：醋酸铍

英文名：beryllium acetate；acetic acid beryllium salt

CAS 号：543-81-7

GHS 标签信号词及象形图：危险

危险性类别：急性毒性-经口，类别 3＊

急性毒性-吸入，类别 2＊

皮肤腐蚀/刺激，类别 2

严重眼损伤/眼刺激，类别 2

皮肤致敏物，类别 1

致癌性，类别 1A

特异性靶器官毒性-一次接触，类别 3（呼吸道刺激）

特异性靶器官毒性-反复接触，类别 1

危害水生环境-急性危害，类别 2

危害水生环境-长期危害，类别 2

主要危险性及次要危险性：第 6.1 项危险物——毒性物质

联合国编号（UN No.）：1566/2811△

正式运输名称：铍化合物，未另作规定的/有机毒性固体，未另作规定的△

包装类别：Ⅱ

2641 乙酸铅

别名：醋酸铅

英文名：lead ethanoate

CAS 号：301-04-2

GHS 标签信号词及象形图：危险

危险性类别：生殖毒性，类别 1A

特异性靶器官毒性-反复接触，类别 2＊

危害水生环境-急性危害，类别 1

危害水生环境-长期危害，类别 1

主要危险性及次要危险性：第 6.1 项危险物——毒性物质

联合国编号（UN No.）：1616

正式运输名称：醋酸铅（乙酸铅）

包装类别：Ⅲ

2642 乙酸三甲基锡

别名：醋酸三甲基锡

英文名：trimethyltin acetate；trimethylstannium acetate

CAS 号：1118-14-5

GHS 标签信号词及象形图：危险

危险性类别：急性毒性-经口，类别 2

急性毒性-经皮，类别 1

急性毒性-吸入，类别 2＊

危害水生环境-急性危害，类别 1

危害水生环境-长期危害，类别 1

主要危险性及次要危险性：第 6.1 项危险物——毒性物质

联合国编号（UN No.）：2788/2810△

正式运输名称：液态有机锡化合物，未另作规定的/有机毒性液体，未另作规定的△

包装类别：Ⅰ

2643 乙酸三乙基锡

别名：三乙基乙酸锡

英文名：acetoxytrietlyl stannane；triethyltin acetate

CAS 号：1907-13-7

GHS 标签信号词及象形图：危险

危险性类别：急性毒性-经口，类别 1

急性毒性-经皮，类别 1

急性毒性-吸入，类别 2＊

危害水生环境-急性危害，类别 1

危害水生环境-长期危害，类别 1

主要危险性及次要危险性：第 6.1 项危险
物——毒性物质

联合国编号（UN No.）：2788/2810△

正式运输名称：液态有机锡化合物，未另作
规定的/有机毒性液体，未另作规定的△

包装类别：Ⅰ

2644 乙酸叔丁酯

别名：醋酸叔丁酯

英文名：*tert*-butyl acetate；acetic acid *tert*-butyl ester

CAS 号：540-88-5

GHS 标签信号词及象形图：危险

危险性类别：易燃液体，类别 2

主要危险性及次要危险性：第 3 类危险物——易燃液体

联合国编号（UN No.）：1123

正式运输名称：乙酸丁酯

包装类别：Ⅱ

2645 乙酸烯丙酯

别名：醋酸烯丙酯

英文名：allyl acetate；acetic acid allyl ester

CAS 号：591-87-7

GHS 标签信号词及象形图：危险

危险性类别：易燃液体，类别 2
急性毒性-经口，类别 3
急性毒性-吸入，类别 2
皮肤腐蚀/刺激，类别 2
严重眼损伤/眼刺激，类别 2A
特异性靶器官毒性-反复接触，类别 2

主要危险性及次要危险性：第 3 类危险物——易燃液体；第 6.1 项危险物——毒性物质

联合国编号（UN No.）：2333

正式运输名称：乙酸烯丙酯

包装类别：Ⅱ

2646 乙酸亚汞

别名：—

英文名：mercurous acetate

CAS 号：631-60-7

GHS 标签信号词及象形图：危险

危险性类别：急性毒性-经口，类别 3
急性毒性-经皮，类别 3
皮肤致敏物，类别 1
生殖细胞致突变性，类别 2
生殖毒性，类别 2
特异性靶器官毒性-一次接触，类别 1
特异性靶器官毒性-反复接触，类别 1
危害水生环境-急性危害，类别 1
危害水生环境-长期危害，类别 1

主要危险性及次要危险性：第 6.1 项危险
物——毒性物质

联合国编号（UN No.）：2025/2811△

正式运输名称：固态汞化合物，未另作规定
的/有机毒性固体，未另作规定的△

包装类别：Ⅲ

2647 乙酸亚铊

别名：乙酸铊；醋酸铊

英文名：thalium acetate

CAS 号：563-68-8

GHS 标签信号词及象形图：危险

危险性类别：急性毒性-经口，类别 2
生殖毒性，类别 2
特异性靶器官毒性-一次接触，类别 1
特异性靶器官毒性-反复接触，类别 1
危害水生环境-急性危害，类别 2
危害水生环境-长期危害，类别 2

主要危险性及次要危险性：第 6.1 项危险
物——毒性物质

联合国编号（UN No.）：1707/2811△

正式运输名称：铊化合物，未另作规定的/有机毒性固体，未另作规定的△

包装类别：Ⅱ

2648 乙酸乙二醇乙醚

别名：乙酸乙基溶纤剂；乙二醇乙醚乙酸酯；2-乙氧基乙酸乙酯

英文名：ethylglycol acetate; ethyl cellosolve acetate; acetic acid ethylene glycol monoethyl ether ester; 2-ethoxyethyl acetate

CAS 号：111-15-9

GHS 标签信号词及象形图：危险

危险性类别：易燃液体，类别 3
生殖毒性，类别 1B

主要危险性及次要危险性：第 3 类危险物——易燃液体

联合国编号（UN No.）：1172

正式运输名称：乙酸乙二醇一乙醚酯

包装类别：Ⅲ

2649 乙酸乙基丁酯

别名：醋酸乙基丁酯；乙基丁基乙酸酯

英文名：2-ethylbutyl acetate; acetic acid ethylbutyl ester; ethyl-butyl acetate

CAS 号：10031-87-5

GHS 标签信号词及象形图：警告

危险性类别：易燃液体，类别 3

主要危险性及次要危险性：第 3 类危险物——易燃液体

联合国编号（UN No.）：1177

正式运输名称：乙酸-2-乙基丁酯

包装类别：Ⅲ

2650 乙酸乙烯酯（稳定的）

别名：乙烯基乙酸酯；醋酸乙烯酯

英文名：vinyl acetate, stabilized; ethenylace-tate; acetic acid vinyl ester

CAS 号：108-05-4

GHS 标签信号词及象形图：危险

危险性类别：易燃液体，类别 2
致癌性，类别 2
特异性靶器官毒性-一次接触，类别 3（呼吸道刺激）
危害水生环境-长期危害，类别 3

主要危险性及次要危险性：第 3 类危险物——易燃液体

联合国编号（UN No.）：1301

正式运输名称：乙酸乙烯酯，稳定的

包装类别：Ⅱ

2651 乙酸乙酯

别名：醋酸乙酯

英文名：ethyl acetate; acetic acid ethyl ester

CAS 号：141-78-6

GHS 标签信号词及象形图：危险

危险性类别：易燃液体，类别 2
严重眼损伤/眼刺激，类别 2
特异性靶器官毒性-一次接触，类别 3（麻醉效应）

主要危险性及次要危险性：第 3 类危险物——易燃液体

联合国编号（UN No.）：1173

正式运输名称：乙酸乙酯

包装类别：Ⅱ

2652 乙酸异丙烯酯

别名：醋酸异丙烯酯

英文名：isopropenyl acetate; acetic acid iso-propenyl ester

CAS 号：108-22-5

GHS 标签信号词及象形图：危险

危险性类别：易燃液体，类别 2
严重眼损伤/眼刺激，类别 2A
特异性靶器官毒性-一次接触，类别 3（麻醉效应）
主要危险性及次要危险性：第 3 类危险物——易燃液体
联合国编号（UN No.）：2403
正式运输名称：乙酸异丙烯酯
包装类别：Ⅱ

2653　乙酸异丙酯

别名：醋酸异丙酯
英文名：isopropyl acetate
CAS 号：108-21-4
GHS 标签信号词及象形图：危险

危险性类别：易燃液体，类别 2
严重眼损伤/眼刺激，类别 2
特异性靶器官毒性-一次接触，类别 3（麻醉效应）
主要危险性及次要危险性：第 3 类危险物——易燃液体
联合国编号（UN No.）：1220
正式运输名称：乙酸异丙酯
包装类别：Ⅱ

2654　乙酸异丁酯

别名：醋酸异丁酯
英文名：isobutyl acetate；acetic acid isopropyl ester
CAS 号：110-19-0
GHS 标签信号词及象形图：危险

危险性类别：易燃液体，类别 2

主要危险性及次要危险性：第 3 类危险物——易燃液体
联合国编号（UN No.）：1213
正式运输名称：乙酸异丁酯
包装类别：Ⅱ

2655　乙酸异戊酯

别名：醋酸异戊酯
英文名：isopentyl acetate；acetic acid isoamyl ester
CAS 号：123-92-2
GHS 标签信号词及象形图：警告

危险性类别：易燃液体，类别 3
主要危险性及次要危险性：第 3 类危险物——易燃液体
联合国编号（UN No.）：1104
正式运输名称：乙酸戊酯
包装类别：Ⅲ

2656　乙酸正丙酯

别名：醋酸正丙酯
英文名：propyl acetate
CAS 号：109-60-4
GHS 标签信号词及象形图：危险

危险性类别：易燃液体，类别 2
严重眼损伤/眼刺激，类别 2
特异性靶器官毒性-一次接触，类别 3（麻醉效应）
主要危险性及次要危险性：第 3 类危险物——易燃液体
联合国编号（UN No.）：1276
正式运输名称：乙酸正丙酯
包装类别：Ⅱ

2657　乙酸正丁酯

别名：醋酸正丁酯

英文名：*n*-butyl acetate；acetic acid *n*-butyl ester

CAS 号：123-86-4

GHS 标签信号词及象形图：警告

危险性类别：易燃液体，类别 3

　　特异性靶器官毒性-一次接触，类别 3（麻醉效应）

主要危险性及次要危险性：第 3 类危险物——易燃液体

联合国编号（UN No.）：1123

正式运输名称：乙酸丁酯

包装类别：Ⅱ/Ⅲ△

2658　乙酸正己酯

别名：醋酸正己酯

英文名：*n*-hexyl acetate；acetic acid *n*-hexyl ester

CAS 号：142-92-7

GHS 标签信号词及象形图：警告

危险性类别：易燃液体，类别 3

　　皮肤腐蚀/刺激，类别 2

　　严重眼损伤/眼刺激，类别 2B

　　特异性靶器官毒性-一次接触，类别 3（呼吸道刺激）

主要危险性及次要危险性：第 3 类危险物——易燃液体

联合国编号（UN No.）：3272/1993△

正式运输名称：酯类，未另作规定的/易燃液体，未另作规定的△

包装类别：Ⅲ

2659　乙酸正戊酯

别名：醋酸正戊酯

英文名：pentyl acetate；acetic acid *n*-amyl ester

CAS 号：628-63-7

GHS 标签信号词及象形图：警告

危险性类别：易燃液体，类别 3

主要危险性及次要危险性：第 3 类危险物——易燃液体

联合国编号（UN No.）：1104

正式运输名称：乙酸戊酯

包装类别：Ⅲ

2660　乙酸仲丁酯

别名：醋酸仲丁酯

英文名：*sec*-butyl acetate；acetic acid *sec*-butyl ester

CAS 号：105-46-4

GHS 标签信号词及象形图：危险

危险性类别：易燃液体，类别 2

主要危险性及次要危险性：第 3 类危险物——易燃液体

联合国编号（UN No.）：1123

正式运输名称：乙酸丁酯

包装类别：Ⅱ

2661　乙烷

别名：—

英文名：ethane

CAS 号：74-84-0

GHS 标签信号词及象形图：危险

危险性类别：易燃气体，类别 1

　　加压气体

主要危险性及次要危险性：第 2.1 类危险物——易燃气体

联合国编号（UN No.）：1035

正式运输名称：乙烷

包装类别：不适用

2662　乙烯

别名：—

英文名：ethylene

CAS 号：74-85-1

GHS 标签信号词及象形图：危险

危险性类别：易燃气体，类别 1

　加压气体

　特异性靶器官毒性-一次接触，类别 3（麻醉效应）

主要危险性及次要危险性：第 2.1 类危险物——易燃气体

联合国编号（UN No.）：1962

正式运输名称：乙烯

包装类别：不适用

2663　乙烯(2-氯乙基)醚

别名：(2-氯乙基) 乙烯醚

英文名：vinyl（2-chloroethyl）ether；2-chloroethyl vinyl ether

CAS 号：110-75-8

GHS 标签信号词及象形图：危险

危险性类别：易燃液体，类别 2

　急性毒性-经口，类别 3

　严重眼损伤/眼刺激，类别 2B

主要危险性及次要危险性：第 3 类危险物——易燃液体；第 6.1 项危险物——毒性物质

联合国编号（UN No.）：1992

正式运输名称：易燃液体，毒性，未另作规定的

包装类别：Ⅱ

2664　4-乙烯-1-环己烯

别名：4-乙烯基环己烯

英文名：4-vinyl-1-cyclohexene

CAS 号：100-40-3

GHS 标签信号词及象形图：危险

危险性类别：易燃液体，类别 2

　皮肤腐蚀/刺激，类别 2

　严重眼损伤/眼刺激，类别 1

　致癌性，类别 2

　生殖毒性，类别 2

　特异性靶器官毒性-反复接触，类别 1

　危害水生环境-急性危害，类别 2

　危害水生环境-长期危害，类别 2

主要危险性及次要危险性：第 3 类危险物——易燃液体

联合国编号（UN No.）：1993

正式运输名称：易燃液体，未另作规定的

包装类别：Ⅱ

2665　乙烯砜

别名：二乙烯砜

英文名：vinyl sulfone；divinyl sulfone

CAS 号：77-77-0

GHS 标签信号词及象形图：危险

危险性类别：急性毒性-经口，类别 2

　急性毒性-经皮，类别 1

主要危险性及次要危险性：第 6.1 项危险物——毒性物质

联合国编号（UN No.）：2810

正式运输名称：有机毒性液体，未另作规定的

包装类别：Ⅰ

2666　2-乙烯基吡啶

别名：—

英文名：2-vinyl pyridine

CAS 号：100-69-6

GHS 标签信号词及象形图：危险

危险性类别：易燃液体，类别 3

　　急性毒性-经口，类别 3

　　急性毒性-经皮，类别 2

　　皮肤腐蚀/刺激，类别 2

　　严重眼损伤/眼刺激，类别 2A

　　皮肤致敏物，类别 1

　　特异性靶器官毒性-一次接触，类别 1

　　特异性靶器官毒性-一次接触，类别 3（呼吸道刺激）

　　特异性靶器官毒性-反复接触，类别 2

　　危害水生环境-急性危害，类别 2

　　危害水生环境-长期危害，类别 2

主要危险性及次要危险性：第 3 类危险物——易燃液体；第 6.1 项危险物——毒性物质；第 8 类危险物——腐蚀性物质

联合国编号（UN No.）：3073

正式运输名称：乙烯基吡啶，稳定的

包装类别：Ⅱ

2667　4-乙烯基吡啶

别名：—

英文名：4-vinylpyridine

CAS 号：100-43-6

GHS 标签信号词及象形图：危险

危险性类别：易燃液体，类别 3

　　急性毒性-经口，类别 3

　　急性毒性-吸入，类别 1

　　皮肤腐蚀/刺激，类别 2

　　严重眼损伤/眼刺激，类别 2A

　　皮肤致敏物，类别 1

　　特异性靶器官毒性-一次接触，类别 3（呼吸道刺激）

　　危害水生环境-急性危害，类别 1

　　危害水生环境-长期危害，类别 1

主要危险性及次要危险性：第 6.1 项危险物——毒性物质；第 3 类危险物——易燃

液体；第 8 类危险物——腐蚀性物质

联合国编号（UN No.）：3073

正式运输名称：乙烯基吡啶，稳定的

包装类别：Ⅱ

2668　乙烯基甲苯异构体混合物（稳定的）

别名：—

英文名：vinyltoluene isomers mixture，stabilized

CAS 号：25013-15-4

GHS 标签信号词及象形图：危险

危险性类别：易燃液体，类别 3

　　皮肤腐蚀/刺激，类别 2

　　严重眼损伤/眼刺激，类别 2A

　　生殖细胞致突变性，类别 2

　　特异性靶器官毒性-一次接触，类别 3（呼吸道刺激、麻醉效应）

　　特异性靶器官毒性-反复接触，类别 1

　　危害水生环境-长期危害，类别 3

主要危险性及次要危险性：第 3 类危险物——易燃液体

联合国编号（UN No.）：2618

正式运输名称：乙烯基甲苯，稳定的

包装类别：Ⅲ

2669　4-乙烯基间二甲苯

别名：2,4-二甲基苯乙烯

英文名：4-vinyl-*m*-xylene；2,4-dimethyl styrene

CAS 号：1195-32-0

GHS 标签信号词及象形图：警告

危险性类别：皮肤腐蚀/刺激，类别 2

　　严重眼损伤/眼刺激，类别 2

　　特异性靶器官毒性-一次接触，类别 3（呼

吸道刺激）

主要危险性及次要危险性：

联合国编号（UN No.）： 非危

正式运输名称： —

包装类别： —

2670　乙烯基三氯硅烷（稳定的）

别名： 三氯乙烯硅烷

英文名： vinyltrichlorosilane, stabilized; trichlorovinylsilane

CAS号： 75-94-5

GHS标签信号词及象形图： 危险

危险性类别： 易燃液体，类别2

急性毒性-经口，类别3

急性毒性-经皮，类别3

急性毒性-吸入，类别3

皮肤腐蚀/刺激，类别1

严重眼损伤/眼刺激，类别1

特异性靶器官毒性-一次接触，类别3（呼吸道刺激）

主要危险性及次要危险性： 第3类危险物——易燃液体；第8类危险物——腐蚀性物质

联合国编号（UN No.）： 1305

正式运输名称： 乙烯基三氯硅烷

包装类别： Ⅱ

2671　N-乙烯基亚乙基亚胺

别名： N-乙烯基氮丙环

英文名： N-vinylethyleneimine; N-vinylaziridine

CAS号： 5628-99-9

GHS标签信号词及象形图： 危险

危险性类别： 急性毒性-经口，类别1

急性毒性-经皮，类别1

急性毒性-吸入，类别1

主要危险性及次要危险性： 第6.1项危险

物——毒性物质

联合国编号（UN No.）： 2811

正式运输名称： 有机毒性固体，未另作规定的

包装类别： Ⅰ

2672　乙烯基乙醚（稳定的）

别名： 乙基乙烯醚；乙氧基乙烯

英文名： vinyl ethyl ether, stabilized; ethyl vinyl ether; ethoxy ethylene

CAS号： 109-92-2

GHS标签信号词及象形图： 危险

危险性类别： 易燃液体，类别1

特异性靶器官毒性-一次接触，类别3（麻醉效应）

主要危险性及次要危险性： 第3类危险物——易燃液体

联合国编号（UN No.）： 1302

正式运输名称： 乙烯基·乙基醚，稳定的

包装类别： Ⅰ

2673　乙烯基乙酸异丁酯

别名： —

英文名： isobutyl but-3-enoate

CAS号： 24342-03-8

GHS标签信号词及象形图： 警告

危险性类别： 易燃液体，类别3

主要危险性及次要危险性： 第3类危险物——易燃液体

联合国编号（UN No.）： 3272/1993△

正式运输名称： 酯类，未另作规定的/易燃液体，未另作规定的△

包装类别： Ⅲ

2674　乙烯三乙氧基硅烷

别名： 三乙氧基乙烯硅烷

英文名：vinyl triethoxy silane；triethoxy vinyl silane

CAS 号：78-08-0

GHS 标签信号词及象形图：警告

危险性类别：易燃液体，类别 3

主要危险性及次要危险性：第 3 类危险物——易燃液体

联合国编号（UN No.）：1993

正式运输名称：易燃液体，未另作规定的

包装类别：Ⅲ

2675 N-乙酰对苯二胺

别名：对氨基苯乙酰胺；对乙酰氨基苯胺

英文名：*N*-acetyl-*p*-phenylenediamine；*p*-aminoacetanilide；*p*-acetamidoaniline

CAS 号：122-80-5

GHS 标签信号词及象形图：危险

危险性类别：严重眼损伤/眼刺激，类别 2

呼吸道致敏物，类别 1

皮肤致敏物，类别 1

主要危险性及次要危险性：—

联合国编号（UN No.）：非危

正式运输名称：—

包装类别：—

2676 乙酰过氧化磺酰环己烷（含量≤32%，含 B 型稀释剂≥68%）

别名：过氧化乙酰磺酰环己烷

英文名：acetyl cyclohexanesulphonyl peroxide（not more than 32%，and diluent type B not less than 68%）

CAS 号：3179-56-4

GHS 标签信号词及象形图：危险

危险性类别：有机过氧化物，D 型

主要危险性及次要危险性：第 5.2 项危险物——有机过氧化物

联合国编号（UN No.）：3115

正式运输名称：液态 D 型有机过氧化物，控制温度的

包装类别：满足 Ⅱ 类包装要求

乙酰过氧化磺酰环己烷（含量≤82%，含水≥12%）

别名：过氧化乙酰磺酰环己烷

英文名：acetyl cyclohexanesulphonyl peroxide（not more than 82%，and water not less than 12%）

CAS 号：3179-56-4

GHS 标签信号词及象形图：危险

危险性类别：有机过氧化物，B 型

主要危险性及次要危险性：第 5.2 项危险物——有机过氧化物

联合国编号（UN No.）：3112

正式运输名称：固态 B 型有机过氧化物，控制温度的

包装类别：满足 Ⅱ 类包装要求

2677 乙酰基乙烯酮（稳定的）

别名：双烯酮；二乙烯酮

英文名：acetyl ketene，stabilized；diketene；diketen

CAS 号：674-82-8

GHS 标签信号词及象形图：危险

危险性类别：易燃液体，类别 3

急性毒性-吸入，类别 2

主要危险性及次要危险性：第 6.1 项危险物——毒性物质；第 3 类危险物——易燃液体

联合国编号（UN No.）：2521

正式运输名称：双烯酮，稳定的

包装类别：Ⅰ

2678 3-(α-乙酰甲基苄基)- 4-羟基香豆素

别名：杀鼠灵

英文名：warfarin；warfarat；（RS）-4-hydroxy-3- (3-oxo-1-phenylbutyl) coumarin

CAS 号：81-81-2

GHS 标签信号词及象形图：危险

危险性类别：生殖毒性，类别 1A

特异性靶器官毒性-反复接触，类别 1

危害水生环境-长期危害，类别 3

主要危险性及次要危险性：第 6.1 项危险 物——毒性物质

联合国编号（UN No.）：3027/2811△

正式运输名称：固态香豆素衍生物农药，毒 性/有机毒性固体，未另作规定的△

包装类别：Ⅱ

2679 乙酰氯

别名：氯化乙酰

英文名：acetyl chloride；ethanoyl chloride

CAS 号：75-36-5

GHS 标签信号词及象形图：危险

危险性类别：易燃液体，类别 2

皮肤腐蚀/刺激，类别 1B

严重眼损伤/眼刺激，类别 1

主要危险性及次要危险性：第 3 类危险物—— 易燃液体；第 8 类危险物——腐蚀性物质

联合国编号（UN No.）：1717

正式运输名称：乙酰氯

包装类别：Ⅱ

2680 乙酰替硫脲

别名：1-乙酰硫脲

英文名：acetyl thiourea；1-acetylthiourea

CAS 号：591-08-2

GHS 标签信号词及象形图：危险

危险性类别：急性毒性-经口，类别 2

主要危险性及次要危险性：第 6.1 项危险 物——毒性物质

联合国编号（UN No.）：2811

正式运输名称：有机毒性固体，未另作规 定的

包装类别：Ⅱ

2681 乙酰亚砷酸铜

别名：巴黎绿；祖母绿；醋酸亚砷酸铜；翡 翠绿；帝绿；苔绿；维也纳绿；草地绿； 翠绿

英文名：cupric aceto-arsenite；emerald green； imperial green

CAS 号：12002-03-8

GHS 标签信号词及象形图：危险

危险性类别：急性毒性-经口，类别 2

严重眼损伤/眼刺激，类别 2

致癌性，类别 1A

生殖毒性，类别 2

特异性靶器官毒性-一次接触，类别 1

特异性靶器官毒性-反复接触，类别 1

危害水生环境-急性危害，类别 1

危害水生环境-长期危害，类别 1

主要危险性及次要危险性：第 6.1 项危险 物——毒性物质

联合国编号（UN No.）：1585

正式运输名称：乙酰亚砷酸铜

包装类别：Ⅱ

2682 2-乙氧基苯胺

别名：邻氨基苯乙醚；邻乙氧基苯胺

英文名：2-ethoxyaniline；o-phenetidine；

o-ethoxyaniline

CAS 号：94-70-2

GHS 标签信号词及象形图：危险

危险性类别：急性毒性-经口，类别 3 *

　　急性毒性-经皮，类别 3 *

　　急性毒性-吸入，类别 3 *

　　特异性靶器官毒性-反复接触，类别 2 *

主要危险性及次要危险性：第 6.1 项危险

　　物——毒性物质

联合国编号（UN No.）：2311

正式运输名称：氨基苯乙醚

包装类别：Ⅲ

2683　3-乙氧基苯胺

别名：间乙氧基苯胺；间氨基苯乙醚

英文名：3-ethoxyaniline；m-phenetidine；

　　m-ethoxyaniline

CAS 号：621-33-0

GHS 标签信号词及象形图：危险

危险性类别：急性毒性-经口，类别 3

　　急性毒性-经皮，类别 3

　　急性毒性-吸入，类别 3

　　特异性靶器官毒性-反复接触，类别 2

主要危险性及次要危险性：第 6.1 项危险

　　物——毒性物质

联合国编号（UN No.）：2311

正式运输名称：氨基苯乙醚

包装类别：Ⅲ

2684　4-乙氧基苯胺

别名：对乙氧基苯胺；对氨基苯乙醚

英文名：4-ethoxyaniline；p-ethoxyaniline；

　　p-phenetidine

CAS 号：156-43-4

GHS 标签信号词及象形图：危险

危险性类别：急性毒性-吸入，类别 3

　　严重眼损伤/眼刺激，类别 2

　　皮肤致敏物，类别 1

　　生殖细胞致突变性，类别 2

　　危害水生环境-急性危害，类别 2

主要危险性及次要危险性：第 6.1 项危险

　　物——毒性物质

联合国编号（UN No.）：2311

正式运输名称：氨基苯乙醚

包装类别：Ⅲ

2685　1-异丙基-3-甲基吡唑-5-基-N,N-
二甲基氨基甲酸酯（含量＞20％）

别名：异索威

英文名：1-isopropyl-3-methylpyrazol-5-yl dim-

　　ethylcarbamate（more than 20％）；isolan；

　　primin powder

CAS 号：119-38-0

GHS 标签信号词及象形图：危险

危险性类别：急性毒性-经口，类别 2 *

　　急性毒性-经皮，类别 1

主要危险性及次要危险性：第 6.1 项危险

　　物——毒性物质

联合国编号（UN No.）：2992/2810△

正式运输名称：液态氨基甲酸酯农药，毒性/

　　有机毒性液体，未另作规定的△

包装类别：Ⅰ

2686　3-异丙基-5-甲基苯基-N-
甲基氨基甲酸酯

别名：猛杀威

英文名：5-methyl m-cumenyl methylcarbam-

　　ate；promecarb powder

CAS 号：2631-37-0

GHS 标签信号词及象形图：危险

危险性类别：急性毒性-经口，类别 3 *
  危害水生环境-急性危害，类别 1
  危害水生环境-长期危害，类别 1
主要危险性及次要危险性：第 6.1 项危险
  物——毒性物质
联合国编号（UN No.）：2757/2811△
正式运输名称：固态氨基甲酸酯农药，毒性/
  有机毒性固体，未另作规定的△
包装类别：Ⅲ

2687　N-异丙基-N-苯基氯乙酰胺

别名：毒草胺
英文名：2-chloro-N-isopropylacetanilide；α-
chloro-N-isopropylacetanilide；propachlor；
bexton
CAS 号：1918-16-7
GHS 标签信号词及象形图：警告

危险性类别：严重眼损伤/眼刺激，类别 2
  皮肤致敏物，类别 1
  危害水生环境-急性危害，类别 1
  危害水生环境-长期危害，类别 1
主要危险性及次要危险性：第 9 类危险物——
  杂项危险物质和物品
联合国编号（UN No.）：3077
正式运输名称：对环境有害的固态物质，未
  另作规定的
包装类别：Ⅲ

2688　异丙基苯

别名：枯烯；异丙苯
英文名：isopropylbenzene；cumene
CAS 号：98-82-8
GHS 标签信号词及象形图：危险

危险性类别：易燃液体，类别 3
  特异性靶器官毒性-一次接触，类别 3（呼
    吸道刺激）
  吸入危害，类别 1
  危害水生环境-急性危害，类别 2
  危害水生环境-长期危害，类别 2
主要危险性及次要危险性：第 3 类危险物——
  易燃液体
联合国编号（UN No.）：1918
正式运输名称：异丙基苯
包装类别：Ⅲ

2689　3-异丙基苯基-N-氨基甲酸甲酯

别名：间异丙威
英文名：3-isopropylphenyl N-methylcarbam-
ate；MIP emulsion
CAS 号：64-00-6
GHS 标签信号词及象形图：危险

危险性类别：急性毒性-经口，类别 3
  急性毒性-经皮，类别 1
  急性毒性-吸入，类别 3
  危害水生环境-急性危害，类别 1
主要危险性及次要危险性：第 6.1 项危险
  物——毒性物质
联合国编号（UN No.）：2757/2811△
正式运输名称：固态氨基甲酸酯农药，毒性/
  有机毒性固体，未另作规定的△
包装类别：Ⅰ

2690　异丙基异丙苯基氢过氧化物（含量≤72%，含 A 型稀释剂≥28%）

别名：过氧化氢二异丙苯
英文名：isopropylcumyl hydroperoxide（not
  more than 72%，and diluent type A not less
  than 28%）；DHP
CAS 号：26762-93-6
GHS 标签信号词及象形图：危险

危险性类别：有机过氧化物，F 型

皮肤腐蚀/刺激，类别 1

严重眼损伤/眼刺激，类别 1

主要危险性及次要危险性：第 5.2 项危险物——有机过氧化物

联合国编号（UN No.）：3109

正式运输名称：液态 F 型有机过氧化物

包装类别：满足 Ⅱ 类包装要求

2691　异丙硫醇

别名：硫代异丙醇；2-巯基丙烷

英文名：isopropyl mercaptan；thioisopropyl alcohol；2-mercaptopropane

CAS 号：75-33-2

GHS 标签信号词及象形图：危险

危险性类别：易燃液体，类别 2

严重眼损伤/眼刺激，类别 2B

皮肤致敏物，类别 1

特异性靶器官毒性-一次接触，类别 3（麻醉效应）

危害水生环境-急性危害，类别 1

危害水生环境-长期危害，类别 1

主要危险性及次要危险性：第 3 类危险物——易燃液体

联合国编号（UN No.）：2402

正式运输名称：丙硫醇

包装类别：Ⅱ

2692　异丙醚

别名：二异丙基醚

英文名：isopropyl ether；diisopropyl ether

CAS 号：108-20-3

GHS 标签信号词及象形图：危险

危险性类别：易燃液体，类别 2

特异性靶器官毒性-一次接触，类别 3（麻醉效应）

危害水生环境-长期危害，类别 3

主要危险性及次要危险性：第 3 类危险物——易燃液体

联合国编号（UN No.）：1159

正式运输名称：二异丙醚

包装类别：Ⅱ

2693　异丙烯基乙炔

别名：—

英文名：isopropenylacetylene

CAS 号：78-80-8

GHS 标签信号词及象形图：危险

危险性类别：易燃液体，类别 1

主要危险性及次要危险性：第 3 类危险物——易燃液体

联合国编号（UN No.）：3295/1993△

正式运输名称：液态烃类，未另作规定的/易燃液体，未另作规定的△

包装类别：Ⅰ

2694　异丁胺

别名：1-氨基-2-甲基丙烷

英文名：isobutylamine；1-amino-2-methylpropane

CAS 号：78-81-9

GHS 标签信号词及象形图：危险

危险性类别：易燃液体，类别 2

急性毒性-经口，类别 3

皮肤腐蚀/刺激，类别 1

严重眼损伤/眼刺激，类别 1

特异性靶器官毒性-一次接触，类别 3（呼吸道刺激）

主要危险性及次要危险性：第 3 类危险物——

易燃液体；第 8 类危险物——腐蚀性物质

联合国编号（UN No.）：1214

正式运输名称：异丁胺

包装类别：Ⅱ

2695　异丁基苯

别名：异丁苯

英文名：isobutylbenzene

CAS 号：538-93-2

GHS 标签信号词及象形图：警告

危险性类别：易燃液体，类别 3

　　皮肤腐蚀/刺激，类别 2

　　危害水生环境-急性危害，类别 1

　　危害水生环境-长期危害，类别 1

主要危险性及次要危险性：第 3 类危险物——

　　易燃液体

联合国编号（UN No.）：2709

正式运输名称：丁基苯

包装类别：Ⅲ

2696　异丁基环戊烷

别名：—

英文名：isobutyl cyclopentane

CAS 号：3788-32-7

GHS 标签信号词及象形图：危险

危险性类别：易燃液体，类别 2

主要危险性及次要危险性：第 3 类危险物——

　　易燃液体

联合国编号（UN No.）：3295/1993△

正式运输名称：液态烃类，未另作规定的/易

　　燃液体，未另作规定的△

包装类别：Ⅱ

2697　异丁基乙烯基醚（稳定的）

别名：乙烯基异丁醚；异丁氧基乙烯

英文名：vinyl isobutyl ether, stabilized;

isobutyl vinyl ether; isobutoxy ethylene

CAS 号：109-53-5

GHS 标签信号词及象形图：危险

危险性类别：易燃液体，类别 2

　　皮肤腐蚀/刺激，类别 2

主要危险性及次要危险性：第 3 类危险物——

　　易燃液体

联合国编号（UN No.）：1304

正式运输名称：乙烯基·异丁基醚，稳定的

包装类别：Ⅱ

2698　异丁腈

别名：异丙基氰

英文名：isobutyronitrile

CAS 号：78-82-0

GHS 标签信号词及象形图：危险

危险性类别：易燃液体，类别 2

　　急性毒性-经口，类别 3

　　急性毒性-经皮，类别 2

　　急性毒性-吸入，类别 3

　　严重眼损伤/眼刺激，类别 2

　　特异性靶器官毒性-一次接触，类别 2

　　特异性靶器官毒性-一次接触，类别 3（呼

　　吸道刺激）

主要危险性及次要危险性：第 3 类危险物——

　　易燃液体；第 6.1 项危险物——毒性物质

联合国编号（UN No.）：2284

正式运输名称：异丁腈

包装类别：Ⅱ

2699　异丁醛

别名：2-甲基丙醛

英文名：isobutyraldehyde；2-methylpropanal

CAS 号：78-84-2

GHS 标签信号词及象形图：危险

危险性类别：易燃液体，类别 2
生殖细胞致突变性，类别 2
特异性靶器官毒性-一次接触，类别 3（呼吸道刺激）

主要危险性及次要危险性：第 3 类危险物——易燃液体

联合国编号（UN No.）：2045

正式运输名称：异丁醛

包装类别：Ⅱ

2700 异丁酸

别名：2-甲基丙酸

英文名：isobutyric acid；2-methylpropanoic acid

CAS 号：79-31-2

GHS 标签信号词及象形图：危险

危险性类别：易燃液体，类别 3
皮肤腐蚀/刺激，类别 1
严重眼损伤/眼刺激，类别 1

主要危险性及次要危险性：第 3 类危险物——易燃液体；第 8 类危险物——腐蚀性物质

联合国编号（UN No.）：2529

正式运输名称：异丁酸

包装类别：Ⅲ

2701 异丁酸酐

别名：异丁酐

英文名：isobutyric anhydride

CAS 号：97-72-3

GHS 标签信号词及象形图：危险

危险性类别：易燃液体，类别 3
皮肤腐蚀/刺激，类别 1
严重眼损伤/眼刺激，类别 1

特异性靶器官毒性-一次接触，类别 3（呼吸道刺激）

主要危险性及次要危险性：第 3 类危险物——易燃液体；第 8 类危险物——腐蚀性物质

联合国编号（UN No.）：2924

正式运输名称：易燃液体，腐蚀性，未另作规定的

包装类别：Ⅲ

2702 异丁酸甲酯

别名：—

英文名：methyl isobutyrate

CAS 号：547-63-7

GHS 标签信号词及象形图：危险

危险性类别：易燃液体，类别 2

主要危险性及次要危险性：第 3 类危险物——易燃液体

联合国编号（UN No.）：3272/1993△

正式运输名称：酯类，未另作规定的/易燃液体，未另作规定的△

包装类别：Ⅱ

2703 异丁酸乙酯

别名：—

英文名：ethyl isobutyrate

CAS 号：97-62-1

GHS 标签信号词及象形图：危险

危险性类别：易燃液体，类别 2
皮肤腐蚀/刺激，类别 2

主要危险性及次要危险性：第 3 类危险物——易燃液体

联合国编号（UN No.）：2385

正式运输名称：异丁酸乙酯

包装类别：Ⅱ

2704　异丁酸异丙酯

别名：—

英文名：isopropyl isobutyrate

CAS 号：617-50-5

GHS 标签信号词及象形图：危险

危险性类别：易燃液体，类别 2

主要危险性及次要危险性：第 3 类危险物——
易燃液体

联合国编号（UN No.）：2406

正式运输名称：异丁酸异丙酯

包装类别：Ⅱ

2705　异丁酸异丁酯

别名：—

英文名：isobutyl isobutyrate

CAS 号：97-85-8

GHS 标签信号词及象形图：警告

危险性类别：易燃液体，类别 3
特异性靶器官毒性--一次接触，类别 3（麻
醉效应）

主要危险性及次要危险性：第 3 类危险物——
易燃液体

联合国编号（UN No.）：2528

正式运输名称：异丁酸异丁酯

包装类别：Ⅲ

2706　异丁酸正丙酯

别名：—

英文名：n-propyl isobutyrate

CAS 号：644-49-5

GHS 标签信号词及象形图：警告

危险性类别：易燃液体，类别 3

主要危险性及次要危险性：第 3 类危险物——
易燃液体

联合国编号（UN No.）：3272/1993△

正式运输名称：酯类，未另作规定的/易燃液
体，未另作规定的△

包装类别：Ⅲ

2707　异丁烷

别名：2-甲基丙烷

英文名：isobutane；2-methyl-propane

CAS 号：75-28-5

GHS 标签信号词及象形图：危险

危险性类别：易燃气体，类别 1
加压气体

主要危险性及次要危险性：第 2.1 类危险
物——易燃气体

联合国编号（UN No.）：1969

正式运输名称：异丁烷

包装类别：不适用

2708　异丁烯

别名：2-甲基丙烯

英文名：isobutylene；2-methyl propene

CAS 号：115-11-7

GHS 标签信号词及象形图：危险

危险性类别：易燃气体，类别 1
加压气体

主要危险性及次要危险性：第 2.1 类危险
物——易燃气体

联合国编号（UN No.）：1055

正式运输名称：异丁烯

包装类别：不适用

2709　异丁酰氯

别名：氯化异丁酰

英文名：isobutyryl chloride；isobutanoyl chloride

CAS 号：79-30-1

GHS 标签信号词及象形图：危险

危险性类别：易燃液体，类别 2

皮肤腐蚀/刺激，类别 1A

严重眼损伤/眼刺激，类别 1

主要危险性及次要危险性：第 3 类危险物——易燃液体；第 8 类危险物——腐蚀性物质

联合国编号（UN No.）：2395

正式运输名称：异丁酰氯

包装类别：Ⅱ

2710　异佛尔酮二异氰酸酯

别名：—

英文名：isophorone di-isocyanate；3-isocyanatomethyl-3,5,5-trimethylcyclohexyl isocyanate

CAS 号：4098-71-9

GHS 标签信号词及象形图：危险

危险性类别：急性毒性-吸入，类别 3*

皮肤腐蚀/刺激，类别 2

严重眼损伤/眼刺激，类别 2

呼吸道致敏物，类别 1

皮肤致敏物，类别 1

特异性靶器官毒性-一次接触，类别 3（呼吸道刺激）

危害水生环境-急性危害，类别 2

危害水生环境-长期危害，类别 2

主要危险性及次要危险性：第 6.1 项危险物——毒性物质

联合国编号（UN No.）：2290

正式运输名称：二异氰酸异佛尔酮酯

包装类别：Ⅲ

2711　异庚烯

别名：—

英文名：isoheptene

CAS 号：68975-47-3

GHS 标签信号词及象形图：危险

危险性类别：易燃液体，类别 2

主要危险性及次要危险性：第 3 类危险物——易燃液体

联合国编号（UN No.）：2287

正式运输名称：异庚烯

包装类别：Ⅱ

2712　异己烯

别名：—

英文名：isohexene

CAS 号：27236-46-0

GHS 标签信号词及象形图：危险

危险性类别：易燃液体，类别 2

主要危险性及次要危险性：第 3 类危险物——易燃液体

联合国编号（UN No.）：2288

正式运输名称：异己烯

包装类别：Ⅱ

2713　异硫氰酸-1-萘酯

别名：—

英文名：1-naphthyl isothiocyanate

CAS 号：551-06-4

GHS 标签信号词及象形图：危险

危险性类别：急性毒性-经口，类别 3

主要危险性及次要危险性：第 6.1 项危险

物——毒性物质

联合国编号（UN No.）： 2811

正式运输名称： 有机毒性固体，未另作规定的

包装类别： Ⅲ

2714 异硫氰酸苯酯

别名： 苯基芥子油

英文名： phenyl isothiocyanate；phenyl mustard oil

CAS 号： 103-72-0

GHS 标签信号词及象形图： 危险

危险性类别： 急性毒性-经口，类别 3

皮肤腐蚀/刺激，类别 1

严重眼损伤/眼刺激，类别 1

危害水生环境-急性危害，类别 1

危害水生环境-长期危害，类别 1

主要危险性及次要危险性： 第 8 类危险物——腐蚀性物质；第 6.1 项危险物——毒性物质

联合国编号（UN No.）： 2922

正式运输名称： 腐蚀性液体，毒性，未另作规定的

包装类别： Ⅲ

2715 异硫氰酸烯丙酯

别名： 人造芥子油；烯丙基异硫氰酸酯；烯丙基芥子油

英文名： allyl isothiocyanate, stabilized；1-propene，3-isothiocyanato-

CAS 号： 57-06-7

GHS 标签信号词及象形图： 危险

危险性类别： 易燃液体，类别 3

急性毒性-经口，类别 3

急性毒性-经皮，类别 2

皮肤腐蚀/刺激，类别 2

皮肤致敏物，类别 1

生殖毒性，类别 2

特异性靶器官毒性-一次接触，类别 2

特异性靶器官毒性-反复接触，类别 2

危害水生环境-急性危害，类别 1

危害水生环境-长期危害，类别 1

主要危险性及次要危险性： 第 6.1 项危险物——毒性物质；第 3 类危险物——易燃液体

联合国编号（UN No.）： 1545

正式运输名称： 异硫氰酸烯丙酯，稳定的

包装类别： Ⅱ

2716 异氰基乙酸乙酯

别名： —

英文名： ethyl isocyanoacetate

CAS 号： 2999-46-4

GHS 标签信号词及象形图： 警告

危险性类别： 皮肤腐蚀/刺激，类别 2

严重眼损伤/眼刺激，类别 2

特异性靶器官毒性-一次接触，类别 3（呼吸道刺激）

主要危险性及次要危险性： —

联合国编号（UN No.）： 非危

正式运输名称： —

包装类别： —

2717 异氰酸-3-氯-4-甲苯酯

别名： 3-氯-4-甲基苯基异氰酸酯

英文名： 3-chloro-4-methylphenyl isocyanate；isocyanato-3-chloro-4-methyl benzene

CAS 号： 28479-22-3

GHS 标签信号词及象形图： 危险

危险性类别： 易燃液体，类别 3

急性毒性-吸入，类别 2

皮肤腐蚀/刺激，类别1B

严重眼损伤/眼刺激，类别1

特异性靶器官毒性--一次接触，类别3（呼吸道刺激）

主要危险性及次要危险性：第 6.1 项危险物——毒性物质

联合国编号（UN No.）：2236/3428△

正式运输名称：异氰酸-3-氯-4-甲基苯酯，液态/固态异氰酸-3-氯-4-甲基苯酯△

包装类别：Ⅱ

2718　异氰酸苯酯

别名：苯基异氰酸酯

英文名：isocyanic acid phenyl ester；phenyl-carbimide；carbanil

CAS 号：103-71-9

GHS 标签信号词及象形图：危险

危险性类别：易燃液体，类别3

急性毒性-吸入，类别1

皮肤腐蚀/刺激，类别1

严重眼损伤/眼刺激，类别1

呼吸道致敏物，类别1

皮肤致敏物，类别1

主要危险性及次要危险性：第 6.1 项危险物——毒性物质；第 3 类危险物——易燃液体

联合国编号（UN No.）：2487

正式运输名称：异氰酸苯酯

包装类别：Ⅰ

2719　异氰酸对硝基苯酯

别名：对硝基苯异氰酸酯；异氰酸-4-硝基苯酯

英文名：p-nitrophenyl isocyanate；4-nitrophenyl isocyanate；isocyanato-4-nitrobenzene

CAS 号：100-28-7

GHS 标签信号词及象形图：警告

危险性类别：皮肤腐蚀/刺激，类别2

严重眼损伤/眼刺激，类别2

特异性靶器官毒性--一次接触，类别3（呼吸道刺激）

主要危险性及次要危险性：—

联合国编号（UN No.）：非危

正式运输名称：—

包装类别：—

2720　异氰酸对溴苯酯

别名：4-溴异氰酸苯酯

英文名：p-bromophenyl isocyanate；4-bromo-phenyl isocyanate

CAS 号：2493-02-9

GHS 标签信号词及象形图：警告

危险性类别：皮肤腐蚀/刺激，类别2

严重眼损伤/眼刺激，类别2

特异性靶器官毒性--一次接触，类别3（呼吸道刺激）

主要危险性及次要危险性：—

联合国编号（UN No.）：非危

正式运输名称：—

包装类别：—

2721　异氰酸二氯苯酯

别名：3,4-二氯苯基异氰酸酯

英文名：dichlorophenyl isocyanate；3,4-dichloro-phenyl isocyanat

CAS 号：102-36-3

GHS 标签信号词及象形图：危险

危险性类别：急性毒性-经口，类别3

严重眼损伤/眼刺激，类别1

特异性靶器官毒性-一次接触，类别 3（呼吸道刺激）

主要危险性及次要危险性：第 6.1 项危险物——毒性物质

联合国编号（UN No.）：2250

正式运输名称：异氰酸二氯苯酯

包装类别：Ⅱ

2722　异氰酸环己酯

别名：环己基异氰酸酯

英文名：cyclohexyl isocyanate；isocyanato-hexane

CAS 号：3173-53-3

GHS 标签信号词及象形图：危险

危险性类别：易燃液体，类别 3

急性毒性-吸入，类别 2＊

皮肤腐蚀/刺激，类别 1

严重眼损伤/眼刺激，类别 1

主要危险性及次要危险性：第 6.1 项危险物——毒性物质；第 3 类危险物——易燃液体

联合国编号（UN No.）：2488

正式运输名称：异氰酸环己酯

包装类别：Ⅰ

2723　异氰酸甲酯

别名：甲基异氰酸酯

英文名：isocyanatomethane；methyl isocyanate

CAS 号：624-83-9

GHS 标签信号词及象形图：危险

危险性类别：易燃液体，类别 2

急性毒性-经口，类别 3＊

急性毒性-经皮，类别 3＊

急性毒性-吸入，类别 2＊

皮肤腐蚀/刺激，类别 2

严重眼损伤/眼刺激，类别 1

呼吸道致敏物，类别 1

皮肤致敏物，类别 1

生殖毒性，类别 2

特异性靶器官毒性-一次接触，类别 3（呼吸道刺激）

主要危险性及次要危险性：第 6.1 项危险物——毒性物质；第 3 类危险物——易燃液体

联合国编号（UN No.）：2480

正式运输名称：异氰酸甲酯

包装类别：Ⅰ

2724　异氰酸三氟甲苯酯

别名：三氟甲苯异氰酸酯

英文名：isocyanatobenzotrifluoride；trifluoro methylphenyl isocyanate

CAS 号：329-01-1

GHS 标签信号词及象形图：危险

危险性类别：易燃液体，类别 3

急性毒性-吸入，类别 2＊

呼吸道致敏物，类别 1

危害水生环境-急性危害，类别 2

危害水生环境-长期危害，类别 2

主要危险性及次要危险性：第 6.1 项危险物——毒性物质；第 3 类危险物——易燃液体

联合国编号（UN No.）：2285

正式运输名称：异氰酸三氟甲基苯酯

包装类别：Ⅱ

2725　异氰酸十八酯

别名：十八异氰酸酯

英文名：octadecyl isocyanate；isocyanato oc-tadecane

CAS 号：112-96-9

GHS 标签信号词及象形图：无

危险性类别：危害水生环境-长期危害，类

别 3

主要危险性及次要危险性：—

联合国编号（UN No.）：非危

正式运输名称：—

包装类别：—

2726   异氰酸叔丁酯

别名：—

英文名：*tert*-butyl isocyanate

CAS 号：1609-86-5

GHS 标签信号词及象形图：危险

危险性类别：易燃液体，类别 2

急性毒性-吸入，类别 1

主要危险性及次要危险性：第 6.1 项危险
物——毒性物质；第 3 类危险物——易燃
液体

联合国编号（UN No.）：2484

正式运输名称：异氰酸叔丁酯

包装类别：Ⅰ

2727   异氰酸乙酯

别名：乙基异氰酸酯

英文名：ethyl isocyanate

CAS 号：109-90-0

GHS 标签信号词及象形图：危险

危险性类别：易燃液体，类别 2

急性毒性-经口，类别 3

皮肤腐蚀/刺激，类别 1

严重眼损伤/眼刺激，类别 1

主要危险性及次要危险性：第 6.1 项危险
物——毒性物质；第 3 类危险物——易燃
液体

联合国编号（UN No.）：2481

正式运输名称：异氰酸乙酯

包装类别：Ⅰ

2728   异氰酸异丙酯

别名：—

英文名：isopropyl isocyanate

CAS 号：1795-48-8

GHS 标签信号词及象形图：危险

危险性类别：易燃液体，类别 2

急性毒性-经口，类别 3

急性毒性-吸入，类别 1

皮肤腐蚀/刺激，类别 1

严重眼损伤/眼刺激，类别 1

主要危险性及次要危险性：第 6.1 项危险
物——毒性物质；第 3 类危险物——易燃
液体

联合国编号（UN No.）：2483

正式运输名称：异氰酸异丙酯

包装类别：Ⅰ

2729   异氰酸异丁酯

别名：—

英文名：isobutyl isocyanate

CAS 号：1873-29-6

GHS 标签信号词及象形图：危险

危险性类别：易燃液体，类别 2

急性毒性-吸入，类别 1

主要危险性及次要危险性：第 6.1 项危险
物——毒性物质；第 3 类危险物——易燃
液体

联合国编号（UN No.）：2486

正式运输名称：异氰酸异丁酯

包装类别：Ⅰ

2730   异氰酸正丙酯

别名：—

英文名：*n*-propyl isocyanate

CAS 号：110-78-1

GHS 标签信号词及象形图：危险

危险性类别：易燃液体，类别 3

急性毒性-吸入，类别 1

主要危险性及次要危险性：第 6.1 项危险物——毒性物质；第 3 类危险物——易燃液体

联合国编号（UN No.）：2482

正式运输名称：异氰酸正丙酯

包装类别：Ⅰ

2731　异氰酸正丁酯

别名：—

英文名：*n*-butyl isocyanate

CAS 号：111-36-4

GHS 标签信号词及象形图：危险

危险性类别：易燃液体，类别 2

急性毒性-吸入，类别 1

皮肤腐蚀/刺激，类别 1

严重眼损伤/眼刺激，类别 1

皮肤致敏物，类别 1

特异性靶器官毒性-一次接触，类别 1

主要危险性及次要危险性：第 6.1 项危险物——毒性物质；第 3 类危险物——易燃液体

联合国编号（UN No.）：2485

正式运输名称：异氰酸正丁酯

包装类别：Ⅰ

2732　异山梨醇二硝酸酯混合物（含乳糖、淀粉或磷酸≥60%）

别名：混合异山梨醇二硝酸酯

英文名：isosorbide dinitrate mixture with not less than 60% lactose, mannose, starch or calcium hydrogen phosphate

CAS 号：—

GHS 标签信号词及象形图：危险

危险性类别：易燃固体，类别 1

主要危险性及次要危险性：第 4.1 项危险物——易燃固体

联合国编号（UN No.）：1325

正式运输名称：有机易燃固体，未另作规定的

包装类别：Ⅱ

2733　异戊胺

别名：1-氨基-3-甲基丁烷

英文名：isoamylamine；1-amino-3-methylbutane

CAS 号：107-85-7

GHS 标签信号词及象形图：危险

危险性类别：易燃液体，类别 2

皮肤腐蚀/刺激，类别 1

严重眼损伤/眼刺激，类别 1

主要危险性及次要危险性：第 3 类危险物——易燃液体；第 8 类危险物——腐蚀性物质

联合国编号（UN No.）：1106

正式运输名称：戊胺

包装类别：Ⅱ

2734　异戊醇钠

别名：异戊氧基钠

英文名：sodium isoamylate；sodium isopentoxide

CAS 号：19533-24-5

GHS 标签信号词及象形图：危险

危险性类别：皮肤腐蚀/刺激，类别 1B

严重眼损伤/眼刺激，类别 1

主要危险性及次要危险性：第 8 类危险物——
  腐蚀性物质

联合国编号（UN No.）：1760

正式运输名称：腐蚀性液体，未另作规定的

包装类别：Ⅱ

2735　异戊腈

别名：氰化异丁烷

英文名：isovaleronitrile；isobutylcyanide；
  3-methylbutanenitrile

CAS 号：625-28-5

GHS 标签信号词及象形图：警告

危险性类别：易燃液体，类别 3

主要危险性及次要危险性：第 3 类危险物——
  易燃液体

联合国编号（UN No.）：1993

正式运输名称：易燃液体，未另作规定的

包装类别：Ⅲ

2736　异戊酸甲酯

别名：—

英文名：methyl isovalerate

CAS 号：556-24-1

GHS 标签信号词及象形图：危险

危险性类别：易燃液体，类别 2

主要危险性及次要危险性：第 3 类危险物——
  易燃液体

联合国编号（UN No.）：2400

正式运输名称：异戊酸甲酯

包装类别：Ⅱ

2737　异戊酸乙酯

别名：—

英文名：ethyl isovalerate

CAS 号：108-64-5

GHS 标签信号词及象形图：警告

危险性类别：易燃液体，类别 3

主要危险性及次要危险性：第 3 类危险物——
  易燃液体

联合国编号（UN No.）：3272/1993△

正式运输名称：酯类，未另作规定的/易燃液
  体，未另作规定的△

包装类别：Ⅲ

2738　异戊酸异丙酯

别名：—

英文名：isopropyl isovalerate

CAS 号：32665-23-9

GHS 标签信号词及象形图：警告

危险性类别：易燃液体，类别 3

主要危险性及次要危险性：第 3 类危险物——
  易燃液体

联合国编号（UN No.）：3272/1993△

正式运输名称：酯类，未另作规定的/易燃液
  体，未另作规定的△

包装类别：Ⅲ

2739　异戊酰氯

别名：—

英文名：isovaleryl chloride

CAS 号：108-12-3

GHS 标签信号词及象形图：危险

危险性类别：易燃液体，类别 2
  皮肤腐蚀/刺激，类别 1
  严重眼损伤/眼刺激，类别 1

主要危险性及次要危险性：第 8 类危险物——
  腐蚀性物质；第 3 类危险物——易燃液体

联合国编号（UN No.）：2502

正式运输名称：戊酰氯

包装类别：Ⅱ

2740　异辛烷

别名：—

英文名：isooctane

CAS 号：26635-64-3

GHS 标签信号词及象形图：危险

危险性类别：易燃液体，类别 2

皮肤腐蚀/刺激，类别 2

特异性靶器官毒性--一次接触，类别 3（麻醉效应）

吸入危害，类别 1

危害水生环境-急性危害，类别 1

危害水生环境-长期危害，类别 1

主要危险性及次要危险性：第 3 类危险物——易燃液体

联合国编号（UN No.）：1262

正式运输名称：辛烷

包装类别：Ⅱ

2741　异辛烯

别名：—

英文名：isooctene

CAS 号：5026-76-6

GHS 标签信号词及象形图：危险

危险性类别：易燃液体，类别 2

危害水生环境-急性危害，类别 2

危害水生环境-长期危害，类别 2

主要危险性及次要危险性：第 3 类危险物——易燃液体

联合国编号（UN No.）：1216

正式运输名称：异辛烯

包装类别：Ⅱ

2742　萤蒽

别名：—

英文名：fluoranthene

CAS 号：206-44-0

GHS 标签信号词及象形图：警告

危险性类别：危害水生环境-急性危害，类别 1

危害水生环境-长期危害，类别 1

主要危险性及次要危险性：第 9 类危险物——杂项危险物质和物品

联合国编号（UN No.）：3077

正式运输名称：对环境有害的固态物质，未另作规定的

包装类别：Ⅲ

2743　油酸汞

别名：—

英文名：mercury oleate

CAS 号：1191-80-6

GHS 标签信号词及象形图：危险

危险性类别：急性毒性-经口，类别 2 *

急性毒性-经皮，类别 1

急性毒性-吸入，类别 2 *

特异性靶器官毒性-反复接触，类别 2 *

危害水生环境-急性危害，类别 1

危害水生环境-长期危害，类别 1

主要危险性及次要危险性：第 6.1 项危险物——毒性物质

联合国编号（UN No.）：1640

正式运输名称：油酸汞

包装类别：Ⅱ

2744　淤渣硫酸

别名：—

英文名：sludge acid

CAS 号：

GHS 标签信号词及象形图：危险

危险性类别：皮肤腐蚀/刺激，类别 1
严重眼损伤/眼刺激，类别 1
主要危险性及次要危险性：第 8 类危险物——
腐蚀性物质
联合国编号（UN No.）：1906
正式运输名称：淤渣硫酸
包装类别：Ⅱ

2745 原丙酸三乙酯

别名：原丙酸乙酯；1,1,1-三乙氧基丙烷
英文名：ethyl orthopropionate；1,1,1-tri-
ethoxy propane
CAS 号：115-80-0
GHS 标签信号词及象形图：警告

危险性类别：易燃液体，类别 3
主要危险性及次要危险性：第 3 类危险物——
易燃液体
联合国编号（UN No.）：3272/1993△
正式运输名称：酯类，未另作规定的/易燃液
体，未另作规定的△
包装类别：Ⅲ

2746 原甲酸三甲酯

别名：原甲酸甲酯；三甲氧基甲烷
英文名：methyl orthoformate；trimethoxy
methane
CAS 号：149-73-5
GHS 标签信号词及象形图：危险

危险性类别：易燃液体，类别 2
严重眼损伤/眼刺激，类别 2

主要危险性及次要危险性：第 3 类危险物——
易燃液体
联合国编号（UN No.）：3272/1993△
正式运输名称：酯类，未另作规定的/易燃液
体，未另作规定的△
包装类别：Ⅱ

2747 原甲酸三乙酯

别名：三乙氧基甲烷；原甲酸乙酯
英文名：ethyl orthoformate；triethoxy meth-
ane
CAS 号：122-51-0
GHS 标签信号词及象形图：警告

危险性类别：易燃液体，类别 3
主要危险性及次要危险性：第 3 类危险物——
易燃液体
联合国编号（UN No.）：2524
正式运输名称：原甲酸乙酯
包装类别：Ⅲ

2748 原乙酸三甲酯

别名：1,1,1-三甲氧基乙烷
英文名：trimethylorthoacetate；1,1,1-trime-
thoxy ethane
CAS 号：1445-45-0
GHS 标签信号词及象形图：危险

危险性类别：易燃液体，类别 2
主要危险性及次要危险性：第 3 类危险物——
易燃液体
联合国编号（UN No.）：3272/1993△
正式运输名称：酯类，未另作规定的/易燃液
体，未另作规定的△
包装类别：Ⅱ

2749 月桂酸三丁基锡

别名：—
英文名：tributyltin laurate；tributyl（lauroy-

loxy）stannane

CAS 号：3090-36-6

GHS 标签信号词及象形图：危险

危险性类别：急性毒性-经口，类别 3

特异性靶器官毒性-一次接触，类别 2

危害水生环境-急性危害，类别 1

危害水生环境-长期危害，类别 1

主要危险性及次要危险性：第 6.1 项危险
物——毒性物质

联合国编号（UN No.）：2788/2810△

正式运输名称：液态有机锡化合物，未另作
规定的/有机毒性液体，未另作规定的△

包装类别：Ⅲ

2750　杂戊醇

别名：杂醇油

英文名：fusel oil

CAS 号：8013-75-0

GHS 标签信号词及象形图：危险

危险性类别：易燃液体，类别 2

主要危险性及次要危险性：第 3 类危险物——
易燃液体

联合国编号（UN No.）：1201

正式运输名称：杂醇油

包装类别：Ⅱ/Ⅲ△

2751　樟脑油

别名：樟木油

英文名：camphor oil；camphor wood oil

CAS 号：8008-51-3

GHS 标签信号词及象形图：警告

危险性类别：易燃液体，类别 3

主要危险性及次要危险性：第 3 类危险物——
易燃液体

联合国编号（UN No.）：1130

正式运输名称：樟脑油

包装类别：Ⅲ

2752　锗烷

别名：四氢化锗

英文名：germane；germanium tetra-hydride

CAS 号：7782-65-2

GHS 标签信号词及象形图：危险

危险性类别：易燃气体，类别 1

加压气体

急性毒性-吸入，类别 1

皮肤腐蚀/刺激，类别 2

严重眼损伤/眼刺激，类别 2

特异性靶器官毒性-一次接触，类别 1

特异性靶器官毒性-一次接触，类别 3（呼
吸道刺激、麻醉效应）

主要危险性及次要危险性：第 2.3 类危险
物——毒性气体；第 2.1 类危险物——易
燃气体

联合国编号（UN No.）：2192

正式运输名称：锗烷

包装类别：不适用

2753　赭曲毒素

别名：棕曲霉毒素

英文名：ochratoxin

CAS 号：37203-43-3

GHS 标签信号词及象形图：危险

危险性类别：急性毒性-经口，类别 2

主要危险性及次要危险性：第 6.1 项危险
物——毒性物质

联合国编号（UN No.）：3249

正式运输名称：固态医药，毒性，未另作规

定的

包装类别：Ⅱ

2754　赭曲毒素 A

别名：棕曲霉毒素 A

英文名：ochratoxin A

CAS 号：303-47-9

GHS 标签信号词及象形图：危险

危险性类别：急性毒性-经口，类别 2

致癌性，类别 2

主要危险性及次要危险性：第 6.1 项 危 险
物——毒性物质

联合国编号（UN No.）：3249

正式运输名称：固态医药，毒性，未另作规
定的

包装类别：Ⅱ

2755　正丙苯

别名：丙苯；丙基苯

英文名：*n*-propylbenzene；benzene, propyl-

CAS 号：103-65-1

GHS 标签信号词及象形图：危险

危险性类别：易燃液体，类别 3

特异性靶器官毒性-一次接触，类别 3（麻
醉效应）

吸入危害，类别 1

危害水生环境-急性危害，类别 2

危害水生环境-长期危害，类别 2

主要危险性及次要危险性：第 3 类危险物——
易燃液体

联合国编号（UN No.）：2364

正式运输名称：正丙苯

包装类别：Ⅲ

2756　正丙基环戊烷

别名：—

英文名：*n*-propyl cyclopentane

CAS 号：2040-96-2

GHS 标签信号词及象形图：危险

危险性类别：易燃液体，类别 2

主要危险性及次要危险性：第 3 类危险物——
易燃液体

联合国编号（UN No.）：3295/1993△

正式运输名称：液态烃类，未另作规定的/易
燃液体，未另作规定的△

包装类别：Ⅱ

2757　正丙硫醇

别名：1-巯基丙烷；硫代正丙醇

英文名：propanethiol；1-mercaptopropane；
thiopropyl alcohol

CAS 号：107-03-9

GHS 标签信号词及象形图：危险

危险性类别：易燃液体，类别 2

严重眼损伤/眼刺激，类别 2

特异性靶器官毒性-一次接触，类别 3（呼
吸道刺激）

危害水生环境-急性危害，类别 1

危害水生环境-长期危害，类别 1

主要危险性及次要危险性：第 3 类危险物——
易燃液体

联合国编号（UN No.）：2402

正式运输名称：丙硫醇

包装类别：Ⅱ

2758　正丙醚

别名：二正丙醚

英文名：*n*-propyl ether；dipropyl ether；di-*n*-
propyl ether

CAS 号：111-43-3

GHS 标签信号词及象形图：危险

危险性类别：易燃液体，类别 2

特异性靶器官毒性-一次接触，类别 3（麻醉效应）

主要危险性及次要危险性：第 3 类危险物——易燃液体

联合国编号（UN No.）： 2384

正式运输名称： 二正丙醚

包装类别： Ⅱ

2759   正丁胺

别名： 1-氨基丁烷

英文名： butylamine；1-aminobutane

CAS 号： 109-73-9

GHS 标签信号词及象形图： 危险

危险性类别：易燃液体，类别 2

皮肤腐蚀/刺激，类别 1A

严重眼损伤/眼刺激，类别 1

特异性靶器官毒性-一次接触，类别 3（呼吸道刺激）

主要危险性及次要危险性：第 3 类危险物——易燃液体；第 8 类危险物——腐蚀性物质

联合国编号（UN No.）： 1125

正式运输名称： 正丁胺

包装类别： Ⅱ

2760   N-(1-正丁氨基甲酰基-2-苯并咪唑基)氨基甲酸甲酯

别名： 苯菌灵

英文名： benomyl

CAS 号： 17804-35-2

GHS 标签信号词及象形图： 危险

危险性类别：皮肤腐蚀/刺激，类别 2

皮肤致敏物，类别 1

生殖细胞致突变性，类别 1B

生殖毒性，类别 1B

特异性靶器官毒性-一次接触，类别 3（呼吸道刺激）

危害水生环境-急性危害，类别 1

危害水生环境-长期危害，类别 1

主要危险性及次要危险性：第 9 类危险物——杂项危险物质和物品

联合国编号（UN No.）： 3077

正式运输名称： 对环境有害的固态物质，未另作规定的

包装类别： Ⅲ

2761   正丁醇

别名： —

英文名： n-butanol；butan-1-ol

CAS 号： 71-36-3

GHS 标签信号词及象形图： 危险

危险性类别：易燃液体，类别 3

皮肤腐蚀/刺激，类别 2

严重眼损伤/眼刺激，类别 1

特异性靶器官毒性-一次接触，类别 3（呼吸道刺激、麻醉效应）

主要危险性及次要危险性：第 3 类危险物——易燃液体

联合国编号（UN No.）： 1120

正式运输名称： 丁醇

包装类别： Ⅲ

2762   正丁基苯

别名： —

英文名： n-butylbenzene

CAS 号： 104-51-8

GHS 标签信号词及象形图： 警告

危险性类别：易燃液体，类别 3

危害水生环境-急性危害，类别 1

危害水生环境-长期危害，类别 1

主要危险性及次要危险性：第 3 类危险物——
易燃液体

联合国编号（UN No.）：2709

正式运输名称：丁基苯

包装类别：Ⅲ

2763　N-正丁基苯胺

别名：—

英文名：N-butylaniline

CAS 号：1126-78-9

GHS 标签信号词及象形图：危险

危险性类别：急性毒性-吸入，类别 3

皮肤腐蚀/刺激，类别 2

严重眼损伤/眼刺激，类别 2

特异性靶器官毒性-一次接触，类别 3（呼
吸道刺激）

主要危险性及次要危险性：第 6.1 项危险
物——毒性物质

联合国编号（UN No.）：2738

正式运输名称：N-丁基苯胺

包装类别：Ⅱ

2764　正丁基环戊烷

别名：—

英文名：n-butyl cyclopentane

CAS 号：2040-95-1

GHS 标签信号词及象形图：危险

危险性类别：易燃液体，类别 2

主要危险性及次要危险性：第 3 类危险物——
易燃液体

联合国编号（UN No.）：3295/1993△

正式运输名称：液态烃类，未另作规定的/易
燃液体，未另作规定△

包装类别：Ⅱ

2765　N-正丁基咪唑

别名：N-正丁基-1,3-二氮杂茂

英文名：1-butylimidazole；N-n-butylimidazole

CAS 号：4316-42-1

GHS 标签信号词及象形图：危险

危险性类别：急性毒性-经口，类别 3

急性毒性-经皮，类别 3

急性毒性-吸入，类别 2

皮肤腐蚀/刺激，类别 2

严重眼损伤/眼刺激，类别 1

特异性靶器官毒性-一次接触，类别 3（呼
吸道刺激）

主要危险性及次要危险性：第 6.1 项危险
物——毒性物质

联合国编号（UN No.）：2690

正式运输名称：N-正丁基咪唑

包装类别：Ⅱ

2766　正丁基乙烯基醚（稳定的）

别名：正丁氧基乙烯；乙烯正丁醚

英文名：n-butyl vinyl ether, stabilized；butoxy
ethylene；vinyl butyl ether

CAS 号：111-34-2

GHS 标签信号词及象形图：危险

危险性类别：易燃液体，类别 2

严重眼损伤/眼刺激，类别 2

危害水生环境-长期危害，类别 3

主要危险性及次要危险性：第 3 类危险物——
易燃液体

联合国编号（UN No.）：2352

正式运输名称：乙烯基·丁基醚，稳定的

包装类别：Ⅱ

2767　正丁腈

别名：丙基氰

英文名：*n*-butyronitrile；propyl cyanide

CAS 号：109-74-0

GHS 标签信号词及象形图：危险

危险性类别：易燃液体，类别 2

　　急性毒性-经口，类别 3 *

　　急性毒性-经皮，类别 3 *

　　急性毒性-吸入，类别 2

主要危险性及次要危险性：第 3 类危险物——

　　易燃液体；第 6.1 项危险物——毒性物质

联合国编号（UN No.）：2411

正式运输名称：丁腈

包装类别：Ⅱ

2768　正丁硫醇

别名：1-硫代丁醇

英文名：*n*-butylmercaptan；1-butane thiol

CAS 号：109-79-5

GHS 标签信号词及象形图：危险

危险性类别：易燃液体，类别 2

　　严重眼损伤/眼刺激，类别 2B

　　生殖毒性，类别 2

　　特异性靶器官毒性-一次接触，类别 2

　　特异性靶器官毒性-一次接触，类别 3（呼

　　吸道刺激、麻醉效应）

主要危险性及次要危险性：第 3 类危险物——

　　易燃液体

联合国编号（UN No.）：2347

正式运输名称：丁硫醇

包装类别：Ⅱ

2769　正丁醚

别名：氧化二丁烷；二丁醚

英文名：*n*-butyl ether；di-*n*-butyl ether；dib-

　　utyl ether；dibutyl oxide

CAS 号：142-96-1

GHS 标签信号词及象形图：警告

危险性类别：易燃液体，类别 3

　　皮肤腐蚀/刺激，类别 2

　　严重眼损伤/眼刺激，类别 2

　　特异性靶器官毒性-一次接触，类别 3（呼

　　吸道刺激）

　　危害水生环境-长期危害，类别 3

主要危险性及次要危险性：第 3 类危险物——

　　易燃液体

联合国编号（UN No.）：1149

正式运输名称：二丁醚

包装类别：Ⅲ

2770　正丁醛

别名：—

英文名：butyraldehyde

CAS 号：123-72-8

GHS 标签信号词及象形图：危险

危险性类别：易燃液体，类别 2

主要危险性及次要危险性：第 3 类危险物——

　　易燃液体

联合国编号（UN No.）：1129

正式运输名称：丁醛

包装类别：Ⅱ

2771　正丁酸

别名：丁酸

英文名：butyric acid

CAS 号：107-92-6

GHS 标签信号词及象形图：危险

危险性类别：皮肤腐蚀/刺激，类别 1B

　　严重眼损伤/眼刺激，类别 1

主要危险性及次要危险性：第 8 类危险物——
　　腐蚀性物质

联合国编号（UN No.）：2820

正式运输名称：丁酸

包装类别：Ⅲ

2772　正丁酸甲酯

别名：—

英文名：methyl *n*-butyrate

CAS 号：623-42-7

GHS 标签信号词及象形图：危险

危险性类别：易燃液体，类别 2

主要危险性及次要危险性：第 3 类危险物——
　　易燃液体

联合国编号（UN No.）：1237

正式运输名称：丁酸甲酯

包装类别：Ⅱ

2773　正丁酸乙烯酯（稳定的）

别名：乙烯基丁酸酯

英文名：vinyl butyrate, stabilized; butyric
　　acid vinyl ester

CAS 号：123-20-6

GHS 标签信号词及象形图：危险

危险性类别：易燃液体，类别 2

主要危险性及次要危险性：第 3 类危险物——
　　易燃液体

联合国编号（UN No.）：2838

正式运输名称：丁酸乙烯酯，稳定的

包装类别：Ⅱ

2774　正丁酸乙酯

别名：—

英文名：ethyl butyrate

CAS 号：105-54-4

GHS 标签信号词及象形图：警告

危险性类别：易燃液体，类别 3
　　皮肤腐蚀/刺激，类别 2
　　特异性靶器官毒性-一次接触，类别 3（呼
　　吸道刺激）

主要危险性及次要危险性：第 3 类危险物——
　　易燃液体

联合国编号（UN No.）：1180

正式运输名称：丁酸乙酯

包装类别：Ⅲ

2775　正丁酸异丙酯

别名：—

英文名：isopropyl butyrate

CAS 号：638-11-9

GHS 标签信号词及象形图：警告

危险性类别：易燃液体，类别 3

主要危险性及次要危险性：第 3 类危险物——
　　易燃液体

联合国编号（UN No.）：2405

正式运输名称：丁酸异丙酯

包装类别：Ⅲ

2776　正丁酸正丙酯

别名：—

英文名：*n*-propyl butyrate

CAS 号：105-66-8

GHS 标签信号词及象形图：警告

危险性类别：易燃液体，类别 3

主要危险性及次要危险性：第 3 类危险物——
　　易燃液体

联合国编号（UN No.）：3272/1993△

正式运输名称：酯类，未另作规定的/易燃液
　　体，未另作规定的△

包装类别：Ⅲ

2777　正丁酸正丁酯

别名：丁酸正丁酯
英文名：butyl butyrate
CAS 号：109-21-7
GHS 标签信号词及象形图：警告

危险性类别：易燃液体，类别 3
主要危险性及次要危险性：第 3 类危险物——
　易燃液体
联合国编号（UN No.）：3272/1993△
正式运输名称：酯类，未另作规定的/易燃液
　体，未另作规定的△
包装类别：Ⅲ

2778　正丁烷

别名：丁烷
英文名：butane
CAS 号：106-97-8
GHS 标签信号词及象形图：危险

危险性类别：易燃气体，类别 1
　加压气体
主要危险性及次要危险性：第 2.1 类危险
　物——易燃气体
联合国编号（UN No.）：1011
正式运输名称：丁烷
包装类别：不适用

2779　正丁酰氯

别名：氯化丁酰
英文名：butyryl chloride
CAS 号：141-75-3
GHS 标签信号词及象形图：危险

危险性类别：易燃液体，类别 2
　皮肤腐蚀/刺激，类别 1B
　严重眼损伤/眼刺激，类别 1
主要危险性及次要危险性：第 3 类危险物——
　易燃液体；第 8 类危险物——腐蚀性物质
联合国编号（UN No.）：2353
正式运输名称：丁酰氯
包装类别：Ⅱ

2780　正庚胺

别名：氨基庚烷
英文名：n-heptylamine；aminoheptane
CAS 号：111-68-2
GHS 标签信号词及象形图：警告

危险性类别：易燃液体，类别 3
　危害水生环境-急性危害，类别 2
主要危险性及次要危险性：第 3 类危险物——
　易燃液体/第 8 类危险物——腐蚀性物质；
　第 3 类危险物——易燃液体△
联合国编号（UN No.）：1993/2734△
正式运输名称：易燃液体，未另作规定的/液
　态胺，腐蚀性，易燃，未另作规定的△
包装类别：Ⅲ/Ⅱ△

2781　正庚醛

别名：—
英文名：n-heptaldehyde
CAS 号：111-71-7
GHS 标签信号词及象形图：警告

危险性类别：易燃液体，类别 3
　皮肤腐蚀/刺激，类别 2
　严重眼损伤/眼刺激，类别 2B
　特异性靶器官毒性-一次接触，类别 3（呼
　吸道刺激）
　危害水生环境-急性危害，类别 2
主要危险性及次要危险性：第 3 类危险物——

易燃液体

联合国编号（UN No.）：3056

正式运输名称：正庚醛

包装类别：Ⅲ

2782　正庚烷

别名：庚烷

英文名：*n*-heptane；heptane

CAS 号：142-82-5

GHS 标签信号词及象形图：危险

危险性类别：易燃液体，类别 2

皮肤腐蚀/刺激，类别 2

特异性靶器官毒性-一次接触，类别 3（麻醉效应）

吸入危害，类别 1

危害水生环境-急性危害，类别 1

危害水生环境-长期危害，类别 1

主要危险性及次要危险性：第 3 类危险物——易燃液体

联合国编号（UN No.）：1206

正式运输名称：庚烷

包装类别：Ⅱ

2783　正硅酸甲酯

别名：四甲氧基硅烷；硅酸四甲酯；原硅酸甲酯

英文名：methyl silicate；tetramethyl orthosilicate；tetramethyl silicate

CAS 号：681-84-5

GHS 标签信号词及象形图：危险

危险性类别：易燃液体，类别 2

急性毒性-吸入，类别 1

严重眼损伤/眼刺激，类别 1

特异性靶器官毒性-一次接触，类别 2

特异性靶器官毒性-反复接触，类别 1

主要危险性及次要危险性：第 6.1 项危险

物——毒性物质；第 3 类危险物——易燃液体

联合国编号（UN No.）：2606

正式运输名称：原硅酸甲酯

包装类别：Ⅰ

2784　正癸烷

别名：—

英文名：*n*-decane

CAS 号：124-18-5

GHS 标签信号词及象形图：警告

危险性类别：易燃液体，类别 3

危害水生环境-急性危害，类别 1

危害水生环境-长期危害，类别 1

主要危险性及次要危险性：第 3 类危险物——易燃液体

联合国编号（UN No.）：2247

正式运输名称：正癸烷

包装类别：Ⅲ

2785　正己胺

别名：1-氨基己烷

英文名：*n*-hexylamine；1-aminohexane

CAS 号：111-26-2

GHS 标签信号词及象形图：危险

危险性类别：易燃液体，类别 3

急性毒性-经皮，类别 3

皮肤腐蚀/刺激，类别 2 *

严重眼损伤/眼刺激，类别 1

危害水生环境-急性危害，类别 2

主要危险性及次要危险性：第 3 类危险物——易燃液体；第 6.1 项危险物——毒性物质

联合国编号（UN No.）：1992

正式运输名称：易燃液体，毒性，未另作规定的

包装类别：Ⅲ

2786 正己醛

别名：—
英文名：*n*-hexaldehyde
CAS 号：66-25-1
GHS 标签信号词及象形图：警告

危险性类别：易燃液体，类别 3
皮肤腐蚀/刺激，类别 2 *
严重眼损伤/眼刺激，类别 2A
特异性靶器官毒性--次接触，类别 3（呼吸道刺激）
主要危险性及次要危险性：第 3 类危险物——易燃液体
联合国编号（UN No.）：1207
正式运输名称：己醛
包装类别：Ⅲ

2787 正己酸甲酯

别名：—
英文名：methyl *n*-caproate
CAS 号：106-70-7
GHS 标签信号词及象形图：警告

危险性类别：易燃液体，类别 3
主要危险性及次要危险性：第 3 类危险物——易燃液体
联合国编号（UN No.）：3272/1993△
正式运输名称：酯类，未另作规定的/易燃液体，未另作规定的△
包装类别：Ⅲ

2788 正己酸乙酯

别名：—
英文名：ethyl *n*-caproate
CAS 号：123-66-0
GHS 标签信号词及象形图：警告

危险性类别：易燃液体，类别 3
危害水生环境-急性危害，类别 2
主要危险性及次要危险性：第 3 类危险物——易燃液体
联合国编号（UN No.）：3272/1993△
正式运输名称：酯类，未另作规定的/易燃液体，未另作规定的△
包装类别：Ⅲ

2789 正己烷

别名：己烷
英文名：*n*-hexane；hexane
CAS 号：110-54-3
GHS 标签信号词及象形图：危险

危险性类别：易燃液体，类别 2
皮肤腐蚀/刺激，类别 2
生殖毒性，类别 2
特异性靶器官毒性--次接触，类别 3（麻醉效应）
特异性靶器官毒性-反复接触，类别 2 *
吸入危害，类别 1
危害水生环境-急性危害，类别 2
危害水生环境-长期危害，类别 2
主要危险性及次要危险性：第 3 类危险物——易燃液体
联合国编号（UN No.）：1208
正式运输名称：己烷
包装类别：Ⅱ

2790 正磷酸

别名：磷酸
英文名：phosphoric acid；orthophosphoric acid
CAS 号：7664-38-2
GHS 标签信号词及象形图：危险

危险性类别：皮肤腐蚀/刺激，类别 1B
　严重眼损伤/眼刺激，类别 1
主要危险性及次要危险性：第 8 类危险物——
　腐蚀性物质
联合国编号（UN No.）：1805/3453△
正式运输名称：磷酸溶液/固态磷酸△
包装类别：Ⅲ

2791　正戊胺

别名：1-氨基戊烷
英文名：n-amylamine；1-aminopentane
CAS 号：110-58-7
GHS 标签信号词及象形图：危险

危险性类别：易燃液体，类别 2
　皮肤腐蚀/刺激，类别 1
　严重眼损伤/眼刺激，类别 1
主要危险性及次要危险性：第 3 类危险物——
　易燃液体；第 8 类危险物——腐蚀性物质
联合国编号（UN No.）：1106
正式运输名称：戊胺
包装类别：Ⅱ/Ⅲ△

2792　正戊酸

别名：戊酸
英文名：valeric acid
CAS 号：109-52-4
GHS 标签信号词及象形图：危险

危险性类别：皮肤腐蚀/刺激，类别 1B
　严重眼损伤/眼刺激，类别 1
　危害水生环境-长期危害，类别 3
主要危险性及次要危险性：第 8 类危险物——
　腐蚀性物质

联合国编号（UN No.）：3265
正式运输名称：有机酸性腐蚀性液体，未另
　作规定的
包装类别：Ⅱ

2793　正戊酸甲酯

别名：—
英文名：methyl n-valerate
CAS 号：624-24-8
GHS 标签信号词及象形图：危险

危险性类别：易燃液体，类别 2
主要危险性及次要危险性：第 3 类危险物——
　易燃液体
联合国编号（UN No.）：3272/1993△
正式运输名称：酯类，未另作规定的/易燃液
　体，未另作规定的△
包装类别：Ⅱ

2794　正戊酸乙酯

别名：—
英文名：ethyl n-valerate
CAS 号：539-82-2
GHS 标签信号词及象形图：警告

危险性类别：易燃液体，类别 3
主要危险性及次要危险性：第 3 类危险物——
　易燃液体
联合国编号（UN No.）：3272/1993△
正式运输名称：酯类，未另作规定的/易燃液
　体，未另作规定的△
包装类别：Ⅲ

2795　正戊酸正丙酯

别名：—
英文名：n-propyl-n-valerate
CAS 号：141-06-0
GHS 标签信号词及象形图：警告

危险性类别：易燃液体，类别 3

主要危险性及次要危险性：第 3 类危险物——易燃液体

联合国编号（UN No.）：3272/1993△

正式运输名称：酯类，未另作规定的/易燃液体，未另作规定的△

包装类别：Ⅲ

2796　正戊烷

别名：戊烷

英文名：pentane

CAS 号：109-66-0

GHS 标签信号词及象形图：危险

危险性类别：易燃液体，类别 2
　特异性靶器官毒性--次接触，类别 3（麻醉效应）
　吸入危害，类别 1
　危害水生环境-急性危害，类别 2

主要危险性及次要危险性：第 3 类危险物——易燃液体

联合国编号（UN No.）：1265

正式运输名称：戊烷，液体

包装类别：Ⅰ/Ⅱ△

2797　正辛腈

别名：庚基氰

英文名：*n*-octanenitrile；heptyl cyanide

CAS 号：124-12-9

GHS 标签信号词及象形图：警告

危险性类别：皮肤腐蚀/刺激，类别 2
　严重眼损伤/眼刺激，类别 2
　特异性靶器官毒性--次接触，类别 3（呼吸道刺激）

主要危险性及次要危险性：—

联合国编号（UN No.）：非危

正式运输名称：—

包装类别：—

2798　正辛硫醇

别名：巯基辛烷

英文名：*n*-octyl mercaptan；mercaptooctane

CAS 号：111-88-6

GHS 标签信号词及象形图：警告

危险性类别：易燃液体，类别 3
　严重眼损伤/眼刺激，类别 2
　皮肤致敏物，类别 1
　特异性靶器官毒性--次接触，类别 2
　特异性靶器官毒性--次接触，类别 3（麻醉效应）
　特异性靶器官毒性-反复接触，类别 2
　危害水生环境-急性危害，类别 1
　危害水生环境-长期危害，类别 1

主要危险性及次要危险性：第 3 类危险物——易燃液体

联合国编号（UN No.）：1993

正式运输名称：易燃液体，未另作规定的

包装类别：Ⅲ

2799　正辛烷

别名：—

英文名：*n*-octane

CAS 号：111-65-9

GHS 标签信号词及象形图：危险

危险性类别：易燃液体，类别 2
　皮肤腐蚀/刺激，类别 2
　特异性靶器官毒性--次接触，类别 3（麻醉效应）
　吸入危害，类别 1

危害水生环境-急性危害，类别1

危害水生环境-长期危害，类别1

主要危险性及次要危险性：第3类危险物——
易燃液体

联合国编号（UN No.）：1262

正式运输名称：辛烷

包装类别：Ⅱ

2800　支链-4-壬基酚

别名：—

英文名：4-nonylphenol，branched

CAS 号：84852-15-3

GHS 标签信号词及象形图：危险

危险性类别：皮肤腐蚀/刺激，类别1B

严重眼损伤/眼刺激，类别1

生殖毒性，类别2

危害水生环境-急性危害，类别1

危害水生环境-长期危害，类别1

主要危险性及次要危险性：第8类危险物——
腐蚀性物质

联合国编号（UN No.）：3145

正式运输名称：液态烷基苯酚，未另作规定
的（包括 $C_2 \sim C_{12}$ 的同系物）

包装类别：Ⅱ

2801　仲丁胺

别名：2-氨基丁烷

英文名：*sec*-butylamine；2-aminobutane

CAS 号：13952-84-6

GHS 标签信号词及象形图：危险

危险性类别：易燃液体，类别2

皮肤腐蚀/刺激，类别1A

严重眼损伤/眼刺激，类别1

危害水生环境-急性危害，类别1

主要危险性及次要危险性：第8类危险物——

腐蚀性物质；第3类危险物——易燃液体

联合国编号（UN No.）：2734

正式运输名称：液态胺，腐蚀性，易燃，未
另作规定的

包装类别：Ⅰ

2802　2-仲丁基-4,6-二硝基苯基-3-甲基丁烯酸酯

别名：乐杀螨

英文名：2-*sec*-butyl-4,6-dinitrophenyl-3-meth-
ylcrotonate；binapacryl

CAS 号：485-31-4

GHS 标签信号词及象形图：危险

危险性类别：急性毒性-经口，类别3

急性毒性-经皮，类别3

生殖毒性，类别1B

危害水生环境-急性危害，类别1

危害水生环境-长期危害，类别1

主要危险性及次要危险性：第 6.1 项危险
物——毒性物质

联合国编号（UN No.）：2779/2811△

正式运输名称：固态取代硝基苯酚农药，毒
性/有机毒性固体，未另作规定的△

包装类别：Ⅲ

2803　2-仲丁基-4,6-二硝基酚

别名：二硝基仲丁基苯酚；4,6-二硝基-2-仲
丁基苯酚；地乐酚

英文名：2-*sec*-butyl-4,6-dinitrophenol；dinoseb；
basanite

CAS 号：88-85-7

GHS 标签信号词及象形图：危险

危险性类别：急性毒性-经口，类别3＊

急性毒性-经皮，类别3＊

严重眼损伤/眼刺激，类别2

生殖毒性，类别1B

危害水生环境-急性危害，类别1

危害水生环境-长期危害，类别1

主要危险性及次要危险性：第 6.1 项危险
物——毒性物质

联合国编号（UN No.）：2779/2811△

正式运输名称：固态取代硝基苯酚农药，毒
性/有机毒性固体，未另作规定的△

包装类别：Ⅲ

2804 仲丁基苯

别名：仲丁苯

英文名：*sec*-butylbenzene

CAS 号：135-98-8

GHS 标签信号词及象形图：警告

危险性类别：易燃液体，类别3

危害水生环境-长期危害，类别3*

主要危险性及次要危险性：第3类危险物——
易燃液体

联合国编号（UN No.）：2709

正式运输名称：丁基苯

包装类别：Ⅲ

2805 仲高碘酸钾

别名：仲过碘酸钾；一缩原高碘酸钾

英文名：potassium paraperiodate；potassium
hydroxide periodate

CAS 号：14691-87-3

GHS 标签信号词及象形图：危险

危险性类别：氧化性固体，类别2

主要危险性及次要危险性：第 5.1 项危险
物——氧化性物质

联合国编号（UN No.）：1479

正式运输名称：氧化性固体，未另作规定的

包装类别：Ⅱ

2806 仲高碘酸钠

别名：仲过碘酸钠；一缩原高碘酸钠

英文名：sodium paraperiodate

CAS 号：13940-38-0

GHS 标签信号词及象形图：危险

危险性类别：氧化性固体，类别2

主要危险性及次要危险性：第 5.1 项危险
物——氧化性物质

联合国编号（UN No.）：1479

正式运输名称：氧化性固体，未另作规定的

包装类别：Ⅱ

2807 仲戊胺

别名：1-甲基丁胺

英文名：*sec*-amylamine；1-methylbutylamine

CAS 号：625-30-9

GHS 标签信号词及象形图：危险

危险性类别：易燃液体，类别3

皮肤腐蚀/刺激，类别1

严重眼损伤/眼刺激，类别1

主要危险性及次要危险性：第3类危险物——
易燃液体；第8类危险物——腐蚀性物质

联合国编号（UN No.）：1106

正式运输名称：戊胺

包装类别：Ⅲ

2808 2-重氮-1-萘酚-4-磺酸钠

别名：—

英文名：sodium 2-diazo-1-naphthol-4-sulpho-
nate

CAS 号：64173-96-2

GHS 标签信号词及象形图：危险

危险性类别：自反应物质和混合物，D 型

主要危险性及次要危险性：第 4.1 项危险物——自反应物质

联合国编号（UN No.）：3226

正式运输名称：D 型自反应固体

包装类别：满足 Ⅱ 类包装要求

2809　2-重氮-1-萘酚-5-磺酸钠

别名：—

英文名：sodium 2-diazo-1-naphthol-5-sulphonate

CAS 号：2657-00-3

GHS 标签信号词及象形图：危险

危险性类别：自反应物质和混合物，D 型

主要危险性及次要危险性：第 4.1 项危险物——自反应物质

联合国编号（UN No.）：3226

正式运输名称：D 型自反应固体

包装类别：满足 Ⅱ 类包装要求

2810　2-重氮-1-萘酚-4-磺酰氯

别名：—

英文名：2-diazo-1-naphthol-4-sulphochloride

CAS 号：36451-09-9

GHS 标签信号词及象形图：危险

危险性类别：自反应物质和混合物，B 型

主要危险性及次要危险性：第 4.1 项危险物——自反应物质

联合国编号（UN No.）：3222

正式运输名称：B 型自反应固体

包装类别：满足 Ⅱ 类包装要求

2811　2-重氮-1-萘酚-5-磺酰氯

别名：—

英文名：2-diazo-1-naphthol-5-sulphochloride

CAS 号：3770-97-6

GHS 标签信号词及象形图：危险

危险性类别：自反应物质和混合物，B 型

主要危险性及次要危险性：第 4.1 项危险物——自反应物质

联合国编号（UN No.）：3222

正式运输名称：B 型自反应固体

包装类别：满足 Ⅱ 类包装要求

2812　重氮氨基苯

别名：三氮二苯；苯氨基重氮苯

英文名：diazoaminobenzene；anilinoazobenzene；benzene azoanilide

CAS 号：136-35-6

GHS 标签信号词及象形图：危险

危险性类别：易燃固体，类别 1

主要危险性及次要危险性：第 4.1 项危险物——易燃固体

联合国编号（UN No.）：1325

正式运输名称：有机易燃固体，未另作规定的

包装类别：Ⅱ

2813　重氮甲烷

别名：—

英文名：diazomethane

CAS 号：334-88-3

GHS 标签信号词及象形图：危险

危险性类别：易燃气体，类别 1

加压气体

致癌性，类别 1B

主要危险性及次要危险性：第 2.1 类危险物——易燃气体

联合国编号（**UN No.**）：1954

正式运输名称：压缩气体，易燃，未另作规定的

包装类别：不适用

2814　重氮乙酸乙酯

别名：重氮醋酸乙酯

英文名：ethyl diazoacetate；ethyl diazoethanoate

CAS 号：623-73-4

GHS 标签信号词及象形图：警告

危险性类别：易燃液体，类别3

主要危险性及次要危险性：第3类危险物——易燃液体

联合国编号（**UN No.**）：1993

正式运输名称：易燃液体，未另作规定的

包装类别：Ⅲ

2815　重铬酸铵

别名：红矾铵

英文名：ammonium dichromate；ammonium bichromate

CAS 号：7789-09-5

GHS 标签信号词及象形图：危险

危险性类别：氧化性固体，类别2*

急性毒性-经口，类别3*

急性毒性-吸入，类别2*

皮肤腐蚀/刺激，类别1B

严重眼损伤/眼刺激，类别1

呼吸道致敏物，类别1

皮肤致敏物，类别1

生殖细胞致突变性，类别1B

致癌性，类别1A

生殖毒性，类别1B

特异性靶器官毒性--一次接触，类别3（呼吸道刺激）

特异性靶器官毒性-反复接触，类别1

危害水生环境-急性危害，类别1

危害水生环境-长期危害，类别1

主要危险性及次要危险性：第5.1项危险物——氧化性物质

联合国编号（**UN No.**）：1439

正式运输名称：重铬酸铵

包装类别：Ⅱ

2816　重铬酸钡

别名：—

英文名：barium dichromate

CAS 号：13477-01-5

GHS 标签信号词及象形图：危险

危险性类别：氧化性固体，类别2

皮肤致敏物，类别1

致癌性，类别1A

危害水生环境-急性危害，类别1

危害水生环境-长期危害，类别1

主要危险性及次要危险性：第5.1项危险物——氧化性物质

联合国编号（**UN No.**）：1479

正式运输名称：氧化性固体，未另作规定的

包装类别：Ⅱ

2817　重铬酸钾

别名：红矾钾

英文名：potassium dichromate；red potassium chromate

CAS 号：7778-50-9

GHS 标签信号词及象形图：危险

危险性类别：氧化性固体，类别 2

　急性毒性-经口，类别 3＊

　急性毒性-吸入，类别 2＊

　皮肤腐蚀/刺激，类别 1B

　严重眼损伤/眼刺激，类别 1

　呼吸道致敏物，类别 1

　皮肤致敏物，类别 1

　生殖细胞致突变性，类别 1B

　致癌性，类别 1A

　生殖毒性，类别 1B

　特异性靶器官毒性-一次接触，类别 3（呼吸道刺激）

　特异性靶器官毒性-反复接触，类别 1

　危害水生环境-急性危害，类别 1

　危害水生环境-长期危害，类别 1

主要危险性及次要危险性：第 5.1 项危险物——氧化性物质；第 6.1 项危险物——毒性物质

联合国编号（UN No.）：3099

正式运输名称：氧化性液体，毒性，未另作规定的

包装类别：Ⅱ

2818　重铬酸锂

别名：—

英文名：lithium dichromate

CAS 号：13843-81-7

GHS 标签信号词及象形图：危险

危险性类别：氧化性固体，类别 2

　皮肤致敏物，类别 1

　致癌性，类别 1A

　危害水生环境-急性危害，类别 1

　危害水生环境-长期危害，类别 1

主要危险性及次要危险性：第 5.1 项危险物——氧化性物质

联合国编号（UN No.）：1479

正式运输名称：氧化性固体，未另作规定的

包装类别：Ⅱ

2819　重铬酸铝

别名：—

英文名：aluminium dichromate

CAS 号：—

GHS 标签信号词及象形图：危险

危险性类别：氧化性固体，类别 2

　皮肤致敏物，类别 1

　致癌性，类别 1A

　危害水生环境-急性危害，类别 1

　危害水生环境-长期危害，类别 1

主要危险性及次要危险性：第 5.1 项危险物——氧化性物质

联合国编号（UN No.）：1479

正式运输名称：氧化性固体，未另作规定的

包装类别：Ⅱ

2820　重铬酸钠

别名：红矾钠

英文名：sodium dichromate

CAS 号：10588-01-9

GHS 标签信号词及象形图：危险

危险性类别：氧化性固体，类别 2

　急性毒性-经口，类别 3＊

　急性毒性-吸入，类别 2＊

　皮肤腐蚀/刺激，类别 1B

　严重眼损伤/眼刺激，类别 1

　呼吸道致敏物，类别 1

　皮肤致敏物，类别 1

　生殖细胞致突变性，类别 1B

　致癌性，类别 1A

　生殖毒性，类别 1B

特异性靶器官毒性-反复接触，类别1

危害水生环境-急性危害，类别1

危害水生环境-长期危害，类别1

主要危险性及次要危险性：第 5.1 项危险物——氧化性物质；第6.1项危险物——毒性物质

联合国编号（UN No.）：3087

正式运输名称：氧化性固体，毒性，未另作规定的

包装类别：Ⅱ

2821　重铬酸铯

别名：—

英文名：cesium dichromate

CAS 号：13530-67-1

GHS 标签信号词及象形图：危险

危险性类别：氧化性固体，类别2

皮肤致敏物，类别1

致癌性，类别1A

危害水生环境-急性危害，类别1

危害水生环境-长期危害，类别1

主要危险性及次要危险性：第 5.1 项危险物——氧化性物质

联合国编号（UN No.）：1479

正式运输名称：氧化性固体，未另作规定的

包装类别：Ⅱ

2822　重铬酸铜

别名：—

英文名：copper dichromate

CAS 号：13675-47-3

GHS 标签信号词及象形图：危险

危险性类别：氧化性固体，类别2

皮肤致敏物，类别1

致癌性，类别1A

危害水生环境-急性危害，类别1

危害水生环境-长期危害，类别1

主要危险性及次要危险性：第 5.1 项危险物——氧化性物质

联合国编号（UN No.）：1479

正式运输名称：氧化性固体，未另作规定的

包装类别：Ⅱ

2823　重铬酸锌

别名：—

英文名：zinc dichromate

CAS 号：14018-95-2

GHS 标签信号词及象形图：危险

危险性类别：氧化性固体，类别2

皮肤致敏物，类别1

致癌性，类别1A

危害水生环境-急性危害，类别1

危害水生环境-长期危害，类别1

主要危险性及次要危险性：第 5.1 项危险物——氧化性物质

联合国编号（UN No.）：1479

正式运输名称：氧化性固体，未另作规定的

包装类别：Ⅱ

2824　重铬酸银

别名：—

英文名：silver dichromate

CAS 号：7784-02-3

GHS 标签信号词及象形图：危险

危险性类别：氧化性固体，类别2

皮肤致敏物，类别1

致癌性，类别1A

危害水生环境-急性危害，类别1

危害水生环境-长期危害，类别1

主要危险性及次要危险性：第 5.1 项危险物——氧化性物质

联合国编号（UN No.）：1479

正式运输名称：氧化性固体，未另作规定的

包装类别：Ⅱ

2825 重质苯

别名：—

英文名：heavy benzene

CAS 号：—

GHS 标签信号词及象形图：危险

危险性类别：易燃液体，类别 2

皮肤腐蚀/刺激，类别 2

严重眼损伤/眼刺激，类别 2

生殖细胞致突变性，类别 1B

致癌性，类别 1A

特异性靶器官毒性-反复接触，类别 1

吸入危害，类别 1

危害水生环境-急性危害，类别 2

危害水生环境-长期危害，类别 3

主要危险性及次要危险性：第 3 类危险物——

易燃液体

联合国编号（UN No.）：1993

正式运输名称：易燃液体，未另作规定的

包装类别：Ⅱ

2826 D-苎烯

别名：—

英文名：D-limonene；(R)-p-mentha-1,8-diene

CAS 号：5989-27-5

GHS 标签信号词及象形图：警告

危险性类别：易燃液体，类别 3

皮肤腐蚀/刺激，类别 2

皮肤致敏，类别 1

危害水生环境-急性危害，类别 1

危害水生环境-长期危害，类别 1

主要危险性及次要危险性：第 3 类危险物——

易燃液体

联合国编号（UN No.）：2052

正式运输名称：二聚戊烯

包装类别：Ⅲ

2827 左旋溶肉瘤素

别名：左旋苯丙氨酸氮芥；米尔法兰

英文名：alkeran；melphalan

CAS 号：148-82-3

GHS 标签信号词及象形图：危险

危险性类别：急性毒性-经口，类别 2

致癌性，类别 1A

主要危险性及次要危险性：第 6.1 项危险

物——毒性物质

联合国编号（UN No.）：3249

正式运输名称：固态医药，毒性，未另作规

定的

包装类别：Ⅱ

2828 含易燃溶剂的合成树脂、油漆、辅助材料、涂料等制品（闭杯闪点≤60℃）

别名：—

英文名：synthetic resins, auxiliary materials, paints and other products containing flammable solvent（flash point not more than 60℃）

CAS 号：—

GHS 标签信号词及象形图：根据危险性类别，按照《全球化学品统一分类和标签制度》进行判断

危险性类别：

按照联合国《关于危险货物运输的建议书·试验和标准手册》进行试验：（1）闪点＜23℃和初沸点≤35℃，易燃液体，类别 1；（2）闪点＜23℃和初沸点＞35℃，易燃液体，类别 2；（3）23℃≤闪点≤60℃，易燃液体，类别 3；健康危害和环境危害需根据组分和联合国《全球化学品统一分类和标签制度》进行判断

联合国编号（UN No.）、主要危险性及次要危险性、正式运输名称：

按照联合国《关于危险货物运输的建议书·试验和标准手册》进行试验

附录
相关数据库

地区	网站	名称
中国	http://www.nrcc.com.cn/	国家安全监管总局化学品登记中心
	http://www.drugfuture.com/toxic/	化学物质毒性数据库
OECD	http://www.echemportal.org/echemportal/substances-earch/page.action? pageID=0	国际经济合作与发展组织（OECD）化学品信息全球查询平台
欧盟	http://icsc.brici.ac.cn/（中文版） http://www.ilo.org/dyn/icsc/showcard.home（英文版）	国际化学品安全规划署（IPCS）与欧洲联盟委员会（EU）INTERNATIONAL CHEMICAL SAFETY CARDS
	http://www.echa.europa.eu/	The European Chemicals Agency
日本	http://www.safe.nite.go.jp/english/ghs/ghs_index.html♯manual	The National Institute of Technology and Evaluation
韩国	http://www.kosha.or.kr/msds/ghsDiv.do? menuId=1020	Korea Occupational Safety and Health Agency
澳大利亚	http://hcis.safeworkaustralia.gov.au/	Hazardous Chemical Information System（HCIS）
新西兰	http://www.epa.govt.nz/search-databases/Pages/HSNO-CCID.aspx	Chemical Classification and Information Database（CCID）
美国	http://webbook.nist.gov/chemistry/	The National Institute of Standards and Technology（NIST）
	http://www.cdc.gov/niosh/npg/	National Institute of Occupational Safety and Health（NIOSH）
	https://cfpub.epa.gov/ecotox/	Environmental Protection Agency（EPA）
	https://oehha.ca.gov/proposition-65/proposition-65-list	The mission of the Office of Environmental Health Hazard Assessment
	https://toxnet.nlm.nih.gov/	美国国家医学图书馆（NLM）
德国	http://gestis-en.itrust.de	GESTIS Substance Database
	http://limitvalue.ifa.dguv.de/	GESTIS - International limit values for chemical agents

参 考 文 献

[1]　《危险化学品安全管理条例》（国务院令第 591 号）.

[2]　《危险化学品目录（2015 版）》（国家安全监管总局等 10 部门公告 2015 年第 5 号）.

[3]　《危险化学品目录（2015 版）实施指南（试行）》（安监总厅管三〔2015〕80 号）.

[4]　《关于进出口危险化学品及其包装检验监管有关问题的公告（质检总局 2012 年第 30 号公告）.

[5]　联合国《全球化学品统一分类和标签制度》（GHS）（第 6 修订版）

　　http：//www.unece.org/hk/trans/danger/publi/ghs/ghs _ rev06/06files _ c.html.

[6]　联合国《关于危险货物运输的建议书 试验和标准手册》（第 6 修订版）

　　http：//www.unece.org/hk/transport/areas-of-work/dangerous-goods/legal-instruments-and-recommendations/un-manual-of-tests-and-criteria/rev6-files.html.

[7]　联合国《关于危险货物运输的建议书 规章范本》（第 19 修订版）

　　http：//www.unece.org/hk/trans/danger/publi/unrec/rev19/19files _ c.html.

索引

中文索引

英文索引

A

CAS 号索引

98-15-7 390	100-25-4 155	102-81-8 187
98-16-8 451	100-28-7 676	102-82-9 485
98-47-5 312	100-29-8 567	103-65-1 684
98-48-6 23	100-35-6 170	103-69-5 647
98-50-0 13	100-36-7 182	103-71-9 676
98-54-4 498	100-37-8 183	103-72-0 675
98-56-6 390	100-39-0 600	103-80-0 32
98-58-8 595	100-40-3 663	103-83-3 117
98-59-9 69	100-41-4 640	103-84-4 28
98-72-6 566	100-42-5 32	104-40-5 70
98-74-8 563	100-43-6 664	104-51-8 685
98-82-8 669	100-44-7 373	104-75-6 650
98-83-9 26	100-46-9 250	104-78-9 171
98-85-1 285	100-47-0 28	104-83-6 367
98-87-3 144	100-50-5 524	104-85-8 286
98-88-4 29	100-53-8 34	104-90-5 281
98-94-2 122	100-56-1 373	104-91-6 620
98-95-3 561	100-57-2 27	104-92-7 596
99-08-1 570	100-58-3 27	104-94-9 309
99-09-2 562	100-61-8 284	105-05-5 179
99-12-7 558	100-63-0 29	105-29-3 279
99-33-2 159	100-66-3 28	105-30-6 275
99-35-4 473	100-69-6 663	105-36-2 607
99-51-4 557	100-71-0 648	105-37-3 40
99-52-5 559	100-73-2 132	105-39-5 397
99-54-7 146	100-74-3 651	105-46-4 662
99-57-0 558	100-97-0 354	105-48-6 397
99-63-8 312	100-99-2 485	105-54-4 688
99-65-0 155	101-02-0 611	105-56-6 434
99-73-0 596	101-14-4 86	105-57-7 184
99-87-6 302	101-25-7 166	105-58-8 533
99-89-8 71	101-27-9 366	105-64-6 230,231
99-98-9 11	101-37-1 460	105-66-8 688
99-99-0 570	101-54-2 14	105-67-9 99
100-00-5 394	101-68-8 89	105-68-0 40
100-01-6 562	101-69-9 310	105-74-8 232
100-02-7 563	101-77-9 610	106-31-0 64
100-07-2 309	101-82-6 34	106-35-4 213
100-11-8 573	101-83-7 96	106-38-7 602
100-12-9 71	102-27-2 650	106-40-1 595
100-14-1 571	102-36-3 676	106-41-2 595
100-16-3 565	102-47-6 139	106-42-3 98
100-17-4 564	102-67-0 443	106-43-4 383
100-20-9 68	102-69-2 485	106-44-5 272
100-23-2 561	102-70-5 473	106-45-6 270

109-75-1	66	110-83-8	254	112-96-9	677
109-76-2	36	110-85-0	407	115-07-1	42
109-77-3	36	110-86-1	33	115-08-2	329
109-79-5	687	110-88-3	460	115-09-3	376
109-86-4	642	110-89-4	407	115-10-6	129
109-87-5	131	110-91-8	399	115-11-7	673
109-89-7	170	110-96-3	185	115-17-3	481
109-90-0	678	110-97-4	184	115-19-5	280
109-92-2	665	111-14-8	212	115-21-9	652
109-93-3	183	111-15-9	660	115-25-3	18
109-94-4	306	111-19-3	217	115-26-4	509
109-95-5	622	111-25-1	602	115-29-7	349
109-97-7	33	111-26-2	690	115-31-1	35
109-99-9	524	111-30-8	546	115-80-0	682
110-00-9	190	111-31-9	265	115-90-2	176
110-01-0	525	111-34-2	686	116-06-3	283
110-02-1	441	111-36-4	679	116-14-3	514
110-05-4	152	111-40-0	167	116-15-4	344
110-12-3	278	111-42-2	150	116-16-5	349
110-18-9	517	111-43-3	684	116-54-1	147
110-19-0	661	111-44-4	142	117-08-8	522
110-22-5	231	111-47-7	91	117-80-6	133
110-43-0	213	111-49-9	354	118-02-5	166
110-45-2	307	111-50-2	264	118-44-5	644
110-46-3	623	111-64-8	590	118-69-4	143
110-49-6	310	111-65-9	693	118-74-1	349
110-53-2	599	111-66-0	589	118-96-7	476
110-54-3	691	111-67-1	590	119-26-6	159
110-56-5	141	111-68-2	689	119-27-7	158
110-58-7	692	111-69-3	263	119-32-4	560
110-59-8	547	111-71-7	689	119-33-5	560
110-60-1	61	111-76-2	67	119-38-0	668
110-61-2	61	111-78-4	259	119-90-4	131
110-62-3	548	111-88-6	693	119-93-7	108
110-65-6	149	111-92-2	187	120-12-7	316
110-66-7	547	111-94-4	609	120-22-9	619
110-68-9	304	111-97-7	328	120-36-5	139
110-69-0	63	112-04-9	492	120-71-8	281
110-71-4	131	112-16-3	493	120-80-9	23
110-74-7	307	112-24-3	482	120-82-1	464
110-75-8	663	112-55-0	493	120-83-2	137
110-77-0	417	112-57-2	527	120-92-3	258
110-78-1	678	112-64-1	495	121-14-2	160
110-80-5	642	112-67-4	494	121-17-5	560
110-82-7	254	112-76-5	493	121-19-7	560

286-20-4	631	367-11-3	94	506-64-9	432
287-23-0	250	371-40-4	191	506-65-0	428
287-92-3	258	371-86-8	35	506-68-3	431
291-64-5	251	372-09-8	433	506-77-4	378
292-64-8	259	372-18-9	94	506-78-5	426
297-78-9	19	372-19-0	191	506-93-4	578
297-97-2	174	375-22-4	412	506-96-7	601
298-00-0	109	382-21-8	18	507-02-8	55
298-02-2	177	383-63-1	454	507-09-5	330
298-04-4	176	407-25-0	453	507-19-7	593
298-07-7	76	420-46-2	454	507-20-0	370
298-18-0	167	421-50-1	447	507-60-8	249
299-45-6	173	431-03-8	129	507-70-0	318
300-76-5	108	453-13-4	93	509-14-8	526
301-04-2	658	453-18-9	202	510-15-6	508
301-10-0	589	459-72-3	202	513-35-9	277
302-01-2	317,538	460-19-5	425	513-36-0	370
302-27-2	538	462-06-6	192	513-38-2	52
303-04-8	343	462-08-8	13	513-42-8	301
303-47-9	684	462-94-2	546	513-44-0	273
307-35-7	437	462-95-3	183	513-48-4	54
309-00-2	349	463-04-7	624	513-53-1	62
311-45-5	173	463-49-0	37	513-86-0	415
315-18-4	113	463-58-1	534	513-88-2	139
316-42-7	630	463-71-8	145	519-44-8	161
319-84-6	350	463-82-1	118	526-73-8	455
319-85-7	350	464-06-2	456	526-75-0	99
327-98-0	646	465-73-6	348	527-69-5	190
329-01-1	677	470-82-6	261	528-29-0	155
329-71-5	157	470-90-6	174	529-19-1	285
334-88-3	696	471-25-0	39	530-50-7	90
348-51-6	372	479-45-8	475	531-85-1	627
348-54-9	191	485-31-4	694	531-86-2	336
351-05-3	635	489-98-5	473	532-27-4	366
352-32-9	198	491-35-0	295	532-28-5	31
352-33-0	372	496-74-2	269	534-07-6	139
352-70-5	198	501-53-1	385	534-15-6	131
352-93-2	183	502-39-6	426	534-22-5	291
353-36-6	203	502-42-1	251	534-52-1	281
353-42-4	449	503-17-3	63	535-13-7	368
353-50-4	534	503-38-8	386	535-15-9	147
353-59-3	371	504-24-5	14	535-89-7	362
354-32-5	454	504-29-0	13	536-47-0	336
357-57-3	131	504-60-9	546	536-74-3	32
360-89-4	18	506-61-6	433	536-75-4	648

589-43-5	124	592-84-7	307	610-57-1	162
589-53-7	292	592-85-8	334	610-67-3	567
589-81-1	292	592-88-1	154	611-06-3	146
589-90-2	123	593-53-3	198	611-32-5	295
589-93-5	116	593-60-2	608	612-22-6	324
590-01-2	40	593-90-8	458	612-23-7	571
590-02-3	396	594-36-5	360	612-52-2	626
590-35-2	127	594-42-3	437	612-60-2	295
590-36-3	278	594-68-3	444	612-82-8	626
590-66-9	122	594-72-9	134	612-83-9	627
590-73-8	124	594-82-1	516	613-29-6	92
590-86-3	291	595-49-3	159	613-48-9	180
590-92-1	597	595-90-4	512	614-45-9	223
591-00-4	450	597-64-8	530	615-28-1	629
591-08-2	667	598-14-1	649	615-36-1	594
591-17-3	602	598-16-3	481	615-50-9	336
591-19-5	594	598-21-0	609	615-57-6	164
591-20-8	595	598-22-1	600	615-74-7	389
591-21-9	123	598-31-2	598	616-38-6	533
591-22-0	117	598-72-1	597	616-44-4	298
591-27-5	11	598-73-2	452	616-45-5	33
591-34-4	41	598-75-4	277	617-50-5	673
591-47-9	275	598-78-7	367	617-78-7	652
591-76-4	301	598-98-1	118	617-83-4	178
591-78-6	266	598-99-2	471	617-85-6	485
591-87-7	659	600-00-0	593	617-89-0	319
591-89-9	427	600-24-8	569	618-07-5	566
591-93-5	547	600-25-9	357	618-45-1	313
591-97-9	359	602-38-0	163	618-87-1	156
592-01-8	426	602-87-9	569	619-23-8	571
592-04-1	427	602-99-3	478	619-31-8	561
592-05-2	430	603-35-0	442	619-65-8	433
592-27-8	292	605-69-6	163	619-80-7	564
592-34-7	387	605-71-0	162	619-97-6	587
592-41-6	266	606-20-2	160	619-99-8	650
592-42-7	264	606-22-4	156	620-22-4	285
592-43-8	266	608-26-4	388	621-33-0	668
592-45-0	264	608-27-5	135	622-44-6	30
592-46-1	264	608-31-1	136	622-45-7	657
592-48-3	263	608-73-1	351	622-57-1	649
592-55-2	606	608-93-5	540	622-68-4	97
592-57-4	252	609-26-7	280	622-97-9	286
592-76-7	213	609-65-4	366	623-37-0	648
592-77-8	214	609-73-4	568	623-42-7	688
592-78-9	214	610-14-0	565	623-43-8	67

7784-44-3	490	7790-79-6	194	8065-71-2	94
7784-45-4	443	7790-81-0	56	9002-91-9	318
7784-46-5	614,615	7790-91-2	448	9004-70-0	555,556,557
7786-34-7	101	7790-93-4	392	9007-13-0	506
7786-81-4	339	7790-94-5	383	9008-34-8	506
7787-32-8	193	7790-98-9	206	9010-69-9	506
7787-36-2	208	7790-99-0	636	9016-45-9	438
7787-41-9	552	7791-03-9	207	9056-38-6	554
7787-47-5	377	7791-10-8	393	9080-17-5	72
7787-61-3	447	7791-12-0	382	10022-31-8	575
7787-62-4	538	7791-23-3	634	10024-97-2	638
7787-71-5	451	7791-25-5	634	10025-67-9	637
7788-97-8	194	7791-27-7	374	10025-68-0	379
7789-00-6	210	7803-51-2	326	10025-78-2	464
7789-09-5	697	7803-52-3	535	10025-87-3	470
7789-18-6	582	7803-54-5	87	10025-91-9	468
7789-19-7	197	7803-55-6	409	10026-03-6	521
7789-21-1	198	7803-62-5	272	10026-04-7	520
7789-23-3	194	7803-63-6	341	10026-06-9	522
7789-24-4	195	8000-25-7	401	10026-07-0	519
7789-29-9	196	8001-35-2	19	10026-11-6	520
7789-30-2	539	8002-05-9	496	10026-12-7	542
7789-31-3	604	8002-09-3	531	10026-13-8	541
7789-33-5	638	8002-16-2	531	10026-17-2	197
7789-36-8	605	8006-14-2	535	10026-18-3	194
7789-38-0	605	8006-28-8	403	10031-13-7	615
7789-40-4	601	8006-64-2	530	10031-18-2	601
7789-47-1	600	8006-99-3	537	10031-43-3	584
7789-52-8	601	8007-24-7	635	10031-87-5	660
7789-58-4	479	8007-45-2	400	10034-81-8	207
7789-59-5	634	8007-56-5	573	10034-85-2	54,418
7789-60-8	479	8008-20-6	400	10035-10-6	422,600
7789-61-9	481	8008-51-3	683	10036-47-2	513
7789-65-3	526	8008-60-4	10	10038-98-9	522
7789-67-5	527	8011-48-1	530	10039-54-0	340
7789-69-7	544	8013-75-0	683	10042-76-9	584
7789-78-8	419	8014-95-7	188	10043-35-3	408
7789-80-2	56	8016-36-2	440	10045-94-0	577
7790-21-8	205	8017-16-1	72	10049-04-4	168
7790-28-5	205	8021-39-4	402	10099-59-9	579
7790-30-9	55	8030-30-6	495	10099-67-9	579
7790-37-6	58	8032-32-4	496	10099-74-8	582
7790-47-8	512	8050-88-2	557	10099-76-0	216
7790-59-2	553	8065-36-9	290	10101-50-5	209
7790-69-4	579	8065-48-3	172	10102-18-8	618

CAS	页	CAS	页	CAS	页
13494-98-9	585	14018-95-2	699	15825-70-4	204
13510-44-6	492	14099-12-8	334	15829-53-5	633
13510-49-1	339	14104-20-2	200	15879-93-3	470
13520-69-9	208	14216-88-7	211	15901-42-5	456
13530-67-1	699	14220-17-8	429	15972-60-8	180
13537-32-1	199	14235-86-0	404	16066-38-9	186
13548-38-4	577	14263-59-3	431	16111-62-9	218,219
13593-03-8	175	14264-31-4	432	16215-49-9	187,188
13597-99-4	581	14293-73-3	321	16245-77-5	337
13598-36-2	610	14293-78-8	189	16454-60-7	581
13637-63-3	539	14486-19-2	199	16580-06-6	152
13637-76-8	208	14518-69-5	512	16712-29-1	453
13653-62-8	86	14518-94-6	604	16713-15-8	628
13654-09-6	495	14519-07-4	606	16721-80-5	333
13675-47-3	699	14519-18-7	605	16747-26-5	457
13682-73-0	432	14666-78-5	230	16752-77-5	282
13709-38-1	195	14674-72-7	613	16774-21-3	583
13718-58-6	205	14691-87-3	695	16853-85-3	420
13718-59-7	617	14726-58-0	522	16871-71-9	344
13746-89-9	577	14763-77-0	430	16871-90-2	193
13759-83-6	583	14874-86-3	200	16872-11-0	199
13762-51-1	408	14965-99-2	428	16893-85-9	193
13763-67-2	392	14977-61-8	633	16923-95-8	192
13765-03-2	57	15042-77-0	236	16924-00-8	201
13768-67-7	586	15120-17-9	411	16940-66-2	408
13769-43-2	410	15120-21-5	221	16940-81-1	344
13770-61-1	586	15123-69-0	553	16941-12-1	369
13770-96-2	421	15168-20-4	619	16949-15-8	408
13774-25-9	612	15176-21-3	102	16949-65-8	344
13779-41-4	95	15180-03-7	374	16961-83-4	192
13780-03-5	612	15191-25-0	69	16962-07-5	408
13780-06-8	621	15232-76-5	588	17014-71-0	235
13780-18-2	617	15245-44-0	478	17026-06-1	425
13814-96-5	200	15271-41-7	214	17109-49-8	646
13826-66-9	585	15385-57-6	54	17125-80-3	344
13826-88-5	200	15457-98-4	612	17194-00-2	422
13840-33-0	48	15512-36-4	320	17462-58-7	388
13843-81-7	698	15520-11-3	78	17639-93-9	368
13863-41-7	382	15545-97-8	405	17702-41-9	217
13871-27-7	201	15557-00-3	381	17804-35-2	685
13940-38-0	695	15586-47-7	618	17861-62-0	622
13952-84-6	694	15593-61-0	618	18414-36-3	91
13967-50-5	431	15606-95-8	485	18810-58-7	60
13967-90-3	604	15630-89-4	242	19287-45-7	654
13987-01-4	460	15667-10-4	152	19398-61-9	143

36355-01-8	353	55810-17-8	478	68476-85-7	635
36422-95-4	199	56073-07-5	321	68631-49-2	352
36451-09-9	696	56073-10-0	603	68848-64-6	215
36483-60-0	352	56773-42-3	437	68928-80-3	412
36536-42-2	79	56960-31-7	305	68956-82-1	506
37187-22-7	243,244	57117-31-4	541	68975-47-3	674
37203-43-3	683	57485-31-1	215,216	69523-06-4	536
37206-20-5	244	57875-67-9	531	69806-50-4	451
37340-23-1	311	58164-88-8	440	70225-14-8	436
38094-35-8	161	59355-75-8	38	77287-29-7	368
39196-18-4	283	59382-51-3	458	79435-04-4	368
39404-03-0	215	60238-56-4	174	81228-87-7	385
39811-34-2	70	60811-21-4	593	84852-15-3	694
40058-87-5	368	61788-33-8	73	85409-17-2	446
40088-47-9	526	61789-51-3	257	85535-84-8	68
41083-11-8	442	61789-65-9	506	86290-81-5	413
41935-39-1	75	62882-00-2	303	91270-74-5	405
42398-73-2	303	62882-01-3	303	91724-16-2	615
45298-90-6	494	63394-00-3	536	95718-78-8	414,415
50930-79-5	323	63868-82-6	154	96319-55-0	503
51240-95-0	515	63885-01-8	622	99675-03-3	282
51602-38-1	555	63937-14-4	412	104852-44-0	221
52106-89-5	360	63938-10-3	390	105185-95-3	380
52238-68-3	219	63951-45-1	262	110972-57-1	221
52315-07-8	433	63989-69-5	616	125687-68-5	613
52326-66-6	229	64013-16-7	444	134191-62-1	581
52373-74-7	219	64082-35-5	217	135072-82-1	113
52583-42-3	189	64173-96-2	695	182893-11-4	235
53220-22-7	151	65321-67-7	335	207122-15-4	352
53558-25-1	33	65996-83-0	399	207122-16-5	413
53684-48-3	340	65996-93-2	399	228415-62-1	243
54004-38-5	303	66280-55-5	510	251099-16-8	436
54363-49-4	300	67329-01-5	172	446255-22-7	412
54693-46-8	242	67567-23-1	85	749262-24-6	486
55510-04-8	160	68133-87-9	543	1537199-53-3	313
55794-20-2	82	68299-16-1	505